JN411795

주요 유기 작용기

	지방족 탄화수소			
	Alkane	**Alkene**	**Alkyne**	**방향족 탄화수소**
일반식	$R-H$ (R = alkyl)	$R_2C=CR_2$ (R = alkyl, aryl, H)	$R-C\equiv C-R$ (R = alkyl, aryl, H)	
작용기	$-\overset{\vert}{\underset{\vert}{C}}-$	$>C=C<$	$-C\equiv C-$	벤젠 또는 다른 방향족고리
예	CH_3-CH_3	$CH_2=CH_2$	$HC\equiv CH$	
관용명	Ethane	Ethylene	Acetylene	Benzene
IUPAC명	Ethane	Ethene	Ethyne	Benzene

	Alkyl Halide	**Alcohol**	**Phenol**	**Ether**
일반식	$R-X$ (R = alkyl, X = halogen)	$R-OH$ (R = alkyl)	$R-OH$ (R = aryl)	$R-O-R$
작용기	$-\overset{\vert}{\underset{\vert}{C}}-X$	$-\overset{\vert}{\underset{\vert}{C}}-OH$	OH	$-\overset{\vert}{\underset{\vert}{C}}-O-\overset{\vert}{\underset{\vert}{C}}-$
예	CH_3-CH_2-Cl	CH_3-CH_2-OH	OH	$CH_3-O-CH_2-CH_3$
관용명	Ethyl chloride	Ethyl alcohol	Phenol	Ethyl methyl ether
IUPAC명	Chloroethane	Ethanol	Phenol	Methoxyethane

	Thiol	Amine	Aldehyde	Ketone	Carboxylic Acid
일반식	RSH	RNH_2, R_2NH, R_3N	$R-\overset{O}{\overset{\parallel}{C}}-H$ (R = alkyl, aryl, H)	$R-\overset{O}{\overset{\parallel}{C}}-R$	$R-\overset{O}{\overset{\parallel}{C}}-OH$ (R = alkyl, aryl, H)
작용기	$-\overset{\vert}{\underset{\vert}{C}}-SH$	$-\overset{\vert}{\underset{\vert}{C}}-N\!<$	$-\overset{O}{\overset{\parallel}{C}}-H$	$-\overset{\vert}{\underset{\vert}{C}}-\overset{O}{\overset{\parallel}{C}}-\overset{\vert}{\underset{\vert}{C}}-$	$-\overset{O}{\overset{\parallel}{C}}-OH$
예	CH_3SH	$CH_3-CH_2-NH_2$	$CH_3-\overset{O}{\overset{\parallel}{C}}-H$	$CH_3-\overset{O}{\overset{\parallel}{C}}-CH_3$	$CH_3-\overset{O}{\overset{\parallel}{C}}-OH$
관용명	Methyl mercaptan	Ethylamine	Acetaldehyde	Acetone	Acetic acid
IUPAC명	Methanethiol	Ethanamine	Ethanal	Propan-2-one (2-Propanone)	Ethanoic acid

카복실산 유도체

	Ester	Amide	Anhydride	Acid Chloride	Nitrile
일반식	$R'-\overset{O}{\overset{\parallel}{C}}-O-R$ (R′ = alkyl, aryl, H)	$R-\overset{O}{\overset{\parallel}{C}}-NR_2$ (R = alkyl, aryl, H)	$R-\overset{O}{\overset{\parallel}{C}}-O-\overset{O}{\overset{\parallel}{C}}-R$ (R = alkyl, aryl, H)	$R-\overset{O}{\overset{\parallel}{C}}-Cl$ (R = alkyl, aryl, H)	$R-C\equiv N$
작용기	$-\overset{O}{\overset{\parallel}{C}}-O-\overset{\vert}{\underset{\vert}{C}}-$	$-\overset{O}{\overset{\parallel}{C}}-N\!<$	$-\overset{O}{\overset{\parallel}{C}}-O-\overset{O}{\overset{\parallel}{C}}-$	$-\overset{O}{\overset{\parallel}{C}}-Cl$	$-C\equiv N$
예	$CH_3-\overset{O}{\overset{\parallel}{C}}-OCH_3$	$CH_3-\overset{O}{\overset{\parallel}{C}}-NH_2$	$CH_3-\overset{O}{\overset{\parallel}{C}}-O-\overset{O}{\overset{\parallel}{C}}-CH_3$	$CH_3-\overset{O}{\overset{\parallel}{C}}-Cl$	$CH_3-C\equiv N$
관용명	Methyl acetate	Acetamide	Acetic anhydride	Acetyl chloride	Acetonitrile
IUPAC명	Methyl ethanoate	Ethanamide	Ethanoic anhydride	Ethanoyl chloride	Ethanenitrile

Organic Chemistry

유기화학

조병태 지음

머리말

최근 유기화학의 눈부신 발전으로 그 중요성이 화학 분야를 넘어 생명 관련 학문(생물학, 생화학, 농학, 식품영양학, 의 · 약학) 분야는 물론 환경공학, 고분자공학, 재료공학 분야로 점차 확대되고 있다.

저자는 30년 동안 학부 1, 2학년 학생들을 대상으로 유기화학 과목을 가르쳤다. 이 과목을 가르치면서 항상 느꼈던 점은 학생들이 유기화학을 복잡하고 난해한 학문으로 인식하여 배우기 어려워한다는 점이다. 이렇게 생각하는 많은 이유 중 두 가지를 생각해 보았다. 그 하나는 유기화학을 낯설어하는 것이다. 유기화학은 탄소 화합물의 구조와 성질 및 반응을 공부하는 학문이다. 유기화학을 처음 수강하는 학생들의 대부분은 선수 과목으로 일반화학을 이수하지만, 이 과목의 특성상 유기화학 분야를 비중 있게 다루지 못하기 때문에 낯설 수밖에 없을 것이다. 또 다른 이유는 유기화학을 공부하는 방식에 있다. 유기화학을 성공적으로 잘 이해하는 방법은 유기 화합물의 구조, 성질, 조성 및 반응의 원리를 이해하고, 이를 통하여 단순화하고 체계화시키는 과정을 반복하는 것이다. 유기화학 공부를 단순히 외워서 기억하는 방식에 의존하는 경우 유기 화합물의 종류가 너무 많고 다양하다는 사실을 감안하면 기억력의 한계 때문에 대부분 실패한다.

이 교재는 화학을 전공하는 학생뿐 아니라 생물학, 생화학, 농학, 식품영양학, 의 · 약학 등과 같은 생명 관련 학문 분야를 전공하는 학생들이, 한 학기용으로 유기화학을 공부할 수 있도록 만들어진 것이다. 학부에서 유기화학을 상세히 배우기 위해서는 통상적으로 두 학기 내지 세 학기가 소요된다. 그러나 단기 과정이라 해도 유기 화합물의 구조, 성질, 명명법 및 반응 등에 대해서는 반드시 알아야 할 기본적인 내용을 학습할 필요가 있다. 따라서 이 교재를 집필할 때 교재 내용이 너무 개론적으로 흐르거나 또는 어느 특정 부분에 편중되지 않도록 특별히 유의하였다. 오히려 유기화학과 관련된 여러 전공을 공부하는 데 필요하다고 생각되는 기초적이고 핵심적인 내용을 소개하려고 노력하였다. 다만, 유기 화합물의 구조를 결정하고 확인하는 데 필요한 분광학 부분은 학생들의 선수 과목 수준을 고려하여 수록하지 않았다. 유기화학에 대한 생소함을 없애기 위하여 교재 도입부에 일반화학 수준에서 유기 화합물의 구조, 결합 및 반응 특징 등에 대한 핵심 내용들을 미리 소개하여, 유기화학 수강에 필요한 기초 지식을 습득하도록 편성하였다. 또한 교재 내용은 서술적 나열보다는 요점 · 요약 형식을 택하였다. 특히 유기 반응은 메커니즘에 의거하여 왜, 어떻게 일어나는가를 설명하는 데 역점을 두어, 방대한 양의 유기 반응을 단순화하고 체계화할 수 있도록 노력하였다. 이 교재의 구성, 내용 체계 및 사용된 용어와 어휘에 대한 구체적 사항을 다음에 정리하였다.

교재의 구성

- 이 교재는 전체 16장으로 구성되었으며, 1장에서 3장까지는 유기화학을 공부하는 데 필요한 화학 기초와 이 교재에서 취급할 유기화학에 대한 전체적인 내용을 간략하게 미리 소개하였다. 1장은 원자 구조와 화학 결합, Lewis 구조 그리기, 오비탈, 공명 및 산–염기 등의 개념을 다루었고, 2장은 유기 분자의 결합, 구조식, 작용기, 명명법을 소개하고, 3장에서는 유기 반응은 어떤 종류가 있으며, 어떤 경로를 통해 일어나며, 반응을 지배하는 인자는 무엇인가를 소개하였다.
- 4장부터 14장까지는 유기 화합물을 작용기를 기준으로 분류하여, 가장 단순한 구조를 가진 포화 탄화수소 화합물인 알케인(4장)으로부터 출발하여, 불포화 탄화수소 화합물인 알켄과 알카인(6장), 벤젠(7장) 화합물을 공부하고, 이어서 탄소 원자와 헤테로원자(할로젠, 산소 및 질소)가 단일 결합으로 결합된 할로젠화 알킬(7장), 알코올(8장) 및 아민(9장) 화합물과 탄소–산소 이중 결합으로 이루어진 카보닐기 유도체인 알데하이드와 케톤(10장), 카복실산과 유도체(11장, 12장, 13장) 및 카보닐기 유도체의 알파 탄소의 반응(14장) 순으로 구성하였다. 특히, 유기화학에서 입체화학(5장)의 중요성을 감안하여 교재의 앞부분에 배치하였다.
- 생체 분자인 탄수화물 및 핵산과 뉴클레오타이드는 15장에, 단백질과 지질화학은 16장에 배치하여 유기화학적인 관점으로 구조와 반응을 설명하였다.

내용 체계

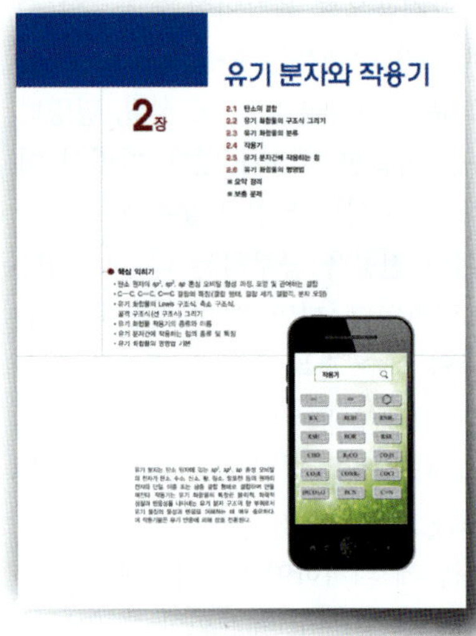

- 각 장마다 그 장에서 공부할 핵심 주제와 내용을 미리 요약하여 나타내었다.
- 본문 설명 중 중요 내용은 요약하고, 도식화하여 시각적으로 이해하기 편리하게 나타내었다.
- 각 장에서 나타내는 대표적인 유기 분자의 구조를 삼차원 모델로 나타내어 입체 구조를 시각적으로 쉽게 이해하도록 하였다.
- 새로 배울 내용이 이미 배운 학습 내용과 연계될 경우 앞서 배운 핵심 내용을 다시 요약하여 기술함으로써 복습 효과를 나타내도록 하였다.
- 반응은 왜, 어떻게 일어나는지를 메커니즘에 의해 설명하고, 용어 중심으로 명확한 개념을 습득할 수 있도록 노력하였다.
- 문제 풀이 능력을 향상시키기 위해 예제와 풀이를 동시에 나타내었으며, 유사한 문제를 추가적으로 제시하고, 이에 대한 해답을 교재 부록에 수록하였다.
- 학생들의 예 · 복습을 돕기 위하여 각 장의 시작과 끝부분에는 그 장에서 기술될 주요 학습 내용과 기술된 주요 반응 및 내용을 정리하고 요약하여 수록하였다.

■ 본문 내용 중 보충 설명이 필요할 경우 별도 박스에 설명을 추가하였다.

■ 각 장의 내용에 부합되는 유기화학과 관련된 흥미로운 이야기들, 특히 식품, 의약품 및 화장품 등 실생활에 사용되는 천연물과 생리활성성분, 새로운 유기 반응, 청정화학 등에 대한 사항을 〈화학 라운지〉라는 제목으로 별도 박스 공간에 소개하였다.

■ 찾아보기 부분을 세분화하여 교재의 중요 내용을 쉽게 찾아볼 수 있게 하였으며, 동시에 배운 내용을 정리하고 체계화시키는 데 도움을 주고자 하였다. 또한 영어 찾아보기를 추가하여 영어로 기술된 인명(또는 인명 반응과 시약)과 화합물명을 쉽게 찾아보게 하였다.

용어와 어휘

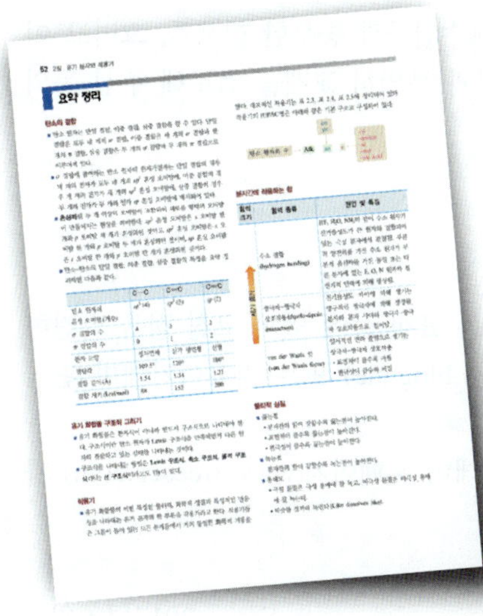

■ 이 책에 사용된 외국어 용어와 어휘는 대한화학회에서 발행한 화학술어집(개정5판)에 따라 우리말로 번역하였다.

■ 화합물명은 관용법 또는 IUPAC법에 따라 모두 영어로 표기하였다. 그러나 알켄, 알카인, 알코올, 할로젠화 알킬, 알데하이드 등 작용기를 나타내는 일반명은 한글로 표기하였으며, 일부는 영어를 병기하였다.

■ 반응 시약과 반응명 등에서 인명과 관련된 명칭은 영어로 표기하였다.

2판에서 새로 추가되고 변경된 내용

내용 체계

■ 본문 내용에 대한 보충 설명을 해당 페이지에 새롭게 추가 삽입하였다.

■ 본문에 소개된 화학자의 약력을 해당 페이지에 소개하였다.

■ 각 장의 보충 문제를 추가하였다.

■ 시각적으로 보기 편하게 체제를 변경하였다.

■ 내용을 정확하게 이해하도록 표현과 설명을 개선하고 문장을 수정하였다.

용어와 어휘

■ 유기 화합물의 술어와 명명법은 대한화학회가 발행한 최신 자료집(2013년과 2014년도 발행)에 따랐다.

■ IUPAC 명명법은 1993년 이후 권장 사항의 규칙을 준용하였으며, 1993년 이전의 IUPAC명도 병기하였다.

부록 (신규)

■ 부록 1. 유기 반응의 분류

■ 부록 2. 작용기 생성 반응

■ 부록 3. 작용기 전환 반응

감사의 말씀

이 교재(1판)로 여러 해 동안 유기화학을 강의하신 교수님들과 공부한 학생들, 그리고 이 책 2판이 출판되도록 지원해 주신 자유아카데미 여러분과 특별히 교재를 검토해 주신 동의대학교 박태경 교수님께 감사의 말씀을 드린다.

끝맺음

이 교재의 부족한 점이나 충고할 점, 잘못된 내용 또는 표현 등에 있어 고칠 점을 발견하면, 언제든지 이 교재의 전용 블로그 주소(orgchemistry.blog.me) 또는 자유아카데미 편집부(editor@freeaca.com)로 알려 주기 바란다.

출간 후에라도 수정 사항이 있을 경우에는 자유아카데미 홈페이지(www.freeaca.com) 자료실에 제공할 예정이다.

2017년 6월
조 병 태

교재의 활용

이 교재로 유기화학을 처음 배우는 학생들에게

퍼즐 맞추기에서 퍼즐 조각이 순차적으로 서로 잘 연결되지 않으면 원하는 전체 모양을 만들 수 없다. 유기화학 공부도 퍼즐 맞추기와 비슷하다. 먼저 배운 내용을 잘 이해하고 있어야 새로운 것을 이해하기 쉽다. 저자의 경험에 의하면 강의 초반에 학습 내용을 잘 따라오던 학생들도 진도가 나갈수록 낙오하는 경향이 많이 나타난다. 이와 같은 현상은 누적해서 배운 학습 내용을 잘 따라잡지 못한 결과라고 생각한다. 처음 배우는 학문은 복습이 필수적이다. 유기화학 공부는 배운 내용을 되짚어 보고 정리하는 습관을 기르는 것이 중요하다. 따라서 자기만의 강의 노트를 유지할 것을 강력히 권고한다. 유기화학의 성공적인 공부를 위하여 몇 가지 요령을 아래에 제시하였다.

▶ 무조건 외우려 하지 말고 원리를 이해하자.

유기 반응은 탄소의 공유 결합이 끊어지고 새로 만들어지는 현상이다. 유기 반응을 무조건 외우지 말고 반응이 왜, 어떻게 일어나는지 메커니즘으로 익히자.

▶ 눈보다는 손으로 공부하자.

유기 분자는 분자식이 아닌 구조식으로 표현해야 정확하므로 손으로 직접 그려 익히며 공부하는 습관을 기르자.

▶ 유기 분자의 모양을 삼차원적 입체 형태로 이해하자.

입체화학은 유기 화합물의 구조, 성질 및 반응성을 나타내는 데 중요 역할을 한다. 이 교재에는 유기 분자의 삼차원 배열을 나타낸 다수의 입체 모델 그림을 포함시켰다. 이들을 활용하여 입체화학을 이해하자.

▶ 용어와 어휘의 정확한 의미를 익히자.

유기화학에서 사용되는 유기화학 용어와 어휘의 정확한 이해는 반응의 종류 및 원리(메커니즘)를 이해하는 데 필수 요건이므로 몇 번이고 되짚어 보며 그 의미를 익히자.

▶ 구조와 반응성의 상관관계를 익히자.

유기 분자의 성질과 반응성은 주로 작용기에 의해 결정된다. 작용기의 종류, 성질과 반응 특성을 원리적으로 이해하고, 반복하여 익히자. 또한 이를 바탕으로 자기만의 작용기 상호 전환 반응 네트워크를 구축해 보자.

▶ 해답을 먼저 보지 않고 문제를 풀어보자.

문제 풀이는 유기화학을 빨리 이해하는 지름길이다. 이 교재에는 각 장별로 예제와 풀이를 수록하는 동시에, 유사한 문제를 제시하였다. 또한 각 장 말미에 보충 문제를 추가하여 수록하였다.

▶ 복습을 위하여 찾아보기를 적극 활용하자.

이 교재는 대부분의 유기 교재에서 선택한 방식대로 유기 화합물을 작용기 기준으로 분류하고, 작용기의 구조와 특징, 그 작용기가 나타내는 성질, 제법 및 반응성을 기술하였다. 이 방법은 유기화학을 체계적으로 설명하는 데 편리한 수단이지만, 이들 작용기 상호 간의 유기적인 관련성을 설명함에 있어 미흡한 점이 있는 것도 사실이다. 이를 보완하기 위하여 이 교재에서는 찾아보기를 단어의 단순 나열 방식으로부터 벗어나, 좀 더 세분화하여 화합물의 작용기, 주요 용어, 어휘, 반응 및 제법 등에 대하여, 이들 사이의 유기적인 관계를 상세하게 찾아볼 수 있도록 하였다. 또한 주요 화합물에 대한 영문 화합물명과 인명 반응 및 시약명에 대한 영문 찾아보기를 함께 수록하였다.

이 교재로 강의하시는 교수님들께

이 교재는 한 학기 동안 단기 과정으로 설강된 유기화학 강의에 활용할 목적으로 만들어진 교재입니다. 이 교재를 집필함에 있어 개론적 성격을 피하려 하다 보니 강의할 내용이 기존 시중에 나와 있는 같은 유형의 다른 교재에 비해 다소 많아진 듯합니다. 따라서 한 학기 강의로 이 교재의 내용 전부를 소화하는 데에는 약간 벅찰지 모릅니다. 그러나 수강하는 학생들의 전공을 감안하여 교수님의 판단으로 강의 내용을 일부 조정하면 큰 무리가 없을 것이라고 생각합니다.

이 교재는 작용기의 제법과 반응을 함께 수록하였기 때문에 초반부 강의에서는 뒤에 강의할 내용을 인용하거나, 경우에 따라 추가 설명이 필요하게 되어 강의를 전개해 나가는 데 있어 다소 불편할 수 있습니다. 그러나 작용기의 제법과 반응은 동전의 양면 같아서, 한 작용기의 반응은 다른 작용기의 제법으로 활용할 수 있는 밀접한 관계를 가지고 있기 때문에 이들을 연관시킨 수업은 학생들이 유기 반응의 상호연관성을 체계적으로 이해하는 데 효과적이라 생각합니다. 교수님이 이와 같은 관계를 복습과 선행 학습 용도로 적극 활용해 주시면 더욱 효과적인 수업이 될 것이라고 믿습니다. 특히 이 교재의 찾아보기는 교재에서 언급한 주요 용어 및 어휘를 포함한 성질, 반응 및 제법뿐 아니라 이들 사이의 유기적인 관계를 나타내도록 세분화하여 편성하였습니다. 학생들이 배운 유기화학 내용을 총론적으로 복습하는 데 이를 적극 활용할 수 있도록 지도해 주시면 고맙겠습니다.

이 교재를 사용하여 강의하시는 분들께는 문제의 해답집과 강의 자료를 제공하오니 수업에 활용하시기를 바랍니다. 아울러 이 교재를 이용하여 강의하시는 동안 오류와 부족함이 발견되면 언제든지 이 교재의 전용 블로그(orgchemistry.blog.me) 또는 자유아카데미 편집부(editor@freeaca.com)로 알려 주시면 감사하겠습니다.

저자 소개

저자는 현재 한림대학교 자연과학대학 화학과 명예교수이다. 서울대학교 약학대학을 졸업하고, 서강대학교 대학원에서 이학 석 · 박사학위(지도교수: 고 윤능민 교수)를 취득했다. 대학을 졸업 후 공군 약제 장교를 거쳐 한국과학기술 연구소에서 4년 동안 의약품 합성연구를 하였고, 동화약품 공업 주식회사에서 8년 동안 원료의약품 연구 및 생산 책임자로 일하면서 베타-락탐 항생제를 비롯한 10여 종의 원료의약품을 국산화시켰다. 그 후 한림대학교 화학과에 조교수로 부임하여 부교수, 교수로 재직하였으며, 대학원장, 자연과학대학학장 및 도서관장을 역임하였다. 또한, 미국 인디애나주 소재 Purdue 대학교 화학과에서 2년 동안 방문 교수로 있으면서, 고 H. C. Brown 교수(1979년도 노벨 화학상 수상자)와 비대칭 환원제에 관한 연구를 공동으로 수행하였다. 저자의 논문으로는 Chemical Society Review, Aldrichimica Acta 및 Tetrahedron 등에 발표한 리뷰 논문을 포함하여 80여 편의 연구 논문이 있으며, 저서로는 '유기화학(자유아카데미, 2011)', '유기합성화학(자유아카데미, 2014)', '비대칭 환원 반응: 방법과 응용(자유아카데미, 2016)' 및 공동 저자로 참여한 'Organoboranes for Syntheses(미국화학회, 2001)' 와 'Boronic Acids: Applications in Organic Synthesis and Medicine(Wiley-VCH, 2005)' 등이 있다.

저자 소개

유기화학의 소개

배경

화학이란 물질의 성질 및 변화를 다루는 학문이다. 물질의 본성이 무엇인지 몰랐던 시절의 사람들은 물질을 식물의 뿌리나 열매 또는 동물과 같이 '먹을 수 있는 것'과 흙 또는 바위와 같이 '먹을 수 없는 것'으로 구분하여 생각했을 것이다. 과학자들은 18세기에 이르러서야 물질의 본성에 대하여 관심을 가지게 되었다. 이때 먹을 수 있는 물질은 살아 있는 동물과 식물로부터 얻어지는 물질이기 때문에 그 자체가 생명력 (vitality)을 가지고 있다고 믿었다. 1700년대 후반에 포도에서 타타르산, 오래된 우유에서 락트산(젖산), 지방에서 알코올의 일종인 글리세린 등이 분리되었다. 이런 물질들은 당시에 이미 알려져 있던 수소, 산소, 질소 등과 같은 물질들과는 다르게 생명체인 동물 또는 식물에서 얻은 물질이었다. 사람들은 출처가 다른 이들 두 부류의 물질들을 구별하기 위하여 전자를 **유기 화합물(organic compound)**, 후자를 **무기 화합물(inorganic compound)**이라 부르게 되었다. **유기화학(organic chemistry)**의 유기란 영어에서 생명체의 기관을 뜻하는 'organ'에서 유래되었다. 그러나 출처가 생명체냐 무생명체냐에 근거한 물질의 분류는 1828년에 독일의 화학자 **Friedrich Wöhler**의 요소 합성 실험 결과에 의해 무의미해지고 말았다. 즉, Wöhler는 동물의 오줌으로부터 분리된 유기 물질인 요소를 무기 물질인 사이안산 납(lead cyanate)과 수산화 암모늄(ammonium hydroxide)에서 얻은 사이안산 암모늄을 가열하여 합성하는 데 성공하였다.

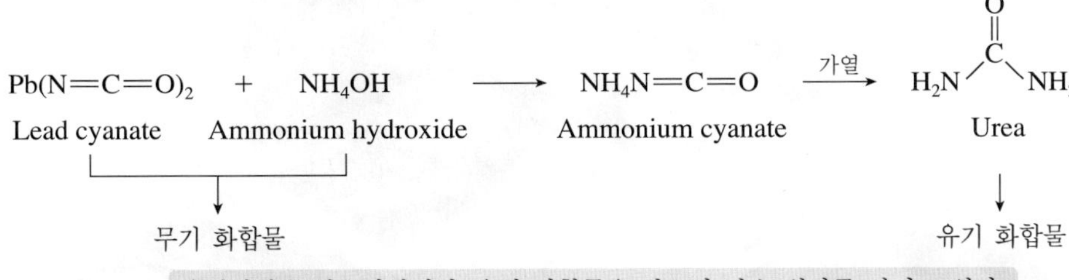

유기화학은 탄소화학이다. 유기 화합물은 반드시 탄소 원자를 가지고 있다.

이 실험 이후 출처에 따른 무기 화합물과 유기 화합물의 분류가 무의미해지게 되었으나, 아직도 이들 이름을 관례적으로 그대로 사용하고 있다. 유기 화합물의 성질과 변화를 다루는 학문을 유기화학(organic chemistry)이라는 이름으로 사용하고 있는 것도 이 때문이다. 유기 화합물은 탄소 원자를 반드시 가지고 있으므로 '탄소 화합물'이라는 표현이 더 정확한 것이며, 유기화학도 '**탄소화학(carbon chemistry)**'이라는 표현이 더 정확하다고 할 수 있다. 그러나 흑연(숯, 검댕, 석탄, 카본블랙 포함), 다이아몬드, 카바이트(CaC_2) 및 탄산 가스(CO_2), 탄산수소 소듐(중조, $NaHCO_3$), 탄산 칼슘($CaCO_3$)과 같은 물질들은 분자 구조에 탄소 원자를 포함하고 있음에도 불구하고 유기 화합물로 취급하지 않는다. 복잡함을 피하기 위하여 이 교재에서도 관행대로 탄소화학과 탄소 화합물 대신 유기화학과 유기 화합물이라는 명칭을 그대로 사용하기로 한다.

유기 화합물

유기 화합물이 생명체에서 유래되었던 점을 되짚어 보면 유기 화합물이 생명체를 구성하고 생명 활동을 하는 데 핵심적 역할을 하고 있다는 것을 알 수 있다. 인체의 구성 성분 중 물과 뼈 성분을 제외한 나머지 부분의 대부분은 유기 화합물(단백질과 지방)이다. 또한 생명 현상을 가능케 하는 물질들, 예를 들면 탄수화물, 단백질, 지방, 핵산, 효소, 비타민, 호르몬과 생명체의 항상성을 유지시켜 주는 각종 생리 활성 물질 등도 모두 탄소 원자를 포함하고 있는 유기 화합물이다. 이 밖에 자연계에 존재하는 식품, 의약품(생약), 천연 섬유(면, 모직, 비단)와 석탄, 가스, 석유 등의 에너지 자원도 모두 탄소 화합물에 포함된다. 뿐만 아니라 삶의 질을 높여 주기 위하여 인공적으로 합성된 의약품, 화장품, 의류, 염료 및 플라스틱 제품(합성고무, 합성섬유, 합성수지, 필름) 등도 역시 모두 탄소가 주성분인 물질들이다. 최근에는 전자 분야에서도 유기 재료 물질의 진출이 눈부시다. 예를 들어, 텔레비전과 컴퓨터 모니터의 화면에 사용되는 액정(liquid crystal)이나 유기 발광 다이오드(organic light-emitting diode, OLED)는 빛을 발산하는 층이 유기 물질이다. 현재 약 1,600만 개의 유기 화합물이 알려져 있고, 앞으로도 새로운 물질들이 계속 만들어질 것으로 예상하고 있다.

지구 상에 있는 원소 중 탄소가 차지하는 비율은 1%도 되지 않는다. 그런데 어떻게 그렇게 많은 종류의 유기 화합물이 존재할 수 있을까? 이 질문에 대한 해답은 탄소 원자가 탄소 자신뿐만 아니라 수소, 산소, 질소, 할로젠, 황, 인 등 여러 종류의 다른 원자와 다양한 결합을 만들 수 있다는 데 있다. 우리는 이 교재를 통해 유기 화합물의 구조, 성질을 포함하여 탄소 원자가 어떤 형태의 반응을 통해 복잡한 화합물로 만들어지는지의 원리를 체계적으로 공부해 나갈 것이다.

차 례

1 구조와 결합 및 산-염기

2 유기 분자와 작용기

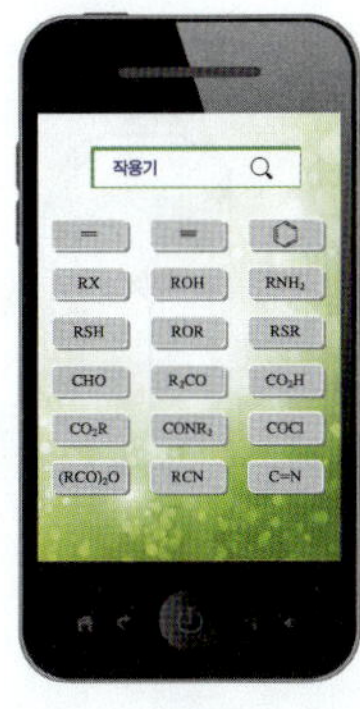

3 유기 반응의 소개

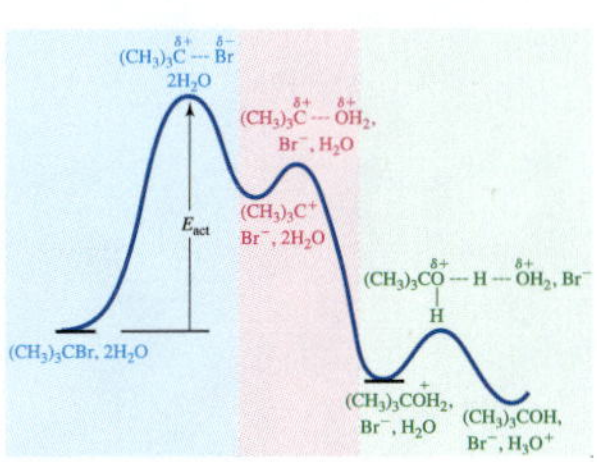

4 포화 탄화수소: 알케인과 사이클로알케인

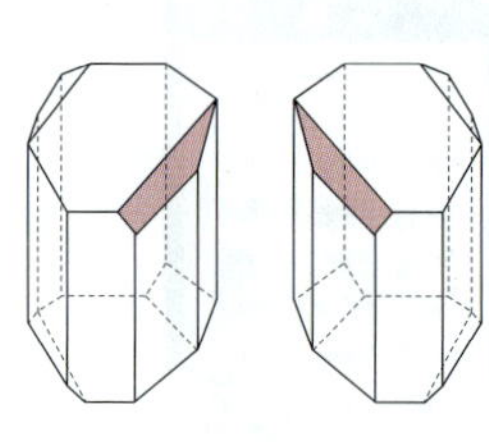

5 입체화학: 입체이성질체와 거울상이성질체

6 알켄과 알카인

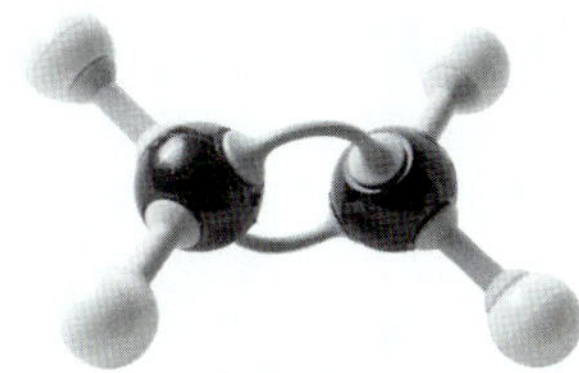

7 벤젠과 방향족 화합물

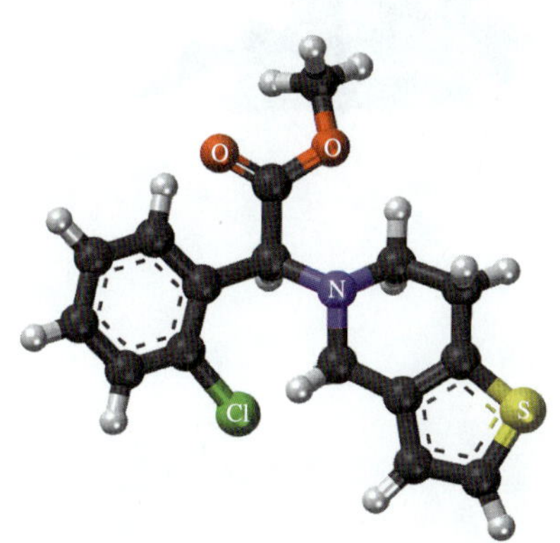

8 할로젠화 알킬: 친핵성 치환 반응과 제거 반응

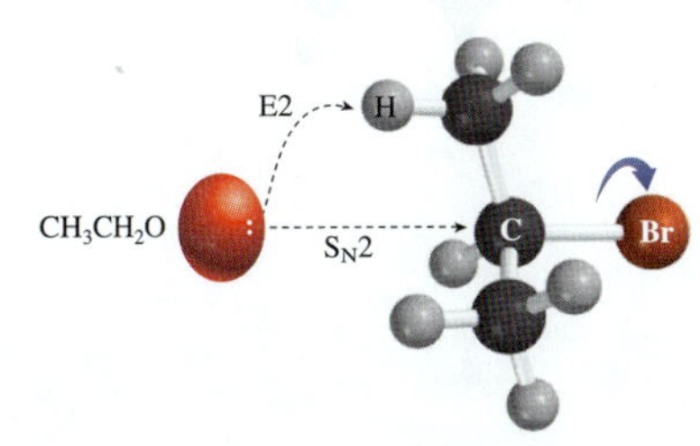

9 알코올, 페놀, 에터, 에폭사이드 및 황화물

10 아민

Citral A (geranial)

11 알데하이드와 케톤

12 카복실산과 유도체 I: 구조, 성질 및 제법

13 카복실산과 유도체 II: 친핵성 아실 치환 반응

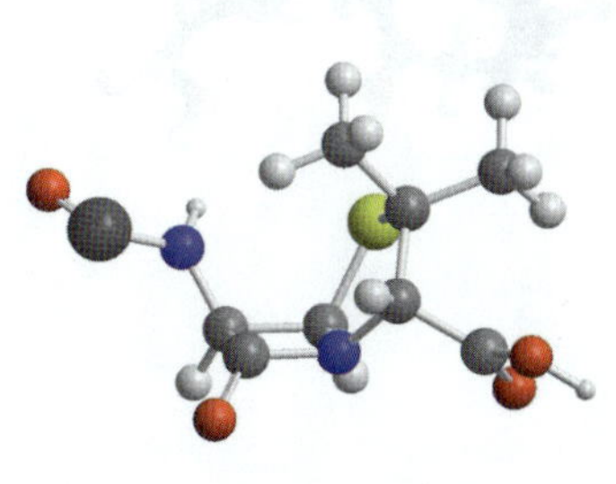

14 카보닐 알파 탄소의 반응: 엔올과 엔올 음이온

15 생체분자화학 I: 탄수화물과 핵산

16 생체분자화학 II: 아미노산, 펩타이드, 단백질과 지질 화학

1장 구조와 결합 및 산-염기

핵심 익히기

- 원자의 구조, 전자 껍질, 오비탈 및 전자의 배치 순서
- 팔전자 규칙, Lewis 구조식 및 형식 전하
- 오비탈 겹침과 공유 결합, 시그마 결합, 파이 결합에 대한 이해
- 전기음성도와 극성 공유 결합
- 공명의 정의 및 공명 구조가 전자 비편재화 및 안정도에 미치는 영향
- 산-염기의 정의, 짝산, 짝염기 및 친전자체와 친핵체
- 산의 세기에 영향을 미치는 요인(원소, 전자 유발, 공명, 혼성화)

다이아몬드와 흑연은 둘 다 탄소 원자로만 구성된 물질로, 구조만 서로 다른 동소체이다. 다이아몬드는 정사면체의 탄소 원자들이 꼭짓점에서 3차원 격자 형태로 연결되어 있는 결정 구조를 가지고 있으며, 자연계에 존재하는 가장 단단한 물질로 전기 절연체이다. 흑연은 벌집 모양의 평면 6각형 고리를 가진 탄소 원자들이 층간 화학 결합 없이 층층이 쌓여 있는 구조를 가지고 있다. 이 때문에 각 층은 미끄러져 쉽게 떨어져 나가고, 층에 평행한 방향으로 전류가 흐르는 전도체의 성질을 나타낸다. 한 개의 탄소 원자 두께를 가진 흑연 구조의 한 층을 그래핀이라 하는데, 이 물질은 터치 패널, 휘는 디스플레이, 방열 필름 및 탄소 기반 반도체 등에 응용할 수 있는 신소재 물질로 주목받고 있다.

화학 반응은 어떤 물질이 화학 변화를 거쳐 다른 물질로 변하는 과정을 말하며, 이 반응은 화학 결합이 만들어지고 깨지는 일련의 과정으로 이루어진다. 화학 결합은 원자들 사이에서 일어나는 결합으로, 원자를 구성하고 있는 원자가전자들이 서로 교환되거나 공유함으로써 일어나게 된다. 유기화학 반응은 탄소 원자가 탄소 원자 또는 다른 원자와 결합하는 화학 반응이다. 따라서 우리는 먼저 원자의 구조와 전자 배치 및 화학 결합에 대하여 공부할 필요가 있다. 한편, 많은 종류의 유기 반응은 산-염기 반응처럼 전자가 부족한 화학종(chemical species)과 전자가 풍부한 화학종 사이에서 일어난다. 우리는 이 장에서 유기화학을 공부하는 데 가장 기본이 되는 화학 결합과 산-염기에 대한 몇 가지 개념들을 공부하게 될 것이다.

1.1 원자의 구조

모든 물질은 원자로 이루어져 있다. **원자(atom)**는 작고 밀도가 높은 핵(원자핵)과 핵을 둘러싸고 있으면서 상대적으로 넓은 공간의 어떤 영역에 있는 전자로 구성되어 있다. **핵(nucleus)**은 전기적으로 양전하를 띠고 있는 **양성자(proton)**와 전기적으로 중성인 **중성자(neutron)**로 이루어져 있다. 양성자수와 중성자수를 합친 양을 그 원소의 **질량수(mass number)**라고 한다. 한편, **전자(electron)**는 음전하를 띠고 있고 양성자수와 같은 양의 전하를 가지고 있으므로 원자는 전기적으로 중성이다(양성자수와 전자수는 같다). 그러나 전자의 질량은 핵의 1/1836 정도에 지나지 않아 원자의 질량은 대부분 핵에 있다.

원자와 원자핵의 크기
원자의 크기는 원자핵 중심에서 최외각 전자 구름까지의 거리를 측정하여 나타냄.
- 원자의 크기: 10^{-10} m
- 원자핵의 크기: 10^{-15} m(원자 크기의 1/10,000)

전자, 원자핵, 중성자의 발견
Joseph John Thomson (1856~1940): 영국 태생 핵물리학자. Cambridge 대학교 교수 역임. 전자를 최초로 발견. 1906년 노벨 물리학상 수상.

Ernest Rutherford (1871~1937): 뉴질랜드 태생 물리 및 화학자. McGill 대학교, Manchester 대학교 및 Cambridge 대학교 교수 역임. 원자핵을 처음 발견. 1908년 노벨 화학상 수상.

James Chadwick (1891~1974): 영국 태생 핵물리학자. Liverpool 대학교 교수 역임. 중성자를 처음 발견. 1935년 노벨 물리학상 수상.

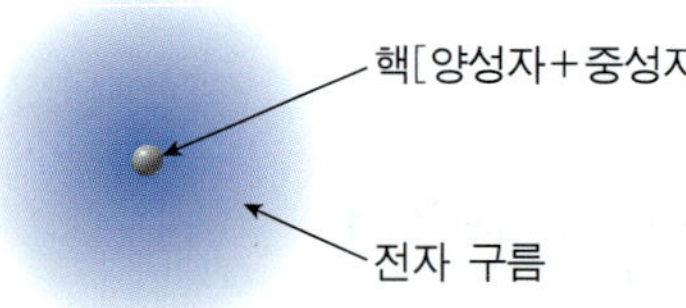

핵은 양전하를, 전자는 음전하를 가지고 있으며, 원자 전체는 중성이다

핵의 양성자수를 **원자 번호(atomic number)**라 하며, 이것은 원소의 고유한 값이다. 원자핵의 중성자수는 원소에 따라 다른 값을 가질 수 있다. 이것을 그 원소의 **동위원소(isotope)**라고 한다. 즉, 원자 번호는 같지만 중성자수가 달라서 질량수가 서로 다른 원소를 의미한다. 예를 들어, 원자 번호 6인 탄소는 같은 양의 중성자를 가지고 있어서 질량수가 12이나 ($^{12}_{6}C$로 표시), 중성자수가 7과 8인 두 개의 동위원소($^{13}_{6}C$와 $^{14}_{6}C$)가 존재한다. 이때 표기는 원자 기호의 왼쪽 아래 첨자 부분에는 원자 번호를, 위 첨자 부분에는 질량수를 나타낸다. 탄소와 그것의 동위원소를 표기하면 다음과 같다.

입자 물리학 이론에 따르면 양성자와 중성자는 '쿼크'라는 기본 입자로 구성되어 있다.

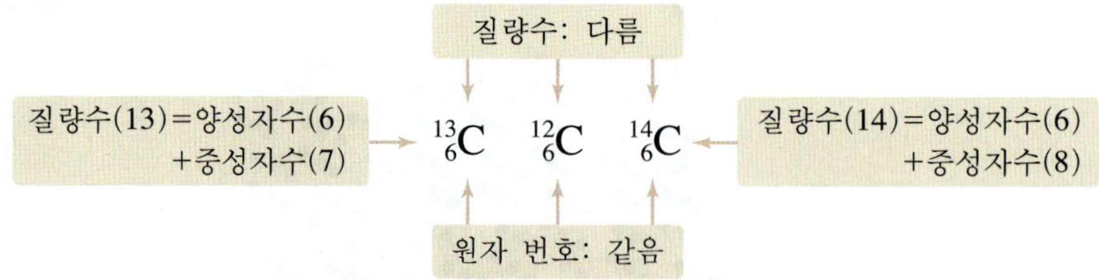

- **원자 번호 = 양성자수 = 전자수**
- **질량수 = 양성자수 + 중성자수**
- 원자 번호는 같지만 중성자수가 달라서 질량수가 서로 다른 원소를 **동위원소**라고 한다.

원자량은 동위원소를 포함한 어떤 원소의 **평균 질량(average mass)**을 의미한다. 그러나 편의상 탄소의 원자량을 12로 정하고, 이것을 기준으로 한 상대적인 질량을 각 원소의 **원자량(atomic weight)**으로 사용하고 있다.

예제 1.1 자연에서 발견되는 질소와 산소는 질량수가 각각 14와 16인 것이 대부분이지만, 질소의 경우 질량수가 15인 동위원소가, 산소의 경우 질량수가 17과 18인 동위원소가 혼재되어 있다. 이들 원소에 대하여 표기 방법 및 양성자수, 중성자수, 전자수를 기술하시오.

풀이

질소(N): 원자 번호는 7이며, 양성자수는 원자 번호와 같으므로 7개.
질량수 14인 질소: 표기 방법 ${}^{14}_{7}N$, 중성자수 = 14 − 7 = 7개.
질량수 15인 질소: 표시 방법 ${}^{15}_{7}N$, 중성자수 = 15 − 7 = 8개.
${}^{14}_{7}N$과 ${}^{15}_{7}N$ 모두 중성 원자이므로 전자수 = 양성자수 = 7개.

산소(O): 원자 번호는 8이며, 따라서 양성자수 = 8개.
${}^{16}_{8}O$의 경우 중성자수 = 16 − 8 = 8개.
${}^{17}_{8}O$의 경우 중성자수 = 17 − 8 = 9개.
${}^{18}_{8}O$의 경우 중성자수 = 18 − 8 = 10개.
산소의 동위원소는 모두 중성이므로 전자수(개) = 양성자수 = 8개.

문제 1.1 다음에 표기된 각 원소에 대하여 양성자수, 중성자수, 질량수는 각각 몇 개씩인가?

a. ${}^{1}_{1}H$와 ${}^{2}_{1}H$ **b.** ${}^{10}_{5}B$와 ${}^{11}_{5}B$ **c.** ${}^{35}_{17}Cl$과 ${}^{37}_{17}Cl$

1.2 오비탈과 전자 껍질

1.2.1 오비탈

원자 내에 전자가 놓여 있는 상태를 **전자 구조(electronic structure)** 또는 **전자 배치(electronic configuration)**라고 한다. 전자는 핵 주위에 아무렇게나 배치되어 있는 것이 아니라 핵에서 가까운(에너지 준위가 낮은) 정해진 영역에 순차적으로 배치된다. 전자는 크기와 질량이 매우 작기 때문에 그 위치를 정확하게 관찰할 수 없다[**Heisenberg**('하이젠베르크'라고 읽음)의 **불확정성 원리(uncertainty principle)**]. 따라서 전자가 있는 위치는 전자가 존재할 확률이 가장 높은 영역으로 표시한다. 이것을 **오비탈(orbital, 또는 궤도함수)**이라 하며, 수학적으로 표현한 파동 함수이다. 오비탈의 종류로는 *s*, *p*, *d*, *f* 등의 네 종류가 있는데, *s* 오비탈은 공 모양, *p* 오비탈은 아령 모양, *d* 오비탈은 클로버 모양의 전자 밀도를 가지고 있다. 탄소 원자의 전자는 *s*와 *p* 오비탈만 가지고 있다.

***s* 오비탈(*s* orbital)**은 공 모양의 전자 밀도를 가지고 있으며, 아령 모양의 ***p* 오비탈(*p* orbital)**은 전자 밀도가 없는 **전자 마디(node of electron)**를 가지고 있다.

오비탈
원자 내 공간의 어느 지점에 전자가 존재할 확률은 슈뢰딩거 방정식을 풀어 나타낸다. 오비탈은 이 방정식의 해인 파동함수(ψ)의 제곱 값(ψ^2)으로 나타낸다.

Heisenberg의 불확정성 원리
전자의 위치를 정확히 관찰하려면 전자와 비슷한 크기의 파장을 가진 빛을 쪼여서 반사되는 빛을 조사해야 하는데, 전자는 크기가 작은 입자이므로 쪼여주는 빛의 파장도 매우 짧아야 한다. 빛은 파장이 짧을수록 높은 에너지를 가진다. 따라서 이 빛을 쪼이는 순간 질량이 작은 전자는 운동량이 바뀌어 위치를 정확히 알 수 없게 되므로, 결과적으로 전자의 정확한 위치를 관찰할 수 없게 되는 것이다.

양자화학의 창시

Erwin Schrödinger (1887~1961): 오스트리아 태생 물리학자. Zürich 대학, Oxford 대학, Graz 대학과 Dublin 고등 연구소에서 연구. 파동 방정식(Schrödinger 방정식)으로 1933년 노벨 물리학상(공동) 수상.

Werner Heisenberg (1901~1976): 독일 태생 이론 물리학자. Göttingen 대학, Copenhagen 대학 및 Leipzig 대학에서 연구. Max Planck 물리 연구소장 역임. 불확정성 원리로 31세인 1932년 노벨 물리학상 수상.

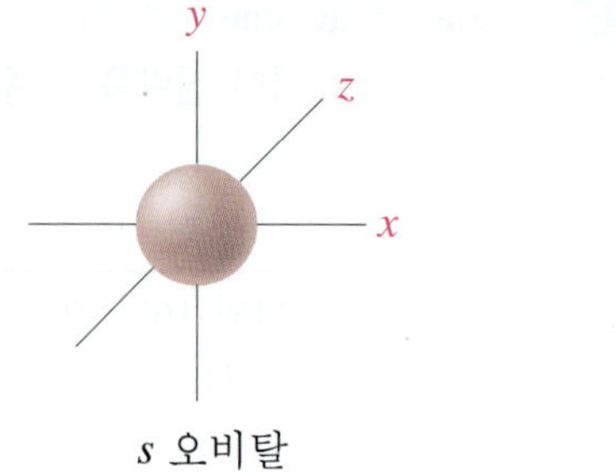

s 오비탈

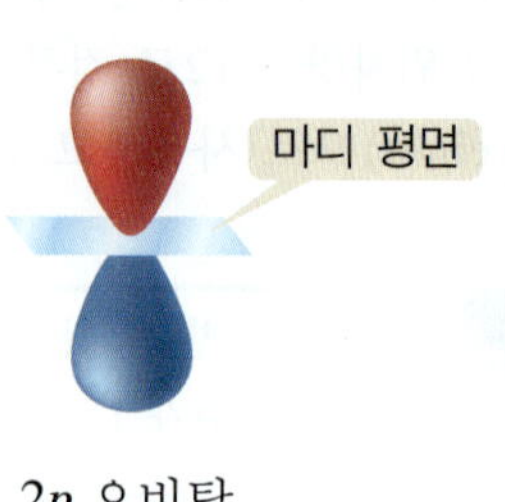

$2p$ 오비탈

1.2.2 전자 껍질

양자수

양자 역학에서 원자의 정상 상태를 규정짓는 용어로 양자화에 허용된 값을 **양자수**라고 한다. 주양자수, 부양자수(각운동량 양자수), 자기 양자수, 스핀 양자수 등의 네 종류가 있으며, 그 각각은 다음 사항을 규정한다.

주양자수(n): 오비탈의 크기(에너지 준위)를 결정

부양자수(각운동량 양자수)(l): 오비탈의 모양(각운동량)을 결정

자기 양자수(m_l): 오비탈의 배향

스핀 양자수(m_s): 전자의 회전 방향을 결정

양자화란 연속적으로 보이는 양을 자연수로 셀 수 있는 불연속적인 양으로 재해석한 물리학 용어이다. 비탈길과 계단을 걸어 올라가는 것을 연상한다면 비탈길은 연속적인 것이고, 계단은 불연속적인 것이 된다. 전자가 핵 주변에 존재하는 영역도 허용된 불연속적인 에너지 상태에 있는 공간 영역에서만 가능하다.

■ 전자 껍질 (주양자수)

원자 내의 전자는 순차적으로 에너지 준위가 가장 낮은(핵에서 가까운) 상태로부터 높은 상태에 있는 오비탈에 채워진다. 왜냐하면 음전하를 가진 전자를 가장 단단히 묶어 놓을 수 있는 곳은 양전하를 가진 핵에서 가장 가깝게 위치한 영역이기 때문이다. 전자가 배치될 수 있는 영역을 핵에서 가까운 순서대로 1, 2, 3, …, n의 숫자를 매겨 **전자 껍질 (electron shell)** 이라 하는데, $n = 1, 2, 3$의 전자 껍질을 각각 K, L, M 껍질이라 부르기도 한다. 이때 n으로 표시되는 자연수값을 **주양자수 (principal quantum number)** 라고 한다 (**그림 1.1**).

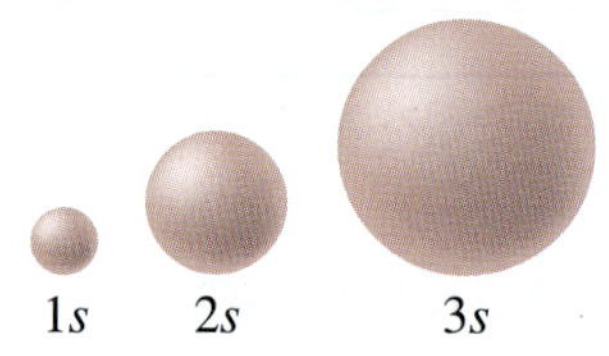

그림 1.1 $1s$, $2s$, $3s$ 오비탈. 에너지 준위는 $1s$ 오비탈이 가장 낮고, $3s$ 오비탈이 가장 높다.

■ 속껍질

전자 껍질은 s, p, d, f 오비탈이라 부르는 속껍질로 구성되어 있는데, 첫 번째 껍질 ($n = 1$) 인 K 껍질은 오직 $1s$ 오비탈 한 가지, 두 번째 껍질 ($n = 2$) 인 L 껍질은 $2s$와 $2p$ 오비탈, 세 번째 껍질 ($n = 3$) 인 M 껍질은 $3s$, $3p$, $3d$의 세 종류 오비탈로 구성되어 있다.

속껍질의 오비탈 중 s 오비탈은 공 모양이므로 방향성이 없어서 한 가지 형태만 있으나, 아령 모양의 p 오비탈의 경우 **그림 1.2**와 같이 x, y, z축에 수직으로 놓여 있는 세 방향성을 가진 p_x, p_y, p_z 세 종류가 있다 (d 오비탈은 다섯 가지의 형태가 있지만, 이 책에서는 언급하지 않는다). 따라서 두 번째 껍질인 L 껍질에는 $2s$, $2p_x$, $2p_y$, $2p_z$ 등 네 종류의 오비탈이 있게 된다 (**그림 1.3**).

원자 오비탈

s, p, d, f를 원자 오비탈 (atomic orbital) 이라 하며, 각각 기호는 sharp, principal, diffuse, fundamental의 약자로, 스펙트럼 선의 특징에 따라 붙여진 이름이며, 이들의 모양은 다음과 같다.

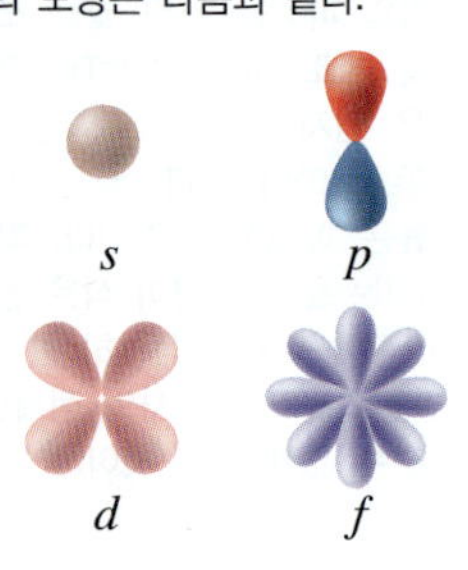

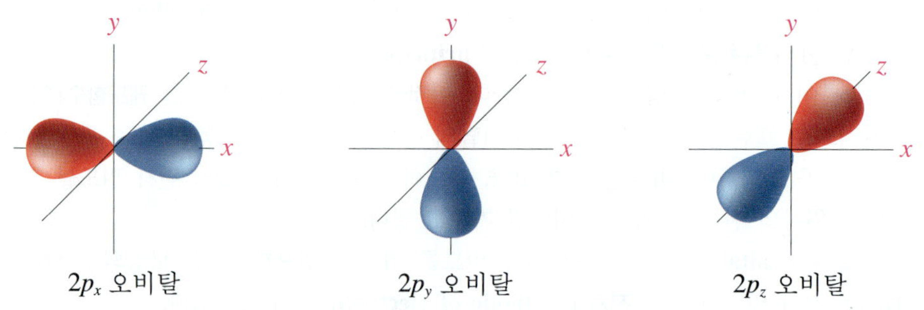

그림 1.2 $2p$ 오비탈의 세 가지 방향성. 이들은 서로 90°로 직교한 형태를 가지나, 같은 껍질 속에 있으므로 에너지 준위는 모두 동일하다.

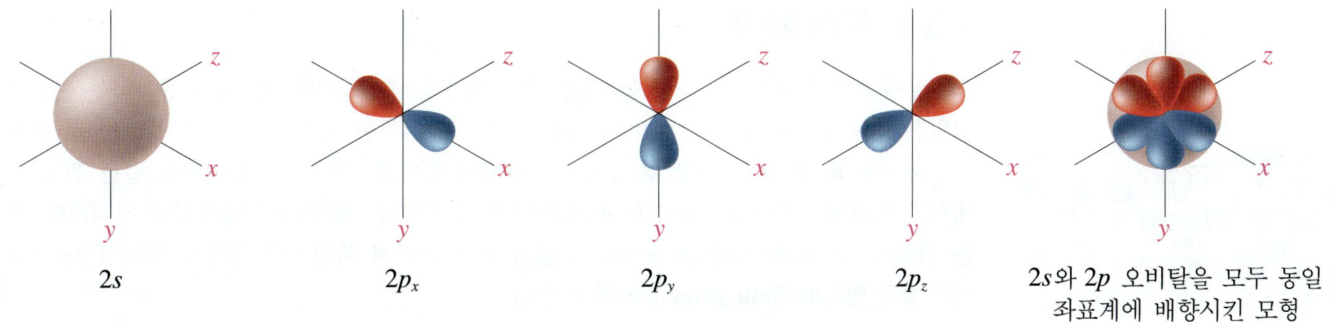

그림 1.3 L(n = 2) 껍질에 있는 오비탈.

■ 전자 껍질에 수용 가능한 전자수

오비탈 한 개에는 회전 방향이 서로 반대인 전자(스핀 양자수가 서로 반대인 전자)가 오직 두 개(한 쌍)만 들어갈 수 있다. 따라서 각 전자 껍질마다 전자를 수용할 수 있는 개수는 $2n^2$(n = 1, 2, 3, ⋯)개이다. 예를 들면, K 껍질(n = 1)에는 2개($1s^2$), L 껍질(n = 2)에는 8개($2s^2 2p^6$), M 껍질(n = 3)에는 18개의 전자를 수용할 수 있다. 동일한 오비탈에 두 개 이상의 전자는 수용할 수 없다는 이론을 **Pauli 배타 원리(Pauli exclusion principle)**라고 한다. 위에서 언급한 내용을 **표 1.1**에 정리하였다.

표 1.1 전자 껍질의 전자 분포

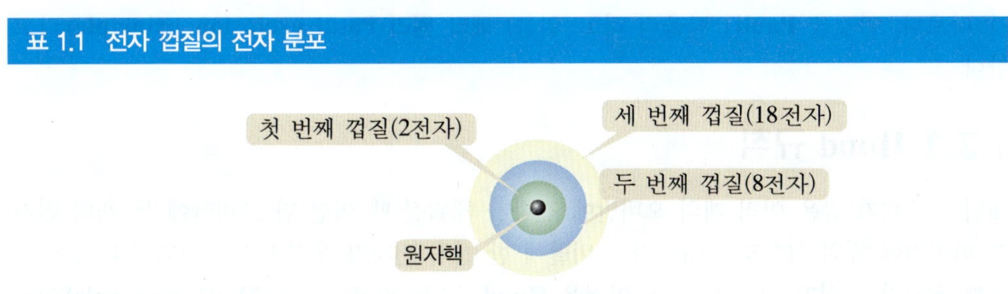

전자 껍질 n	껍질 내 오비탈의 수	수용 가능한 최대 전자수($2n^2$)	상대 에너지
3 (M)	3s 한 개 + 3p 세 개 + 3d 다섯 개	18 (= 2 + 6 + 10)	높음 ↑
2 (L)	2s 한 개 + 2p 세 개	8 (= 2 + 6)	
1 (K)	1s 한 개	2	낮음

1.3 전자 배치 순서

원자의 가장 낮은 에너지 상태(바닥 상태)의 전자 배치는 다음 세 가지 규칙에 따라 결정되는데, 가장 가까운 오비탈(에너지 준위가 가장 낮은 껍질)부터 순차적으로 채워진다.

[규칙 1] 쌓음 원리
[규칙 2] Pauli 배타 원리
[규칙 3] Hund 규칙

1.3.1 쌓음 원리

쌓음 원리

4*s* 오비탈은 3*d* 오비탈보다 에너지가 낮다.

오비탈에 전자가 채워지는 순서는 가장 낮은 에너지 상태로부터 에너지가 증가하는 순으로 채워진다. K, L, M 껍질 중 에너지 준위는 양으로 하전된 핵에 가장 가까이 있는 첫 번째 껍질($n = 1$; K 껍질)이 가장 낮고, K < L < M의 순으로 에너지가 증가한다. 같은 껍질 속에서의 에너지 준위는 $s < p < d < f$의 순이다. 즉, 전자는 첫 번째 껍질로부터 채워지며, 같은 껍질에서는 *s* 오비탈이 *p* 오비탈에 앞서 전자가 먼저 채워진다. 전자가 채워져 가는 순서를 **쌓음 원리(aufbau principle)** 라고 한다.

- **에너지 준위:** 전자 껍질: K < L < M < N
  속껍질: $s < p < d < f$
- **원자 오비탈의 상대적인 에너지:**
  $1s < 2s < 2p < 3s < 3p < 4s < 3d < 4p < 5s$
  $< 4d < 5p < 6s < 4f < 5d < 6p < 7s < 5f$

1.3.2 Pauli 배타 원리

Wolfgang Pauli (1900~1958): 오스트리아 태생 물리학자. Hamburg 대학과 Zürich 공과 대학(ETH) 교수 역임. Pauli 배타 원리 발견. 1945년 노벨 물리학상 수상.

Friedrich Hund (1896~1997): 독일 출신 물리학자. Göttingen 대학 교수 역임. Hund 규칙 발견.

한 개의 오비탈에는 두 개 이상의 전자가 존재할 수 없으며, 두 개의 전자도 동일한 에너지 상태에 있는 것이 아니라, 하나는 스핀 양자수가 $+\frac{1}{2}$, 다른 하나는 $-\frac{1}{2}$로서 에너지 상태가 다르다. 이것을 **Pauli** ('파울리' 라고 읽음) **배타 원리(Pauli exclusion principle)** 라고 한다.

1.3.3 Hund 규칙

에너지 준위가 같은 여러 개의 오비탈에 전자가 채워질 때 어떤 한 오비탈에 두 개의 전자가 한꺼번에 채워지는 것이 아니라 오비탈에 한 개씩 전자가 우선적으로 채워진 다음에 두 번째 전자가 들어가 짝을 이룬다. 이것을 **Hund** ('훈트' 라고 읽음) **규칙(Hund's rule)** 이라고 한다.

예를 들면, 여섯 개의 전자를 가지고 있는 탄소 원자의 경우 에너지 준위가 낮은 순서대로 1*s*와 2*s* 오비탈에 두 개씩 먼저 채워지고, 나머지 두 개의 전자는 p_x, p_y, p_z 중 한 오비탈에 한꺼번에 짝을 이뤄 모두 채워지는 것이 아니라 세 개의 오비탈에 분산되어 하나씩 먼저 채워진다. 이 경우 세 개의 2*p* 오비탈 중 한 오비탈은 전자가 없는 빈 오비탈이 된다.

Hund 규칙에 따라 한 개씩의 전자가 우선 채워진다

탄소의 전자 배치

1.3.4 원자가전자와 내부 전자

전자 배치에서 가장 바깥 전자 껍질에 배치되어 있는 전자를 **원자가전자(valence electron** 또는 **최외각 전자)** 라 하며, 그 안쪽에 채워져 있는 전자를 **내부 전자(internal electron)** 라고

표 1.2 1~2주기 원소의 전자 배치

주기	원자 번호	원소	전자 배치	원자가전자
1	1	H	$1s^1$	1
1	2	He	$1s^2$	2
2	3	Li	$1s^2 2s^1$	1
2	4	Be	$1s^2 2s^2$	2
2	5	B	$1s^2 2s^2 2p_x^1$	3
2	6	C	$1s^2 2s^2 2p_x^1 2p_y^1$	4
2	7	N	$1s^2 2s^2 2p_x^1 2p_y^1 2p_z^1$	5
2	8	O	$1s^2 2s^2 2p_x^2 2p_y^1 2p_z^1$	6
2	9	F	$1s^2 2s^2 2p_x^2 2p_y^2 2p_z^1$	7
2	10	Ne	$1s^2 2s^2 2p_x^2 2p_y^2 2p_z^2$	8

* 붉은색 표시 전자를 내부 전자라고 한다.

한다. 주기율표에서 1주기와 2주기 원소들은 s 오비탈과 p 오비탈만 가지고 있으며, 대부분의 유기 화합물은 이들 주기에 속한 원소들로 이루어져 있다. 이들 원소의 전자 배치를 나타내면 **표 1.2**와 같다. 2주기 원소의 전자 배치에서 내부 전자는 첫 번째 전자 껍질(K 껍질)에 들어 있는 전자들이고, 원자가전자는 두 번째 껍질(L 껍질)에 들어 있는 전자들이다. 예를 들면, Li(리튬)의 원자가전자수는 한 개이고, C(탄소)의 원자가전자 수는 네 개이며, F(플루오린)의 원자가전자수는 일곱 개이다.

예제 1.2 다음 원소들의 원소 기호와 바닥 상태에서의 전자 배치를 쓰시오. 또한 각 원소의 원자가전자수는 몇 개인가?

a. 마그네슘 **b.** 염소

풀이

a. Mg (원자 번호 12): $1s^2 2s^2 2p_x^2 2p_y^2 2p_z^2 3s^2$. 원자가전자수: 2개(내부 전자: $1s^2 2s^2 2p^6$)

b. Cl (원자 번호 17): $1s^2 2s^2 2p_x^2 2p_y^2 2p_z^2 3s^2 3p_x^2 p_y^2 3p_z^1$. 원자가전자수: 7개(내부 전자: $1s^2 2s^2 2p^6$)

문제 1.2 다음 이온의 전자 배치를 쓰시오.

a. Na^+ **b.** Mg^{2+} **c.** O^{2-}

1.4 화학 결합과 팔전자 규칙

원자 또는 원자단이 서로 전자를 주고받아 안정한 집합체(분자)를 형성하는 결합을 **화학 결합(chemical bond)**이라고 한다. 불활성 기체(inert gas)를 제외한 모든 기체는 같은 원소끼리 결합하여 홑원소 물질(예: H_2, O_2, N_2 등)을 만들며, 두 개 이상의 원소들이 화학 결합할 경우 화합물(예: H_2O, CH_4, NH_3)을 만든다.

원자가 화학 결합을 할 때 참여하는 전자는 각 원자의 원자가전자이며, 이들 사이에서 전자를 주고받거나 공유함으로써 모든 화학 결합이 He을 제외하고 모두 최외각 껍질에 여덟 개의 전자를 가진 VIIIA족(불활성 기체)의 전자 배치를 가지도록 결합을 형성한다. 이것은 불활성 기체가 매우 안정하기 때문이다. 예를 들어, 1주기 원소인 수소는 최외각 껍질에 두 개의 전자를 가진 헬륨 구조를 갖도록 결합에 참여하고, 2주기 원소들은 최외각 껍질에 여

홑원소 물질(simple substance)
한 가지 원소로만 구성되어 있고 고유한 화학적 성질을 가진 물질.
예) H_2, O_2, 흑연, 철 등

화합물(compound)
두 가지 이상의 원소가 일정한 조성으로 화학 결합하여 만들어진 물질.
예) H_2O, CH_4, CO_2 등

덟 개의 전자를 가진 네온의 전자 구조를 갖도록 결합에 참여한다. 이와 같이 분자를 구성하는 각각의 원자는 최외각 껍질에 여덟 개의 전자가 있을 때 가장 안정한 상태가 된다는 화학 이론을 **팔전자 규칙(octet rule)**이라고 한다.

1.5 이온 결합과 공유 결합

1.5.1 이온 결합

이온 결합(ionic bond)은 결합하는 원소 사이에 전자를 잃거나 얻어 팔전자 규칙을 만족하는 결합이다. 이때 전자를 잃는 원소는 양이온이 되고, 전자를 얻는 원소는 음이온이 되어, 이들 사이의 정전기적 인력에 의해 결합이 이루어진다. 이 결합은 LiF, LiCl, NaCl 등과 같이 원자가전자가 한 개인 IA족 원소(알칼리 금속)와 일곱 개인 VIIA족 원소(할로젠 원소) 사이에서 주로 이루어진다. 이 경우 IA족 원소는 양이온으로, VIIA족 원소는 음이온으로 작용한다.

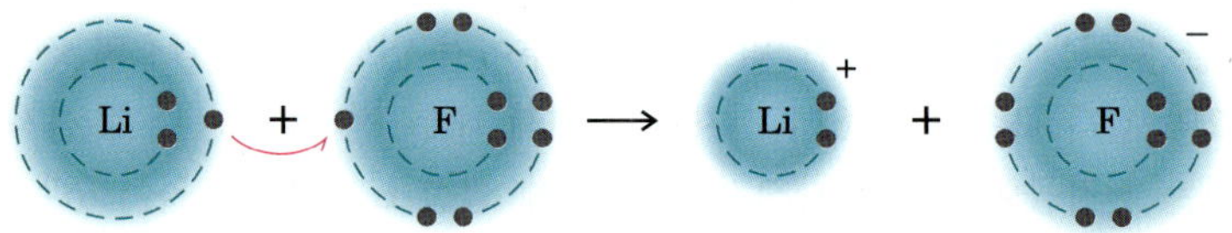

1.5.2 공유 결합

공유 결합(covalent bond)은 결합에 참여하는 두 핵 사이에 전자를 공유하여 팔전자 규칙을 만족시키는 결합이다. 이 결합은 주기율표의 IIA족과 VIIA족 사이에 속한 원소들 사이의 결합에서 자주 일어난다. IA족 원소 중 수소는 두 원자가 원자가전자를 서로 공유하여 He(헬륨) 전자 구조를 형성한다. 공유 결합은 다른 원소들 사이뿐만 아니라 질소, 산소, 할로젠 원소 등과 같이 동일한 원소들 사이에서도 원자가전자를 공유함으로써 팔전자 규칙을 만족시켜 결합이 일어난다. 몇 가지 공유 결합의 예를 **표 1.3**에 나타내었다. 또한, 원자들이 몇 개의 공유 결합을 할 수 있는가는 다음 사항을 참고하면 편리하다.

• 원자가전자수가 한 개, 두 개, 세 개이면 같은 수의 공유 결합을 할 수 있다.

예 H—H (H_2): H의 원자가전자가 한 개이므로 한 개의 공유 결합을 함.
H—Be—H (BeH_2): Be의 원자가전자가 두 개이므로 두 개의 공유 결합을 함.
BH_3: B의 원자가전자가 세 개이므로 세 개의 공유 결합을 함.

표 1.3 몇 가지 공유 결합의 예

원소	원자가전자수	공유 결합의 수	예
H	1	1	H_2
Li	1	1	LiH
Be	2	2	BeH_2
B	3	3	BH_3
C	4	4	CH_4
N	5	3+ 비공유 전자쌍 한 개	NH_3
O	6	2+ 비공유 전자쌍 두 개	H_2O

• 원자가전자가 네 개 이상인 경우는 다음 식과 같은 공유 결합의 수를 가진다.
(공유 결합의 수) = 8 − (원자가전자수)

예 탄소 = 8 − 4 = 4: CH_4, $CHCl_3$
질소 = 8 − 5 = 3: NH_3
산소 = 8 − 6 = 2: H_2O

• 공유 결합에 참여하지 않는 전자쌍을 **비공유 전자쌍(unshared electron pair 또는 lone-pair electron)**이라 하는데, 2주기 원소가 네 개 이하의 결합의 수를 가질 경우 이 전자쌍이 존재하게 된다.

배위 결합(Coordinated bond)
NH_4^+는 NH_3에 있는 질소의 비공유 전자쌍에 H^+가 배위하여 팔전자 규칙을 만족시킨 결합 형태이다. 이와 같이 두 원자가 공유 결합을 할 때 공유 전자를 한 쪽 원자에서만 제공하는 결합 형태를 **배위 결합**이라고 한다.

1.6 Lewis 구조와 형식 전하

1.6.1 Lewis 구조

Lewis('루이스'라고 읽음) **구조(Lewis structure)**란 원자가전자를 원자 기호 주변에 점 또는 실선으로 나타내어 화학 결합을 보여 주는 방식을 말하며, **Lewis 구조식**이라고도 한다. 화학 결합에서 Lewis 구조는 원자들이 어떤 모습으로 결합하여 팔전자 규칙을 만족시키는지를 간편하게 보여 준다. 따라서 화학 결합을 Lewis 구조로 나타내는 능력은 유기화학을 배우는 데 필요한 매우 중요한 기초 배움이다.

원자가전자를 간단히 표시하는 방법으로 **Lewis 점 구조(Lewis dot structure)**를 흔히 사용한다. 이것은 원소의 동서남북 방향에 원자가전자의 개수를 점을 찍어 나타내고, 각 방향에 두 개씩, 총 여덟 개의 전자를 나타내는 방법이다(**표 1.4 참조**).

Gilbert N. Lewis (1875~1946): 미국 출신 물리 화학자. MIT와 UC, Berkeley 대학 교수 역임. 중수를 처음 만들었고 공유 결합과 원자가전자를 나타내는 Lewis 점 구조식 및 산-염기 개념의 발전에 크게 공헌함. 노벨 화학상 후보로 41번이나 지명되었으나 수상하지 못한 불운을 겪음.

표 1.4 Lewis 점 구조로 나타낸 원자가전자

1A	2A	3A	4A	5A	6A	7A	8A
H·							He:
Li·	Be:	Ḃ:	·Ċ:	·N̈:	:Ö:	:F̈:	:N̈e:
Na·	Mg:	Ȧl:	·Ṡi:	·Ṗ:	:S̈:	:C̈l:	:Ä̤r:

Lewis 구조를 그릴 때는 다음 규칙을 적용한다.

[규칙 1] 원자가전자만 그린다.
[규칙 2] 수소와의 결합에는 두 개의 전자가 나타나도록 그린다(Lewis 구조에서의 실선은 공유 전자쌍을 나타낸다).
[규칙 3] 2주기 원소들과의 결합에는 비공유 전자쌍을 포함하여 팔전자계를 이루도록 한다.

H_2 H· + ·H ⟶ H:H 또는 H—H

Cl_2 :C̤̈l· + ·C̤̈l: ⟶ :C̤̈l:C̤̈l: 또는 :C̤̈l—C̤̈l:

CH_4 ·Ċ· + 4H· ⟶ H:C:H (위아래 H) 또는 H—C—H (위아래 H)

여러 개의 루이스 구조가 가능한 경우 구성 원자의 형식 전하가 최소화되도록 그린다.

■ Lewis 구조 그리기 요령

[단계 1] 중심 원자를 결정한다. 세 개 이상의 원자들로 구성된 분자의 경우 보통 전기음성도가 가장 낮은 원자가 중심 원자가 된다.

[단계 2] 중심 원자의 외각에 결합에 참여할 각 원자들을 배치한다. 이때 결합의 수가 1인 수소와 할로젠 원자는 항상 최외각에 배치한다.

[단계 3] 결합에 참여할 모든 원자에 대한 원자가전자수를 헤아린다(총 원자가전자수, A). 이온인 경우 음전하와 양전하는 하전된 전하의 개수만큼 추가하거나 빼준다.

[단계 4] 중심 원자와 단계 1과 2에서 배치된 원자 사이에 결합 전자쌍을 그려 넣어, 결합 원자가전자수(B)를 헤아리고, 이를 총원자가전자수(A)로부터 빼내 잉여 원자가전자수(C)를 계산한다(A − B = C).

[단계 5] 잉여 원자가전자(C)를 팔전자 규칙을 충족하도록 외각 원자에 배치하고 나머지 잉여 전자수를 계산한다.

[단계 6] 단계 5에서 사용하고 남은 전자를 중심 원자에 배치한다.

[단계 7] 단계 6에서 중심 원자가 팔전자 규칙을 만족시키지 못하는 경우 외각 원자에 있는 비공유 전자쌍을 움직여 이중 결합 또는 삼중 결합을 만든다.

단 계	예 1 C_2H_2	예 2 ClO_2^-
1) 중심 원자와 원자 배치 (단계 1과 2)	H C C H	O Cl O
2) 총 원자가전자수(A)의 계산: (단계 3)	2C (2×4) + 2H (2×1) = 10	1Cl (1×7) + 2O (2×6) + 1e (1×1) = 20
3) 총 잉여 원자가전자수(C)의 계산 A−B = C (단계 4)	H:C:C:H 10−6 = 4	O:Cl:O 20−4 = 16
4) 잉여 전자의 재배치 (단계 5)	H:C̤̈:C:H 4−4 = 0	:Ö:Cl:Ö: 16−12 = 4
5) 중심 원자에 배치할 전자수(단계 6)	0	:Ö:C̤̈l:Ö: 4−4 = 0
6) 다중 결합 생성 (단계 7)	H:C̤̈:C:H H—C≡C—H	불필요
7) 최종 Lewis 구조	H:C⋮⋮C:H 또는 H—C≡C—H	[:Ö:C̤̈l:Ö:]⁻

예 3 CH_4와 NH_3의 Lewis 구조식

·Ċ· + 4H· ⟶ H:C:H (위아래 H)
Methane(CH_4)

3H· + ·Ṅ· ⟶ H:N:H (위 H)
Ammonia(NH_3)

예 4 H_2O와 CH_2Cl_2의 Lewis 구조식

2 H· + ·Ö: ⟶ H:Ö: (아래 H)
물(H_2O)

$$H:\!\overset{\ddot{Cl}}{\underset{\ddot{Cl}}{C}}\!:H \longrightarrow H:\!\overset{\ddot{Cl}}{\underset{\ddot{Cl}}{C}}\!:H \longrightarrow H-\overset{Cl}{\underset{Cl}{C}}-H \longrightarrow CH_2Cl_2$$

예제 1.3 Lewis 구조식을 그리시오.

a. CH_3OH **b.** $HC\equiv CH$

풀이

a.
$$\cdot\dot{\underset{\cdot}{C}}\cdot + \cdot\ddot{\underset{\cdot}{O}}: + 4H\cdot \longrightarrow H:\overset{H}{\underset{H}{C}}:\ddot{\underset{H}{O}}: \longrightarrow H:\overset{H}{\underset{H}{C}}:\ddot{\underset{H}{O}}: = H-\overset{H}{\underset{H}{C}}-\ddot{\underset{\cdot\cdot}{O}}-H$$

b.
$$2\cdot\dot{\underset{\cdot}{C}}\cdot + 2H\cdot \longrightarrow H:C\vdots\vdots C:H \longrightarrow H:C\vdots\vdots C:H = H-C\equiv C-H$$

■ 팔전자 규칙의 예외

베릴륨(Be), 붕소(B)와 같이 주기율표의 IIA족과 IIIA족에 속한 원소들은 원자가전자가 부족하여 팔전자계를 만들 수 없다. BeH_2와 BF_3의 경우 중심 원자 주위에 각각 네 개와 여섯 개의 전자만 가지고 있다.

$$H-Be-H \qquad\qquad \text{:}\ddot{F}\text{:}-B(-\ddot{F}\text{:})_2$$

황(S), 인(P)과 같은 3주기에 속한 원소들은 추가적으로 빈 *d* 오비탈에 전자가 들어갈 수 있기 때문에 여덟 개 이상의 전자를 가질 수 있다.

예

S 주위의 10개 전자

$$CH_3-\overset{:O:}{\overset{\|}{\underset{\cdot\cdot}{S}}}-CH_3$$

S 주위의 12개 전자

$$H\ddot{\underset{\cdot\cdot}{O}}-\overset{:O:}{\overset{\|}{\underset{\underset{:O:}{\|}}{S}}}-\ddot{\underset{\cdot\cdot}{O}}H$$

1.6.2 형식 전하

Hydronium(하이드로늄) 이온(H_3O^+), ammonium(암모늄) 이온(NH_4^+), carbonate(탄산 음이온, CO_3^{2-}) 등과 같은 다원자 이온을 Lewis 구조로 나타내었을 경우 구성 원자 중 어느 원자가 양전하 또는 음전하를 띠고 있는지 알 수 없다. **형식 전하(formal charge)**란 Lewis 구조식의 각 원자에 부과된 전하량을 지칭한다. 형식 전하는 다음과 같은 식으로부터 계산된다. 이 계산은 모든 구성 원자에 대하여 수행되어야 한다.

형식 전하는 결합된 원자의 실제 전하와 일치하는 경우도 있고 그렇지 않은 경우도 있다.

• **형식 전하** = (원자가전자수) − [비공유 전자수 + $\frac{1}{2}$(공유 전자수)]

예 1 H_3O^+의 형식 전하

$$\left[H-\ddot{\underset{\underset{H}{|}}{O}}-H\right]^+$$

O 원자의 형식 전하 $= 6-[2+\frac{6}{2}] = +1$

H 원자의 형식 전하 $= 1-[0+\frac{2}{2}] = 0$

H_3O^+의 전체 형식 전하 $= (+1)+0 = +1$

예 2 NH_4^+의 형식 전하

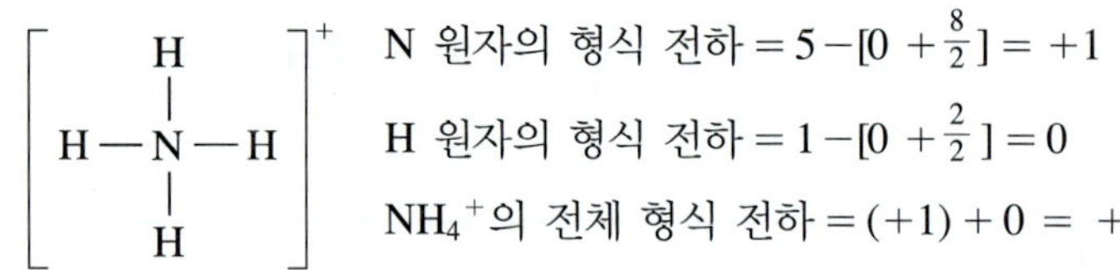

N 원자의 형식 전하 $= 5 - [0 + \frac{8}{2}] = +1$

H 원자의 형식 전하 $= 1 - [0 + \frac{2}{2}] = 0$

NH_4^+의 전체 형식 전하 $= (+1) + 0 = +1$

예 3 CO_3^{2-}의 형식 전하

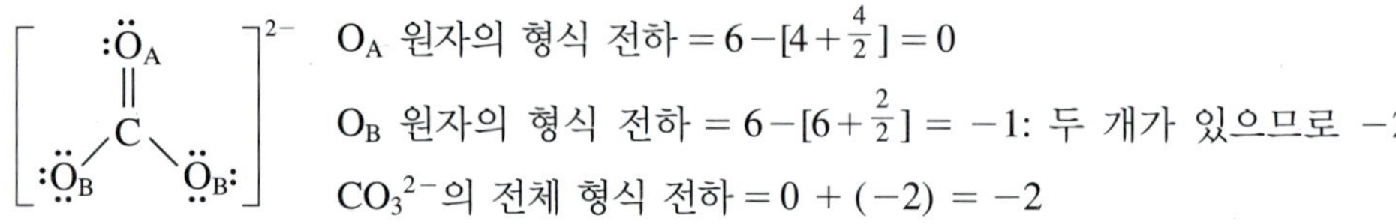

O_A 원자의 형식 전하 $= 6 - [4 + \frac{4}{2}] = 0$

O_B 원자의 형식 전하 $= 6 - [6 + \frac{2}{2}] = -1$: 두 개가 있으므로 -2

CO_3^{2-}의 전체 형식 전하 $= 0 + (-2) = -2$

문제 1.3 다음 화학종의 Lewis 구조식을 그리고, 각 성분 원소의 형식 전하를 구하시오.

a. CO_2 **b.** HCO_2H **c.** HBr **d.** $\overset{+}{C}H_3$ **e.** CH_3O^- **f.** SO_4^{2-} **g.** ClO_3^-

1.7 결합 오비탈 : 시그마 결합과 파이 결합

원자와 원자 사이의 공유 결합은 각 원자 오비탈에 있는 전자들이 관여하여 이들 원자 오비탈이 겹쳐지는 **겹침(overlap**, 또는 **중첩)** 현상을 의미한다. 예를 들어, 수소 원자는 1*s* 오비탈에 있는 전자 한 개가 다른 수소 원자의 1*s* 오비탈에 있는 전자 한 개와 *s*−*s* 오비탈 겹침으로 결합하여 수소 분자 오비탈을 형성한다. 이와 같은 결합은 전자들이 결합축을 기준으로 대칭적으로 놓여 있는데, 이런 결합을 **시그마(σ) 결합(sigma bond)**이라고 한다. 시그마 결합은 *s* 오비탈과 *p* 오비탈 겹침에서도 일어날 수 있으며, *p* 오비탈과 *p* 오비탈 겹침에서도 일어날 수 있는데, 후자의 경우 *p* 오비탈이 오직 같은 축에서 겹칠 때만 가능하다. *p* 오비탈과 *p* 오비탈이 같은 축에서 겹치지 않고 옆겹침(수평 겹침)이 일어나 생성된 결합을 **파이(π) 결합(pi bond)**이라고 한다.

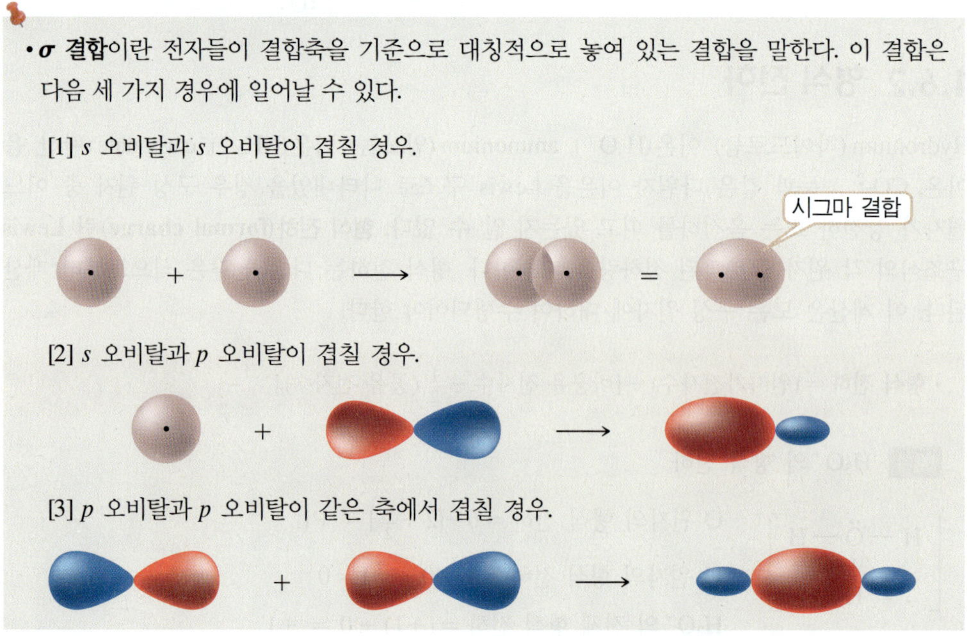

• **π 결합**이란 p 오비탈과 p 오비탈 사이의 옆겹침이 일어나 만들어진 결합을 말한다.

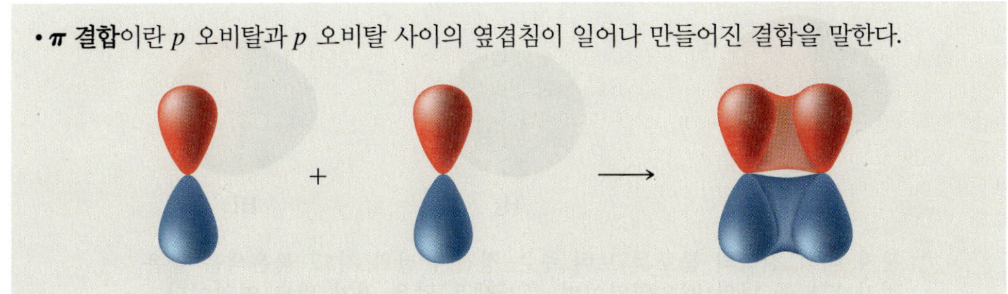

1.8 전기음성도와 결합 극성

전기음성도(Electronegativity)란 화학 결합을 이루고 있는 원자 사이에서 상대편 원자가 공유하고 있는 전자를 끌어당기는 힘의 척도를 의미한다. 가장 많이 사용되는 이 척도를 나타내는 표는 1930년경 **Linus Pauling**('라이너스 폴링'이라고 읽음)에 의해 제안되었다(**표 1.5**). 이 표에 의하면 전기음성도가 가장 큰 원자는 플루오린(F)으로서, 그 척도는 4.0이고, 나머지 원자들에 대한 척도는 이 값을 기준으로 0과 4 사이에서 상대적으로 부여되었다. 이 표에서 전기음성도값은 주기율표에서 같은 주기에 있는 원소는 왼쪽에서 오른쪽으로 갈수록, 같은 족에 있는 원소는 아래쪽에서 위쪽으로 갈수록 증가한다. 왼쪽에서 오른쪽으로 갈수록 값이 증가하는 것은 핵의 양전하가 증가하여 원자가전자를 끄는 힘이 점차 강해지기 때문이고, 아래쪽에서 위쪽으로 갈수록 증가하는 것은 원자 반지름이 점차 작아져 핵과 원자가전자 사이의 거리가 가까워지기 때문이다.

Linus Pauling(1901~1994): 미국 태생 화학자. 양자화학 및 분자 생물학을 창시한 과학자. Caltech과 Stanford 대학 교수 역임. 1954년 화학 결합과 분자 구조에 관한 업적으로 노벨 화학상 수상. 1962년에는 핵무기 군축에 대한 업적으로 노벨 평화상 수상.

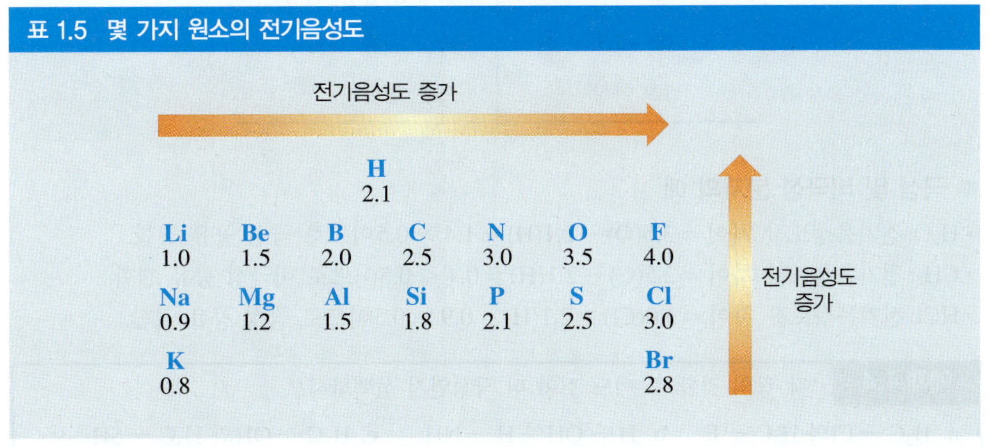

표 1.5 몇 가지 원소의 전기음성도

			H 2.1			
Li 1.0	Be 1.5	B 2.0	C 2.5	N 3.0	O 3.5	F 4.0
Na 0.9	Mg 1.2	Al 1.5	Si 1.8	P 2.1	S 2.5	Cl 3.0
K 0.8						Br 2.8

전기음성도값은 화학 결합, 특히 공유 결합에서 공유하고 있는 전자가 두 핵 사이에 균등하게 배분되어 있는가 아니면 불균등하게 배분되어 있는가를 나타내는 지표로 사용된다. 예를 들어, 수소-수소 또는 염소-염소와 같이 동일한 원자끼리 결합한 공유 결합의 경우는 전자를 당기는 힘이 같으므로 공유된 전자는 두 핵으로부터 동일한 위치에 균등하게 배분된 상태로 있지만, HF처럼 전기음성도의 차이가 큰 원자끼리 공유 결합을 하고 있는 분자의 경우는 공유된 전자가 전기음성도가 더 큰 플루오린 쪽으로 치우쳐 있게 된다. 이와 같이 전하가 분리된 현상을 **극성(polarity)**이라 하고, 이런 결합은 **쌍극자(dipole**, 또는 **이중극자**라고 함)를 만들어낸다.

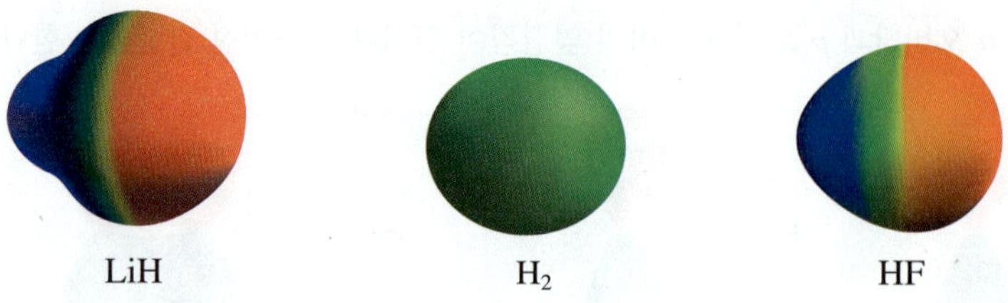

분자 내의 전하의 분포를 보여 주는 정전기 전위 지도. 붉은색은 높은 전자 밀도를 나타내는 영역이며, 푸른색은 낮은 전자 밀도 영역이다.

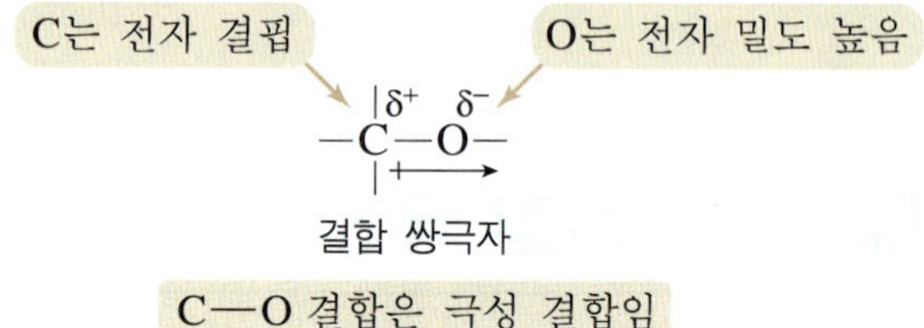

- δ^+는 부분 양전하를 나타낸다.
- δ^-는 부분 음전하를 나타낸다.

쌍극자 모멘트(D)
전하가 결합 원자 사이에서 (+)극과 (−)극으로 분리되어 있는 것을 쌍극자라고 하는데, 이 값의 크기는 각 극(말단)의 전하량과 결합 길이를 곱한 것과 같으며, 그 값은 이 이론을 제안한 화학자의 이름인 Debye(약자로 D)값으로 나타낸다. 이 값은 결합이 얼마나 극성인가를 나타내는 지표로 사용된다. 몇 가지 결합의 D값은 다음과 같다. H—C: 0.4, H—N: 1.3, H—O: 1.5, H—I: 0.4, C—C: 0, C—O: 0.5, C—F: 1.6, C—I: 1.2, C=O: 2.3~2.9(알데하이드 및 케톤), C≡N: 3.4

쌍극자의 크기는 **쌍극자 모멘트(dipole moment)**로 계산되는데, D(데바이, Debye)값으로 표현된다. 극성이 없으면 이 값은 0이 되고, 이 값이 커질수록 극성이 강하다.

한편, 결합 원자 사이의 전기음성도값 차이를 기준으로 결합의 형태가 극성인지, 비극성인지 또는 이온성인지를 구분하기도 한다.

전기음성도 차이	결합 형태
0.5 이하	비극성 공유 결합
0.5 ~ 1.9	극성 공유 결합
1.9 이상	이온 결합

■ 극성 및 비극성 분자의 예

- H_2O: 전기음성도값 차이 = 3.5(O) − 2.1(H) = 1.4 > 0.5이므로 극성 공유 결합.
- CH_4: 전기음성도값 차이 = 2.5(C) − 2.1(H) = 0.4 < 0.5이므로 비극성 공유 결합.
- HCl: 전기음성도값 차이 = 3.0(Cl) − 2.1(H) = 0.9 > 0.5이므로 극성 공유 결합.

예제 1.4 각 쌍의 결합 중 어느 것이 더 극성인지 선택하시오.

a. H_3C—Cl와 H_3C—F **b.** H—OH와 H—NH_2 **c.** H_3C—OH와 H_3C—SH

풀이

a. C—Cl와 C—F 사이의 전기음성도값의 차이를 비교하면 각각 0.5와 1.5이다. 따라서 C—F의 결합이 더 극성이다.

b. H—O와 H—N 사이의 전기음성도값의 차이를 비교하면 각각 1.4와 0.9이다. 따라서 H—O의 결합이 더 극성이다.

c. C—O와 C—S 사이의 전기음성도값의 차이를 비교하면 각각 1.0과 0이다. 따라서 C—O의 결합이 더 극성이다.

문제 1.4 각 결합의 전하 상태를 δ^+와 δ^-로 나타내시오.

a. C—Cl **b.** H—Br **c.** C—Li **d.** C—O **e.** H_2O

1.9 공명 구조

원자가 놓인 위치는 같으나 전자의 배열 위치만 다르게 나타낸 구조를 **공명 구조(resonance structure)**라고 한다. 예를 들어, 벤젠 A와 B의 구조는 구성 원자인 탄소와 수소의 위치는 같으나 탄소-탄소 이중 결합의 위치가 다르다. 그러나 이 두 개의 공명 구조는 어느 것도 벤젠의 실제 구조를 나타내지 못한다. 실제 구조는 A와 B가 혼성된 구조이다(이를 **공명 혼성체**라고 한다.). 그 증거의 하나로서 벤젠의 여섯 개 탄소-탄소 결합의 길이는 모두 같은 1.39 Å으로서, 탄소-탄소 단일 결합의 길이인 1.47 Å과 탄소-탄소 이중 결합의 길이인 1.34 Å의 사이에 있다. 이들 공명 구조는 **양쪽머리 화살표**(⟷)로 나타내며, 평형을 나타내는 ⇌ 표시와는 구별하여 사용한다. 벤젠의 공명 구조에 대해서는 7장에서 보다 상세히 논의할 것이다.

공명 이론은 한 개의 Lewis 구조식만으로는 실제 구조를 나타낼 수 없는 단점을 보완하기 위해서 도입된 이론으로, Linus Pauling에 의해 처음으로 소개되었다.

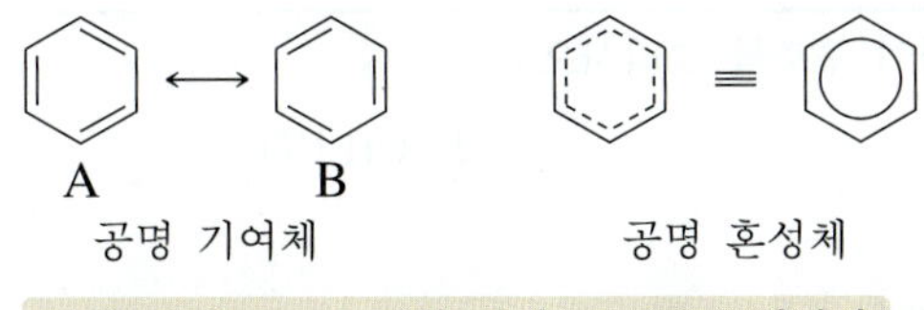

여섯 개의 C—C 결합 길이는 모두 동일하다

공명 이론을 정리하면 다음과 같다.

- 공명 구조는 분자나 이온의 실제 구조를 나타낸 것이 아니다. 실제 구조는 **공명 혼성체(resonance hybrid)**로서 나타낸다.
- 공명 구조는 서로 평형 관계가 아니다.
- 공명 구조는 서로 이성질체가 아니다. 이성질체는 원자와 전자의 배열이 모두 다르다.

공명 현상의 특징

- 전자의 밀도가 한 원자에 몰려 있는 것[**편재화(localization)**되어 있다고 말함]이 아니라 전체 분자 또는 이온에 분산되어[**비편재화(delocalization)**되었다고 말함] 있어 전체적으로 안정성이 증가한다.
- 둘 이상의 공명 구조를 가지고 있는 분자 또는 이온을 일컬어 **공명 안정화(resonance stabilization)**되어 있다고 말한다.
- 공명에 참여하는 공명 구조를 **공명 기여체(resonance contributor)**라고 하는데, 공명 기여체가 많을수록 그 분자나 이온의 안정도는 더욱 증가한다.

공명 기여체 구조 중 모든 구성 원자가 팔전자 규칙을 만족하는 기여체를 큰 기여체라 하고, 그렇지 않은 경우를 작은 기여체라 한다. 화합물의 실제 구조는 큰 기여체와 비슷하다.

$H_2C{=}N^+H_2 \longleftrightarrow H_2C^+{-}\ddot{N}H_2$

$H_2C{=}O \longleftrightarrow H_2C^+{-}\ddot{O}:^-$

큰 기여체 (팔전자 규칙 만족) 작은 기여체

공명 구조를 올바르게 그리는 방법

[1] 모든 공명 구조는 Lewis 구조의 조건을 만족시켜야 한다.

탄산음이온의 공명 기여체

탄산음이온의 정전기 전위 지도: (−) 전하가 세 개의 산소 원자에 균등하게 분포되어 있음을 보여 준다.

[2] 이중 결합 또는 삼중 결합에 참여하는 전자쌍 또는 비공유 전자쌍의 위치만 달라지고 원자나 단일 결합의 전자 위치는 변하지 않는다. 전자쌍의 이동은 굽은 화살표로 나타낸다.

탄산음이온(carbonate)의 공명 기여체

[3] 모든 공명 구조는 짝지어진 전자수와 짝지어 있지 않은 전자(홀전자)수가 같아야 한다.

홀전자

A B C 홀전자

A와 B는 공명 구조이나 C는 A와 B의 공명 구조가 아니다(A와 B는 홀전자가 없다)

예제 1.5 공명 기여 구조를 그리시오.

a. NO_3^- **b.** $CH_3CO_2^-$

풀이

a. NO_3^- 원자가전자수

1N, 1 × 5 = 5

3O, 3 × 6 = 18

(−) 전하 = 1

전체 = 24

N은 결합의 수가 3이므로, 24개의 전자가 세 군데 위치에서 O와 팔전자 규칙을 배치하는 Lewis 구조식을 그린 후 공명 기여 구조를 그린다.

b. $CH_3-C(=O)-O^- \longleftrightarrow CH_3-C(-O^-)=O$

문제 1.5 공명 구조를 그리시오.

a. $H-CH^{+}-CH=CH-H$ **b.** (cation ring) **c.** CH_2N_2 **d.** $\bar{C}H_2CHO$ **e.** H_2SO_4

1.10 분자의 모양

Lewis 구조는 원자들이 어떻게 결합하고 있는지는 알려 주지만 결합하여 만들어진 분자의 모양에 대해서는 아무런 정보를 주지 않는다. 분자의 모양을 결정하는 두 요소는 **결합 길이(bond length)**와 **결합각(bond angle)**이다.

1.10.1 결합 길이

결합 길이(bond length)는 결합하는 두 핵 사이의 평균 거리이다. 보통 Å(1 Å = 1 × 10^{-10} m)으로 나타낸다. 주기율표상에서 결합 길이는 다음과 같은 경향이 있다.

길이 단위
(SI 단위)
μm (micrometer) = 10^{-6} m
nm (nanometer) = 10^{-9} m
pm (picometer) = 10^{-12} m
fm (femtometer) = 10^{-15} m

(비 SI 단위)
Å (angstrom) = 10^{-10} m
micron = micrometer

• 같은 주기에서 오른쪽으로 갈수록 결합 길이는 감소한다.

← 결합 길이의 증가

C—H(1.09 Å) > N—H(1.01 Å) > O—H(0.96 Å)

• 다중 결합이 될수록(결합 세기가 클수록) 결합 길이는 짧아진다.

← 결합 길이의 증가

C—C(1.54 Å) > C═C(1.34 Å) > C≡C(1.21 Å)

• 같은 족에서는 주기가 커질수록 원자의 크기가 증가하면서 결합 길이도 증가한다.

결합 길이의 증가 →

H—F(0.92 Å) < H—Cl(1.27 Å) < H—Br(1.41 Å)

C—F(1.33 Å) < C—Cl(1.77 Å) < C—Br(1.94 Å) < C—I(2.13 Å)

1.10.2 결합각

결합각(bond angle)이란 두 원자(또는 원자단) 이상이 결합하여 만들어진 분자에서 결합을 이루는 원자간의 각도를 말한다. **표 1.6**에 몇 가지 간단한 분자의 기하학적 구조를 나타내었다.

비공유 전자쌍을 포함하여 특정 원자와 결합하고 있는 원자단은 전자들의 반발력을 최소화하기 위하여 가능한 한 서로 멀리 떨어져 있으려고 한다. 이것을 **원자가전자쌍 반발 이론(valence shell electron-pair repulsion model, VSEPR)**이라고 한다. 이것은 비공유 전자쌍을 포함하여 결합에 참여한 원자가전자쌍들이 음전하를 띤 공간을 가지고 있기 때문이다.

Methane(메테인, CH_4) 분자는 탄소가 정사면체의 중심에 있고, 정사면체의 꼭짓점에 있는 수소 원자와 결합하고 있는 모양을 가지고 있다. 이것은 네 개의 탄소-수소 결합 전자쌍이 반발력을 최소화시키는 구조이다. 이 결과 탄소 원자와 수소 원자 사이의 결합각은 109.5°를 이루게 된다. 만약에 결합 전자쌍 반발력이 없다면 메테인 분자는 결합각이 90°인 사각 평면형으로 예상되지만, 실제로 이러한 기하학적 구조는 생기지 않는다.

표 1.6 몇 가지 유기 분자의 모양

화합물	구조식	전자쌍 반발력	전자쌍 배열	분자 모양	입체 모형
Methane (CH_4)	109.5° H–C(–H)(–H)–H 109.5° 109.5° 109.5°	4C—H 결합 전자쌍	사면체	정사면체형	
물 (H_2O)	105° H–Ö–H	2O—H 결합 전자쌍+ 두 개의 비공유 전자쌍	사면체	굽은형	
Ammonia (NH_3)	107° H–N̈(–H)–H	3N—H 결합 전자쌍+ 한 개의 비공유 전자쌍	사면체	삼각 피라미드형	
Boron trifluoride (BF_3)	120° F–B(–F)–F	3B—F 결합 전자쌍	삼각 평면	삼각 평면형	
Formaldehyde (CH_2O)	120° H₂C=Ö:	2C—H 결합 전자쌍+ 1C=O 결합 전자쌍	삼각 평면	삼각 평면형	
Ethene (C_2H_4)	120° H₂C=CH₂	2C—H 결합 전자쌍+ 1C=C 결합 전자쌍	삼각 평면	삼각 평면형	
Ethyne (C_2H_2)	180° H–C≡C–H	1C—H 결합 전자쌍+ 1C≡C 결합 전자쌍	선형	선형	
Carbon dioxide (CO_2)	180° O=C=O	2C=O 결합 전자쌍	선형	선형	

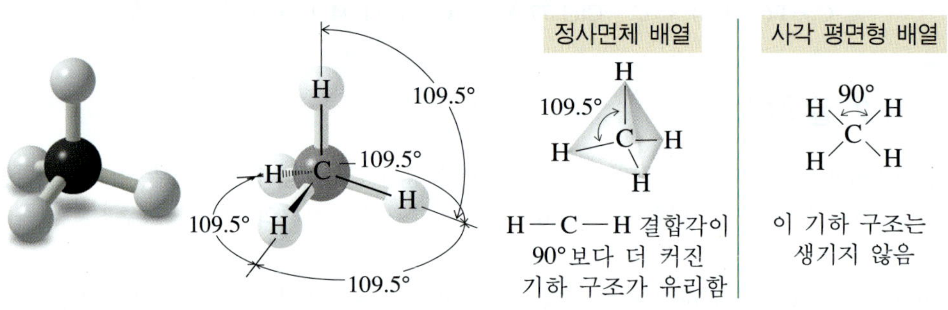

물(H_2O) 분자의 경우 두 개의 O—H 결합 전자쌍과 산소 원자에 두 개의 비공유 전자쌍을 가지고 있기 때문에 네 군데에서 전자쌍 반발이 일어날 수 있다. 일반적으로 비공유 전자쌍의 반발력은 결합 전자쌍보다 크다. 따라서 H—O—H의 결합각은 109.5°보다 작은 105°를 이루며, 분자 모양은 **굽은형(bent form)**이다. Ammonia(암모니아, NH_3) 분자의 경우 세 개의 N—H 결합 전자쌍과 질소 원자에 있는 한 개의 비공유 전자쌍 사이에서 반발이 일어날 수 있기 때문에 **삼각 피라미드형(trigonal pyramid form)**을 나타내며, 결합각은 물보다는 크고 메테인보다는 작은 107°를 이룬다.

105°　　　　　　　　107°

물 분자는 굽은형이다　　　Ammonia 분자는 삼각 피라미드형이다

한편, BF_3, HCHO, ethene (에텐) 분자의 입체 모양은 결합각이 120°인 **삼각 평면형(trigonal planar form)** 이며, ethyne (에타인)과 carbon dioxide 분자의 경우 결합각이 180°인 **선형(linear form)** 을 나타낸다.

예제 1.6 다음 각 화합물의 결합 원자 사이의 결합각을 예측하시오.

a. CH_3OH　　**b.** $H_2C{=}CHCl$　　**c.** $CH_3CH{=}NOH$

풀이

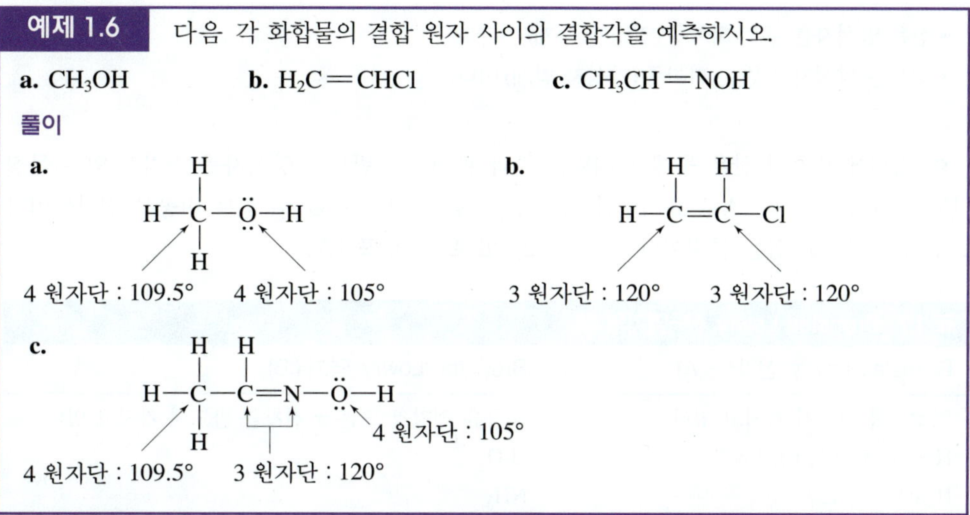

문제 1.6 Ammonia 분자에서 H—N—H의 결합각은 107°이고, 물 분자에서 H—O—H의 결합각은 105°이다.

a. Ammonia 분자는 평면 구조가 아니고, 물 분자는 선형 구조가 아니다. 이유는 무엇인가?

b. 이 두 분자의 모양을 예측하시오.

c. 이들 분자의 결합각이 정사면체의 결합각 109.5°보다 작은 이유는 무엇인가?

1.11 산과 염기의 정의

많은 유기화학 반응은 산-염기 반응의 형태로 일어나거나 이와 관련되어 있다. 따라서 산-염기 화학의 기초 개념을 익히는 것이 필요하다. 먼저 산-염기의 정의부터 알아보자.

1.11.1 Arrhenius 산-염기

Arrhenius ('아레니우스'라고 읽음) **산-염기**는 다음과 같이 정의한다.

- 산은 물에 용해되어 수소 양이온(양성자, H^+)을 내주는 물질이다.
- 염기는 물에 용해되어 하이드록실기(OH^-)를 내주는 물질이다.

Svante Arrhenius (1859~1927) : 스웨덴 출신 화학자. 물리화학 창시자. Stockholm 대학교 교수 역임. 반응 속도 상수와 절대 온도의 관계를 규명하는 Arrhenius 식과 산-염기에 대한 개념 확립. 노벨상 위원으로 활동. 1903년 노벨 화학상 수상.

Johannes Nicolaus Brønsted (1879~1947): 덴마크 태생 물리 화학자. 산-염기 반응 이론 확립. Copenhagen 대학교 교수 역임.

Thomas Martin Lowry (1874~1936): 영국 태생 물리 화학자. 산-염기 반응 이론 확립, Cambridge 대학교 교수 역임.

이것은 산과 염기에 대하여 최초로 정의내린 개념으로, 이 정의에 의하면 산은 물에 용해되어 수소 양이온(양성자, H^+)을 내주는 물질이며, 염기는 물에 용해되어 하이드록실기(OH^-)를 내주는 물질이다. 그러나 H^+은 물과 반응하여 곧 hydronium 이온(H_3O^+)이 되므로 H^+ 자체로는 존재하지 않는다. 뿐만 아니라, 이 정의는 물에서 일어나는 반응으로 제한되기 때문에 물속이 아닌 조건에서 산-염기 반응을 설명하기에는 적절한 개념이 아니다.

1.11.2 Brønsted-Lowry 산-염기

Brønsted-Lowry ('브뢴스테드-로우리'라고 읽음) **산-염기**는 다음과 같이 정의한다.

- 산은 양성자를 주는 화학종(양성자 주개)이다.
- 염기는 양성자를 받는 화학종(양성자 받개)이다.

이 정의에 의하면 산은 물에 용해되는 것과 관계없이 반드시 양성자를 가지고 있는 물질이고(일반식으로 H—A로 표시), 염기는 양성자를 받아 결합할 수 있는 비공유 전자쌍이나 π 전자를 가지고 있는 물질이다(일반식으로 **:**B로 표시, **표 1.7**).

표 1.7 Brønsted-Lowry 산-염기의 예

Brønsted-Lowry **산** (H—A)	Brønsted-Lowry **염기** (:B)
양성자를 반드시 가지고 있다.	비공유 전자쌍 또는 π 전자를 반드시 가지고 있다.
H—X (X = F, Cl, Br, I)	H_2O
H_2SO_4	NH_3
HNO_3	HO^-
H_3O^+	RO^-
CH_3CO_2H	$CH_2{=}CH_2$
	$(H_3C)_2C{=}\ddot{O}{:}$

1.11.3 Lewis 산-염기

Lewis 산-염기는 다음과 같이 정의한다.

- **Lewis 산**은 **전자쌍 받개**이며, 전자쌍을 받아들일 수 있는 빈 오비탈을 가진 화학종이다. 따라서 양성자 주개(Brønsted-Lowry 산)는 Lewis 산에 포함된다.
- **Lewis 염기**는 **전자쌍 주개**이며, 모든 Brønsted-Lowry 염기는 Lewis 염기에 포함된다.

Lewis 산-염기는 Brønsted-Lowry 산-염기에서 정의한 양성자를 주고받는 화학종에 제한되지 않고 보다 넓은 개념으로 사용될 수 있다. 예를 들면, BF_3와 $AlCl_3$은 H^+을 주고받는 물질이 아니어서 Brønsted-Lowry 산-염기로는 정의할 수 없지만, Lewis 산-염기 정의에 의하면 이 물질들은 전자쌍을 받아들일 수 있는 빈 오비탈을 가지고 있으므로 Lewis 산이다.

1.12 산-염기 반응

Brønsted-Lowry 산-염기 반응은 양성자 전달 반응이다. 이 반응을 통해 짝염기와 짝산이 생성된다.

- 산은 양성자를 잃고 **짝염기**를 형성한다.
- 염기는 양성자를 얻어 **짝산**을 형성한다.

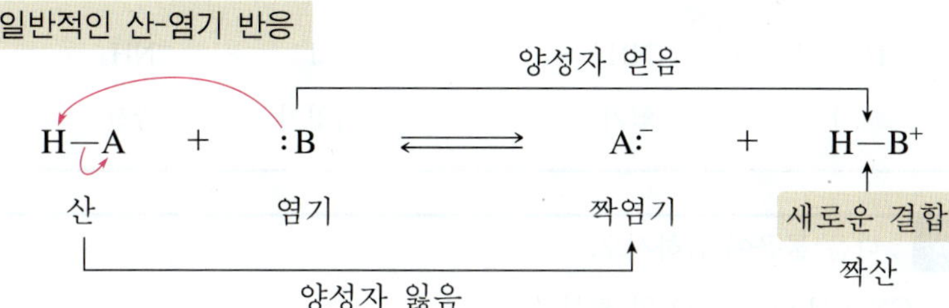

이때 전자의 흐름은 **굽은 화살표(bent arrow)**로 나타내는데, 전자가 풍부한 쪽에서 전자가 부족한 쪽으로 화살표 방향이 되도록 표시한다.

산은 양성자를 잃음

(1) $H-\ddot{O}-H + H-\ddot{N}^{-}-H \rightleftharpoons H-\ddot{O}:^{-} + H-\ddot{N}(H)-H$

산 염기 짝염기 짝산

(2) $H-\ddot{Cl}: + CH_3-\ddot{O}-H \rightleftharpoons :\ddot{Cl}:^{-} + CH_3-\overset{+}{O}(H)-H$

산 염기 짝염기 짝산

염기는 양성자를 얻음

- Lewis 산-염기 반응에서 Lewis 염기는 Lewis 산에 전자쌍을 제공한다.

BF_3와 H_2O의 반응에서 비공유 전자쌍을 가지고 있는 H_2O가 Lewis 염기로 작용하여 B 주위에 여섯 개 전자만 가지고 있는 BF_3에 전자쌍을 제공한다.

$BF_3 + H-\ddot{O}-H \longrightarrow F_3\overset{-}{B}-\overset{+}{O}(H)-H$

Lewis 산 Lewis 염기 새로운 결합

$H^+ + :\ddot{O}^{-}-H \longrightarrow H_2O$

Lewis 산 Lewis 염기

이와 같이 전자가 풍부한 화학종이나 전자가 부족한 화학종과 반응하는 현상은 유기화학 반응에서 흔히 관찰되고 있다. 이와 관련된 자세한 유기 반응은 8장에서 다시 공부하게 될 것이다.

- 전자가 풍부한 화학종을 **친핵체(nucleophile)** 라고 하며, Lewis 염기는 친핵체로 작용한다.
- 전자가 부족한 화학종을 **친전자체(electrophile)** 라고 하며, Lewis 산은 친전자체로 작용한다.

예제 1.7 Hydrochloric acid (염산)은 ammonia와 반응하여 ammonium chloride (염화 암모늄)을 형성한다. 반응식을 쓰고, 어느 것이 산, 염기, 짝산, 짝염기인지 나타내시오.

풀이

양성자를 잃으면 짝염기가 되며, 양성자를 받으면 짝산이 된다.

$$\underset{\text{산}}{H{-}Cl} + \underset{\text{염기}}{:NH_3} \rightleftharpoons \underset{\text{짝염기}}{Cl^-} + \underset{\text{짝산}}{^+NH_4}$$

문제 1.7 다음 물음에 답하시오.

a. CH_3O^-, ^-CN, CH_3O^-, $^-NO_3$의 짝산을 그리시오.
b. CH_3NH_2, CH_3OH, H_2O, $H{-}C{\equiv}C{-}H$의 짝염기를 그리시오.

문제 1.8 다음을 Lewis 산과 염기로 구분하시오.

a. NH_3 **b.** H^+ **c.** $AlCl_3$ **d.** $H_2C{=}CH_2$ **e.** H_2O **f.** H^- **g.** $^+CH_3$ **h.** CH_3CH_3

1.13 산-염기의 세기

1.13.1 pK_a

Hydrochloric acid (**염산**)와 같은 강산은 거의 모든 분자가 이온으로 쪼개지는(해리) 물질이며, 화학 평형식에서 오른쪽 방향(정방향)이 긴 화살표로 표시한다. 반면에 acetic acid (**아세트산**)와 같은 약산은 거의 해리되지 않으므로 왼쪽 방향(역방향)이 긴 화살표로 표시한다.

$$HCl: + H_2\ddot{O}: \rightleftharpoons H_3\ddot{O}^+ + :\ddot{Cl}:^-$$

Hydrogen chloride

$$CH_3C(=O)\ddot{O}H + H_2\ddot{O}: \rightleftharpoons H_3\ddot{O}^+ + CH_3C(=O)\ddot{O}:^-$$

Acetic acid

pK_a와 pH의 관계

$HA \rightleftharpoons H^+ + A^-$ 에서

$$K_a = \frac{[H^+][A^-]}{[HA]}$$

$$\log K_a = \log[H^+] + \log\frac{[A^-]}{[HA]}$$

$pK_a = -\log K_a$
$pH = -\log[H^+]$이므로

$$pH = pK_a + \log\frac{[A^-]}{[HA]}$$ 의 관계이다.

즉, 산의 농도 [HA] = 짝염기의 농도 [A^-]이면 $pH = pK_a$이다.

산(H—A)이 해리되는 정도는 **평형 상수(equilibrium constant, K_{eq})** 로 나타낸다. 그러나 산의 해리 정도는 보통 묽은 용액에서 측정하므로 물의 농도는 일정하다고 간주하고 **산 해리 상수(acid dissociation constant, K_a)** 로 나타내는데, K_a값이 클수록 강산이다. Hydrochloric acid의 K_a값은 10^7인 반면 acetic acid의 K_a값은 1.74×10^{-5}이다. 보통 유기산은 acetic acid처럼 (−)지수값을 가지고 있으므로 이들 값을 보다 편리하게 사용하기 위하여 K_a 대신 K_a의 역로그값(**pK_a**)을 사용한다.

표 1.8 몇 종류의 산에 대한 pK_a값

	산	pK_a	짝염기	
산의 산도 증가 ↑	H—Cl	−7	Cl^-	짝염기의 염기도 증가 ↓
	$CH_3C(=O)O$—H	4.8	$CH_3C(=O)O^-$	
	HO—H	15.7	HO^-	
	CH_3CH_2O—H	16	$CH_3CH_2O^-$	
	HC≡CH	25	HC≡C^-	
	H—H	35	H^-	
	H_2N—H	38	H_2N^-	
	$CH_2=CH_2$	44	$CH_2=\bar{C}H$	
	CH_3—H	50	$\bar{C}H_3$	

$$HA + H_2O \rightleftharpoons H_3O^+ + A^-$$

$$K_{eq} = \frac{[H_3O^+][A^-]}{[H_2O][HA]} \qquad K_a = \frac{[H_3O^+][A^-]}{[HA]} = K_{eq}[H_2O]$$

$$pK_a = -\log K_a$$

따라서 pK_a값이 작을수록 강산이다.

1.13.2 산의 세기 척도

- 양성자를 내놓는 경향을 측정한 값을 **산도(acidity)**라고 한다.
- 양성자를 받아들이는 경향을 측정한 값(양성자 친화도)을 **염기도(basicity)**라고 한다.
- 산의 세기와 짝염기의 세기는 반비례 관계이다. 즉,
  - 짝염기의 염기도가 셀수록 약산이다(양성자가 떨어져 나가기 어렵다).
  - 짝염기의 염기도가 약할수록 강산이다(양성자가 떨어져 나가기 쉽다).

예를 들면, 강산인 HCl (pK_a = −7)의 경우 짝염기인 Cl^-은 양성자와의 친화력이 작은 약염기이고, 반대로 약산인 H_2O (pK_a = 15.7)의 경우 짝염기인 ^-OH은 양성자와 친화력이 큰 강염기이다. **표 1.8**에 몇 종류의 산에 대한 pK_a값을 나타내었다.

이 표로부터 산-염기 반응을 예측할 수 있는데, 예를 들면 acetic acid (pK_a 4.8)와 ^-OH의 반응에서, acetic acid는 ^-OH의 짝산인 H_2O (pK_a 15.7)보다 강산이므로(반대로 acetic acid의 짝염기인 acetate(아세트산 음이온)보다 H_2O의 짝염기인 ^-OH가 더 강염기이다) acetic acid의 양성자는 ^-OH로 이동하여 이 반응의 평형은 오른쪽 방향(정방향)으로 이동하게 된다.

$$CH_3C(=O)-\ddot{O}-H + {:}\ddot{O}^- -H \rightleftharpoons CH_3-C(=O)-\ddot{O}{:}^- + H_2O$$

pK_a와 pK_b

pK_a와 pK_b는 각각 산도와 염기도를 나타내는 상수이다. 그러나 pK_a에 비해 pK_b는 잘 사용되지 않는다. 왜냐하면 염기도를 나타낼 경우라도 짝산의 pK_a값으로 나타낼 수 있기 때문이다.

같은 방법으로 ethoxide (에톡사이드) 이온과 acetylene (아세틸렌)의 반응 및 ethanol (에탄올)과 acetylide (아세틸라이드) 이온과의 산-염기 반응에서 평형이 어느 쪽으로 이동할 것인가를 예측할 수 있다.

$$\underset{\substack{\text{Acetylene} \\ \text{p}K_a=25}}{\overset{\text{산}}{H-C\equiv C-H}} + \underset{\text{Ethoxide 이온}}{\overset{\text{염기}}{^{-}:\ddot{O}CH_2CH_3}} \rightleftharpoons \underset{\text{Acetylide 이온}}{\overset{\text{짝염기}}{^{-}:C\equiv C-H}} + \underset{\substack{\text{Ethanol} \\ \text{p}K_a=16}}{\overset{\text{짝산}}{CH_3CH_2\ddot{O}-H}} \leftarrow \text{acetylene 보다 강한 산}$$

평형은 출발 물질에 유리함: 평형이 왼쪽으로 이동

$$\underset{\substack{\text{Ethanol} \\ \text{p}K_a=16}}{\overset{\text{산}}{CH_3CH_2\ddot{O}-H}} + \underset{\text{Acetylide 이온}}{\overset{\text{염기}}{^{-}:C\equiv C-H}} \rightleftharpoons \underset{\text{Ethoxide 이온}}{\overset{\text{짝염기}}{CH_3CH_2\ddot{O}:^{-}}} + \underset{\substack{\text{Acetylene} \\ \text{p}K_a=25}}{\overset{\text{짝산}}{H-C\equiv C-H}} \leftarrow \text{Ethanol보다 약한 산}$$

평형은 생성물에 유리함: 평형이 오른쪽으로 이동

예제 1.8 상한 우유에서 나는 냄새의 주성분인 butyric acid (뷰티르산)의 pK_a값은 4.82이고, 비타민 C의 pK_a값은 4.17이다. 어느 것이 더 강산인가?

풀이

해리 상수 K_a값이 큰 산이 더 강산이 된다. butyric acid의 K_a값은 $10^{-4.82}$이고, 비타민 C의 K_a값은 $10^{-4.17}$이므로 비타민 C의 K_a값이 더 크다. 따라서 비타민 C가 더 강산이다. pK_a값을 기준으로 한다면 pK_a값이 작을수록 더 강한 산이다.

문제 1.9 **표 1.8**을 이용하여 다음 사항을 설명하시오.

a. H_3O^+는 $^+NH_4$보다 강산이다.

b. $HC\equiv CH$는 CH_4 및 $CH_2=CH_2$보다 강산이다.

c. 물과 ethanol의 산도는 거의 비슷하다.

1.13.3 산의 세기를 결정하는 요인

산의 세기를 결정하는 가장 중요한 요인은 **짝염기의 안정화**이다. 왜냐하면 짝염기가 안정화되면 양성자와의 친화력이 감소되므로, 양성자를 많이 내놓게 되어 결과적으로 강산이 되기 때문이다. 짝염기를 안정화시키는 요인에는 원소 효과, 전자 유발 효과, 공명 효과, 혼성화 효과 등이 있다.

H—A의 산도에 영향을 미치는 요인을 정리하면 다음과 같다.

원소 효과(element effect)

H—A의 산도는 짝염기 원소인 A의 소속이 주기율표에서 주기를 따라 오른쪽으로 갈수록, 족을 따라 아래쪽으로 갈수록 증가한다. 여기에는 전기음성도와 원자의 크기 등 두 가지 요인이 작용한다.

예 1 H_2O는 CH_4보다 강산이다.

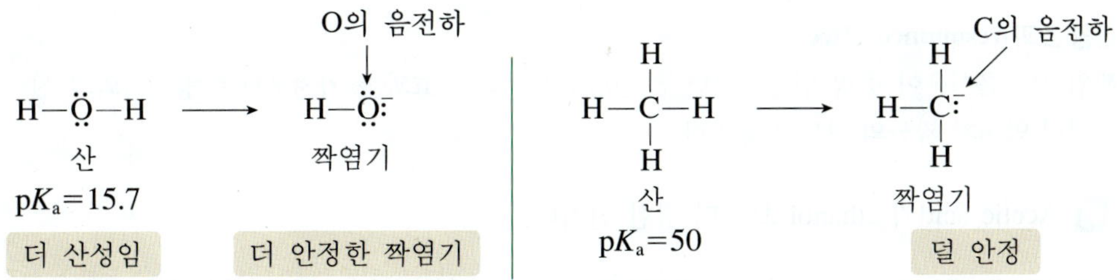

이것은 산소 원자가 탄소 원자보다 전기음성도가 더 커서 짝염기 음이온(HO^-)을 더 안정화시킬 수 있기 때문이다. 같은 이유로 다음과 같은 경향을 나타낸다.

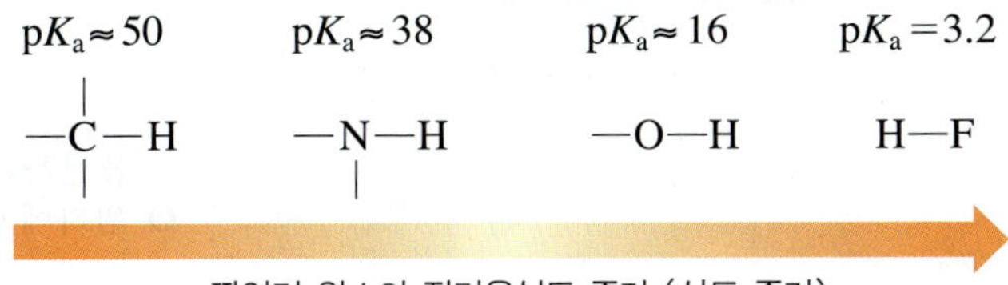

예 2 H—Br이 H—F보다 강산이다.

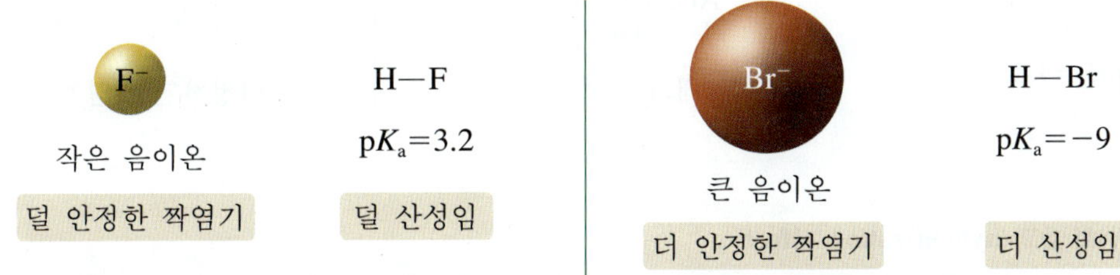

이것은 짝염기인 Br^-의 크기가 F^-보다 커서 음이온의 전하를 분산시켜 더 안정화시킬 수 있기 때문이다. 이 효과는 전기음성도 효과보다 더 크게 나타난다.

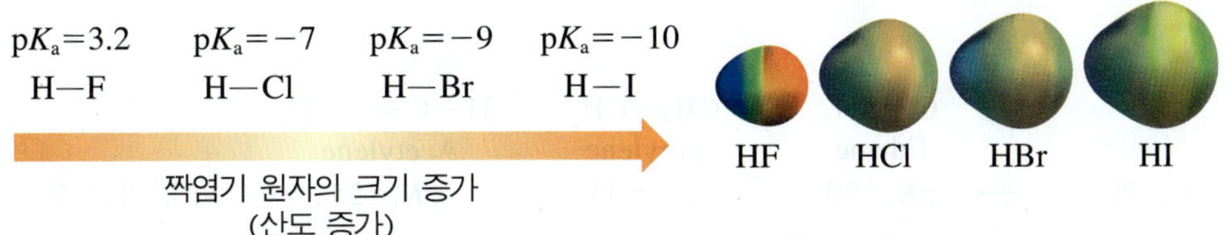

전자 유발 효과(electron inductive effect, 또는 전자 유도 효과)
전기음성도 차이 때문에 σ 결합을 통해 전자를 끌거나 주는 효과를 말한다. 전자를 끄는 기는 짝염기의 음전하 전자 밀도를 감소시켜 짝산의 산도를 증가시킨다.

예 2,2,2-Trifluoroethanol (트라이플루오로에탄올)은 ethanol보다 강산이다.

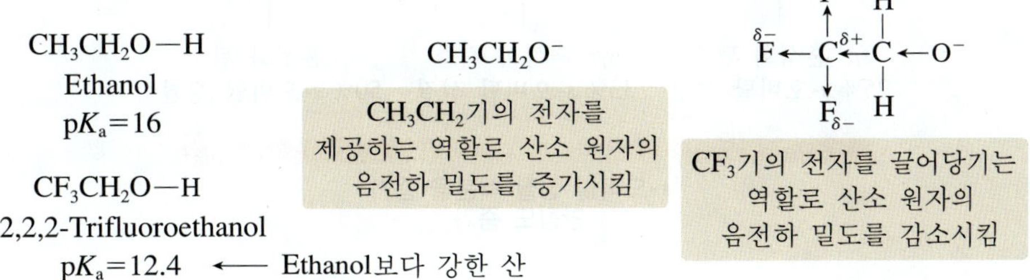

공명 효과(resonance effect)

짝염기의 음이온이 공명 안정화되면 음전하가 분산되는 효과를 가져오므로 양성자와의 친화력이 약해져 짝산의 산도가 증가한다.

예 Acetic acid가 ethanol보다 더 강한 산이다.

$CH_3CH_2O—H$ ⟶ $CH_3CH_2\ddot{O}:^-$ ⟵ 음전하는 O에 편재화되어 있음

Ethanol
산
$pK_a=16$

Ethoxide ion
짝염기
Lewis 구조 하나뿐
(공명 구조가 없음)

음전하는 두 개 O 원자에 비편재화됨

$CH_3—C(=O)—O—H$ ⟶ $CH_3—C(=\ddot{O}:)—\ddot{O}:^-$ ⟷ $CH_3—C(—:\ddot{O}:^-)=\ddot{O}:$ | $CH_3—C(\cdots O^{\delta-})(\cdots O^{\delta-})$

Acetic acid
산
$pK_a=4.8$

Acetate 음이온
짝염기
두 개의 공명 구조

공명
공명 안정화된 짝염기

혼성화 효과(hybridization effect)

원자핵에 가장 가까이 위치한 오비탈은 *s* 오비탈이다. 따라서 H—A에서 짝염기(:A^-) 원자에 있는 음이온의 전자가 *s* 오비탈 또는 *s* 오비탈 성질이 큰 오비탈에 놓여 있을수록 음이온에 있는 전하가 중화되어 짝염기가 안정화되므로 짝산의 산도가 증가한다.

예

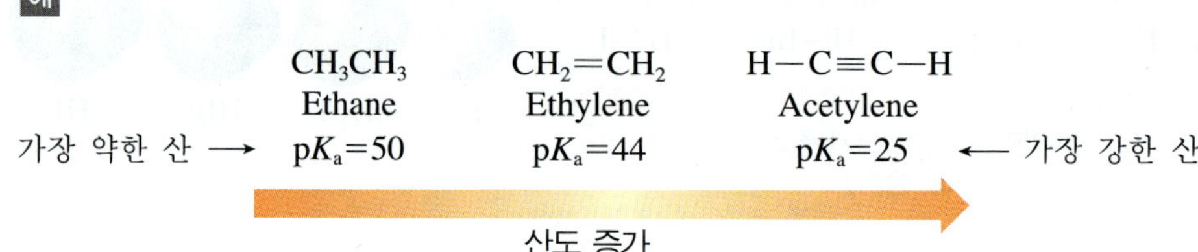

Acetylene에 있는 수소의 산도가 가장 큰 이유는 짝염기 원자의 *s*-오비탈 성질 백분율이 acetylide anion(아세틸라이드 음이온)의 경우가 50%로 가장 높아 탄소음이온을 안정화시킬 수 있기 때문이다.

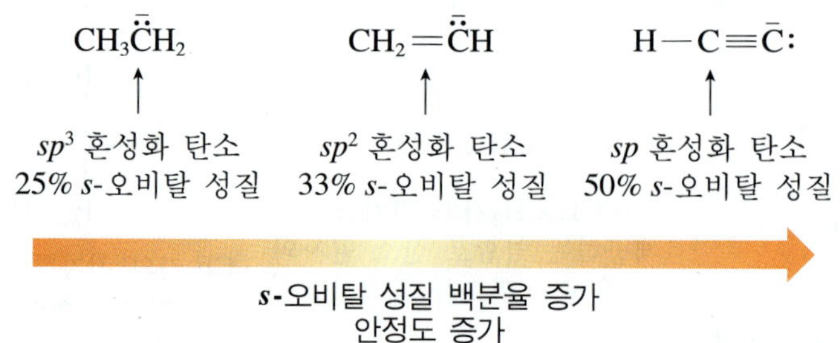

예제 1.9 다음을 산도가 높은 순으로 나열하시오.

a. CH_3OH, CH_3CH_3, CH_3NH_2 **b.** HCl, H_2O, H_2S

c. $ClCH_2CO_2H$, CH_3CO_2H, FCH_2CO_2H

풀이

짝염기가 안정할수록 그 산의 산도는 증가한다.

a. 전기음성도의 크기는 O > N > H이다. 따라서 짝염기의 안정도는 $CH_3O^- > CH_3NH^- > CH_3CH_2^-$이므로 산도 역시 $CH_3OH > CH_3NH_2 > CH_3CH_3$ 순이다.

b. $HCl > H_2S > H_2O$; 짝염기 중심 원자의 전기음성도와 편극성 때문임. $HCl > H_2O$; Cl이 O보다 편극성이 큼. $H_2S > H_2O$; S가 O보다 편극성이 큼. $HCl > H_2S$; Cl이 S보다 전기음성도가 더 큼.

c. $FCH_2CO_2H > ClCH_2CO_2H > CH_3CO_2H$; 전기음성도값이 클수록 전자 유발 효과가 커서 상응하는 산의 짝염기를 안정화시킨다(짝염기의 염기도 감소).

문제 1.10 다음을 염기도가 높은 순으로 나열하시오.

a. $CH_3\bar{C}H_2$, CH_3O^-, $CH_3\bar{N}H$ **b.** I^-, Br^-, F^- **c.** H_2O, NH_3, CH_3COO^-

단, 이들에 대한 짝산의 pK_a값은 다음과 같다.

$CH_3\bar{C}H_2$	CH_3O^-	$CH_3\bar{N}H$	I^-	Br^-	F^-	H_2O	NH_3	CH_3COO^-
50	16	40	−10	−9	−3	15.7	38	4.8

요약 정리

원자 구조

- 원자는 **양성자**와 **중성자**로 구성된 원자핵과 그 주위를 둘러싼 전자로 구성되어 있으며, 원자의 질량은 대부분 핵에 있다.
- 양성자수를 **원자 번호**라 하며, 원자 번호는 같으나 중성자수가 달라서 질량이 다른 원소를 **동위원소**라고 한다. 예) $^{12}_{6}C$와 $^{13}_{6}C$
- 전자는 크기와 질량이 매우 작아 직접 관찰할 수 없다(**Heisenberg의 불확정성 원리**). 전자를 발견할 확률이 가장 큰 공간 영역을 **오비탈(orbital)**이라고 한다. 따라서 원자 내에 배치되어 있는 전자의 위치는 오비탈로 표현된다.
- 핵을 둘러싸고 있는 전자는 핵 주위에 아무렇게나 배치되어 있는 것이 아니라 양자화된 n개($n = 1, 2, 3, \cdots$의 정수로 나타냄)의 **전자 껍질** 속에만 존재한다. 이 전자 껍질을 **주양자수**라고 하며, 에너지 준위를 결정한다. 이들 껍질들을 에너지가 낮은 순(핵에서 가장 가까운 순)으로 K ($n = 1$), L ($n = 2$), M ($n = 3$) 껍질이라고 한다.
- 전자 껍질은 방향성을 가진 ***s, p, d, f* 오비탈**로 표시되는 여러 개의 속껍질을 가지고 있는데, K 껍질에는 오직 s 오비탈 하나만 있으며, L 껍질은 s($2s$ 오비탈)와 p($2p$ 오비탈)인 두 종류의 오비탈을, M 껍질은 s($3s$), p($3p$), d($3d$)인 세 종류의 오비탈을 가지고 있다.
- 각 오비탈에는 회전 방향이 서로 반대인 전자(스핀 양자수가 서로 반대인 전자)가 두 개(한 쌍)만 들어갈 수 있다. 따라서 K 껍질에는 두 개의 전자($1s^2$), L 껍질에는 여덟 개의 전자($2s^22p^6$)가 채워진다. 각 껍질마다 전자를 수용할 수 있는 개수는 $2n^2$ ($n = 1, 2, 3\cdots$)개이다.
- 바닥 상태에서 원자 오비탈의 전자 배치는 **쌓음 원리, Pauli 배타 원리, Hund 규칙** 등 세 가지의 규칙에 따라 결정된다.

화학 결합

- 원자가 화학 결합을 할 경우 그 원자의 **원자가전자**가 참여한다. 원자가전자란 원자들의 전자 배치에서 가장 바깥 껍질에 존재하는 전자를 말한다. 탄소는 $2s^22p_x^{\ 1}2p_y^{\ 1}$인 네 개의 원자가전자를 가지고 있다.
- 원자가전자를 간단히 표시하는 방법으로 **Lewis 점 구조**를 흔히 사용한다. Lewis 구조식에서 각 원자에 전하량을 부과하는 방식을 **형식 전하**라고 한다.

- 모든 화학 결합은 불활성 기체인 VIIIA족 원소의 전자 배치가 되도록 이루어진다. 2주기 원소들은 최외각 전자 껍질에 여덟 개의 전자를 가지고 있는 네온의 전자 구조를 갖도록 결합에 참여한다. 원자의 최외각 껍질에 여덟 개의 전자를 가질 때 가장 안정한 상태가 된다는 화학 이론을 **팔전자 규칙**이라고 한다.
- 화학 결합 중 **이온 결합**은 결합하는 원소 사이에 전자를 잃거나 얻어 팔전자 규칙을 만족하는 결합으로, 정전기적 결합이다. NaCl 같이 IA족 원소와 VIIA족 원소 사이의 결합이 대표적인 예이다. **공유 결합**은 결합에 참여하는 두 핵 간에 전자를 공유하여 팔전자 규칙을 만족시키는 결합이다.
- 공유 결합에는 **극성 공유 결합**과 **비극성 공유 결합**이 있는데, 이것은 결합하는 두 원자 사이의 전기음성도 차이에 의해 생긴다. 극성 공유 결합에서 전하가 분리된 현상을 극성이라 말하고, 이런 결합에서는 쌍극자가 만들어진다. 쌍극자의 크기는 Debye (D) 값으로 나타내는 **쌍극자 모멘트**로 표시되며, 이 값의 크기가 클수록 강극성을 나타낸다.
- **전기음성도**란 화학 결합을 이루고 있는 원자 사이에서 상대편 원자가 공유하고 있는 전자를 끌어당기는 힘의 척도를 의미한다. 주기율표에서 오른쪽과 윗쪽으로 갈수록 전기음성도값이 커지는 경향이 있다. 주기율표의 원소 중 F이 전기음성도값이 가장 크다. 두 원자 사이의 결합에서 이 값의 차이로 극성이 유발된다.
- 원자와 원자 간의 공유 결합은 각 원자 오비탈에 있는 전자들이 결합하는 것으로, 이들 원자 **오비탈의 겹침**(또는 **중첩**) **현상**을 의미한다. 오비탈 겹침으로 만들어진 결합의 종류로는 오비탈이 대칭 축에서 겹쳐져 만들어진 시그마 결합과, p 오비탈과 p 오비탈 사이의 옆겹침이 일어나 만들어진 파이 결합이 있다.
- **공명**이란 원자가 놓인 위치는 같으나 전자의 배열 위치만 다른 현상이다. 공명 구조를 가진 분자 또는 이온은 전자 밀도의 **비편재화**를 가져와 **안정성**이 증가된다.
- 분자의 모양은 원자 사이의 결합 길이와 결합각에 의해 결정된다. 두 원자단 결합은 선형(결합각 180°), 세 원자단 결합은 삼각 평면형(결합각 120°), 네 원자단 결합은 정사면체(결합각 109.5°) 형태를 가진다. 비공유 전자쌍도 결합으로 간주한다.

산-염기

- 산과 염기를 정의하는 데에는 **Arrhenius 산-염기**, **Brønsted-Lowry 산-염기**, **Lewis 산-염기**의 정의가 있다. 이 중 유기 반응에서는 Brønsted-Lowry 산-염기 및 Lewis 산-염기 개념이 자주 사용된다.
- **Brønsted-Lowry** 산-염기에서 산은 양성자 주개, 염기는 양성자 받개이다.
- **Lewis 산**은 비공유 전자쌍 받개(친전자체), Lewis 염기는 비공유 전자쌍 주개(친핵체)이다.
- **Brønsted-Lowry** 산이 양성자를 잃은 형태를 **짝염기**, **Brønsted-Lowry** 염기가 양성자를 얻은 형태를 **짝산**이라고 한다.
- 산의 세기는 **pK_a**값으로 정의하는데, 이 값이 작을수록 강산이다. $pK_a = -\log K_a$ (K_a = 산 해리 상수)
- 산의 세기를 결정하는 인자는 **원소 효과**, **전자 유발 효과**, **공명 효과**, **혼성화 효과** 등이다. 이 모든 효과는 짝염기를 안정화시키는 효과이다. 짝염기가 안정화되면 염기도는 낮아지고, 짝산의 산도는 증가한다.

보충 문제

1.11 각 원소의 이름(영어로)과 바닥 상태의 전자 배치를 쓰시오.

a. K **b.** Al **c.** P **d.** Ar **e.** S

1.12 각 이온의 원자가전자 껍질에는 몇 개의 전자가 들어 있는가?

a. H^- **b.** H^+ **c.** $^+CH_3$ (C) **d.** $^-CH_3$ (C) **e.** $^-NH_2$ (N) **f.** HO^- (O)

1.13 Lewis 구조식을 그리시오.

a. H_2O_2 **b.** CH_3COCH_3 **c.** CH_3CH_2OH **d.** HNO_3 **e.** C_2H_2

1.14 Lewis 구조식을 그리고, 형식 전하를 계산하시오.

a. $[NO_2]^-$ **b.** $[CN]^-$ **c.** $[NH_2]^-$ **d.** $[N_3]^-$ **e.** O_3 **f.** $[BH_4]^-$
g. CO **h.** $[NO_3]^-$ **i.** CH_2N_2 **j.** NO_2^+ **k.** SO_3 **l.** $CH_3\overset{+}{N}H_3$

1.15 아래에 대표적인 탄소의 반응종을 나타내었다. 각 반응종의 Lewis 구조식을 그리고, 형식 전하를 계산하시오.

a. $\cdot CH_3$ Radical **b.** $^+CH_3$ Carbocation **c.** $\overline{:}CH_3$ Carbanion **d.** $:CH_2$ Carbene

1.16 다음 결합이 극성, 비극성 공유 결합 또는 이온 결합인지를 구별하시오.

a. LiCl **b.** C—Li **c.** O—H **d.** C—H **e.** H—F

1.17 다음 각 항목에서 지시된 결합 중 어느 것이 더 강한 극성 결합인지 구별하고, 극성을 δ^+와 δ^-로 나타내시오.

a. CH_3—OH와 CH_3O—H **b.** CH_3—Cl와 CH_3—I **c.** H—NH_2와 CH_3—NH_2

1.18 $CHCl_3$와 CH_2Cl_2의 알짜 쌍극자를 비교하고, 어느 것이 더 큰지 밝히시오.

1.19 F이 Cl보다 전기음성도가 큼에도 불구하고 알짜 쌍극자는 CH_3Cl이 CH_3F보다 더 크다. 그 이유는 무엇인가?

1.20 다음의 공명 기여 구조를 그리시오.

a. 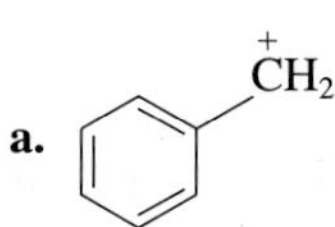 **b.** 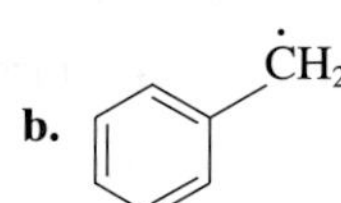 **c.** 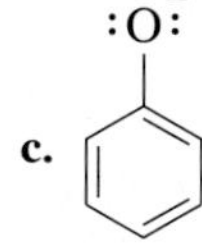 **d.** 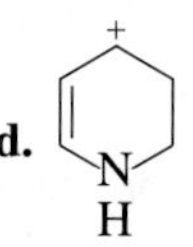 **e.** 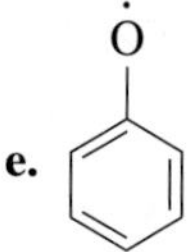

1.21 다음 구조식을 가진 화합물을 Lewis 구조식으로 나타내시오.

a. C_3H_8O (3종류) **b.** C_2H_7NO (2종류) **c.** C_3H_6O (7종류)

1.22 다음 각 쌍을 이루는 이온 중 어느 것이 더 안정한지를 선택하고 그 이유를 설명하시오.

a. $C_6H_{11}\overset{+}{C}H_2$ 와 $C_6H_5\overset{+}{C}H_2$ **b.** $CH_2{=}CH{-}\overset{+}{C}H_2$ 와 $CH_2{=}CHCH_2\overset{+}{C}H_2$

c. $\overset{-}{C}H_2{-}CH_3$ 와 $\overset{-}{C}H_2{-}\overset{O}{\overset{\|}{C}}{-}H$ **d.** $CH_3CO_2^-$ 와 $CH_3CH_2O^-$

1.23 다음 분자의 개략적인 결합각을 예측하시오.

a. CH_3COCH_3에서 C—C—C의 결합각 **b.** CH_3NHCH_3에서 C—N—C의 결합각

c. $(CH_3)_2\overset{+}{N}H_2$에서 C—N—C의 결합각 **d.** $CH_3C{\equiv}N$에서 C—C—N의 결합각

e. CH_3OCH_3에서 C—O—C의 결합각

1.24 다음 화학종 중 어느 것이 Lewis 산 또는 염기, Brønsted-Lowry 산 또는 염기인지 구별하시오(두 개 모두 해당하는 경우 이를 표시할 것).

H_3O^+, CH_3OH, BF_4^-, BH_3, CH_3SH, $^+CH_3$, $^-CH_3$, CH_3Cl, HCHO, CH_3NH_2, $CH_2{=}CH_2$

1.25 다음 화합물에서 표시한 양성자를 산도가 높은 순으로 나열하시오. 그 이유는 무엇인가?

```
              H   H   H
              |   |   |
H—C≡C—C═C—C—C—O—H
↑        |       |   |       ↑
a        H       H   H       d
         ↑           ↑
         b           c
```

1.26 짝염기의 염기도가 높은 순으로 나열하시오.

a. $CH_3\overset{O}{\overset{\|}{C}}CH_3$ (pK_a=19.3) **b.** HCO_2H (pK_a=3.7)

c. CH_3CO_2H (pK_a=4.8) **d.** CH_3CH_2OH (pK_a=15.7)

e. C_6H_5—OH (pK_a=9.9)

1.27 다음 각 항의 분자 또는 이온에 대하여 염기도가 큰 순으로 나열하시오.

a. $HC{\equiv}C^-\ Na^+$, $CH_3CH_2O^-\ Na^+$, $Na^+\ ^-NH_2$ ($HC{\equiv}CH$, CH_3CH_2OH, NH_3의 pK_a값은 각각 26, 16, 36이다.)

b. HO^-와 HS^- (H_2O와 H_2S의 pK_a값은 각각 15.7과 9이다.)

1.28 다음을 설명하시오.

a. CH_3NO_2의 pK_a값은 10이고, CH_3CH_3의 pK_a값은 50이다.

b. CH_3CH_2OH의 pK_a값은 16이고, CH_3OCH_3의 pK_a값은 40이다.

1.29 Lewis 산-염기 반응의 생성물의 구조를 그리시오. 각 반응에서 어느 것이 Lewis 산과 염기로 작용했는지 밝히고, 전자쌍의 흐름을 굽은 화살표로 표시하시오.

a. 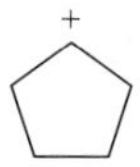 (cyclopentyl cation, +) $+ H_2O \longrightarrow$ **b.** $CH_3OCH_3 + BF_3 \longrightarrow$

c. $AlCl_3 + Cl_2 \longrightarrow$ **d.** $CH_2{=}CH_2 + H_2SO_4 \longrightarrow$

e. $H^+ + H_2O \longrightarrow$

1.30 다음 화합물에 대하여 산도가 높은 산에서 낮은 산 순으로 나타내시오. 그 이유를 밝히시오.

$ClCH_2CO_2H$ CH_3CO_2H CH_3CH_2OH FCH_2CO_2H

1.31 다음 산-염기 반응의 평형 식을 쓰시오. 단, pK_a for $HCO_2H = 3.76$, pK_a for $CH_3CO_2H = 4.74$, pK_a for $HCN = 9.22$, pK_a for $H_2O = 15.7$, pK_a for $NaNH_2 = 33$, pK_a for $HCl = -7$, pK_a for $CH_3CH_2OH = 15.9$이다.

a. $CH_3CO_2H + \bar{C}N$ **b.** $HCO_2^- + CH_3CH_2OH$ **c.** $CH_3CH_2OH + NaNH_2$ **d.** $HCl + H_2O$

1.32 다음 화합물에 있는 세 개의 질소 원자 중 염기성이 가장 강한 질소 원자는 어느 것인가?

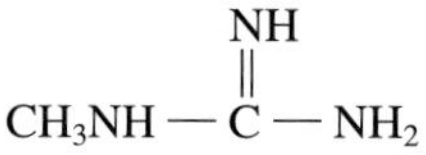

$CH_3NH-C(=NH)-NH_2$

1.33 다음 화합물은 유기 반응에서 DBU라는 약칭으로 염기로 사용되는 물질이다. 두 개의 질소 원자 중 어느 것이 더 강한 염기성을 나타내는가?

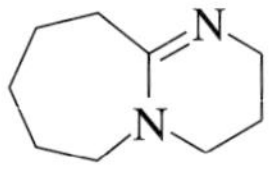

DBU(1,8-diazabicycloundec-7-ene)

1.34 Acetamide (CH_3CONH_2)는 $CH_3CH_2NH_2$보다 약한 염기이다. 그 이유는 무엇인가? 또한 acetamide에 양성자를 첨가할 경우 산소와 질소 원자 중 어느 원자에 우선적으로 첨가되겠는가?

1.35 Vitamin C (ascorbic acid) 구조에 있는 4개의 OH기 중 가장 센 산성을 나타내는 것은 어느 것인가?

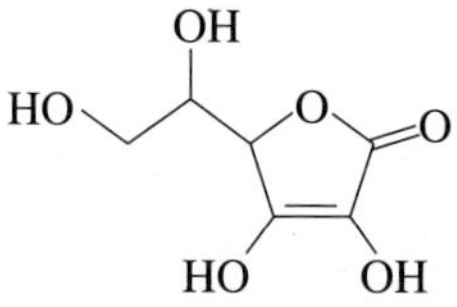

vitamin C(ascorbic acid)

1.36 25°C에서 물의 K_a와 pK_a값을 계산하시오. 단, 25°C에서 물의 이온화 상수(K_w)값은 1×10^{-14}이다.

1.37 다음 화합물들은 모두 산과 염기로 작용할 수 있다. 산(HA)과 염기(:A^-)의 반응에서 생성되는 짝산과 짝염기를 Lewis 구조식으로 나타내시오.

a. CH_3CO_2H **b.** CH_3CH_2OH **c.** $CH_3CH_2NH_2$

2장 유기 분자와 작용기

핵심 익히기

- 탄소 원자의 sp^3, sp^2, sp 혼성 오비탈 형성 과정, 모양 및 관여하는 결합
- C—C, C═C, C≡C 결합의 특징(결합 형태, 결합 세기, 결합각, 분자 모양)
- 유기 화합물의 Lewis 구조식, 축소 구조식, 골격 구조식(선 구조식) 그리기
- 유기 화합물 작용기의 종류와 이름
- 유기 분자간에 작용하는 힘의 종류 및 특징
- 유기 화합물의 명명법 기본

유기 분자는 탄소 원자에 있는 sp^3, sp^2, sp 혼성 오비탈의 전자가 탄소, 수소, 산소, 황, 질소, 할로젠 등의 원자의 전자와 단일, 이중 또는 삼중 결합 형태로 결합하여 만들어진다. 작용기는 유기 화합물의 특정한 물리적, 화학적 성질과 반응성을 나타내는 유기 분자 구조의 한 부위로서 유기 물질의 물성과 반응을 이해하는 데 매우 중요하다. 이 작용기들은 유기 반응에 의해 상호 전환된다.

2.1 탄소의 결합

탄소는 네 개의 원자가전자를 가진 IVA족에 속한 원소로서, 공유 결합을 통하여 단일 결합, 이중 결합, 삼중 결합 화합물을 만들 수 있다. 탄소 원자가 이와 같은 결합을 어떻게 만들 수 있는지 알아보자.

2.1.1 탄소의 단일 결합: 탄소 원자의 sp^3 혼성 오비탈

혼성 오비탈 개념은 1931년 Linus Pauling에 의해 처음 도입되었다.

탄소 원자는 네 개의 원자가전자를 가지고 있으므로 탄소 원자 또는 다른 원자와 네 개의 공유 결합을 할 수 있다. 먼저 탄소 원자 한 개와 수소 원자 네 개가 결합하여 생성된 CH_4 (methane) 분자가 어떻게 형성된 것인지 살펴봄으로써 단일 결합을 하는 탄소 원자의 **sp^3 혼성 오비탈**의 개념이 어떻게 생겨났고, 무엇인지 알아보기로 한다. 탄소 원자의 바닥 상태(ground state)에 있는 원자가전자의 전자 배치는 $2s^22p_x^12p_y^1$로서, 두 개의 p 오비탈에 홀전자를 가지고 있고, p 오비탈 하나는 비어 있는 상태이다. 만약 탄소 원자가 이러한 전자 배치로 수소 원자의 전자와 결합한다면 탄소 원자의 홀전자 두 개와 짝을 이루어 $:CH_2$라는 분자가 만들어지게 될 것이다. 그러나 이러한 전자 배치를 가진 분자는 팔전자 규칙을 만족시키지 못해 안정한 분자로 존재하기 어렵다. 한편, 탄소 원자의 원자가전자가 바닥 상태에서 에너지를 받아 들뜬 상태(excited state)가 된다면 이 상태의 전자 배치는 $2s$ 오비탈의 전자 한 개가 $2p$ 오비탈로 전이된 $2s^12p_x^12p_y^12p_z^1$가 될 것이다. 이 전이 상태의 전자 배치는 네 개의 홀전자를 가지고 있으므로 수소 원자 네 개와 결합하여 팔전자 규칙을 만족시키는 안정한 CH_4 분자를 형성하게 될 것이나, 이 경우 $2s$ 오비탈의 홀전자와 결합하여 형성된 C—H 결합과 $2p$ 오비탈의 홀전자와 결합한 세 개의 C—H 결합은 서로 다른 성질을 나타내야 한다(**그림 2.1**). 그러나 실제로 CH_4 분자의 네 개의 C—H 결합은 모두 동일하다. 이것을 설명하기 위하여 s 또는 p 오비탈 같은 원자 오비탈과는 다른 새로운 오비탈 도입이 필요하게 되었다. 이에 따라 제안된 것이 **혼성 오비탈(hybrid orbital)** 개념이며, 이것은 탄소 원자의 원자가전자에 있는 $2s$와 $2p$ 오비탈이 서로 섞여(이 현상을 **혼성화(hybridization)**라 하며, 혼합의 의미와는 다르다) $2s$와 $2p$ 원자 오비탈과는 전혀 다른 새

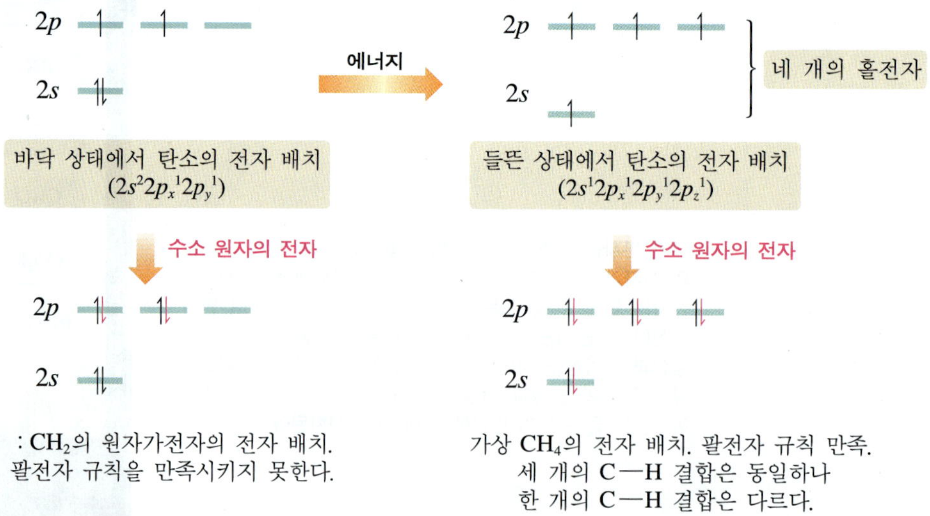

그림 2.1 탄소 원자의 바닥 상태와 들뜬 상태에서 원자가전자의 전자 배치와 수소와의 가상 결합 형태.

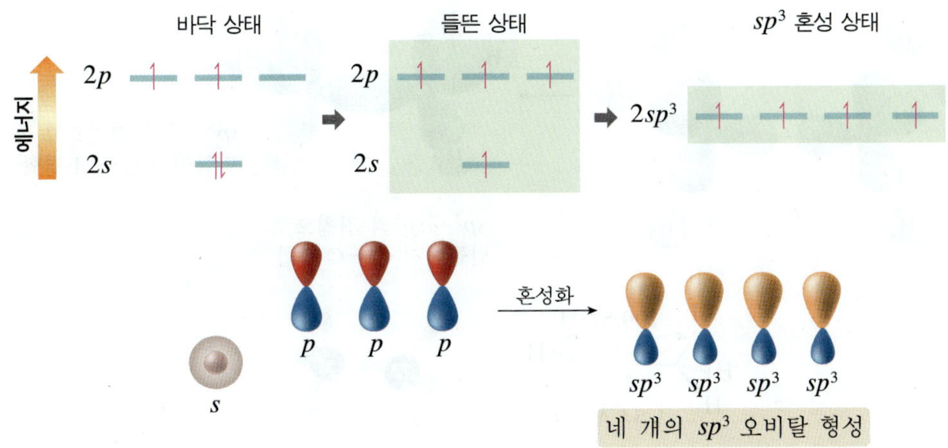

그림 2.2 **탄소 원자의 sp^3 혼성 오비탈 형성.** sp^3 혼성 오비탈의 모양은 한쪽 귓불이 커진 아령 모양이다. 그 이유는 공 모양의 *s* 오비탈 한 개와 아령 모양의 *p* 오비탈 세 개가 조합되어 만들어진 오비탈이기 때문이다.

로운 오비탈이 만들어진다는 것을 의미한다. 탄소 원자가 단일 결합을 할 경우 2*s* 오비탈 한 개와 2*p* 오비탈 세 개가 혼성화되어 새롭게 만들어진 오비탈을 **sp^3 혼성 오비탈(sp^3 hybrid orbital)** 이라고 한다. 단일 결합을 하는 탄소 원자는 에너지 준위가 동일한 네 개의 sp^3 혼성 오비탈에 전자 한 개씩을 가지고 있으며, 이 홀전자가 결합에 참여하게 된다(**그림 2.2**).

CH_4는 탄소 원자에 있는 네 개의 sp^3 혼성 오비탈과 네 개의 수소 원자의 *s* 오비탈이 서로 겹침으로써 시그마 결합을 이루어 만들어진 분자이다. 원자가전자쌍 반발 이론에 따라 이 분자는 결합 전자쌍의 반발력을 최소화하기 위하여 **정사면체 구조(tetrahedral structure)** 를 가지게 된다. 이 구조에서 탄소 원자는 정사면체 중심에 있고, 꼭짓점에서 수소와 시그마 결합을 하며, 결합각은 109.5°가 된다(**그림 2.3**).

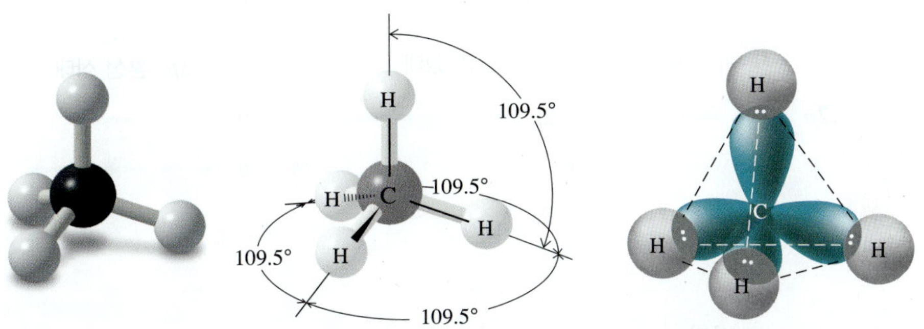

그림 2.3 **Methane(CH_4) 분자의 모양.** 탄소 원자가 정사면체 중심에 위치하고, 정사면체의 꼭짓점에서 수소 원자와 결합한 모양을 가지고 있으며, 결합각은 109.5°이다(1.10.2절).

C—C 단일 결합을 하고 있는 ethane(CH_3CH_3) 분자의 두 개의 탄소 원자 역시 결합각이 109.5°인 정사면체 구조를 가지고 있다. 이 분자의 경우 각 탄소에 있는 네 개의 sp^3 혼성 오비탈 중 세 개는 수소 원자의 *s* 오비탈과 나머지 한 개는 다른 탄소 원자의 sp^3 혼성 오비탈과 겹쳐 시그마 결합을 이루고 있기 때문이다(**그림 2.4**). 단일 결합을 하고 있는 분자는 결합하고 있는 두 원자 사이에 결합축에 따라 **자유 회전(free rotation)** 이 가능하다.

정사면체형 sp^3 오비탈의 색은 초록색으로 표시하였다.

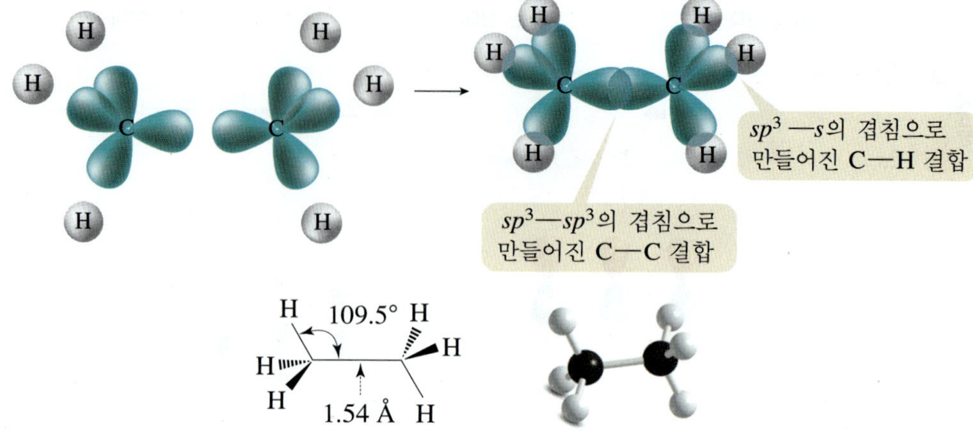

그림 2.4 **Ethane의 결합**. C—H 결합은 sp^3—s 겹침에 의해 생기고, C—C 결합은 sp^3—sp^3 겹침에 의해 생긴다. C—H 결합과 C—C 결합 모두 자유 회전이 가능하다.

탄소 원자의 단일 결합을 요약 정리하면 다음과 같다.

- 탄소 원자의 단일 결합은 모두 σ 결합이며, 탄소 원자의 원자가전자는 들뜬 상태의 $2s$ 오비탈에 있는 전자 한 개와 $2p$ 오비탈에 있는 전자 세 개가 혼성화하여 새로 만들어진 네 개의 sp^3 혼성 오비탈에 한 개씩 배치되어 공유 결합에 참여한다.
- 분자 모양은 정사면체이고 결합각은 109.5°이다.
- 단일 결합을 하고 있는 원자 사이의 자유 회전이 가능하다.

2.1.2 탄소의 이중 결합: 탄소 원자의 sp^2 혼성 오비탈

탄소 원자의 네 개의 원자가전자는 sp^3 혼성 오비탈만 만드는 것이 아니라 다른 형태의 혼

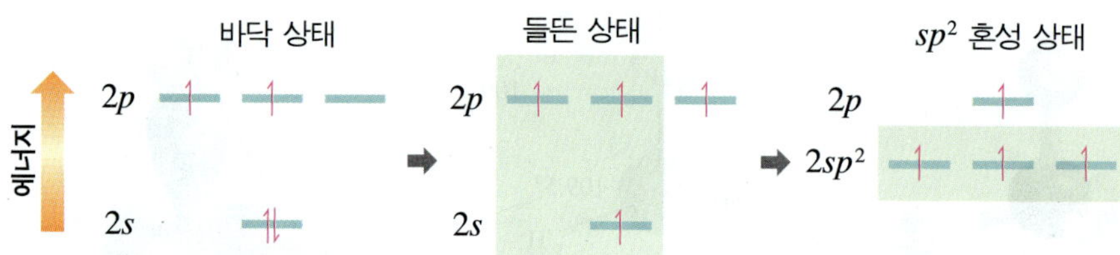

삼각 평면형 sp^2 오비탈의 색은 초록색으로 표시하였다.

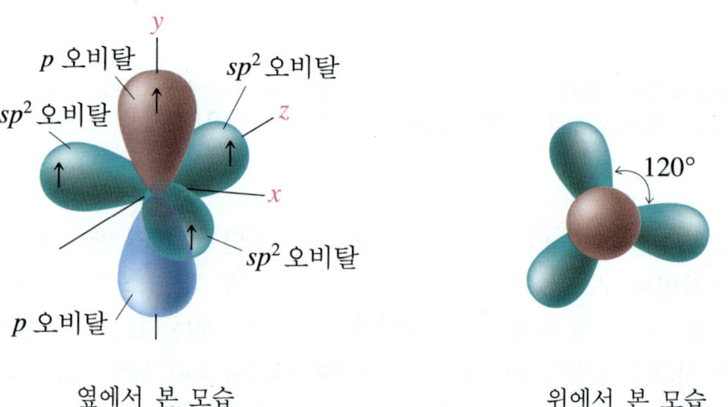

그림 2.5 **탄소 원자의 sp^2 혼성 오비탈 형성**. 바닥 상태의 $2s$ 오비탈 전자 한 개가 $2p$ 오비탈로 들뜬 뒤 s 오비탈 전자 한 개와 p 오비탈 전자 두 개가 혼성화되어 세 개의 sp^2 혼성 오비탈을 형성한다.

성 오비탈인 sp^2 또는 sp 오비탈을 만들 수 있다. **sp^2 혼성 오비탈(sp^2 hybrid orbital)**은 $2s$ 오비탈 한 개와 $2p$ 오비탈 두 개가 혼성화하여 만들어진 것이다(**그림 2.5**). 이중 결합에 참여하는 탄소 원자의 원자가전자의 전자 배치는 세 개의 sp^2 혼성 오비탈과 한 개의 p 오비탈에 전자 하나씩을 가지고 있는 형태로, 세 개의 sp^2 오비탈은 σ 결합에 참여하고, 나머지 p 오비탈에 있는 전자는 π 결합에 참여한다. 따라서 이중 결합을 하고 있는 탄소 원자에서 세 개의 결합은 동일하나, 한 개의 결합은 다르다.

예를 들어, ethene(에텐, $CH_2{=}CH_2$) 분자에서 탄소 원자에 있는 세 개의 sp^2 혼성 오비탈 중 두 개는 수소 원자와 $s{-}sp^2$ 겹침으로, 나머지 한 개는 옆 탄소 원자와 $sp^2{-}sp^2$ 겹침으로 σ 결합을 형성한다. 한편, p 오비탈에 있는 전자는 옆에 있는 다른 탄소 원자의 p 오비탈 전자와 $p{-}p$ 오비탈 겹침으로 π 결합을 형성하여 결과적으로 ethene 분자의 C=C 결합이 만들어진다. 이 분자의 C=C 이중 결합은 결합 간 자유 회전이 불가능하다. 이 결합에서 세 개의 σ 결합은 같은 평면에 위치해 있고, π 결합은 이 평면에 수직한 위치에 있다. 따라서 σ 결합 사이의 결합각은 약 120°이고, 분자 모양은 **삼각 평면형**이 된다(**그림 2.6**).

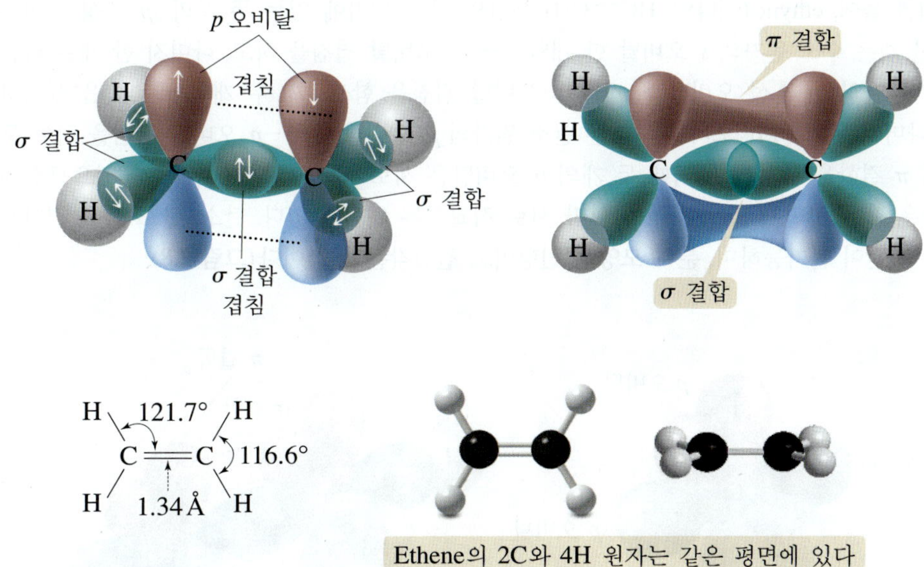

그림 2.6 **Ethene의 결합**. 두 개의 $s{-}sp^2$ 겹침과 한 개의 $sp^2{-}sp^2$ 겹침으로 생긴 세 개의 σ 결합과 $p{-}p$ 겹침으로 생긴 한 개의 π 결합으로 이루어져 있다.

탄소 원자의 이중 결합을 요약 정리하면 다음과 같다.

- 탄소 원자의 이중 결합은 세 개의 σ 결합과 한 개의 π 결합으로 이루어진 결합이다.
- 이중 결합에 참여하는 탄소 원자의 네 개의 원자가전자는 세 개의 sp^2 혼성 오비탈(σ 결합 참여)과 한 개의 p 오비탈(π 결합 참여)에 한 개씩 배치되어 있다.
- sp^2 혼성 오비탈은 탄소 원자의 들뜬 상태에서 $2s$ 오비탈의 전자 한 개와 $2p$ 오비탈의 전자 두 개가 혼성화하여 만들어진 오비탈이다.
- 분자 모양은 평면 삼각형이며, 결합각은 120°이다.
- 이중 결합을 하고 있는 원자 사이의 자유 회전이 불가능하다.

2.1.3 탄소의 삼중 결합: 탄소 원자의 *sp* 혼성 오비탈

탄소 원자가 삼중 결합을 할 경우 탄소 원자의 원자가전자는 두 개의 *sp* 혼성 오비탈과 두 개의 *p* 오비탈에 각각 한 개씩 배치되어 결합에 참여한다. ***sp* 혼성 오비탈**(***sp* hybrid orbital**)은 탄소 원자의 들뜬 상태에서 2*s* 오비탈 한 개와 2*p* 오비탈 한 개가 혼성화하여 만들어진 오비탈이다(**그림 2.7**).

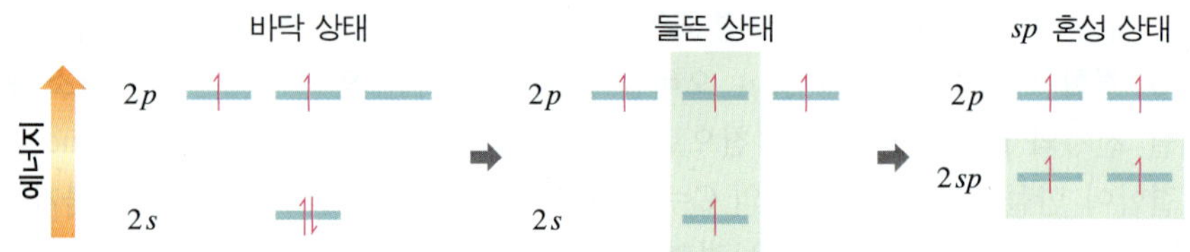

그림 2.7 **탄소 원자의 *sp* 혼성 오비탈 형성**. 바닥 상태의 2*s* 오비탈 전자 한 개가 2*p* 오비탈로 들뜬 뒤 *s* 오비탈 전자 한 개와 *p* 오비탈 전자 한 개가 혼성화되어 두 개의 *sp* 혼성 오비탈을 형성한다.

예를 들어, ethyne(에타인, HC≡CH) 분자의 탄소 원자에 있는 두 개의 *sp* 혼성 오비탈 중 한 개는 수소 원자의 *s* 오비탈 한 개와 *s*—*sp* 오비탈 겹침을 하고, 나머지 한 개는 다른 탄소 원자의 *sp* 혼성 오비탈과 *sp*—*sp* 오비탈 겹침을 함으로써 두 개의 σ 결합을 생성하고, 나머지 두 개의 *p* 오비탈은 다른 탄소 원자의 *p* 오비탈과 *p*—*p* 오비탈 겹침을 하여 두 개의 π 결합을 생성한다. 이때 두 개의 *p* 오비탈은 서로 직교한 평면에 위치해 있으므로 π 결합은 같은 평면에 있는 것이 아니라 서로 직교하는 위치에 있다. 탄소-탄소 삼중 결합은 자유 회전이 불가능하며, 분자 모양은 **선형**이고 결합각은 180°이다(**그림 2.8**).

선형 *sp* 오비탈의 색은 초록색으로 표시하였다.

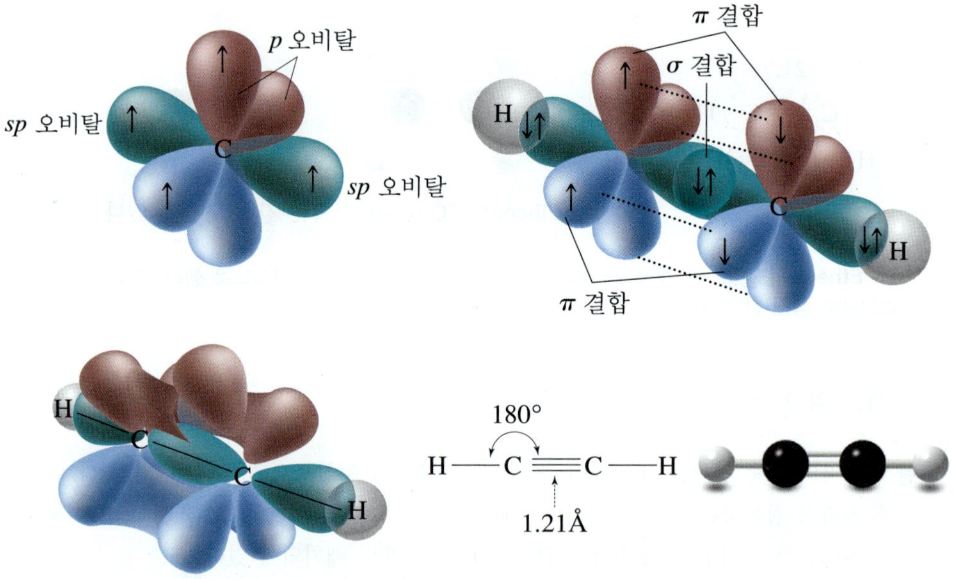

그림 2.8 **Ethyne의 결합**. 두 개의 *s*—*sp* 겹침으로 생긴 두 개의 σ 결합과 두 개의 *p*—*p* 겹침으로 생긴 두 개의 π 결합으로 이루어져 있다. 이 π 결합은 서로 수직한 평면에 위치한다.

탄소 원자의 삼중 결합을 요약 정리하면 다음과 같다.

- 탄소 원자의 삼중 결합은 두 개의 σ 결합과 두 개의 π 결합으로 이루어진 결합이다. 두 개의 π 결합은 서로 수직한 평면에 놓여 있다.
- 삼중 결합을 하는 탄소 원자에 있는 네 개의 원자가전자는 두 개의 *sp* 혼성 오비탈(σ 결합 참여)과 두 개의 *p* 오비탈(π 결합 참여)에 한 개씩 배치되어 결합에 참여한다.
- 분자 모양은 선형이며, 결합각은 180°이다.
- 삼중 결합을 하고 있는 원자 사이의 자유 회전이 불가능하다.

2.1.4 탄소의 혼성 오비탈 요약

탄소 원자는 2*s* 및 2*p* 오비탈에 있는 원자가전자 네 개가 혼성화를 통해 sp^3, sp^2, *sp*인 세 종류의 혼성 오비탈을 형성하고, 이들을 통해 σ 결합에 참여한다.

- **혼성화**란 두 개 이상의 서로 다른 원자 오비탈이 조합되어 새로운 형태의 원자 오비탈을 만드는 현상을 의미한다.
- **혼성 오비탈**에 표시된 위 첨자는 조합에 참여한 오비탈의 개수를 의미한다. sp^3의 경우 *s* 오비탈 한 개와 *p* 오비탈 세 개(숫자 1은 보통 생략)가 조합되어 만들어진 혼성 오비탈임을 의미한다.
- 혼성화에 참여하는 원자 오비탈의 수와 동일한 수의 혼성 오비탈이 만들어진다.
  sp^3 혼성 오비탈은 네 개의 원자 오비탈이 참여하였으므로 네 개의 sp^3가 형성됨.
  sp^2 혼성 오비탈은 세 개의 원자 오비탈이 참여하였으므로 세 개의 sp^2가 형성됨.
  sp 혼성 오비탈은 두 개의 원자 오비탈이 참여하였으므로 두 개의 *sp*가 형성됨.

에너지
p 오비탈
sp^3 오비탈
sp^2 오비탈
sp 오비탈
s 오비탈

오비탈의 에너지 준위.

예제 2.1 다음 분자에 있는 중심 원자의 전자 배치 및 혼성화와 원자 사이의 결합각을 나타내시오.

a. BF_3 **b.** NH_3 **c.** H_2O

풀이

a. BF_3 분자에서 B 원자의 전자 배치와 혼성화: B 원자의 원자가전자 세 개는 sp^2 혼성화로 만들어진 세 개의 오비탈에 전자가 한 개씩 배치되어 세 군데에서 F 원자의 전자와 결합을 하므로 BF_3의 분자 모양은 평면 삼각형 모양이며, 결합각은 120°이다.

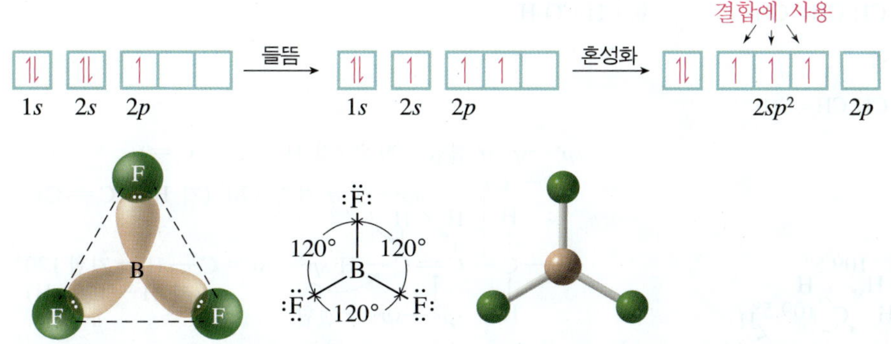

b. NH_3 분자에서 N 원자의 전자 배치와 혼성화: N 원자의 다섯 개의 원자가전자는 sp^3 혼성화되어 만들어진 네 개의 오비탈 중 한 개에 두 개의 전자가 들어가 비공유 전자쌍이 되고, 나머지 세 오비탈에 전자가 한 개씩 들어가 수소 원자의 전자와 결합한다. 비공유 전자쌍의 반발력 때문에 NH_3의 분자 모양은 삼각 피라미드 모양이 되고, 결합각은 107°를 이룬다.

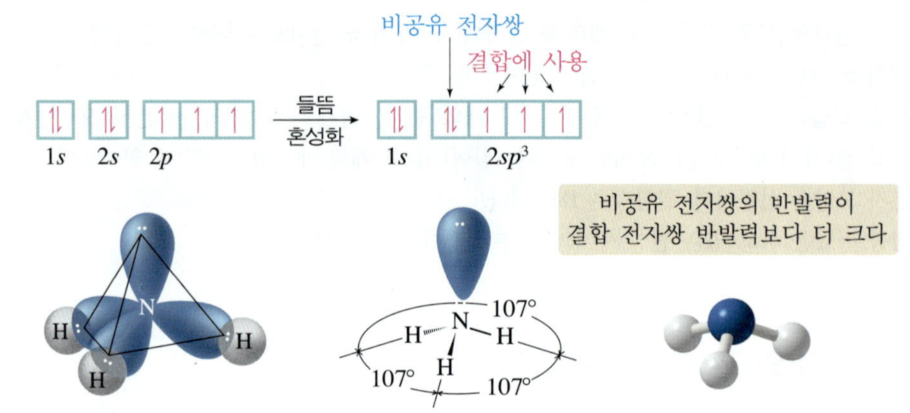

c. H_2O 분자에서 O 원자의 전자 배치와 혼성화: O 원자의 여섯 개의 원자가전자는 sp^3로 만들어진 네 개의 오비탈 중 두 개에 각각 전자가 두 개씩 배치되어 두 개의 비공유 전자쌍이 되고, 나머지 두 개의 오비탈에 전자가 한 개씩 배치되어 수소 원자의 전자와 결합한다. 두 개의 비공유 전자쌍에 의한 전자쌍 반발력 때문에 H_2O의 분자 모양은 정사면체가 일그러진 굽은형이 되고, 결합각은 105°이다. NH_3보다 작은 결합각을 갖는 이유는 비공유 전자쌍이 두 개 있어 이들의 반발력이 NH_3의 경우보다 더 크게 작용하기 때문이다.

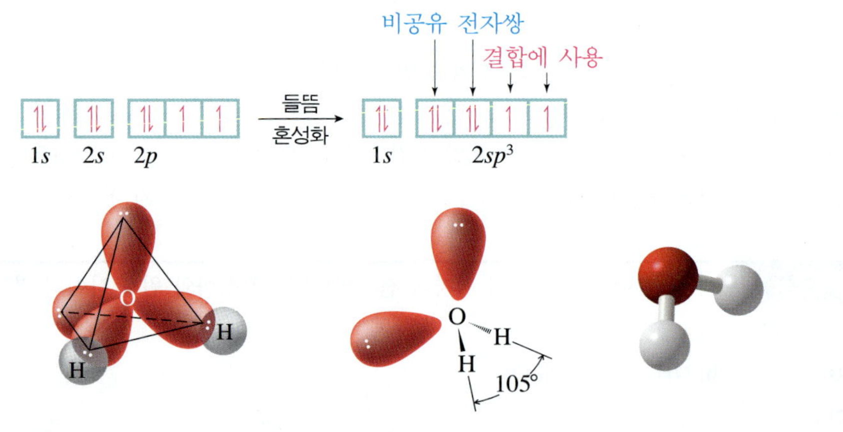

예제 2.2 다음 분자가 가지고 있는 결합은 어떤 오비탈의 겹침으로 만들어진 것이며, 결합각은 얼마인지 답하시오.

a. $CH_3CH{=}CH_2$ **b.** CH_3CO_2H

풀이

a. $CH_3CH{=}CH_2$

109.5°, 109.5°, 120°, sp^3, sp^2

sp^3—sp^2 σ 결합 109.5° (각 H—C—C=)
(C—C)

sp^2—s σ 결합 120° (각 H—C=C)

sp^2—s(=C—H) σ 결합 120° (각 H—C—H)

3 sp^3—s σ 결합 (C—H) 109.5° (각 H—C—H)

sp^2—sp^2 σ 결합 + p—p π 결합 (C=C) 120° (각 H—C=C)

b. CH_3CO_2H

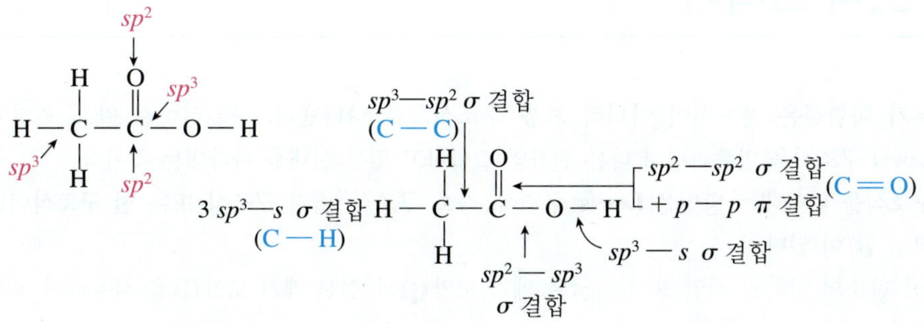

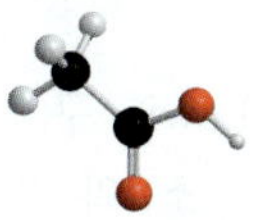

sp² → O (C=O 산소), sp³ → O (–OH 산소), sp³ → C (CH₃ 탄소), sp² → C (카보닐 탄소)

sp^3—sp^2 σ 결합 (C—C)

sp^2—sp^2 σ 결합 + p—p π 결합 (C=O)

3 sp^3—s σ 결합 (C—H)

sp^3—s σ 결합

sp^2—sp^3 σ 결합

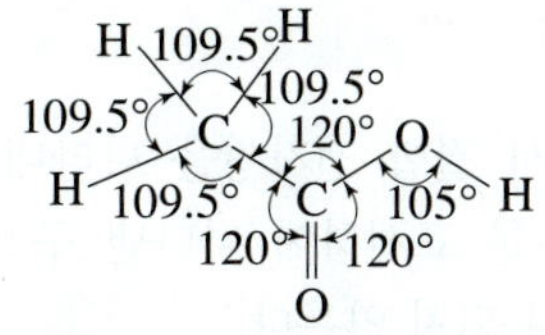

H 109.5° H, 109.5°, 109.5°, 120°, H 109.5°, 105° H, 120°, 120°

문제 2.1 다음 분자에서 각 결합은 어떤 오비탈로 형성되었으며, 각 결합의 결합각은 얼마인지 답하시오.

a. $CH_3C{\equiv}CH$
b. $H_2C{=}CH{-}CH{=}CH_2$
c. CH_3CH_2OH
d. $CH_3CO_2CH_3$

2.1.5 탄소–탄소 결합의 특징

탄소 원자의 단일 결합, 이중 결합, 삼중 결합의 특징을 **표 2.1**에 정리하였다. 이에 대한 보다 상세한 내용은 3장과 4장을 참조하기 바란다.

표 2.1 탄소–탄소 결합의 특징

	CH_3CH_3	$CH_2{=}CH_2$	$HC{\equiv}CH$
탄소 원자의 혼성화	sp^3 혼성 오비탈	sp^2 혼성 오비탈	sp 혼성 오비탈
결합각	109.5°	약 120°	180°
결합 형태	σ 결합	σ 결합 세 개와 π 결합 한 개	σ 결합과 π 결합 각 두 개
탄소–탄소 결합 길이 (Å)	1.54	1.34	1.21
탄소–탄소 결합 세기 (kcal/mol)	88	152	200
탄소–탄소 결합 회전	가능	불가능	불가능
반응	보통 조건에서 반응하지 않음	첨가 반응 (6장 참조)	첨가 반응 (6장 참조)
C—H의 pK_a값	50	44	25

2.2 유기 화합물의 구조식 그리기

- **유기 화합물은 분자식이 아니라 보통 구조식으로 나타낸다.** 구조식이란 탄소 원자가 Lewis 구조식을 만족하면서 다른 원자와 결합하고 있는 상태를 나타내는 것이다.
- 구조식을 나타내는 방법은 **Lewis 구조식, 축소 구조식, 골격 구조식**(또는 **선 구조식**이라고도 함)이 있다.
- sp^3 탄소의 삼차원 배열 표시는 굵은 쐐기 모양과 점선 쐐기 모양을 사용하여 표시한다.

축소 구조식(condensed structure)은 Lewis 구조식에서 결합 전자쌍을 나타내는 선을 생략하고 탄소 원자에 결합한 원자(예. 수소)와 그 개수를 표시하여 나타낸 구조식으로, 사슬형 화합물에 흔히 사용되며, 고리형 화합물에는 잘 사용되지 않는다.

골격 구조식[skeletal structure; 선 구조식(line structure)]은 Lewis 구조식에서 탄소 원자와 결합하고 있는 수소 원자는 나타내지 않고 탄소 골격만 실선으로 나타낸 구조식으로, sp^3 혼성 탄소 원자의 경우 결합각 109.5°를 나타낼 수 있도록 탄소 골격은 지그재그 형태로 표현된다. 사슬형 또는 고리형 구조 표시에 자주 사용된다.

예 1 Lewis 구조식 / 축소 구조식 / 골격 구조식(선 구조식)

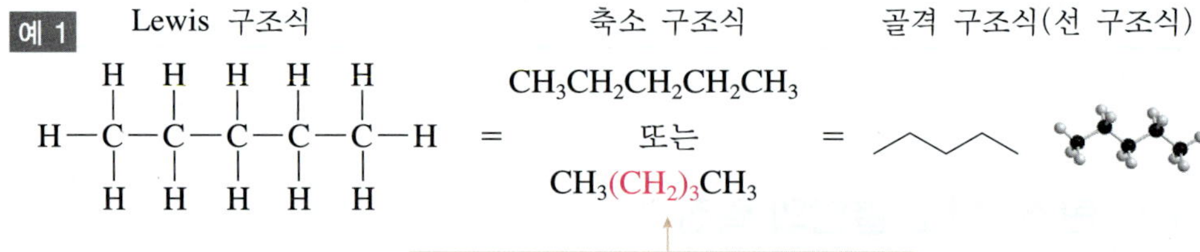

CH_2 세 개가 결합되어 있음을 나타냄

(Lewis 구조식) = $CH_3CHCH_2CH_2CH_3$ (2번 탄소에 CH_3) 또는 $CH_3CH(CH_3)CH_2CH_2CH_3$ = (골격 구조식)

괄호는 CH_3기가 탄소 사슬에 결합되어 있음을 표시

(Lewis 구조식) = $CH_3CHCH_2CHCH_3$ (2번 탄소에 CH_3, 4번 탄소에 OH) 또는 $CH_3CH(CH_3)CH_2CH(OH)CH_3$ = (골격 구조식, OH)

CH_3 및 OH를 탄소 사슬에 붙어 있는 결가지(branch)라 부름

예 2

$CH_3-C(=\ddot{O}:)-CH_3$ = CH_3COCH_3 = (골격 구조식, O)

$CH_3-C(=\ddot{O}:)-\ddot{O}-CH_3$ = $CH_3CO_2CH_3$ = (골격 구조식, O, OCH_3)

예 3 sp^3 혼성 탄소 원자의 삼차원 배열 표시: 굵은 쐐기 표시는 종이면 앞쪽으로 배향되었고, 점선 쐐기 표시는 종이면 뒤쪽으로 배향되었음을 나타낸다.

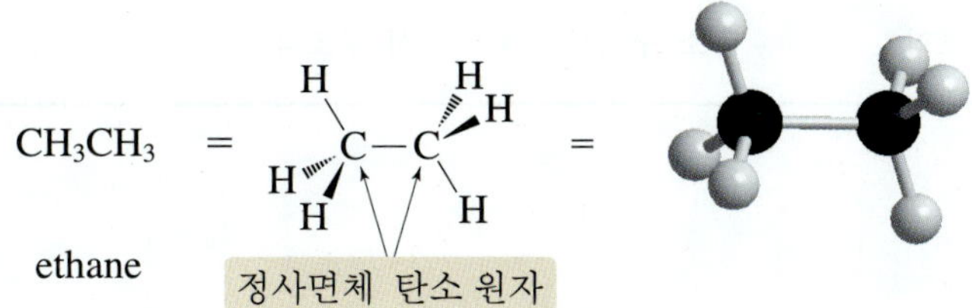

예제 2.3 다음 분자의 구조를 Lewis 구조식, 선 구조식 및 삼차원 구조식으로 나타내시오.

a. CH_3CH_2OH **b.** CH_3CO_2H

풀이

a. Lewis 구조식 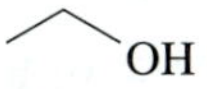 선 구조식 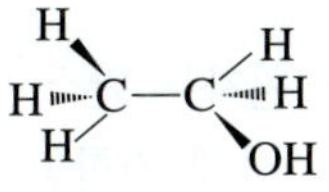 삼차원 구조식

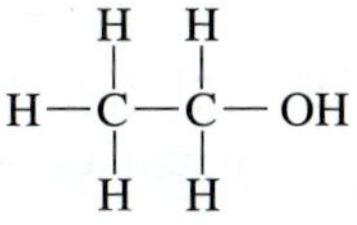

b. Lewis 구조식 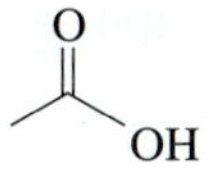 선 구조식 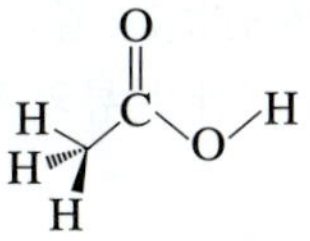 삼차원 구조식

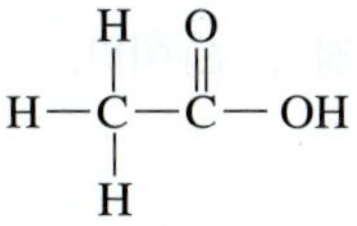

문제 2.2 다음 축소 구조식을 Lewis 구조식과 선 구조식으로 나타내시오.

a. $CH_3(CH_2)_3CH(CH_3)CH(CH_3)_2$ **b.** $CH_3CH(NH_2)CH_2C(CH_3)_3$ **c.** $(CH_3)_2CHCH_2CHO$

예제 2.4 다음에 해당하는 화합물의 구조를 Lewis 구조식, 축소 구조식, 선 구조식으로 나타내시오.

a. 분자식이 C_3H_8인 알케인 **b.** 분자식이 C_3H_6인 알케인

c. 분자식이 C_3H_6인 알켄 **d.** 분자식이 C_3H_4인 알카인

풀이

a. Lewis 구조식 / $CH_3CH_2CH_3$ 축소 구조식 / 선 구조식

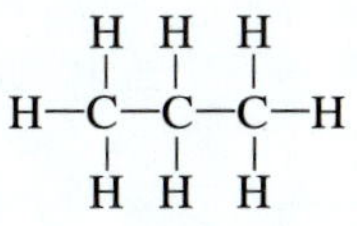

b. Lewis 구조식 / CH_2, $CH_2—CH_2$ 축소 구조식  / 선 구조식

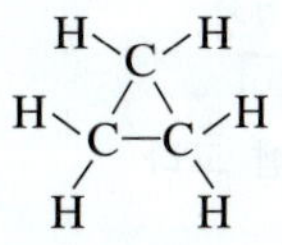

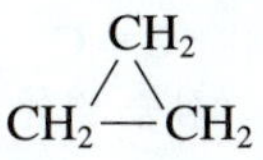

c. Lewis 구조식 / $CH_3CH{=}CH_2$ 축소 구조식 / 선 구조식

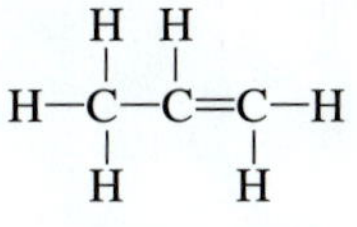

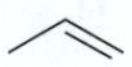

d. Lewis 구조식: H–C(H)(H)–C≡C–H 축소 구조식: $CH_3C{\equiv}CH$ 선 구조식

2.3 유기 화합물의 분류

유기 화합물의 가장 흔한 분류 방법은 다음과 같다.

- 구조에 의한 분류
- 작용기에 의한 분류(2.4절 참조)

앞서 언급한 바와 같이 탄소 원자는 탄소 원자는 물론 다른 원자와도 단일 결합, 이중 결합, 삼중 결합 등의 형태로 다양하게 결합할 수 있으므로 이것들로부터 만들어 낼 수 있는 탄소 화합물들은 헤아릴 수 없을 만큼 많다. 이렇게 다양한 화합물을 한 가지 방법으로 분류하기란 불가능하다. 따라서 사람들은 필요에 따라 여러 가지 방법으로 분류하여 사용하는데, 가장 흔한 분류는 구조에 의한 분류와 작용기에 의한 분류(2.4절 참조)이다.

2.3.1 구조에 의한 분류

■ 포화 화합물과 불포화 화합물

유기 화합물에서 탄소–탄소 결합이 **단일 결합**으로만 구성되어 있으면 **포화 화합물(saturated compound)** 이라 하고, **이중 결합**(벤젠 고리 포함) 또는 **삼중 결합**으로 구성되어 있으면 **불포화 화합물(unsaturated compound)** 이라 한다. 포화 알코올과 불포화 알코올, 포화 지방산과 불포화 지방산 등의 이름은 이 분류법에 근거한 것이다. 오직 탄소와 수소로만 이루어진 화합물들을 **탄화수소(hydrocarbon)** 라고 한다. 탄화수소는 포화 탄화수소와 불포화 탄화수소로 크게 분류할 수 있다(**표 2.2**).

표 2.2 탄화수소의 분류

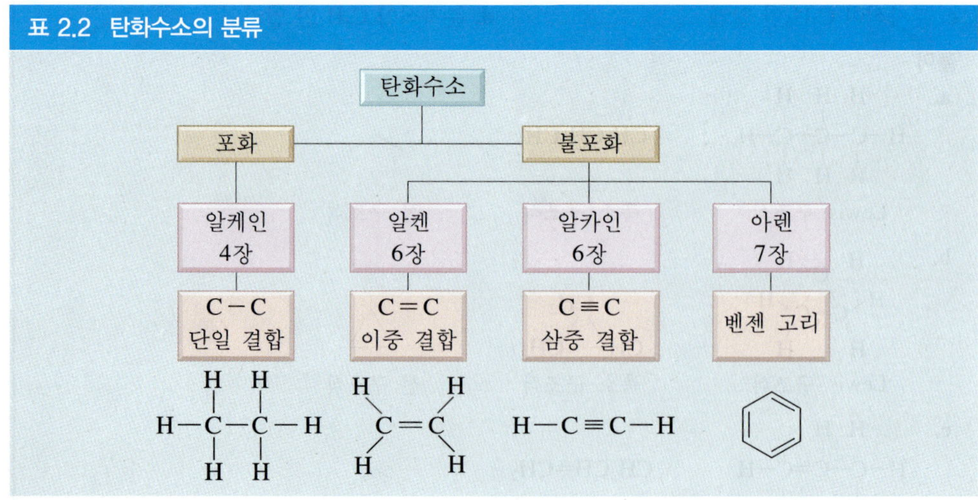

■ 지방족 화합물과 방향족 화합물

Aliphatic이란 그리스어로 '지방 또는 기름'을 의미한다. **지방족 화합물(aliphatic compound)**이란 고리형 또는 비고리형 알케인, 알켄, 알카인 및 이들 원자단을 포함하는 유기 화합물을 지칭하며, 벤젠 고리를 포함하는 유기 화합물을 지칭하는 **방향족 화합물(aromatic compound)**과 구분하여 사용한다. 지방족 탄화수소와 방향족 탄화수소, 지방족 알코올과 방향족 알코올, 지방족 아민과 방향족 아민, 지방산과 방향족산 등과 같이 분류하는 방법은 이 분류법에 의한 것으로, 유기 화합물을 구분하는 데 편리하게 사용된다.

	지방족 화합물의 예	방향족 화합물의 예
탄화수소	CH_3CH_3, $CH_2{=}CH_2$, $HC{\equiv}CH$	Benzene, Toluene
알코올	CH_3CH_2OH, $CH_2{=}CHCH_2OH$	Phenol
아민	CH_3NH_2, $HC{\equiv}CCH_2NH_2$	Aniline
카복실산	CH_3CO_2H	Benzoic acid

■ 비고리형 화합물과 고리형 화합물

비고리형 화합물(acyclic compound)은 **사슬형 화합물(chain compound)**이라고도 하며, 탄소-탄소 결합이 오직 사슬 형태로만 구성되어 있는 유기 화합물을 지칭한다. 벤젠과 같이 탄소-탄소 결합이 고리를 이루고 있는 화합물을 **고리형 화합물(cyclic compound)**이라고 한다. 고리형 화합물 중 탄소 대신에 질소, 산소 및 황 등이 고리에 포함되어 있는 화합물을 **헤테로고리 화합물(heterocyclic compound)**이라 하며, 이 구조를 갖는 화합물 중에는 많은 종류의 의약품을 포함한 생리활성 물질들이 있다.

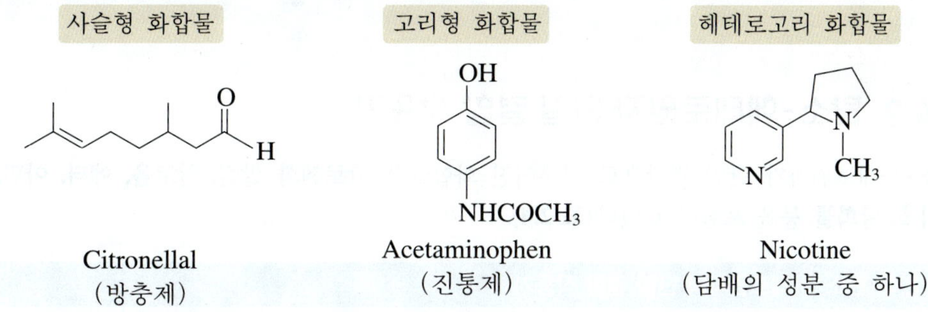

Citronellal (방충제)   Acetaminophen (진통제)   Nicotine (담배의 성분 중 하나)

2.4 작용기

유기 화합물의 어떤 특정한 물리적, 화학적 성질과 특성적인 반응성을 나타내는 유기 분자의 한 부분을 **작용기(functional group)**라고 한다. 탄소-탄소 단일 결합 화합물인 **알케인(alkane)**, 탄소-탄소 이중 결합을 가진 화합물인 **알켄(alkene)**, 탄소-탄소 삼중 결합을 가진 화합물인 **알카인(alkyne)**, 탄소 원자에 OH기가 결합한 **알코올(alcohol)** 등이 그 예들이다. 작용기들은 그들이 들어 있는 모든 분자들에서 거의 동일한 화학적 거동을 한다. 작용기는 유기 화합물 명명법의 기초가 될 뿐 아니라 물리적, 화학적 성질을 결정하고, 유기 반응이 일어나는 중요한 곳으로 학생들이 유기화학을 공부하는 데 매우 중요하기 때문에 반드시 익혀 두어야 한다. 이 책의 내용도 작용기에 따라 유기 화합물을 분류하여 기술하였다.

알케인은 반응성이 매우 낮아 작용기로 분류하지 않는 경우도 있다. 이 교재에서도 작용기에서 제외하였다.

작용기는 탄소 원자의 결합 형태에 따라 다음 세 가지로 분류할 수 있다.

- 탄소-탄소 이중 결합 또는 삼중 결합: 탄화수소 작용기
- 탄소-헤테로원자(헤테로원자 = 할로젠, 산소, 질소, 황 등)의 단일 결합 작용기
- 탄소-산소(질소) 이중 결합: 카보닐기(이민) 포함 작용기

2.4.1 탄화수소 작용기: 알켄, 알카인, 아렌

탄화수소(hydrocarbon)란 화합물의 구성이 오직 탄소와 수소로만 되어 있는 유기 화합물로 **알케인, 알켄, 알카인** 등과 같은 지방족 탄화수소와 **벤젠**과 같은 방향족 탄화수소가 여기에 포함된다. 이 중 알케인은 반응성이 별로 없으므로 작용기에서 제외된다. **표 2.3**에 이것을 정리하여 나타내었다.

표 2.3 탄화수소 작용기

작용기	일반 구조	예	입체 모형	접두사명
알켄 (Alkene)	$>C=C<$	$H_2C=CH_2$		알케닐기 (Alkenyl)
알카인 (Alkyne)	$-C\equiv C-$	$H-C\equiv C-H$		알카이닐기 (Alkynyl)
아렌 (Arene)	(벤젠 고리–R)	(벤젠 고리)		$-C_6H_5$ 페닐기 (Phenyl)

2.4.2 탄소-헤테로원자 단일 결합 작용기

탄소-헤테로원자가 단일 결합으로 이루어진 화합물은 **할로젠화 알킬, 알코올, 에터, 아민, 싸이올, 황화물** 등을 포함하고 있다(**표 2.4**).

표 2.4 탄소-헤테로원자의 단일 결합 작용기

작용기	일반 구조	예	입체 모형	접두사명
할로젠화 알킬 (Alkyl halide 또는 haloalkane)	$R-X$ (X = F, Cl, Br, I)	CH_3-Cl		$-X$ 할로젠기 (Halo)
알코올 (Alcohol)	$R-OH$	CH_3-OH		$-OH$ 하이드록실기 (Hydroxyl)
에터 (Ether)	$R-O-R$	CH_3-O-CH_3		$-OR$ 알콕시기 (Alkoxy)
아민 (Amine)	$R-NH_2$ 또는 R_2NH 또는 R_3N	CH_3-NH_2		$-NH_2$ 아미노기 (Amino)

다른 작용기 예

- 할로하이드린 Halohydrin: $-C(OH)-C(X)-$
- 사이아노하이드린 Cyanohydrin: $-C(OH)(C\equiv N)-$
- 아세탈(케탈) Acetal(ketal): $-C(OR')(OR')-H(R)$
- 에폭사이드 Epoxide: $>C-C<$ (O 고리)

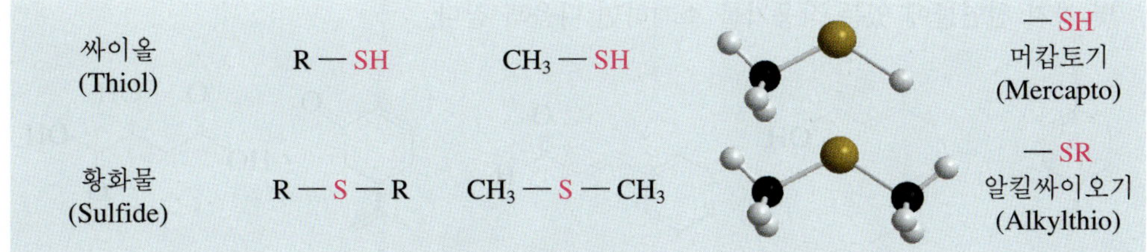

싸이올 (Thiol)	R—SH	CH_3—SH		—SH 머캅토기 (Mercapto)
황화물 (Sulfide)	R—S—R	CH_3—S—CH_3		—SR 알킬싸이오기 (Alkylthio)

2.4.3 탄소-산소 이중 결합 작용기: 카보닐 화합물

탄소–산소 이중 결합을 **카보닐기(carbonyl group**, C═O)라 하는데, 이 카보닐기 탄소 원자에 어떤 원자단이 결합되어 있느냐에 따라 **알데하이드**(카보닐기 한쪽에 수소 원자가 결합, —CHO), **케톤**(카보닐기 양쪽에 탄소 원자가 결합, CCOC), **카복실산**(카보닐기 한쪽에 OH기가 결합, —COOH), **에스터**(카보닐기 한쪽에 OR기가 결합, —COOR), **아마이드**(카보닐기 한쪽에 질소 원자가 결합, —CONR′$_2$), **산염화물**(카보닐기 한쪽에 Cl기가 결합, —COCl), **산무수물**(카보닐기 한쪽에 OCOR기가 결합, —COOCOR) 등의 화합물로 나누어진다(**표 2.5**).

표 2.5 카보닐기(C═O)를 포함하는 작용기

작용기	일반 구조	예	입체 모형	접두사명
알데하이드 (Aldehyde)	$R-C(=O)-H$	$CH_3-C(=O)-H$		$-C(=O)-H$ 포밀기 (Formyl)
케톤 (Ketone)	$R-C(=O)-R$	$H_3C-C(=O)-CH_3$		$C-C(=O)-C$ 옥소기 (Oxo)
카복실산 (Carboxylic acid)	$R-C(=O)-OH$	$CH_3-C(=O)-OH$		$-C(=O)OH$ 카복실 또는 카복시기 (Carboxyl)
에스터 (Ester)	$R-C(=O)-OR'$	$CH_3-C(=O)-OCH_3$		$-C(=O)OR'$ 알콕시카보닐기 (Alkoxycabonyl)
아마이드 (Amide)	$R-C(=O)-NH_2$	$CH_3-C(=O)-NH_2$		$-CONH_2$, $-CONHR'$ 또는 $-CONR'R''$ 카바모일기 (Carbamoyl)
산염화물 (Acid chloride)	$R-C(=O)-Cl$	$CH_3-C(=O)-Cl$		$-C(=O)-Cl$
산무수물 (Acid anhydride)	$R-C(=O)-O-C(=O)-R$	$CH_3-C(=O)-O-C(=O)-CH_3$		$-C(=O)-O-C(=O)-$
나이트릴 (Nitrile)	R—CN	CH_3—CN		—CN 사이아노기 (Cyano)

탄소–질소 다중 결합 작용기

이민 imine	$R-C(=NR')-H(R)$
옥심 Oxime	$R-C(=N-OH)-H(R)$
나이트릴 Nitrile	$R-C\equiv N$

몇 가지 천연물에 있는 작용기를 소개하면 다음과 같다.

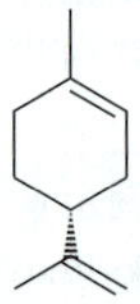

Limonene	Geraniol	Cinnamaldehyde	(*R*)-Carvone	Malic acid
오렌지향 성분	장미기름 성분	계피향 성분	박하향 성분	사과의 신맛 성분

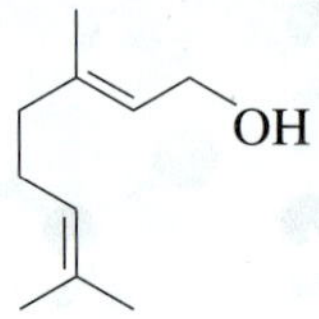

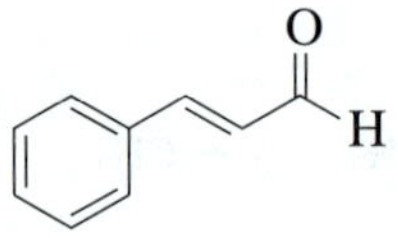

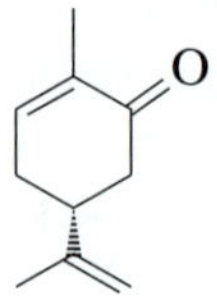

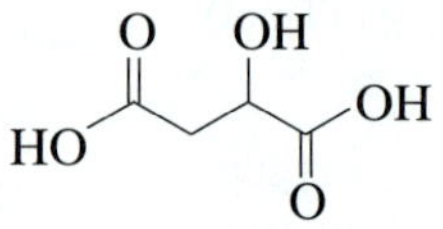

예제 2.5 다음에 해당하는 분자의 구조를 Lewis 구조식, 축소 구조식, 선 구조식으로 나타내시오.

a. C_5H_8O의 분자식을 가진 알코올 **b.** C_5H_8O의 분자식을 가진 케톤

풀이

모두 두 개 이상의 화합물이 존재하지만 한 개의 예만 예시하였다. 다른 예를 그려 보기 바란다.

a.

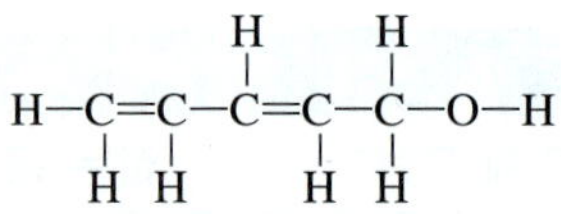

Lewis 구조식 $H_2C{=}CHCH{=}CHCH_2OH$ 축소 구조식 선 구조식

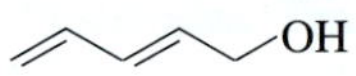

b.

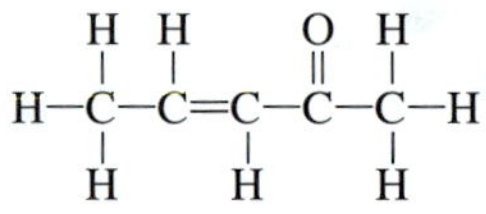

Lewis 구조식 $CH_3CH{=}CHCOCH_3$ 축소 구조식 선 구조식

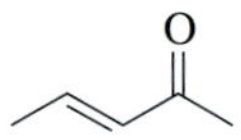

문제 2.3 다음에 해당하는 분자의 구조를 Lewis 구조식, 축소 구조식 및 선 구조식으로 나타내시오(모두 두 개 이상의 화합물이 존재한다).

a. C_5H_8O의 분자식을 가진 알데하이드 **b.** C_3H_9N의 분자식을 가진 아민

c. $C_4H_8O_2$의 분자식을 가진 에스터 **d.** $C_4H_{10}O$의 분자식을 가진 에터

2.5 유기 분자간에 작용하는 힘

Johannes Diderik van der Waals (1837~1923): 네덜란드 태생 이론 물리학자. Amsterdam 대학교 교수 역임. 기체와 액체 분자간에 작용하는 Van der Waals 힘 발견. 기체와 액체 상태에 관한 연구로 1910년 노벨 물리학상 수상.

분자간에 작용하는 힘(intermolecular force)이란 주로 공유 결합을 하고 있는 분자와 분자 사이에 존재하는 상호작용을 말하는 것으로, 비공유 상호작용 또는 비결합 상호작용이라고도 하며, 분자의 모양, 끓는점, 녹는점, 용해도 등에 큰 영향을 미친다.

공유 결합 화합물에서 관찰되는 대표적 분자간 힘은 다음 세 가지 종류가 있다.

- van der Waals 힘(van der Waals force, '반데르발스 힘'이라고 읽음)
- 쌍극자-쌍극자 상호작용(dipole-dipole interaction)
- 수소 결합(hydrogen bonding)

이들 중 수소 결합의 힘이 가장 세고, van der Waals 힘이 가장 약하다. 이들 힘의 본질은 분자에 존재하는 작용기의 성질과 분자 표면적의 크기에 의해 영향을 받는다.

2.5.1 van der Waals 힘

전자들은 항상 움직이고 있기 때문에 일시적으로 전하 쏠림 현상이 일어날 수 있다. 이와 같이 분자 내에 순간적으로 생긴 전자 밀도의 변화 때문에 생기는 극성에 의한 쌍극자 사이의 상호작용을 **van der Waals 힘**(**van der Waals force**)이라 한다. 이 힘은 비극성 공유 결합을 하는 알케인 분자가 갖는 유일한 분자간의 힘이지만, 결합의 종류에 상관없이 모든 화합물에 작용하는 분자간 힘이기도 하다. van der Waals 힘의 크기는 분자의 표면적과 편극성에 의해 결정되는데, 표면적과 편극성이 클수록 강하게 작용한다(**그림 2.9**). 예를 들어, 펼쳐 놓은 사슬 모양의 pentane(펜테인)은 공 모양의 neopentane(네오펜테인)보다 강한 van der Waals 힘이 작용한다.

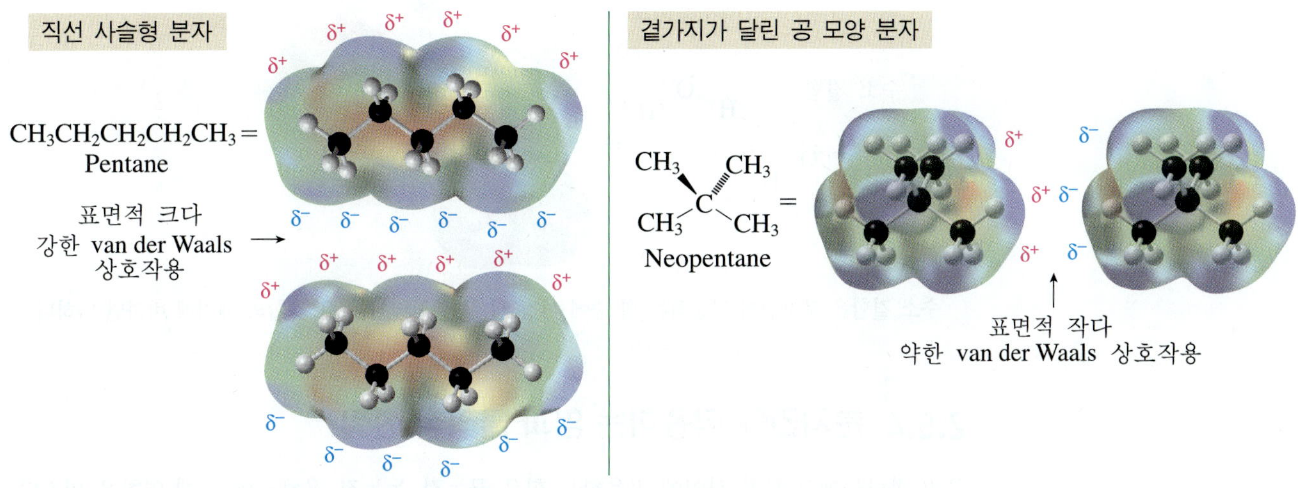

그림 2.9 van der Waals 힘과 표면적. 표면적이 클수록 van der Waals 힘이 커진다.

아이오딘(I_2)은 상온에서 고체지만, 플루오린(F_2)은 기체인 이유도 Van der Waals 힘의 차이 때문이다. 아이오딘의 경우 플루오린보다 원자의 크기가 큼으로 인해 원자가전자의 움직임이 더 활발해서(편극성이 높아져서) 쌍극자가 만들어질 확률이 플루오린보다 더 높기 때문에 강한 van der Waals 힘을 갖게 된다.

2.5.2 쌍극자-쌍극자 상호작용

에터, 아세톤 등과 같은 극성 공유 결합을 가진 분자의 경우 한 분자의 양전하 부분이 다른 분자의 음전하 부분을 끌어당겨 배열하는데, 이러한 현상을 **쌍극자-쌍극자 상호작용**(**dipole-dipole interaction**)이라 한다. 이 힘은 van der Waals 힘보다 강하다.

$(CH_3)_2C=\ddot{O}$ =
acetone

쌍극자의 인력

2.5.3 수소 결합

수소 결합(hydrogen bonding)이란 HF, H_2O, NH_3 분자에서처럼 전기음성도가 큰 F, O, N 원자와 결합되어 있는 수소 원자가 전기음성도 차이에 의해 부분 양전하를 가지게 되어 다른 분자의 부분 음전하를 띤 F, O, N 원자에 정전기적으로 끌려 만들어진 **분자간 결합(intermolecular bonding)**을 말한다. 이 결합의 세기는 앞서 언급한 van der Waals 힘과 쌍극자–쌍극자 상호작용보다 더 크지만, 그 세기는 O—H 공유 결합(분자 내 결합)에 비하면 아주 약한 편이다(O—H의 결합 세기는 119 kcal/mol이지만 물 분자의 수소 결합 세기는 10 kcal/mol이다). 그러나 수소 결합은 유기 화합물의 끓는점, 용해도 등 물리적, 화학적 성질을 결정하는 데 크게 영향을 미칠 뿐 아니라 핵산 염기들의 상호작용으로 DNA가 이중 나선을 만드는 데 있어서도 중요한 역할을 한다.

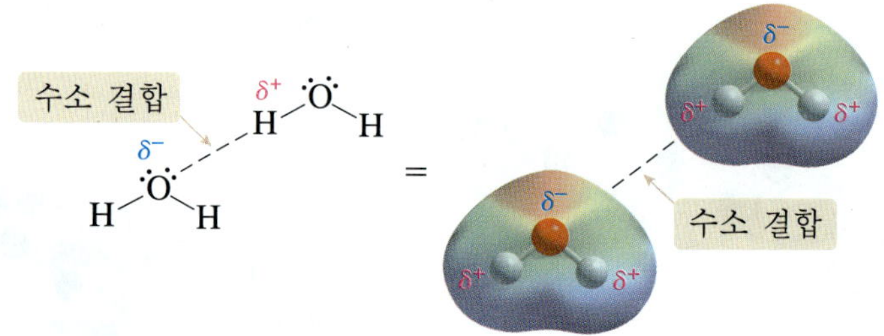

수소 결합은 분자간에 작용하는 힘 중에 가장 세지만, O—H 공유 결합의 세기에 비하면 약하다

2.5.4 분자간에 작용하는 힘과 물리적 성질

유기 화합물에서 분자 사이에 작용하는 힘은 끓는점, 녹는점, 용해도에 크게 영향을 미친다.

■ 끓는점

끓는점(boiling point, bp)이란 액체 상태의 물질이 기체 상태의 물질로 변하는 온도이다. 액체가 기체 상태가 되기 위해서는 액체 상태에서의 분자간 인력을 극복해야 하는데, 이 분자간 인력이 강할수록 끓는점은 높아진다. 이 분자 사이의 인력은 주로 앞 절에서 언급한 van der Waals 힘, 쌍극자–쌍극자 상호작용 및 수소 결합에 의해 지배된다.

• 분자간의 인력이 강할수록 끓는점이 높아진다.

$CH_3CH_2CH_2CH_2CH_3$	$CH_3CH_2CH_2CHO$	$CH_3CH_2CH_2CH_2OH$
Pentane	Butanal	Butan-1-ol
bp = 36 °C	bp = 76 °C	bp = 118 °C

분자간의 힘이 증가하는 순서
=끓는점이 증가하는 순서

분자간 인력의 세기는 **수소 결합** > **쌍극자–쌍극자 상호작용** > **van der Waals 힘** 순이다. 위에서 pentane은 제일 약한 van der Waals 힘만 작용하고, butan-1-ol의 경우 세 가지 힘이 모두 작용한다.

• 표면적이 클수록 끓는점이 높아진다.

$$\underset{\substack{\text{Butane} \\ \text{bp} = -0.5\ ^\circ\text{C}}}{CH_3CH_2CH_2CH_3} \qquad \underset{\substack{\text{Pentane} \\ \text{bp} = 36\ ^\circ\text{C}}}{CH_3CH_2CH_2CH_2CH_3} \qquad \underset{\substack{\text{Neopentane} \\ \text{bp} = 10\ ^\circ\text{C}}}{CH_3C(CH_3)_2CH_3}$$

표면적이 클수록 van der Waals 힘이 커지기 때문이다. Pentane은 butane보다 표면적이 커서 끓는점이 더 높다. Pentane과 같은 분자식을 가지고 있는 neopentane의 끓는점이 더 낮은 이유도 표면적이 pentane보다 작기 때문이다.

- 편극성이 클수록 끓는점이 높아진다.

편극성(polarizability)
원자나 분자 내의 전하 분포가 외부의 전기장에 의해 달라지는 경향을 말함.

CH_3I의 끓는점은 42 °C이나 CH_3F의 끓는점은 −78 °C이다. 이것은 I의 편극성이 F보다 커서 van der Waals 힘이 더 크게 작용하기 때문이다.

물(분자량 18)의 끓는점은 100 °C로서, 비슷한 분자량을 가진 methane(분자량 16, 끓는점 −167.7 °C)보다 훨씬 높다. 이것은 물 분자가 메테인 분자보다 van der Waals 힘, 쌍극자–쌍극자 상호작용 등과 같은 분자간에 작용하는 힘이 더 크고 추가적으로 수소 결합이 가능하기 때문이다. 분자 내에 질소를 가진 아민 화합물의 경우도 수소 결합 때문에 알케인 화합물보다 끓는점이 높다.

■ 녹는점

녹는점(melting point, mp)이란 고체 상태의 물질이 액체 상태의 물질로 변하는 온도이다. 고체가 녹는 과정에서 고체 상태를 유지하기 위하여 존재했던 인력들을 극복하기 위해 에너지가 필요하다. 끓는점과 마찬가지로 분자간 힘이 클수록 녹는점이 높다.

■ 용해도

용해도(solubility)란 물질(용질; 녹는 물질)이 용매(녹이는 물질)에 녹는 정도를 의미한다. 물질이 녹는 과정에서 용질 분자 또는 이온들 사이의 인력을 깨뜨려야 한다.

- 극성 물질은 극성 용매에 잘 녹고, 비극성 물질은 비극성 용매에 잘 녹는다.
- 비슷한 것끼리 녹인다(Like dissolves like).

일반적으로 유기 물질은 유기 용매에 잘 녹으나 무기 물질은 유기 용매에 잘 녹지 않는다. 소금은 물에 잘 녹으나 아세톤 같은 유기 용매에 녹지 않는 것이 그 예이다. 또한 비극성 물질인 butane은 극성 용매인 물에는 녹지 않지만 비극성 용매인 사염화 탄소에는 잘 녹는다. 아세톤은 유기 물질임에도 물에 잘 녹는다. 이것은 부분 음전하를 띤 아세톤 분자의 산소 원자가 부분 양전하를 띤 물 분자의 수소 원자와 수소 결합을 할 수 있기 때문이다. 그러나 극성 유기 물질이라도 탄소의 수가 많아지면 극성 용매에 녹지 않는 경우도 있다. 예를 들면, ethanol은 물에 잘 녹으나 탄소수가 27개인 cholesterol(콜레스테롤)은 OH기를 가지고 있어도 물에 녹지 않는다.

- 분자 내에서 물 분자에 끌리는 부분을 **친수성(hydrophilic)** 부위라고 한다.
- 분자 내에서 물 분자에 끌리지 않는 부분을 **소수성(hydrophobic)** 부위라고 한다.

분자 내에 친수성과 소수성 부위를 모두 가지고 있는 경우, 친수성 부위가 상대적으로 크면 물에 잘 녹지만 그렇지 않은 경우 물에 녹지 않게 된다.

예제 2.6 다음 중 어느 것이 끓는점이 더 높은가? 그 이유는?

a. $(CH_3)_2C{=}CH_2$와 $(CH_3)_2C{=}O$ **b.** $CH_2CH{=}CHCl$와 $CH_2CH{=}CHI$

c. CH_3CH_2OH와 $CH_3CO_2CH_3$

풀이

끓는점은 분자 사이의 인력이 클수록 증가한다. 분자간 힘의 세기는 수소 결합 > 쌍극자–쌍극자 상호작용 > van der Waals 힘 순이다.

a. $(CH_3)_2C{=}O$이 더 높다. 그 이유는 O가 C보다 전기음성도가 더 크므로 $(CH_3)_2C{=}O$ 분자가 더 극성이며, 따라서 쌍극자–쌍극자 상호작용이 더 크다.

b. $CH_2CH{=}CHI$가 더 높다. 그 이유는 I이 Cl보다 편극성이 더 커서 van der Waals 힘이 더 크게 작용하기 때문이다.

c. CH_3CH_2OH이 더 높다. 그 이유는 CH_3CH_2OH는 수소 결합이 가능하지만 $CH_3CO_2CH_3$는 수소 결합을 할 수 있는 수소를 가지고 있지 않기 때문이다.

문제 2.4 다음을 끓는점이 높은 순으로 나열하시오. 그 이유는?

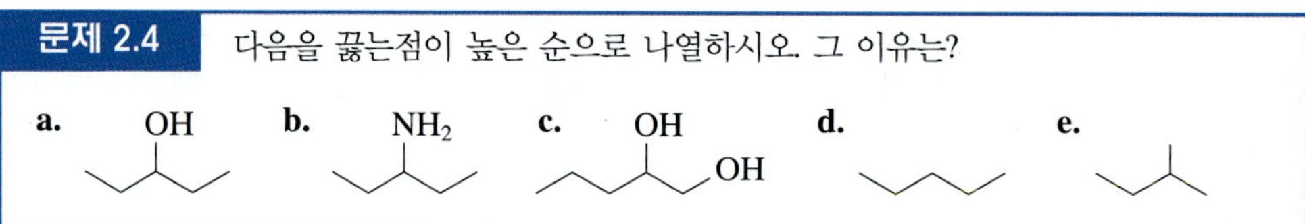

문제 2.5 다음을 물에 대한 용해도가 높은 순으로 나열하시오.

$CH_3CH_2CH_2CH_2OH$ $CH_3CH_2CH_2OH$ $HOCH_2CH_2CH_2OH$ $CH_3CH_2CH_2OCH_3$

2.6 유기 화합물의 명명법

IUPAC 명명법과 우리말 표기법에 관한 인터넷 주소

IUPAC 명명법: https://en.wikipedia.org/wiki/IUPAC_nomenclature_of_organic_chemistry

우리말 표기법: 대한화학회 (http://new.kcsnet.or.kr/cheminfo)

유기 화합물의 종류가 그리 많이 알려져 있지 않았던 초창기에는 주로 그것이 얻어지는 식물이나 동물의 출처를 근거로 하여 유기 화합물의 이름이 붙여졌다. 식초에 해당하는 라틴어인 acetum으로부터 acetic acid(아세트산), 개미(formica) 종류에서 발견되는 산의 일종인 formic acid(폼산) 등이 그 예들이다. 이러한 방법을 사용한 이름 짓기(명명법)는 현재도 천연물 등과 같은 물질의 명명에 자주 사용되고 있다.

그러나 수많은 새로운 유기 화합물이 천연물로부터 추출되거나 인공적으로 합성되면서, 이들의 이름을 체계적으로 명명하는 방법이 필요하게 되었다. 이를 위해 화학 관련 국제 기구 중 하나인 국제 순수 및 응용 화학 연맹(IUPAC, International Union of Pure and Applied Chemistry)에서 유기 화합물에 대한 체계적인 명명법을 고안하게 되었다. 이 명명법을 이 기구의 영문 첫글자에서 따와 **IUPAC 명명법(IUPAC nomenclature)**이라 하고, 이 명명법에 의해 명명된 화합물의 이름을 **IUPAC명(IUPAC name)** 또는 **체계명**이라고 한다. 이 명명법에 따르지 않고 과거부터 관용적으로 사용되는 이름은 **관용명(common name)**이라고 한다. 예를 들어, 우리가 흔히 알고 있는 ethyl alcohol(에틸 알코올)은 관용명이고, ethanol(에탄올)은 IUPAC명이다. 유기 화합물 명명은 현재 IUPAC명을 따르는 것이 대세이긴 하지만, 그 이름이 길고 복잡할 경우 관용명을 편의상 그대로 사용하는 예가 많으므로, 우리는 두 명명법을 함께 알고 있어야 한다. 특히, 의약품과 같은 경우 IUPAC명 이외에 **일반명(generic name)**과 **상품명(brand name)**을 함께 가지고 있다. 유기 화합물의 명명법에 대한 상세한 내용은 이 책의 3장 이후의 각 장에서 별도로 공부할 것이며, 이 절에서는 일반적인 사항만 기술하고자 한다.

2.6.1 IUPAC명

• IUPAC명은 다음 세 부분으로 구성되어 있다.

• 접두사에는 어미 사슬에 붙어 있는 치환기 이름과 그 위치를 표시한다.

흔히 사용되는 치환기에는 알킬기(alkyl, R), 할로젠기(halogen, X), 아미노기(amino, NH_2), 나이트로기(nitro, NO_2) 등이 있다.

예 2-Methylbutane; Bromobenzene

• 어미 사슬의 이름은 알케인, 벤젠 등과 같이 탄소 골격의 기본이 되는 이름이 표시된다.

예 2-Methylbutane; Bromobenzene

• 접미사에는 작용기를 나타내는 접미사 이름을 표시한다(**속표지** 및 **표 11.1** 참조).

예 Butanol; Butanal; Butan-2-one (2-Butanone), Butanoic acid

2.6.2 관용명

• 많은 경우 관용명은 고유명사화되어 있어 계통적이지 못하다.

예 Formic acid; acetic acid; allyl alcohol

• 지방족 화합물의 관용명은 보통 다음 두 부분으로 구성되어 있다.

예 Ethyl alcohol; Cyclohexylamine; Isopropyl bromide

요약 정리

탄소의 결합

- 탄소 원자는 단일 결합, 이중 결합, 삼중 결합을 할 수 있다. 단일 결합은 모두 네 개의 σ 결합, 이중 결합은 세 개의 σ 결합과 한 개의 π 결합, 삼중 결합은 두 개의 σ 결합과 두 개의 π 결합으로 이루어져 있다.
- σ 결합에 참여하는 탄소 원자의 원자가전자는 단일 결합의 경우 네 개의 전자가 모두 네 개의 sp^3 혼성 오비탈에, 이중 결합의 경우 세 개의 전자가 세 개의 sp^2 혼성 오비탈에, 삼중 결합의 경우 두 개의 전자가 두 개의 원자 sp 혼성 오비탈에 배치되어 있다.
- **혼성화**란 두 개 이상의 오비탈이 조합되어 새로운 형태의 오비탈이 만들어지는 현상을 의미한다. sp^3 혼성 오비탈은 s 오비탈 한 개와 p 오비탈 세 개가 혼성화된 것이고, sp^2 혼성 오비탈은 s 오비탈 한 개와 p 오비탈 두 개가 혼성화된 것이며, sp 혼성 오비탈은 s 오비탈 한 개와 p 오비탈 한 개가 혼성화된 것이다.
- 탄소-탄소의 단일 결합, 이중 결합, 삼중 결합의 특징을 요약 정리하면 다음과 같다.

	C—C	C=C	C≡C
탄소 원자의 혼성 오비탈(개수)	sp^3 (4)	sp^2 (3)	sp (2)
σ 결합의 수	4	3	2
π 결합의 수	0	1	2
분자 모양	정사면체	삼각 평면형	선형
결합각	109.5°	120°	180°
결합 길이(Å)	1.54	1.34	1.21
결합 세기(kcal/mol)	88	152	200

유기 화합물 구조식 그리기

- 유기 화합물은 분자식이 아니라 반드시 구조식으로 나타내야 한다. 구조식이란 탄소 원자가 Lewis 구조식을 만족하면서 다른 원자와 결합하고 있는 상태를 나타내는 것이다.
- 구조식을 나타내는 방법은 **Lewis 구조식, 축소 구조식, 골격 구조식**(또는 **선 구조식**이라고도 함)이 있다.

작용기

- 유기 화합물의 어떤 특정한 물리적, 화학적 성질과 특성적인 반응성을 나타내는 유기 분자의 한 부분을 작용기라고 한다. 작용기들은 그들이 들어 있는 모든 분자들에서 거의 동일한 화학적 거동을 한다. 대표적인 작용기는 표 2.3, 표 2.4, 표 2.5에 정리되어 있다. 작용기의 IUPAC명은 아래와 같은 기본 구조로 구성되어 있다.

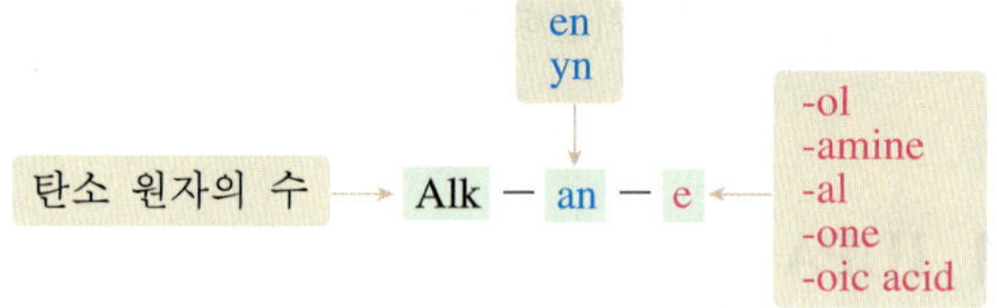

분자간에 작용하는 힘

힘의 크기	힘의 종류	원인 및 특징
세기 증가 ↑	수소 결합 (hydrogen bonding)	HF, H_2O, NH_3와 같이 수소 원자가 전기음성도가 큰 원자와 결합되어 있는 극성 분자에서 관찰됨. 부분적 양전하를 가진 수소 원자가 부분적 음전하를 가진 동일 또는 다른 분자에 있는 F, O, N 원자와 정전기적 인력에 의해 생성됨.
	쌍극자-쌍극자 상호작용(dipole-dipole interaction)	전기음성도 차이에 의해 생기는 영구적인 쌍극자에 의해 생성됨. 분자와 분자 사이의 쌍극자-쌍극자 상호작용으로 일어남.
	van der Waals 힘 (van der Waals force)	일시적인 전하 쏠림으로 생기는 쌍극자-쌍극자 상호작용 • 표면적이 클수록 커짐 • 편극성이 클수록 커짐

물리적 성질

- 끓는점
  - 분자간의 힘이 강할수록 끓는점이 높아진다.
  - 표면적이 클수록 끓는점이 높아진다.
  - 편극성이 클수록 끓는점이 높아진다.
- 녹는점
  분자간의 힘이 강할수록 녹는점이 높아진다.
- 용해도
  - 극성 물질은 극성 용매에 잘 녹고, 비극성 물질은 비극성 용매에 잘 녹는다.
  - 비슷한 것끼리 녹인다(Like dissolves like).

보충 문제

2.6 다음 화합물에서 화살표로 가리킨 원자들의 혼성 오비탈의 종류는 무엇인가?

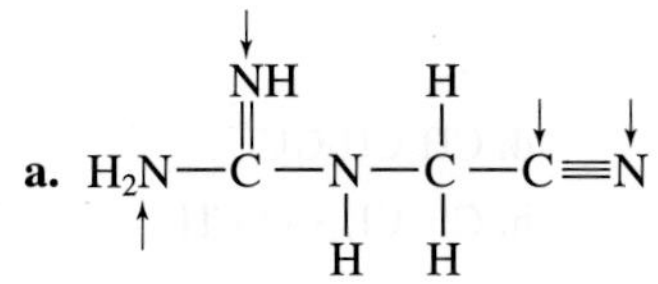

a.

b.

c.

d.

e.

f.

2.7 다음 설명에 적합한 화합물의 예를 축소 구조식으로 나타내시오.

a. 네 개의 sp^2 혼성 탄소 원자와 두 개의 sp^3 혼성 탄소 원자가 들어 있다.

b. 모두 sp^2 혼성인 여섯 개의 탄소 원자가 들어 있다.

c. 두 개의 sp 혼성 탄소 원자와 두 개의 sp^2 혼성 탄소 원자가 들어 있다.

2.8 탄소양이온($^+CH_3$)과 탄소음이온($^-CH_3$)은 많은 종류의 유기 반응에 관여하는 중요한 탄소 반응종이다. 이들 탄소는 각각 어떤 혼성화와 기하학적 구조를 가지고 있는가?

2.9 다음 분자식을 가지고 있는 화합물의 구조를 두 개 이상 그리고, 이것을 축소 구조식과 골격 구조식(선 구조식)으로 나타내시오.

a. C_4H_{10} **b.** C_5H_{10} **c.** C_6H_{10} **d.** $C_4H_{10}O$ **e.** C_3H_9N

2.10 다음 분자의 구조를 삼차원 구조식으로 나타내시오.

a. CH_3OH **b.** $CH_3COCO_2CH_3$ **c.** $CH_3CH_2NHCH_3$ **d.** CH_3CN

2.11 대략적인 결합각의 크기를 예측하시오.

a. 에터에서 C—O—C의 결합각

b. 이차 아민에서 C—N—C의 결합각

c. 알코올에서 C—O—H의 결합각

d. 에스터에서 C—O—C의 결합각

e. 알켄에서 C—C=C의 결합각

f. 사차 암모늄염에서 C—N—C 의 결합각

2.12 다음 화합물들이 가지고 있는 작용기 이름을 영어로 쓰시오.

a. $CH_3C{\equiv}N$ **b.** $CH_3-C(=O)-OH$ **c.** $CH_3-C(=O)-CH_2CH_3$ **d.** $H-C(=O)-CH_2CH_3$

e. **f.** **g.** **h.** $CH_3-C(=O)-O-C(=O)-CH_3$

2.13 다음은 의약품으로 사용되는 화합물들이다. 이들이 가지고 있는 작용기 이름을 영어로 쓰시오.

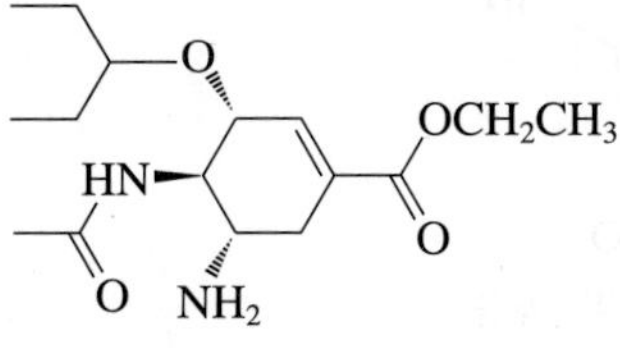

Tamiflu

조류 독감 및 신종 플루 등 바이러스 감염 치료제

Amoxicillin

항생제

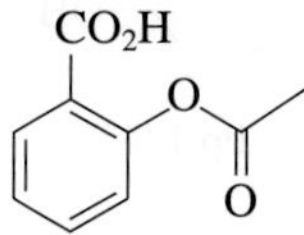

Aspirin

해열 진통제

2.14 다음 분자식을 가진 화합물의 구조식을 축소 구조식으로 나타내시오.

a. 분자식이 $C_4H_{10}O$인 세 종류의 에터
b. 분자식이 C_3H_6O인 두 종류의 알코올
c. 분자식이 $C_3H_6O_2$인 두 종류의 에스터
d. 분자식이 $C_4H_{11}N$인 여덟 종류의 아민
e. 분자식이 C_2H_5NO인 두 종류의 아마이드
f. 분자식이 $C_5H_{10}O$인 네 종류의 알데하이드
g. 분자식이 $C_5H_{10}O$인 세 종류의 케톤
h. 분자식이 $C_4H_6O_2$인 세 종류의 카복실산

2.15 다음 중 수소 결합이 가능한 화합물은 어떤 것인가? 그 이유는?

a. $CH_3CH_2CO_2H$
b. $CH_3CH_2NHCH_3$
c. $CH_3CH_2N(CH_3)_2$
d. $CH_3CH_2OCH_3$
e. $CH_3CH_2CH_2F$
f. $CH_3CH_2CONH_2$
g. $CH_3CH_2OCH_2CH_2OH$
h. $CH_3CH_2CO_2CH_3$
i. $CH_3CH_2CON(CH_3)_2$
j. $CH_3CH_2C\equiv N$

2.16 다음 사실을 설명하시오.

a. H_2O는 CH_3OH보다 끓는점이 더 높다.
b. H_2O는 NH_3보다 끓는점이 더 높다.
c. H_2O는 HF보다 끓는점이 더 높다.

2.17 분자간 힘의 세기가 큰 순으로 나열하시오.

a. CH_3Cl, CH_3Br, CH_3I
b. $CH_3CH_2CH_2NH_2$, $(CH_3)_3N$, $CH_3CH_2CH_2CH_3$
c. $CH_3COCH_2CH_3$, $CH_3CH_2CH_2CO_2H$, $CH_3CH_2CH_2CH_2OH$

2.18 다음 각 쌍에서 끓는점이 더 높은 것을 선택하시오.

a. $CH_3CH_2NHCH_3$ 와 $(CH_3)_3N$
b. 와
c. H N 와 N—CH_3
d. NH_2 와 OH
e. O 와 —OH
f. HO OH 와 OH

2.19 다음 각 쌍에서 물에 대한 용해도가 더 큰 것을 선택하시오.

a.
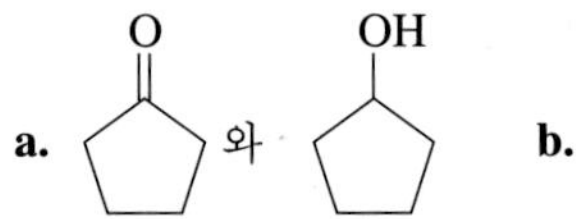

b. OH 와 OH
c. $(CH_3CH_2)_3N$ 와 $CH_3CH_2OCH_2CH_3$

2.20 다음 각 쌍의 화합물은 동일한 분자식을 가지고 있지만 물리적 성질이 다르다. 그 이유를 설명하시오.

a. N—CH_3 (bp 81°C) 와 N—H (bp 106°C)
b. H—C(=O)—N(CH_3)$_2$ (bp 150°C) 와 CH_3—C(=O)—N(CH_3)H (bp 206°C)
c. O (bp 88°C) 와 —OH (bp 141°C)
d. OH, CHO (물에 녹지 않음) 와 OH, CHO (물에 잘 녹음)

유기 반응의 소개

3장

3.1 유기 반응의 종류
3.2 유기 반응의 이해
3.3 탄소 반응종의 종류 및 생성
3.4 반응 메커니즘
3.5 유기 반응과 에너지 변화: 반응열
3.6 화학 반응의 제어 인자: 열역학과 반응 속도
3.7 반응속도론
■ 요약 정리
■ 보충 문제

핵심 익히기

- 치환, 첨가, 제거 및 재배열 반응의 특징
- 유기 반응에서 사용되는 각종 화살표의 의미
- 탄소 반응종의 종류, 생성 및 특징
- 발열 반응과 흡열 반응
- 유기 반응을 지배하는 인자(열역학적 요인과 반응속도론적 요인)

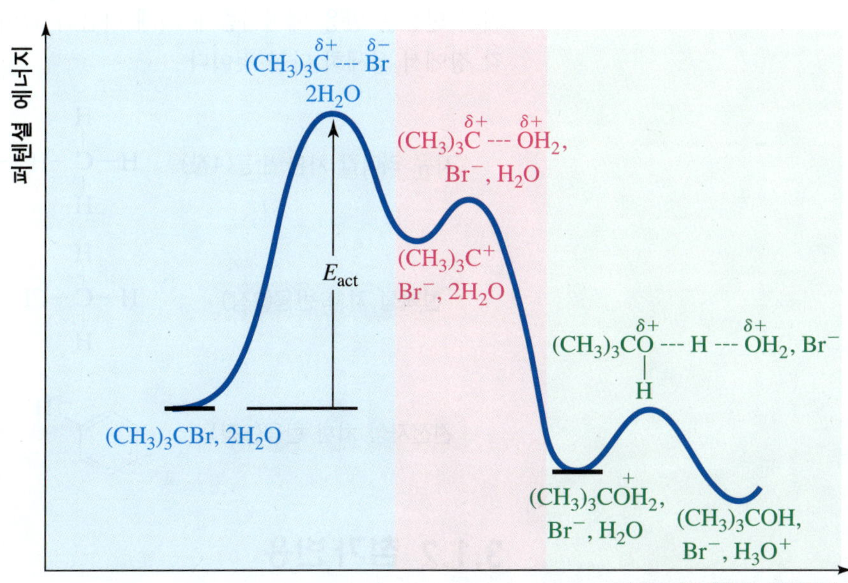

유기 반응이란 탄소 원자에 새로운 원자단을 도입시키거나 결합되어 있는 원자단을 제거 또는 변화시키는 화학 반응을 말한다. 이 과정에서 생기는 반응물과 생성물의 내부 에너지 차이가 발열 반응인지 흡열 반응인지를 결정한다.

이 장에서는 앞으로 배우게 될 유기 반응에 대한 학생들의 이해를 돕기 위하여 유기 반응의 종류를 미리 소개하고, 그 개념을 요약, 정리하여 나타내었다. 따라서 각 반응의 상세한 내용은 해당하는 장을 참조하기 바란다.

3.1 유기 반응의 종류

유기 반응은 반응 시약(또는 반응 조건)에 의하여 출발물(반응 기질)에 있던 탄소 원자와의 기존 결합이 끊어지고 새로운 결합이 만들어져 생성물을 형성하는 화학 반응을 말한다. 출발 물질이 변화하는 형태에 따라 유기 반응을 분류하면 다음과 같이 네 종류로 구분할 수 있다.

- **치환 반응(substitution reaction)** – 4장, 7장, 8장, 9장, 14장 참조
- **첨가 반응(addition reaction)** – 6장, 11장, 13장 참조
- **제거 반응(elimination reaction)** – 8장, 9장, 10장 참조
- **재배열 반응(rearrangement reaction)** – 10장, 11장, 13장 참조

3.1.1 치환 반응

치환 반응은 탄소 원자에 결합해 있던 원자단이 다른 원자단으로 교체되는 반응으로 알케인, 할로젠화 알킬, 알코올, 방향족 화합물에서 주로 일어난다.

$$-\overset{|}{\underset{|}{C}}-Z + Y \xrightarrow{\text{치환 반응}} -\overset{|}{\underset{|}{C}}-Y \quad Z = H \text{ 또는 Halogen 등}$$

Z가 Y로 교체됨

치환 반응은 반응 메커니즘에 의해 다음과 같이 다시 나눌 수 있는데, 반응 예는 해당하는 각 장에서 상세히 다룰 것이다.

자유 라디칼 치환 반응(4장)

$$CH_4 + Br_2 \xrightarrow{h\nu} CH_3Br + HBr$$

친핵성 치환 반응(7장)

$$CH_3Cl + NaOH \longrightarrow CH_3OH + NaCl$$

친전자성 치환 반응(8장)

$$C_6H_5\text{–}H + Br_2 \xrightarrow{FeBr_3} C_6H_5\text{–}Br + HBr$$

3.1.2 첨가 반응

첨가 반응은 π 결합을 갖는 분자에 첨가 시약이 반응하면 첨가 시약에 의해 π 결합이 깨지면서 σ 결합이 생성되는 반응이다. 이 반응은 **알켄(alkene,** C=C), **알카인(alkyne,** C≡C), **카보닐(carbonyl,** C=O), 또는 **이민(imine,** C=N) 등과 같이 π 결합을 가지고 있는 유기 화합물에서 일어난다.

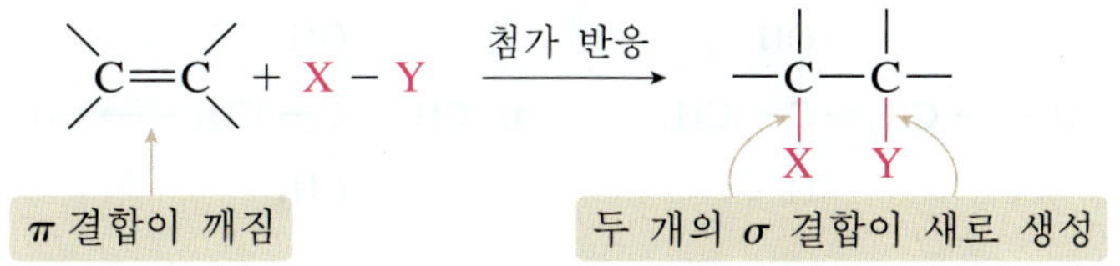

첨가 반응

π 결합이 깨짐

두 개의 σ 결합이 새로 생성

첨가 반응에는 다음과 같은 종류가 있다.

친전자성 첨가 반응(6장) + Br_2 →

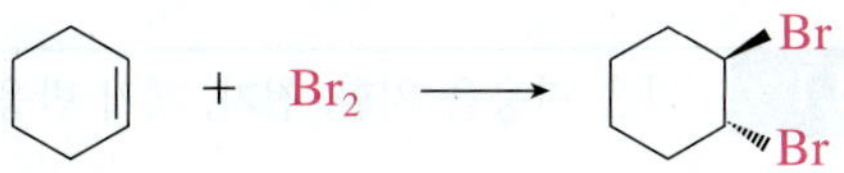

친핵성 첨가 반응(11 및 13장) + HCN → HO CN

Diels-Alder 반응(6장)

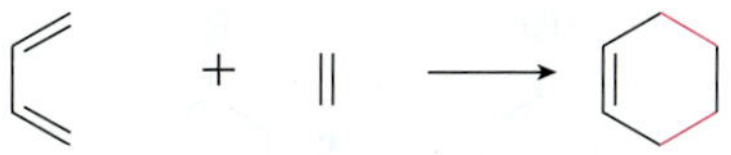

3.1.3 제거 반응

제거 반응은 첨가 반응과는 반대로 탄소 원자에 σ 결합을 하고 있던 원자단이 제거되면서 π 결합이 생성되는 반응을 말한다. 이 반응을 통해 단일 결합에서 이중 결합 또는 삼중 결합을 만들 수 있다(8, 9, 10장 참조).

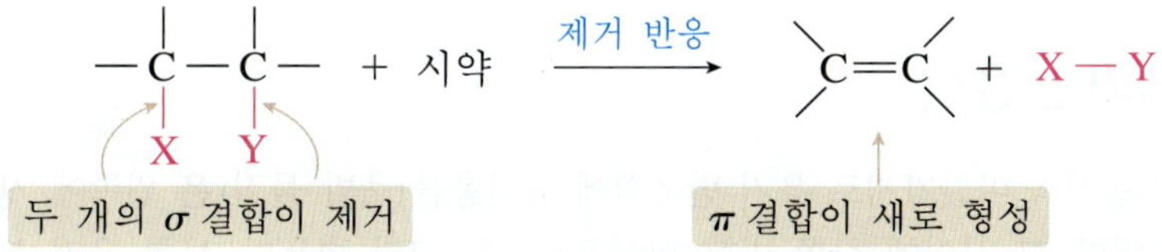

제거 반응

+ 시약 → + X—Y

두 개의 σ 결합이 제거

π 결합이 새로 형성

예 Br $\xrightarrow{^-OH}$

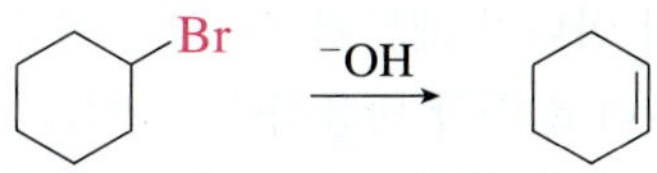

3.1.4 재배열 반응

이 반응은 한 분자를 구성하고 있는 원자단이 그 분자의 다른 부위로 옮겨가 새로운 물질을 생성시키는 반응이다(11.12.2절).

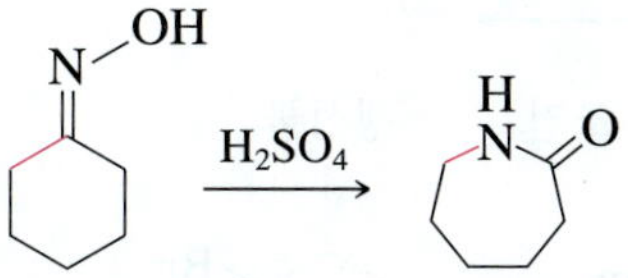

$\xrightarrow{H_2SO_4}$

예제 3.1 다음 반응은 치환, 첨가, 제거 반응 중 어느 것에 해당하는지 구별하시오.

a. $CH_3CH_2OH \longrightarrow CH_3CH_2OCH_2CH_3$ **b.** $CH_3CH_2Br \longrightarrow CH_2=CH_2$

c. 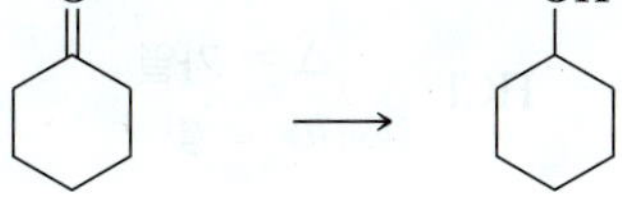 →

d. 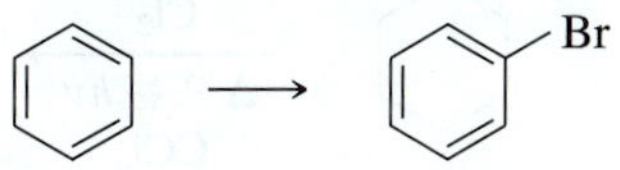 → Br

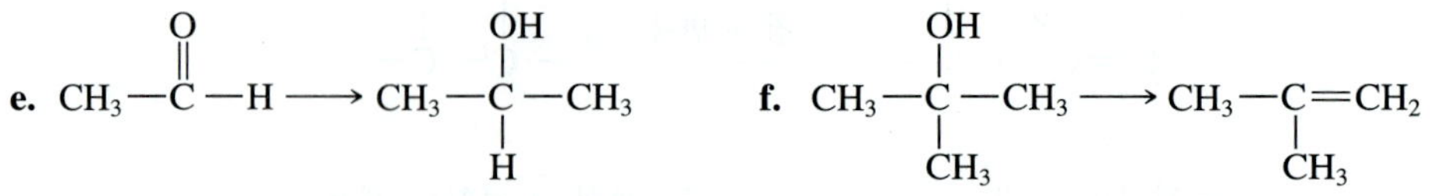

e. $CH_3-C(=O)-H \longrightarrow CH_3-CH(OH)-CH_3$ **f.** $CH_3-C(OH)(CH_3)-CH_3 \longrightarrow CH_3-C(CH_3)=CH_2$

풀이

치환 반응: a, d. 첨가 반응: c, e. 제거 반응: b, f.

문제 3.1 다음 반응을 치환, 첨가, 제거 반응으로 구별하시오.

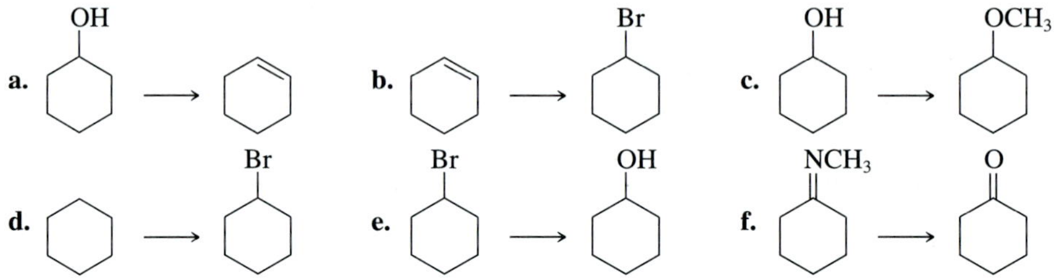

a. OH → (cyclohexene) **b.** (cyclohexene) → Br **c.** OH → OCH_3

d. (cyclohexane) → Br **e.** Br → OH **f.** NCH_3 → O

3.2 유기 반응의 이해

3.2.1 유기 반응식

다른 화학 반응식과 마찬가지로 유기 반응식에서 반응물(출발 물질)은 왼쪽에, 생성물은 오른쪽에 나타내며, 그 사이에 한쪽 방향 화살표(→)를 그려 넣는다. 보통 유기 분자에서 일어나는 반응은 이온 반응이 아니기 때문에 산-염기 반응처럼 정량적으로 일어나지 않는다. 때문에 특별한 경우를 제외하고 화학 반응식에서 반응 물질의 당량 표시를 하지 않는 것이 보통이며, 반응식도 반응물(출발 물질 또는 반응 기질)만을 왼쪽에 쓰고 한쪽 방향 화살표 위에 반응 시약과 반응 조건(온도, 용매, 촉매 등)을 기입하는 경우도 많다. 또한 생성물 중 무기 부산물은 생략하는 경우가 보통이다.

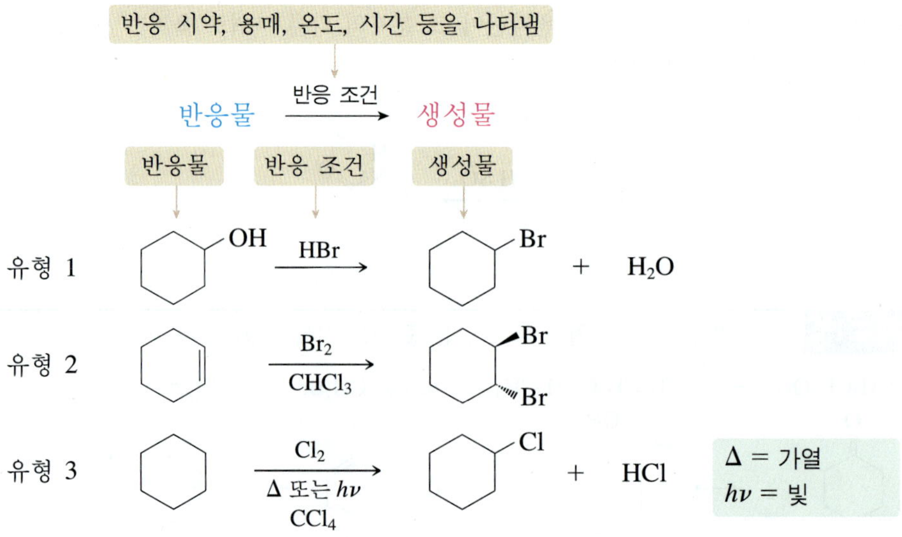

반응 시약, 용매, 온도, 시간 등을 나타냄

반응물 $\xrightarrow{\text{반응 조건}}$ 생성물

반응물 | 반응 조건 | 생성물

유형 1 (cyclohexanol, OH) $\xrightarrow{HBr}$ (bromocyclohexane, Br) + H_2O

유형 2 (cyclohexene) $\xrightarrow[CHCl_3]{Br_2}$ (trans-1,2-dibromocyclohexane, Br, Br)

유형 3 (cyclohexane) $\xrightarrow[\Delta \text{ 또는 } h\nu,\ CCl_4]{Cl_2}$ (chlorocyclohexane, Cl) + HCl

Δ = 가열
$h\nu$ = 빛

유형 4 (cyclohexanone) $\xrightarrow[\text{2. } H_3O^+]{\text{1. } CH_3MgCl}$ (1-methylcyclohexanol: HO, CH_3) + ($ClMgOH$)
무기 부산물(흔히 생략)

두 연속 반응을 나타냄

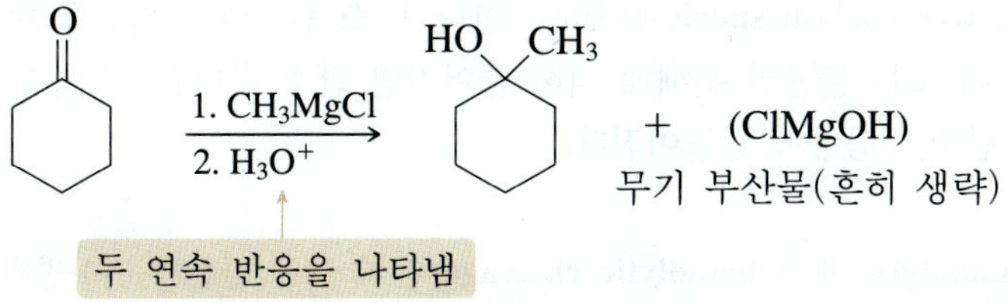

3.2.2 화살표

유기 반응에서 흔히 사용되는 화살표의 종류와 의미를 **표 3.1**에 정리하였다. 이것은 유기 반응에서 결합이 끊어지고 형성될 때 전자들이 어떻게 이동하는지를 보이는 데 중요한 의미를 가지고 있다.

표 3.1 화학 반응에서 사용하는 화살표

화살표	이름	용도
$\longrightarrow$	반응 화살표	화학 반응에서 출발물과 생성물 사이에 그려짐.
$\rightleftarrows$	쌍방향 반응 화살표	출발물과 생성물이 평형 반응일 때 사용됨.
$\longleftrightarrow$	양쪽머리 화살표	공명 구조를 표현할 때 사용됨.
↷	굽은 화살표	전자쌍의 이동을 나타냄.
 ⌒	반쪽머리 굽은 화살표	홑전자의 이동을 나타냄.

예제 3.2 다음 반응에 적합한 굽은 화살표를 표시하시오.

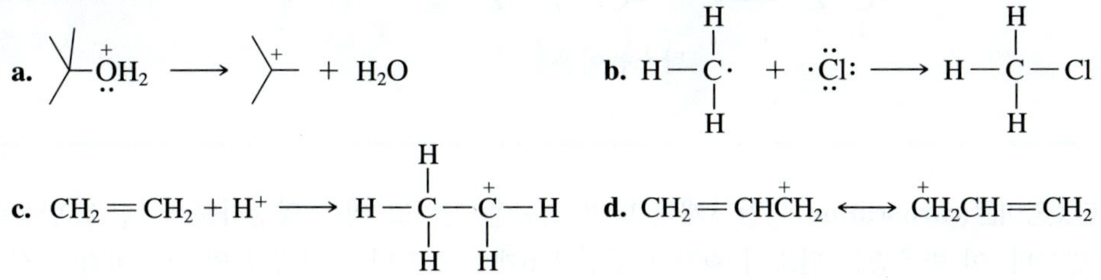

a. $(CH_3)_3C-\ddot{O}H_2^+ \longrightarrow (CH_3)_3C^+ + H_2O$

b. $H_3C\cdot + \cdot\ddot{Cl}: \longrightarrow H_3C-Cl$

c. $CH_2{=}CH_2 + H^+ \longrightarrow H-CH_2-\overset{+}{C}H_2$

d. $CH_2{=}CH\overset{+}{C}H_2 \longleftrightarrow \overset{+}{C}H_2CH{=}CH_2$

풀이

a. $(CH_3)_3C-\ddot{O}H_2^+ \longrightarrow (CH_3)_3C^+ + H_2O$

b. $H_3C\cdot + \cdot\ddot{Cl}: \longrightarrow H_3C-Cl$

c. $CH_2{=}CH_2 + H^+ \longrightarrow H-CH_2-\overset{+}{C}H_2$

d. $CH_2{=}CH\overset{+}{C}H_2 \longleftrightarrow \overset{+}{C}H_2CH{=}CH_2$

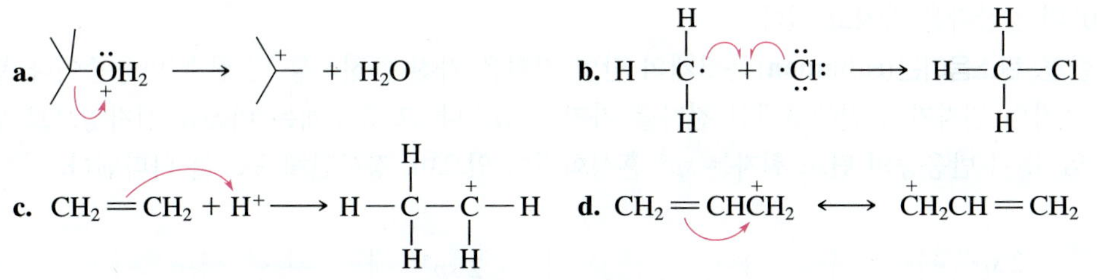

3.3 탄소 반응종의 종류 및 생성

3.3.1 탄소 반응종의 종류

유기 반응이란 탄소 원자에 새로운 원자단을 도입시키거나 결합되어 있는 원자단을 제거 또는 변화시키는 화학 반응을 말한다. 유기 반응에 참여하는 반응성이 높은 탄소 화학종을

탄소 반응종
탄소 원자의 결합이 균일 분해되어 생긴 탄소 라디칼과 카벤 반응종은 전하를 가지고 있지 않으며, 불균일 분해되어 생긴 탄소양이온과 탄소음이온은 양전하와 음전하를 가지고 있다.

탄소 반응종(**reactive carbon species**)이라고 한다. 탄소 원자와 σ 결합을 하고 있는 C—Z 결합이 균일 분해 또는 불균일 분해에 의해 끊어지면 탄소 라디칼, 카벤, 탄소양이온, 탄소음이온 형태의 탄소 반응종이 만들어진다.

- **균일 분해**(**homolysis** 또는 **homolytic cleavage**)란 C—Z 결합의 전자쌍이 서로 홀전자 하나씩을 가지고 균일하게 분해되는 경우를 말하며, 이때 생성된 탄소 홀전자를 **탄소 라디칼**(**carbon radical**)이라고 한다. 동일 탄소 원자에 있는 2개의 C—Z 결합이 균일 분해하면 **카벤**(**carbene**)이 생성된다.
- **불균일 분해**(**heterolysis** 또는 **heterolytic cleavage**)란 전자쌍이 불균일하게 분해되는 경우를 말하며, 이 경우 **탄소양이온** 또는 **탄소음이온**과 같은 이온성 중간체가 생성된다.

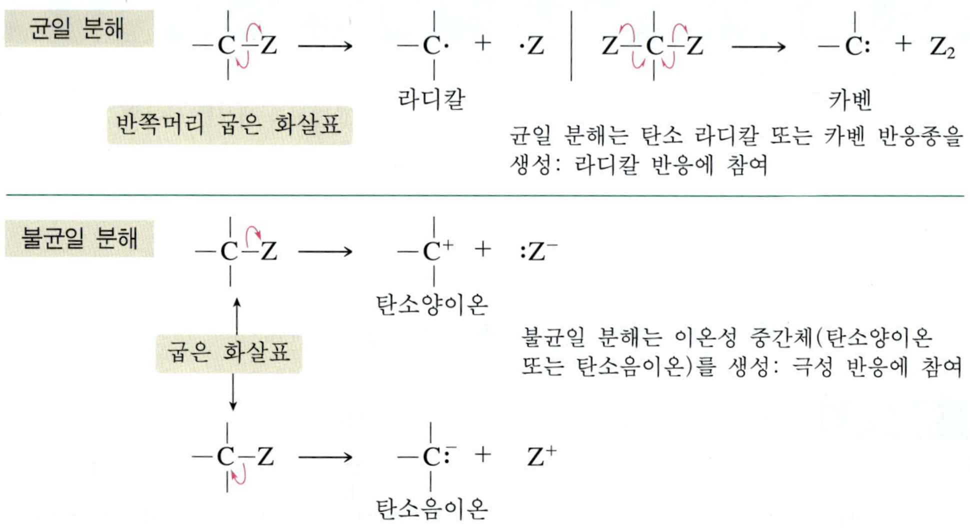

균일 분해

$-\text{C}-\text{Z} \longrightarrow -\text{C}\cdot + \cdot\text{Z}$ (라디칼) | $\text{Z}-\text{C}-\text{Z} \longrightarrow -\text{C}: + \text{Z}_2$ (카벤)

반쪽머리 굽은 화살표

균일 분해는 탄소 라디칼 또는 카벤 반응종을 생성: 라디칼 반응에 참여

불균일 분해

$-\text{C}-\text{Z} \longrightarrow -\text{C}^{+} + :\text{Z}^{-}$ (탄소양이온)

굽은 화살표

$-\text{C}-\text{Z} \longrightarrow -\text{C}:^{-} + \text{Z}^{+}$ (탄소음이온)

불균일 분해는 이온성 중간체(탄소양이온 또는 탄소음이온)를 생성: 극성 반응에 참여

탄소양이온(**carbocation**)이란 3개의 단일 결합을 가지고 있는 양전하를 띤 탄소 반응종을 말한다. 이 반응종은 탄소의 원자가 껍질에 6개의 전자만을 가지고 있으며 비결합 전자를 가지고 있지 않다. 이 반응종의 탄소 원자는 sp^2 혼성화되어 있고 평면 구조이며, 약 120°의 결합각을 가지고 있다.

한편, **탄소음이온**(**cabanion**)은 3개의 단일 결합을 가진 음전하를 띤 탄소 반응종이다. 탄소 원자의 원자가 껍질에 8개의 전자를 가지고 있으나 그 중 2개는 비공유 전자쌍으로 남아 있다. 이 반응종의 탄소 원자는 sp^3 혼성화되어 있으며, 정사면체 구조를 나타낸다.

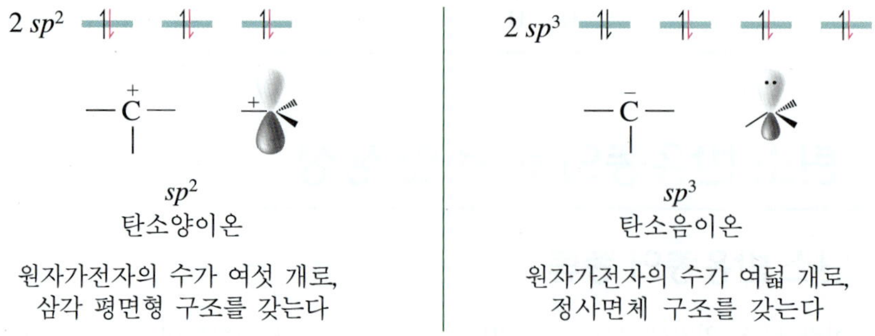

2 sp^2

sp^2
탄소양이온

원자가전자의 수가 여섯 개로, 삼각 평면형 구조를 갖는다

2 sp^3

sp^3
탄소음이온

원자가전자의 수가 여덟 개로, 정사면체 구조를 갖는다

3.3.2 탄소 반응종의 반응 형태: 친핵체와 친전자체

탄소 반응종(**reactive carbon species**) 가운데 탄소 라디칼과 탄소양이온은 탄소가 팔전자계를 가지고 있지 않아 전자가 부족한 반응종이며, 탄소음이온은 비공유 전자쌍을 보유하고 있는 탄소 원자이므로 전자가 풍부한 반응종이다. 전자가 부족한 반응종은 전자가 풍부한 반응종과 잘 반응하므로 **친전자체**(**electrophile**)라고 하며, 전자가 풍부한 반응종은 전자가 부족한 반응종과 잘 반응하므로 **친핵체**(**nucleophile**)라고 한다. 이들 중 탄소양이온과 탄소음이온은 극성 반응에 참여하는 중요한 반응 중간체로 사용된다.

- 탄소 라디칼과 탄소양이온은 전자가 부족한 반응종으로 친전자체이다.
- 탄소음이온은 전자가 풍부한 반응종으로 친핵체이다.

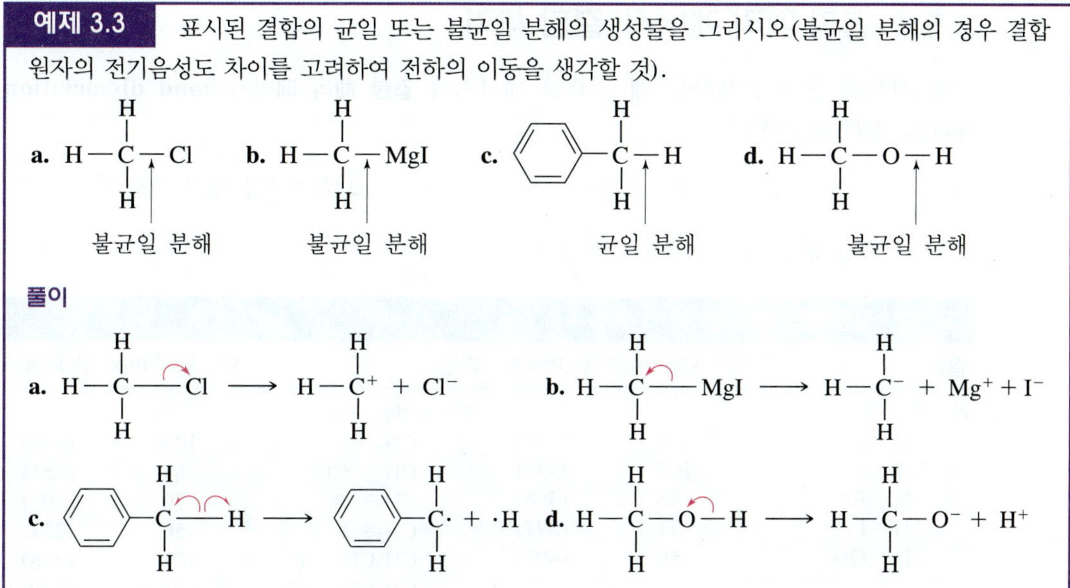

3.4 반응 메커니즘

반응 메커니즘이란 출발물로부터 생성물이 만들어지는 과정에서 화학 결합이 끊어지고 새로 생성되는 방법, 속도 또는 경로를 상세히 설명하는 과정을 말한다.

반응 메커니즘 입장에서 살펴본 유기 반응의 형태는 다음의 두 가지로 나타난다.

- 출발물에서 생성물로 곧바로 전환되는 **한 단계 협동 반응**(**concerted reaction**)

A ⟶ B

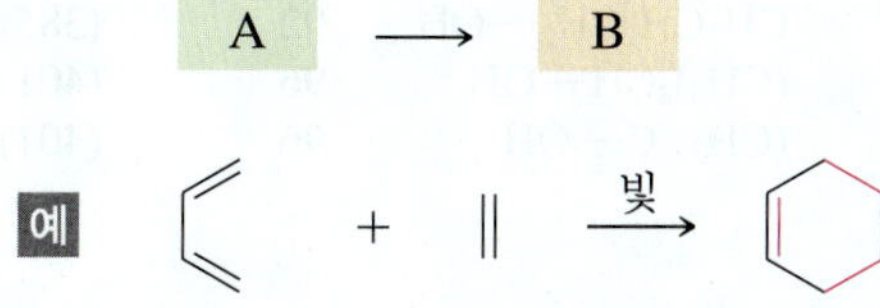

- 출발물에서 두 개 이상의 단계를 거쳐 생성물로 전환되는 **다단계 반응**. 이 경우 **반응 중간체**(**reactive intermediate**)라고 하는 불안정한 생성물을 거쳐 반응이 일어난다.

A ⟶ 반응 중간체 ⟶ B

예

반응 중간체

$$\text{(CH}_3)_3\text{C–OH} + \text{HCl} \longrightarrow \left[(\text{CH}_3)_3\text{C–}\overset{+}{\ddot{\text{O}}}\text{H}_2 \xrightarrow{-\text{H}_2\text{O}} (\text{CH}_3)_3\text{C}^+ \;\; :\ddot{\text{Cl}}:^- \right] \longrightarrow (\text{CH}_3)_3\text{C–Cl}$$

3.5 유기 반응과 에너지 변화 : 반응열

결합이 끊어지고 새로운 결합이 형성되는 과정은 반응물(출발물)과 생성물의 에너지 변화로 정량화할 수 있다.

3.5.1 결합 해리 에너지: 결합 세기

공유 결합이 균일 분해하는 데 필요한 에너지를 **결합 해리 에너지(bond dissociation energy, $\Delta H°$)**라고 한다.

$$\text{A—B} \longrightarrow \text{A}\cdot + \cdot\text{B} \qquad \Delta H° = \text{결합 해리 에너지}$$

균일 분해하는 데 필요한 에너지

표 3.2 결합 해리 에너지

결합	$\Delta H°$ kcal/mol	(kJ/mol)
H—Z 결합		
H—F	136	(569)
H—Cl	103	(431)
H—Br	88	(368)
H—I	71	(297)
H—OH	119	(498)
Z—Z 결합		
H—H	104	(435)
F—F	38	(159)
Cl—Cl	58	(242)
Br—Br	46	(192)
I—I	36	(151)
HO—OH	51	(213)
R—H 결합		
CH_3—H	104	(435)
CH_3CH_2—H	98	(410)
$CH_3CH_2CH_2$—H	98	(410)
$(CH_3)_2CH$—H	95	(397)
$(CH_3)_3C$—H	91	(381)
CH_2=CH—H	104	(435)
HC≡C—H	125	(523)
CH_2=$CHCH_2$—H	87	(364)
C_6H_5—H	110	(460)
$C_6H_5CH_2$—H	85	(356)
R—R 결합		
CH_3—CH_3	88	(368)
CH_3—CH_2CH_3	85	(356)
CH_3—CH=CH_2	92	(385)
CH_3—C≡CH	117	(489)

결합	$\Delta H°$ kcal/mol	(kJ/mol)
R—X 결합		
CH_3—F	109	(456)
CH_3—Cl	84	(351)
CH_3—Br	70	(293)
CH_3—I	56	(234)
CH_3CH_2—F	107	(448)
CH_3CH_2—Cl	81	(339)
CH_3CH_2—Br	68	(285)
CH_3CH_2—I	53	(222)
$(CH_3)_2CH$—F	106	(444)
$(CH_3)_2CH$—Cl	80	(335)
$(CH_3)_2CH$—Br	68	(285)
$(CH_3)_2CH$—I	53	(222)
$(CH_3)_3C$—F	106	(444)
$(CH_3)_3C$—Cl	79	(331)
$(CH_3)_3C$—Br	65	(272)
$(CH_3)_3C$—I	50	(209)
R—OH 결합		
CH_3—OH	93	(389)
CH_3CH_2—OH	94	(393)
$CH_3CH_2CH_2$—OH	92	(385)
$(CH_3)_2CH$—OH	96	(401)
$(CH_3)_3C$—OH	96	(401)

결합 해리 에너지는 **결합 세기(bond strength)**를 나타내는 지표이다. **표 3.2**에 몇 가지 분자들의 결합 해리 에너지를 나타내었다.

3.5.2 반응열

반응에서 흡수 또는 방출되는 에너지를 **반응열(heat of reaction)** 또는 **엔탈피 변화(enthalpy change)**라 하고, $\Delta H°$라는 기호로 표시하며, 결합이 셀수록 큰 값을 가진다.

- 결합의 분해는 항상 에너지가 필요하므로 결합 해리 에너지는 $\Delta H° > 0$이고, **흡열(endothermic)**이다: **에너지 흡수**
- 결합의 생성은 항상 에너지를 방출하기 때문에 결합 생성 에너지는 $\Delta H° < 0$이고, **발열(exothermic)**이다: **에너지 방출**

동일한 결합의 경우 결합 해리 에너지와 결합 생성 에너지는 부호만 다르고 같은 값을 가진다.

결합 해리 에너지를 이용하여 반응의 **엔탈피 변화($\Delta H°$)**를 계산할 수 있다. 유기 반응에서 전체 에너지 변화는 출발물의 결합 해리 에너지의 합과 생성물의 결합 생성 에너지의 합과의 차이를 의미한다. 전체 에너지 변화는 엄밀히 따지면 **Gibbs 자유 에너지 차이($\Delta G°$)**이나, 두 값의 차이가 크지 않아 $\Delta H°$로 흔히 사용한다.

Gibbs 자유 에너지 차이($\Delta G°$)
$\Delta G° = \Delta H° - T\Delta S°$($T$ = Kelvin 온도)
$\Delta S°$ = 반응물과 생성물의 엔트로피(자유도의 척도)의 변화. 생성물이 반응물보다 자유도(무질서도)가 증가할 경우 (+)값을 갖는다. 화학 반응은 엔트로피가 증가하는 반응을 선호한다.

$\Delta H°$ 전체 엔탈피 변화 = 결합 해리의 $\Delta H°$ 합 : (+)값 + 결합 생성의 $\Delta H°$ 합 : (−)값

$$(CH_3)_3C-I + H-OH \longrightarrow (CH_3)_3C-OH + H-I$$

결합 분리

	$\Delta H°$(kcal/mol)
$(CH_3)_3C-I$	+50
$H-OH$	+119
합계	+169

전체 결합 해리 에너지(A)

결합 생성

	$\Delta H°$(kcal/mol)
$(CH_3)_3C-OH$	−96
$H-I$	−71
합계	−167

전체 결합 생성 에너지(B)

전체 $\Delta H°$ = A + B
+169 kcal/mol
−167 kcal/mol
+2 kcal/mol

결과: 흡열 반응이고, 출발물의 결합이 생성물의 결합보다 강하다

$\Delta H°_{전체} = \Delta H°_{출발물} - \Delta H°_{생성물}$
로 표기하기도 함.
이 식의 경우 결합 해리 에너지와 결합 생성 에너지에 해당하는 $\Delta H°$ 값의 (+) 또는 (−) 부호는 무시.

Josiah Willard Gibbs (1839~1903): 미국 태생 이론 물리 화학자. 열역학의 응용 및 통계 역학 창시. Yale 대학교 교수 역임.

- 전체 반응이 $\Delta H° > 0$이면 **흡열 반응(endothermic reaction)**이다. 이는 출발물의 결합이 생성물의 결합보다 더 세다는 것을 의미한다.
- 전체 반응이 $\Delta H° < 0$이면 **발열 반응(exothermic reaction)**이다. 이는 생성물의 결합이 출발물의 결합보다 더 세다는 것을 의미한다.

문제 3.2 표 3.2를 이용하여 아래 각 반응의 $\Delta H°$를 계산하고, 그 반응이 발열 반응인지, 흡열 반응인지를 예측하시오.

a. (Br 치환 아이소프로필) + HCl ⟶ (Cl 치환 아이소프로필) + HBr **b.** (I 치환 아이소프로필) + H_2O ⟶ (OH 치환 아이소프로필) + HI

c. (사이클로헥세인) + Br_2 ⟶ (Br 치환 사이클로헥세인) + HBr **d.** (tert-뷰틸)–OH + HI ⟶ (tert-뷰틸)–I + H_2O

3.6 화학 반응의 제어 인자: 열역학과 반응 속도

반응이 잘 일어나는지 아닌지는 보통 **열역학(thermodynamics)적 요인**과 **반응속도론(kinetics)적 요인**에 의해 지배된다. 반응에서 열역학적 요인은 반응이 평형에 도달했을 때 존재하는 반응물과 생성물의 상대적 양을 나타내는 데 관여하는 인자이며, 반응속도론적 요인은 반응물이 얼마나 빠르게 생성물로 변환되는가를 나타내는 데 관여하는 인자이다.

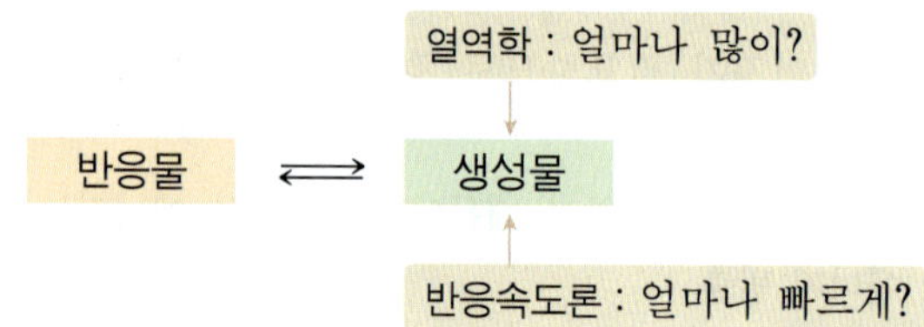

3.6.1 열역학적 요인

열역학적 요인은 평형 상태에서 반응물과 생성물의 에너지를 비교함으로써 어느 것이 양적으로 더 많이 존재할 것인가를 나타내는 것인데, **평형 상수(equilibrium constant, K_{eq})** 값으로 표현된다. 예를 들어, A와 B가 반응하여 C와 D가 생성되는 반응에서 K_{eq}는 아래와 같이 정의된다.

반응	평형 상수
$A + B \rightleftharpoons C + D$	$K_{eq} = \dfrac{[\text{생성물}]}{[\text{출발물}]} = \dfrac{[C][D]}{[A][B]}$

반응이 진행되려면 평형은 **생성물이 우세한 방향**($K_{eq} > 1$)이어야 한다. 평형의 위치는 생성물과 반응물의 **자유 에너지 차이($\Delta G°$)**에 기인한다.

$\Delta G°$는 평형 상수 K_{eq}와 다음과 같은 관계가 있다.

$$\Delta G° = -2.303\,RT \log K_{eq} \qquad \left[\begin{array}{l} R = 1.987\ \text{cal/(K·mol)},\ \text{기체 상수} \\ T = \text{Kelvin 온도(K)} \end{array}\right]$$

$\Delta G°$(생성물과 반응물의 자유 에너지 차이)는 평형 상수에 의존한다

K_{eq}값이 클수록 $\Delta G°$는 작아지며 생성물이 더 많이 존재한다

- $K_{eq} > 1$이면 평형이 오른쪽에 있음을 나타내고, 반응은 **오른쪽**(생성물이 우세한 쪽)으로 진행된다. **$\Delta G°$가 음의 값**을 갖게 되므로 **발열 반응**이 된다.
- $K_{eq} = 1$이면 $-\Delta G° = 0$이므로 반응물과 생성물의 양이 같음을 의미한다(반응물 = 생성물).
- $K_{eq} < 1$이면 평형이 왼쪽에 있음을 나타내고, 반응은 **왼쪽**(반응물이 우세한 쪽)으로 진행된다. **$\Delta G°$가 양의 값**을 갖게 되므로 **흡열 반응**이 된다.
- $\Delta G°$ 값은 K_{eq}값의 log 함수에 의존하기 때문에 **몰당 1 kcal**의 에너지 차이는 평형에서 더 안정한 물질의 양이 약 10배 증가하는 효과를 나타낸다.

예제 3.4 다음은 평형 반응에서 반응물(출발물)과 생성물 중 어느 것이 더 많이 존재할 것인가를 나타내는 값들이다. 각각의 값들은 어느 쪽이 우세한지를 나타내는가?

a. $K_{eq} = 5.3$ **b.** $\Delta G° = 10$ kcal **c.** $K_{eq} = 10^{-2}$ **d.** $\Delta G° = -3$ kcal

풀이

a. 평형 상수값이 1보다 크므로 반응 혼합물에서 생성물이 반응물보다 더 많이 존재(우세)하고 있다.

b. 자유 에너지값이 0보다 크므로($K_{eq} < 1$을 의미) 반응 혼합물에서 반응물이 생성물보다 더 많이 존재하고 있다.

c. 평형 상수값이 1보다 작으므로 반응 혼합물에서 반응물이 생성물보다 더 많이 존재하고 있다.

d. 자유 에너지값이 0보다 작으므로($K_{eq} > 1$을 의미) 반응 혼합물에서 생성물이 반응물보다 더 많이 존재하고 있다.

문제 3.3 $K_{eq} = 0.01$, $K_{eq} = 1$, $K_{eq} = 100$인 반응이 있다고 가정하자.

a. 위의 반응 중 $\Delta G°$값이 0, 음수, 양수인 것은 어느 것인가?

b. 위의 반응 중 어느 것이 생성물을 가장 잘 생성시킬 수 있는가?

3.6.2 에너지 도표

에너지 도표(energy diagram)는 반응물(출발물)에서 생성물이 만들어지는 과정에서 발생하는 에너지의 변화를 개략적으로 나타낸 도표이다. 에너지의 변화를 y축에, 반응 진행 정도를 x축(반응 좌표라고도 함)에 표시한다. 이 도표는 아래와 같은 사항을 대략적으로 나타낸다.

- 반응이 얼마나 빨리 진행되는가(반응 속도)?
- 얼마나 많은 단계가 반응에 포함되는가?
- 반응물과 중간체 및 생성물의 에너지 차이가 어떠한가?

반응물 A—B가 반응 시약 $C:^-$와 반응하여 $A:^-$와 B—C를 생성하는 한 단계 반응을 생각해 보자. 이 반응은 A—B의 결합이 끊어지고 B—C 결합이 새로 생성되는 반응이다.

일반적인 반응 A—B + $C:^-$ ⟶ $A:^-$ + B—C

(A—B: 이 결합이 끊어진다) (B—C: 이 결합이 생성된다)

이 가상적인 반응에서 생성물의 에너지가 반응물의 에너지보다 낮은 경우의 에너지 도표는 **그림 3.1**과 같다. 이 도표에서 **전이 상태(transition state)**란 반응물 A와 B 사이의 결합은 부분적으로 끊어지고, B와 C 사이의 결합이 새로이 부분적으로 생성된 상태를 말한다. 이 도표는 출발물인 A—B에 $C:^-$가 접근하면 전자 구름 반발로 반응물의 에너지가 증가하다가 에너지 최고 정점인 전이 상태를 지나 B—C 결합이 생성되면, 생성물의 일정한 에너지 최솟값에 이를 때까지 에너지가 감소함을 보여 준다.

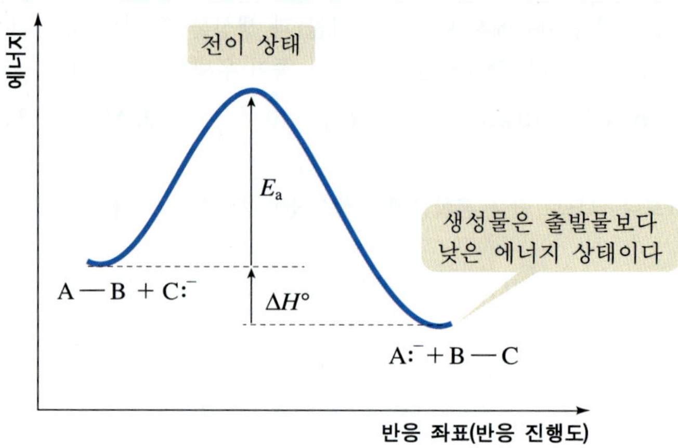

그림 3.1 발열 반응의 에너지 도표

전이 상태의 물질은 불안정하여 분리할 수 없다.

- **전이 상태(transition state)**란 반응물의 A와 B 사이의 결합은 부분적으로 끊어지고, B와 C 사이의 결합이 새로이 부분적으로 생성되어 있는 최고 에너지 상태를 말한다.
- 전이 상태와 반응물의 에너지 차이를 **활성화 에너지(activation energy, E_a)**라고 한다.
- E_a는 반응이 진행되기 위해 넘어야 할 **에너지 장벽(energy barrier)**이다. 따라서 E_a의 크기는 반응 속도를 결정하며, 이 값이 클수록 반응 속도는 느려진다.

반응 속도 결정 단계(rate determining step, rds)
반응이 두 단계 이상의 전이 단계를 거쳐 일어나는 경우 반응 속도는 E_a값이 더 큰 단계(반응 속도가 느린 단계)에 의해 결정된다.

그림 3.1의 도표에서 $\Delta H°$는 반응물과 생성물의 상대적인 에너지 위치를 결정하는 지표이고, E_a와는 서로 독립적이다. 따라서 반응은 서로 다른 $\Delta H°$와 E_a 크기에 따라 느린 흡열 반응, 빠른 흡열 반응, 느린 발열 반응, 빠른 발열 반응으로 진행된다. 이 관계를 나타내는 에너지 도표를 **그림 3.2**에 표시하였다.

한편, 위의 반응이 한 단계로 일어나지 않고, 반응 중간체(B^+)를 거쳐 두 단계 반응으로 생성물을 생성시킨다고 가정할 때의 에너지 도표를 **그림 3.3**에 나타내었다.

$$A{-}B + C{:}^- \longrightarrow [A{:}^- + B^+ + C{:}^-] \longrightarrow A{:}^- + B{-}C$$

예제 3.5 다음 반응에서 전이 상태의 구조를 그리시오.

a. $H{-}CH_2{-}OH + H^- \rightarrow H{-}CH_2{-}O^- + H_2$ **b.** $C_6H_5{-}CH_2{-}Br \rightarrow C_6H_5{-}CH_2^+ + Br^-$

풀이

전이 상태란 반응물의 A와 B 사이의 결합은 부분적으로 끊어지고, B와 C 사이의 결합이 새로이 부분적으로 형성된 상태를 말하며, $[A]^{\ddagger}$로 나타낸다.

a. $\left[H{-}CH_2{-}\overset{\delta-}{O}{-}H{-}\overset{\delta-}{H}\right]^{\ddagger}$

b. $\left[C_6H_5{-}\overset{\delta+}{C}H_2{-}\overset{\delta-}{Br}\right]^{\ddagger}$

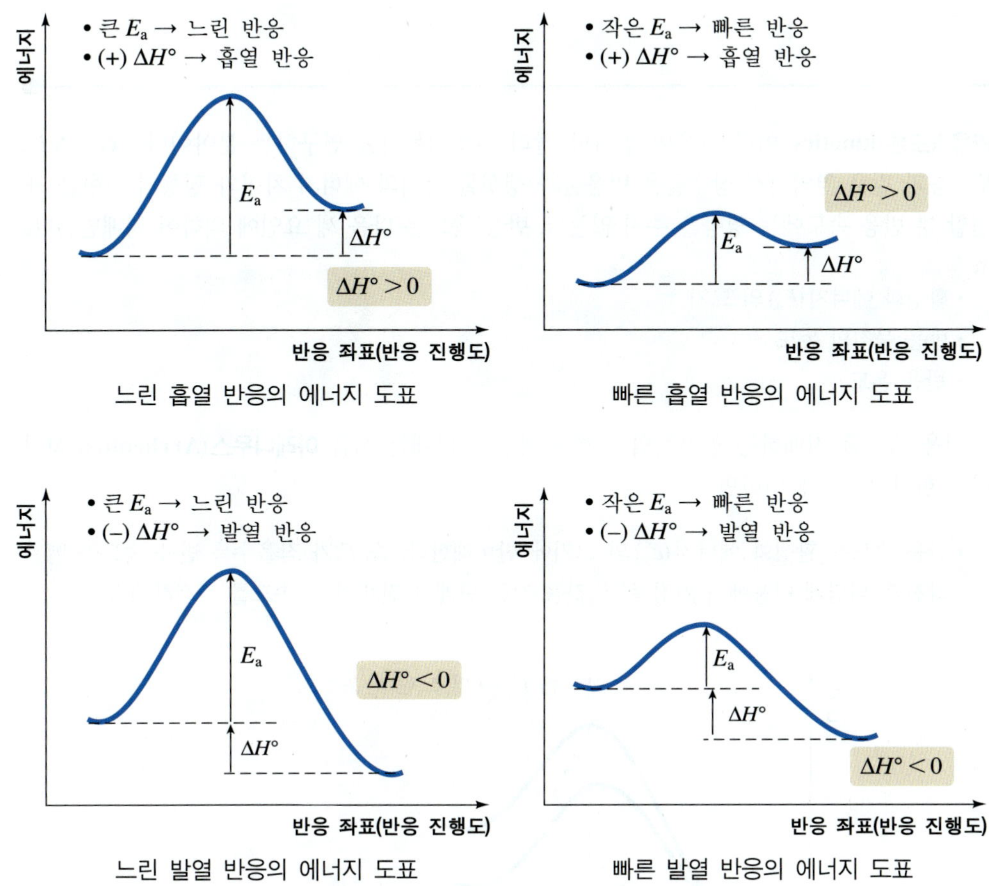

그림 3.2 **흡열 반응과 발열 반응의 반응 도표**

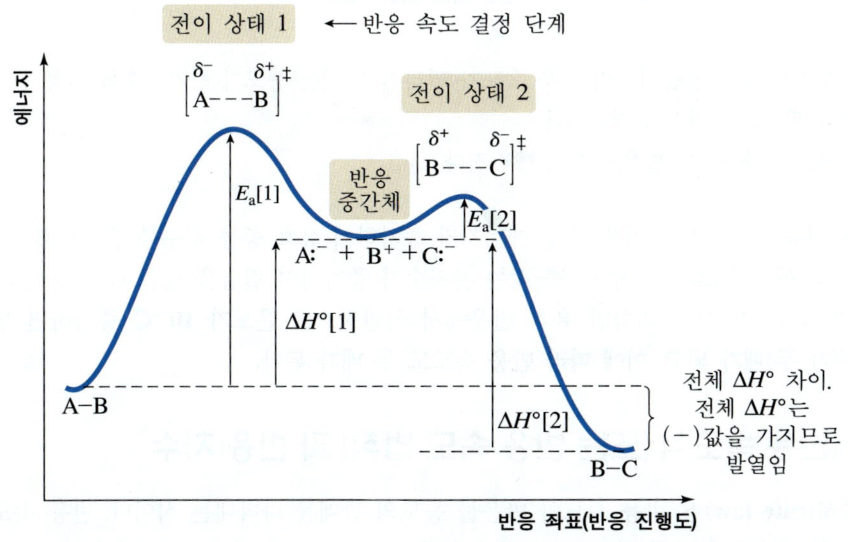

그림 3.3 **두 단계 반응의 반응 도표.** 전이 상태 1을 거치는 단계가 반응 속도 결정 단계이다.

반응 중간체
두 개의 전이 상태 사이에서 최저 에너지 상태에 존재하는 분리 가능한 화학종을 말한다.

이런 형태의 반응은 두 개의 전이 상태가 존재하는데, 이 중 반응물에서 반응 중간체가 생성되는 단계(전이 상태 1 경유)의 E_a값이 반응 중간체에서 생성물이 생성되는 단계(전이 상태 2 경유)의 E_a값보다 더 크기 때문에 전이 상태 1을 거치는 단계가 전체 반응의 반응 속도를 결정하게 된다.

3.7 반응속도론

반응속도론(kinetics)이란 반응이 얼마나 빨리 진행되는지를 연구하는 분야이다. $\Delta G°$, $\Delta H°$, K_{eq} 등과 같은 열역학적 상수들은 반응물과 생성물 사이의 에너지 차이와 평형의 방향을 표현할 뿐 반응 속도에는 영향을 주지 않는다. 반응 속도는 다음 세 요인에 의하여 지배받는다.

- 활성화 에너지(E_a)의 크기
- 반응 물질의 농도
- 반응 온도

Arrhenius 식
반응 속도를 지배하는 인자인 반응 온도, 활성화 에너지, 반응 농도의 상관 관계를 나타내는 계산식
$k = Ae^{-Ea/RT}$ [k = 반응 속도 상수, A = 빈도 인자(단위 시간당 충돌 횟수: 반응 농도와 관계 있음), E_a = 활성화 에너지, R = 기체 상수(1.987 kcal/mol), T = 절대 온도]

반응 속도를 지배하는 인자들의 상호 관계를 나타내는 식을 **아레니우스(Arrhenius) 식**이라고 한다. 이 식에 의하면

- 반응 속도는 활성화 에너지(E_a)의 크기에 반비례한다. 즉, E_a가 작을수록 반응 속도는 빨라진다. 다단계 반응에서 가장 큰 E_a값을 갖는 단계가 전체 반응 속도를 결정하게 된다.

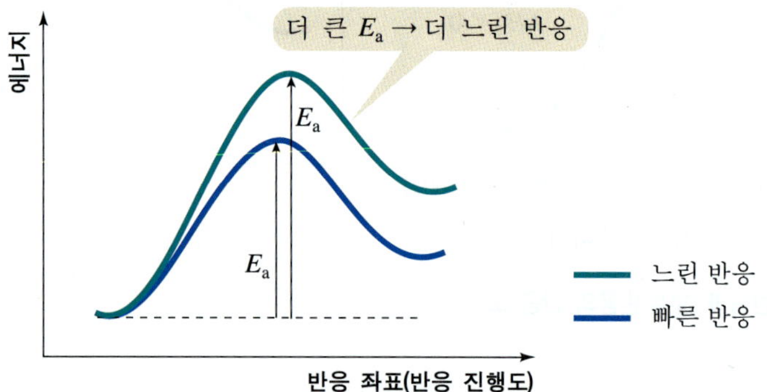

- 반응 물질의 농도가 증가하면 반응 속도가 빨라진다. 이는 농도가 증가할수록 반응 분자의 충돌 횟수도 증가하기 때문이다.
- 반응 온도가 증가하면 반응 속도가 빨라진다.

온도가 상승하면 반응 분자의 운동 에너지가 증가하여 유효 충돌 횟수를 증가시킬 뿐 아니라 활성화 에너지보다 큰 에너지를 갖는 분자수가 증가하여 결합을 끊는 데 활용되기 때문이다. 아레니우스 식에 의하면 유기 반응에서 일반적으로 **온도가 10 °C 증가하면 반응 속도 상수가 두 배가 되고, 이에 따라 반응 속도도 두 배가 된다.**

3.7.1 반응 속도식(또는 반응 속도 법칙)과 반응 차수

반응 속도식(rate law)은 반응 속도와 반응물 농도의 관계를 나타내는 식이다. 반응 속도는 시간에 따른 반응물 농도의 감소 또는 시간에 따른 생성물 농도의 증가를 실험적으로 측정함으로써 결정된다.

반응 속도 = k [반응물 농도]; k = 반응 속도 상수

- 반응 속도 상수값이 클수록 빠른 반응이다.

■ 반응 차수: 일차 반응과 이차 반응

반응 차수(order of reaction)는 반응 속도식에서 반응물 농도항의 지수합을 말한다.
예를 들어, 다음 반응에서

$$\underset{[출발물]}{A—B} + \underset{[반응\ 시약]}{C:^-} \longrightarrow \underset{[생성물]}{B—C} + A:^-$$

반응 속도 = k[A—B][C:$^-$]의 관계가 성립할 때, 다시 말해 반응 속도가 반응물 A—B와 C:$^-$의 두 가지 농도에 영향을 받고(두 농도의 곱에 비례), 이 반응이 한 단계 반응으로 진행될 경우 **이분자 반응(bimolecular reaction)**이라고 한다. 이 경우 반응 차수는 2가 되므로 **이차 반응(second-order reaction)**이라고 한다. 이 반응에서 [A—B] 농도를 두 배 높여 주고 [C:$^-$]는 그대로 둘 경우 반응 속도는 두 배 빨라지며, 두 반응물의 농도를 모두 두 배 높여 주면 반응 속도는 네 배 빨라지게 된다.

만약 위 반응식에서 A—B 결합이 먼저 끊어져 중간체 [B$^+$]가 만들어진 [1단계: 느린 반응] 후 C:$^-$와 반응하여 B—C가 만들어지는 [2단계: 빠른 반응] 두 단계 반응으로 진행된다면 이 반응의 속도는 A—B 결합이 끊어지는 단계가 전체 반응 속도를 결정하게 되고(**속도 결정 단계, rate determining step, rds**), [C:$^-$] 농도는 반응 속도에 아무런 영향을 주지 못하게 된다. 이 경우 반응 속도 = k[A—B]이며, 이런 종류의 반응을 **일분자 반응(unimolecular reaction)**이라고 한다. 이 반응에서 반응 차수는 1이므로 **일차 반응(first-order reaction)**이라고 한다.

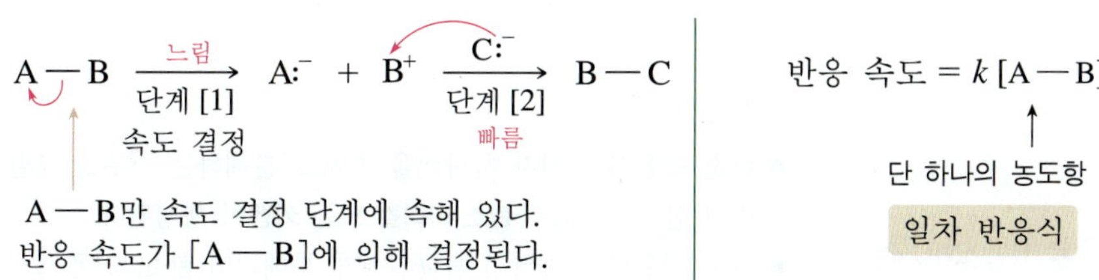

일차 반응과 이차 반응에 관한 반응 예는 8장에서 상세히 공부하게 될 것이다.

예제 3.6 다음 물음에 답하시오.

(1) 반응 속도 = k[CH_3Cl][^-OH]인 반응에서

a. CH_3Cl의 농도를 두 배로 증가시켰다.

b. ^-OH의 농도를 세 배로 증가시켰다.

c. CH_3Cl와 ^-OH의 농도를 동시에 두 배로 증가시켰다.

위의 반응에서 반응 속도는 각각 어떻게 변하겠는가?

(2) 반응 속도 = k[$(CH_3)_3Br$]인 반응에서

a. $(CH_3)_3Br$의 농도를 10배 증가시켰다.

b. $(CH_3)_3Br$의 농도를 반으로 줄였다.

풀이

(1) **a.** 두 배로 증가한다.

b. 세 배로 증가한다.

c. 네 배($2 \times 2 = 4$)로 증가한다.

(2) **a.** 10배 증가한다.

b. 반으로 감소한다.

3.7.2 촉매

촉매(catalyst)는 에너지 도표에서 활성화 에너지(E_a)를 낮추어 반응 속도를 증가시키는 물질을 말한다. 촉매는 E_a를 낮추는 데만 관여할 뿐 반응에서 변화되지 않으며, 생성물의 구성 성분으로도 포함되지 않는다. 유기 반응에서 흔히 사용되는 촉매는 산과 금속 또는 금속 화합물이다.

Wilhelm Ostwald (1853~1932): 러시아계 독일 출신 화학자. Riga 공업 대학과 Leipzig 대학 교수 역임. 암모니아로부터 질산을 대량 생산하는 공정(Ostwald 공정)을 발명하여 현대 화학 공업 발전에 기여. 촉매와 화학 평형에 관한 연구로 1909년 노벨 화학상 수상.

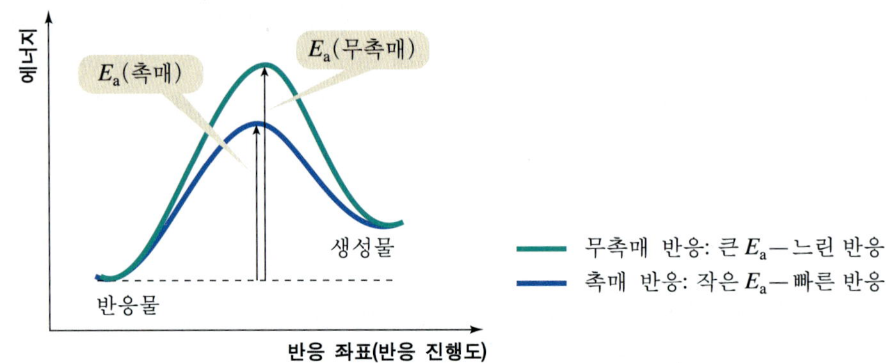

요약 정리

반응의 종류

- 치환 반응

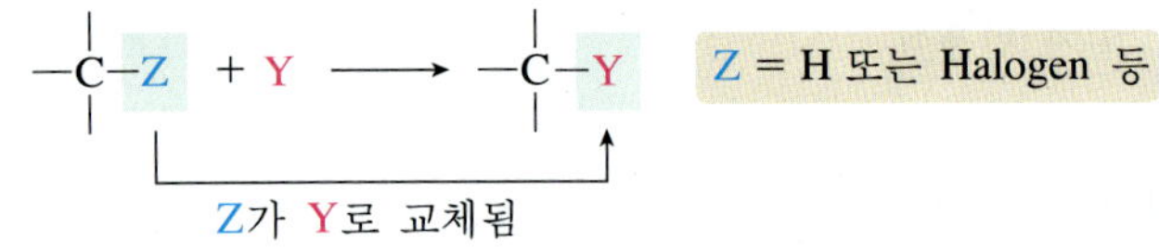

- 첨가 반응

C=C + X−Y ⟶ —C—C— (X, Y)

π 결합이 깨짐

두 개의 σ 결합 새로 형성

- 제거 반응

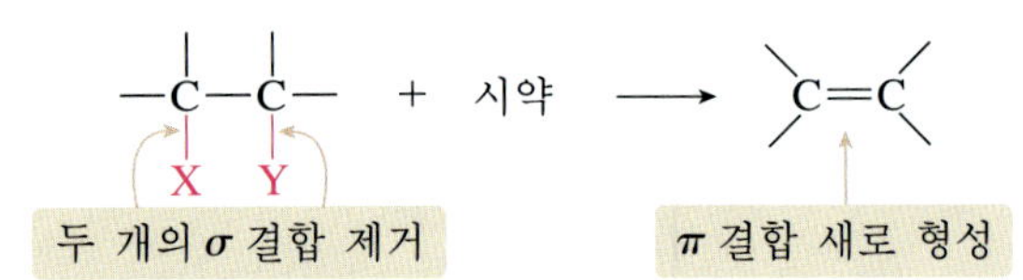

유기 반응식 표기

- 반응물은 왼쪽, 생성물은 오른쪽에 표시한다. 반응 시약은 왼쪽 또는 반응 화살표 위에 표시한다.
- 전자의 이동은 전자가 풍부한 쪽에서 전자가 부족한 쪽을 향해 굽은 화살표로 나타낸다. 전자쌍의 이동은 완전한 굽은 화살표, 전자 한 개의 이동은 반쪽머리 굽은 화살표로 표시한다.

탄소 반응종

- 탄소 결합이 홀전자 하나씩을 가지고 분해하는 경우를 균일 분해라고 한다. 이 경우 **탄소 라디칼** 또는 **카벤**이 생성된다.
- 탄소 결합의 전자쌍이 불균일하게 분해되면 **탄소양이온** 또는 **탄소음이온**과 같은 탄소 이온을 생성시킨다.
- 탄소 반응종의 특징은 다음과 같다.

탄소 반응종	구조	특성	혼성화	반응성
탄소 라디칼	—C·	홀전자: C 주위에 7개의 전자	sp^2	친전자체
카벤	—C:	C 주위에 6개의 전자	sp^2	친전자체
탄소양이온	—C⁺	양전하: C 주위에 6개의 전자	sp^2	친전자체
탄소음이온	—C:⁻	음전하: C에 비공유 전자쌍이 있음	sp^3	친핵체 또는 염기

반응열

- 공유 결합이 균일 분해하는 데 필요한 에너지를 **결합 해리 에너지**라 하며, **$\Delta H°$ (kcal/mol)**로 나타낸다. 이것은 결합의 세기를 나타내는 지표이기도 하다.
  - **결합의 분해**는 항상 에너지가 필요하므로 결합 해리 에너지는 **$\Delta H° > 0$**이고, **흡열(endothermic)**이다.

- **결합의 형성**은 항상 에너지를 방출하기 때문에 결합 형성 에너지는 **$\Delta H° < 0$**이고, **발열(exothermic)**이다.

■ 유기 반응에서 **전체 에너지 변화**는 반응물의 **결합 해리 에너지**와 생성물의 **결합 형성 에너지**의 차이를 의미한다. 전체 에너지 변화는 엄밀히 따지면 Gibbs 자유 에너지 차이($\Delta G°$)이나, 두 값의 차이가 크지 않아 $\Delta H°$로 흔히 사용한다.

- **$\Delta H° < 0$**이면 발열 반응
- **$\Delta H° > 0$**이면 흡열 반응

화학 반응의 제어 인자

■ 유기 반응이 잘 일어나는지 아닌지를 지배하는 요인에는 **열역학적 요인**과 **반응속도론적 요인**이 있다.

■ **열역학적 요인**은 반응이 평형에 도달했을 때 존재하는 반응물과 생성물의 상대적 양을 나타내는 데 관여하는 인자로서, 평형 상수(K_{eq})와 자유 에너지 차이($\Delta G°$), 결합 해리 에너지 차이($\Delta H°$), 엔트로피 차이($\Delta S°$) 등이 있다. 이들 값의 변화가 생성물 형성에 미치는 영향을 정리하면 다음과 같다.

요인	값	의미 [A (반응물) → B (생성물)]
평형 상수 (K_{eq})	$K_{eq} > 1$	평형에서 B가 A보다 더 많이 존재.
	$K_{eq} = 0$	평형에서 A와 B가 동량 존재(A=B).
	$K_{eq} < 1$	평형에서 A가 B보다 더 많이 존재.
자유 에너지 차이($\Delta G°$)	$\Delta G° < 0$ (음수)	B의 자유 에너지가 A보다 더 작다. $K_{eq} > 1$
	$\Delta G° = 0$	B와 A의 자유 에너지값이 같다. $K_{eq} = 0$
	$\Delta G° > 0$ (양수)	A의 자유 에너지가 B보다 더 작다. $K_{eq} < 1$
전체 결합 해리 에너지 ($\Delta H°$)	$\Delta H° < 0$ (음수)	B의 결합이 A보다 더 세다.
엔트로피 차이($\Delta S°$)	$\Delta S° > 0$ (양수)	B가 A보다 더 무질서하다.

■ **반응속도론적 요인**은 반응물이 얼마나 빠르게 생성물로 변환되는가를 나타내는 데 관여하는 인자로서, 활성화 에너지(E_a), 반응물의 농도 및 온도 등이 있다.

요인	조건	영향
활성화 에너지(E_a)	큰 E_a값	느린 반응
반응물의 농도	높은 농도	반응 빨라짐
온도	높은 온도	반응 빨라짐

■ **반응 속도식**은 반응 속도와 반응물 농도의 관계를 나타내는 식이며, **반응 차수(order of reaction)**는 반응 속도식에서 반응물 농도 항의 지수합을 말한다.

$$\text{반응 속도} = k\ [\text{반응물 농도}];\ k = \text{반응 속도 상수}$$

에너지 도표

■ **에너지 도표(energy diagram)**는 반응물에서 생성물이 만들어지는 과정에서 발생하는 에너지의 변화를 개략적으로 나타낸 도표이다. 에너지의 변화를 y축에, 반응 진행 정도를 x축(**반응 좌표** 또는 **반응 진행도**라고도 함)에 표시한다.

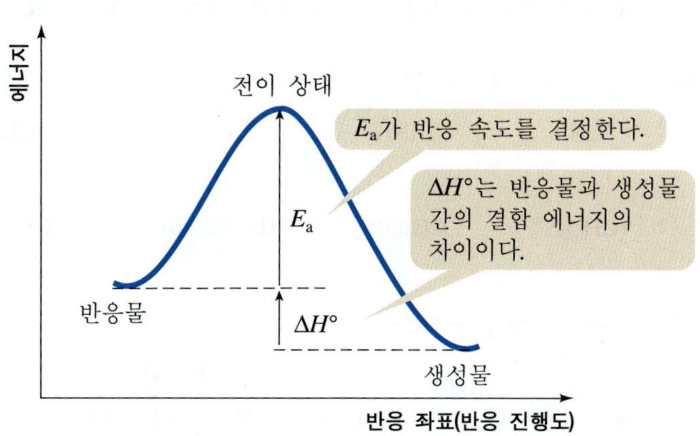

■ **촉매**는 활성화 에너지(E_a)를 낮추어 반응 속도를 증가시키는 역할을 한다.

보충 문제

3.4 전자들의 이동을 굽은 화살표로 나타내시오.

a. $H_2C{=}CH_2 + H{-}\ddot{O}^{+}H_2 \longrightarrow H_2\overset{+}{C}{-}CH_3 + :\ddot{O}H_2$

b. $CH_3C(=O){-}\ddot{C}^{-}H_2 + H{-}CH_2{-}\ddot{I}: \longrightarrow CH_3C(=O){-}CH_2{-}CH_3 + :\ddot{I}:^{-}$

c. $CH_3{-}C(:\ddot{O}:^{-})(Cl){-}NH_2 \longrightarrow CH_3{-}C(=O){-}NH_2 + :\ddot{Cl}:^{-}$

3.5 다음 각각의 반응에 적합한 전자의 이동을 나타내는 화살표를 그리시오.

a. $H_3C{-}\dot{C}(CH_3)_2 + \cdot Br \longrightarrow H_3C{-}C(CH_3)_2{-}Br$

b. $(CH_3)_3C{-}\overset{+}{N}{\equiv}N: \longrightarrow (CH_3)_3\overset{+}{C} + N_2$

c. $CH_3{-}I + :\overset{-}{C}N: \longrightarrow CH_3{-}CN + I^{-}$

d. $HO{-}OH \longrightarrow 2HO\cdot$

3.6 다음 분자 또는 화학종 가운데 어느 부분이 친핵 부위(또는 친핵체)와 친전자 부위(또는 친전자체)로 작용하는지 나타내시오.

CN^{-} CH_3NH_2 $^{+}CH_3$ CH_3SCH_3

$(CH_3)_3S^{+}$ CH_3O^{-} $H{-}CH_2{-}Br$ $CH_3{-}C(=O){-}H$

3.7 다음 물음에 답하시오.

a. $H_2C{=}CH_2 + HCl \longrightarrow H{-}CH_2{-}CH_2{-}Cl$

b. $H_2C{=}CH_2 + H_2 \longrightarrow H{-}CH_2{-}CH_2{-}H$

(1) 위 반응의 $\Delta H°$를 계산하시오. 단, 결합 에너지(kcal/mol) 값은 다음과 같다.
ethene의 π 결합(62), H—H(104), H—Cl(103), C—H(98), C—Cl(81)

(2) 이들 반응은 발열 반응인가 흡열 반응인가?

3.8 다음 반응에 대하여 물음에 답하시오.

$CH_4 + Cl\cdot \longrightarrow \cdot CH_3 + HCl$

a. 전자 이동을 굽은 화살표로 표시하시오.

b. 표 3.2를 이용하여 $\Delta H°$를 계산하시오.

c. $E_a = 4$ kcal로 가정하여 에너지 도표를 그리시오.

3.9 다음 조건을 만족하는 반응에 대한 에너지 도표를 그리시오.

a. 한 단계 발열 반응

b. 반응 중간체를 거치는 두 단계 흡열 반응

c. 전체 반응이 발열 반응인 세 단계 반응에서 1과 2단계는 흡열 반응, 3단계는 발열 반응이고, 2단계 반응이 속도 결정 단계인 반응 (두 단계의 반응 중간체를 거친다고 가정)

3.10 다음 값을 갖는 반응은 반응물과 생성물 중 어느 것이 더 우세한가?

a. $K_{eq} = 3$ **b.** $\Delta G° = -3.5$ kcal/mol **c.** $\Delta G° = 2$ kcal/mol **d.** $K_{eq} = 10^{-3}$

3.11 다음 에너지 도표를 보고 물음에 답하시오.

a. 어느 반응이 열역학적으로 가장 안정한가?

b. 어느 반응이 속도론적으로 가장 안정한 생성물을 생성하는가?

c. 어느 반응이 속도론적으로 가장 불안정한 생성물을 생성하는가?

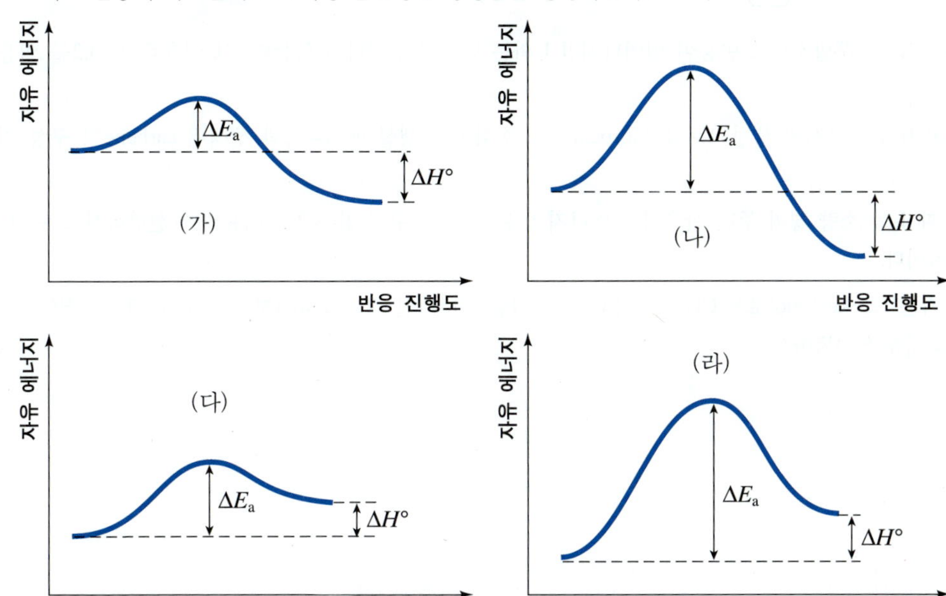

3.12 다음 에너지 도표를 보고 물음에 답하시오.

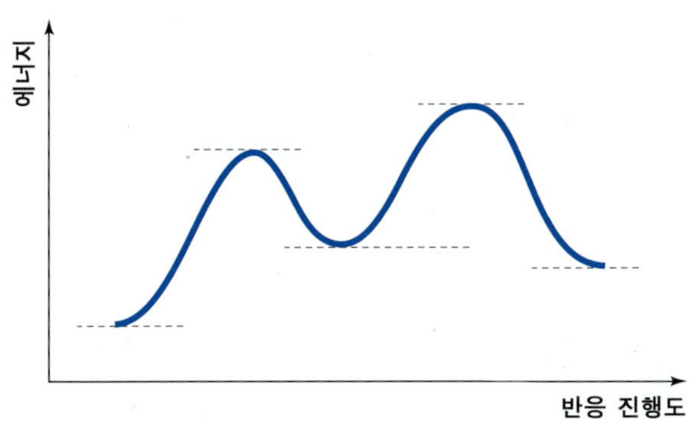

a. 이 반응에서 전체 반응의 $\Delta G°$ 값은 양수인가 음수인가? 도표에 표시하시오.

b. 이 반응은 몇 개의 전이 상태를 가지고 있는가?

c. 이 반응은 몇 단계 반응인가?

d. 가장 빠른 단계는 어느 단계인가?

3.13 다음 에너지 도표를 보고 물음에 답하시오.

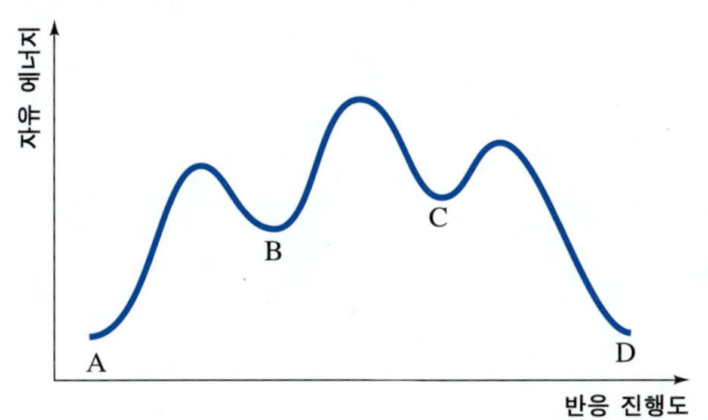

a. 전이 상태가 몇 개 있는가?

b. 중간체는 몇 개 있는가?

c. 가장 안정한 중간체는 어느 것인가?

d. 가장 빠른 단계는 어느 단계인가?

e. 속도 결정 단계는 어느 단계인가?

f. A → B 단계는 발열 또는 흡열 반응 중 어느 것인가? 자유 에너지 증가 반응인가 감소 반응인가?

3.14 표 3.2를 이용하여 다음 각 반응에 대한 $\Delta H°$ 값을 구하시오.

a. $CH_3CH_3 + I_2 \longrightarrow CH_3CH_2I + HI$

b. $CH_3CH_2Cl + HI \longrightarrow CH_3CH_2I + HCl$

c. $CH_3CH_3 + F_2 \longrightarrow CH_3CH_2F + HF$

d. $CH_3CH_2OH + HBr \longrightarrow CH_3CH_2Br + H_2O$

e. $(CH_3)_2CHOH + HCl \longrightarrow (CH_3)_2CHCl + H_2O$

3.15 표 3.2를 이용하여 라디칼이 잘 생성되는 순서로 나열하시오.

$\cdot CH_3$ $\quad CH_2{=}CH{-}\dot{C}H_2$ $\quad C_6H_5{-}\dot{C}H_2$ $\quad (CH_3)_2\dot{C}H$ $\quad (CH_3)_3C\cdot$

3.16 CH_3CH_3에 대한 라디칼 반응에서 F_2는 폭발적으로 반응이 일어나지만 I_2와는 반응이 일어나지 않는다. 그 이유를 표 3.2를 이용하여 설명하시오.

3.17 Chloroform ($CHCl_3$)에 진한 NaOH를 반응시켜 생성되는 dichlorocarbene 화학종의 생성 메커니즘과 생성된 carbene의 구성 원자에 대한 형식 전하를 나타내시오.

3.18 CH_4와 Cl_2를 라디칼 반응시킬 때 I_2를 소량 넣어 주면 반응이 일어나지 않는다. 그 이유를 표 3.2를 이용하여 설명하시오. 단, I—Cl 결합 해리 엔탈피는 50 kcal/mol이다.

3.19 HC≡CH의 C—H 결합 에너지는 125 kcal/mol로서 CH_3CH_3의 C—H 결합 에너지인 98 kcal/mol보다 강하다. 그러나 HC≡CH의 산도는 CH_3CH_3보다 강하다. 그 이유를 설명하시오.

4장

포화 탄화수소: 알케인과 사이클로알케인

핵심 익히기

- 알케인과 사이클로알케인의 결합 특성과 명명법
- 구조 이성질체
- 알케인과 사이클로알케인의 형태와 안정성
- 사이클로알케인의 입체이성질체
- 알케인의 자유 라디칼 치환 반응

포화 탄화수소는 천연가스나 원유 상태로 지구상에 존재하는 물질로 주로 에너지원(연료)으로서 사용된다. 탄소수가 4개 이하인 경우 기체로 존재하며 탄소수가 증가할수록 액체(휘발유, 석유, 디젤)를 거쳐 고체(바셀린, 양초) 상태가 된다. 이 중 메테인(CH_4)은 천연가스의 주성분으로 지하에 가스 상태로 존재하거나 또는 해수 밑바닥에 메테인 수화물(methane hydrate)의 고체 상태로도 존재한다. 또한 이 물질은 태양계의 대부분 행성은 물론 외계 행성에서도 발견된다. 특히 토성의 최대 위성인 titan에는 메테인 호수가 있음이 관측되었다.

천연가스 탱크

Methane hydrate

토성의 위성인 titan에 있는 메테인 호수

포화 탄화수소란 구성 성분이 오직 탄소와 수소 원자로만 되어 있으며, 단일 결합으로만 이루어진 탄소–탄소 및 탄소–수소 결합을 가진 유기 화합물을 총칭하여 부르는 이름이다. 이들 가운데 탄소–탄소의 결합이 고리를 이루지 않고 사슬 형태로만 되어 있는 포화 탄화수소 화합물을 **사슬형 알케인** 또는 **비고리형 알케인**이라 부르며, 고리 형태를 이루는 포화 탄화수소 화합물을 **사이클로알케인** 또는 **고리형 알케인**이라 한다. 자연에 존재하는 천연 포화 탄화수소로는 천연가스 및 원유의 구성 성분 대부분과 의약품의 각종 연고기제로 사용되는 바셀린, 화장품 원료로 사용되는 미네랄 오일, 과일이나 식물 잎의 표면에 있는 왁스 등이 있다.

4.1 알케인의 구조

4.1.1 알케인의 분류: 비고리형 알케인과 고리형 알케인

알케인(alkane)은 탄소–수소의 결합과 탄소–탄소의 결합이 오직 σ 결합만으로 이루어져, 단일 결합을 하고 있는 지방족 포화 탄화수소군에 속한 유기 화합물을 지칭한다. 알케인 가운데 탄소 고리를 가지고 있지 않은 화합물을 **비고리형 알케인(acyclic alkanes)** 또는 **사슬형 알케인**이라 한다. 반면에 탄소 원자의 수가 세 개 이상인 경우는 탄소 고리를 형성할 수 있는데, 이를 **고리형 알케인** 또는 **사이클로알케인(cycloalkanes)**이라 부른다. 그 예들을 **표 4.1**에 나타내었다.

표 4.1 비고리형 알케인과 고리형 알케인의 예

	비고리형 알케인	고리형 알케인
분자식	C_6H_{14}	C_6H_{12}
Lewis 구조식	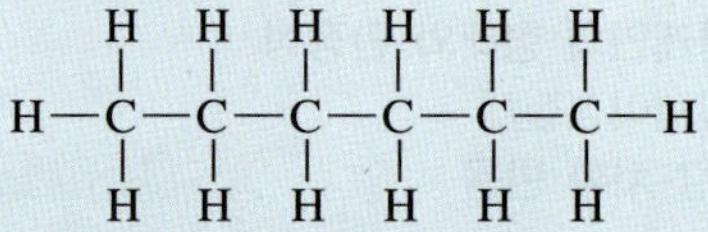	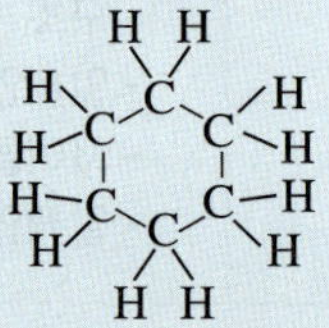
축소 구조식	$CH_3(CH_2)_4CH_3$	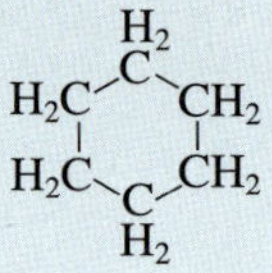
선 구조식		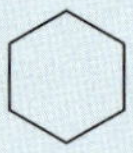
공-막대 모형		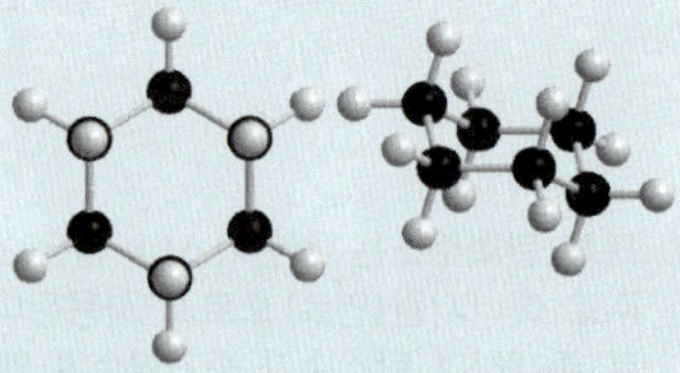
화합물명	Hexane (헥세인)	Cyclohexane (사이클로헥세인)

- 알케인과 사이클로알케인에 있는 탄소 원자는 모두 sp^3 혼성 오비탈을 가지고 있으며, 오직 σ 결합으로만 구성되어 있다.
- 비고리형 알케인의 분자식은 C_nH_{2n+2} (*n* = **자연수**)이며, 직선형 또는 곁가지가 달린 탄소 사슬 구조를 가진다. 이 중 **직선 비고리형 (사슬) 알케인**을 **노말-알케인 (*n*-alkane)** 이라 부른다.
- 사이클로알케인은 C_nH_{2n} (*n* = **정수**)의 분자식을 가진 하나 이상의 탄소 고리를 가지고 있는 알케인 화합물로서, 동일한 탄소수를 가진 비고리형 알케인보다 수소수가 두 개 적다.

4.1.2 곁가지 없는 알케인의 IUPAC 명명법

표 4.2에 곁가지가 없는 직선 비고리형 알케인 화합물 중 탄소수가 1~20개인 화합물에 대하여 이들의 IUPAC명, 분자식과 축소 구조식을 나타내었다. 이 중 IUPAC명은 유기 화합물 전반에 걸쳐 명명법의 기본이 되므로 잘 기억해 두어야 한다. 또한 표는 탄소수가 한 개 증가함에 따라 **CH_2기 (메틸렌기, methylene group)** 가 한 개씩 늘어남을 보여 주고 있다. 이러한 계열 관계를 **동족 계열 (homologous series)** 이라고 한다.

표 4.2 직선 사슬 알케인 (노말-알케인) 의 이름과 구조식

탄소수	이름(IUPAC명)	분자식 (C_nH_{2n+2})	축소 구조식	구조 이성질체수
1	Methane (메테인)	CH_4	CH_4	1
2	Ethane (에테인)	C_2H_6	CH_3CH_3	1
3	Propane (프로페인)	C_3H_8	$CH_3CH_2CH_3$	1
4	Butane (뷰테인)	C_4H_{10}	$CH_3(CH_2)_2CH_3$	2
5	Pentane (펜테인)	C_5H_{12}	$CH_3(CH_2)_3CH_3$	3
6	Hexane (헥세인)	C_6H_{14}	$CH_3(CH_2)_4CH_3$	5
7	Heptane (헵테인)	C_7H_{16}	$CH_3\ (CH_2)_5CH_3$	9
8	Octane (옥테인)	C_8H_{18}	$CH_3(CH_2)_6CH_3$	18
9	Nonane (노네인)	C_9H_{20}	$CH_3(CH_2)_7CH_3$	35
10	Decane (데케인)	$C_{10}H_{22}$	$CH_3(CH_2)_8CH_3$	75
11	Undecane (운데케인)	$C_{11}H_{24}$	$CH_3(CH_2)_9CH_3$	159
12	Dodecane (도데케인)	$C_{12}H_{26}$	$CH_3(CH_2)_{10}CH_3$	355
13	Tridecane (트라이데케인)	$C_{13}H_{28}$	$CH_3(CH_2)_{11}CH_3$	802
14	Tetradecane (테트라데케인)	$C_{14}H_{30}$	$CH_3(CH_2)_{12}CH_3$	1,858
20	Eicosane (에이코세인)	$C_{20}H_{42}$	$CH_3(CH_2)_{18}CH_3$	366,319

* 붉은색 표시의 글자는 탄소 원자의 수를 나타내는 접두사이다.

접두사명	탄소수	접두사명	탄소수
meth-	1	undec-	11
eth-	2	dodec-	12
prop-	3	tridec-	13
but-	4	tetradec-	14
pent-	5	pentadec-	15
hex-	6	hexadec-	16
hept-	7	heptadec-	17
oct-	8	octadec-	18
non-	9	nonadec-	19
dec-	10	eicos-	20

제일 간단한 methane과 ethane의 구조를 Lewis 구조, 입체 구조 및 공-막대 모형으로 **그림 4.1**에 나타내었다. 이들의 삼차원 구조는 모두 탄소 원자가 sp^3 혼성 오비탈을 가지고 있어 정사면체의 중심에 위치하며, 정사면체의 꼭짓점에서 수소 원자가 네 개의 결합을 형성하고 있는 모습을 보여 준다.

삼차원 배열에서의 **굵은 쐐기**(▲)는 결합 방향이 종이면 앞쪽을 향하고, **점선 쐐기**(⋮)는 종이면 뒤쪽을 향하고 있음을 나타낸다.

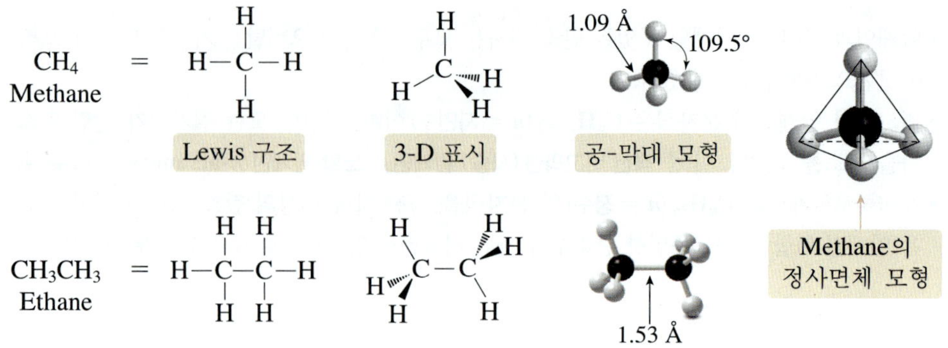

그림 4.1 **Methane과 ethane의 구조.**

4.1.3 알케인의 구조 이성질체

이성질체(**isomer**)란 같은 분자식을 가지고 있어도 물리적, 화학적 성질이 전혀 다른 화합물을 말한다. 이성질체는 크게 **구조 이성질체**와 **입체이성질체**(4.7절 및 5장에서 공부)로 나눌 수 있다. 구조 이성질체는 같은 분자식을 가지고 있으나 구성 원자의 연결 방법이 서로 다른 화합물을 말한다. Lewis 구조식은 탄소 결합의 삼차원 배열을 나타내지 않는다. 탄소수가 세 개 이하인 경우 탄소 사슬의 연결을 나타낼 때 연결을 꺾어서 나타내도 상관이 없다. 그러나 탄소수가 네 개 이상인 알케인의 경우 탄소를 연결하는 방법이 달라지면 분자식은 같아도 다른 화합물이 될 수 있다.

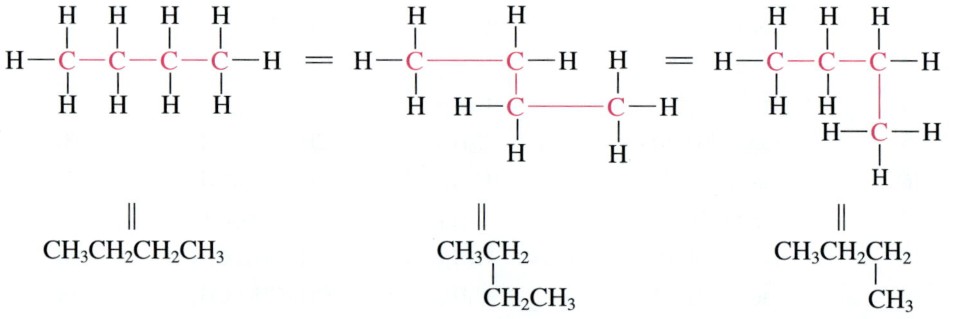

Butane을 나타내는 위 세 구조는 네 개의 탄소 원자가 연속적으로 연결되어 있는 동일한 물질이다

예를 들어, butane은 네 개의 탄소 원자가 연속적으로 연결되어 있으나, isobutane의 경우 탄소 원자 세 개가 연속하여 연결되어 있고 탄소 원자 하나는 두 번째 탄소 원자에 곁가지처럼 연결되어 있다. Butane과 isobutane은 분자식이 C_4H_{10}으로 같지만 물리적, 화학적 성질이 서로 다른 화합물이다. 이런 관계의 화합물을 **구조 이성질체**(**constitutional isomer** 또는 **structural isomer**)라고 한다.

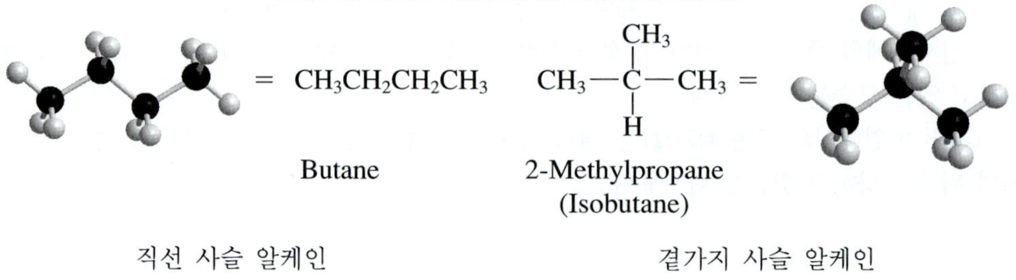

분자식이 C_2H_6O인 두 개의 구조 이성질체

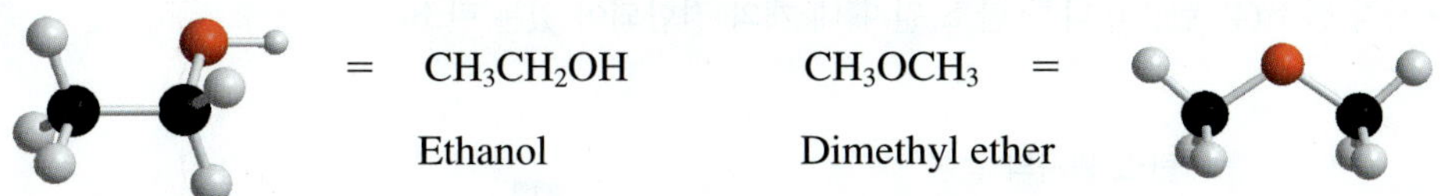

산소의 결합 위치가 다르다

- 구조 이성질체는 같은 분자식을 가지고 있으나 구성 원자의 연결 방법이 서로 다른 화합물을 말한다.

유기 분자들은 동일한 분자식을 가지고 있어도 구조 이성질체와 같이 다른 화합물을 나타내는 경우가 많으므로, 유기 화합물의 정확한 분자 구조를 표시하려면 분자식이 아닌 구조식으로 나타내어야 한다.

표 4.2에 나타낸 바와 같이 탄소수가 네 개 이상인 비고리형 알케인은 모두 구조 이성질체를 가지고 있으며, 탄소수가 늘어나면 이성질체수는 기하급수적으로 늘어난다. 예를 들어, butane은 두 개, pentane은 세 개, hexane은 다섯 개, heptane은 아홉 개, decane은 75개, 탄소수가 20개인 eicosane의 경우 무려 366,319개의 이성질체로 늘어난다.

예제 4.1 분자식이 C_6H_{14}인 화합물의 구조 이성질체를 Lewis 구조식으로 나타내시오.

풀이

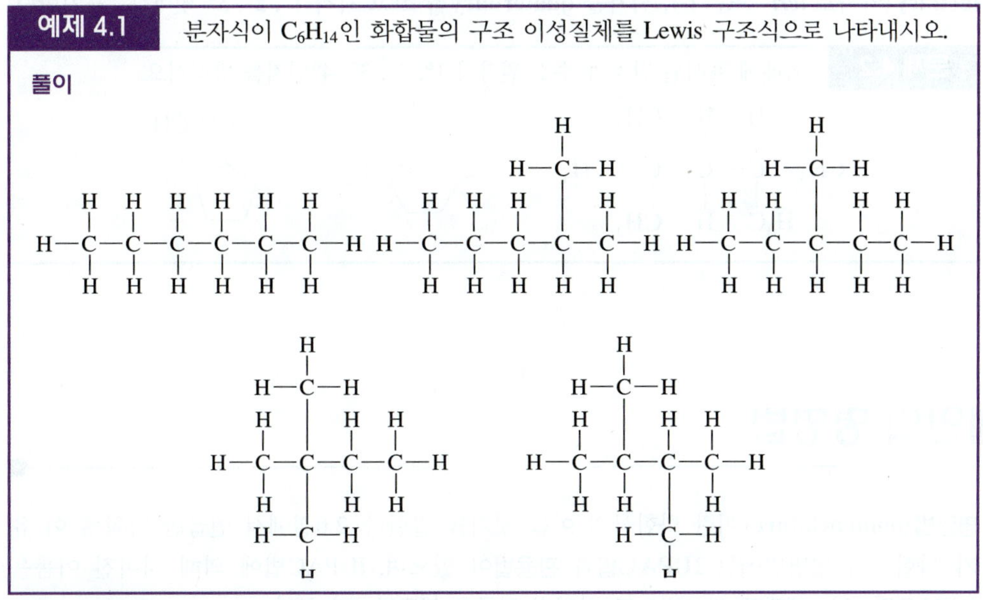

문제 4.1 분자식이 C_5H_8O인 화합물의 구조 이성질체의 구조를 10개 이상 그리시오.

4.1.4 일차, 이차, 삼차, 사차 탄소

알케인을 포함하여 탄소 원자끼리 σ 결합을 하고 있는 유기 화합물에서 탄소 원자가 몇 개의 탄소 원자와 직접 결합되어 있느냐에 따라 탄소 원자를 다음과 같이 분류한다.

- 일차 탄소(1° 탄소): 다른 탄소 원자 한 개와 결합되어 있는 탄소
- 이차 탄소(2° 탄소): 다른 탄소 원자 두 개와 결합되어 있는 탄소

- 삼차 탄소(3° 탄소): 다른 탄소 원자 세 개와 결합되어 있는 탄소
- 사차 탄소(4° 탄소): 다른 탄소 원자 네 개와 결합되어 있는 탄소

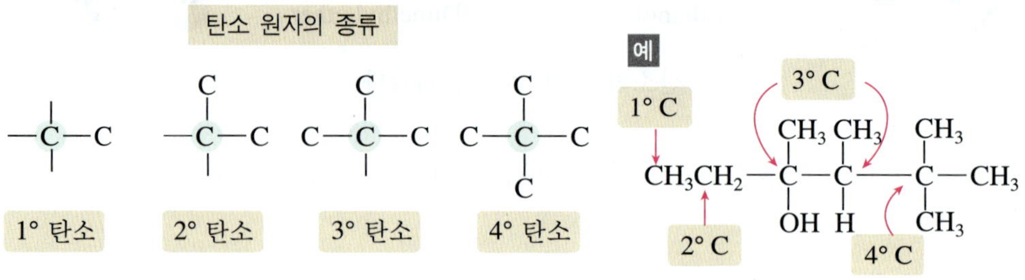

마찬가지로

- 일차 탄소(1° 탄소)에 붙어 있는 수소를 일차 수소라고 한다.
- 이차 탄소(2° 탄소)에 붙어 있는 수소를 이차 수소라고 한다.
- 삼차 탄소(3° 탄소)에 붙어 있는 수소를 삼차 수소라고 한다.

영어로는 일차를 **primary**(약자로 ***pri-***), 이차를 **secondary**(약자로 ***sec-*** 또는 ***s-***), 삼차를 **tertiary**(약자로 ***tert-*** 또는 ***t-***), 사차를 **quaternary**라 쓰고 각각 1°, 2°, 3° 및 4°로 표기한다.

문제 4.2 아래에 표시된 탄소와 수소 원자가 1°, 2°, 3°, 4°인지를 밝히시오.

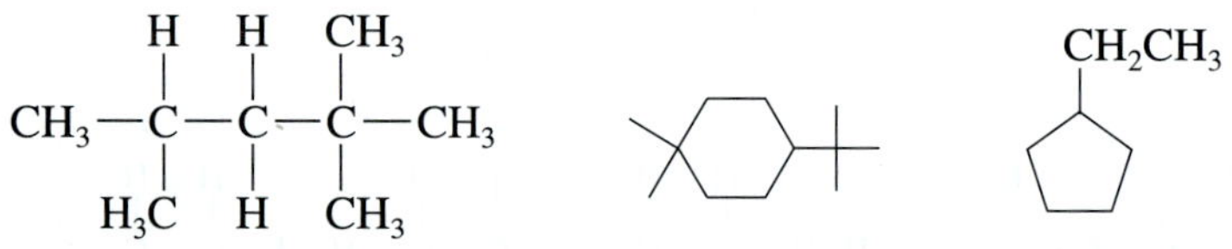

4.2 비고리형 알케인의 명명법

명명법(nomenclature)이란 화합물의 이름 짓기를 말한다. 2.6절에서 언급한 바와 같이 유기 화합물의 명명법에는 **IUPAC법**과 **관용법**이 있으며, IUPAC법에 의해 지어진 이름을 **IUPAC명** 또는 **체계명**, 관용법으로 지어진 이름을 **관용명**이라 한다.

4.2.1 비고리형 알케인의 관용명

알케인의 관용명은 IUPAC법이 나오기 전에 붙여진 이름이다. 관용명은 구조식과는 관계없이 오직 전체 탄소 원자의 수에 따라 명명한 것이다. 따라서 구조 이성질체가 생기지 않는 탄소수가 세 개인 알케인까지는 관용명 사용에 아무런 문제가 없지만, 구조 이성질체가 생기는 탄소 원자의 수가 네 개 이상인 알케인부터는 서로 다른 이름을 사용하여 이성질체들을 구별할 필요가 있다. 이를 위해 곁가지가 없는 직선 사슬 알케인(또는 알킬기)은 이름 앞에 **노말(normal)**의 약자인 접두사 ***n-***을 붙이고, 곁가지가 있는 경우 끝 부분이 $(CH_3)_2CH$—기를 가지고 있으면 **아이소-(*iso-*)**, 사차 탄소를 가지고 있으면 **네오-(*neo-*)**라는 접두사를 붙여 직선 사슬과 구별하였다(**표 4.3**). 그러나 관용명은 체계적인 방법이 아니어서 탄소 원

표 4.3 비고리형 알케인의 관용명 예

C_4H_{10}		C_5H_{12}	
관용명	구조식	관용명	구조식
Butane (뷰테인)	$CH_3CH_2CH_2CH_3$	*n*-Pentane (*n*-펜테인)	$CH_3CH_2CH_2CH_2CH_3$
Isobutane (아이소뷰테인)	$CH_3CH(CH_3)CH_3$	Isopentane (아이소펜테인)	$CH_3CH(CH_3)CH_2CH_3$
		Neopentane (네오 펜테인)	$CH_3C(CH_3)_2CH_3$

자의 수가 많거나 구조 이성질체의 수가 많이 생기는 유기 화합물의 경우 사용하기 곤란한 점이 있다.

4.2.2 비고리형 알케인의 IUPAC 명명법: 골격과 구성

알케인의 IUPAC명은 탄소수에 따라 붙여진 접두사에 **-에인**(*-ane*)이라는 접미사를 붙여 사용한다. 곁가지가 없는 직선 사슬인 경우에는 탄소 원자의 수에 따른 기본명을 관용명과 동일하게 사용하나, 곁가지의 존재가 가능한 탄소 원자의 수가 네 개 이상인 알케인의 경우에는 체계적인 규칙에 따라 명명하여 사용한다.

- 알케인의 기본 이름은 탄소 원자의 수를 나타내는 접두사에 **-에인**(*-ane*)을 붙여 사용한다 (**표 4.2**).

비고리 알케인의 IUPAC명 = 탄소 원자의 수를 나타내는 접두사 + ane

- 곁가지(알킬기 또는 다른 치환기)를 가진 알케인의 IUPAC명은 곁가지의 위치를 표시하는 숫자, 곁가지 개수를 나타내는 접두어, 곁가지 이름으로 구성된 접두사 및 어미 사슬 이름으로 구성된다(보다 상세한 IUPAC 명명법은 4.2.4절에 기술한다).

IUPAC명의 구성	=	곁가지 위치	+	곁가지 개수	+	곁가지 이름	+	어미 사슬 이름
2,3-Dimethylpentane	=	2,3-		Di		methyl		pentane

$CH_3CH(CH_3)CH(CH_3)CH_2CH_3$

4.2.3 알킬기

탄소 사슬에 곁가지로 치환된 원자단을 **치환기**(**substituent**)라고 한다. 여러 종류의 치환기 중 알케인 분자에서 수소 하나가 떨어져 나가 생긴 탄소 조각 부분(원자단)을 **알킬기**(**alkyl group**)라고 한다. Methane과 ethane에서는 오직 한 종류의 알킬기만 만들어지지만, 탄소수가 세 개 이상인 알케인에서는 두 종류 이상의 알킬기가 만들어진다.

다른 치환기 이름

치환기	치환기 이름
X	Halo (할로)
F	Fluoro (플루오로)
Cl	Chloro (클로로)
Br	Bromo (브로모)
I	Iodo (아이오도)
NH_2	Amino (아미노)
CN	Cyano (사이아노)
OH	Hydroxy (하이드록시)
NO_2	Nitro (나이트로)
R	Alkyl (알킬)

• **알킬기**란 알케인에서 수소 원자 하나가 떨어져 나가 생긴 탄소 조각 부분을 지칭하며, 알케인의 접미사 부분인 '*-ane*' 대신 '*-yl*'을 붙여 명명한다. 비고리형 알킬기는 분자식이 C_nH_{2n+1}이고, 고리형인 경우 C_nH_{2n-1}이며 일반식 'R'로 나타낸다.

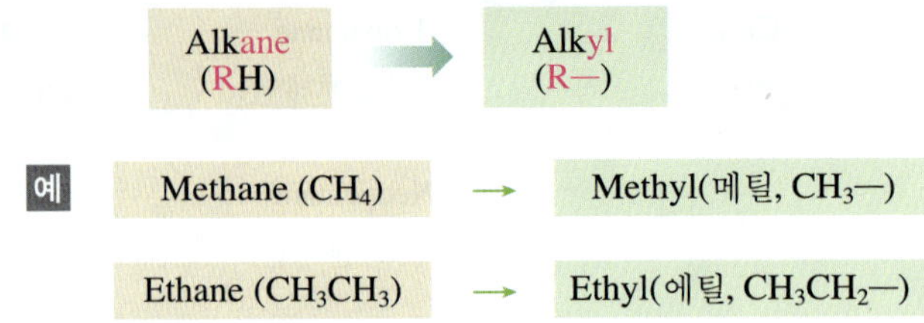

예 Methane (CH_4) → Methyl(메틸, CH_3—)

Ethane (CH_3CH_3) → Ethyl(에틸, CH_3CH_2—)

• 탄소가 세 개인 propane(프로페인)의 경우 두 종류의 알킬기, 즉 일차 탄소에 있는 수소 원자 한 개가 제거되어 만들어진 **propyl (프로필)** 기와 이차 탄소에 있는 수소 원자 한 개가 제거되어 만들어진 **isopropyl (아이소프로필)** 기가 있고, 탄소가 네 개인 butane의 경우 butane에서 만들어진 **butyl (뷰틸)** 기와 ***sec*-butyl (이차 뷰틸)** 기, butane의 구조 이성질체인 isobutane(아이소뷰테인)에서 만들어진 **isobutyl (아이소뷰틸)** 기와 ***tert*-butyl (삼차 뷰틸)** 기 등 모두 네 종류의 알킬기가 있다.

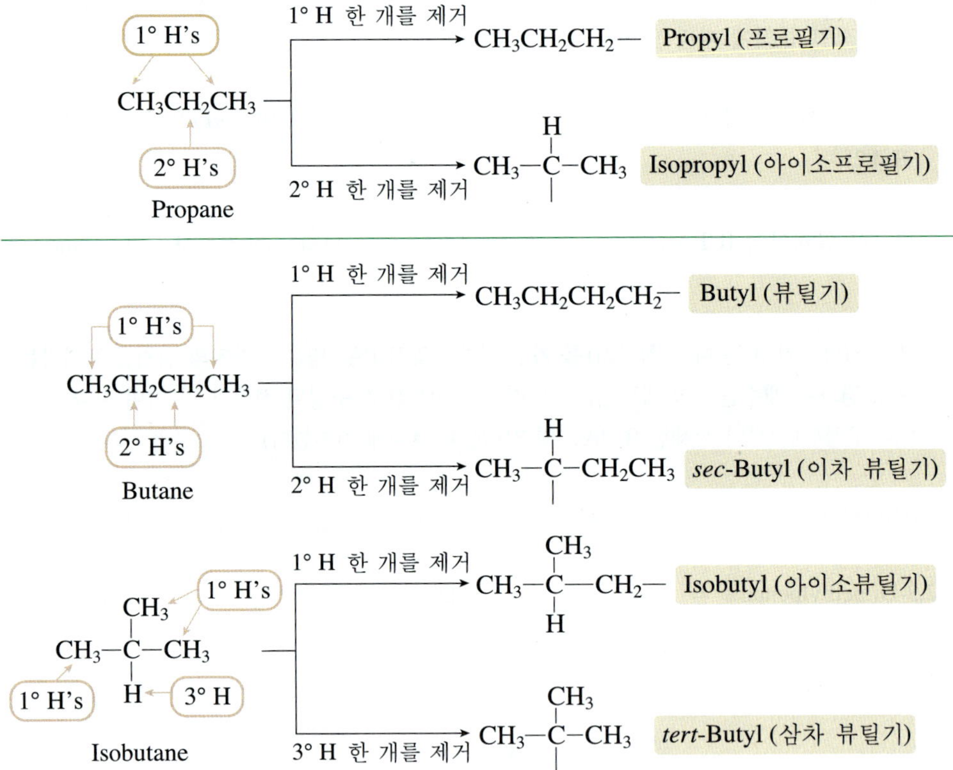

자주 사용되는 알킬기 및 이들의 IUPAC명, 관용명 및 약어를 **표 4.4**에 요약하였다.

4.2.4 곁가지(치환기)가 있는 비고리형 알케인의 IUPAC 명명법

곁가지(치환기)가 없는 알케인(이를 노말 알케인이라 함)의 이름은 **표 4.2**에 나타낸 바와 같이 탄소수에 따라 고유의 이름을 사용하면 된다. 그러나 치환기가 있는 알케인명은 다음 규칙에 따라 명명한다.

표 4.4 알킬기의 IUPAC명, 관용명, 약어

알킬기	IUPAC명	관용명	약어
CH_3-	Methyl		Me
CH_3CH_2-	Ethyl		Et
$CH_3CH_2CH_2-$	Propyl	*n*-Propyl	Pr (또는 *n*-Pr)
CH_3 | CH_3CH-	1-Methylethyl	Isopropyl	*i*-Pr
$CH_3CH_2CH_2CH_2-$	Butyl		Bu
CH_3 | CH_3CHCH_2-	2-Methylpropyl	Isobutyl	*i*-Bu
CH_3 | CH_3CH_2CH-	1-Methylpropyl	*sec*-Butyl	*sec*-Bu (또는 *s*-Bu)
CH_3 | CH_3C- | CH_3	1,1-Dimethylethyl	*tert*-Butyl	*tert*-Bu (또는 *t*-Bu)
$-CH_2-$		Methylene	
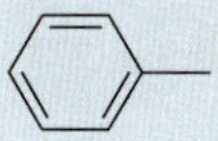 C_6H_5- (benzene ring)	Phenyl		Ph

■ IUPAC 명명법 규칙과 요령

[1] **어미 사슬(parent chain)**을 찾는다. 어미 사슬이란 구조식에서 가장 길게 연속된 탄소 사슬을 말한다. 아래 예의 경우 탄소 다섯 개(C_5)가 가장 길게 연결된 사슬이므로 그 이름은 pentane (펜테인)이다.

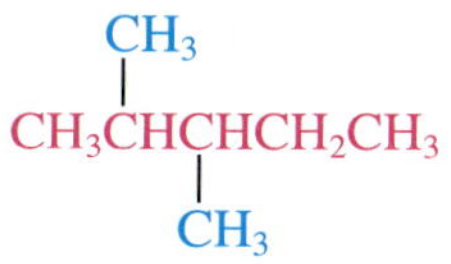

```
        CH3
        |
  CH3CHCHCH2CH3
          |
          CH3
```

[2] 탄소수가 가장 긴 사슬이 두 종류 이상 존재하는 경우 치환기가 많이 치환되어 있는 사슬을 어미 사슬로 선택한다.

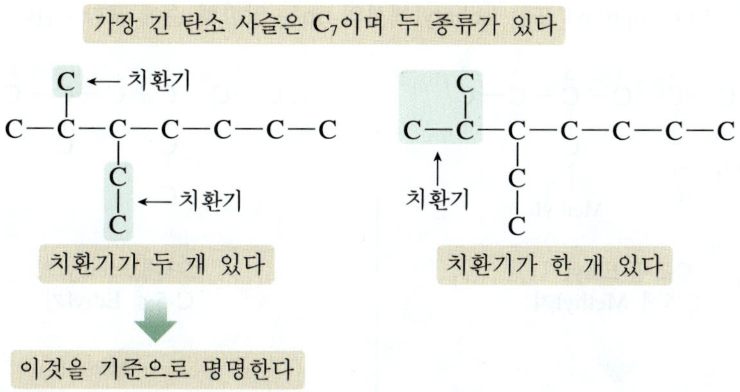

가장 긴 탄소 사슬은 C_7이며 두 종류가 있다

```
    C ← 치환기                        C
    |                                 |
C — C — C — C — C — C — C         C — C — C — C — C — C — C
        |                             ↑   |
        C                          치환기 C
        |  ← 치환기                       |
        C                                 C
```

치환기가 두 개 있다 　　　　 치환기가 한 개 있다

↓

이것을 기준으로 명명한다

[3] 탄소 사슬의 끝에서부터 일련 번호를 붙이되 치환기가 붙어 있는 탄소의 번호가 더 낮게 되도록 붙인다.

```
    C
    |
C — C — C — C — C — C
1   2   3   4   5   6
```

맞음 치환기가 C-2에 있음

맞는 이름 : 2-Methylhexane

```
    C
    |
C — C — C — C — C — C
6   5   4   3   2   1
```

틀림 치환기가 C-5에 있음

틀린 이름 : 5-Methylhexane

[4] 두 개 이상의 치환기가 있을 경우 낮은 탄소의 번호가 우선한다. 동일한 치환기의 수가 두 개이면 **다이-(di-)**, 세 개이면 **트라이-(tri-)**, 네 개이면 **테트라-(tetra-)**, 다섯 개이면 **펜타-(penta-)** 등의 접두사를 붙인다. 동일한 또는 다른 치환기가 같은 탄소에 두 개가 있을 경우 각 치환기 앞에는 각각 그 위치를 표시하는 번호를 붙여야 한다.

```
1   2   3   4   5   6   7   8
C — C — C — C — C — C — C — C
    |       |           |
    C       C           C
```

맞음 C-2, C-4, C-7에 치환기가 있음

맞는 이름 : 2,4,7-Trimethyloctane

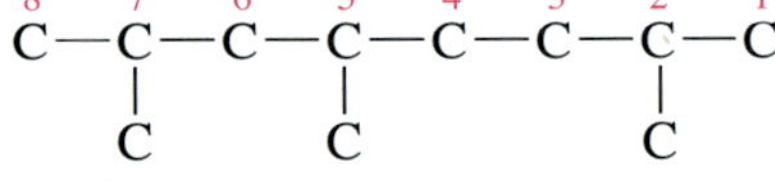

```
8   7   6   5   4   3   2   1
C — C — C — C — C — C — C — C
    |       |           |
    C       C           C
```

틀림 C-2, C-5, C-7에 치환기가 있음

틀린 이름 : 2,5,7-Trimethyloctane

동일한 치환기 두 개가 동일 번호의 탄소에 붙어 있는 경우

```
    C
    |
C — C — C — C
    |
    C
```

2,2-Dimethylbutane

서로 다른 치환기 두 개가 동일 번호의 탄소에 붙어 있는 경우

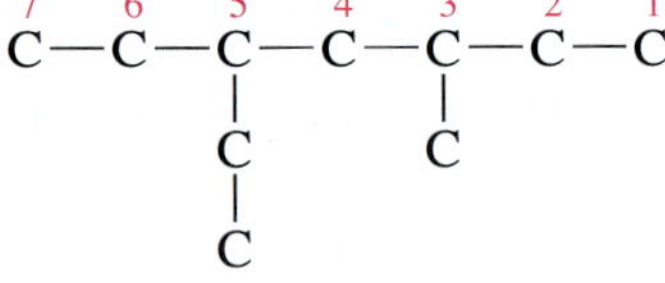

```
        C
        |
C — C — C — C — C — C — C
        |
        C
        |
        C
```

3-Ethyl-3-methylheptane

[5] 두 개 이상의 다른 치환기가 있으면, 그것들을 우선 알파벳 순으로 나열하고, 규칙 [3]과 [4]에 따라 붙인 번호를 해당하는 치환기 앞에 각각 붙인다. **알파벳 순이 치환기 번호보다 우선한다.** 치환기의 개수를 나타내는 *di-*, *tri-*, *tetra-* 등의 접두사는 알파벳 순에서 제외한다. 그러나 isopropyl 또는 isobutyl에서의 iso는 알파벳 순에 포함시킨다.

```
1   2   3   4   5   6   7
C — C — C — C — C — C — C
            |       |
            C       C
Ethyl기 →   |       ↑
            C     Methyl
```

맞음 C-3에 Ethyl기 C-5에 Methyl기

맞는 이름 : 3-Ethyl-5-methylheptane

```
7   6   5   4   3   2   1
C — C — C — C — C — C — C
        |       |
        C       C
        |
        C
```

틀림 C-3에 Methyl기 C-5에 Ethyl기

틀린 이름 : 5-Ethyl-3-methylheptane (또는 3-Methyl-5-ethylheptane)

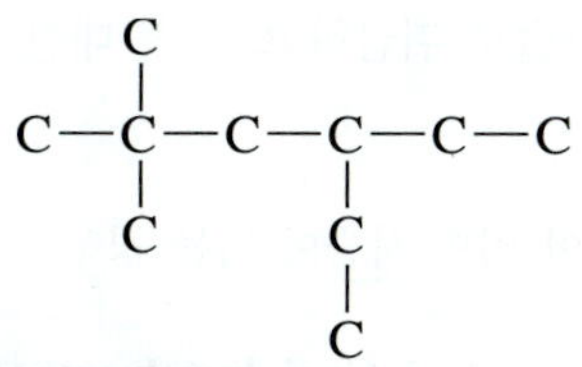

```
        C
        |
    C — C — C — C — C — C
        |       |
        C       C
                |
                C
```

맞음: 4-Ethyl-2,2-dimethylhexane
틀림: 2,2-Dimethyl-4-ethylhexane

예제 4.2 다음 화합물의 IUPAC명을 쓰시오.

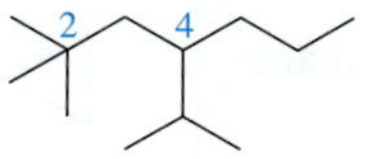

풀이

어미 사슬명: heptane

치환기명 및 위치: C−2에 methyl기와 C−4에 isopropyl기

화합물명: 4-Isopropyl-2,2-dimethylheptane

문제 4.3 다음 화합물의 IUPAC명을 영어로 쓰시오.

a.

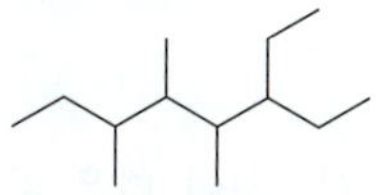

b.

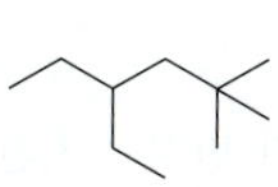

c. $(CH_3CH_2)_3CCH(CH_2CH_3)_2$

d.

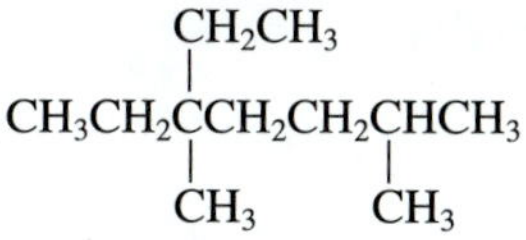

```
              CH2CH3
              |
CH3CH2CCH2CH2CHCH3
              |            |
              CH3        CH3
```

e.

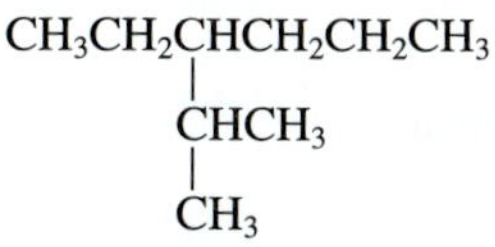

```
CH3CH2CHCH2CH2CH3
          |
          CHCH3
          |
          CH3
```

문제 4.4 다음 화합물의 구조를 축소 구조식으로 그리시오.

a. 4-*tert*-Butyl-3-methylheptane

b. 2,2-Dimethyl-4-propyloctane

c. 4-Ethyl-3,4-dimethyloctane

d. 4-Isobutyl-2,5-dimethyloctane

4.3 사이클로알케인의 명명법

사이클로알케인은 어미 사슬 이름 앞에 사이클로(*cyclo*)를 붙여 명명한다. 탄소수에 따라 붙여지는 이름은 비고리형 알케인의 경우와 동일하다.

■ 사이클로알케인 이름의 구성

곁가지 위치 + 곁가지 개수 + 곁가지 이름 + *cyclo* + 어미 사슬 이름

예 CH_3 / CH_3 1,2-Dimethylcyclohexane

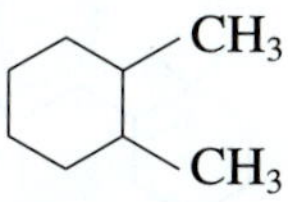

■ 명명법의 규칙

[1] 알킬기가 고리에 결합되어 있는 사이클로알케인에서 알킬기의 탄소수가 사이클로알케

인의 탄소수보다 작을 경우 사이클로알케인 부분을 어미 사슬로 취급하고, 그 반대인 경우 알킬기 부위를 어미 사슬로 취급한다.

Cycloalkane이 어미 사슬이 되는 경우	비고리 사슬이 어미 사슬이 되는 경우
Propylcyclobutane 고리 탄소는 C_4이며, 비고리 탄소는 C_3	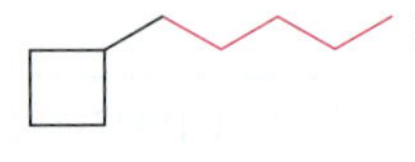 **1-Cyclobutyl**pentane 고리 탄소는 C_4이며, 비고리 탄소는 C_5
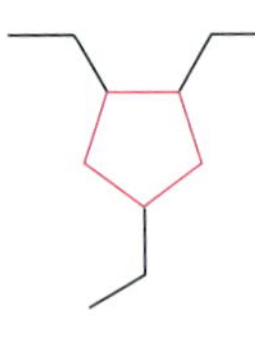 **1,2,4-Triethyl**cyclopentane 고리 탄소는 C_5이며, 비고리 탄소는 C_2	 **1-Cyclopropyl**butane 고리 탄소는 C_3이며, 비고리 탄소는 C_4
Isopropylcyclohexane 고리 탄소는 C_6이며, 비고리 탄소는 C_3	

[2] 치환기의 이름과 번호를 붙인다.

- 치환기가 한 개인 경우 번호를 생략한다.
- 치환기가 두 개 이상인 경우 알파벳 순서가 먼저인 치환기를 1번으로 시작하여, 다음 치환기가 붙어 있는 탄소에 번호를 붙이되 그 번호가 적은 쪽을 선택한다.

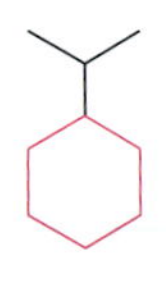

Isopropylcyclohexane

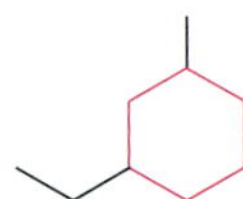

1,1-Dimethylcyclohexane

맞음: 1-Ethyl-3-methylcyclohexane
틀림: 1-Methyl-3-ethylcyclohexane
틀림: 1-Ethyl-5-methylcyclohexane

예제 4.3 다음 화합물의 이름을 관용명으로 명명하시오.

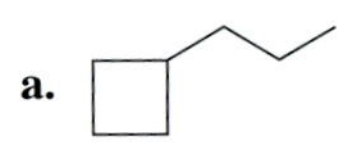

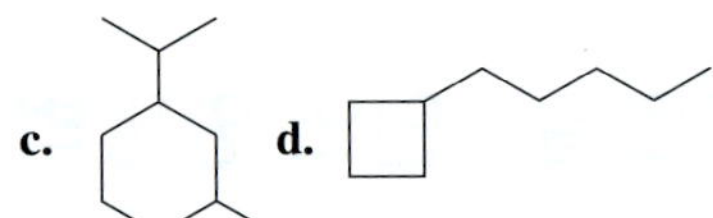

풀이

a. Propylcyclobutane **b.** 1,3-Dimethylcyclopentane
c. 1-Isopropyl-3-methylcyclohexane **d.** 1-Cyclobutylpentane **e.** Ethylcyclopropane

문제 4.5 다음 화합물의 이름을 관용명으로 명명하시오.

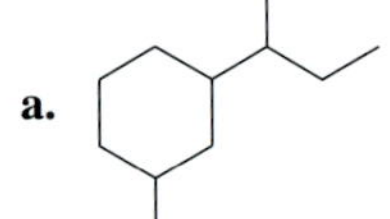

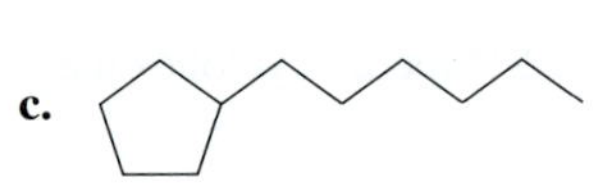

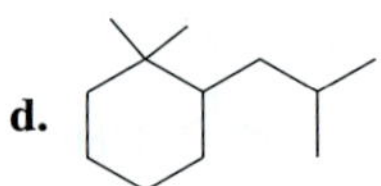

4.4 알케인의 물리적 성질

알케인은 탄소-탄소 및 탄소-수소 결합만을 가지고 있는 비극성 공유 결합 화합물로서 물에 녹지 않으며, 분자 사이에 작용하는 인력은 주로 **van der Waals 힘**이다. 이 힘의 세기는 분자 표면적에 비례하여 증가한다. 그 결과 알케인의 끓는점은 탄소수가 증가할수록(분자량이 증가할수록) 높아진다. 탄소수가 C_1~C_{10}인 알케인에 대한 몇 가지 물리적 성질들을 **표 4.5**에 요약하였다.

- C_1~C_4인 알케인은 상온에서 기체이다.
- C_5~C_{17}인 알케인은 상온에서 액체이다.
- C_{18} 이상인 알케인은 왁스 형태의 고체로서 파라핀 왁스라고도 한다.

동일한 탄소수를 가지고 있더라도 곁가지가 달린 알케인은 직선 사슬 알케인보다 표면적이 작기 때문에 끓는점이 낮다(**그림 4.2**).

표 4.5 직선 알케인의 몇 가지 물리적 성질

이름	축소 구조식	끓는점 (°C)	녹는점 (°C)	액체의 밀도 (g/ml, 0 °C)
Methane	CH_4	−164	−182	기체
Ethane	CH_3CH_3	−88	−183	기체
Propane	$CH_3CH_2CH_3$	−42	−190	기체
Butane	$CH_3(CH_2)_2CH_3$	0	−138	기체
Pentane	$CH_3(CH_2)_3CH_3$	36	−130	0.626
Hexane	$CH_3(CH_2)_4CH_3$	69	−95	0.659
Heptane	$CH_3(CH_2)_5CH_3$	98	−90	0.684
Octane	$CH_3(CH_2)_6CH_3$	126	−57	0.703
Nonane	$CH_3(CH_2)_7CH_3$	151	−51	0.718
Decane	$CH_3(CH_2)_8CH_3$	174	−50	0.730

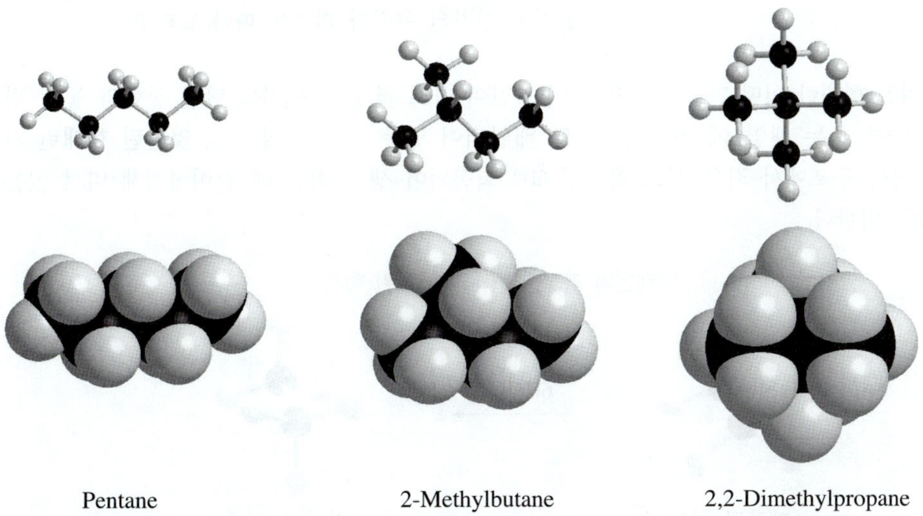

그림 4.2 **Pentane(C_4H_{10}) 이성질체의 끓는점.**

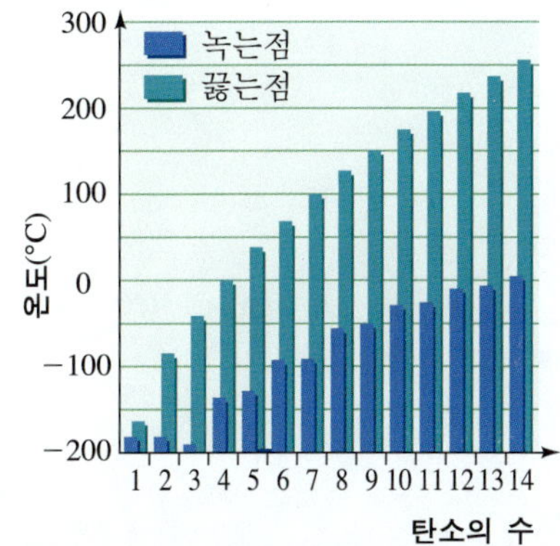

알케인에서 탄소 원자의 수가 증가할수록 끓는점과 녹는점은 증가한다.

화학 라운지 4.1 Paraffin

파라핀(paraffin)은 C_nH_{2n+2}의 분자식을 가지고 있는 알케인의 일반명이다. 라틴어의 parum(드문) + affinis(친화성)의 합성어로서, '친화력 부족' 또는 '반응성 부족'이란 의미를 가지고 있다. 탄소 원자의 수가 증가하면 점성을 가진 액상 물질이 되는데, 이들 혼합물을 액체 파라핀(liquid paraffin), paraffin oil, nujol, petrolatum, 또는 광유(mineral oil)라 부른다. 화장품 원료(예: 베이비 오일), 의약품으로서는 설사약으로 사용된다. 화상연고 또는 연고기제로 사용되는 바셀린(vaseline)은 반고체상 알케인을 지칭하며, C_{18} 이상인 알케인 화합물이다. 탄소수가 20 ~ 40 ($C_{20}H_{42}$ ~ $C_{40}H_{82}$)이 되면 고체상이 되는데, 이를 **파라핀 왁스**라고 한다. 파라핀 왁스는 양초 제조의 원료가 되는 물질이며, 과일 또는 식물의 잎에서도 발견된다. 이들은 수분 증발을 막고, 해충의 공격을 막는 역할을 하는 것으로 알려졌다.

$C_{27}H_{56}$: 사과왁스의 주성분.

4.5 비고리형 알케인의 회전 배열 이성질체

Odd Hassel(1897~1981): 노르웨이 태생 물리 화학자. Oslo 대학 교수 역임. 회전 배열 이성질체 연구로 1969년 노벨 화학상(공동) 수상.

Derek Harold Barton(1918~1998): 영국 태생 유기화학자. Imperial 대학과 Texas A & M 대학 교수 역임. 회전 배열 이성질체 연구로 1969년 노벨 화학상(공동) 수상.

4.5.1 회전 배열의 종류: 엇갈린 형태와 가려진 형태

알케인의 탄소-탄소 결합은 시그마 결합으로 이루어진 단일 결합으로서, 결합축에 따라 자유 회전이 가능하므로 무수한 분자 모양을 만들 수 있다. 자유 회전에 의한 다양한 배열 모양을 **회전 배열(conformation)**이라 하고, 각각의 형태 모양을 **회전 배열 이성질체(conformer)**라고 한다. 회전 배열 이성질체에는 **가려진 형태(eclipsed conformation)**와 **엇갈린 형태(staggered conformation)**가 있다.

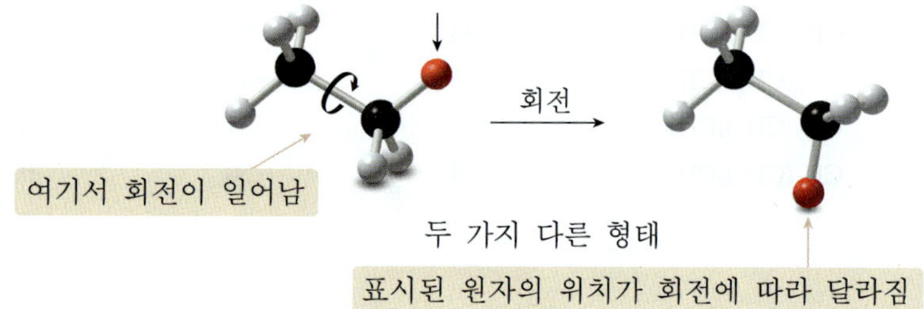

가려진 형태란 어떤 탄소 원자의 단일 결합이 바로 옆 탄소 원자의 단일 결합과 동일 평면상(마주 보는 배열)에 기하학적으로 배열되어 있는 형태를 말하며, **엇갈린 형태**란 가려진 형태 구조에서 좌우 어느 쪽이던 60° 회전되어 생긴 회전 배열 이성질체(비껴 있는 배열)를 말한다.

에테인의 가려진 형태와 엇갈린 형태

60° 회전

가려진 형태

C—H 결합이 동일 평면 위에 평행하게 배열되어 있음

엇갈린 형태

앞에 있는 C—H 결합이 뒤에 있는 H—C—H 결합각을 이등분함

4.5.2 회전 배열 이성질체 표시법: 톱질대 표시법과 Newman 투영법

회전 배열 이성질체를 나타내는 방법에는 **톱질대 표시법(sawhorse representation)**과 **Newman 투영법[Newman**('뉴먼'이라고 읽음) **projection]**이 있다. 톱질대 표시법은 마치 탄소-탄소 결합 회전축을 톱질할 때 사용하는 받침대처럼 비스듬하게 놓고 상호 배열 관계를 나타내는 방법이고, Newman 투영법은 회전축의 한쪽 끝에 위치한 탄소를 정면에 놓고 투영하듯 나타내는 방법이다. Newman 투영법에서 원의 앞쪽은 정면에 있는 탄소 원자에 결합된 세 개의 수소를 나타낸다(**그림 4.3**).

Melvin Spencer Newman (1908~1993): 미국 태생 유기화학자. Ohio 대학교 교수 역임. 유기 분자를 그리는 Newman 투영법을 개발.

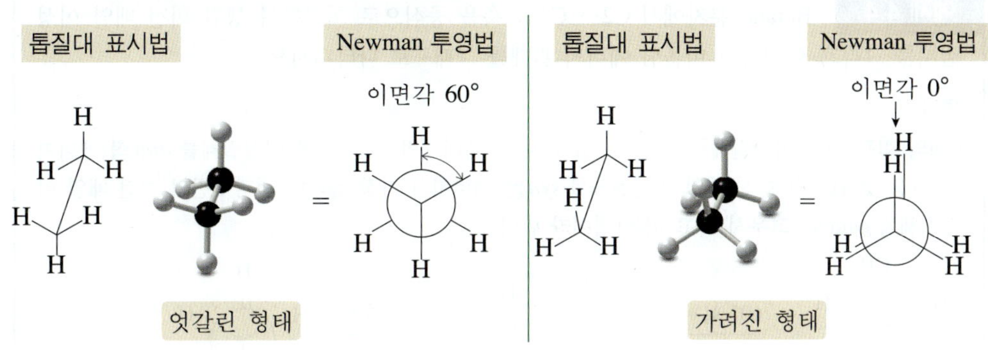

그림 4.3 Ethane의 형태.

4.5.3 이면각, 비틀림 에너지, 비틀림 무리

두 개의 탄소 원자가 결합 회전축을 중심으로 서로 비틀어져 있는 각도를 **이면각(dihedral angle)**이라고 한다. 엇갈린 형태에서 좌우 어느 방향이던 60° 회전하면 가려진 형태가 된다. 엇갈린 형태의 이면각은 60°이고, 가려진 형태의 이면각은 0°이다(**그림 4.3**).

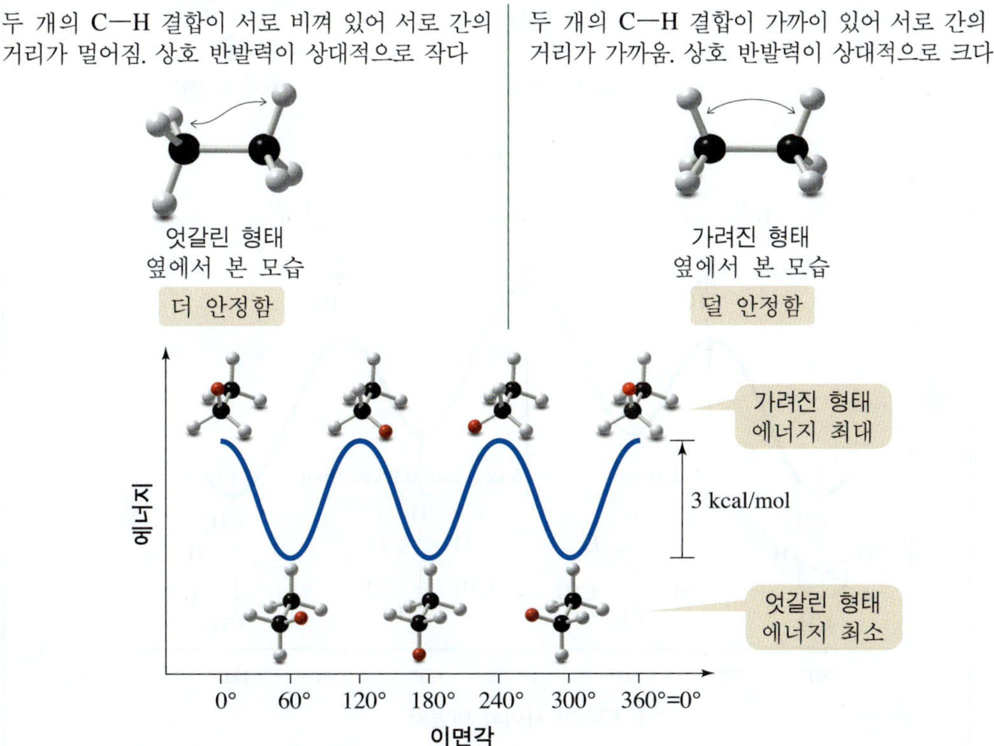

그림 4.4 Ethane의 이면각과 비틀림 에너지와의 관계.

단일 결합은 낮은 온도에서도 끊임없이 회전하고 있기 때문에 회전 배열 이성질체들은 서로 분리할 수 없다.

Ethane 분자의 엇갈린 형태에 있는 두 개의 C—H 결합은 60°의 이면각을 가지고 서로 비껴 있기 때문에 이면각이 0°인 가려진 형태에 비해 두 결합 사이의 상호 작용(전자 반발력)이 더 작다. 때문에 엇갈린 형태는 가려진 형태보다 몰당 3 kcal만큼 더 낮은 에너지를 갖는다. 이 에너지 차이를 **비틀림 에너지(torsional energy)**라고 한다. 가려진 형태에서 비틀림이 생겨 발생한 에너지의 증가분을 **비틀림 무리(torsional strain)**라고 한다. 그러나 이 에너지의 차이는 매우 작기 때문에 두 개의 회전 배열 이성질체를 서로 분리할 수는 없다. Ethane의 형태에서 이면각과 비틀림 에너지 관계를 **그림 4.4**에 나타내었다.

예제 4.4 Butane 분자에서 C2—C3를 축을 중심으로 회전하여 생긴 회전 배열 이성질체를 그리고, 이면각과 비틀림 에너지 관계를 그래프로 나타내시오.

풀이

6개의 회전 배열 이성질체를 그릴 수 있다. 이 가운데 1번 회전 배열 이성질체를 ***anti*형**(에너지가 가장 낮다), 4번 회전 배열 이성질체를 ***syn*형**(에너지가 가장 높다), 3번과 5번의 회전 배열 이성질체를 ***gauch***('고우시' 라고 읽음)형이라 한다.

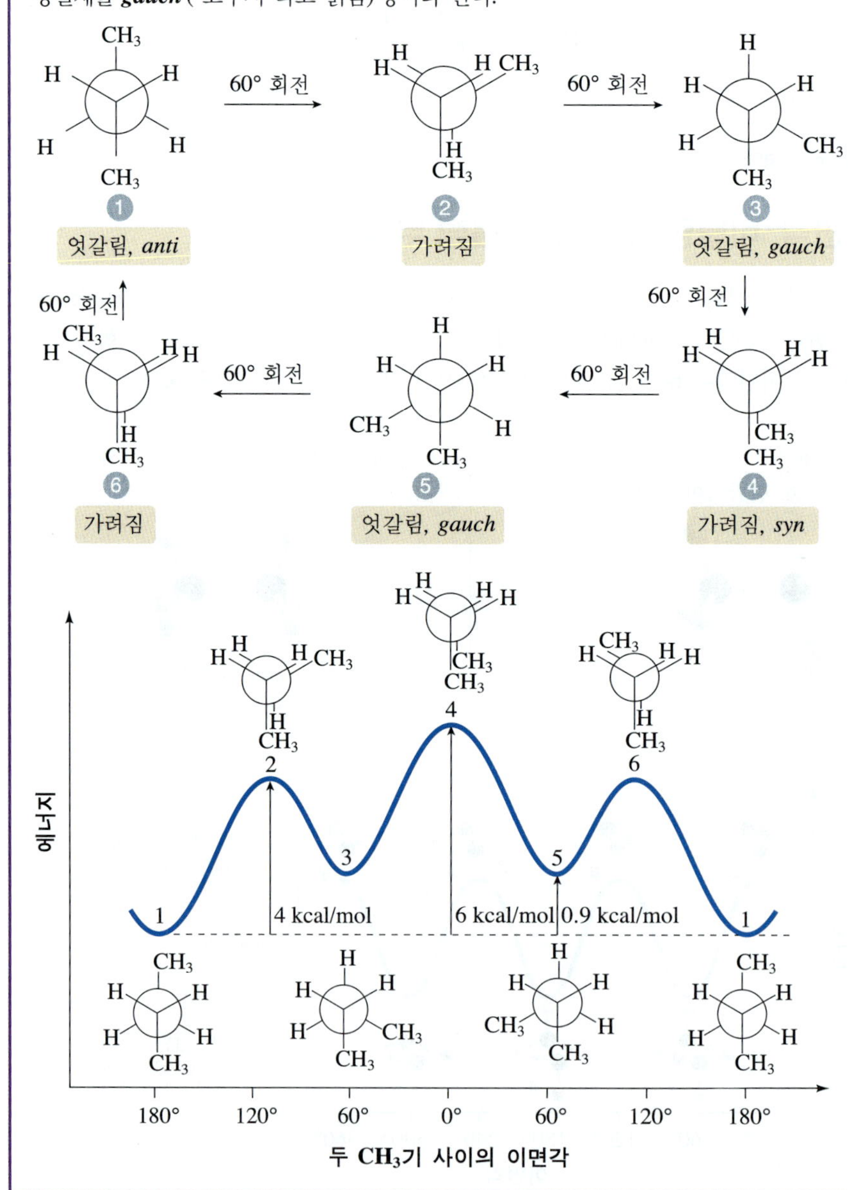

문제 4.6 $ClCH_2CH_2Cl$의 엇갈린 형태와 가려진 형태를 톱질대 표시법과 Newman 투영법으로 나타내시오.

4.6 고리형 (사이클로) 알케인의 구조 및 형태

고리형 (사이클로) 알케인은 분자식이 C_nH_{2n}인 탄소 고리를 가진 탄화수소 화합물로서 이 화합물의 모든 결합은 σ 결합으로만 이루어져 있다. 이 화합물의 모든 탄소 원자는 sp^3 혼성 오비탈을 가지고 있기 때문에 결합각이 109.5°이어야 한다. 그러나 사이클로알케인은 고리를 이루기 위하여 이 각도를 벗어나게 되는 경우가 있다. 이러한 현상을 **결합각 무리 (angle strain)** 라고 한다.

사이클로알케인 구조는 다음 세 가지 종류의 무리 (strain) 를 가지고 있다.
- 결합각 무리 (angle strain): 결합각이 109.5°보다 작거나 커져서 생기는 에너지 증가분.
- 비틀림 무리 (torsional strain): 이웃한 원자의 가림 때문에 생기는 에너지 증가분.
- 입체 무리 (steric strain): 원자가 너무 가까워 생기는 에너지 증가분.

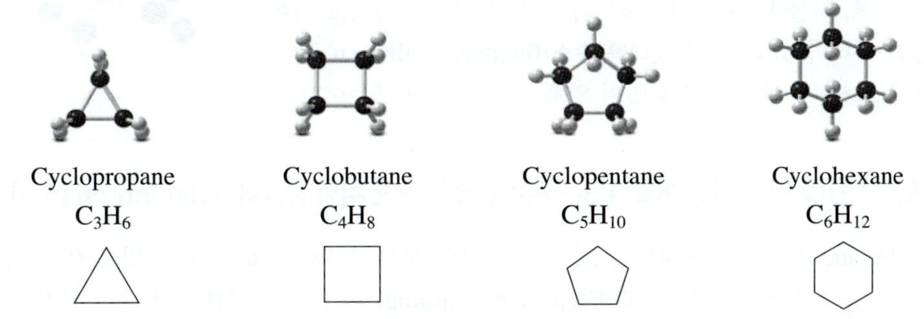

결합각 무리를 가지고 있는 분자는 오비탈 겹침이 효율적으로 일어나지 못하므로 결합각 무리가 없는 분자의 경우보다 덜 안정하게 된다.

알케인의 안정성과 연소열
알케인의 열역학적 안정성은 연소열 측정으로 비교할 수 있다. Cyclopropane, cyclobutane, cyclopentane의 연소열은 각각 propane, butane, pentane보다 높다 (불안정하다). 그러나 cyclohexane은 비고리형 알케인 구조를 가진 hexane과 연소열이 거의 같다 (안정성이 비슷하다).

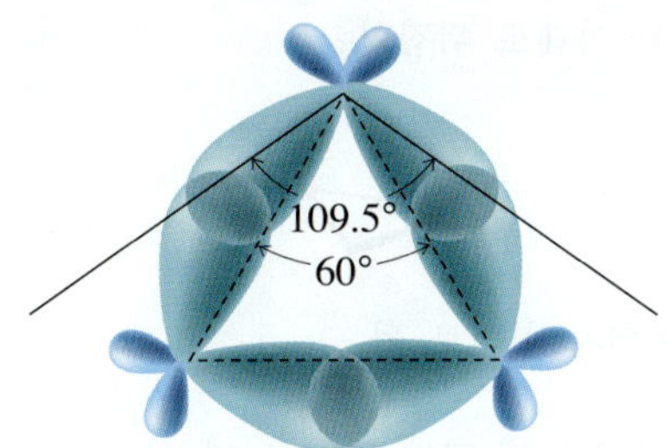

예를 들어, cyclopropane의 경우 결합각이 60°이므로 정상적인 sp^3 오비탈 탄소의 결합각인 109.5°를 크게 벗어나 있다. 뿐만 아니라 탄소-탄소 결합의 회전도 자유롭지 못하여 세 개의 가려진 형태에 의한 비틀림 무리도 함께 가지고 있어서 불안정하다.

탄소 원자의 수가 네 개 이상인 사이클로알케인은 평면 구조가 아닌 약간 찌그러진 모양의 구조를 가지고 있다. 이는 비틀림 무리를 최소화함으로써 분자 전체가 더 안정화되기 위하여 분자 내의 탄소-탄소 단일 결합이 부분적으로 회전한 상태로 있기 때문이다. 실제로 cyclobutane의 결합각은 90°가 아닌 88°이며, cyclopentane의 경우 108°가 아닌 105°이다. 더욱 놀라운 사실은 cyclohexane의 경우 결합각이 120°가 아니라 109.5°라는 것이다. 이는 비고리형 알케인인 hexane과 같은 결합각을 가지고 있는 안정한 화합물이다. 이 때문에 자연계에는 사이클로헥세인 고리를 가지고 있는 다양한 화합물이 많이 발견되고 있다.

4.6.1 고리형 알케인의 형태: 의자형과 보트형

Cyclohexane의 회전 배열을 중심으로 고리형 알케인의 회전 배열을 공부해 보자. 앞에서 언급한 바와 같이 고리형 알케인은 탄소-탄소 결합의 자유 회전이 불가능하고 부분 회전만 가능하다. 가능한 여러 가지의 형태 중에 가장 안정한 회전 배열 이성질체는 **의자형 (chair form)** 이고, 가장 불안정한 형태는 **보트형 (boat form)** 이다. 의자형이 보트형보다 몰당

의자형

보트형

의자형이 보트형보다 몰당 7 kcal 더 안정하다

그림 4.5 **Cyclohexane의 의자형과 보트형 형태.**

7 kcal만큼 더 안정하다. 그 이유는 의자형인 경우 여섯 개 탄소에 붙어 있는 수소가 모두 옆 탄소와 엇갈린 형태를 가지고 있으나, 보트형인 경우 네 개 탄소에 붙어 있는 수소(파란색, 초록색, 노란색, 하늘색으로 표시) 모두가 가려진 형태를 가지고 있어 비틀림 무리가 있고, 또한 **깃대봉 수소(flagpole hydrogen**, 빨간색으로 표시)가 서로 인접해 있어 입체 무리가 있기 때문이다.

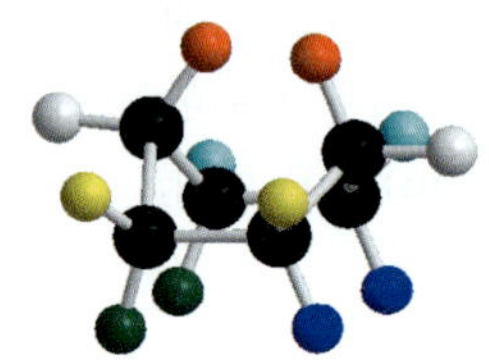

4.6.2 고리 뒤집힘 현상과 1,3-이수직 방향 상호작용 (1,3-diaxial interaction)

Cyclohexane 의자형 회전 배열 이성질체의 Newman 투영도

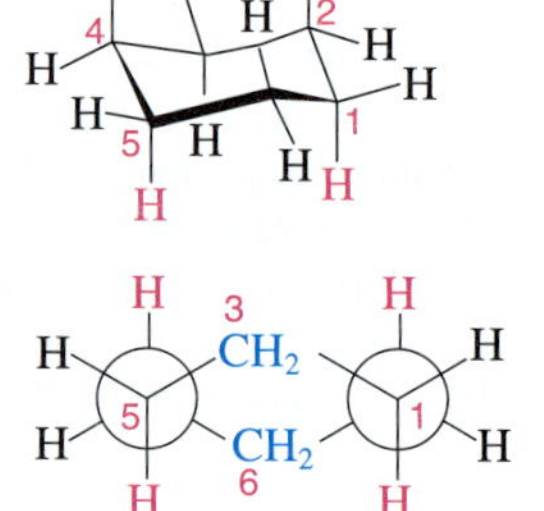

Cyclohexane의 의자형 형태는 탄소–탄소 결합의 부분 회전에 의해 다른 모양의 의자 형태로 서로 바뀔 수 있다. 이를 **고리 뒤집힘(ring-flipping)** 현상이라고 한다. 이 고리 뒤집힘 현상은 위(파란색 점) 아래(빨간색 점) 탄소의 위치가 서로 뒤바뀌면서 진행되는데, 보트형을 거쳐 일어난다.

위 아래 탄소 위치가 서로 바뀌어 다른 의자 형태로 됨

고리 뒤집힘 현상은 치환기를 가진 사이클로헥세인의 안정도에 크게 영향을 끼치는 요인이 된다. 의자형 사이클로헥세인에 붙어 있는 열두 개의 수소 원자 중 반은 **수평 방향(equatorial position**, 파란색으로 표시)에 놓여 있고, 나머지 반은 위아래 세 개씩 **수직 방향(axial position**, 빨간색으로 표시)으로 놓여 있다(**그림 4.6**). 고리 뒤집힘 현상은 결과적으로 탄소 원자에 붙어 있는 이들 수소 원자의 방향을 서로 바꿔 놓는 결과를 초래한다.

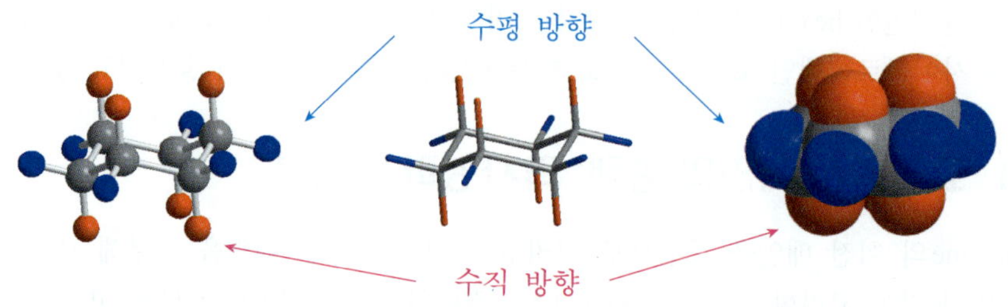

그림 4.6 **의자형 cyclohexane의 수평 및 수직 방향 수소.**

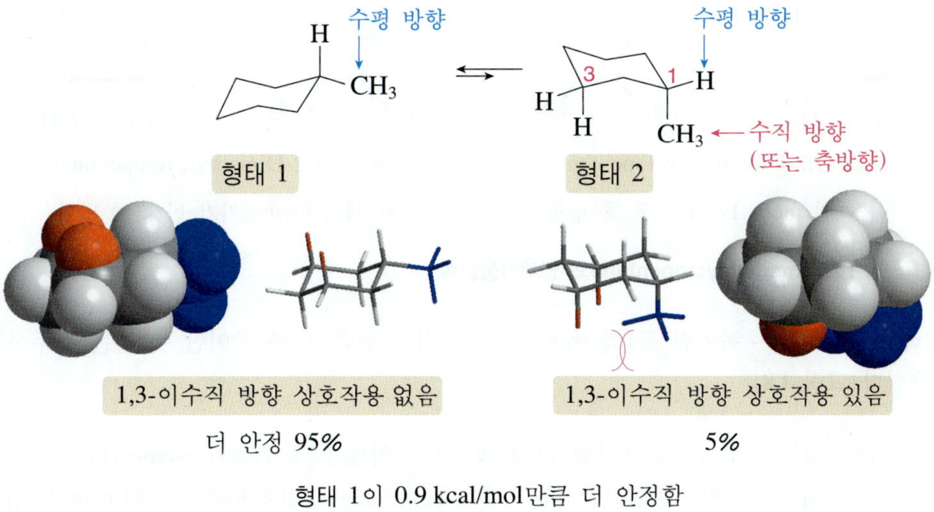

수평 방향
수평 방향
H
CH_3
형태 1
H
H
H
CH_3
수직 방향 (또는 축방향)
형태 2
1,3-이수직 방향 상호작용 없음
더 안정 95%
1,3-이수직 방향 상호작용 있음
5%
형태 1이 0.9 kcal/mol만큼 더 안정함

그림 4.7 Methylcyclohexane의 회전 배열 이성질체와 1,3-이수직 방향 상호작용.

Cyclohexane 고리에 메틸기 하나가 치환되어 있는 methylcyclohexane의 구조 중 [형태 1]은 고리 뒤집힘으로 생긴 다른 의자형인 [형태 2]와 동일한 의자 형태를 가지고 있지만, [형태 1]이 훨씬 더 안정하여 95% 정도가 이 형태로 존재한다. 그 이유는 치환기가 붙어 있는 탄소 원자를 기준으로 첫째와 셋째 위치에 있는 메틸기와 수소 원자 사이의 입체 상호작용 때문인데, 이를 **1,3-이수직 방향 상호작용(1,3-diaxial interaction)**이라고 한다. [형태 1]에서는 메틸 치환기가 수평 방향에 놓여 있어 이러한 상호작용이 없지만, 형태 2에서는 메틸기가 수직 방향에 놓여 있어 이러한 상호작용을 받기 때문이다(**그림 4.7**). 치환기의 크기가 클수록 이 상호작용은 더 커지게 될 것이다. 실제로 메틸기보다 덩치가 훨씬 큰 삼차 뷰틸기가 붙어 있는 *tert*-butylcyclohexane의 경우 *tert*-butyl기가 수평 방향에 배치되어 있는 [형태 1]의 구조만이 존재한다.

예제 4.5 1-*tert*-Butyl-1-methylcyclohexane의 회전 배열 이성질체 중 더 안정한 회전 배열 이성질체를 그리시오.

풀이

$(CH_3)_3C$기가 CH_3기보다 입체적으로 덩치가 더 크므로 수평 방향 위치에 놓여 있는 회전 배열 이성질체가 더 안정하다.

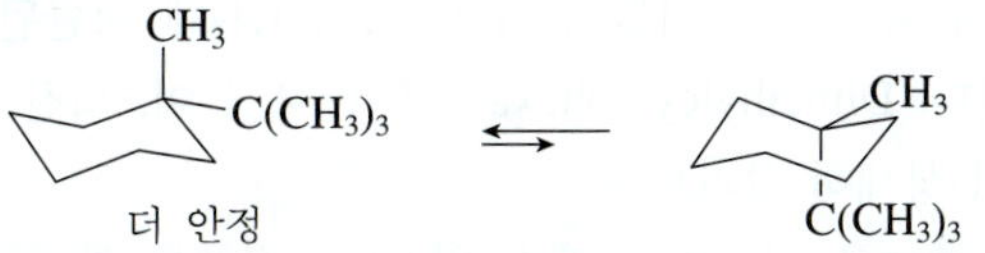

CH_3
$C(CH_3)_3$
더 안정
CH_3
$C(CH_3)_3$

4.7 사이클로알케인의 시스-트랜스 입체이성질체

1,2-Dimethylcyclopentane의 구조는 두 개의 메틸기가 같은 쪽에 있는 것과 반대 쪽에 있는 것 두 종류가 있다. 이들 두 구조의 화합물은 서로 다른 화합물이기 때문에 이성질체이다. 이와 같이 분자식은 동일하지만 삼차원 공간 배열만 다른 화합물을 **입체이성질체(stereoisomer)**라고 한다. 이러한 현상은 탄소-탄소 결합 주위의 회전이 자유롭지 못해 생긴다. 사이클로알케인에서 이러한 입체이성질체를 구별하기 위하여 화합물명 앞에 *cis*('시

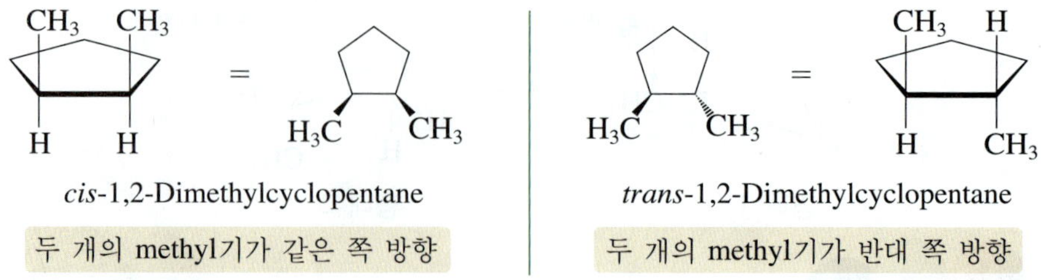

그림 4.8 **1,2-Dimethylcyclopentane의 입체이성질체.**

스'라고 읽음, 같은 쪽이란 뜻)와 *trans*('트랜스'라고 읽음, 다른 쪽이란 뜻)라는 접두사를 사용한다(**그림 4.8**).

- 분자식은 같지만 삼차원 공간 배열이 다른 화합물을 **입체이성질체(stereoisomer)**라고 한다.
- 2개의 치환기를 가진 사이클로알케인의 유도체는 구조 이성질체 이외에 ***cis***와 ***trans***인 **입체이성질체**를 가진다.

예제 4.6 1,1-Dimethylcyclopentane (A), *cis*-와 *trans*-1,2-dimethylcyclopentane (B와 C) 및 *cis*-와 *trans*-1,3-dimethylcyclopentane (D와 E)는 서로 어떤 종류의 이성질체 관계인지 설명하시오.

풀이

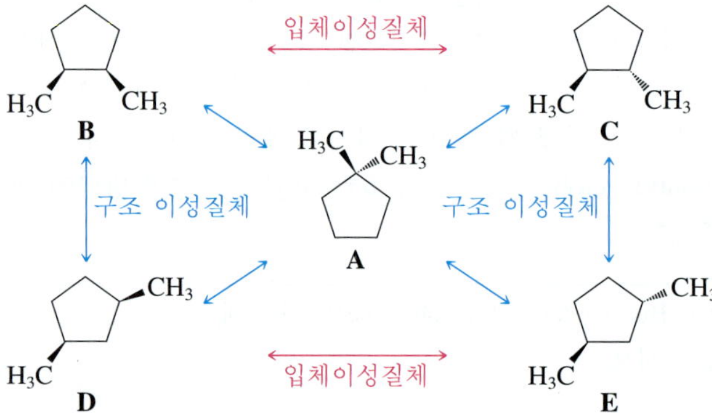

치환기가 두 개 있는 사이클로헥세인의 경우는 1,1-, 1,2-, 1,3, 1,4- 위치에 치환기가 치환될 수 있으므로 약간 더 복잡하다. 이들 중 1,2-, 1,3-, 1,4-에 치환된 화합물에서는 각각의 입체이성질체가 존재한다. Dimethylcyclohexane을 예로 들어, 회전 배열 이성질체와 관련시켜 이들 관계를 좀 더 상세히 살펴보자.

1,4-Dimethylcyclohexane은 시스와 트랜스 입체이성질체를 가지고 있다. 시스 이성질체는 메틸기 두 개가 수평 방향 또는 수직(또는 축) 방향으로 치환되어 있는 구조이며, 형태 1과 형태 2의 회전 배열 이성질체를 가지고 있다. 이들 회전 배열 이성질체는 모두 한 곳에서 1,3-이수직 방향 상호작용이 나타난다. 따라서 두 회전 배열 이성질체의 안정도는 동일하다(**그림 4.9**).

그러나 트랜스 이성질체의 경우 형태 3과 4의 안정도가 서로 다르다. 두 개의 메틸기가 수평 방향–수평 방향으로 배열된 형태 3은 1,3-이수직 방향 상호작용이 없는 반면, 수직 방향–수직 방향으로 배열된 형태 4의 경우 두 곳에서 이 상호작용이 있다. 따라서 형태 3이 더 안정하다. 결과적으로 1,4-dimethylcyclohexane의 네 가지 회전 배열 이성질체 중 가장 안정한 회전 배열 이성질체는 트랜스 이성질체인 형태 3 구조가 된다(**그림 4.10**).

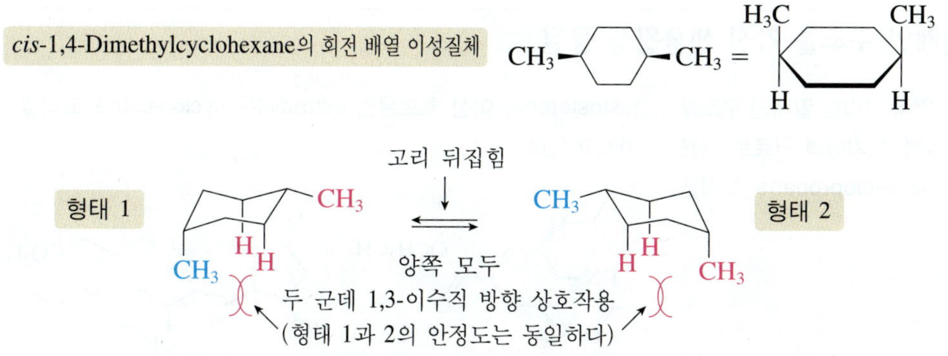

cis-1,4-Dimethylcyclohexane의 회전 배열 이성질체

CH_3, CH_3 =, H_3C, CH_3, H, H

고리 뒤집힘

형태 1 ⇌ 형태 2

양쪽 모두 두 군데 1,3-이수직 방향 상호작용 (형태 1과 2의 안정도는 동일하다)

그림 4.9 ***cis*-1,4-Dimethylcyclohexane의 형태.**

trans-1,4-Dimethylcyclohexane의 회전 배열 이성질체

CH_3, CH_3 =, H_3C, H, H, CH_3

고리 뒤집힘

1,3-이수직 방향 상호작용 없음

형태 3

더 안정

1,3-이수직 방향 상호작용

1,3-이수직 방향 상호작용

형태 4

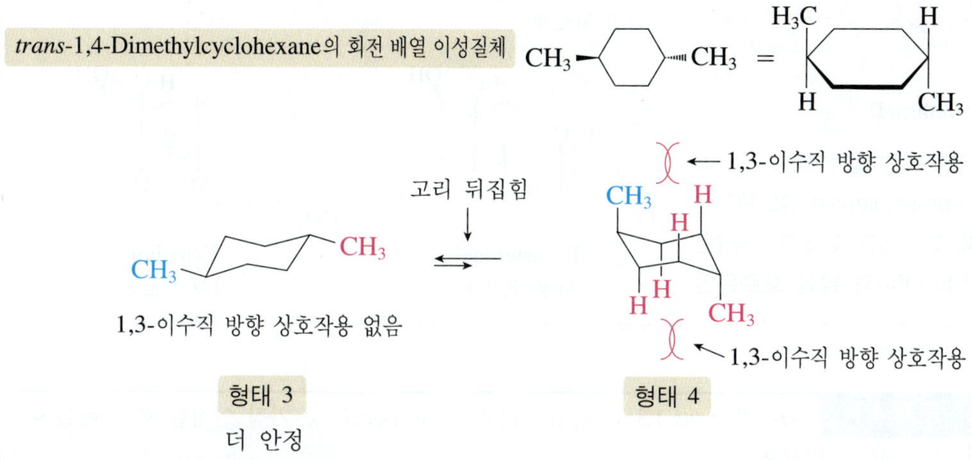

그림 4.10 ***trans*-1,4-Dimethylcyclohexane의 형태.**

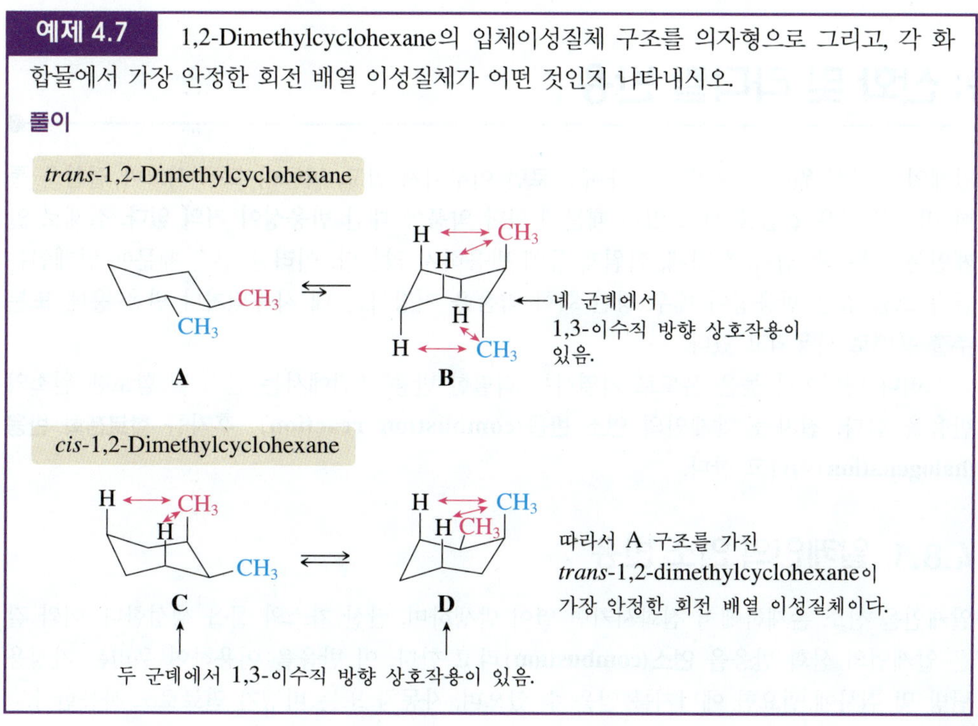

예제 4.7 1,2-Dimethylcyclohexane의 입체이성질체 구조를 의자형으로 그리고, 각 화합물에서 가장 안정한 회전 배열 이성질체가 어떤 것인지 나타내시오.

풀이

화학 라운지 4.2 **사이클로알케인 구조를 가진 생물활성 물질**

자연계에는 생물활성을 가지고 있으면서 고리형 알케인 구조를 가지는 물질이 많이 존재한다. 예를 들면, 모기향의 원료로 사용되는 pyrethrin II는 제충국의 성분으로 cyclopropane 고리를 가지고 있는 물질이다.

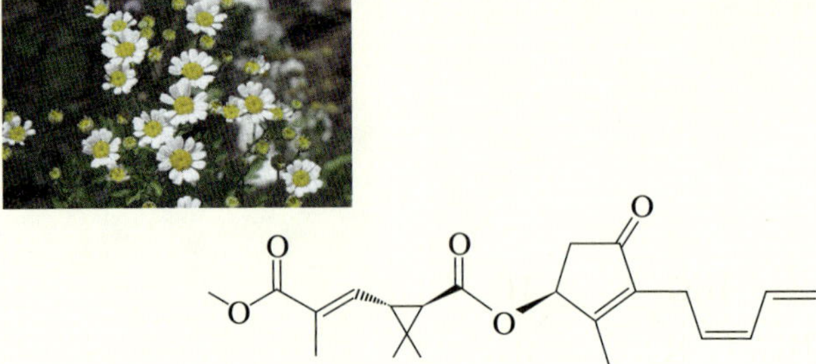

Pyrethrin II

평활근 수축 및 이완, 혈압 조절, 염증 조절 및 혈액응고 등 여러 가지 생리작용을 조절하는 물질인 prostaglandin 유도체들은 cyclopentane 고리를 가지고 있으며, 조류 독감 및 신종 플루(인플루엔자 A의 H1N1형) 치료제인 tamiflu와 남성 호르몬인 testosterone, 여성 호르몬인 estradiol은 cyclohexane 고리를 가지고 있다.

Tamiflu
조류 독감 및 신종 플루 (H1N1 flu A) 등 바이러스 감염 치료제

PGE_2
Prostaglandin
분만 유도제

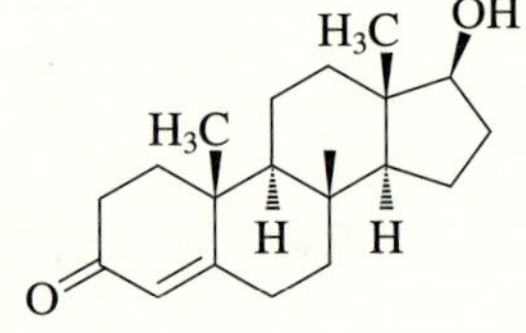

Testosterone
남성 호르몬

Estradiol
여성 호르몬

문제 4.7 *cis* 및 *trans*-1,3-dimethylcyclohexane의 구조 중 가장 안정한 회전 배열 이성질체를 그리시오.

4.8 알케인의 반응: 산화 및 라디칼 반응

알케인은 구성 원자가 오직 탄소와 수소로만 이루어져 있고, 이들이 모두 시그마 결합을 통한 비극성 공유 결합을 하고 있기 때문에 화학 약품에 대한 **반응성이 거의 없다.** 실제로 알케인은 모든 산, 염기, 산화제, 환원제 등에 반응하지 않는다. 이러한 성질 때문에 알케인은 금속 소듐 같은 반응성이 매우 강한 화학 약품을 저장하는 데 사용되거나 반응 용매 또는 추출 용매로 사용되고 있다.

그러나 햇빛이나 높은 온도로 가열하는 격렬한 반응 조건에서는 산소 및 할로젠 원소와 반응을 한다. 전자를 알케인의 **연소 반응(combustion reaction)**, 후자를 **할로젠화 반응(halogenation)**이라고 한다.

4.8.1 알케인의 연소 반응

알케인을 산소 존재하에서 점화시키면 열이 발생하며, 탄산 가스와 물을 생성한다. 이와 같은 알케인의 산화 반응을 **연소(combustion)**라고 한다. 이 반응을 이용하여 우리는 가정용 난방 및 취사에 필요한 에너지를 얻을 수 있으며, 자동차 또는 비행기 연료로도 사용한다.

알케인의 산화 반응 예

$$CH_4 + 2O_2 \xrightarrow{\text{점화}} CO_2 + 2H_2O \quad \Delta H° = -212 \text{ kcal/mol}$$

$$CH_3CH_2CH_3 + 5O_2 \xrightarrow{\text{점화}} CO_2 + 4H_2O \quad \Delta H° = -530 \text{ kcal/mol}$$

화합물이 산소와 반응하여 완전히 연소할 때 방출하는 에너지(열)의 양을 **연소열**(**$\Delta H°$**)이라 하는데, 이 양은 생성물과 반응물의 엔탈피 차이로 나타내며, 탄소 원자의 수가 증가함에 따라 증가한다.

$$\Delta H° = H°_{\text{생성물}} - H°_{\text{반응물}} (H° = \text{엔탈피})$$

연소열은 알케인의 이성질체 및 사이클로알케인의 안정도를 측정하는 데 이용된다.

4.8.2 알케인의 할로젠화 반응

알케인과 Cl_2 및 Br_2와 같은 할로젠의 혼합물에 빛($h\nu$) 또는 열을 가하면, 알케인 분자에 있는 수소 원자가 떨어져 나가고 대신 할로젠기가 치환된 할로젠화 알킬이 생성된다. 이 반응은 라디칼 중간체가 생성되어 일어나는 반응이기 때문에 **라디칼 치환 반응**(**radical substitution**)이라고 한다. 이 반응에서 할로젠 분자 중 F_2는 반응이 너무 격렬히 일어나고, I_2는 반응이 너무 느리기 때문에 잘 이용되지 않는다.

알케인의 할로젠화 반응

X가 H를 치환한다.

$$-\overset{|}{\underset{|}{C}}-H + X_2 \xrightarrow{h\nu \text{ 또는 } \Delta} -\overset{|}{\underset{|}{C}}-X + H-X \ (X{=}Cl \text{ 또는 } Br)$$

할로젠화 알킬

예

$$H-\overset{H}{\underset{H}{\overset{|}{\underset{|}{C}}}}-H + Cl_2 \xrightarrow{h\nu \text{ 또는 } \Delta} H-\overset{H}{\underset{H}{\overset{|}{\underset{|}{C}}}}-Cl + H-Cl$$

사이클로헥세인 $+ Br_2 \xrightarrow{h\nu \text{ 또는 } \Delta}$ 브로모사이클로헥세인(Br) $+ H-Br$

4.8.3 할로젠 라디칼 치환 반응의 연쇄 반응 메커니즘

반응이 라디칼 중간체를 경유하여 일어난다는 증거는 반응이 일어나기 위하여 빛, 열, 또는 과산화물과 같은 라디칼 생성 조건이 필요하고(이 반응은 차고 빛이 없는 장소에서는 일어나지 않는다), 산소가 있으면 반응이 억제되며(산소는 라디칼 반응을 억제함), 재배열이 일어나지 않는다(탄소양이온은 재배열이 일어난다, **그림 6.10 참조**)는 실험적 사실이 뒷받침하고 있다.

CH_4와 Cl_2의 반응에서 CH_3Cl이 생성되는 반응은 다음 세 단계로 일어난다(**그림 4.11**).

[단계 1] 개시 단계

$$:\ddot{Cl}-\ddot{Cl}: \xrightarrow{h\nu \text{ 또는 } \Delta} :\ddot{Cl}\cdot + \cdot\ddot{Cl}:$$

결합 해리 에너지: 표 3.2로부터
Cl—Cl: $\Delta H° = 58$ kcal/mol
C—H: $\Delta H° = 104$ kcal/mol
Cl—Cl 결합이 더 약하므로 먼저 끊어짐

라디칼 생성 개시제
빛, 열 외에 라디칼 생성 개시제로 AIBN (azobisisobutyronitrile), benzoyl peroxide $[(PhC(=O)-O)_2]$, di-*tert*-butyl peroxide (*t*BuOOBu*t*) 등이 사용된다.

[단계 2] 전파 단계

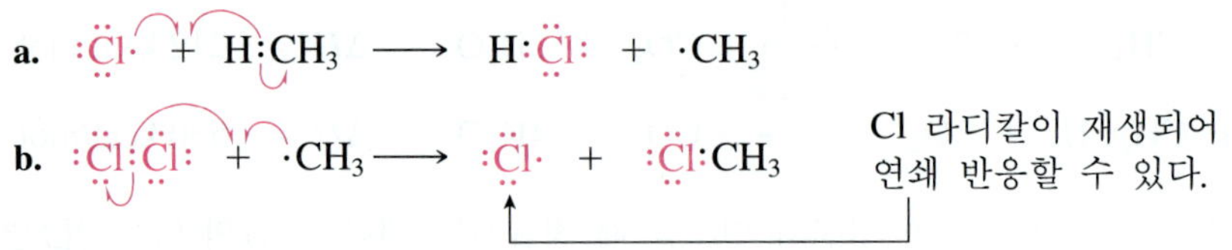

a. $:\ddot{Cl}\cdot + H:CH_3 \longrightarrow H:\ddot{Cl}: + \cdot CH_3$

b. $:\ddot{Cl}:\ddot{Cl}: + \cdot CH_3 \longrightarrow :\ddot{Cl}\cdot + :\ddot{Cl}:CH_3$

Cl 라디칼이 재생되어 연쇄 반응할 수 있다.

[단계 3] 종결 단계

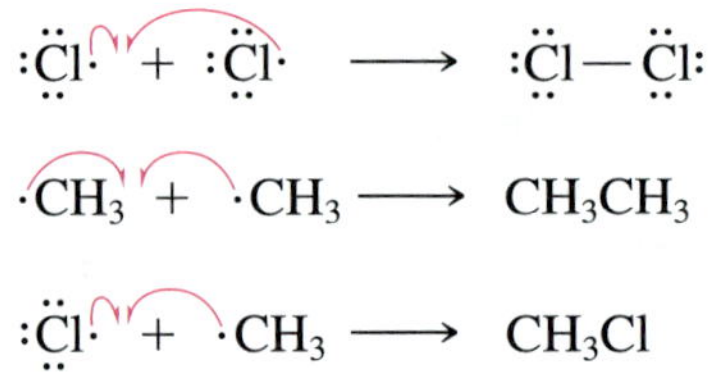

$:\ddot{Cl}\cdot + :\ddot{Cl}\cdot \longrightarrow :\ddot{Cl}-\ddot{Cl}:$

$\cdot CH_3 + \cdot CH_3 \longrightarrow CH_3CH_3$

$:\ddot{Cl}\cdot + \cdot CH_3 \longrightarrow CH_3Cl$

반응계에서 생성된 라디칼이 결합에 참여하여 모두 제거되면서 연쇄 반응이 종결된다.

그림 4.11 **Methane의 염소화 반응 메커니즘**. 이 반응은 자유 라디칼이 생성되어 세 단계를 거쳐 연쇄적으로 일어난다.

- **개시(initiation) 단계**: 반응물인 CH_4와 Cl_2 중 C—H 결합보다 결합 세기가 더 약한 Cl—Cl의 결합이 먼저 균일 분해하여 라디칼이 형성되고, 반응이 개시되는 단계이다.
- **전파(propagation) 단계**: Cl 라디칼이 methane과 반응하여 생성물(HCl)과 메틸 라디칼을 생성하고, 연속적으로 메틸 라디칼은 Cl_2와 다시 반응하여 생성물(CH_3Cl)과 Cl 라디칼을 재생하는 단계이다.
- **종결(termination) 단계**: 생성된 라디칼이 서로 결합하여 없어지는 단계이다.

Methane에 과량의 Cl_2를 반응시키면 네 개의 수소를 모두 Cl로 치환시킬 수 있다.

1H 치환 / 2H 치환 / 3H 치환 / 4H 치환

$$CH_4 \xrightarrow[hv]{Cl_2} CH_3Cl + HCl \xrightarrow[hv]{Cl_2} CH_2Cl_2 + HCl \xrightarrow[hv]{Cl_2} CHCl_3 + HCl \xrightarrow[hv]{Cl_2} CCl_4 + HCl$$

4.8.4 라디칼 치환 반응의 반응성과 선택성

Propane의 할로젠화 반응에서는 두 종류의 생성물, 즉 일차 할로젠화 알킬과 이차 할로젠화 알킬이 생성된다. 그 이유는 propane이 반응 과정에서 일차와 이차 탄소 라디칼을 생성시킬 수 있기 때문이다. 이차 탄소의 C—H 결합이 일차 탄소의 C—H 결합보다 더 약한 결합이기 때문에 이차 탄소 라디칼이 더 잘 생성된다(**그림 4.12**).

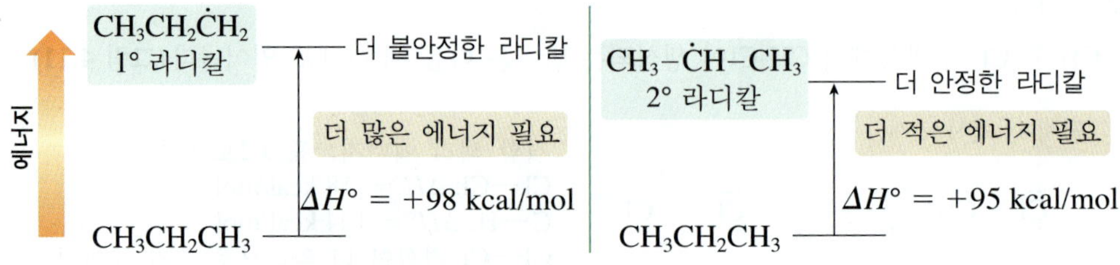

그림 4.12 **일차, 이차 탄소 라디칼의 상대적 안정도.**

또한 탄소 라디칼의 안정도는 라디칼 탄소에 알킬 치환기가 많을수록 더 안정하다. 이는 전자가 부족한 탄소양이온의 안정도와 같은 경향이다(6.6.2절 참조).

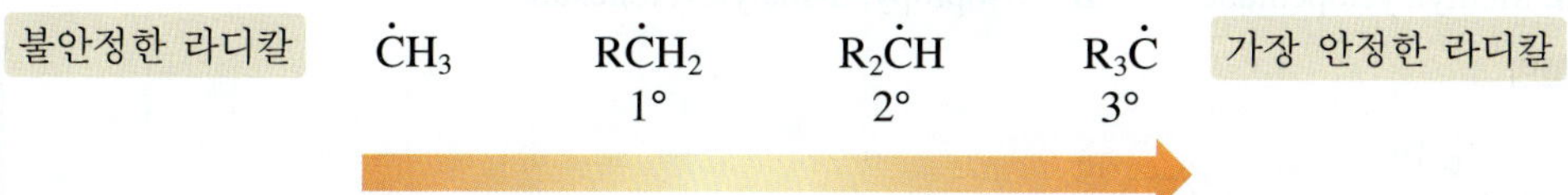

한편, propane과 Cl_2의 반응에서는 일차 할로젠화 알킬인 $CH_3CH_2CH_2Cl$이 45%, $(CH_3)_2CHCl$가 55%인 혼합물이 생성되나, Br_2를 반응시키면 Cl_2보다 반응은 느리지만 $(CH_3)_2CHBr$이 99%로 생성된다. 실제로 Cl_2와의 반응은 상온에서도 일어나며, 발열 반응이다. 그러나 Br_2와의 반응은 높은 온도(100 °C 이상)가 필요하며, 흡열 반응이다. 이 선택성의 차이는 **Hammond**('하몬드' 라고 읽음) **가정**으로 설명할 수 있다.

- 알케인의 염소화 반응은 브로민화 반응보다 빠르다.
- 염소화 반응은 선택성이 낮으나 브로민화 반응은 선택성이 높다.

Hammond 가정

전이 상태의 구조는 구조적으로 가장 유사한 화학종의 구조와 비슷하다. 흡열 반응에서의 전이 상태의 구조는 생성물의 구조와 더 비슷하고, 발열 반응에서의 전이 상태는 반응물의 구조와 비슷하다.

일차 할로젠화 알킬　이차 할로젠화 알킬

$$CH_3CH_2CH_3 + Cl_2 \xrightarrow[25°C]{h\nu} CH_3CH_2CH_2Cl + CH_3CH(Cl)CH_3$$

반응 빠름
낮은 선택성

표 3.2를 이용하여 $\Delta H°$를 계산할 수 있음

$\Delta H° = -5$ kcal/mol　$\Delta H° = -8$ kcal/mol

45%　55%

(21%)　(79%)

$$CH_3CH_2CH_3 + Br_2 \xrightarrow[127°C]{h\nu} CH_3CH_2CH_2Br + CH_3CH(Br)CH_3$$

반응 느림
높은 선택성

$\Delta H° = +10$ kcal/mol　$\Delta H° = +7$ kcal/mol

1%　99%

(0.3%)　(99.7%)

괄호 속의 숫자는 수소 원자 개수를 고려한 상대량 비율.
반응에 참여하는 수소는 1° H가 여섯 개, 2° H가 두 개임

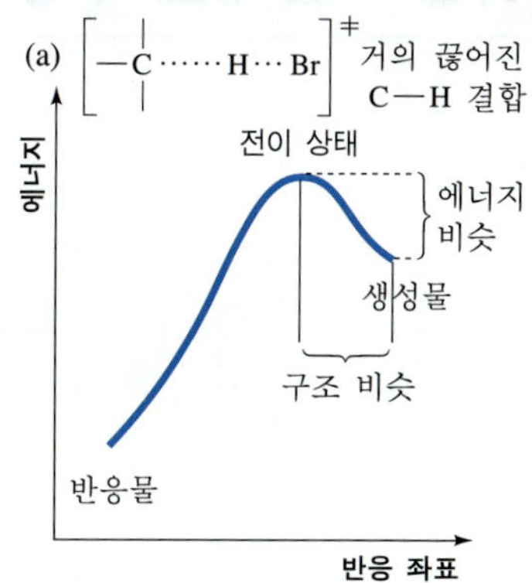

흡열 반응 : 전이 상태의 구조가 생성물을 닮음

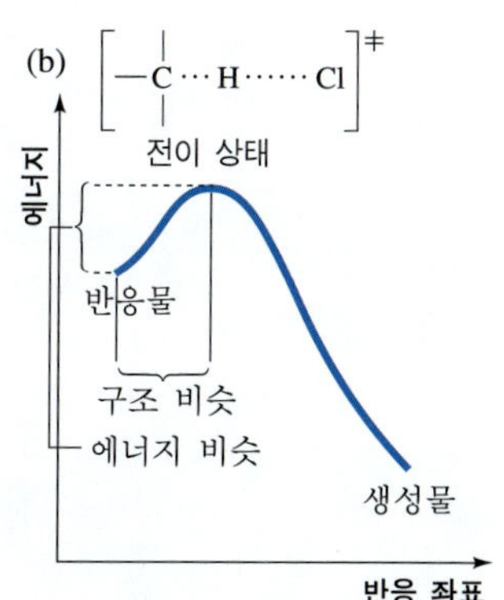

발열 반응 : 전이 상태의 구조가 반응물을 닮음

Hammond 가정(Hammond postulate)이란 전이 상태의 구조를 언급한 가설로 흡열 반응의 전이 상태는 생성물과 유사하고, 발열 반응의 전이 상태는 반응물과 유사하다는 이론이다. 이 가설에 의하면 브로민화 반응의 경우 속도 결정 단계(첫 번째 전파 단계)가 흡열 과정이기 때문에 생성물을 닮은 더 안정한 라디칼이 더 빨리 생긴다. 그러나 염소화 반응의 경우 발열 반응이어서 전이 상태는 출발물과 비슷하고, 생성물의 상대적 안정도는 전이 상태에 크게 영향을 주지 못하여 혼합 생성물이 생성된다. 이 가정은 비슷한 반응에서 발열 반응이 흡열 반응보다 낮은 선택성을 제공하는 이유를 설명하는 데 이용된다.

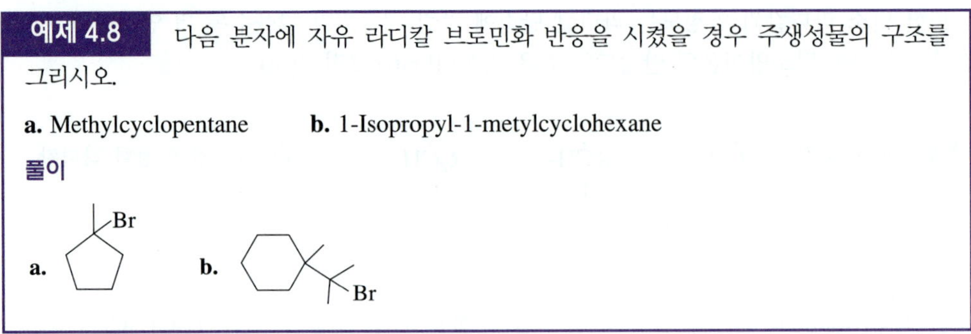

예제 4.8 다음 분자에 자유 라디칼 브로민화 반응을 시켰을 경우 주생성물의 구조를 그리시오.

a. Methylcyclopentane **b.** 1-Isopropyl-1-metylcyclohexane

풀이

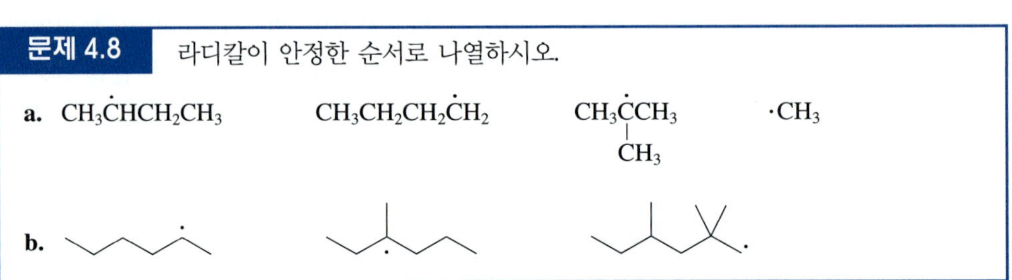

문제 4.8 라디칼이 안정한 순서로 나열하시오.

a. $CH_3\dot{C}HCH_2CH_3$ $CH_3CH_2CH_2\dot{C}H_2$ $CH_3\dot{C}(CH_3)CH_3$ $\cdot CH_3$

b.

4.9 알케인의 공급원

알케인은 지구뿐 아니라 우주 행성에서도 발견되는 물질이다. 실제로 methane은 목성, 토성, 명왕성 등에서도 발견되었다. 알케인은 주로 천연가스, 석유, 석탄과 같은 화석 연료로부터 얻는다. 원유의 끓는점 차이를 이용한 분별 증류를 통해 얻을 수 있는 알케인의 종류를 **표 4.6**에 나타내었다.

표 4.6 원유로부터 얻는 알케인류

종류	탄소수	끓는점 (°C)	용도
천연가스	1~4	20 이하	취사, 난방, 연료
휘발유	5~12	20~200	자동차 연료
등유	9~16	175~275	난방 연료
디젤유	15~25	250~400	난방, 연료
윤활유		350 이상	공업용
아스팔트		잔류물	도로 포장

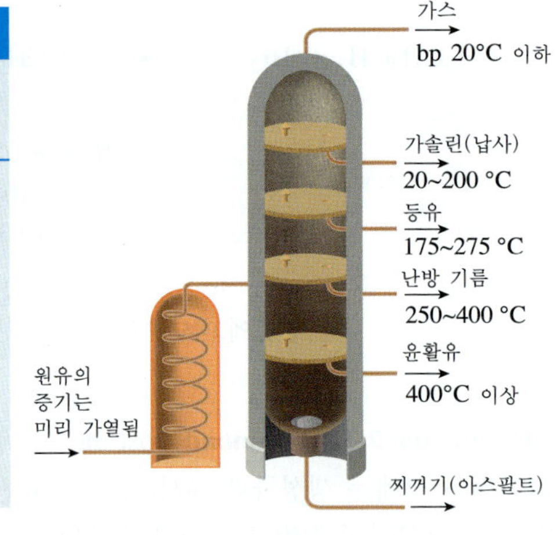

화학 라운지 4.3 **옥탄가와 고급 휘발유**

휘발유는 C_5~C_{12}인 알케인의 혼합물로서, 비교적 낮은 온도에서 착화가 가능하기 때문에, 연소 과정에서 일찍 폭발하거나 비정상적인 점화가 일어나 노킹(knocking, 비정상 폭발)이 일어날 수 있다. 이러한 현상은 곁가지가 달린 알케인보다 직선 사슬의 알케인에서 잘 일어난다. 이상 폭발이 잘 일어나면 엔진의 피스톤, 실린더, 밸브 등에 무리가 갈 수가 있다. 옥탄가란 이상 폭발을 잘 일으키는 heptane을 옥탄가 '0'으로 정하고, isooctane (2,2,4-trimethylpentane)을 옥탄가 '100'으로 정하여 이를 기준으로 휘발유의 이상 폭발 정도를 평가하는 값을 말한다. 옥탄가가 높을수록 고급 휘발유에 속한다. 노킹을 방지하기 위하여 휘발유에 첨가하는 물질을 노킹 방지제(anti knocking agent)라 하는데, 톨루엔, MTBE (methyl *tert*-butyl ether), $Fe(CO)_5$, $Fe(C_5H_5)_2$와 같은 화합물이 있다.

요약 정리

알케인의 구조

- 알케인(alkane)은 오직 탄소-수소 원자와 탄소-탄소 원자의 σ 결합으로 이루어진, 단일 결합만을 가진 지방족 포화 탄화수소군에 속한 유기 화합물이다. 일반식 C_nH_{2n+2}(n = 정수)를 가진 **비고리형 알케인(acyclic alkanes)** 또는 **사슬형 알케인**과 C_nH_{2n} (n = 정수)인 **사이클로알케인(cycloalkanes** 또는 **고리형 알케인)**으로 분류할 수 있다.
- **이성질체(Isomer)**란 같은 분자식을 가지고 있어도 물리적, 화학적 성질이 전혀 다른 화합물을 말한다. **구조 이성질체**는 같은 분자식을 가지고 있으나 구성 원자의 연결 방법이 서로 다른 화합물을 말한다.
- 탄소 원자에 직접 결합되어 있는 탄소 원자의 수에 따라 1°, 2°, 3°, 4° 탄소로 구별한다.

알케인의 명명법

- 알케인의 이름은 IUPAC명과 관용명이 있는데, 주로 IUPAC명이 사용된다. 탄소 원자의 수를 나타내는 '접두사(alk)'와 '에인(ane)'으로 구성되어 있다.

알케인의 IUPAC명 = 탄소 원자의 수를 나타내는 접두사 + ane 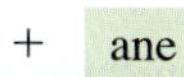

- 관용명에서 곁가지가 없는 직선 사슬 알케인 이름(또는 알킬기)은 이름 앞에 **노말(normal)**의 약자인 접두사 ***n*-**을 붙여 구별하고, 곁가지가 있는 경우 끝 부분이 $(CH_3)_2CH$—기를 가지고 있으면 **아이소-(*iso*-)**, 사차 탄소를 가지고 있으면 **네오-(*neo*-)**라는 접두사를 사용한다.
- 탄소 사슬에 곁가지로 치환된 원자단을 **치환기(substituent)**라고 한다. 여러 종류의 치환기 중 알케인 분자의 수소 하나가 떨어져 나간 부분을 **알킬기(alkyl group)**라고 한다. 비고리형 알킬기는 분자식이 C_nH_{2n+1}이고, 고리형 알킬기의 분자식은 C_nH_{2n-1}이다.
- 치환기를 가지고 있는 알케인의 명명법은 치환기 위치를 표시하는 숫자, 치환기 개수를 나타내는 접두어, 치환기 이름으로 구성된 접두사 및 어미 사슬 이름으로 구성된다. **어미 사슬**이란 구조식에서 **가장 길게 연속된 탄소 사슬**을 말한다.
- 사이클로알케인 이름의 구성은 어미 사슬 이름 앞에 **사이클로(cyclo)**라는 단어를 붙이는 것을 제외하고 비고리형 알케인의 경우와 동일하다.

알케인의 물리적 성질

- 알케인은 유기 용매에는 녹으나 물에는 녹지 않는다.
- 끓는점과 녹는점은 주로 **van der Waals 힘**에 영향을 받는다. 이 힘은 분자의 표면적에 비례하여 증가한다.

알케인의 형태

- 알케인의 C—C 단일 결합은 자유 회전이 가능하다. 이 회전에 의하여 상호 변환된 배열을 **회전 배열(conformation)**이라고 한다. 비고리형 알케인에서의 회전 배열 이성질체에는 **가려진 형태(eclipsed conformation)**와 **엇갈린 형태(staggered conformation)**가 있는데, 이 중 **엇갈린 형태**가 더 안정하다. 두 회전 배열 이성질체 사이의 에너지 차이를 **비틀림 에너지(torsional energy)**라 하며, 비틀림 현상에 의하여 생겨난 에너지 증가분을 **비틀림 무리(torsional strain)**라고 한다.
- 회전 배열 이성질체를 나타내는 방법에는 **톱질대 표시법(sawhorse representation)**과 **Newman 투영법(Newman projection)**이 있다.

사이클로알케인의 회전 배열 이성질체

- 사이클로알케인은 탄소-탄소 결합의 자유 회전이 불가능하고, 부분 회전만 가능하다.

- 사이클로헥세인의 경우 여러 가지 회전 배열 이성질체 중 여섯 개의 탄소에서 모두 엇갈린 형태를 가져 **비틀림 무리**가 최소화된 **의자형(chair form)**이 가장 안정하고, 가려진 형태를 가진 **보트형(boat form)**이 가장 불안정하다.
- 사이클로헥세인의 의자 형태는 여섯 개의 **수평 방향(equatorial position)**과 여섯 개의 **수직 방향(axial position)**의 수소 원자를 가지고 있다. 또한 이 형태는 탄소-탄소 결합의 부분 회전에 의해 다른 모양의 의자 형태로 서로 바뀔 수 있다. 이를 **고리 뒤집힘(ring-flipping)** 현상이라고 한다. 이를 통해 수소 원자의 수평 방향과 수직 방향은 서로 뒤바뀐다.
- 치환기가 수직 방향에 붙어 있는 사이클로헥세인의 경우 치환기가 있는 탄소를 기준으로, 첫째와 셋째 위치에 있는 수직 방향의 치환기와 수소 원자 사이에 입체 상호작용이 생기는데, 이를 **1,3-이수직 방향 상호작용(1,3-diaxial interaction)**이라고 한다.

사이클로알케인의 입체이성질체

- 분자식은 동일하지만 삼차원 공간 배열만 다른 화합물을 **입체이성질체(stereoisomer)**라고 한다. 두 개의 치환기를 가진 사이클로알케인 유도체는 ***cis***와 ***trans***인 입체 이성질체를 가진다.

알케인의 반응

- 알케인은 화학 시약에 대하여 거의 반응하지 않는다. 그러나 햇빛이나 높은 온도로 가열하는 격렬한 반응 조건에서는 산소 및 할로젠 원소와 반응을 한다. 전자를 알케인의 **연소 반응**, 후자를 **할로젠화 반응**이라고 한다.
- 화합물이 산소와 반응하여 완전히 연소할 때 방출하는 에너지(열)의 양을 **연소열($\Delta H°$)**이라 하는데, 이 양은 생성물과 반응물의 엔탈피 차이로 나타난다.

$$\Delta H° = H°_{\text{생성물}} - H°_{\text{반응물}} \ (H° = \text{엔탈피})$$

- 알케인과 Cl_2 및 Br_2와 같은 할로젠 분자의 혼합물에 빛($h\nu$) 또는 열을 가하면 알케인의 C—H 결합에서 수소 원자가 떨어져 나가고 대신 할로젠기가 치환된 할로젠화 알킬이 생성된다. 이 반응은 라디칼 중간체가 생성되어 일어나는 반응이기 때문에 **라디칼 치환 반응(radical substitution)**이라고 한다. 할로젠 중 F_2는 반응이 너무 격렬히 일어나고, I_2는 반응이 너무 느리기 때문에 잘 이용되지 않는다.
- 알케인의 라디칼 할로젠 치환 반응은 **개시(initiation) 단계**, **전파(propagation) 단계**, **종결(termination) 단계** 등 세 단계로 일어난다.
- 탄소 라디칼의 안정도는 라디칼 탄소에 알킬 치환기가 많을수록 더 안정하다.

불안정한 라디칼	$\dot{C}H_3$	$R\dot{C}H_2$	$R_2\dot{C}H$	$R_3\dot{C}$	가장 안정한 라디칼
		1°	2°	3°	

보충 문제

4.9 분자식이 C_7H_{16}인 화합물의 구조 이성질체 구조를 그리고, IUPAC법으로 명명하시오. 그리고 다음 물음에 해당하는 화합물을 밝히시오.

a. 1° C와 2° C로만 구성되어 있는 화합물(A)

b. 1° C, 2° C, 3° C로 구성되어 있는 화합물(B)

c. 1° C, 2° C, 4° C로 구성되어 있는 화합물(C)

d. 1° C, 3° C, 4° C로 구성되어 있는 화합물(D)

4.10 분자식이 C_8H_{18}인 화합물은 18가지의 이성질체를 가지고 있다. 이 가운데 어미 사슬 이름이 **a.** butane **b.** pentane **c.** hexane **d.** heptane인 구조를 그리시오.

4.11 Pristane은 상어간유에서 발견되는 물질로, IUPAC명이 2,4,6,14-tetramethylpentadecane이다. 이 물질의 구조를 골격 구조로 그리시오.

4.12 다음 화합물에서 탄소 원자가 1°, 2°, 3°, 4°인지를 밝히시오.

a. $CH_3CH(CH_3)CH_2C(CH_3)_3$ **b.** **c.**

4.13 다음 분자식을 갖는 화합물의 이성질체 구조를 그리시오.

a. C_4H_9Br **b.** $C_4H_{11}N$ **c.** $C_4H_8O_2$

4.14 다음 명명은 틀린 IUPAC명이다. 이를 맞는 이름으로 고치시오.

a. 2-Ethylbutane **b.** 1,1,3-Trimethylpropane **c.** 1,4-Dimethylcyclobutane

d. 2,2-Dimethyl-6-ethylheptane **e.** 2-Isopropyl-4-methylheptane **f.** 1,2,2-Trimethylcyclopentane

g. 1-Ethyl-3-methyl-4-propylcyclohexane

4.15 다음 화합물의 구조를 그리시오.

a. 2,4,4-Trimethylheptane **b.** 4-Ethyl-2,2-dimethylhexane **c.** 2,3-Dimethylbutane

d. 3-Ethyl-5-isobutylnonane **e.** *trans*-1-*tert*-Butyl-2-ethylcyclohexane

4.16 다음 화합물의 IUPAC명을 영어로 쓰시오.

a. 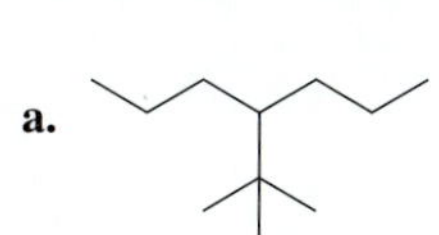 **b.** 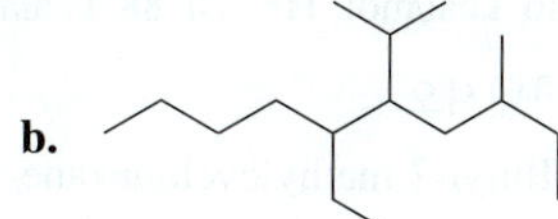 **c.** 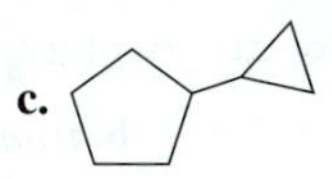 **d.** 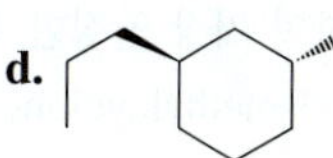

e. 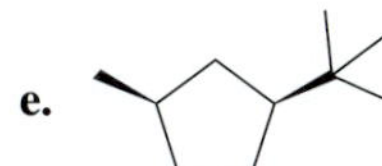 **f.** 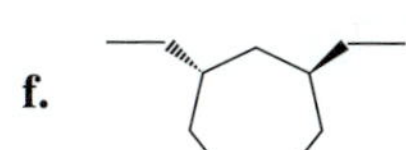 **g.** 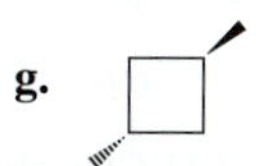 **h.**

4.17 다음 구조를 의자형으로 그리시오.

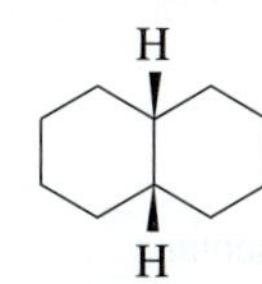

cis-Decalin

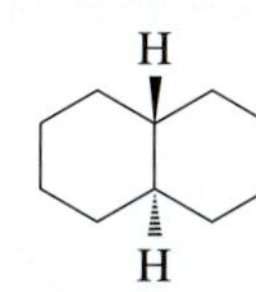

trans-Decalin

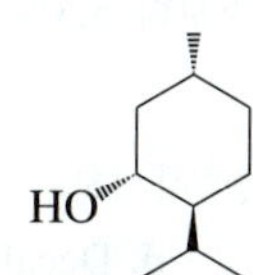

Menthol

OH HO OH HO OH OH
myo-Inositol

4.18 다음 화합물을 의자형으로 그리시오.

a. 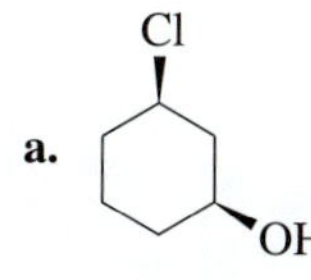

b. 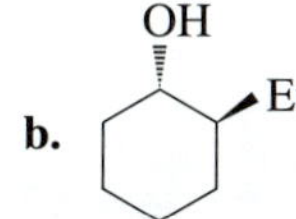

c. OH OH

d. Br Me

4.19 다음 구조의 가장 안정한 의자형을 그리시오.

a. 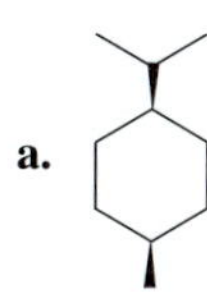 **b.** **c.** 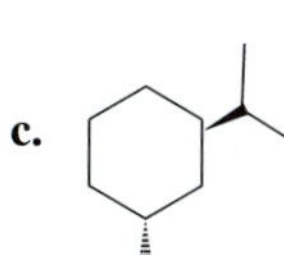 **d.** 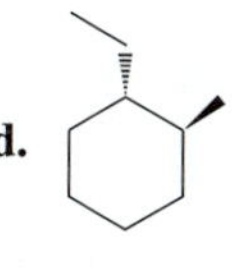

4.20 다음 화합물에 대하여 두 개의 형태를 의자형으로 그리시오. 그중 어느 것이 더 안정한지 구별하고, 그 이유를 밝히시오.

a. *trans*-1-Isopropyl-2-methylcyclohexane **b.** *cis*-1-Ethyl-3-isopropylcyclohexane

c. *trans*-1,3-Dimethylcyclohexane **d.** *cis*-1-Ethyl-4-isopropylcyclohexane

4.21 *cis*-1,3,5-Trimethylcyclohexane과 *trans*-1,3,5-Trimethylcyclohexane 중 어느 것이 더 안정한가?

4.22 다음 반응 도표에서 어느 형태가 전이 상태의 구조가 반응물에 가까운지 또는 생성물에 가까운지 나타내시오.

a. 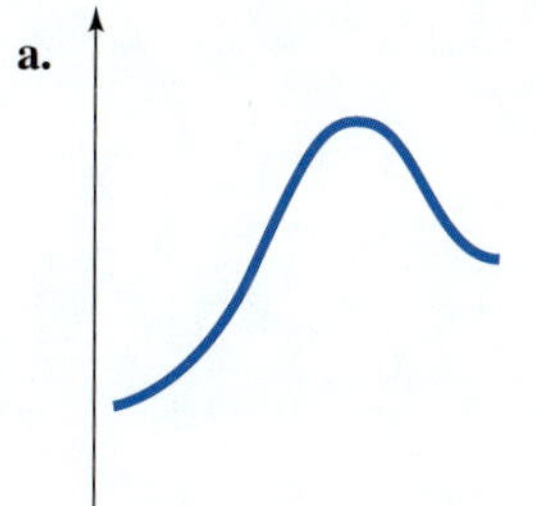 **b.** 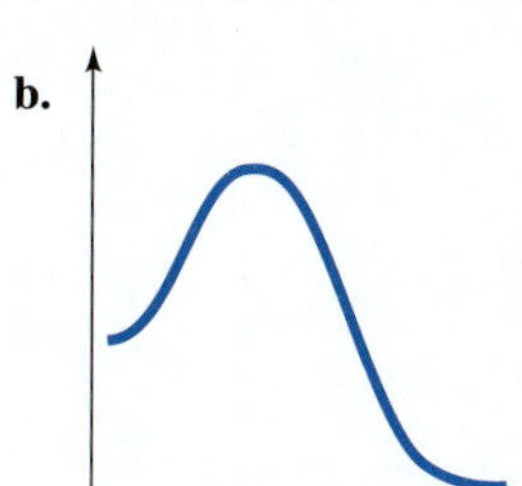 **c.** 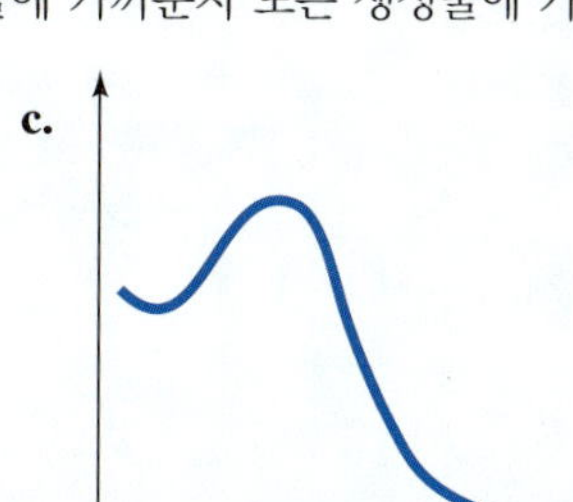 **d.** 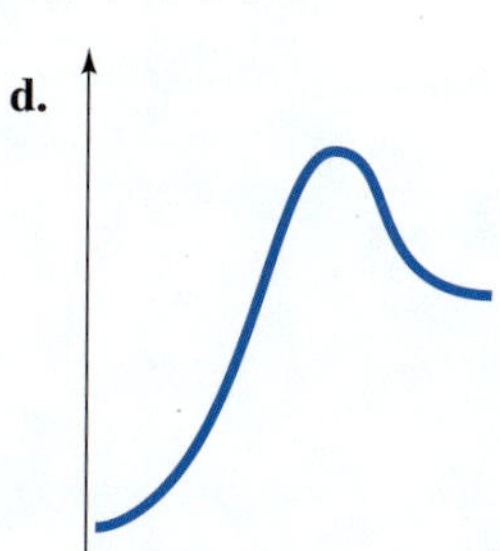

4.23 C_5H_{12}의 이성질체를 연소시켜 얻는 연소열은 다음과 같다. 연소 반응식을 쓰고, 이 중 어느 것이 가장 안정한지 밝히시오.
Pentane: 845, 2-Methylbutane: 843, 2,2-Dimethylpropane: 840 (단위: kcal/mol)

4.24 다음 반응에서 부산물로 ethane이 생성될 수 있다. 그 이유를 설명하시오.

$$CH_4 + Cl_2 \xrightarrow{h\nu} CH_3Cl + HCl$$

4.25 Propane과 Br_2을 반응시켜 2-bromopropane과 HBr을 얻는 자유 라디칼 치환 반응에서 전파 단계의 엔탈피 차이($\Delta H°$)는 각각 얼마인가? (결합 에너지: C—H 95 kcal/mol, C—Br 68 kcal/mol, Br—Br 46 kcal/mol, H—Br 88 kcal/mol)

4.26 다음 화합물에 대하여 가장 안정한 회전 배열 구조를 의자형으로 나타내시오.
a. *cis*-1-*tert*-Butyl-3-methylcyclohexane **b.** *trans*-1-*tert*-Butyl-2-methylcyclohexane
c. *cis*-1,4-*tert*-Dibutylcyclohexane **d.** *cis*-1-tert-Butyl-4-isopropylcyclohexane

4.27 다음 반응 결과에서 2° 수소는 1° 수소보다 반응성이 몇 배 빠른지 계산하시오.

$$CH_3CH_2CH_3 \xrightarrow[25°C]{h\nu} \underset{45\%}{CH_3CH_2CH_2Cl} + \underset{55\%}{CH_3\overset{\overset{\displaystyle Cl}{|}}{C}HCH_3}$$

4.28 Isobutane (2-methylpropane) 이 Cl 라디칼과 반응할 경우 3° 수소가 1° 수소보다 5.5배 더 빠르게 반응한다. 이 반응에 대한 생성물의 비율을 예측하시오.

4.29 다음 화합물에 대한 자유 라디칼 브로민화 반응에서 얻어지는 주생성물을 예측하시오.
a. Methylcyclopentane **b.** Pentane **c.** 2-Methylbutane **d.** Decalin **e.** Neopentane

5장

입체화학: 입체이성질체와 거울상이성질체

핵심 익히기

- 이성질체의 종류
- 거울상이성질체와 카이랄성
- 카이랄 분자의 구조 특징
- 입체 중심의 절대 배열 표기법
- 고유 광회전도, 광학 순도, 거울상 초과량의 정의
- 부분입체이성질체와 메조체의 물성
- 질소, 인, 황 원자의 카이랄성
- 라셈체의 거울상 분할법
- 카이랄 분자의 생물학적 특성

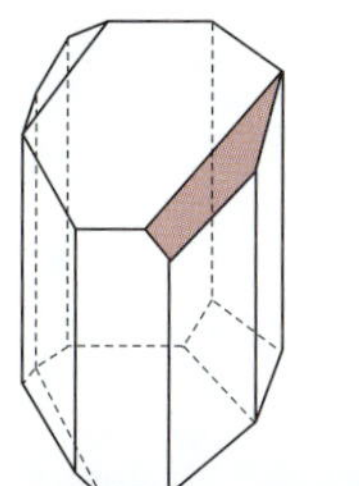
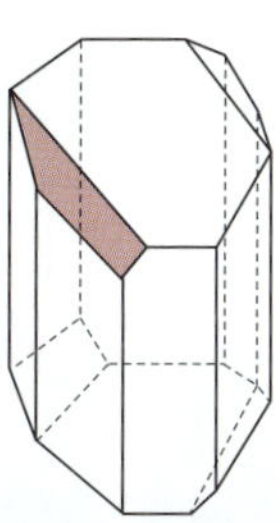

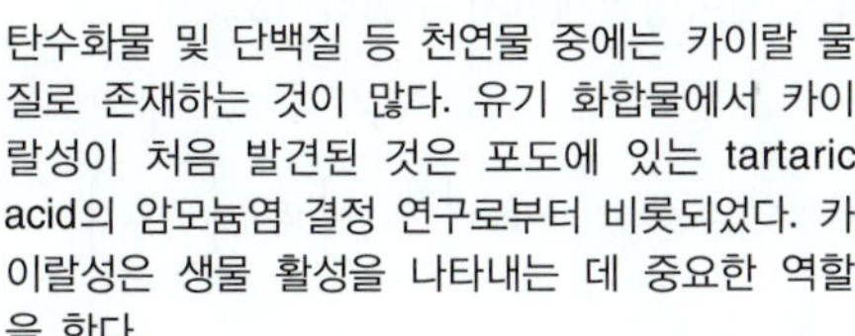

탄수화물 및 단백질 등 천연물 중에는 카이랄 물질로 존재하는 것이 많다. 유기 화합물에서 카이랄성이 처음 발견된 것은 포도에 있는 tartaric acid의 암모늄염 결정 연구로부터 비롯되었다. 카이랄성은 생물 활성을 나타내는 데 중요한 역할을 한다.

입체화학(stereochemistry)은 분자의 구조를 삼차원적으로 다루고 이해하는 학문이다. 분자가 동일한 원자로 구성되어 있더라도 분자 내에 있는 원자의 공간 배열이 서로 다르면 다른 화합물이 된다. 특히 입체화학은 효소의 반응과 관련된 생화학적 반응을 분자 수준에서 이해하는 데 매우 중요하며, 최근 각광을 받고 있는 카이랄약과도 밀접한 관계가 있다. 이 장에서는 입체이성질체와 거울상이성질체를 중심으로 입체화학의 원리, 용어, 표시법 등에 대하여 공부한다.

5.1 입체이성질체

분자식은 같으나 동일하지 않은 화합물을 **이성질체(isomer)**라고 한다. 이성질체란 크게 **구조 이성질체**와 **입체이성질체**로 분류된다. 구조 이성질체는 화합물의 구성 원자들의 연결 방식이 서로 다른 화합물이고, 입체이성질체는 원자들의 연결 방식은 같으나 공간 배열이 서로 다른 화합물이다. 우리는 이미 4장에서 알케인의 구조 이성질체와 고리형 알케인의 *cis-trans* 이성질체에 대하여 배웠다. 고리형 알케인에서 생기는 *cis-trans* 이성질체는 분자식과 원자의 연결 순서도 동일하나, 탄소-탄소 결합의 자유롭지 못한 회전 때문에 원자의 공간 배열이 달라 생긴 이성질체이다. 이와 같이 원자의 공간 배열이 달라 생기는 이성질체를 **입체이성질체(stereoisomer)**라고 한다. 입체이성질체에는 **거울상이성질체(enantiomer)**와 **부분입체이성질체(diastereomer)**의 두 가지가 있다. **거울상이성질체**는 왼손과 오른손의 관계처럼 거울상이 서로 포개지지 않는 거울상 분자들을 말하며, **광학 이성질체(optical isomer)**라고도 한다. **부분입체이성질체**는 서로 거울상 관계가 아닌 입체이성질체를 총칭하는데, 이것은 구성 원자들의 공간적 배열이 다른 **배열 부분입체이성질체**(단순히 부분입체이성질체라고 부름)와 사이클로알케인 또는 알켄 화합물에서 탄소-탄소 결합의 자유 회전 제한 때문에 나타나는 ***cis-trans* 이성질체**로 나눌 수 있다(**표 5.1**).

표 5.1 이성질체의 종류

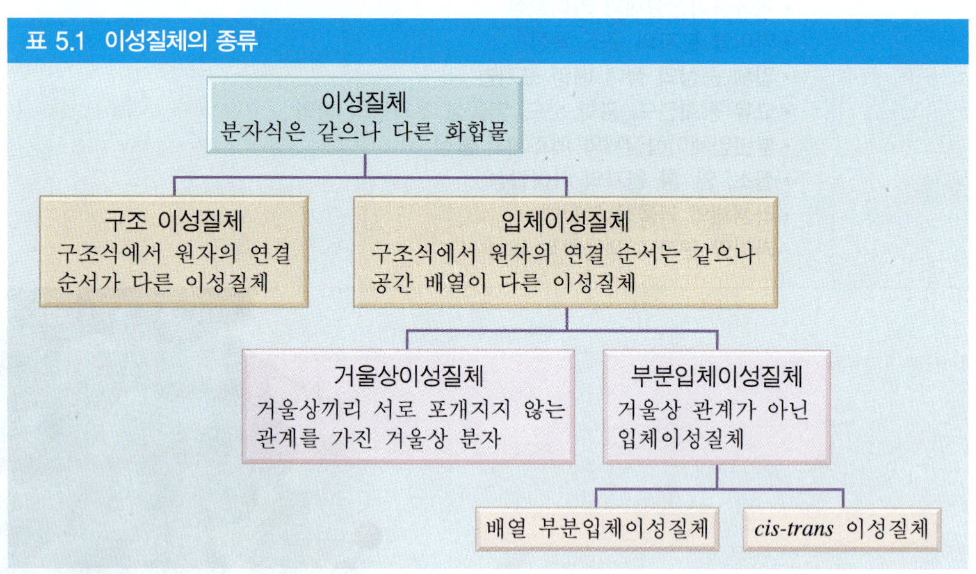

예제 5.1 다음 화합물이 구조 이성질체인지 입체이성질체인지 구별하시오.

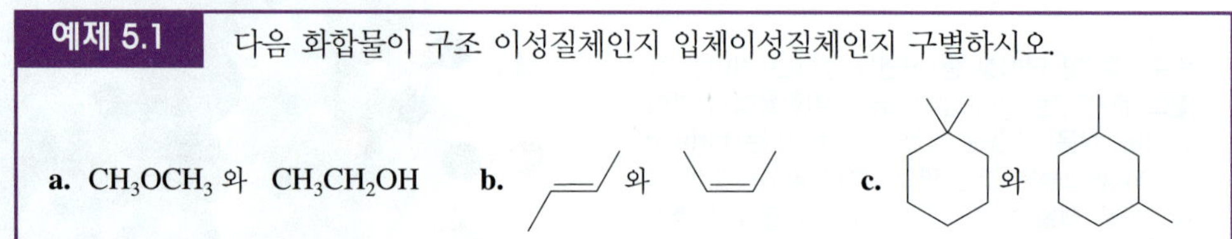

d. 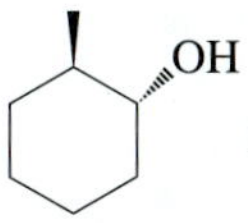 OH 와 OH **e.** 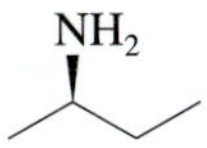 NH_2 와 NH_2 **f.** 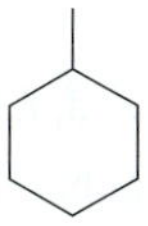 와

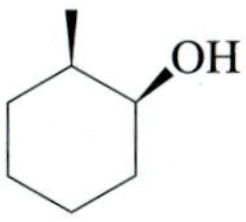

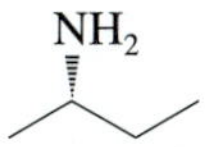

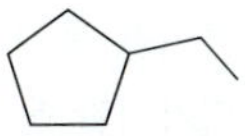

풀이

구조 이성질체: a, c, f 입체이성질체: b, d, e

5.2 거울상이성질체와 카이랄성

물체를 거울에 비추었을 때 거울에 비춰지는 모양을 거울상이라고 한다. 모든 물체는 거울상을 가질 수 있다. 그러나 그 중에는 거울상이 원래의 물체와 **포개지는**(superposable) 것과 **포개지지 않는**(superimposable) 것이 있다. 포개진다는 의미는 두 물체를 포갤 경우 동일한 모양이 되는 것을 의미하고, 포개지지 않는다는 것은 동일한 모양이 되지 않는다는 것을 의미이다. 예를 들면, 왼손을 거울에 비추면 오른손 모양의 거울상이 생기는데, 왼손과 오른손은 서로 포개지지 않는다. 이러한 관계를 가지고 있는 분자를 **카이랄 분자**(**chiral molecule**)라 하고, 이들 분자가 나타내는 구조 특성과 성질을 **카이랄성**(**chirality**, 그리스어로 '손'이라는 단어인 'cheir'에서 유래)이라고 한다. 이와 반대의 의미를 가지고 있는 분자를 **비카이랄 분자**(**achiral molecule**)라고 한다. 카이랄 분자는 **거울상이성질체**를 갖는다.

Louis Pasteur(1822~1895): 프랑스 출신 화학자 및 미생물학자. Strasbourg 대학, Lille 대학 교수 및 Pasteur 연구소장 역임. 타르타르산 결정 연구로 유기 분자의 카이랄성을 최초로 발견하여 분자 대칭 분야의 기초를 세움. 미생물이 질병을 일으킨다는 사실을 처음 밝혀냄. 우유의 저온 살균법을 처음 발견함.

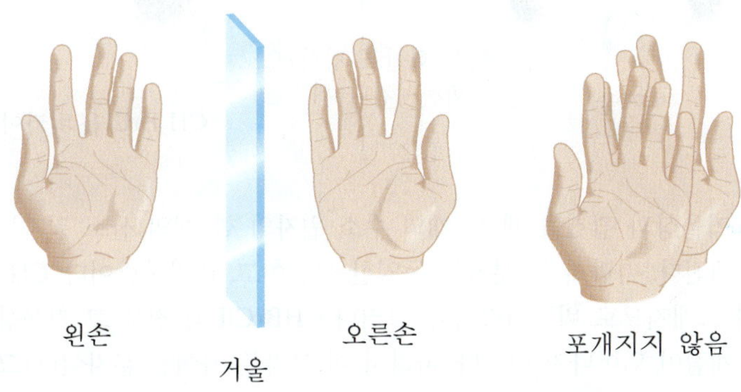

물컵, 의자, 포크 등과 같은 물체는 비카이랄 물체이나 오른 방향 나사못과 같이 나선형을 가진 물체는 카이랄성을 나타낸다.

비카이랄 물체: 물컵, 의자, 포크 ←— 거울상과 포개진다.

카이랄성: 나선형 물체

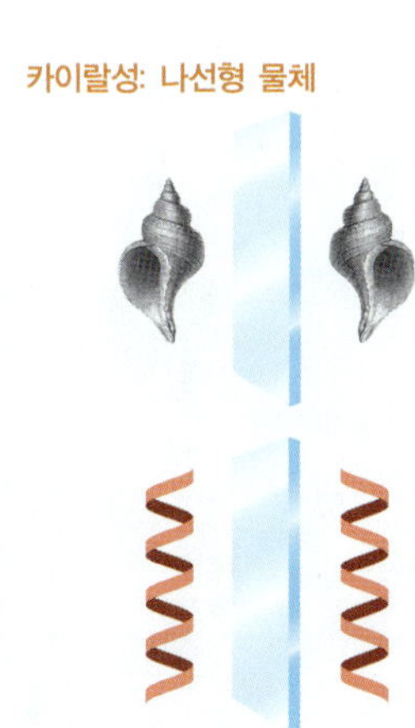

예제 5.2 다음 물체를 카이랄과 비카이랄로 구별하시오.

a. 귀 **b.** 자동차 **c.** 골프채 **d.** 나팔꽃 줄기 **e.** 야구방망이 **f.** 축구화
g. 나사풀이개 **h.** 커피 잔 **i.** 볼펜 **j.** 책상 **k.** 지우개 **l.** 장갑

풀이

카이랄 물체: a, b, c, d, f, l.

비카이랄 물체: e, g, h, i, j, k.

이제 H_2O, CH_2BrCl, CHBrClF 등 세 분자를 예로 들어 어느 분자가 카이랄 분자이고 어느 것이 비카이랄 분자인지 살펴보자.

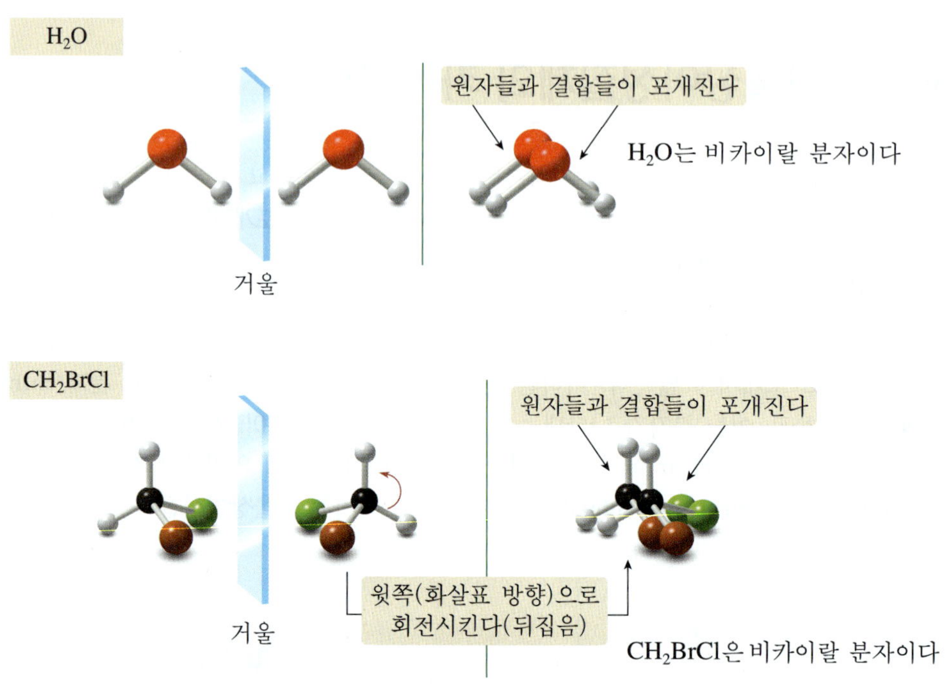

H_2O 분자는 거울상과 겹쳤을 때 두 개의 수소 원자와 한 개의 산소 원자는 물론 그들의 결합도 모두 포개진다. 따라서 두 분자는 동일한 물질이고, 비카이랄이다. CH_2BrCl 분자 역시 그 거울상과 포개지므로 비카이랄이다. 그러나 CHBrClF의 경우 그 거울상은 어떤 방법을 쓰더라도 포개짐이 일어나지 않는다. 따라서 이 분자는 카이랄 분자이다(**그림 5.1**).

- 거울상과 포개지는 분자 또는 물체를 **비카이랄 분자** 또는 물체라고 한다.
- 거울상과 포개지지 않는 분자 또는 물체를 **카이랄 분자** 또는 물체라고 한다.

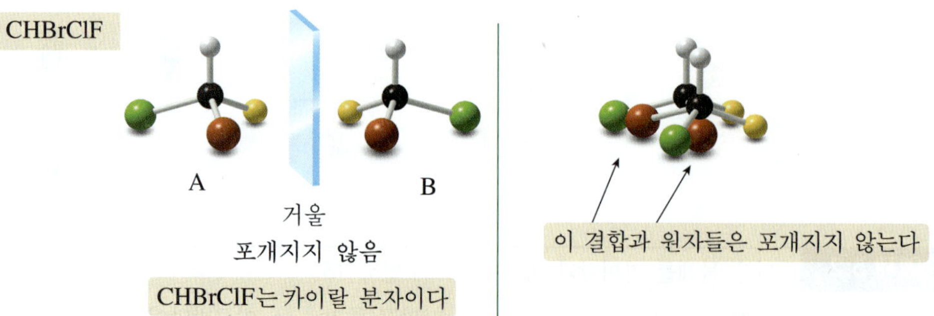

그림 5.1 **분자의 카이랄성.**

5.3 카이랄 분자의 구조

5.3.1 비대칭 탄소와 카이랄성

앞에서 예로 들었던 H_2O, CH_2BrCl, CHBrClF의 세 분자는 분자의 입체 배열이 어떤 특징을 가졌기에 카이랄성과 비카이랄성을 나타내는지 좀 더 알아보자. 우선 물 분자는 대칭 회전축을 가지고 있는 분자이며, CH_2BrCl은 대칭면을 가지고 있다. **대칭면(plane of symmetry)** 이란 어떤 물체나 분자를 이등분시키는 가상적인 면을 말한다. 반면에 CHBrClF는 대칭 회전축, 대칭면 등 대칭 요소를 전혀 가지고 있지 않다. 단일 결합만을 하는 탄소 분자에서 CHBrClF 분자와 같이 탄소 원자 주위의 네 개의 치환기가 모두 다른 탄소 원자를 **비대칭 탄소(asymmetric carbon)** 라 하며, 그 위치를 **비대칭 중심(asymmetric center)** 또는 **카이랄 중심(chiral center)** 이라고 부른다. 카이랄 분자는 비대칭 탄소 원자를 반드시 한 개 이상 가지고 있어야 한다. 그러나 비대칭 탄소가 두 개 이상 있다 하더라도 분자 내 대칭면이 존재하면 비카이랄 분자가 된다.

입체 중심(stereocenter 또는 stereogenic center) 은 두 개의 치환기를 서로 교환했을 때 입체이성질체를 형성하는 분자 내 지점(원자)을 말한다. 비대칭 중심은 입체이성질체의 일종인 거울상이성질체를 형성하는 분자 내 지점이 되므로 입체 중심의 일종이다. 알켄 화합물에서 나타나는 *cis-trans* 이성질체와 같은 다른 형태의 입체이성질체에 대해서는 6장에서 배울 것이다.

유기 분자에서 가장 흔하게 나타나는 입체 중심은 거울상 이성질체가 가지는 비대칭 탄소와 알켄의 시스-트랜스 이성질체에서 탄소-탄소 이중 결합에 있는 탄소 원자들이다.

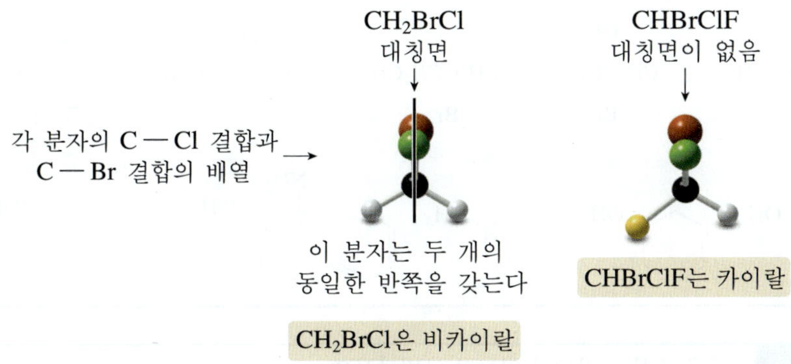

- **비대칭 탄소**란 네 개의 치환기가 모두 다른 종류로 치환된 sp^3 혼성 탄소 원자를 말한다.
- 비대칭 탄소의 위치를 **비대칭 중심(asymmetric center)** 또는 **카이랄 중심(chiral center)** 이라고 부른다.
- 비대칭 탄소는 흔히 (*)로 표시되며, 비대칭 탄소의 수와 이에 따라 만들어질 수 있는 **입체이성질체의 수는 2^n (n = 비대칭 탄소의 수) 개**이다.
- 비대칭 중심이 한 개(비대칭 탄소가 한 개)인 분자는 항상 카이랄 분자이나 두 개 이상인 경우 비카이랄 [예. 메조 화합물(5.6절 참조)] 분자도 포함될 수 있다.

분자 내에 있는 비대칭 탄소를 찾는 방법은 입체 중심 탄소에 있는 **네 개의 치환기**가 모두 다른가를 알아내는 것인데, 이때 치환기는 탄소 원자에 직접 붙어 있는 원자들은 물론 이들을 포함한 **치환기 원자단**을 비교해야 한다. **그림 5.2**에서 CHBrClF는 탄소 원자에 붙어 있는 치환기가 H, Br, Cl, F로서, 네 개가 모두 다른 원자로 구성되어 있는 카이랄 분자이며, butan-2-ol(뷰탄-2-올) 역시 비대칭 탄소 원자에 네 개의 치환기가 모두 다른 H, OH, CH_3 및 CH_3CH_2기가 치환되어 있는 카이랄 분자이다.

H, F, Cl, Br은 서로 다른 원자이다

Butan-2-ol

치환기는 원자단을 기준으로 한다. H, CH_3, CH_2CH_3, OH는 서로 다른 원자 또는 원자단이다.

그림 5.2 비대칭 탄소를 가진 카이랄 화합물.

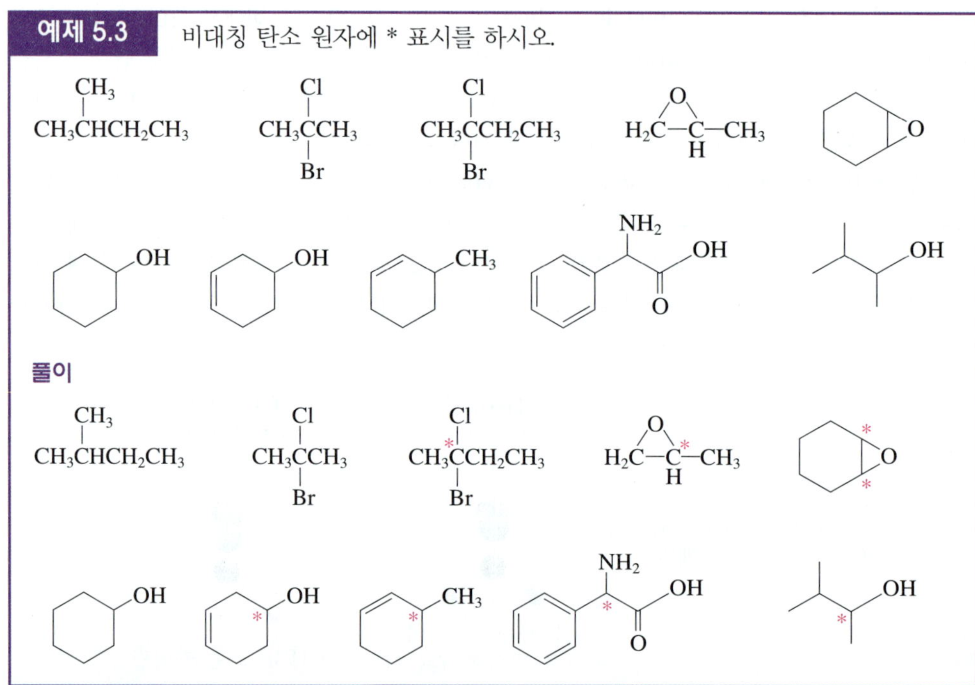

문제 5.1 입체 중심이 있는지 없는지 구별하시오.

a. 3-Ethyl-3-methylhexane
b. 3,4-Dimethylhexane
c. 2,3-Dimethylhexane
d. 3,3-Dimethylhexane
e. 3-Ethylhexane
f. 2,2-Dimethylhexane

5.3.2 탄소의 정사면체 구조와 카이랄성

그림 5.3은 비대칭 탄소와 거울상이성질체를 나타내는 모식도이다. 여기서 다른 종류의 네 개의 치환기는 색이 다른 공으로 표시하였다. 비대칭 중심이 sp^3 혼성 탄소이므로 정사면체 중심에 탄소 원자가 있고, 네 개의 공들은 모두 정사면체의 꼭짓점 위치에 있다. 이들 치환기의 공간적 위치를 좀 더 자세히 살펴보면 분자 A의 경우 빨간색 공과 초록색 공이 같은 평면에 있고, 이 평면을 앞뒤로 가로지르는 평면에 파란색 공과 회색 공이 있다. 분자 A와 분자 B의 관계는 거울상 관계인데, 이들은 서로 겹쳐지지(포개지지) 않는다. 분자 C는 분자 A에서 빨간색 공과 초록색 공의 위치를 바꾸어 놓은 관계이다. 분자 C를 여러 가지 방향으

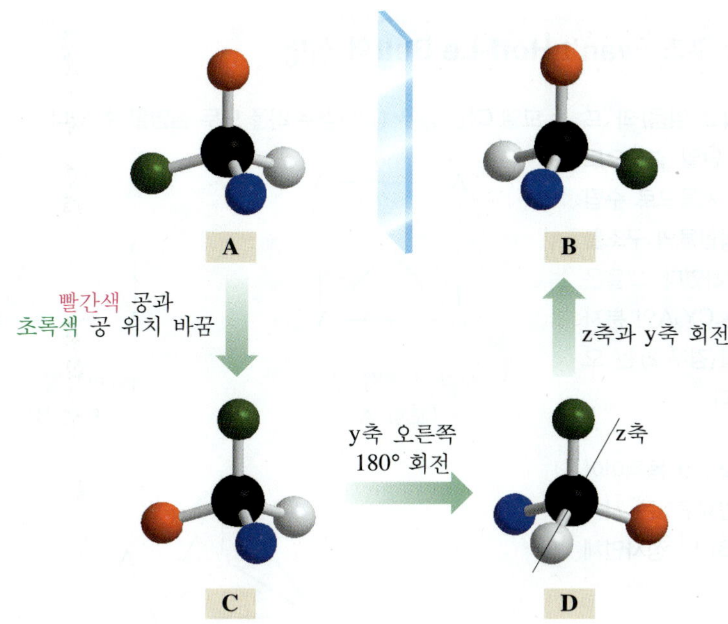

그림 5.3 **비대칭 탄소와 거울상이성질체.**

로 회전시키면 분자 B 모양이 된다. 다시 말하면 분자 B, C, D는 모두 동일한 물질이지만 분자 A와는 겹쳐지지 않는 다른 물질이다. 이는 비대칭 탄소에 있는 치환기의 배치를 바꾸게 되면 다른 입체이성질체가 될 수 있음을 나타내는 예이다.

- 비대칭 중심에 있는 두 개의 치환기 위치가 서로 바뀐 두 물질은 거울상이성질체 관계가 된다.

문제 5.2 다음 각 화합물의 입체 중심에 * 표시를 하시오.

Ephedrine 기관지확장제	Chloramphenicol 항생물질	Chloropheniramine 항히스타민
Tamiflu 항바이러스제	Aspartame 인공감미료	Glucose

화학 라운지 5.1

카이랄성과 정사면체 구조–van't Hoff-Le Bell의 설명

네덜란드의 화학자인 **van't Hoff** ('반트 호프'라고 읽음)와 프랑스의 화학자인 **Le Bel** ('르 벨'이라고 읽음)은 단일 결합으로 이루어진 탄소 화합물의 입체화학의 기본 개념을 처음으로 수립하였다. 그들은 1874년 광학 활성을 가진 탄소 화합물의 구조를 설명하기 위하여 처음으로 정사면체 구조를 제창하였다. 그들은 CH_3Cl 또는 $CHCl_3$과 같이 일반식이 CA_3Y 또는 CY_3A인 분자(경우 1)와 일반식이 CH_2Y_2 또는 CH_2AY인 분자(경우 2)는 오직 한 종류만 존재한다는 사실을 증명하고자 하였다.

[경우 1]의 설명: 탄소에 결합된 네 개의 치환기 모두가 동격이어야만 가능하다. 이를 설명할 수 있는 탄소의 입체구조는 사각 평면형 구조(모델 A), 피라미드형 구조(모델 B) 및 정사면체 구조(모델 C)가 있다.

[경우 2]의 설명: 모델 A와 B로는 설명이 불가능하다. 그 이유는 A 또는 Y가 같은 방향 또는 다른 방향에 배치되어 있을 때 *cis*-*trans* 이성질체가 가능하기 때문이다.

모델 C는 [경우 1]과 [경우 2]를 모두 설명할 수 있다.

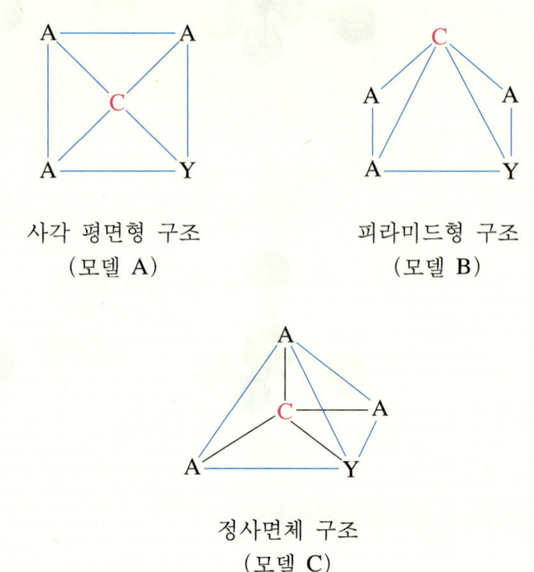

5.3.3 거울상이성질체 그리기

Jacobus Henricus van't Hoff (1852~1911): 네덜란드 출신 물리 및 유기화학자. Amsterdam 대학 교수 역임. 광학 활성 현상을 탄소 원자의 정사면체 구조로 최초로 설명하여 유기 화합물의 입체화학을 창시하는 데 기여함. 화학 평형 및 삼투압 이론 확립. 1901년 용액에 대한 연구 업적으로 첫 번째 노벨 화학상 수상.

Joseph Achille Le Bel (1847~1930): 프랑스 화학자. 광학 활성과 분자 구조의 입체적 상관 관계를 처음으로 밝힘.

거울상이성질체는 비대칭 탄소에 있는 서로 다른 네 개의 치환기의 공간적 배열을 서로 다르게 나타내야 하므로 반드시 삼차원적인 입체구조로 표시해야 한다. 입체구조를 나타내는 방법에는 **투시식**(**perspective formular**, 삼차원 구조식이라고도 함)과 **Fischer** ('피셔' 라고 읽음) **투영법**(**Fischer projection**: 별도 항목으로 5.4.4절에 기술)이 있다. 투시식은 두 개의 치환기는 종이면에, 세 번째와 네 번째 치환기는 종이면 앞쪽과 뒤쪽에 나타내는 방법이다. 종이면 앞쪽으로 돌출되는 방향은 **굵은 쐐기** 모양으로 표시하고, 종이 뒷면 방향은 **점선 쐐기** 모양으로 나타낸다. 투시식은 보통 **Lewis 구조식** 또는 **골격 구조식**으로 나타내는데, 탄소 원자의 수가 네 개 이상인 경우 사슬을 가로로 나타내되, 비대칭 탄소의 치환기 중 서로 다른 두 개의 알킬기를 종이면에 위치하게 하며, 나머지 두 개의 치환기는 굵은 쐐기 모양과 점선 쐐기 모양을 사용하여 앞쪽과 뒤쪽 방향을 나타낸다. **그림 5.4**에 비대칭 중심을 나타내는 여러 가지 삼차원 구조식 형태를 나타내었다.

굵은 쐐기 : 종이 앞면 방향을 가리킴

HO, H, C, H_3C, CH_2CH_3 = HO H = OH

점선 쐐기 : 종이 뒷면 방향을 가리킴

그림 5.4 여러 형태의 입체 구조식으로 나타낸 butan-2-ol의 비대칭 중심.

- 거울상이성질체는 반드시 삼차원적 입체구조로 나타내야 한다.
- 입체구조를 나타내는 방법은 **투시식(perspective formular**, 삼차원 구조식이라고도 함)과 **Fischer 투영법(Fischer projection)**이 있다.

삼차원 구조식을 선-결합 구조로 표시하는 경우 비대칭 중심의 두 개의 치환기의 입체 배열이 동일하더라도, 탄소 사슬의 지그재그 모양을 위에서부터 시작해 그리느냐 또는 아래쪽에서부터 그리느냐에 따라 서로 다른 입체이성질체가 된다(**그림 5.5**).

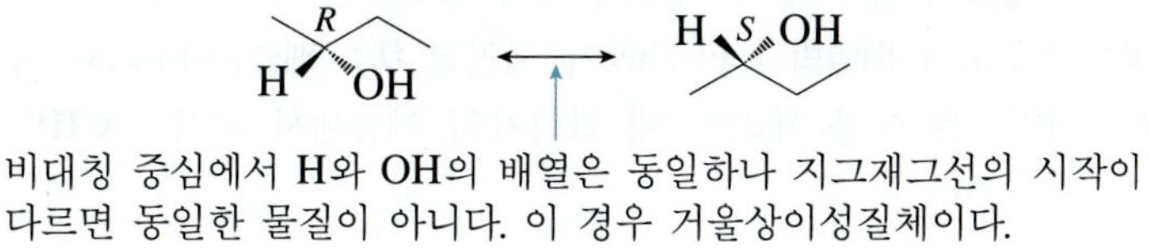

R
H
OH
H
S
OH
비대칭 중심에서 H와 OH의 배열은 동일하나 지그재그선의 시작이
다르면 동일한 물질이 아니다. 이 경우 거울상이성질체이다.

그림 5.5 **Butan-2-ol의 거울상이성질체의 골격 구조식.**

지금까지의 설명으로 학생들은 입체 배열 표기가 다소 복잡하다고 생각했을지 모르나, 치환기가 어떤 순서로 어떻게 배열되었는지 표기하는 방법을 배우면 이러한 혼란스러움은 곧 해결될 것이다.

비대칭 탄소가 한 개인 거울상이성질체를 그릴 때에는 우선 한쪽 이성질체를 먼저 그리고 거울에 비춰진 구조(거울상)를 그리는 것이 편리하다.

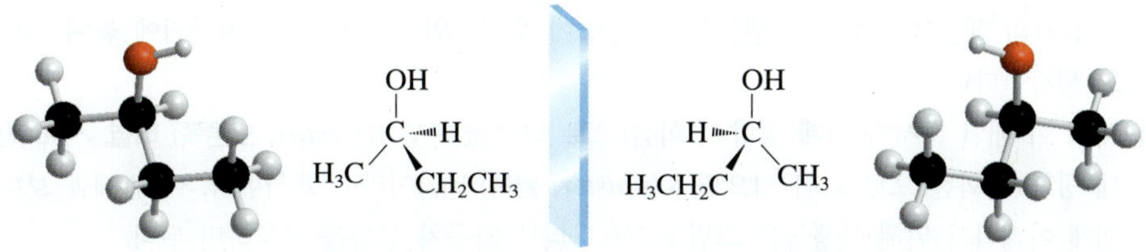

OH
C
H
H_3C
CH_2CH_3
OH
H
C
H_3CH_2C
CH_3

입체 중심은 사슬형 탄소에서만 나타나는 것이 아니라 고리를 구성하는 탄소에서도 나타날 수 있다. 이 경우 고리를 의자형 같은 찌그러진 모양으로 그리는 것보다 평면으로 그린 후 비대칭 탄소를 찾는 것이 편리하다. **그림 5.6**에 나타낸 것처럼 cyclohexanol은 입체 중심이 없으나 cyclohex-2-en-1-ol (2-cyclohexenol) 은 비대칭 중심을 가지고 있다.

두 치환기가 같다
두 치환기가 다르다
H
OH
H
OH
Cyclohexanol
비대칭 탄소가 없다
Cyclohex-2-en-1-ol(2-Cyclohexenol)
비대칭 탄소가 있다
H
OH
H
HO

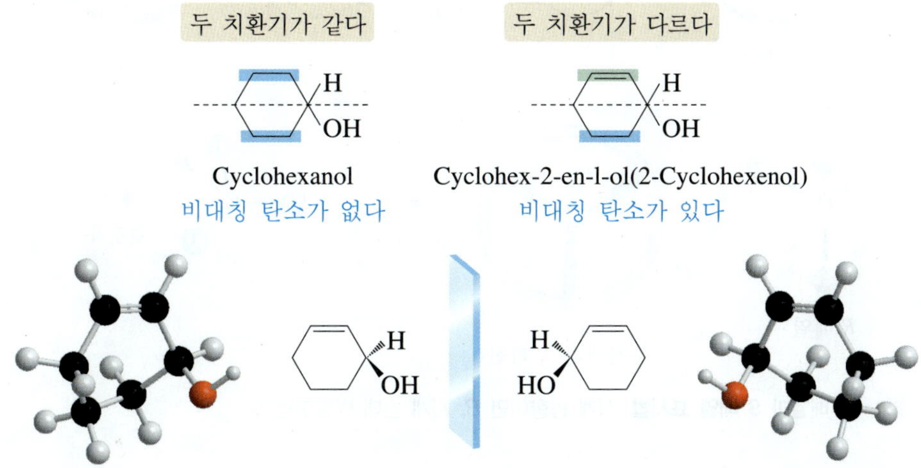

그림 5.6 **Cyclohex-2-en-1-ol의 거울상이성질체.** Cyclohexanol은 비대칭 탄소를 가지고 있지 않다.

5.4 입체 중심의 절대 배열 표기법

Robert Sidney Cahn (1899~1981): 영국 출신 유기화학자. Journal of the Chemical Society 편집자 역임. 화학 명명법과 입체 화학 분야 연구에 공헌.

Christopher Kelk Ingold (1893~1970): 영국 출신 유기화학자. Imperial 대학, Leed 대학 및 London 대학 교수 역임. S_N1, S_N2, E1 및 E2 반응 등의 유기 반응 메커니즘 연구에 많은 공헌.

Vladimir Prelog (1906~1998): 크로아티아계 스위스 출신 유기화학자. Zürich 공대(ETH) 교수 역임. 비대칭 반응을 포함한 입체 유기 반응 연구로 1975년 노벨 화학상(공동) 수상.

5.4.1 절대 배열

비대칭 중심에 있는 치환기가 입체적으로 배열되어 있는 실제의 모습을 **절대 배열(absolute configuration)**이라고 한다. 여기서 절대라는 용어는 상대적이 아닌 실제적이라는 의미를 내포하고 있으며, 다음 절에서 설명할 **고유 광회전도**의 부호와는 상관 없이 오직 비대칭 중심에서 치환기의 **실제적 공간 배열**이 어떻게 되어 있느냐만 나타낸다는 의미이다. 이 배열을 나타내는 방법으로 ***R,S* 배열법**과 Fischer가 제안한 ***D,L* 배열법(Fischer 투영법**이라고도 함)이 있다. *R,S* 배열법은 이를 제안한 세 화학자의 이름에서 유래한 **CIP(Cahn-Ingold-Prelog)법**이라고도 부른다.

5.4.2 *R,S* 배열법 [Cahn-Ingold-Prelog(CIP)법]

다음 세 단계의 원칙에 따라 비대칭 중심에서의 치환기의 공간 배열을 표시한다.

[단계 1] 비대칭 중심에 있는 네 개의 치환기의 우선순위를 정하고 가장 높은 것부터 낮은 순으로 1,2,3,4 순위를 부여한다. 우선순위는 5.4.3절의 **순차 결정 규칙**에 따라 정한다.

[단계 2] 우선순위가 가장 낮은 치환기(순위 4)를 관찰자의 반대편에 놓고, 나머지 세 개의 치환기의 우선순위가 가장 높은 것(순위 1)부터 차례로 어떻게 배열되었는지를 관찰한다(자동차의 핸들을 연상하고 핸들의 축 방향에 우선순위가 가장 낮은 치환기에 놓여 있다고 생각한다).

[단계 3] 이 배열 순서가 **시계 방향(우회전)**으로 되어 있으면 ***R*(*rectus*, 오른쪽) 배열**, **시계 반대 방향(좌회전)**으로 되어 있으면 ***S*(*sinister*, 왼쪽) 배열**이라고 표시한다. 이 관계를 보다 쉽게 이해하기 위해 학생들은 **그림 5.7**에 나타낸 자동차 핸들을 연상하면 된다.

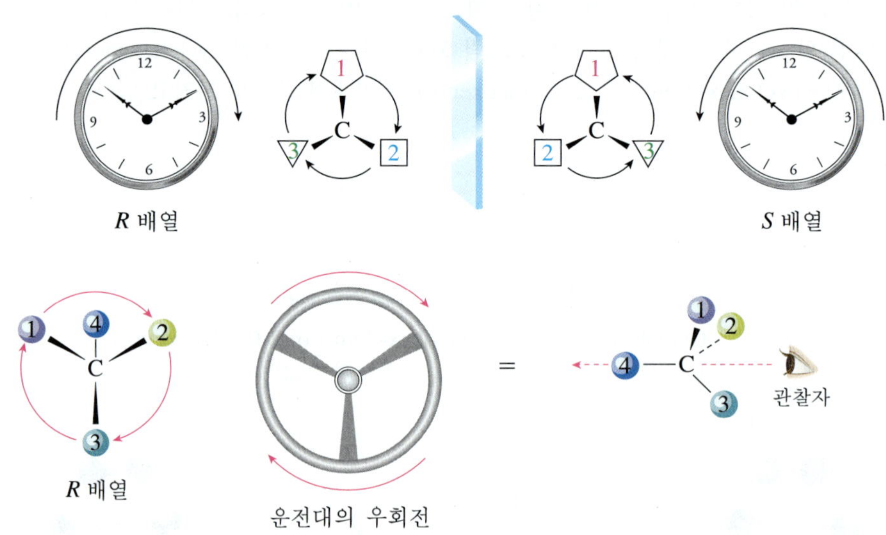

그림 5.7 ***R* 배열과 *S* 배열 표시법**. 시계 방향이면 *R*, 시계 반대 방향이면 *S*.

5.4.3 순차 결정 규칙 (sequence rule)

■ 규칙 1

입체 중심 탄소에 직접 결합한 원자의 원자 번호를 비교하여 원자 번호가 큰 것부터 작아지는 순으로 번호를 부여한다.

- CHBrClF의 경우 우선순위는 Br(1), Cl(2), F(3), H(4) 의 순이 된다.

$$\begin{array}{c} 4\rightarrow \mathrm{H} \\ | \\ 3\rightarrow \mathrm{F}-\mathrm{C}-\mathrm{Br}\leftarrow 1 \\ | \\ 2\rightarrow \mathrm{Cl} \end{array}$$

원자 번호
Br(35), Cl(17), F(9), H(1)

- 이 규칙에 따라 다른 치환기들의 우선순위에 대한 예를 들면 다음과 같다.

F − (1)　　HO − (2)　　H_2N − (3)　　H_3C − (4)

비대칭 중심 탄소와 직접 결합하고 있는 원자의 원자 번호를 비교한다. 원자 번호의 크기 순서는 F > O > N > C 순이다.

■ 규칙 2

입체 중심 탄소에 직접 붙어 있는 원자의 원자 번호가 같을 경우 그 원자와 결합되어 있는 다른 원자의 원자 번호를 규칙 1에 따라 한 번 더 순위를 매긴 후 이에 따라 우선권을 부여한다.

Butan-2-ol에서 OH (우선순위: 1) 와 H (우선순위: 4) 의 우선순위는 규칙 1에 의해 정해질 수 있으나, CH_3와 CH_2CH_3기는 모두 중심 탄소에 결합되어 있는 원자가 탄소 원자로 동일하다. 이 경우 CH_3는 탄소 원자에 3개의 수소 원자가 결합되어 있지만 CH_2CH_3기는 탄소 원자에 2개의 수소 원자와 1개의 CH_3기가 결합되어 있으므로 CH_2CH_3기가 우선권이 더 높은 것으로 취급하게 된다(CH_3는 H보다 우선권이 더 높다).

$$\begin{array}{c} ① \\ \mathrm{OH} \\ | \\ ③\ \mathrm{H_3C}-\mathrm{C}-\mathrm{CH_2CH_3}\ ② \\ | \\ \mathrm{H} \\ ④ \end{array}$$

규칙 2에 따라 매겨진 몇 가지 치환기의 우선순위에 대한 예를 들면 다음과 같다.

예 1 $\mathrm{H_3C-C(CH_3)_2}$— > $\mathrm{H_3C-CH(CH_3)}$— > $\mathrm{H-C(CH_3)H}$— > $\mathrm{H-CH_2}$—

예 2 $BrCH_2$— > $HOCH_2$— > H_2NCH_2— > CH_3CH_2—

예 3 $\mathrm{H_3C-O}$— > H—O— > $\mathrm{H_3C-NH}$— > H—NH—

우선순위 증가 (←)

■ **규칙 3**

치환기가 이중 결합 또는 삼중 결합처럼 다중 결합을 가지고 있는 경우, 이들 결합에 참여하는 두 원자들이 마치 두 번 또는 세 번 반복하여 결합된 것으로 간주하고 규칙 1과 2를 적용한다. C=C, C≡C 및 C=O 결합에 이 규칙을 적용한 예를 다음에 나타내었다.

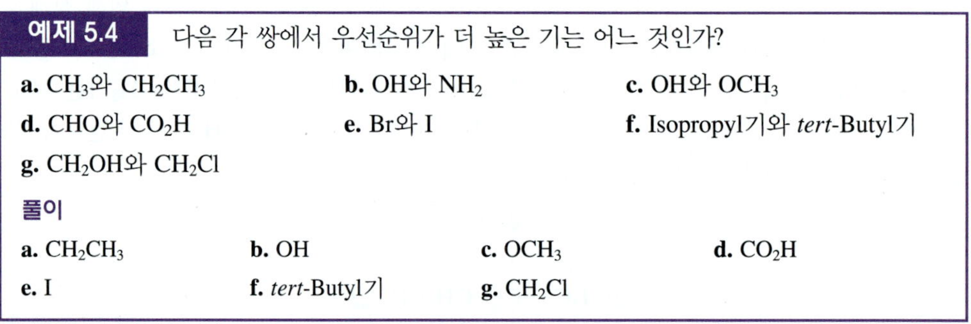

■ **규칙 4**

입체 중심에 치환기로 두 개의 동위원소가 붙어 있을 경우, 질량수가 큰 원소부터 작은 원소의 순으로 우선권을 부여한다. 예를 들어, 수소의 동위원소의 우선권은 삼중수소(T)(1), 중수소(D)(2), 수소(H)(3)의 순서가 된다.

예제 5.4 다음 각 쌍에서 우선순위가 더 높은 기는 어느 것인가?

a. CH_3와 CH_2CH_3 **b.** OH와 NH_2 **c.** OH와 OCH_3
d. CHO와 CO_2H **e.** Br와 I **f.** Isopropyl기와 *tert*-Butyl기
g. CH_2OH와 CH_2Cl

풀이

a. CH_2CH_3 **b.** OH **c.** OCH_3 **d.** CO_2H
e. I **f.** *tert*-Butyl기 **g.** CH_2Cl

예제 5.5 (*R*)-Bromochlorofluoromethane과 (*S*)-Bromochlorofluoromethane의 구조를 삼차원 구조로 나타내시오.

풀이

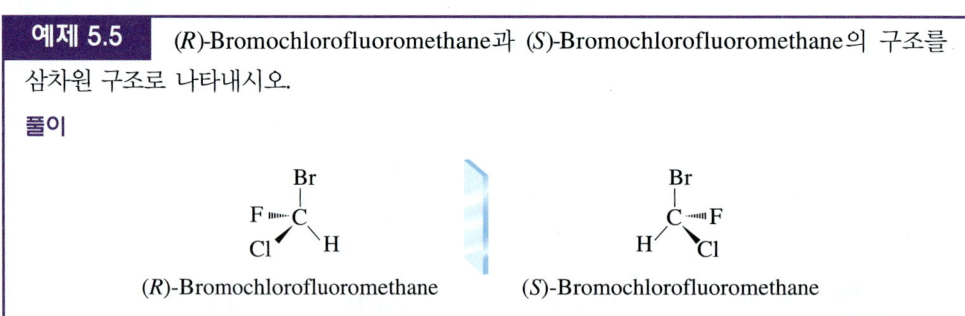

(*R*)-Bromochlorofluoromethane (*S*)-Bromochlorofluoromethane

문제 5.3 각 항에서 우선순위가 큰 순으로 나열하시오.

a. $-C(CH_3)_3$, $-C{\equiv}CH$, $-CH{=}CH_2$, $-CH_2CH_3$
b. $-{}^3H$ (T), $-{}^2H$ (D), $-H$, $-CH_3$
c. $-F$, $-OCH_3$, $-N(CH_3)_2$, $-C(CH_3)_3$
d. $-CO_2CH_3$, $-CH_2OCH_3$, $-COCH_3$, $-CHO$

문제 5.4 문제 5.2의 화합물 중 chloramphenicol, tamiflu, aspartam, glucose의 입체 중심의 입체 배열을 *R*과 *S*로 나타내시오.

문제 5.5 다음 화합물의 입체 중심의 입체 배열을 *R*과 *S*로 나타내시오.

a. H_3C, CH_2CH_3, OH, H가 결합된 C　**b.** H_3C, COOH, H, OH가 결합된 C　**c.** HO, CH_2Cl, H, CH_3가 결합된 C　**d.** OH　**e.** NH_2

5.4.4 *D,L* 배열법(Fischer 투영법)

***D,L* 배열법**은 **Fischer 투영법**이라고도 하는데, 이 방법은 ***R,S* 배열법**이 나오기 이전에 주로 단당류의 입체 배열 표시법으로 사용했던 방법이며, 현재도 당류나 아미노산의 입체 배열을 나타내는 데 자주 사용되고 있다(15.1.4 및 16.1절). 이 방법은 **그림 5.8**에서 보는 바와 같이 입체 중심에서 입체 배열을 나타내기 위한 쐐기 모양의 결합 표시를 하지 않으며, 입체 중심 탄소를 기준으로 정해진 규칙에 따라 네 개의 치환기를 동서남북(좌우상하) 방향에 실선으로 배치하는 배열법이다. 그러나 이 방법은 시각적으로 삼차원적 입체감이 표현되지 않아 이 방법에 사용되는 배치 규칙을 숙지하지 않은 경우 정확한 배열을 이해하는 데 실수할 확률이 높다.

Hermann Emil Fischer(1852~1919): 독일 출신 유기화학자. Erlangen, Würzburg 및 Berlin 대학교 교수 역임. 에스터화 반응의 발견. 당류의 입체 구조 및 합성 연구로 1902년 노벨 화학상 수상.

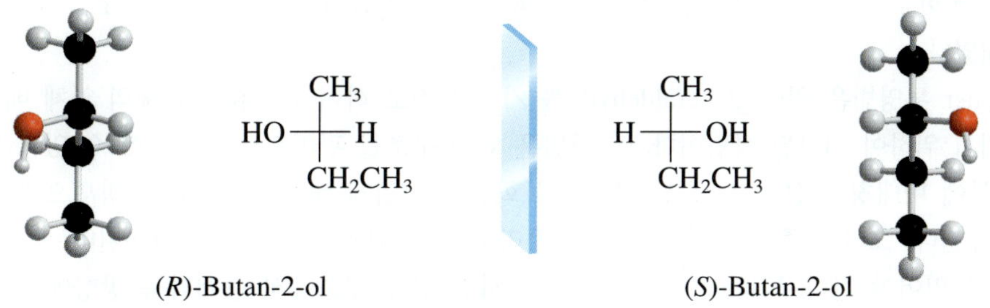

그림 5.8 **Fischer 투영법(*D,L* 배열법)으로 나타낸 (*R*)과 (*S*)-butan-2-ol.**

5.4.5 *D,L* 배열법의 배치 규칙

D,L 배열법은 입체 중심 탄소에 H, OH, CH_2OH, CHO기가 치환된 glyceraldehyde(글리세르알데하이드)의 입체 배열을 기준으로 만들어졌다. *D,L*은 반드시 **알파벳 대문자**를 사용해야 한다. 소문자 *d,l*로 표시하면 고유 광회전도(5.6.2절)값의 우회전성과 좌회전성을 의미하게 되므로 주의해야 한다. *D,L* 배열법에서 입체 중심에 있는 치환기의 공간 배열을 나타내는 배치 규칙은 다음과 같다(15.1.4절 참조).

■ 규칙 1

입체 중심 탄소를 포함한 가장 긴 탄소 사슬을 세로 방향으로 배치하되 탄소 원자의 산화 상태가 상대적으로 더 높은 치환기를 북쪽 방향(위쪽)에, 낮은 것을 남쪽 방향(아래쪽)에 놓는다.

- Glyceraldehyde의 경우 CHO기가 CH_2OH기보다 산화 상태가 더 높으므로 입체 중심을 기준으로 위쪽(북쪽 방향)에 CHO기를, 아래쪽(남쪽 방향)에 CH_2OH기를 배치한다.

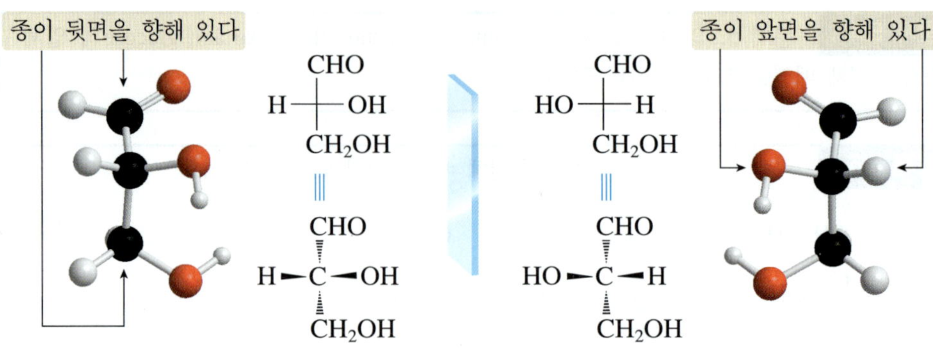

(R)-Glyceraldehyde＝D-Glyceraldehyde　　(S)-Glyceraldehyde＝L-Glyceraldehyde

그림 5.9 **Fischer 투영법(*D,L* 배열법)으로 나타낸 (*R*)- 및 (*S*)-glyceraldehyde.**

■ 규칙 2

입체 중심 탄소를 기준으로 동서(좌우) 방향에 있는 두 개의 치환기는 종이 앞면을 향하게 배치하며, 남북(상하) 방향에 있는 두 개의 치환기는 종이 뒷면을 향하게 배치한다.

- Glyceraldehyde의 *D,L* 배열법에서 동서 방향의 치환기는 H와 OH이다.

■ 규칙 3

규칙 1과 2를 통해 그려진 구조가 입체 중심 탄소로부터 OH기가 동쪽(오른쪽)에 배열되어 있으면 *D*, 서쪽(왼쪽)에 배열되어 있으면 *L*로 표시한다.

그림 5.9에 규칙 1, 2, 및 3을 적용하여 (R)- 및(S)-glyceraldehyde를 Fischer 투영법으로 나타내었다.

Fischer 투영법은 원래 glyceraldehyde를 기준 물질로 하여 단당류 유도체의 입체 배열을 나타내기 위하여 제안된 방법이다. 이 방법은 입체 구조를 평면적으로 표시할 수 있는 편의성 때문에 비대칭 중심을 가지고 있는 다른 화합물의 입체 배열을 표시하는 방법으로도 자주 사용된다. 그러나 주의할 점은 어느 경우라도 배치 규칙 2는 반드시 적용된다는 사실을 꼭 알고 있어야 한다. Fischer 투영법으로 표시된 입체 구조에서 동서남북 방향에 배열된 치환기 위치를 변경시킬 때에는 규칙 2를 항상 염두에 두어야 혼란스러움에 빠지지 않는다.

- Fischer 투영법(*D,L* 배열법)으로 표현된 입체 배열은 입체 중심 탄소를 기준으로, 수평 방향(좌우 방향)에 있는 두 개의 치환기는 종이 앞면을 향하게, 수직 방향(상하 방향)에 있는 두 개의 치환기는 종이 뒷면을 향하게 배치되어 있다.

예제 5.6 다음 화합물은 입체 중심이 Fischer 투영법으로 표시되어 있다. 이를 삼차원 구조로 나타내고, 입체 배열을 *R,S*로 나타내시오.

a. 위: CO_2H, 왼쪽: H, 오른쪽: NH_2, 아래: CH_3

b. 위: CH_2CH_3, 왼쪽: F, 오른쪽: H, 아래: CH_3

c. 위: CH_2OH, 왼쪽: H, 오른쪽: OH, 아래: CH_3

d. 위: $CH{=}CH_2$, 왼쪽: H_3C, 오른쪽: H, 아래: CH_2CH_3

풀이

a. 위: CO_2H, 왼쪽: H, 오른쪽: NH_2, 아래: CH_3 ≡ 위: CO_2H, 왼쪽: H, C, 오른쪽: NH_2, 아래: CH_3 ≡ 2 CO_2H, 3 H_3C, C, 1 NH_2, 4 H　(R)

b. 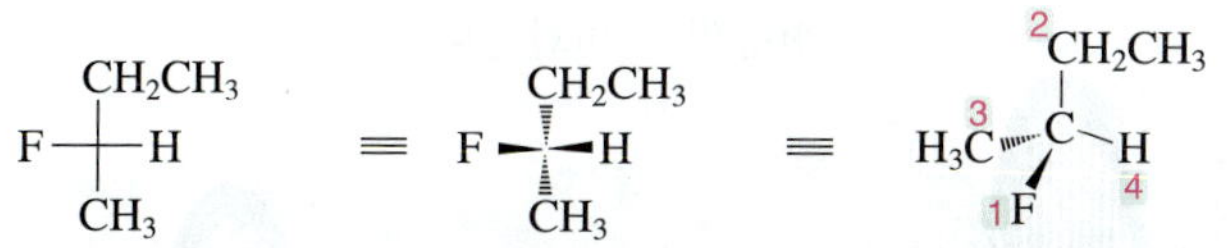 F–C(CH₂CH₃)(CH₃)–H ≡ ≡ (S)

c. 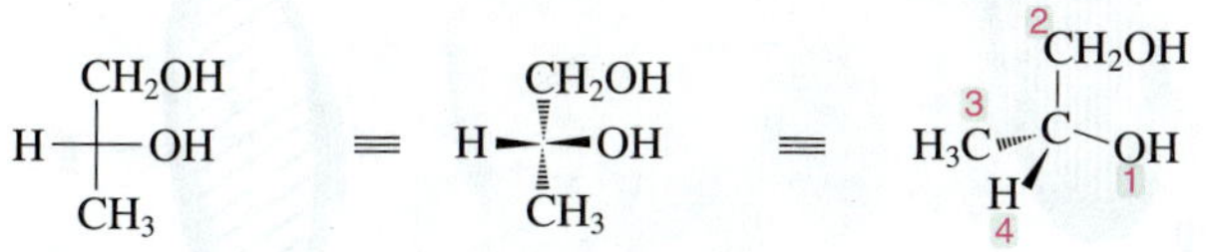 H–C(CH₂OH)(CH₃)–OH ≡ ≡ (R)

d. 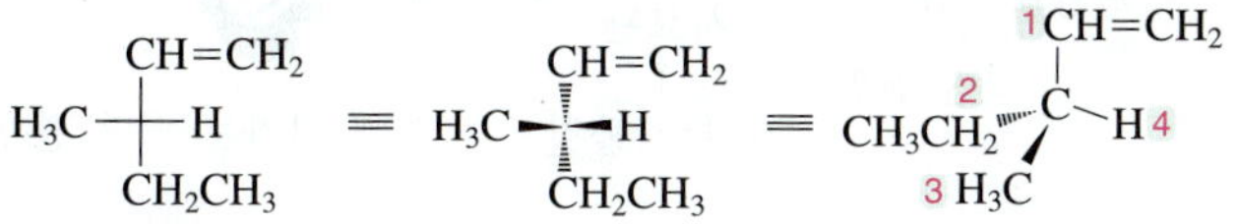 H₃C–C(CH=CH₂)(CH₂CH₃)–H ≡ ≡ (S)

거울상 이성질체의 입체 중심을 나타내는 방법

분자 내에 두 개 이상의 비대칭 탄소를 가지고 있는 경우 비대칭 중심이 *R* 또는 *S*인지 개별적으로 부여하여 이성질체 맨 앞에 나타낸다.

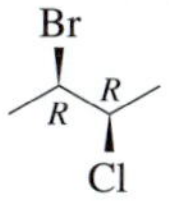

(2*R*,3*R*)-2-Bromo-3-chlorobutane

문제 5.6 다음 분자를 Fischer 투영법과 삼차원 구조로 나타내시오.

a. (3*S*)-3-Methylheptane
b. (2*R*)-Pentan-2-ol
c. (2*R*,3*R*)-Butan-2,3-diol
d. (3*S*,4*R*)-3,4-Dimethylhexane
e. (3*R*,4*R*)-3,4-Dibromoheptane

5.5 비대칭 탄소가 없는 카이랄 분자

비대칭 탄소가 없더라도 분자의 구조 특성으로 인해 결합 사이의 자유 회전이 장애를 받아 그 거울상이 서로 포개지지 않는 분자의 경우 카이랄성이 나타난다. 이런 성질을 나타내는 물질을 **회전장애이성질체(atropisomer)**라고 한다. **그림 5.10**에 나타낸 allene 화합물과 binaphthol 등이 그 예에 해당된다.

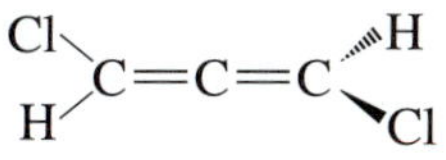

(*S*)-1,3-Dichloroallene 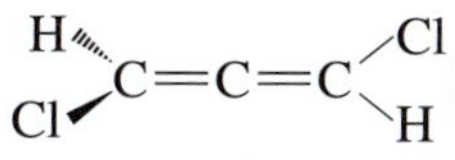 (*R*)-1,3-Dichloroallene

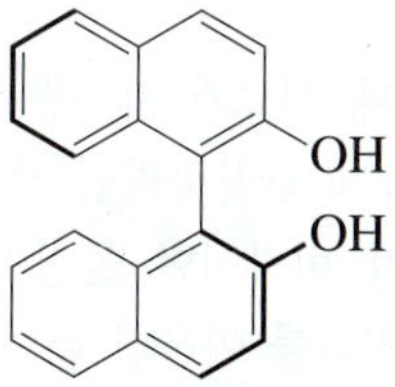

(*S*)-Binaphthol 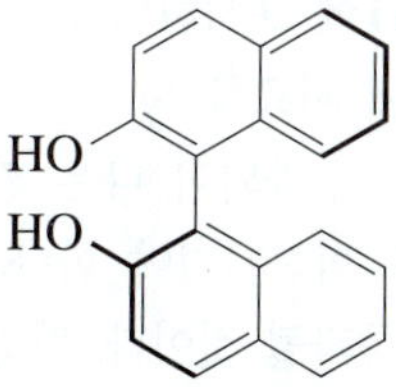 (*R*)-Binaphthol

그림 5.10 **회전장애이성질체.** 비대칭 중심 탄소는 없으나 광학 활성인 이성질체. 분자 내 결합이 자유 회전이 불가능하여 거울상이 겹쳐지지 않아 광학 활성을 나타낸다.

5.6 카이랄 분자의 성질: 광학 활성도

카이랄 분자인 거울상이성질체는 **광학 활성(optical activity)**을 가지고 있다. **광학 활성**이란 **편광면을 회전시키는 성질**을 의미하는데, 편광이란 단일 평면에서만 진동하는 빛을 말한다.

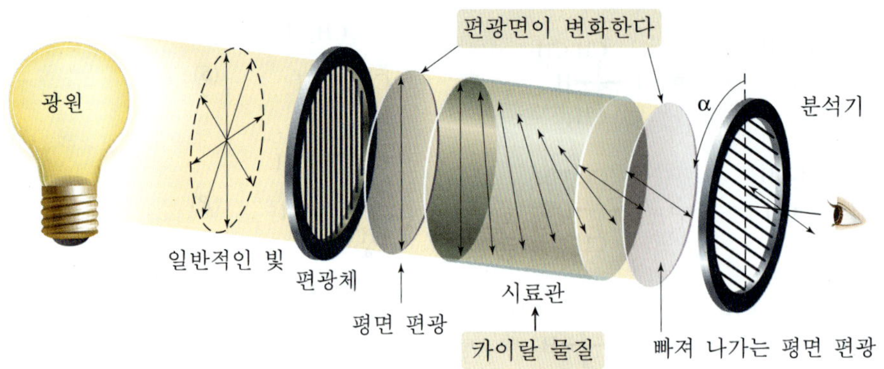

그림 5.11 **편광계의 구조.** 광원에서 나오는 빛은 모든 면에서 진동하는 빛이다. 이 빛이 편광체를 통과하면 한 면에서만 진동하는 빛이 되는데, 이를 평면 편광이라 한다. 이 편광이 광학 활성 물질이 들어 있는 용액을 통과하면 편광면이 회전된다. 흔히 사용되는 광원은 589 nm(D선)의 파장을 가진 소듐등이다.

보통 빛은 모든 방향으로 무작위로 진동하는 전자기파이다. 이 빛이 니콜 프리즘과 같은 편광체를 통과하게 되면 단일 평면 방향으로만 진동하게 되는데, 이를 **평면 편광** 또는 단순히 **편광**(**polarized light**)이라고 부른다. 비카이랄 물질은 편광을 그대로 통과시키지만, 카이랄 분자는 편광면을 회전시키는 성질을 가지고 있다.

- **편광면을 회전시키는 성질**을 **광학 활성**이라 하는데, 이런 성질을 가지고 있는 분자를 **카이랄 분자**라고 한다.
- **편광**이란 단일 평면 방향으로만 진동하는 빛(전자기파 파동)을 말한다.

거울상이성질체는 광학 성질과 카이랄 물질과의 상호작용만 다르고 끓는점, 녹는점, 밀도, 굴절률, 용해도 등과 같은 다른 물리적 성질이 동일하다. 따라서 물리적 성질의 차이를 이용한 일반적인 분리법을 가지고 거울상이성질체를 분리할 수 없다.

5.6.1 편광계

카이랄 물질의 광학 활성도를 측정하는 장치를 **편광계**(**polarimeter**)라고 한다. 이 장치의 주요 구조를 **그림 5.11**에 표시하였다.

이 장치의 시료관에 시료를 넣고 편광을 통과시킬 때 시료가 카이랄 물질이면 편광면을 회전시켰을 것이므로, 투과되어 나온 편광면을 관찰자가 관찰하려면 분석기를 오른쪽으로 회전하거나 왼쪽으로 회전시켜야 한다. 만약에 시료가 비카이랄 물질이면 분석기의 회전 없이 편광은 그대로 통과될 것이다. 편광계는 이러한 원리를 이용한 분석 장치이다.

*D*와 *L*은 절대 배열을 나타내며, *d*와 *l*은 편광면을 회전시키는 성질이 각각 우회전성과 좌회전성임을 나타낸다. 이들은 서로 다른 의미를 가지고 있다.

편광면을 오른쪽으로 회전시키는 성질을 **우회전성**(**dextrorotatory**)이라 하고 (+) 또는 *d*(소문자)로 표시하며, 왼쪽으로 회전시키는 성질을 **좌회전성**(**levorotatory**)이라 하고(−) 또는 *l*(소문자)이라 표시한다. 위의 *d*와 *l*을 거울상이성질체의 절대 배열 표시인 *D*와 *L*과 혼동해서는 안 된다.

5.6.2 고유 광회전도

광학 활성 물질이 편광면을 회전시키는 성질은 그 물질만이 가지고 있는 고유한 물리적 성질 중 하나이다. 그러나 편광계로 측정한 편광면 회전값은 측정할 때 사용한 광원의 파장, 온도, 시료 농도, 용매 등에 따라 달라진다. 이들 측정 조건을 적용하여 측정한 회전값은

고유 광회전도(specific rotation, [α])로 나타낸다. 이 값은 다음 계산식에 의해 계산된 값이며, 물질의 광학 활성도를 나타내는 물리적 상수로 사용되고 있다.

$$\text{고유 광회전도} = [\alpha]_D^t = \frac{\alpha}{l \times c} \quad \text{또는} \quad \frac{100\,\alpha}{l \times c}$$

식 1 식 2

t = 측정 온도(섭씨)
D = 파장이 589 nm인 빛(소듐 증기등)
α = 편광계에서 측정된 회전값
l = 시료관 길이(dm); 1 dm = 10 cm
c = 농도(식 1: g/mL; 식 2: g/100 mL = % 농도)

예를 들어, 두 거울상이성질체인 (*R*)-과 (*S*)-glyceraldehyde의 [α]값은 부호만 틀리고 그 값은 8.7로 동일하다. Lactic acid (락트산)의 두 이성질체의 경우도 마찬가지이다.

(*R*)-Glyceraldehyde $[\alpha]_D = +8.7$

(*S*)-Glyceraldehyde $[\alpha]_D = -8.7$

(*R*)-Lactic acid $[\alpha]_D = -3.8$

(*S*)-Lactic acid $[\alpha]_D = +3.8$

그러나 위의 예에서 보듯이 [α]값의 부호와 절대 배열 표시인 *R*,*S*는 아무 상관 관계가 없다. 이들은 오직 비대칭 탄소 원자와 결합되어 있는 치환기들의 공간적 입체 배열 관계를 나타내는 표지자일 뿐이다. (*R*)-glyceraldehyde의 [α]값은 (+) 부호를 갖지만, (*R*)-lactic acid의 경우 (−) 부호를 가진다. 학생들은 *R*, *S* 또는 *D*,*L* 표시를 왜 절대 배열이라고 하는지를 이제 충분히 이해할 수 있을 것이다. 한 쌍의 거울상이성질체의 **고유 광회전도([α]값)**는 부호만 다르고 값은 동일하다.

예제 5.7 시료 A 0.34 g이 에탄올 25 mL에 녹아 있는 용액을 25 °C에서 20 cm의 편광계 시료관에 넣고, 589 nm의 파장을 이용한 편광계로 측정하였더니 광회전이 +0.56°였다. 이 물질의 고유 광회전도값을 구하시오.

풀이

$$\text{고유 광회전도} = [\alpha]_D^t = \frac{\alpha}{l \times c}\ (c = \text{g/mL}) \ \text{또는}\ \frac{100\,\alpha}{l \times c}\ (c = \%\ \text{농도})$$

$t = 25$, $l = 2$(dm), $c = 1.36\%$, $\alpha = +0.56$이므로

$$[\alpha]_D^{25} = \frac{100\,\alpha}{l \times c} = \frac{100 \times 0.56}{2 \times 1.36} = 20.59\ (c = 1.36,\ CH_3CH_2OH)$$

고유 광회전도 값을 나타낼 때에는 측정 용액의 농도와 용매를 함께 나타낸다.

5.6.3 광학 순도와 거울상 초과량

어떤 시료가 순수한 한 가지 거울상이성질체인지 아니면 거울상이성질체의 혼합물인지를 나타내는 지표로서, **광학 순도(optical purity)**와 **거울상 초과량(enantiomeric excess, *ee*)**이란 용어를 사용한다. **광학 순도**는 시료의 [α]값을 이 시료가 갖는 순수한 거울상이성질체의 [α]값으로 나눈 뒤 백분율(%)로 나타낸 값이다. 예를 들어, 고유 광회전도가 $[\alpha]_D = -1.9$

인 lactic acid의 광학 순도는 50%이다(lactic acid의 순수한 거울상이성질체의 고유 광회전도는 3.8이다).

$$\bullet\ \textbf{광학 순도}(\%) = \frac{\text{시료의 }[\alpha]\text{값}}{\text{순수 거울상이성질체의 }[\alpha]\text{값}} \times 100$$

거울상 초과량은 한쪽 이성질체가 라셈 혼합물보다 얼마나 과잉으로 존재하는가를 표시하는 값으로 % *ee*로 나타낸다. 예를 들어, 거울상 초과량이 50% *ee*이고 *R* 배열체인 물질은 75%의 *R* 배열체와 25%의 *S* 배열체의 혼합물임을 나타낸다(*R* 배열체 50%와 라셈체에 있는 *R* 배열체의 지분 25%를 더한 값).

$$\%\,ee = \frac{|R - S|}{R + S} \times 100\%$$

• **거울상 초과량(% *ee*)** = 한쪽 이성질체의 % − 다른 한쪽 이성질체의 %

예제 5.8 어떤 물질의 거울상 초과량은 60% *ee*이었다. 이 물질은 *R* 배열을 가지고 있다고 가정한다면 거울상이성질체의 혼합 비율(*R*과 *S* 비율)은 어떠한가?

풀이

$R(\%) + S(\%) = 100$

$60\ (\%\ ee) = R(\%) - S(\%)$이므로 두 식으로부터 $R(\%) = 80$. 따라서 *R*과 *S*체가 80:20으로 혼합된 화합물이다.

문제 5.7 다음 화합물의 거울상이성질체의 혼합 비율은 얼마인가?

a. 90% *ee*, *R* **b.** 50% *ee*, *S* **c.** 98% *ee*, *S*

5.6.4 라셈 혼합물

두 거울상이성질체가 동일한 양으로 혼합되어 있는 물질을 **라셈 혼합물(racemic mixture)** 또는 **라셈체(racemate)**라 하며, 광학 비활성이다. 왜냐하면 우회전성인 이성질체와 좌회전성인 이성질체가 같은 양으로 혼합되어 있어, [α]값의 부호가 상쇄되어 0이 되기 때문이다. 라셈 혼합물은 고유 광회전도 이외에 녹는점과 끓는점 같은 물리적 성질이 각각의 순수한 거울상이성질체와 다르게 나타난다.

5.7 부분입체이성질체와 메조 화합물

5.7.1 부분입체이성질체

한 분자 내에 비대칭 중심을 두 개 이상 가진 화합물에 대한 입체이성질체의 구조를 공부해 보자. $CH_3CHBrCHClCH_3$ 분자는 브로민 원자가 붙어 있는 C−2와 염소 원자가 붙어 있는 C−3에서 두 개의 입체 중심을 가지고 있다. 이들 두 개의 입체 중심의 절대 배열을 부여할 때는, 다음과 같이 C−2와 C−3에 붙어 있는 치환기의 우선순위를 각각 독립적으로 매긴 후 *R* 또는 *S*의 배열 표시를 해야 한다.

3 H_3C *S* $CHClCH_3$ 2, Br 1 | Cl, 2*S*, 3*R*, Br | 1 Cl, 3 H_3C *R* $CHBrCH_3$ 2

C—2의 입체 중심 : *S* 배열

C—3의 입체 중심 : *R* 배열

또한 이 분자는 두 개의 비대칭 탄소를 가지고 있기 때문에 **그림 5.12**과 같이 네 개의 입체이성질체를 가진다(비대칭 탄소가 두 개이므로 $2^n = 2 \times 2 = 4$). 이들 사이의 상호 관계를 관찰해 보면 화합물 1과 2 및 화합물 3과 4는 서로 거울상이성질체 관계를 이루고 있지만, 나머지 이성질체들 사이의 관계는 두 개의 입체 중심 배열 중 한 개만 같고 다른 한 개는 다르다. 이런 관계를 가지고 있는 화합물을 **부분입체이성질체(diastereomer)**라고 하며, 이들은 광학 성질뿐 아니라 끓는점, 녹는점, 용해도 등 모든 물리적 성질이 다른 별개의 화합물이다.

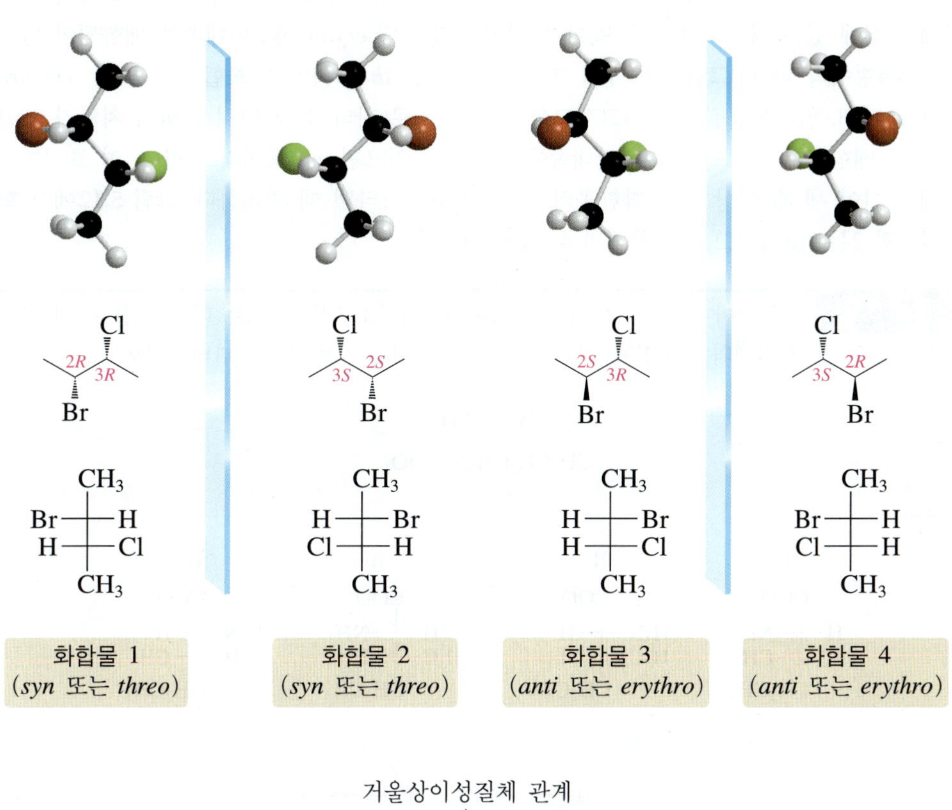

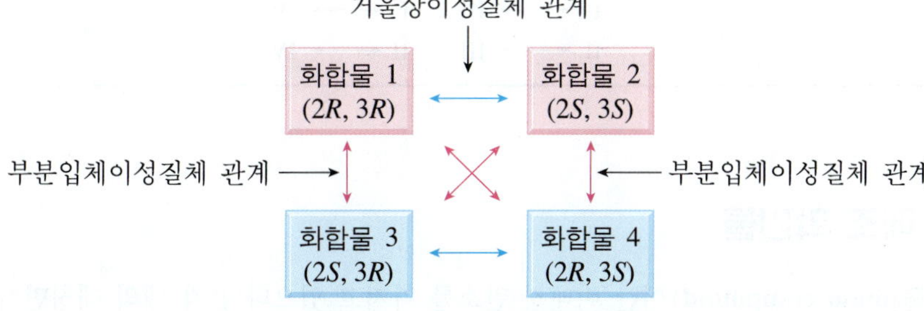

그림 5.12 비대칭 탄소가 두 개인 분자의 거울상이성질체와 부분입체이성질체.

앞에서 언급한 내용을 요약하면 다음과 같다.

- 두 개 이상의 비대칭 중심을 가지고 있는 분자는 각각의 입체 중심에 대하여 *R* 또는 *S* 배열을 지정해 준다.
- *n*개의 비대칭 탄소를 가지고 있는 화합물은 부분입체이성질체를 포함하여 최대 2^n개의 입체이성질체수를 가진다.
- 입체이성질체 중 부분입체이성질체 관계를 가지고 있는 화합물은 광학 성질뿐 아니라 끓는점, 녹는점, 용해도 등 모든 물리적 성질이 다른 별개의 화합물이다.
- 비대칭 탄소를 가지고 있다고 해서 모두 카이랄 분자가 되는 것은 아니다(5.7.3절 참조).

5.7.2 *Erythro*형과 *Threo*형 및 *Syn*형과 *Anti*형

Erythrose와 threose의 구조

```
      CHO             CHO
  H ──┼── OH     HO ──┼── H
  H ──┼── OH      H ──┼── OH
     CH2OH           CH2OH
  D-Erythrose     D-Threose
```

부분입체이성질체에 있는 입체 중심의 상대적 입체 배열을 나타내는 방법으로, ***erythro***와 ***threo*** 또는 ***syn***과 ***anti***라는 용어를 사용하기도 한다. *erythro*와 *threo*는 사탄당(tetrose)인 erythrose와 threose 구조에서 유래된 것으로 입체이성질체를 Fischer 투영법으로 나타낼 때 입체 중심에 있는 치환기가 같은 쪽에 배향되어 있으면 *erythro*형, 반대쪽에 배향되어 있으면 *threo*형이라 한다. **그림 5.12**에서 화합물 1과 2는 ***threo*형**이고, 화합물 3과 4는 ***erythro*형**이다. 한편, 입체이성질체를 지그재그형 골격 구조로 나타낼 때 입체 중심의 치환기가 같은 쪽에 배향되어 있으면 *syn*형, 반대쪽에 배향되어 있으면 *anti*형이라고 한다. 이 표시법은 입체 중심이 세 개 이상 있는 화합물의 입체 배열을 나타낼 때 편리하다. **그림 5.12**에서 화합물 1과 2는 ***syn*형**이고, 화합물 3과 4는 ***anti*형**이다.

예제 5.9 필수 아미노산의 하나인 isoleucine(아이소루신) 구조는 다음과 같다. 이 물질의 거울상이성질체와 부분입체이성질체 구조를 Fischer 투영법으로 나타내시오.

$$CH_3CH_2CH(CH_3)CH(\overset{+}{N}H_3)COO^-$$

풀이

```
        I                 II                  III                 IV
      COO⁻              COO⁻                COO⁻                COO⁻
  H ──┼── ⁺NH3    H3N⁺ ──┼── H        H ──┼── ⁺NH3     H3N⁺ ──┼── H
  H ──┼── CH3     H3C ──┼── H       H3C ──┼── H          H ──┼── CH3
     CH2CH3            CH2CH3             CH2CH3              CH2CH3
     └──── 거울상이성질체 ────┘            └──── 거울상이성질체 ────┘
```

부분입체이성질체: I ⟷ III, I ⟷ IV, II ⟷ III, II ⟷ IV

5.7.3 메조 화합물

3개의 카이랄 중심을 가지고 있으며 분자 내 대칭면이 없는 분자는 4쌍의 거울상이성질체(2^3 = 8개)와 24개의 부분입체이성질체를 가진다.

메조 화합물(meso compound)이란 비대칭 탄소를 가지고 있으나 **분자 내의 대칭면**이 존재하여 **광학 비활성**인 화합물을 말한다. **그림 5.13**에 나타낸 tartaric acid(타타르산)의 경우 두 개의 비대칭 탄소를 가지고 있어 두 쌍(4개)의 거울상이성질체의 존재를 예상하지만, 분자 내 대칭면을 가지는 부분입체이성질체가 존재하기 때문에 실제로는 광학 활성인 한 쌍(2개)의 거울상이성질체와 광학 활성이 없는 한 개의 메조체만 존재한다.

Meso-tartaric acid는 광학 활성(2*R*,3*R*)-과 (2*S*,3*S*)-tartaric acid와 부분입체이성질체 관계이므로 이들과는 전혀 다른 물리적 성질을 갖고 있다(**표 5.2 참조**).

COOH / H—(R)—OH / HO—(R)—H / COOH
(2*R*,3*R*)-Tartaric acid

COOH / HO—(S)—H / H—(S)—OH / COOH
(2*S*,3*S*)-Tartaric acid

COOH / H—(R)—OH / H—(S)—OH / COOH
(2*R*,3*S*)-Tartaric acid

=

COOH / HO—(S)—H / HO—(R)—H / COOH
(2*S*,3*R*)-Tartaric acid

거울상이성질체

메조 화합물

COOH / H—OH / H—OH / COOH

분자 내 대칭면을 가지고 있다

COOH / H—OH / H—OH / COOH → 180° 회전 → COOH / HO—H / HO—H / COOH

그림 5.13 **Tartaric acid의 광학 활성체와 메조체.**

표 5.2 광학 활성 tartaric acid와 메조 tartaric acid의 물성 비교

물리적 성질	2*R*,3*R*	2*S*,3*S*	메조체
고유 광회전도	+12	−12	0
녹는점(°C)	168 ~ 170	168 ~ 170	146 ~ 148
밀도(g/mL)	1.7598	1.7598	1.6660
용해도(g/100 g 물)	139	139	125

예제 5.10 다음 화합물 중 메조체를 선택하시오.

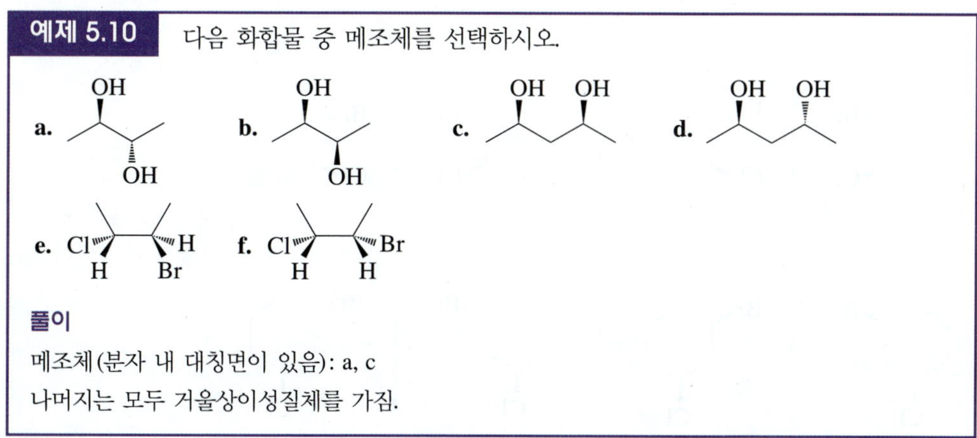

풀이

메조체(분자 내 대칭면이 있음): a, c

나머지는 모두 거울상이성질체를 가짐.

5.8 입체 중심을 두 개 가진 사이클로알케인

두 개 이상의 치환기를 가지고 있는 사이클로알케인의 경우 비대칭 중심이 존재하는지 또한 분자 내의 대칭면이 존재하는지를 유심히 살펴보아야 한다. 예를 들어, 두 개의 치환기를 가진 cyclohexane의 경우 치환기가 동일한지의 여부, 치환기가 결합되어 있는 위치 및 입체 배열에 따라 다른 종류의 입체이성질체가 생긴다(**그림 5.14**).

- 1,2- 및 1,3-위치에 동일한 치환기를 가지고 있는 사이클로알케인에서 두 치환기가 ***cis* 배열**인 경우 모두 분자 내 대칭면을 가지고 있어 **메조 화합물**이며, ***trans* 배열**인 경우 각각 한 쌍의 **거울상이성질체**가 존재한다.

두 개의 동일한 치환기를 가진 cyclopropane, cyclobutane 및 cyclopentane에서도 **그림 5.14**에 나타낸 cyclohexane의 경우와 동일한 관계를 나타낸다.

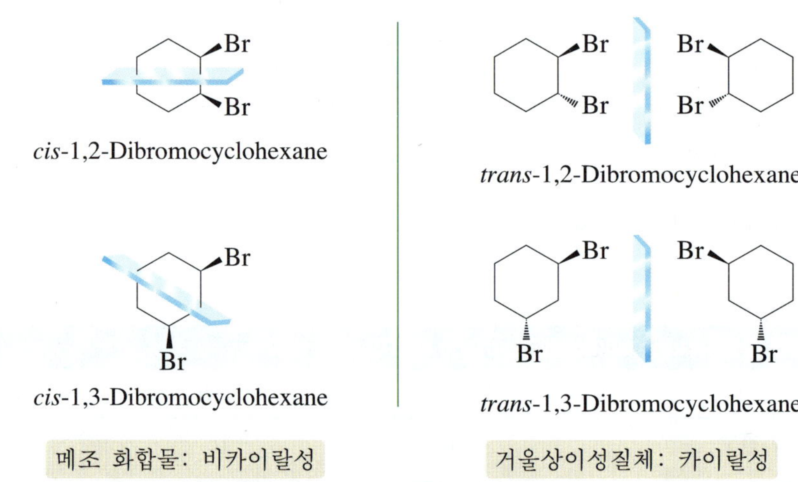

그림 5.14 **1,2- 또는 1,3-Dibromocyclohexane의 입체이성질체.**

- 1,2- 또는 1,3-위치에 다른 치환기를 가지고 있는 사이클로알케인의 경우 각각 두 쌍(네 개)의 거울상이성질체가 존재한다(**그림 5.15**).

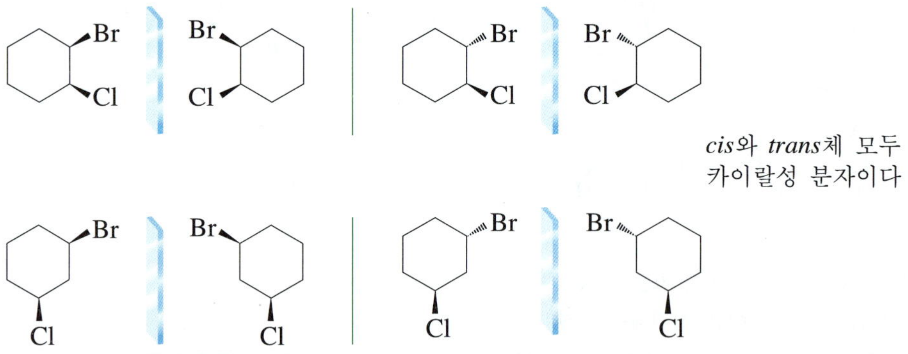

*cis*와 *trans*체 모두 카이랄성 분자이다

그림 5.15 ***cis*- 및 *trans*-1-Bromo-2-chlorocyclohexane의 입체이성질체.** 모두 분자 내 대칭면을 가지고 있지 않다.

- 1,4-위치에 치환기를 가지고 있는 cyclohexane의 경우 치환기의 동일 여부와 관계없이 비대칭 중심이 존재하지 않아 입체이성질체가 없다.

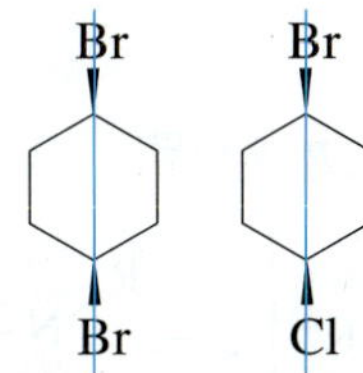

예제 5.11 다음을 메조체와 거울상이성질체를 가지고 있는지 구별하시오.

a. 2,3-Dimethylbutane
b. 1,2-Dimethylcyclobutane
c. 1,2-Dichlorocyclopropane
d. 3,5-Dimethylheptane
e. 1-Ethyl-3-methylcyclohexane
f. 1,1-Dimethylcyclopentane
g. 1-Bromo-4-methylcyclohexane

풀이

a, f, g. 비대칭 중심 없음.
b, c. *cis*형은 메조체, *trans*형은 거울상이성질체.
d. *syn*형은 메조체, *anti*형은 거울상이성질체.
e. *cis* 및 *trans*형 모두 거울상이성질체임.

문제 5.8 다음 화합물의 비대칭 탄소 원자에 * 표를 표시하시오. 모두 몇 개의 입체이성질체가 존재하는지 구조를 그리고, 상호관계를 밝히시오.

a. (CH_3, Br 치환 cyclobutane) **b.** (OH, HO, OH 치환 cyclopentane) **c.** (CH_3, CH_3 치환 cyclohexane)

5.9 질소, 인, 황 원자의 카이랄성

그림 5.16에 나타낸 바와 같이 질소, 인, 황 원자에 4개의 서로 다른 치환기(비공유 전자쌍 포함)가 결합된 암모늄염, 포스포네이트, 포스핀, 설폭사이드 화합물은 이들 원자가 비대칭 중심이 되어 카이랄성을 나타낸다.

비공유 전자쌍의 우선순위
CIP 규칙에 의한 비공유 전자쌍의 우선순위는 수소보다 낮다(가장 낮은 우선순위를 가진다).

그림 5.16 **카이랄 질소, 인, 황 화합물.**

그러나 피라미드형 구조를 가지고 있는 일반 아민의 경우 비공유 전자쌍을 포함한 네 개의 치환기가 모두 다르더라도 카이랄성이 없다. 그 이유는 이들 거울상이성질체들 사이의 에너지 장벽이 너무 낮아 낮은 온도에서도 상호 전환될 수 있기 때문이다. 이를 **아민 반전**이라고 한다(10.1.2절).

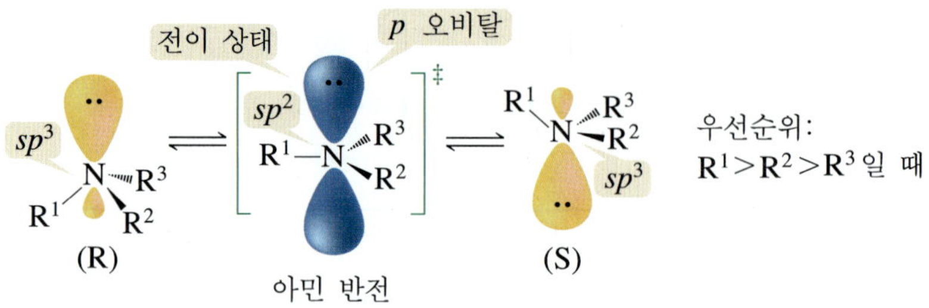

5.10 거울상 분할과 비대칭 합성

5.10.1 거울상 분할법

앞서 5.6절에서 언급한 대로 거울상이성질체는 편광면을 회전시키는 광학 성질과 효소를 포함한 카이랄 물질과의 상호작용만 다를 뿐 끓는점, 녹는점, 밀도, 굴절률, 용해도 등과 같은 다른 물리적 성질은 동일하다. 따라서 거울상이성질체는 보통의 물리적 성질의 차이를 이용한 방법으로는 서로 분리할 수 없다. 라셈 혼합물로부터 거울상이성질체를 분리하는 방법을 거울상 분할법이라 하는데, 다음 세 가지 방법이 주로 이용된다(16.1.4절 참조).

■ 화학적인 방법: 부분입체이성질체염을 이용하는 방법

라셈 산 또는 염기를 각각 카이랄 염기 또는 산(이를 **거울상 분할제, resolving agent**라 한다)과 반응시켜 부분입체이성질체를 만든 다음 이를 재결정하여 분리하는 방법으로, 가장 흔하게 사용되는 방법이다. 이 방법의 개요를 **그림 5.17**에 나타내었으며, 구체적인 예로 라셈 Mandelic acid를 광학 활성 아민으로 거울상 분할하는 방법을 **그림 5.18**에 나타내었다.

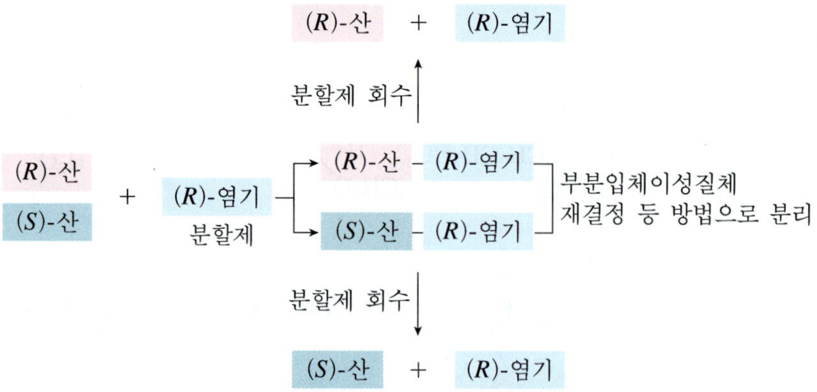

그림 5.17 **라셈 혼합물의 화학적 분할 개요도.**

(R) (S)
라셈 카복실산
+ (R)-amine(염기)
분할제

(R, R)-염 (R, R)-염

부분입체이성질체 분리

H_3O^+ H_3O^+

(R)-카복실산 (S)-카복실산

그림 5.18 **Mandelic acid를 카이랄 아민으로 라셈 분할하는 방법의 예.**

■ 효소를 이용하는 방법

효소는 반응 기질에 대하여 입체 특이적으로 작용한다. 이 성질을 이용하여 라셈체를 분할하는 방법이다. 주로 에스터 또는 아마이드의 가수분해효소를 이용한다.

■ 카이랄 컬럼을 이용하는 방법

카이랄성을 가진 아미노산 또는 탄수화물 유도체를 고정상에 흡착시킨 카이랄 컬럼은 거울상이성질체 상호 간에 친화력이 다르게 작용한다. 이러한 성질을 이용하여 액체 크로마토그래피 방법으로 라셈 혼합물을 분리할 수 있다.

화학 라운지 5.2 **Sulforaphane: 천연 카이랄 황 화합물**

Sulforaphane은 브로콜리에서 발견되는 천연 카이랄 황 화합물로서, 간 해독 작용에 관여하는 효소를 활성화시키는 작용이 있다고 알려져 있다.

(R)-Sulforaphane

5.10.2 비대칭 합성

비대칭 중심을 가진 화합물을 일반 유기 반응을 이용하여 합성할 경우 라셈 혼합물이 생성된다. 비대칭 중심이 생성될 때 *R* 또는 *S*가 우선하여 생성되는 유기 반응을 **비대칭 반응(asymmetric reaction)**이라 하며, 이 반응을 이용하여 광학 활성 물질을 합성하는 방법을 **비대칭 합성(asymmetric synthesis)**이라고 한다. 예를 들면, 비대칭 케톤(ketone, RCOR′)을 일반 환원 시약으로 환원하면 라셈 알코올이 생성되는데, 비대칭 환원 시약으로 환원하면 광학 활성 알코올인 *R* 또는 *S* 알코올을 합성할 수 있다. 이 방법을 **비대칭 환원 반응**이라 하며, 비대칭 반응의 일종이다. 이 반응의 원리는 케톤의 C=O기를 포함하고 있는 2개의 평면 중 한쪽 면에서만 선택적으로 환원 시약(또는 촉매)이 작용하여 비대칭적으로 환원 반응이 일어나게 하는 데 있다(**그림 5.19**와 화학 라운지 5.3 및 9.5 참조).

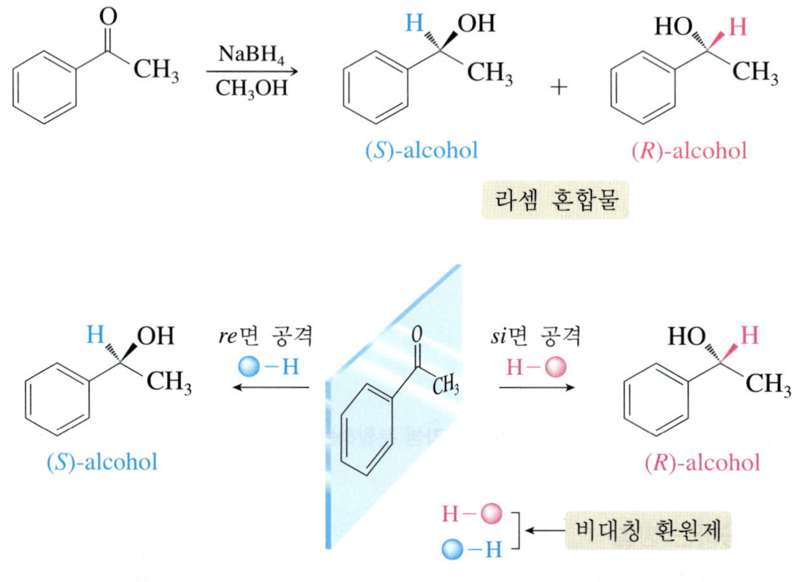

$NaBH_4$ / CH_3OH → (*S*)-alcohol + (*R*)-alcohol

라셈 혼합물

*re*면 공격 / *si*면 공격

(*S*)-alcohol / (*R*)-alcohol

비대칭 환원제

그림 5.19 **케톤의 비대칭 환원 반응.**

화학 라운지 5.3 *re*면과 *si*면

비대칭 케톤(RCOR′)을 비대칭적으로 환원하면 *R* 또는 *S* 알코올을 얻을 수 있다. 이 방법의 원리는 sp^2 혼성화 탄소 원자를 가지고 있어 평면 구조를 나타내는 케톤의 카보닐 탄소(C=O)에 수소 음이온(H^-)이 어느 한쪽 방향으로만 선택적으로 공격하여 알코올을 생성시키는 것이다. 평면을 이루는 세 원자단의 우선순위가 시계 반대 방향으로 배치되어 있는 평면을 *si*면이라 하고, 시계 방향으로 배치되어 있는 평면을 *re*면이라 하는데, H^-가 *si*면을 공격하면 *R* 알코올이 생성되고, *re*면을 공격하면 *S* 알코올이 생성된다. 비대칭 반응에서 케톤과 같은 광학 활성 생성물의 출발 물질을 **선구카이랄(prochiral)** 물질이라 한다.

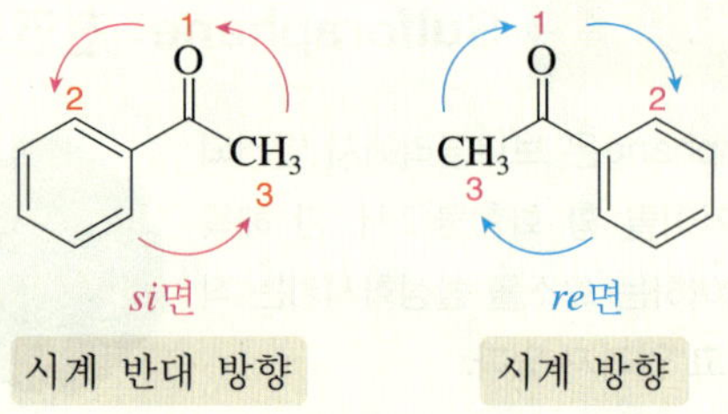

*si*면 — 시계 반대 방향

*re*면 — 시계 방향

5.11 카이랄성과 생물학적 특성

생체 내 수용체는 삼차원 구조로 구성되어 있다. 카이랄 분자는 이 수용체와 결합하여 생물 활성을 나타낼 때, 입체 중심의 배열이 달라지면 수용체와의 결합이 원활하지 못하여 생물학적 특성이 없어지거나 다른 특성을 나타내게 된다. **그림 5.20**에 이런 관계를 도식화하여 나타내었다.

예를 들면, (*R*)-carvone은 박하향의 맛과 냄새가 나지만 (*S*)-carvone은 회향풀(caraway 씨) 향을 내며, 아미노산의 일종인 (*R*)-asparagine은 단맛을 내나, (*S*)-asparagine은 쓴맛을 낸다.

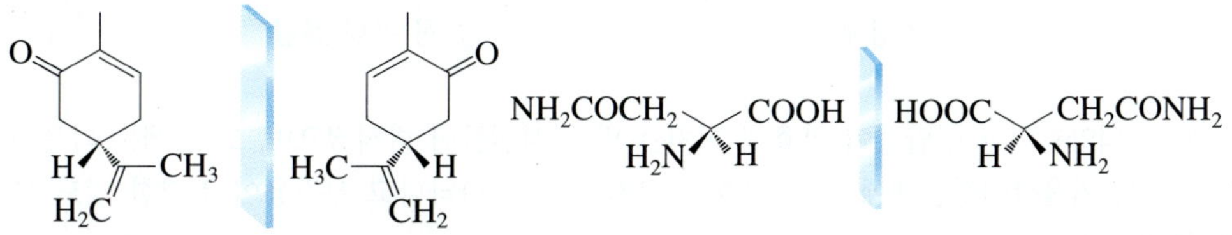

(*S*)-Carvone	(*R*)-Carvone	(*S*)-Asparagine	(*R*)-Asparagine
회향풀향	박하향	쓴맛	단맛

카이랄성에 따른 생물학적 특성이 가장 극명하게 나타난 경우가 약화 사고로 유명한 **thalidomide 사건**이다. 이 약은 1956년 독일 제약회사에서 수면 및 진정제로 개발되어 임신부의 입덧 치료제로도 사용되었던 약이다. 이 약은 구조 중에 입체 중심을 가지고 있어 거울상이성질체가 존재하지만, 라셈 혼합물로 시판되었다. 그 후 이 약을 복용한 임신부에게서 태어난 수천 명의 태아들은 팔 다리가 없는 기형아로 태어났으며, 대표적인 약화 사고의 예가 되었다. 그 원인으로 thalidomide의 거울상이성질체 중 *R*체는 진정 작용이 있으나 *S*체는 기형을 일으키는 물질임이 밝혀졌다. 이를 계기로 **카이랄 약**에 대한 관심이 높아져 현재는 구조 중 입체 중심이 있는 신약의 경우 개발과 허가 단계에서 각각의 거울상이성질체에 대한 약리 작용 및 독성 실험, 안정성 시험을 필수적으로 수행하도록 제도화되어 있다.

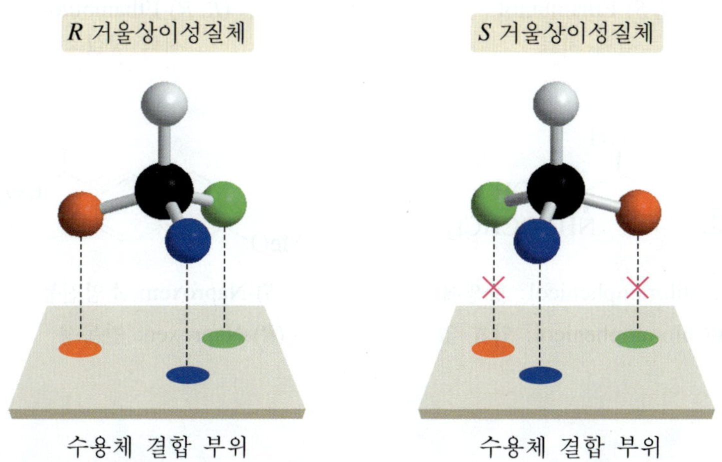

그림 5.20 거울상이성질체와 수용체와의 삼차원 결합 형태. *R* 거울상이성질체는 수용체와 세 군데에서 결합하지만 *S* 거울상이성질체는 한 군데에서만 결합이 가능하여 삼차원 결합이 불가능하다. 이는 마치 왼쪽 발 운동화를 오른쪽 발에 신을 수 없는 것과 유사하다.

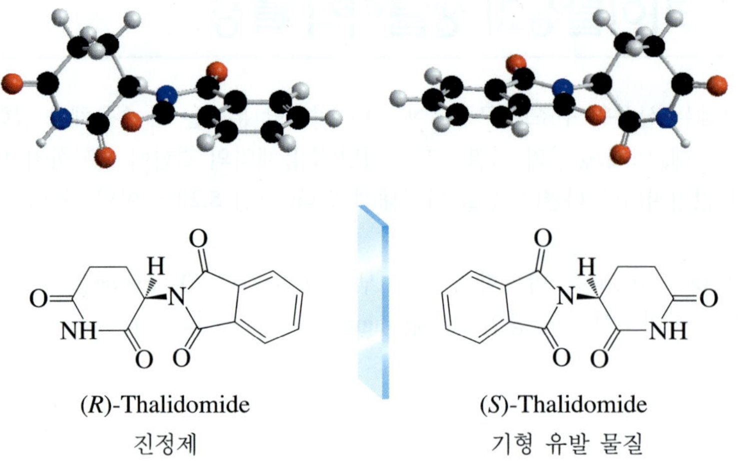

(*R*)-Thalidomide 진정제 | (*S*)-Thalidomide 기형 유발 물질

그 후 의약품의 카이랄성이 약효에 미치는 많은 사실들이 밝혀졌으며, 그 중에는 다음의 예와 같이 거울상이성질체에 따라 약효가 크게 다르게 나타나고 부작용이 심각한 것도 보고되었다.

(*S*)-Ketamine 마취제 | (*R*)-Ketamine 환각제

(*S, S*)-Ethambutol 결핵 치료 | (*R, R*)-Ethambutol 시력 상실

(*R, R*)-Chloramphenicol: 항생제
(*S, S*)-Chloramphenicol: 약효 없음

(*S*)-Naproxen: 소염진통제
(*R*)-Naproxen: 간독성

화학 라운지 5.4 카이랄 약(Chiral drug)

전 세계적으로 시판되는 의약품의 종류는 약 2000종이 있다고 알려져 있다. 이 중 합성 의약품이 약 70% 정도이고, 나머지 30%는 천연물에서 유래되거나 이로부터 반합성된 약이다. 합성 의약품 중 약 40%에 해당되는 500여 종류는 비대칭 입체 중심을 가지고 있다. 이들 약 중 오래 전에 개발되어 사용되고 있는 것은 아직까지도 라셈 혼합물 그대로 사용되고 있는 것이 많다. 한 가지 종류의 거울상이성질체 구조로만 되어 있는 의약품을 **카이랄 약(chiral drug)** 이라고 한다. 지난 30여 년 동안 비대칭 합성, 분리 및 분석 기술이 비약적으로 발전해옴에 따라 카이랄약에 대한 관심이 고조되고 있다. 라셈 혼합물로 사용되던 약 중 약효가 더 좋은 단일 거울상이성질체의 약으로 전환한 약을 **카이랄** 또는 **라셈 전환약(chiral 또는 racemic switch drug)** 이라고 한다. 예를 들면, 소염진통제인 (*S*)-Ibuprofen과 혈압강하제인 (*S*)-Propanolol은 각각의 *R* 이성질체보다 약효가 몇 배 내지 수십 배 더 좋은 것으로 알려져 있다.

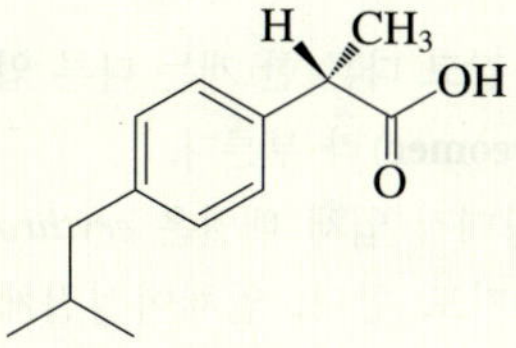

(*S*)-Ibuprofen
(*R*)체보다 세 배 이상의 약효를 가짐

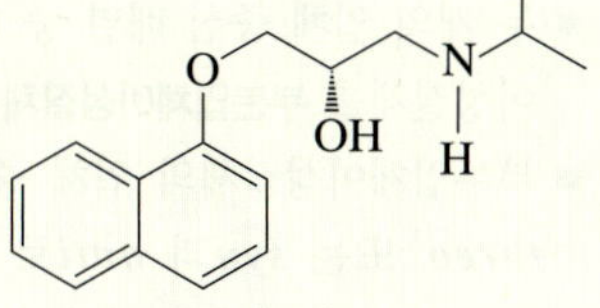

(*S*)-Propanolol
(*R*)체보다 100배 이상의 약효를 가짐

1992년을 전후하여 미국과 유럽에서 단일 거울상이성질체(single enantiomer) 약에 대한 신약 허가 지침을 제시한 이래, 최근의 신약 개발은 카이랄 약이 주종을 이루고 있으며, 세계 여러 나라에서 허가된 신약도 카이랄 약이 비카이랄 약을 앞서는 추세이다. 아래에 최근 허가되어 세계적으로 각광받고 있는 카이랄 약 몇 종류를 소개한다.

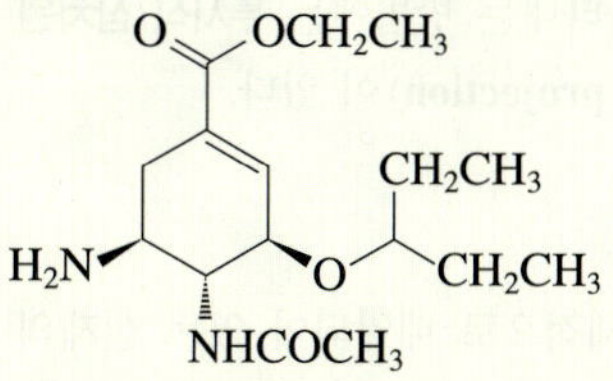

Tamiflu
항바이러스제

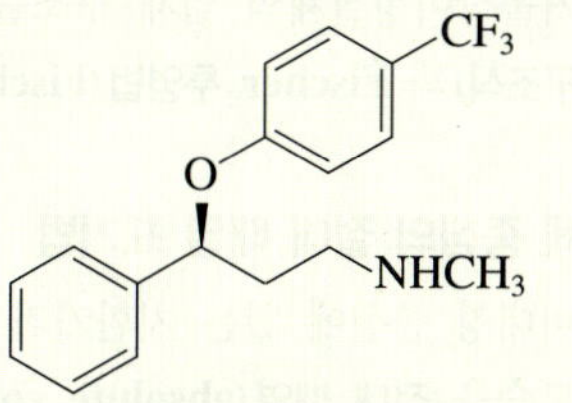

(*R*)-Fluoxetine
항우울제

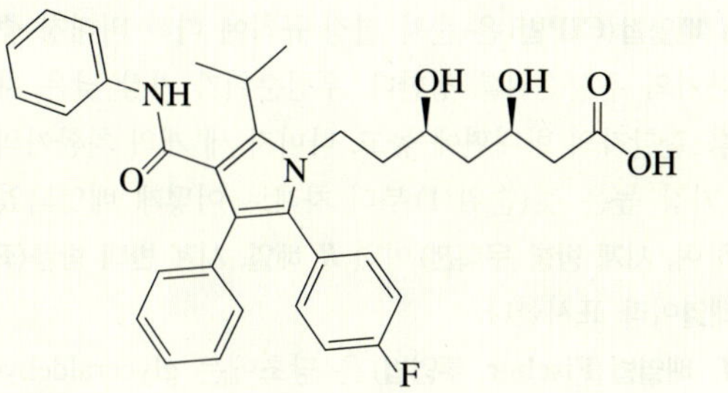

Atorvastatin (Lipitor)
콜레스테롤 흡수 및 합성 저해제

요약 정리

입체이성질체와 거울상이성질체

- **이성질체(isomer)** 란 분자식은 같으나 동일하지 않은 화합물을 말한다. 이성질체는 크게 **구조 이성질체(structural isomer)** 와 **입체이성질체(stereoisomer)** 로 분류된다. 구조 이성질체는 화합물의 구성 원자들의 연결 방식이 서로 다른 화합물이고, 입체이성질체는 원자들의 연결 방식은 같으나 공간 배열이 서로 다른 화합물이다. 입체이성질체에는 **거울상이성질체(enantiomer)** 와 **부분입체이성질체(diastereomer)** 두 가지가 있다.
- **거울상이성질체(광학 이성질체, optical isomer)** 란 거울상과 포개지지 않는 이성질체를 말하며, 부분입체이성질체란 구성 원자들의 공간적 배열이 다르나 거울상이성질체가 아닌 입체이성질체를 말한다. **부분입체이성질체**는 구성 원자들의 공간적 배열이 다른 **배열 부분입체이성질체**(단순히 부분입체이성질체라고 부름)와 고리형 알케인과 이중 결합 화합물에서 탄소-탄소 결합의 자유 회전 제한 때문에 나타나는 ***cis-trans* 이성질체** 두 가지로 분류된다.

거울상이성질체와 카이랄성

- 모든 거울상이성질체는 **카이랄성(chirality)** 을 갖는다. 카이랄성이란 왼손과 오른손의 관계와 같이, 거울상이 서로 **포개지지 않는** 분자가 나타내는 기하학적 구조 특징을 말하며, 이러한 특징을 가진 분자를 **카이랄 분자(chiral molecule)** 라 한다. 반대로 거울상이 서로 겹쳐지는 분자를 **비카이랄 분자(achiral molecule)** 라 한다.

카이랄 분자의 구조

- 가장 흔한 카이랄 분자는 정사면체 구조를 가진 **비대칭 탄소(asymmetric carbon)** 를 가진 분자로서, 거울상이 서로 포개지지

않는 화합물에서 관찰된다. 비대칭 탄소란 네 개의 치환기가 모두 다른 탄소를 말하며, 분자 내에서 그 위치를 **비대칭 중심(asymmetric center)** 또는 **카이랄 중심(chiral center)**이라고도 한다.

- 카이랄 분자는 분자 내에 대칭 회전축 및 거울상 대칭면 등 대칭 요소를 일체 가지고 있지 않다.
- 비대칭 탄소는 흔히 (*)로 표시되며, 비대칭 탄소의 수와 이에 따라 만들어질 수 있는 입체이성질체의 수는 **2^n (n = 비대칭 탄소 원자의 수)개**이다.
- 거울상이성질체의 입체 구조를 나타내는 방법에는 **투시식(삼차원 구조식)**과 **Fischer 투영법(Fischer projection)**이 있다.

입체 중심의 절대 배열 표기법

- 비대칭 중심에 있는 치환기가 입체적으로 배열되어 있는 실제의 모습을 **절대 배열(absolute configuration)**이라 한다. 이 배열을 나타내는 방법으로 ***R,S* 배열법(CIP법)**과 ***D,L* 배열법(Fischer 투영법)**이 있다.
- ***R,S* 배열법(CIP법)**은 순차 결정 규칙에 따라 비대칭 중심에 있는 치환기의 우선순위를 정한다. 우선순위가 가장 낮은 치환기(순위 4)를 관찰자의 반대편에 놓고, 나머지 세 개의 치환기의 우선순위가 가장 높은 것(순위 1)부터 차례로 어떻게 배열되었는지를 관찰하여, **시계 방향(우회전)**이면 ***R* 배열**, **시계 반대 방향(좌회전)**이면 ***S* 배열**이라 표시한다.
- ***D,L* 배열법(Fischer 투영법)**은 당초에는 glyceraldehyde를 기준 물질로 사용해 당류의 입체 배열을 나타내기 위해 제안된 방법으로, 당류와 아미노산의 입체 배열을 나타내는 데 흔히 사용된다. 이들 이외의 화합물에서는 *D,L* 표시는 사용하지 않고 단지 입체 배열만을 나타내며, 이 경우 비대칭 중심에서 상하 수직 방향은 관찰자로부터 먼 쪽(종이면 뒤쪽)으로, 좌우 수평 방향은 관찰자를 향하는 쪽(종이면 앞쪽)으로 배향되어 있음을 나타낸다.

비대칭 탄소가 없는 카이랄 분자

- 비대칭 탄소가 없지만 분자 내의 구조 특성으로 인해 결합 사이의 자유 회전이 장애를 받아 그 거울상이 서로 포개지지 않을 경우에도 광학 활성을 나타낸다. 이런 성질을 나타내는 물질을 **회전 장애이성질체(atropisomer)**라 한다. 이러한 현상은 allene, binaphthol, biphenyl 유도체 등에서 관찰된다.

카이랄 분자의 성질: 광학 활성도

- 거울상이성질체는 **광학 활성(optical activity)**을 가지고 있다. 또한 거울상이성질체는 오직 광학 성질과 카이랄 물질과의 상호작용만 다를 뿐 끓는점, 녹는점, 밀도, 굴절률, 용해도 등과 같은 다른 물리적 성질은 동일하다. 따라서 물리적 성질의 차이를 이용한 일반적인 분리법으로는 거울상이성질체를 분리할 수 없다.
- **광학 활성**이란 편광면을 회전시키는 성질을 말하며, 이 성질은 편광계로 측정할 수 있다. 편광면을 오른쪽으로 회전시키는 성질을 **우회전성(dextrorotatory)**이라 하고, (+) 또는 *d*(소문자)로 표시한다. 왼쪽으로 회전시키는 성질을 **좌회전성(levorotatory)**이라 하고, (−) 또는 *l*(소문자)이라 표시한다. 편광면 회전값은 **고유 광회전도(specific rotation, [α])**로 나타낸다. 이 값은 물질의 광학 활성도를 나타내는 물리적 상수로 사용되고 있다.
- **광학 순도(optical purity)**와 **거울상 초과량(enantiomeric excess, *ee*)**은 어떤 시료가 순수한 한 가지 거울상이성질체인지 아니면 거울상이성질체의 혼합물인지를 나타내는 지표에 사용되는 용어이다. **광학 순도**는 시료의 [α]값을 순수한 거울상이성질체의 [α]값으로 나눈 뒤 백분율(%)로 나타낸 값이며, **거울상 초과량**은 한쪽 이성질체가 라셈 혼합물보다 얼마나 과잉으로 존재하는가를 표시하는 값으로, % *ee*로 나타낸다.
- 두 거울상이성질체가 동일한 양으로 혼합되어 있는 물질을 **라셈 혼합물(racemic mixture)** 또는 **라셈체(racemate)**라 하며, **광학 비활성**이다. 라셈 혼합물은 고유 광회전도 이외에 녹는점과 끓는점 같은 물리적 성질이 각각의 순수한 거울상이성질체와 다르게 나타난다.

부분입체이성질체와 메조 화합물

- 두 개의 입체 중심 배열 중 한 개만 같고 다른 한 개는 다른 입체이성질체를 **부분입체이성질체(diastereomer)**라 부른다.
- 부분입체이성질체의 입체 중심의 상대적 입체 배열은 ***erythro***와 ***threo*** 또는 ***syn***과 ***anti***로 나타내기도 한다. 입체이성질체를 Fischer 투영법으로 나타낼 때 입체 중심에 있는 치환기가 같은 쪽에 배향되어 있으면 *erythro*형, 반대쪽에 배향되어 있으면 *threo*형이라 한다. 한편, 입체이성질체를 지그재그형 골격 구조로 나타낼 때 입체 중심의 치환기가 같은 쪽에 배향되어 있으면 *syn*형, 반대쪽에 배향되어 있으면 *anti*형이라 한다.
- **메조 화합물(meso compound)**이란 비대칭 중심을 가지고 있으나 분자 내에 대칭면이 존재하여 **광학 비활성**인 화합물을 말한다.

입체 중심을 두 개 가진 사이클로알케인

- 1,2- 또는 1,3-위치에 두 개의 동일한 치환기를 가진 사이클로프로페인, 사이클로뷰테인, 사이클로펜테인, 사이클로헥세인에서 두 치환기가 ***cis* 배열**인 경우 모두 분자 내 대칭면을 가지고 있어 **메조 화합물**이다. 두 치환기가 ***trans* 배열**인 경우 각각 한 쌍의 **거울상이성질체**를 가진다.
- 1,2- 또는 1,3-위치에 다른 치환기를 가지고 있는 사이클로프로페인, 사이클로뷰테인, 사이클로펜테인, 사이클로헥세인의 경우 각각 두 쌍(네 개)의 거울상이성질체를 가진다.
- 1,4-위치에 치환기를 가지고 있는 사이클로헥세인의 경우, 치환기의 동일 여부를 막론하고 비대칭 중심이 존재하지 않아 입체이성질체가 없다.

질소, 인, 황 원자의 카이랄성

- 네 개의 치환기(비공유 전자쌍 포함)가 모두 다른 질소, 황, 인 원

자를 가진 화합물의 경우 이들 원자들이 비대칭 중심이 되어 카이랄성이 나타난다. 그러나 아민의 경우 낮은 온도에서도 아민 반전이 일어나기 때문에 카이랄성이 나타나지 않는다.

거울상 분할과 비대칭 합성

- 라셈 혼합물로부터 거울상이성질체를 분리하는 방법을 **거울상 분할법(resolution)**이라 하며, **효소 분할법**, **카이랄 컬럼 분할법**, **화학적 분할법**이 있다.
- 화학적 분할법은 라셈 산 또는 염기를 각각 카이랄 염기 또는 산(이를 **거울상 분할제**, **resolving agent**라 한다)과 반응시켜 부분입체이성질체를 만들고, 이를 재결정하여 분리하는 방법이다.
- **비대칭 합성(asymmetric synthesis)**이란 비대칭 합성 시약을 사용하여, 비대칭 중심이 *R* 또는 *S*가 우선적으로 생성되는 반응을 이용하여 광학 활성 물질을 합성하는 방법을 말한다. 이 반응에서 *R*과 *S* 이성질체를 생성시킬 수 있는 출발 물질을 **선구카이랄 물질(prochiral substance)**이라 한다.

카이랄성과 생물학적 특성

- 생체 내 수용체는 삼차원 구조로 구성되어 있기 때문에 분자가 이 수용체와 결합하여 생물 활성을 나타낼 때 분자의 입체 배열이 중요하다. 거울상이성질체의 카이랄성은 냄새, 맛, 약효 등 생물 특성에 지대한 영향을 미친다. 특히 최근 카이랄 약에 대한 관심과 중요성이 고조되고 있다.

보충 문제

5.9 아래 분자식을 가지며 광학 활성인 화합물의 구조식을 괄호 안의 개수만큼 그리시오.

a. $C_5H_{10}O$(2) **b.** $C_5H_{11}Br$(2) **c.** C_6H_{12}(1)
d. $C_3H_7NO_2$(1) **e.** $C_6H_{10}O$(2) **f.** $C_5H_{13}N$(3)

5.10 다음 화합물에 있는 카이랄 중심에 * 표시를 하시오. 각 화합물은 몇 개의 입체이성질체가 존재할 수 있는가?

a. Cholesterol

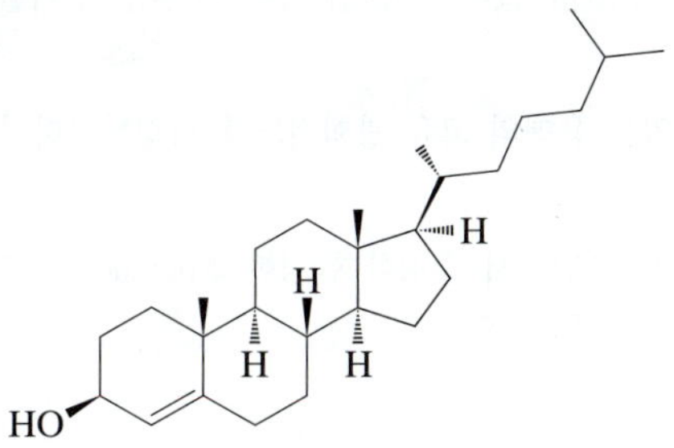

b. Atorvastatin (Lipitor)
고지혈증 치료제

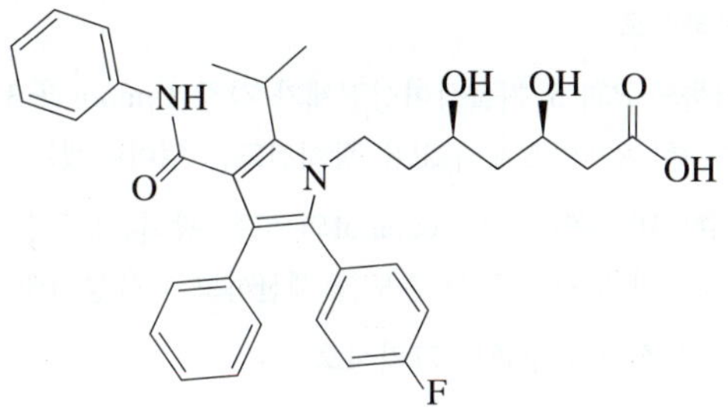

c. Amoxicillin
항생물질

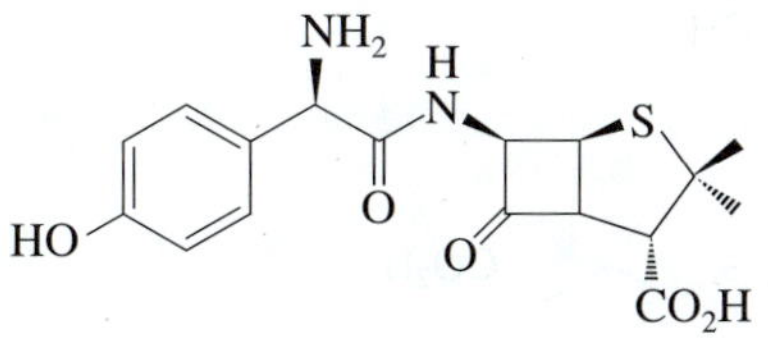

d. Xylitol
감미료

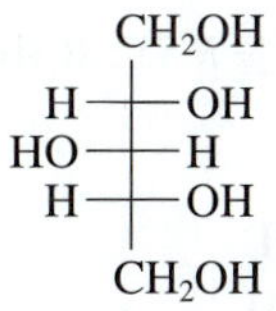

5.11 문제 **5.10**에서 lipitor, amoxicillin 및 xylitol 분자의 입체 중심의 입체 배열을 *R*, *S*로 표시하시오.

5.12 다음 화합물의 거울상이성질체를 Fischer 투영법과 삼차원 구조식으로 나타내시오.

a. $CH_3CH(Br)CH_2OH$ **b.** $CH_3CH_2CH(NH_2)CH(CH_3)_2$ **c.** $C_6H_5CH(OH)CH_3$

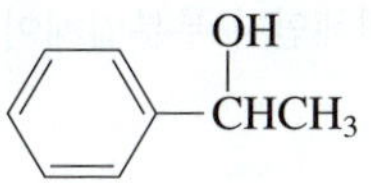

5.13 다음 화합물의 모든 입체이성질체의 구조를 그리시오.

a. $CH_3CH_2\overset{OH}{\overset{|}{C}}HCH_2CH{=}CHCH_3$ **b.** $CH_3\overset{Cl}{\overset{|}{C}}H\overset{OH}{\overset{|}{C}}HCO_2H$ **c.** HO— (cyclopropane with two CH_3)

CH3
CH3

5.14 카이랄 중심의 절대 배열을 *R*, *S*로 표시하시오.

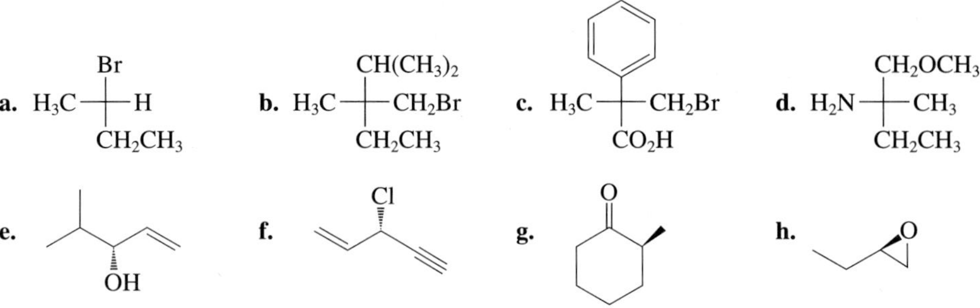

5.15 우선순위를 결정하시오.

a. $-C{\equiv}N$, $-CH_2NH_2$, $-CH_2NHCH_3$, $-NH_2$

b. $-CH_2CH_3$, $-CH_2NH_2$, $-CH_2OH$, $-CH{=}CH_2$

c. $-SH$, $-CH_2SCH_3$, $-CH_2CH_3$, $-CH_2SSCH_3$

d. $-C{\equiv}CH$, $-CH{=}CH_2$, $-C(CH_3)_3$, $-Ph$

5.16 순수한(S)-(+)-mandelic acid의 고유 광회전도는 +154이다. 다음 각 혼합물의 고유 광회전도를 예측하시오.

a. (+)-mandelic acid (25%)와 (−)-mandelic acid (75%)

b. (+)-mandelic acid (50%)와 (−)-mandelic acid (50%)

c. (+)-mandelic acid (70%)와 (−)-mandelic acid (30%)

5.17 광학 순도가 100%인 어떤 물질 A의 $[\alpha]_D^{25}$값은 +13.90이다. 동일한 물질의 $[\alpha]_D^{25}$값이 −3.5인 경우 이 물질의 거울상이성질체 조성 비율을 구하시오.

5.18 어떤 화합물의 *R*과 *S* 거울상이성질체가 각각 1 mmol과 3 mmol이 녹아 있는 용액의 고유 광회전도를 측정하였더니 +5.6이었다. 이 물질의 순수한 *R*체와 *S*체의 고유 광회전도는 얼마이겠는가?

5.19 광학 순도가 100%인 (+)-2-butanol의 고유 광회전도값은 +13.6이다. 같은 조건에서 측정한 합성한 2-butanol의 고유 광회전도값은 +9.5이었다. 이 분자의 광학 순도를 계산하고 거울상이성질체의 조성 비율을 구하시오.

5.20 부분입체이성질체의 구조를 그리시오.

a. HO, NH_2 **b.** **c.** CH_3 / H—OH / HO—H / CH_3 **d.** CO_2H / H—NH_2 / HO—H / CH_3 **e.**

5.21 다음 생물 분자의 비대칭 중심의 입체 배열을 *R*,*S*로 표시하시오.

HO OH OH HO O O

Ascorbic acid
(Vitamin C)

O HN NH H H H S $CH_2(CH_2)_3CO_2^-$

Biotin

O H CO_2H HO H H HO H

Prostaglandin E_1

5.22 다음 각 쌍의 화합물의 관계가 거울상이성질체인지 부분입체이성질체인지 구별하시오.

a. 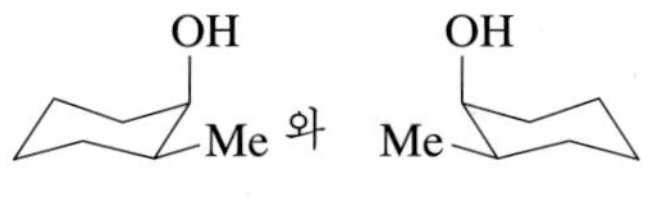 (구조) 와 (구조)　　b. 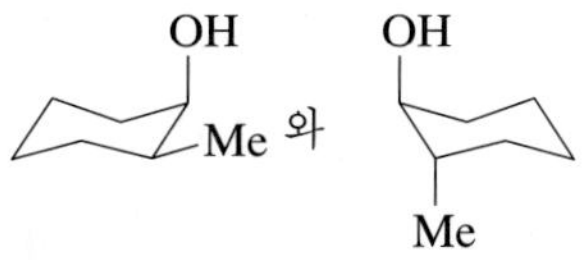 (구조) 와 (구조)

c. 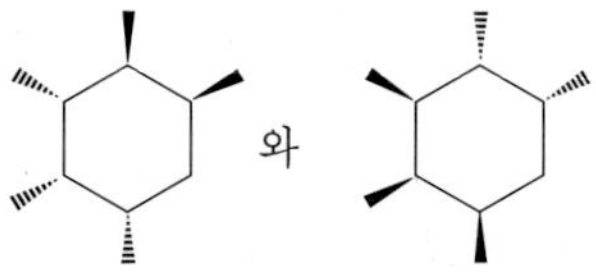 (구조) 와 (구조)　　d. 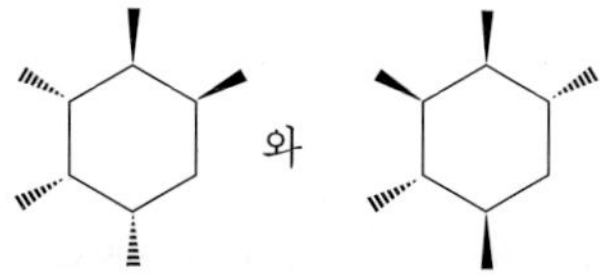 (구조) 와 (구조)

5.23 1,3-Dichlorocyclopentane에 대하여 다음 성질을 만족시키는 입체이성질체의 구조를 그리시오.

a. 끓는점과 굴절률이 같다.

b. 끓는점과 굴절률이 다르다.

c. 광학 활성도가 없다.

5.24 다음 각 물질이 카이랄인지 비카이랄인지 밝히시오.

a. 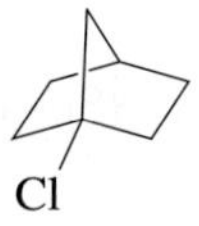 (구조) **b.** 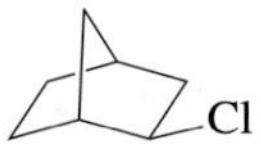 (구조) **c.** $BrCH_2CH(OH)CH_2OH$ **d.** $HOCH_2CH(Br)CH_2OH$

e. 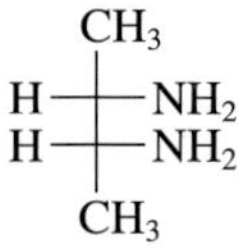 (Fischer 투영식: CH_3, H–NH$_2$, H–NH$_2$, CH_3) **f.** 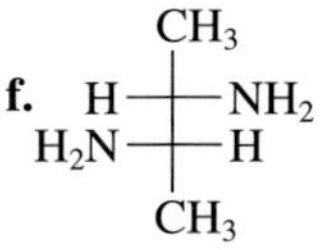 (Fischer 투영식: CH_3, H–NH$_2$, H$_2$N–H, CH_3) **g.** (구조) **h.** $CH_3CH(Cl)CH{=}CH_2$ **i.** $ClCH_2CH_2CH{=}CH_2$

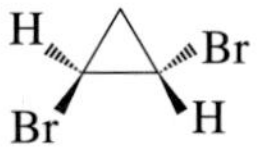

5.25 다음 각 쌍의 화합물은 동일한 물질, 거울상이성질체, 부분입체이성질체 또는 구조 이성질체 중 어느 것인지 구별하시오.

a. 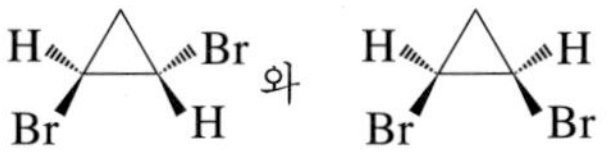 (구조) 와 (구조) **b.** 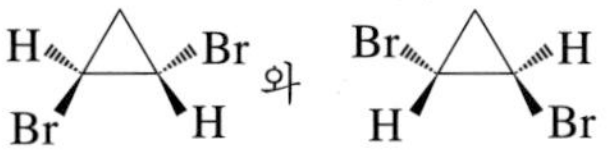 (구조) 와 (구조) **c.** 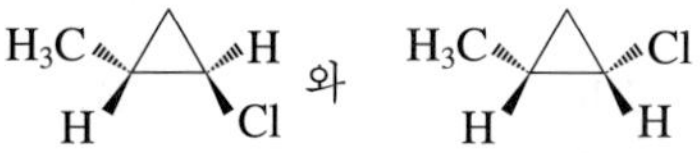 (구조) 와 (구조)

d. 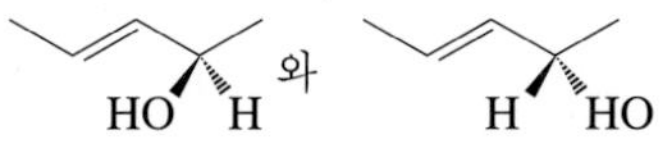 (구조) 와 (구조) **e.** 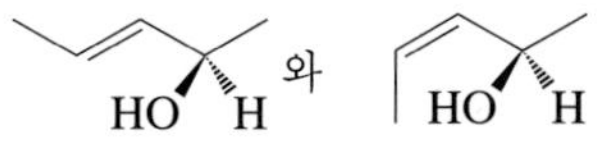 (구조) 와 (구조) **f.** 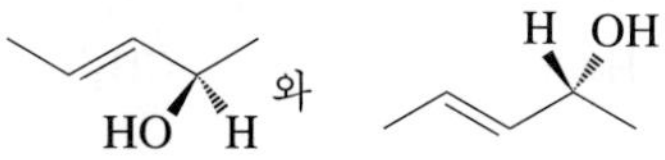 (구조) 와 (구조)

g. 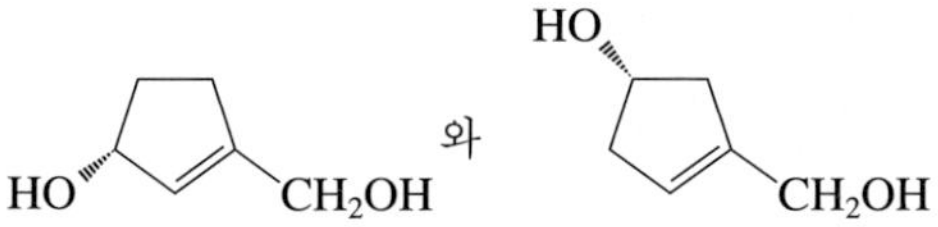 (구조) 와 (구조) **h.** 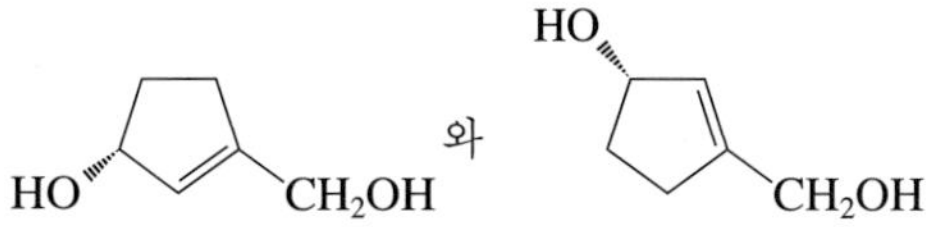 (구조) 와 (구조)

i. 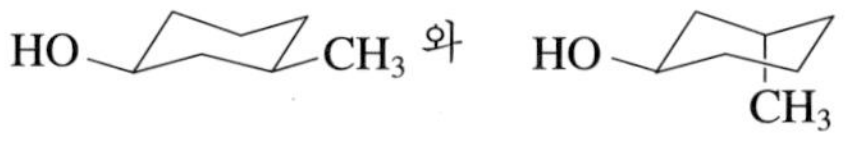 (구조) 와 (구조) **j.** 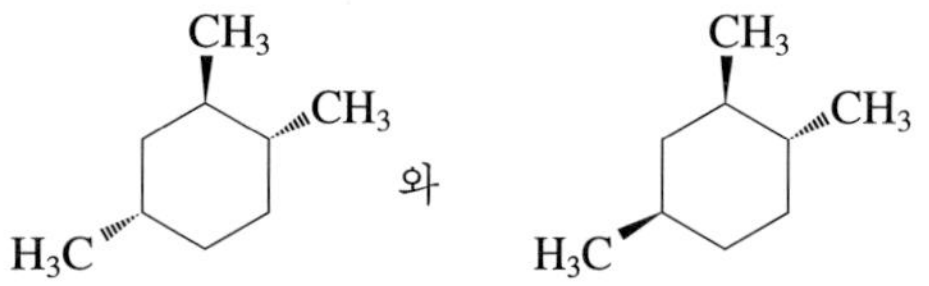 (구조) 와 (구조)

5.26 다음 각 화합물에 대하여 입체 구조를 나타내는 삼차원 구조를 그리시오.

a. (3*R*,4*S*)-4,5-Diethyloctane

b. (1*R*,3*S*)-1-Bromo-3-chlorocyclohexane

c. (3*R*,5*S*,6*R*)-5-Ethyl-3,6-dimethyldecane

d. (3*S*,6*S*)-6-Isopropyl-3-methylnonane

5.27 다음 화합물의 입체 중심이 가지는 입체 배열을 *R*, *S* 배열법으로 표시하시오.

a. 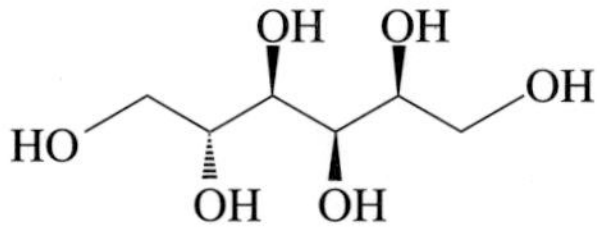 (구조) **b.** 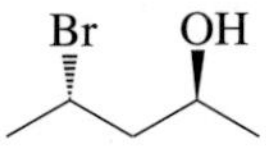 (구조) **c.** 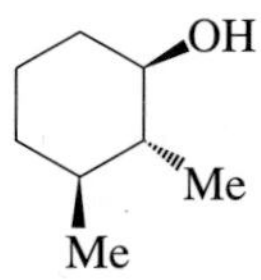 (구조)

5.28 다음 화합물은 각각 몇 개의 입체이성질체를 가지는지 나타내시오. 이 중 어느 것이 메조체를 가질 수 있는가?

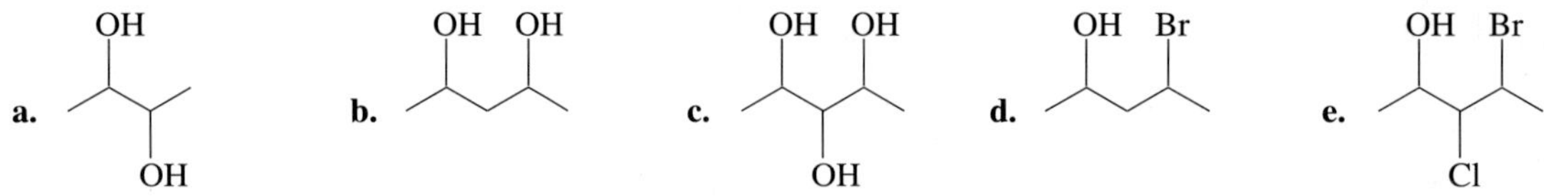

5.29 다음 물음에 답하시오.

a. Butane의 자유 라디칼 브로민화 반응에서 생성되는 2-bromobutane은 라셈 혼합물이다. 그 이유는?

b. 1,3,5-Trimethylcyclohexane의 모든 입체이성질체를 그리시오.

c. 분자식이 $C_5H_{12}O$인 화합물 중 비대칭 중심을 가진 화합물의 구조를 그리시오.

5.30 1,2,3,4,5,6-Hexachlorocyclohexane의 모든 입체이성질체의 구조를 선 구조식으로 나타내고, 이 가운데 가장 안정한 이성질체 구조를 표시하시오. 그 이유는?

5.31 (*S*)-Iodobutane의 고유 광회전도는 +15.90°이다. +7.45°의 고유 광회전도를 가진 이 화합물의 *R*과 *S* 이성질체의 조성비를 백분율로 나타내시오.

5.32 (*R*)-2-Bromobutane에 대하여 라디칼 염소화 반응을 수행하였다. 생성 가능한 모든 물질의 입체구조를 그리고 거울상이성질체, 부분입체이성질체, 라셈 혼합물인지를 나타내시오.

5.33 8.0 g의 (+)-butan-2-ol과 2.0 g의 (−)-butan-2-ol의 혼합물의 % *ee*와 예상되는 고유 광회전도를 구하시오. 단, 순수한 (+)-butan-2-ol의 고유 광회전도는 +13.5°이다.

5.34 Fischer 투영법으로 나타낸 다음 화합물의 입체 중심의 입체 배열을 *R*과 *S*로 나타내시오.

a.
CH_2CH_3
H—┼—OH
CH_3

b.
CO_2H
H—┼—NH_2
Ph

c.
CH_2OH
Br—┼—Cl
Ph

d.
CH_3
H—┼—Br
CH_2Br

e.
CHO
H—┼—OH
H—┼—OH
CH_2OH

f.
CH_3
H—┼—Br
Cl—┼—H
CH_3

알켄과 알카인

6장

핵심 익히기

- 알켄과 알카인의 구조와 결합 특성
- 알켄의 입체이성질체 표기법
- 알켄의 친전자성 첨가 반응에서 위치선택적 반응과 입체특이적 반응의 예와 반응 메커니즘
- 짝지은 이중 결합의 첨가 반응 특징
- 알켄의 라디칼 첨가 반응
- 알카인의 친전자성 첨가 반응
- 카이랄 분자의 생물학적 특성

가장 단순한 알켄 분자인 ethene은 저분자 탄화수소를 열분해하여 공업적으로 만들어지며, 식물 세포에서도 methionine이 분해되어 만들어진다. 이 물질은 바나나, 토마토 같은 과일 또는 채소의 성장과 숙성을 조절하는 식물 호르몬 중 하나이다. 익지 않은 초록색 때 수확하여 필요할 때 ethene으로 처리하면 빨리 익는다. 알켄 구조를 가진 다양한 종류의 물질이 식물의 적색 색소와 방향성 성분으로 존재한다 (화학 라운지 6.1 참조). 또한 ethene은 산화 에틸렌(ethylene oxide), 에탄올 등의 기초 유기 공업 화학 제품과 물병, 필름, 호스 등 다양한 생활용품의 원자재로 사용되는 폴리에틸렌 제조의 원료로 사용된다.

알켄(**alkene**)은 탄소–탄소 이중 결합을 가지고 있는 불포화 탄화수소에 속하는 화합물로, **올레핀**(**olefin**)이라고도 부른다. 알켄은 유기 분자의 모양을 결정하는 중요한 구조 단위인 동시에 다양한 유기 반응에 참여하는 작용기로서, 합성 원료 또는 합성 중간체로 널리 사용된다. α-pinene(알파-파이넨, 송진 성분), limonene(리모넨, 레몬과 오렌지 기름 성분), β-carotene(베타-카로텐, 당근의 색 성분 및 비타민 A의 전구체), zingiberene(진저베렌, 생강 기름) 및 lycopene(라이코펜, 토마토의 붉은색 성분 및 항산화 작용을 가짐) 등과 같은 많은 종류의 알켄 화합물이 천연 알켄으로서 자연계에 존재한다(화학 라운지 6.1 참조). 한편, **알카인**(**alkyne**)은 탄소–탄소 삼중 결합을 가지고 있는 불포화 탄화수소로서, 알카인 화합물을 **아세틸렌 화합물**(**acetylene compound**)이라고도 부른다. 가장 간단한 알카인인 ethyne(에타인, 또는 acetylene 아세틸렌)은 코크스(CaC_2)에 물을 가하여 얻을 수 있는 물질로, 다른 알카인 화합물을 합성하는 원료 물질로 이용된다. 알카인의 탄소–탄소 삼중 결합은 다양한 다른 작용기로 전환될 수 있기 때문에 유기합성에서 출발 물질 또는 합성 중간체로 다양하게 이용된다. 알카인 자체로서 자연에 존재하는 화합물은 드문 편이나, 탄소–탄소 삼중 결합을 가지고 있는 알코올, 케톤 또는 카복실산 유도체는 자연계에 다양하게 존재하며, 이 작용기가 도입되어 있는 의약품도 다수 존재한다(화학 라운지 6.2 참조). 이 장에서 학생들은 알켄과 알카인의 구조와 결합 특성 그리고 친전자 첨가 반응에 대한 다양한 반응을 공부하게 될 것이다.

6.1 알켄과 알카인의 구조 및 결합

6.1.1 알켄의 결합

알켄은 탄소-탄소 이중 결합을 가지고 있는 화합물이다. 알켄 화합물 가운데 가장 간단한 분자인 ethene(에텐)의 구조를 예로 들어 알켄의 전자 구조를 살펴보면 이 분자에 있는 탄소 원자의 원자가전자 네 개는 세 개의 sp^2 혼성 오비탈과 한 개의 p 오비탈에 각각 한 개씩 배치되어 있다(2.1.2절). 각 탄소 원자의 sp^2 혼성 오비탈에 있는 전자는 σ 결합에, p 오비탈에 있는 전자는 π 결합에 참여한다(**그림 6.1**).

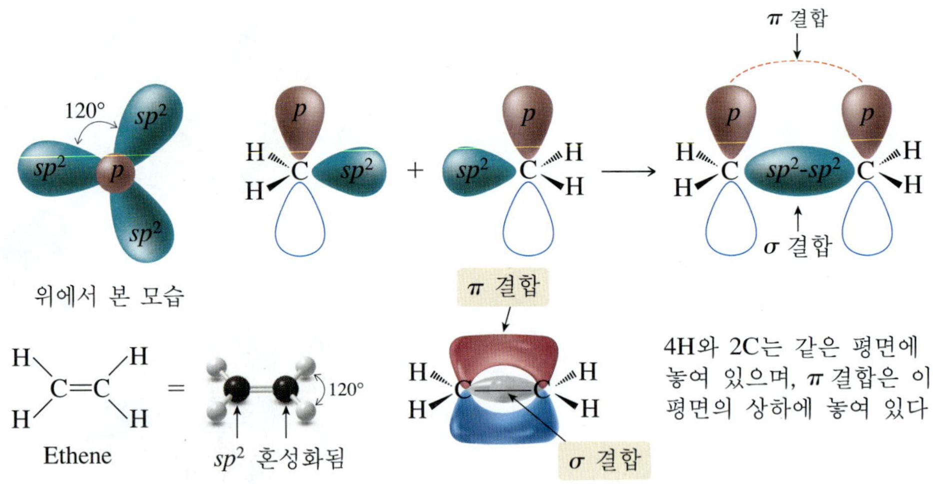

그림 6.1 **Ethene의 σ 결합과 π 결합.**

- Ethene 분자의 탄소 원자는 세 개의 ***sp*² 혼성 오비탈**과 한 개의 ***p* 오비탈**에 전자 한 개씩을 가지고 있다.

- 세 개의 sp^2 혼성 오비탈 가운데 두 개는 수소 원자의 s 오비탈과, 나머지 한 개는 다른 탄소 원자의 sp^2 혼성 오비탈과 겹쳐져서 σ 결합을 한다. 세 개의 σ 결합은 한 평면에 놓이게 됨으로써 **결합각은 120°**가 된다. 분자 모양은 중심에 탄소 원자가 있고, 꼭짓점에서 결합이 이루어지는 **평면 삼각형**이다.
- 두 탄소 원자의 p 오비탈의 전자는 세 개의 σ 결합 평면에 수직으로 놓인 상태에서, 서로 수평으로 겹쳐 **π 결합**을 형성한다. C$=$C 결합은 σ 결합 한 개와 π 결합 한 개로 이루어진 결합이다.

6.1.2 알카인의 결합

알카인은 탄소-탄소 삼중 결합을 가진 화합물로서, 탄소 원자는 ***sp* 혼성 오비탈**을 가지고 있으며, 이 탄소의 원자가전자 네 개는 *sp* 혼성 오비탈과 *p* 오비탈에 각각 두 개씩 배치되어 있다(2.1.3절). **그림 6.2**에 나타낸 ethyne (H—C≡C—H) 분자의 결합을 살펴보면 탄소 원자의 *sp* 혼성 오비탈의 전자 한 개는 수소 원자의 *s* 오비탈의 전자와, 다른 한 개는 다른 탄소 원자의 *sp* 혼성 오비탈의 전자 한 개와 결합하여 두 개의 **σ 결합**을 만들고, 나머지 각 탄소 원자에 있는 *p* 오비탈의 전자 두 개는 서로 결합하여 두 개의 **π 결합**을 형성하고 있다. 그 결과, 탄소-탄소 삼중 결합은 한 개의 σ 결합과 두 개의 π 결합으로 이루어진 형태가 된다. 탄소-탄소 삼중 결합에 있는 두 개의 π 결합은 같은 평면에 있지 않고 서로 결합면이 수직인 상태로 되어 있으며, 분자 모양은 결합각이 180°인 **선형**을 나타낸다.

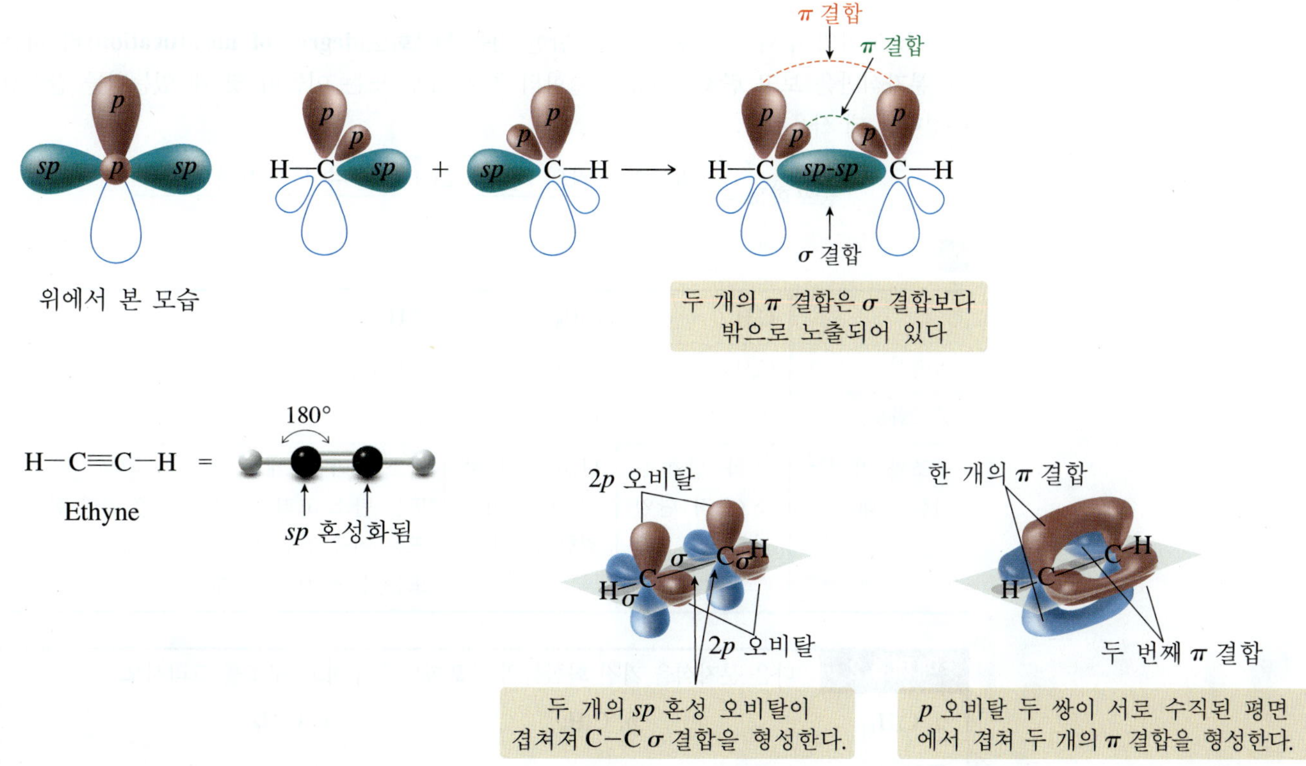

그림 6.2 Ethyne의 σ 결합과 π 결합.

예제 6.1 다음 화합물에서 C=C 결합과 동일 평면에 놓여 있는 탄소 원자는 몇 개인가?

a. 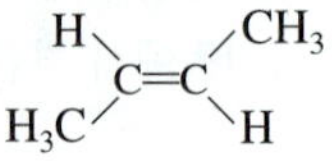
H
CH3
C=C
H3C
H
b. 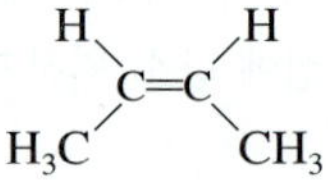
H
H
C=C
H3C
CH3
c. 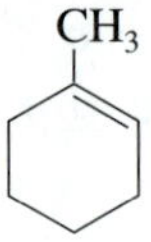
CH3
d. 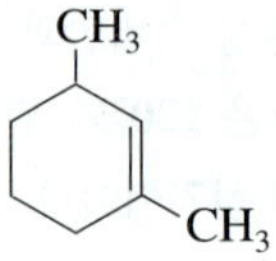
CH3
CH3
e. 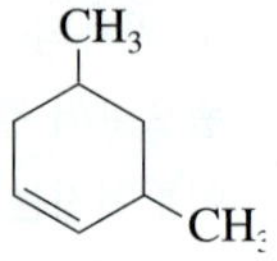
CH3
CH3

풀이

a. 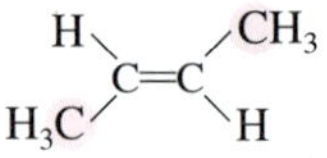
H
CH3
C=C
H3C
H
두 개

b. 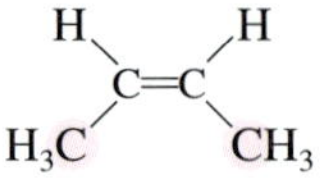
H
H
C=C
H3C
CH3
두 개

c. 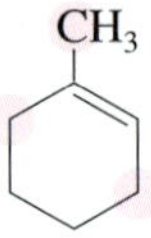
CH3
세 개

d. 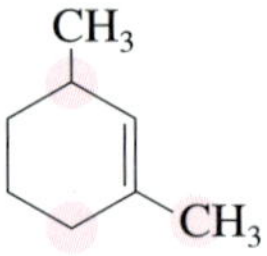
CH3
CH3
세 개

e. 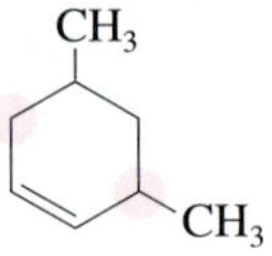
CH3
CH3
두 개

6.1.3 분자식과 불포화도

탄소-수소 결합을 가진 유기 분자에서 탄소수가 동일하다 하더라도 탄소 원자가 고리를 형성하고 있거나 다중 결합을 가지고 있을 경우 이들 분자에 있는 수소수는 비고리형 알케인보다 감소한다.

분자식이 C_nH_{2n+2}인 비고리형 알케인을 기준으로

- 분자 내에 탄소 고리가 있을 때 탄소 고리 한 개당 수소 원자의 수는 두 개 감소한다.
- 분자 내에 π 결합이 있을 때 π 결합 한 개당 수소 원자의 수는 두 개 감소한다.

탄소 고리의 수와 π 결합의 수를 합한 것을 **불포화도(degree of unsaturation)**라 하는데, 분자식만을 보고 탄소 고리, π 결합의 존재 유무 또는 이들이 몇 개 있는지를 간편히 추정하는 데 사용된다.

$$\text{불포화도} = \frac{[(\text{탄소 원자의 개수} \times 2) + 2] - \text{수소 원자의 개수}}{2}$$

예

	C_4H_{10}	C_4H_8	C_4H_6
일반식	C_nH_{2n+2}	C_nH_{2n}	C_nH_{2n-2}
불포화도	0	1	2
구조가 가지는 결합 형태	포화 탄화수소(오직 단일 결합만)	탄소 고리 한 개 또는 이중 결합 한 개	탄소 고리 두 개 또는 탄소 고리 한 개 + 이중 결합 한 개 또는 이중 결합 두 개 또는 삼중 결합 한 개

예제 6.2 다음 분자식을 가진 화합물의 불포화도를 구하고, 구조를 그리시오.

a. C_4H_{10} **b.** C_4H_8 **c.** C_4H_6

풀이

a. 불포화도 = 0 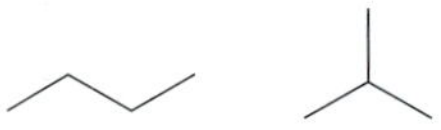

b. 불포화도 = 1

c. 불포화도 = 2

문제 6.1 다음 분자식을 가진 화합물의 불포화도를 구하고, 각 예를 두 개씩만 드시오.

a. C_6H_6 **b.** C_3H_6 **c.** C_6H_{12} **d.** C_3H_4 **e.** $C_{10}H_{14}$

6.1.4 알켄과 알카인의 형태적 분류

이중 결합 또는 삼중 결합이 탄소 사슬 끝에 있는 화합물을 각각 **말단 알켄(terminal alkene)** 또는 **말단 알카인(terminal alkyne)**이라 하고, 탄소 사슬 내부에 있는 경우 **내부 알켄(internal alkene)** 또는 **내부 알카인(internal alkyne)**이라고 한다. 한편, 탄소 고리 내에 탄소-탄소 이중 결합 또는 삼중 결합을 가지고 있는 탄화수소 화합물을 각각 **사이클로알켄(cycloalkene)** 또는 **사이클로알카인(cycloalkyne)**이라 부른다. 사이클로알카인의 경우 탄소-탄소 삼중 결합의 결합각이 180°이기 때문에 탄소 고리가 최소 여덟 개 이상인 고리 화합물에서만 가능하다.

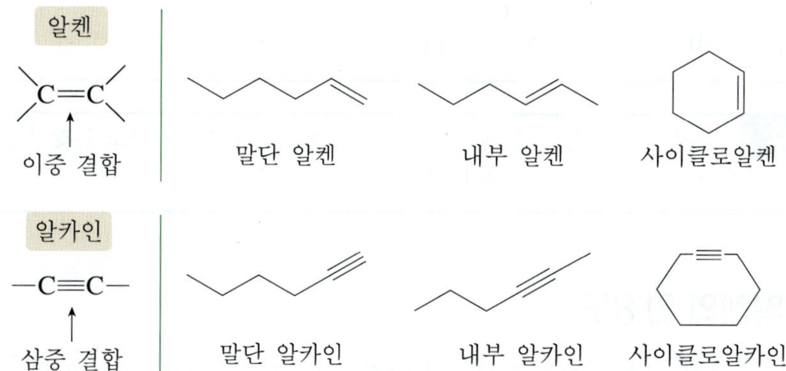

알켄 또는 알카인 화합물 중 이중 결합 또는 삼중 결합이 단일 결합과 교대로 나타난 구조를 **짝지은** 또는 **콘쥬게이트 알켄(conjugated alkene)** 및 **짝지은** 또는 **콘쥬게이트 알카인(conjugated alkyne)**이라고 한다. 또한 연이어 있는 이중 결합을 가진 화합물을 **allene(알렌)**이라 부른다.

—C=C—C=C—C=C— —C=C=C— —C≡C—C≡C—C≡C—

conjugated alkene allene conjugated alkyne

6.1.5 알켄의 시스-트랜스 이성질현상

탄소의 이중 결합은 단일 결합과 다르게 자유 회전을 할 수 없다. 이 때문에 이중 결합의 각 탄소 원자에 치환기가 결합되어 있는 알켄 화합물의 경우 입체이성질체가 존재한다. 예를 들어, but-2-ene의 경우 *cis*-but-2-ene과 *trans*-but-2-ene 두 개의 입체이성질체가 있다.

- 같은 두 원자단이 이중 결합의 **같은 편**에 있는 경우 ***cis* 이성질체**라고 한다.
- 같은 두 원자단이 이중 결합의 **반대 편**에 있는 경우 ***trans* 이성질체**라고 한다.

부분입체이성질체

$$\underset{\text{두 개의 }CH_3\text{기가 같은 편에}}{\underset{cis\text{-But-2-ene}}{\begin{matrix} CH_3 & & CH_3 \\ & C{=}C & \\ H & & H \end{matrix}}} \quad \not\longrightarrow \quad \underset{\text{두 개의 }CH_3\text{기가 반대 편에}}{\underset{trans\text{-But-2-ene}}{\begin{matrix} CH_3 & & H \\ & C{=}C & \\ H & & CH_3 \end{matrix}}}$$

C=C 결합의 자유 회전이 불가능

cis-But-2-ene과 *trans*-but-2-ene을 **기하 이성질체(geometric isomer)** 라고도 부르며, 이들은 **부분입체이성질체(diastereomer)** 관계이다.

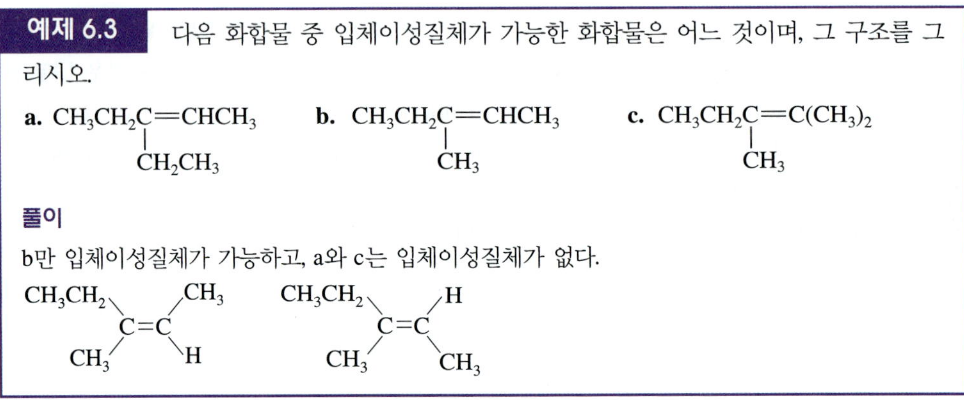

예제 6.3 다음 화합물 중 입체이성질체가 가능한 화합물은 어느 것이며, 그 구조를 그리시오.

a. $CH_3CH_2C(CH_2CH_3){=}CHCH_3$ **b.** $CH_3CH_2C(CH_3){=}CHCH_3$ **c.** $CH_3CH_2C(CH_3){=}C(CH_3)_2$

풀이

b만 입체이성질체가 가능하고, a와 c는 입체이성질체가 없다.

$$\begin{matrix} CH_3CH_2 & & CH_3 \\ & C{=}C & \\ CH_3 & & H \end{matrix} \qquad \begin{matrix} CH_3CH_2 & & H \\ & C{=}C & \\ CH_3 & & CH_3 \end{matrix}$$

문제 6.2 분자식이 C_5H_{10}인 알켄 구조 중 시스-트랜스 이성질체 구조를 갖지 않는 세 가지 종류의 알켄 화합물의 구조를 그리시오.

6.1.6 알켄의 안정도

트랜스 이성질체가 시스 이성질체보다 더 안정한다. 그 이유는 이중 결합 탄소 원자에 붙어있는 두 원자단이 공간적으로 더 멀리 떨어져 있어 입체적, 전자적 반발력이 더 적기 때문이다.

(*E*)와 (*Z*)-알켄의 끓는점 차이

(*Z*)-But-2-ene의 bp가 (*E*)-but-2-ene보다 높다. 쌍극자 모멘트가 작용하는 방향의 차이로 (*Z*)-이성질체가 더 크기 때문이다(문제 6.19 참조).

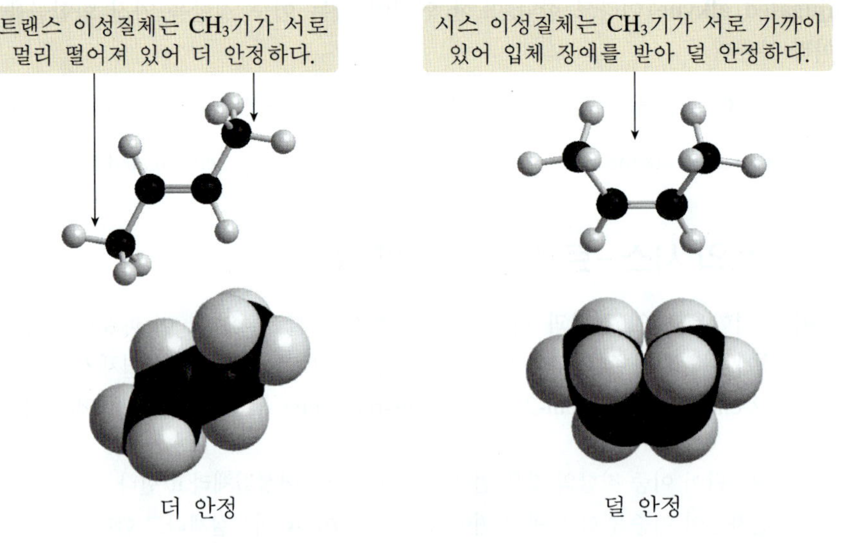

또한 일반적으로 비고리형 알켄에서는 탄소-탄소 이중 결합에 알킬기가 많이 치환될수록 안정하다. sp^2 혼성 탄소 원자는 커진 *s*-성질(33.3%) 때문에 핵으로 전자를 더 끌어들일 수 있는데, 전자를 줄 수 있는 알킬기가 이를 충족시킬 수 있기 때문이다.

• 알켄은 sp^2 탄소 원자에 알킬기가 많이 치환될수록 안정하다.

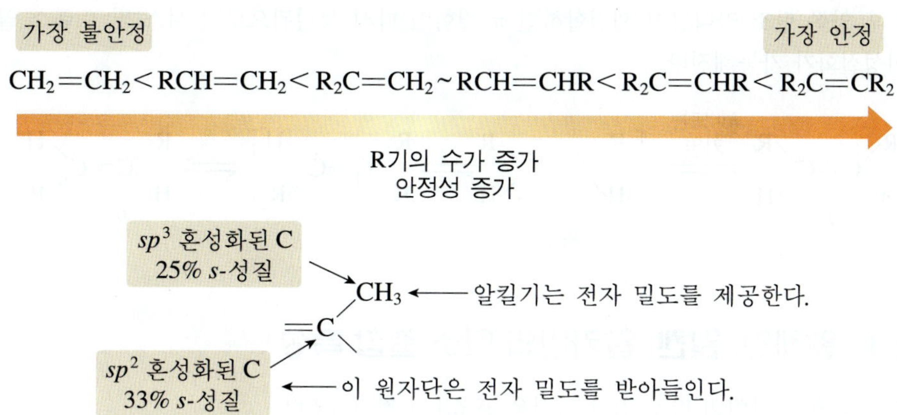

알켄의 안정도는 알켄에 수소를 첨가시켰을 때 나오는 **수소화 반응열(heat of hydrogenation)**을 측정함으로써 알 수 있다. 가장 적은 반응열이 나오는 알켄이 가장 안정한 알켄이다(**그림 6.3**).

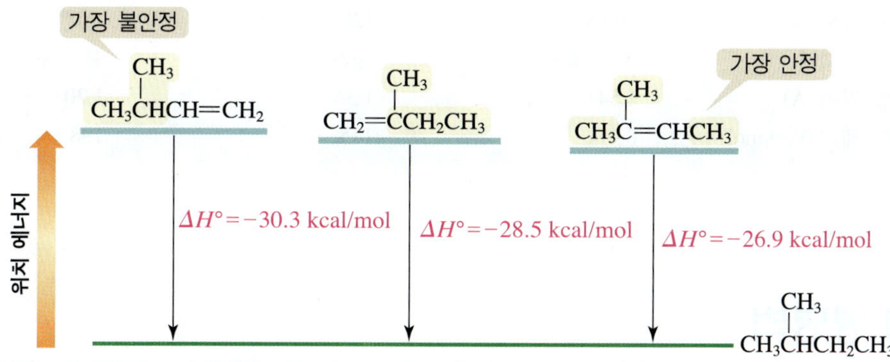

그림 6.3 알켄의 수소화 반응열 비교.

예제 6.4 분자식이 C_4H_8인 알켄 이성질체 중 가장 안정한 알켄과 가장 불안정한 알켄의 구조를 그리시오.

풀이

가장 안정한 알켄: sp^2 탄소 원자에 알킬기가 가장 많이 치환되고 *trans*형인 알켄 ➡ (H)(CH$_3$)C=C(CH$_3$)(H) (*trans*)

가장 불안정한 알켄: sp^2 탄소 원자에 알킬기가 가장 적게 치환된 알켄 ➡ $CH_3CH_2CH=CH_2$

문제 6.3 다음 각 쌍으로 있는 알켄 중 어느 알켄이 더 안정한가?

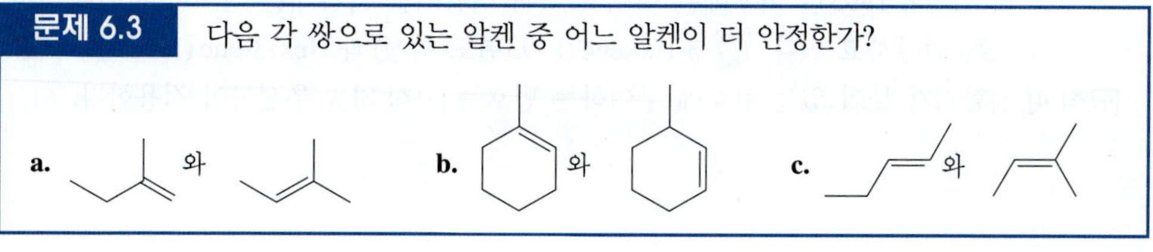

6.1.7 시스 및 트랜스 알켄의 이성질화

알켄의 C=C 결합은 자유 회전이 불가능하기 때문에 상온에서는 *cis*와 *trans* 이성질체가 상호 전환되지 않는다. 그러나 가열하거나 빛을 쪼이면 이들 간에 상호 전환이 일어날 수 있게 된다. 이러한 현상은 π 결합이 끊어져 탄소 라디칼이 생성되면서 만들어진 탄소–탄소 단일 결합의 자유 회전이 가능해지기 때문이다. 이 자유 회전이 보다 안정한 형태 구조를 이룬 후 양쪽 탄소 라디칼이 재결합하면 π 결합이 다시 생성됨으로써 시스 및 트랜스 알켄의 이성질화가 가능해진다.

cis (hv 또는 가열) ⇌ [회전] ⇌ *trans*

6.1.8 알케인, 알켄, 알카인의 탄소 결합 특성

알케인, 알켄, 알카인의 탄소 결합 특성을 **표 6.1**에 정리하였다.

표 6.1 알케인, 알켄, 알카인의 탄소 결합 특성 비교

성질	C—C	C=C	C≡C
탄소 오비탈	sp^3	sp^2	sp
기하학적 구조	정사면체	평면 삼각형	직선형
결합 각도	109.5°	120°	180°
결합의 회전	자유 회전	불가능	불가능
결합 길이 (Å)	1.54	1.34	1.20
결합 세기 (kcal/mol)	81	145	198

6.2 알켄과 알카인의 명명법

6.2.1 알켄과 알카인의 IUPAC 명명법

• IUPAC법에서 알켄의 접미사는 **-엔(*-ene*)**이며, 알카인의 접미사는 **-아인(*-yne*)**이다.

[규칙 1] C=C (또는 C≡C) 결합을 포함하는 가장 긴 사슬을 찾아 어미 사슬로 한다.

[규칙 2] 어미 사슬에 해당하는 alkane의 접미사 '*-ane*'을 '*-ene*' 또는 '*-yne*'으로 바꾼다.

[규칙 3] C=C (또는 C≡C) 결합의 탄소가 낮은 번호가 되도록 번호를 붙여 이중 결합의 위치를 나타낸다. 1993년 이전의 규칙에서는 번호를 화합물명 맨 앞에 표시하였으나, 1993년 이후에는 어미 사슬과 작용기를 나타내는 접미사 사이에 붙이도록 권장하고 있다. **예** 3-Hexene (1993년도 이전)과 Hex-3-ene (1993년 이후).

[규칙 4] 치환기가 붙어 있는 탄소에 부여하는 번호는 [규칙 3]을 우선하여 적용한다.

$$\underset{5}{\overset{1}{CH_3}}-\underset{\underset{H}{|}}{\overset{2}{C}}=\underset{\underset{H}{|}}{\overset{3}{C}}-\underset{\underset{CH_3}{|}}{\overset{\overset{H}{|}}{C}}-\underset{1}{\overset{5}{CH_3}}$$

어미 사슬: C5[규칙 1과 2]
이중 결합 위치: C2[규칙 3]
치환기 위치: C4[규칙 3과 4]

4-Methylpent-2-ene
(또는 4-Methyl-2-pentene): 맞음
2-Methyl-3-pentene: 틀림

$$\underset{5}{\overset{1}{CH_3}}-\underset{4}{\overset{2}{C}}\equiv\underset{3}{\overset{3}{C}}-\underset{\underset{CH_3}{|}}{\overset{\overset{H}{|}}{C}}-\underset{1}{\overset{5}{CH_3}}$$

4-Methylpent-2-yne
(또는 4-Methyl-2-pentyne): 맞음
2-Methyl-3-pentyne: 틀림

$$CH_2=C\begin{matrix}\diagup CH_2CH_3\\ \diagdown CH_2CH_2CH_2CH_2CH_3\end{matrix}$$

어미 사슬: C_7(C_8 아님 [규칙 1])
화합물 이름: 2-Ethyl-1-heptene
[규칙 1과 2]

$$CH_3CH_2-C\equiv C-CH_2-\underset{\underset{CH_3}{|}}{\overset{\overset{CH_2CH_3}{|}}{C}}-CH_3$$

6,6-Dimethyloct-3-yne
(또는 6,6-Dimethyl-3-octyne): 맞음
3,3-Dimethyl-5-octyne: 틀림

[규칙 5] C＝C(또는 C≡C) 결합이 두 개 이상일 경우 숫자를 나타내는 접두사를 *-ene* 앞에 붙인다. 한 분자 내에 여러 개의 C＝C(또는 C≡C) 결합을 가지고 있는 화합물을 통틀어 폴리엔(polyene) 또는 폴리아인(polyyne) 화합물이라 부른다.

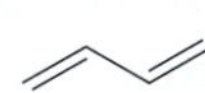
Buta-1,3-diene
또는 1,3-Butadiene

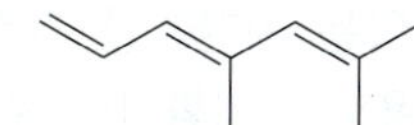
4,6-Dimethylhepta-1,3,5-triene
또는 4,6-Dimethyl-1,3,5-heptatriene

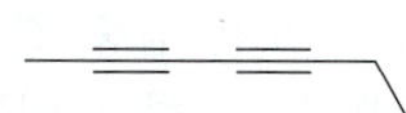
Hepta-2,4-diyne
또는 2,4-Heptadiyne

[규칙 6] 치환기가 다른 경우 알파벳 순이 낮은 순서대로 치환기 이름을 쓴다.

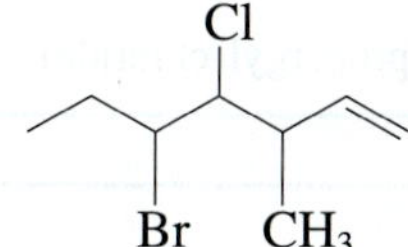

5-Bromo-4-chloro-3-methylhept-1-ene
(또는 5-Bromo-4-chloro-3-methyl-1-heptene): 맞음
3-Methyl-4-chloro-5-bromo-1-heptene: 틀림

[규칙 7] C＝C 결합과 C≡C 결합을 한 분자 내에 동시에 가지고 있는 화합물을 **'-엔아인(-enyne)'**이라 부른다(ynene이 아님). 번호 부여는 C＝C 결합과 C≡C 결합을 가리지 않고 낮은 번호가 되게 부여한다. 다만, 같은 번호가 부여될 경우엔 C＝C 결합의 번호를 우선한다.

$$HC\equiv C-CH_2\underset{\underset{CH_3}{|}}{C}HCH_2CH_2C=CH_2CH_3$$

4-Methylnon-7-en-1-yne

$$HC\equiv C-CH_2CH_2CH_2C=CH_2$$

Hept-1-en-6-yne: 맞음
Hept-1-yn-6-ene: 틀림

[규칙 8] 사이클로알켄에서는 이중 결합의 번호가 항상 1번과 2번으로 부여되므로 이중 결합을 나타내는 번호는 붙일 필요가 없다.

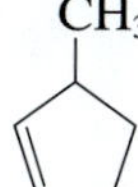

3-Methylcyclopentene: 맞음
5-Methylcyclopentene: 틀림

CH3
CH2CH3

4-Ethyl-5-methylcyclohexene: 맞음
4-Methyl-5-ethylcyclohexene: 틀림

Cl
Br
CH3

6-Bromo-3-chloro-4-methylcyclohexene: 맞음
3-Bromo-5-methyl-6-chlorocyclohexene: 틀림

6.2.2 알켄과 알카인의 관용명

알켄과 알카인에 대한 관용명은 알케인에 비해 많지 않다. 흔히 사용되는 알켄과 알카인의 관용명을 아래에 예시하였다.

화합물	IUPAC명	관용명
$CH_2{=}CH_2$	Ethene	Ethylene
$CH_3CH{=}CH_2$	Propene	Propylene
$CH_3{-}C(CH_3){=}CH_2$	2-Methylpropene	Isobutylene
$H_2C{=}C(CH_3){-}CH{=}CH_2$	2-Methylbuta-1,3-diene (또는 2-Methyl-1,3-butadiene)	Isoprene
$HC{\equiv}CH$	Ethyne	Acetylene

6.2.3 알케닐 및 알카이닐기의 이름

이중 결합 또는 삼중 결합을 가지고 있는 치환기를 각각 **알케닐(alkenyl)** 기와 **알카이닐(alkynyl)** 기라고 한다. 이들 중 흔히 사용되는 치환기의 예를 들면 아래와 같다.

	$CH_2{=}CH-$	$CH_2{=}CHCH-$	$HC{\equiv}CCH_2-$
기 이름	vinyl (비닐) 기	allyl (알릴) 기	propargyl (프로파질) 기
예 (관용명)	$CH_2{=}CHCl$ (vinyl chloride)	$CH_2{=}CHCHCl$ (allyl chloride)	$HC{\equiv}CCH_2Cl$ (propargyl chloride)

예제 6.5 다음 화합물의 이름을 IUPAC법으로 명명하시오.

a. $CH_3CH_2C(CH_2CH_3){=}CHCH_3$ **b.** $CH_3CH_2C(CH_3){=}C(CH_3)_2$ **c.** $CH_3{-}C{\equiv}C{-}C(CH_3)_2{-}CH_3$

d. $CH_2{=}C(CH_3)CH{=}CH_2$ **e.** 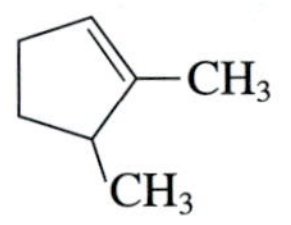 (cyclopentene with CH_3 groups) **f.** 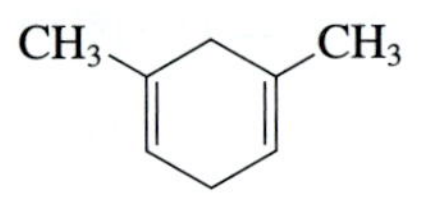 (cyclohexadiene with CH_3 groups)

풀이

a. 3-Ethylpent-2-ene (또는 3-Ethyl-2-pentene)
b. 2,3-Dimethylpent-2-ene (또는 2,3-Dimethyl-2-pentene)
c. 4,4-Dimethylpent-2-yne (또는 4,4-Dimethyl-2-pentyne)
d. 2-Methylbuta-1,3-diene (또는 2-Methyl-1,3-butadiene)
e. 1,5-Dimethylcyclopentene
f. 1,5-Dimethylcyclohexa-1,4-diene (또는 1,5-Dimethyl-1,4-cyclohexadiene)

문제 6.4 다음 화합물의 구조를 그리시오.

a. 3-Methyl-1,5-hexadiene **b.** 3,4-Diisopropyl-2,2-dimethylhept-3-ene
c. 2,3,5-Trimethyl-2-hexene **d.** *cis*-Cyclooctene **e.** *trans*-Cyclooctene

6.3 알켄의 입체이성질체 표기법

6.3.1 *cis-trans* 표기법

이 표기법은 앞서 언급한 but-2-ene의 경우처럼, 두 입체이성질체를 이중 결합 양쪽 탄소 원자에 붙어 있는 두 메틸기의 위치가 **같은 쪽**에 있으면 ***cis***, **반대 쪽**에 있으면 ***trans***란 접두사를 사용하여 구분하는 명명법이다. 이 명명법은 이중 결합 탄소 원자의 양쪽에 동일한 치환기가 적어도 한 개가 있어야만 사용할 수 있다. 그렇지 않은 경우 어떤 것이 *cis*이고, 어떤 것이 *trans*인지 구별하기가 곤란하다.

CH_3(H)C=C(CH_3)(H) — *cis*-But-2-ene

CH_3(H)C=C(H)(CH_3) — *trans*-But-2-ene

Cl(H)C=C(CH_3)(Br)　　Cl(H)C=C(Br)(CH_3)

어느 것이 *cis*인지 *trans*인지를 구별하기 어렵다.

6.3.2 *E*, *Z* 표기법

이 표기법은 5.4.3절에서 공부한 순차 결정 규칙을 이용하여 C=C 결합을 양분한 다음 각각의 sp^2 혼성 탄소 원자에 붙어 있는 두 치환기의 우선순위를 비교하고, 우선순위가 높은 치환기가 같은 쪽에 있는지 반대 쪽에 있는지를 구별하여 **같은 쪽에 있으면 *Z***(같은 쪽을 의미하는 독일어 zusammen의 약자), **반대 쪽에 있으면 *E***(반대 쪽을 의미하는 독일어 entgegen의 약자)란 접두사를 붙이는 방법이다. 이 방법은 기존의 *cis-trans* 표기법으로는 구별하기 곤란한 화합물에도 쉽게 적용할 수 있는 장점이 있다.

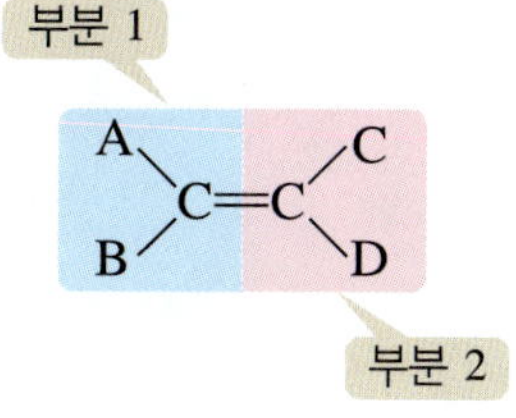

C=C 결합을 부분 1과 부분 2로 양분하고, 부분 1은 A와 B, 부분 2는 C와 D의 순차 규칙에 따라 우선순위를 매긴다. 부분 1과 2에서 우선순위가 제일 높은 것끼리 비교하여 같은 쪽에 있으면 *Z*, 반대쪽에 있으면 *E* 이성질체로 명명한다.

높은 순위	C=C	높은 순위
낮은 순위		낮은 순위

Z 이성질체

높은 순위	C=C	낮은 순위
낮은 순위		높은 순위

E 이성질체

CH_3(H)C=C(CH_3)(H) — (*Z*)-But-2-ene

CH_3(H)C=C(H)(CH_3) — (*E*)-But-2-ene

Cl(H)C=C(CH_3)(Br) — *E* 이성질체

Cl(H)C=C(Br)(CH_3) — *Z* 이성질체

예제 6.6 다음 화합물의 입체 배열이 E인지 Z인지 구별하시오.

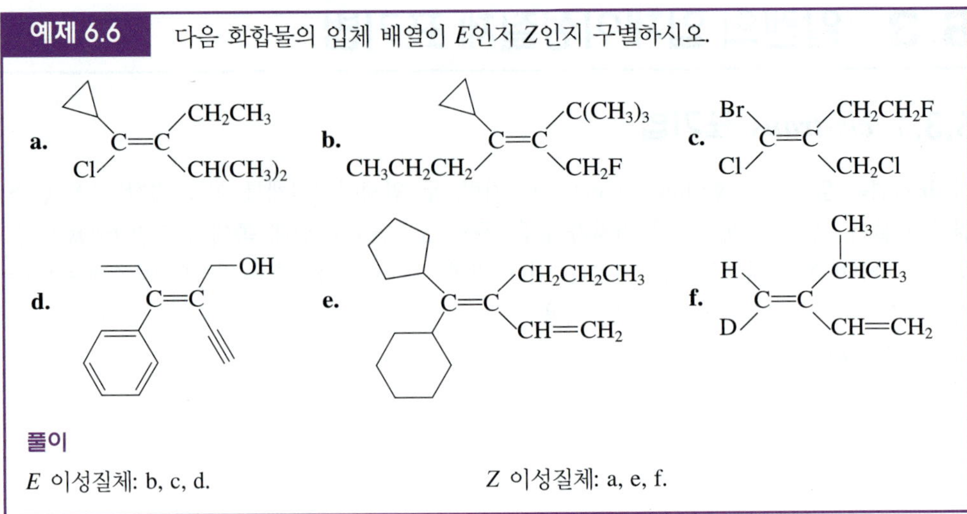

풀이

E 이성질체: b, c, d.

Z 이성질체: a, e, f.

6.4 알켄과 알카인의 제법

알켄과 알카인 화합물은 작용기 전환 반응을 통하여 여러 가지 방법으로 합성할 수 있다. 그러나 6장에서는 이들 화합물의 제법들을 소개하는 정도로 그치고, 이들 합성법에 대한 상세한 내용은 해당 작용기의 반응에서 공부하고자 한다.

6.4.1 알켄의 제법

■ 제거 반응

Alkyl halide (할로젠화 알킬 8.11절 및 8.12절)의 제거 반응, 알코올의 탈수 반응(9.3.3절) 또는 사차 암모늄염의 제거 반응(10.5.3절)을 이용하여 합성한다.

제거 반응

$$-\overset{\displaystyle H}{\underset{|}{\overset{|}{C}}}-\underset{\displaystyle X}{\underset{|}{\overset{|}{C}}}- \xrightarrow[\text{가열}]{\text{염기 또는 산}} \;>C=C<$$

X=halogen, OH, $^{+}NR_3$

■ 부분 수소첨가 반응

알카인에 수소를 부분 첨가(부분 환원)시켜 합성한다(6.9.4절 참조).

부분 환원 반응

$$-C\equiv C- \xrightarrow[\text{Lindlar catalyst}]{H_2} \;>C=C<$$

■ Wittig 반응

알데하이드 또는 케톤으로부터 Wittig 반응을 이용하여 합성한다(11.11.4절).

Wittig 반응

$$-\overset{O}{\overset{\|}{C}}-H \text{ 또는 } -\overset{O}{\overset{\|}{C}}-C \xrightarrow{Ph_3P=C<} \underset{H}{>}C=C< \text{ 또는 } \underset{C}{>}C=C<$$

6.4.2 알카인의 제법

■ 제거 반응

알케인의 이웃자리 다이할로젠화물(vicinal dihalide) 또는 같은자리 다이할로젠화물(geminal dihalide)의 제거 반응을 통해 합성한다(8.12.6절).

제거 반응

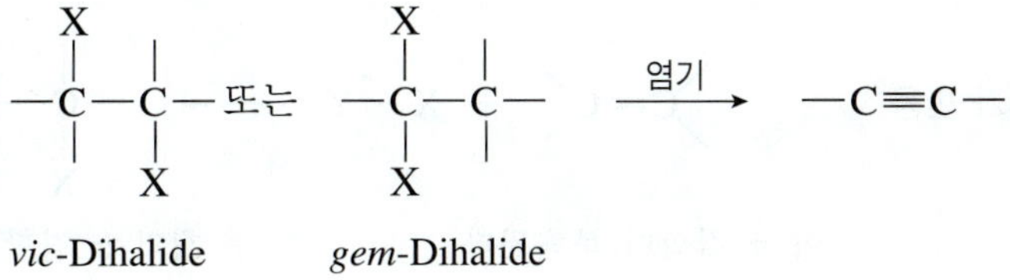

$$\text{X–C–C(X)– (}vic\text{-Dihalide) 또는 }\text{–C(X)(X)–C– (}gem\text{-Dihalide)} \xrightarrow{\text{염기}} -\text{C}\equiv\text{C}-$$

■ 알킬화 반응

아세틸렌 수소에 알킬기를 치환시켜 얻는다(8.6절).

알킬화 반응

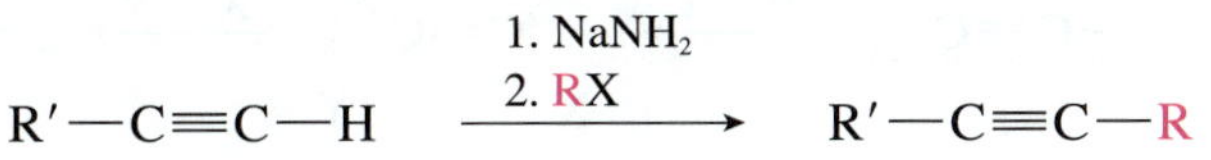

$$\text{R}'-\text{C}\equiv\text{C}-\text{H} \xrightarrow[\text{2. RX}]{\text{1. NaNH}_2} \text{R}'-\text{C}\equiv\text{C}-\text{R}$$

위에 소개한 내용을 **그림 6.4**에 요약하여 나타내었다.

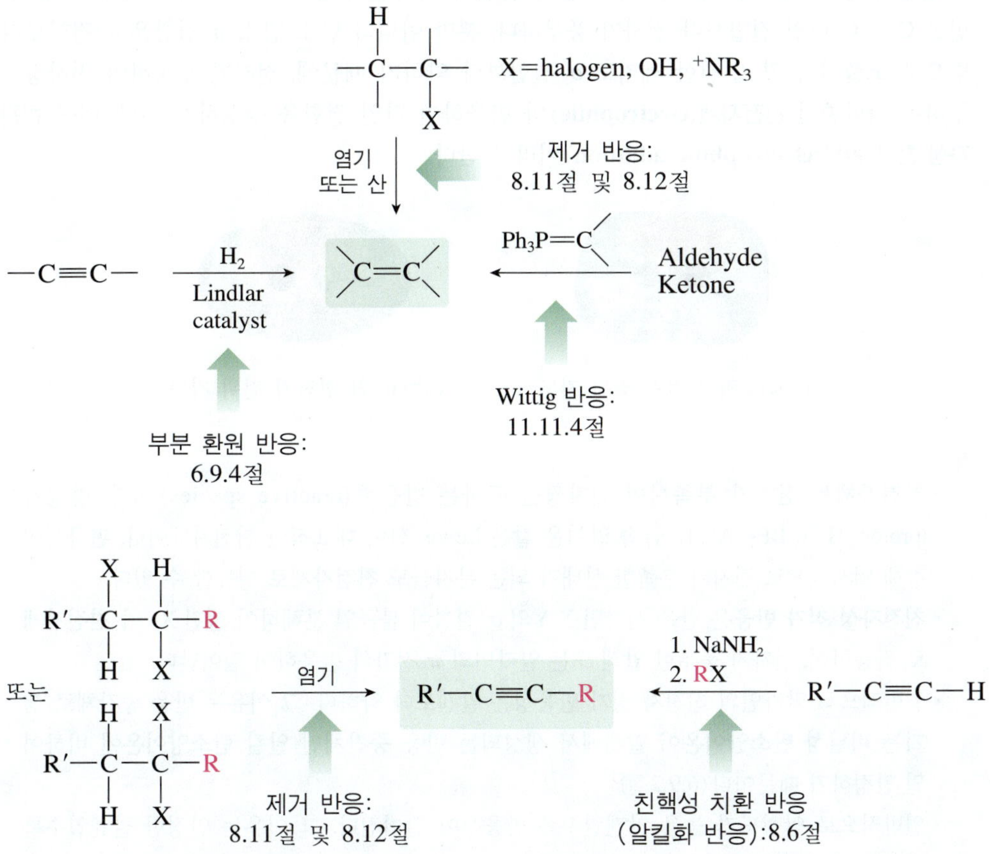

H–C–C–X X=halogen, OH, $^{+}NR_3$

염기 또는 산

제거 반응: 8.11절 및 8.12절

$-C\equiv C-$ $\xrightarrow[\text{Lindlar catalyst}]{H_2}$ $>C=C<$ $\xleftarrow{Ph_3P=C<}$ Aldehyde Ketone

부분 환원 반응: 6.9.4절

Wittig 반응: 11.11.4절

R′–C(X)(H)–C(H)(X)–R 또는 R′–C(H)(H)–C(X)(X)–R $\xrightarrow{\text{염기}}$ $R'-C\equiv C-R$ $\xleftarrow[\text{2. RX}]{\text{1. NaNH}_2}$ $R'-C\equiv C-H$

제거 반응: 8.11절 및 8.12절

친핵성 치환 반응 (알킬화 반응):8.6절

그림 6.4 **알켄 및 알카인의 제법.**

6.5 알켄과 알카인의 친전자성 첨가 반응 일반

알켄과 알카인은 **첨가(addition)** 반응을 한다. 이 반응은 이들 분자들이 가지고 있는 C=C 결합과 C≡C 결합에 있는 π 결합이 끊어져 알켄에서는 두 개, 알카인에서는 네 개의 새로운 σ 결합이 생성되는 반응이다.

첨가 반응

$$\text{>C=C<} + \text{X}-\text{Y} \longrightarrow -\overset{|}{\underset{\text{X}}{\text{C}}}-\overset{|}{\underset{\text{Y}}{\text{C}}}-$$

이 π 결합이 분해된다.

두 개의 σ 결합이 형성된다.

파이 결합 세기

순수 π 결합 세기는 C=C 결합 해리 에너지에서 C—C 결합 해리 에너지를 뺀 값이다. 표 6.1로부터 이를 계산하면 63 (146−83) kcal/mol로서 C—C 결합 해리 에너지보다 작다. 따라서 π 결합이 σ 결합보다 반응하기 쉽다.

$$-\text{C}\equiv\text{C}- \xrightarrow{\text{X}-\text{Y}} \text{X}\text{C=C}\text{Y} \xrightarrow{\text{X}-\text{Y}} -\overset{\text{X}}{\underset{\text{X}}{\text{C}}}-\overset{\text{Y}}{\underset{\text{Y}}{\text{C}}}-$$

약한 π 결합

두 개의 약한 π 결합

(E 또는 Z 생성물)

네 개의 새로운 결합 (붉은선)

정전기 전위 지도에 나타낸 바와 같이 알켄과 알카인에 있는 C=C 결합과 C≡C 결합은 C—C 단일 결합보다 전자가 풍부하다. 뿐만 아니라 탄소-탄소 π 결합은 σ 결합보다 밖으로 노출되어 있고, 결합 세기도 σ 결합보다 약하기 때문에, 전자가 부족하여 **전자쌍**을 구하는 화학종인 **친전자체(electrophile)**와 반응하여 단일 결합을 생성하게 된다. 이를 **친전자성 첨가 반응(electrophilic addition)**이라고 한다.

Ethene의 정전기 전위 지도

Ethyne의 정전기 전위 지도

- **친전자체**는 전자가 부족하여 전자쌍을 구하는 반응종(reactive species)이다. 양성자(proton, H^+), BF_3, $AlCl_3$, 금속 양이온 같은 Lewis 산이 대표적인 친전자체이다. 편극성이 강해 일시적으로 전자가 부족한 상태가 되는 분자들도 친전자체로 행동할 수 있다.
- **친전자성 첨가 반응**은 반응 시약인 X-Y의 σ 결합이 불균일 분해하여 생긴 X^+가 **친전자체**로 작용하여, 전자가 풍부한 알켄 또는 알카인의 π 전자와 반응하여 일어난다.
- 일반적으로 알카인의 친전자 첨가 반응성은 알켄보다 약하다. 그 이유는 반응 중간체로 생기는 **비닐성 탄소양이온**이 알켄에서 생성되는 반응 중간체인 **알킬 탄소양이온**에 비하여 덜 안정하기 때문이다(6.9.2절).
- 일반적으로 안정도가 높은 알켄일수록 반응성이 떨어진다. 그 이유는 안정한 알켄일수록 반응의 활성화 에너지가 높기 때문이다.

6.6 알켄의 친전자성 첨가 반응

6.6.1 알켄 반응의 개요

알켄의 이중 결합의 탄소 원자들은 모두 삼각 평면 위에 놓여 있기 때문에, X—Y가 첨가될 때는 **서로 같은 쪽**(*syn*)과 **반대 쪽**(*anti*) 또는 이와는 상관 없이 양쪽 방향에서 첨가되는 형태로 나타날 수 있다. X—Y 모두가 같은 쪽에 첨가되는 반응을 ***syn* 첨가 반응**(***syn* addition**), 반대 쪽에 첨가되는 반응을 ***anti* 첨가 반응**(***anti* addition**)이라고 한다. *Syn* 첨가 반응과 *anti* 첨가 반응을 각각 ***cis* 첨가 반응** 또는 ***trans* 첨가 반응**이라고도 한다. 이 용어는 ***syn-anti*** 또는 ***cis-trans***로 짝을 지어 사용하고, 서로 섞어서 사용하지는 않는다.

첨가 반응의 형태

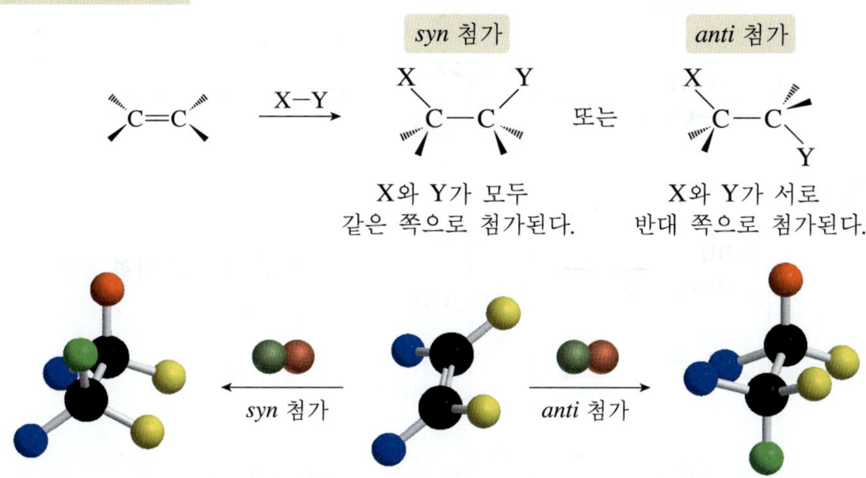

알켄의 친전자성 첨가 반응은 다음과 같이 이온성 첨가 반응 및 *anti* 첨가 반응, *syn* 첨가 반응 형태로 일어난다.

■ **이온성 첨가 반응**: 탄소양이온이 형성되는 반응
- HX 첨가 반응
- 수화 반응
- 옥시수은 첨가 반응

■ ***anti* (또는 *trans*) 첨가 반응**
- 할로젠 첨가 반응
- 할로하이드린 형성 반응

■ ***syn* (또는 *cis*) 첨가 반응**
- 수소붕소 첨가 반응
- 촉매 수소화 반응
- 카벤 첨가 반응
- 알켄의 산화 반응: 에폭시화 반응, 1,2-하이드록실화 반응, 가오존분해 반응

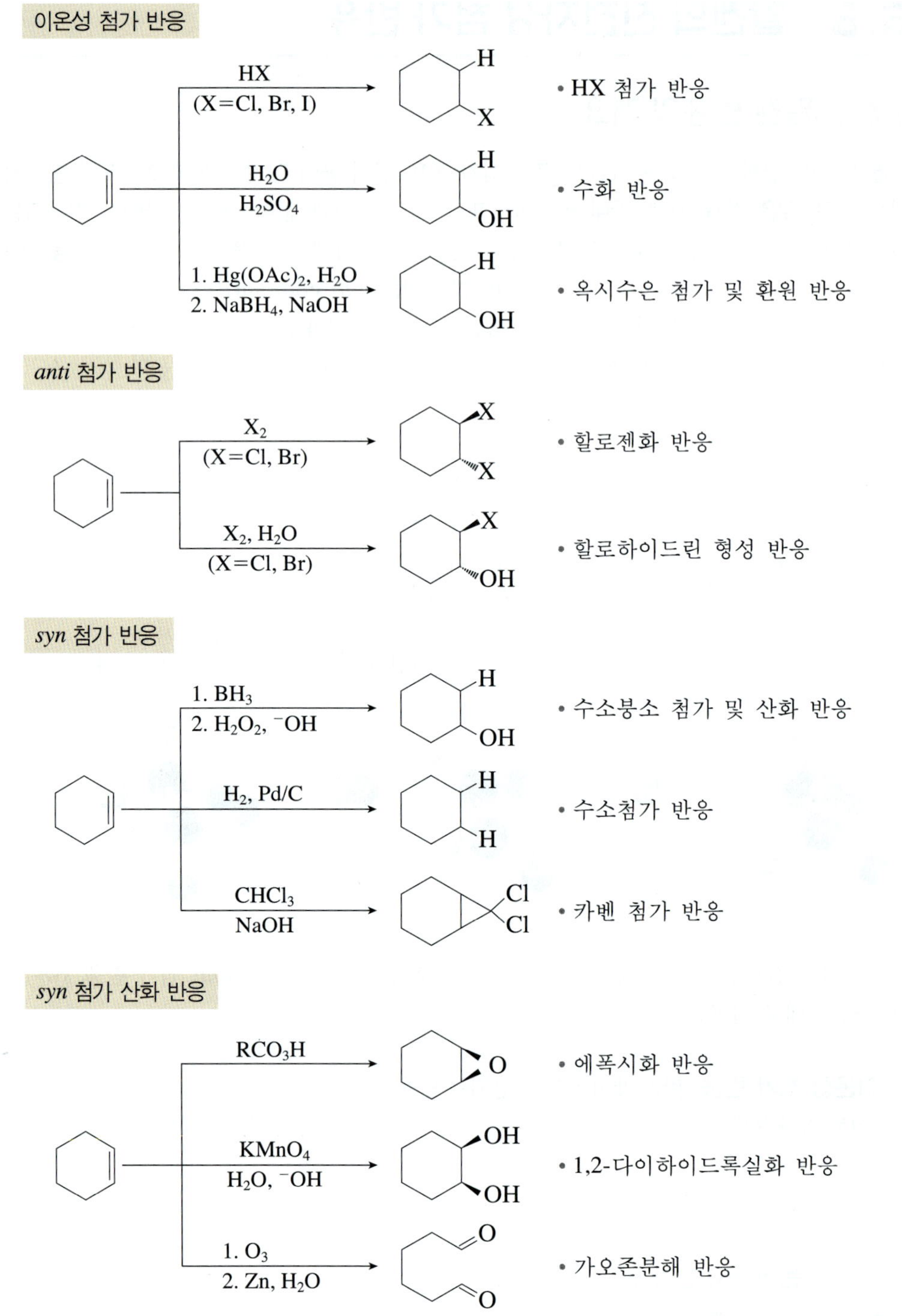

이온성 첨가 반응

HX ($X=Cl, Br, I$) • HX 첨가 반응

H_2O, H_2SO_4 • 수화 반응

1. $Hg(OAc)_2$, H_2O 2. $NaBH_4$, NaOH • 옥시수은 첨가 및 환원 반응

anti 첨가 반응

X_2 ($X=Cl, Br$) • 할로젠화 반응

X_2, H_2O ($X=Cl, Br$) • 할로하이드린 형성 반응

syn 첨가 반응

1. BH_3 2. H_2O_2, ^-OH • 수소붕소 첨가 및 산화 반응

H_2, Pd/C • 수소첨가 반응

$CHCl_3$, NaOH • 카벤 첨가 반응

syn 첨가 산화 반응

RCO_3H • 에폭시화 반응

$KMnO_4$, H_2O, ^-OH • 1,2-다이하이드록실화 반응

1. O_3 2. Zn, H_2O • 가오존분해 반응

그림 6.5 **알켄의 친전자성 첨가 반응 요약.**

이들 알켄 반응을 화학식으로 요약하면 **그림 6.5**와 같다.

6.6.2 할로젠화 수소 (HX) 첨가 반응

할로젠화 수소 첨가 반응은 할로젠화 수소(HX, X ═ Cl, Br 또는 I)가 알켄과 반응하여 **할로젠화 알킬(alkyl halide** 또는 **haloalkane, RX)**을 생성하는 반응이다.

할로젠화 수소 첨가

$$>C=C< \; + \; \overset{\delta^+}{H} - \overset{\delta^-}{X} \;(X=Cl, Br, I) \longrightarrow -\underset{H}{\overset{|}{C}}-\underset{X}{\overset{|}{C}}-$$

π 결합이 분해된다. HX가 첨가된다.

할로젠화 알킬

알켄의 결합과 H−X의 결합이 끊어지고 C−H와 C−X 결합이 새로 만들어진다.

예

$$H_2C=CH_2 + HBr \longrightarrow H-\underset{H}{\overset{H}{C}}-\underset{Br}{\overset{H}{C}}-H$$

$$\text{cyclohexene} + HCl \longrightarrow \text{(H, Cl added cyclohexane)}$$

이 반응은 알켄의 π 결합과 HX의 σ 결합이 끊어지고 C-H와 C-X 결합이 새로 만들어지는 반응이며, HX의 반응성은 산의 세기에 비례한다.

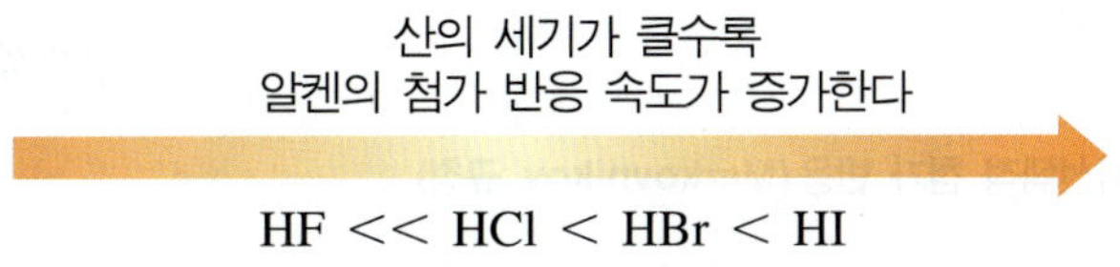

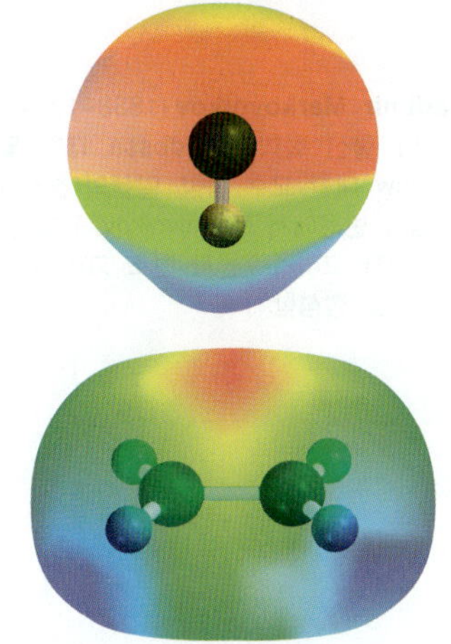

HCl과 ethene의 정전기 전위 지도. Ethene의 전자가 풍부한 부위(붉은색)와 HCl의 전자가 부족한 부위(푸른색) 사이에 상호작용이 일어난다.

■ 할로젠화 수소(HX) 첨가 반응의 반응 메커니즘

HX의 친전자성 첨가 반응의 메커니즘은 두 단계로 이루어진다. [단계 1]은 HX가 해리하여 생성된 전자가 부족한 양성자(H^+)에 전자가 풍부한 알켄의 π 전자의 전자쌍이 결합하여 탄소양이온을 형성하는 단계이고, [단계 2]는 할로젠화 이온(X^-)이 친핵체로 작용하여 단계 1에서 생성된 탄소양이온과 반응하여 C-X 결합을 형성하는 단계이다. [단계 1]은 느리게 일어나고, [단계 2]는 빠르게 일어나기 때문에 이 반응의 전체 속도를 결정하는 것은, 친전자체인 H^+가 π 결합에 첨가되는 [단계 1]이다. 따라서 반응 속도를 결정하는 단계를 기준으로 이 반응을 **친전자성 첨가 반응**이라고 한다. 그 예를 **그림 6.6**에 나타내었다.

[단계 1] π 결합에 대한 친전자체(H^+)의 첨가

$$\underset{cis\text{-But-2-ene}}{CH_3CH=CHCH_3} + H-Br \xrightarrow{\text{느림}} \underset{\text{탄소양이온}}{CH_3-CH_2-\overset{+}{C}H-CH_3} + Br^-$$

새로운 결합

[단계 2] Br^-의 친핵성 공격

$$CH_3-CH_2-\overset{+}{C}H-CH_3 + Br^- \xrightarrow{\text{빠름}} CH_3-CH_2-CHBr-CH_3$$

새로운 결합

그림 6.6 알켄에 대한 HX의 친전자성 첨가 반응 메커니즘.

• 알켄에 대한 HX의 반응은 친전자체인 H^+가 π 결합에 첨가하여 탄소양이온을 생성시키는 [단계 1]이 속도 결정 단계이다.

■ Markovnikov 규칙

비대칭 알켄인 propene의 이중 결합에 HBr을 첨가시키면 두 가지 구조 이성질체인 1-bromopropane과 2-bromopropane이 1:1비율로 생성되지 않고, 2-bromopropane이 주로 생성된다. 이와 같이 비대칭 알켄에 HX를 첨가시킬 때 C$=$C 결합 중 수소가 많이 붙은 탄소 원자에 수소 원자가 첨가되고, 수소가 적게 붙은 탄소 원자에 할로젠화 이온이 우선하여 첨가되는 경향을 **Markovnikov** ('마르코프니코프' 라고 읽음) **규칙**이라고 한다. 결과적으로 이 규칙은 HBr이 propene의 C1과 C2 탄소 중 어느 탄소와 선택적으로 결합하는가를 나타낸다. 이러한 반응을 **위치선택적 반응** (**regioselective reaction**)이라고 한다 (**그림 6.7**).

Vladimir Markovnikov (1838~1904): 러시아 출신 화학자. Odessa 대학 및 Moscow 대학 교수 역임. 알켄의 친전자성 첨가 반응에서 Markovnikov 규칙 발견. 4원자 고리와 7원자 탄소 고리 화합물을 처음 합성함.

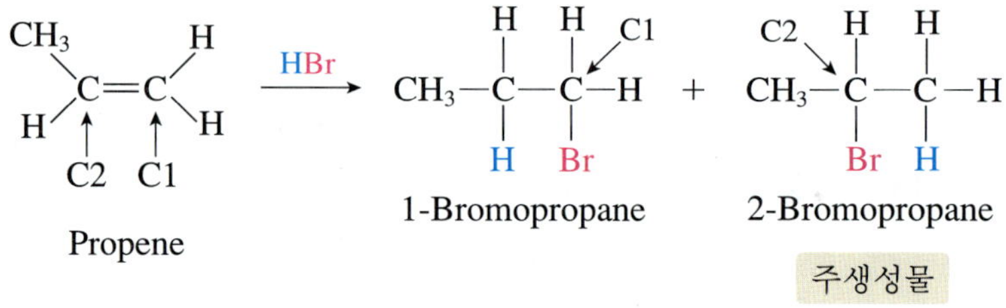

Propene ($CH_3(H)C{=}CH_2$; C2, C1) $\xrightarrow{HBr}$ 1-Bromopropane ($CH_3-CH_2-CH_2Br$) + 2-Bromopropane ($CH_3-CHBr-CH_3$)

주생성물: 2-Bromopropane

그림 6.7 **알켄의 위치선택적 첨가 반응 (Markovnikov 규칙).**

위의 반응에서 Markovnikov 규칙이 성립되는 이유는 propene의 π 전자쌍이 친전자체인 H^+와 결합하여 탄소양이온을 형성할 때, 일차 탄소양이온(경로 1)보다 더 안정한 이차 탄소양이온(경로 2)이 우선적으로 선택되기 때문이다 (**그림 6.8**).

• 비대칭 알켄에 대한 HX의 첨가 반응은 **Markovnikov 규칙**에 따라 위치선택적으로 일어난다.
• Markovnikov 규칙이 성립하는 이유는 **더 안정한 탄소양이온이 우선적으로 생성**되기 때문이다.

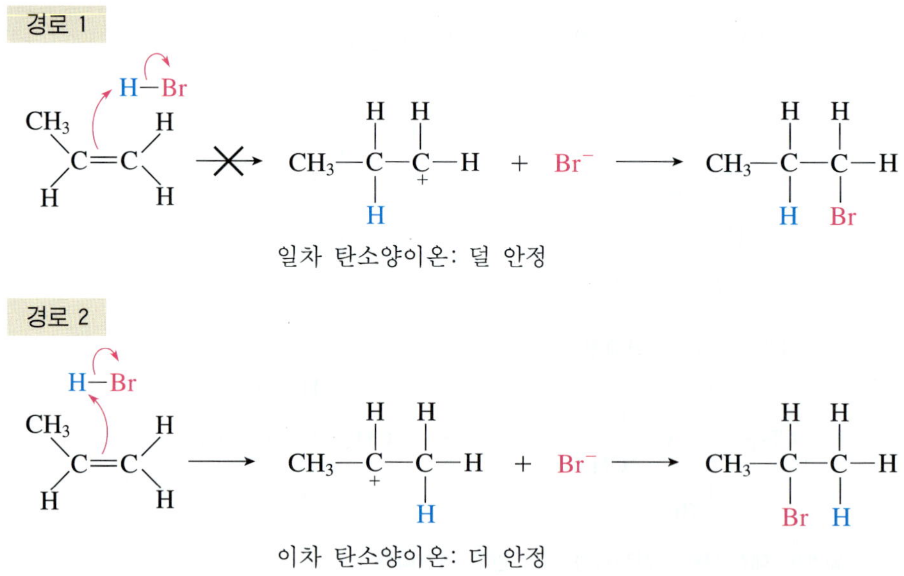

경로 1

$CH_3(H)C{=}CH_2$ + H$-$Br ⟶✕ $CH_3-CH_2-\overset{+}{C}H_2$ + Br^- ⟶ $CH_3-CH_2-CH_2Br$

일차 탄소양이온: 덜 안정

경로 2

$CH_3(H)C{=}CH_2$ + H$-$Br ⟶ $CH_3-\overset{+}{C}H-CH_3$ + Br^- ⟶ $CH_3-CHBr-CH_3$

이차 탄소양이온: 더 안정

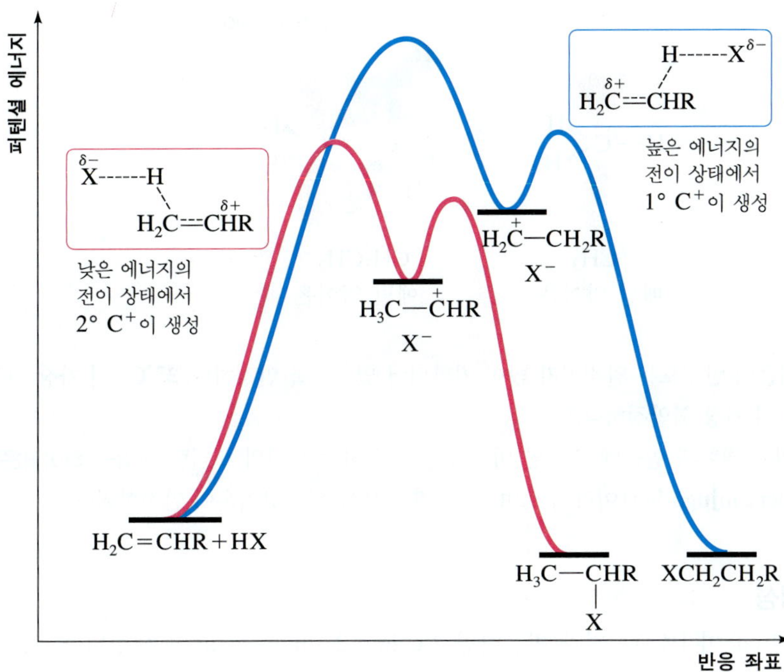

Markovnikov 규칙을 설명하는 에너지 도표. H$^+$가 첨가되는 단계는 흡열 반응이므로 Hammond 가정에 따라 전이 상태의 구조는 생성물과 비슷하다. 2° C$^+$이 1° C$^+$보다 더 낮은 전이 상태에서 생성되며, 반응도 더 빨리 일어난다.

그림 6.8 Markovnikov 규칙이 성립하는 이유는 더 안정한 탄소양이온이 우선적으로 생성되기 때문이다.

■ 탄소양이온의 안정도

탄소양이온(carbocation)은 탄소 원자의 원자가 결합 전자가 여섯 개로서 팔전자 규칙을 만족시키지 못하는 전자가 부족한 상태의 탄소 반응종이다. 따라서 탄소양이온 탄소 원자에 전자를 제공할 수 있는(+)-전자 유발 효과를 가진 알킬기가 많이 치환되어 있을수록 탄소양이온의 안정도는 증가한다.

탄소양이온의 오비탈
탄소양이온은 탄소 원자 주변에 여섯 개의 원자가전자를 가지고 있으며, 기하학적 모양은 *p* 오비탈이 비어 있는 삼각 평면인 sp^2 오비탈의 형태를 취한다.

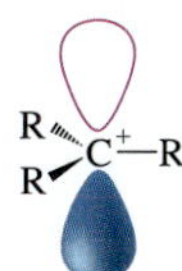

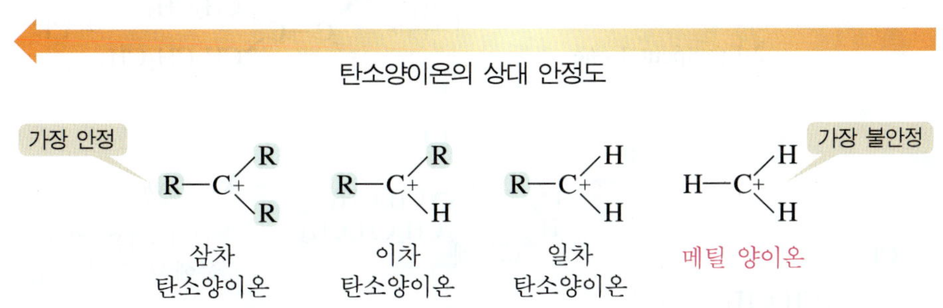

알킬기의(+)-전자 유발 효과가 탄소양이온을 안정화시키는 이유는 알킬기의 C—H의 σ 결합 전자가 탄소양이온의 비어 있는 *p* 오비탈에 공유됨으로써(오비탈 겹침) 전자가 부족한 탄소양이온을 안정화시킬 수 있기 때문이다. 이러한 현상을 **하이퍼콘쥬게이션(hyperconjugation)**이라 부른다. 메틸 양이온은 인근에 hyperconjugation에 참여할 C—H 결합이 없기 때문에 가장 불안정하다.

탄소양이온의 안정성
탄소양이온은 전자 유발 효과뿐 아니라 벤질 탄소양이온과 알릴 탄소양이온의 경우와 같이 공명 효과에 의해서도 안정화된다. 후자의 영향력이 더 크게 작용한다.

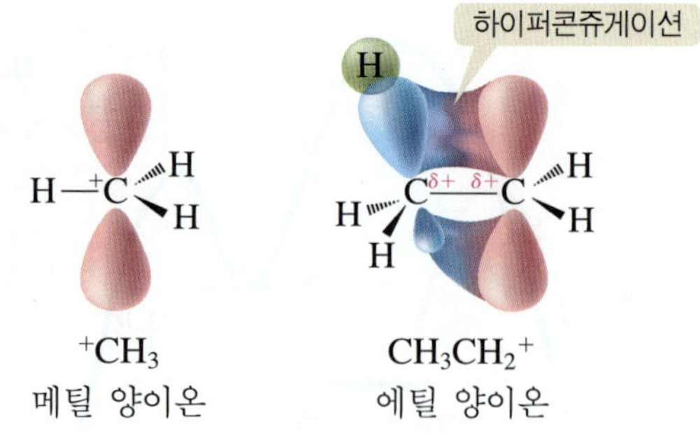

- 탄소양이온의 안정도는 알킬기가 많이 치환되어 있을수록 안정하다. **3° C^+이 가장 안정**하고 **$^+CH_3$이 가장 불안정하다.**
- C—H의 σ 결합과 인근에 위치한 비어 있는 *p* 오비탈 사이의 오비탈 겹침을 **하이퍼콘쥬게이션(hyperconjugation)**이라 부르며, 이 효과에 의해 탄소양이온이 안정화된다.

■ 입체선택성

2-Ethylpent-1-ene이 HCl과 첨가 반응하면 2-chloro-2-ethylpentane이 생성된다. 이 생성물은 비대칭 탄소를 가지고 있지만, 오직 라셈 혼합물로서만 얻어진다. 이 물질이 어떻게 생성되는지 그 과정을 살펴보자. **그림 6.9**에 나타낸 바와 같이 먼저 친전자체인 H^+는 C═C 결합에 첨가되어 이차 양이온을 형성한다. 이 첨가 반응은 평면인 C═C 결합의 위·아래 양쪽에서 일어날 수 있는데, 어느 쪽에서 일어나든 동일한 탄소양이온이 생성된다. 그런데

첨가의 두 가지 형태
H—Cl 또는 H—Cl
2-Ethylpent-1-ene
위 / 또는 / 아래
동일한 탄소양이온
+ Cl^-

위 / 또는 / 아래
(*S*)-체 = **A** *syn* 첨가
H와 Cl은 같은 쪽에서 첨가된다.
거울상이성질체
(*R*)-체 = **B** *anti* 첨가
H와 Cl은 서로 반대 쪽에서 첨가된다.

그림 6.9 라셈 혼합물의 생성 예. 중간체로 생성되는 탄소양이온은 삼각 평면 구조이기 때문에 방향 선택성이 없다.

이 탄소양이온의 탄소 원자는 삼각 평면인 sp^2 혼성 오비탈의 구조를 가지고 있기 때문에, 염소 이온이 결합할 때 탄소양이온의 평면 양쪽에 결합할 수 있는 확률이 1:1이 된다. 따라서 생성물은 **라셈 혼합물**이 된다. 이 반응을 전체적으로 보면 HCl은 알켄에 대하여 *syn* 첨가 반응(생성물 A, *S* 이성질체)과 *anti* 첨가 반응(생성물 B, *R* 이성질체)이 1:1로 일어난 결과이다.

• 알켄에 대한 HX의 첨가 반응은 **삼각 평면 구조인 탄소양이온** 중간체를 거치기 때문에, 입체선택성이 없이 항상 **라셈 혼합물**을 생성시킨다.

■ 탄소양이온의 재배열

3-Methylbut-1-ene에 HCl을 반응시키면 예상되는 2-chloro-3-methylbutane이 아닌 2-chloro-2-methylbutane이 더 많이 생긴다. 그 이유는 H^+ 첨가로 생성된 2° 탄소양이온 중간체에서 옆 탄소의 수소 원자가 **수소음이온(hydride, H^-)** 형태로 자리이동(shift)하면(이를 1,2-**H**$^-$자리이동이라 함), 2° 탄소양이온보다 더 안정한 3° 탄소양이온을 생성할 수 있기 때문이다(**그림 6.10**). 이런 현상을 **탄소양이온 재배열**이라 한다.

탄소양이온이 Cl^-과 결합하는 반응보다 분자 내의 1,2-H^- 자리이동 반응이 더 빨리 일어난다.

$$CH_3-\underset{H}{\overset{CH_3}{C}}-CH=CH_2 \xrightarrow{H^+} CH_3-\underset{H}{\overset{CH_3}{C}}-\overset{+}{C}HCH_3 \xrightleftharpoons{1,2\text{-}H^-\text{-자리이동}} CH_3-\underset{+}{\overset{CH_3}{C}}-CH_2CH_3$$

3-Methylbut-1-ene　　2° C^+생성: 덜 안정　　3° C^+생성: 더 안정

$\downarrow Cl^-$　　　$\downarrow Cl^-$

$$CH_3-\underset{H}{\overset{CH_3}{C}}-\underset{Cl}{C}HCH_3 \qquad CH_3-\underset{Cl}{\overset{CH_3}{C}}-CH_2CH_3$$

2-Chloro-3-methylbutane 40%　　2-Chloro-2-methylbutane 60%

그림 6.10 탄소양이온의 재배열 반응. 탄소양이온은 더 안정한 탄소양이온의 구조를 가지기 위하여 인근에 있는 H^- 또는 R기가 재배열할 수 있다.

• 알켄에 양성자가 첨가되는 반응은 **탄소양이온 재배열 반응**을 동반한다.

6.6.3 수화 반응－물 첨가 반응

수화 반응(hydration)이란 산 촉매하에 알켄과 물을 반응(첨가)시켜 알코올을 생성시키는 반응이다. H_2O 자체는 약산이므로 알켄과 반응하지 않는다. 산 촉매는 친전자체인 H^+가 알켄의 π 전자쌍과 반응하여 반응 중간체인 탄소양이온을 생성시키는 역할을 한다. 이 목적으로 흔히 사용되는 산은 H_2SO_4 또는 H_3PO_4 같은 양성자산이다. 이 반응은 HX 첨가 반응에서처럼 안정한 탄소양이온이 우선적으로 생성되어 일어나는 반응이기 때문에 위치선택적으로 일어난다(**Markovnikov 규칙**을 따름). 그러나 이 경우도 위에서 언급한 탄소양이온의 재배열 반응이 일어나 구조 이성질체가 생성될 수 있다.

수화 반응 $\rangle C{=}C\langle + \overset{\delta^+}{H} - \overset{\delta^-}{OH} \xrightarrow{H_2SO_4}$ $-\underset{H}{\overset{|}{C}}-\underset{OH}{\overset{|}{C}}-$ ← H_2O가 첨가된다.

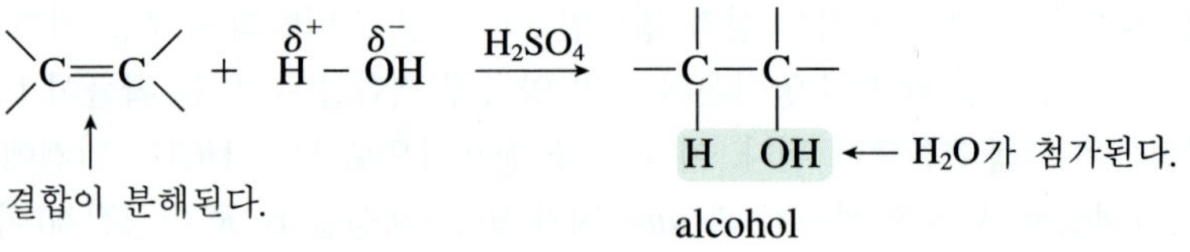

이 π 결합이 분해된다. alcohol

예 $CH_3CH_2CH{=}CH_2 + H_2O \xrightarrow{H_2SO_4} CH_3CH_2-CH(HO)-CH_2(H)$

$\xrightarrow{H_2SO_4}$ (1-methylcyclohexene, CH_3, H) + H_2O → (CH_3, OH, H, H)

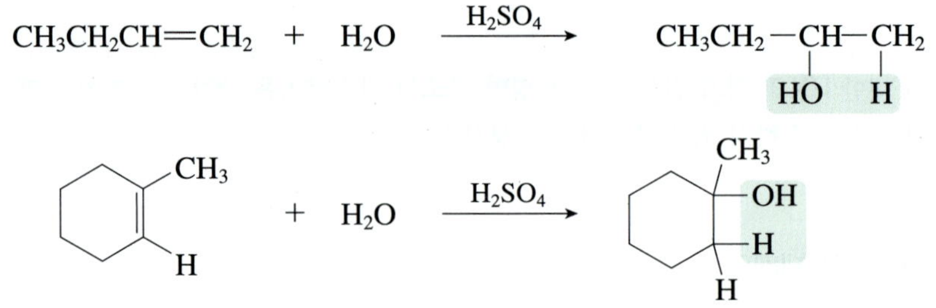

- **수화 반응**은 Markovnikov 규칙을 따르는 반응이다.
- 탄소양이온을 거쳐 일어나는 반응이므로 *syn* 첨가와 *anti* 첨가가 동시에 일어난다. 입체선택성 없이 항상 라셈 혼합물이 생성되며, 탄소양이온 재배열 반응이 일어난다.

알켄에 대한 **수화 반응의 메커니즘**을 cyclohexene의 수화 반응을 예로 들어 **그림 6.11**에 나타내었다. 이 반응은 π 결합에 친전자체(H^+) 첨가, H_2O의 친핵성 공격, 양성자 제거 등 세 단계를 거쳐 일어난다.

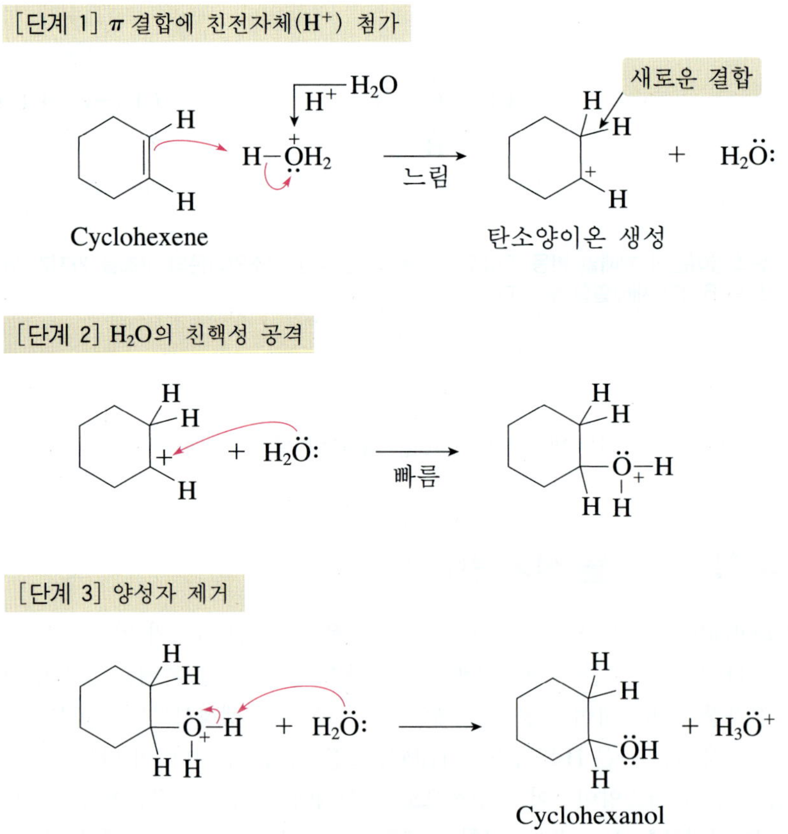

[단계 1] π 결합에 친전자체(H^+) 첨가

Cyclohexene + $H-\overset{+}{\ddot{O}}H_2$ $\xrightarrow{\text{느림}}$ 탄소양이온 생성 (새로운 결합) + $H_2\ddot{O}$:

[단계 2] H_2O의 친핵성 공격

탄소양이온 + $H_2\ddot{O}$: $\xrightarrow{\text{빠름}}$ $-\overset{+}{\ddot{O}}-H$ (H H)

[단계 3] 양성자 제거

$-\overset{+}{\ddot{O}}-H$ + $H_2\ddot{O}$: → Cyclohexanol ($\ddot{O}H$) + $H_3\ddot{O}^+$

그림 6.11 **알켄의 수화 반응 메커니즘**. 안정한 탄소양이온이 생성되는 방향으로 반응이 진행된다.

6.6.4 옥시수은 첨가–환원 반응

이 반응은 산(H^+) 대신 $Hg(OAc)_2$ (mercuric acetate) 수용액으로 알켄에 수화 반응을 일으켜 알코올을 생성시키는 반응이다. 반응은 수용액에서 $Hg(OAc)_2$를 알켄에 반응시킨 후 $NaBH_4$로 환원하는 두 단계 반응으로 일어난다. 반응에서 $NaBH_4$는 반응 중간체로 생성된 옥시수은 화합물의 C—Hg 결합을 C—H 결합으로 전환시킬 목적으로(수은 제거) 사용되는 환원제이다. 사용된 $Hg(OAc)_2$는 금속 양이온인 Hg 이온이 친전자체로 알켄의 π 결합을 활성화시켜, 약한 친핵체인 물의 첨가 반응을 쉽게 일으키게 하는 역할을 하며, 이 반응에서 Markovnikov형 알코올이 생성된다(**그림 6.12**). 이 반응의 특징은 산 촉매 수화 반응과 다르게 수화 반응 시 탄소양이온의 재배열이 일어나지 않는다는 점이다. 이 반응을 물 대신 알코올 속에서 반응시키면 알코올이 친핵체로 작용하여 에터가 생성된다(9.6.4절).

$$\text{R—CH=CH}_2 \xrightarrow[\text{2. NaBH}_4]{\text{1. Hg(OAc)}_2,\ \text{H}_2\text{O}} \text{R—CH(OH)—CH}_3$$

옥시수은 첨가-환원 메커니즘

$$\text{AcO—Hg—OAc} \rightleftharpoons \text{:}\overset{+}{\text{Hg}}\text{ – OAc} + {}^-\text{OAc}$$

$$\text{:}\overset{+}{\text{Hg}}\text{–OAc} + \text{R—CH=CH}_2 \longrightarrow \text{R—CH—CH}_2\ (\text{Hg}^+\text{–OAc 다리}) \xrightarrow[\ ]{\text{H}_2\ddot{\text{O}}\text{:},\ -\text{H}^+} \text{R—CH(OH)—CH}_2\text{—Hg—OAc} \xrightarrow{\text{NaBH}_4} \text{R—CH(OH)—CH}_2\text{—H}$$

그림 6.12 **알켄의 옥시수은 첨가–환원 반응**: 탄소양이온 재배열 없이 Markovnikov형 알코올을 생성시킨다.

- **옥시수은 첨가–환원 반응**은 친전자체인 H^+를 사용하지 않으므로 탄소양이온 재배열 없이 알켄에 수화 반응을 일으켜 Markovnikov형 알코올을 생성시킨다.

예제 6.7 알켄의 HX(X = Br 또는 Cl) 첨가 반응 또는 수화 반응으로부터 다음 화합물을 주생성물로 얻었다. 해당하는 알켄의 구조를 그리시오.

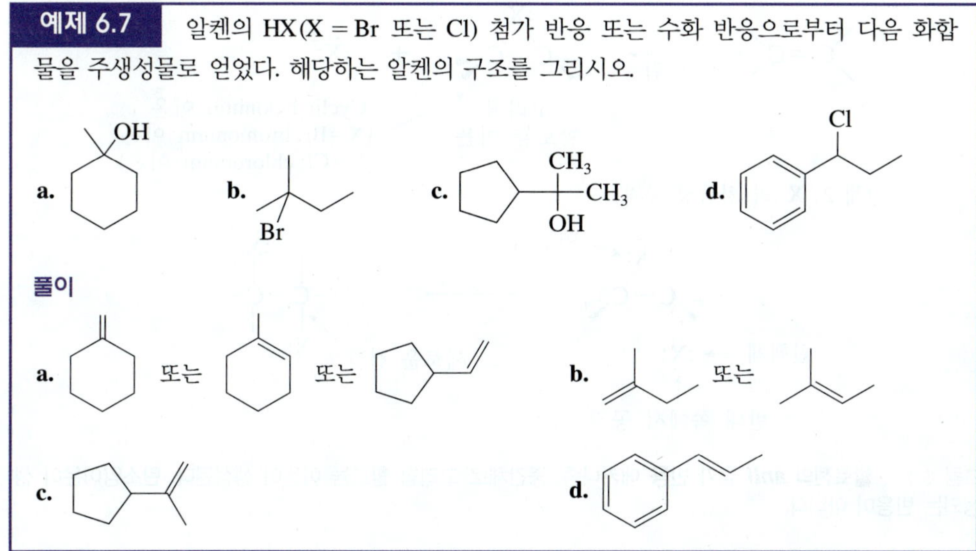

문제 6.5 다음 반응에서 예상되는 주생성물은 무엇인가? 그 이유를 설명하시오.

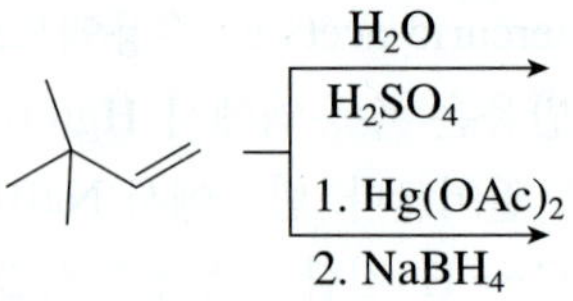

H_2O / H_2SO_4

1. $Hg(OAc)_2$
2. $NaBH_4$

6.6.5 할로젠 첨가 반응−*anti* (또는 *trans*) 첨가 반응

Cyclohexene에 브로민(또는 염소)을 반응시키면 *trans*-1,2-dibromocyclohexane (또는 *trans*-1,2-dichlorocyclohexane)만을 생성한다. 이를 알켄의 ***anti*** (또는 ***trans***) **첨가 반응**이라고 한다.

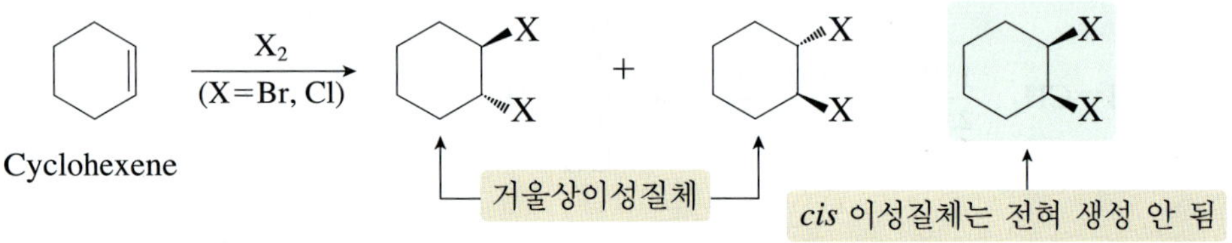

X_2 (X=Br, Cl)

Cyclohexene

거울상이성질체

cis 이성질체는 전혀 생성 안 됨

- **할로젠 첨가 반응**은 ***anti*** (또는 ***trans***) **첨가 반응**이다.
- F_2는 반응이 너무 빠르고, I_2는 생성물이 불안정하여 알켄의 할로젠 첨가 반응에 이용할 수 없다.

■ 할로젠의 *anti* (또는 *trans*) 첨가 반응 메커니즘

편극화되기 쉬운 브로민과 염소 같은 할로젠 분자는 전자가 풍부한 이중 결합이 접근하면, 한쪽 원자는 전자가 부족하고 다른 쪽 원자는 전자가 풍부한 형태인 $X^{\delta+}-X^{\delta-}$ 쌍극자가 유도된다. 이 반응은 두 단계로 일어난다. 우선 X_2가 편극화되어 만들어진 $X^{\delta+}$와 알켄의 π 결합이 반응하여 중간체인 삼원자 고리 모양의 양전하를 가진 **고리형 할로늄 이온(cyclic**

[단계 1] π 결합에 친전자체(X^+)의 첨가

느림

고리형 할로늄 이온

Cyclic halonium 이온 (X=Br: bromonium 이온 X=Cl: chloronium 이온)

[단계 2] X^-의 친핵성 공격

이탈기

친핵체

반대 쪽에서 공격

새로운 결합

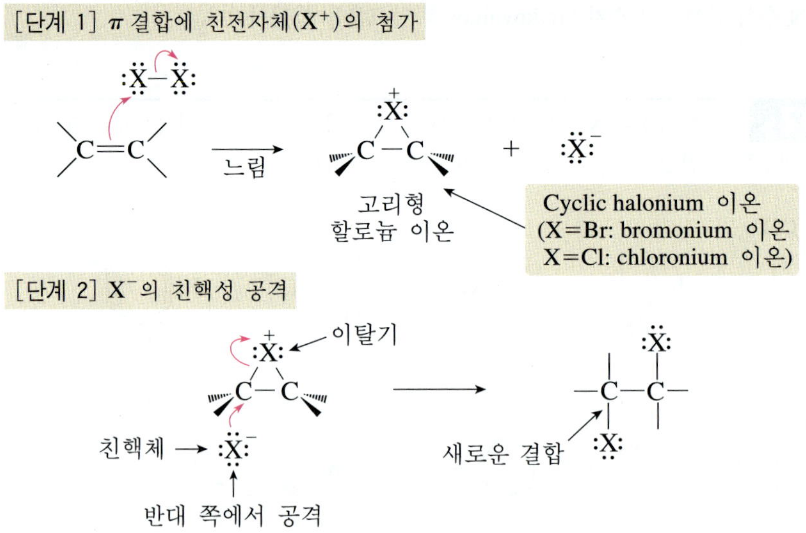

그림 6.13 **할로젠의 *anti* 첨가 반응 메커니즘**. 중간체로 고리형 할로늄 이온이 생성된다. 탄소양이온이 생성되는 반응이 아니다.

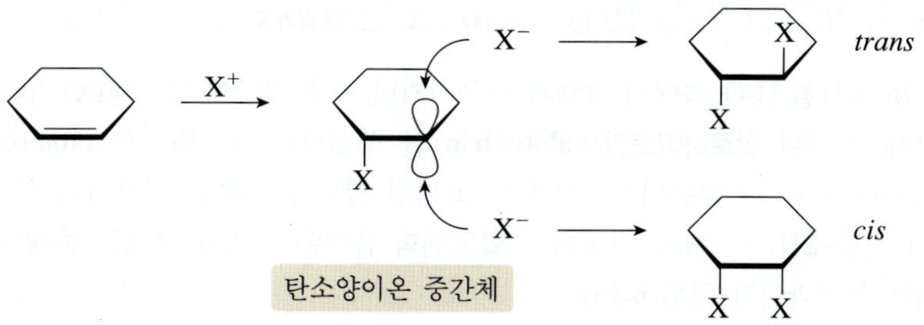

만약 탄소양이온이 중간체로 생성된다면 X^-가 평면 위아래로 동시에 친핵성 공격을 하여, *trans*와 *cis*의 생성물이 1:1로 생성되어야 하나 오직 *trans*체만 생성된다.

그림 6.14 알켄의 할로젠화 반응이 탄소양이온 중간체를 거쳐 일어나면 시스-이성질체도 함께 생성되어야 한다.

halonium ion)이 생성되고, 그 후에 반대 편에서 할로젠화 음이온(X^-)이 친핵성 공격을 하여 일어난다(**그림 6.13**).

만약 이 반응에서 중간체로 고리형 할로늄 이온이 아닌 탄소양이온이 반응 중간체로 생성되어 반응이 일어날 경우, 탄소양이온의 평면 입체 배열 때문에 생성물은 *anti* 첨가에 의한 *trans* 이성질체 이외에 *syn* 첨가에 의한 *cis* 이성질체도 동시에 생성되어야 하나, 결과는 그렇지 않다. 따라서 알켄의 할로젠화 반응은 탄소양이온 중간체를 거쳐 일어나는 반응이 아니다(**그림 6.14**).

- 알켄의 할로젠화 반응은 탄소양이온 중간체를 거치지 않는다.
- 할로젠 첨가 반응과 같이 오로지 한 가지 입체이성질체(*anti* 첨가 반응 생성물)만 생성시키는 반응을 **입체특이성 반응(stereospecific reaction)**이라 부른다.

예제 6.8 *cis*-But-2-ene과 *trans*-But-2-ene에 Br_2를 반응시켰다. 이때 얻어지는 생성물들의 입체이성질체 관계를 밝히시오.

풀이

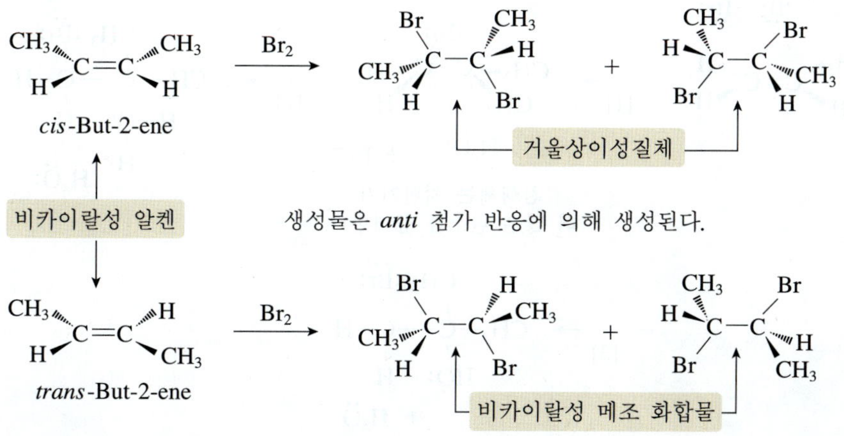

문제 6.6 예제 6.8의 반응 메커니즘을 상세히 기술하시오.

6.6.6 할로하이드린 형성 반응−*anti* (또는 *trans*) 첨가 반응

할로젠 X_2 (X=Br, Cl)를 H_2O 속에서 알켄과 반응시키면 이중 결합에 할로젠(X) 기와 하이드록실(OH) 기가 첨가된 **할로하이드린(halohydrin)**을 생성한다. X=Br이면 bromohydrin, X=Cl이면 chlorohydrin이라 부른다. 이 반응은 고리형 할로늄 이온을 경유하여 일어나는데, 할로젠 첨가 반응에서 친핵체로 작용하는 할로젠화 음이온 대신 과량으로 존재하는 물이 친핵체로 작용한 결과이다(**그림 6.15**).

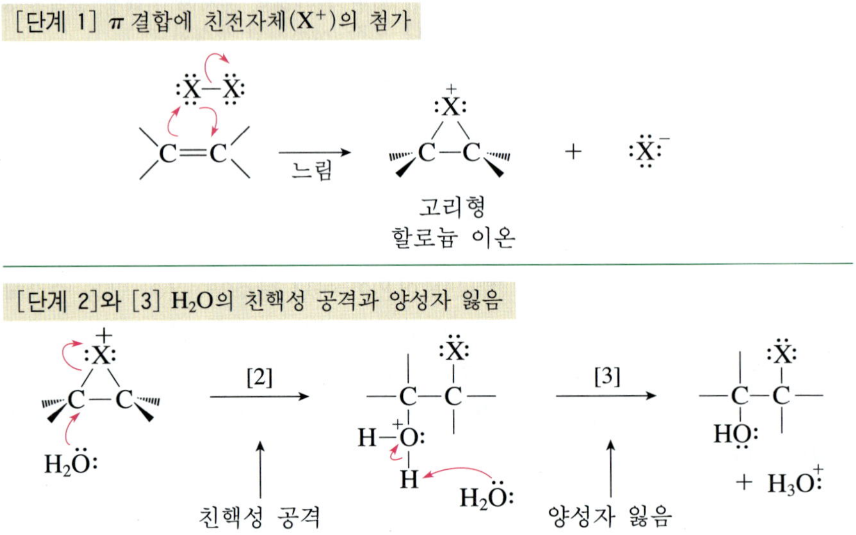

[단계 1] π 결합에 친전자체(X^+)의 첨가

느림

고리형 할로늄 이온

[단계 2]와 [3] H_2O의 친핵성 공격과 양성자 잃음

[2]

[3]

친핵성 공격

양성자 잃음

$+ H_3O^+$

그림 6.15 **할로하이드린 형성 반응**. 첨가 반응은 고리형 할로늄 중간체를 거쳐 일어난다.

비대칭 알켄에서의 할로하이드린 형성 반응은 할로젠기가 치환기가 적은 탄소 원자에 결합하고, OH기가 치환기가 많은 탄소 원자와 결합한 형태의 생성물을 제공하며 ***anti* 첨가 반응**으로 일어난다.

비대칭형 알켄에서의 할로하이드린 형성

[1]

[2]

$+ Br^-$

친핵체는 치환기가 더 많은 탄소를 공격한다.

[3]

$+ H_3O^+$

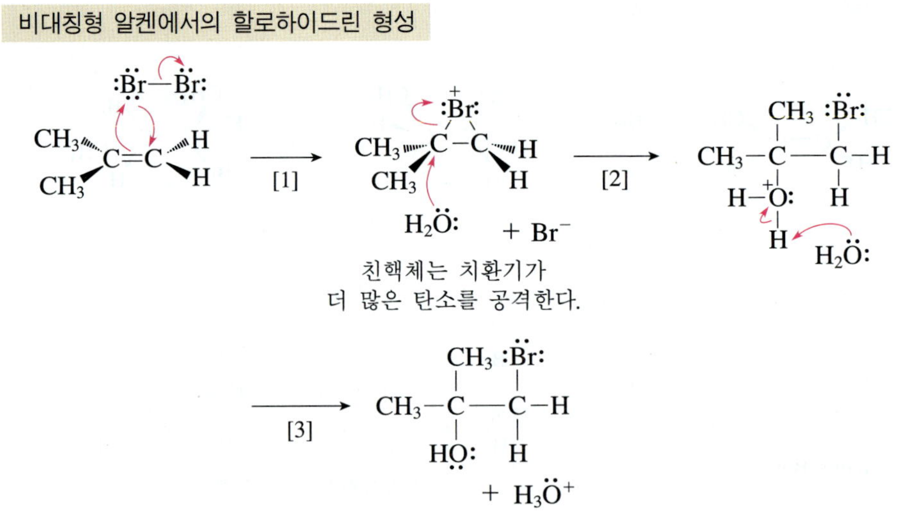

- 알켄으로부터 **할로하이드린 형성 반응은 *anti* 첨가 반응**으로 일어난다.
- 비대칭 알켄에서 X는 치환기가 적은 탄소에 붙고, OH기는 치환기가 많은 탄소와 결합한다.

예제 6.9 Cyclohexene에 다음 시약을 반응시켰을 때 생성물의 구조를 그리시오.

a. CH_3OH 속에서 Br_2 **b.** PhSBr **c.** ICl **d.** HOCl

풀이

a. :Br—Br: → [Br⁺ 고리 중간체, HÖ—CH₃ 후면 공격] → Br / ⁺OCH₃(H) + ⁺OCH₃(H) / Br → Br / OCH₃ + OCH₃ / Br

후면 공격

b. :Br—SPh → [Br⁺ 고리 중간체, :S̈—Ph 후면 공격] → Br / SPh + SPh / Br

후면 공격

c. [I⁺ 고리 중간체, :C̈l 후면 공격] → I / Cl + Cl / I

후면 공격

d. [Cl⁺ 고리 중간체, HÖ: 후면 공격] → Cl / OH + OH / Cl

후면 공격

문제 6.7 1,2-Dimethylcyclohexene에 HCl과 Cl_2를 각각 첨가 반응시켰을 때 얻는 생성물의 입체화학을 설명하시오.

6.6.7 수소붕소 첨가 반응–*syn* (또는 *cis*) 첨가 반응

Lewis 산인 **보레인(borane,** BH_3**)**이 전자가 풍부한 알켄 분자의 π 결합에 접근하여, 보레인의 수소 원자와 붕소 원자가 C=C 결합에 *syn* 첨가되어 알킬보레인을 생성하는 반응을 **수소붕소 첨가 반응(hydroboration)**이라고 한다. 생성된 C—B 결합은 알칼리 수용액 중에서 hydrogen peroxide(과산화 수소, H_2O_2)에 의해 산화되어 C—OH기로 전환된다. 이 반응은 수소붕소 첨가 반응과 산화 반응의 두 단계 반응을 거쳐 일어나는 반응으로, 알켄으로부터 알코올을 합성하는 데 이용된다. 입체 장애가 적은 알켄의 경우, 보레인 1당량으로 3당량의 알켄에 대하여 수소붕소 첨가 반응을 수행할 수 있다. 이 반응은 ***anti*-Markovnikov형 알코올**을 생성시킨다.

$$3CH_3CH{=}CH_2 \xrightarrow{BH_3} (CH_3CH_2CH_2)_3B \xrightarrow{H_2O_2,\ HO^-} 3CH_3CH_2CH_2OH$$

수소붕소 첨가-산화 반응

$$\gt C{=}C\lt \xrightarrow{BH_3} -\underset{H}{C}-\underset{BH_2}{C}- \xrightarrow{H_2O_2,\ HO^-} -\underset{H}{C}-\underset{OH}{C}-$$

수소붕소 첨가 (alkylborane) 산화 (alcohol)

Herbert C. Brown (1912~2004): 영국 태생 미국인 유기화학자. Purdue 대학교 교수 역임. 알켄에 대한 수소붕소 첨가 반응, 유기 붕소 화합물을 이용한 유기 반응 개발과 선택 환원 반응에 관한 연구로 1979년 노벨 화학상(공동) 수상.

이 반응을 발견하고 발전시킨 화학자는 1979년 노벨 화학상 수상자인 미국 Purdue 대학교의 **Herbert C. Brown** 교수이다.

■ 알켄의 수소붕소 첨가-산화 반응의 특징

• 수소붕소 첨가-산화 반응으로 얻어지는 알코올은 알켄의 수화 반응에 의한 생성물과 다르게 ***anti*-Markovnikov형**이 주생성물이다.

알킬보레인의 산화 반응 메커니즘

$$H_2O_2 + NaOH \longrightarrow Na^+\ {}^-\!:\ddot{O}-\ddot{O}-H + H_2O$$

$$R_3B + {}^-\ddot{O}-\ddot{O}-H \longrightarrow R_2B^-(R)-\ddot{O}-\ddot{O}-H \longrightarrow R_2B-O-R + {}^-:\ddot{O}H$$

$$B(OR)_3 \xrightarrow{H_2O} 3ROH$$

$$CH_3-\underset{H}{C}{=}CH_2 \xrightarrow[H_2SO_4]{H_2O} CH_3-\overset{H}{\underset{OH}{C}}-CH_3$$

수화 반응 (Markovnikov형 알코올 생성)

$$CH_3-\underset{H}{C}{=}CH_2 \xrightarrow{1.\ BH_3\quad 2.\ H_2O_2,\ HO^-} CH_3-\overset{H}{\underset{H}{C}}-\underset{OH}{CH_2}$$

수소붕소 첨가 – 산화 반응 (*anti*-Markovnikov형 알코올 생성)

• 수소붕소 첨가 반응은 ***syn* 첨가**로 **입체특이적**으로 일어나며, C—B 결합의 산화 반응 역시 입체 배열의 이성질화가 일어나지 않고, 알킬보레인 구조에 있는 입체 배열을 그대로 유지한 채 **입체특이적**으로 일어난다.

CH_3 (1-methylcyclopentene) $\xrightarrow{1.\ BH_3\quad 2.\ H_2O_2,\ HO^-}$ CH_3, H, OH (trans) + CH_3, H, OH (trans)

[CH_3 / H–B–H, H → H, CH_3, H, B(H)(H) $\xrightarrow{[O]}$ H, CH_3, H, OH]   OH, CH_3, H, H

생성되지 않음 (산화 반응 시 입체 배열 유지)

이와 같은 알켄의 수소붕소 첨가-산화 반응이 입체특이적으로 일어나는 이유를 아래와 같이 설명하고 있다.

• 알켄의 수소붕소 첨가 반응은 **한 단계** 반응으로 일어나며, 비대칭 알켄에 대하여 붕소 원자는 치환기가 적은 탄소 원자에 결합한다. **더 적은 입체 장애와 더 안정한 전이 상태**를 선택하여 반응이 일어나기 때문에 **위치선택성**과 **입체선택성**이 높다(**그림 6.16**).

B는 말단 탄소에 결합한다.

$CH_3(H)C{=}CH_2 \xrightarrow{BH_3} CH_3{-}CH(H){-}CH_2BH_2$

입체 장애가 작은 탄소

단일 생성물

$CH_3{-}CH(BH_2){-}CH_3$가 아님

더 안정한 전이 상태
(2° 탄소양이온 생성)

덜 안정한 전이 상태
(1° 탄소양이온 생성)

그림 6.16 **비대칭 알켄의 수소붕소 첨가 반응.** 알켄과 보레인의 반응은 입체특이적인 *syn* 첨가 반응이다.

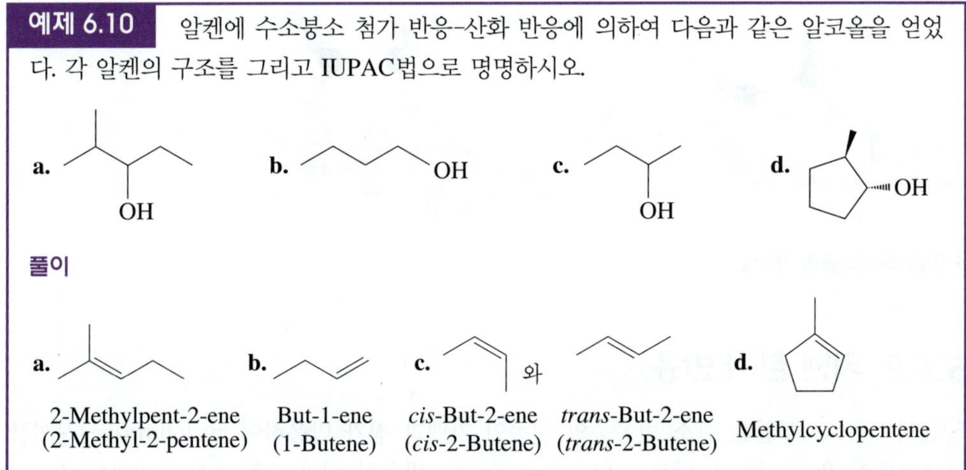

예제 6.10 알켄에 수소붕소 첨가 반응–산화 반응에 의하여 다음과 같은 알코올을 얻었다. 각 알켄의 구조를 그리고 IUPAC법으로 명명하시오.

풀이

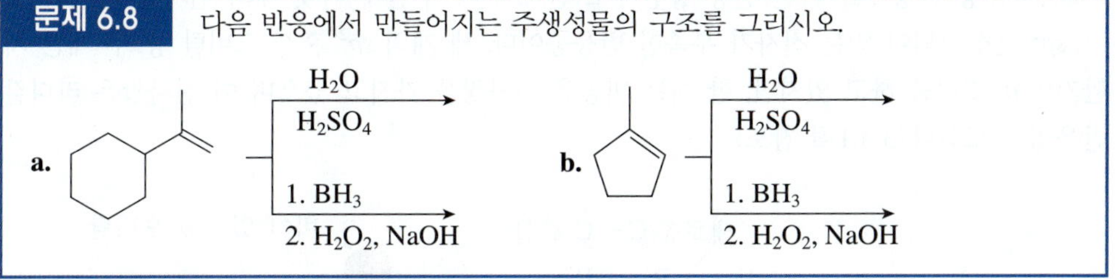

문제 6.8 다음 반응에서 만들어지는 주생성물의 구조를 그리시오.

6.6.8 촉매 수소화 반응

알켄을 수소와 반응시키면 수소 원자가 C=C 결합에 첨가되어 알케인으로 환원된다. 이 반응은 팔라듐(Pd), 백금(Pt), 니켈(Ni) 등과 같은 전이 금속 촉매의 존재하에서만 일어나므로 **촉매 수소화 반응(catalytic hydrogenation)**이라고 한다.

수소첨가 반응 촉매
촉매는 수소 분자가 탄소 불포화 결합에 첨가 반응이 일어나도록 H—H 결합을 활성화(약화) 시키는 작용을 한다. 반응 용매에 녹는 균일 촉매와 녹지 않는 불균일 촉매로 구분된다.

수소화 반응 $>C{=}C< + H{-}H \xrightarrow{\text{금속 촉매}} {-}C(H){-}C(H){-}$

약한 π 결합

알켄

H_2가 첨가된다.

알케인

상압 상온 수소 첨가 반응 장치

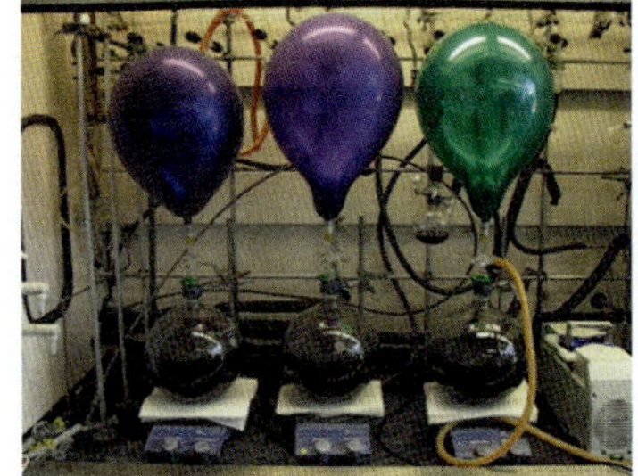

- 촉매 수소화 반응은 *syn* 첨가로 일어난다.

1,2-dimethylcyclohexene $\xrightarrow[\text{Pd-C}]{H_2}$ cis-1,2-dimethylcyclohexane (CH_3, H, H, CH_3) ← H_2의 *syn* 첨가

■ 촉매 수소화 반응 메커니즘

수소는 H — H 결합이 끊어진 상태로 촉매 표면에 흡착되고, 동시에 알켄의 C＝C 결합도 촉매 금속과 착물화된다. 이 표면에서 두 개의 수소 원자가 연속적으로 착물화된 알켄 분자로 이동하여 수소첨가 생성물인 알케인을 생성한다(**그림 6.17**).

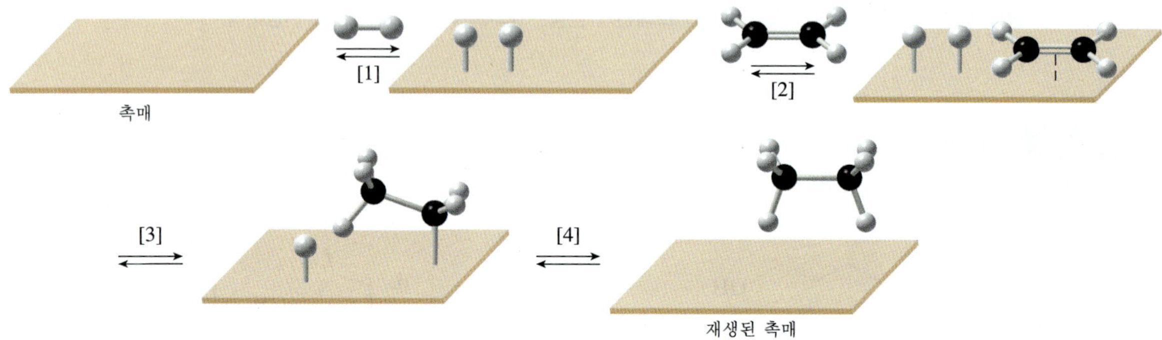

그림 6.17 **촉매 수소화 반응 메커니즘의 개요도.**

6.6.9 카벤 첨가 반응

카벤 첨가 반응
카벤의 탄소 원자는 sp^2 혼성화되어 있으며 전하를 가지고 있지 않다. 라디칼 형태로 알켄에 친전자성 첨가 반응을 한다.

알켄의 C＝C 결합은 탄소 반응종의 일종인 카벤과 첨가 반응하여 cyclopropane(사이클로프로페인)을 생성한다. 예로는 **Simmons-Smith 반응**이 있다(**그림 6.18**). **카벤(carbene)** R_2C:은 중성의 성질을 가진 반응 중간체로 탄소 원자 주변에 여섯 개의 전자를 가지고 있고, sp^2 혼성화되어 있는 전자가 부족한 반응종이다. 세 개의 sp^2 혼성 오비탈 중 두 개는 치환기와 σ 결합을 하고 있지만, 한 개는 비공유 전자쌍을 가지고 있으며 이 전자쌍은 라디칼 반응성을 보인다(3.3.1절 참조).

Howard Ensign Simmons Jr. (1929~1997): 미국 태생 유기화학자. DuPont 연구소 연구원 역임. Simmons-Smith 반응을 발견

C＝C + :CR_2 (Carbene) ⟶ cyclopropane (R, R, C, C—C) — 새로운 C—C 결합

비어 있는 *p* 오비탈 / sp^2 혼성 오비탈 (R, R)

카벤 탄소 원자는 sp^2 혼성이다.

Simmons-Smith 반응: C＝C + CH_2I_2 $\xrightarrow{\text{Zn(Cu)}}$ cyclopropane (H, H, C, C—C) + ZnI_2

예: cyclohexene + CH_2I_2 $\xrightarrow{\text{Zn(Cu)}}$ bicyclo[4.1.0]heptane + ZnI_2

그림 6.18 **Simmons-Smith 반응.** 알켄과 카벤 화학종이 첨가 반응하여 cyclopropane 고리가 형성되는 반응.

6.6.10 알켄의 산화 반응

알켄의 π 결합은 **potassium permanganate** (과망가니즈산 포타슘, $KMnO_4$), **osmium tetroxide** (사산화 오스뮴, OsO_4), **hydrogen peroxide** (과산화 수소, H_2O_2), **peracid** (과산화산, RCO_3H), **ozone** (오존, O_3) 등 각종 산화제에 의해 끊어진 후 탄소 원자는 반응 시약에 있는 산소 원자와 결합하여 다양한 화합물을 생성한다. 이러한 반응은 주로 ***syn* 첨가 반응**에 의해 일어난다.

■ 에폭시화 반응(epoxidation)

에폭시화란 C=C 결합에 산소 원자 하나가 첨가되어 한 개의 산소 원자를 포함한 삼원자 고리 분자인 **에폭사이드(epoxide)**를 생성하는 반응이다(**그림 6.19**). 에폭시화 시약으로는 과산화물인 **hydrogen peroxide** (H_2O_2), *tert*-**butyl hydroperoxide** (TBHP, *t*-BuOOH) 또는 **peracetic acid** (과산화아세트산, CH_3CO_3H) 및 ***m*-chloroperbenzoic acid** (*m*CPBA)와 같은 **peracid** (과산화산)가 사용되며, 이들은 ***syn* 첨가 반응**을 한다.

에폭시화 반응
두 개의 새로운 C—O 결합
O—O 결합이 끊어진다.
과산화산
에폭사이드
카복실산
syn 첨가
예
Peroxyacetic acid
*m*CPBA
알켄의 에폭시화 반응 메커니즘

그림 6.19 **알켄의 에폭시화 반응**. 알켄에 과산화산을 반응시키면 *syn* 첨가 반응으로 에폭시화물이 생성된다.

• 알켄의 **에폭시화 반응**은 ***syn* 첨가 반응**으로 입체특이적으로 일어난다.

Syn 첨가 반응의 증거로는, *cis*-but-2-ene의 에폭시화 반응에서는 메조체가 생성되지만, *trans*-but-2-ene에서는 거울상이성질체가 생성되는 반응을 들 수 있다.

산소 원자가 평면 위에서 첨가된다.
산소 원자가 평면 아래에서 첨가된다.
*m*CPBA
cis-But-2-ene
비카이랄성 메조 화합물
[* 는 입체 중심을 나타냄.]

산소 원자가 평면 위에서 첨가된다. 산소 원자가 평면 아래에서 첨가된다.

$$\mathrm{CH_3(H)C{=}C(H)CH_3}\ \xrightarrow{m\mathrm{CPBA}}\ \text{epoxide} + \text{epoxide}$$

trans-But-2-ene

거울상이성질체

[* 는 입체 중심을 나타냄.]

■ *cis*-1,2-다이하이드록실화 반응

OsO₄ 촉매 1,2-다이하이드록실화 반응

OsO₄ 촉매 1,2-다이하이드록실화 반응
OsO_4는 고가이고 맹독성이기 때문에 이 물질을 촉매량 사용하고, H_2O_2, *t*BuOOH (TBHP), *N*-Methylmorpholine *N*-oxide (NMO) 등과 같은 보조 산화제를 사용한 알켄의 *cis*-1,2-다이하이드록실화 반응이 개발되어 사용된다.

알켄과 차가운 **$KMnO_4$ 수용액**을 염기성 조건에서 반응시키거나, OsO_4와 반응시킨 후 sodium bisulfite(아황산수소 소듐, $NaHSO_3$)으로 처리하면 ***cis*-1,2-다이올(diol)**이 생성된다. 이 반응은 *syn*-첨가 반응으로 일어난다(**그림 6.20**).

cis-1,2-diols

$$\text{Cyclohexene}\ \xrightarrow[\mathrm{H_2O,\ HO^-}]{\mathrm{KMnO_4}}\ cis\text{-Cyclohexane-1,2-diol}$$

$$\text{Cyclopentene}\ \xrightarrow[\text{[2] NaHSO}_3,\ \mathrm{H_2O}]{\text{[1] OsO}_4}\ cis\text{-Cyclopentane-1,2-diol}$$

cis-Cyclohexane-1,2-diol   *cis*-Cyclopentane-1,2-diol

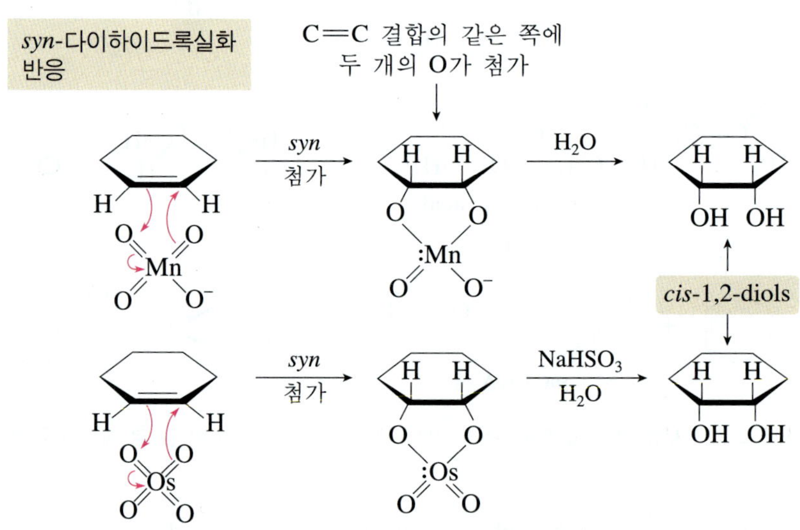

그림 6.20 알켄의 다이하이드록실화 반응. 알켄을 차가운 물속에서 $KMnO_4$로 반응시키거나, OsO_4로 산화 반응시킨 후 환원하면 시스-다이올이 생성된다. 이 반응은 *syn* 첨가 반응으로 일어난다.

앞에서 언급한 $KMnO_4$와의 반응을 '차가운' 조건 대신 '뜨거운' 조건에서 수행하면 C=C 결합이 끊어져 두 분자의 **카복실산(carboxylic acid)**이 생성된다. 이와 같은 반응을 **산화성 분해(oxidative cleavage)**라고 한다. 이 반응은 다음에 기술할 **가오존분해 반응**과 더불어 알켄의 구조를 알아내는 데 이용된다.

$$\mathrm{CH_3CH_2CH{=}CHCH_3}\ \xrightarrow[\text{가열}]{\mathrm{KMnO_4,\ H_2O,\ HO^-}}\ \mathrm{CH_3CH_2\overset{O}{\overset{\|}{C}}OH} + \mathrm{CH_3\overset{O}{\overset{\|}{C}}OH}$$

가오존분해 반응

$R_2C{=}CHR \xrightarrow{[O]} R_2C{=}O + O{=}CHR$

σ와 π 결합이 끊어진다.

케톤 알데하이드

예

$(CH_3)_2C{=}CHCH_3 \xrightarrow[\text{[2] Zn, } H_2O]{\text{[1] } O_3} (CH_3)_2C{=}O + O{=}CHCH_3$

케톤 알데하이드

(Cyclohexylidene)$C{=}CH_2 \xrightarrow[\text{[2] } CH_3SCH_3]{\text{[1] } O_3}$ (Cyclohexanone)$=O + O{=}CH_2$

그림 6.21 **알켄의 가오존분해 반응.** 알켄의 이중 결합 위치를 알아내는 데 이용된다.

■ 가오존분해 반응 (ozonolysis)

알켄에 오존을 반응시키고 물속에서 Zn 또는 dimethyl sulfide (다이메틸 설파이드, CH_3SCH_3)로 처리하면 이중 결합이 모두 끊어지고, 각 탄소 원자에 산소 원자가 결합하여 두 개의 C=O (카보닐) 기가 생성되는 산화성 분해 반응이 일어난다. 이 반응을 **가오존분해 반응(ozonolysis)**이라고 한다(**그림 6.21**).

• 이 반응은 C=C 결합에 오존의 *syn* 첨가로 인해 일어난다.

가오존분해 반응에서의 주요 중간체

C=C + O_3 —첨가→ Molozonide → Ozonide —(Zn, H_2O 또는 CH_3SCH_3)→ C=O + O=C

부산물: $Zn(OH)_2$ 또는 $(CH_3)_2S{=}O$

• 가오존분해 반응은 분자 내에 이중 결합의 위치를 알아내는 데 이용할 수 있다.

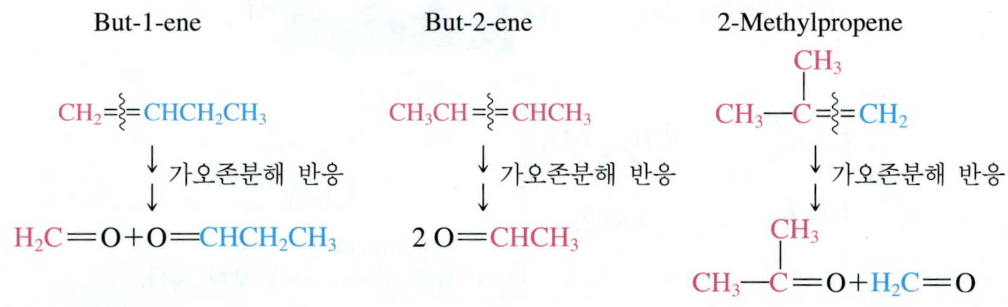

예제 6.11 다음 물질을 생성시키는 알켄의 구조를 그리고 IUPAC법으로 명명하시오.

a. (epoxide: CH_3, H, O, H, CH_3) **b.** (H–CO–CH₂CH₂CH₂–CO–CH₂CH₃) **c.** (OH, OH diol)

풀이

a. *trans*-2-Butene (또는 *trans*-But-2-ene)의 에폭시화 반응 생성물

b. Ethylcyclopentene의 가오존분해 반응 생성물

c. 2-Methyl-2-pentene (또는 2-Methylpent-2-ene)의 다이하이드록실화 반응 생성물

문제 6.9 분자식이 C_7H_{12}인 화합물을 가오존분해 반응시킨 결과 다음과 같은 물질을 얻었다. 이 화합물의 구조를 그리고 IUPAC법으로 명명하시오.

a. b. c. d.

6.7 짝지은 이중 결합의 첨가 반응

6.7.1 할로젠화 수소 및 할로젠의 1,2-첨가 반응과 1,4-첨가 반응

짝지은 이중 결합(콘쥬게이트 다이엔, conjugate diene)이란 두 개 이상의 C$=$C 결합을 가지고 있는 분자 중 C$-$C 결합과 C$=$C 결합이 교대로 나타나는 결합을 말한다. 짝지은 이중 결합은 이웃한 *p* 오비탈이 서로 겹쳐지기 때문에 π 전자 밀도가 고립된 이중 결합에 비해 비편재화되어 안정화될 수 있으므로, 그 결과 두 개의 C$=$C 결합 사이에 있는 C$-$C 결합 길이도 짧아져 있다.

Buta-1,3-diene
콘쥬게이트 다이엔

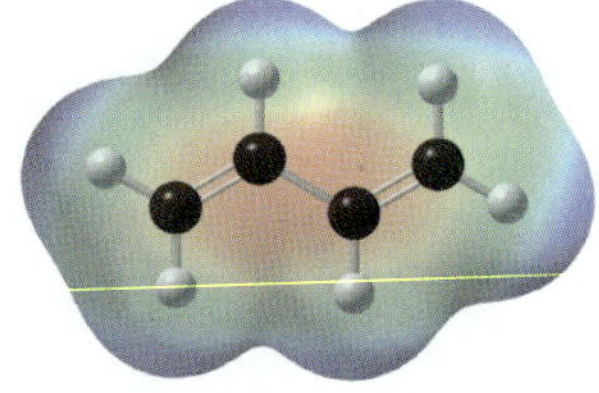

전자가 풍부한 붉은 부분이 네 개의 원자에 걸쳐 고르게 분포한다.

Penta-1,4-diene
고립된 다이엔

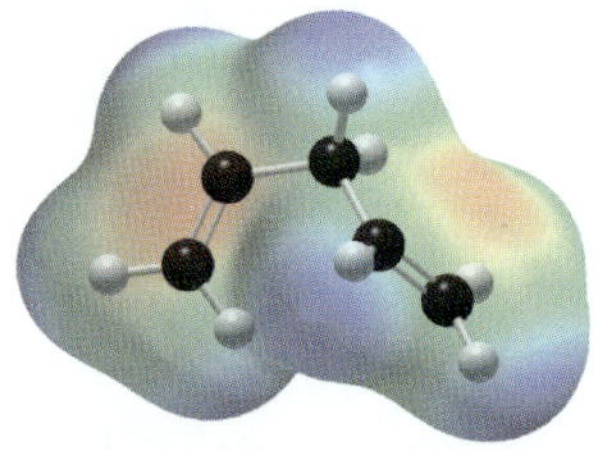

전자가 풍부한 붉은 부분이 양 끝에 있는 두 분자의 π 결합에 편재되어 있다.

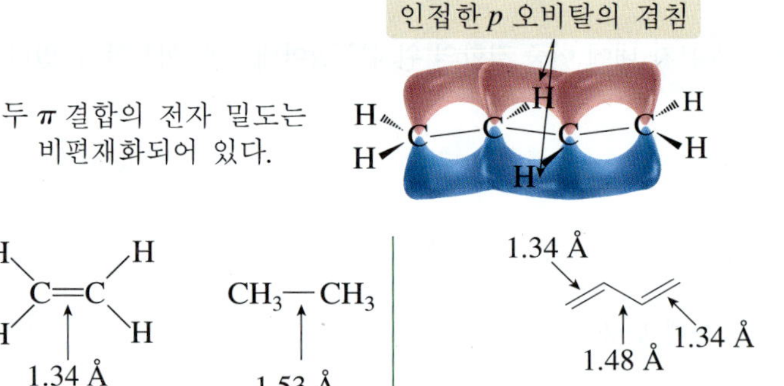

고립된 다이엔 구조를 가진 penta-1,4-diene에 HBr을 첨가시키면 오직 Markovnikov 규칙에 따른 생성물이 생성되지만, buta-1,3-diene과 같은 짝지은 이중 결합에 HX 또는 X_2 (X = Br, Cl)를 반응시키면 1,2-위치와 1,4-위치에서 첨가 반응이 동시에 일어나 **1,2-첨가 반응 생성물**(Markovnikov 규칙에 따른 생성물)과 **1,4-첨가 반응 생성물**의 혼합물이 약 80 : 20으로 생성된다(**그림 6.22**). 이 중 **1,4-첨가 반응**을 **콘쥬게이션 첨가 반응**이라고도 하는데, 이

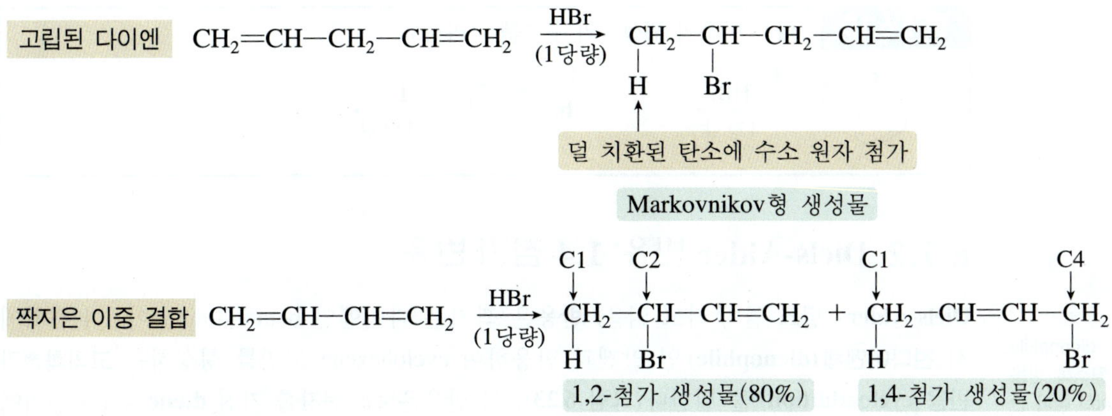

고립된 다이엔 $CH_2{=}CH{-}CH_2{-}CH{=}CH_2 \xrightarrow[\text{(1당량)}]{HBr} CH_2(H){-}CH(Br){-}CH_2{-}CH{=}CH_2$

덜 치환된 탄소에 수소 원자 첨가

Markovnikov형 생성물

짝지은 이중 결합 $CH_2{=}CH{-}CH{=}CH_2 \xrightarrow[\text{(1당량)}]{HBr} \underset{C1}{CH_2}(H){-}\underset{C2}{CH}(Br){-}CH{=}CH_2 + \underset{C1}{CH_2}(H){-}CH{=}CH{-}\underset{C4}{CH_2}(Br)$

1,2-첨가 생성물(80%) 1,4-첨가 생성물(20%)

그림 6.22 짝지은 이중 결합의 1,2- 및 1,4-첨가 반응.

반응이 일어나는 이유는 친전자체인 H^+가 π 결합 한 개에 첨가되면서 **알릴성 탄소양이온(allylic carbocation)** A가 생성되고, 이것은 곧 알릴성 탄소양이온 B와 공명 구조를 만들며 안정화되기 때문이다. 1,2- 및 1,4-첨가 생성물이 생기는 것은 이들 탄소양이온 A와 B에 Br^-가 친핵성 공격을 한 결과이다.

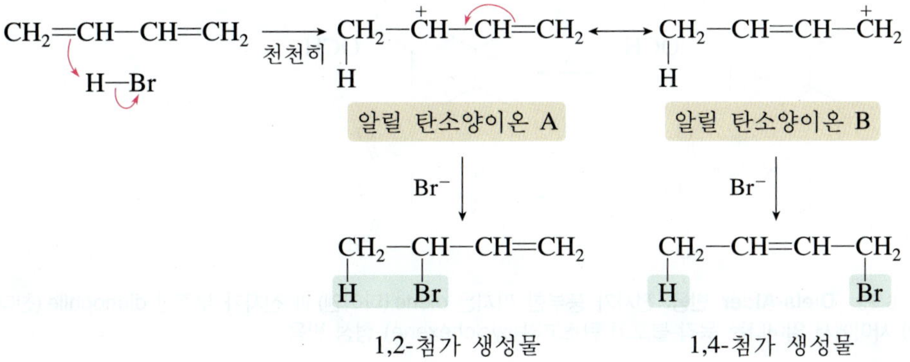

$CH_2{=}CH{-}CH{=}CH_2 + H{-}Br \xrightarrow{\text{천천히}} CH_2(H){-}\overset{+}{C}H{-}CH{=}CH_2 \longleftrightarrow CH_2(H){-}CH{=}CH{-}\overset{+}{C}H_2$

알릴 탄소양이온 A → (Br^-) → $CH_2(H){-}CH(Br){-}CH{=}CH_2$ 1,2-첨가 생성물

알릴 탄소양이온 B → (Br^-) → $CH_2(H){-}CH{=}CH{-}CH_2(Br)$ 1,4-첨가 생성물

예제 6.12 다음 다이엔 화합물에 1당량의 HCl을 반응시켰다. 예상되는 생성물의 구조를 그리시오.

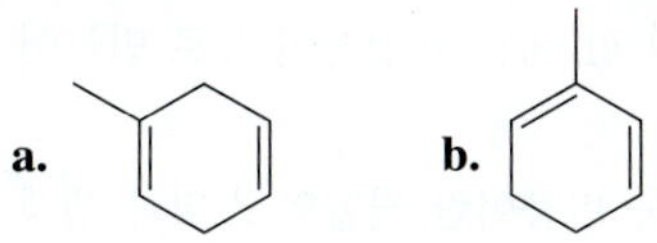

a. (1-메틸-1,4-사이클로헥사다이엔 구조) **b.** (1-메틸-1,3-사이클로헥사다이엔 구조)

풀이

a. → HCl → (Cl 치환 생성물 구조) 고립된 다이엔으로 Markovnikov 규칙을 따른 생성물 형성

b. H^+ 첨가로 생성된 탄소양이온들 → Cl^- → Cl 치환 생성물들

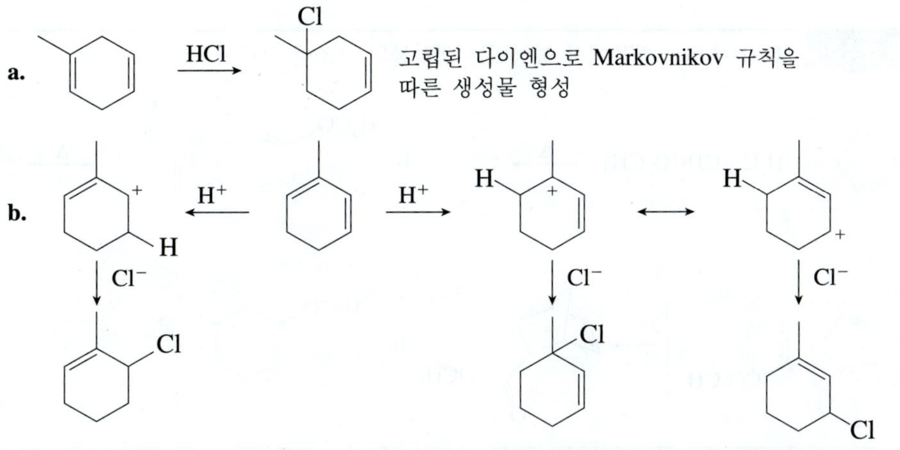

문제 6.10 다음 반응의 생성물의 구조를 그리시오.

a. (HBr, 1당량) b. (DCl, 1당량)

6.7.2 Diels-Alder 반응: 1,4-첨가 반응

Diels-Alder 반응의 반응성
Diene에 전자 주개 치환기가, dienophile에 전자 끌기 치환기가 치환될수록 반응이 잘 일어난다. 이 반응은 *endo* 첨가 반응으로 일어난다.

Diels-Alder ('딜즈-알더' 라고 읽음) **반응**은 짝지은 다이엔인 buta-1,3-diene이 1,4-위치에서 **친다이엔체(dienophile)**인 알켄과 반응하여 cyclohexene 고리를 형성하는 **고리화첨가 반응(cycloaddition)**을 말한다(**그림 6.23**). 이 반응은 4π 전자를 가진 **diene**의 1,4-위치에서 2π 전자를 가진 **dienophile** 사이에서 고리화 반응을 통하여 일어난다. 이 반응에서 Diene은 전자가 풍부할수록, dienophile은 전자가 부족할수록 이 반응은 잘 일어난다.

1,3-Diene은 이중 결합 사이에 있고 단일 결합의 자유 회전에 의해 *s-cis*와 *s-trans* 이성질체가 생기는데, Diels-Alder 반응은 *s-cis* 이성질체에서 일어난다.

s-cis *s-trans*

1,3-다이엔 친다이엔체 Diels–Alder 생성물

CHO Δ CHO

세 개의 새로운 결합은 붉은색으로 표시

O OCH$_3$ Δ O OCH$_3$

O O O Δ O O O

그림 6.23 **Diels-Alder 반응**. 전자가 풍부한 짝지은 diene(다이엔)과 전자가 부족한 dienophile(친다이엔체) 사이에서 일어나는 육각 불포화 탄소고리(cyclohexene) 형성 반응.

- **Diels-Alder 반응**은 diene과 dienophile 사이에서 열에 의해 육각 불포화 탄소고리 화합물(cyclohexene)이 생성되는 반응이다.
- 이 반응에서 세 개의 π 결합이 끊어지고, 두 개의 σ 결합과 한 개의 π 결합이 새로 만들어진다.
- 이 반응은 **협동 반응(concerted reaction)**의 일종이다. 협동 반응이란 결합의 소멸과 생성이 동시에 일어나는 반응을 의미한다.

Otto Diels (1876~1954): 독일 출신 유기화학자. Kiel 대학교 교수 역임. Kurt Alder 교수와 공동 연구로 Diels-Alder 반응 발견. 1950년 노벨 화학상(공동) 수상.

Kurt Alder (1902~1958): 폴란드 출신 유기화학자. Cologne 대학교 교수 역임. 스승인 Otto Diels 교수와 공동으로 1950년 노벨 화학상 수상.

예제 6.13 Diels-Alder 반응에서 형성되는 생성물의 구조를 그리시오.

a. + $H_2C=CHCO_2CH_3$ Δ b. H_3CO + O Δ

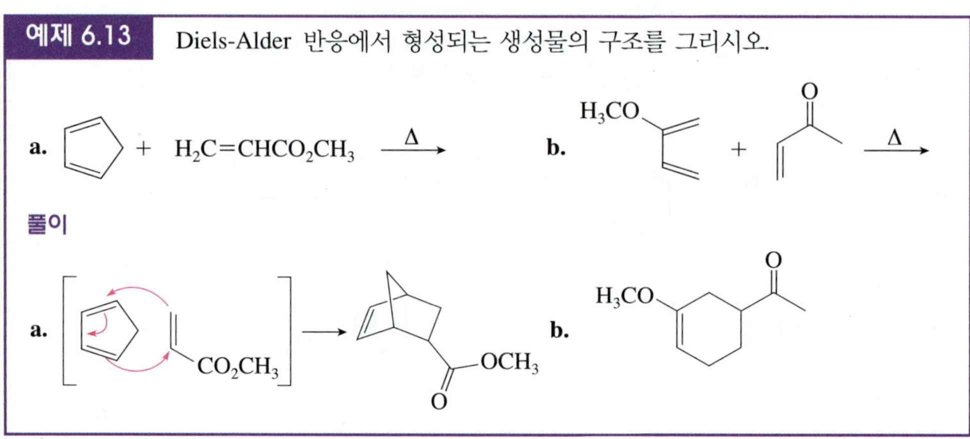

문제 6.11 아래 화합물은 Diels-Alder 반응 생성물이다. 출발 물질인 diene과 dienophile의 구조를 그리시오.

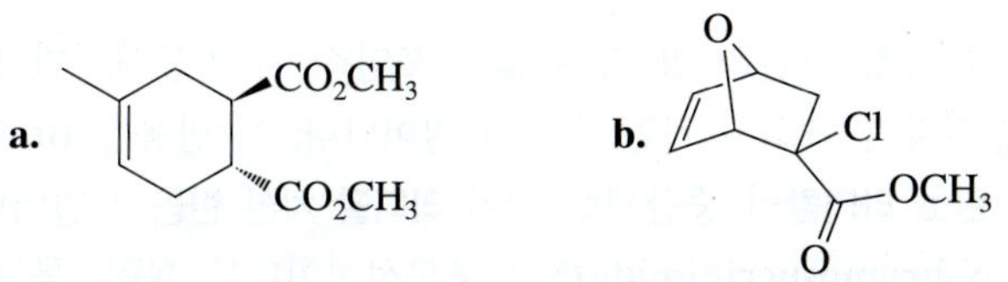

a. (구조식: CO_2CH_3, CO_2CH_3) b. (구조식: O, Cl, OCH_3, O)

6.8 알켄의 라디칼 첨가 반응

6.8.1 알켄의 라디칼 첨가 반응: *anti*-Markovnikov형 첨가 반응

앞서 **그림 6.7**에서 언급한 propene에 대한 HBr의 첨가 반응은 2-bromopropane (Markovnikov형 생성물)을 주생성물로 생성시킨다. 그러나 라디칼이 생성되는 조건(라디칼 개시제: 빛, 가열 또는 과산화물)에서 이 반응을 수행하면 1-bromopropane (*anti*-Markovnikov형 생성물)이 주생성물로 생성된다. 그 이유는 전자의 경우 HBr의 H^+이 π 결합에 우선 첨가하여 더 안정한 탄소양이온 생성 메커니즘을 통하여 일어나는 **이온성 첨가 반응**이지만, 후자의 경우 H-Br의 결합이 균일 분해하여 생긴 Br 라디칼이 알켄에 **라디칼 첨가 반응**을 하기 때문이다(**그림 6.24**).

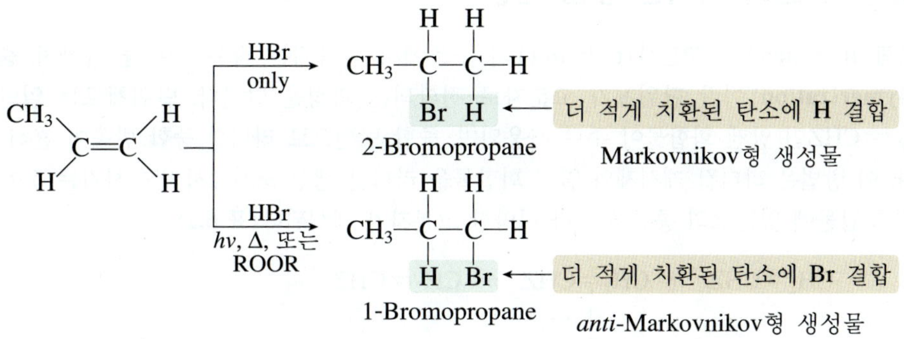

$CH_3(H)C{=}CH_2$ —HBr only→ $CH_3-CH(Br)-CH_2H$ (2-Bromopropane) ← 더 적게 치환된 탄소에 H 결합 — Markovnikov형 생성물

$CH_3(H)C{=}CH_2$ —HBr, *hν*, Δ, 또는 ROOR→ $CH_3-CH_2-CH_2Br$ (1-Bromopropane) ← 더 적게 치환된 탄소에 Br 결합 — *anti*-Markovnikov형 생성물

그림 6.24 **알켄에 대한 HBr의 라디칼 첨가 반응**. *anti*-Markovnikov형 생성물이 만들어진다.

이 반응에서 생성된 Br 라디칼은 전자가 부족한 화학종이므로 전자가 풍부한 C=C의 π 결합을 공격하게 되는데, 이때 위치선택적으로 더 안정한 이차 탄소 라디칼을 우선적으로 생성시켜 *anti*-Markovnikov형 생성물인 1-bromopropane이 주생성물로 만들어지게 된다.

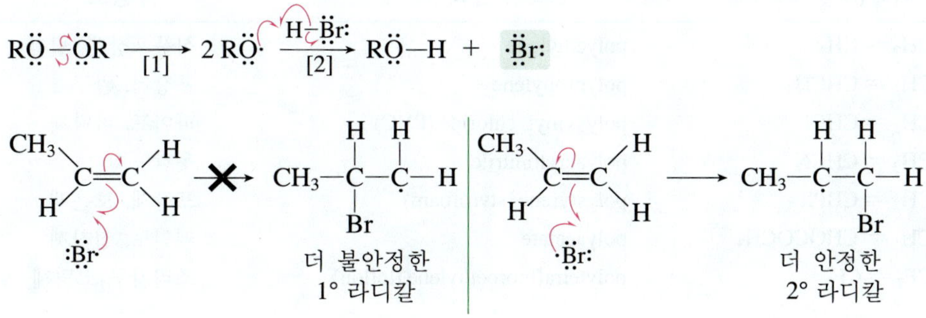

$$R\ddot{O}-\ddot{O}R \xrightarrow{[1]} 2\,R\ddot{O}\cdot \xrightarrow[{[2]}]{H-\ddot{Br}:} R\ddot{O}-H + \cdot\ddot{Br}:$$

$CH_3(H)C{=}CH_2$ + :Br· ✕→ $CH_3-\dot{C}H-CH_2Br$: 더 불안정한 1° 라디칼 (아님: Br이 가운데 탄소에 결합하여 $CH_3-CH(Br)-\dot{C}H_2$ 생성 시 더 불안정한 1° 라디칼)

$CH_3(H)C{=}CH_2$ + ·Br: → $CH_3-\dot{C}H-CH_2Br$: 더 안정한 2° 라디칼

그러나 알켄에 대한 HX의 라디칼 첨가 반응은 **HBr**(전파 단계에서 발열 반응)에서만 일어나며, **HCl**과 **HI**(전파 단계에서 흡열 반응)에서는 **일어나지 않는다**(그 이유에 대하여는 보충 문제 6.28 참조).

한편, cyclohexene과 Br_2를 라디칼 생성 조건(가열 또는 빛을 쪼임)에서 반응시키면 브로민 첨가 반응이 일어나지 않고 **알릴자리 탄소**에 치환 반응이 일어난다. 이 반응은 Br 라디칼에 의하여 공명 안정화된 **알릴 탄소 라디칼**이 중간체로 생겨 **라디칼 치환 반응**이 일어난 결과이다. 이 반응에서 Br_2 대신에 ***N*-bromosuccinimide**(*N*-브로모석신이미드, **NBS**)를 사용하여도 같은 결과를 얻을 수 있다.

반응 메커니즘

NBS $\xrightarrow{h\nu}$ Succinimide(SI) + ·Br

+ HBr

NBS + HBr ⟶ Br_2 + SI

Br—Br ⟶ Br + ·Br

Br_2, $h\nu$ 또는 Δ ; Br ; + HBr

$h\nu$ 또는 Δ, CCl_4 ; NBr ; NH

N-Bromosuccinimide (NBS) 3-Bromocyclohexene Succinimide

문제 6.12 Cyclohexene의 라디칼 브로민 치환 반응 메커니즘(전파 단계)을 쓰시오.

6.8.2 알켄의 라디칼 중합 반응

단위체(**monomer**)란 **고분자**(**polymer**)의 구조에서 반복되는 작은 단위를 말하며, **중합**(**polymerization**)이란 단위체가 고분자로 전환되는 과정을 말한다. 단위체로는 일반식 $CH_2{=}CHZ$인 알켄 화합물이 주로 사용되며, 중합 방법으로 라디칼 중합 반응이 흔히 쓰인다. 이 방법은 라디칼 개시제와 알켄 화합물을 라디칼 생성 조건에서 반응시키는 것이다. 알켄 화합물에 있는 Z의 종류에 따라 다양한 고분자가 생성된다(**표 6.2**).

$$CH_2{=}CHZ + CH_2{=}CHZ + CH_2{=}CHZ \xrightarrow{\text{중합}} -CH_2CH(Z)-CH_2CH(Z)-CH_2CH(Z)-$$

결합된 세 개의 단위체

표 6.2 생활에 사용되는 고분자 예

단위체 ($CH_2{=}CHZ$)	고분자	용도
$CH_2{=}CH_2$	polyethylene	식품포장재, 필름
$CH_2{=}CHCH_3$	polypropylene	포장지, 완구
$CH_2{=}CHCl$	poly vinyl chloride (PVC)	파이프, 바닥재
$CH_2{=}CHCN$	polyacrylonitrile	옷감
$CH_2{=}CHPh$	polystyrene (styrofoam)	포장재, 보온재
$CH_2{=}CHOCOCH_3$	polyacetate	페인트, 접착제
$CF_2{=}CF_2$	polytetrafluoroethylene (teflon)	조리기구 코팅제

라디칼 중합 반응은 일반적인 알켄의 라디칼 반응과 유사한 메커니즘으로 라디칼 개시제에 의해 연쇄적으로 일어나는 반응이다.

$$R\ddot{O}-\ddot{O}R \xrightarrow{[1]} 2\,R\ddot{O}\cdot + CH_2{=}C(Z)H \xrightarrow{[2]} R\ddot{O}CH_2-\dot{C}(Z)H$$

탄소 라디칼

$$R\ddot{O}CH_2-\dot{C}(Z)H + CH_2{=}C(Z)H \xrightarrow{[3]} R\ddot{O}CH_2-C(Z)(H)-CH_2-\dot{C}(Z)H$$

단계 [3]이 계속 반복된다.

새로운 C—C 결합

6.9 알카인의 친전자성 첨가 반응

6.9.1 알카인의 반응 개요

알카인의 반응은 **C ≡ C 결합의 첨가 반응**과 **아세틸라이드 음이온(acetylide anion, R — C ≡ C⁻)**의 친핵체로서의 반응이 중요하다.

Ethyne의 정전기 전위 지도. 전자 밀도(붉은색 부위)가 두 탄소 사이에 원통형으로 분포되어 있다.

■ 첨가 반응

알카인은 두 개의 π 결합을 가지고 있기 때문에 친전자성 첨가 반응이 두 번 일어나 네 개의 σ 결합이 새로 생긴 화합물이 생성된다.

첨가 반응

$$-C{\equiv}C- \xrightarrow{X-Y} XC{=}CY \xrightarrow{X-Y} -C(X)(X)-C(Y)(Y)-$$

두 개의 약한 π 결합이 깨짐

약한 π 결합

(*E* 또는 *Z* 생성물)

네 개의 새로운 σ 결합이 생성(붉은선)

■ 아세틸라이드 음이온의 반응

말단 알카인에 있는 수소 원자의 산도는 알케인 또는 알켄의 수소 원자보다 세므로(1.13.3절 참조) $NaNH_2$와 같은 강염기에 의해 양성자로 떨어져 나가 아세틸라이드 음이온으로 쉽게 전환될 수 있다. 이 음이온은 친핵체로서 작용하여 할로젠화 알킬과 같은 친전자체와 친핵성 치환 반응(8.6절 참조)을 하며, 카보닐 탄소와도 친핵성 첨가 반응(11.11.2절 참조)을 일으킨다.

$$R-C\equiv C-H + :B \rightleftharpoons R-C\equiv C:^- + H-B^+$$

말단 알카인 $pK_a \approx 25$ → 아세틸라이드 음이온

$$R-C\equiv C:^- + E^+ \longrightarrow R-C\equiv C-E$$

친핵체 친전자체 새로운 결합

예 $CH_3C\equiv C^- + CH_3I \longrightarrow CH_3C\equiv CCH_3$

6.9.2 할로젠화 수소(HX)의 첨가 반응

알카인과 HX(X=Cl, Br, I) 1당량을 첨가 반응시키면 vinyl halide(할로젠화 비닐)가 생성되고, 여기에 당량의 HX를 더 첨가시키면 같은 탄소 원자에 할로젠 원자 두 개가 치환된 화합물인 **같은자리 다이할로젠화 알킬**(**geminal alkyl dihalide** 또는 ***gem*-alkyl dihalide**)이 생성된다(**그림 6.25**).

[1] $CH_3-C\equiv C-CH_3 \xrightarrow{H-Cl} (CH_3)(H)C=C(Cl)(CH_3) \xrightarrow{H-Cl} CH_3-CH_2-CCl_2-CH_3$

[2] $H-C\equiv C-CH_2CH_3 \xrightarrow{H-Br} (H)(H)C=C(Br)(CH_2CH_3) \xrightarrow{H-Br} H-CH_2-CBr_2-CH_2CH_3$

첫 번째 당량

생성물은 E 또는 Z가 될 수 있다.

두 번째 당량

gem-Alkyl dihalide

Markovnikov 규칙에 따르는 위치선택성 반응을 함 (말단 탄소에 두 수소가 결합)

그림 6.25 알카인에 대한 HX 첨가 반응. 위치선택적으로 vinyl halide가 우선 생성되고, 이로부터 *gem*-alkyl dihalide가 생성된다.

$$RC\equiv CR \xrightarrow{H^+} R\overset{+}{C}=CHR$$

비닐성 탄소양이온

$$RCH=CHR \xrightarrow{H^+} R\overset{+}{C}H-CH_2R$$

알킬 탄소양이온

비닐성 탄소양이온의 *sp* 혼성 탄소는 알킬 탄소양이온의 sp^2 혼성 탄소보다 전기음성도가 더 높다. 따라서 비닐성 탄소양이온의 안정도는 알킬 탄소양이온보다 떨어지게 된다.

그러나 HX에 대한 알카인의 반응성은 알켄보다 약하다. 그 이유는 염화 비닐이 생성될 때 반응 중간체로 생성되는 비닐성 탄소양이온이 알켄과의 반응에서 생기는 알킬 탄소양이온보다 불안정하여 생성되기 어렵기 때문이다.

- 이 반응에서 생성되는 vinyl halide는 Markovnikov 규칙에 따라 **위치선택적**으로 생성된다.

위치선택적 반응이 일어나는 이유는 다음과 같다. 먼저 C≡C 결합에 1당량의 H^+가 첨가될 때 A와 B의 구조를 가진 두 종류의 **비닐성 탄소양이온**(**vinylic carbocation**)의 생성이 가능한데, 이 중 알킬기의 (+)-전자 유발 효과로 더 안정한 비닐성 탄소양이온 A가 더 우선하여 생성되고, 여기에 X^-가 친핵체로 반응하기 때문이다(**그림 6.26**).

한편, vinyl halide에 H—X가 1당량 더 첨가되는 반응이 일어나면 **같은자리 다이할로젠화 알킬**(***gem*-alkyl dihalide**)이 생성된다. 그 이유는 첨가 반응이 일어나는 과정에서 반응 중간체로 생성되는 두 종류의 탄소양이온(A와 B) 중 할로젠 원자(X)의 비공유 전자쌍에 의해 공명 안정화될 수 있는 A가 우선적으로 생성되기 때문이다(**그림 6.27**).

$$H-C\equiv C-CH_2CH_3 \xrightarrow{H-X} H_2C=\overset{+}{C}-CH_2CH_3 \;(A) + H-\overset{+}{C}=CH-CH_2CH_3 \;(B)$$

vinyl성 탄소양이온 A가 더 안정

$$A \xrightarrow{X^-} H_2C=C(X)-CH_2CH_3 \quad \text{주생성물}$$

$$B \xrightarrow{X^-} H-C(X)=CH-CH_2CH_3 \quad \text{생성 안 됨}$$

그림 6.26 **vinyl halide가 위치선택적으로 형성되는 이유.** 더 안정한 vinyl 탄소양이온이 생성되는 방향으로 생성물이 만들어진다.

$$H_2C=C(X)-CH_2CH_3 \xrightarrow{H-X} \left[H-CH_2-\overset{+}{C}(\ddot{X}:)-CH_2CH_3 \;(A) \longleftrightarrow H-CH_2-C(=\ddot{X}^+)-CH_2CH_3 \right] \xrightarrow{H-X} H-CH_2-CX_2-CH_2CH_3$$

공명으로 인해 더 안정 — *gem*-Alkyl dihalide 생성됨

$$+\; H-\overset{+}{C}H-CH(X)-CH_2CH_3 \;(B) \xrightarrow{H-X} \times \; H-CH(X)-CH(X)... $$

$$H-C(H)(X)-C(X)(H)-CH_2CH_3$$

vic-Alkyl dihalide 생성 안 됨

그림 6.27 *gem*-Alkyl dihalide가 생성되는 이유는 공명 안정화될 수 있는 탄소양이온이 형성되는 방향으로 반응이 진행되기 때문이다. 할로겐 원자의 전기음성도가 탄소보다 커서 (−)-전자 유발 효과로 탄소양이온을 불안정하게 하는 요인도 있지만, 비공유 전자쌍을 탄소양이온에 줌으로써 공명 안정화시킬 수 있다.

6.9.3 할로젠 첨가 반응

C$\equiv$C 결합에 할로젠 분자(X_2)가 1당량 첨가 반응하면 *trans*-1,2-dihaloalkene (트랜스-1,2-다이할로알켄)이 생성되고, 여기에 X_2가 1당량 더 반응하면 tetrahaloalkane (테트라할로알케인)이 생성된다.

할로젠화

$$-C\equiv C- \xrightarrow{X_2} XC=CX \;(trans) \xrightarrow{X_2} -CX_2-CX_2-$$

트랜스 다이할로젠화물 — 테트라할로젠화물

예

$$CH_3-C\equiv C-CH_3 \xrightarrow{Cl_2} (CH_3)ClC=CCl(CH_3) \xrightarrow{Cl_2} CH_3-CCl_2-CCl_2-CH_3$$

$$CH_3-C\equiv C-CH_3 + X-X \longrightarrow \left[\text{고리형 할로늄 이온}\right] + X^- \longrightarrow \text{trans-}CH_3(X)C=C(X)CH_3 \xrightarrow{X-X} \left[\text{고리형 할로늄 이온}\right] + X^- \longrightarrow CH_3-CX_2-CX_2-CH_3$$

그림 6.28 **알카인의 할로젠 첨가 반응 메커니즘.** *trans*-1,2-dihaloalkene을 거쳐 tetrahaloalkane을 형성한다.

이 반응의 메커니즘은 알켄의 할로젠 첨가 반응과 유사하게 두 번에 걸친 고리형 할로늄 이온을 형성하여 일어난 결과로 설명된다(**그림 6.28**).

6.9.4 촉매 수소화 반응

일반 팔라듐 또는 백금 촉매를 사용하여 알카인(예: but-2-yne)에 수소첨가 반응시키면 알켄(but-2-ene)은 얻을 수 없고, 오직 알케인(butane)만을 얻을 수 있다. 비록 수소를 1당량만 사용하더라도 알켄은 얻을 수 없다. 이는 수소첨가 반응 시 알카인에서 알켄으로 되는 반응 속도(k_1)보다 알켄에서 알케인으로 되는 반응 속도(k_2)가 더 빠르기 때문이다.

$$\underset{\text{But-2-yne}}{CH_3-C\equiv C-CH_3} \xrightarrow[Pd/C]{H_2} \underset{\text{But-2-ene}}{CH_3-CH=CH-CH_3} \xrightarrow[Pd/C]{H_2} \underset{\text{Butane}}{CH_3CH_2CH_2CH_3}$$

k_1, k_2

$$k_2 >> k_1$$

Lindlar 촉매

$CaCO_3$에 흡착된 Pd $+Pb(OCOCH_3)_2$ +quinoline

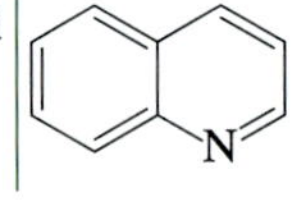

quinoline

■ Lindlar 촉매: *cis*-알켄의 합성

알카인에 수소첨가 반응시켜 알켄을 얻으려면 촉매의 활성도가 낮은 특별한 촉매를 사용하여야 한다. **Lindlar**('린들라'라고 읽음) **촉매**가 그중 하나인데, 이 촉매는 팔라듐(Pd)을 $Pb(OCOCH_3)_2$ (lead acetate)와 quinoline(퀴놀린)으로 처리하여 촉매의 활성도를 떨어뜨린 것이다. 이 촉매는 오직 ***cis*-알켄**만을 생성시키는 특성을 가지고 있다.

$$\underset{\text{But-2-yne}}{CH_3-C\equiv C-CH_3} \xrightarrow[\text{Lindlar 촉매}]{H_2} \underset{\textit{cis}\text{ But-2-ene}}{(CH_3)(H)C=C(H)(CH_3)}$$

반응 메커니즘

알칼리 금속이 녹으면서 배출된 전자가 알카인기에 들어가 중간체로 생성된 비닐 음이온이 전자 반발력으로 (*E*) 배열을 선호하여 일어난다.

$$R-C\equiv C-R \xrightarrow{e^-} (R)\dot{C}=\bar{C}(R)$$

■ *trans*-알켄의 합성

알카인을 액체 암모니아 속에서 Li, Na, K 금속과 반응시키던가 또는 $LiAlH_4$와 반응시키면 ***trans*-알켄**으로 전환된다.

$$\underset{\text{But-2-yne}}{CH_3-C\equiv C-CH_3} \xrightarrow[NH_3]{Na} \underset{\textit{trans}\text{ But-2-ene}}{(CH_3)(H)C=C(H)(CH_3)}$$

6.9.5 알카인의 수화 반응과 토토머화

알카인의 수화 반응은 알켄보다 잘 일어나지 않는다. 그러나 강산 또는 Hg^{2+} 이온 존재하에 물과 반응시키면 물 분자가 C≡C 결합에 첨가되어 **엔올(enol)**이 형성되고, 이는 곧 토토머화 반응을 하여 카보닐(C=O, carbonyl)기를 가진 케톤으로 전환된다(ethyne의 수화 반응에서는 알데하이드가 얻어진다).

수화 반응: R—C≡C—R $\xrightarrow[H_2SO_4,\ HgSO_4]{H_2O}$ [R(H)C=C(OH)R] (덜 안정한 엔올) ⇌ R—C(=O)—CH₂R...

- **엔올(enol)**은 sp^2 혼성 탄소 원자에 OH기가 결합한 화합물이다. 알켄의 **'ene'**과 알코올(alcohol)의 **'ol'**이 합쳐진 합성어이다.
- 내부 알카인의 수화 반응은 강산 존재 조건에서 가능하지만 말단 알카인의 경우 추가적으로 Hg^{2+} 이온이 필요하다. 말단 알카인의 수화 반응은 Markovnikov 규칙에 따라 일어나며 methyl ketone(메틸 케톤)이 생성된다.

예

$CH_3—C≡C—CH_3$ (내부 알카인) $\xrightarrow[H_2SO_4]{H_2O}$ [$CH_3(H)C=C(OH)CH_3$] (엔올) ⇌ $CH_3—C(=O)—CH_2—CH_3$ (케톤)

H—C≡C—R (말단 알카인) $\xrightarrow[H_2SO_4,\ HgSO_4]{H_2O}$ [$H_2C=C(OH)R$] (엔올) ⇌ $CH_3—C(=O)—R$ (Methyl ketone)

H_2O의 Markovnikov 첨가

H는 말단 C에 첨가된다.

엔올과 **케톤**은 단지 이중 결합의 위치와 수소 원자의 위치만 다른 **구조 이성질체**이다. 엔올형 A와 케토형 B를 **토토머(tautomer)**라 하고, 상호 전환을 **토토머화 반응(tautomerization)**이라고 한다. 토토머는 평형 관계에 있지만 C=C 결합보다 C=O 결합이 더 강하므로 케토형으로 더 많이 존재한다(14.2절).

엔올: >C=C(—O—H)< (엔올형 A) ⇌ 케톤: —C(H)—C(=O)— (케토형(더 안정) B)

6.9.6 수소붕소 첨가-산화 반응

알켄의 C=C 결합과 비슷하게 C≡C 결합도 borane과 수소붕소 첨가 반응을 한다. 생성된 **vinylborane(비닐보레인)**을 산화시키면 엔올이 생성되는데, 토토머화 반응에 의해 내부 알카인은 케톤으로, 말단 알카인은 알데하이드로 전환된다.

$$CH_3-C\equiv C-CH_3 \xrightarrow{BH_3} \underset{\text{vinylborane}}{(CH_3)(H)C{=}C(CH_3)(BH_2)} \xrightarrow[HO^-]{H_2O_2} \underset{\text{enol}}{(CH_3)(H)C{=}C(CH_3)(OH)} \rightleftharpoons CH_3CH_2-\overset{O}{\overset{\|}{C}}-CH_3$$

내부 알카인 / 수소붕소 첨가 / 산화 / 토토머화 / 케톤 생성

$$CH_3-C\equiv C-H \xrightarrow[2.\ H_2O_2,\ HO^-]{1.\ BH_3} (CH_3)(H)C{=}C(H)(OH) \rightleftharpoons CH_3CH_2-\overset{O}{\overset{\|}{C}}-H$$

말단 알카인 / 산화 / 수소붕소 첨가는 치환이 덜 된 탄소에 붕소가 결합한 뒤 산화된다. / 토토머화 / 알데하이드 생성

후자의 경우, 적게 치환된 말단 탄소 원자에 붕소(B) 원자가 첨가된 후 산화 및 토토머화 과정을 거쳐 일어난 반응이다.

- 수소붕소 첨가-산화 반응에 의해 내부 알카인은 케톤, 말단 알카인은 알데하이드로 전환된다.

6.9.7 알카인의 산화 반응

알카인에 염기성 $KMnO_4$ 또는 O_3를 반응시키면 삼중 결합이 산화성 분해되어, 내부 알카인의 경우 두 개의 carboxylic acid를, 말단 알카인의 경우 carboxylic acid와 CO_2를 생성한다.

$$\underset{\text{내부 알카인}}{CH_3-C\equiv C-CH_2CH_3} \xrightarrow[2.\ H_2O]{1.\ O_3} (H_3C)(HO)C{=}O + O{=}C(CH_2CH_3)(OH)$$

$$\underset{\text{말단 알카인}}{CH_3CH_2CH_2CH_2-C\equiv CH} \xrightarrow[2.\ H_2O]{1.\ O_3} CH_3CH_2CH_2CH_2CO_2H + CO_2$$

- 알카인은 산화성 분해에 의해 carboxylic acid로 전환된다.

예제 6.14 But-1-yne에 아래 시약을 반응시켰을 때 생성되는 주생성물의 구조를 그리시오.

a. 2당량의 Br_2 **b.** 2당량의 HCl **c.** H_2/Lindlar 촉매
d. O_3, H_2O **e.** H_2O, H_2SO_4, $HgSO_4$ **f.** BH_3 다음 H_2O_2, NaOH

풀이

a. $CH_3CH_2-CBr_2-CBr_2-H$
b. $CH_3CH_2-CCl_2-CH_2-H$
c. $CH_3CH_2CH{=}CH_2$
d. $CH_3CH_2CO_2H + HCO_2H$
e. $CH_3CH_2-\overset{O}{\overset{\|}{C}}-CH_3$
f. $CH_3CH_2CH_2-\overset{O}{\overset{\|}{C}}-H$

화학 라운지 6.1 천연 알켄

자연계에는 많은 종류의 알켄 화합물이 존재한다. 예를 들면, ethene (에텐) 또는 ethylene (에틸렌) 은 과일이 익는 데 관여하는 식물의 성장 호르몬이다. 천연 고무는 2-methyl-1,3-butadiene [isoprene (아이소프렌)] 으로 더 잘 알려져 있는 물질이다) 을 기본 단위로 한 중합체이다. 이 물질은 식물이 열을 견디어 내기 위하여 뿜어내는 성분이기도 하다. 산림이 우거진 숲속에서 피어나는 푸른 안개는 이 물질이 광반응을 일으켜 만들어진 에어로솔 (aerosol) 이라고 알려져 있다. isoprene 단위는 식물이 생화학 작용으로 만들어 내는 다양한 terpene (터펜) 의 단위 물질이기도 하다. α-pinene (알파-파이넨, 송진 성분), limonene (리모넨, 레몬과 오렌지 기름 성분), β-carotene (베타-카로텐, 당근의 색 성분 및 비타민 A의 전구체) zingiberene (진저베렌, 생강 기름) 및 lycopene (라이코펜, 토마토의 붉은색 성분 및 항산화 작용을 가짐) 등이 모두 천연 알켄의 예이다. 또한 천연 알켄 중에는 페로몬 작용을 하는 물질도 많은데, 집파리의 성 유인 호르몬인 muscalure은 C_{23}인 시스-알켄 구조를 가지고 있는 물질이다.

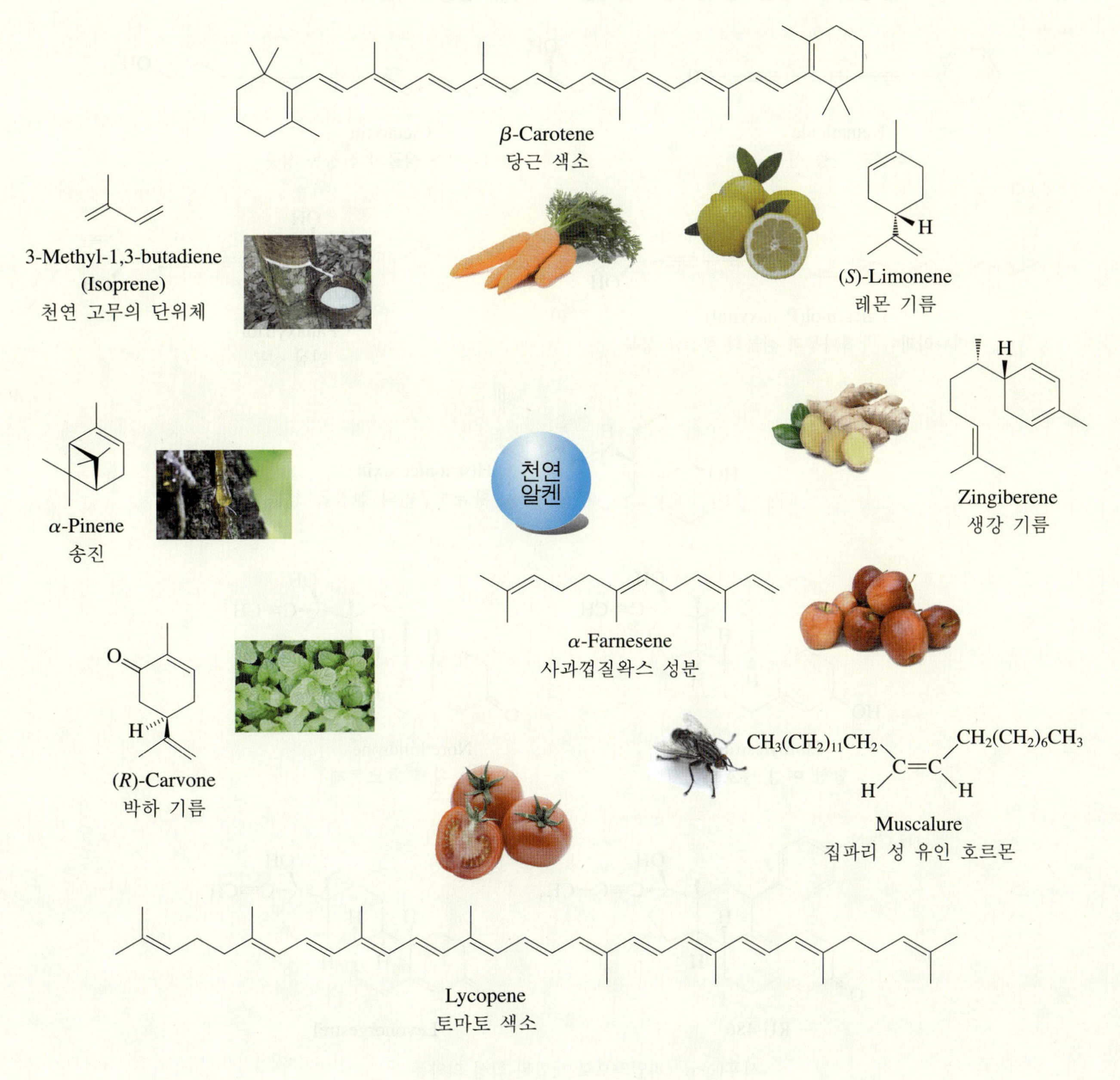

화학 라운지 6.2 천연 알카인

천연에서 발견되는 알카인 화합물은 탄화수소로만 이루어진 알카인 형태보다는, 알코올 또는 carboxylic acid와 같은 작용기를 가진 화합물이 더 많다. Nematicide는 토양 속에 있는 기생충을 죽이는 식물이 가지고 있는 살충 성분으로, 순수한 탄화수소로만 구성되어 있는 물질이다. 독미나리과 식물에서 발견되는 endiyne 구조를 가진 알코올인 cicutoxin은 신경독을 나타내는 물질이며, 미나리과와 두릅나무과 식물에서 발견되는 falcarinol (panaxynol)은 토양 속 곰팡이로부터 식물의 뿌리를 보호하는 천연 항진균제이며 사람에겐 접촉성 피부염을 일으키는 물질이다. 또한 비슷한 구조를 가진 panaxytriol은 인삼에서 발견되는 알카인계 알코올이다. Enyne 아미노 알코올 구조를 가지고 있는 histrionicotoxin은 열대 우림 속에 사는 황금개구리에 있는 신경독을 가진 물질이다. 이들은 모두 외부 환경으로부터 개체 보호를 위해 만들어내는 자기 방어물질로 알려져 있다. 한편 아세틸렌기 (ethynyl기)를 가진 의약품으로 가장 잘 알려진 것은 경구 피임약 성분인 ethinylestradiol과 norethindrone이다. 이들은 모두 합성 의약품으로 각각 여성 성호르몬인 estradiol과 황체 호르몬인 progesterone보다 더 강력한 생리 활성을 지니고 있다. 또한 사후 피임약으로 사용되는 RU-486과 levonorgestrel도 ethynyl기가 있는 합성 의약품이다.

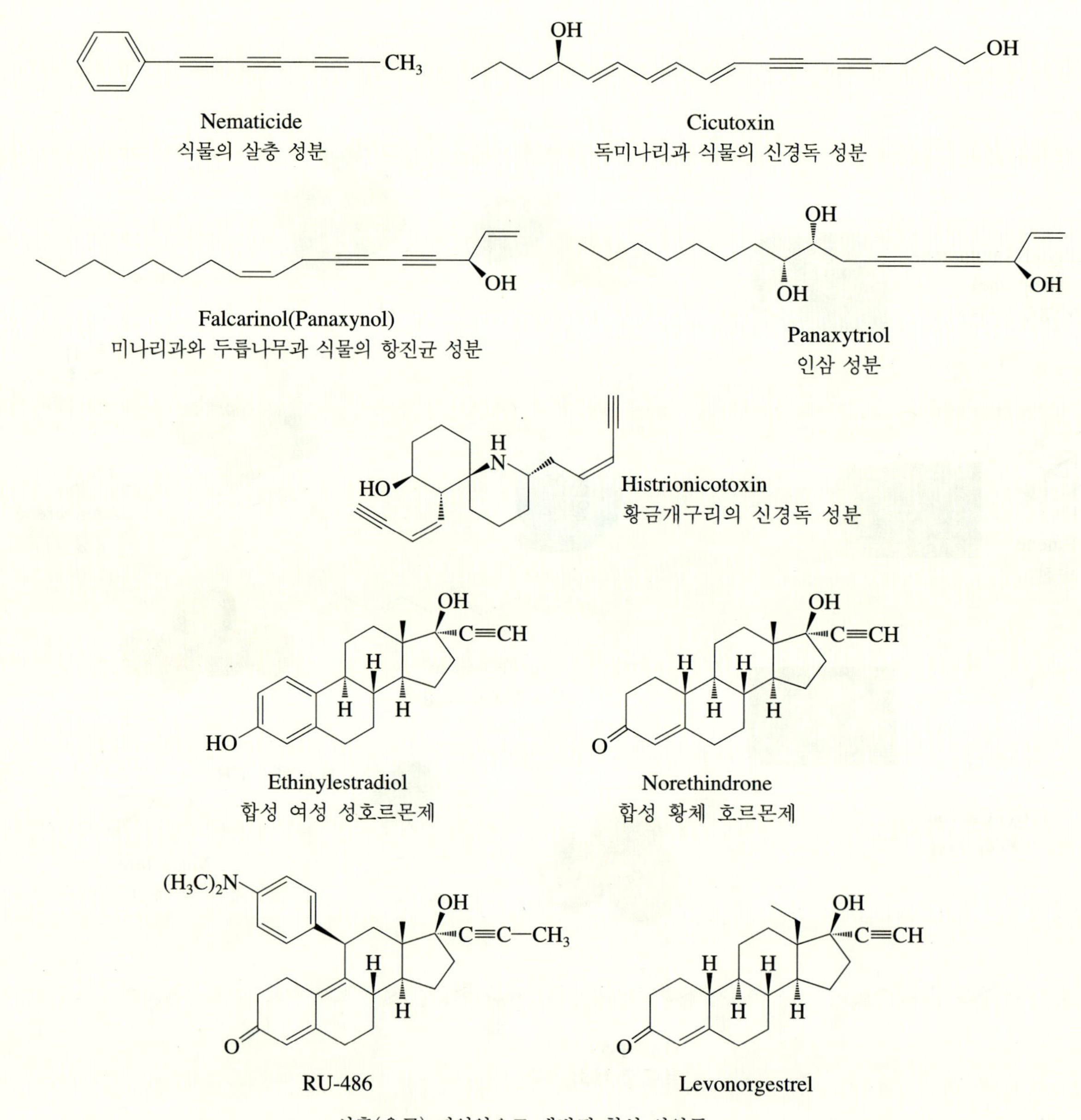

사후(응급) 피임약으로 개발된 합성 의약품

문제 6.13 다음 화합물을 합성하는 데 출발 물질이 되는 두 종류의 알카인의 구조를 그리고 어떤 반응으로 합성되는지 반응식으로 나타내시오.

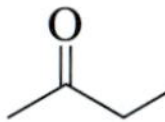

6.9.8 아세틸라이드 음이온 (acetylide anion) 의 반응

1.13.3절에서 언급한 바와 같이 *sp* 혼성 탄소 원자에 결합되어 있는 수소 원자는 sp^2 및 sp^3 혼성 탄소 원자의 수소 원자보다 산성이 강해 sodium amide ($NaNH_2$) 와 같은 강염기에 의해 양성자로서 쉽게 중화되어 아세틸라이드 음이온을 생성한다. 이 음이온은 탄소 친핵체로서 친전자체와 반응하여 유기 합성에서 중요한 C — C 결합을 형성하는 반응에 이용된다.

$HC{\equiv}CH$	$H_2C{=}CH_2$	CH_3CH_3
에타인	에텐	에테인
$pK_a = 25$	$pK_a = 44$	$pK_a > 50$

$$R{-}C{\equiv}C{-}H + :B \longrightarrow R{-}C{\equiv}C:^- + E^+ \longrightarrow R{-}C{\equiv}C{-}E$$

친전자체

말단 알카인 $pK_a \approx 25$

아세틸라이드 음이온 (친핵체)

새로운 결합

적용되는 염기(:B): $NaNH_2$, NaH

이들 반응에 대한 상세한 내용은 8장의 친핵성 치환 반응에서 다시 공부할 예정이다.

요약 정리

반응 요약

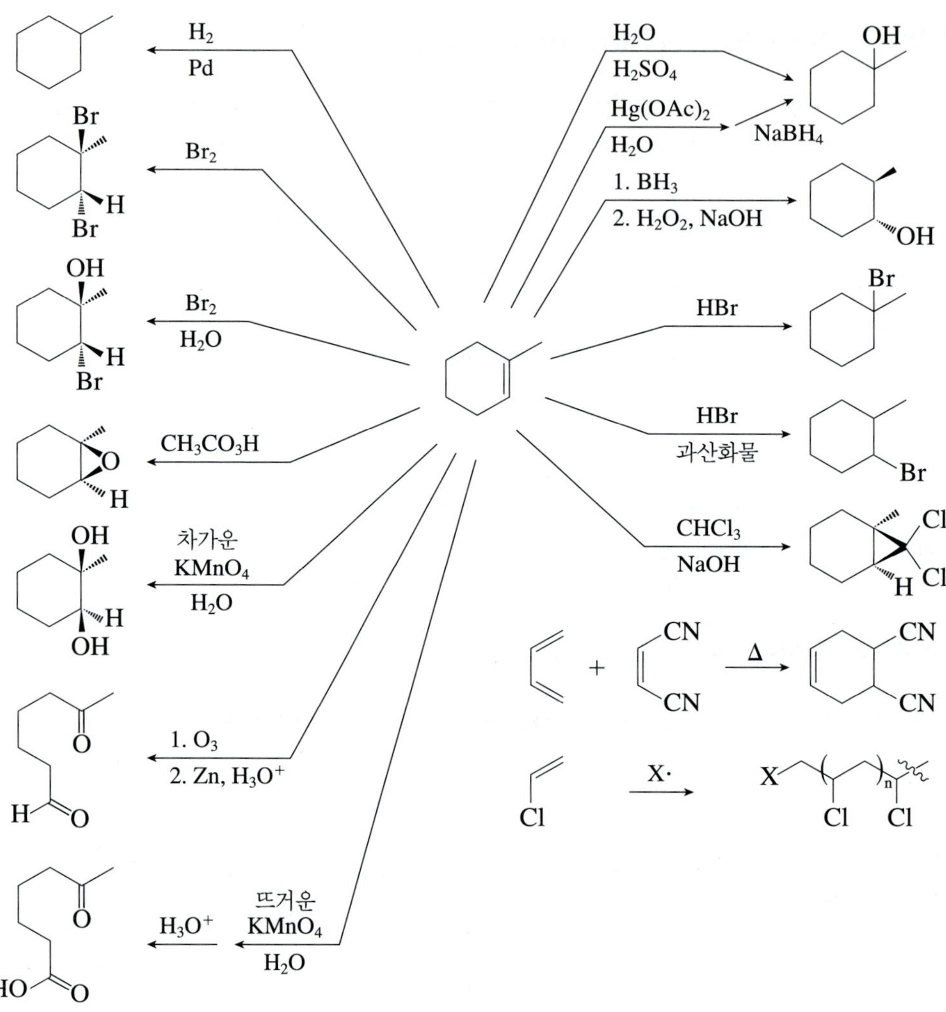
알켄의 친전자성 첨가 반응
H2
Pd
Br2
Br2
H2O
CH3CO3H
차가운
KMnO4
H2O
1. O3
2. Zn, H3O+
H3O+
뜨거운
KMnO4
H2O
H2O
H2SO4
Hg(OAc)2
H2O
NaBH4
1. BH3
2. H2O2, NaOH
HBr
HBr
과산화물
CHCl3
NaOH
Δ
X·

알카인의 친전자성 첨가 반응

$$R-C\equiv C-R'$$

- → Lindlar 촉매, H_2 → *cis*-Alkene (R, R′ on the same side; H, H)
- → Na, NH_3 → *trans*-Alkene (R, H / H, R′)
- → H_2, Pt → Alkane: $R-CH_2-CH_2-R'$
- → 2HX → *gem*-Dihalide: $R-CX_2-CH_2-H$ (R′=H)
- → 1. BH_3, 2. H_2O_2, ^{-}OH → Aldehyde: $R-CH_2-CHO$ (R′=H)
- → 1. O_3, 2. H_2O → $RCO_2H+R'CO_2H$ Carboxylic acid
- → H_2O, H_2SO_4, $HgSO_4$ → $R-CH_2-C(=O)-R'$ Ketone (R, R′=알킬기) Aldehyde (R=알킬기, R′=H)
- → $2X_2$ → Tetrahaloalkane: $R-CX_2-CX_2-R'$

알켄과 알카인의 구조 및 결합

- 알켄과 알카인은 모두 **불포화 탄화수소** 화합물이다. **알켄의 결합**은 탄소 원자의 네 개의 원자가전자 중 sp^2 혼성 탄소 원자에 있는 세 개가 σ 결합에 참여하고 있고, 나머지 p 오비탈 전자 한 개는 π 결합에 참여하여 만들어진 결합으로, 결합각은 120°이다. **알카인의 결합**은 sp 혼성 탄소 원자에 있는 전자 두 개가 σ 결합에 참여하고 있고, 나머지 p 오비탈 전자 두 개는 두 개의 π 결합 형성에 참여하여 만들어진 결합으로 결합각은 180°이다.
- 이중 결합 또는 삼중 결합이 탄소 사슬 끝에 있는 경우 **말단 알켄** 또는 **알카인(terminal alkene** 또는 **alkyne)**이라 하고, 내부에 있는 경우 **내부 알켄** 또는 **알카인(internal alkene** 또는 **alkyne)**이라고 한다. 두 개 이상의 이중 결합 또는 삼중 결합이 단일 결합과 교대로 나타나는 결합을 **짝지은** 또는 **콘쥬게이트(conjugate) 알켄** 또는 **알카인**이라고 한다.
- 탄소의 이중 결합과 삼중 결합은 단일 결합과 다르게 자유 회전을 할 수 없다. 이 때문에 생기는 입체이성질체를 **시스-트랜스 이성질체**라고 한다. 같은 원자단이 이중 결합의 **같은 편**에 있는 경우 ***cis* 이성질체**라고 하며, **반대 편**에 있는 경우 ***trans* 이성질체**라고 한다.
- **알켄의 안정도**는 이중 결합 탄소에 알킬기가 많이 치환되어 있을수록 안정하며, 트랜스 이성질체가 시스 이성질체보다 안정하다. 사치환 알켄($R_2C=CR_2$)이 가장 안정하고, ethene($CH_2=CH_2$)이 가장 불안정하다.
- 알켄에 빛을 쪼이거나 가열하면 **시스-트랜스 이성질 현상**이 일어난다. 이는 π 결합이 끊어져 라디칼이 생기면서 단일 결합 형태가 되어 탄소-탄소 결합의 자유 회전이 가능해지기 때문이다.

알켄과 알카인의 명명법

- IUPAC법에서 **알켄**의 접미사는 **-엔(-ene)**이며, **알카인**의 접미사는 **-아인(-yne)**이다. 이중 결합의 탄소 위치가 가장 작은 번호가 되도록 사슬 탄소에 번호를 매긴다. 이중 결합 탄소의 번호가 알킬기 또는 할로젠기의 번호보다 우선한다.

알켄의 입체이성질체 표기법

- 알켄의 입체이성질체 표기법으로는 ***cis*, *trans* 표기법**과 ***E*, *Z* 표기법**이 있다. *cis*, *trans* 표기법에서는 같은 원자단이 이중 결합의 **같은 편**에 있는 경우 ***cis*** 이성질체라고 하며, **반대 편**에 있는 경우 ***trans*** 이성질체라고 한다. *E*, *Z* 표기법은 **C=C** 결합을 양분하여 각각의 탄소에 붙어 있는 두 개의 치환기의 우선순위를 비교하고, **우선순위**가 높은 치환기가 같은 쪽에 있는지 반대 쪽에 있는지를 구별하여 같은 쪽에 있으면 *Z*, 반대 쪽에 있으면 *E*란 접두사를 붙이는 방법이다.

알켄과 알카인의 제법

- **알켄의 제법**(그림 6.4 참조)
  - **제거 반응**: 반응 기질로 할로젠화 알킬(8.11 및 8.12절), 알코올(9.3.3절), 알킬 아민(10.5.3절)의 제거 반응
  - **부분 환원 반응**: 알카인의 부분 수소첨가 반응(6.9.4절)
  - **Wittig 반응**: 알데하이드 또는 케톤으로부터 합성(11.11.4절)
- **알카인의 제법**(그림 6.4 참조)
  - **제거 반응**: *vic*-Alkyl dihalide 또는 *gem*-alkyl dihalide에 강한 염기($NaNH_2$)를 반응시켜 합성(8.11 및 8.12절)

- **치환 반응**: 아세틸라이드 음이온을 친핵체로 사용하여 친핵성 치환 반응으로 합성(8.6절)

알켄과 알카인의 친전자성 첨가 반응 일반

- **친전자성 첨가 반응(electrophilic addition)**이란 전자가 부족하여 **전자쌍**을 구하는 화학종인 **친전자체(electrophile)**가 전자가 풍부한 알켄 또는 알카인의 π 결합을 공격하여 단일 결합을 형성하는 반응을 말한다.
- **알켄의 반응성**은 안정도가 큰 알켄일수록 반응성이 낮아지며(높은 활성화 에너지 때문), 이온성 첨가 반응의 경우 안정한 탄소양이온 중간체를 형성할 수 있으면 반응성이 커진다.

알켄의 친전자성 첨가 반응

- 알켄의 친전자성 첨가 반응(반응 요약 참조)은 다음 세 가지 형태로 일어난다.
  - **이온성 첨가 반응**: 탄소양이온이 중간체로 형성되는 반응으로, HX 첨가 반응, 산 촉매 수화 반응, 옥시수은 첨가 반응 등이 있다.
  - ***Anti*** (또는 ***trans***) **첨가 반응**: 알켄에 X—Y가 첨가 반응할 때 X—Y가 각각 반대 쪽에 첨가되는 반응으로 할로젠 첨가 반응, 할로하이드린 생성 반응 등이 있다.
  - ***Syn*** (또는 ***cis***) **첨가 반응**: 알켄에 X—Y가 첨가 반응할 때 X—Y 모두가 같은 쪽에 첨가되는 반응으로, 수소붕소 첨가 반응, 촉매 수소화 반응, 카벤 첨가 반응, 에폭시화 반응, 1,2-다이하이드록실화 반응, 가오존분해 반응 등이 있다.
- **비대칭 알켄**에 HX와 같은 H^+이 매개하는 이온성 첨가 반응이 일어날 때 H는 수소가 많이 치환된 sp^2 혼성 탄소에 첨가되고, X는 수소가 적게 치환된 sp^2 혼성 탄소에 첨가된다. 이와 같은 실험적 사실을 **Markovnikov 규칙**이라고 한다. 이 규칙이 성립되는 이유는 안정한 탄소양이온이 생성되는 쪽으로 반응이 진행되기 때문이다.
- 탄소양이온의 안정도는 $3° > 2° > 1° > {}^+CH_3$ 순이다. 이는 알킬기의(+)-전자 유발 효과 때문이다. 알킬기의 C—H의 σ 결합과 탄소양이온의 비어 있는 p 오비탈 사이에 오비탈 겹침이 일어나, 전자가 부족한 탄소양이온을 안정화시킨 결과이다. 이러한 현상을 **하이퍼콘쥬게이션(hyperconjugation)**이라 부른다.
- H^+이 매개하는 이온성 첨가 반응에서 중간체로 생성되는 탄소양이온이 더 안정한 탄소양이온이 되기 위하여, 인근 탄소에 있는 H^- 또는 알킬기의 **재배열 반응**이 일어나는 경우도 있다.
- ***Anti*** (또는 ***trans***) 와 ***syn*** (또는 ***cis***) 첨가 반응은 **입체특이적(stereospecific)**으로 일어나는 반응이며, Markovnikov 규칙에 따라 일어나는 반응은 **위치선택적(regioselective)**으로 일어난다. 입체특이적 반응이란 오직 한 가지 종류의 입체이성질체만 생성되는 반응을 말하며, 위치선택적 반응이란 두 가지 이상의 반응 부위가 있을 때 어느 한쪽 부위에서 선택적으로 일어나는 반응을 말한다.

짝지은 이중 결합의 첨가 반응

- **짝지은(conjugate) 이중 결합**이 HX 또는 X_2와 친전자성 첨가 반응을 할 경우 1,2-위치와 1,4-위치 첨가 반응 생성물이 얻어진다. 이는 반응 중간체인 탄소양이온의 공명 현상 때문에 일어난 결과이다.
- 짝지은 다이엔인 1,3-diene이 1,4-위치에서 **친다이엔체(dienophile)**인 알켄과 반응하여 cyclohexene 고리를 형성하는 반응을 **Diels-Alder 반응**이라고 한다.

알켄의 라디칼 첨가 반응

- 비대칭 알켄에 라디칼이 생성되는 조건에서 HBr을 첨가 반응시키면 ***anti*** **Markovnikov 첨가 반응** 생성물이 생성된다. 이 반응은 Br 라디칼이 매개하는 반응으로 알켄의 라디칼 첨가 반응이라 한다. HCl과 HI에서는 이 반응이 일어나지 않는다.

알카인의 친전자성 첨가 반응

- 알카인은 **C≡C 결합의 친전자성 첨가 반응**과 말단 알카인에서 일어나는 아세틸라이드 음이온(acetylide anion, $R-C\equiv C^-$)이 **친핵체**로서 작용하는 두 가지 종류의 반응을 한다. 알카인은 π 결합을 두 개 가지고 있으므로 친전자성 첨가 반응이 두 번에 걸쳐 일어날 수 있으나, **반응성은 알켄에 비해 약하다**. 그 이유는 중간체로 생성되는 비닐 탄소양이온이 알킬 탄소양이온보다 불안정하여 생성되기 어렵기 때문이다.

보충 문제

6.14 C_5H_8인 모든 알카인의 구조를 그리고 IUPAC법으로 명명하시오.

6.15 다음 화합물의 이름을 IUPAC법으로 명명하시오.

a. **b.** **c.** **d.** **e.**

f. 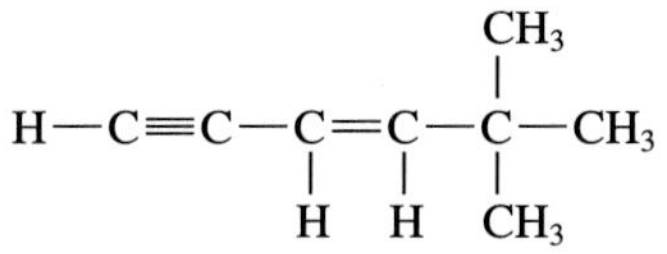 $H-C\equiv C-CH=CH-C(CH_3)_2-CH_3$ **g.** 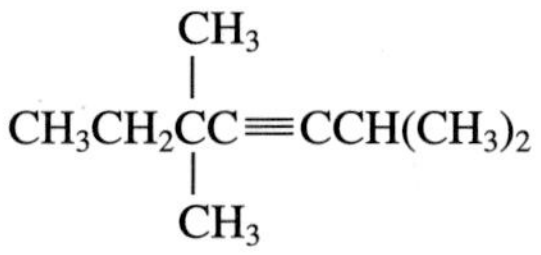 $CH_3CH_2C(CH_3)_2C\equiv CCH(CH_3)_2$ **h.** $CH_3CH=CHCH=CHC\equiv CCH_3$

i. 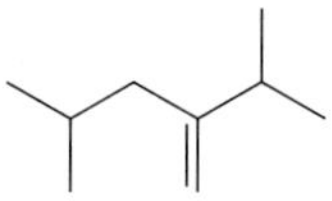 **j.** 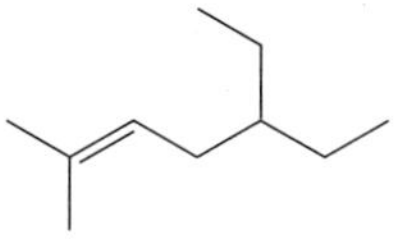 **k.** 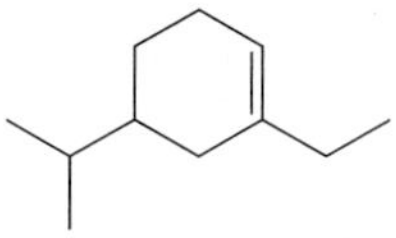 **l.** 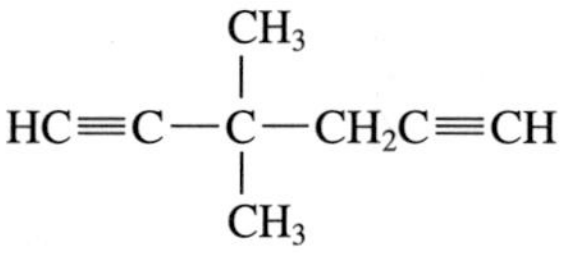 $HC\equiv C-C(CH_3)_2-CH_2C\equiv CH$

m. 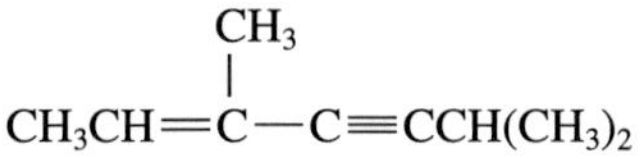 $CH_3CH=C(CH_3)-C\equiv CCH(CH_3)_2$ **n.** 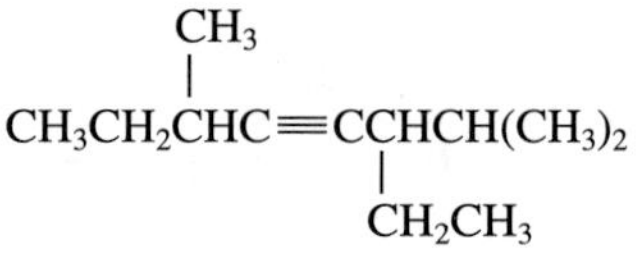 $CH_3CH_2CH(CH_3)C\equiv CCH(CH_2CH_3)CH(CH_3)_2$

o. 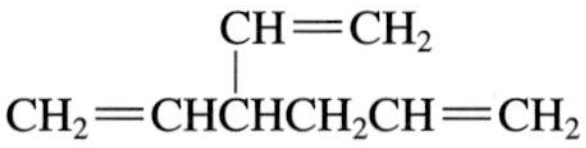 $CH_2=CHCH(CH=CH_2)CH_2CH=CH_2$ **p.** 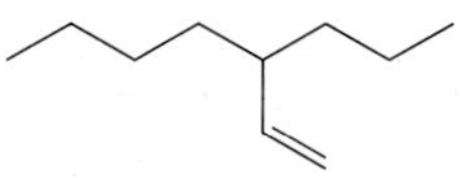 **q.** 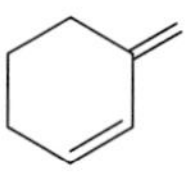 **r.** 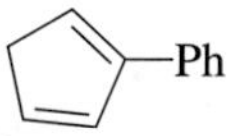 —Ph **s.** 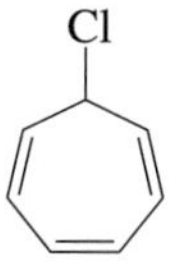 Cl

t. 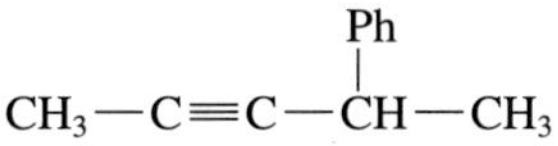 $CH_3-C\equiv C-CH(Ph)-CH_3$ **u.** 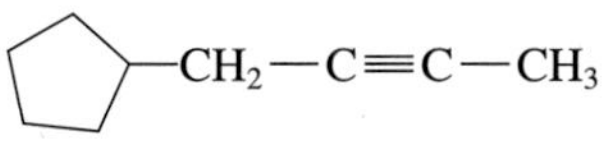 $-CH_2-C\equiv C-CH_3$ **v.** 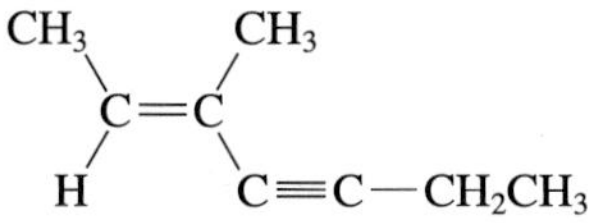 $(CH_3)(H)C=C(CH_3)(C\equiv C-CH_2CH_3)$

6.16 다음 화합물은 네 개의 입체이성질체가 가능하다. 그 구조를 그리고 명명하시오.

$CH_3CH=CHCH=CHCH_2CH_3$

6.17 안정성이 높은 순으로 배열하시오.

a. Pent-1-ene **b.** (*E*)-Pent-2-ene **c.** (*Z*)-Pent-2-ene **d.** 2-Methylbut-2-ene

6.18 다음 각 항에서 더 안정한 알켄은 어느 것인가? 그 이유는?

a. 1-Methylcyclohexene과 3-methylcyclohexene

b. Isopropenylcyclopentane과 allylcyclopentane

c. 2,3-Dimethylbut-2-ene과 2-methylpent-2-ene

d. *trans*-Pent-2-ene과 2-methylpent-2-ene

6.19 (*Z*)-But-2-ene(**A**)의 bp는 4 °C이고 (*E*)-But-2-ene (**B**)은 1 °C이다. 또한 (*Z*)-1,2-dichloroethene (**C**)과 (*E*)-1,2-dichloroethene (**D**)의 bp는 각각 60 °C와 48 °C로 *Z* 이성질체가 *E* 이성질체보다 더 높다. 그 이유를 설명하시오.

6.20 아래 화합물의 구조를 그리시오.

a. (*Z*)-5-Methylcyclodecene **b.** (*E*)-5-Methylcyclodecene **c.** (*Z*)-1-Methylcyclodecene

d. (*E*)-1-Methylcyclodecene **e.** 3-Ethyl-5-methyl-1,6,8-decatriene **f.** 5-*tert*-Butyl-2-methyloct-3-yne

g. 3,5-Heptadien-1-yne **h.** (*Z*)-3-Isopropylhept-2-ene **i.** (*E*)-4-Ethyl-3-heptene

j. (*E*)-1-Bromo-1-chloropropene **k.** *trans*-Cyclodecene **l.** *cis*-Cyclodecene

6.21 다음 화합물의 구조를 그리시오.

a. (*Z*)-Cyclodecene **b.** (*E*)-Cyclodecene

c. (1*E*,5*E*)-Cyclodeca-1,5-diene **d.** (1*Z*,5*E*)-Cyclodeca-1,5-diene

e. (1*Z*,5*Z*)-Cyclodeca-1,5-diene **f.** (1*Z*,3*Z*,5*Z*)-Cyclodeca-1,3,5-triene

6.22 다음 각 쌍의 알켄 화합물 중에서 HX와 반응이 더 잘 일어나는 것은 어느 것인가?

a. Ethene과 But-2-ene **b.** But-2-ene과 Buta-1,3-diene

c. But-2-ene과 1,2-Dimethylbut-2-ene **d.** Propene과 Styrene

6.23 산 촉매 수화 반응에서 반응성이 큰 순으로 나열하시오. 그 이유는 무엇인가?

a. Hex-1-ene, 2-Methylpent-1-ene, Hex-2-ene

b. 2-Methylpropene, *cis*-But-2-ene, *trans*-But-2-ene

c. 1-Phenylbut-1-ene, 1-Phenylbut-2-ene, 2-Phenylbut-1-ene

6.24 다음 반응의 주생성물의 구조를 예측하고, 그 이유를 밝히시오.

a. 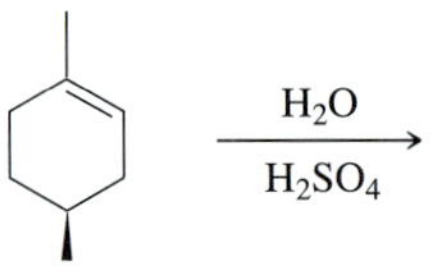 $\xrightarrow[H_2SO_4]{H_2O}$ **b.** 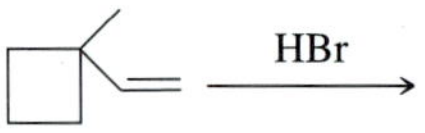 $\xrightarrow{HBr}$

6.25 다음 화합물이 생성되는 반응 조건을 적어 넣으시오.

a. 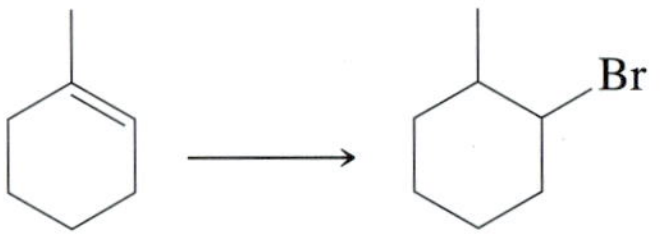 ⟶ Br **b.** 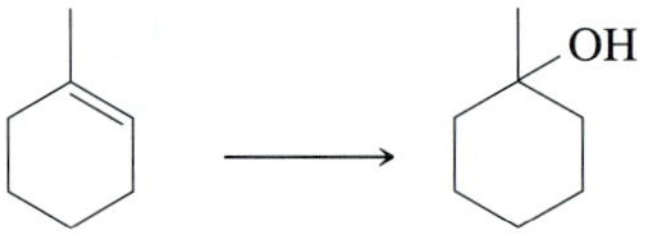 ⟶ OH

c. 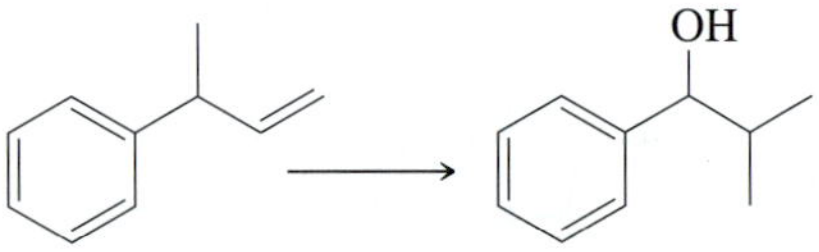 ⟶ OH **d.** 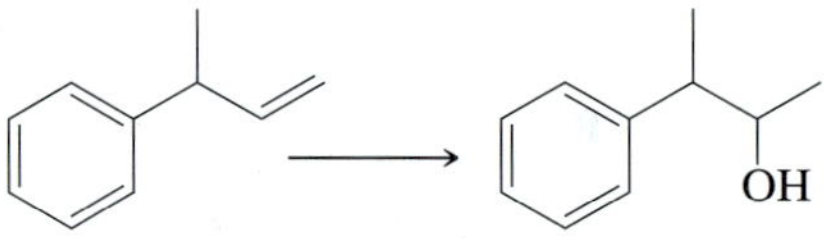 ⟶ OH

e. 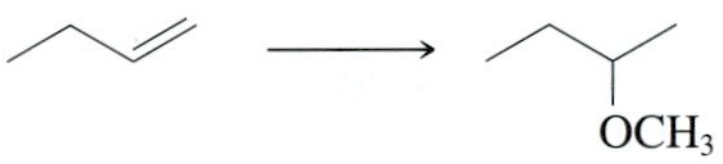 ⟶ OCH_3 **f.** 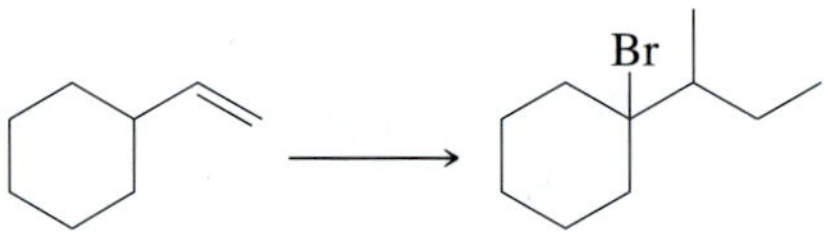 ⟶ Br

6.26 다음 반응에서 생성되는 주생성물의 구조를 그리시오.

a. 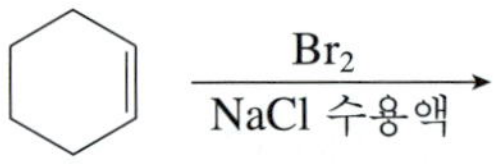 $\xrightarrow[\text{NaCl 수용액}]{Br_2}$ **b.** 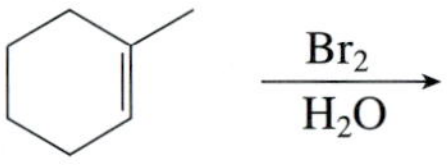 $\xrightarrow[H_2O]{Br_2}$

c. 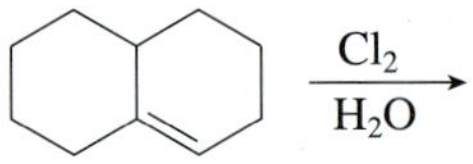 $\xrightarrow[H_2O]{Cl_2}$ **d.** 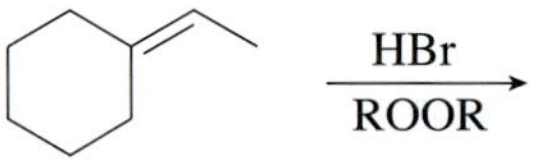 $\xrightarrow[ROOR]{HBr}$

e. 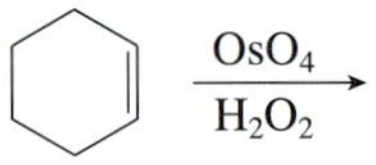 $\xrightarrow[H_2O_2]{OsO_4}$ **f.** 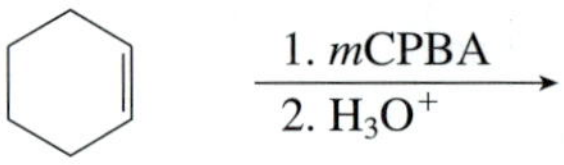 $\xrightarrow[2.\ H_3O^+]{1.\ mCPBA}$

g. 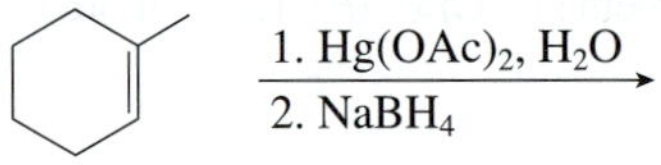 $\xrightarrow[2.\ NaBH_4]{1.\ Hg(OAc)_2,\ H_2O}$ **h.** $\xrightarrow[2.\ H_2O_2,\ NaOH]{1.\ BH_3\text{-THF}}$

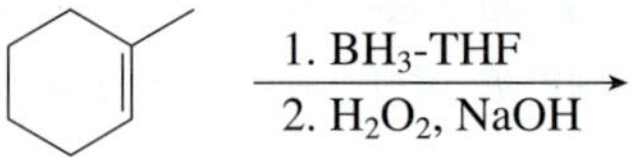

i. 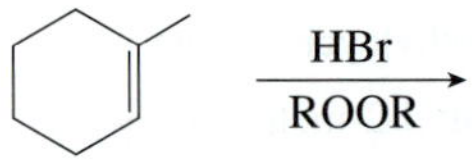 $\xrightarrow[ROOR]{HBr}$ **j.** (*Z*)-dec-3-ene $\xrightarrow[CCl_4]{Br_2}$

k. (*E*)-dec-3-ene $\xrightarrow[CCl_4]{Br_2}$ **l.** 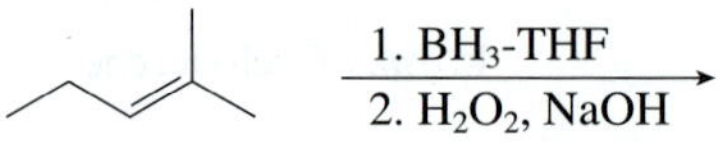 $\xrightarrow[2.\ H_2O_2,\ NaOH]{1.\ BH_3\text{-THF}}$

6.27 다음 반응 결과를 설명하시오.

a. 1-bromocyclohexene $\xrightarrow[\text{EtOH}]{\text{HCl}}$ (1-Br, 1-Cl cyclohexane) + (1-Br, 1-OEt cyclohexane) not ((1-Br, 2-Cl cyclohexane) + (1-Br, 2-OEt cyclohexane))

b. 1-phenylcyclohexene $\xrightarrow[\text{CCl}_4]{\text{Br}_2}$ (Cl, Ph / H, Cl) + (Ph, Cl / H, Cl) *cis-trans* mixture

c. methylenecyclohexane $\xrightarrow[hv]{\text{NBS}}$ (2-Br methylenecyclohexane) + (1-(bromomethyl)cyclohexene)

6.28 Ph_3C^+는 $Ph_3C^+BF_4^-$ 형태의 결정으로서 분리될 만큼 안정한 물질이다. 이 탄소양이온이 특별히 안정한 이유를 설명하시오.

6.29 1,2-Dimethylcyclohexene과 HCl의 반응에서 생성될 수 있는 모든 입체이성질체를 그리고, 이들의 관계를 설명하시오.

6.30 다음 반응에서 생성되는 물질의 입체 구조를 그리시오.

a. (Ph, H / H, Ph alkene) + Br_2 b. (Ph, H / H, Ph alkene) + $OsO_4/NaHSO_3$ c. (CH_3, H / H, CH_3 alkene) + BH_3/H_2O_2, NaOH

d. (methylcyclohexene) + Br_2 e. (4-$C(CH_3)_3$ methylenecyclohexane) + H_2O, H_2SO_4 f. (1-methylcyclopentene) + Cl_2, H_2O

6.31 다음 결과의 출발 물질이 되는 알켄 또는 알카인의 구조를 그리고, IUPAC법으로 명명하시오.

반응명	생성물	분자식
a. 가오존분해 반응	(acetone)	C_4H_8
b. $KMnO_4$ 산화 반응	HO(C=O)CH₂CH₂CH₂(C=O)OH	C_5H_{10}
c. 수화 반응	(butan-2-one)	C_4H_6
d. 다이하이드록실화 반응	(diol: OH, OH)	C_9H_{18}
e. 가오존분해 반응	(H(C=O)…(C=O)H dialdehyde)	C_6H_{10}

6.32 가오존분해 반응으로 다음 화합물을 얻었다. 출발 물질로 사용된 알켄의 구조를 보이시오.

a. (cyclopentane with H, CHO / H, CHO) b. (CHO, O, CHO compound) + $H_2C{=}O$ c. (O, O, H keto-aldehyde) d. (cyclohexanone) + (cyclopentanone)

6.33 But-1-ene에 HBr을 과산화물이 없는 조건에서 반응시키면 2-bromobutane이, 과산화물이 있는 상태에서 반응시키면 1-bromobutane이 주생성물로 얻어진다. 이 반응의 메커니즘을 나타내시오.

6.34 Ethene은 HBr과 라디칼 첨가 반응에 의하여 첨가 반응을 일으킨다. 이 반응이 HCl과 HI에서도 일어날 것인지 예상하시오. 단, 이들

반응에 관련된 결합 에너지는 다음과 같다.

C=C: 64 kcal/mol	C—Cl: 81 kcal/mol	C—I: 53 kcal/mol	H—Br: 88 kcal/mol
C—H: 98 kcal/mol	C—Br: 68 kcal/mol	H—Cl: 103 kcal/mol	H—I: 71 kcal/mol

6.35 아래 알켄에 대하여 여러 가지 시약을 반응시켜 얻을 수 있는 주생성물의 구조를 그리시오.

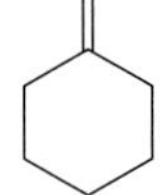

a. Br_2/H_2O **b.** HBr
c. HBr, 빛 **d.** H_2O, H_2SO_4
e. O_3 반응 후 Zn, H_2O **f.** 차가운 $KMnO_4$ 수용액
g. *m*-Chloroperbenzoic acid (*m*CPBA) **h.** BH_3 반응 후 H_2O_2, NaOH

6.36 1-Methylcyclopentene에 대하여 문제 **6.35**와 동일한 모든 반응을 수행하였을 경우 생성물의 구조를 그리시오.

6.37 다음 화합물을 괄호 안의 물질로부터 합성하는 방법을 반응식으로 나타내시오.

a. $H_3C(H)C=C(H)CH_3$ (cis) (알카인) **b.** $CH_3CH_2CH_2CHO$ (말단 알카인)

c. $(CH_3)_2CHCH_2Br$ (말단 알켄) **d.** $CH_3—C(=O)—CH_2CH_3$ (내부 알카인)

e. $(CH_3)_2C(OH)CH_2CH_3$ (내부 알켄) **f.** $Ph—C(Br)(CH_3)—CH(CH_3)_2$ (말단 알켄)

g. $Ph—C(CH_3)_2—CHOHCH_3$ (말단 알켄) **h.** 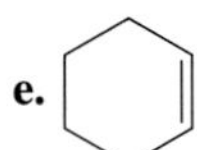
(내부 알카인으로부터 두 단계 반응)

6.38 다음 알켄 화합물 중 에폭시화 반응에서 선구카이랄 중심(prochiral center)으로 사용할 수 있는 알켄을 선택하시오.

a. $CH_2=CH_2$ **b.** $CH_3CH=CHCH_3$ **c.** $CH_3CH=CH_2$ **d.** $PhCH=CH_2$

e. (cyclohexene) **f.** (1-methylcyclohexene) **g.** (1,2-dimethylcyclohexene) **h.** $PhCH=CHCH_3$

6.39 Hex-3-yne을 다음 반응 시약과 반응시켰을 때 생성되는 생성물의 구조식을 쓰시오.

a. 2HBr **b.** $2Br_2$ **c.** Na/NH_3 **d.** H_2/Lindlar catal.
e. 1. BH_3 2. H_2O_2/HO^- **f.** H_2SO_4/Hg^{2+}

7장 벤젠과 방향족 화합물

핵심 익히기

- 벤젠의 구조 특성과 안정성(공명 안정화 에너지)
- 방향족성과 Hückel 규칙
- 벤젠 유도체의 명명법
- 벤젠의 친전자성 치환 반응의 종류와 친전자체 생성 조건
- 벤젠 고리를 활성화 또는 비활성화시키는 치환기와 지향성
- 알킬벤젠의 반응(벤질자리 C—H 결합의 반응)

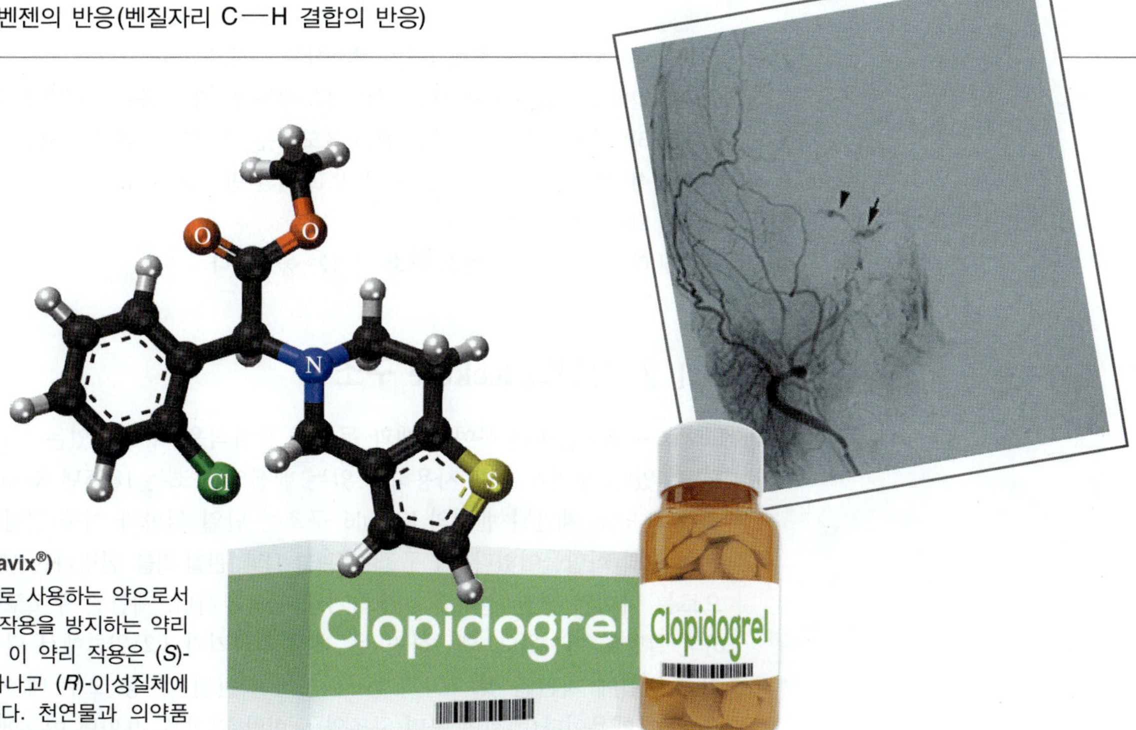

(*S*)-Clopidogrel (Plavix®)

이 약은 혈전 방지제로 사용하는 약으로서 혈소판의 혈액 응고 작용을 방지하는 약리 작용을 가지고 있다. 이 약리 작용은 (*S*)-이성질체에서만 나타나고 (*R*)-이성질체에서는 나타나지 않는다. 천연물과 의약품 중에는 화학 구조에 벤젠 고리를 가지고 있는 화합물들이 많이 존재한다.

방향족 화합물(aromatic compound)에서 **방향**이란 용어는 자연계에서 발견된 여러 성분들, 예를 들어 살구나 복숭아씨에 있는 benzaldehyde, 열대 식물에서 얻는 tolu balsam 성분인 toluene, 석탄을 증류하여 얻은 benzene(벤젠) 등과 같은 물질이 특이한 냄새를 가지고 있다 하여 붙여진 이름이다. 이들은 모두 알켄과 같이 C=C를 가진 불포화 탄화수소 구조를 가지고 있지만 알켄과는 전혀 다른 화학적 성질(반응성)을 나타낸다. 오늘날 방향족 화합물이란 냄새와는 상관 없이 벤젠 고리를 가지고 있거나 이와 유사한 화학적 성질을 가지고 있는 화합물에 적용하여 사용된다. 자연계에는 phenylalanine 및 tyrosine과 같은 필수 아미노산(16장)을 비롯하여 estrone(여성 호르몬), adrenaline(부신수질 호르몬) 및 tyroxine(갑상선 호르몬), chloramphenicol(광범위 항생제), methyl salicylate(진통제, 물파스 성분), capsaicin(고추의 매운맛 성분), piperine(후추 성분) 등과 수많은 방향족 화합물이 존재한다. 또한 우리가 사용하고 있는 합성 의약품 중에도 aspirin(해열진통제), acetaminophen(진통제), ibuprofen(소염진통제), sulfamethoxazole(항균제), benzodiazepine(진정제), amlodipine(고혈압 치료제), clopidogrel(혈전 방지제) 및 atorvastatin(고지혈증 치료제) 등 벤젠 고리를 가지고 있는 화합물이 수없이 많다.

7장에서는 벤젠의 구조, 방향족성과 안정도, 벤젠의 친전자성 치환 반응에 대하여 상세히 공부하고자 한다.

7.1 벤젠의 구조

7.1.1 배경

벤젠은 분자식이 C_6H_6인 특이한 냄새를 가진 액체 화합물이다. 이 물질은 1825년 고래 기름을 가열하여 조명용 기체를 만드는 과정에서 처음으로 분리되었다. 분자식은 곧 규명되었으나 우리가 알고 있는 현재의 구조식을 알아내기까지는 약 100년이란 세월이 걸렸다. 그것은 벤젠의 탄소 원자수에 비해 수소가 훨씬 부족한 분자의 특이한 조성과 반응성 때문이었다. 벤젠의 구조는 다음과 같은 관찰 결과를 모두 설명할 수 있어야 한다.

[관찰 1]: 벤젠은 불포화도가 4인 분자식을 가지고 있다.
[관찰 2]: 치환기를 한 개 가진 벤젠 유도체는 한 가지 종류만 존재한다.
[관찰 3]: 치환기를 두 개 가진 벤젠 유도체는 세 가지 종류가 존재한다.
[관찰 4]: 벤젠은 첨가 반응은 하지 않고 치환 반응만 한다.
[관찰 5]: 벤젠은 평면 구조이다.
[관찰 6]: 벤젠의 모든 탄소-탄소 길이는 동일하다.

7.1.2 벤젠의 Kekulé 구조

Lewis 구조식을 이용하여 벤젠과 동일한 분자식을 가지고 있는 여러 개의 화학 구조를 그릴 수 있다. 우리가 현재 사용하고 있는 벤젠의 구조는 1865년 Kekulé가 제안한 구조에 근거한다. 당초 제안된 벤젠의 Kekulé 구조는 단일 결합과 이중 결합을 교대로 가진 육각형 탄소 고리 화합물이었다. 이 구조는 [관찰 1]과 [관찰 2]를 설명하는 데 충분하나 이 구조식만으로는 나머지 관찰 결과를 설명하기엔 불충분하다. 제안된 구조로는 당시에 관찰된 [관찰 3]의 설명도 어려웠다. 왜냐하면 두 개의 치환기가 1,2-위치에서 단일 결합에 치환된 것과 이중 결합에 치환된 것, 1,3-과 1,4-위치에 치환된 것 등 모두 네 가지 이성질체가 존재할 수 있기 때문이다(벤젠의 공명 구조와 오비탈 겹침은 1930년 이후에 나온 이론임).

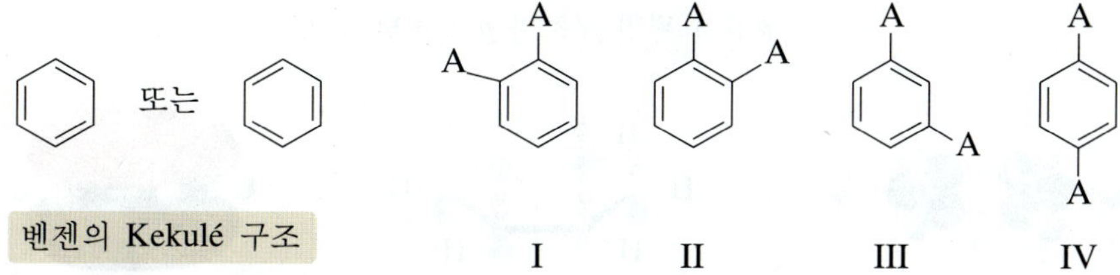

당시 Kekulé는 구조 I과 II가 동일하다는 것을 설명하기 위하여 구조 A와 구조 B가 빠른 평형 상태에 있는 혼합물이라 제안하였다. 그러나 벤젠에서 이러한 평형은 존재하지 않는다.

빠른 평형

A ⇌ B

또한 나머지 관찰 결과도 당초에 제안된 Kekulé 구조로는 충분한 설명이 불가능했다.

7.1.3 벤젠의 공명 구조와 오비탈 겹침

현재 사용하고 있는 벤젠의 구조는 Kekulé가 제안한 구조를 그 후에 발견된 공명 이론과 오비탈 이론에 맞게 수정한 것이다. 벤젠은 6개의 π 전자가 세 개의 짝지은 이중 결합을 이루고 있는 육각고리 불포화 탄화수소 화합물로서 다음과 같은 구조적 특징을 가지고 있다. 벤젠의 π 결합 전자는 이중 결합에 국한되어 있는 것이 아니라 고리 안에 균등하게 분포되어 있다. 그 결과 벤젠의 모든 탄소-탄소 결합 길이는 동일하며, 단일 결합과 이중 결합의 중간에 가까운 값을 나타낸다.

August Kekulé (1829~1896): 독일 출신 유기화학자. Ghent 대학 교수 역임. 초창기 화학 구조 연구, 특히 그가 최초로 제안한 벤젠 구조로 유명.

벤젠의 공명 이론은 Linus Pauling (1901~1994)에 의해 확립되었다.

혼성화

결합에 있는 전자들은
고리 주위에 비편재화되어 있다.

$CH_3—CH_3$ 1.47 Å $CH_2=CH_2$ 1.34 Å 1.39 Å

벤젠의 모든 C—C 결합 길이는
모두 동일하며, 단일 결합과
이중 결합의 중간값을 갖는다.

공명 이론에 따르면 벤젠 고리에 있는 6개 탄소 원자는 모두 sp^2 혼성화되어 있고, 탄소 원자는 각각 2개의 탄소 원자, 1개의 수소 원자와 σ 결합을 하여 결합각이 120°인 평면 육각형 구조를 이루고 있으며, 이 평면에 수직으로 놓여 있는 각 탄소 원자의 p 오비탈에 들어 있는 나머지 6개의 전자들은 인접해 있는 p 오비탈 전자와 수평 위치에서 결합하여 3개의 π 결합을 형성하고 있다. 이 π 전자들은 벤젠 고리 안에 퍼져 돌아다니게 된다. 이러한 현상을 전자가 **비편재화(delocalization)** 또는 **공명(resonance)** 되었다고 말하며, 벤젠이 알켄에 비해 반응성이 떨어지는 원인을 이러한 현상으로 설명한다. p 오비탈 겹침 현상은 다음 그림에 나타낸 것처럼 마치 벤젠 고리를 가운데에 둔 '햄버거' 모양을 만들어 낸다.

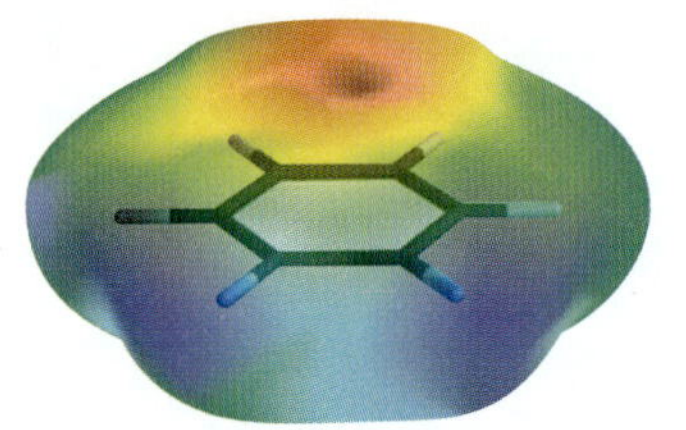

벤젠의 정전기 전위 지도. 고리 평면 위아래 영역에 전자 밀도가 높게 나타나 있다.

벤젠의 평면 구조와 p 오비탈 겹침

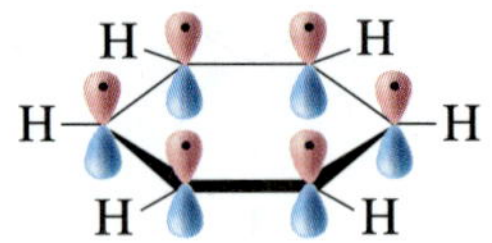

7.2 벤젠의 안정도

벤젠은 탄소 고리 안에 6개의 π 전자를 가지고 있는 전자가 풍부한 분자이다. 그럼에도 불구하고 벤젠은 알켄과 같은 첨가 반응은 일어나지 않는다. 이와 같은 벤젠의 특이한 안정성은 **벤젠의 이중 결합은 알켄의 이중 결합보다 훨씬 안정하다**는 것을 의미한다.

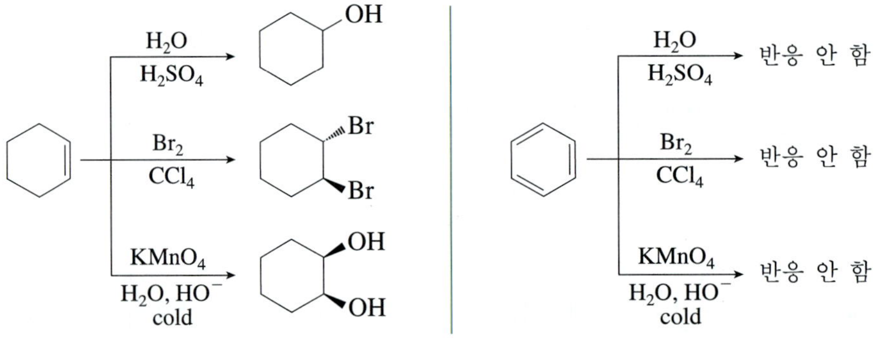

Cyclohexene: H_2O, H_2SO_4 → cyclohexanol (OH); Br_2, CCl_4 → trans-1,2-dibromocyclohexane (Br, Br); $KMnO_4$, H_2O, HO^-, cold → cis-1,2-cyclohexanediol (OH, OH)

Benzene: H_2O, H_2SO_4 → 반응 안 함; Br_2, CCl_4 → 반응 안 함; $KMnO_4$, H_2O, HO^-, cold → 반응 안 함

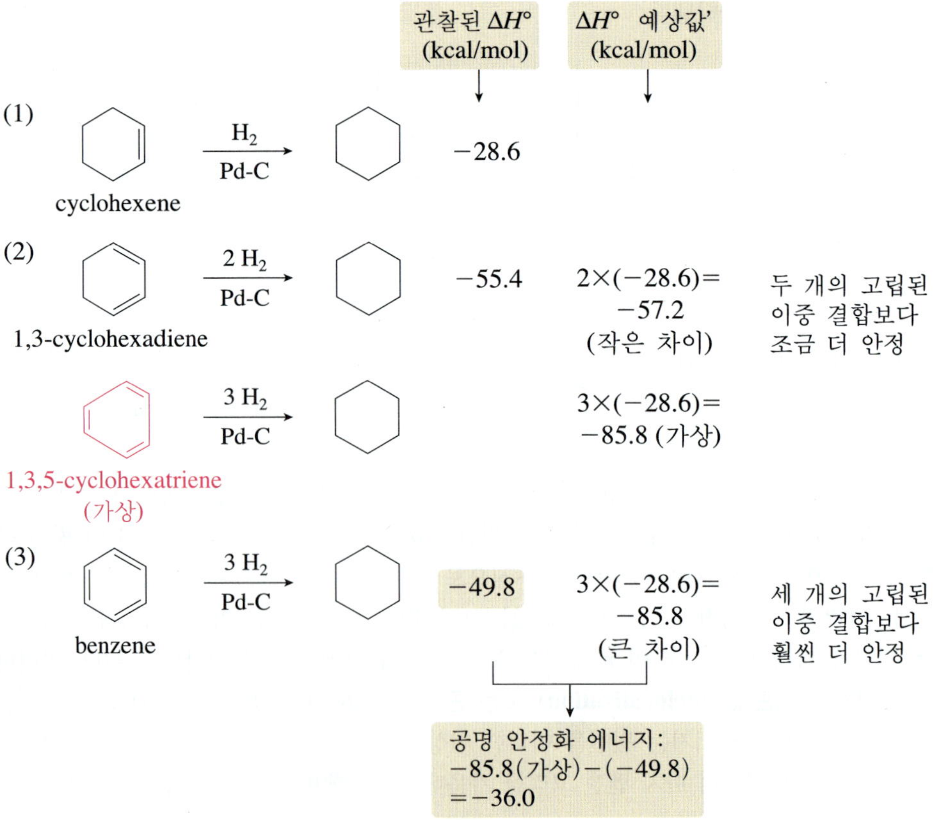

	반응	생성물	관찰된 $\Delta H°$ (kcal/mol)	$\Delta H°$ 예상값' (kcal/mol)	
(1) cyclohexene	H_2, Pd-C	cyclohexane	−28.6		
(2) 1,3-cyclohexadiene	2 H_2, Pd-C	cyclohexane	−55.4	2×(−28.6)= −57.2 (작은 차이)	두 개의 고립된 이중 결합보다 조금 더 안정
1,3,5-cyclohexatriene (가상)	3 H_2, Pd-C	cyclohexane		3×(−28.6)= −85.8 (가상)	
(3) benzene	3 H_2, Pd-C	cyclohexane	−49.8	3×(−28.6)= −85.8 (큰 차이)	세 개의 고립된 이중 결합보다 훨씬 더 안정

공명 안정화 에너지:
−85.8(가상)−(−49.8)
=−36.0

벤젠의 안정도는 어떻게 알 수 있는가? 벤젠 고리에 있는 이중 결합의 안정도는 벤젠에 수소를 첨가시켜 cyclohexane을 얻을 때 얻어지는 수소화 반응열($\Delta H°$)과 고리 안에 이중 결합을 가지고 있는 cyclohexene과 cyclohexa-1,3-diene에 수소첨가 반응시켜 cyclohexane이 될 때 발생하는 수소화 반응열을 비교함으로써 측정할 수 있다. 이중 결합이 한 개인 cyclohexene에 1몰의 수소를 첨가시킬 때는 몰당 28.6 kcal의 열이 방출(발열 반응)되고, 이중 결합이 두 개인 cyclohexa-1,3-diene의 경우 55.4 kcal (계산값 57.2 kcal에 근접) 의 열(생성열)이 방출된다. 이 결과로부터 이중 결합이 세 개인 가상의 cyclohexa-1,3,5-triene의 수소화 반응열은 몰당 85.8 kcal일 것이라 예상할 수 있다. 그런데 실제 이중 결합이 세 개 있는 벤젠의 수소화열은 몰당 49.8 kcal로서 **이중 결합 세 개를 가지고 있는 가상의 고리 알켄과는 몰당 36 kcal 차이**를 나타낸다. 수소화 반응열은 반응물과 생성물의 $\Delta H°$ 값의 차이이므로 이 차이는 벤젠이 가상의 cyclohexatriene보다 몰당 36 kcal만큼 낮은 에너지를 가지고 있음을 뜻한다. 이 에너지 차이를 벤젠의 **공명 안정화 에너지 (resonance stabilization energy)** 또는 **비편재화 에너지 (delocalization energy)** 라 부른다(**그림 7.1**).

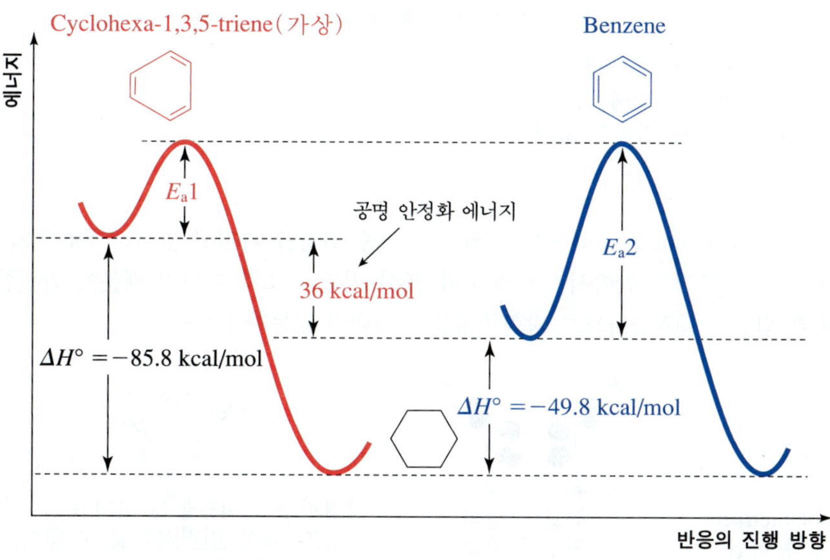

그림 7.1 **벤젠의 공명 안정화 에너지.** 벤젠은 공명에 의하여 세 개의 π 결합이 있는 육각형 탄소고리 화합물인 cyclohexa-1,3,5-triene (가상적인 물질임) 보다 몰당 36 kcal만큼 낮은 에너지 상태에 있다. 공명 구조 때문에 생기는 이 에너지를 공명 안정화 에너지라고 한다.

- 벤젠의 안정도는 계산치보다 낮은 수소화 반응열로 알 수 있다.
- 벤젠과 같이 이중 결합을 가지고 있는 분자이지만 공명 안정화되어 있어 첨가와 산화 반응 같은 전형적인 알켄의 친전자성 첨가 반응을 하지 않는 안정성을 보이는 화학적 성질을 **방향족성 (aromaticity)** 이라고 한다.

7.3 방향족성과 Hückel 규칙

7.3.1 Hückel 규칙

Hückel ('휘켈' 이라 읽음) **규칙 (Hückel rule)** 이란 어떤 화합물이 **방향족성 (aromaticity)** 을

Erich Hückel (1896~1980): 독일 출신 이론 물리 및 화학자. 유기 양자 화학의 창시자. Phillips 대학 교수 역임. 불포화 유기 화합물에 대한 이론 연구 중 Hückel 규칙을 발견함.

나타내기 위해 갖추어야 할 구조적 조건을 말하며, '**$(4n+2)\pi$ 규칙** ($n = 0, 1, 2, 3, \cdots$)' 이라고도 한다. 분자는 다음의 조건을 모두 갖추어야 방향족성을 나타낼 수 있음을 나타내는 규칙이다.

> • **Hückel 규칙의 성립 조건**
> 분자는 **고리형**이고 **평면 구조**를 가지며, 고리를 이루는 모든 원자는 완전한 p 오비탈 겹침이 가능한 **짝지은 이중 결합**의 일부이고, 동시에 고리 안의 전자가 $(4n+2)$개의 π 전자($n = 0, 1, 2, 3, \cdots$)를 가져야 한다(고리 안에 있는 비공유 전자쌍 포함).

예 1 1,3,5-Hexatriene은 $(4n+2)\pi$ 전자계를 만족시키는 6개의 π 전자를 가지고 있지만, 고리형이 아니고 평면 구조도 아니기 때문에 방향족성을 나타내지 않는다.

방향족성을 가지려면 각 p 오비탈은 인접한 원자의 p 오비탈과 겹쳐야 한다–고리형 구조를 가져야 가능하다.

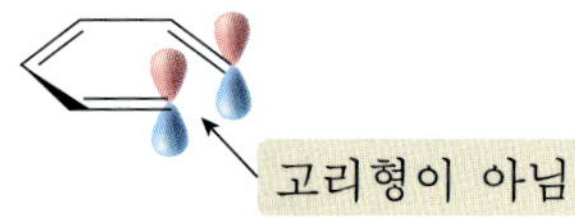

인접한 원자의 p 오비탈은 π 전자가 비편재화될 수 있도록 정렬이 되어야 한다–분자는 평면이어야 한다.

1,3,5-Hexatriene

두 개의 말단 C에 있는 p 오비탈 간의 겹침은 없다.

방향족 아님

예 2 Cyclooctatetraene은 고리형이고 짝지은 이중 결합을 가지고 있지만, 8π 전자계로서 $(4n+2)\pi$ 조건을 만족시키지 못하며, 또한 평면 구조가 아니기 때문에 완전한 p 오비탈 겹침이 불가능하므로 방향족성을 나타내지 않는다.

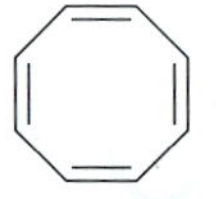

Cyclooctatetraene
방향족 아님

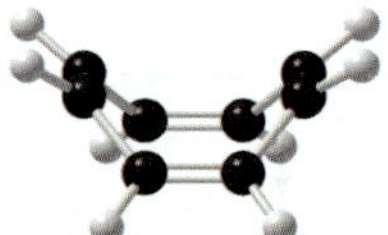

튜브 모양의
팔원자 고리

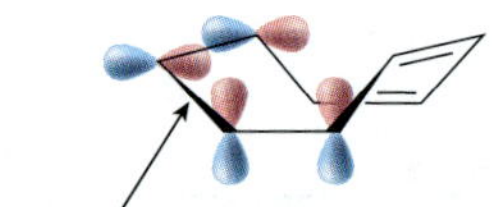

인접한 p 오비탈들은 겹쳐질 수 없다.
전자들은 비편재화될 수 없다.

모든 원자가 p 오비탈을 가지고 공명 구조에 참여하여야 한다–분자는 완전히 공명 구조를 이루어야 한다.

예 3 Cyclohexa-1,3-diene은 완전한 짝지은 이중 결합을 가지고 있지 않을 뿐더러, 4π 전자계로서 $(4n+2)\pi$ 조건을 만족시키지 못한다. 한편 1,3,5-cycloheptatriene의 경우 6π 전자계로서 $(4n+2)\pi$ 조건을 만족시키지만, 분자가 완전한 짝지은 이중 결합을 가지고 있지 않다. 따라서 이 두 분자는 방향족성을 나타내지 않는다.

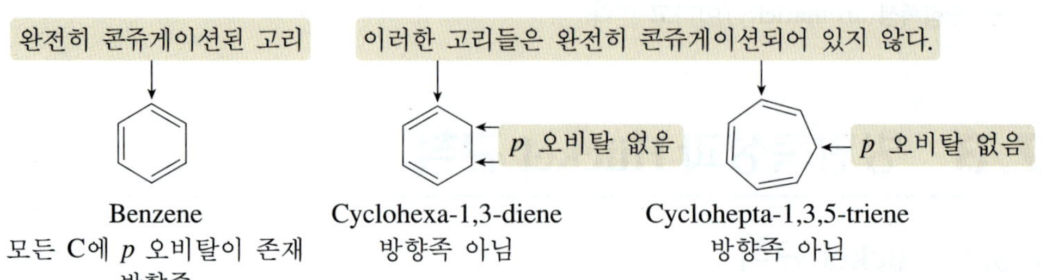

Benzene
모든 C에 p 오비탈이 존재
방향족

Cyclohexa-1,3-diene
방향족 아님

Cyclohepta-1,3,5-triene
방향족 아님

예 4 Cyclobutadiene은 고리형이고 평면이며, 완전한 짝지은 이중 결합을 가진 분자이나, 4π 전자계로서 $(4n + 2)\pi$ 조건을 만족시키지 못하여 방향족성이 없으며, 이런 분자는 특별히 불안정하다. 이 성질을 **반방향족성(antiaromaticity)**이라고 한다.

평면이며 고리형이고, 완전히 콘쥬게이션된 분자이나 방향족은 아님

Cyclobutadiene

Cyclobutadiene은 반방향족성을 가지고 있다.

예제 7.1 다음 중 어느 것이 방향족성을 나타내는가?

a. 

b. 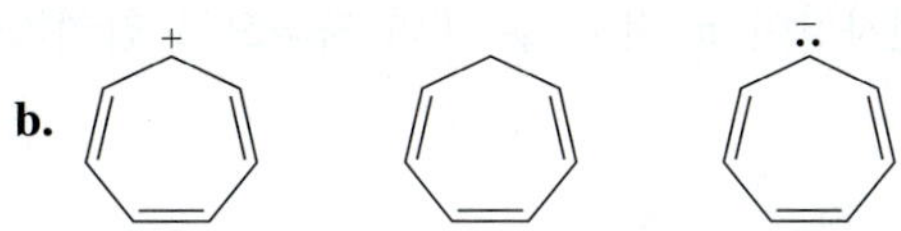

풀이

방향족성을 나타내는 것은 아래 두 물질이다.

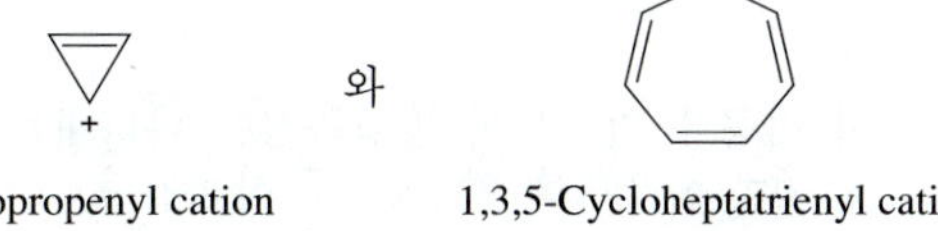

Cyclopropenyl cation 2π계 와 1,3,5-Cycloheptatrienyl cation 6π계

이들은 모두 고리형이고 평면 구조이며, Hückel 규칙을 만족시키는 전자계를 가지고 있고 sp^2 오비탈 겹침이 가능한 구조이다.

7.3.2 Hückel 규칙과 방향족 화합물

단일 고리를 가지며 고리 안에 짝지은 이중 결합을 가진 탄화수소 화합물을 통틀어 **아눌렌(annulene)**이라고 한다. $(4n + 2)\pi$ 전자계를 가지고 있고 평면 구조를 가진 아눌렌 화합물은 모두 방향족성을 나타낸다. 아눌렌의 이름 중 대괄호 안의 숫자는 고리를 이루는 원자수를 나타낸다.

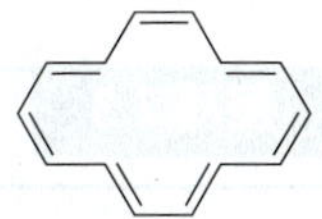

[14] Annulene
방향족성을 가짐

문제 7.1 [10]Annulene은 고리형이고 짝지은 이중 결합을 가지고 있는 10π 전자계로서, $(4n + 2)\pi$ 규칙을 만족시키나 방향족성을 나타내지 않는다. 그 이유를 설명하시오.

방향족성을 결정하는 **Hückel 규칙**은 일반적으로 단일 고리계 분자에서만 적용되는 규칙이나 벤젠 고리가 두 개 이상 붙어 있는 naphthalene(나프탈렌), anthracene(안트라센) 및 phenanthrene(페난트렌) 등의 화합물도 방향족성을 나타낸다. 이들 분자 역시 $(4n + 2)\pi$ 전자계를 가지고 있다.

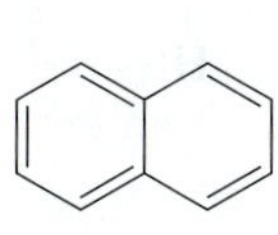

Naphthalene

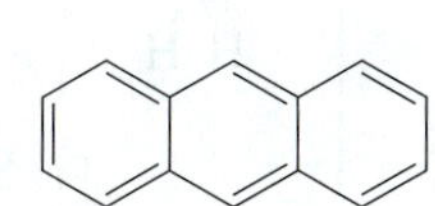

Anthracene

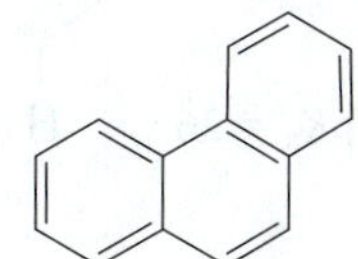

Phenanthrene

예제 7.2 Naphthalene의 공명 구조를 그리시오.

풀이

문제 7.2 Anthracene의 공명 구조를 그리시오.

한편, **furan (퓨란)**과 **pyrrole (피롤)** 같은 헤테로 오원자 고리 화합물과 **pyridine (피리딘)** 및 **pyrimidine (피리미딘)** 같은 헤테로 육원자 고리 화합물도 방향족성을 나타낸다. 이들은 모두 6π 전자계를 가지고 있어 Hückel 규칙을 만족시킨다. 이 중 furan과 pyrrole의 경우는 각각 고리 안의 산소와 질소에 있는 비공유 전자쌍이 π 전자 두 개의 자격으로 참여하여 $(4n + 2)\pi$ 전자계를 이룬다(**그림 7.2**).

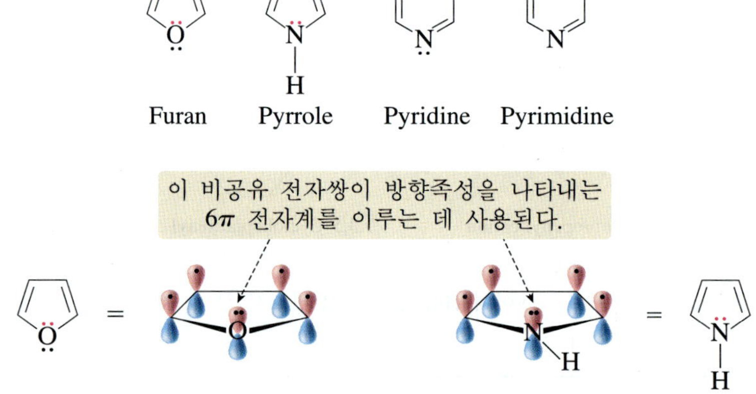

그림 7.2 **Furan과 pyrrole의 방향족성.** furan의 산소 원자와 pyrrole의 질소 원자에 있는 비공유 전자쌍 하나가 참여하여 각각의 분자에서 Hückel 규칙(6π 전자계)을 만족시킨다.

문제 7.3 Furan과 pyrrole의 공명 구조를 그리시오.

7.3.3 방향족성이 산도 및 염기도에 미치는 영향

Cyclopentane의 pK_a는 36이고, cyclopenta-1,3-diene의 pK_a는 16으로 후자가 훨씬 강산이다. 산도는 짝염기의 안정도와 반비례 관계이다(1.13.2절). Cyclopentadiene의 짝염기는 6π 전자계로 방향족성을 가지게 되어 안정화되어 있는 반면, cyclopentane의 경우는 그렇지 않다(**그림 7.3**).

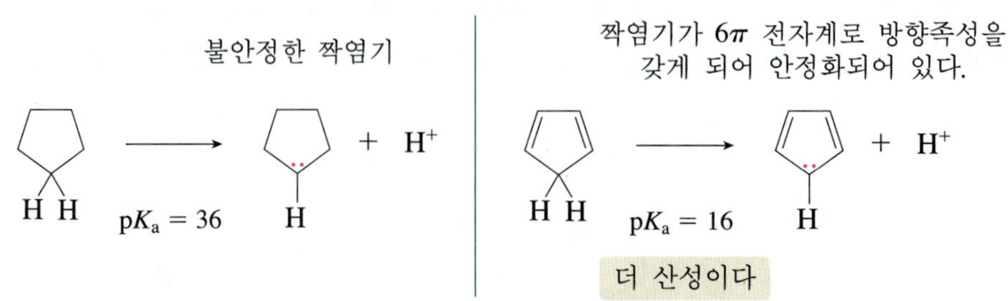

그림 7.3 Cyclopentadiene 음이온은 6π 전자계로 방향족성을 가지나 cyclopentane 음이온은 고립된 2π 전자계로 방향족성이 없다.

또한 pyridine은 pyrrole에 비해 훨씬 염기도가 크다. 이 경우는 염기의 세기를 결정하는 질소의 비공유 전자쌍의 활용도와 상관이 있다. Pyridine은 질소의 비공유 전자쌍 없이도 고리가 6π계로 방향족화할 수 있으나, pyrrole의 경우 질소 원자의 비공유 전자쌍이 방향족화를 통해 고리 안정화에 우선적으로 사용되기 때문이다(**그림 7.4**).

질소 원자의 비공유 전자쌍 없이도 6π계 방향족성을 가질 수 있다.

Pyridine

$pK_b = 8.7$

더 염기성이다

6π계 방향족성을 갖기 위해 질소 원자의 비공유 전자쌍이 사용된다.

Pyrrole

$pK_b = 13.6$

그림 7.4 Pyridine의 질소에 있는 비공유 전자쌍은 방향족성 6π 전자계에 참여하지 않으므로 pyrrole의 경우보다 염기로서의 활용도가 더 크다.

문제 7.4 Cyclopentadienyl 음이온의 공명 구조를 그리시오.

7.4 벤젠 유도체의 명명법

7.4.1 단일 치환 벤젠

- 치환기 이름 다음에 벤젠이란 단어를 덧붙인다.

일반명: Halobenzene

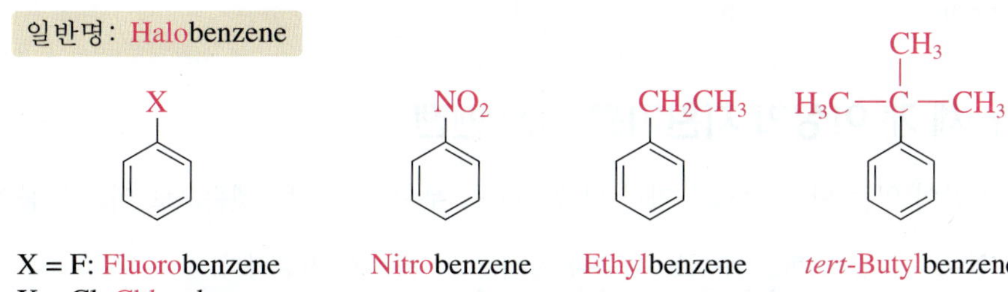

X = F: Fluorobenzene
X = Cl: Chlorobenzene
X = Br: Bromobenzene
X = I: Iodobenzene

Nitrobenzene   Ethylbenzene   *tert*-Butylbenzene

- 다음 화합물은 치환기를 포함시킨 그대로 고유의 이름을 가진다.

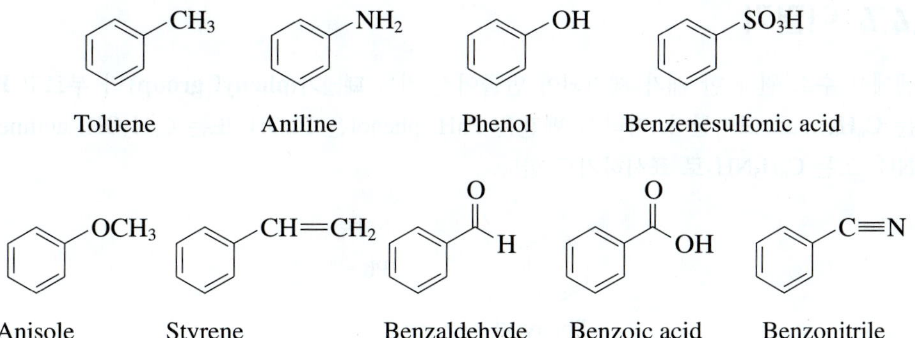

7.4.2 두 개의 치환기를 가진 벤젠

- 동일한 치환기 두 개가 붙어 있는 경우 치환기가 붙어 있는 위치에 따라 1,2-, 1,3-, 1,4의 번호를 붙이고, 접두사 '*di-*'를 치환기 앞에 붙인다. 1,2-, 1,3- 및 1,4-위치 표시를 각각 오쏘(*ortho-* 또는 *o-*), 메타(*meta-* 또는 *m-*), 파라(*para-* 또는 *p-*)로 표시하기도 한다.

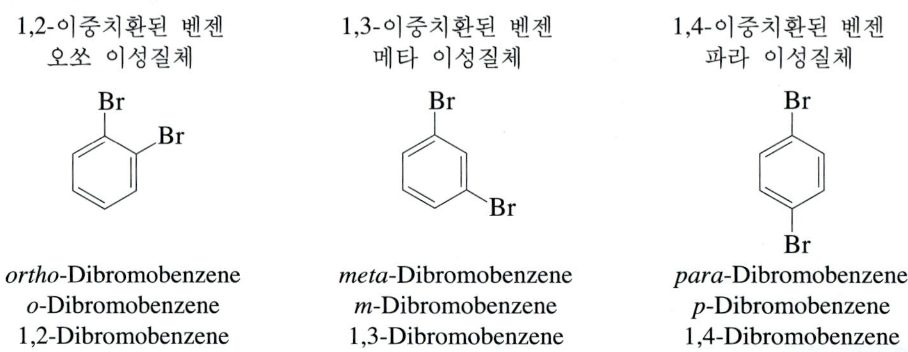

- 서로 다른 두 개의 치환기를 가진 벤젠의 경우 알파벳 순으로 치환기를 명명한다. 만약에 toluene(톨루엔), phenol(페놀) 등과 같이 고유이름을 가지고 있는 경우 이들을 모체로 하여 이름을 붙인다.

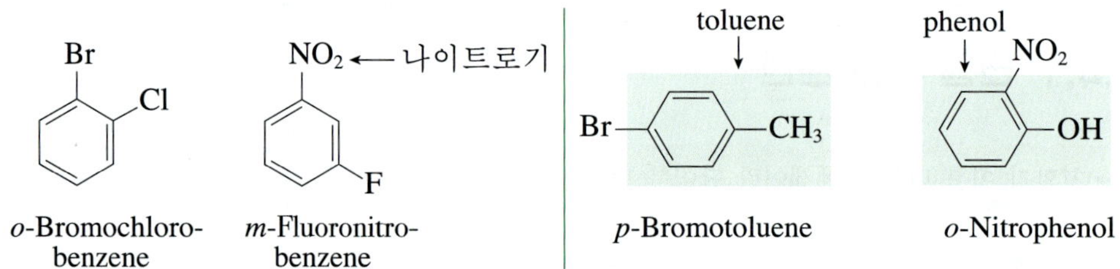

7.4.3 세 개 이상의 치환기를 가진 벤젠

치환기가 붙어 있는 탄소 번호가 가장 낮게 번호를 부여한 후 알파벳순으로 이름을 붙인다.

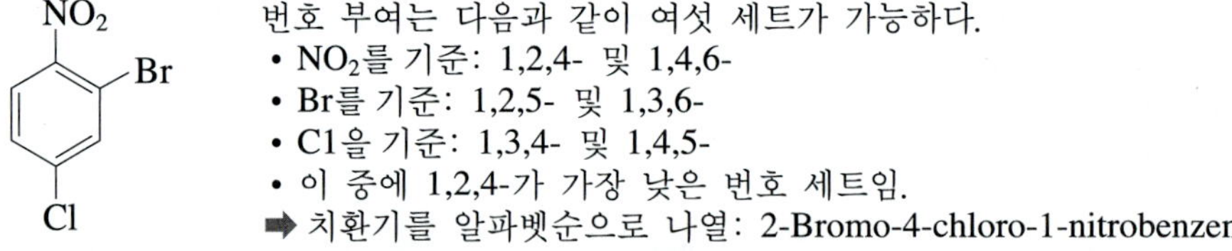

7.4.4 아릴기

벤젠에서 수소 원자 한 개가 제거되어 만들어진 기를 **페닐기(phenyl group)**라 부르고 **Ph-** 또는 **C_6H_5—**로 표시한다. 따라서 벤젠은 PhH, phenol은 PhOH 또는 C_6H_5OH, aniline은 $PhNH_2$ 또는 $C_6H_5NH_2$로 표시하기도 한다.

Phenyl기
C_6H_5—

축약형
Ph—

벤젠 고리에 치환기가 있는 페닐기를 일반명으로 **아릴기(aryl group)**라 부른다.

아릴기의 예

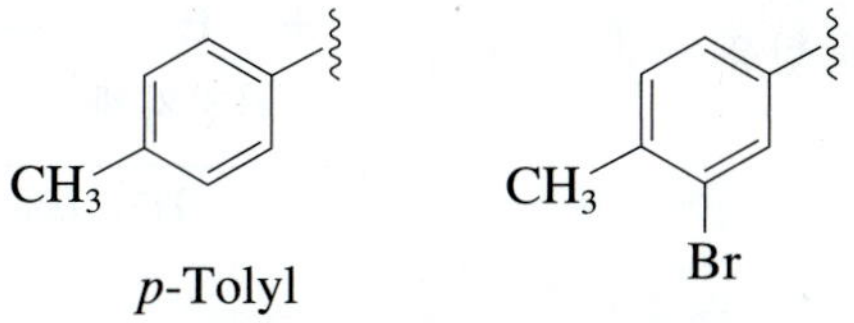

CH_3 *p*-Tolyl

CH_3 Br

Toluene의 CH_3에서 수소 원자 한 개가 제거되어 만들어진 기를 **벤질기(benzyl group)**라 부른다.

CH_2- 남아 있는 CH_2기

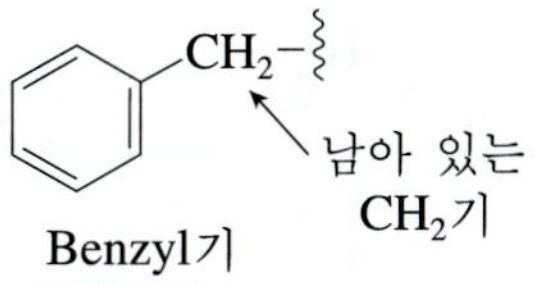

Benzyl기 $C_6H_5CH_2-$

축약형 Bn−

예제 7.3 각 화합물에 대한 IUPAC명을 쓰시오.

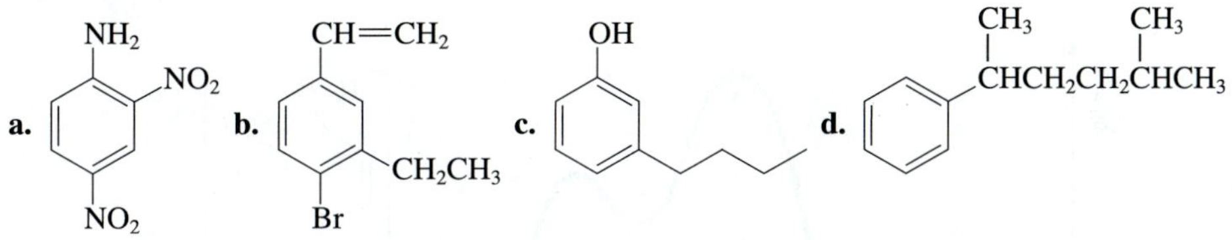

a. NH_2, NO_2, NO_2 b. $CH{=}CH_2$, CH_2CH_3, Br c. OH d. CH_3 CH_3 $CHCH_2CH_2CHCH_3$

풀이

a. 2,4-Dinitroaniline **b.** 3-Ethyl-4-bromostyrene **c.** *m*-Butylphenol

d. 2-Methyl-5-phenylhexane

문제 7.5 다음 화합물의 구조식을 적으시오.

a. (*Z*)-2-Phenylbut-2-ene
b. Allylbenzene
c. 2-Bromo-1,3-dimethylbenzene
d. 2,4,6-Triiodoanisole
e. *p*-Aminobenzoic acid
f. *o*-Isopropylbenzonitrile
g. *o*-Bromochlorobenzene
h. *m*-Nitroacetophenone
i. 2,4,6-Trinitrotoluene (TNT)
j. *p*-Xylene (1,4-Dimethylbenzene)
k. *p*-Aminophenol

7.5 벤젠의 친전자성 치환 반응

7.5.1 벤젠의 친전자성 치환 반응 개요

앞서 7.2절에서 언급한 바와 같이 벤젠은 π 전자를 여섯 개나 가지고 있는 전자가 풍부한 분자지만, 공명 구조에 의해 특별히 안정화되어 있기 때문에 첨가 반응을 하지 않는다. 그러나 전자가 부족한 화학종인 친전자체와는 반응을 하여 벤젠의 탄소 원자에 있는 수소 원자가 **친전자체(electrophile, E^+)**로 대치되는 **친전자성 방향족 치환 반응(electrophilic aromatic substitution)**을 한다.

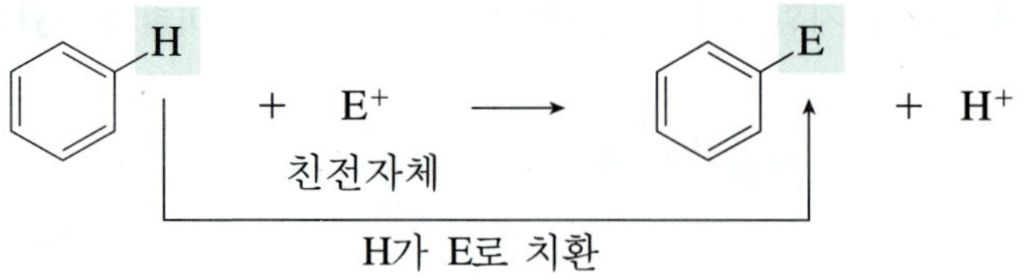

• 벤젠이 친전자성 치환 반응을 하는 것은 반응 생성물이 방향족성을 유지하도록 진행되기 때문이다(**그림 7.5**).

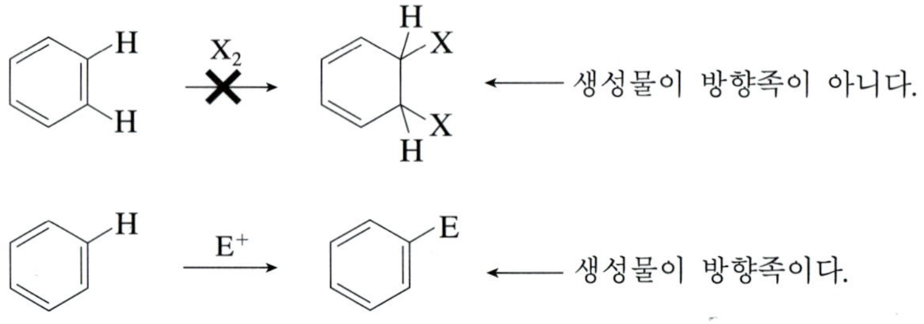

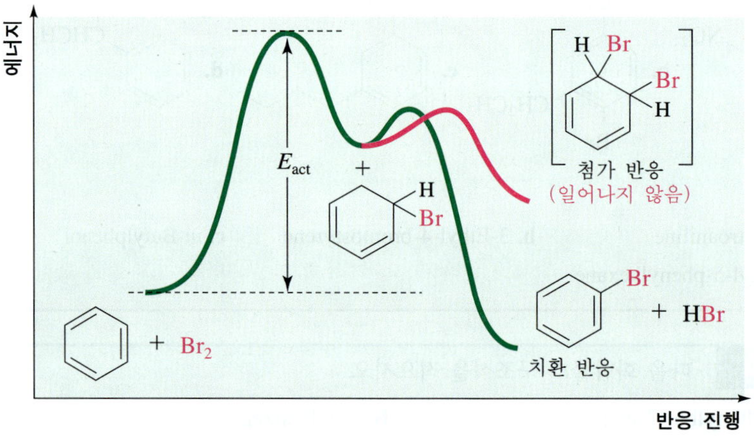

그림 7.5 벤젠의 친전자성 치환 반응을 나타내는 에너지 도표.

• 벤젠에 친전자성 치환 반응을 일으키려면 친전자체가 만들어지는 조건을 제공하여야 한다. 벤젠에 반응하는 친전자체의 종류와 이들이 만들어지는 조건은 다음과 같다.

반응명	친전자체 (E^+)	친전자체 이름	친전자체 생성 조건
할로젠화 (halogenation)	X^+ (X=Cl, Br)	할로늄 이온 (halonium ion)	X_2 + FeX_3
나이트로화 (nitration)	$\overset{+}{N}O_2$ ($O{=}\overset{+}{N}{=}O$)	나이트로늄 이온 (nitronium ion)	HNO_3 + H_2SO_4
설폰화 (sulfonation)	$\overset{+}{S}O_3H$ ($O{=}\overset{+}{S}{=}O$, S–OH)	설포늄 이온 (sulfonium ion)	SO_3 + H_2SO_4
알킬화 (alkylation)	R^+	탄소양이온 (carbocation)	RCl + $AlCl_3$
아실화 (acylation)	$R{-}\overset{+}{C}{=}O$	아실륨 이온 (acylium ion)	RCOCl + $AlCl_3$

화학 라운지 7.1 벤젠 고리를 포함하고 있는 생물 활성 물질들

벤젠 고리는 많은 종류의 천연물과 합성 의약품에서 특유의 생물 활성을 나타내는 중요한 골격이다.

벤젠 고리를 가진 천연 생물 활성 물질들

Phenylalanine
필수 아미노산

Tyrosine
필수 아미노산

Dopamine
뇌신경전달 물질

Adrenaline
부신수질 호르몬

Tyroxine
갑상선 호르몬

Estrone
여성 호르몬

Chloramphenicol
천연 항생제

Penicillin G
천연 항생제

Capsaicin
(고추의 매운맛 성분)

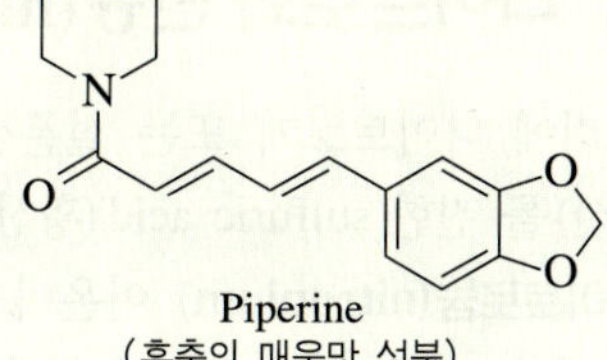

Piperine
(후추의 매운맛 성분)

합성 의약품

Aspirin
해열진통제

Acetaminophen
진통제

Ibuprofen
소염진통제

Amlodipine
혈압강하제

Chloropheniramine
항히스타민제

Sulfamethoxazole
항균제

Amoxicillin
광범위 항생제

Cephalexin
광범위 항생제

Atorvastatin (Lipitor)
콜레스테롤 흡수 및 합성 저해제

7.5.2 할로젠화 반응(halogenation)

벤젠 고리의 아이오딘화 반응

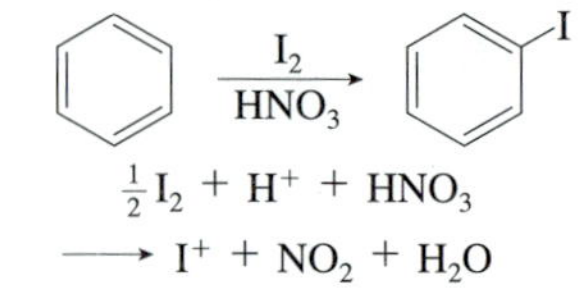

$\frac{1}{2}I_2 + H^+ + HNO_3$
$\longrightarrow I^+ + NO_2 + H_2O$

이 반응에서 HNO_3는 산화제로 작용

벤젠을 $FeCl_3$ 또는 $FeBr_3$와 같은 Lewis 산 존재하에 Cl_2 ($FeCl_3$) 또는 Br_2 ($FeBr_3$)와 반응시키면 벤젠 고리에 있는 수소 원자가 할로젠기로 치환되는 반응이 일어나 아릴 할로젠화물(haloarene)인 chlorobenzene 또는 bromobenzene이 생성된다. I_2는 반응성이 너무 낮고, F_2는 너무 빨라 잘 사용되지 않는다.

염소화 반응: Benzene (H) $\xrightarrow[FeCl_3]{Cl_2}$ Chlorobenzene (Cl)

브로민화 반응: Benzene (H) $\xrightarrow[FeBr_3]{Br_2}$ Bromobenzene (Br)

이 반응에서 사용된 Lewis 산은 친전자체인 **클로로늄 이온(chloronium ion, Cl^+)** 또는 **브로모늄 이온(bromonium ion, Br^+)**을 생성하는 데 쓰이며 촉매로 작용한다.

$$:\ddot{Br}-\ddot{Br}: + FeBr_3 \longrightarrow [:\ddot{Br}-\overset{+}{\ddot{Br}}-\bar{Fe}Br_3] \longrightarrow Br^+ + \bar{Fe}Br_4$$

Lewis 염기   Lewis 산   친전자체 Bromonium ion

$O=\overset{+}{N}=O$

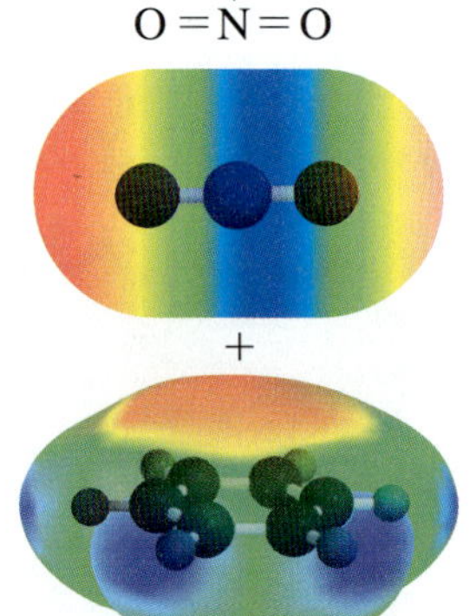

7.5.3 나이트로화 반응(nitration)과 설폰화 반응(sulfonation)

벤젠 고리에 나이트로기 또는 설폰산기를 도입시키는 반응이다. **나이트로화 반응**에는 nitric acid(질산)를 진한 sulfuric acid(황산)와 혼합한 **혼산(mixed acid)**을 사용한다. 이때 친전자체인 **나이트로늄(nitronium)** 이온이 만들어진다. 설폰화 반응은 **sulfur trioxide(삼산화 황,** SO_3)에 진한 sulfuric acid를 섞어 반응시키며, 이때 만들어진 친전자체는 **설폰산 이온**이다.

나이트로화 반응 (Nitration): Benzene (H) $\xrightarrow[H_2SO_4]{HNO_3}$ Nitrobenzene (NO_2)

화학 라운지 7.2 고엽제와 Dioxin

Dioxin(다이옥신)은 다수의 염소기가 치환된 다이벤조다이옥신 유도체(polychlorinated dibenzodioxins, PCCDs)를 말하며 이 중 가장 잘 알려진 것은 2,3,7,8-tetrachlorodibenzo-*p*-dioxin (TCDD)이다. 이 물질은 제초 성분인 2,4-D와 2,4,5-T를 합성할 때 부산물로 소량 생성되며, 인체에 대한 독성(신경독)은 비소나 NaCN의 수만 배나 되는 맹독성이다. 베트남 전쟁에서 고엽제로 사용된 오렌지 약품(Agent Orange)은 이들 두 약품의 혼합물이며, 전쟁이 끝난 후 이 고엽제의 부작용으로 많은 사람이 고통받고 있다. Dioxin은 쓰레기를 태울 때에도 생성될 수 있으며, 먹이사슬에 의해 축적되는 매우 위험한 물질이다.

2,4-D: 2,4-Dichlorophenoxyacetic acid (OCH_2CO_2H, Cl, Cl)

2,4,5-T: 2,4,5-Trichlorophenoxyacetic acid (OCH_2CO_2H, Cl, Cl, Cl)

TCDD (Cl, Cl, Cl, Cl, O, O)

나이트로늄 이온 ($^+NO_2$)의 생성

$$H-\ddot{O}-NO_2 + H-OSO_3H \longrightarrow H-\overset{H}{\overset{|}{O^+}}-NO_2 + HSO_4^- \longrightarrow H_2\ddot{O}: + \overset{+}{N}O_2 = \ddot{O}=\overset{+}{N}=\ddot{O}$$

친전자체 Lewis 구조

설폰화 반응 (Sulfonation)

$$C_6H_5-H \xrightarrow[H_2SO_4]{SO_3} C_6H_5-SO_3H$$

Benzenesulfonic acid

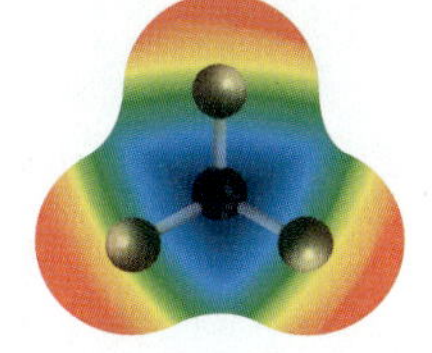
SO_3의 정전기 전위 지도

설폰산 이온 ($^+SO_3H$)의 생성

$$O=SO_2 + H-OSO_3H \longrightarrow :O=\overset{+}{S}(=O)-\ddot{O}-H = {}^+SO_3H + HSO_4^-$$

친전자체

• 벤젠의 설폰화 반응은 다른 치환 반응과 다르게 가역적이다. 따라서 산성 수용액에서 가열하면 설폰산기 (SO_3H)를 떼어낼 수 있다(보충 문제 7.27 및 7.28 참조).

7.5.4 Friedel-Crafts 알킬화 반응 [Friedel-Crafts ('프리델-크래프츠' 라고 읽음) alkylation]

Alkyl halide (할로젠화 알킬, 주로 염소화 알킬)를 Lewis 산인 $AlCl_3$ 존재하에 벤젠과 반응시켜 벤젠 고리에 알킬기를 도입시키는 반응을 지칭한다.

Charles Friedel (1832~1899): 프랑스 태생 화학자. Sorbonne 대학 교수 역임. James Crafts 교수와 공동으로 Friedel-Crafts 반응 발견.

James Crafts (1839~1917): 미국 태생 화학자. MIT 대학 교수 역임.

$$C_6H_5-H \xrightarrow[AlCl_3]{RCl} C_6H_5-R + HCl$$

새로운 C — C 결합

Alkyl benzene

• 알킬화 반응에 참여하는 친전자체는 탄소양이온이므로 이 반응종이 만들어질 수 있는 알켄 또는 2°, 3° 알코올/강산 조건에서 반응시켜도 동일한 결과를 얻을 수 있다.

$$C_6H_6 + CH_3CH=CHCH_3 \xrightarrow{HF} C_6H_5-CH(CH_3)CH_2CH_3$$

$[E^+ = CH_3\overset{+}{C}HCH_2CH_3]$

sec-Butylbenzene

$$C_6H_6 + CH_3CH(OH)CH_3 \xrightarrow{H_2SO_4} C_6H_5-CH(CH_3)CH_3$$

$[E^+ = CH_3\overset{+}{C}HCH_3]$

Isopropylbenzene (Cumene)

- **Vinyl halide (할로젠화 비닐)** 나 **aryl halide (할로젠화 아릴)** 는 이들로부터 만들어지는 탄소양이온이 너무 불안정하기 때문에 Friedel-Crafts 알킬화 반응이 일어나지 않는다.

Friedel–Crafts 알킬화 반응에서 반응성이 없는 할로젠화물

$CH_2{=}CHCl$ vinyl halide

aryl halide (Cl이 붙은 벤젠 고리)

- 생성된 탄소양이온은 더 안정한 형태로 **탄소양이온의 재배열**이 먼저 일어난 후 친전자체로 작용한다. 이것은 친전자성 치환 반응보다 탄소양이온의 재배열이 더 빨리 일어나기 때문이다.

이차 탄소양이온이 삼차 탄소양이온으로 재배열한 경우

벤젠 + $CH_3-CH(CH_3)-CHClCH_3$ (이차 할로젠화물) $\xrightarrow{AlCl_3}$ $C_6H_5-C(CH_3)_2-CH_2CH_3$

$CH_3-CH(CH_3)-\overset{+}{C}HCH_3 \xrightarrow{1,2\text{-}H^-\ 자리옮김} CH_3-\overset{+}{C}(CH_3)-CH_2CH_3$

삼차 탄소양이온

친전자체

일차 탄소양이온이 이차 탄소양이온으로 재배열한 경우

벤젠 + $CH_3CH_2CH_2Cl$ (일차 할로젠화물) $\xrightarrow{AlCl_3}$ $C_6H_5-CH(CH_3)-CH_3$

$CH_3CH_2CH_2-\ddot{\underset{..}{Cl}}: \xrightarrow{AlCl_3} CH_3-CH_2-CH_2-\overset{+}{Cl}-\overset{-}{AlCl_3} \xrightarrow[\text{자리옮김}]{1,2\text{-}H^-} CH_3-\overset{+}{C}H-CH_3$

재배열

이차 탄소양이온

친전자체

예제 7.4 벤젠을 다음 조건에서 반응시켰을 때 얻어지는 생성물의 구조를 그리시오.

a. Cyclohexene + H_2SO_4

b. $(CH_3)_3CCl + AlCl_3$

c. $CH_3CH_2CHOHCH_2CH_3 + H_2SO_4$

풀이

a. (cyclohexylbenzene) **b.** (*tert*-butylbenzene) **c.** (3-phenylpentane) + (2-phenylpentane)

문제 7.6 다음과 같은 염화 알킬 화합물(RCl)과 $AlCl_3$를 벤젠과 Friedel-Crafts 알킬화 반응을 수행시키고자 한다. 예상되는 주생성물의 구조를 그리시오.

a. $(CH_3CH_2)_3CCH_2Cl$ **b.** $(CH_3)_2CHCH_2Cl$ **c.** $(CH_3)_2CHCH_2CH_2Cl$

d. $(CH_3)_2C{=}CHCH_2Cl$ **e.** (2-methylcyclohexyl chloride 구조식) Cl

7.5.5 Friedel-Crafts 아실화 반응(Friedel-Crafts acylation)

이 반응은 벤젠 고리에 acyl group(아실기, $R-\overset{\overset{\displaystyle O}{\|}}{C}-$)이 도입되는 반응이다. Acid chloride(산염화물, RCOCl)는 $AlCl_3$와 반응하여 친전자체인 **acylium ion(아실륨 이온)**을 생성시켜 반응에 참여한다.

Friedel–Crafts 아실화 반응-일반적인 반응

$$C_6H_5\text{-}H + R\text{-}\overset{\overset{O}{\|}}{C}\text{-}Cl \xrightarrow{AlCl_3} C_6H_5\text{-}\overset{\overset{O}{\|}}{C}\text{-}R + HCl$$

산 염화물 → ketone (← 아실기)

예

$$C_6H_5\text{-}H + CH_3\text{-}\overset{\overset{O}{\|}}{C}\text{-}Cl \xrightarrow{AlCl_3} C_6H_5\text{-}\overset{\overset{O}{\|}}{C}\text{-}CH_3 + HCl$$

새로운 C—C 결합

친전자체인 아실륨 이온의 생성

$$R\text{-}\overset{\overset{:O:}{\|}}{C}\text{-}\ddot{C}l: + AlCl_3 \longrightarrow R\text{-}\overset{\overset{:O:}{\|}}{C}\text{-}\overset{+}{\ddot{C}l}\text{-}\overset{-}{A}lCl_3 \longrightarrow R-\overset{+}{C}{=}\ddot{O}: \longleftrightarrow R-C{\equiv}\overset{+}{O}: + AlCl_4^-$$

Lewis 산

이 탄소가 친전자 부위로 작용한다.

공명 안정화된 아실륨 이온

친전자체

■ Friedel-Crafts 반응의 제약

Friedel-Crafts 알킬화 반응과 아실화 반응은 다음과 같은 경우 반응이 일어나지 않는다.

- 벤젠 고리에 NO_2, CF_3, CN, C=O 등처럼 전자를 빼앗아 가는 치환기가 있어(이에 관한 사항은 7.6절에서 상세히 언급할 것임) 벤젠 고리가 비활성화되어 있는 경우.
- NH_2, NHR 또는 NR_2 등의 치환기를 가진 경우(이들 아민 치환기들은 Lewis 산과 착물을 형성하게 되어 친전자체 생성을 방해함).

예제 7.5 벤젠을 Friedel–Crafts 아실화 반응시켜 다음 화합물을 얻었다. 반응 시약을 쓰시오.

a. 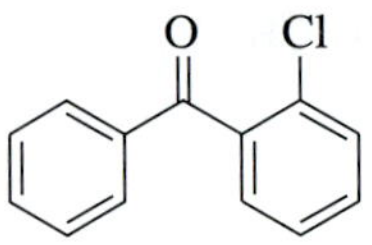 **b.**

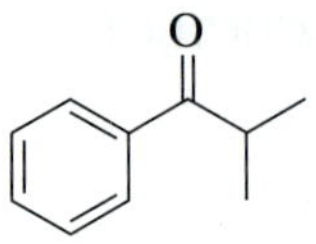

풀이

a. 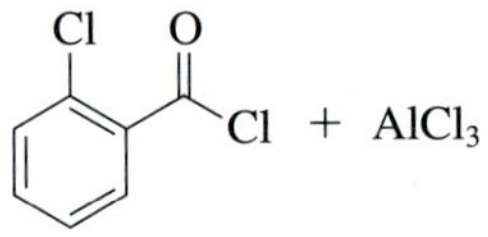 + $AlCl_3$ **b.** 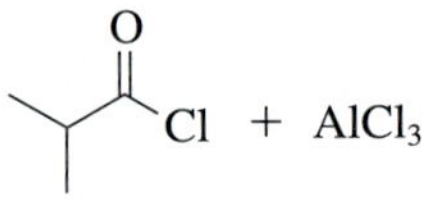 + $AlCl_3$

7.5.6 친전자성 방향족 치환 반응 메커니즘

앞 절에서 언급한 벤젠의 친전자성 치환 반응의 메커니즘을 일반화시키면 다음과 같다. 이 반응은 두 단계 과정으로 일어난다.

[1단계] 친전자체가 벤젠 고리의 π 전자와 결합하여 공명 안정화된 반응 중간체인 탄소양이온(**벤제노늄 이온, benzenonium ion**)을 형성하는 단계.

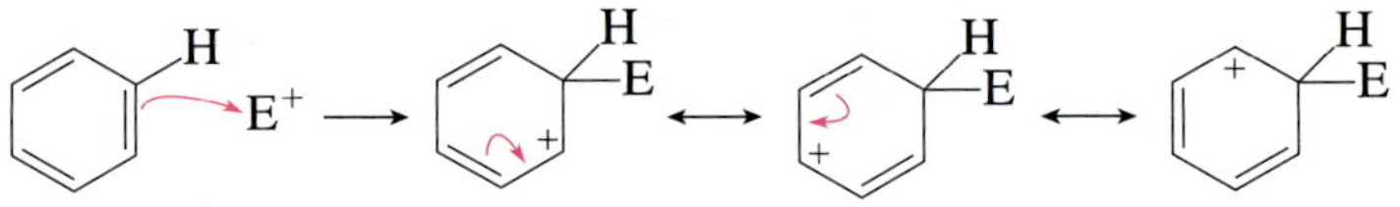

공명 안정화된 탄소양이온

[2단계] 반응 중간체인 탄소양이온이 양성자를 잃고 방향족 고리를 재형성하는 단계(Hückel 규칙을 만족시키는 6π 전자계를 취하는 단계).

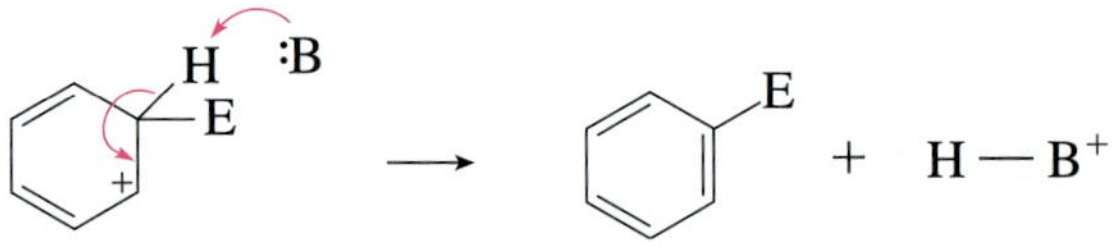

이 관계를 **그림 7.5**에 나타내었다.

7.6 치환기의 전자 유발 효과와 공명 효과

벤젠의 친전자성 치환 반응은 전자가 부족한 친전자체가 벤젠 고리와 반응하여 일어난다. 따라서 다음과 같은 특성이 있다.

- 벤젠 고리에 전자를 주는 치환기(**전자 주는기, electron donating group**)가 붙어 있으면 고리의 전자 밀도가 높아져(벤젠 고리를 활성화시켜) 벤젠의 친전자성 치환 반응성이 증가한다.
- 벤젠 고리에 전자를 빼앗아가는 치환기(**전자 끄는기, electron withdrawing group**)가 붙어 있으면 고리의 전자 밀도가 낮아져(벤젠 고리를 비활성화시켜) 벤젠의 친전자성 치환 반응성이 낮아진다.

벤젠 고리를 활성화 또는 비활성화시키는 요인은 치환기의 **전자 유발 효과(inductive effect)** 와 **공명 효과(resonance effect)** 로 설명한다.

7.6.1 전자 유발 효과(Inductive effect, I-effect)

전자 유발 효과(Inductive effect, I-effect) 는 치환기의 전기음성도와 편극성(polarizability)의 차이로 나타나는 현상으로, 벤젠 고리에 전자를 제공하여 전자 밀도를 높이는 효과(**전자 주기 효과, electron-donating effect**)를 **(+)-전자 유발 효과**라 하고, 전자를 빼앗아 벤젠 고리의 전자 밀도를 감소시키는 효과(**전자 끌기 효과, electron-withdrawing effect**)를 **(−)-전자 유발 효과**라 부른다

전자 끌기 효과 [또는 (−)-전자 유발 효과]	전자 주기 효과 [또는 (+)-전자 유발 효과]
Cl	CH_3
• Cl은 C보다 전기음성도가 더 큼. • Cl은 벤젠 고리에서 전자를 끌어당긴다.	• 알킬기는 전자를 밀어 준다.

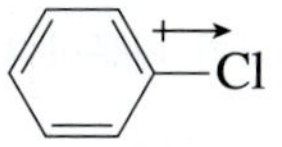

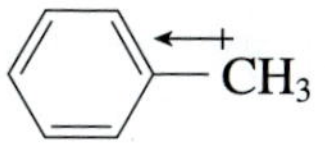

(+)-I-effect를 나타내는 치환기: 알킬기
(−)-I-effect를 나타내는 치환기: $-^{+}NR_3$, $-CX_3$, −X(X=할로젠)

7.6.2 공명 효과(Resonance effect)

치환기에 있는 π 전자 또는 비공유 전자쌍이 벤젠 고리의 π 전자와 공명을 하여 벤젠 고리에 전자를 제공하거나 빼앗는 현상이 나타나는데, 이를 **공명 효과**라고 한다.

- **전자 주기 공명 효과**는 비공유 전자쌍을 갖는 원자가 벤젠 고리에 직접 결합되어 있는 경우 비공유 전자쌍이 벤젠 고리와 공명하여 벤젠 고리에 전자를 주는 효과로 나타난다. 주로 N, O 및 할로젠 원자가 벤젠의 탄소 원자와 직접 결합된 화합물에서 그 예를 흔하게 볼 수 있다: **벤젠 고리를 활성화**시킨다.

전자 주기 공명 효과

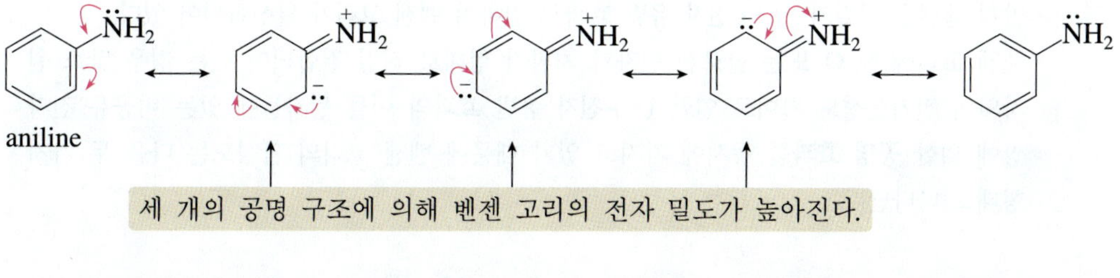

$\ddot{N}H_2$ ⟷ $\overset{+}{N}H_2$ ⟷ $\overset{+}{N}H_2$ ⟷ $\overset{+}{N}H_2$ ⟷ $\ddot{N}H_2$

aniline

세 개의 공명 구조에 의해 벤젠 고리의 전자 밀도가 높아진다.

- **전자 끌기 공명 효과**는 나이트로기(NO_2), 카보닐기(C=O), 나이트릴기(C≡N) 및 설폰산기($-SO_3H$)와 같은 치환기가 있는 경우 나타난다. 이들 치환기는 벤젠 고리와 공명하여 벤젠 고리에 탄소양이온을 생성시킴으로써 벤젠 고리에서 전자를 빼앗아가는 효과를 나타낸다: **벤젠 고리를 비활성화**시킨다.

전자 끌기 공명 효과

Benzaldehyde

세 개의 공명 구조에 의해 벤젠 고리의 전자 밀도가 감소한다.

예제 7.6 Nitrobenzene에서 나이트로기가 전자 끌기 효과를 내는 이유를 쓰시오.

풀이

나이트로기의 공명 구조로 인해 벤젠 고리에서 전자를 끌어당기기 때문이다.

문제 7.7 Anisole ($C_6H_5OCH_3$)의 치환기가 벤젠 고리에 전자 주기 효과를 내는 이유를 쓰시오.

Benzene과 nitrobenzene ($C_6H_5NO_2$)의 정전기 전위 지도
붉은색은 전자 밀도가 높은 부위를 나타낸다. Benzene에 비해 nitrobenzene은 전자 밀도가 나이트로기에 치우쳐 있어 벤젠 고리의 전자 밀도가 감소되어 있다.

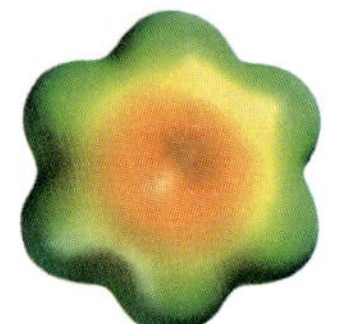
Benzene

Nitrobenzene

7.6.3 벤젠 고리 활성화 치환기(activating substituent)와 비활성화 치환기(inactivating substituent)

벤젠 고리의 치환기가 벤젠 고리를 활성화시키느냐 비활성화시키느냐는 치환기의 전자 유발 효과와 공명 효과가 모두 반영되어 전체적으로 나타난 결과이다. 앞서 언급한 대로 벤젠 고리가 활성화되면 친전자 치환 반응이 더 잘 일어난다. 치환기 효과에 의한 벤젠의 반응성에 관한 상세한 내용은 다음 절에서 공부한다.

- 알킬 벤젠은 알킬기의 **(+)-전자 유발 효과**로 인하여 벤젠 고리가 활성화되어 있다.
- 벤젠 고리에 N, O 또는 할로젠 원자가 치환기 형태로 직접 결합되어 있는 경우 탄소 원자와의 전기음성도 차이로 인한 **(−)-전자 유발 효과**와 이들 원자들에 있는 비공유 전자쌍에 의한 **공명 효과**를 동시에 가지고 있기 때문에 벤젠 고리의 활성도는 다음 두 가지 형태로 나타난다.

- N 또는 O 원자가 치환기로 직접 결합되어 있는 aniline과 phenol은 전자 주기 공명 효과가 더 지배적으로 작용하여 벤젠 고리를 활성화시킨다.
- 할로젠기가 결합되어 있는 할로벤젠은 (−)-전자 유발 효과가 더 지배적으로 작용하여 벤젠 고리를 비활성화시킨다.

반대 효과

Z = N, O, X

치환기의 전기음성도가 탄소 원자보다 크므로 유도 효과로 전자를 당긴다.

치환기의 비공유 전자쌍이 전자를 밀어 주는 공명 효과를 제공한다.

전자 주는기

$\ddot{N}H_2$ $\ddot{O}H$

전자 주기 공명 효과가 우세함 (벤젠 고리를 활성화)

전자 끄는기

$\ddot{C}l$: $\ddot{B}r$:

(−)-전자 유발 효과가 우세함 (벤젠 고리를 비활성화)

OH, NH_2, OMe 등과 같은 활성화 치환기가 치환된 벤젠 유도체의 브로민화 반응은 루이스 산 촉매 없이도 *o*, *p* 위치에 전부 브로민기가 치환된 생성물을 생성시킨다.

Y → (Br_2) → Br, Br, Br 치환 생성물

Y = OH, NH_2, OMe

- Benzaldehyde와 같이 C=O기를 가지고 있는 경우 (−)-전자 유발 효과와 공명 효과가 상승적으로 작용하여 벤젠 고리를 비활성화시킨다.

Benzaldehyde

극성 C—O 결합은 고리로부터 유도적으로 전자 밀도를 당긴다.

[+ 다섯 개의 다른 공명 구조]

공명 또한 전자 밀도를 제거한다.

7.7 치환기가 있는 벤젠의 친전자성 치환 반응

벤젠 고리에 치환된 치환기는 벤젠 고리를 활성화시키느냐 비활성화시키느냐에 따라 친전자성 치환 반응의 반응 속도에 영향을 줄 뿐 아니라, 친전자체가 벤젠 고리에 치환되는 위치를 결정하는 데 영향을 끼친다. 이 치환기의 영향을 좀 더 구체적으로 살펴보자.

7.7.1 반응 속도

벤젠 고리의 활성화도가 서로 다른 단일 치환 벤젠 유도체에 나이트로화 반응을 시켰을 때의 반응 속도를 비교한 값을 다음에 나타내었다. 벤젠 고리가 활성화되어 있는 phenol은 벤젠에 비해 1000배나 빠르게 반응하지만 벤젠 고리가 비활성화되어 있는 nitrobenzene (나이트로벤젠) 의 경우 반응 속도는 벤젠의 약 100만분의 1만큼 느려진다 (**그림 7.6**).

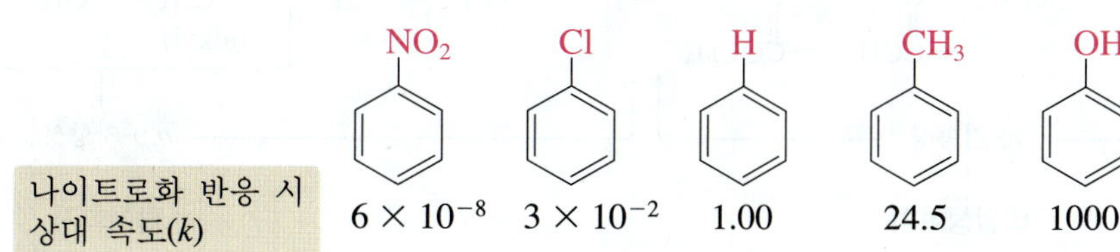

그림 7.6 벤젠 고리를 활성화시키는 치환기가 있으면 반응 속도가 빨라진다.

문제 7.8 $C_6H_5N(CH_3)_2$와 $C_6H_5\overset{+}{N}(CH_3)_3$의 반응성을 비교하시오.

7.7.2 지향성

단일 치환 벤젠에서 새로 도입되는 치환기는 기존 치환기를 기준하여 *ortho*, *meta* 또는 *para* 위치에 들어간다. 이를 **지향성**이라 부른다. 활성화 치환기를 가진 toluene과 비활성화 치환기를 가진 nitrobenzene을 예로 들어, 친전자성 치환 반응을 통해 이들의 지향성을 알아보자.

톨루엔에 브로민화 반응을 시키면 *ortho*, *para* 위치에 브로민 원자가 치환된 생성물이 주로 생성된다. 이러한 배향을 보이는 치환기를 ***ortho***, ***para*** (약어로 *o*, *p*라고 함) **지향기 (directing group)** 라고 한다.

$C_6H_5CH_3 \xrightarrow[FeBr_3]{Br_2}$ *ortho* 40 % + *meta* 흔적 + *para* 60 %

Nitrobenzene에 나이트로화 반응을 시키면 반응 속도는 매우 느릴 것이지만, *meta* 위치에 나이트로기가 들어간 생성물이 주로 생성된다. 이를 *meta* (약어로 *m*라고 함) 지향성이라고 한다.

$C_6H_5NO_2 \xrightarrow[H_2SO_4]{HNO_3}$ *ortho* 7% + *meta* 93 % + *para* 흔적

- 벤젠 고리를 활성화시키는 모든 치환기는 모두 *ortho*, *para* 지향성이다.
- 할로젠기를 제외한 모든 비활성화 치환기는 모두 *meta* 지향성이다.
- 할로젠기는 비활성화 치환기이지만 *ortho*, *para* 지향성이다.

위의 내용을 종합하여 벤젠 고리의 활성화 치환기와 비활성화 치환기를 **그림 7.7**에 요약해 놓았다.

Halobenzne의 치환 반응
Halobenzene에 있는 할로젠기는 (−)-전자 유발 효과로 벤젠 고리를 비활성화시키지만 공명 효과로 안정한 halonium 중간체를 형성하기 때문에 *o*, *p* 지향성을 나타낸다.

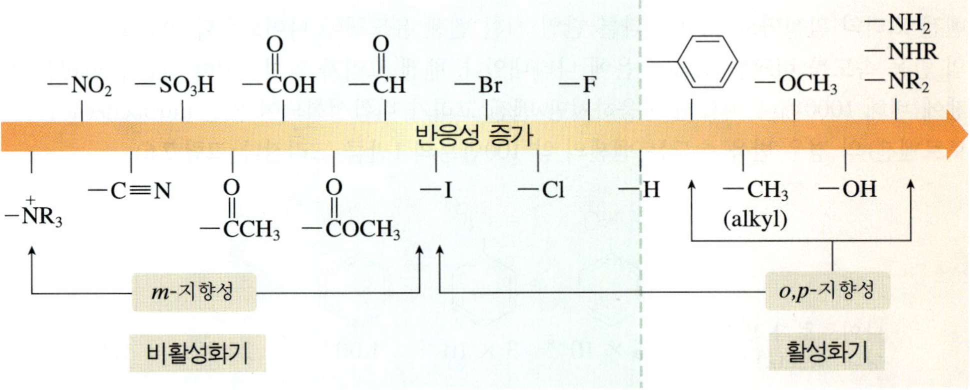

그림 7.7 벤젠 고리의 활성화기와 비활성화기

7.7.3 지향성이 생기는 이유

치환기의 지향성이 생기는 이유를 쉽게 이해할 수 있는 방법은 치환기를 기준으로 친전자체가 *ortho*, *meta* 또는 *para* 위치에 도입되었을 때, 생성되는 탄소양이온의 모든 공명 구조를 그린 후 이들 공명 구조 중에서 친전자체가 결합되어 있는 위치에, 상대적으로 가장 안정한 공명 구조가 생기는지를 알아보는 방법이다. 친전자체는 반응 중간체인 가장 안정한 탄소양이온(벤제노늄 이온)이 생성될 수 있는 가능성이 큰 위치에 우선적으로 들어가게 되며, 이것이 지향성이 생기는 이유가 된다. *ortho*, *para* 지향성을 가진 toluene과 *meta* 지향성을 가진 nitrobenzene의 친전자성 치환 반응을 예로 들어 설명하겠다(**그림 7.8**과 **7.9**).

- Toluene의 경우 친전자체가 *ortho*, *para* 위치를 공격하여 생성된 중간체인 탄소양이온(벤제노늄 이온)은 가장 안정한 삼차 탄소양이온이 존재하는 공명 기여 구조를 가질 수 있기 때문에 이 지향성이 유리하다. 반면 *meta* 위치에는 이차 탄소양이온만 생성될 수 있어 벤제노늄 이온이 덜 안정하게 되므로 불리하다.

Toluene의 *ortho*, *para* 지향성

o-공격: CH_3 … E^+ → … ↔ … ↔ … → …
CH_3는 (+) 전하를 안정화 · 바람직한 생성물

m-공격: CH_3 … E^+ → … ↔ … ↔ … → …

p-공격: CH_3 … E^+ H → … ↔ … ↔ … → …
CH_3는 (+) 전하를 안정화 · 바람직한 생성물

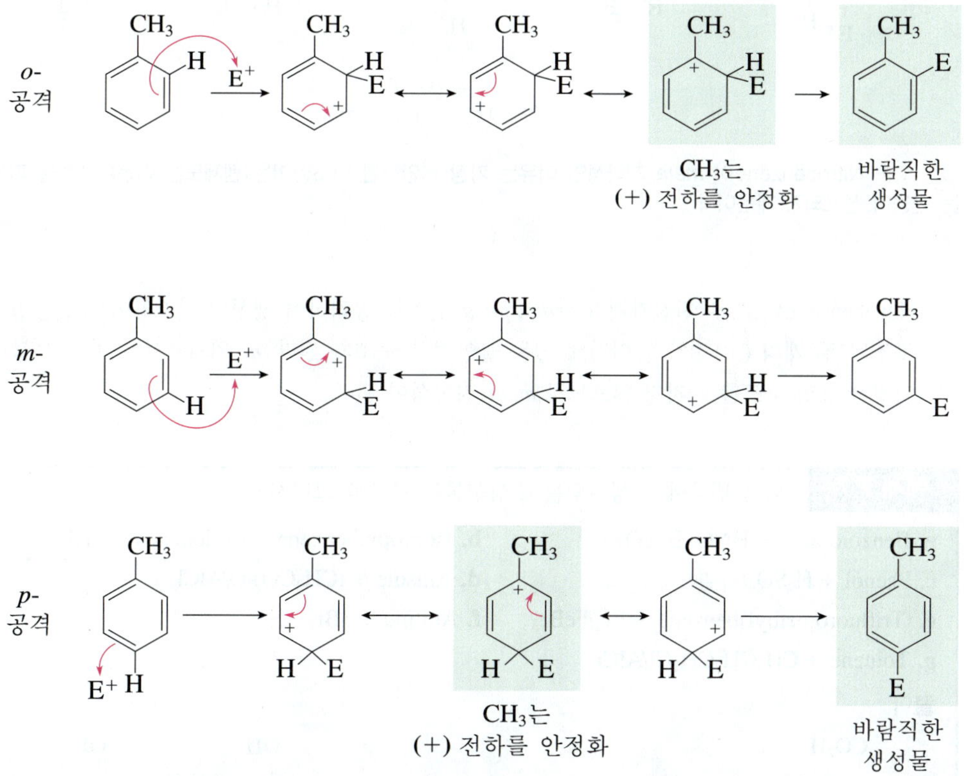

그림 7.8 Toluene이 *ortho*, *para* 지향성인 이유는 중간체로 생성되는 안정한 탄소양이온(벤제노늄 이온)이 생성되는 반응이 우선되기 때문이다.

Nitrobenzene의 *meta* 지향성

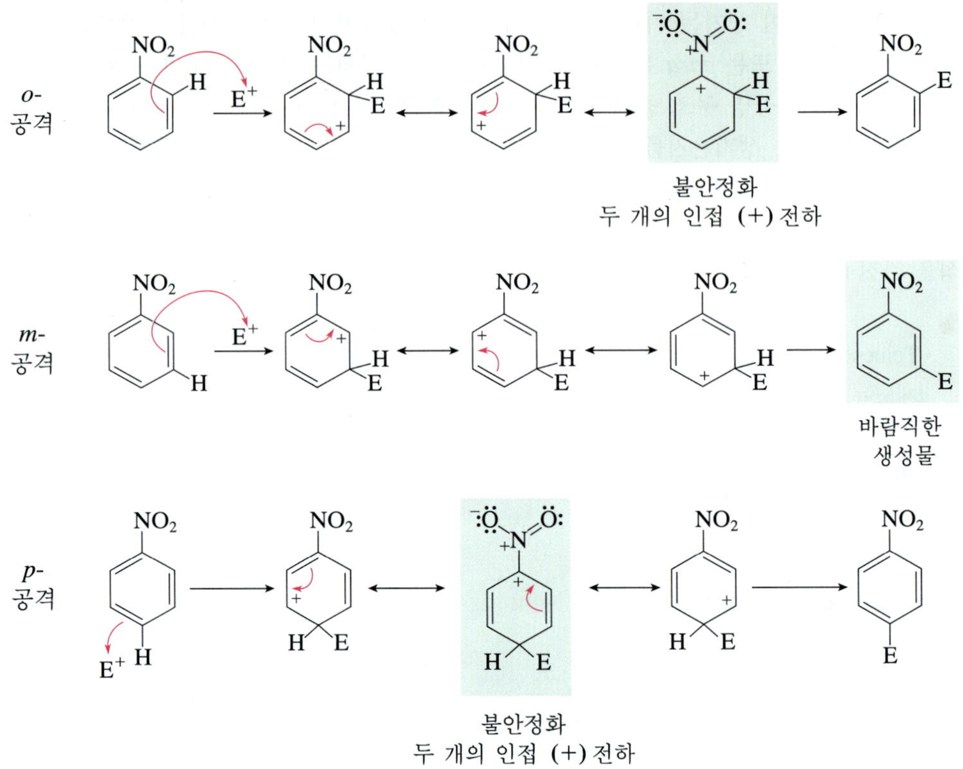

그림 7.9 Nitrobenzene이 *meta* 지향성인 이유는 가장 불안정한 탄소양이온(벤제노늄 이온) 생성을 피하는 반응이 선호되기 때문이다.

- Nitrobenzene의 경우 친전자체가 *ortho*, *para* 위치를 공격하여 생성된 탄소양이온의 공명 구조는 두 개의 (+)전하가 인접해 있는 불안정한 구조가 된다. *m* 위치에서는 이러한 불안정한 공명 구조를 가지지 않으므로 *meta* 지향성이 된다.

예제 7.7 다음 반응에서 생성되는 주생성물의 구조를 그리시오.

a. Benzoic acid + HNO_3/H_2SO_4

b. Isopropylbenzene + cyclohexene + HF

c. Phenol + H_2SO_4/가열

d. Anisole + $(CH_3CO)_2O/AlCl_3$

e. (Trifluoromethyl)benzene + $Br_2/FeBr_3$

f. Aniline + $3Br_2$

g. Toluene + $CH_3CH_2CH_2Cl/AlCl_3$

풀이

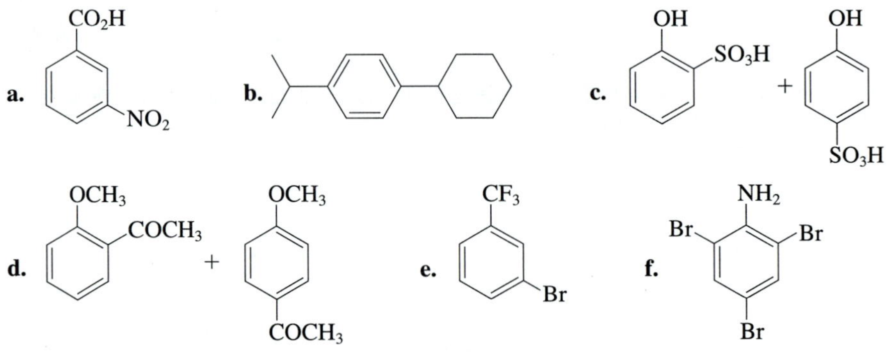

g. 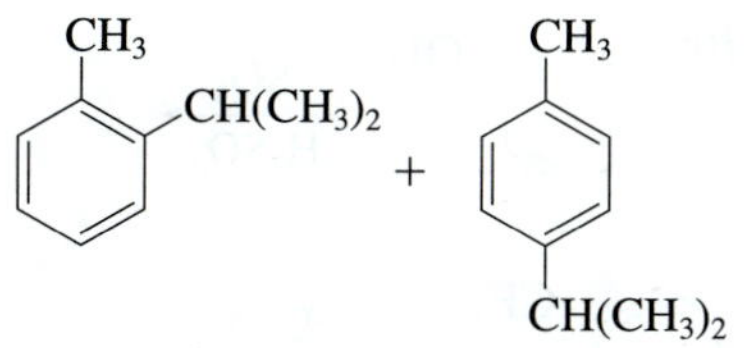 (2-isopropyltoluene: CH_3, $CH(CH_3)_2$) + (4-isopropyltoluene: CH_3, $CH(CH_3)_2$)

7.7.4 치환기가 두 개 있는 벤젠의 지향성

다음 세 가지 경우의 벤젠 치환 반응에서 일어나는 지향성을 살펴보자.

- 두 치환기의 배향성이 서로 협동하는 경우

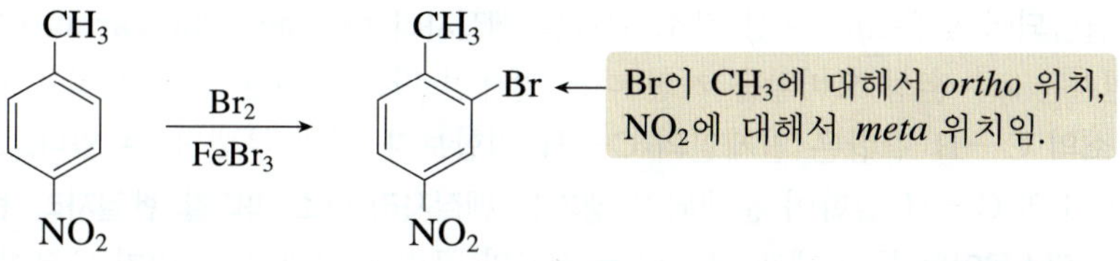

CH_3/NO_2 benzene $\xrightarrow[FeBr_3]{Br_2}$ CH_3, Br, NO_2 benzene

Br이 CH_3에 대해서 *ortho* 위치, NO_2에 대해서 *meta* 위치임.

- 두 치환기의 배향성이 서로 다른 위치에 있는 경우 활성화도가 더 강한 치환기의 배향성을 따른다.

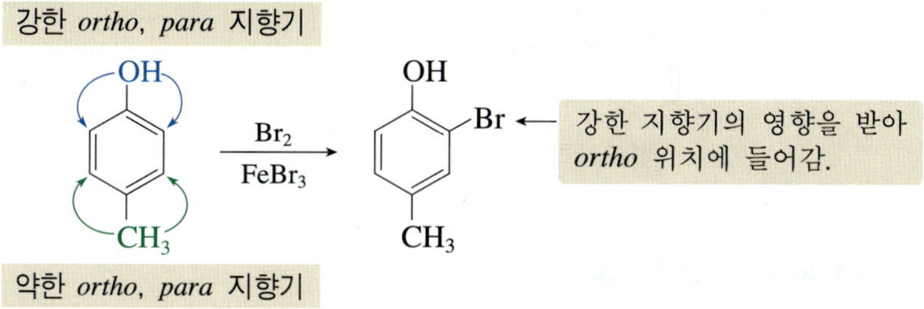

강한 *ortho*, *para* 지향기

OH / CH_3 benzene $\xrightarrow[FeBr_3]{Br_2}$ OH, Br, CH_3 benzene

약한 *ortho*, *para* 지향기

강한 지향기의 영향을 받아 *ortho* 위치에 들어감.

- 두 개의 치환기가 *meta* 위치에 있을 경우 입체 장애가 큰 *ortho* 위치에는 반응이 잘 일어나지 않는다.

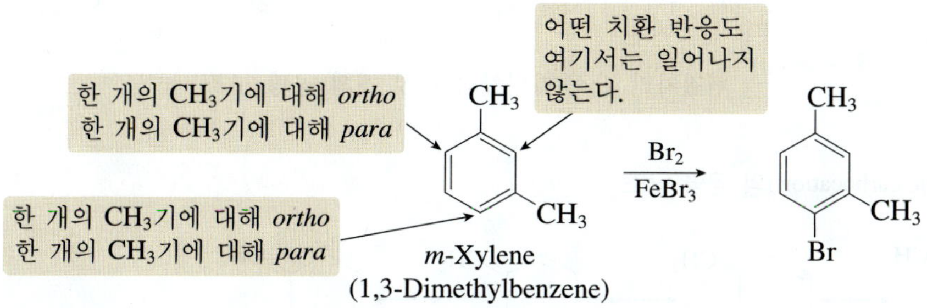

한 개의 CH_3기에 대해 *ortho*
한 개의 CH_3기에 대해 *para*

어떤 치환 반응도 여기서는 일어나지 않는다.

한 개의 CH_3기에 대해 *ortho*
한 개의 CH_3기에 대해 *para*

m-Xylene (1,3-Dimethylbenzene) $\xrightarrow[FeBr_3]{Br_2}$ CH_3, CH_3, Br benzene

문제 7.9 다음 생성물의 구조를 그리시오.

a. 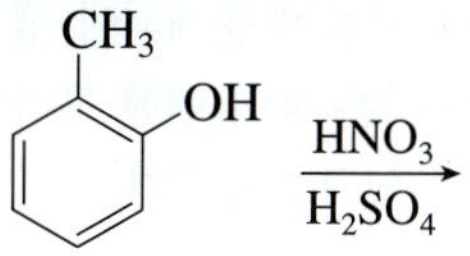 (CH_3, OH benzene) $\xrightarrow[H_2SO_4]{HNO_3}$

b. 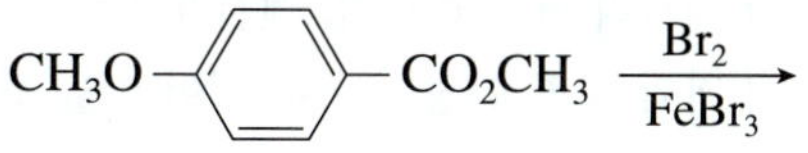 CH_3O–(benzene)–CO_2CH_3 $\xrightarrow[FeBr_3]{Br_2}$

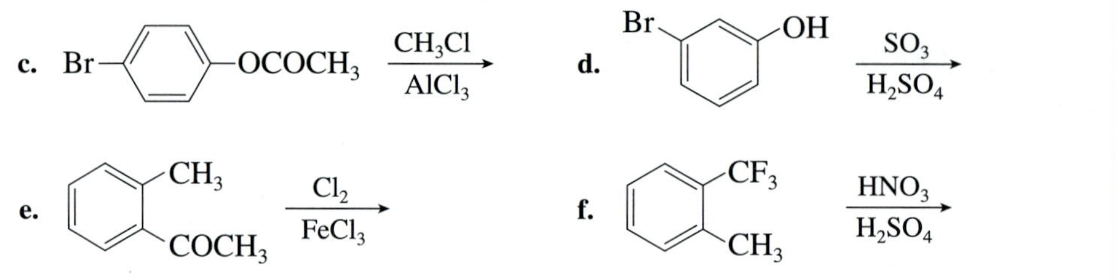

c. Br–(p-페닐)–$OCOCH_3$ $\xrightarrow[AlCl_3]{CH_3Cl}$

d. (m-Br 페놀) $\xrightarrow[H_2SO_4]{SO_3}$

e. (CH_3, $COCH_3$ 오쏘 치환 벤젠) $\xrightarrow[FeCl_3]{Cl_2}$

f. (CF_3, CH_3 오쏘 치환 벤젠) $\xrightarrow[H_2SO_4]{HNO_3}$

7.8 알킬벤젠의 반응: 벤질자리 탄소의 반응

페닐기와 결합되어 있는 sp^3 혼성 탄소 원자를 **벤질자리 탄소(benzylic carbon)** 라 하는데, 이 탄소 원자는 sp^3 혼성 오비탈을 가진 다른 알케인 탄소와 다른 반응 특성을 보인다. 벤질자리 탄소의 C—H 결합은 알케인의 C—H 결합보다 쉽게 분해될 수 있다. 그 이유는 벤질자리 탄소의 C—H 결합이 분해되어 생기는 **벤질자리 탄소 라디칼, 벤질자리 탄소양이온** 및 **벤질자리 탄소음이온** 등이 벤젠 고리의 π 전자와 공명 안정화될 수 있기 때문이다.

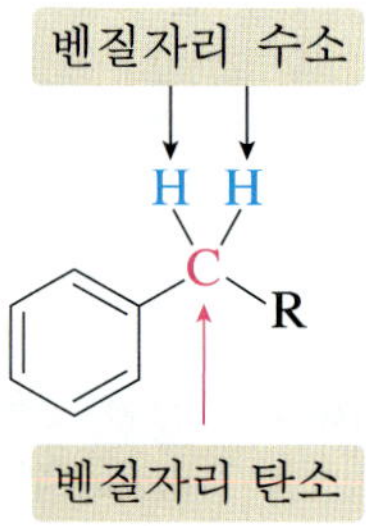

벤질자리 수소

H H

C

R

벤질자리 탄소

벤질자리 탄소 라디칼(benzylic carbon radical)의 공명 구조

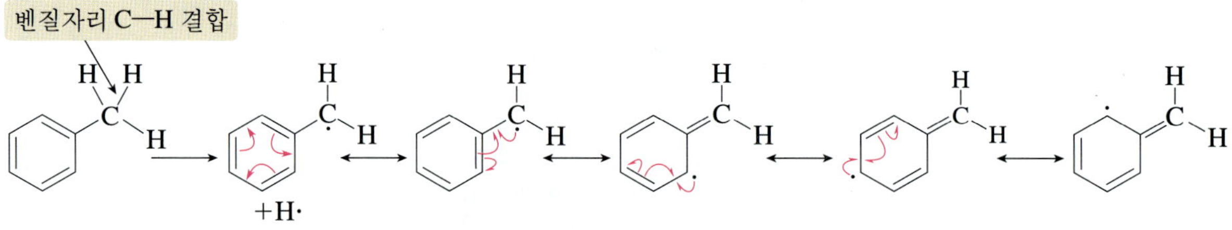

벤질자리 C—H 결합

+H·

벤질자리 탄소 라디칼의 다섯 개의 공명 구조

벤질자리 탄소양이온(benzylic carbocation)의 공명 구조

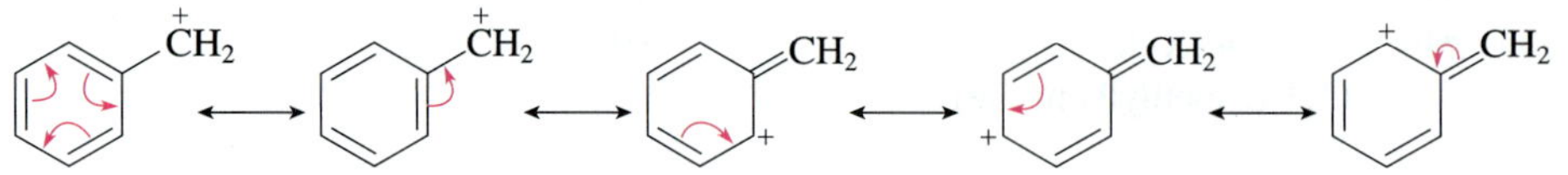

$\overset{+}{C}H_2$ ⟷ $\overset{+}{C}H_2$ ⟷ CH_2 ⟷ CH_2 ⟷ CH_2

- 벤질자리에서 일어나는 특이한 반응은 벤질자리 탄소의 C—H 결합이 분해되어 생기는 벤질자리 탄소 라디칼, 벤질자리 탄소양이온 및 벤질자리 탄소음이온 등이 벤젠 고리의 π 전자와 공명 안정화될 수 있어 이들 탄소 반응종이 잘 생성될 수 있기 때문이다.

7.8.1 벤질자리 탄소의 할로젠화 반응

Toluene을 라디칼 생성 조건하에서 Br_2와 반응시키면 벤젠 고리에 치환 반응이 일어나지 않고, 벤질자리 탄소에 치환 반응이 일어나 benzyl bromide가 생성된다.

■ **라디칼 반응 조건**

- 열을 가하거나 빛($h\nu$)을 쪼이면서 Br_2와 반응시킨다.
- 빛이나 과산화물 존재하에 **NBS (*N*-bromosuccinimide)**와 반응시킨다.

Toluene ($C_6H_5CH_3$) —[Br_2, $h\nu$ 또는 Δ (또는 NBS, $h\nu$ 또는 ROOR); 라디칼 조건]→ $C_6H_5CH_2Br$ + HBr

Benzyl bromide
[(Bromomethyl)benzene]

NBS (*N*-Bromosuccinimide)

Br⁺ 또는 ·Br을 생성시키는 시약으로 흔히 사용된다.

예제 7.8 Ethylbenzene (에틸벤젠)을 다음의 이온 조건($Br_2/FeBr_3$) 및 라디칼 조건에서 반응시켰을 경우 각각 어떤 물질이 생성될 것인지 반응식으로 나타내시오.

풀이

$C_6H_5CH_2CH_3$ —[Br_2, $FeBr_3$]→ o-이성질체 (o-$BrC_6H_4CH_2CH_3$) + p-이성질체 (p-$BrC_6H_4CH_2CH_3$) — 이온 조건

$C_6H_5CH_2CH_3$ —[Br_2, $h\nu$ 또는 Δ]→ $C_6H_5CHBrCH_3$ (벤질자리 탄소) ; $C_6H_5CH_2CH_2Br$ (생성되지 않음) — 라디칼 조건

오직 벤질자리 탄소에서만 반응이 우선적으로 일어남

7.8.2 벤질자리 탄소의 산화 반응

벤질자리에 C—H 결합이 한 개라도 있으면 산화제($KMnO_4$ 또는 $Na_2Cr_2O_7$—H_2SO_4)에 의해 벤질자리 탄소가 COOH기로 산화된다. 그러나 sp^3 혼성 탄소를 가지고 있는 다른 알케인의 C—H 결합은 산화제에 의해 전혀 반응을 하지 않으며, 벤질자리 탄소라 하더라도 수소 원자가 결합되어 있지 않은 경우에는 산화 반응이 일어나지 않는다.

예 Toluene ($C_6H_5CH_3$), Isopropylbenzene ($C_6H_5CH(CH_3)_2$) —[$KMnO_4$]→ Benzoic acid (벤조산) (C_6H_5COOH; ← 카복실산)

$C_6H_5C(CH_3)_3$ (벤질자리 탄소에 수소 원자가 없음) —[산화제]→ 벤조산 생성하지 않음

7.9 벤젠 유도체의 합성

앞 절에서 배운 벤젠 고리의 친전자 치환 반응과 알킬 벤젠의 라디칼 반응을 이용하여, 여러 종류의 치환기를 가진 벤젠 유도체를 합성할 수 있다. 이를 위해서 고려할 사항을 정리하면 다음과 같다.

- 벤젠 고리의 친전자성 치환 반응에서 친전자체를 생성시키는 조건.
- 치환기가 벤젠 고리를 활성화시키는지 비활성화시키는지의 여부.
- 치환기의 지향성.
- 벤질자리 탄소의 반응 특이성.

예를 들어, 벤젠에서부터 *p*-toluenesulfonic acid를 합성하는 방법을 생각해 보자.

합성 목표물은 벤젠 고리에 두 개의 치환기(CH_3기와 SO_3H기)를 가지고 있으므로 친전자성 치환 반응으로 이들을 도입하는 방법을 알아야 한다. 두 개의 치환기를 도입하는 방법으로 A와 B 방법 두 가지가 가능할 것인데(한꺼번에 두 개의 치환기를 도입할 수는 없다), 이 중 A 방법이 합당한 방법이 된다. 그 이유는 benzenesulfonic acid의 SO_3H기는 *meta* 지향성이기 때문에 *p*-위치에 CH_3기를 도입할 수 없다.

A 방법 B 방법

p-Toluenesulfonic acid

CH_3

CH_3Cl $AlCl_3$ SO_3 H_2SO_4

CH_3 SO_3 H_2SO_4 SO_3H CH_3Cl $AlCl_3$

SO_3H

Toluene Benzenesulfonic acid

다른 예로 벤젠으로부터 2-bromo-4-nitrobenzoic acid를 합성하는 방법을 단계별로 살펴 보자.

[1단계] 벤젠 고리에 Br기, NO_2기, COOH기를 도입시키는 방법: Br기와 NO_2기는 친전자성 치환 반응으로 벤젠 고리에 직접 도입이 가능하나, COOH기를 직접 도입시키는 방법은 없다. 따라서 간접적 방법을 찾는다(예: 벤질자리 탄소의 산화 방법).

[2단계] 지향성을 고려하여 치환기 도입 순서를 정한다.

CH_3Cl / $AlCl_3$ → CH_3 → HNO_3 / H_2SO_4 → CH_3, NO_2 → Br_2 / $FeBr_3$ → CH_3, Br, NO_2 → $KMnO_4$ 또는 $Na_2Cr_2O_7$ / H_2SO_4 → COOH, Br, NO_2

4-Nitrotoluene 2-Bromo-4-nitrotoluene

예제 7.9 벤젠으로부터 1-bromo-3-nitrobenzene과 1-bromo-4-nitrobenzene을 합성하는 방법을 보이시오.

풀이

Benzene $\xrightarrow[H_2SO_4]{HNO_3}$ Nitrobenzene (NO_2) $\xrightarrow[FeBr_3]{Br_2}$ 1-Bromo-3-nitrobenzene

Benzene $\xrightarrow[FeBr_3]{Br_2}$ Bromobenzene $\xrightarrow[H_2SO_4]{HNO_3}$ 1-Bromo-4-nitrobenzene (O_2N, Br)

문제 7.10 벤젠 또는 toluene으로부터 다음 물질을 합성하는 방법을 보이시오.

a. 3-Bromo-5-nitrobenzoic acid
b. 1-Bromo-2,4-dinitrobenzene
c. 2-Bromo-2-phenylpropane
d. *m*-Chloroacetophenone
e. 4-Nitrobenzylbromide
f. 4-*tert*-Butylchlorobenzene

7.10 친핵성 방향족 치환 반응 및 첨가 반응

지금까지 벤젠 고리의 수소가 다른 친전자체로 치환되는 친전자성 치환 반응에 대하여 공부하였다. 그러나 전자 끌기 효과가 강한 NO_2기가 2개 치환된 *m*-dinitrobenzene의 *ortho* 위치나 *para* 위치에 할로젠기가 치환되어 있는 화합물의 경우, 할로젠기가 NH_2와 $\bar{O}H$기 같은 친핵체에 의해 치환 반응이 일어날 수 있다. 이와 같은 반응을 **친핵성 방향족 치환 반응(Nucleophilic aromatic substitution)**이라고 한다. 이 반응과 관련된 좀 더 상세한 내용은 8.10절에서 자세히 다룰 예정이다.

2,4-Dinitrohalobenzene (X, NO_2, NO_2) $\xrightarrow[X=F,\ Cl,\ Br,\ I]{HO^-}$ 2,4-Dinitrophenol (OH, NO_2, NO_2)

벤젠 고리의 간접 친핵성 치환 반응

Aniline 유도체를 다이아조화 반응시켜 얻은 다이아조늄염에 아래와 같이 각종 시약을 반응시키면 다이아조늄 자리에 치환 반응이 일어난다(10.5절 참조).

Y–C_6H_4–NH_2 $\xrightarrow{NaNO_2/HCl}$ [Y–C_6H_4–$\overset{+}{N}{\equiv}N$ Cl^-] $\xrightarrow[HBF_4,\ KI,\ H_2O\ or\ HPO_2]{CuX(X=Cl,\ Br,\ CN)}$ Y–C_6H_4–Z

Z=Cl, Br, CN, F, I, OH or H

■ 특이 조건에서 벤젠의 반응

벤젠 고리는 아래와 같이 특이 반응 조건에서 염소 치환 반응, 수소 첨가 반응 및 부분 환원 반응이 일어난다.

Benzene $\xrightarrow[고열,\ 고압\ 또는\ h\nu]{Cl_2}$ Hexachlorocyclohexane — 염소 치환 반응, Benzene hexachloride(BHC)

Benzene $\xrightarrow[촉매]{3H_2,\ 1000\ psi}$ Cyclohexane — 수소 첨가 반응

Benzene $\xrightarrow[liq,\ NH_3,\ ROH]{Na\ 또는\ Li}$ Cyclohexadiene — 부분 환원 반응, Cyclohexa-1,4-diene(Birch 환원)

요약 정리

벤젠의 구조와 안정성

- 벤젠은 6π 전자계를 가진 고리 화합물로서 공명 혼성화되어 있으며, 여섯 개의 탄소–탄소 결합 길이도 모두 동일하다. 6π 전자는 모두 벤젠 고리에 골고루 퍼져 있어(비편재화) 이중 결합에서 나타나는 친전자성 첨가 반응을 하지 않는다.
- 벤젠과 가상적인 1,3,5-cyclohexatriene의 수소 첨가 반응열(수소화열, $\Delta H°$)을 비교하면 벤젠이 몰당 36 kcal만큼 낮은 에너지 상태에 있다. 이를 벤젠의 **공명 안정화 에너지(resonance stabilization energy)** 또는 **비편재화 에너지(delocalization energy)**라 부른다.

방향족성과 Hückel 규칙

- **방향족성(aromaticity)**이란 벤젠과 같이 짝지은 이중 결합을 가진 고리 화합물이 나타내는, 공명 안정화에 의한 화학적 성질을 말한다.
- **Hückel 규칙**이란 어떤 화합물이 방향족성을 나타내기 위해 갖추어야 할 구조적 조건을 말하며, '$(4n+2)\pi$ 규칙($n = 0, 1, 2, 3, \cdots$)'이라고도 한다. 이 규칙은 짝지은 이중 결합을 가지며, 평면인 고리 화합물에서만 성립한다.
- 방향족성은 분자의 산도와 염기도에 영향을 미친다.

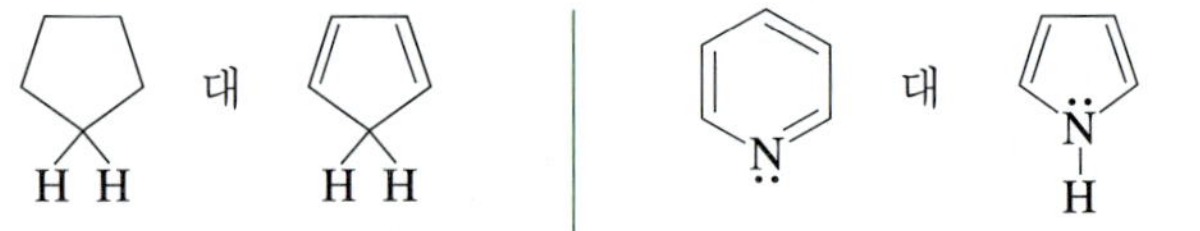

pK_a=36　pK_a=16　pK_b=8.7　pK_b=13.6

벤젠 유도체의 명명법

- 방향족 화합물의 이름은 IUPAC명과 관용명이 함께 사용되는 경우가 많다. 두 개의 치환기가 있는 벤젠 고리의 1,2-위치에 있는 경우를 오쏘(*ortho* 또는 *o*), 1,3-위치에 있는 경우를 메타(*meta* 또는 *m*), 1,4-위치에 있는 경우를 파라(*para* 또는 *p*)라고 한다. 치환기가 세 개 이상 있을 경우 가장 낮은 번호가 되도록 번호를 부여한 후 치환기의 알파벳순으로 명명한다.
- C_6H_5기를 **페닐기**라 하며 **Ph**라고도 표기한다. $C_6H_5CH_2$기를 **벤질기**라 하며 $PhCH_2$ 또는 **Bn**라고도 표기한다.

벤젠의 친전자성 치환 반응

- 벤젠은 친전자체와 반응하여 벤젠의 수소가 친전자체로 치환되는 **친전자성 방향족 치환 반응**을 한다.

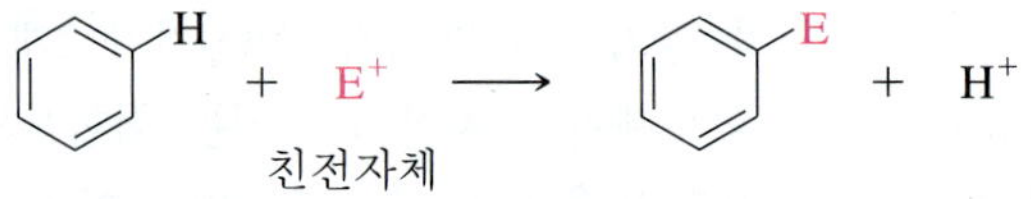

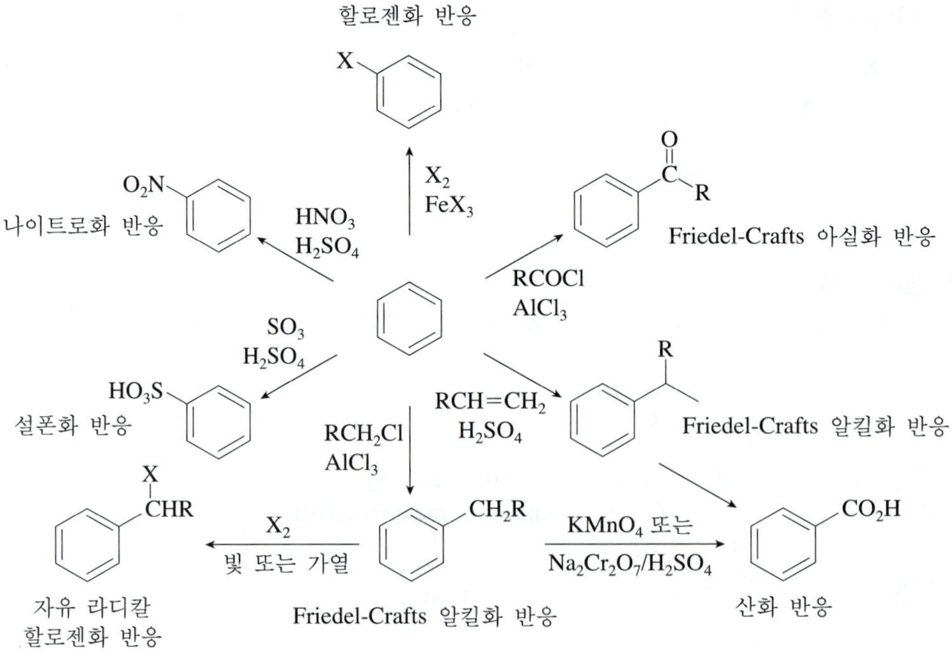

반응명	친전자체	친전자체 이름
할로젠화 반응	^{+}X	할로늄 이온(halonium ion)
나이트로화 반응	$^{+}NO_2$	나이트로늄 이온(nitronium ion)
설폰화 반응	$^{+}SO_3H$	설폰산 이온(sulfonate ion)
Friedel-Crafts 알킬화 반응	^{+}R	탄소양이온(carbocation)
Friedel-Crafts 아실화 반응	$R\overset{+}{C}{=}O$	아실륨 이온(acylium ion)

■ 친전자성 방향족 치환 반응 메커니즘은 아래와 같다.

공명 안정화된 탄소양이온(벤제노늄 이온)

■ 중간체로 형성된 공명 안정화된 탄소양이온(벤제노늄 이온)에서 H^+가 떨어져 방향족 고리를 형성한다.

벤젠 고리의 활성화 및 비활성화와 지향성

■ 벤젠 고리가 친전자체와 반응할 때 벤젠 고리에 있는 치환기의 전자 유발 효과와 공명 효과에 의해 반응성에 영향을 받는다. 벤젠 고리에 전자를 주면 벤젠 고리가 활성화되며, 벤젠 고리에서 전자를 빼앗아 가면 벤젠 고리는 비활성화된다.

- **전자 유발 효과**
  활성화 치환기: 알킬기
  비활성화 치환기: $^{+}NR_3$, CX_3, X
- **공명 효과**
  활성화 치환기: NH_2 (NHR, NR_2), OH, OR
  비활성화 치환기: NO_2, SO_3H, CN, COZ
  (Z = H, R, OH, OR)

• 벤젠 고리를 활성화시키는 치환기가 있으면 다음 치환기는 *o* 또는 *p* 위치에 들어가고, 비활성화시키는 치환기는 *m* 위치에 들어간다. 이를 **지향성**이라고 한다.

알킬벤젠의 반응

■ 수소 원자를 가진 **벤질자리 탄소** 원자는 알케인의 탄소 원자보다 반응성이 훨씬 커서 산화제에 의해 산화되어 carboxylic acid로 전환되며, 자유 라디칼 할로젠화 반응도 잘 일어난다. 이는 벤질자리 탄소의 C—H 결합이 분해되어 생성되는 탄소 라디칼, 탄소양이온 및 탄소음이온 등이 벤젠 고리의 π 전자와 공명을 할 수 있어 안정화되기 때문이다.

보충 문제

7.11 Phenanthrene의 공명 구조를 그리시오. 이 공명 구조 중 어느 결합의 길이가 가장 짧은지 밝히시오.

7.12 Bromodimethylbenzene의 이성질체 구조를 그리고 각각의 이름을 명명하시오.

7.13 다음 분자식을 가진 벤젠 유도체의 이성질체 구조를 그리고 명명하시오.

a. C_6H_4ClI **b.** C_7H_7Br **c.** C_8H_{10}

7.14 다음 분자나 이온이 방향성인지 아닌지를 표시하고 그 이유를 밝히시오.

a. 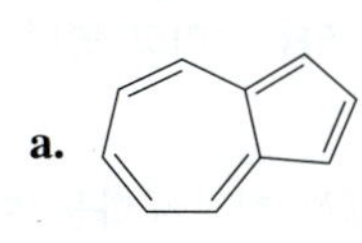

b. 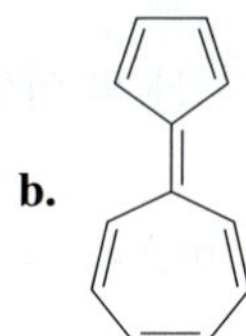

c.

d. 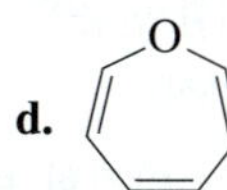

e.

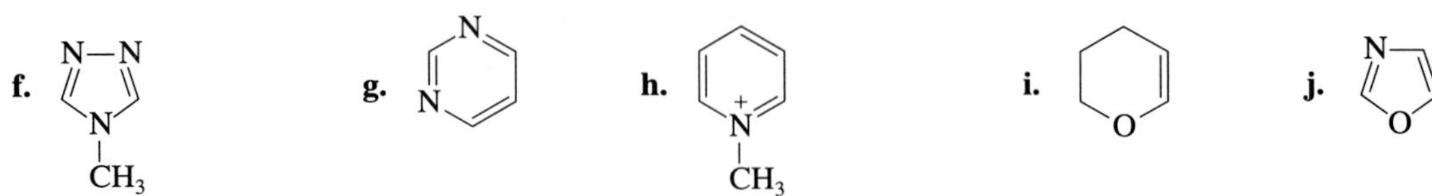

7.15 Cycloheptatrienone은 매우 안정한 물질이나 cyclopentadienone은 매우 불안정한 물질이다. 그 이유는 무엇인가?

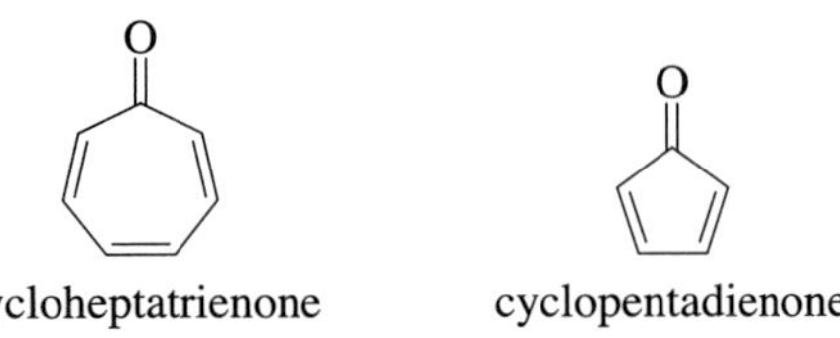

7.16 다음 사항을 설명하시오.

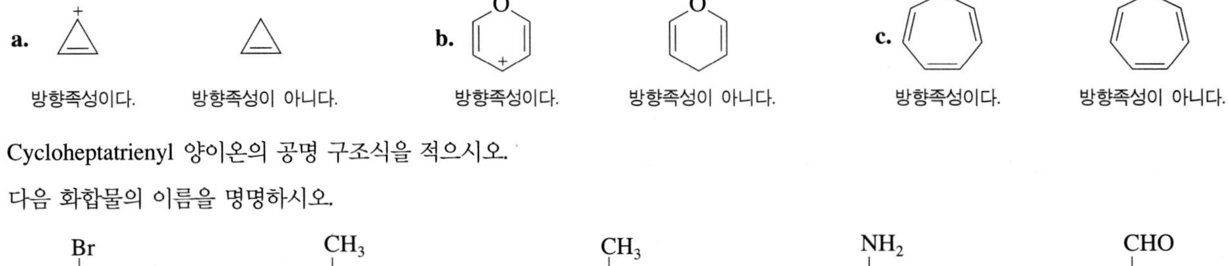

7.17 Cycloheptatrienyl 양이온의 공명 구조식을 적으시오.

7.18 다음 화합물의 이름을 명명하시오.

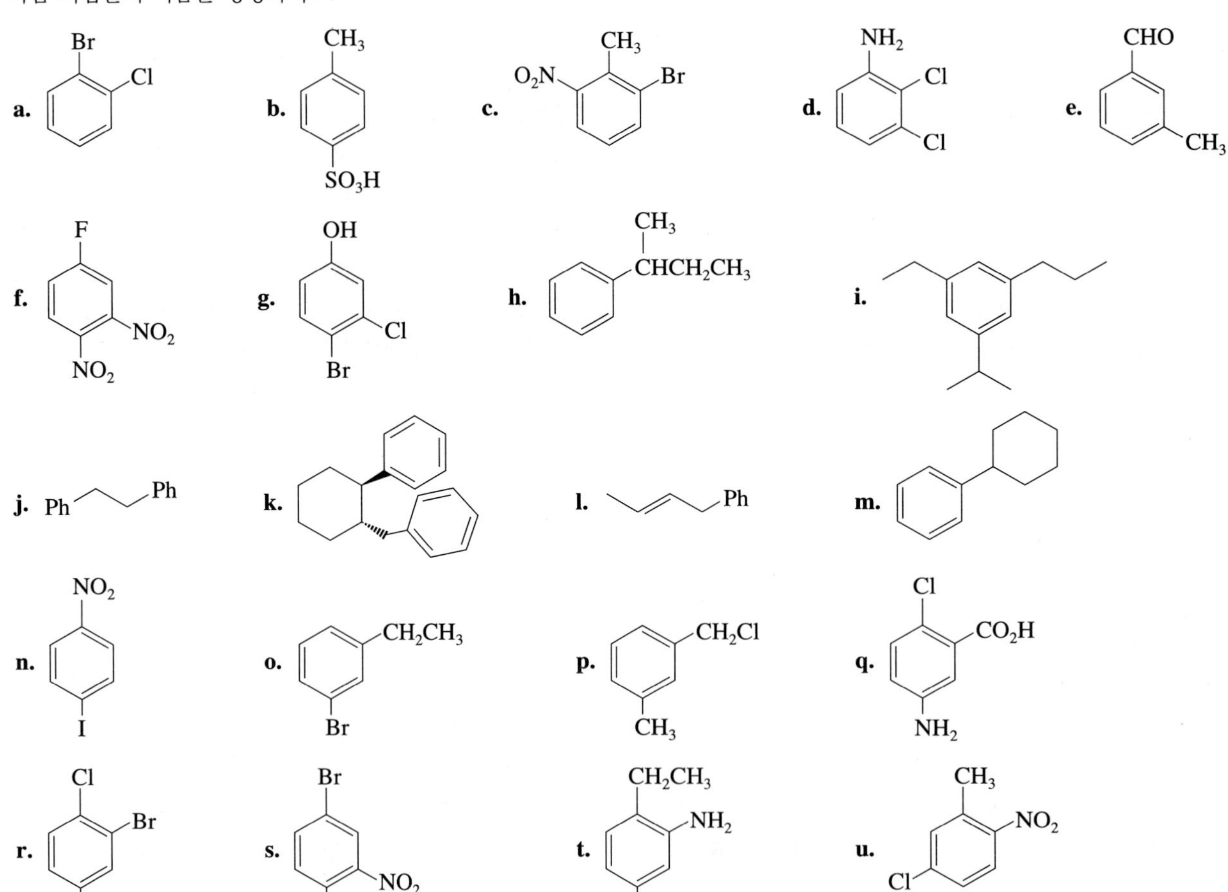

7.19 분자식이 C_9H_{12}이고 염소와 친전자 치환 반응을 하여 단일 이성질체만 생성되는 벤젠 화합물의 이성질체 구조를 그리고 명명하시오(염소 원자 한 개가 치환되는 반응을 가정).

7.20 다음 화합물 중 벤젠에 Friedel-Crafts 알킬화 반응을 시켰을 경우 알킬기의 재배열 반응이 일어나지 않는 할로젠화물은 어느 것인가?

a. CH_3CH_2Cl **b.** $CH_3CH_2CH_2Cl$ **c.** $(CH_3)_2CHCl$ **d.** Chlorocyclohexane
e. $(CH_3)_3CCH_2Cl$ **f.** $(CH_3)_3CCl$ **g.** $PhCH_2Cl$ **h.** $CH_3CHClCH_2CH_3$

7.21 다음 중 Friedel-Crafts 알킬화 반응에 사용할 수 있는 할로젠화물을 선택하시오.

a. 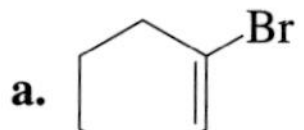

b. CH_2Br **c.** Br **d.** CH_2Br **e.** Br

7.22 1당량의 Br_2와 $FeBr_3$ 존재하에서 다음 화합물을 반응시켰을 경우 생성물의 구조를 그리시오.

a. 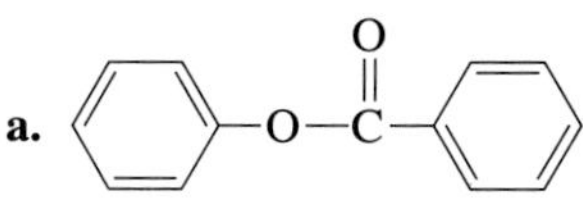

b. CH_3O—⟨⟩—⟨⟩—NO_2

c. ⟨⟩—CH_2O—⟨⟩

d. CH_3—⟨⟩—C(=O)—⟨⟩—CO_2H

7.23 벤젠 또는 toluene으로부터 다음 물질을 합성하는 방법을 보이시오.

a. CO_2H, SO_3H **b.** Br, NO_2, NO_2 **c.** 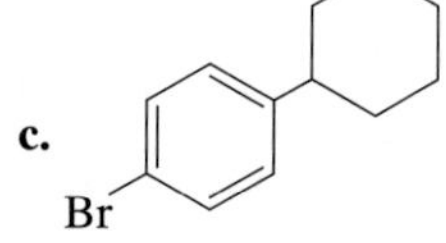

d. $COCH_3$, Cl, $C(CH_3)_3$

e. CH_2Br, Br **f.** Br **g.** OH **h.** CO_2H, O_2N

i. CH_2Cl, Cl **j.** Cl, Cl, O_2N **k.** O_2N, CO_2H, Br

7.24 친전자성 치환 반응이 잘 일어나는 순서대로 나열하시오.

a. Ethylbenzene, *o*-dichlorobenzene, chlorobenzene, anisole

b. *p*-Methoxybenzoic acid, *p*-nitrobenzoic acid, *p*-chlorobenzoic acid, benzoic acid

c. Phenol, toluene, chlorobenzene

d. Nitrobenzene, aniline, bromobenzene, benzene

7.25 다이메틸아미노기 $[N(CH_3)_2]$는 벤젠 고리를 활성화시키며 *o*, *p*-지향성임에도 불구하고, 나이트로화 반응 생성물은 *m*-지향성이다. 그 이유를 밝히시오.

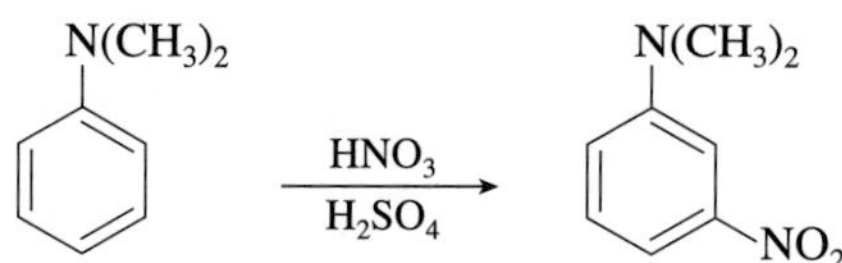

7.26 다음 반응의 주생성물의 구조를 그리시오.

a. ⟨⟩ + Cl (2-methylcyclohexyl chloride) $\xrightarrow{AlCl_3}$ **b.** ⟨⟩—CH_3 $\xrightarrow[ROOR]{NBS}$

c. $\xrightarrow{H_2SO_4}$ **d.** OCH_3 $\xrightarrow[\text{2. } Br_2,\ FeBr_3]{\text{1. } CH_3COCl,\ AlCl_3}$

e. 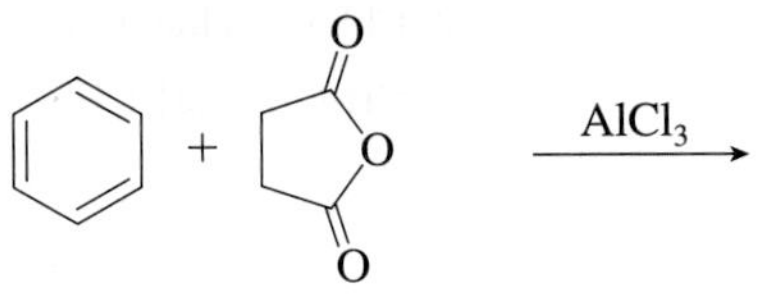 + $\xrightarrow{AlCl_3}$

f. 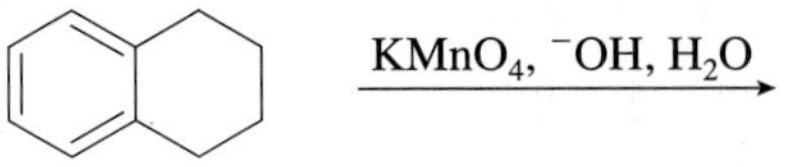 $\xrightarrow{KMnO_4,\ ^-OH,\ H_2O}$

g. 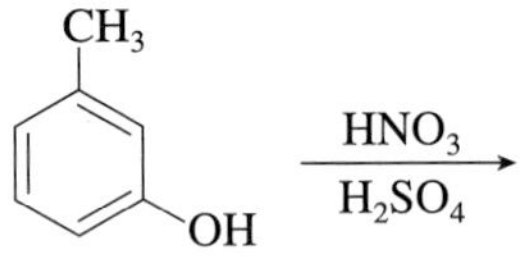 CH_3, OH $\xrightarrow[H_2SO_4]{HNO_3}$

h. Cl $\xrightarrow[2.\ Br_2,\ FeBr_3]{1.\ PhCOCl,\ AlCl_3}$

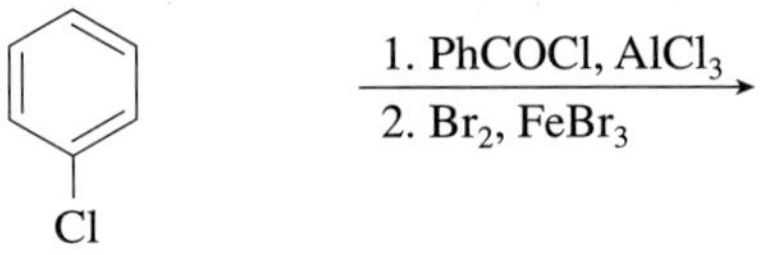

i. 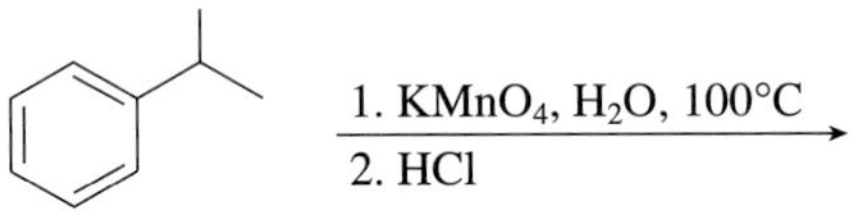 $\xrightarrow[2.\ HCl]{1.\ KMnO_4,\ H_2O,\ 100°C}$

j. 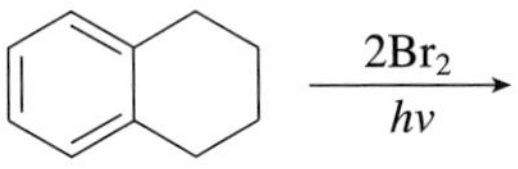 $\xrightarrow[hv]{2Br_2}$

k. 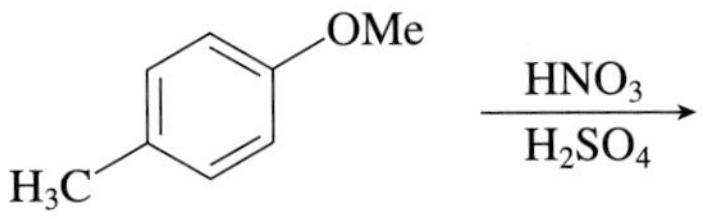 OMe, H_3C $\xrightarrow[H_2SO_4]{HNO_3}$

l. 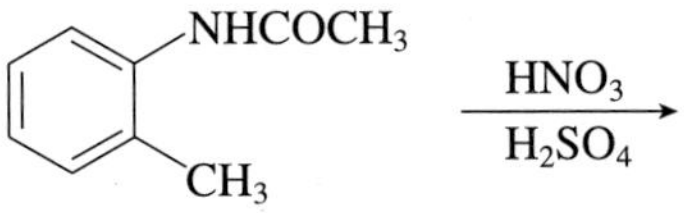 $NHCOCH_3$, CH_3 $\xrightarrow[H_2SO_4]{HNO_3}$

m. 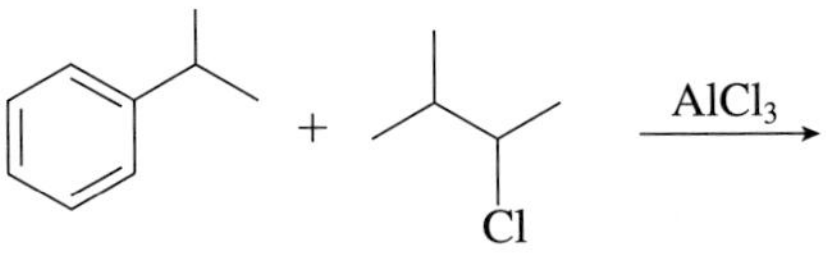 + Cl $\xrightarrow{AlCl_3}$

n. 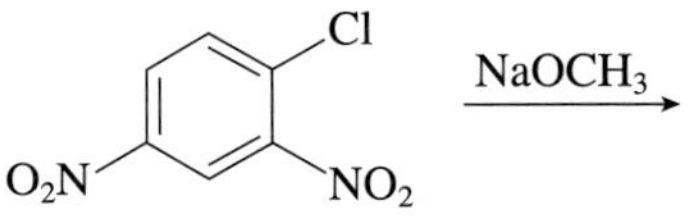 Cl, O_2N, NO_2 $\xrightarrow{NaOCH_3}$

o. + $\xrightarrow{HF}$

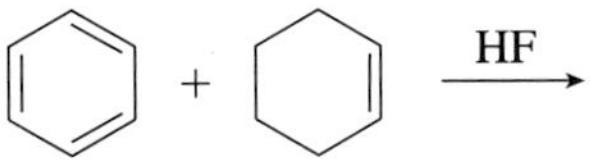

p. 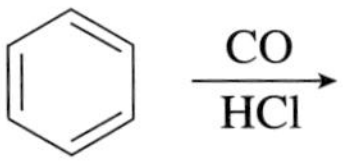 $\xrightarrow[HCl]{CO}$

q.  + $CH_2(COCl)_2$ $\xrightarrow{AlCl_3}$

r. 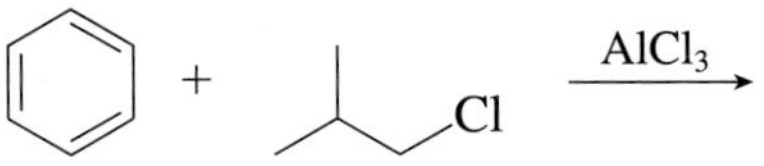 + Cl $\xrightarrow{AlCl_3}$

7.27 *tert*-Butylbenzene에 친전자성 브로민화 반응을 시키면 대부분 *p* 위치에 Br이 치환된 생성물이 생긴다. 오직 *o* 위치에만 Br이 치환된 생성물을 얻으려면 어떤 방법을 사용하면 되겠는가?

7.28 벤젠으로부터 다음 화합물을 이성질체의 생성 없이 합성하는 방법을 보이시오.

a. 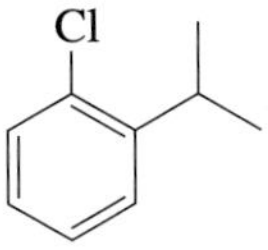 Cl b. 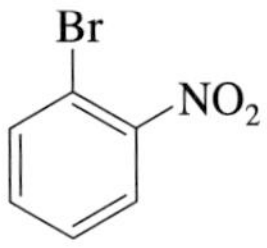 Br, NO_2 c.

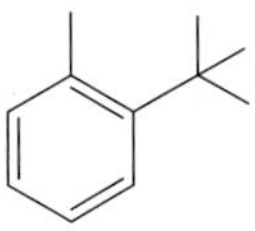

7.29 다음 반응을 설명하시오.

a. 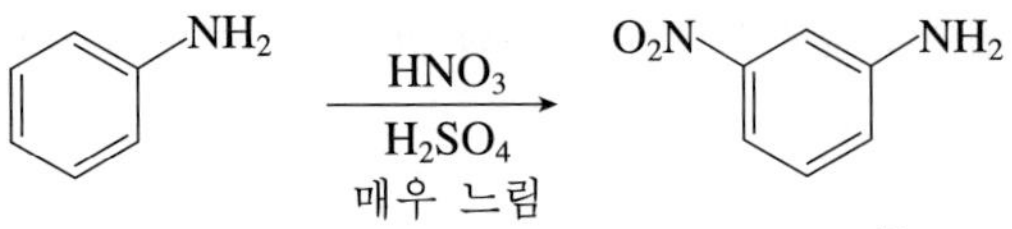 NH_2 $\xrightarrow[H_2SO_4]{HNO_3}$ (매우 느림) O_2N, NH_2

b. 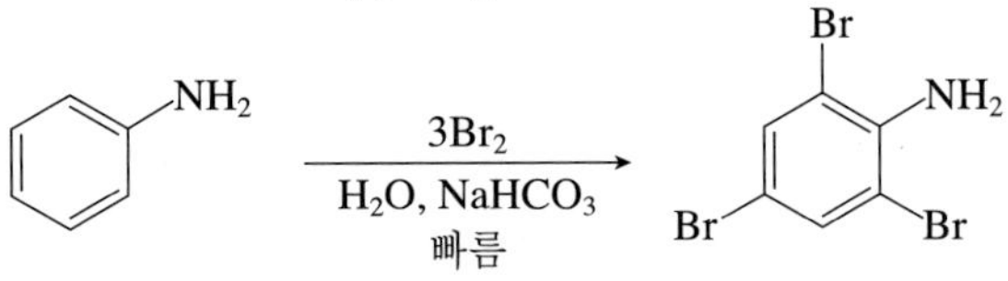 NH_2 $\xrightarrow[H_2O,\ NaHCO_3]{3Br_2}$ (빠름) Br, NH_2, Br, Br

c. 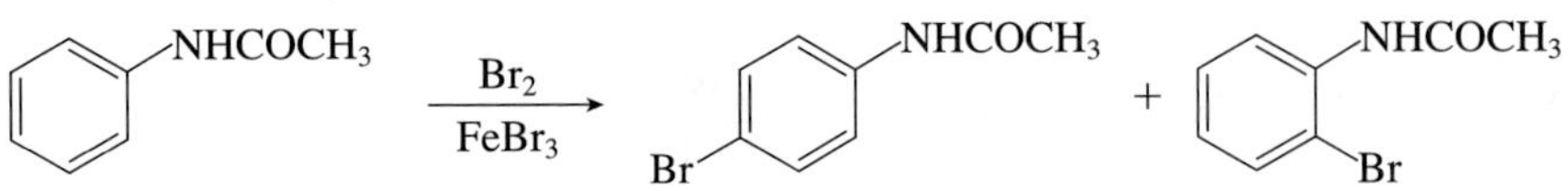 $NHCOCH_3$ $\xrightarrow[FeBr_3]{Br_2}$ $NHCOCH_3$, Br + $NHCOCH_3$, Br

8장 할로젠화 알킬: 친핵성 치환 반응과 제거 반응

핵심 익히기

- 할로젠화 알킬의 제법
- 할로젠화 알킬의 S_N2와 S_N1 반응 특성 비교
- 친핵체의 종류 및 이탈기 성향
- 친핵성 방향족 치환 반응
- 할로젠화 알킬의 E2 및 E1 제거 반응 특성 비교
- Grignard ('그리냐르'라고 읽음) 시약과 유기리튬 시약의 반응

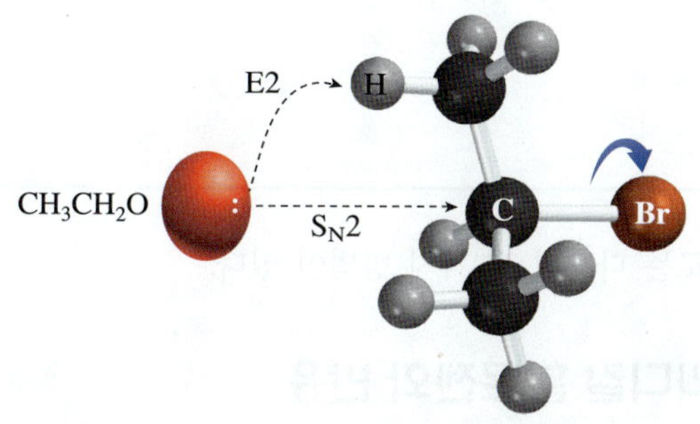

친핵성 치환 반응은 제거 반응과 경쟁적으로 일어난다. 이들 반응은 유기 반응의 핵심 반응 중 하나이다. 생체 내 대사 과정에서도 친핵성 치환 반응과 제거 반응이 일어난다. 생체 내에서 일어나는 대표적인 친핵성 치환 반응은 조효소인 SAM에 의한 메틸화 반응이다 (화학 라운지 8.2 참조).

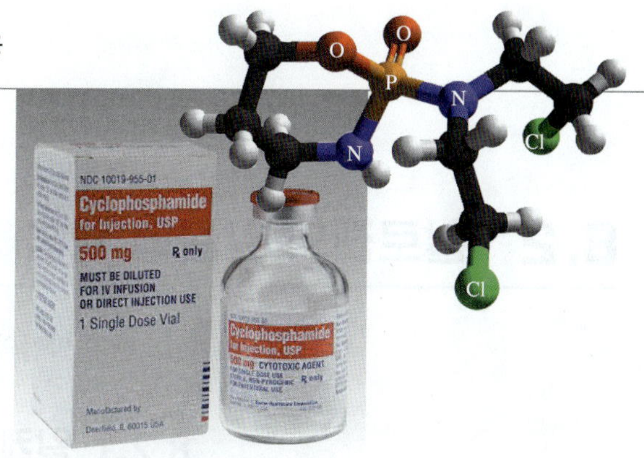

Cyclophosphamide (cyclophosphane)

알킬화 항암제의 일종으로 구조에 있는 염소기가 암세포의 DNA에 있는 guanine 염기의 질소 원자에 의해 치환 반응 (알킬화 반응) 이 일어나 암세포의 DNA 복제를 방해하여 항암 작용을 나타낸다. 그러나 이 약은 정상 세포의 DNA와도 반응을 하여 심각한 부작용을 일으킨다. 주로 만성적으로 진행되는 암의 치료제로 제한적으로 사용된다.

CFC 대체 물질
CFC는 CF_2Cl_2 (프레온-12)와 같이 탄소 원자에 Cl과 F로만 치환된 물질이다. 이들 물질이 광분해되어 생성된 Cl 라디칼은 성층권의 오존과 반응하여 오존층을 파괴시킨다. CFC를 대체할 물질로 C—H 결합을 가지고 있는 $CHClF_2$ (프레온-22) 등과 같은 HCFC 물질들이 개발되었다. HCFC는 성층권에 도달하기 전 대부분 파괴되어 오존층을 보호할 수 있다.

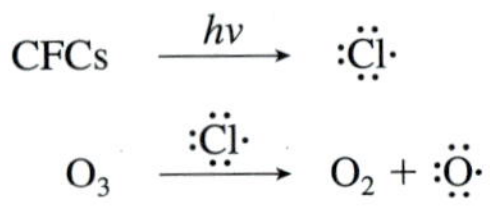

$$\text{CFCs} \xrightarrow{h\nu} :\ddot{\text{Cl}}\cdot$$

$$O_3 \xrightarrow{:\ddot{\text{Cl}}\cdot} O_2 + :\ddot{\text{O}}\cdot$$

할로젠기를 포함하는 유기 화합물 중에는 의약품, 살충제, 제초제, 테플론, PVC 등 우리 일상 생활에 유용하게 사용되는 물질이 많다. 뿐만 아니라 여러 종류의 할로젠화 알킬이 유기 합성에 필요한 원료 물질이나 용매로 널리 사용되고 있다. 지금은 환경 오염 문제로 사용되고 있지 않지만, 유명한 살충제인 DDT와 냉장고, 에어컨의 냉매로 널리 사용되었던 CFC (chlorofluorocarbon) 등도 모두 유기 할로젠화물이다. 갑상선 호르몬 성분 중 하나인 tyroxine은 아이오딘을 포함한 천연물이다. 최근 적조류에서 분리된 천연 살충제인 telfairine과 천연 항암제인 halomon 등을 비롯하여, 다양한 생물 활성을 가진 유기 할로젠화물들이 여러 종류의 해양 생물체에서 발견되고 있다. 과학자들은 해양 생물체에서 발견되는 유기 할로젠화물의 생물 활성을 토대로 새로운 약효를 가진 의약품 개발에 노력하고 있다. 이 장에서 공부할 친핵성 치환 반응과 제거 반응은 핵심 유기 반응들이며, 이러한 반응들은 인체 내에서도 일어나기 때문에 생화학 반응을 이해하는 데 매우 중요하다.

8.1 할로젠화 알킬의 분류

할로젠화 알킬과 할로알케인
RX의 일반명은 IUPAC명으로는 할로알케인(haloalkane)이고, 관용명으로는 할로젠화 알킬(alkyl halide)이다. 아직까지 많은 교재에서 관용명을 더 많이 사용하고 있으므로 이 교재에서도 이를 적용한다.

할로젠화 알킬[**alkyl halide**, 또는 **할로알케인**(**haloalkane**)]은 sp^3 혼성 탄소 원자에 할로젠 원자가 결합한 유기 분자이며, 일반식 RX로 표현된다. 이 물질은 할로젠 원자가 결합되어 있는 탄소(C—X, X = 할로젠 원자) 원자가 몇 개의 다른 탄소 원자와 결합하고 있느냐에 따라 **일차**(**1°**), **이차**(**2°**), 또는 **삼차**(**3°**) **할로젠화 알킬**로 분류된다. CH_3—X와 같이 탄소 원자에 수소 원자만 결합되어 있는 경우 **할로젠화 메틸**(**methyl halide**)이라 한다.

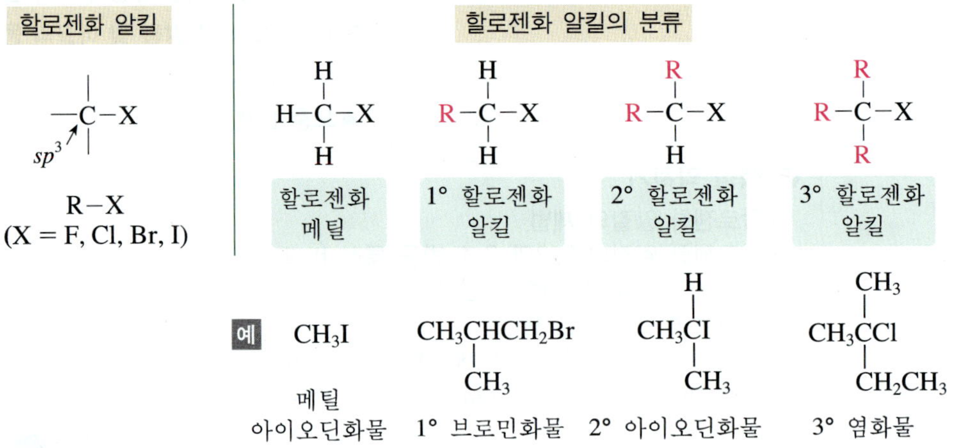

할로젠화 알킬	할로젠화 알킬의 분류			
—C—X (sp^3)	H—C(H)(H)—X	R—C(H)(H)—X	R—C(R)(H)—X	R—C(R)(R)—X
R—X (X = F, Cl, Br, I)	할로젠화 메틸	1° 할로젠화 알킬	2° 할로젠화 알킬	3° 할로젠화 알킬
예	CH_3I	$CH_3CH(CH_3)CH_2Br$	$CH_3CH(CH_3)I$	$CH_3C(CH_3)(CH_2CH_3)Cl$
	메틸 아이오딘화물	1° 브로민화물	2° 아이오딘화물	3° 염화물

8.2 할로젠화 알킬의 제법

할로젠화 알킬의 제법으로는 다음의 세 가지 방법이 있다.

8.2.1 알케인의 라디칼 할로젠화 반응

알케인을 라디칼 생성 조건(빛, 가열 또는 과산화물)에서 Cl_2 또는 Br_2과 반응시키면 Markovnikov형의 할로젠화 알킬이 생성된다(4.8.2절). 한편, 같은 조건에서 알킬벤젠은 벤질자리 탄소 원자에 할로젠기가 치환되며(7.8절), 알켄의 경우 알릴자리 탄소 원자에 할로젠기가 치환되어 할로젠화 알릴이 생성된다(6.8절, **그림 8.1**).

$$\text{methylcyclohexane} \xrightarrow[hv \text{ 또는 } \Delta]{X_2} \text{1-X-1-methylcyclohexane} \quad X=Cl, Br$$

$$C_6H_5CH_2R \xrightarrow[hv \text{ 또는 } \Delta]{X_2} C_6H_5CHXR$$

$$\text{cyclohexene} \xrightarrow[hv \text{ 또는 } \Delta]{X_2} \text{3-X-cyclohexene}$$

그림 8.1 **알케인의 라디칼 할로젠화 반응에 의한 할로젠화 알킬의 제법.**

8.2.2 알켄 또는 알카인에 HX 및 X_2의 첨가 반응

알켄에 HX를 친전자성 첨가 반응시키면 Markovnikov형 할로젠화 알킬이 생성되며,(6.6.2절), HBr 라디칼 첨가 반응을 시키면 *anti*-Markovnikov형 브로민화 알킬이 생성된다(6.8절). 또한 X_2를 친전자성 첨가 반응시키면 이웃자리 다이할라이드(*vic*-dihalide)가 생성된다(6.6.5절). 한편, 알카인에 2당량의 HX를 첨가 반응시키면 같은자리 다이할라이드(*gem*-dihalide)(6.9.2절)가 생성되고, X_2를 2당량 첨가시키면 테트라할라이드(tetrahalide)가 생성된다(6.9.3절 및 **그림 8.2**).

할로젠 교환 반응
RX(X=Cl, Br)를 아세톤 속에서 NaI와 가열 반응시키면 할로젠기 교환 반응이 일어나 RI가 생성된다.

$$RCH_2CH{=}CH_2 \xrightarrow[hv]{HBr \;(6.8\text{절})} R{-}CH_2{-}CH_2Br \quad (anti\text{-Markovnikov형})$$

$$RCH_2{-}CHX{-}CH_2X \xleftarrow[6.6.5\text{절}]{X_2} RCH_2CH{=}CH_2 \xrightarrow[6.6.2\text{절}]{HX} RCH_2{-}CHX{-}CH_3 \quad (\text{Markovnikov형})$$

$$R{-}CX_2{-}CH_3 \xleftarrow[6.9.2\text{절}]{2HX} RC{\equiv}CH \xrightarrow[6.9.3\text{절}]{2X_2} R{-}CX_2{-}CHX_2$$

그림 8.2 **알켄 또는 알카인에 HX 및 X_2의 첨가 반응에 의한 할로젠화 알킬의 제법.**

8.2.3 알코올의 친핵성 치환 반응

알코올을 HX, $SOCl_2$, PX_3와 반응시키면 —OH기가 X기로 치환되어 할로젠화 알킬이 생성된다(9.3.2절 및 **그림 8.3** 참조).

$$\underset{X=Cl,\,Br,\,I}{RX} \xleftarrow{HX \text{ 또는 } PX_3} ROH \xrightarrow{SOCl_2} RCl$$

그림 8.3 **알코올의 친핵성 치환 반응에 의한 할로젠화 알킬의 제법.**

8.3 할로젠화 알킬의 명명법

• RX의 IUPAC명과 관용명은 아래의 규칙에 따라 명명한다.

IUPAC법	관용법
• 할로젠기를 알케인의 치환기 (접두사) 로 취급하여 R—X를 **할로알케인 (haloalkane)** 으로 명명. • 치환기의 위치 번호 부여는 알케인 명명법과 동일. • 할로젠 원소의 치환기 이름은 어미 *-ine*를 *-o*로 변경해 부름.	• 알킬기 이름 뒤에 할로젠기의 접미사 이름을 붙인다. R—X를 **할로젠화 알킬 (alkyl halide)** 로 명명. • 알킬기 이름은 관용명을 사용. • 접미사 이름은 할로젠 원소 이름의 어미 *-ine*를 *-ide*로 변경해 부름.

• RX에서 X가 접두사 및 접미사로 사용될 경우 다음과 같이 부른다.

할로젠 원소	원소 이름	접두사 이름	접미사 이름
F	Fluorine (플루오린)	Fluoro (플루오로)	fluoride (플루오린화)
Cl	Chlorine (염소)	Chloro (클로로)	chloride (염소화)
Br	Bromine (브로민)	Bromo (브로모)	bromide (브로민화)
I	Iodine (아이오딘)	Iodo (아이오도)	iodide (아이오딘화)

• 관용명은 관용명 알킬기가 있는 경우에 주로 사용하며, 그 외의 경우에는 IUPAC명을 사용한다.

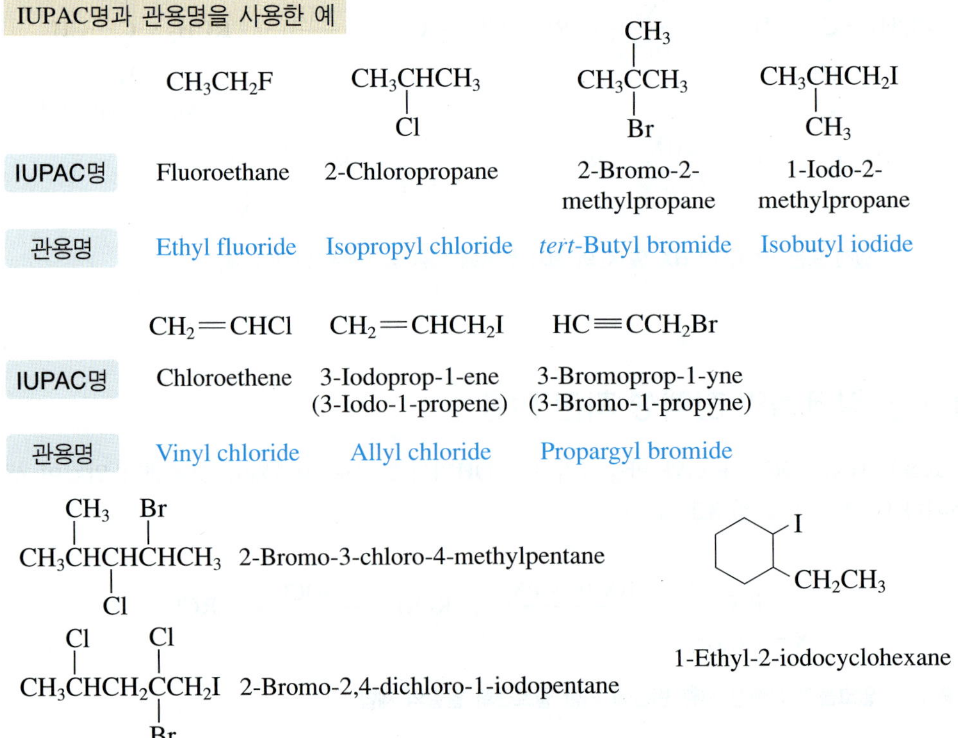

예제 8.1 분자식이 C_4H_9Br인 할로젠화 알킬의 이성질체 구조를 그리고, 각각의 관용명과 IUPAC명을 적으시오.

풀이

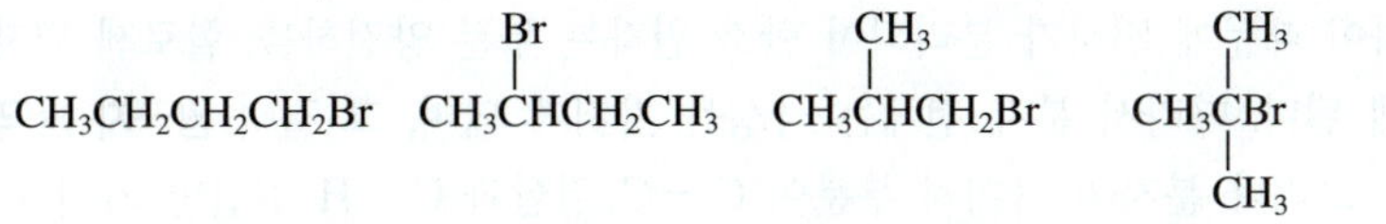

	$CH_3CH_2CH_2CH_2Br$	$CH_3CH(Br)CH_2CH_3$	$CH_3CH(CH_3)CH_2Br$	$CH_3C(CH_3)_2Br$
IUPAC명	1-Bromobutane	2-Bromobutane	1-Bromo-2-methylpropane	2-Bromo-2-methylpropane
관용명	Butyl bromide	*sec*-Butyl bromide	Isobutyl bromide	*tert*-Butyl bromide

문제 8.1 다음은 관용명으로 명명된 할로젠 화합물이다. 각각의 구조를 그리고 IUPAC명을 쓰시오.

a. Isopropyl iodide **b.** Methylene chloride **c.** Chloroform **d.** Cyclopropyl bromide

문제 8.2 다음 화합물의 IUPAC명을 쓰시오.

a. Br **b.** I **c.** Br, Cl **d.** CH_3, Cl **e.** Br, Cl

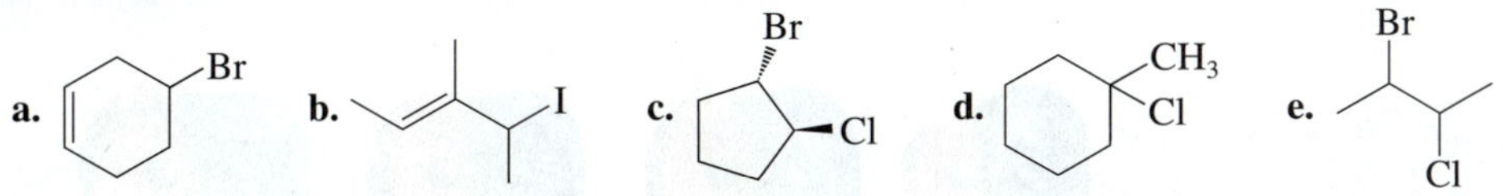

화학 라운지 8.1 천연 유기 할로젠 화합물

지구상의 생물체가 만들어 내는 천연 유기 할로젠 화합물은 3000종 이상인 것으로 알려져 있다. 가장 간단한 CH_3Cl로부터 복잡한 구조를 가진 vancomycin까지 다양한 구조의 유기 할로젠화물이 토양, 식물, 박테리아, 동물 속에 존재한다. CH_3Cl은 산불, 화산 폭발 및 해양 갈조류에서 연간 500만 톤 이상 방출되어 산업에 의해 방출되는 양 (연간 26,000톤)을 훨씬 웃돈다. Vancomycin은 토양 세균에서 발견된 강력한 항생 물질로 MRSA (methicillin-resistant staphylococcus aureus, 메티실린-저항성 황색포도상구균) 감염 치료에 사용되는 물질이다. 또한 특이한 생물 활성을 가진 많은 종류의 유기 할로젠화물이 해양 생물에서 발견되고 있다. 바다에서 풍기는 특이한 냄새도 이들 유기 할로젠화 물질과 관련이 있는 것으로 알려져 있다. 해양 생물체가 만들어 내는 대부분의 유기 할로젠화물은 그들이 처한 환경에서 살아남기 위하여 만들어 내는 물질이다. 이들 중에는 항암, 항바이러스 또는 곤충에 대한 살충 효과가 매우 높은 물질도 발견되었다. 예를 들면, 해양 적조류에서 분리된 halomon은 선택적 항암 효과(알킬화제)가 탁월하고, telfairine는 모기에 대한 살충 효과가 탁월하다. 또한 남조류에서 분리된 ambigol A는 항HIV (항면역결핍 바이러스) 효능이 있는 것으로 알려져 있다.

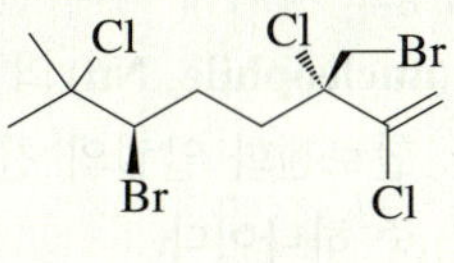

Cl Cl Br Br Cl
Halomon

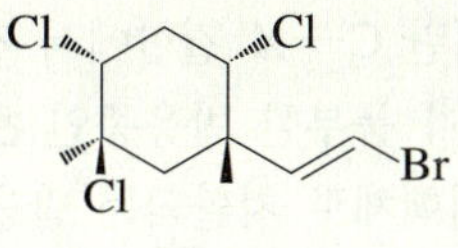

Cl Cl Cl Br
Telfairine

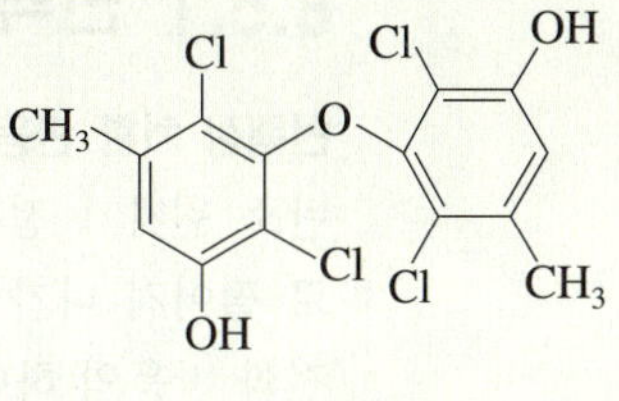

Cl Cl OH CH_3 O Cl Cl CH_3 OH
Ambigol A

8.4 탄소–할로젠 결합의 특징

CX$_4$는 비극성이다
분자 쌍극자 모멘트(μ)는 각 결합 쌍극자 모멘트의 벡터 합이다. CX$_4$ 분자는 4개의 C—X 극성 결합이 대칭적으로 배향되어 있기 때문에 μ=0이 되어 비극성을 갖게 된다.

할로젠화 알킬의 C—X 결합은 **극성 공유 결합**이다. 탄소 원자와 할로젠 원자 사이의 전기음성도 차이 때문에 전하가 분리되어 탄소 원자는 부분 양전하를, 할로젠 원자는 부분 음전하를 갖게 된다. 따라서 분자 전체는 극성을 가지게 되며, 그 결과 **쌍극자-쌍극자 상호작용**을 나타낸다. 그러나 분자의 나머지 부분이 C—C 결합과 C—H 결합만 가지고 있어 수소 결합과 같은 분자간 결합은 할 수 없다.

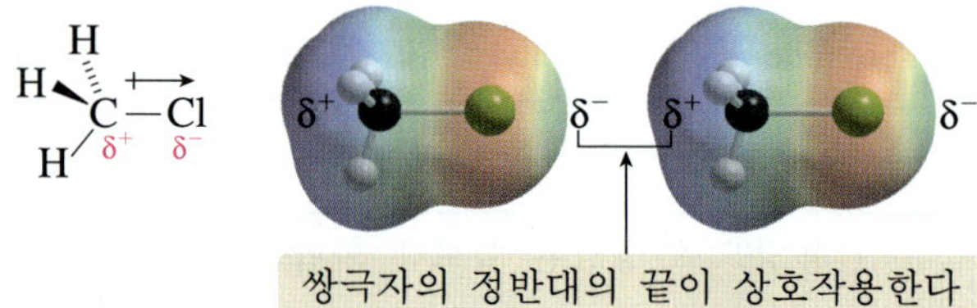

- C—X 결합은 탄소 원자와 할로젠 원자 사이의 전기음성도 차이 때문에 극성을 띤다.
- 결합 길이는 C—X 결합 가운데 C—I 결합이 가장 길며, C—F 결합이 가장 짧다.
- 결합 세기는 C—X 결합 가운데 C—F 결합이 가장 강하며, C—I 결합이 가장 약하다.

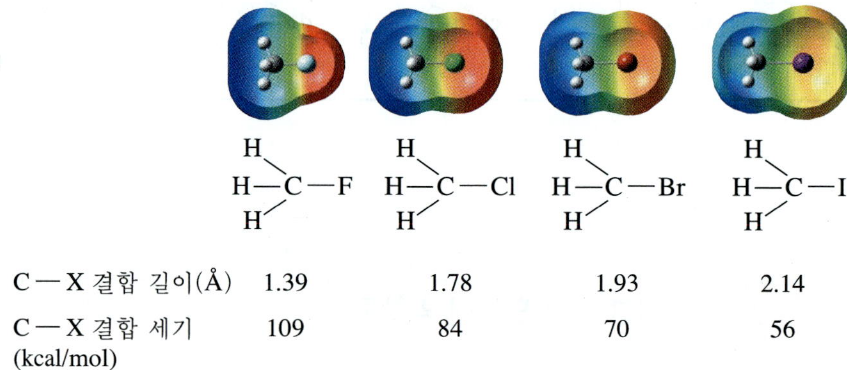

	CH_3F	CH_3Cl	CH_3Br	CH_3I
C—X 결합 길이(Å)	1.39	1.78	1.93	2.14
C—X 결합 세기 (kcal/mol)	109	84	70	56

8.5 할로젠화 알킬의 반응 일반

할로젠화 알킬은 **친핵성 치환 반응(nucleophilic substitution)**과 **제거 반응(elimination)**을 한다. 이들 반응은 극성 C—X 결합의 구조와 반응물의 성질 및 반응 용매에 의존하여 경쟁적으로 일어난다.

8.5.1 친핵성 치환 반응

친핵성 치환 반응이란 C—X 결합에서 전기음성도 차이에 의해 전자가 부족한 상태에 있는 탄소 원자가 전자가 풍부한 반응종인 **친핵체(nucleophile, Nu)**의 공격을 받아 X가 이탈기로 떨어져 나가 친핵체로 치환되는 반응이다. 할로젠화 알킬의 친핵성 치환 반응은 작용기 전환 반응의 하나로 유기 합성의 중요한 반응 중 하나이다.

$$R-X + :Nu^- \longrightarrow R-Nu + X:^-$$

친핵체 / 이탈기

X가 Nu로 치환

- **친핵체(Nu)**는 비공유 전자쌍을 가지고 있거나 음이온인 전자가 풍부한 화학종이고, 친핵성 치환 반응은 C—X 결합이 끊어지고 C—Nu 결합이 생성되는 반응이다.

8.5.2 제거 반응

전자가 부족한 C—X 결합의 탄소 원자는 바로 옆에 위치한 C—H 결합으로부터 전자를 빌려오게 되고, 이 결합에 있던 H는 양성자 형태로 염기에 의해 제거되어 이중 결합이 생성된다. 이를 **제거 반응(elimination)**이라 한다.

$$-\underset{H}{\overset{|}{C^\beta}}-\underset{X}{\overset{|}{C^\alpha}}- + :B \longrightarrow \;>C=C< \; + H-B^+ + X:^-$$

염기 / π 결합 생성

HX를 제거

- **제거 반응**이란 C—X 결합의 X 원자와 바로 옆 탄소(β-탄소)의 수소 원자가 HX로 제거되어 이중 결합이 생성되는 반응이다. 이 반응에서 두 개의 σ 결합이 끊어지고 한 개의 π 결합이 생성된다.

8.6 할로젠화 알킬의 친핵성 치환 반응

8.6.1 친핵성 치환 반응의 개요

할로젠화 알킬의 친핵성 치환 반응에서 반응 기질인 **할로젠화 알킬(R—X)**, **친핵체(Nu)** 그리고 새로운 C—Nu 결합을 위해 반응 기질에서 떨어져 나가는 **이탈기(leaving group)** (이탈기는 할로젠기가 아닌 경우도 많다) 등 세 가지가 반응에 영향을 미치는 핵심적 요소로 작용한다. 친핵체의 공격을 받는 탄소(부위)를 **친전자성 부위**라 한다.

친핵성 치환 반응

$$-\underset{|}{\overset{|}{C}}-X + :Nu^- \longrightarrow -\underset{|}{\overset{|}{C}}-Nu + X:^-$$

sp^3 C / 친전자성 부위

반응 기질 (sp^3 탄소) / 친핵체 / 생성물 / 이탈기

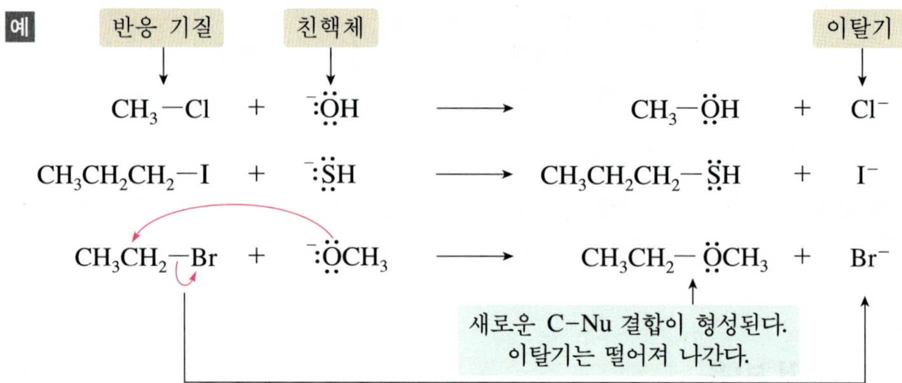

- **친핵성 치환 반응**은 일반적으로 다음의 요인에 의해 크게 지배받는다.
  - 반응 기질인 할로젠화 알킬의 구조
  - 친핵체의 반응성
  - 이탈기의 이탈성
  - 반응 용매

8.6.2 할로젠화 알킬 (반응 기질)의 구조와 친핵성 치환 반응

친핵성 치환 반응은 반응 기질이 일차, 이차, 삼차 할로젠화 알킬 중 어느 것이냐에 따라 크게 영향을 받으며, 반응 메커니즘도 달라진다. 반응 기질과 친핵체가 반응하여 C—X 결합이 끊어지고, C—Nu 결합이 생성되는 반응이 동시에 일어나는 반응은(**한 단계 반응 메커니즘**) 입체 장애가 적은 일차 할로젠화 알킬에서 잘 일어난다. 반면, C—X 결합이 해리하여 탄소양이온이 먼저 생성된 다음, 이 탄소양이온에 친핵체가 반응하여 일어나는 반응(**두 단계 반응 메커니즘**)은 삼차 할로젠화 알킬에서 잘 일어난다. 이와 관련된 설명은 8.7절에서 자세히 다룰 것이다.

표 8.1 할로젠화 알킬에 작용하는 친핵체의 종류

$$\text{R—X} + \text{:Nu} \longrightarrow \text{R—Nu} + \text{X:}^-$$

친핵성 원자	중성 친핵체 (:Nu)	음이온 친핵체 ($^-$:Nu)	생성물 (R—Nu)	생성물의 작용기 이름
산소	H_2O	HO^-	R—OH	alcohol
	ROH	RO^-	R—OR	ether
		$RCOO^-$	R—OCOR	ester
황	H_2S	HS^-	R—SH	thiol
	RSH	RS^-	R—SR	sulfide
질소	NH_3, RNH_2, R_2NH, R_3N		R—NH_2, R—NHR, R—NR_2, R—$\overset{+}{N}R_3X^-$	1°, 2°, 3° amine 및 사차 암모늄염
		N_3^-	R—N_3	azide
할로젠		X^- (X = Cl, Br, I)	R—X	haloalkane
탄소		$^-$:C≡N	R—C≡N	nitrile
		$^-$:C≡CH	R—C≡CH	alkyne

8.6.3 친핵체의 종류

친핵체는 전자쌍을 제공할 수 있는 원자나 이온인데, 대부분 산소, 질소, 황, 할로젠 원자 같은 비공유 전자쌍을 포함하고 있는 중성 분자이거나 이들의 음이온이다. 탄소 원자 친핵체로는 $^{-}$:C≡N (나이트릴 음이온), $^{-}$:C≡CH (아세틸라이드 음이온) 및 $^{-}$:R (탄소 음이온) 등이 있다. **표 8.1**에 할로젠화 알킬과 반응하는 대표적인 친핵체의 종류와 반응 생성물의 작용기를 나타내었다.

예제 8.2 다음 반응의 생성물의 구조를 그리시오.

a. 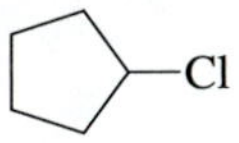 (cyclopentyl)—Cl + NaCN **b.** $CH_3(CH_2)_2CH_2I$ + KSH **c.** 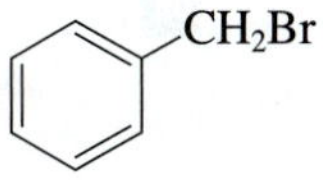 (benzene)—CH_2Br + NaN_3

d. CH_3CH_2Br + NaI **e.** CH_3Br + HC≡C$^-$Na$^+$ **f.** CH_3CH_2I + $CH_3\overset{O}{\overset{\|}{C}}O^-K^+$

풀이

a. 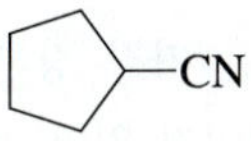 (cyclopentyl)—CN **b.** $CH_3(CH_2)_2CH_2SH$ **c.** 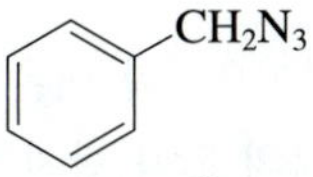 (benzene)—CH_2N_3

d. CH_3CH_2I **e.** CH_3C≡CH **f.** $CH_3CH_2O\overset{O}{\overset{\|}{C}}CH_3$

문제 8.3 다음 반응의 생성물의 구조를 그리시오.

a. 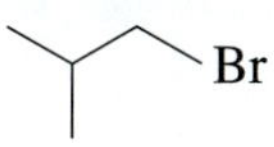 (isobutyl)Br + :N$(CH_3)_3$ **b.** 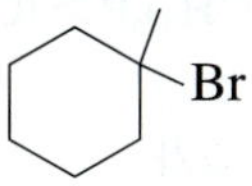 (1-methylcyclohexyl)Br + CH_3OH **c.** 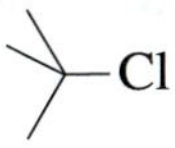 (tert-butyl)—Cl + H_2O

d. 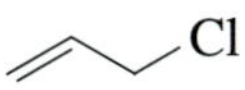 (allyl)Cl + CH_3ONa **e.** 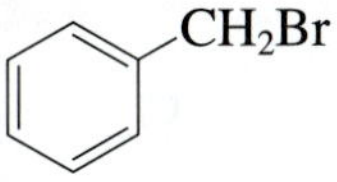 (benzene)—CH_2Br + KCN

8.6.4 친핵성과 염기성

- 친핵체와 염기는 둘 다 비공유 전자쌍이나 π 전자를 가지고 있다는 점에서는 비슷하다. 그러나 반응하는 대상이 다르다.
- 친핵체는 전자가 부족한 탄소 원자 부위를 공격하고, 염기는 양성자를 공격한다.

친핵체는 탄소를 공격한다.

염기는 양성자를 공격한다.

X, :Nu$^-$, —C—C—, H, B:

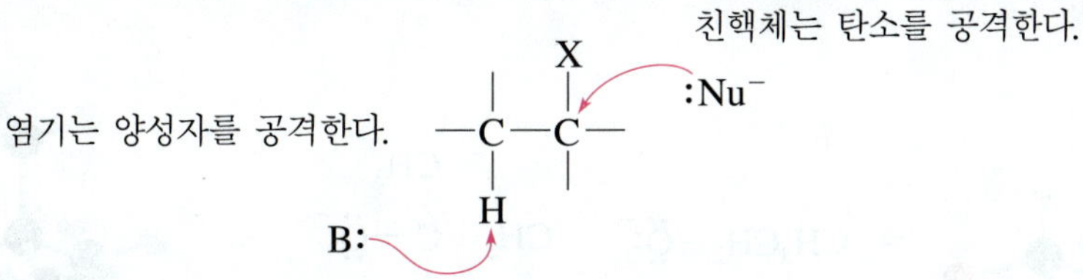

친핵체의 세기를 나타내는 **친핵성(nucleophilicity)**과 염기의 세기를 나타내는 **염기도(basicity)**는 근본적으로 다른 것이나, 이들이 비슷한 성향으로 작용할 경우가 많다.

- 친핵성 원자가 동일하더라도 친핵체의 염기도가 셀수록 친핵성도 강해진다(전자쌍을 제공할 능력이 더 많다).

예 1 RO^-(짝산인 ROH의 $pK_a = 16$)는 CH_3COO^-(짝산인 RCOOH의 $pK_a = 5$)보다 강염기인 동시에 강한 친핵체이다.

예 2 HO^-는 중성 친핵체인 H_2O보다 강염기인 동시에 강한 친핵체이다.

- 전기음성도가 작은 원자일수록 그 음이온의 염기성은 강해지므로 친핵성도 강해진다. 따라서 같은 주기에 있는 원자의 경우 주기율표에서 오른쪽으로부터 왼쪽에 위치할수록 친핵성이 커진다.

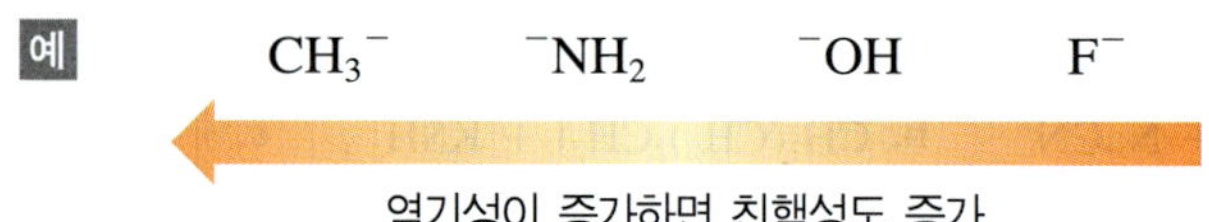

염기성이 증가하면 친핵성도 증가

친핵성이 염기성과 반대인 경우도 있다. 즉, 염기성은 강하지만 친핵성이 더 약한 경우이다. 이는 친핵체의 **편극성**(**polarizability**)과 **입체 장애**(**steric hindrance**) 때문이다.

- 할로젠 원자 중 아이오딘화 이온(I^-)이 염기성은 가장 약하지만 친핵성은 가장 강하다. 이는 아이오딘 원자의 원자 반지름이 제일 크므로 전자들이 핵과 멀리 떨어져 있어 전자들의 행동이 자유롭기 때문이다(전자의 편극성이 크다). 염기성이 더 약한 RS^-가 염기성이 더 강한 RO^-보다 친핵성이 더 강한 것도 같은 이유이다. 일반적으로 주기율표에서 같은 족에 있는 원자의 경우 주기가 증가할수록 친핵성이 커진다(**그림 8.4**).

예 친핵성: $HS^- > HO^-$; $RSH > ROH$; $(CH_3)_3P > (CH_3)_3N$

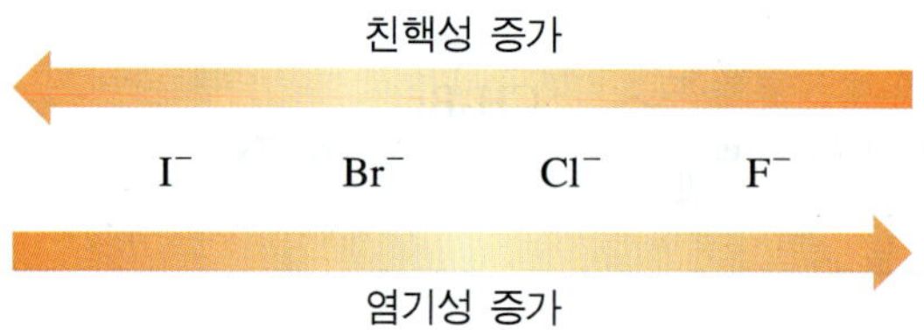

그림 8.4 할로젠 이온의 친핵성과 염기성의 세기는 서로 정반대의 관계이다.

- *tert*-뷰톡사이드 음이온[$(CH_3)_3CO^-$]은 에톡사이드($CH_3CH_2O^-$) 음이온보다 더 강염기이다. 그러나 친핵성은 에톡사이드 음이온이 더 세다. 왜냐하면 *tert*-뷰톡사이드 음이온은 음전하를 가진 산소 원자 부근에 세 개의 메틸기가 있어 친핵성 산소 원자가 친핵 중심 탄소에 접근하는 데 입체 장애를 일으키기 때문이다.

$= CH_3CH_2-\ddot{\underset{..}{O}}:^-$ Ethoxide ion — 더 강한 친핵체

$(CH_3)_3C-\ddot{\underset{..}{O}}:^- =$ *tert*-Butoxide ion — 더 강한 염기

세 개의 CH_3기로 인하여 산소 원자의 입체 장애가 더 크다. 그래서 더 약한 친핵체가 된다.

문제 8.4 다음 친핵체 중 친핵성이 큰 순으로 나열하시오.

$C_6H_5O^-$ (페녹시화 이온) CH_3OH CH_3O^- CH_3COO^- CH_3S^-

8.6.5 이탈기의 종류 및 이탈성

친핵성 치환 반응에서 이탈기 X:⁻는 결합을 이루던 전자쌍을 가지고 떨어져 나가기 때문에, 이탈기가 이 전자쌍을 수용할 수 있는 능력이 좋을수록(안정화시킬수록) 좋은 이탈성을 갖게 된다. 즉, **안정한 음이온(약염기) 일수록 좋은 이탈성**을 갖는다.

- 약염기일수록 좋은 이탈성을 가진다. 음이온이 안정화될수록 약염기가 된다.

$$R{-}X + :Nu^- \longrightarrow R{-}Nu + X:^-$$

약염기일수록 이탈성이 좋다.

- H_2O는 ^-OH보다 약염기이기 때문에 이탈성이 ^-OH보다 더 좋다.
- 할로젠 원자 가운데 I^-가 이탈성이 가장 좋다. F^-는 이탈성이 매우 낮아 이탈기로서 이용되지 않는다.

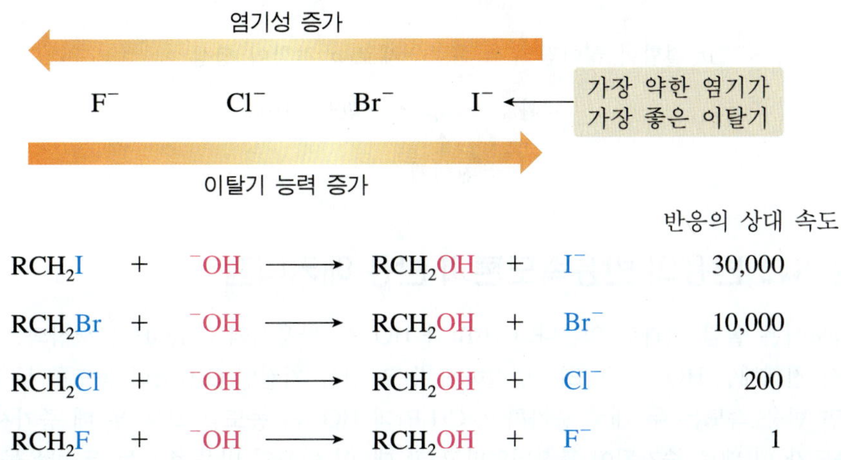

할로젠화 알킬에서 할로젠기의 이탈성은 C—X 결합 세기와 반비례한다. $CH_3{-}X$에서 C—X의 결합 세기(**표 3.2**) 순서와 이탈성은 서로 반대이다.

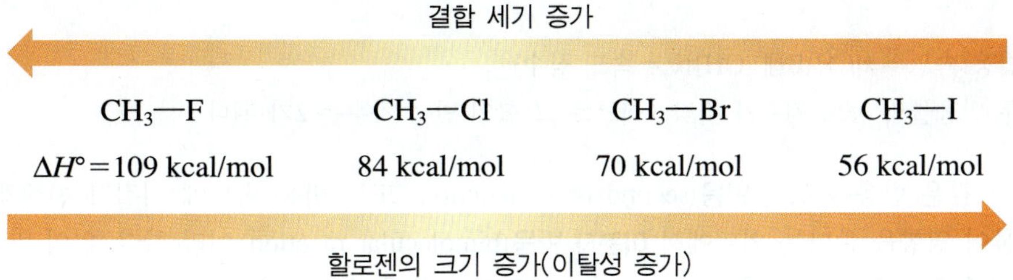

• 친핵성 치환 반응에서 이탈기는 할로젠 원자에만 국한되지 않고, 음이온 전자쌍을 안정화시키는 물질이면 모두 좋은 이탈성을 갖는다.

예

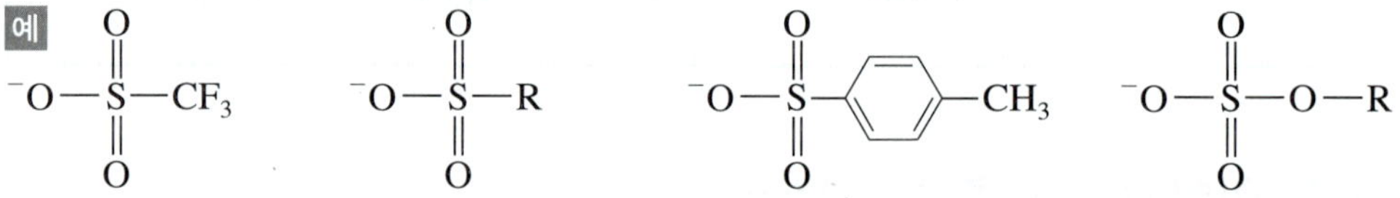

$^{-}O-S(=O)_2-CF_3$ Triflate ion (Tf=Triflyl기)

$^{-}O-S(=O)_2-R$ Alkanesulfonate ion (R=Me; Ms=Mesyl기)

$^{-}O-S(=O)_2-C_6H_4-CH_3$ *p*-Toluenesulfonate ion (Ts=Tosyl기)

$^{-}O-S(=O)_2-O-R$ Alkylsulfate ion

이들의 이탈성은 반응 기질 및 사용 용매 등의 조건에 따라 차이가 나지만 대체적으로 I^-와 비슷한 이탈성을 갖는다.

8.7 친핵성 치환 반응의 메커니즘

8.7.1 S_N2와 S_N1 반응

반응 차수(Order of reaction)
반응 속도식에서 반응 물질 농도의 지수의 합을 반응 차수라 한다.
반응 속도 = k[A]인 경우: 일차 반응
반응 속도 = k[A][B]인 경우: 이차 반응
반응 속도 = $k[A]^2[B]$인 경우: 삼차 반응

할로젠화 알킬의 친핵성 치환 반응은 C—X 결합이 끊어지고, C—Nu의 새로운 σ 결합이 생성되는 반응이다. 이 반응은 반응속도론적으로 S_N1과 S_N2의 두 반응으로 분류할 수 있다. 여기서 **S**는 **치환(Substitution)**, **N**은 **친핵체(Nucleophile)**를, 1과 2는 **반응 차수**를 의미한다. 반응 차수란 반응 속도식에서 반응에 참여하는 분자의 수를 나타내고, 반응물 농도의 지수의 합으로 표현된다.

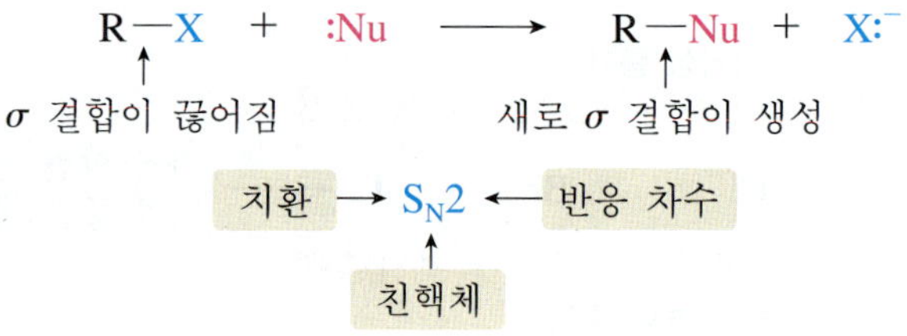

$$R-X + :Nu \longrightarrow R-Nu + X:^-$$

(σ 결합이 끊어짐 / 새로 σ 결합이 생성)

치환 → S_N2 ← 반응 차수
↑
친핵체

8.7.2 S_N2 반응의 반응속도론과 반응 메커니즘

반응 속도식은 실험 결과로 얻는다. CH_3Br과 HO^-을 반응시켜 CH_3OH가 생성되는 반응 실험에서 친핵체인 HO^-의 농도는 일정하게 두고, 반응 기질인 CH_3Br의 농도를 두 배 증가시키면 반응 속도는 두 배로 증가하고, CH_3Br과 HO^-의 농도를 모두 두 배 증가시키면 반응 속도가 네 배로 증가됨이 관찰되었다고 할 때, 이 반응의 반응 속도는 두 반응물의 농도의 곱에 비례하므로 반응 속도식은 다음과 같이 표현할 수 있다.

S_N2 반응 $$CH_3-Br + {}^{-}OH \longrightarrow CH_3-OH + Br^-$$

• 반응 속도 = $k[CH_3Br][^{-}OH]$ (k = 속도 상수)
• 두 반응물의 농도 지수가 각각 1이므로 그 합인 반응 차수는 2가 된다.

이와 같은 반응을 **이차 반응**(second order reaction) 또는 반응 속도에 기질과 친핵체 두 반응물이 영향을 준다는 의미에서 **이분자 반응**(bimolecular reaction)이라 한다. 위의 반응은 이차 반응으로 일어난 친핵성 치환 반응이므로 **S_N2 반응**이라 한다.

• S_N2 반응은 위 반응에서 중간체를 생성시키지 않고 C—Br 결합이 끊어지고, C—OH 결합이 생성되는 과정이 동시에 일어나는 협동 반응으로 진행되는 **한 단계 반응**이다.

S_N2 반응의 한 단계 반응 메커니즘

$$H_3C{-}Br + {}^{-}OH \longrightarrow H_3C{-}OH + :Br^{-}$$

C—Br 결합이 끊어짐과 동시에 C—OH 결합 생성

S_N2 반응은 협동 반응 형태로 한 단계 반응으로 일어난다.

문제 8.5 CH_3Br과 HO^-와의 S_N2 반응에서 다음의 변화가 반응 속도에 어떤 영향을 미치겠는가?

a. CH_3Br의 농도는 두 배, HO^-의 농도는 변화 없음

b. CH_3Br의 농도는 1/2배, HO^-의 농도는 네 배

c. CH_3Br와 HO^-의 농도를 모두 두 배

8.7.3 S_N2 반응의 입체화학-Walden 반전

S_N2 반응에서 친핵체는 기질의 이탈기 반대 방향에서 접근하여 새로운 결합을 생성한다. 그 이유는 친핵체와 이탈기는 모두 전자가 풍부한 원자단이기 때문에 서로 밀어내려는 반발력 때문이다. 따라서 친핵체는 이탈기의 정반대 방향(180° 방향)에서 기질의 친전자 부위에 접근하여 불안정한 전이 상태를 생성한다. 이 전이 상태에서 이탈기가 떨어져 나가면 S_N2 반응이 완성된다. 이 반응에서 친핵체 접근과 이탈기의 이탈은 동시에 진행된다(**그림 8.5**).

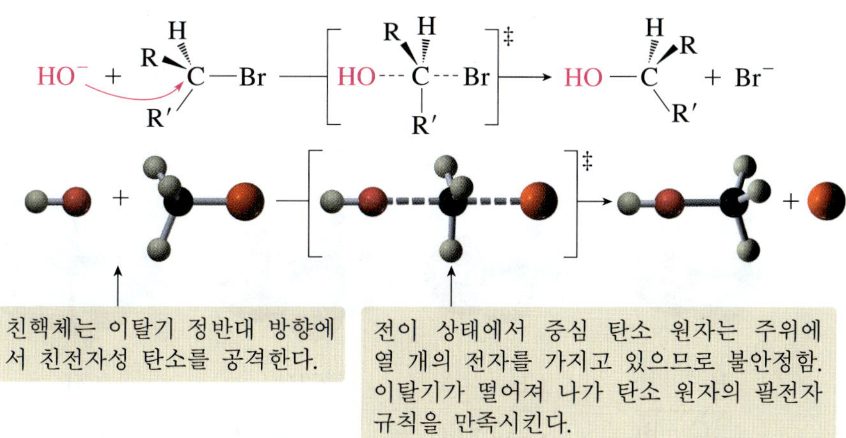

그림 8.5 S_N2 반응에서 친핵체는 이탈기의 정반대 쪽에서 공격한다.

■ Walden 반전

친핵체의 반대쪽 접근은 입체 중심 탄소에서 **입체 배열의 반전**을 일으킨다. 이를 **Walden** ('발덴' 이라고 읽음) **반전(Walden inversion)**이라 부른다. (*S*)-2-chlorobutane에 수산화 이온을 친핵체로 S_N2 반응시키면 비대칭 중심의 배열이 반전한(*R*)-butan-2-ol이 생성된다(**그림 8.6**).

Paul Walden(1863~1957): 라트비아계 독일 화학자. Riga 공대, Rostock 대학 교수 역임. 입체 반응 연구 중 Walden 반전을 발견. 상온 이온성 액체인 ethylammonium nitrate를 처음 합성.

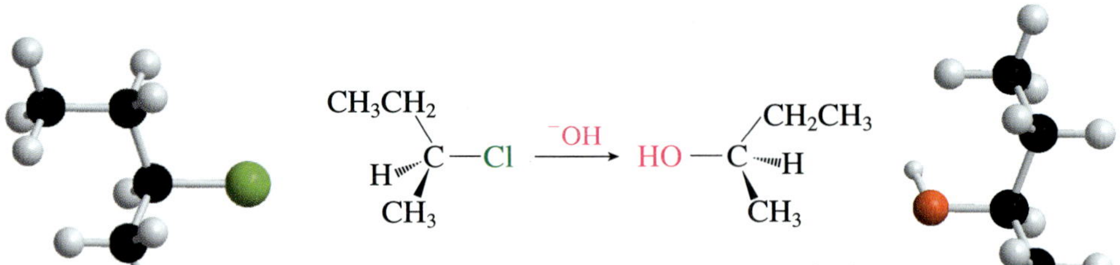

CH_3CH_2 / H◀C—Cl / CH_3 $\xrightarrow{^-OH}$ HO—C◀H / CH_2CH_3 / CH_3

(*S*)-2-Cholorobutane (*R*)-Butan-2-ol

그림 8.6 **S_N2 반응의 입체화학－Walden 반전**. 친핵체가 이탈기의 정반대에서 공격하여 비대칭 중심의 배열이 반대로 바뀐다. 마치 바람이 부는 날 우산이 뒤집히는 모습과 비슷하다.

예제 8.3 *cis*-1-Bromo-4-methylcyclohexane을 NaI와 S_N2 반응을 시켰다. 생성되는 물질의 구조를 그리시오.

풀이

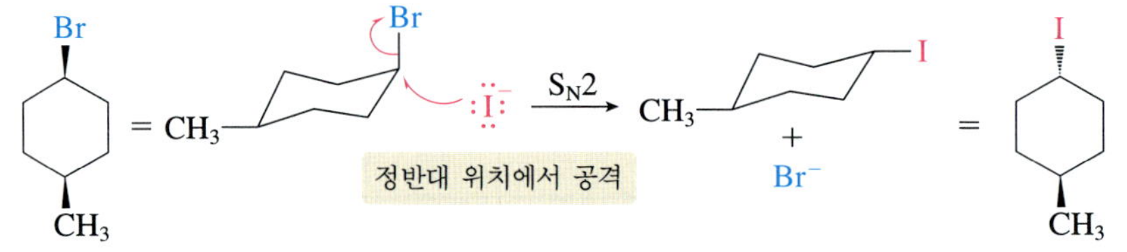

Br / CH_3 = CH_3—(cyclohexane)—Br + :I:⁻ $\xrightarrow{S_N2}$ CH_3—(cyclohexane)—I + Br^- = I / CH_3

정반대 위치에서 공격

cis-1-Bromo-4-methylcyclohexane *trans*-1-Iodo-4-methylcyclohexane

문제 8.6 (*S*)-2-Iodobutane을 acetone (아세톤) 속에서 NaI와 반응시켰더니 광학적 순도가 점차 감소하였다. 이 현상을 설명하시오.

8.7.4 S_N2 반응과 할로젠화 알킬의 구조: 알킬기의 입체 장애

S_N2 반응은 친핵체가 기질의 친전자성 탄소 부위를 직접 공격하여 반응이 일어나기 때문에, 이 탄소 원자 주변의 입체 장애를 심하게 받는다. 실제로 브로민화 알킬(RBr)에 대한

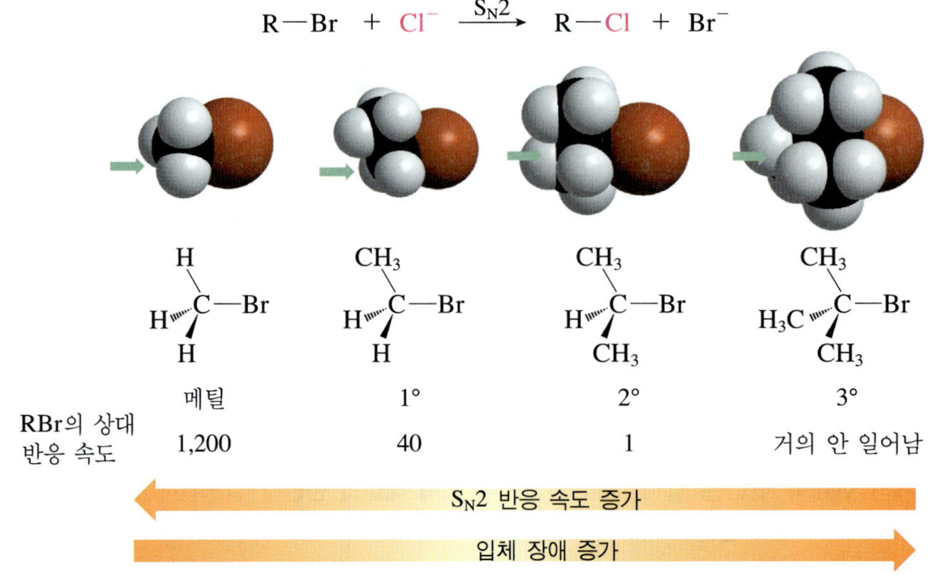

그림 8.7 **S_N2 반응에서 반응 기질의 입체 장애 효과.** 친핵 중심의 입체 장애가 작을수록 반응성이 증가한다.

Cl^-의 친핵성 치환 반응에서 CH_3Br은 $(CH_3)_2CHBr$에 비해 반응 속도가 1200배 빠른 것으로 관찰되었다(**그림 8.7**).

위의 결과를 다음과 같이 요약할 수 있다.

- S_N2 반응은 입체 장애가 적은 할로젠화 메틸에서 가장 잘 일어난다.
- 일차 할로젠화 알킬에서도 S_N2 반응은 비교적 잘 일어난다.
- 이차 할로젠화 알킬에서는 매우 느리게 일어난다.
- 삼차 할로젠화 알킬에서는 S_N2 반응이 일어나지 않는다(S_N1 반응이 일어난다).

알킬기의 입체 장애가 반응 속도에 영향을 주는 이유는, 전이 상태에서 입체 장애가 클수록 활성화 에너지가 커지므로 반응이 느려지기 때문이다(**그림 8.8**).

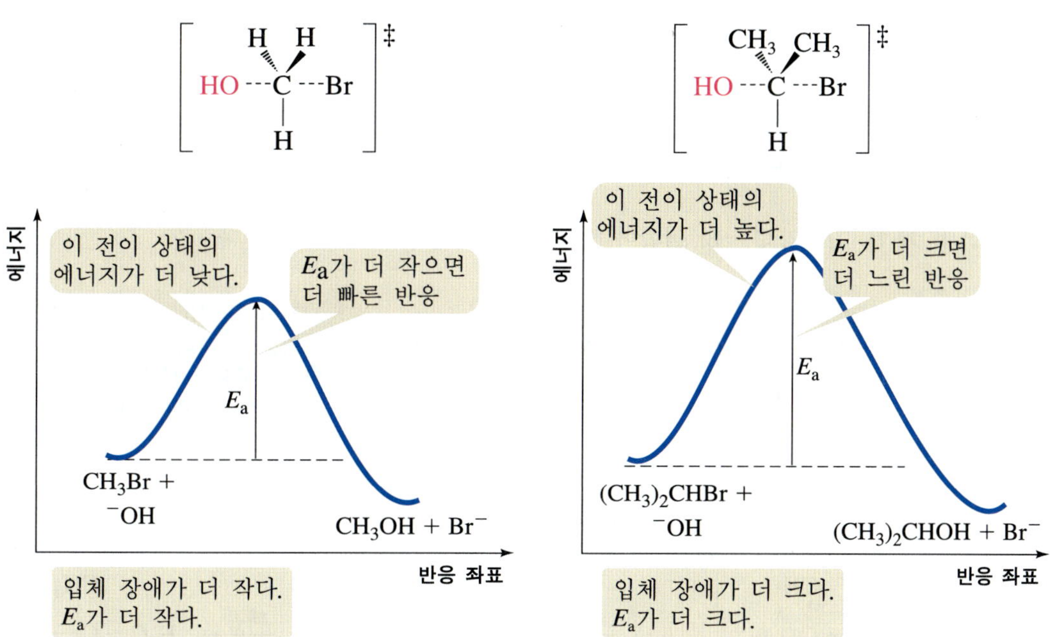

그림 8.8 **S_N2 반응에서 반응 기질의 입체 장애 효과를 보여 주는 에너지 도표.**

문제 8.7 다음 각 쌍 중 어느 것이 S_N2 반응을 더 빨리하겠는가?

a. CH_3I와 CH_3CH_2I **b.** (Br 치환 구조)와 (Br 치환 구조) **c.** 사이클로헥실–Cl와 사이클로헥실–CH_2Cl

d. CH_3CH_2OH와 CH_3CH_2Cl **e.** CH_3CH_2OH와 CH_3CH_2OTs

8.7.5 S_N1 반응의 반응속도론과 반응 메커니즘

앞서 언급한 대로 삼차 할로젠화 알킬인 *tert*-butyl bromide는 S_N2 반응이 일어나지 않는다. 그러나 이 물질을 H_2O와 반응시키면 H_2O가 낮은 친핵성을 가진 친핵체임에도 불구하고 친핵성 치환 반응 생성물인 *tert*-butyl alcohol이 만들어진다. 이 반응에서 기질인 브로민화물의 농도를 두 배로 증가시키면, 반응 속도가 두 배로 빨라진다. 반면에 H_2O의 농도를 증가시켜도 반응 속도에는 아무런 영향을 주지 않는다. 이 결과는 이 반응의 반응 속도는 오직 *tert*-butyl bromide의 농도에만 의존한다는 사실을 보여 준다.

S_N1 반응 $H_3C-C(CH_3)_2-Br + H_2O \longrightarrow H_3C-C(CH_3)_2-OH + HBr$

tert-Butyl bromide *tert*-Butyl alcohol

- 반응 속도 = k[*tert*-BuBr] (k = 속도 상수)
- 반응물의 농도 지수가 1이므로 반응 차수는 1이 된다.

이와 같이 반응 속도가 두 반응물 중 한 반응물의 농도에만 의존하는 반응을 **일차 반응(first order reaction)** 또는 **일분자 반응(unimolecular reaction)**이라 한다. 위의 반응은 친핵성 일차 반응이므로 **S_N1 반응**이라 한다. 대부분의 S_N1 반응은 용매가 친핵체로 작용한다. 이러한 반응을 **가용매분해 반응(solvolysis)**이라 하며, 반응 메커니즘은 다음과 같이 설명한다.

tert-Butyl bromide는 친핵체인 물과 직접 반응하는 것이 아니라, 브로민화물이 해리하는 [단계 1]과 생성된 탄소양이온이 친핵체와 결합을 형성하는 [단계 2]의 두 단계로 반응이 일어난다.

[단계 1] 기질의 C—Br 결합이 해리하여 끊어진다. 느리게 진행된다.

$$H_3C-C(CH_3)_2-Br \xrightleftharpoons{\text{느림}} H_3C-C^{+}(CH_3)_2 + Br^-$$

일반식 $$R-X \xrightleftharpoons{\text{느림}} R^+ + X^-$$

- 기질의 C—Br 결합이 불균형적으로 끊어져 중간체인 탄소양이온이 만들어진다.
- 이 단계가 **반응 속도 결정 단계**이다.

[단계 2] C—O 결합 형성 단계이다. 빠르게 진행된다.

$$H_3C-C^{+}(CH_3)_2 + H_2O \xrightarrow{\text{빠름}} H_3C-C(CH_3)_2-\overset{+}{O}(H)-H \xrightarrow[-H^+]{\text{빠름}} H_3C-C(CH_3)_2-OH$$

일반식 $$R^+ + :Nu \xrightarrow{\text{빠름}} R-Nu$$

위의 반응에서 [단계 1]의 반응은 C—Br 결합이 해리하여 끊어지는 단계이므로 느리게 진행되지만, [단계 2]의 반응은 단계 1에서 생성된 탄소양이온과 H_2O의 산소 원자에 있는 비공유 전자쌍이 일종의 산-염기 반응 형태로 반응하는 것이기 때문에 빠르게 진행된다. 따라서 이 반응에서 반응 속도 결정 단계는 [단계 1]이 된다. 이 반응을 반응 도표로 나타내면 **그림 8.9**와 같다.

- S_N1 반응은 중간체가 생성되는 **두 단계 반응**으로 일어난다.

8.7.6 S_N1 반응과 탄소양이온의 재배열

앞서 우리는 6.6.2절에서 탄소양이온이 중간체로 생성되는 반응에서 더 안정한 탄소양이온이 만들어지기 위해, 탄소양이온의 인근에 있는 H나 알킬기가 재배열하는 반응의 예를 살

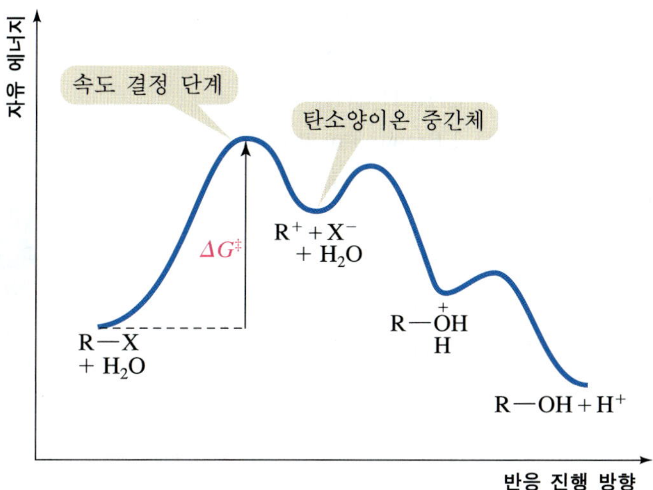

그림 8.9 S_N1 반응의 반응 도표.

펴보았다. S_N1 반응이 일어날 경우에도 이와 비슷한 현상이 일어난다. 예를 들어, 2-bromo-3-methylbutane이 물과 S_N1 반응을 할 경우 반응 중간체인 2° 탄소양이온이 1,2-수소음이온(1,2-H^-) 자리옮김에 의하여 더 안정한 3° 탄소양이온으로 전환되어 반응이 일어나기 때문에 2-methylbutan-2-ol이 더 많이 생성된다. 그러나 물보다 더 강한 친핵체인 ^-OH를 사용하면 이 반응은 S_N2 반응으로 진행되어 3-methylbutan-2-ol이 더 많이 생성된다.

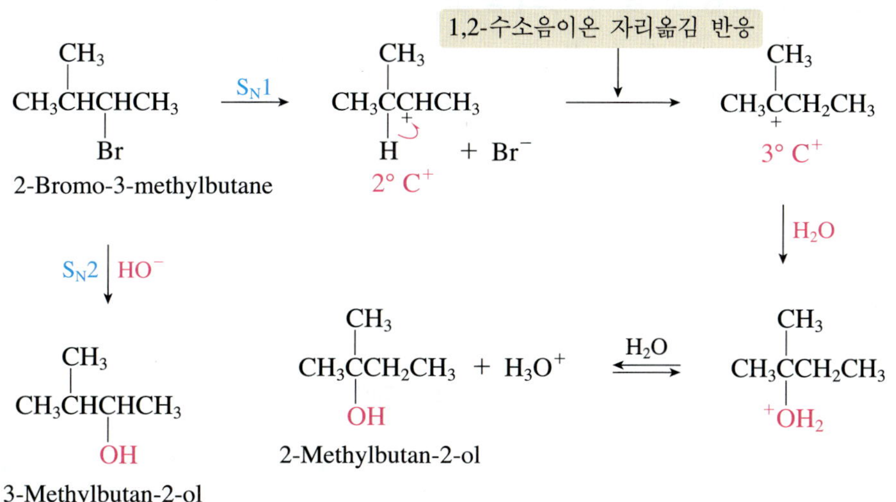

자리옮김 반응은 분자 내 반응이므로 분자간 반응인 친핵체와의 결합 반응보다 빨리 일어난다.

8.7.7 S_N1 반응의 입체화학

S_N1 반응은 **두 단계 반응**으로, 탄소양이온이 먼저 생성되고 여기에 친핵체가 결합하는 반응이다. 따라서 기질이 비대칭 중심을 가지고 있어 카이랄 분자라 해도 S_N1 반응을 통해 얻어지는 생성물은 라셈 혼합물이다. 이와 같은 반응을 **라셈화 반응**이라 한다. 그 이유는 중간체로 생성되는 탄소양이온은 sp^2 혼성 탄소 원자로서 평면 삼각형의 형태를 가지므로 친핵체가 평면의 양쪽 방향에서 동시에 공격할 수 있기 때문이다(**그림 8.10**).

- 비대칭 중심을 가진 반응 기질의 S_N1 반응은 라셈 혼합물을 생성한다.

탄소양이온은 sp^2 혼성 탄소 원자이다.

CH_3CH_2, H_3C, $CH_3CH_2CH_2$ — C — Br

(*S*)-3-Bromo-3-methylhexane

1. $-Br^-$
2. H_2O

탄소양이온 중간체는 평면 구조여서 친핵체가 양방향에서 공격 가능

[CH_3, CH_2CH_3, $CH_3CH_2CH_2$ — C^+; $H_2O \rightarrow C \leftarrow O_2H$]

Nu → + ← Nu

CH_3CH_2, H_3C, $CH_3CH_2CH_2$ — C — OH + HO — C — CH_2CH_3, CH_3, $CH_2CH_2CH_3$

*S*체 *R*체

라셈 혼합물

그림 8.10 **S_N1 반응의 입체화학.** 라셈 혼합물을 생성시킨다.

8.7.8 S_N1 반응과 할로젠화 알킬의 구조

S_N1 반응은 기질인 R—X에서 탄소양이온이 생성된 다음에, 친핵체가 결합하는 두 단계 반응으로 진행되므로 가장 안정한 탄소양이온을 생성시킬 수 있는 삼차 할로젠화 알킬의 반응성이 가장 크다. S_N1 반응은 불안정한 탄소양이온을 생성시키는 일차 할로젠화 알킬이나 할로젠화 메틸에서 거의 일어나지 않는다. 따라서 기질의 구조에 따른 반응성은 S_N2와 정반대이다.

- S_N1 반응은 안정한 탄소양이온을 생성시킬 수 있는 반응 기질일수록 잘 일어난다.

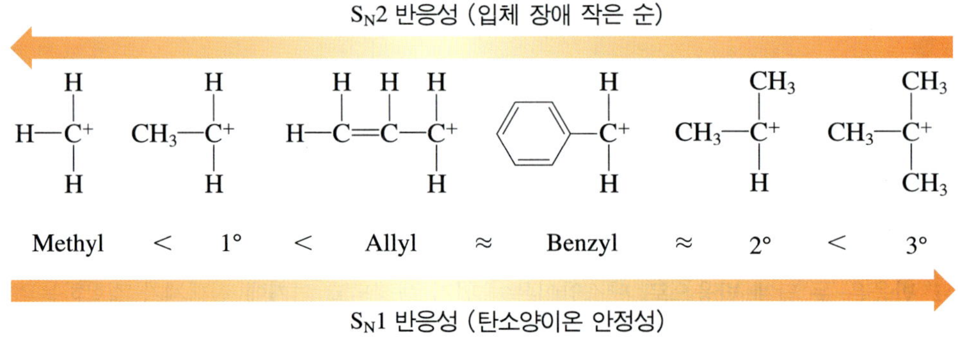

예제 8.4 다음 반응에서 얻을 수 있는 생성물을 입체 구조로 나타내시오.

Cl + CH_3OH ⟶

풀이

Cl ⇌ (느림) + Cl^- → CH_3OH (빠름) → OCH_3

삼각 평면 구조

CH_3OH (빠름) → OCH_3

문제 8.8 할로젠화 알킬을 출발 물질로 사용하여 다음 화합물을 합성하는 과정을 반응식으로 나타내시오. S_N1과 S_N2 반응 중 어느 반응을 이용하였는가?

a. $CH_3CH_2CH_2CN$ **b.** CH_3CH_2SH **c.** $CH_3CH_2\overset{+}{N}(CH_3)_3\ Cl^-$ **d.** OCH_3

e. N_3 **f.** (*S*)-2-Iodopentane **g.** $CH_3CH_2CH_2OCOCH_3$

8.8 친핵성 치환 반응에서 용매 효과

8.8.1 용매의 분류

반응 물질을 녹이는 데 사용되는 용매는 그 성질에 따라 **극성 용매(polar solvent)**와 **비극성 용매(nonpolar solvent)**로 나뉘어진다. 극성 용매는 H_2O 또는 ROH와 같이 양성자(H^+)를 가지고 있는 **양성자성 극성 용매(protic polar solvent)**와 극성은 가지고 있지만 H^+가 없는 **비양성자성 극성 용매(aprotic polar solvent)**로 분류된다(**그림 8.11**).

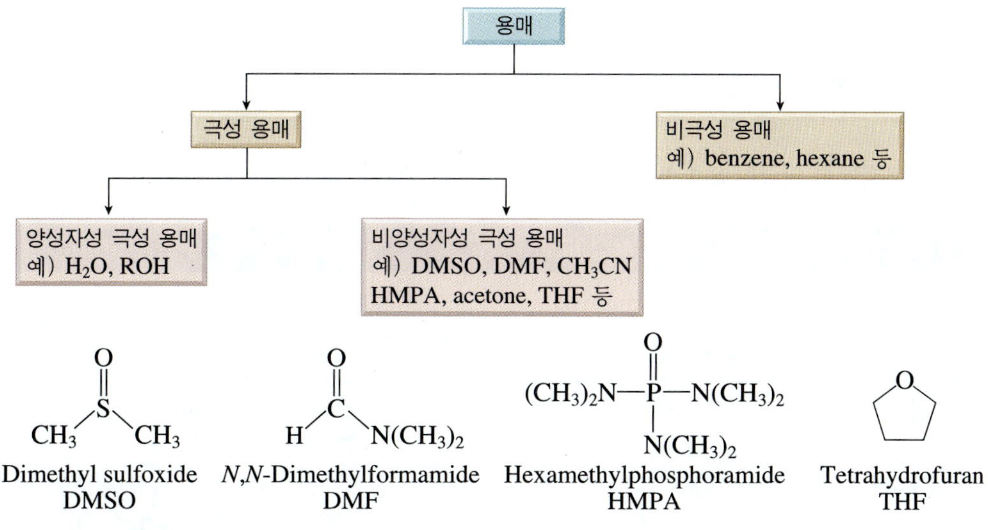

그림 8.11 **용매의 분류.**

8.8.2 친핵성 치환 반응에서의 용매 효과

친핵성 치환 반응에 참여하는 기질은 극성을 띤 분자이고 친핵체는 전자가 풍부한 분자나 이온들이다. 따라서 용매의 극성은 반응의 진행 과정에 큰 영향을 미친다. S_N1 반응의 경우

H_2O와 같은 양성자성 극성 용매 속에서 반응이 잘 일어난다. 그 이유는 기질이 해리하여 생성된 탄소양이온을 H_2O의 산소 음전하가 둘러싸서 안정되게 하고, 해리되어 나온 이탈기의 음전하는 수소 결합을 통해 안정화시킬 수 있기 때문이다. 이와 같은 수소 결합에 의해 음이온이 안정화되는 성질은 친핵체를 용매화시켜 친핵성을 감소시키는 결과를 초래할 수 있다. 그러나 S_N1 반응에서는 탄소양이온이 생성되는 단계가 반응 속도를 결정하므로 이를 극복할 수 있다. 반면에 S_N2 반응은 비양성자성 극성 용매에서 더 잘 일어난다. 이는 비양성자성 극성 용매는 극성은 가지되 수소 결합을 할 수 없고, 기질은 안정화시키나 친핵체를 용매화시키지 않기 때문이다.

용매의 음전하는 탄소양이온을 안정화시킨다.
• S_N1 반응 유리: 해리 단계 유리

용매의 수소 결합은 음전하를 안정화시킨다.
• S_N1 반응 유리: 해리 단계 유리
• S_N2 반응 불리: 친핵체의 친핵성 약화

친핵성 치환 반응에서 용매 효과를 요약하면 다음과 같다.

- 친핵성 치환 반응은 비극성 용매 속에서는 일어나지 않는다.
- S_N1 반응은 양성자성 극성 용매에서 잘 일어난다.
- S_N2 반응은 비양성자성 극성 용매에서 잘 일어난다.

8.9 S_N1 반응과 S_N2 반응 특성 비교

8.6~8.8절에서 언급한 S_N1 반응과 S_N2 반응의 특성을 **표 8.2**에 요약하였다.

표 8.2 S_N1 반응과 S_N2 반응 특성 비교

$$RX + :Nu \longrightarrow RNu + X^-$$

구분	S_N1 반응	S_N2 반응
반응속도론	속도 = k[RX]	속도 = k[RX][Nu]
메커니즘	두 단계	한 단계
입체화학	라셈화(삼각 평면 탄소양이온 중간체 생성)	입체 중심의 배열 반전(친핵체가 이탈기 정반대 쪽에서 접근)
알킬기(R)의 구조	3°: 잘 일어남 2°, 알릴, 벤질: 일어남 1°, 메틸: 일어나지 않음	메틸, 1°: 잘 일어남 2°, 알릴, 벤질: 일어남 3°: 일어나지 않음
이탈기	$I > Br > Cl \gg F$	$I > Br > Cl \gg F$
친핵체	약한 친핵체 선호	강한 친핵체 선호
용매	양성자성 극성 용매 선호	비양성자성 극성 용매 선호

화학 라운지 8.2 생체에서 일어나는 친핵성 치환 반응

S-Adenosylmethionine (*S*-아데노실메싸이오닌, SAM) 은 amino acid인 methionine (메싸이오닌)의 S 원자의 비공유 전자쌍이 친핵체로 작용하여, ATP의 5′ 탄소를 S_N2 반응으로 공격하여 생성된 조효소의 일종이다. SAM의 메틸기는 양이온으로 하전된 설포늄 이온에 결합되어 있으므로 친핵체(메틸 수용체)의 공격을 받기 쉽기 때문에 '생물학적 메틸화제'로 많은 생화학 반응에 참여한다.

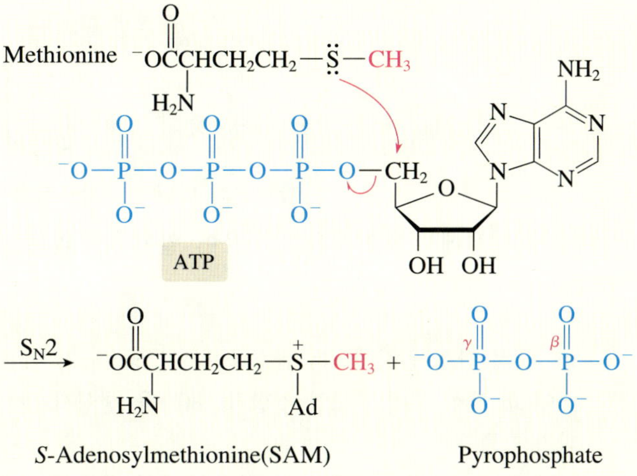

Methionine $^-O\overset{O}{\overset{\|}{C}}CH(NH_2)CH_2CH_2-\ddot{S}-CH_3$ + ATP $\xrightarrow{S_N2}$ $^-O\overset{O}{\overset{\|}{C}}CH(NH_2)CH_2CH_2-\overset{+}{S}(Ad)-CH_3$ + Pyrophosphate

S-Adenosylmethionine(SAM) Pyrophosphate

이 조효소는 예를 들어, 부교감신경 전달물질인 choline (콜린), 교감신경 전달물질인 adrenaline (아드레날린, 부신수질 호르몬이기도 하며, epinephrine이라고도 함), 담배의 주성분인 nicotine (니코틴), 척추동물의 근육에 에너지를 제공하는 creatine (크레아틴), 송과선에서 분비되는 호르몬으로 낮과 밤의 길이 등 광주기를 감지하여 생체 리듬을 조절하는 작용이 있는 melatonin (멜라토닌), 항생물질인 indolmycin (인돌마이신) 의 생합성 중간체 및 인체 내 항산화 물질인 α-tocopherol (α-토코페롤) 의 생합성 과정에서, 친핵성 치환 반응을 통한 생체 내 메틸화 시약으로 작용한다.

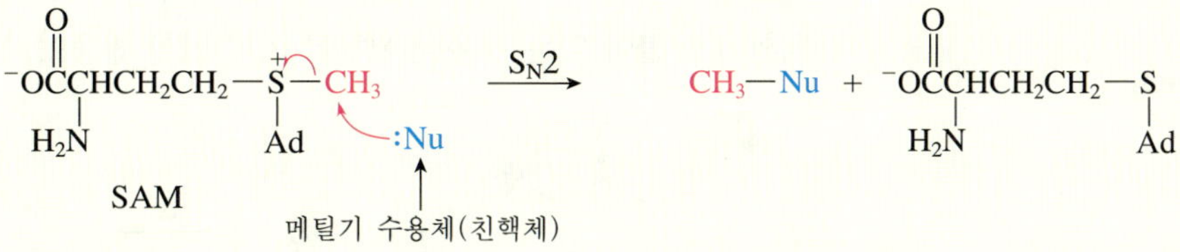

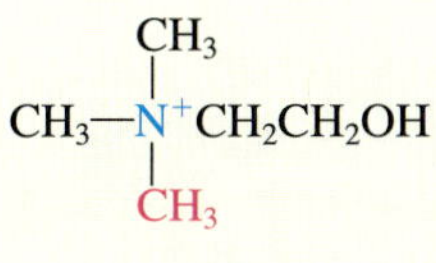

SAM $^-O\overset{O}{\overset{\|}{C}}CH(NH_2)CH_2CH_2-\overset{+}{S}(Ad)-CH_3$ + :Nu $\xrightarrow{S_N2}$ CH_3-Nu + $^-O\overset{O}{\overset{\|}{C}}CH(NH_2)CH_2CH_2-S-Ad$

메틸기 수용체(친핵체)

Choline 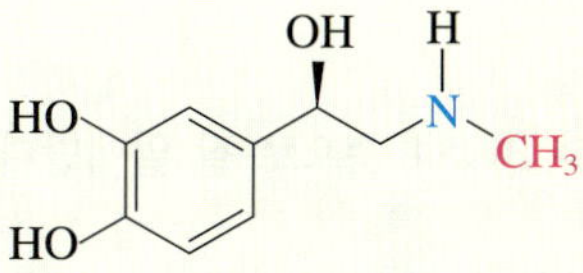 Adrenaline 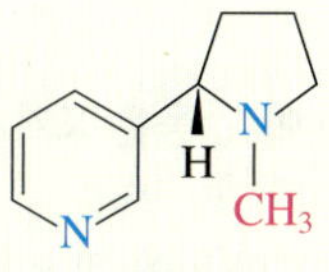 Nicotine 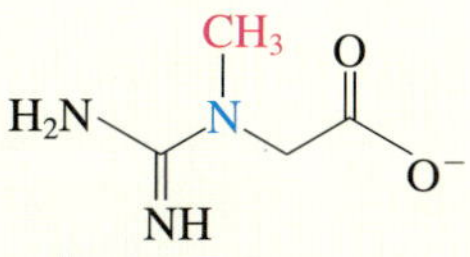 Creatine

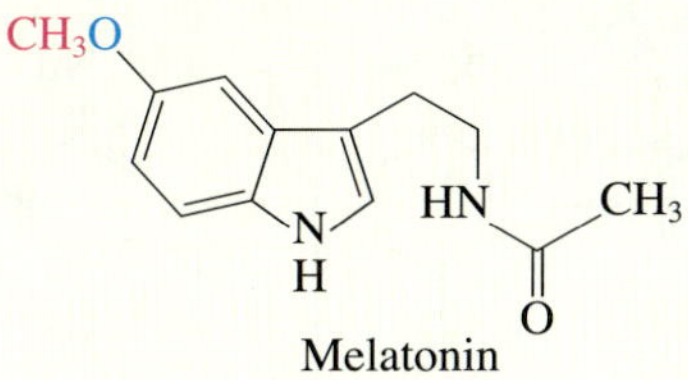

Melatonin 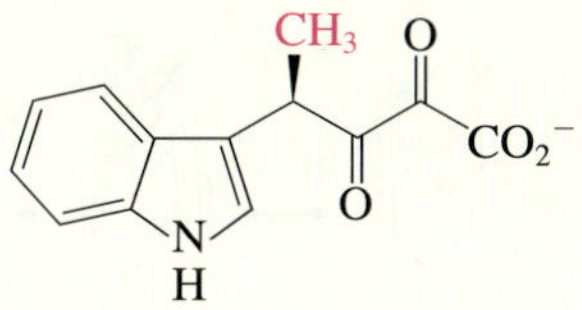 Indolmycin 생합성 중간체 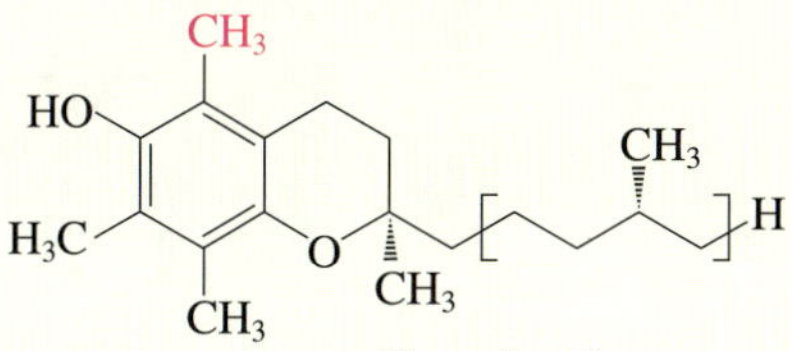 α-Tocopherol

8.10 친핵성 방향족 아릴 치환 반응

■ 할로젠화 비닐과 할로젠화 아릴의 치환 반응

S_N1과 S_N2 반응은 sp^3 혼성 탄소 원자에 이탈기가 붙어 있는 분자에서만 일어나며, sp^2 혼성 탄소 원자에 할로젠기가 결합되어 있는 할로젠화 비닐과 할로젠화 아릴에서는 몇 가지 예외적인 경우를 제외하고 일반적으로 친핵성 치환 반응이 일어나지 않는다.

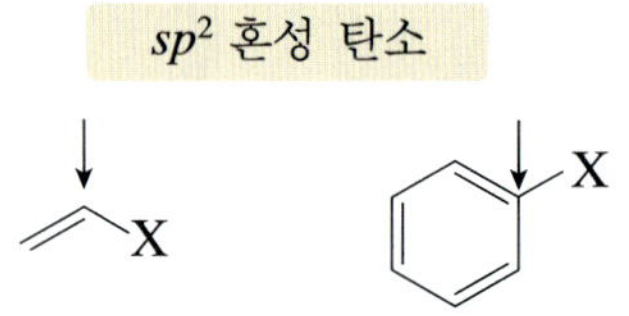

sp^2 혼성 탄소

할로젠화 비닐 할로젠화 아릴

이들 화합물에서 S_N1과 S_N2 반응이 일어나지 않는 이유를 다음 두 가지로 설명할 수 있다.

- sp^2 혼성 탄소 원자에서는 탄소양이온이 생성되기 어렵다. 분자의 구조가 이탈기가 이탈하여 sp 혼성 오비탈 모양(결합각 180°)을 생성시키기 어렵다. 따라서 S_N1 반응이 일어나기 힘들다.
- 이탈기 반대쪽에 π 전자들이 있어 전자가 풍부한 친핵체의 접근이 불가능하다. 따라서 S_N2 반응도 일어나기 힘들다.

1-Fluoro-2,4-dinitrobenzene (DNFB, Sanger 시약)
단백질 연구에서 단백질을 구성하고 있는 amino acid의 순서를 알아내는 데 사용하는 시약으로, *N*-말단 아미노산을 찾아내기 위하여 사용된다.

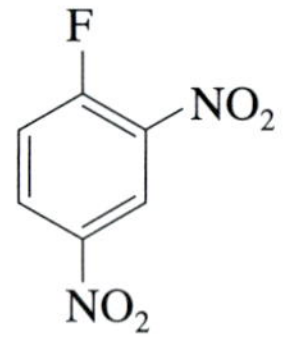

1-Fluoro-2,4-dinitrobenzene
(DNFB, Sanger 시약)

예외적으로 다음 세 가지의 경우 할로젠화 아릴에서 할로젠기가 이탈되는 치환 반응이 일어난다. 이와 같이 벤젠 고리에서 일어나는 친핵성 치환 반응을 **친핵성 방향족 치환 반응 (nucleophilic aromatic substitution, S_NAr)** 이라 한다.

[경우 1]: 할로젠화 벤젠 유도체 중 *ortho*와 *para* 위치에 NO_2기와 같이 전자 끌기가 강한 치환기가 붙어 있는 경우 친핵체에 의해 치환 반응이 일어난다.

예 + ^-OH $\xrightarrow{\Delta}$ X=F, Cl, Br, I

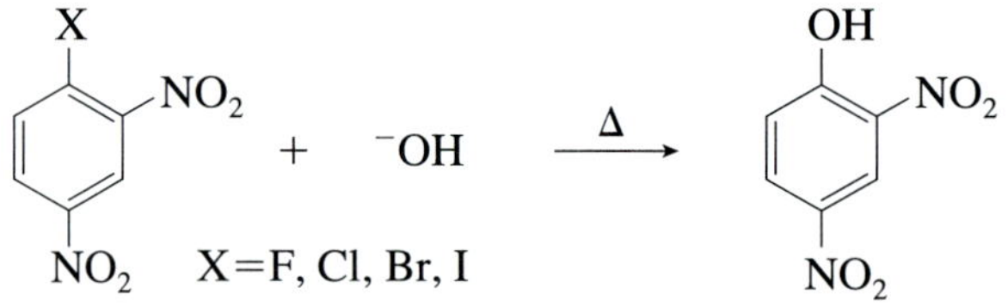

- 이 반응은 X기가 F > Cl > Br > I 순으로 잘 일어난다.

이 반응의 반응 메커니즘은 아래와 같이 **첨가-제거 반응**으로 설명된다. 첨가 반응 시 반응 중간체로 생성되는 벤젠 고리의 탄소음이온의 전자를, 전자 끌기 치환기가 잡아당겨 비편재화로 안정화시킨 후 이탈기가 제거되는 반응이다.

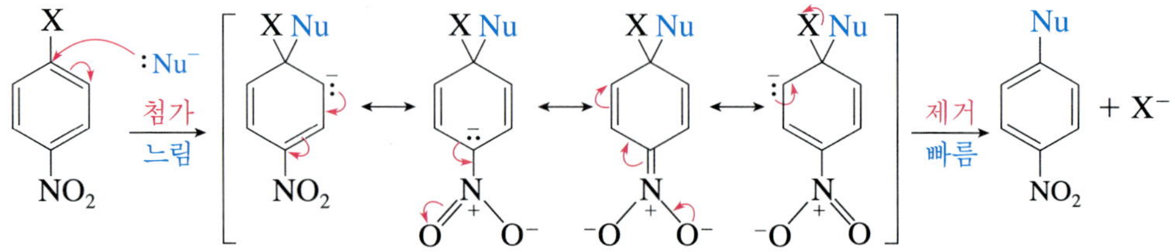

첨가 느림 제거 빠름 + X^-

[경우 2]: 할로젠화 아릴에서 할로젠기는 $^{-}NH_2$기 같은 강염기의 친핵체에 의해 치환 반응이 일어난다. 이 반응은 **benzyne (벤자인)**이 중간체로 형성되는 반응으로, NH_2기가 할로젠기에 붙어 있는 탄소를 직접 공격하여 일어나는 반응이 아니다.

Cl H :NH_2 제거 [:NH_2 Benzyne] 첨가 NH_2 + NH_2

[경우 3]: **아릴다이아조늄염**에서 다이아조늄기가 붙어 있는 탄소를 친핵체가 S_N1 반응과 비슷하게 직접 공격하는 경우이다. 이 반응은 Sandmeyer 반응으로 잘 알려져 있는 반응이다. 보다 상세한 내용은 10.5.5절에서 공부할 예정이다.

NH_2 $\xrightarrow[HCl]{NaNO_2}$ [$\overset{+}{N}{\equiv}N$: Cl^-] $\xrightarrow{Z}$ Z

아릴다이아조늄염 Z=Cl, Br, I, CN, OH, H

8.11 할로젠화 알킬의 제거 반응

할로젠화 알킬의 **제거 반응(elimination reaction)**이란 할로젠화 이온이 인근 탄소 원자에 σ 결합한 다른 원자(주로 수소 원자)와 함께 이탈(제거)하여 π 결합을 생성시키는 반응을 말한다. 예를 들어, 할로젠화 알킬을 염기와 반응시키면 C—X 결합의 X기와 바로 옆 탄소 원자에 결합되어 있는 H 원자가 HX로 제거되어, **알켄** 또는 **알카인이 생성**된다. HX가 제거되는 반응을 **할로젠화수소이탈(dehydrohalogenation)**이라 한다. X가 결합하고 있는 탄소 원자를 α 탄소라 하고, 바로 옆의 탄소 원자를 β 탄소라 부르는데, 이 반응은 β 탄소의 수소 원자가 양성자 형태로 염기에 의해 떨어져 나가면서 α 탄소의 할로젠기가 동시에 제거되는 반응이다. 이런 반응을 **β 제거 반응(β elimination reaction)** 또는 **1,2-제거 반응(1,2-elimination reaction)**이라 한다.

—C—C— (H X) + :B ⟶ C=C + H—B$^+$ + X:$^-$

염기 새 π 결합 알켄

HX의 제거

B: H —C—C— X α β

이웃자리 다이브로민화물이 I^- 이온과 반응하여도 탈브로민화 반응이 일어나 알켄이 생성된다(문제 8.32 참조).

Br —C—C— Br $\xrightarrow[acetone]{NaI}$ C=C

예

염기 알켄 부산물

[1] CH_3CH_2—CH(H)—CH(H)(Br)—H $\xrightarrow[-HBr]{K^+\ ^-OC(CH_3)_3}$ CH_3CH_2(H)C=C(H)(H) + $HOC(CH_3)_3$ + K^+ Br^-

[2] (H, Cl cyclohexane) $\xrightarrow[-HCl]{Na^+\ ^-OCH_2CH_3}$ cyclohexene + $HOCH_2CH_3$ + Na^+ Cl^-

제거 반응에 흔히 사용되는 반응 기질은 할로젠화 알킬, 지방족 알코올(9.3.3절), 지방족 사차 암모늄염(10.5.3절) 등이고, 염기는 NaOH (sodium hydroxide), KOH (potassium hydroxide), $NaOCH_3$ (sodium methoxide), $NaOCH_2CH_3$ (sodium ethoxide), $KOC(CH_3)_3$ (potassium *tert*-butoxide) 등과 같은 Brønsted-Lowry 염기이다.

한편, 같은자리(*gem*-) 또는 이웃자리(*vic*-) 다이할로젠화 알킬을 $NaNH_2$ 또는 $K^{+-}OC(CH_3)_3$와 같은 강염기와 반응시키면 2당량의 HX가 제거되어 알카인이 생성된다.

$$\underset{vic\text{-Dihalide}}{R-\overset{X}{\underset{H}{C}}-\overset{H}{\underset{X}{C}}-R'} \xrightarrow[-2HX]{2NaNH_2\ \text{또는}\ 2K^{+}\ {}^{-}OC(CH_3)_3} R-C{\equiv}C-R' \xleftarrow[-2HX]{2NaNH_2\ \text{또는}\ 2K^{+}\ {}^{-}OC(CH_3)_3} \underset{gem\text{-Dihalide}}{R-\overset{X}{\underset{X}{C}}-\overset{H}{\underset{H}{C}}-R'}$$

8.12 제거 반응의 종류와 반응 메커니즘

제거 반응 메커니즘은 **E2 반응(이분자 제거 반응)**과 **E1 반응(일분자 제거 반응)**으로 크게 나눌 수 있다. 여기서 E는 **elimination (제거)**을 의미하며, 숫자 1과 2는 반응 차수를 의미한다.

8.12.1 E2 반응과 반응 메커니즘

E2 반응은 할로젠화 알킬이 염기와 반응하여 **할로젠화수소이탈 (dehydrohalogena-tion)**을 일으켜 알켄 또는 알카인이 생성되는 반응이다. 예를 들면, $(CH_3)_3CBr$을 ^{-}OH와 반응시켜 $(CH_3)_2C{=}CH_2$를 생성시키는 반응이다. 이 반응은 β 탄소에 있는 수소 원자가 염기에 의해 H^+로 떨어져 나가면서, 탄소 원자의 전자쌍이 이동하여 할로젠기가 이탈되면서 C=C 결합이 형성되는 반응으로 그 특징을 다음과 같이 정리할 수 있다.

E2 반응

$$CH_3-\overset{CH_3}{\underset{Br}{C}}(\alpha)-\overset{H}{C}H_2(\beta) \xrightarrow{{}^{-}:\ddot{O}H} (CH_3)_2C{=}CH_2 + H_2\ddot{O}: + Br^-$$

새로운 π 결합

- 반응 속도 = $k[(CH_3)_3CBr][^{-}OH]$: 반응 기질과 염기 모두가 반응 속도에 영향을 준다(2차 반응).
- 반응은 한 단계로 일어난다. 모든 결합은 동시에 끊어지고 형성된다.
- 반응은 위치선택적으로 일어나 더 안정한 알켄을 생성시킨다.
- 강염기일수록 반응이 잘 일어난다.
- *anti*-제거 반응으로 일어난다.

8.12.2 Zaitsev 규칙과 E2 반응의 위치 선택성

• E2 반응은 **위치선택적(regioselective)**으로 일어난다.

두 개 이상의 β 탄소를 가진 할로젠화 알킬에서 제거 반응이 일어날 경우 알킬기가 더 많이 치환된 알켄이 주생성물로 생성된다. 이를 **Zaitsev**('자이체프' 라고 읽음) **규칙(Zaitsev's rule)**이라 한다. 예를 들어 2-bromo-2-methylbutane을 ^{-}OH와 반응시키면 2-methylbut-1-ene(**A**)보다 2-methylbut-2-ene(**B**)이 주생성물로 생성된다. 일반적으로 알켄의 안정도는 이중 결합 탄소에 알킬 치환기를 많이 가질수록 열역학적으로 안정하다(6.1.6절). 이 때문에 제거 반응은 이중 결합이 형성되는 전이 상태에서 치환기가 많은 전이 상태의 구조를 더 선호하게 된다.

Alexander Mikhaylovich Zaitsev(1841~1910): 러시아계 유기화학자. Saytzeff 또는 Saytzev라고도 표기. Kiev 대학과 Kazan 대학교 화학과 교수 역임.

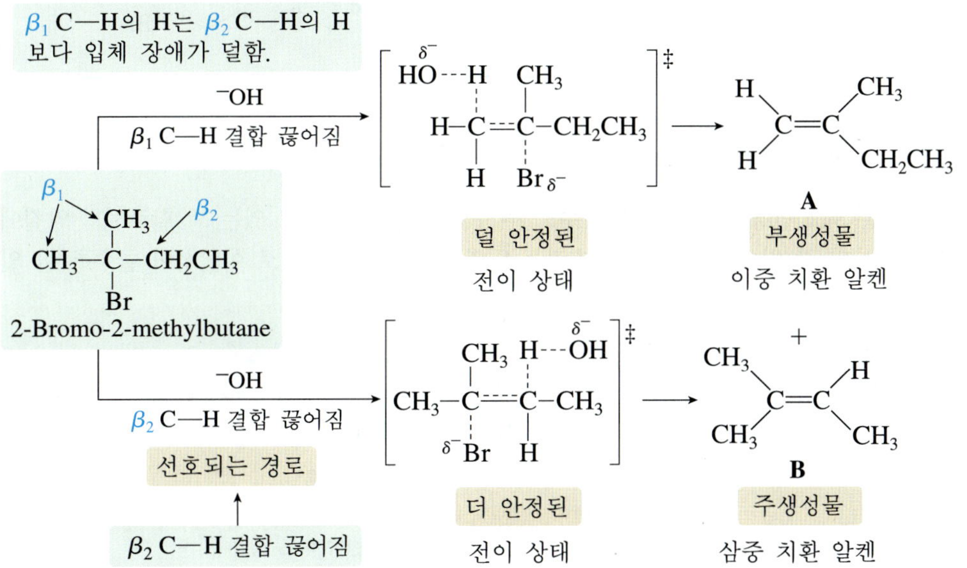

β_1 C—H의 H는 β_2 C—H의 H 보다 입체 장애가 덜함.

2-Bromo-2-methylbutane (CH_3—C(CH_3)(Br)—CH_2CH_3; β_1, β_2)

^{-}OH, β_1 C—H 결합 끊어짐 → [HO---H (δ^-), H—C---C(CH_3)—CH_2CH_3, H, Brδ^-]‡ → (H_2C=C(CH_3)CH_2CH_3) **A**

덜 안정된 전이 상태 — 부생성물 이중 치환 알켄

+

^{-}OH, β_2 C—H 결합 끊어짐 → [CH_3 H---OH (δ^-), CH_3—C---C—CH_3, δ^-Br H]‡ → ((CH_3)$_2$C=CHCH_3) **B**

선호되는 경로 ↑ β_2 C—H 결합 끊어짐

더 안정된 전이 상태 — 주생성물 삼중 치환 알켄

그러나 예외적으로 염기를 ^{-}OH에서 덩치가 큰 $K^{+}\,{}^{-}OC(CH_3)_3$로 바꾸면 *anti*-Zaitsev형 알켄인 2-methylbut-1-ene(**A**)이 주생성물로 생성된다. 그 이유는 덩치가 큰 염기가 입체 장애가 작은 β_1 C—H에 접근하기 더 쉽기 때문이다.

anti-Zaitsev형 알켄
β-수소를 가진 알킬 암모늄염을 가열하면 *anti*-Zaitsev형 알켄이 생성된다(10.5.3절).

예제 8.5 다음 할로젠화 알킬을 ethanol 속에서 KOH와 반응시켜 제거 반응시켰을 때 얻어지는 생성물의 구조를 모두 그리고, 그중 주생성물을 밝히시오.

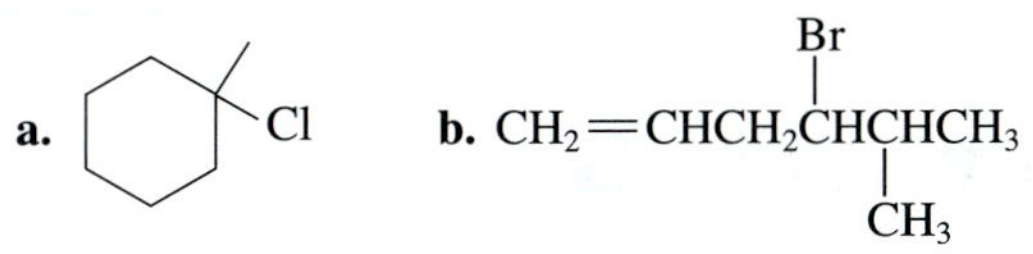

a. 1-chloro-1-methylcyclohexane (구조식) **b.** CH_2=CHCH$_2$CH(Br)CH(CH$_3$)CH$_3$

풀이

a. (1-chloro-1-methylcyclohexane, 고리 β C—H) —KOH→ 1-methylcyclohexene + methylenecyclohexane ←KOH— (메틸기 β C—H)

주생성물
Zaitsev 규칙을 따름

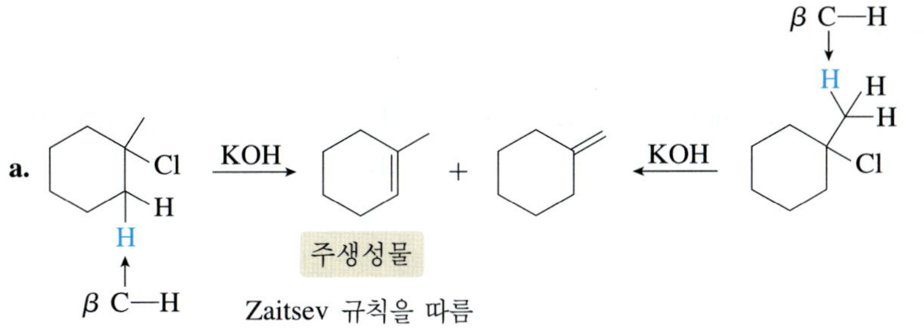

β_1 C—H

b. $CH_2{=}CHCH(H)CH(Br)C(H)(CH_3)CH_3 \longrightarrow CH_2{=}CH{-}CH{=}CH{-}CH(CH_3)CH_3 + CH_2{=}CHCH_2C(CH_3){=}CCH_3$

β_2 C—H

β_1 C—H 결합이 끊어져 생성 β_2 C—H 결합이 끊어져 생성

주생성물

Zaitsev 규칙에서 벗어나지만 더 안정한 콘쥬게이트 다이엔을 형성할 수 있음.

Zaitsev 규칙을 따름

문제 8.9 다음 화합물이 E2 반응을 할 때 주생성물의 구조를 그리시오.

a. Br **b.** Cl **c.** Br **d.** Br

8.12.3 E2 반응과 할로젠화 알킬의 구조

E2 반응은 S_N2 반응과는 반대로 β 수소 원자를 더 많이 가지고 있는 3° 할로젠화 알킬에서 반응이 더 잘 일어난다. 이탈기 효과는 S_N2 반응과 마찬가지로 이탈성이 클수록 잘 일어난다.

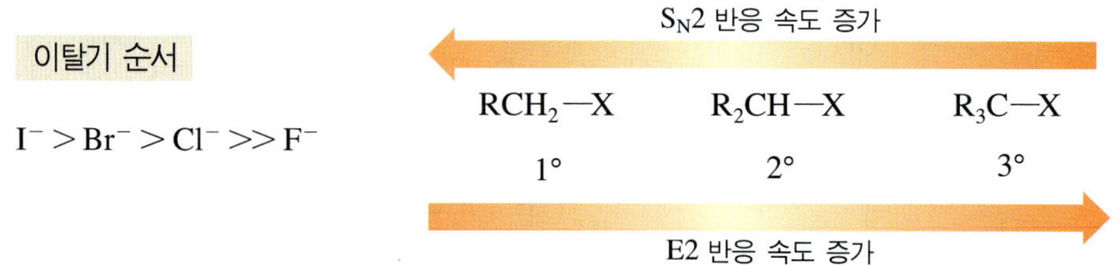

문제 8.10 다음 각 쌍의 화합물 중 어느 것이 E2 반응을 더 잘 하겠는가?

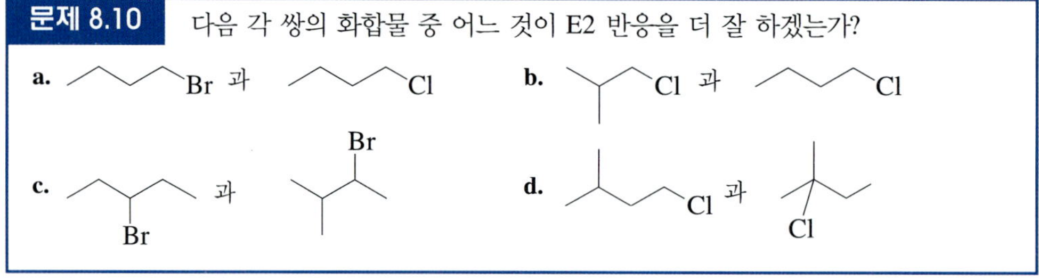

8.12.4 E2 반응과 할로젠화 알킬의 입체 배열

- E2 반응은 ***anti*-준평면 형태 구조**에서 **입체선택적(stereoselective)**으로 일어난다. 이를 ***anti*-제거 반응**이라고 함.

E2 반응은 염기에 의해 할로젠화 알킬의 βC—H 결합과 αC—X 결합이 동시에 끊어져 HX로 제거되고 π 결합을 형성하는 반응으로, 이 반응이 일어나기 위해서는 전이 상태에서 특별한 입체 배열(형태)이 필요하다. π 결합은 p 오비탈의 평행 겹침으로 형성되는 결합이기 때문에, 결합이 끊어지는 βC—H 결합과 αC—X 결합 그리고 π 결합이 생성되는 C—C 결합, 즉 H—C_β—C_α—X 결합에 있는 네 개의 원자들은 동일 평면에 배열되어 있어야

H와 X는 같은 쪽에 있다.

syn-준평면

H와 X는 다른 쪽에 있다.

anti-준평면

E2 반응의 H—C_β—C_α—X 네 원자는 모두 동일 평면에 놓여 있는 배열에서 일어난다. *anti*-준평면 형태를 선호한다.

한다. 이들 결합이 동일 평면에 놓여질 수 있는 형태 구조는 ***syn*-준평면 형태**(***syn*-periplanar conformation**)와 ***anti*-준평면 형태**(***anti*-periplanar conformation**)의 두 종류가 있는데, 보통의 제거 반응은 *anti*-준평면 형태에서 일어난다. **그림 8.12**에서 보는 바와 같이 엇갈린 형태를 가진 *anti*-준평면 형태가 가려진 형태를 가진 *syn*-준평면 형태보다 안정하다. 뿐만 아니라 *anti*-준평면 형태는 이탈기가 β 탄소의 H와 멀리 떨어져 있어 염기가 접근하기가 *syn*-준평면 형태보다 용이하기 때문에, ***anti*-제거 반응**이 우선하여 일어난다.

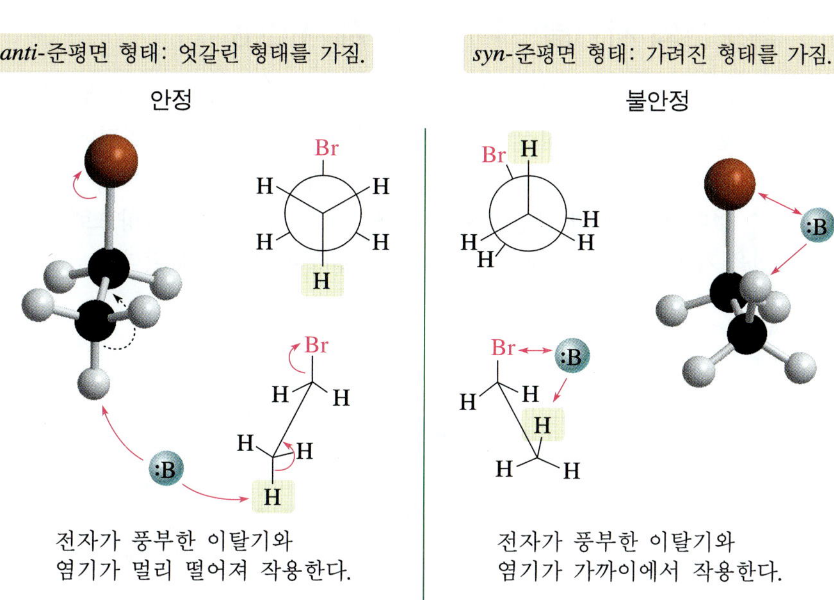

그림 8.12 **E2 반응의 *anti*-제거 반응.**

예제 8.6 2-Bromopentane을 sodium ethoxide 염기와 반응시키면 주생성물로 (*E*)-pent-2-ene이 생성되고, (*Z*)-pent-2-ene과 pent-1-ene은 소량 생성된다. 그 이유는 무엇인가?

풀이

$$CH_3CH(Br)CH_2CH_2CH_3 \xrightarrow[CH_3CH_2OH]{CH_3CH_2ONa} \text{(E)-Pent-2-ene} + \text{(Z)-Pent-2-ene} + \text{Pent-1-ene}$$

(*E*)-Pent-2-ene: H, CH_3 / C=C / CH_2CH_3, H

(*Z*)-Pent-2-ene: CH_3, H / C=C / CH_2CH_3, H

Pent-1-ene: H, H / C=C / $CH_2CH_2CH_3$, H

- Zaitsev 규칙에 의해 pent-2-ene이 pent-1-ene보다 많이 생성된다.
- (*E*)-pent-2-ene이 (*Z*)-pent-2-ene보다 우선하여 생성되는 것은 더 안정한 전이 상태(형태)를 선호하기 때문이다.

문제 8.11 *meso*-1,2-Dibromo-1,2-diphenylethane이 E2 반응하여 만들어진 알켄은 어떤 입체화학을 가지겠는가? 이 화합물의 (1*S*, 2*S*) 이성질체에 대해서도 답하시오.

8.12.5 할로젠화 사이클로헥세인의 제거 반응

Chlorocyclohexane은 빠르게 전환되는 두 개의 형태 구조를 가지고 있다. 두 가지의 형태 구조 중 더 안정한 회전 배열 이성질체는 염소 원자가 수평방향으로 배열되어 있는 형태 A이다. 그러나 형태 A는 β 탄소의 수소 원자와 *anti*-준평면을 가질 수 없기 때문에 제거 반응이 일어날 수 없다. 대신에 덜 안정한 형태이지만 염소 원자가 수직방향으로 배열되어 있어 *anti*-준평면을 가질 수 있는 형태 B를 거쳐 제거 반응이 일어나게 된다.

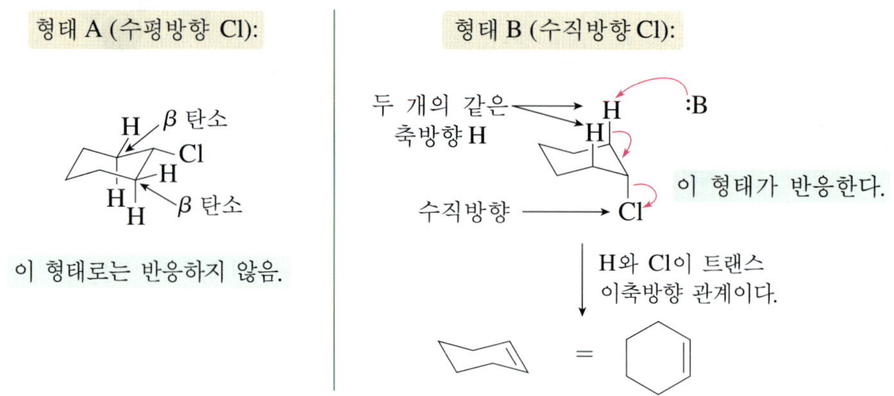

1,3-Diaxial interaction이 없는 형태 A가 더 안정하나, H—C—C—Cl 결합이 동일 평면상에 놓여 있지 않아 제거 반응에 참여하지 못한다.

문제 8.12 *cis*와 *trans*-1-Chloro-2-methylcyclohexane을 E2 반응시켰을 때의 생성물이 생성되는 과정을 쓰시오. *cis*와 *trans* 이성질체 중 어느 것이 더 반응을 잘할 것인가?

8.12.6 E2 반응과 알카인 합성

알카인의 C≡C 결합은 제거 반응이 두 번 일어나야 형성될 수 있다. 같은자리 다이할라이드(*gem*-dihalide 또는 1,1-dihalide) 또는 이웃자리 다이할라이드(*vic*-dihalide 또는 1,2-dihalide)에 $NaNH_2$ 또는 $K^{+-}OC(CH_3)_3$ 같은 강염기를 반응시키면 2당량의 HX가 제거되어 C≡C 결합이 형성된다.

$$R-CH_2-CX_2-R \xrightarrow[-HX]{:\ddot{N}H_2} R-CH{=}CX-R \xrightarrow[-HX]{:\ddot{N}H_2} R-C{\equiv}C-R$$

gem-Dihalide

$$R-CHX-CHX-R \xrightarrow[-HX]{:\ddot{N}H_2} R-CX{=}CH-R \xrightarrow[-HX]{:\ddot{N}H_2} R-C{\equiv}C-R$$

vic-Dihalide

8.12.7 E1 반응

$(CH_3)_3CI$에서 HI가 제거되어 $(CH_3)_2C{=}CH_2$가 생성되는 반응은 다음과 같은 특징을 가지고 있는데, 이를 **E1 반응**이라 한다.

E1 반응

$$(CH_3)_3C-I \xrightarrow{H_2O} (CH_3)_2C{=}CH_2 + H_3O^+ + I^-$$

E1 반응의 특징은 다음과 같다.

- 반응 속도 = $k[(CH_3)_3CI]$: 반응 기질의 농도에만 의존(1차 반응).
- 반응은 두 단계로 일어난다. 탄소양이온 형성 단계(1단계)와 탄소양이온의 β 탄소에서 양성자를 떼어내어 새로운 π 결합을 형성하는 단계(2단계). 반응 속도는 1단계에 의해 결정됨.
- H_2O와 ROH처럼 약염기에서 반응이 더 잘 일어남.

8.12.8 E1 반응의 위치선택성

E1 반응은 Zaitsev 규칙에 따라 더 많이 치환된 알켄을 생성한다. 예를 들면, 1-bromo-1-methylcyclopentane에서 E1 반응에 의해 알킬기가 더 많이 치환된 1-methylcyclopent-1-ene(A)이 주생성물로 생성된다.

β_2, β_1, α, CH_3, Br, β_1 $\xrightarrow{H_2O}$ A (CH_3) + B (CH_2)

1-bromo-1-methyl-cyclopentane

β_1과 β_2로 표시된 두 개의 다른 β 탄소

A 삼중 치환 알켄 주생성물

B 이중 치환 알켄 부생성물

8.12.9 E1 반응과 할로젠화 알킬의 구조: E1 반응 메커니즘

E1 반응은 두 단계로 반응이 일어난다. [단계 1]은 할로젠화 알킬의 C—X 결합이 해리하여 탄소양이온이 생성되는 단계이고, [단계 2]는 β C—H 결합이 깨어져 π 결합이 생성되

는 단계이다. 이 반응의 속도 결정 단계는 [단계 1]이다. 따라서 E1 반응은 안정한 탄소양이온을 생성시킬 수 있는 삼차 할로젠화 알킬에서 가장 잘 일어나며, 일차 할로젠화 알킬의 경우 잘 일어나지 않는다. 또한, 이 반응은 이탈기의 이탈성이 좋을수록 잘 일어난다.

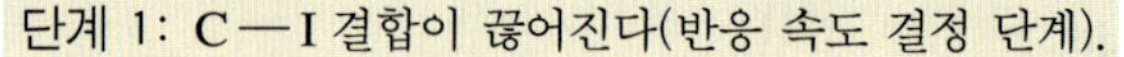

단계 1: C—I 결합이 끊어진다(반응 속도 결정 단계).

$$(CH_3)_3C-I \xrightarrow{\text{느림}} (CH_3)_2\overset{+}{C}-CH_3 + I^-$$

탄소양이온

단계 2: C—H 결합이 깨지고 π 결합이 생성된다.

$$(CH_3)_2\overset{+}{C}-CH_2-H + H_2\ddot{O}: \xrightarrow{\text{빠름}} (CH_3)_2C=CH_2 + H_3\ddot{O}^+$$

E1 반응과 RX의 구조

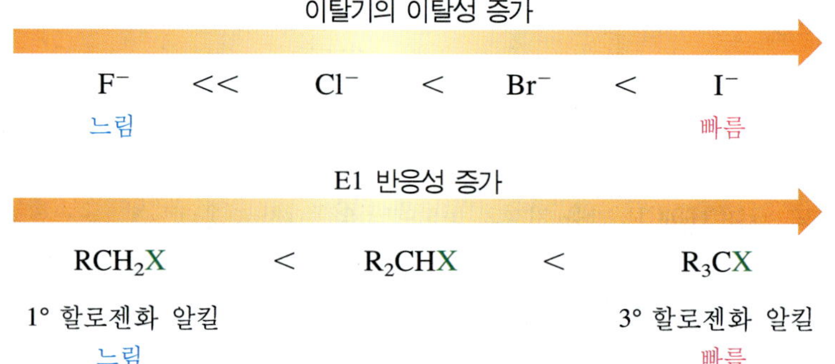

8.12.10 E1cB 반응

β-Hydroxy aldehyde 또는 β-hydroxy ester에서 α 탄소 원자에 붙어있는 수소 원자가 염기에 의해 탈양성자 반응이 일어나, α 탄소에 음이온이 생성되면 이 음이온은 카보닐기에 의해 비편재화되면서 공명 안정화된다. 이 콘쥬게이트된 음이온은 β 탄소의 이탈기(OH기)를 제거하여 C=C 결합을 생성한다. 이와 같은 반응을 **E1cB (elimination conjugate base) 반응**이라 하며, 많은 생화학 반응에서 관찰된다. 이탈성이 나쁜 OH기는 주위에서 H^+를 제공받아 H_2O로 제거된다.

$$-\overset{OH}{\underset{\beta}{C}}-\overset{\alpha}{\underset{H}{C}}-\overset{O}{\overset{\|}{C}}- \xrightarrow{:B} \left[-\overset{OH}{C}-\ddot{C}-\overset{O}{\overset{\|}{C}}- \longrightarrow -\overset{OH}{C}-C=\overset{:\ddot{O}:^-}{C}-\right] \xrightarrow{H^+,\ -H_2O} -C=C-\overset{O}{\overset{\|}{C}}-$$

공명 안정화된 탄소음이온

8.13 친핵성 치환 반응과 제거 반응과의 경쟁 반응

우리는 앞서 배운 친핵성 치환 반응과 제거 반응에서 친핵체와 염기 사이에 다음과 같은 유사성과 차이점이 있음을 알았다.

- 친핵체와 염기는 모두 전자가 풍부한 화학종이다. 이들이 전자가 부족한 탄소 원자와 결합할 경우 친핵체라 부르고, H^+와 결합할 경우 염기라 부른다.
- 치환 반응에서의 **친핵체**는 Lewis 염기처럼 작용하고, 제거 반응에서의 염기는 Brønsted-Lowry 염기로 작용한다.
- 동일한 화학종이 친핵체로 사용되기도 하고 염기로 사용되기도 한다. 이는 반응 조건에 따라 친핵성 치환 반응과 제거 반응이 동시에 일어날 수 있음을 암시한다.

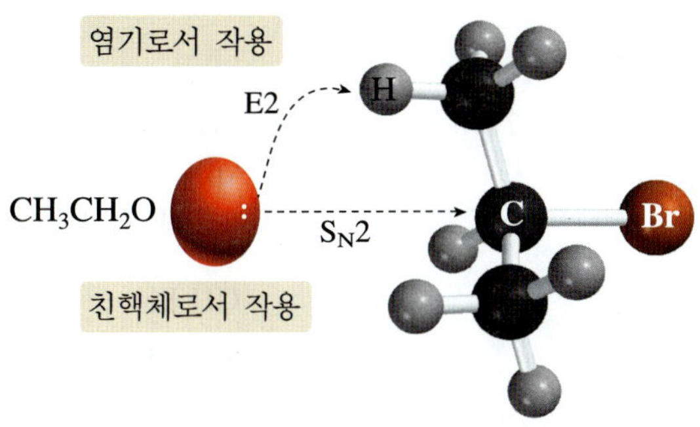

알코올의 제거 반응(탈수 반응)
알코올의 탈수 반응에서도 E1, E2 반응이 일어나 Zaitsev형 알켄이 생성된다(9.3.3절).

실제로, S_N1 반응은 E1 반응과, S_N2 반응은 E2 반응과 경쟁적으로 일어난다. 그러나 이들 반응에는 너무 많은 조건이 관여되어 있으므로 어떤 형식의 반응이 일어날 것인가를 예측하기가 어려울 뿐더러, 어떤 한 가지 반응만 선택적으로 일어나게 조건을 제공하기도 힘들다. 어떤 반응이 어떠한 조건에서 주로 일어나는지 대략의 경향만 알 수 있을 뿐이다.

조건		반응 결과
친핵성이 좋은 약염기 예) I^-, Br^-, HS^-, ^-CN, CH_3COO^-		치환 반응 선호
덩치가 커서 친핵성이 없는 강염기 예) $(CH_3)_3COK$		제거 반응 선호
R_3CX	강염기	제거 반응(E2) 선호
	약염기(친핵체)	S_N1과 E1 생성물; S_N2 반응은 일어나지 않음
R_2CHX	강염기(친핵체)	S_N2와 E2 생성물
	덩치 크고 강염기	제거 반응(E2) 선호
	약염기(친핵체)	S_N1과 E1 생성물
RCH_2X	강한 친핵체	S_N2 생성물; S_N1 반응은 일어나지 않음
	덩치 크고 강염기	제거 반응(E2) 선호; E1 반응은 일어나지 않음
CH_3X		S_N2 생성물만 선호

8.14 할로젠화 알킬 및 아릴의 응용: 유기금속 시약

할로젠화 알킬(RX)과 할로젠화 아릴(ArX)은 리튬(Li) 및 마그네슘(Mg) 금속과 반응하여 **유기리튬 시약(organolithium reagent, RLi 또는 ArLi)**과 **유기마그네슘 시약[organo-magnesium reagent, Grignard**('그리냐르'라고 읽음) **reagent, RMgX 또는 ArMgX]**을

François Auguste Victor Grignard (1871~1935): 프랑스 화학자. 1900년 Grignard 반응 발견. Nancy 대학과 Lyon 대학교 교수 역임. 1912년 노벨 화학상(공동) 수상.

생성한다. 탄소 원자와 금속이 결합한 물질을 **유기금속 화합물(organometallic compound)** 이라 한다. Li과 Mg 이외에 B, Al, Cu, Zn, Fe, Ni, In, Pd, Pt, Sn, Ti, Ag, Au, Hg 등 많은 금속들이 유기 화합물과 반응하여 유기금속 화합물을 만든다. 이 절에서는 **유기리튬 시약**과 **유기마그네슘 시약**에 대해서만 공부할 예정이다.

8.14.1 유기리튬과 Grignard 시약의 제법

RLi와 RMgX 시약

R = 1°, 2°, 3° 알킬, 알릴, 비닐, 벤질, 페닐(아릴)인 RX와 ArX가 출발물로 사용되며, 할로젠의 종류에 따른 반응성은 RI > RBr > RCl 순이다. RF는 반응하지 않는다.

유기리튬 시약(R—Li와 Ar—Li)은 해당하는 할로젠화물을 비극성 용매(흔히 펜테인을 사용)에서 금속 리튬과 반응시켜 만든다.

유기리튬 시약

$$\text{R—X(Ar—X)} + 2\text{Li} \xrightarrow{\text{pentane}} \text{R—Li(Ar—Li)} + \text{LiX}$$

X=Cl, Br, I

Alkyl lithium (aryl lithium)

예 $CH_3Br + 2Li \xrightarrow{\text{pentane}} CH_3Li + LiBr$ (Methyl lithium)

$PhBr + 2Li \xrightarrow{\text{pentane}} PhLi + LiBr$ (Phenyl lithium)

Grignard 시약(RMgX)은 해당하는 할로젠화물을 에터 또는 THF 용매 속에서 금속 마그네슘과 반응시켜 만든다.

Grignard 시약

$$\text{R—X (Ar—X)} + \text{Mg} \xrightarrow[\text{THF}]{\text{ether 또는}} \text{RMgX (ArMgX)}$$

X=Cl, Br, I

Alkylmagnesium halide (arylmagnesium halide)

예 $CH_3Cl + Mg \xrightarrow{\text{ether}} CH_3MgCl$ (Methylmagnesium chloride)

$PhBr + Mg \xrightarrow{\text{THF}} PhMgBr$ (Phenylmagnesium bromide)

8.14.2 유기리튬과 Grignard 시약의 반응

유기리튬과 Grignard 시약의 탄소 원자는 **탄소음이온(carbanion)** 의 성질을 가지고 있어 강염기이면서 동시에 강력한 탄소 친핵체이다.

탄소음이온

R^-Li^+　　$R^-Mg^{++}X^-$

■ 염기로서의 작용

유기금속 시약은 물, 알코올 및 아민으로부터 양성자를 떼어낼 수 있는 강염기이다.

$$C_6H_5–MgBr + H–\ddot{O}H \longrightarrow C_6H_5–H$$

$$CH_3CH_2CH_2CH_2–Li + H–\ddot{O}H \longrightarrow CH_3CH_2CH_2CH_2–H$$

$$C_6H_5–MgBr + D–\ddot{O}D \longrightarrow C_6H_5–D$$

$$CH_3CH_2CH_2CH_2–Li + D–\ddot{O}D \longrightarrow CH_3CH_2CH_2CH_2–D$$

예제 8.7 Benzene (C_6H_6)으로부터 C_6H_5D를 합성하는 방법을 보이시오.

풀이

$$C_6H_6 \xrightarrow[FeCl_3]{Cl_2} C_6H_5Cl \xrightarrow[ether]{Mg} C_6H_5MgCl \xrightarrow{D_2O} C_6H_5D$$

■ 친핵체로서의 작용

Grignard 시약이 친핵체로 반응하는 예를 **그림 8.13**에 요약하였다. 구체적인 예들은 해당하는 각 절에서 다시 공부할 예정이다. 유기리튬 시약은 Grignard 시약과 비슷하게 탄소 친핵체로 사용되나 염기성이 더 강하여 강염기로 흔히 사용된다.

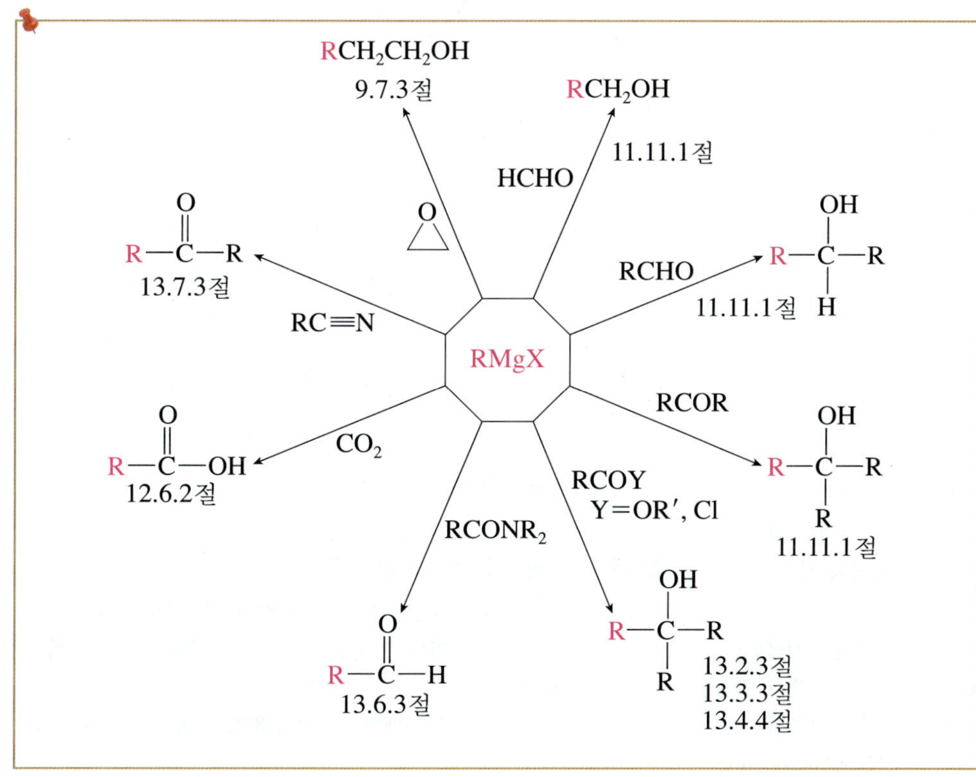

그림 8.13 유기금속 화합물의 응용.

RLi 시약은 RMgX 시약과 다르게 $R'CO_2Li$와 반응하여 케톤(R′COR)을 생성한다(13.5.4절).

요약 정리

할로젠화 알킬의 분류 및 제법

- 할로젠화 알킬은 sp^3 혼성 탄소에 할로젠기가 치환된 화합물이며, 1° (RCH_2X), 2° (R_2CHX), 3° (R_3CX) 할로젠화 알킬로 분류한다(8.1절).
- 할로젠화 알킬의 제법은 다음 세 가지 방법이 있다(8.2절).
  - 알케인의 자유 라디칼 할로젠화 반응

$$RH \xrightarrow[\text{빛 또는 가열}]{Cl_2 \text{ 또는 } Br_2} RCl \text{ 또는 } RBr$$

  - 알켄 또는 알카인에 HX 및 X_2의 첨가 반응

$$RCH_2CH{=}CH_2 \xrightarrow[6.8\text{절}]{HX,\ h\nu} R{-}CH_2{-}CH_2X$$

$$RCH_2CH{=}CH_2 \xrightarrow[6.6.5\text{절}]{X_2} RCH_2{-}CHX{-}CH_2X$$

$$RCH_2CH{=}CH_2 \xrightarrow[6.6.2\text{절}]{HX} RCH_2{-}CHX{-}CH_3$$

$$RC{\equiv}CH \xrightarrow[6.9.2\text{절}]{HX} R{-}CX_2{-}CH_3$$

$$RC{\equiv}CH \xrightarrow[6.9.3\text{절}]{X_2} R{-}CX_2{-}CHX_2$$

  - 알코올의 친핵성 치환 반응

$$RX \xleftarrow{HX \text{ 또는 } PX_3} ROH \xrightarrow{SOCl_2} RCl$$

X=Cl, Br, I　　9.3.2절

명명법

- IUPAC법(8.3절): 할로젠기를 치환기로 간주하여 명명한다. 일반명은 **'haloalkane'** 이다.
- 관용명: 알킬기 이름 다음에 할라이드란 명칭을 붙인다. 일반명은 **'alkyl halide'** 이다.

할로젠화 알킬의 반응

- 할로젠화 알킬의 C—X 결합은 탄소 원자와 할로젠 원자 사이의 전기음성도 차이 때문에 전하가 분리되어 탄소 원자는 부분 양전하를 가지게 되고, 할로젠 원자는 부분 음전하를 가지게 되어 극성을 띤다. 이에 따라 할로젠화 알킬은 쌍극자–쌍극자 상호작용을 나타낸다(8.4절).
- 할로젠화 알킬은 친핵성 치환 반응과 제거 반응의 기질로 사용된다.
- **친핵성 치환 반응(nucleophilic substitution)** 이란 할로젠화 알킬의 C—X 결합에서 전기음성도 차이에 의해 전자가 부족한 상태가 된 탄소 원자가 전자가 풍부한 반응종인 친핵체(nucleophile, Nu)의 공격을 받아 이탈기인 X가 떨어져 나가고 친핵체로 치환되는 반응을 말한다(8.5.1절).

$$R{-}X + :Nu^- \longrightarrow R{-}Nu + X:^-$$

친핵체　이탈기　(X가 Nu로 치환)

- **제거 반응(elimination)** 이란 할로젠화 알킬이 염기와 반응하여 C—X 결합의 할로젠화 이온이 옆 탄소에 있는 수소 원자와 함께 이탈하여(HX로서 제거) π 결합이 생성되는 반응을 말한다. 이 반응에서 탄소 원자에 있는 수소 원자는 양성자로서 제거된다(8.5.2절).

$$-\underset{H}{C}-\underset{X}{C}- + :B \longrightarrow {>}C{=}C{<} + H{-}B^+ + X:^-$$

염기　π 결합 생성　(HX를 제거)

할로젠화 알킬의 친핵성 치환 반응

- 할로젠화 알킬의 친핵성 치환 반응은 알킬기의 구조, 친핵체의 종류 및 반응성, 이탈기의 이탈성 및 반응 용매의 영향을 받는다(8.6.1 ~ 8.6.5절)
  - 알킬기의 구조: 반응 메커니즘(S_N1과 S_N2)에 따라 다르다(**표 8.2** 참조).
  - 친핵체의 종류 및 반응성: 친핵체는 전자쌍을 제공할 수 있는 원자나 이온이다(대부분 산소, 질소, 황, 할로젠 원자 같은 비공유 전자쌍을 포함하고 있는 중성 분자 또는 이들의 음이온. 탄소음이온도 포함).
  - 이탈성: $I:^- > Br:^- > Cl:^- > F:^-$ 순이다.

S_N2와 S_N1 반응 메커니즘

- 할로젠화 알킬의 치환 반응은 반응속도론적으로 이차 반응(S_N2)과 일차 반응(S_N1)으로 분류된다(8.7절).
  - S_N2 반응은 **이분자(bimolecular) 반응**이고, **한 단계 반응**이다.
  - S_N1 반응은 **일분자(unimolecular) 반응**이고, **두 단계 반응**이다.
- S_N1 반응은 양성자성 극성 용매에서 잘 일어나고, S_N2 반응은 비양자성 극성 용매에서 잘 일어난다(8.8절)
- S_N2와 S_N1 반응 메커니즘의 특징을 종합하여 **표 8.2**에 요약하여 나타내었다(8.9절).

친핵성 방향족 치환 반응

- sp^2 혼성 탄소 원자에 할로젠기가 결합되어 있는 할로젠화 비닐과 할로젠화 아릴($=C-X$)은 원칙적으로 친핵성 치환 반응을 하지 않는다(8.10절).
- 다음과 같은 경우에는 예외적으로 할로젠화 아릴에서 할로젠기가 이탈되는 치환 반응이 일어난다. 이러한 반응을 **친핵성 방향족 치환 반응(nucleophilic aromatic substitution**, S_NAr)이라 한다(8.10절).
  - *o* 또는 *p* 위치에 NO_2기와 같이 전자 끌기가 강한 치환기가 붙어 있는 경우(첨가-제거 반응)
  - $NaNH_2$와 반응시킬 경우(벤자인 중간체 경유)
  - 다이아조늄 중간체 경유 반응(Sandmeyer 반응)

할로젠화 알킬의 제거 반응

- 제거 반응은 β 탄소의 수소 원자가 염기에 의해 양성자로 제거되어 π 결합이 형성되는 반응이므로 ***β* 제거 반응(*β* elimination reaction)** 또는 **1,2-제거 반응(1,2-elimination reaction)** 이라 한다(8.11절).
- 제거 반응은 위치선택적으로 일어나며, 알킬기가 더 많이 치환된 알켄이 생성된다(**Zaitsev 규칙**, 8.12절).
- 제거 반응은 **E2 반응**(이분자 제거 반응)과 **E1 반응**(일분자 제거 반응)으로 나눌 수 있다.
- E2 반응은 $R_3C-X > R_2CH-X > RCH_2-X$ 순으로 잘 일어나며, β 탄소의 수소와 이탈기가 같은 평면에 있는 형태 구조(***anti*-준평면 형태**)에서 입체선택적으로 일어난다(***anti*-제거 반응**, 8.12.4절).
- E1 반응은 R_3C-X에서 가장 잘 일어나며, RCH_2-X에서는 잘 일어나지 않는다(8.12.9절).

친핵성 치환 반응과 제거 반응과의 경쟁 반응

- 친핵체와 염기는 모두 전자가 풍부한 화학종이다. 이들이 전자가 부족한 탄소 원자와 결합할 경우 친핵체라 부르고, H^+와 결합할 경우 염기라 부른다(8.13절).
- 친핵성 치환 반응과 제거 반응은 경쟁적으로 일어난다.

유기금속 시약(RMgX 및 RLi)

- 할로젠화 알킬 또는 아릴은 금속 Li 또는 Mg과 반응하여 RLi(ArLi) 또는 RMgX(ArMgX, Grignard 시약)를 형성한다. 이들 시약은 탄소 친핵체로 작용하는 동시에 강한 염기로 다양하게 사용된다(8.14절, **그림 8.13**).

보충 문제

8.13 다음 화합물의 구조를 그리시오.

a. Allyl chloride **b.** 3,3-Dichloro-2-methylhexane **c.** 4-Bromo-3-chloro-2-methylhexane
d. 3-Iodocyclopentene **e.** 3-Bromohexa-1,5-diyne **f.** 1-bromo-1-phenylpropane

8.14 다음 화합물의 구조를 그리시오.

a. (*S*)-2-Bromobutane **b.** *trans*-1-Iodo-3-isopropylcyclohexane
c. *meso*-3,4-Dibromohexane **d.** 1,1,2-Trichloroethane **e.** (*Z*)-2-Chloropent-2-ene
f. (1*R*,2*R*)-Dibromocyclopentane **g.** (*R*)-1-Iodo-1-phenylpropane **h.** 3-Chloropent-1-ene

8.15 다음 화합물을 IUPAC법으로 명명하시오.

a. $CH_3CH(CH_3)CH_2CH(Br)CH(CH_3)CH_2CH_3$

b. $CH_3CH_2C(CH_2CH_3)(Br)CH_2CH_3$

c. $CH_3CH(Cl)CH_2CH(CH_3)CH(Br)CH_3$

d. (고리 구조: Br, Br)

e. 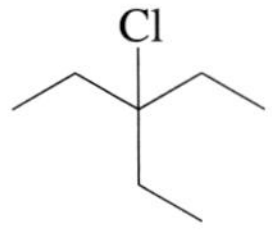 Cl **f.** CF_2Cl_2 **g.** 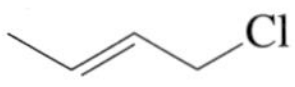 Cl **h.** 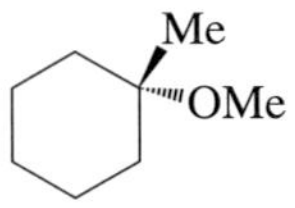 Me, OMe **i.** 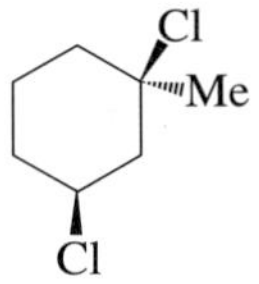 Cl, Me, Cl

8.16 다음 할로젠화 알킬은 괄호 속의 물질로부터 합성할 수 있다. 합성법을 반응식으로 나타내시오. 그리고 각 출발 물질의 이름을 IUPAC법으로 명명하시오.

a.  CH_3, Br (alkane과 alkene) **b.** 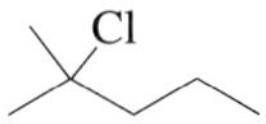 Cl (alkane과 alkene)

c. 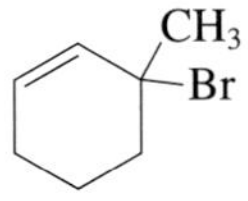 CH_3, Br (alkene) **d.** 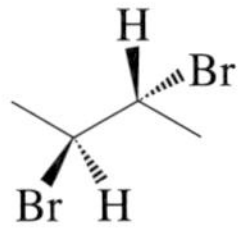 H, Br, Br, H (alkene)

8.17 다음 반응에서 나타낸 생성 가능한 화합물의 구조를 그리시오.

a. 3-Bromo-3-methylbut-1-ene $\xrightarrow[CH_3CO_2H]{CH_3CO_2^-Na^+}$ E1 및 S_N1생성물

b. 2-Bromo-3-methylpentane $\xrightarrow[CH_3OH]{CH_3O^-Na^+}$ E2 생성물

c. *trans*-1-Bromo-2-methylcyclopentane $\xrightarrow{CH_3OH}$ S_N1생성물

d. (1*S*, 2*S*)-1-Bromo-1,2-dimethylcyclohexane $\xrightarrow[CH_3CH_2OH]{CH_3CH_2O^-Na^+}$ E2 생성물

e. (1*S*, 2*R*)-1-Bromo-1,2-dimethylcyclohexane $\xrightarrow[CH_3CH_2OH]{CH_3CH_2O^-Na^+}$ E2 생성물

8.18 다음 반응의 주생성물의 구조를 그리시오.

a. 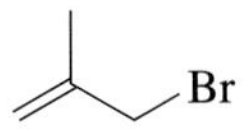 Br + CH_3OH $\longrightarrow$

b.  Br + NaSH $\xrightarrow[ethanol]{}$

c. $CH_3CH_2CH_2CH_2CH_2Br$ + $(CH_3)_3CO^-K^+$ $\xrightarrow[(CH_3)_3COH]{50\,°C}$

d. 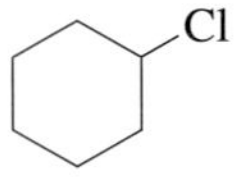 Cl + NaI $\xrightarrow[acetone]{}$

e. 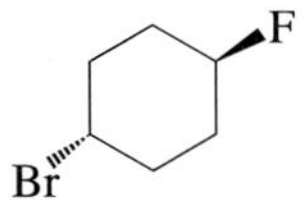 F, Br + CH_3SH $\longrightarrow$

f.  Br + CH_3OH $\longrightarrow$

g. 1-Bromopropane + $HC{\equiv}CNa$ $\longrightarrow$

h. 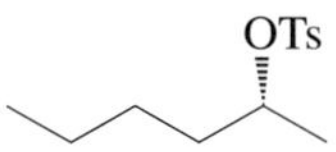 OTs + NaN_3 $\xrightarrow[acetone\text{-}water]{}$

i. 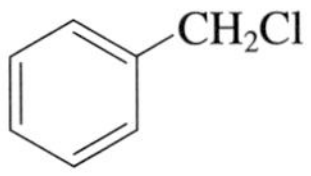 CH_2Cl + NaCN $\xrightarrow[DMSO]{}$

j. $ClCH_2\overset{O}{\overset{\|}{C}}OCH_3$ + NaN_3 $\xrightarrow[acetone\text{-}water]{}$

k. 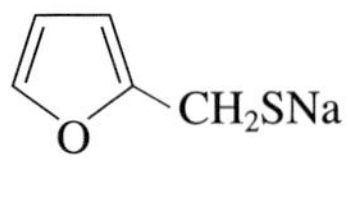 O, CH_2SNa + CH_3CH_2Br $\longrightarrow$

l. 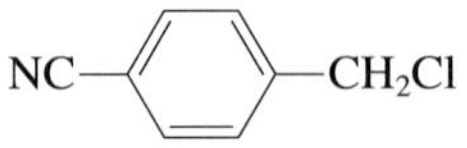 NC—⟨benzene⟩—CH_2Cl + $CH_3\overset{O}{\overset{\|}{C}}ONa$ $\longrightarrow$

m. 1-Bromopropane + NH $\longrightarrow$

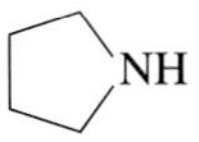

n. Methyl iodide + $HOCH_2CH_2NH_2$ $\longrightarrow$

8.19 탄소양이온은 수소음이온 또는 알킬기의 재배열에 의하여 더 안정한 탄소양이온으로 전환될 수 있다. 다음 탄소양이온이 재배열 후 생성되는 더 안정한 탄소양이온의 구조를 그리시오.

a. $CH_3CH_2\overset{+}{C}H_2$ **b.** $(CH_3CH_2)_3C\overset{+}{C}H_2$ **c.** (+ cyclopentyl)—CH_3 **d.** $(CH_3)_3C\overset{+}{C}HCH_3$

8.20 할로젠화 알킬로부터 다음 화합물을 합성하는 방법을 보이시오.

a. $CH_3OC(CH_3)_3$ **b.** $CH_3CO_2CH_3$ **c.** (benzene)—CH_2SCH_3 **d.** (cyclohexane)—N_3 **e.** $CH_3CH_2CH_2CH_2CH_2CN$

8.21 Methanol과 2-bromo-2-methylbutane과의 반응에서 다음 조건을 변화시켰다. 반응 속도에 어떤 영향을 미치겠는가?

a. 할로젠화 알킬의 농도를 두 배 증가시켰다.

b. methanol의 농도를 두 배 증가시켰다.

c. 할로젠화 알킬과 methanol의 농도를 모두 두 배 증가시켰다.

8.22 다음 화합물은 S_N1과 S_N2 반응이 모두 일어나지 않는다. 그 이유는 무엇인가?

Br

8.23 다음 화합물을 합성하는 방법을 보이시오(두 단계 이상의 반응이다).

a. 3,3,-Dimethylbut-1-ene으로부터 4,4-dimethylbut-2-yne의 합성

b. Toluene으로부터 4-phenylbut-2-yne의 합성

8.24 다음 반응은 일어나지 않는다. 그 이유는 무엇인가?

a. (cyclohexyl)—F $\xrightarrow{NaOH}$ (cyclohexyl)—OH

b. $CH_3CH(Br)CH_2CH_3 \xrightarrow[HOC(CH_3)_3]{K^{+-}OC(CH_3)_3} CH_3CH(OC(CH_3)_3)CH_2CH_3$

c. $BrC(CH_3)_3 \xrightarrow{Na^{+-}C\equiv CH} (CH_3)_3CC\equiv CH$

d. (cyclopentyl)—OH $\xrightarrow{NaI}$ (cyclopentyl)—I

e. (phenyl)—CH_2NH_2 $\xrightarrow{CH_3S^-K^+}$ (phenyl)—CH_2SCH_3

8.25 Bromocyclodecane을 ethanol 속에서 $CH_3CH_2O^-\ K^+$와 E2 반응시켰을 때 얻어지는 물질은 무엇인가?

8.26 Neomenthyl chloride(A)와 menthyl chloride(B)를 ethanol 속에서 $CH_3CH_2O^-\ Na^+$와 반응시켰다(E2 조건). 각각의 반응의 반응 과정과 생성물의 구조를 그리시오. 두 화합물 중 어느 것의 반응이 더 빠른가?

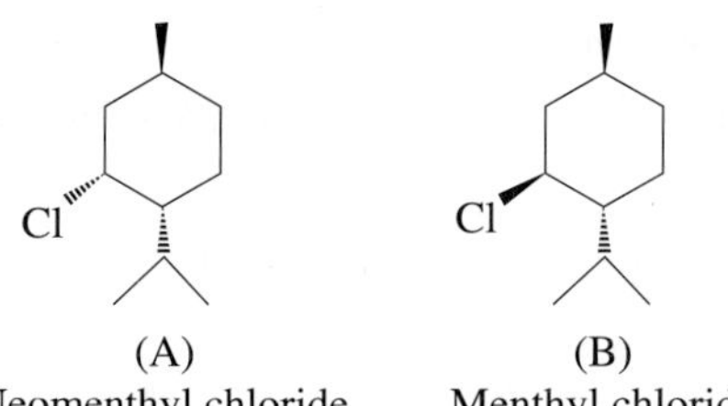

(A) Neomenthyl chloride (B) Menthyl chloride

8.27 분자식이 C_4H_9Br인 물질이 제거 반응을 하였을 때 생성 가능한 알켄의 구조를 그리고 명명하시오.

8.28 Cyclohexane을 출발 물질로 사용하여 다음 물질을 합성하는 방법을 보이시오.

a. 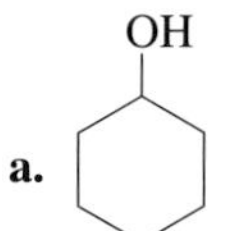

b. 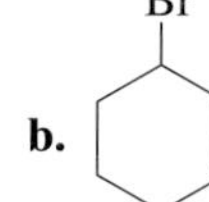

c. (cyclohexene)

d. (cyclohexane with Br and OH)

e. 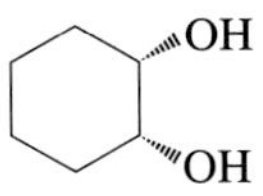 f. 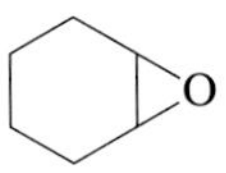 g.

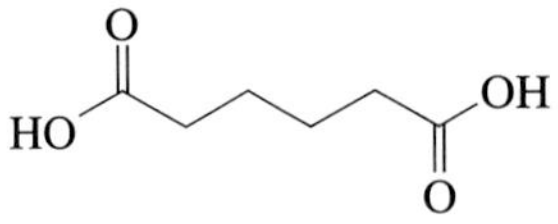

8.29 분자식이 $C_5H_{11}Br$인 할로젠화 알케인의 이성질체 구조를 모두 그리고 IUPAC법으로 명명하시오. 이 중 다음 조건을 만족하는 화합물은 무엇인가?

a. 제거 반응을 할 수 없다.

b. 제거 반응에 의해 오직 말단 알켄만을 생성한다.

c. 제거 반응에 의해 *cis-trans* 알켄을 생성시킬 수 있다.

d. 제거 반응에 의해 삼중 치환 알켄을 생성시킬 수 있다.

8.30 다음 반응이 일어나는 이유를 설명하시오.

a. 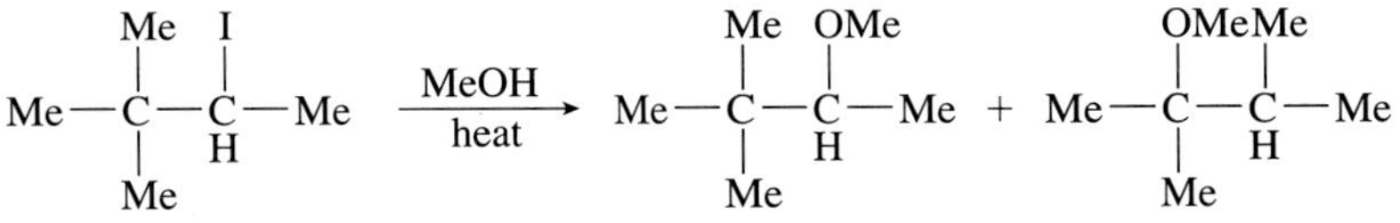 MeOH, heat

b. 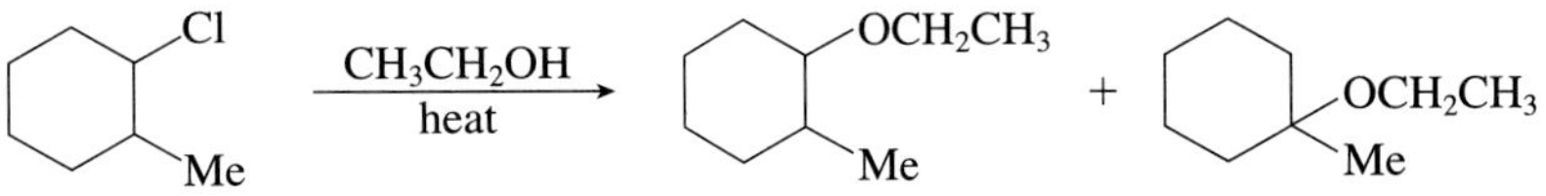 CH_3CH_2OH, heat

c. 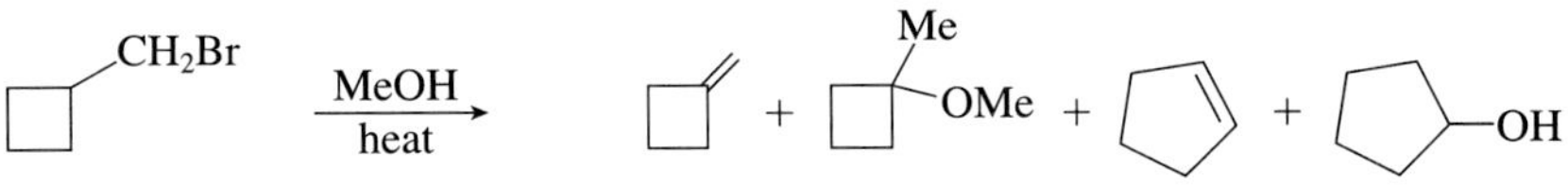 MeOH, heat

d. 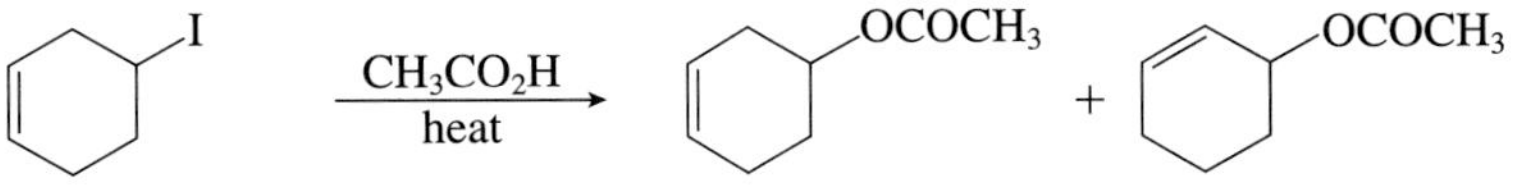 CH_3CO_2H, heat

e. 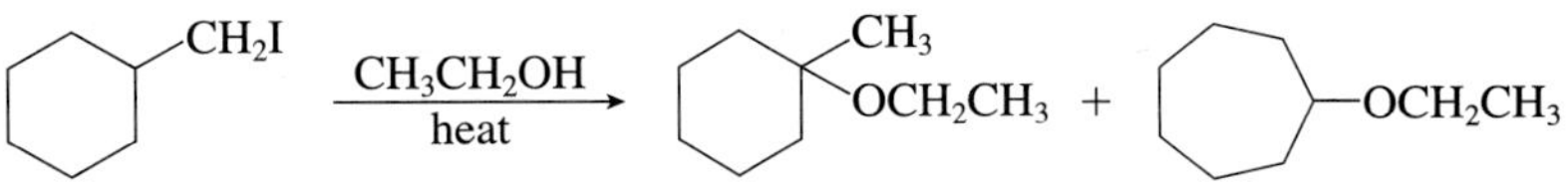 CH_3CH_2OH, heat

f. 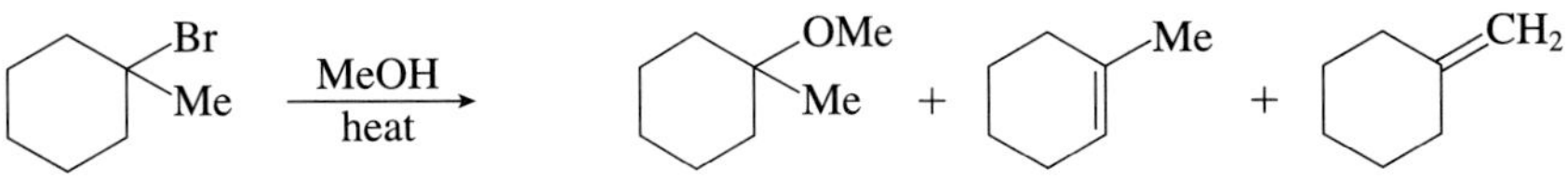 MeOH, heat

g. 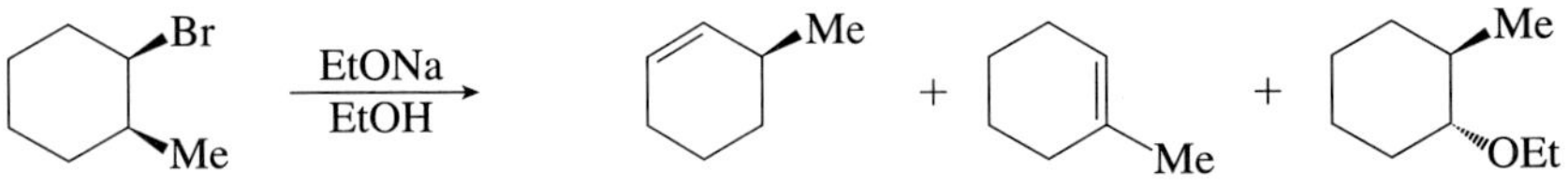 EtONa, EtOH

8.31 다음 사항을 설명하시오.

a. (*S*)-1-Iodo-1-fluoroethane을 MeONa/MeOH와 반응시키면 (*S*)-1-fluoro-1-methoxyethane이 생성된다.

b. Bromocyclodecane을 *t*BuOK/EtOH와 반응시키면 (*Z*)-cyclodecene이 주생성물로 생성되나, 동일 반응 조건에서 4-bromooctane은 (*E*)-oct-4-ene이 주생성물로 생성된다.

8.32 *meso*-2,3-dibromobutane과 (2*R*,3*R*)-dibromobutane을 아세톤 용매에서 NaI와 반응시키면 각각 (*E*)-but-2-ene과 (*Z*)-but-2-ene이 주생성물로 생성된다. 이 반응의 메커니즘을 기술하시오.

8.33 다음 물질을 염기와 반응시킬 때 생성되는 E2 반응 생성물의 구조를 그리시오.

a. 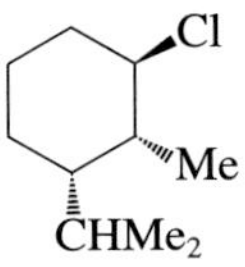 b. 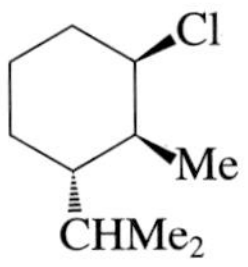 c. 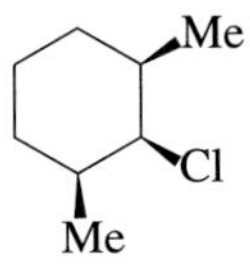 d.

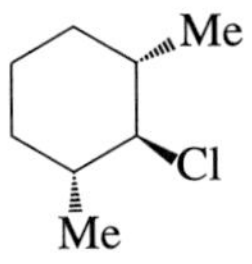

9장

알코올, 페놀, 에터, 에폭사이드 및 황화물

핵심 익히기

- 알코올, 페놀, 에터, 에폭사이드, 싸이올 및 설파이드의 구조와 물리적 성질 및 특성
- 알코올, 페놀, 에터, 에폭사이드, 싸이올 및 설파이드의 명명법
- 알코올, 페놀, 에터, 에폭사이드, 싸이올의 제법
- 알코올의 친핵성 치환 반응, 탈수 반응, 산화 반응 및 에스터 형성 반응
- 에폭사이드의 고리 열림 반응
- Crown 에터의 분자 인식 반응

Ethanol은 공업적으로는 에텐의 수화 반응으로 합성되지만, 술로 사용되는 ethanol은 곡물(또는 과일) 발효로 만든다. 한편, 녹차에 있는 catechin 성분, 적포도주의 resveratrol 및 자색 과일, 채소, 곡물에 있는 색소인 anthocyanin 성분은 폴리페놀 유도체로서, 인체 내에서 생성되어 세포를 노화시키는 중요한 인자 중 하나인 산소 라디칼과 결합하여 세포 손상을 방지하는 항산화제로 작용한다고 알려져 있다(화학 라운지 9.3 참조).

9장에서 우리는 탄소 원자와 산소 원자가 단일 결합을 이루고 있는 알코올(페놀 포함)과 에터(에폭사이드 포함) 화합물과 탄소와 황이 결합한 싸이올 및 설파이드 화합물에 대한 구조, 결합, 성질, 제법 및 반응을 공부할 것이다. 생리 활성을 가진 수많은 종류의 천연물이 이들 작용기를 가지고 있으며, 합성 의약품의 경우에도 이들 작용기는 약효를 나타내는 중요한 활성 부위 역할을 한다.

9.1 알코올

식용 알코올과 공업용 알코올
식용 알코올이란 곡물 또는 과육을 발효시켜 얻은 알코올(에탄올)을 말하며 주정이라고도 부른다. 에탄올은 에텐으로부터 합성할 수 있는데, 식용으로는 사용할 수 없다. 에탄올에 불순물을 인공적으로 혼합하여 식용으로 사용할 수 없게 만든 알코올을 변성 알코올(denaturated alcohol)이라 한다. 공업용 알코올이란 메탄올, 비발효 알코올, 변성 알코올, 아이소프로판올(소독용 알코올) 등을 통틀어 부르는 이름이다. 이들은 주로 자동차, 항공기 연료와 유기 합성 원료 및 용매로 사용된다. 메탄올은 음용시 시신경에 치명적으로 해를 끼쳐 실명을 일으키게 한다.

알켄, 알카인, 할로젠화 알킬 같은 유기 작용기들은 각 작용기의 고유 반응을 통해 다른 작용기로 전환될 수 있다. 예를 들면, 알켄 작용기는 HX(6.6.2절) 또는 X_2와의 반응(6.6.5절, 친전자 첨가 반응)을 통해 할로젠화 알킬로 전환(합성)되며, 반대로 할로젠화 알킬은 제거 반응을 통해 알켄으로 전환된다(8.11절, 8.12절). 또한 알켄은 수화 반응(6.6.3절), 옥시수은 첨가–환원 반응(6.6.4절) 및 수소붕소 첨가–산화 반응(6.6.7절)에 의해 알코올로 전환되며, 할로젠화 알킬은 물 또는 OH기와 치환 반응(친핵성 치환 반응)에 의해 알코올로 전환된다(8.6절). 알코올은 산 존재하에서 탈수 반응(제거 반응)을 하여 알켄이 되거나(9.3.3절), 치환 반응이 일어나 에터를 형성하며(9.6.4절), HX와 친핵성 치환 반응을 하여 할로젠화 알킬이 된다(9.3.2절). 또한 알코올은 산화되어 알데하이드(또는 케톤)와 카복실산으로 전환되기도 한다(9.3.4절). 이와 같은 알코올의 다양한 반응을 이 장(9장)에서 배우게 될 것이다. 위에서 살펴본 바와 같이 알코올의 작용기로서의 위치는 작용기 전환 반응의 관점에서 볼 때, 앞에서 배운 알켄(6장)과 할로젠화 알킬(8장) 그리고 앞으로 배울 카보닐 화합물(11~14장) 사이의 중간 위치에 놓여 있어 전반적인 유기 반응을 이해하는 데 중요하다(**그림 9.1**).

9.1.1 알코올의 구조, 결합 및 분류

알코올은 sp^3 혼성 탄소 원자에 OH기가 결합되어 있는 분자이다. 단일 결합을 하고 있는 산소 원자는 sp^3 혼성 오비탈을 가지는데, 산소 원자에 있는 두 개의 비공유 전자쌍 사이의

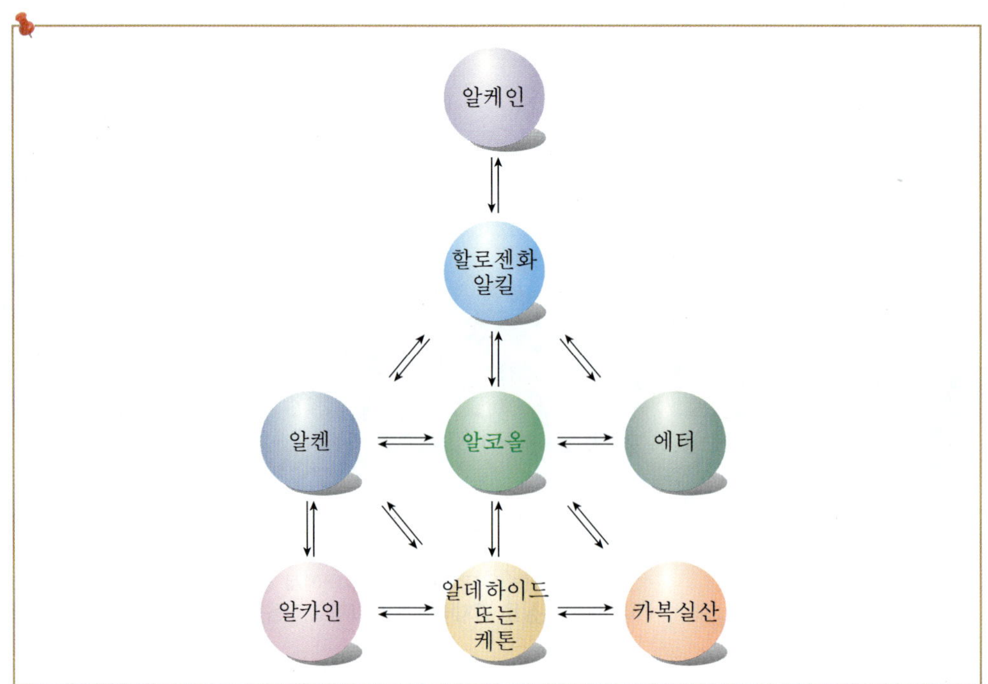

그림 9.1 작용기 전환 반응 모식도.

반발력과 알킬기의 입체 장애 때문에 C—O—H 사이의 결합각은 물(105°)보다는 약간 더 벌어진 109°의 굽은 모양을 하고 있다.

알코올

—C—Ö—H ← 하이드록시기

sp^3 혼성 탄소

sp^3 혼성 산소

CH_3—Ö—H (109°) =

알코올은 OH기가 붙어 있는 탄소 원자의 종류에 따라 일차(1°), 이차(2°) 및 삼차(3°) 알코올로 분류된다.

알코올의 분류

H R—C—OH H	R R—C—OH H	R R—C—OH R
1° (한 개의 R기)	2° (두 개의 R기)	3° (세 개의 R기)

sp^3 혼성 탄소 원자에 OH기를 가지고 있는 알코올을 **지방족 알코올**이라 하고, 벤젠 고리에 OH기가 붙어 있는 알코올을 **방향족 알코올**이라 하여 서로를 구별한다. 예를 들어, 에탄올(ethanol)은 지방족 알코올이고, 페놀(phenol)은 방향족 알코올이다. 페놀은 지방족 알코올과는 여러 가지 다른 반응성을 나타낸다. 알코올이라 부를 경우 보통 지방족 알코올을 지칭한다.

OH

phenol

9.1.2 알코올의 물리적 성질: 끓는점, 물에 대한 용해도 및 산도

■ 끓는점

알코올의 OH기는 분자와 분자 사이에 수소 결합을 하고 있기 때문에, 비슷한 분자량을 가지고 있는 물질보다 끓는점이 높다. 또한 알코올 분자에서 탄소 원자의 수가 증가하면 끓는점도 높아진다. 그러나 OH기에 대한 입체 장애가 커지면 수소 결합의 강도는 작아져 끓는점도 낮아진다. 따라서 같은 탄소수를 가진 알코올 분자라 하더라도 삼차 알코올은 일차 및 이차 알코올보다 끓는점이 낮다.

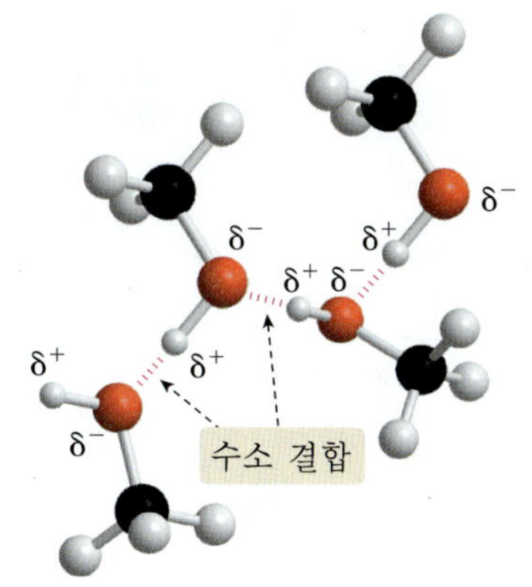

화합물	분자량	끓는점(°C)
CH_3CH_3	30	−89
CH_3OH	32	65
$CH_3CH_2CH_2CH_3$	58	0
$CH_3CH_2CH_2OH$	60	97

수소 결합력 증가

RCH_2-OH (1°)　R_2CH-OH (2°)　R_3C-OH (3°)

입체 장애 증가

화합물	분자량	끓는점(°C)
$CH_3CH_2CH_2CH_2OH$	74	117
$(CH_3)_2CHCH_2OH$	74	108
$CH_3CH(OH)CH_2CH_3$	74	100
$(CH_3)_3COH$	74	83

■ 물에 대한 용해도

ROH에서 R기는 친유성이고 OH기는 물과 수소 결합을 할 수 있어 친수성이다. R기가 커질수록 친유성이 증가하여 물에 대한 용해도가 감소한다.

알코올의 구조에서 탄소 원자의 수가 세 개 이하인 경우에는 물에 대한 용해도가 무한대이나, 그 이상인 경우에는 탄소 원자의 수가 증가할수록 감소한다.

■ 산도

단순 알코올의 산도는 물과 비슷하다. 그러나 β 탄소에 전자를 끌어당기는 원자(전기음성도가 큰 원자) 또는 치환기가 결합되어 있는 경우 산도가 증가한다. 그 이유는 이들 치환기의 (−)-전자 유발 효과에 의해 짝염기를 안정화시킬 수 있기 때문이다. 반대로, (+)-전자 유발 효과를 가진 치환기가 결합되어 있는 경우 산도는 감소한다(**그림 9.2**)

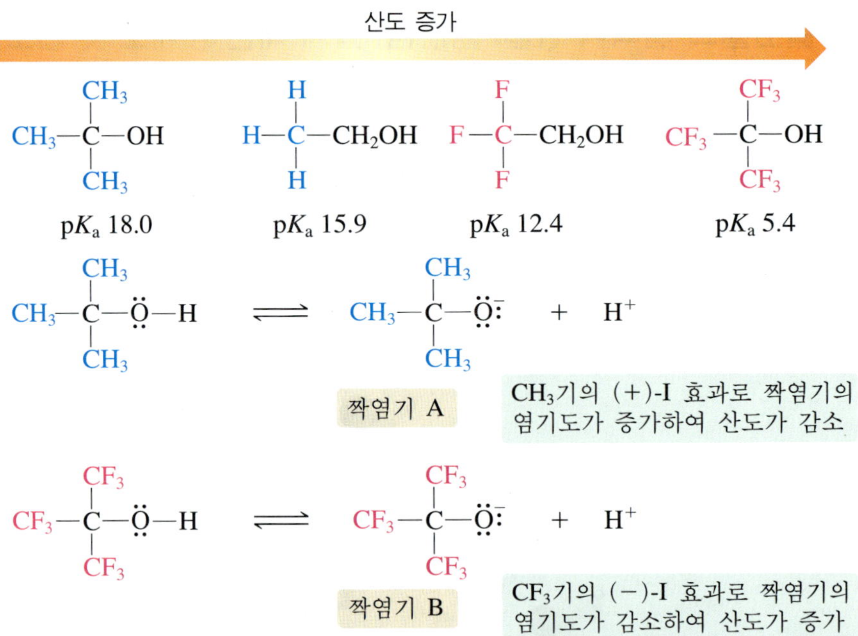

그림 9.2 **산의 세기와 전자 유발 효과.** 짝염기의 염기도가 감소할수록 산의 세기는 증가한다.

예제 9.1 Sodium methoxide를 acetic acid (pK_a 4.8)로 처리하였다. 평형이 어느 쪽으로 진행되겠는가? 반대로 sodium acetate를 methanol로 처리하였을 경우는 어떠하겠는가?

풀이

이 반응의 평형 반응식을 나타내면 다음과 같다.

$$\underset{\text{Sodium methoxide}}{CH_3O^- \ Na^+} + \underset{\substack{\text{Acetic acid} \\ (pK_a\ 4.8)}}{CH_3CO_2H} \rightleftharpoons \underset{\substack{\text{Methanol} \\ (pK_a\ 15.5)}}{CH_3OH} + \underset{\text{Sodium acetate}}{CH_3CO_2^- \ Na^+}$$

짝산의 산도를 비교하면 acetic acid가 methanol보다 더 강산이므로 그 짝염기인 sodium acetate의 염기도는 sodium methoxide보다 약하다. 따라서 평형은 오른쪽으로 진행되며(강산과 강염기가 반응), 그 역방향으로 진행되지 않는다.

문제 9.1 산도가 높은 순으로 나열하시오.

a. CH_3CH_2OH, $(CH_3)_2CHOH$, $(CH_3)_3COH$

b. $ClCH_2CH_2CH_2OH$, $(CH_3)_2CHCH_2OH$, $CH_3CH(Cl)CH_2OH$

c. $ClCH_2CH_2OH$, $CH_3OCH_2CH_2OH$, CH_3CH_2OH

9.1.3 알코올의 명명법

■ IUPAC법

- alkane의 'e' 대신에 'ol'을 붙임
- 일반명: **알칸올(alkanol)**

[규칙 1] OH기를 포함하는 가장 긴 탄소 사슬(어미 사슬)을 기준으로 한다.

[규칙 2] OH기가 붙은 탄소의 번호가 가장 작게 되도록 번호를 부여한다. 번호 부여에 있어 OH기는 **이중 결합** 또는 **삼중 결합보다 우선권**을 가진다.

[규칙 3] 치환기 이름, 순서 및 같은 치환기가 여러 개 있을 경우 앞 장에서 언급한 일반 규칙을 그대로 적용한다.

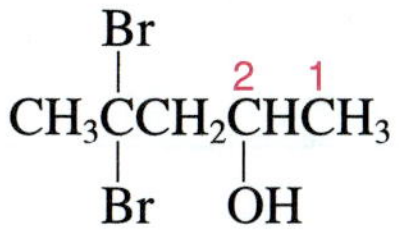

$CH_3CBr_2CH_2CH(OH)CH_3$ (C2, C1 numbered)

4,4-Dibromopentan-2-ol
(또는 4,4-Dibromo-2-pentanol)

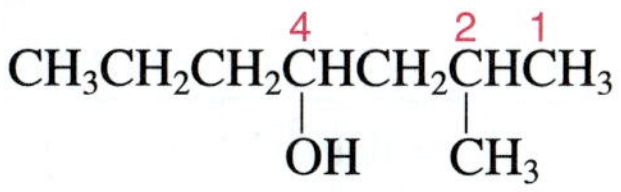

$CH_3CH_2CH_2CH(OH)CH_2CH(CH_3)CH_3$ (C4, C2, C1 numbered)

2-Methylheptan-2-ol
(또는 2-Methyl-4-heptanol)

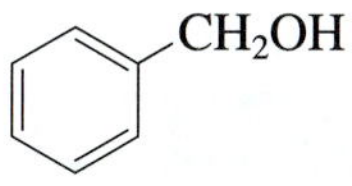

$C_6H_5CH_2OH$

Phenylmethanol
(Benzyl alcohol을 선호)

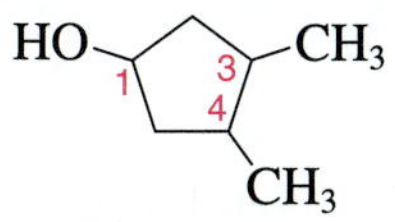

3,4-Dimethylcyclopentanol

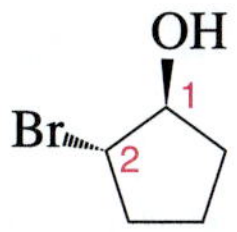

trans-2-Bromocyclopentanol

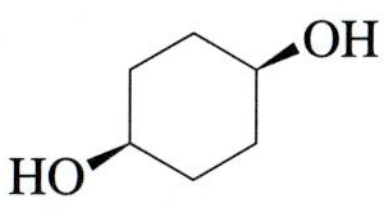

cis-Cyclohexane-1,4-diol
(또는 *cis*-1,4-Cyclohexanediol)

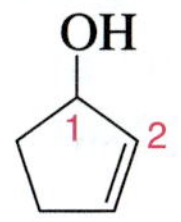

2-Cyclopentenol

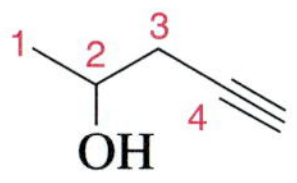

Pent-4-yn-2-ol
(또는 4-Pentyn-2-ol)

■ 관용법

- 알킬기 이름 다음에 접미사 알코올(alcohol)을 붙임.
- 일반명: **알킬 알코올(alkyl alcohol).**
- 구조가 단순한 알코올에 주로 사용된다.

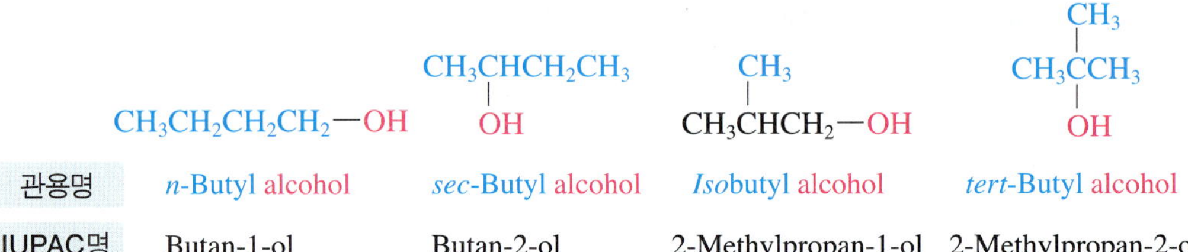

	$CH_3CH_2CH_2CH_2{-}OH$	$CH_3CH(OH)CH_2CH_3$	$CH_3CH(CH_3)CH_2{-}OH$	$(CH_3)_3C{-}OH$
관용명	*n*-Butyl alcohol	*sec*-Butyl alcohol	*Iso*butyl alcohol	*tert*-Butyl alcohol
IUPAC명	Butan-1-ol	Butan-2-ol	2-Methylpropan-1-ol	2-Methylpropan-2-ol

자주 사용되는 알코올의 IUPAC명과 관용명을 **표 9.1**에 나타내었다.

표 9.1 자주 사용되는 알코올의 이름

알코올	IUPAC명	관용명
CH_3OH	Methanol	Methyl alcohol
CH_3CH_2OH	Ethanol	Ethyl alcohol
$CH_3CH_2CH_2OH$	Propan-1-ol (또는 1-Propanol)	Propyl alcohol
$CH_3CH(OH)CH_3$	Propan-2-ol (또는 2-Propanol)	Isopropyl alcohol
$CH_2{=}CHCH_2OH$	Prop-2-en-1-ol (또는 2-Propenol)	Allyl alcohol
$HC{\equiv}CCH_2OH$	Prop-2-yn-1-ol (또는 2-Propynol)	Propargyl alcohol
$HOCH_2CH_2OH$	Ethane-1,2-diol (또는 1,2-Ethanediol)	Ethylene glycol
$HOCH_2CH(OH)CH_2OH$	Propane-1,2,3-triol (또는 1,2,3-Propanetriol)	Glycerol (또는 Glycerin)

예제 9.2 다음 화합물의 이름을 IUPAC법으로 명명하시오.

$$CH_3CH_2CH_2{-}CH(OH){-}C{\equiv}C{-}CBr_2{-}CH_3$$

풀이

$$\underset{1}{C}H_3CH_2CH_2{-}\underset{4}{C}H(OH){-}C{\equiv}C{-}\overset{7}{C}Br_2{-}CH_3$$

[단계 1] 가장 긴 사슬은 탄소 원자가 여덟 개인 octynol이다.

[단계 2] OH기의 우선순위가 C≡C 결합보다 우선하므로 OH기의 위치는 4번 탄소에 붙어 있어 oct-5-yn-4-ol이다.

[단계 3] 7번 탄소 위치에 Br이 붙어 있다. 따라서 화합물 이름은 7,7-Dibromooct-5-yn-4-ol이다.

예제 9.3 IUPAC 이름을 쓰시오.

a. 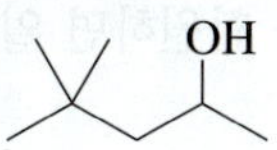 **b.** 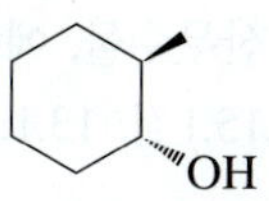 **c.** 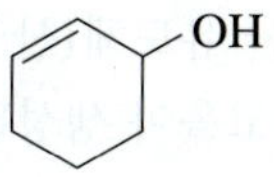 **d.**

풀이

a. 4,4-Dimethylpentan-2-ol 또는 4,4-Dimethyl-2-pentanol

b. *trans*-2-Methylcyclohexanol 또는 (1*R*,2*S*)-Methylcyclohexanol

c. Cyclohexen-2-1-ol 또는 2-Cyclohexenol

d. *cis*-4-Methyl-3-hexenol 또는 (3*Z*)-4-Methyl-3-hexen-1-ol 또는 (3*Z*)-4-Methylhex-3-en-1-ol

문제 9.2 다음 구조식을 쓰시오.

a. 3,3-Dimethylpentan-1-ol **b.** *p*-Methoxybenzyl alcohol **c.** Cyclopentylmethanol

d. 5-Methylhexane-2,3-diol **e.** 2-Ethylbut-2-en-1-ol

9.2 알코올의 제법

알코올은 다음과 같이 알켄, 할로젠화 알킬, 카보닐 화합물 및 에폭사이드로부터 합성할 수 있다.

9.2.1 알켄의 친전자 첨가 반응

알켄의 수화 반응(6.6.3절), 옥시수은 첨가-환원 반응(6.6.4절) 및 수소붕소 첨가-산화 반응(6.6.7절)에 의해 알코올이 생성된다.

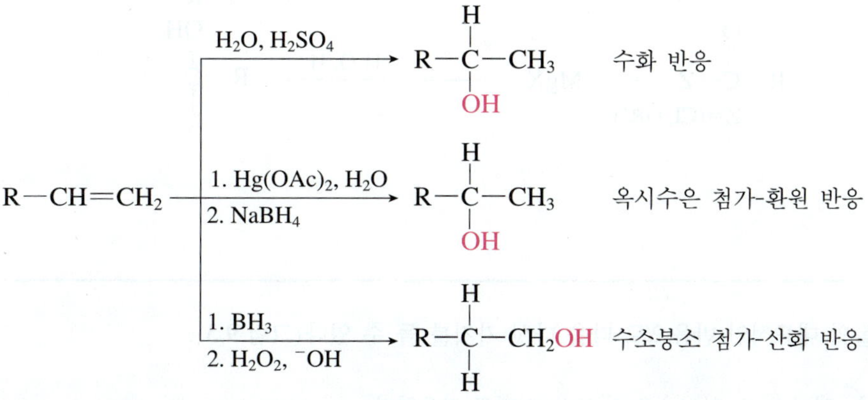

$$R-CH=CH_2 \xrightarrow{H_2O,\ H_2SO_4} R-CH(OH)-CH_3$$ 수화 반응

$$R-CH=CH_2 \xrightarrow[2.\ NaBH_4]{1.\ Hg(OAc)_2,\ H_2O} R-CH(OH)-CH_3$$ 옥시수은 첨가-환원 반응

$$R-CH=CH_2 \xrightarrow[2.\ H_2O_2,\ ^{-}OH]{1.\ BH_3} R-CH_2-CH_2OH$$ 수소붕소 첨가-산화 반응

9.2.2 할로젠화 알킬의 친핵성 치환 반응

할로젠화 알킬에 H_2O, ^{-}OH 또는 카복실산 음이온(RCO_2^{-})(이 경우 가수분해 과정이 추가로 필요함)을 친핵체로 사용한 친핵성 치환 반응을 이용하면 알코올을 생성시킬 수 있다(8.6절).

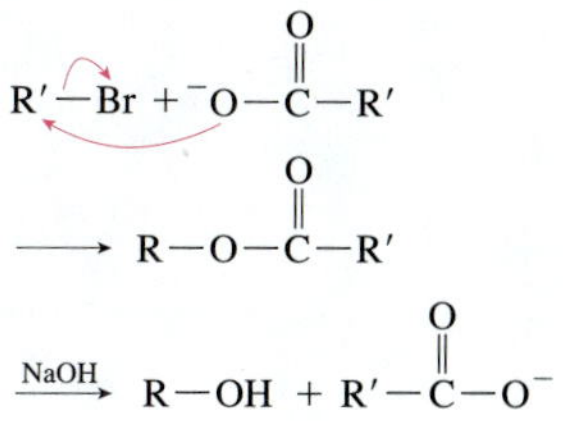

$$R'-Br + {}^{-}O-C(=O)-R' \longrightarrow R-O-C(=O)-R' \xrightarrow{NaOH} R-OH + R'-C(=O)-O^{-}$$

$$R-Br + H_2O \text{ 또는 } {}^{-}OH \xrightarrow{S_N1 \text{ 또는 } S_N2} R-OH$$

$R=1°, 2°$ 또는 $3°$

9.2.3 알데하이드, 케톤, 카복실산, 산염화물, 산무수물 및 에스터의 환원 반응

알데하이드, 카복실산 및 카복실산 유도체(산염화물, 산무수물, 에스터)를 환원하면 일차 알코올이, 케톤을 환원하면 이차 알코올이 생성된다(11.15.1절, 13.1.1절).

$$\begin{matrix} RCHO \\ RCO_2H \\ RCOZ(Z=Cl,\ OCOR,\ OR') \end{matrix} \xrightarrow[2.\ H_2O,\ H^+]{1.\ LiAlH_4} RCH_2OH$$

$$R-\overset{\overset{O}{\|}}{C}-R' \xrightarrow[2.\ H_2O,\ H^+]{1.\ LiAlH_4} R-\underset{\underset{H}{|}}{\overset{\overset{OH}{|}}{C}}-R'$$

9.2.4 Grignard 반응의 이용

Grignard 시약을 formaldehyde(HCHO) 및 ethylene oxide과 반응시키면 일차 알코올을, 알데하이드(RCHO)와 반응시키면 이차 알코올을, 케톤, 산염화물 및 에스터와 반응시키면 삼차 알코올을 생성한다(9.7.3절, 11.11.1절, 13.2.3절, 13.3.3절 및 13.4.4절).

$$\text{(ethylene oxide)} + RMgX \longrightarrow \xrightarrow{H_2O,\ H^+} RCH_2CH_2OH$$

$$HCHO + RMgX \longrightarrow \xrightarrow{H_2O,\ H^+} RCH_2OH$$

$$RCHO + RMgX \longrightarrow \xrightarrow{H_2O,\ H^+} R-\underset{\underset{H}{|}}{\overset{\overset{OH}{|}}{C}}-R$$

$$R-\overset{\overset{O}{\|}}{C}-R' + RMgX \longrightarrow \xrightarrow{H_2O,\ H^+} R-\underset{\underset{R'}{|}}{\overset{\overset{OH}{|}}{C}}-R$$

$$\underset{Z=(Cl,\ OR')}{R-\overset{\overset{O}{\|}}{C}-Z} + RMgX \longrightarrow \xrightarrow{H_2O,\ H^+} R-\underset{\underset{R}{|}}{\overset{\overset{OH}{|}}{C}}-R$$

9.3 알코올의 반응

알코올의 대표적인 반응으로 다음 다섯 가지를 들 수 있다(**그림 9.3**).

- 산 · 염기 반응: 알코올은 산 또는 염기로 작용한다.
- 치환 반응: HX, $SOCl_2$ 및 PBr_3과 반응하여 할로젠화 알킬을 생성한다. 또한 강산 존재하에 자체적으로 생성한 알킬옥소늄 이온과 반응하여 대칭 구조를 가진 에터를 생성한다.
- 탈수 반응(제거 반응): 강산 또는 $POCl_3$/pyridine 존재하에 탈수 반응을 일으켜 알켄을 생성한다.
- 산화 반응: 일차 및 이차 알코올은 산화되어 각각 알데하이드(또는 카복실산)와 케톤으로 산화된다.
- 에스터 생성 반응: 카복실산 또는 무기산(황산, 질산, 인산 또는 설폰산)과 반응하여 에스터를 생성한다.

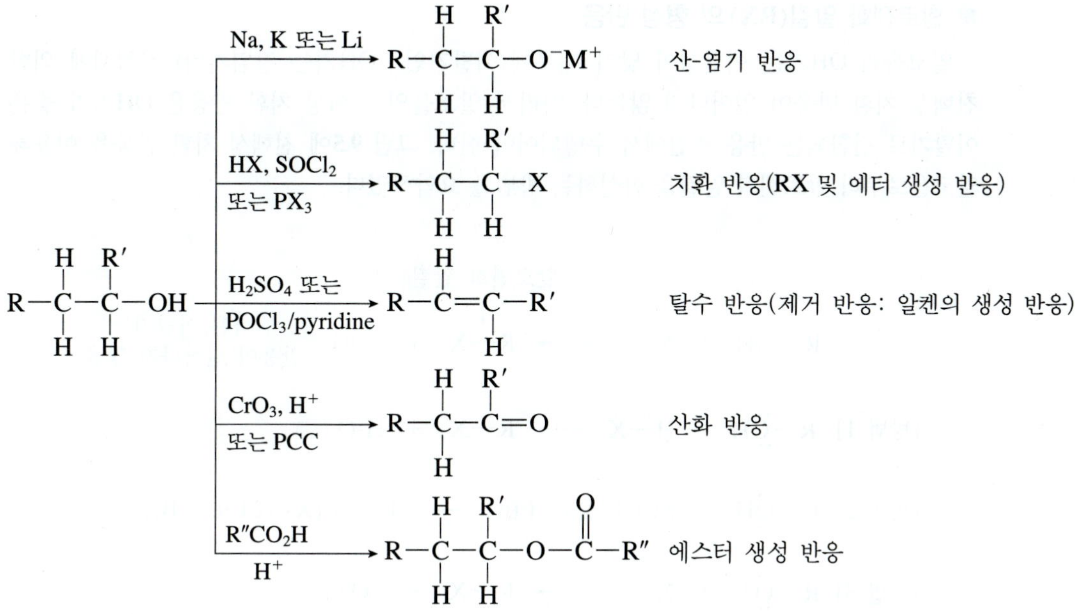

$R-CH_2-CHR'-OH$ (R—C(H)(H)—C(H)(R′)—OH)

- Na, K 또는 Li → R—CH₂—CHR′—O⁻M⁺ : 산-염기 반응
- HX, SOCl₂ 또는 PX₃ → R—CH₂—CHR′—X : 치환 반응(RX 및 에터 생성 반응)
- H₂SO₄ 또는 POCl₃/pyridine → R—CH=CH—R′ : 탈수 반응(제거 반응: 알켄의 생성 반응)
- CrO₃, H⁺ 또는 PCC → R—CH₂—CR′=O : 산화 반응
- R″CO₂H, H⁺ → R—CH₂—CHR′—O—C(=O)—R″ : 에스터 생성 반응

그림 9.3 **알코올의 반응.**

9.3.1 알코올의 산-염기 반응

알코올은 약산과 약염기로서의 두 가지 반응을 모두 할 수 있다. 일반 알코올의 pK_a값은 15.5로 물과 비슷한 산도를 가지고 있기 때문에, LiH 또는 NaH와 같은 금속 수소화물(강염기)과는 산으로 반응하여, **알콕사이드(alkoxide)**와 수소를 생성한다. 금속 수소화물 대신에 Na, Li, Mg 등과 같은 활성 금속을 사용해도 동일한 결과를 얻을 수 있다. 한편, 알코올의 OH기의 산소 원자에 있는 비공유 전자쌍은 염기로 작용하여 강산의 양성자를 받아들여 **알킬옥소늄 이온(alkyloxonium ion)**을 생성한다(**그림 9.4**).

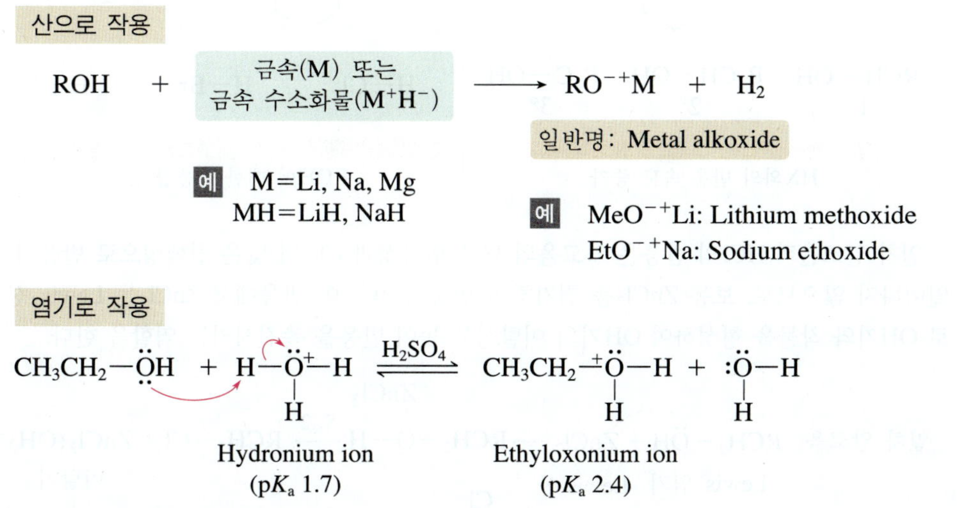

그림 9.4 **알코올의 산-염기 반응.**

9.3.2 알코올의 친핵성 치환 반응

알코올(R—OH)은 HX, $SOCl_2$, PBr_3과 반응하여 할로젠화 알킬(R—X)을 생성하며, 알코올이 친핵체로 알킬옥소늄 이온과 반응하면 대칭 에터가 생성된다.

■ 할로젠화 알킬(RX)의 형성 반응

알코올의 OH기는 이탈성이 낮기 때문에(이탈기인 ^-OH기는 강염기임) 친핵체에 의한 친핵성 치환 반응이 일어나지 않는다. 따라서 알코올의 친핵성 치환 반응은 OH기가 좋은 이탈기로 전환되는 반응 조건에서 수행되어야 한다. **그림 9.5**에 친핵성 치환 반응을 이용해 알코올로부터 할로젠화 알킬을 합성하는 방법을 요약하였다.

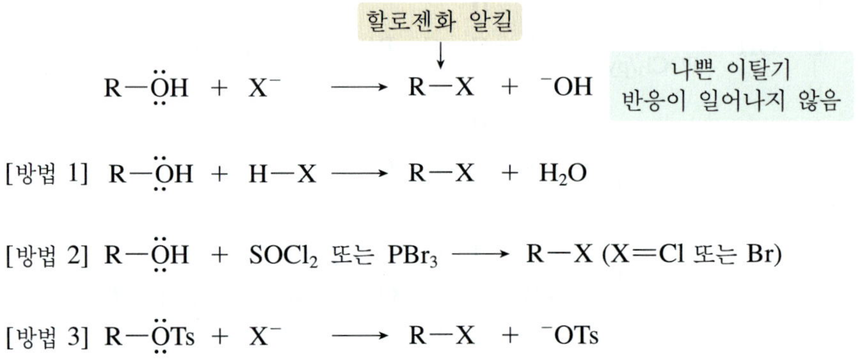

할로젠화 알킬

$$R-\ddot{O}H + X^- \longrightarrow R-X + {}^-OH$$

나쁜 이탈기
반응이 일어나지 않음

[방법 1] $R-\ddot{O}H + H-X \longrightarrow R-X + H_2O$

[방법 2] $R-\ddot{O}H + SOCl_2$ 또는 $PBr_3 \longrightarrow R-X$ (X=Cl 또는 Br)

[방법 3] $R-\ddot{O}Ts + X^- \longrightarrow R-X + {}^-OTs$

그림 9.5 **알코올로부터 할로젠화 알킬 형성 반응.**

방법 1 HX와의 반응

Lucas 시험
HCl/$ZnCl_2$ 시약을 알코올 용액에 넣어 흐려지는 여부를 관찰하여, 1°, 2°, 3° 알코올을 구별하는 시험법을 말한다. 탄소 원자의 수가 여섯 개 미만의 알코올에 이 시약을 넣고 상온에서 흔들었을 때 용액이 곧바로 뿌옇게 변하면 3° 알코올, 10분 이내에 뿌옇게 되면 2° 알코올, 가열해야만 변하면 1° 알코올로 판별한다. 이는 알코올이 염소화 알킬로 변하는 속도가 서로 다른 점을 이용한 방법이다.

Howard J. Lucas (1885~1963) : 미국 출신 화학자. Caltec 교수 역임. Lucas 시험법 발표.

1°, 2°, 3° 알코올은 모두 HI, HBr, HCl과 반응하여 상응하는 할로젠화 알킬로 전환된다. 알코올의 반응성은 3° > 2° > 1° 알코올 순으로 반응이 잘 일어나며, HX의 경우 산도가 높을수록 반응성이 높다. 이 반응에서 알코올의 OH기는 물(H_2O)로서 이탈된다.

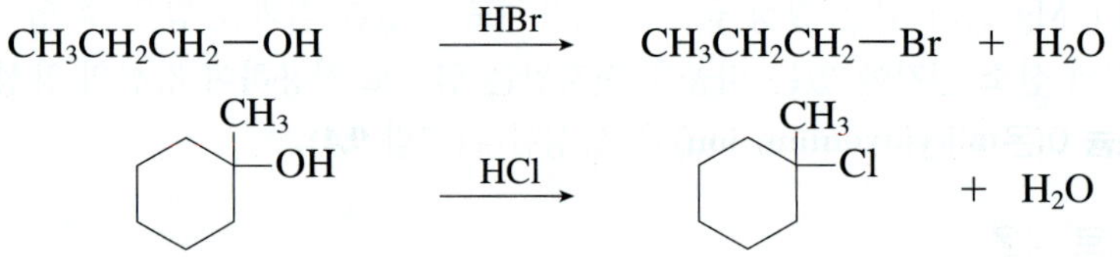

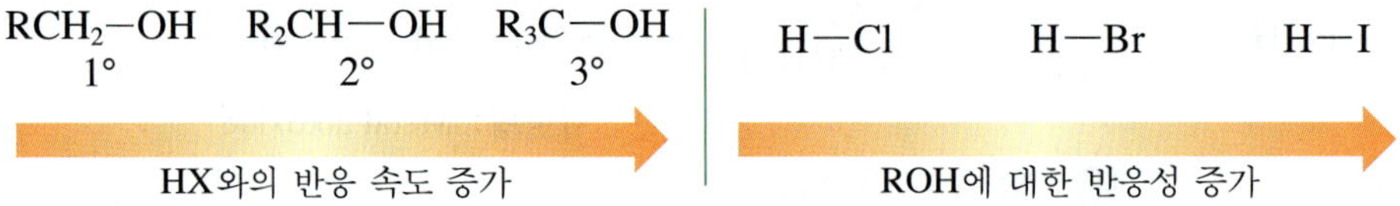

$$CH_3CH_2CH_2-OH \xrightarrow{HBr} CH_3CH_2CH_2-Br + H_2O$$

(1-메틸사이클로헥산올, CH_3, OH) $\xrightarrow{HCl}$ (1-클로로-1-메틸사이클로헥산, CH_3, Cl) $+ H_2O$

RCH_2-OH 1°　R_2CH-OH 2°　R_3C-OH 3° → HX와의 반응 속도 증가

H−Cl　H−Br　H−I → ROH에 대한 반응성 증가

일차 알코올과 HCl의 반응은 알코올의 낮은 반응성과 Cl^-의 낮은 친핵성으로 반응이 잘 일어나지 않으므로, 보통 $ZnCl_2$를 첨가하여 반응시킨다. 이 반응에서 $ZnCl_2$는 Lewis 산으로 OH기와 착물을 형성하여 OH기의 이탈성을 높여 반응을 촉진시키는 역할을 한다.

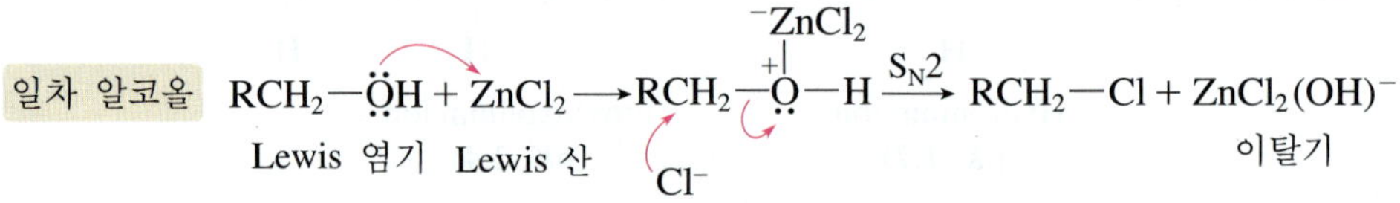

일차 알코올 $RCH_2-\ddot{O}H + ZnCl_2 \longrightarrow RCH_2-\overset{+}{O}(^-ZnCl_2)-H \xrightarrow{S_N2} RCH_2-Cl + ZnCl_2(OH)^-$

Lewis 염기　Lewis 산　Cl^-　이탈기

알코올과 HX가 반응하여 할로젠화 알킬이 생성되는 반응 메커니즘은 다음과 같다.

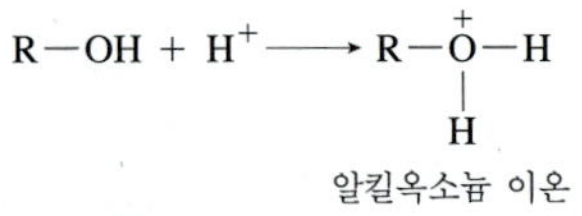

- 메틸 및 일차 알코올은 S_N2 메커니즘으로 RX를 생성한다. 이 반응은 OH기의 산소 원자에 양성자가 배위되어 좋은 이탈기(H_2O)를 가진 **알킬옥소늄 이온**이 만들어지고, 동시에 X^-가 친핵체로 공격하는 한 단계 반응이다. 입체화학은 **반전**이 일어난다.

알킬옥소늄 이온

$$R-OH + H^+ \longrightarrow R-\overset{+}{O}(H)-H$$

알킬옥소늄 이온

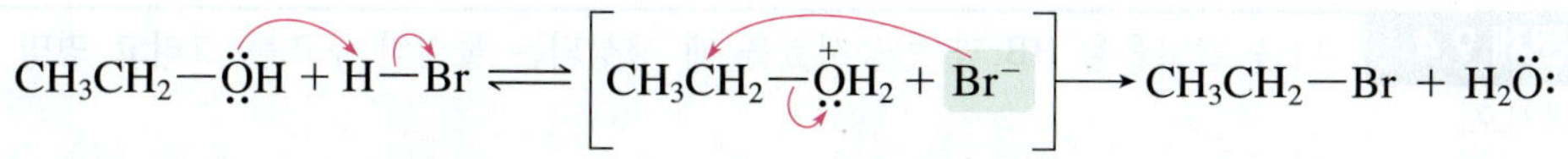

$$CH_3CH_2-\ddot{O}H + H-Br \rightleftharpoons \left[CH_3CH_2-\overset{+}{O}H_2 + Br^-\right] \longrightarrow CH_3CH_2-Br + H_2\ddot{O}:$$

- **이차 및 삼차 알코올은 S_N1 메커니즘으로 반응한다.** 따라서 이 반응은 알킬옥소늄 이온이 해리하여 탄소양이온이 형성되는 단계 [1]과 친핵체가 반응하는 단계 [2]가 차례로 일어나는 두 단계 반응이다. 입체화학은 **라셈 혼합물**이 얻어진다.

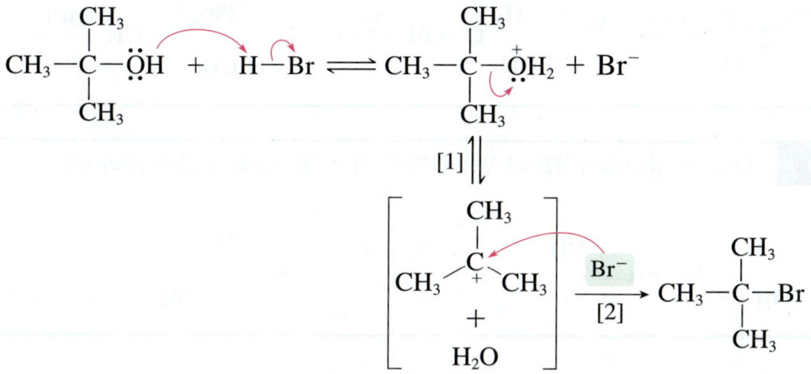

$$(CH_3)_3C-\ddot{O}H + H-Br \rightleftharpoons (CH_3)_3C-\overset{+}{O}H_2 + Br^-$$

$$\xrightleftharpoons{[1]} \left[(CH_3)_3C^+ + H_2O\right] \xrightarrow[{[2]}]{Br^-} (CH_3)_3C-Br$$

알코올과 HX와의 반응은 탄소양이온이 중간체로 생성되는 반응이므로 더 안정한 탄소양이온이 형성되는 재배열(6.6.2절 알켄에 HX 첨가 반응 및 7.5.4절 벤젠의 친전자성 알킬화 반응 참조)이 일어나, 재배열 이성질체가 생성되기도 한다(**그림 9.6**).

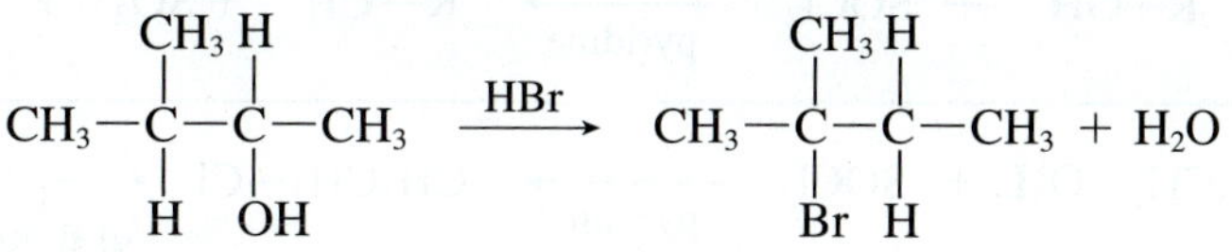

$$CH_3-CH(CH_3)-CH(OH)-CH_3 \xrightarrow{HBr} CH_3-CBr(CH_3)-CH_2-CH_3 + H_2O$$

알코올이 HX와 반응할 때 재배열 반응이 일어나는 과정은 **그림 9.6**과 같이 설명된다.

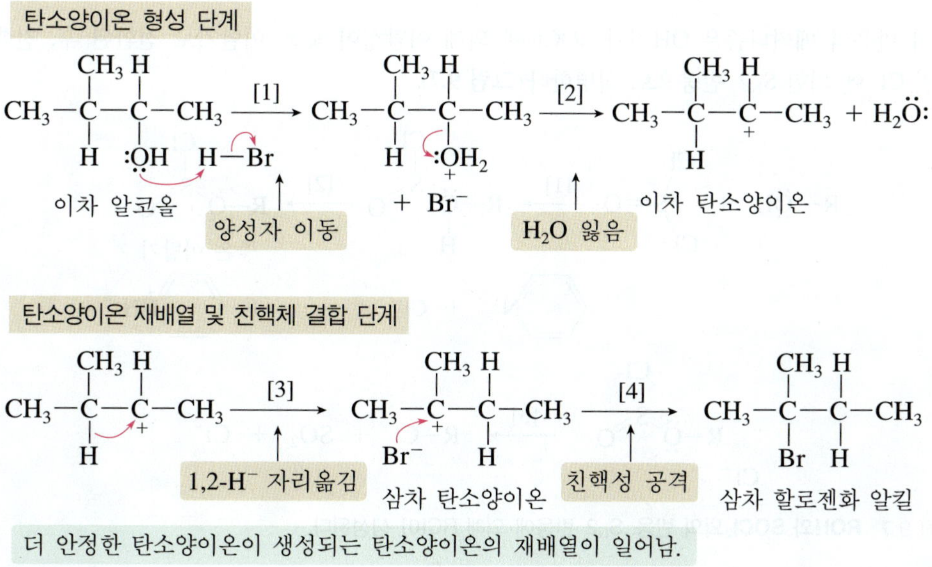

탄소양이온 형성 단계

$$CH_3-CH(CH_3)-CH(\ddot{O}H)-CH_3 + H-Br \xrightarrow{[1]} CH_3-CH(CH_3)-CH(\overset{+}{O}H_2)-CH_3 + Br^- \xrightarrow{[2]} CH_3-CH(CH_3)-\overset{+}{C}H-CH_3 + H_2\ddot{O}:$$

이차 알코올 / 양성자 이동 / H_2O 잃음 / 이차 탄소양이온

탄소양이온 재배열 및 친핵체 결합 단계

$$CH_3-CH(CH_3)-\overset{+}{C}H-CH_3 \xrightarrow{[3]} CH_3-\overset{+}{C}(CH_3)-CH_2-CH_3 \xrightarrow{[4]} CH_3-CBr(CH_3)-CH_2-CH_3$$

1,2-H^- 자리옮김 / 삼차 탄소양이온 / 친핵성 공격 (Br^-) / 삼차 할로젠화 알킬

더 안정한 탄소양이온이 생성되는 탄소양이온의 재배열이 일어남.

그림 9.6 알코올과 HX와의 반응에서 할로젠화 알킬의 재배열 이성질체 형성 반응.

문제 9.3 2-Methylbutan-2-ol은 HI, HCl 및 HBr과 같은 속도로 반응이 진행되지만, 2-methylbutan-1-ol과의 반응에서는 HI > HBr > HCl 순이다. 그 이유는 무엇인가?

문제 9.4 다음 알코올을 HBr과 반응시켰을 때 생성되는 물질의 구조를 그리고 명명하시오.

a. 3-Methylpentan-3-ol **b.** 1-Methylcyclopentan-1-ol **c.** Butan-2-ol **d.** Phenylethan-1-ol

문제 9.5 각 생성물의 구조를 그리시오.

a. (Br, CH_3, OH가 치환된 사이클로펜테인) $\xrightarrow{HBr}$ **b.** H, D, CH_3CH_2—C—OH $\xrightarrow{HI}$ **c.** Ph, CH_3, CH_3CH_2—C—OH $\xrightarrow{HCl}$

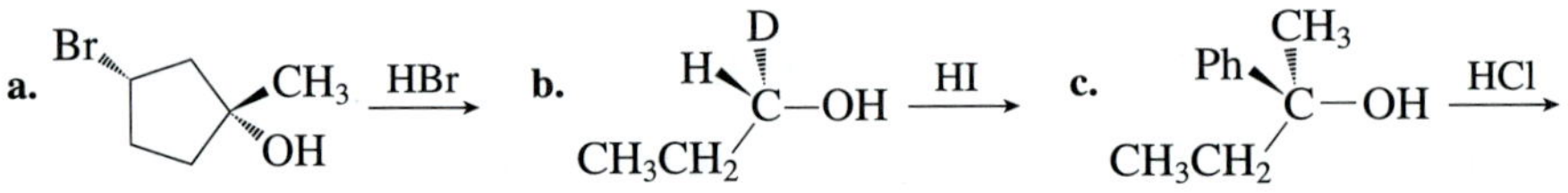

문제 9.6 다음 각 알코올이 HBr과 반응하였을 경우 생성물의 구조를 그리시오.

a. OH **b.** OH **c.** OH **d.** OH

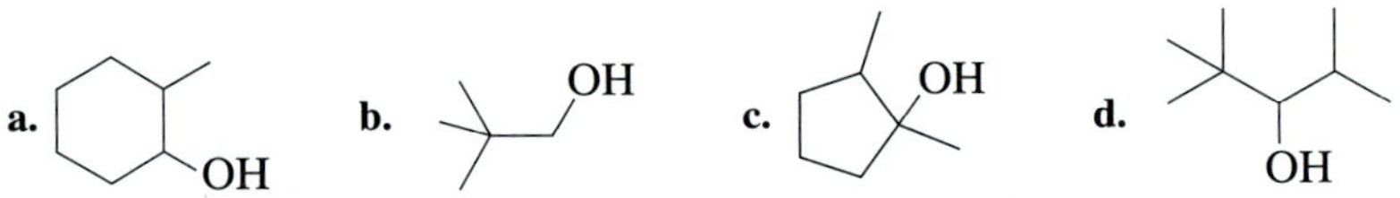

방법 2 **$SOCl_2$ 또는 PBr_3와의 반응**

일차 및 이차 알코올을 thionyl chloride ($SOCl_2$, 염화 싸이오닐)와 반응시키면 염화 알킬(RCl)이 생성된다.

일반적인 반응 $\quad R{-}OH + SOCl_2 \xrightarrow{\text{pyridine}} R{-}Cl + SO_2 + HCl$

예 $\quad CH_3CH_2{-}OH + SOCl_2 \xrightarrow{\text{pyridine}} CH_3CH_2{-}Cl$

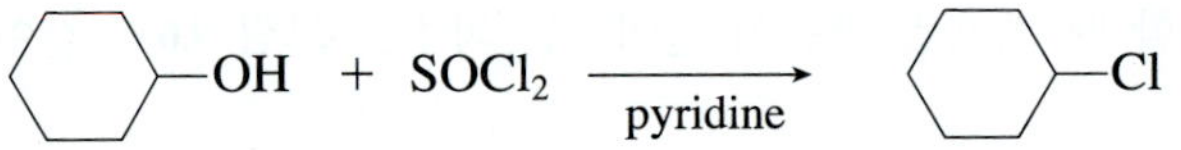

(사이클로헥실)—OH + $SOCl_2$ $\xrightarrow{\text{pyridine}}$ (사이클로헥실)—Cl

일차 및 이차 염화 알킬이 생성된다.

이 반응의 메커니즘은 OH기가 $SOCl_2$에 의해 이탈성이 좋은 이탈기로 전환된 후, 친핵체인 Cl^-에 의한 S_N2 반응으로 설명한다(**그림 9.7**).

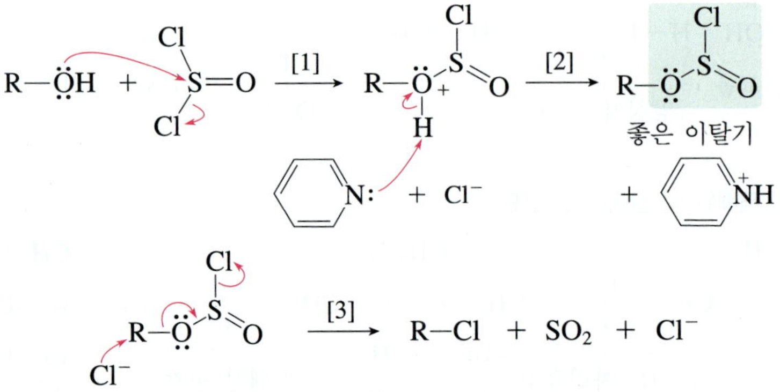

$R{-}\ddot{O}H + SOCl_2 \xrightarrow{[1]} R{-}\overset{+}{O}(H){-}S(=O)Cl \xrightarrow{[2]} R{-}O{-}S(=O)Cl$ (좋은 이탈기) $+$ 피리디늄($\overset{+}{N}H$)

(피리딘 N: + Cl^-)

$R{-}O{-}S(=O)Cl + Cl^- \xrightarrow{[3]} R{-}Cl + SO_2 + Cl^-$

그림 9.7 **ROH와 $SOCl_2$와의 반응.** S_N2 반응에 의해 RCl이 생성된다.

이 반응의 특징은 생성물인 염소화 알킬을 제외한 반응 부산물이 모두 기체여서 생성물을 분리하기 쉽고, 반응 과정에서 탄소양이온이 생성되지 않으므로 탄소양이온의 재배열이 일어나지 않는다. $SOCl_2$ 대신에 PBr_3 (phosphorus tribromide, 트라이브로민화 인)와 반응시키면 RBr을 합성할 수 있다(**그림 9.8**).

일반적인 반응 R—OH + PBr_3 ⟶ R—Br + $HOPBr_2$

예 CH_3CH_2—OH + PBr_3 ⟶ CH_3CH_2—Br

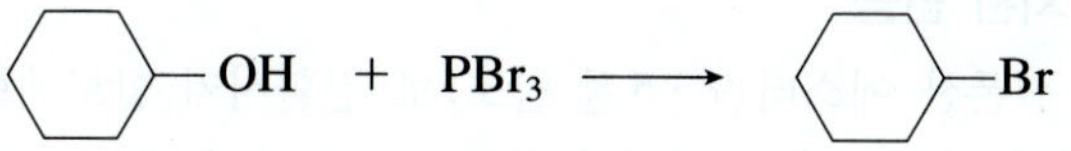

(cyclohexyl)—OH + PBr_3 ⟶ (cyclohexyl)—Br

일차 및 이차 브로민화 알킬이 형성된다.

이 반응 역시 이탈기로서는 부적합한 OH기를 PBr_3를 이용하여 좋은 이탈기로 전환시킨 후, 반응에서 생성된 친핵체인 Br^-가 S_N2 반응을 하여 RBr을 생성시키는 반응이다.

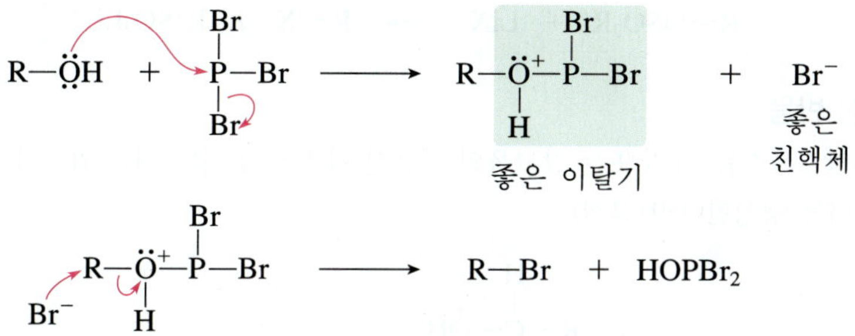

R—ÖH + PBr_3 ⟶ R—$\ddot{O}^+$(H)—PBr_2 (좋은 이탈기) + Br^- (좋은 친핵체)

Br^- + R—$\ddot{O}^+$(H)—PBr_2 ⟶ R—Br + $HOPBr_2$

그림 9.8 **ROH와 PBr_3와의 반응.** S_N2 반응에 의해 RBr이 생성된다.

• 일차 및 이차 알코올을 $SOCl_2$ 또는 PBr_3와 반응시키면 탄소양이온의 재배열 없이 염화 알킬(RCl) 또는 브로민화 알킬(RBr)이 생성된다.

예제 9.4 (*R*)-Phenylethan-1-ol을 각각 다른 반응 조건에서 $SOCl_2$와 반응시켜 아래와 같은 결과를 얻었다. 이를 설명하시오.

[반응 조건 1] 용매 없이 반응 시 (*R*)-1-chloro-1-phenylethane을 얻었다.

[반응 조건 2] 피리딘 용매 속에서 반응시켰더니 (*S*)-1-chloro-1-phenylethane을 얻었다.

[반응 조건 3] dioxane(다이옥세인) 용매 속에서 반응시켰더니 (*R*)-1-chloro-1-phenylethane을 얻었다.

S_Ni 반응(분자 내 친핵성 첨가 반응, Nucleophilic substitution internal)
예제 9.4에서 보인 바와 같이 알코올이 $SOCl_2$와 용매 없이 반응하면 입체화학이 보존되는데, 이런 반응을 **S_Ni 반응**(분자 내 친핵성 첨가 반응, Nucleophilic substitution internal)이라고 한다.

풀이

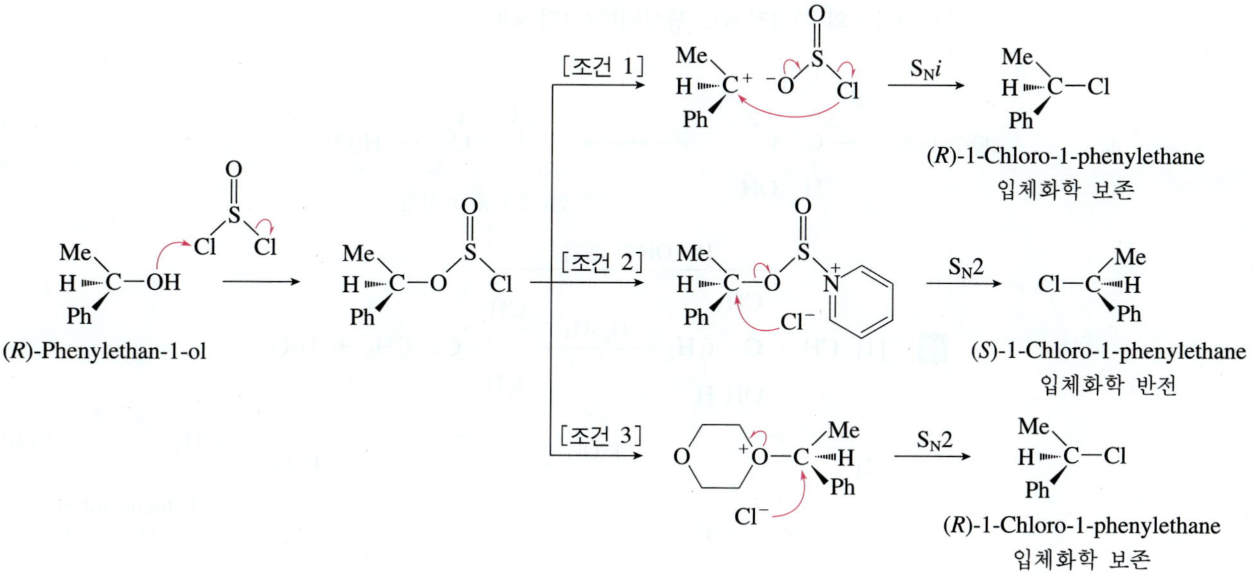

(*R*)-Phenylethan-1-ol + $SOCl_2$ ⟶ R—O—S(=O)—Cl

[조건 1] ⟶ S_Ni ⟶ (*R*)-1-Chloro-1-phenylethane 입체화학 보존

[조건 2] ⟶ S_N2 ⟶ (*S*)-1-Chloro-1-phenylethane 입체화학 반전

[조건 3] ⟶ S_N2 ⟶ (*R*)-1-Chloro-1-phenylethane 입체화학 보존

문제 9.7 (*S*)-Pentan-2-ol을 HI, PBr_3 및 $SOCl_2$/pyridine과 반응시켰다. 생성물의 입체 화학을 그리시오.

방법 3 설폰산 에스터의 치환 반응

일차 또는 이차 알코올을 설폰산 에스터(9.3.5절 참조)로 전환시켜 할로젠화 이온과 반응시키면 중성 조건에서 친핵성 치환 반응이 일어나 할로젠화 알킬이 생성된다.

$$R{-}OH \xrightarrow{ClSO_2R'} R{-}OSO_2R'$$

알킬 설폰산 에스터

$$R{-}OSO_2R' + LiX \longrightarrow R{-}X + R'SO_2Li$$

■ 에터 형성 반응

알코올은 알킬옥소늄 이온 또는 알코올의 설폰산 에스터 및 할로젠화 알킬과 친핵체로서 반응하여 에터를 생성한다(9.6.4절).

[1] $RCH_2{-}OH \xrightarrow{H_2SO_4}$ $R{-}CH_2{-}\overset{+}{O}H_2$ (H−Ö−CH_2R의 공격) $\longrightarrow RCH_2{-}O{-}CH_2R + H_3O^+$

[2] $RCH_2{-}X$ 또는 $RCH_2{-}OTs$ (R−ÖH의 공격) $\longrightarrow RCH_2OR$

9.3.3 알코올의 탈수 반응 – 제거 반응

■ 양성자산(H^+)에 의한 탈수 반응

알코올을 H_2SO_4, H_3PO_4, *p*-toluenesulfonic acid(*p*-톨루엔설폰산, *p*-TsOH) 같은 강한 양성자산과 반응시키면 탈수 반응(물이 이탈기로 작용)에 의한 제거 반응이 일어나 알켄이 생성된다. 이 반응은 알킬옥소늄 이온을 거쳐 E1 또는 E2 반응으로 일어나며, 생성된 알켄은 **Zaitsev 규칙**에 따른다. 또한 E1 탈수 반응에서는 탄소양이온의 재배열 반응에 의한 알켄 화합물의 이성질체도 생성된다(**그림 9.9**).

탈수 반응: $-\overset{|}{\underset{H}{C}}{-}\overset{|}{\underset{OH}{C}}- \longrightarrow C{=}C + H_2O$ (β, α) 알켄(새로운 π결합)

H−OH의 제거

예 [1] $CH_3{-}C(CH_3)(OH){-}CH_2H \xrightarrow{H_2SO_4} (CH_3)_2C{=}CH_2 + H_2O$

[2] cyclohexanol (H, OH) $\xrightarrow{TsOH}$ cyclohexene $+ H_2O$

$CH_3{-}C_6H_4{-}SO_3H$

p-Toluenesulfonic acid (*p*-TsOH)

알코올의 탈수 반응에서 Zaitsev 규칙이 적용되는 반응 예

$$CH_3\underset{OH}{\overset{CH_3}{C}}CH_2CH_3 \xrightleftharpoons[\Delta]{H_3PO_4} CH_3\overset{CH_3}{C}{=}CHCH_3 + CH_2{=}\overset{CH_3}{C}CH_2CH_3 + H_2O$$

(β_1-H, β_2-H, α-C 표시; $CH_3\overset{CH_3}{C}{=}CHCH_3$: 주생성물)

$$\text{1-Methylcyclohexanol } (H_3C,\ OH) \xrightleftharpoons[\Delta]{H_2SO_4} \text{1-Methylcyclohexene} + \text{Methylenecyclohexane } (CH_2) + H_2O$$

(1-Methylcyclohexene (CH_3): 주생성물)

α-C의 OH와 β_2-H 사이에서 물이 제거된 생성물이 우선(Zaitsev 규칙)

E1 탈수 반응에서 탄소양이온 재배열이 일어나는 반응 예

$$CH_3\underset{CH_3}{\overset{CH_3}{C}}{-}\underset{OH}{CH}CH_3 \xrightleftharpoons[\Delta]{H_3PO_4} CH_3\underset{CH_3}{\overset{CH_3}{C}}{-}\overset{+}{C}HCH_3 + H_2O \xrightarrow{\text{1,2-메틸기 이동}} CH_3\overset{CH_3}{\underset{+}{C}}{-}\underset{CH_3}{CH}CH_3$$

3,3-Dimethylbutan-2-ol → 이차 탄소양이온 → 삼차 탄소양이온

이차 탄소양이온 → $H^+ + CH_3\underset{CH_3}{\overset{CH_3}{C}}CH{=}CH_2$ (3,3-Dimethylbut-2-ene)

삼차 탄소양이온 → $CH_3\overset{CH_3}{C}{=}\underset{CH_3}{C}CH_3 + CH_2{=}\overset{CH_3}{C}\underset{CH_3}{CH}CH_3 + H^+$ (2,3-Dimethylbut-2-ene: 주생성물, 2,3-Dimethylbut-1-ene)

그림 9.9 알코올의 강한 양성자산 속에서의 탈수 반응. 탄소양이온 재배열 이성질체가 생성된다.

한편, 양성자산(H^+)에 의한 알코올의 탈수 반응은 삼차 알코올에서 가장 잘 일어난다.

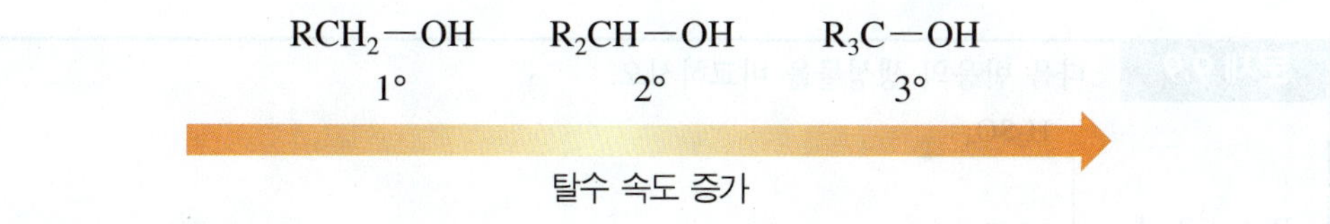

알코올 탈수 반응의 특징을 요약하면 아래와 같다.

- 일차 알코올에서는 E2 메커니즘으로 반응이 일어난다.
- 이차 및 삼차 알코올에서는 E1 메커니즘으로 반응이 일어난다.
- 알켄 생성물은 Zaitsev 규칙이 적용된다.
- E1 반응에서 탄소양이온 재배열에 의한 생성물도 생성된다.

문제 9.8 다음 알코올을 H_2SO_4와 가열하였을 때 생성되는 주생성물의 구조를 그리시오.

a. (cyclobutyl)–CH(OH)CH$_3$ b. (cyclohexyl)–CH$_2$OH

c. $(CH_3)_2C(OH)CH(CH_3)_2$ d. $CH_3CH_2C(OH)(CH_3)C(CH_3)_3$

■ $POCl_3$-pyridine에 의한 탈수 반응

알코올의 탈수 반응은 알코올을 피리딘 존재하에 $POCl_3$ (phosphorus oxychloride)와 반응시킬 경우에도 잘 일어난다. 이 반응에서 $POCl_3$는 OH기와 반응하여 OH기를 좋은 이탈기로 전환시키는 역할을 한다. 또한 이 반응에서는 강한 양성자산을 사용할 때 생성되는 탄소양이온 재배열과 같은 반응이 일어나지 않는다(**그림 9.10**).

cyclohexanol + $POCl_3$ →(pyridine) cyclohexene   (= pyridine)

H_2O 제거

좋은 이탈기

cyclohexanol + $POCl_3$ →[1] cyclohexyl–$\overset{+}{O}$(H)–$POCl_2$ + Cl^- →[2] cyclohexyl–O–$POCl_2$ + $H\overset{+}{N}$(pyridinium)

그림 9.10 **알코올의 $POCl_3$/pyridine에 의한 탈수 반응**. 탄소양이온 재배열 이성질체가 생성되지 않는다.

피리딘 존재하에 $POCl_3$에 의한 알코올의 탈수 반응 메커니즘은 다음과 같다.

새로운 π 결합

cyclohexyl–O–$POCl_2$ (+ :N pyridine) → cyclohexene + $^-OPOCl_2$ + $H\overset{+}{N}$(pyridinium)

이탈기

문제 9.9 다음 반응의 생성물을 비교하시오.

Butan-2-ol → (H_2SO_4)

Butan-2-ol → ($POCl_3$, pyridine)

문제 9.10 어떤 알코올을 $POCl_3$/pyridine과 반응시킨 결과 다음과 같은 알켄을 얻었다. 출발 물질인 알코올의 구조를 그리시오.

a. 1-methylcyclohexene b. methylenecyclohexane c. $CH_3CH_2CH{=}CHCH_3$ d. $CH_3CH_2C(CH_3){=}CH_2$

화학 라운지 9.1 **생체 안에서의 제거 반응 (탈수 반응)**

사람은 음식을 통해 영양분을 흡수하고, 이들의 분해대사를 통해 생존과 성장을 위한 에너지를 얻는다. 우리가 섭취한 음식물 중 탄수화물, 지방 및 단백질은 소화되어 각각 단당류, 지방산 및 아미노산으로 분해되는데, 이들 물질은 다시 분해되어 아세틸 CoA라는 물질로 전환되고, 시트르산 회로라는 일련의 순환 과정을 거쳐 생체 에너지원으로 사용되는 아데노신 삼인산 (ATP, adenosine 5′-triphosphate)으로 전환된다. 이 회로의 순환 과정에서 말산염(malate)은 fumarase라는 전환효소에 의해 탈수 반응(제거 반응) 되어 퓨마르산염(fumarate)으로 전환된다.

(S)-Malate $\rightleftharpoons$ (fumarase) Fumarate + H_2O

또한 이 반응은 글루코스가 분해되어 (해당작용) 아세틸 CoA를 생성하는 과정에서, enolase라는 효소에 의해 2-인산글리세린산염 (2-phosphoglycerate)이 인산엔올피루브산염 (2-phosphoenolpyruvate)으로 전환되는 반응에서도 관찰된다.

2-Phosphoglycerate $\rightleftharpoons$ (enolase) Phosphoenolpyruvate + H_2O

9.3.4 알코올의 산화 반응

■ 일차 알코올의 산화 반응

일차 알코올을 약한 산화제인 **PCC (pyridium chlorochromate)**와 반응시키면 알데하이드가 생성된다. 그러나 $Na_2Cr_2O_7$과 같은 강한 산화제를 사용하면 카복실산까지 산화된다.

Swern 산화제와 Dess-Martin Periodinane (DMP) 산화제
$RCH_2OH \longrightarrow RCHO$ 반응 목적으로 사용되는 산화제 중 비 Cr^{3+} 산화제로 활성화 DMSO 화합물인 Swern 산화제와 초원자가 아이오딘 화합물인 DMP 산화제가 잘 알려져 있다.

1° 알코올

$CH_3CH_2CH_2OH \xrightarrow{PCC} CH_3CH_2CHO$ (알데하이드)

$CH_3CH_2CH_2OH \xrightarrow[H_2SO_4,\ H_2O]{K_2Cr_2O_7} CH_3CH_2COOH$ (카복실산)

- 강한 산화제 및 조건
  - $Na_2Cr_2O_7$, $K_2Cr_2O_7$ 또는 $CrO_3/H_2SO_4/H_2O$
  - $KMnO_4/^{-}OH/H_2O$
- 약한 산화제 및 조건
  - PCC/CH_2Cl_2

■ 이차 알코올 및 삼차 알코올의 산화 반응

이차 알코올은 케톤으로 산화된다. 강한 산화제를 사용해도 더 산화되지 않는다.

2° 알코올

$(CH_3)_2CHOH \xrightarrow[H_2SO_4,\ H_2O]{K_2Cr_2O_7} (CH_3)_2C{=}O$ (케톤)

Cyclohexanol $\xrightarrow{PCC}$ Cyclohexanone (케톤)

PCC= Pyridium chlorochromate

삼차 알코올은 산화되지 않는다.

Jones 시약
CrO_3의 아세톤 용액

Collins (Sarett) 시약
$CrO_3 \cdot (pyridine)_2$

PDC (pyridinium dichromate)
$H_2Cr_2O_7$ + pyridine

산화제에 의한 알코올의 산화 반응은 **크로뮴산(chromic acid) 산화제**의 경우 오렌지색의 Cr^{6+}가 초록색의 Cr^{3+}로 환원되는 반응이며, **과망가니즈산 포타슘(potassium permanganate, $KMnO_4$)**의 경우 보라색의 Mn^{7+}가 갈색의 Mn^{4+}로 환원되는 반응이다. 크로뮴산 산화제의 경우 실제로는 **산화 크로뮴(III) [CrO_3, chromium (III) oxide]** 또는 **다이크로뮴산 소듐 또는 포타슘(sodium dichromate, $Na_2Cr_2O_7$ 또는 potassium dichromate, $K_2Cr_2O_7$)**을 황산 수용액 중에서 반응시키지만, 반응에 참여하는 화학종은 모두 **크로뮴산(chromic acid, H_2CrO_4)**이다. 이외에 Ru 산화제와 SeO_2 산화제가 알려져 있다.

Ru 산화제와 SeO_2 산화제
TPAP는 보조 산화제로 NMO(*N*-methylmorpholine)를 사용하여 $RCH_2OH \rightarrow RCO_2H$ 반응에 촉매로 사용되는 Ru 산화제의 일종이다. SeO_2는 알릴 위치의 탄소 원자를 알릴 알코올로 산화시키거나 케토기 α 위치의 탄소 원자를 산화시켜 1,2-diketone을 생성시키는 산화제이다.
TPAP = $[(^nPr)_4N^+ \; RuO_4^-]$

$$\underset{\text{Chromium(III) oxide}}{CrO_3} + H_2O \xrightarrow{H_2SO_4} \underset{\text{Chromic acid}}{H_2CrO_4} = HO-\overset{O}{\underset{O}{\overset{\|}{\underset{\|}{Cr}}}}-OH$$

$$\underset{\text{Potassium dichromate}}{K_2Cr_2O_7} + H_2SO_4 \longrightarrow H_2Cr_2O_7 \xrightarrow{H_2O} 2H_2CrO_4$$

크로뮴산 산화제의 산화는 다음과 같이 S_N2 반응과 E2 반응으로 일어난다. 삼차 알코올의 산화가 일어나지 않는 이유는 E2 반응 단계가 일어날 수 없기 때문이다(**그림 9.11**).

$$Cr^{6+} \xrightarrow{+2e} Cr^{4+}$$
$$2\,Cr^{4+} \longrightarrow Cr^{5+} + Cr^{3+}$$
$$Cr^{5+} \xrightarrow{+2e} Cr^{3+}$$

그림 9.11 **알코올의 크로뮴산(H_2CrO_4)에 의한 산화 반응 메커니즘.**

■ 이웃자리 다이올의 산화성 절단 반응

이웃자리 다이올(*vic*-diol 또는 1,2-diol)이 **과아이오딘산(HIO_4)**과 반응하면 산화성 절단 반응이 일어나 케톤이 생성된다.

$$R-\underset{OH}{\overset{R}{C}}-\underset{OH}{\overset{R'}{C}}-R' \xrightarrow{HIO_4} R_2C=O + O=CR'_2$$

예 cyclohexane-1,2-diol $\xrightarrow{HIO_4}$ OHC–(CH₂)₄–CHO

화학 라운지 9.2 음주측정기

$Na_2Cr_2O_7$ (다이크로뮴산 소듐)의 Cr^{6+} 이온은 오렌지색을 가진 강한 산화제로서 황산 속에서 에탄올을 아세트산으로 산화시키면서 스스로는 초록색인 Cr^{3+} 이온으로 환원된다. 음주측정기는 이 원리를 이용한 것이다. 폐동맥의 혈액과 날숨 중의 알코올 농도는 평형 관계에 있기 때문에, 날숨 속의 알코올 농도를 측정하면 혈중 알코올 농도를 측정할 수 있다. 측정기는 산화제(오렌지색)를 넣은 밀폐된 관에 날숨을 불어 넣게 되면, 알코올 농도에 따라 관속의 산화제 색이 초록색으로 변하는 정도의 차이를 측정하게 된다.

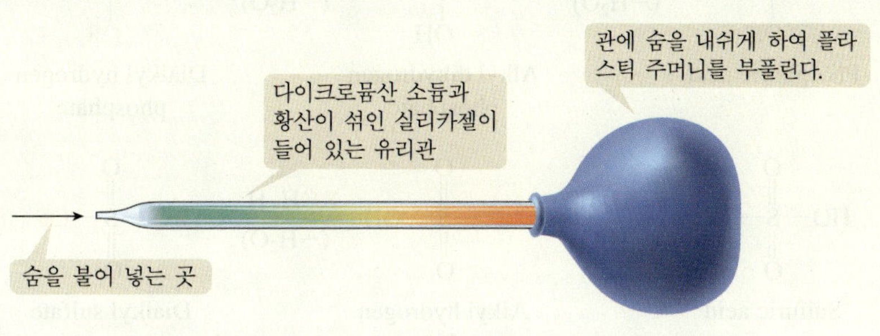

예제 9.5 다음 반응에서 얻은 생성물의 구조를 그리시오.

a. 사이클로헥산올 (cyclohexane–OH) $\xrightarrow{\text{PCC}}$

b. 사이클로헥산올 (cyclohexane–OH) $\xrightarrow[H_2SO_4]{Na_2Cr_2O_7}$

c. $CH_3(CH_2)_4CH_2OH \xrightarrow{\text{PCC}}$

d. $CH_3(CH_2)_4CH_2OH \xrightarrow[H_2SO_4]{Na_2Cr_2O_7}$

e. 1-(하이드록시메틸)사이클로펜탄올 (cyclopentane with OH and CH_2OH) $\xrightarrow{HIO_4}$

풀이

a. b 모두 사이클로헥산온 (cyclohexane=O)

c. $CH_3(CH_2)_4CHO$

d. $CH_3(CH_2)_4CO_2H$

e. 사이클로펜탄온 (cyclopentane=O) + HCHO

9.3.5 산과의 반응: 에스터 형성 반응

알코올은 카복실산과 탈수 반응하여 **에스터**를 생성한다(12.7.4절). H_3PO_4 (phosphoric acid, 인산), H_2SO_4 (sulfuric acid, 황산), HNO_3 (nitric acid, 질산) 등과 같은 무기산과도 반응하여 무기산 에스터를 형성한다. 생화학 반응의 에너지 대사에서 중요한 ATP, ADP 및 AMP는 뉴클레오사이드 분자에 있는 알코올기와 인산이 반응하여 만들어진 에스터의 일종이고, 폭약(다이너마이트)과 협심증치료제(혈관 확장제)로 사용되는 나이트로글리세린은 알코올(글리세롤)의 질산 에스터이다(**그림 9.12**). 알코올과 산의 에스터 형성 반응은 카복실산의 OH기 부분과 알코올기의 H 사이에서 물이 제거되어 만들어지며, 이 반응은 평형 반응이다(12.7.4절과 13장을 참조).

한편, 일차 및 이차 알코올을 피리딘과 같은 염기 존재하에 알킬(또는 아릴) 염화 설포닐 [R(Ar)SO_2Cl]과 반응시키면 **설폰산 에스터**로 전환되는데, 이들 설폰산 에스터기는 매우 좋은 이탈성($^-$Br과 비슷)을 나타내는 이탈기이므로 알코올의 친핵성 치환 반응(S_N2 반응)의 반응 기질로 자주 사용된다(8.6.5절).

$$HO-\overset{O}{\overset{\|}{C}}-R' \xrightarrow[(-H_2O)]{ROH,\ H^+} RO-\overset{O}{\overset{\|}{C}}-R'$$

Carboxylic acid → Ester

$$RO-H\quad HO-\overset{O}{\overset{\|}{C}}-R' \xrightarrow[-H_2O]{} RO-\overset{O}{\overset{\|}{C}}-R'$$

산의 OH기와 알코올의 H 사이에서 물이 제거

Phosphoric acid $\xrightarrow[(-H_2O)]{ROH,\ H^+}$ Alkyl dihydrogen phosphate $\xrightarrow[(-H_2O)]{ROH,\ H^+}$ Dialkyl hydrogen phosphate $\xrightarrow[(-H_2O)]{ROH,\ H^+}$ Trialkyl phosphate

$HO-P(=O)(OH)-OH \rightarrow RO-P(=O)(OH)-OH \rightarrow RO-P(=O)(OR)-OH \rightarrow RO-P(=O)(OR)-OR$

Sulfuric acid $\xrightarrow[(-H_2O)]{ROH,\ H^+}$ Alkyl hydrogen sulfate $\xrightarrow[(-H_2O)]{ROH,\ H^+}$ Dialkyl sulfate

$HO-S(=O)_2-OH \rightarrow RO-S(=O)_2-OH \rightarrow RO-S(=O)_2-OR$

Nitric acid $\xrightarrow[(-H_2O)]{ROH,\ H^+}$ Alkyl nitrate

$HO-N(=O)-\ddot{O}: \rightarrow RO-N(=O)-\ddot{O}:$

$CH_2ONO_2-CHONO_2-CH_2ONO_2$ Nitroglycerin

$^-O-P(=O)(O^-)-O-P(=O)(O^-)-O-P(=O)(O^-)-O-CH_2$–(ribose, OH OH)–adenine(NH_2) $\equiv$ $^-O-P(=O)(O^-)-O-P(=O)(O^-)-O-P(=O)(O^-)-O-Ad$

AD=Adenosyl group

ATP=Adenosine 5′-TriPhosphate

ADP = $^-O-P(=O)(O^-)-O-P(=O)(O^-)-O-Ad$

AMP = $^-O-P(=O)(O^-)-O-Ad$

그림 9.12 알코올의 카복실산 및 무기산과의 에스터화 반응. 산의 OH기와 알코올의 H 사이에서 물이 제거되는 반응이다.

$$R'-OH + Cl-\overset{O}{\overset{\|}{\underset{O}{\underset{\|}{S}}}}-R \xrightarrow{염기} R'-O-\overset{O}{\overset{\|}{\underset{O}{\underset{\|}{S}}}}-R \ (:Nu) \longrightarrow R'-Nu + {}^-SO_3R$$

반응 예

$CH_3CH_2CH_2-OTs + {}^-CN \longrightarrow CH_3CH_2CH_2-CN + {}^-OTs$

$CH_3CH_2CH_2-OMs + CH_3NH_2 \longrightarrow CH_3CH_2CH_2-\overset{+}{N}H_2CH_3 + {}^-OMs$

자주 사용되는 염화 설포닐알킬 또는 아릴 및 이들의 약어

$CH_3-S(=O)_2-Cl$ Methanesulfonyl chloride (Mesyl chloride, MsCl)

$CH_3-S(=O)_2-$ = Mesyl (Ms)

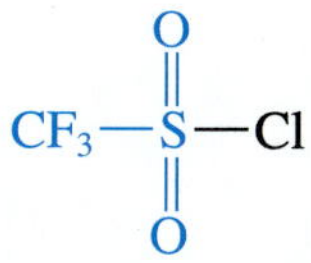

$CF_3-S(=O)_2-Cl$ Trifluoromethanesulfonyl chloride (Triflyl chloride, TfCl) $CF_3-S(=O)_2-$ = Triflyl (Tf)

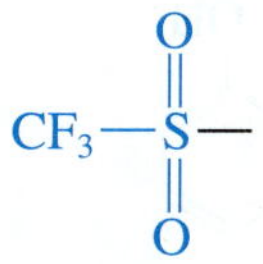

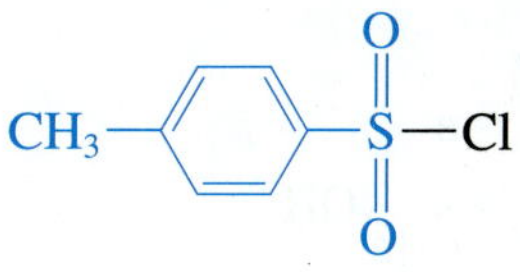

$CH_3-C_6H_4-S(=O)_2-Cl$ *p*-Toluenesulfonyl chloride (Tosyl chloride, TsCl) $CH_3-C_6H_4-S(=O)_2-$ = Tosyl (Ts)

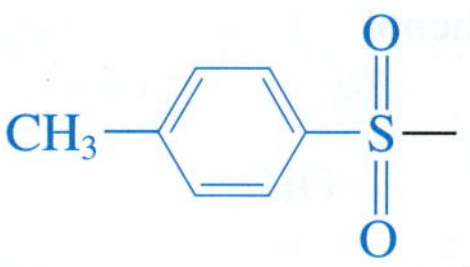

9.4 다중 알코올 화합물

한 분자 내에 두 개 이상의 OH기를 가지고 있는 화합물을 **다중 하이드록시 화합물(polyhydroxy compound** 또는 **polyol)**이라고 한다. 그중 인접한 탄소에 두 개의 OH기를 가지고 있는 화합물을 **글리콜(glycol)**, 세 개의 OH기를 가지고 있을 경우 **글리세린** 또는 **글리세롤(glycerin** 또는 **glycerol)**이라고 한다. 포도당을 환원하여 얻을 수 있는 **솔비톨(sorbitol)** 역시 다중 알코올의 일종이다. 이들 화합물은 많은 OH기 때문에 끓는점이 높고, 물에 잘 녹는 성질을 가지고 있어 공업적 용도로 다양하게 사용된다.

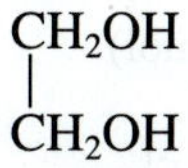

CH_2OH-CH_2OH
1,2-Ethanediol (Ethylene glycol)

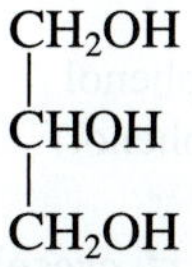

$CH_2OH-CHOH-CH_2OH$
1,2,3-Propanetriol (Glycerin)

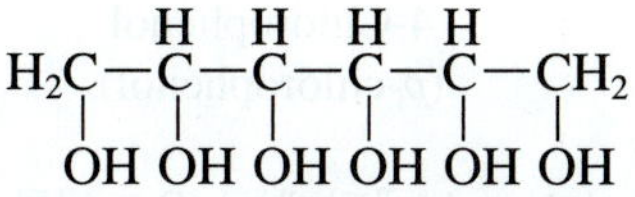

$H_2C(OH)-CH(OH)-CH(OH)-CH(OH)-CH(OH)-CH_2(OH)$
1,2,3,4,5,6-Hexanehexanol (Sorbitol)

Ethylene glycol(에틸렌 글리콜)은 부동액 또는 열 전달 매체로, 글리세린은 화장품 원료로, 솔비톨은 식품첨가제(감미료) 등으로 사용된다. 또한 글리세린과 질산이 반응하여 생긴 glycerin trinitrate는 **나이트로글리세린(다이너마이트)**으로 잘 알려진 화합물이다. 이 물질은 산업용 폭약으로도 유명하지만, 혈관 확장제로서 협심증 환자의 치료에 사용되는 의약품이기도 하다.

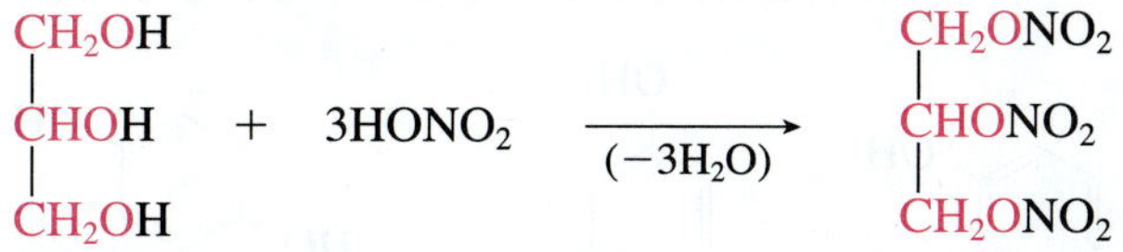

$$CH_2OH-CHOH-CH_2OH + 3HONO_2 \xrightarrow[(-3H_2O)]{} CH_2ONO_2-CHONO_2-CH_2ONO_2$$

Glycerin → Glyceryl trinitrate (Nitroglycerin)

Pinacol-pinacolone 재배열 반응

1,2-diol(예. pinacol)을 산성 용액에서 가열하면 1,2-재배열 반응이 일어나 케톤 유도체(pinacolone)로 전환된다.

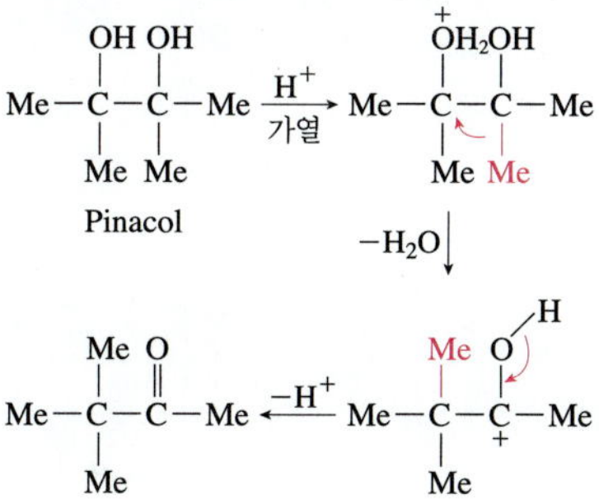

$$Me_2C(OH)-C(OH)Me_2 \xrightarrow[\text{가열}]{H^+} Me_2C(\overset{+}{O}H_2)-C(OH)Me_2 \xrightarrow{-H_2O} Me-C(Me)_2-\overset{+}{C}(Me)-OH \xrightarrow{-H^+} Me_3C-C(=O)-Me$$

Pinacol → Pinacolone

9.5 페놀

페놀(phenol)은 벤젠 고리의 탄소 원자에 OH기가 직접 결합되어 있는 화합물이다. 이와 비슷하게 naphthalene(나프탈렌)과 phenanthrene(페난트렌)과 같은 다중 벤젠 고리에 OH기가 직접 붙어 있는 화합물을 각각 naphthol(나프톨)과 phenanthrol(페난트롤)이라 한다.

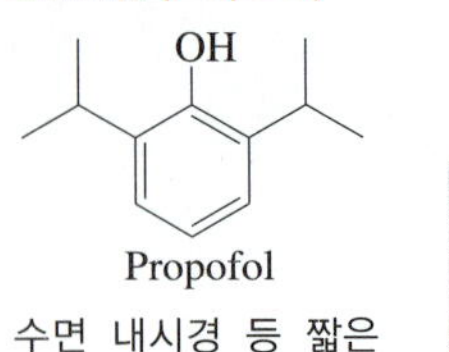

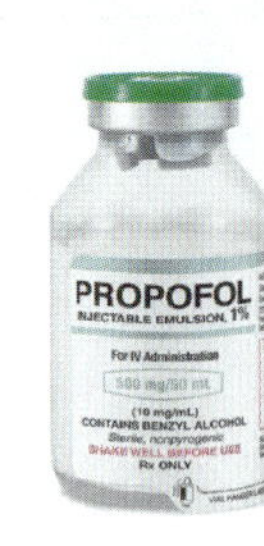

수면 내시경 등 짧은 시간 마취용으로 쓰이는 수면마취제.

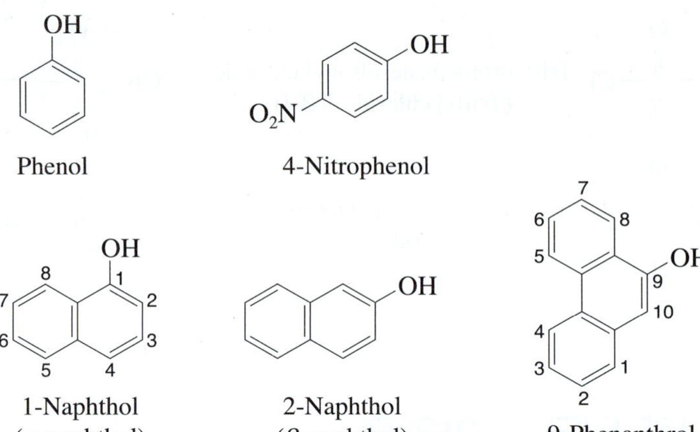

9.5.1 페놀의 명명법

벤젠 고리에 OH기 한 개와 다른 치환기를 가진 화합물인 경우 페놀 유도체로 명명한다.

4-Chlorophenol (*p*-chlorophenol) 2-Nitrophenol (*o*-nitrophenol) 3-Bromophenol (*m*-bromophenol)

Methylphenol (메틸페놀) 유도체를 관용명으로 **cresol (크레솔)** 이라 한다.

2-Methylphenol (*o*-cresol) 3-Methylphenol (*m*-cresol) 4-Methylphenol (*p*-cresol)

하이드록시기를 두 개 가지고 있는 벤젠다이올 유도체의 관용명은 다음과 같다.

1,2-Benzenediol (catechol) 1,3-Benzenediol (resorcinol) 1,4-Benzenediol (hydroquinone)

9.5.2 페놀의 산도

앞에서 언급한 대로 지방족 알코올은 산도가 약한 산이기 때문에 NaOH와 중화 반응을 하지 못하며, 단지 NaH 또는 금속 소듐과 반응하여 알콕사이드 (alkoxide) 염을 형성할 수 있다. 그러나 페놀은 NaOH와도 중화 반응을 할 수 있을 만큼 지방족 알코올보다 훨씬 강한 산이다. 이는 페놀의 짝염기인 페녹사이드 이온이 공명 안정화되어 알코올의 짝염기인 알콕사이드 (alkoxide) 이온보다 염기도가 낮기 때문이다.

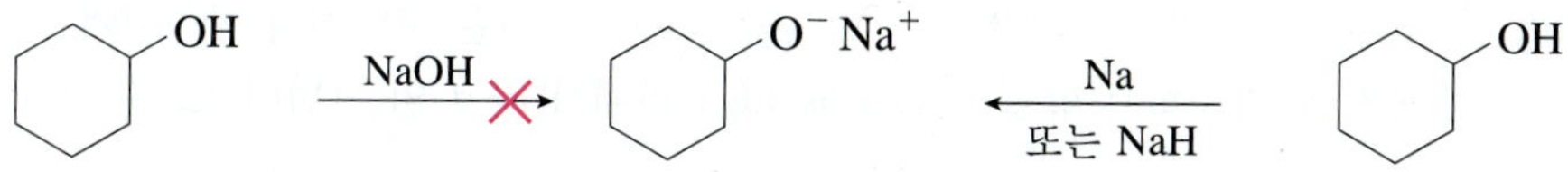

Cyclohexanol
pK_a=18

$\xrightarrow{NaOH}$ (×) O^-Na^+ $\xleftarrow[\text{또는 } NaH]{Na}$ OH

산도가 약해 NaOH와 중화 반응을 못하고 금속 Na와 반응한다.

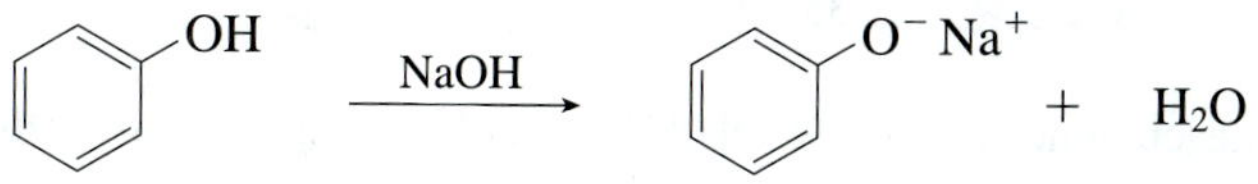

Phenol
pK_a=9.89

$\xrightarrow{NaOH}$ O^-Na^+ + H_2O

페놀은 NaOH와 중화 반응을 할 수 있다.

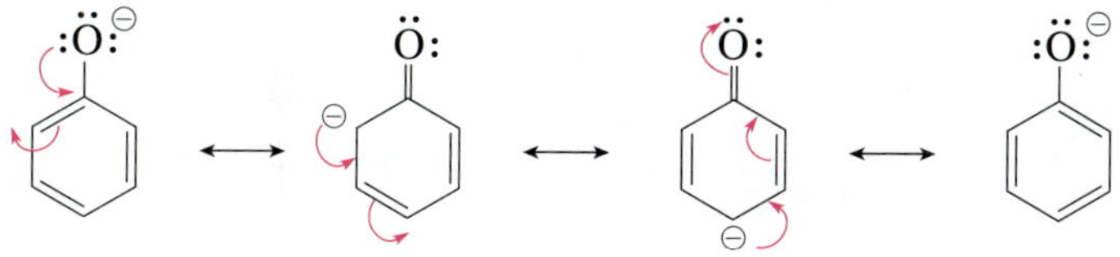

페놀의 강한 산도는 짝염기인 페녹사이드 이온이 공명 안정화될 수 있기 때문이다.

페놀 유도체에서 벤제 고리에 전자 끄는 치환기가 있으면 산도는 더 증가하게 된다.

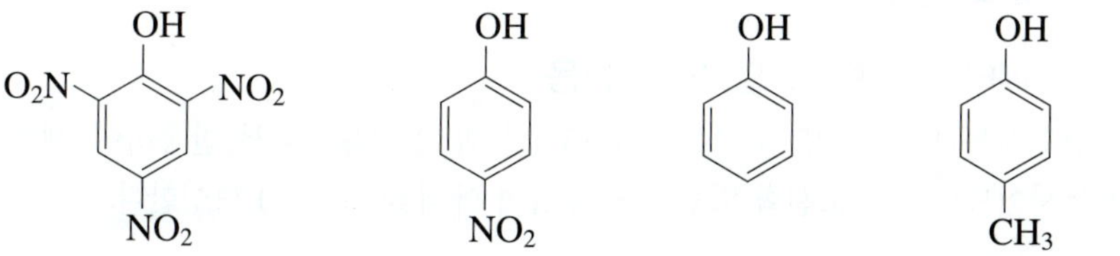

2,4,6-Trinitrophenol (Picric acid)	4-Nitrophenol	Phenol	4-Methylphenol (*p*-Cresol)
pK_a=0.38	pK_a=7.15	pK_a=9.89	pK_a=10.17

- 페놀은 NaOH와도 중화 반응을 할 수 있다. 지방족 알코올보다 훨씬 강산이다.
- 페놀의 강한 산도는 짝염기가 공명 안정화될 수 있기 때문이다.

9.5.3 페놀의 제법

■ 실험실적 제법

아닐린 유도체의 **다이아조늄염**을 가수분해시켜 합성할 수 있다(10.5.5절 참조)

$$Ar-NH_2 \xrightarrow{HONO} Ar-\overset{+}{N}_2 \xrightarrow[Cu^{2+},\ H_2O]{Cu_2O} Ar-OH$$

예 (NH_2, Br, CH_3) $\xrightarrow[(2)\ Cu_2O,\ Cu^{2+},\ H_2O]{(1)\ NaNO_2,\ H_2SO_4,\ 0\sim5°C}$ (OH, Br, CH_3)

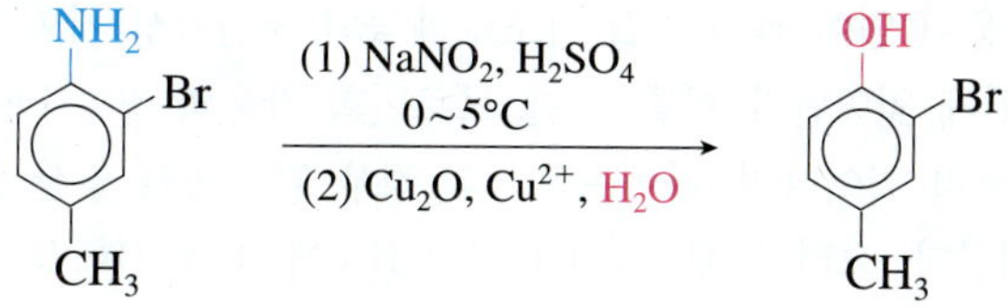

2-Bromo-4-methylphenol
(80~92%)

■ 공업적인 방법

페놀 유도체의 공업적 제조 방법 중 몇 가지를 소개하면 다음과 같다.

[방법 1] 클로로벤젠 또는 벤젠설폰산 소듐을 NaOH와 고온 고압에서 반응시켜(또는 용융시켜) 제조하는 방법. 이를 **Raschig** ('라쉬히' 라고 읽음) **법**이라고도 한다.

Cl 또는 SO_3Na $\xrightarrow[350\ °C]{NaOH}$ $\xrightarrow{HCl}$ OH

[방법 2] Isopropylbenzene (cumene)을 산소와 라디칼 반응시켜(산화) 제조하는 방법이 있다. 이 방법을 사용하면 부산물로 아세톤을 얻을 수 있다. 이 방법을 **큐멘법 (cumene method)**이라고 한다(반응 메커니즘은 보충 문제 9.32 참조).

$$C_6H_5CH(CH_3)_2 \xrightarrow[95\sim135\ °C]{O_2} C_6H_5OH + CH_3-\overset{O}{\overset{\|}{C}}-CH_3$$

Isopropylbenzene
(Cumene)

9.5.4 페놀의 반응

■ 에스터 및 에터 형성 반응 – 알코올형 반응

Phenol성 OH기의 확인법
페놀성 OH기는 $FeCl_3$ 용액과 반응하여 붉은색, 자색, 청색 등의 색깔을 나타낸다.

페놀은 산염화물(13.2절) 또는 산무수물(13.3절)과 알코올기로서 반응하여 에스터를 생성하고, 페녹사이드염은 할로젠화 알킬과 반응하여 에터를(9.6.4절) 형성한다.

에스터 형성

$$\text{Salicylic acid} + CH_3-\overset{O}{\overset{\|}{C}}-O-\overset{O}{\overset{\|}{C}}-CH_3 \xrightarrow{CH_3CO_2H} \text{Acetylsalicylic acid (aspirin)}$$

Salicylic acid — Acetic anhydride — Acetylsalicylic acid (aspirin)

에터 형성

$$o\text{-}NO_2C_6H_4OH + CH_3CH_2CH_2CH_2-Br \xrightarrow[acetone]{K_2CO_3} o\text{-}NO_2C_6H_4OCH_2CH_2CH_2CH_3$$

■ 친전자성 치환 반응

페놀의 OH기는 공명에 의해 벤젠 고리의 *o* 위치와 *p* 위치를 활성화시켜 이 부위에 친전자체에 의한 치환 반응이 일어난다(7.6절 참조). 페놀의 친전자성 치환 반응은 매우 온화한 조건에서도 반응이 쉽게 일어난다. 예를 들면, 브로민화 반응의 경우 Lewis 산 없이 Br_2 자체만으로도 반응이 빨리 일어나며, 나이트로화의 경우 탈수제인 황산 없이 묽은 질산에서도 치환 반응이 일어난다. 그러나 페놀의 OH기는 HX에 의해 친핵성 치환 반응이 일어나지 않으며, 탈수 반응도 일어나지 않는다.

$$C_6H_5OH + E^+ \longrightarrow o\text{-}E\text{-}C_6H_4OH + p\text{-}E\text{-}C_6H_4OH$$

반응 예

$$C_6H_5OH + 3Br_2 \xrightarrow{H_2O} \text{2,4,6-}Br_3C_6H_2OH + 3HBr$$

$$C_6H_5OH + 3HNO_3 \longrightarrow \text{2,4,6-}(O_2N)_3C_6H_2OH + 3H_2O$$

$$\text{o-}CH_3C_6H_4OH + (CH_3)_3COH \xrightarrow[60\ °C]{H_3PO_4} \text{2-}CH_3\text{-4-}C(CH_3)_3C_6H_3OH$$

$$C_6H_5OH + HX \not\longrightarrow$$

친핵성 치환 반응과
제거 반응은 일어나지 않음

■ 페놀의 카복실화 반응

Sodium phenoxide를 탄산가스와 고압하에서 가열 반응시키면 페놀의 *ortho* 위치에 카복실화 반응이 일어나 **salicylic acid (살리실산)**이 생성된다. 이 방법을 **Kolbe-Schmitt** ('콜베-쉬미트' 라고 읽음) **반응**이라고 한다.

$$\text{Sodium phenoxide } (C_6H_5O^-Na^+) \xrightarrow[125\ °C,\ 100\text{기압}]{CO_2} \text{o-}HOC_6H_4CO_2Na \xrightarrow{H_3O^+} \text{Salicylic acid } (\text{o-}HOC_6H_4CO_2H)$$

Kolbe-Schmitt 반응 메커니즘

Adolph Wilhelm Hermann Kolbe (1818~1884), **Rudolf Schmitt** (1830~1898) : 독일 태생 유기화학자. Kolbe는 Marbug 대학과 Leipzig 대학 교수를, Schmitt는 Dresden 대학 교수를 역임. 이들은 아스피린의 대량 생산에 필요한 합성법을 개발하였다.

■ 페놀의 산화 반응

페놀은 알코올보다 쉽게 산화된다. 예를 들면, **hydroquinone (하이드로퀴논** 또는 **1,4-benzenediol)**은 silver oxide (산화 은, Ag_2O) 또는 chromic acid (크로뮴산)로 산화되어 ***p*-benzoquinone (파라-벤조퀴논)**으로 전환된다.

$$\text{Hydroquinone} \xrightarrow{\text{산화제}} p\text{-Benzoquinone}$$

하이드로퀴논과 벤조퀴논은 산화-환원 반응에 의해 서로가 쉽게 전환된다. 생체 내 산화-환원 반응과 관련된 기능을 하는 **보조효소 Q** (또는 **유비퀴논, ubiquinone**)과 혈액 응고에 필수적인 물질인 **비타민 K**는 퀴논 구조를 가지고 있다.

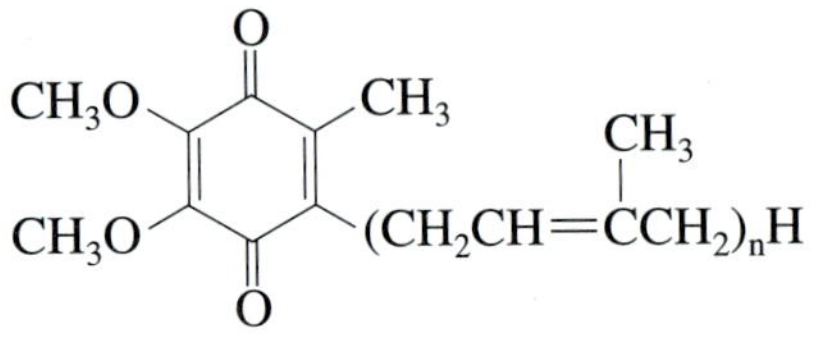

Ubiquinone(coenzyme Q) n=6~10

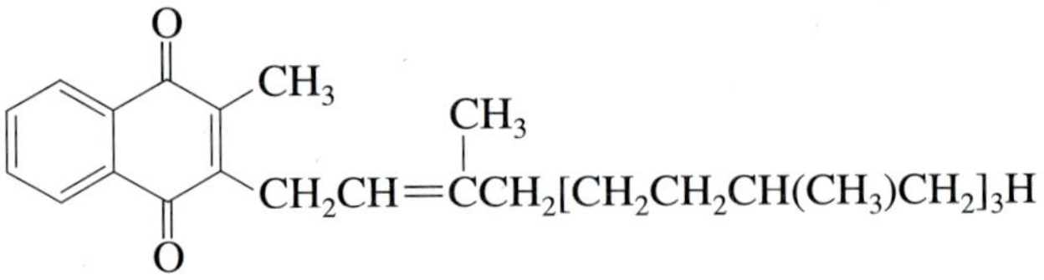

Vitamin K

화학 라운지 9.3 천연 페놀과 항산화제

우리 몸 안의 대사과정에서 산화-환원계의 불균형으로 인해 생성된 자유 라디칼 또는 과산화 상태의 활성 산소가 연쇄 반응을 통해 DNA, 단백질 및 지질과 같은 세포 구성 성분과 반응하면, 여러 가지 질병과 노화를 일으키게 된다. 페놀기는 이들 활성 산소 또는 연쇄 반응에서 생성된 자유 라디칼과 먼저 반응하여 산화 반응을 진행시키지 못하게 하는 역할을 한다. 대표적으로 알려진 화합물이 vitamin E (tocopherol) 이다. 분자 내 페놀기를 한 개 이상 가지고 있는 화합물을 **polyphenol**이라 하는데 resveratrol (적포도주), catechin류 (녹차 및 초콜릿) 및 anthocyanin류 (블루베리) 가 대표적인 예이다. 이들 천연 페놀류가 항산화제 음식물로 추천받는 것도 이 때문이다. 가공식품의 식품 보존용 산화 방지제로 사용되는 **BHT** (Butylated Hydroxy toluene) 와 **BHA** (Butylated Hydroxy anisole) 도 모두 합성된 페놀 유도체이다.

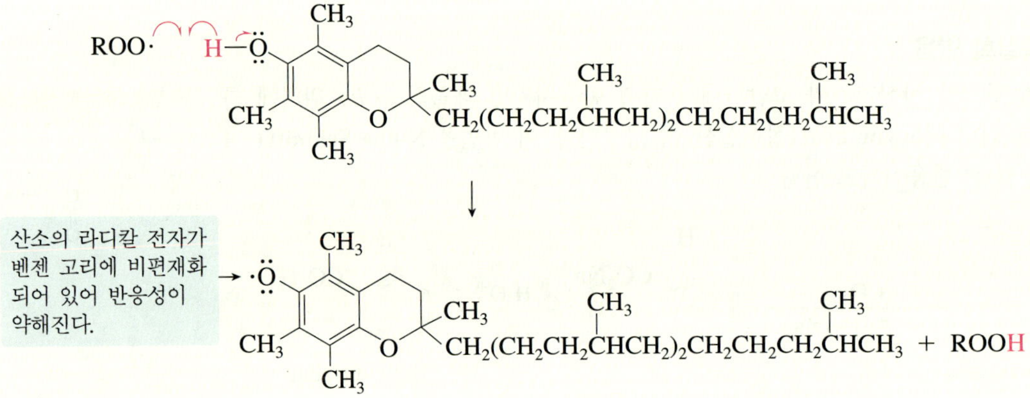

산소의 라디칼 전자가 벤젠 고리에 비편재화되어 있어 반응성이 약해진다.

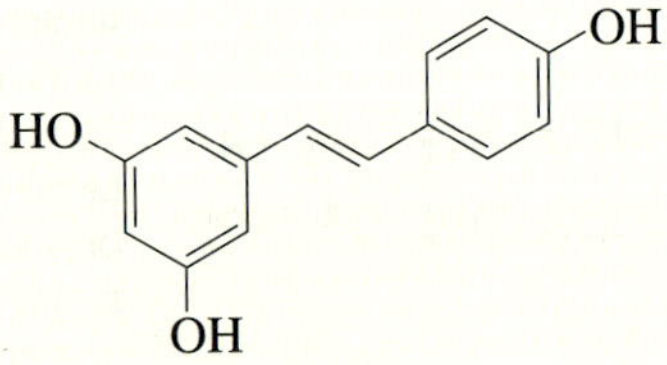

Resveratrol

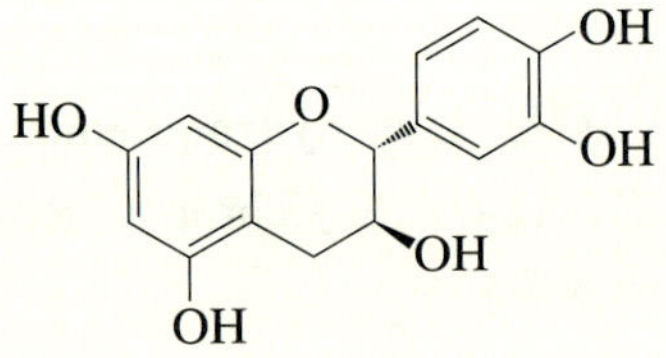

Catechin

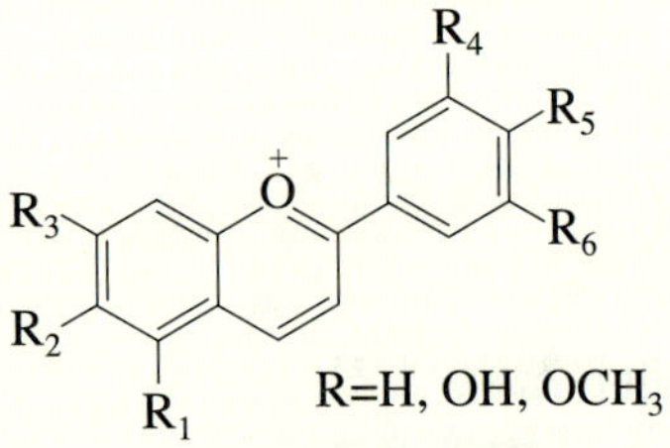

R=H, OH, OCH_3

Anthocyanins

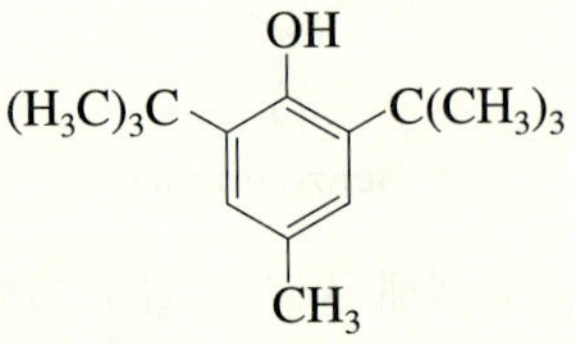

BHT

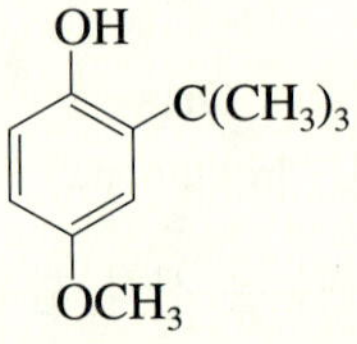

BHA

9.6 에터

9.6.1 에터의 구조 및 결합

에터는 sp^3 혼성 오비탈을 가진 산소 원자를 중심으로 두 개의 탄소 원자가 σ 결합을 이루고 있는 분자를 말한다. 산소 원자와 결합하는 탄소 원자는 알킬기 및 아릴기 모두 가능하다. 에터의 C—O—C 결합의 결합각은 결합하고 있는 탄소의 성질에 따라 차이가 있지만, 산소 원자 양쪽의 치환기가 메틸 또는 에틸의 경우 110° 내외이다. 보통 에터라고 하면 C—O—C 결합을 가지고 있으면서 산소 원자가 고리를 이루지 않은 화합물을 말한다.

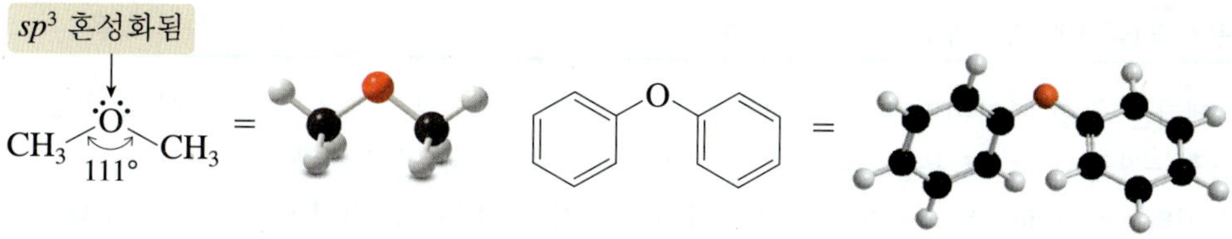

sp^3 혼성화됨

$CH_3-\ddot{O}-CH_3$ (111°) =

9.6.2 에터의 명명법

일반적으로 간단한 에터들은 관용명으로 부른다. 관용명은 에터란 작용기 앞에 산소에 결합된 알킬기 또는 아릴기의 이름을 알파벳 순으로 띄어서 쓴다. 같은 기가 양쪽에 있는 대칭 에터는 접두사 다이-(di-)를 앞에 붙인다.

$CH_3CH_2-O-CH_3$
Ethyl methyl ether

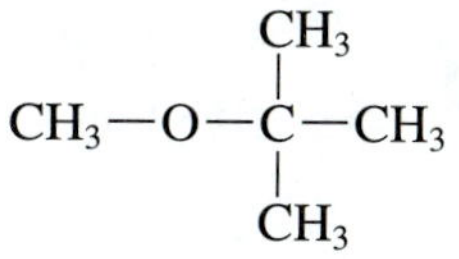

$CH_3-O-C(CH_3)_2-CH_3$
tert-Butyl methyl ether

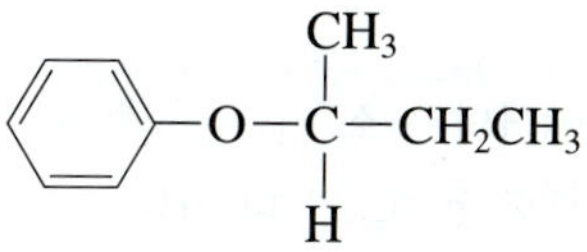

$C_6H_5-O-CH(CH_3)-CH_2CH_3$
sec-Butyl phenyl ether

$CH_3CH_2-O-CH_2CH_3$
Diethyl ether

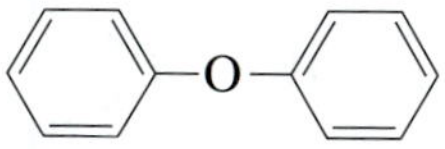

$C_6H_5-O-C_6H_5$
Diphenyl ether

복잡한 구조를 가진 에터의 이름은 IUPAC법으로 명명한다. IUPAC법은 매우 간단해서 RO 또는 ArO기를 치환기로 보고, 알케인 명명법에 따라 명명하면 된다. 치환기로 사용될 RO^- 또는 ArO^-기를 **알콕시(alkoxy)기**라고 한다. Alkoxy기는 alkyl기의 'yl' 대신에 'oxy'를 붙여 만든다.

알콕시기 이름
알콕시(RO^-)기는 alkyl + oxy의 합성어로 보통 C_5 이하에서만 사용된다. 그 이상인 경우 'alkyloxy'기로 명명한다.
예) $C_8H_{17}O^-$: octyloxy기

Alkoxy기 이름

CH_3O-	CH_3CH_2O-	$CH_3CH(CH_3)O-$	C_6H_5-O-
Methoxy	Ethoxy	Isopropoxy	Phenoxy

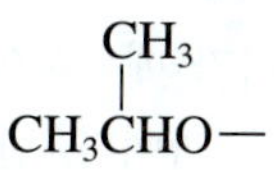

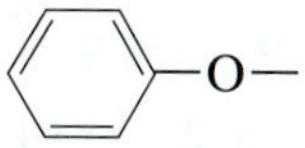

예

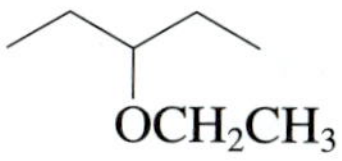

3-Ethoxypentane (OCH_2CH_3)

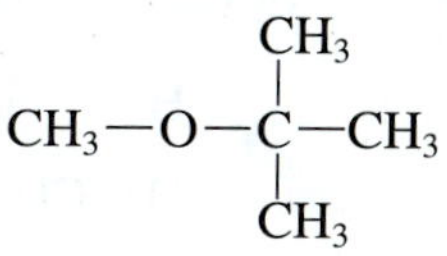

$CH_3-O-C(CH_3)_2-CH_3$
2-Methoxy-2-methylpropane

$CH_3O-CH_2CH_2CH_2-OCH_3$
1,3-Dimethoxypropane

9.6.3 에터의 물리적 성질

• 에터는 같은 C—O 결합을 가진 알코올에 비해 끓는점이 낮다.

예를 들면, 비슷한 분자량을 가진 butan-1-ol의 끓는점은 117°C이나, diethyl ether의 끓는점은 34.5°C이다. 오히려 pentane의 끓는점(36°C)과 비슷하다.

	Butan-1-ol	Diethyl ether	Pentane
분자량	74	74	72
끓는점(°C)	117	34.5	36
용해도(물 100 g당 g수)	8.3	8	녹지 않음

에터는 극성 분자이지만 산소 원자에 수소가 존재하지 않아 수소 결합을 할 수 없으며, 쌍극자–쌍극자 상호작용(부분 전하 사이의 상호작용) 역시 입체 장애 때문에 약하다. 따라서 에터는 van der Waals 힘 이외에 효과적인 분자간 인력을 가지지 않아 끓는점이 낮다.

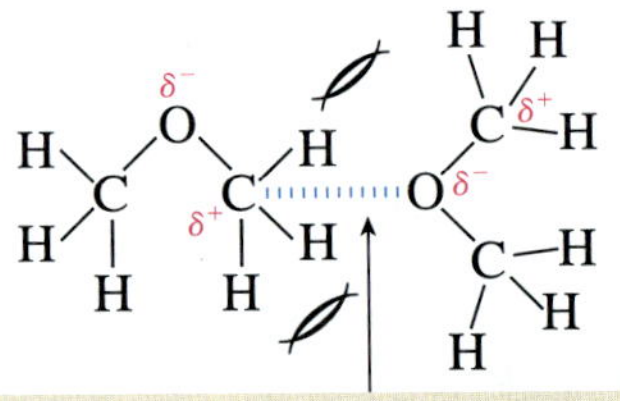

입체 장애 때문에 부분 전하 사이의 상호작용이 방해된다.

• 에터의 산소 원자는 물 또는 알코올과 수소 결합을 할 수 있어 비극성 분자보다는 물에 대한 용해도가 더 크다.

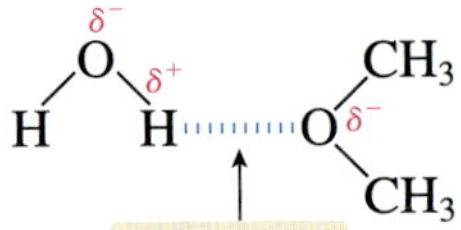

수소 결합

9.6.4 에터의 제법

■ 대칭 에터(R—O—R)의 합성

일차 알코올에 진한 황산을 넣고 가열하면 대칭 에터(R—O—R)가 생성된다. 예를 들어, 에탄올과 진한 황산 혼합물을 130~140°C에서 가열하면 ethyl ether가 생성된다. 이 반응은 에탄올의 산소 원자에 양성자가 배위하여 생성된 에틸옥소늄 이온에 에탄올이 친핵체로 반응하여 S_N2 반응이 일어난 결과이다. 반응 온도가 180°C가 되면 탈수 반응(제거 반응)이 일어나 ethene이 주생성물로 얻어진다. 또한 R이 이차 또는 삼차 알킬기인 경우 에터 형성 반응이 일어나지 않고 탈수 반응이 우선적으로 일어난다.

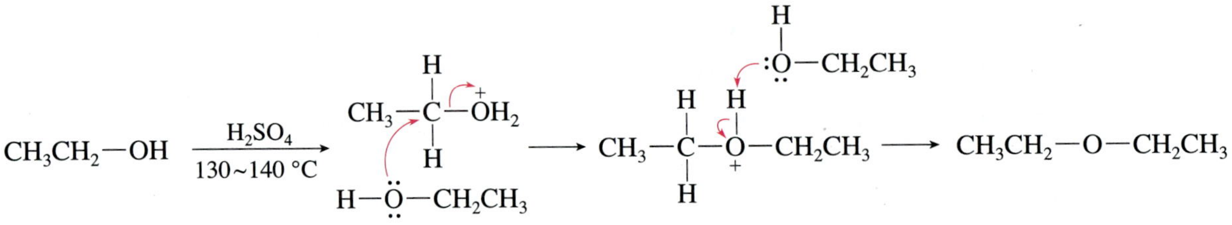

$$CH_3CH_2{-}OH \xrightarrow[130\sim140\ ^\circ C]{H_2SO_4} CH_3{-}CH_2{-}\overset{+}{O}H_2 \;(+\ H{-}\ddot{O}{-}CH_2CH_3) \longrightarrow CH_3{-}CH_2{-}\overset{+}{O}(H){-}CH_2CH_3 \longrightarrow CH_3CH_2{-}O{-}CH_2CH_3$$

■ Williamson 합성법

입체 장애가 작은 알킬기를 가진 반응 기질인 R—L (R = 1° alkyl; L = Cl, Br, I, 또는 OTs)에 친핵체인 알콕사이드(RO⁻ 또는 R′O⁻) 이온을 S_N2 반응시켜 **대칭** 또는 **비대칭 에터**를 합성하는 방법을 **Williamson** ('윌리암손' 이라고 읽음) **합성법**이라고 한다.

Alexander William Williamson (1824~1904) : 스코틀랜드 태생 영국 화학자. University College London의 화학과 교수 역임.

$$CH_3CH_2CH_2-Cl \ + \ {}^{-}OCH_3 \xrightarrow[-Cl^-]{S_N2} CH_3CH_2CH_2-OCH_3 \quad \text{비대칭 에터}$$

$$CH_3CH_2-Br \ + \ {}^{-}OCH_2CH_3 \xrightarrow[-Br^-]{S_N2} CH_3CH_2-OCH_2CH_3 \quad \text{대칭 에터}$$

Williamson 합성법으로 비대칭 에터를 합성할 경우 반응 기질과 친핵체를 어떻게 선택해야 하는가를 미리 고려해야 한다. 예를 들어, *tert*-butyl methyl ether를 합성할 경우 CH_3I를 친전자체 기질로 사용할 경우(방법 A)는 친핵성 치환 반응(S_N2 반응)이 성공적으로 일어나 목적물인 에터가 합성될 수 있지만, $(CH_3)_3CI$를 기질로 사용할 경우(방법 B)는 치환 반응(S_N1 반응)보다 E2 반응이 우선적으로 일어나게 되어 에터 생성물을 얻을 수 없다.

$$CH_3-I + {}^{-}O-C(CH_3)_2-CH_3 \xrightarrow{S_N2} CH_3-O-C(CH_3)_2-CH_3 \xleftarrow[\times]{S_N1} CH_3-C(CH_3)_2-I + {}^{-}O-CH_3$$

tert-Butyl methyl ether

방법 A: CH_3I를 친전자체로 사용한 경우

방법 B: $(CH_3)_3CI$를 친전자체로 사용한 경우 E2 반응이 우선하여 일어난다.

■ 옥시수은 첨가-환원 반응

알켄의 옥시수은 첨가-환원 반응(6.6.4절)에서 물 대신에 알코올 속에서 반응을 수행하면 에터가 생성된다.

$$R-CH=CH_2 \xrightarrow[\text{2. } NaBH_4]{\text{1. } Hg(OAc)_2,\ R'OH} R-CH(OR')-CH_3$$

9.6.5 에터의 반응

에터는 강산(Lewis 산 포함) 조건이 아니면 반응성이 거의 없기 때문에 반응 용매나 추출 용매로 널리 쓰인다. 그러나 공기 중에 오랫동안 방치하면 산소와 반응하여 **과산화물 (peroxide)**이 생성되어 폭발 가능성이 있다. 따라서 이럴 경우 $LiAlH_4$ 또는 금속 Na 등을 넣어 과산화물이 생성되는 것을 미연에 방지하는 조치를 취해야 한다.

$$CH_3CH_2-O-CH_2CH_3 \xrightarrow{O_2} CH_3CH_2-O-CH(O-OH)CH_3$$

peroxide ⟵ 폭발성이 있다

■ HX (X = Br, I)와의 반응: 에터 결합의 분해

에터를 당량의 HX (X = Br 또는 I)와 반응시키면 C—O—C 결합이 끊어져 할로젠화 알킬과 알코올이 생성된다. 만약에 2당량 이상의 HX와 반응시키면 생성된 알코올이 할로젠화 알킬로 전환되어 동일하거나(대칭 에터의 경우) 또는 다른 할로젠화 알킬(비대칭 에터의 경우)이 생성된다.

HX(1당량) 사용시
ROR′ + HX → RX + R′OH
또는 ROH + R′X

일반적인 반응 $R-O-R' + 2H-X \longrightarrow R-X + R'-X + H_2O$ [X = Br 또는 I]

두 개의 C—O 결합이 절단된다. 두 개의 새로운 C—X 결합이 형성된다.

예 $CH_3-O-CH_2CH_3 + 2HBr \longrightarrow CH_3-Br + CH_3CH_2-Br + H_2O$

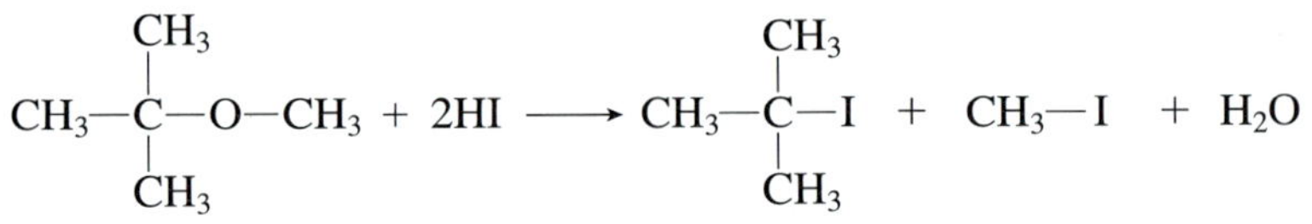

$(CH_3)_3C-O-CH_3 + 2HI \longrightarrow (CH_3)_3C-I + CH_3-I + H_2O$

이 반응은 X^-에 의한 친핵성 치환 반응이 두 단계로 일어난 결과이다. [단계 1]은 알코올과 할로젠화 알킬로 분해되는 단계이고, [단계 2]는 생성된 알코올이 할로젠화 알킬로 다시 전환되는 반응이다. R의 종류에 따라 S_N1 또는 S_N2 메커니즘으로 일어난다(**그림 9.13**).

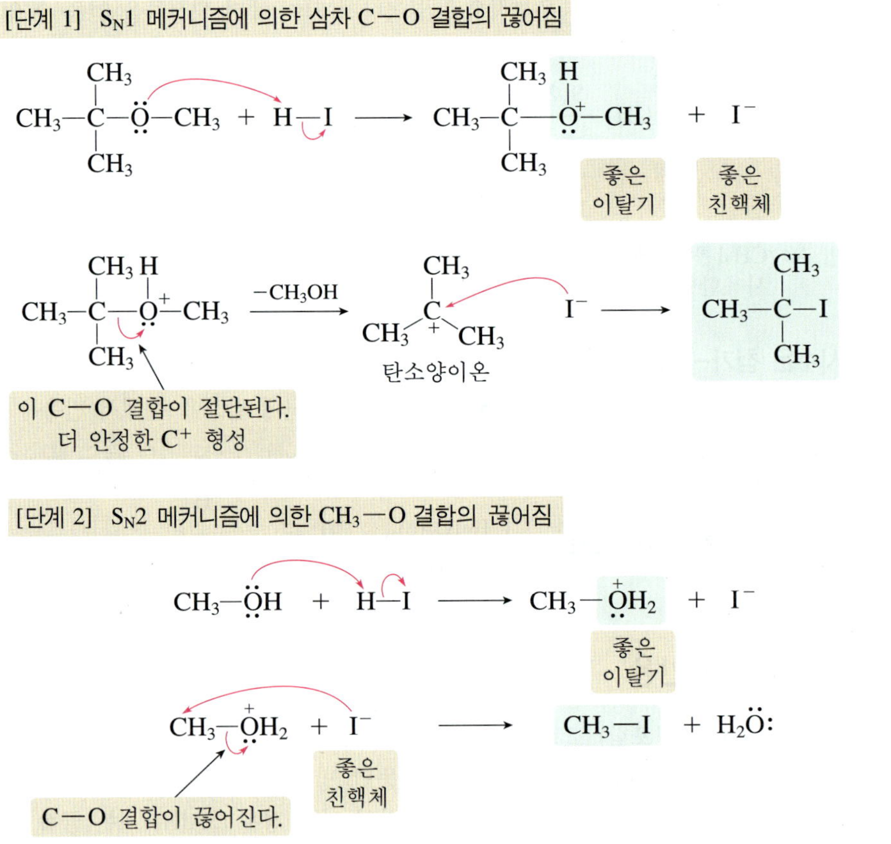

[단계 1] S_N1 메커니즘에 의한 삼차 C—O 결합의 끊어짐

$(CH_3)_3C-\ddot{O}-CH_3 + H-I \longrightarrow (CH_3)_3C-\overset{+}{O}(H)-CH_3 + I^-$

좋은 이탈기 좋은 친핵체

$(CH_3)_3C-\overset{+}{O}(H)-CH_3 \xrightarrow{-CH_3OH} (CH_3)_3C^+ \xrightarrow{I^-} (CH_3)_3C-I$

이 C—O 결합이 절단된다. 더 안정한 C^+ 형성

탄소양이온

[단계 2] S_N2 메커니즘에 의한 CH_3—O 결합의 끊어짐

$CH_3-\ddot{O}H + H-I \longrightarrow CH_3-\overset{+}{O}H_2 + I^-$

좋은 이탈기

$CH_3-\overset{+}{O}H_2 + I^- \longrightarrow CH_3-I + H_2\ddot{O}:$

C—O 결합이 끊어진다. 좋은 친핵체

그림 9.13 **HX에 의한 에터 결합의 분해 반응.**

예제 9.6 다음 반응의 생성물의 구조를 그리시오.

a. 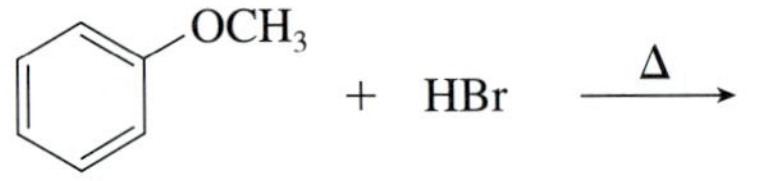 $C_6H_5OCH_3 + HBr \xrightarrow{\Delta}$ **b.** $(CH_3)_3COCH_2CH_3 + HI \longrightarrow$

풀이

a. 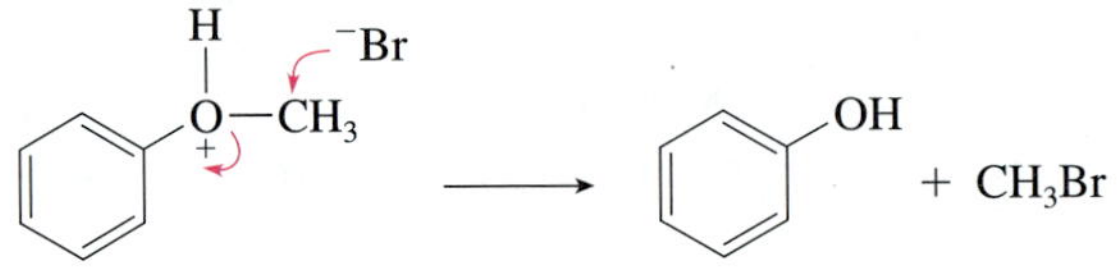 $C_6H_5-\overset{+}{O}(H)-CH_3 + {}^-Br \longrightarrow C_6H_5OH + CH_3Br$

b. $(CH_3)_3COH + I{-}CH_2CH_3 \xleftarrow{S_N2} (CH_3)_3C\overset{+}{O}(H)CH_2CH_3 \underset{}{\overset{S_N1}{\rightleftharpoons}} (CH_3)_3C^+ + HOCH_2CH_3$

$(CH_3)_3C^+ \rightarrow (CH_3)_3CI$

문제 9.11 다음 각 화합물을 당량의 HBr과 반응시켰을 때 생성되는 물질의 구조를 그리시오.

a. (tetrahydrofuran 고리 구조, O) **b.** $C_6H_5{-}CH_2O{-}C_6H_5$ **c.** (2,2-dimethyltetrahydrofuran 고리 구조, O) **d.** $CH_3CH{=}CHOCH_2CH_3$

9.7 고리형 에터: 에폭사이드

C—O—C 결합의 산소 원자가 고리에 포함되어 있는 분자를 고리형 에터라고 한다. 대표적인 고리형 에터를 **그림 9.14**에 나타내었다. 이 중 의자 형태 구조가 가능한 육각형 고리를 제외하면 정사면체 결합각인 109.5°를 벗어나는 각무리(angle strain)를 가지고 있다. 특히 삼각형 고리 형태의 에터인 **에폭사이드(epoxide)**는 크게 벗어난 각무리 때문에 일반 에터보다 반응성이 훨씬 커진다.

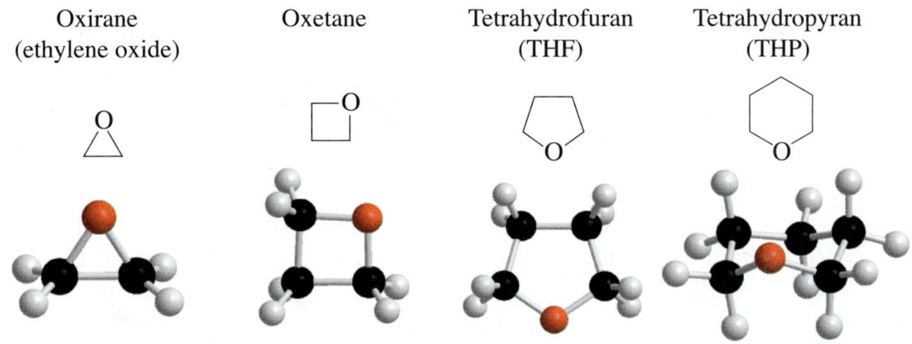

그림 9.14 **몇 가지 종류의 고리형 에터.**

9.7.1 에폭사이드의 명명법

■ IUPAC법

- 삼각 고리형 에터를 **에폭사이드(epoxide)** 또는 **옥시레인(oxirane)**이라 한다.
- 비고리형 치환기를 포함하는 에폭사이드의 경우 oxirane 유도체로 명명하며, 번호 부여는 에폭사이드의 산소 원자가 기준이 된다.
- 알케인명 앞에 epoxy라는 접두사를 쓰고 그 앞에 산소 원자와 결합한 탄소의 번호를 부여한다.

■ 관용법

에폭사이드를 생성시킨 알켄의 이름에 덧붙여 옥사이드(oxide)란 접미사를 붙인다.

alkene 이름 + oxide

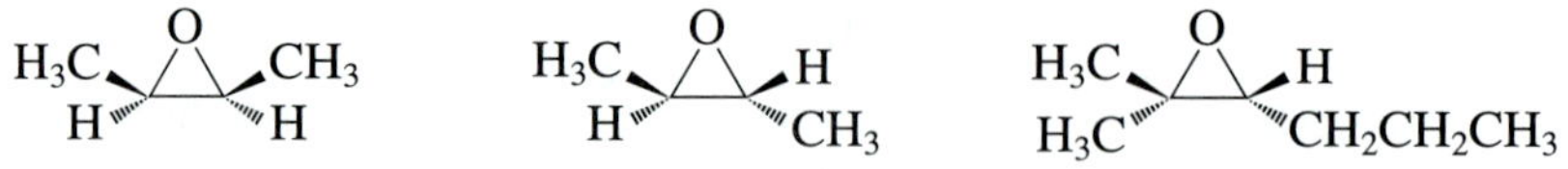

관용명	*cis*-2-Butene oxide	*trans*-2-Butene oxide	2-Methyl-2-hexene oxide
IUPAC명	*cis*-2,3-Dimethyloxirane 또는 *cis*-2,3-Epoxybutane	*trans*-2,3-Dimethyloxirane 또는 *trans*-2,3-Epoxybutane	2,2-Dimethyl-3-propyloxirane 또는 2,3-Epoxy-2-methylhexane

관용명	Cyclohexene oxide	Styrene oxide
IUPAC명	1,2-Epoxycyclohexane	Phenyloxirane

9.7.2 에폭사이드의 제법

■ 알켄의 산화 반응

알켄과 과산화산(peracid)을 반응시키면 *syn* 첨가 반응으로 에폭사이드가 합성된다(6.6.10절). 흔히 사용되는 과산화산으로 **peracetic acid (CH_3CO_3H)**와 ***m*-chloroperbenzoic acid (mCPBA)**가 있다.

예

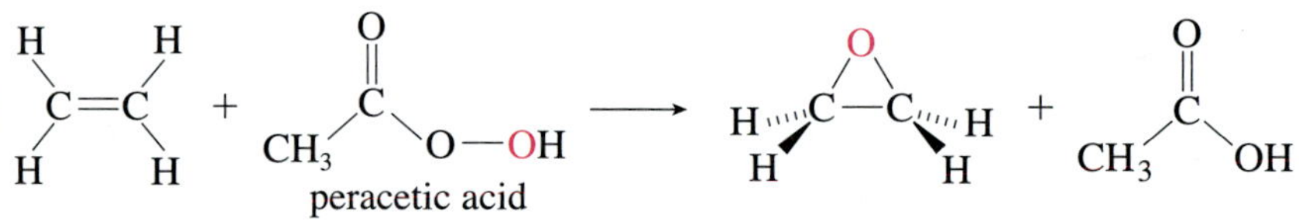

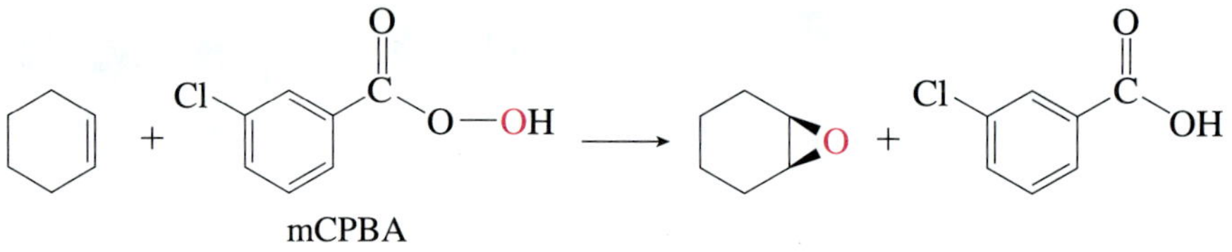

peracetic acid

mCPBA

■ 할로하이드린의 분자 내 친핵성 치환 반응

알켄에 HOX (X = I, Br, Cl)를 반응시켜 합성한 할로하이드린(6.6.6절)에 염기를 작용시키면 분자 내 S_N2 반응이 일어나 에폭사이드가 생성된다.

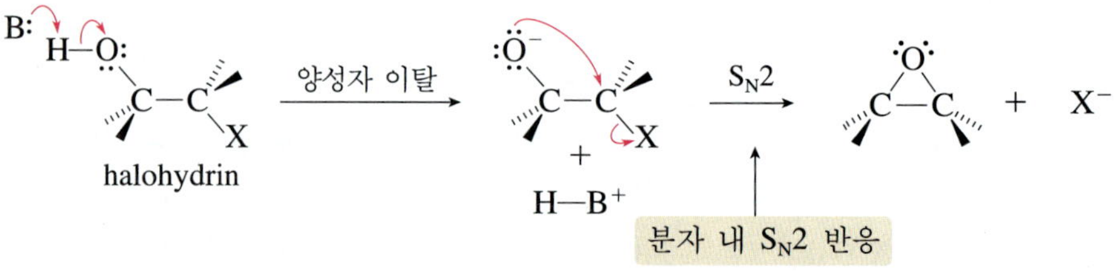

halohydrin — 양성자 이탈 → + H—B⁺ — S_N2 → + X^-

분자 내 S_N2 반응

9.7.3 에폭사이드의 반응: 친핵성 고리 열림 반응

에터와는 다르게 에폭사이드는 각종 친핵체의 공격을 쉽게 받아 고리 열림 반응을 한다.

그 이유는 삼원자 고리를 가진 에폭사이드의 각무리(angle strain)가 고리가 열림으로써 해소되기 때문이다. 이 반응은 염기 촉매 조건과 산(양성자) 촉매 조건에서 모두 일어날 수 있다.

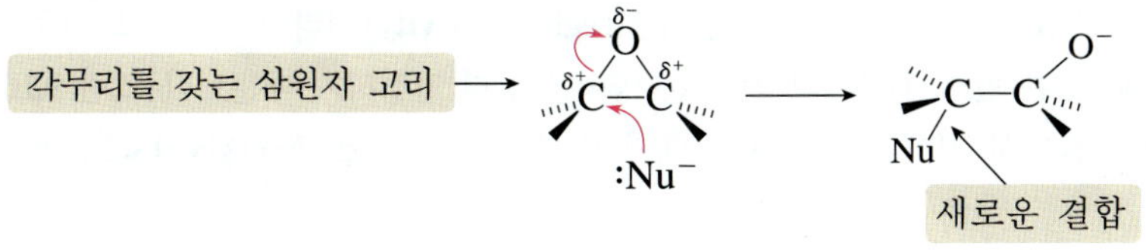
각무리를 갖는 삼원자 고리
:Nu⁻
Nu
새로운 결합

■ 염기성 조건에서 에폭사이드의 반응

- 에폭사이드의 친핵성 고리 열림 반응은 S_N2 메커니즘(친핵체가 이탈기의 후면 공격)으로 진행된다(**그림 9.15**).
- 친핵체는 입체 장애가 적은 위치를 공격한다.

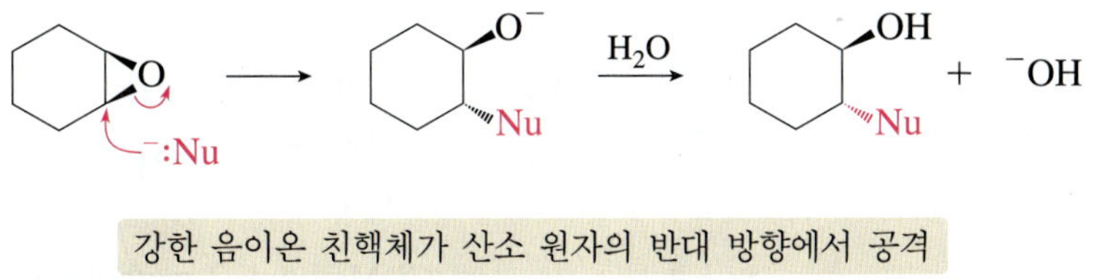
:Nu
Nu
H2O
OH
Nu
+ ⁻OH
강한 음이온 친핵체가 산소 원자의 반대 방향에서 공격

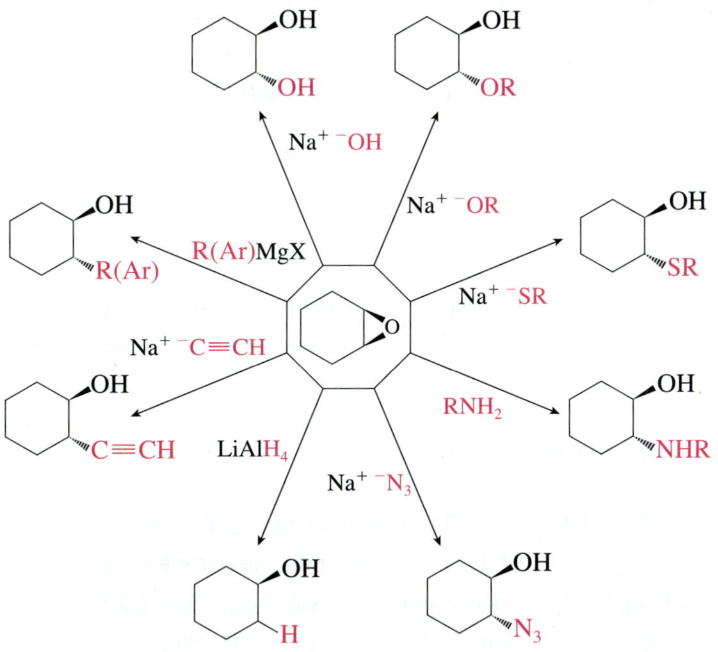
Na⁺ ⁻OH
Na⁺ ⁻OR
Na⁺ ⁻SR
RNH2
Na⁺ ⁻N3
LiAlH4
Na⁺ ⁻C≡CH
R(Ar)MgX
OH
OR
SR
NHR
N3
H
C≡CH
R(Ar)

그림 9.15 **염기성 조건에서 에폭사이드의 친핵성 고리 열림 반응.**

■ 양성자 촉매하에서 에폭사이드의 반응

양성자 촉매와 염기성 조건에서 2,2-Dimethyloxirane의 반응을 비교하면 다음과 같다.

- 양성자가 에폭사이드의 산소 원자에 배위하면 친핵체와의 반응성이 커져 고리 열림 반응이 더 쉽게 일어나게 된다.
- 양성자 촉매 조건에서 친핵체는 에폭사이드의 두 위치 중 알킬기가 더 치환된 곳을 공격하게 된다(S_N1형 반응). 이를 **위치선택성(regioselectivity)**이라고 한다. 그 이유는 알킬치환기가 더 많은 탄소 원자에 생긴 부분 양이온이 더 안정하기 때문이다(**그림 9.16**).
- 염기성 조건에서 친핵체는 입체 장애가 덜한 탄소 원자를 공격한다(S_N2형 반응).

염기 촉매 조건

입체 장애가 덜한 부위를 공격한다 (S_N2형 반응)

1-Methoxy-2-methylpropan-2-ol

산 촉매 조건

친핵체는 더 안정한 탄소양이온이 형성되는 부위를 공격한다 (S_N1형 반응)

2-Methoxy-2-methylpropan-1-ol

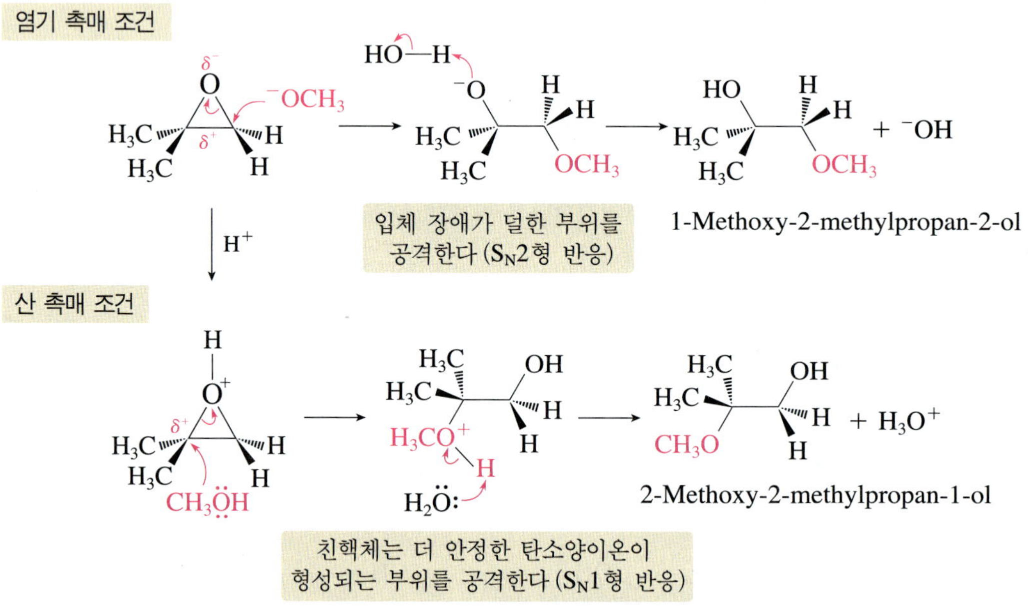

그림 9.16 산 촉매 조건에서 에폭사이드의 위치선택적 고리 열림 반응.

문제 9.12 1-Methylcyclohexene oxide에 다음 시약을 반응시켰을 때 생성되는 물질의 구조를 그리시오.

a. 1. $Na^+ \ ^-C{\equiv}CH$ 2. H_3O^+ **b.** H^+/H_2O **c.** NH_3
d. $NaSH/H_2O$ **e.** $CH_3O^-\ Na^+/CH_3OH$ **f.** 1. PhMgCl 2. H_3O^+

화학 라운지 9.4 Ethylene oxide와 benzopyrene oxide

에틸렌 옥사이드(ethylene oxide)는 병원의 외과 기구나 일회용품을 살균하는 데 사용되는 화학적 살균제이다. 이는 에틸렌 옥사이드가 생물체의 단백질에 존재하는 아미노기나 SH기 같은 친핵체와 쉽게 반응할 수 있는 반응성을 이용한 것이다. 한편, 담배 연기, 자동차 배기가스 및 숯불구이 고기 등에 존재하는 방향족 탄화수소의 일종인 benzo[a]pyrene은 체내에서 산화 효소인 cytochrome P_{450}에 의해 강력한 발암제로 알려진 benzopyrene oxide로 전환되는 것으로 알려져 있다.

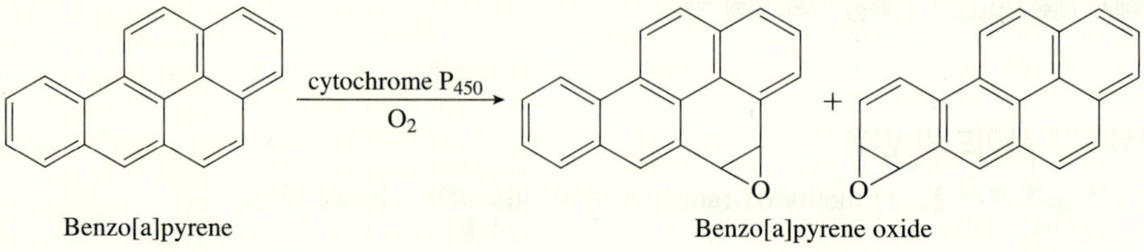

Benzo[a]pyrene —(cytochrome P_{450}, O_2)→ Benzo[a]pyrene oxide

9.8 크라운 에터

크라운 에터(crown ether)는 폴리에터의 일종으로 분자 구조의 중심에 일정한 크기의 구멍을 가진, 여러 개의 에터 결합으로 이루어진 고리형 화합물이다. 이와 같은 종류의 화합물은 고리 안으로 배향되어 있는 산소 원자의 비공유 전자쌍 때문에 고리 안의 구멍이 음전하를 띠게 되어, 특정 금속 양이온과 착물을 형성한다. 이러한 특성은 host-guest 착물과 상전이 촉매에 응용된다.

■ Host-guest 착물

- 크라운 에터-금속 착물을 **host-guest 착물** 또는 **내포 착물(inclusion complex)**이라 한다. 크라운 에터가 '주인(host)'이고 금속 이온이 '손님(guest)'이다.
- 특정한 양이온과 결합하는 host의 능력을 **분자 인식(molecular recognition)**이라고 한다.
- 크라운 에터의 명칭은 **[X]−크라운−[Y]**라 명명되는데, X는 고리의 원자수이고, Y는 고리를 구성하는 산소 원자의 수이다.
- 12-Crown-4의 구멍 크기는 Li^+ 이온의 크기와 비슷하고, 15-crown-5의 경우 Na^+ 이온, 18-crown-6의 경우 K^+ 이온의 크기와 비슷하여 이들 사이에 안정한 착물을 형성한다(**그림 9.17**).

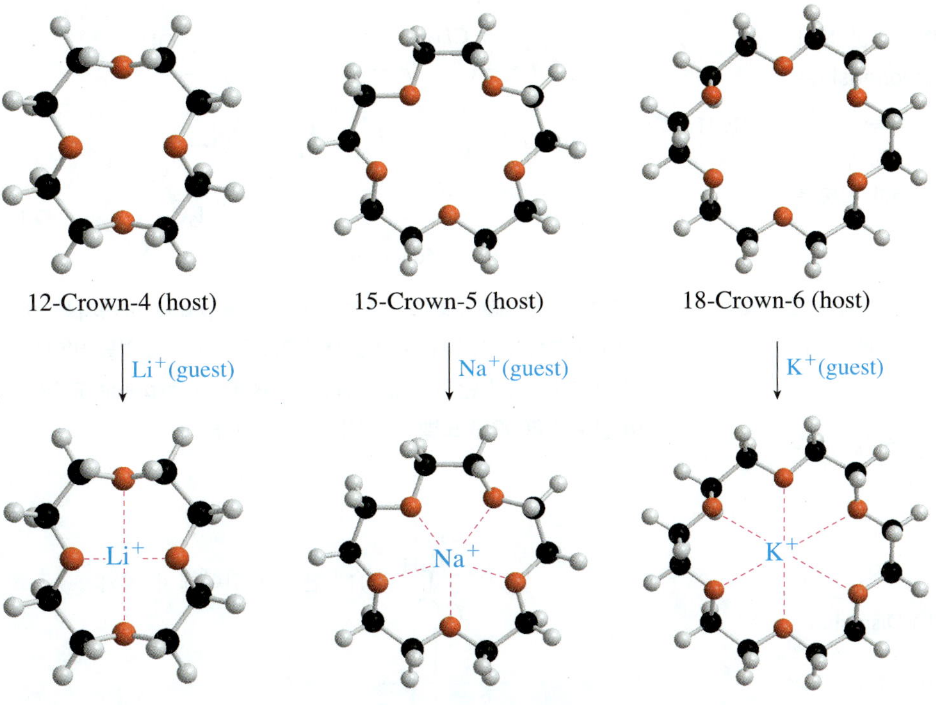

크라운 에터	구멍의 크기(Å)	양이온	양이온의 크기(지름, Å)
12-crown-4	1.2 ~ 1.7	Li^+	1.20
15-crown-5	1.7 ~ 2.2	Na^+	1.90
18-crown-6	2.6 ~ 3.2	K^+	2.66

그림 9.17 크라운 에터의 종류와 host-guest 착물.

화학 라운지 9.5 광학 활성 알코올과 에터 화합물

자연계에는 멘톨 등과 같이 광학 활성 알코올 구조를 가진 수많은 천연물이 존재한다. 합성 의약품인 카이랄약 중에도 광학 활성 알코올 구조를 가진 의약품이 많이 소개되고 있다(화학 라운지 5.4). 광학 활성 알코올을 얻는 손쉬운 방법 중 하나는 선구카이랄(prochiral) 케톤(비대칭 케톤)의 비대칭 환원법이다. 여러 가지 방법이 소개되어 있지만 원리는 간단하다. 환원 시약(수소음이온, H^-)이 평면인 카보닐기의 두 면(*re*면과 *si*면, 화학 라운지 5.3 및 그림 5.19 참조) 중 어느 한 면만을 선택적으로 공격하게 하는 방법이다. 예를 들면, Harvard 대학교의 **E. J. Corey** 교수(1990년도 노벨 화학상 수상자)가 개발한 oxazaborolidine 촉매[Corey-Bakshi-Shibata (CBS) 촉매] 환원법은 카이랄 Lewis 산과 염기의 역할을 동시에 할 수 있는 촉매를 이용하여, 환원 시약을 거울면에 선택적(비대칭적)으로 반응시켜 광학 활성 알코올을 얻는 방법이다.

(S)-alcohol ← H^- [(R)-MeCBS 촉매] — *re*면 — prochiral ketone — *si*면 — H^- [(R)-MeCBS 촉매] → (R)-alcohol

한편, 자연계에는 카이랄 에터 결합을 가진 생리 활성물질이 많이 발견되었는데, 그 중 monensin은 폴리에터 구조를 가진 항생물질이다. 이 물질에 있는 여러 개의 에터 구조는 크라운 에터와 비슷하게 작용하여 'host-guest' 반응을 통한 Na^+ 이온과 착물을 형성하여 미생물을 죽이게 된다.

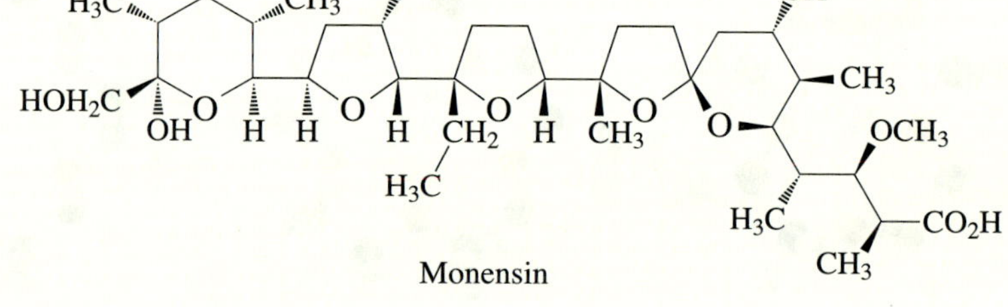
Monensin

Dispalure와 posticlure는 각각 짚시 나방(*Lymantria dispar*)과 독나방(*Orgyia postica*)의 암컷 페로몬인데, 모두 광학 활성 에폭시 화합물이다.

짚시 나방(*Lymantria dispar*)

(7*R*, 8*S*)-(+)-Disparlure

독나방(*Orgyia postica*)의 유충

(11*S*, 12*R*)-Posticlure

광학 활성 에폭시화물의 제법으로는 **Sharpless 에폭시화** 반응이 유명하다. 이 방법은 알릴자리 알코올의 C=C면을 비대칭적으로 에폭시화 반응시키는 방법이다. **R. B. Sharpless** 교수는 이 공로로 2002년 노벨 화학상을 수상하였다.

산소가 위쪽에서 첨가

산소가 아래쪽에서 첨가

그림 9.18 **크라운 에터의 상전이 촉매 반응**. KCN은 벤젠에 녹지 않아 반응이 느리지만, 18-크라운-6에 의해 벤젠에 녹게 되어 반응이 빨라진다.

크라운 에터의 분자 인식(molecular recognition) 반응을 이용하여 물속에 녹아 있는 특정 양이온 물질을 추출해 낼 수 있다. 예를 들면, $KMnO_4$는 물에만 녹고 벤젠 같은 유기 용매에는 녹지 않으나, 18-crown-6을 가하면 벤젠으로 추출할 수 있다.

■ **상전이 촉매 (Phase transfer catalyst, PTC)**

크라운 에터의 특정한 양이온과의 착물을 형성하는 성질은 유기합성에 유용하게 응용될 수 있다. 예를 들면, 브로민화 에테인을 KCN으로 친핵성 치환시키는 반응에서 KCN은 물에만 녹고, 벤젠과 같은 유기 용매에는 녹지 않는다. 반면에 기질인 브로민화 에테인은 물에 녹지 않는다. 이 때문에 반응이 원할히 일어나지 않는다. 이 반응에서 18-crown-6을 소량 넣어 주면 KCN의 K^+ 이온이 크라운 에터와 착물을 형성함으로써 벤젠과 같은 비극성 용매에 녹게 되어 반응을 용액 상태에서 효과적으로 진행시킬 수 있다. 이와 같이 서로 용해되지 않는 반응 물질의 용액 사이에서 반응을 수월하게 진행시키는 촉매 역할을 하는 물질을 **상전이 촉매(Phase transfer catalyst**, PTC)라고 한다(**그림 9.18**). 크라운 에터 대신에 사차 암모늄염을 PTC 촉매로 사용한 할로젠화 알킬의 친핵성 치환 반응도 잘 알려져 있다(10.5.6절 참조).

Elias James Corey (1928~현재): 미국 출신 유기화학자. 현재 하버드 대학교 화학과 교수. 역합성 분석이란 용어를 처음 만듦. 유기 합성 연구로 1990년 노벨 화학상 수상.

Karl Barry Sharpless (1941~현재): 미국 출신 유기화학자. 현재 Scripps 연구소 교수. 비대칭 산화 반응에 관한 연구로 2001년 노벨 화학상(공동) 수상.

9.9 황화물 (싸이올 및 설파이드)

9.9.1 싸이올

알킬기 또는 아릴기에 SH기가 붙어 있는 화합물을 **싸이올(thiol)** 또는 **머캅탄(mercaptan)** 이라고 한다. 머캅탄은 수은을 잡는다는 의미인 mercurium captans에서 온 말이다. 머캅탄은 Hg^{2+} 이온과 착물을 형성하여 침전물인 **머캅타이드(mercaptide)**를 형성한다. 실제로 2,3-dimercaptopropanol [**BAL** (British Anti-Lewisite) 또는 dimercaprol]은 Hg^{2+}, Cd^{2+}, Sb^{3+}, As^{3+} 등과 같은 중금속 이온의 해독제로 사용된다.

부취제

천연가스 또는 LPG 가스는 원래 냄새가 없다. 가스 유출 등의 위험성을 사전에 탐지하기 위해 사용하는 가스를 부취제라 한다. *t*-BuSH, EtSH, Me_2S 등과 같은 황 화합물이 이 목적으로 사용된다. 스컹크 방귀 냄새의 주성분도 (*E*)-but-2-ene-1-thiol, 3-methylbutane-1-thiol, 2-quinolinemethanethiol 등의 황 화합물이다.

일반적으로 황을 포함한 화합물은 악취를 가지고 있다. 스컹크의 불쾌한 냄새는 주로 다음 두 개의 싸이올에 기인한다.

$CH_3CH{=}CHCH_2SH$ — But-2-ene-1-thiol

$CH_3CH(CH_3)CH_2CH_2SH$ — 3-Methylbutane-1-thiol

시판되는 프로판 가스에서 나는 냄새도 가스의 누출을 빨리 알기 위하여 인위적으로 첨가한 싸이올 화합물의 냄새이다.

■ 싸이올의 명명법

- IUPAC법: 알케인의 이름에 덧붙여 thiol을 붙인다. RSH의 일반명은 **alkanethiol**이다.
- 관용법: 알킬기의 이름 다음에 mercaptan이란 접미사를 붙인다. RSH의 관용명은 **alkyl mercaptan**이다.
- 치환기로서 SH기 이름은 **sulfanyl** 또는 **mercapto**기라 부른다.

CH_3CH_2SH	$CH_2{=}CHCH_2SH$	(cyclohexane)—SH	(benzene)—SH
Ethanethiol (ethyl mercaptan)	2-Propene-1-thiol (allyl mercaptan)	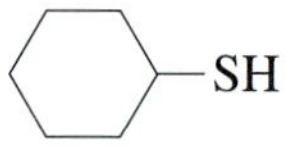 Cyclohexanethiol (cyclohexyl mercaptan)	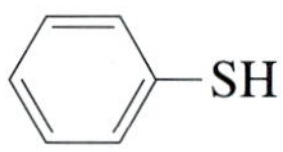 Benzenethiol (thiophenol)

■ 싸이올의 물리적 성질 및 산도

- RSH는 탄소수가 같은 알코올보다 끓는점이 낮다.

$$CH_3SH\,(6°C) \longleftrightarrow CH_3OH\,(65°C)$$
$$CH_3CH_2SH\,(37°C) \longleftrightarrow CH_3CH_2OH\,(78°C)$$

이것은 황 원자의 전기음성도가 산소보다 작아서 분자 사이에 수소 결합이 알코올의 경우보다 약하기 때문이다.

- RSH ($pK_a = 10$)는 ROH ($pK_a = 15$)보다 강한 산도를 나타낸다.

$$CH_3CH_2SH + NaOH \longrightarrow CH_3CH_2SNa + H_2O$$
$$CH_3CH_2OH + NaOH \not\longrightarrow \text{반응하지 않음}$$

싸이올은 황 원자의 편극성이 산소 원자보다 커서 짝염기의 음이온을 안정화시킬 수 있기 때문에 알코올보다 산도가 세다. 실제로 RSH는 NaOH와 중화 반응하여 염을 형성할 수 있다.

■ 싸이올의 제법 및 반응

RSH는 RX (X = Br 또는 I)에 친핵체인 수소화 설파이드 이온(^-SH) 또는 thiourea를 S_N2 반응시켜 만들 수 있다.

$$R{-}Br + KSH \longrightarrow R{-}SH$$

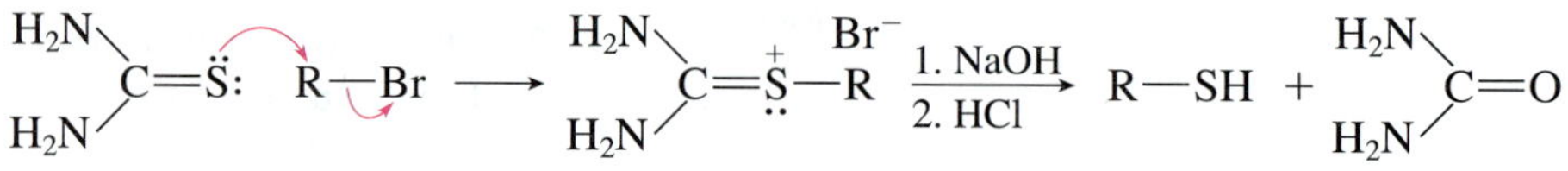

$$(H_2N)_2C{=}\ddot{S}: + R{-}Br \longrightarrow (H_2N)_2C{=}\overset{+}{S}{-}R\ Br^- \xrightarrow[\text{2. HCl}]{\text{1. NaOH}} R{-}SH + (H_2N)_2C{=}O$$

RSH는 산화제에 의하여 쉽게 산화되어 **다이설파이드(disulfide)**를 형성한다. 이 반응은 가역적이다.

$$R-SH \underset{\text{환원}}{\overset{\text{산화}}{\rightleftharpoons}} R-S-S-R$$

Alkyl disulfide

좀 더 강한 산화제로 산화 반응시키면 황 원자가 산화되어 **sulfenic acid(설펜산)**, **sulfinic acid(설핀산)**를 거쳐 **sulfonic acid(설폰산)**까지 산화된다. 알코올과 다른 점은 황 원자만 산화되지 그것과 결합한 탄소 원자는 산화되지 않는다는 점이다.

$$CH_3SH \xrightarrow{[O]} CH_3SOH \xrightarrow{[O]} CH_3SO_2H \xrightarrow{[O]} CH_3SO_3H$$

Methanethiol　Methanesulfenic acid　Methanesulfinic acid　Methanesulfonic acid

파마의 원리

머리카락의 주성분인 케라틴은 섬유상 단백질을 구성하는 아미노산 중 SH기를 가진 cysteine 잔기가 파마 중화제(산화제)에 의해 S—S기를 가진 cystine 잔기로 산화되어 머리카락을 일정 모양으로 유지시키는 반응을 이용한 것이다. 파마약(환원제)은 파마하기 전 머리카락 속에 있던 S—S 잔기를 SH 잔기로 환원시키는 작용을 한다.

9.9.2 설파이드(Sulfide 또는 싸이오에터, thioether) 및 다이설파이드(disulfide)

에터(C—O—C)의 산소 대신에 황이 들어간 C—S—C 구조를 가진 화합물을 **설파이드(sulfide)** 또는 **싸이오에터(thioether)**라고 한다. 화학 무기로 사용되는 겨자 가스(mustard gas)는 설파이드 구조를 가지고 있는 물질이다. 또한 C—S—S—C 구조를 가진 화합물을 **다이설파이드(disulfide, 이황화물)**라고 하며, 마늘과 양파 기름의 주성분 중 하나인 diallyl disulfide가 이 구조를 가지고 있다. 이들의 명명법은 에터 명명법과 유사하다.

CH_3-S-CH_3
Dimethyl sulfide

$CH_3CH_2-S-CH_3$
Ethyl methyl sulfide
(Methythioethane)

$CH_3CH(SCH_3)CH_2CH_3$
2-Methylthio butane

$ClCH_2CH_2-S-CH_2CH_2Cl$
Mustard gas
겨자 가스

$C_6H_5-S-S-CH_3$
Methyl phenyl disulfide

$CH_2=CHCH_2-S-S-CH_2CH=CH_2$
Diallyl disulfide(양파 및 마늘 기름 성분)

■ 설파이드 및 다이설파이드의 제법 및 반응

설파이드는 할로젠화 알킬에 싸이올 또는 싸이올레이트 음이온(^-SR)을 반응시켜 만든다.

$$CH_3I + C_6H_5SH \xrightarrow{NaOH} CH_3S-C_6H_5 + NaI + H_2O$$

Methyl phenyl sulfide

한편, 다이설파이드는 싸이올을 약한 산화제로 처리하여 합성한다. 설파이드는 할로젠화 알킬과 반응하여 **설포늄염(sulfonium salt)**을 형성하며, H_2O_2 같은 산화제로 산화시키면 **설폭사이드(sulfoxide)**를 거쳐 **설폰(sulfone)** 화합물로 산화된다.

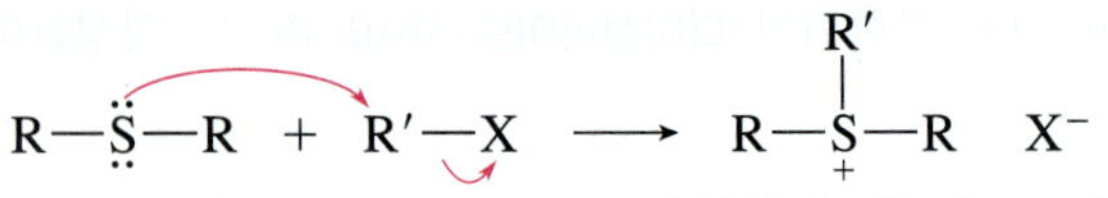

$$R-\ddot{S}-R + R'-X \longrightarrow R-\overset{R'}{\underset{+}{S}}-R \quad X^-$$

Trialkylsulfonium salt

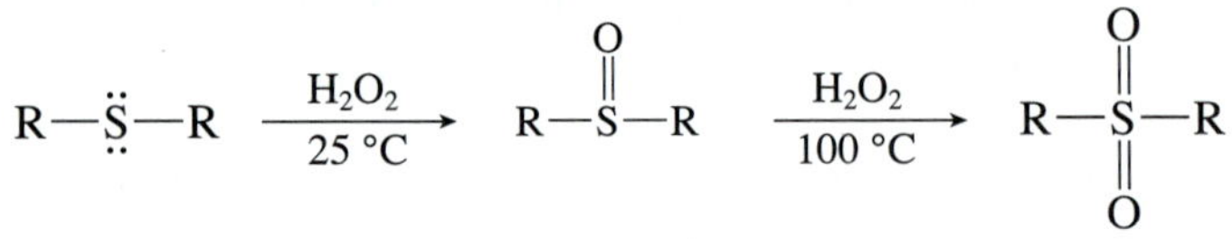

$$R-\ddot{S}-R \xrightarrow[25\,°C]{H_2O_2} R-\overset{O}{\overset{\|}{S}}-R \xrightarrow[100\,°C]{H_2O_2} R-\overset{O}{\overset{\|}{\underset{\underset{O}{\|}}{S}}}-R$$

Sulfoxide Sulfone

화학 라운지 9.6 천연 유기 황 화합물

자연계에 존재하는 유기 황 화합물로는 methionine, cysteine 및 cystine 같은 황을 포함한 천연 아미노산을 비롯하여, 몸 안에서 지방의 생합성과 CO_2 이용에 관여하는 영양소인 biotin, 피루브산 산화적 대사과정(탈 탄산)의 보조인자로서 또한 체내 항산화제로 중요한 lipoic acid, 체내에서 생성된 활성 산소를 제거할 수 있는 강력한 항산화 효과와 독성 물질과 결합하여 체외로 배출시키는 해독효과를 나타내는 트라이 펩타이드 구조인 glutathione 등이 있으며 이들은 모두 싸이올 또는 설파이드 결합을 가지고 있다. 황 성분을 가진 식품으로는 마늘, 양파, 브로콜리 및 일부 버섯 등이 있는데, 이들은 대부분 항산화성이 있는 기능성 식품으로 분류되고 있다.

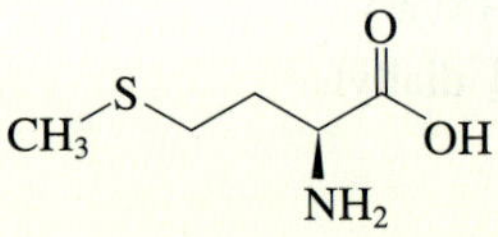

Methionine 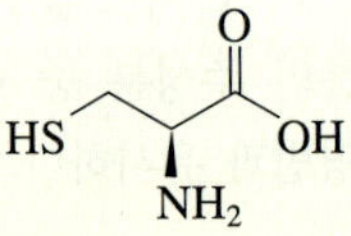 Cysteine 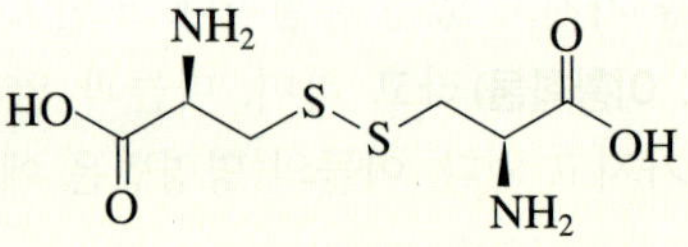 Cystine

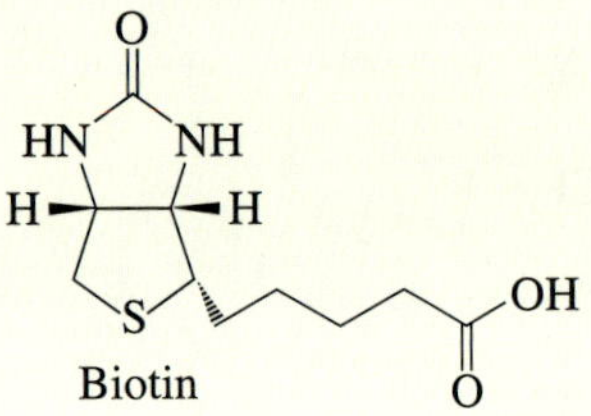

Biotin 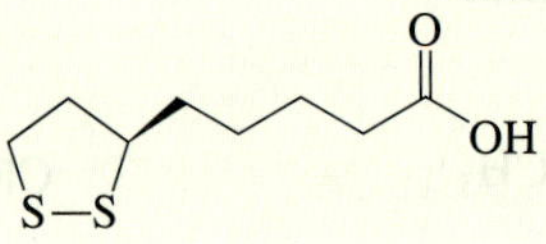 Lipoic acid

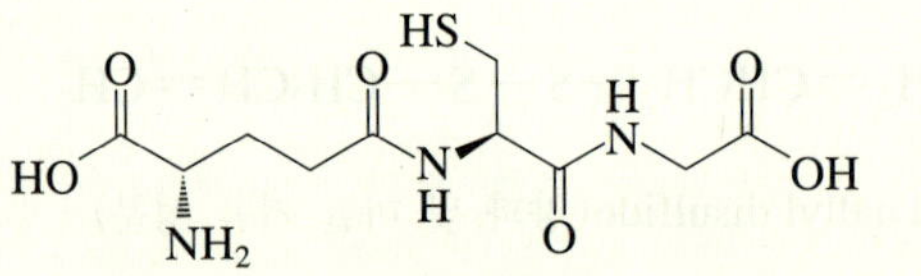

Glutathione

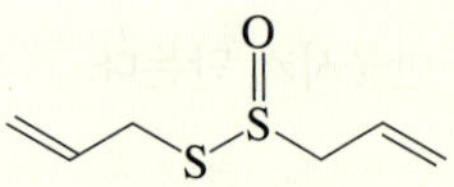

Allicin
(마늘 및 양파)

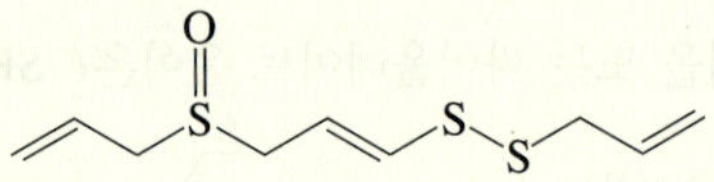

Ajoene
(마늘 및 양파)

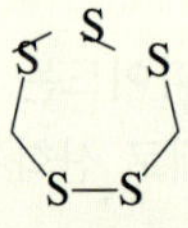

Lenthionine
(표고버섯향)

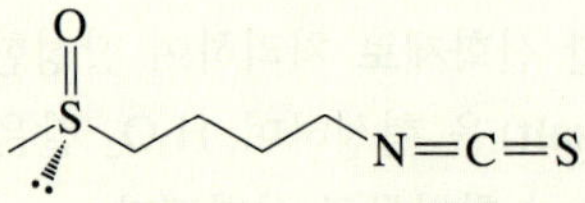

Sulforaphane
(브로콜리)

요약 정리

알코올

■ **알코올의 구조, 결합 및 분류**

- sp^3 혼성 탄소 원자에 OH기를 가지고 있는 알코올을 **지방족 알코올**(단순히 알코올이라고도 함)이라 하고, 벤젠 고리에 OH기가 결합되어 있는 알코올을 **방향족 알코올**이라고 한다.
- 알코올의 C—O—H의 결합각은 109°로 굽은 모양을 하고 있으며, OH기가 붙어 있는 탄소에 있는 탄소의 수에 따라 일차(1°), 이차(2°) 및 삼차(3°) 알코올로 분류된다.

■ **알코올의 물리적 성질: 끓는점, 물에 대한 용해도 및 산도**

- **끓는점**: 알코올은 분자 간의 수소 결합 때문에 비슷한 분자량을 가지고 있는 화합물보다 끓는점이 높다. 탄소 원자의 수가 증가할수록 끓는점이 높아진다. 그러나 OH기가 결합한 탄소의 입체 장애가 클수록 수소 결합의 강도는 작아져 끓는점도 낮아진다.
- **물에 대한 용해도**: 탄소 원자의 수가 세 개 미만인 경우에는 물에 무한대로 녹으나 탄소수가 증가할수록 감소한다.
- **산도**: 알코올의 산도는 물과 비슷하다. 그러나 β 탄소에 전자를 끌어당기는 원자(전기음성도가 큰 원자)나 치환기가 붙어 있는 경우 산도가 증가하며, 그 반대의 경우 감소한다.

■ **알코올의 명명법**

- 알코올의 IUPAC 명명법은 alkane의 'e' 대신 'ol'을 붙여 **alkanol**로 명명하며, 관용명은 알킬기 이름 다음에 알코올을 붙여 **알킬 알코올(alkyl alcohol)**로 명명한다.

알코올의 제법

알코올의 제법은 다음 네 가지가 있다.

■ **알켄으로부터 합성**: 수화 반응, 옥시수은 첨가-환원 반응 및 수소붕소 첨가-산화 반응 이용.

■ **할로젠화 알킬로부터 합성**: H_2O, ^-OH 또는 카복실산 음이온(RCO_2^-)을 친핵체로 사용한 친핵성 치환 반응을 이용.

■ **알데하이드, 케톤, 카복실산 및 그 유도체의 환원 반응에 의한 합성**

■ **Grignard 반응을 이용한 합성**: 알데하이드, 케톤, 에스터 및 에폭사이드에 Grignard 시약을 반응시킴.

알코올의 반응(그림 9.3 참조)

■ **산으로서의 반응**: 알코올이 금속 Na, K, Li (또는 NaH, KH, LiH)와 반응하면 **알콕사이드(alkoxide, $RO^- M^+$)**가 생성된다.

■ **친핵성 치환 반응**: 할로젠화 알킬 또는 에터 생성 반응.

- **할로젠화 알킬의 생성 반응**: HX, $SOCl_2$ 및 PX_3와 반응하면 할로젠화 알킬이 생성된다. 이 중 HX와의 반응에서는 탄소양이온 재배열이 일어나 이성질체가 생성될 수 있으며, 반응이 잘 일어나는 순서는 3° > 2° > 1° 알코올과 HI > HBr > HCl (산의 세기 순)순이다. 반응 메커니즘은 메틸과 1° 알코올의 경우 S_N2, 2° 및 3° 알코올의 경우 S_N1 반응이다.
- **에터 생성 반응**: 일차 알코올의 경우 황산과 반응하면 에터를 형성한다. 또한 RX 또는 설폰산 에스터(예: ROTs)와 반응하면 에터를 생성한다.

■ **탈수 반응(제거 반응)**: 알켄 형성 반응

황산, 인산 또는 설폰산과 높은 온도에서 반응시키면 탈수 반응(제거 반응)이 일어나, Zaitsev 규칙에 따르는 알켄이 생성된다. 탈수 반응 속도는 3° > 2° > 1° 알코올 순이다. 산 대신 $POCl_3$/pyridine과 반응시키면 탄소양이온 재배열이 제거 반응에 관여하지 않은 알켄을 얻을 수 있다.

■ **산화 반응**: 알데하이드, 케톤 또는 카복실산 생성 반응

- **1° 알코올의 산화**: H_2CrO_4 및 $KMnO_4$와 같은 강한 산화제에 의해 카복실산까지 산화한다. 약한 산화제인 PCC (pyridinium chlorochromate)를 사용하면 알데하이드를 얻을 수 있다.
- **2° 알코올의 산화**: 강한 산화제 또는 PCC 모두 케톤으로 산화된다.
- **3° 알코올의 산화**: 산화제에 의해 산화되지 않는다.
- **이웃자리 다이올의 산화**: 과아이오딘산(HIO_4)에 의해 산화성 절단 반응이 일어나 알데하이드 또는 케톤이 생성된다.

■ **에스터 형성 반응**: 카복실산 및 무기산(황산, 인산, 질산)과 반응하여 에스터를 생성한다. 또한 1° 및 2° 알코올의 경우 피리딘과 같은 염기 존재하에 알킬(또는 아릴) 염화 설포닐[$R(Ar)SO_2Cl$]과 반응하여 설폰산 에스터[**$ROSO_2R(Ar)$**]를 생성한다.

페놀

■ 페놀은 벤젠 고리의 탄소 원자(sp^2 혼성화 탄소 원자)에 OH기가 직접 결합되어 있는 화합물로 대표적인 방향족 알코올이다.

■ 페놀의 산도($pK_a = 9.89$)는 지방족 알코올($pK_a = 16 \sim 18$)에 비해 크게 높다. 그 이유는 짝염기인 음이온(페녹사이드 이온)이 공명 안정화되기 때문이다. 벤젠 고리에 전자 끌기 치환기가 있는 경우 산도는 증가한다.

■ 페놀의 OH기는 이탈기로 작용하여 치환 반응에 참여하지 않으나, 친핵체로서의 역할을 하여 할로젠화 알킬과는 에터를, 산염화물 또는 산무수물과는 에스터를 생성한다.

■ 페놀의 OH기는 벤젠 고리를 활성화시켜 친전자성 치환 반응이 잘 일어나게 한다. 또한 탄산가스와 반응하여 벤젠 고리에 카복실기가 도입된다(**Kolbe-Schmitt 반응**).

에터

■ 에터는 C—O—C 결합을 가지고 있으면서 산소 원자가 고리를 이루지 않는 화합물을 말한다. 산소 원자와 결합하는 탄소는 sp^3 혼성 탄소(알킬기) 및 sp^2 혼성 탄소(아릴기) 모두 가능하다.

■ **에터의 제법**:

- **산 촉매 분자 간 탈수 반응**: 1° 알코올(ROH)을 진한 황산과 함께

가열하면 두 분자 사이에서 탈수 반응이 일어나 대칭 에터(ROR)가 생성된다.

- **Williamson 합성법**: 할로젠화 알킬(RX)에 알콕사이드 이온(RO^-)을 친핵성 치환 반응시키면 에터가 생성된다. 이 방법은 대칭과 비대칭(ROR′) 에터 합성에 모두 이용할 수 있다.
- **옥시수은 첨가-환원 반응**: 알켄에 옥시수은 첨가 반응을 알코올 존재하에서 수행하고, 환원에 의해 수은을 제거하여 에터를 합성하는 방법이다.

- **에터의 반응**: 에터가 HX(X = Br 또는 I)와 반응하면 C—O—C 결합이 끊어져 할로젠화 알킬과 알코올이 생성된다.

고리형 에터: 에폭사이드

- **에폭사이드의 제법**: 삼각형 고리 형태의 에터를 에폭사이드(epoxide)라고 한다. 이 화합물은 알켄에 과산화산(peracid)을 반응시키거나, 할로하이드린을 분자 내 S_N2 반응시켜 합성한다.
- **에폭사이드의 반응**: 삼각형 고리인 에폭사이드는 sp^3 혼성화 탄소 원자의 결합각인 109.5°를 크게 벗어난 각무리 때문에, 친핵체의 공격을 받아 고리 열림 반응을 한다. 고리 열림 반응은 산 촉매 또는 염기 촉매에 따라 위치선택성이 다르게 나타난다. 산 촉매의 경우 알킬기가 더 많이 치환된 탄소를 친핵체가 우선적으로 공격하고, 염기 촉매 반응은 그 반대이다.

크라운 에터

- **크라운 에터(crown ether)**는 폴리에터의 일종으로 분자 구조의 중심에 일정한 크기의 구멍을 가진 여러 개의 에터 결합으로 이루어진 고리형 화합물로서, 적당한 크기의 금속 양이온과 **host-guest 착물** 또는 **내포 착물(inclusion complex)**을 생성한다.
- **크라운 에터(crown ether)**는 **상전이 촉매**(PTC)로도 응용되어 서로 섞이지 않는 두 상(phase)에서 일어나는 반응을 촉진시킨다.

황화물(싸이올 및 설파이드)

- RSH와 같이 SH(**머캅토, mercapto**)기를 포함하는 화합물을 **싸이올(thiol)** 화합물이라고 한다. 싸이올은 알코올보다 강한 산도를 가지고 있어 NaOH와도 중화 반응을 하며, 약한 산화제에 의해 다이설파이드(**disulfide, R-S-S-R**)로 전환된다.
- RSR 화합물을 **설파이드(sulfide)** 또는 **싸이오에터(thioether)**라고 한다. 산화제에 의해 **설폭사이드(sulfoxide)**와 **설폰(sulfone)** 화합물로 전환된다.

보충 문제

9.13 IUPAC법으로 명명하시오.

a. 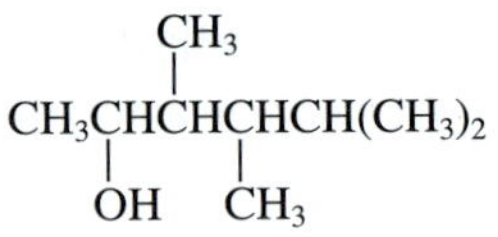 $CH_3CH(OH)CH(CH_3)CH(CH_3)CH(CH_3)_2$ (구조식: $CH_3CHCHCHCH(CH_3)_2$, 둘째 탄소에 OH, 셋째 탄소에 CH_3, 넷째 탄소에 CH_3)

b. 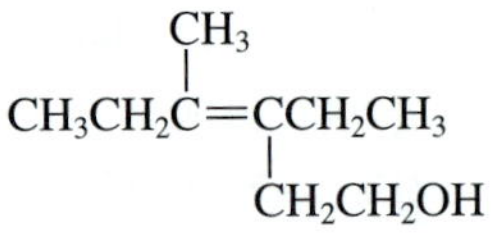 $CH_3CH_2C(CH_3){=}C(CH_2CH_2OH)CH_2CH_3$

c. $CH_3CH_2—C(CH_2CH_2CH_3)(CH_2CH_3)—OH$

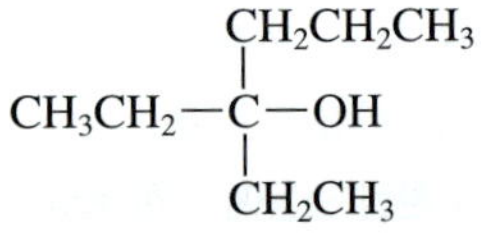

d. 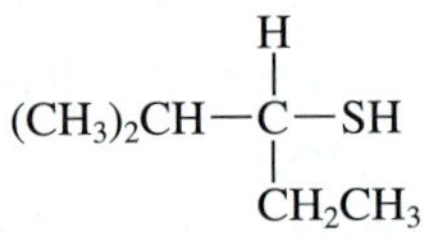 $(CH_3)_2CH—CH(CH_2CH_3)—SH$

e. $HSCH_2CH_2OH$ **f.** $CH_3OCH_2CH_2OH$ **g.** $HOCH_2CH_2CH_2OH$

h. 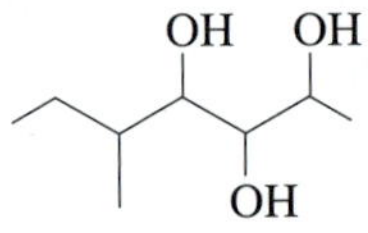 (OH, OH, OH, 구조식) **i.** 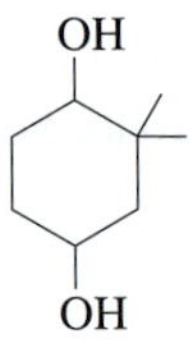 (OH, OH, 구조식) **j.** 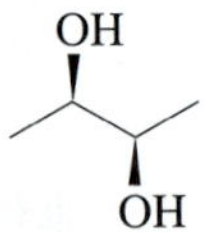 (OH, OH, 구조식) **k.** 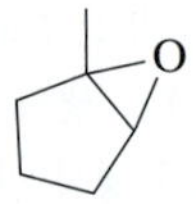 (O, 구조식)

l. (O, 구조식) **m.** (OH, 구조식) **n.** (OH, 구조식) **o.** (OH, Br, 구조식) **p.** 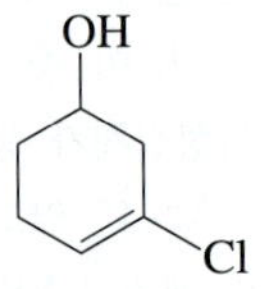 (OH, Cl, 구조식)

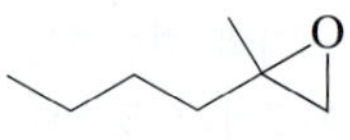

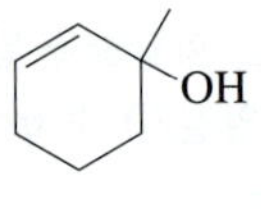

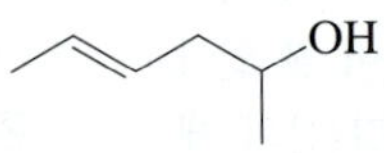

9.14 다음 각 화합물의 구조를 그리시오.

a. (1*R*,2*R*)-Cyclohexane-1,2-diol **b.** (*Z*)-But-2-en-1-ol
c. 2-Chlorohex-3-yn-1-ol **d.** 1,2-Epoxy-1,3,3,-trimethylcyclohexane
e. *trans*-Pent-3-en-1-ol **f.** (*E*)-5-Methylhex-2-en-1-ol **g.** (*S*)-5-Methylhexan-2-ol
h. 3-Methyl-2-butanethiol **i.** *trans*-2-Butene oxide

9.15 각 물음으로 나열하시오.

a. 끓는점이 높은 순: *tert*-Butyl alcohol, 1-Butanol, Diethyl ether, 1-Butanethiol
b. 물에 대한 용해도가 큰 순: $CH_3CH_2OCH_2CH_3$, $CH_3CH_2CH_2CH_2OH$, $ClCH_2(CH_2)_2CH_2Cl$
c. 산도가 큰 순: 4-Methoxyphenol, Phenol, 4-Nitrophenol, 2,4,6-Trinitrophenol (picric acid)

9.16 분자식이 $C_5H_{12}O$인 광학 활성 알코올의 구조를 그리고 IUPAC법으로 명명하시오.

9.17 다음 중 탄소양이온의 재배열이 일어날 가능성이 있는 화합물을 고르시오.

a. Propanol **b.** Cyclohexanol **c.** *tert*-Butyl alcohol
d. Isobutyl alcohol **e.** 3,3-Dimethyl-2-butanol **f.** 2-Methylcyclopentanol

9.18 다음 반응의 메커니즘을 제시하시오.

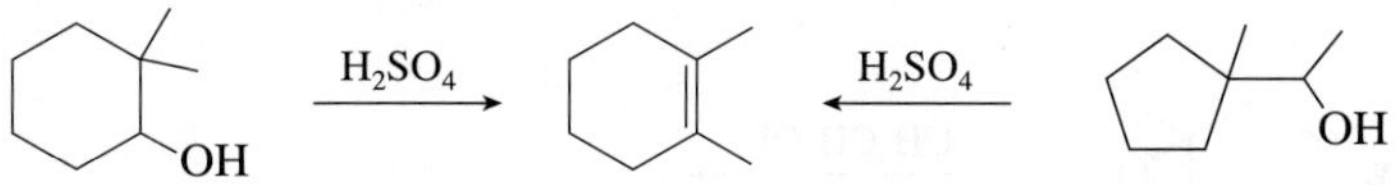

OH, H_2SO_4 → ← H_2SO_4 OH

9.19 다음 반응이 생성되는 과정을 쓰시오.

a. 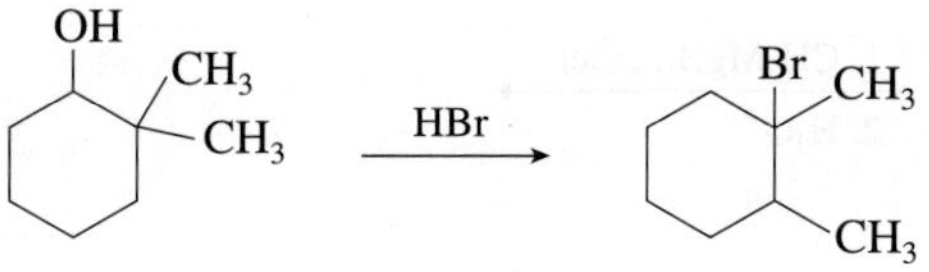 OH, CH_3, CH_3 —HBr→ Br, CH_3, CH_3

b. 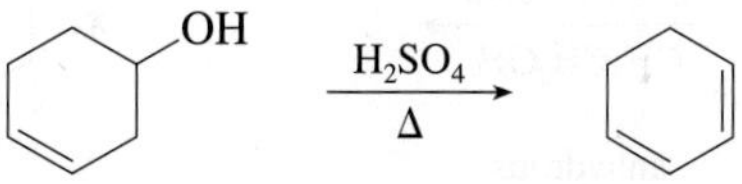 OH —H_2SO_4, Δ→

c. 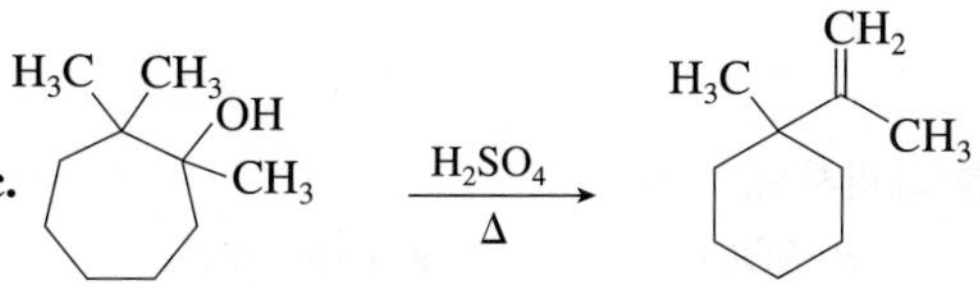 H_3C, CH_3, OH, CH_3 —H_2SO_4, Δ→ CH_2, H_3C, CH_3

9.20 다음 각 반응에서 얻어지는 주생성물의 구조를 그리시오.

a. 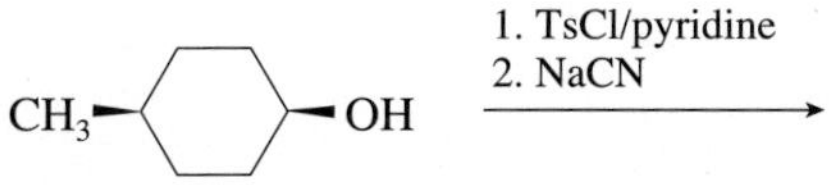 CH_3 ... OH —1. TsCl/pyridine 2. NaCN→

b. 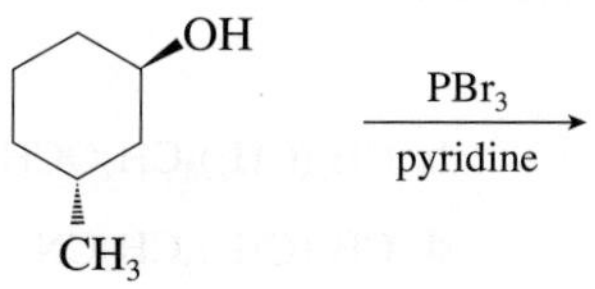 OH, CH_3 —PBr_3 / pyridine→

c. 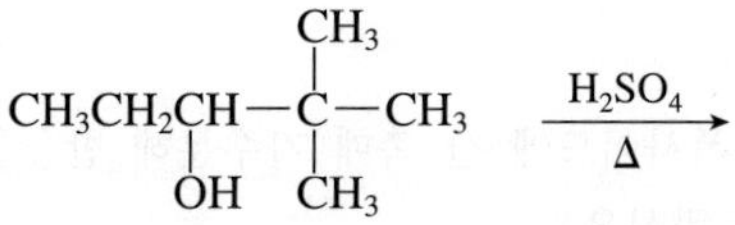 $CH_3CH_2CH(OH)-C(CH_3)_2-CH_3$ —H_2SO_4, Δ→

d. H, OH —1. MsCl/pyridine 2. CH_3ONa, S_N2→

e. $CH_3CH_2CH(OH)-C(CH_3)_2-CH_3$ —$POCl_3$ / pyridine→

f. H, OH —1. PBr_3/pyridine 2. $CH_3O^-Na^+$→

g. O —H^+ / CH_3OH→

h. H, OH —HBr→

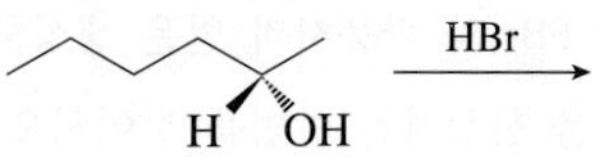

i. 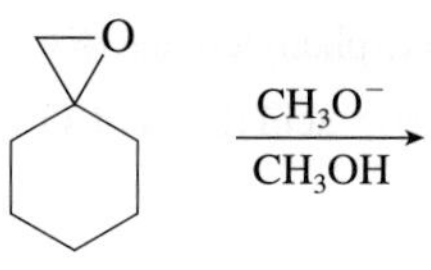 O —CH_3O^- / CH_3OH→

j. 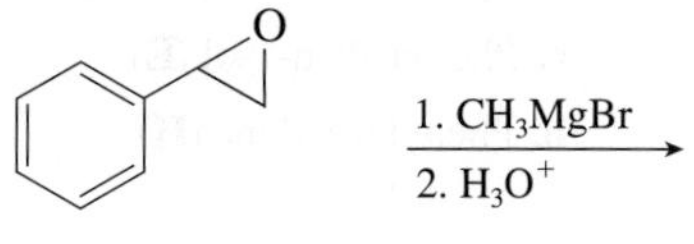 O —1. CH_3MgBr 2. H_3O^+→

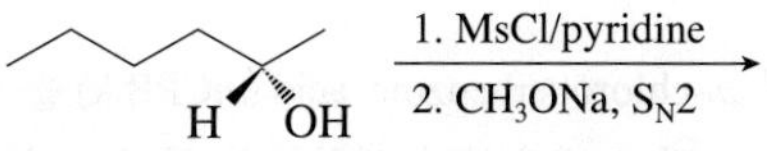

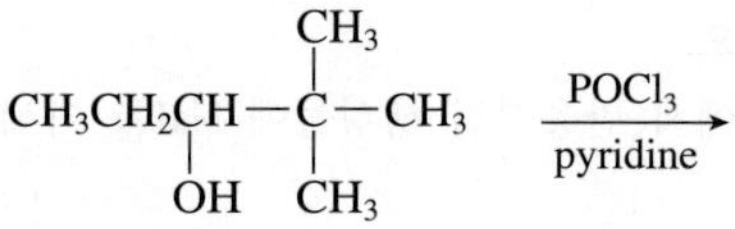

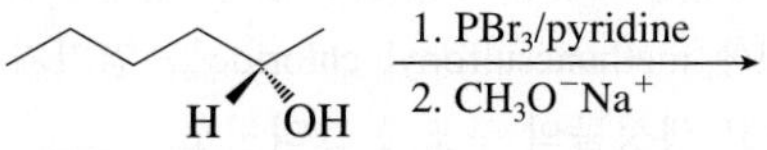

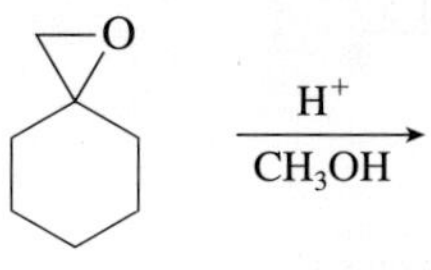

k. (2-methyltetrahydrofuran) $\xrightarrow{2HI}$

l. $(CH_3)_3COCH_2CH_3 \xrightarrow[\Delta]{HBr}$

m. (diol with HO and OH) $\xrightarrow[\Delta]{H_2SO_4}$

n. (epoxide with H and CH_2CH_3) $\xrightarrow[H_2SO_4]{H_2O}$

o. Br~~~~~OH $\xrightarrow{NaH}$

p. (epoxide with H and CH_2CH_3) $\xrightarrow[NaOH]{H_2O}$

q. $CH_3CH(CH_3)CH_2Br \xrightarrow[2.\ NaOH,\ H_2O]{1.\ (NH_2)_2C{=}S}$

r. (chromane) $\xrightarrow{\text{excess HI}}$

s. (cyclopentyl)$-OCH_3 \xrightarrow{2HBr}$

t. (bicyclic alkene) $\xrightarrow[CH_2Cl_2]{mCPBA}$

u. (bicyclic alkene) $\xrightarrow[2.\ HO^-]{1.\ Br_2,\ H_2O}$

v. (1-methylcyclohexene oxide) $\xrightarrow[H^+]{CH_3CH_2OH}$

w. (1-methylcyclohexene oxide) $\xrightarrow[CH_3CH_2OH]{CH_3CH_2ONa}$

x. (1-methylcyclohexene oxide) $\xrightarrow[2.\ H_3O^+]{1.\ CH_3MgBr,\ ether}$

y. (1-methylcyclohexene oxide) $\xrightarrow{\text{anhydrous HBr(excess)}}$

9.21 Butan-1-ol과 다음 시약을 반응시켰을 때의 반응식과 주생성물의 구조를 그리시오.

a. NaH **b.** 1. NaH 2. ethyl bromide **c.** MsCl/pyridine **d.** $SOCl_2$ **e.** HBr, 가열
f. H_2SO_4, 140 °C **g.** $Na_2Cr_2O_7/H_2SO_4$/가열 **h.** $POCl_3$/pyridine **i.** PCC, CH_2Cl_2

9.22 Pentan-1-ol로부터 다음 물질을 합성하는 방법을 보이시오.

a. $CH_3(CH_2)_3CH_2OC(=O)CH_3$ **b.** $CH_3(CH_2)_3CH_2OCH_3$
c. $CH_3(CH_2)_3CH_2NHCH_2CH_3$ **d.** $CH_3(CH_2)_3CH_2CN$

9.23 다음 물음에 답하시오.

a. *cis*- 및 *trans*-But-2-ene에 *m*-chloroperbenzoic acid (*m*CPBA)를 가하여 만든 에폭사이드에 산 촉매 가수분해 반응을 시켜 다이올을 합성하였다. 이와 관련된 반응식과 생성물의 구조를 입체화학적으로 그리시오.

b. Cyclohexyl ethyl ether를 1당량의 HBr과 반응시켰다. 생성물의 구조를 그리시오.

c. *cis*-2-Methylcyclopentanol에 methanesulfonyl chloride를 염기가 존재하는 조건에서 반응시킨 생성물에 NaI를 아세톤 속에서 반응시켰다. 반응식을 쓰고 생성물의 구조를 그리시오.

d. (*S*)-3-Methylhexan-3-ol을 HI와 반응시켜 얻은 생성물의 구조를 그리고 입체화학을 나타내시오.

e. (*R*)-Butan-2-ol을 피리딘 존재하에 PBr_3와 반응시켜 얻은 생성물의 입체구조를 그리시오.

9.24 Phenylethan-2-ol로부터 다음 화합물을 합성하는 방법을 보이시오.

a. Styrene ($PhCH{=}CH_2$, **A**) **b.** Phenylacetaldehyde ($PhCH_2CHO$, **B**) **c.** Ethylbenzene (**C**)
d. 1-Chloro-1-phenylethane (**D**) **e.** Phenylethan-1-ol (**E**) **f.** 1-Bromo-2-phenylethane (**F**)
g. Benzaldehyde (PhCHO, **G**) **h.** Phenylacetylene (**H**) **i.** Phenylacetic acid ($PhCH_2CO_2H$, **I**)

9.25 Williamson 합성 반응(RX + potassium alkoxide)으로 다음 에터 화합물을 가장 효과적으로 합성하는 방법을 반응식으로 나타내시오.

a. $CH_3OC(CH_3)_3$ **b.** 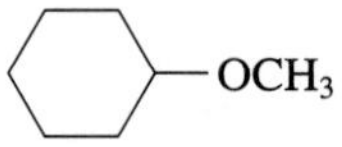 (cyclohexyl)—OCH_3 **c.** $(CH_3)_3CCH_2OCH_2CH_3$

9.26 합성 방법을 나타내시오(두 단계 이상의 반응).

a. Cyclopentane으로부터 *cis*-와 *trans*-cyclopentane-1,2-diol을 합성

b. *tert*-Butyl alcohol로부터 isobutyl alcohol을 합성

c. Methylcyclopentane으로부터 *cis*-1-bromo-2-methylcyclopentane을 합성

d. (*R*)-Octan-2-ol로부터 (*S*)-octan-2-ol을 합성

9.27 합성법을 제시하시오(2단계 이상의 반응이 필요).

a. Butane으로부터 Butan-1-ol

b. Benzene으로부터 Benzyl methyl ether

c. Benzene으로부터 Phenylethan-2-ol

d. Cyclopentane으로부터 methyl cyclopentyl ether

e. Ethanol로부터 *cis*-but-2-ene oxide

f. Benzene으로부터 1-Phenylprop-2-en-1-ol

g. 2-Methylcyclopentanol로부터 1-bromo-1-methylcyclopentane

h. Benzene으로부터 phenylethan-1-ol

i. Ethanol로부터 *tert*-butyl ethyl ether

9.28 다음 사항을 설명하시오.

a. (*R*)-Propylene oxide를 산 촉매와 염기 촉매 존재하에 가수분해시키면 서로 반대의 입체 배열을 가진 propylene glycol(propane-1,2-diol)이 생성되었다.

b. *o*-Nitrophenol과 *p*-nitrophenol은 *m*-nitrophenol보다 산도가 높다(강산이다).

c. Isopropylbenzene(cumene)을 높은 온도에서 산소와 반응시키면 phenol과 acetone이 생성된다.

9.29 다음 반응의 메커니즘을 제시하시오.

a. OH → H_2SO_4, heat → + +

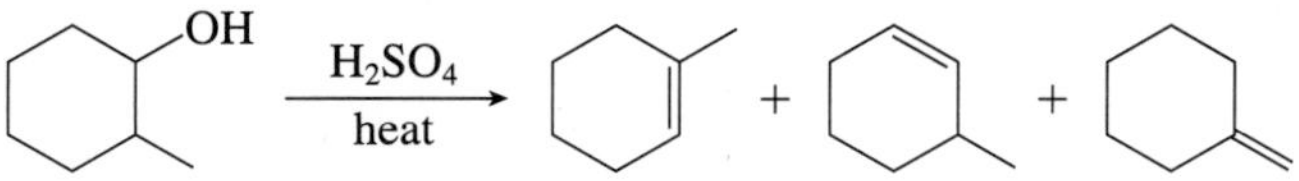

b. OH → H_2SO_4, heat → +

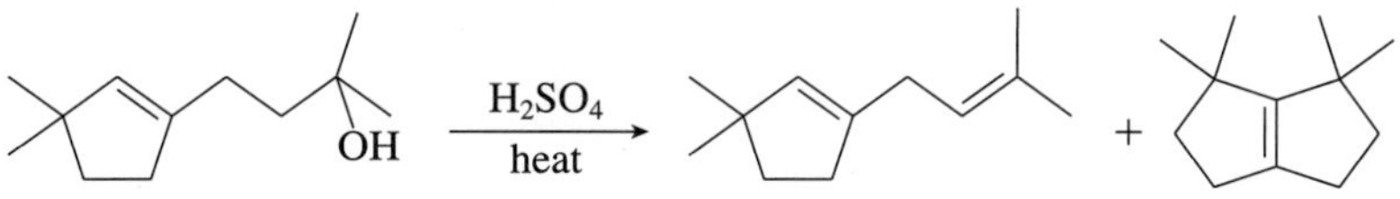

c. OH → H_2SO_4, heat → + +

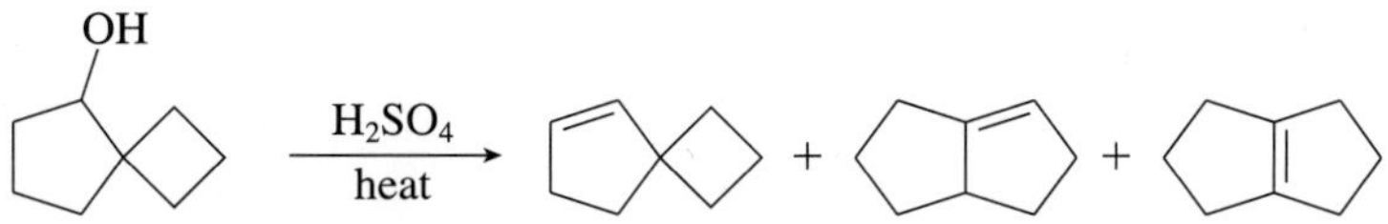

d. OMe → H^+, H_2O → O + MeOH

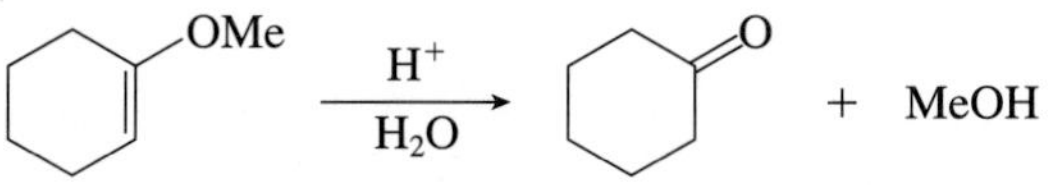

e. HO, OH, Me, Me, Me, Me → H^+, H_2O → O, Me, Me, Me, Me Pinacol rearrangement

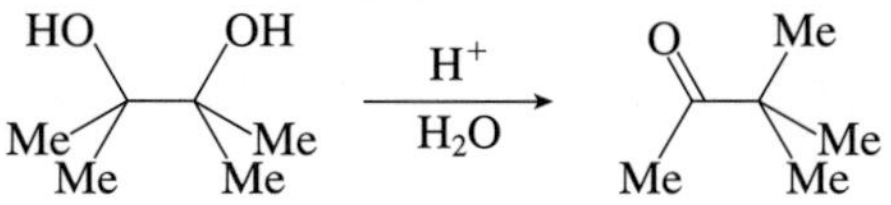

f. O → H^+, H_2O → OH OH

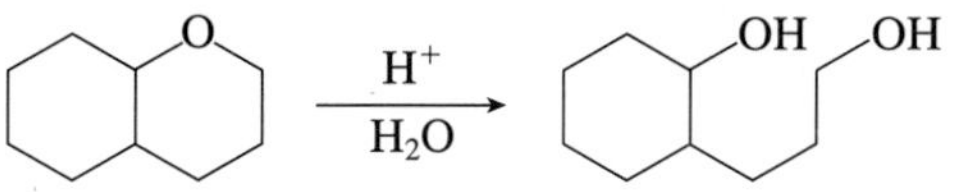

g. 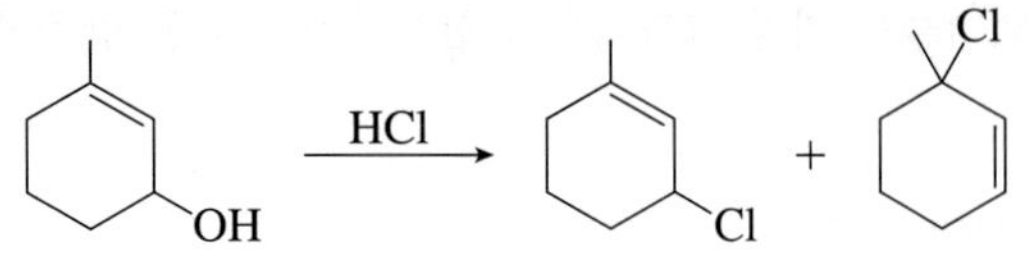 (3-methylcyclohex-2-en-1-ol) $\xrightarrow{HCl}$ (3-chloro-1-methylcyclohexene: Cl) + (3-chloro-3-methylcyclohexene: Cl)

9.30 다음 반응의 합성 과정을 제시하시오.

a.  OH → OH

b.  OH → OH, OMe

c. 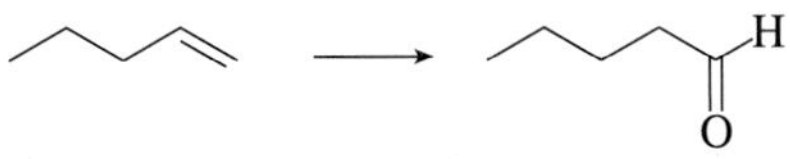 → H, O

d.  OH →

e.  OH → Cl

f. 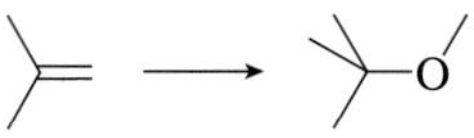 → O

9.31 Propofol (1,6-diisopropylphenol) 은 수면 마취용 주사제로 사용되는 물질이다. 이 물질을 phenol로부터 합성하는 방법을 보이시오.

9.32 Isopropylbenzene (cumene) 을 공기 (산소) 와 높은 온도에서 반응시키면 페놀과 아세톤이 동시에 생성된다. 이를 cumene 공정이라고 한다. 이 반응의 페놀 또는 아세톤을 만드는 메커니즘을 쓰시오.

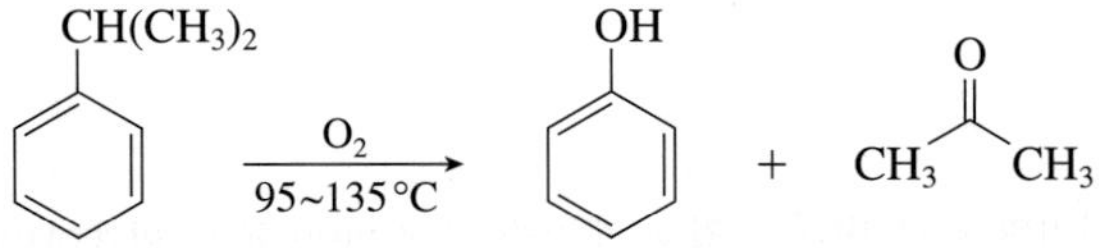

$CH(CH_3)_2$ (benzene) $\xrightarrow[95\sim135\,°C]{O_2}$ OH (benzene) + $CH_3C(=O)CH_3$

10장 아민

핵심 익히기

- 아민의 구조 및 분류
- 지방족 아민과 방향족 아민의 명명법
- 아민의 염기도와 영향을 미치는 인자
- 친핵성 치환 반응, 환원 반응, 환원성 아민화 반응 및 재배열 반응에 의한 아민 합성법
- 아민의 각종 반응(산과 염 형성, 친핵체로서의 작용 및 아질산과의 반응)
- 사차 암모늄염의 상전이 촉매 반응

세로토닌(serotonin)

각종 스트레스에 노출되어 있는 많은 현대인들이 우울증으로 고생하고 있다. Serotonin은 신체 여러 기관에서 발견되는 일차 아민 구조를 가지고 있는 신경전달물질로, 중추신경계에 있는 serotonin 수용체와 작용하여 기분(mood), 식욕 및 인지능력을 조절하는 기능을 가지고 있다. Serotonin이 부족하면 우울증이 유발되는 것으로 알려져 있다. 항우울제로 사용되는 Prozac®과 Zoloft®는 신경 말단에서 재흡수되는 serotonin을 선택적으로 억제하여 세포 밖 serotonin 수준을 높이는 약리작용을 가지고 있다. 이 물질은 (*S*)-tryptophan으로부터 생합성된다. (*S*)-tryptophan이 많이 함유된 음식물로는 연어, 견과류, 달걀, 육류, 치즈 등이 있다.

아민(amine)은 암모니아 분자(NH_3)에 있는 수소 원자 대신에 알킬기 또는 아릴기가 1~3개 치환된 화합물을 말하며, 생명체에서 발견되는 유기 화합물 가운데 가장 많이 발견되는 화합물이다. 자연계에는 생명체의 기본이 되는 아미노산을 비롯하여 다양한 형태의 유기 질소 화합물들이 존재한다. 박테리아, 곰팡이 및 동식물을 포함한 자연계의 모든 생명체에 존재하는 천연 질소 화합물을 **알칼로이드(alkaloid)**라 하는데, 많은 경우 이들은 생물 활성을 가지고 있다. 예를 들어, 카페인, 에페드린, 모르핀, 니코틴, 코카인 등은 식물의 열매, 잎, 줄기 및 뿌리 등에서 발견되는 알칼로이드이다. 한약의 대부분은 식물에 존재하는 알칼로이드의 생물 활성 성분을 추출하여 이용한 것이다. 독개구리의 피부에서 발견되는 histrionicotoxin, 불개미에서 발견되는 solenopsin 등과 같은 독성 물질과 우리 몸 안에서 발견되는 도파민, 아세틸콜린과 같은 신경전달물질들도 모두 질소를 포함한 아민 화합물이다. 이 밖에 다양한 약효를 나타내는 아민 구조를 가진 수많은 종류의 합성 의약품이 합성되어 현재 사용 중에 있다. 이들 중 몇 가지 예를 아래에 나타내었다.

아민은 비공유 전자쌍을 가지고 있기 때문에 염기와 친핵체로 사용된 예를 이미 8장에서 배웠다. 10장에서는 아민의 구조와 성질, 제법과 반응에 대하여 좀 더 상세히 공부하고자 한다.

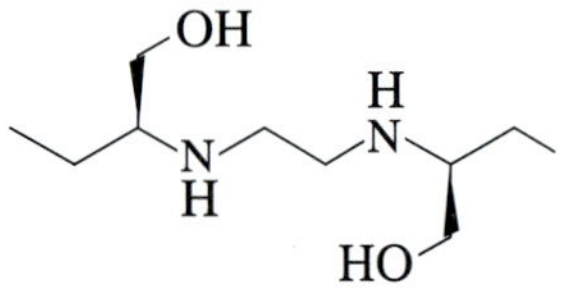

Ethambutol
결핵치료제

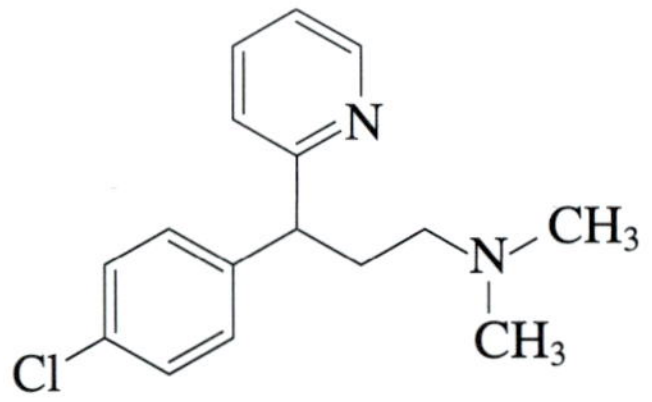

Chloropheniramine
항히스타민제(콧물감기)

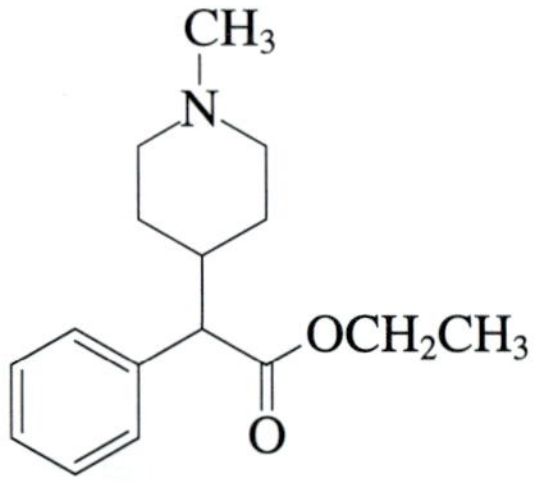

Meperidine (Demerol)
합성 진통제(모르핀과 유사작용)

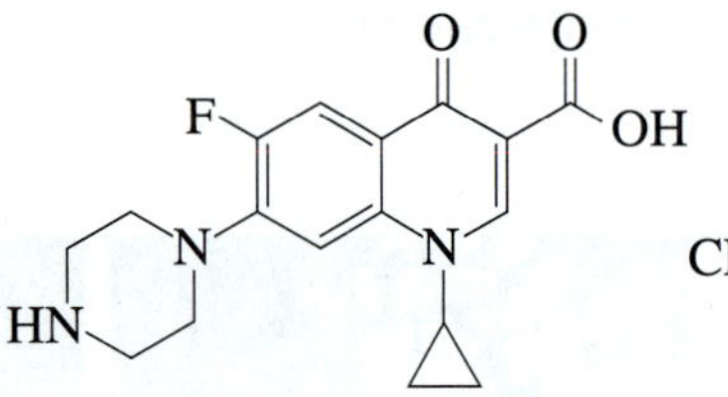

Ciprofloxacin
항균제

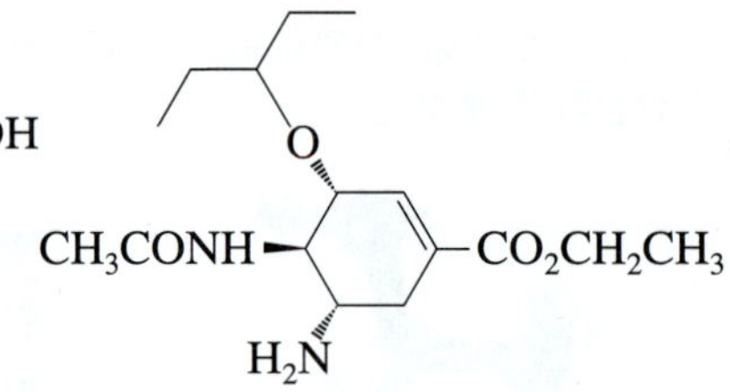

Oseltamivir (Tamiflu)
항바이러스제
조류 및 influenza A(H1N1)치료제

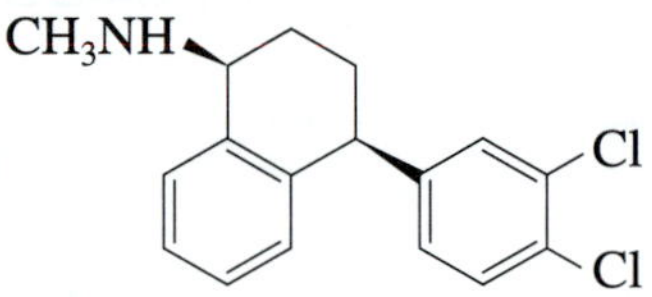

Sertraline (Zoloft)
항우울제

10.1 아민의 구조와 결합

10.1.1 아민의 구조 및 모양

아민은 암모니아의 수소 원자 대신에 알킬기 또는 아릴기가 하나 이상 결합한 화합물이다. 아민의 질소 원자는 sp^3 혼성화되어 있고, 세 개의 σ 결합과 한 개의 비공유 전자쌍으로 구성되어 있다. 아민의 분자 모양은 질소 원자의 sp^3 오비탈에 놓여 있는 비공유 전자쌍의 전자 반발 때문에, 결합각이 정사면체의 결합각(109.5°)보다 약간 작아진(108°) 삼각뿔(피라미드) 모양을 하고 있다(**그림 10.1**). 또한 질소 원자는 탄소 원자와 수소 원자에 비해 전기음성도가 크기 때문에, C—N과 N—H 결합 모두 질소 원자에 전자가 편재되어 있는 극성을 가지고 있다. 또한 질소 원자의 비공유 전자쌍은 친핵체와 염기로 작용할 수 있다.

sp^3 혼성화

$CH_3\ddot{N}H_2$ (1.47Å)

sp^3 혼성화

$(CH_3)_3\ddot{N}$ (108°)

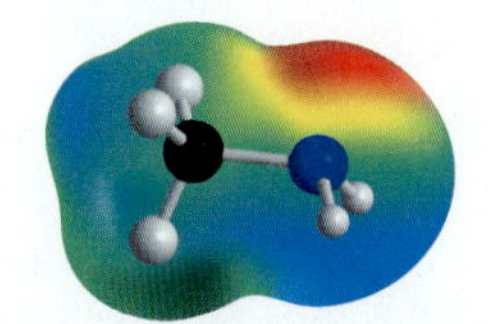

CH_3NH_2의 정전기 전위 지도

그림 10.1 **CH_3NH_2와 $(CH_3)_3N$의 구조.** C—N의 결합 길이는 C—C 결합(1.53 Å)보다는 짧고, C—O 결합(1.43 Å)보다는 길다. 분자의 모양은 피라미드 구조를 가지며, 정전기 전위 지도는 질소의 비공유 전자쌍 때문에 음전하가 편재되어 있음을 보여 주고 있다.

10.1.2 비대칭 질소와 거울상이성질 현상

아민의 질소 원자는 sp^3 혼성화되어 있기 때문에, 질소 원자에 있는 비공유 전자쌍을 포함하여 결합된 네 개의 치환기가 모두 다를 경우, 질소 원자는 비대칭 중심이 되어 거울상이성질체를 가져야 한다. 그러나 실제로는 거울상이성질 현상이 나타나지 않는다. 그 이유는 이들 이성질체 사이의 에너지 차이가 너무 작아 서로 빠르게 전환되는 **아민 반전**이 일어나기 때문이다(**그림 10.2**).

그러나 질소 원자가 모두 다른 치환기로 네 개의 σ 결합을 하고 있는 사차 암모늄염에서는 아민 반전이 일어날 수 없으므로 거울상이성질체가 존재하게 된다(5.9절 참조).

거울상 이성질체를 갖는 비대칭 질소 원자
Aziridine과 같은 작은 탄소 고리를 구성하고 있는 비대칭 질소 원자의 경우 아민 반전에 높은 활성화 에너지가 필요하기 때문에 거울상이성질체가 독립적으로 존재할 수 있다.

질소 주위에 네 개의 다른 기를 가진 아민

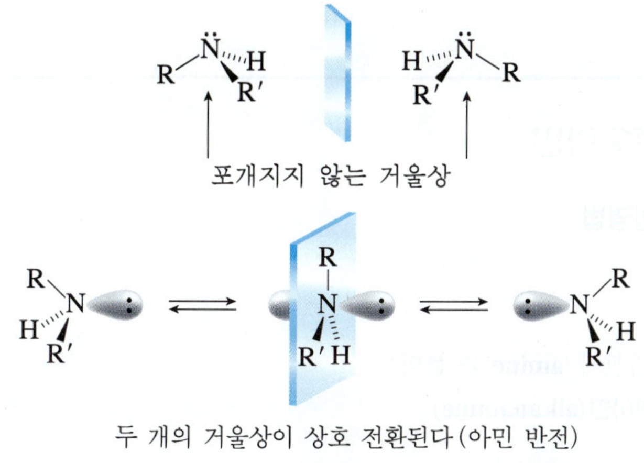

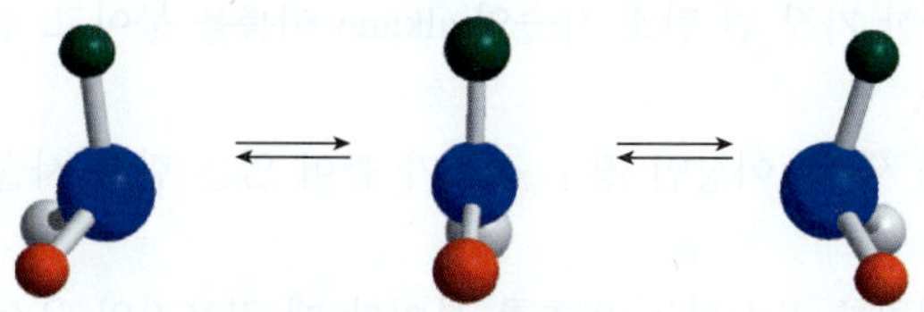

평면 전이 상태

그림 10.2 질소 원자가 비대칭 중심 환경에 놓여 있더라도 아민 화합물에서는 거울상이성질 현상이 나타나지 않는다.

10.1.3 아민의 분류: 일차, 이차, 삼차 아민 및 사차 암모늄염

아민은 질소 원자에 치환된 알킬기 또는 아릴기의 수에 따라 일차(RNH_2), 이차(R_2NH), 삼차 아민(R_3N)으로 분류한다. 또한 아민의 비공유 전자쌍은 HX 또는 RX와 같은 친전자체와 반응하여 사차 암모늄염($R_3\overset{+}{N}HX^-$ 또는 $R_4\overset{+}{N}X^-$)을 형성할 수 있다.

Ammonia	1° Amine	2° Amine	3° Amine	4° Ammonium salt
$H-\ddot{N}H-H$	$R-\ddot{N}H-H$	$R-\ddot{N}R-H$	$R-\ddot{N}R-R$	$R_4N^+\ X^-$
	(N에 R기 한 개)	(N에 R기 두 개)	(N에 R기 세 개)	(N에 R기 네 개)

문제 10.1 다음 화합물을 일차, 이차, 삼차 아민(또는 알코올)으로 분류하시오.

a. $CH_3-C(CH_3)_2-NH_2$　b. $CH_3-C(CH_3)_2-OH$　c. (piperidine, N–H)　d. (benzene ring–NH_2)

e. $CH_3-N(CH_3)-CH_3$　f. (methylenedioxyphenyl–$CH_2CH(CH_3)$–$NHCH_3$)　g. (pyrrolidine N–CH_2)

10.2 아민의 명명법

10.2.1 지방족 아민

■ 일차 아민의 명명법

IUPAC법

- alkane의 'e' 대신에 **'amine'**을 붙임
- 일반명 : **알케인아민(alkanamine)**

[규칙 1] 질소와 결합한 가장 긴 탄소 사슬의 alkane 이름을 붙이고, 접미사 'e'를 'amine'으로 바꾼다.

[규칙 2] 탄소 원자가 세 개 이상인 경우 질소가 붙어 있는 탄소 사슬의 번호를 접두사로 붙인다.

[규칙 3] 치환기의 위치를 표시하는 번호를 부여할 때 작용기의 우선순위는 다음과 같다(**표 11.1** 참조).

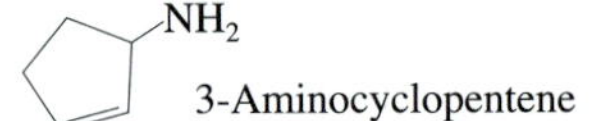

3-Aminocyclopentene

trans-4-aminocyclohexanol

작용기 번호매김 우선순위

$-OH > -NH_2 >$ alkene $>$ alkyne $>$ alkyl $> -OR > -X$

관용법 : alkyl기 이름 다음에 'amine'을 덧붙인다.

아민의 관용명 : 알킬기 명 + amine : **알킬아민(alkylamine)**

일차 아민명의 예

	CH_3NH_2	$CH_3CH_2CH_2NH_2$	$CH_3CH(NH_2)CH_3$	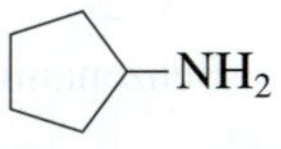 Cyclopentyl–NH_2
IUPAC명	Methanamine	Propan-1-amine (1-Propanamine)	Propan-2-amine (2-Propanamine)	Cyclopentanamine
관용명	Methylamine	*n*-Propylamine	Isopropylamine	Cyclopentylamine

■ **이차 및 삼차 아민의 명명법**

IUPAC법: 가장 긴 탄소 사슬을 가진 아민명(어미 사슬 아민명)을 명명하고, 그 앞에 접두사 *N*-을 적고 질소 원자에 결합된 알킬기명을 붙인다. 만약 질소 원자에 결합된 알킬기가 다를 경우 알파벳 순으로 나열하고, 각각에 접두사 *N*-을 적는다.
관용법: 동일한 알킬기를 가진 이차 및 삼차 아민은 아민 이름 앞에 *di*- 또는 *tri*-를 붙여 명명한다. 다른 종류의 알킬기를 가진 경우에는 어미사슬 아민명 앞에 알킬기 이름을 알파벳 순으로 붙인다.

이차 및 삼차 아민명의 예

	$CH_3-NH-CH_3$	$CH_3CH_2-N(CH_2CH_3)-CH_2CH_3$	$CH_3CH_2-N(CH_3)-CH_2CH_2CH_3$
IUPAC명	*N*-Methylmethanamine	*N*,*N*-Diethylethanamine	*N*-Ethyl-*N*-methylpropan-1-amine
관용명	Dimethylamine	Triethylamine	Ethylmethylpropylamine
	관용명을 선호	관용명을 선호	IUPAC명을 선호

예제 10.1 IUPAC법과 관용법으로 명명하시오.

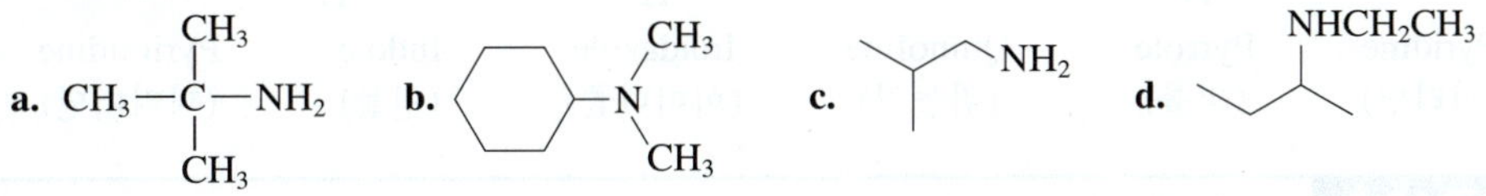

a. $CH_3-C(CH_3)_2-NH_2$ **b.** Cyclohexyl–$N(CH_3)_2$ **c.** (skeletal: isobutyl–NH_2) **d.** (skeletal: sec-butyl–$NHCH_2CH_3$)

풀이

a. IUPAC법: 2-Methylpropan-2-amine (2-Methyl-2-propanamine), 관용법 : *tert*-Butylamine
b. IUPAC법: *N*,*N*-Dimethylcyclohexanamine, 관용법 : *N*,*N*-Dimethylcyclohexylamine
c. IUPAC법: 2-Methylpropanamine, 관용법 : Isobutylamine
d. IUPAC법: *N*-Ethylbutan-2-amine (*N*-Ethyl-2-butanamine), 관용법 : *sec*-Butylethylamine

문제 10.2 다음 화합물의 구조를 그리시오.

a. 3,3-Dimethylcyclopentanamine
b. Diphenylamine
c. *N*-Isopropylcyclohexylamine
d. 2-Methyl-5-nonanamine
e. Triisopropylamine
f. 1,3-Pentadiamine

10.2.2 방향족 아민

벤젠 고리를 가진 아민의 IUPAC명은 **benzenamine**이고 관용명은 **aniline**이다. 이들 유도체의 이름은 흔히 aniline 유도체로 명명한다. 이차 및 삼차 아민의 경우 지방족 아민의 경우와 동일하게 명명한다.

	Benzene–NH_2	Benzene–$NHCH_3$	Benzene–$N(CH_3)_2$
IUPAC명	Benzenamine	*N*-Methylbenzenamine	*N,N*-Dimethylbenzenamine
관용명	Aniline	*N*-Methylaniline	*N,N*-Dimethylaniline

관용명을 선호

몇 가지 aniline 유도체의 고유명을 다음에 나타내었다.

CH_3–(benzene)–NH_2 *p*-Toluidine

CH_3O–(benzene)–NH_2 *p*-Anisidine

NO_2–(benzene)–NH_2 *p*-Nitroaniline

10.2.3 질소 헤테로고리 화합물

질소 헤테로고리 화합물의 고유명(관용명)을 아래에 몇 종류 나타내었다. 생리 활성을 가진 많은 종류의 천연물과 의약품이 이들 구조를 가지고 있다. 질소 헤테로고리 화합물에서 번호 붙임은 질소 원자가 항상 1번이 되게 시작한다.

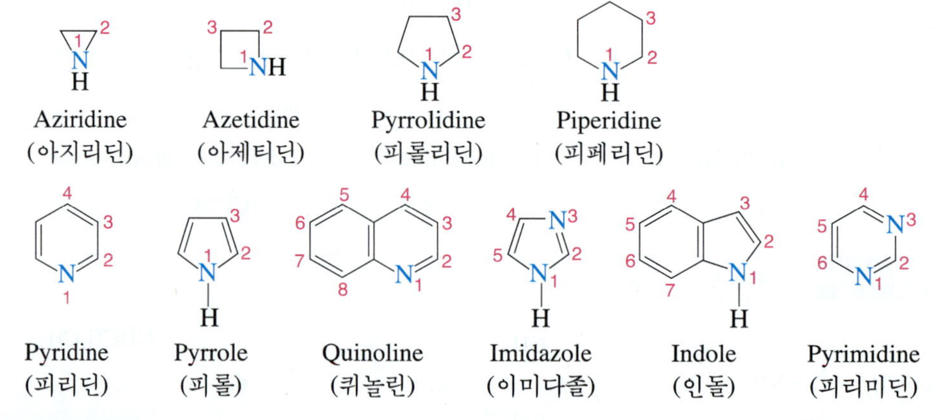

문제 10.3 다음 화합물의 구조를 그리시오.

a. *N*-Ethyl-*N*-isopropylaniline **b.** *N*-Methylpyrrolidine **c.** 2-Aminopyrimidine
d. *p*-Butyl-*N*-ethylaniline **e.** 2,2-Dimethylaziridine

10.3 아민의 물리적 성질과 염기도

10.3.1 끓는점

일차 및 이차 아민은 N—H 결합의 전기음성도 차이에 의한 극성 때문에 수소 결합을 할 수 있다. 그러나 질소 원자는 산소 원자보다 전기음성도가 낮기 때문에 수소 결합의 세기는 O—H 결합보다 약하다. 따라서 알코올보다 끓는점이 낮다. 그러나 수소 결합을 하지 못하는 알케인이나 에터보다는 높다.

화학 라운지 10.1 **천연 알칼로이드**

자연계의 생명체에 존재하는 유기질소 화합물을 **알칼로이드**(**alkaloid**) 라고 한다. 이 이름은 염기성을 나타내는 알칼리(alkali) 에서 유래하였다. 이들의 대부분은 아미노산으로부터 대사되어 생성한 이차 대사산물로 생물 활성을 갖고 있다. 지금까지 5,000여종의 천연 알칼로이드가 발견되었다. 아래에 식물과 동물에 존재하는 몇 가지 종류의 알칼로이드를 나타내었다. 각성제와 기호식품으로 사용되는 caffeine, cocaine, nicotine 및 morphine은 식물에 존재하는 알칼로이드이고, histrionicotoxin (독개구리) 과 solenopsin (불개미) 은 동물에서 발견된 알칼로이드이다.

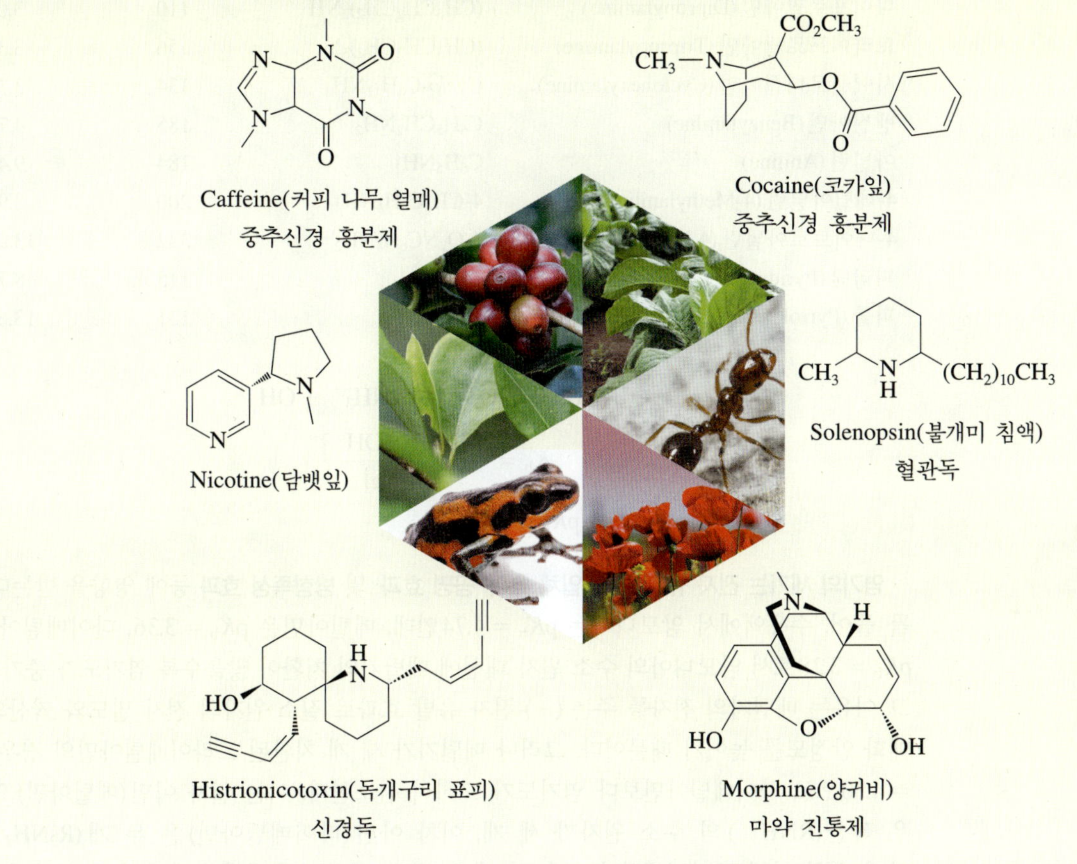

삼차 아민은 N—H 결합이 없기 때문에 수소 결합을 할 수 없다. 이 때문에 동일한 분자량을 가진 일차 및 이차 아민보다 끓는점이 낮다.

10.3.2 물에 대한 용해도

분자량이 작은 아민(보통 탄소 원자의 수가 다섯 개 이하인 아민)은 물과 수소 결합을 하여 잘 녹는다.

10.3.3 염기도

암모니아 및 아민의 질소 원자는 비공유 전자쌍을 가지고 있기 때문에 Lewis 염기이다. 수용액에서 H_2O의 양성자를 받아들여 염기성을 나타낸다. 아민이 양성자를 받아들이는 능력을 **염기도 상수(basicity constant, K_b)** 라고 하며, 이는 반응의 평형 상수로부터 계산된다. K_b 값이 클수록(pK_b값이 작을수록) 강염기이며, K_b값이 작을수록(pK_b값이 클수록) 약염기이다(**표 10.1** 참조).

염기도를 염기의 짝산이 가지는 pK_a값으로 나타내기도 한다. 예: NH_3의 염기도는 $pK_a = 9.26$ ($pK_a = 14 - pK_b$) 이다.

$$NH_3 + H_2O \rightleftharpoons NH_4^+ + {}^-OH \quad pK_a = 9.26$$

pK_a값이 클수록 강염기가 된다.

표 10.1 아민 화합물의 끓는점과 염기도

아민	구조	끓는점 (°C)	pK_b
암모니아 (Ammonia)	NH_3	−33	4.74
메틸아민 (Methylamine)	CH_3NH_2	−6	3.36
다이메틸아민 (Dimethylamine)	$(CH_3)_2NH$	7	3.28
트라이메틸아민 (Trimethylamine)	$(CH_3)_3N$	3	4.30
프로필아민 (Propylamine)	$CH_3CH_2CH_2NH_2$	49	3.33
다이프로필아민 (Dipropylamine)	$(CH_3CH_2CH_2)_2NH$	110	3.02
트라이프로필아민 (Tripropylamine)	$(CH_3CH_2CH_2)_3N$	156	3.36
사이클로헥실아민 (Cyclohexylamine)	*Cyclo*-$C_6H_{11}NH_2$	134	3.36
벤질아민 (Benzylamine)	$C_6H_5CH_2NH_2$	185	4.70
아닐린 (Aniline)	$C_6H_5NH_2$	184	9.48
4-메틸아닐린 (4-Methylaniline)	4-$CH_3C_6H_4NH_2$	200	8.92
4-나이트로아닐린 (4-Nitroaniline)	4-$O_2NC_6H_4NH_2$	332	13.0
피리딘 (Pyridine)	C_5H_5N	115	8.77
피롤 (Pyrrole)	C_5H_4N	131	13.60

$$RNH_2 + H_2O \rightleftharpoons RNH_3^+ + OH^-$$

$$K_b = \frac{[RNH_3^+][OH^-]}{[RNH_2]}$$

$$pK_b = -\log K_b$$

염기의 세기는 전자 유발 효과, 입체 효과, 공명 효과 및 **방향족성 효과** 등에 영향을 받는다. 예를 들어, 수용액에서 암모니아는 $pK_b = 4.74$인데, 메틸아민은 $pK_b = 3.36$, 다이메틸아민은 $pK_b = 3.28$로서 암모니아의 수소 원자 대신에 메틸기의 치환이 많을수록 염기도가 증가한다. 그 이유는 메틸기의 전자를 주는 (+)-전자 유발 효과로 질소 원자의 전자 밀도와 짝산의 용매화 안정도를 높이기 때문이다. 그러나 메틸기가 세 개 치환된 트라이메틸아민의 경우 $pK_b = 4.30$으로 다이메틸아민보다 염기도가 오히려 감소한다. 이는 일차 아민(메틸아민)의 경우 짝산(RNH_3^+)의 수소 원자가 세 개, 이차 아민(다이메틸아민)은 두 개($R_2NH_2^+$)인 반면, 삼차 아민(트라이메틸아민)은 한 개(R_3NH^+)여서 수용액에서 물과 수소 결합에 의한 용매화 안정도가 떨어질 뿐만 아니라 3개의 메틸기에 의한 입체 장애도 더 크게 작용하기 때문이다(**그림 10.3**).

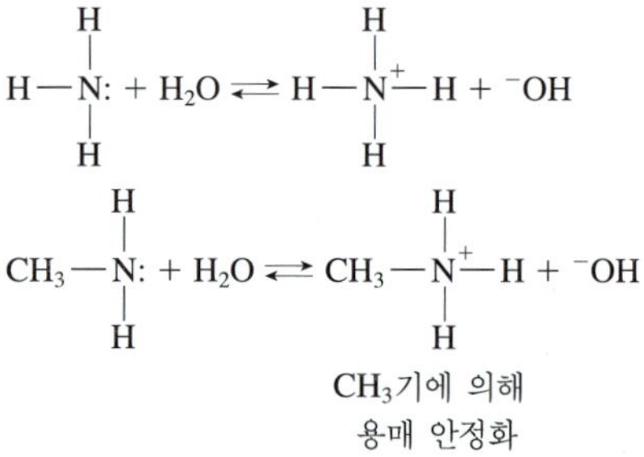

$$H-\ddot{N}H_2 + H_2O \rightleftharpoons H-NH_3^+ + {}^-OH$$

$$CH_3-\ddot{N}H_2 + H_2O \rightleftharpoons CH_3-NH_3^+ + {}^-OH$$

CH_3기에 의해 용매 안정화

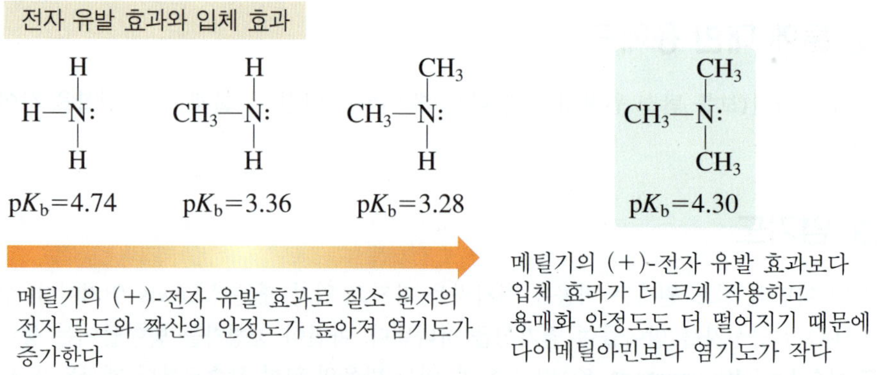

그림 10.3 아민의 염기도에 미치는 알킬기의 전자 유발 효과와 입체 효과.

공명 효과

:NH_2 :NH_2

Cyclohexylamine $pK_b=3.36$

Aniline $pK_b=9.48$

$\ddot{N}H_2$ ⟷ $\overset{+}{N}H_2$ ⟷ $\overset{+}{N}H_2$ ⟷ $\overset{+}{N}H_2$ ⟷ $\ddot{N}H_2$

질소 원자의 비공유 전자쌍은 벤젠 고리의 π 전자와 공명하여 비편재화되어 있어, 전자 밀도가 낮아져 있다.

그림 10.4 공명 효과로 지방족 아민이 방향족 아민보다 염기도가 더 높다.

한편, 지방족 아민인 사이클로헥실아민($pK_b = 3.36$)은 방향족 아민인 아닐린($pK_b = 9.48$)보다 약 10^6배나 강한 염기이다. 그 이유는 아닐린의 질소 원자의 비공유 전자쌍은 벤젠 고리의 π 전자와 공명(π 오비탈 겹침)을 하여 비편재화(전자 밀도가 낮아져) 되어 양성자와 결합하는 능력이 떨어지는 반면, 사이클로헥실아민은 오히려 사이클로헥실기가 질소 원자에 전자를 밀어주기 때문이다(**그림 10.4**).

표 10.1에서 4-메틸아닐린($pK_b = 8.92$)은 4-나이트로아닐린($pK_b = 13.0$)보다 더 강한 염기도를 나타내는데, 이것은 메틸기와 나이트로기의 전자 유발 효과가 차이나기 때문이다. 메틸기는 벤젠 고리에 전자를 주는 치환기이기 때문에 질소 원자의 전자 밀도를 높이는 데 기여하지만, 나이트로기는 전자를 빼앗아가므로 반대 효과를 나타낸다.

예제 10.2 염기도가 강한 것부터 순서대로 나열하시오.

a. Aniline **b.** Cyclohexylamine **c.** *p*-Anisidine (*p*-Methoxyaniline) **d.** *p*-Cyanoaniline

풀이

NH_2 > CH_3O NH_2 > NH_2 > NC NH_2

알킬기의 (+)-전자 유발 효과로 질소기에 전자를 주어 염기도 증가

산소의 비공유 전자쌍이 벤젠 고리와 공명을 이루어 염기도 증가

CN기의 (−)-전자 유발 효과로 벤젠 고리의 전자를 끌어당기고 염기도 감소

문제 10.4 다음 짝 중 어느 것이 더 강한 염기인가? 그 이유는 무엇인가?

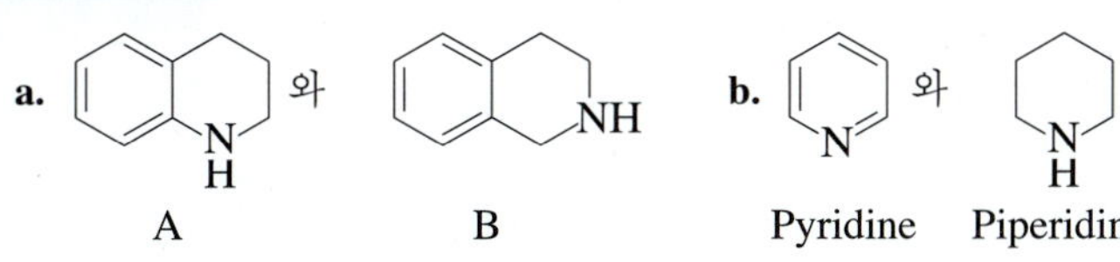

b. Pyridine 와 Piperidine

A: Tetrahydroquinoline
B: Tetrahydroisoquinoline

한편, 육원자 헤테로고리 아민인 피리딘(pyridine)의 pK_b값은 8.77로서, 오원자 고리의 피롤(pyrrole $pK_b = 13.60$)보다 10^5배나 강한 염기이다. 피리딘의 경우 탄소 원자에 있는 π 전자만으로도 6π 전자계를 이루면서 Hückel 법칙을 만족시키고 방향족성을 가질 수 있기 때문에, 질소 원자의 비공유 전자쌍은 양성자와 결합하는 데에만 사용될 수 있다. 반면에 피롤

방향족성 효과

질소 원자의 비공유 전자쌍 없이도 6π계 방향족성을 가질 수 있다.

Pyridine

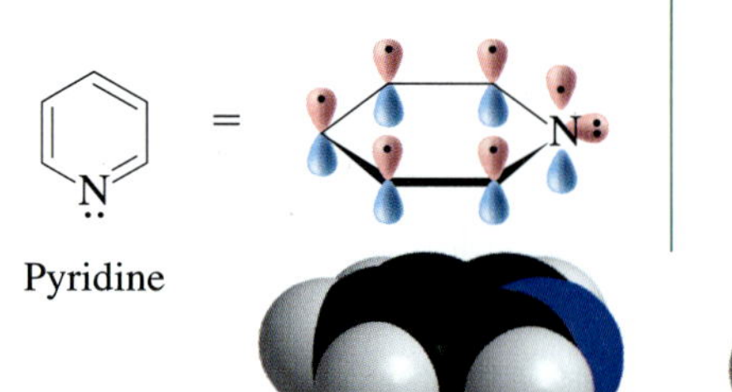

6π계 방향족성을 갖기 위해 질소 원자의 비공유 전자쌍이 사용된다.

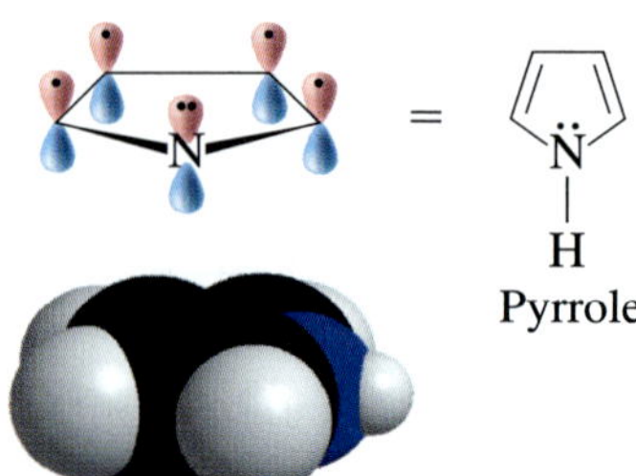

Pyrrole

그림 10.5 피리딘은 피롤보다 더 강한 염기이다. 피리딘의 질소에 있는 비공유 전자쌍은 오로지 염기로서만 작용하나, 피롤의 경우 방향족성을 갖기 위해 질소 원자의 비공유 전자쌍이 참여한다.

의 경우 질소 원자의 비공유 전자쌍을 포함하여야 6π 전자계로 방향족성을 가질 수 있으므로, 염기로서의 역할이 피리딘보다 불리하게 된다(**그림 10.5**).

문제 10.5 다음은 histamine의 구조이다. 세 종류의 질소 원자 중 염기도가 큰 것부터 순서대로 나열하시오.

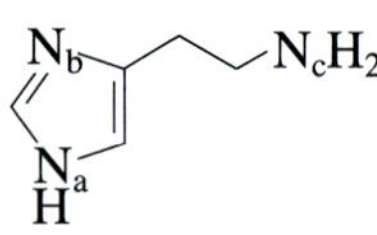

문제 10.6 괄호 안의 숫자는 각 염기의 짝산에 해당하는 pK_a값이다. 각 쌍 중 어느 것이 더 강한 염기인가?

a. $(CH_3CH_2)_2NH$ (11.1) 와 $CH_3CH_2NH_2$ (10.8)

b. *p*-Anisidine (5.34) 와 *p*-chloroaniline (3.98)

c. $C_6H_5CH_2NH_2$ (9.53) 와 $CH_3CH_2CH_2NH_2$ (10.71)

10.4 아민의 제법

아민은 다음 네 가지 방법으로 합성할 수 있다.

- 질소 친핵체를 이용한 친핵성 치환 반응
- 질소를 함유한 작용기의 환원 반응
- 환원성 아민화 반응
- 아마이드의 재배열 반응

10.4.1 질소 친핵체를 이용한 친핵성 치환 반응

이 제법은 할로젠화 알킬에 질소 친핵체를 반응시켜 아민을 합성하는 방법이다.

■ 암모니아와의 반응

이 반응은 할로젠화 알킬(RX)에 암모니아 또는 아민을 친핵체로 사용하여 아민을 합성하는 방법이다. 이 반응의 첫 단계에서는 암모늄염을 생성하며, 여기서 양성자를 제거하면 아민이

화학 라운지 10.2 천연 수면제(melatonin)와 기분 조절제(serotonin)

Melatonin은 뇌에 있는 송과선(pineal gland)에서 분비되는 호르몬으로, 수면을 유도하는 천연 수면제이다. 이 물질은 빛에 의해 분비가 조절되는데 낮에는 분비가 적어지고 밤이 되면 분비가 증가되어, 밤에는 잠자고 낮에는 깨어 있게 하여 생체리듬을 조절한다. 밤과 낮이 바뀌는 비행기 여행 때 경험하는 시차 적응의 문제도 melatonin의 균형이 깨지기 때문인 것으로 알려졌다. 한편, serotonin은 신체 여러 기관에서 발견되는 신경전달물질의 일종으로, 특히 중추신경계에 있는 serotonin 수용체와 작용하여 기분(mood), 식욕 및 인지능력을 조절하는 기능을 가지고 있다. 특히 이 물질의 부족은 우울증을 유발시킬 수 있어 이 물질을 산화시키는 효소를 억제하거나 (모노아민 산화효소 억제제, MAO inhibitor) 또는 이 물질이 수용체에 도달하기 전에 재흡수되는 것을 저해하여, 적정량의 serotonin이 수용체와 결합할 수 있게 하는 약물인 우울증 치료제가 많이 개발되고 있다. Melatonin과 serotonin은 모두 아미노산인 tryptophan(트립토판)에서 생합성된다.

CH_3O … $NHCOCH_3$, N–H
Melatonin

HO … NH_2, N–H
Serotonin

생성된다. 이 반응은 주로 S_N2 반응을 통하여 일어나므로 R이 메틸(CH_3X) 또는 일차 알킬(RCH_2X)의 경우에만 사용할 수 있다. 그러나 이 반응에서 일차적으로 생성된 아민이 다시 친핵체로 작용하여, 부산물로 이차 및 삼차 아민, 사차 암모늄염까지도 생성될 수 있다.

친핵체 / 생성물

[1] $R-X + \ddot{N}H_3 \xrightarrow{S_N2} R-\overset{H}{\underset{H}{N^+}}-H\ X^- \xrightarrow{\ddot{N}H_3} R-\ddot{N}H_2 + \overset{+}{N}H_4$
일차 아민

[2] $R-X + R\ddot{N}H_2 \xrightarrow{S_N2} R-\overset{H}{\underset{R'}{N^+}}-H\ X^- \xrightarrow{R\ddot{N}H_2} R-\underset{R}{\ddot{N}}-H + R\overset{+}{N}H_3$
이차 아민

[3] $R-X + R_2\ddot{N}H \xrightarrow{S_N2} R-\overset{H}{\underset{R'}{N^+}}-R'\ X^- \xrightarrow{R_2\ddot{N}H} R-\underset{R}{\ddot{N}}-R' + R_2\overset{+}{N}H_2$
삼차 아민

[4] $R-X + R_3\ddot{N} \xrightarrow{S_N2} R-\overset{R}{\underset{R}{N^+}}-R\ X^-$

R ═ CH_3 또는 일차 알킬 / 사차 암모늄염

예 $C_6H_5CH_2Cl \xrightarrow{8NH_3} C_6H_5CH_2NH_2 + (C_6H_5CH_2)_2NH$

Benzyl chloride → Benzyl amine 53% + Dibenzyl amine 39%

과량의 암모니아를 사용하였음에도 불구하고 2° 아민이 부산물로 생성된다.

화학 라운지 10.3 생리 활성 모노아민 유도체: 신경전달물질

신경전달물질이란 체내 신경세포에서 분비되는 화학 물질로서, 신경세포와 신경 사이 또는 수용체에 정보를 전달, 증폭 또는 조절하는 역할을 한다. 알려진 신경전달물질의 종류 중 모노아민(일차 아민) 구조를 가지고 있는 물질은 dopamine, norephinephrine (noradrenaline), ephinephrine (adrenaline), serotonin, melatonine 및 histamine 등이 있다. 이 중 dopamine, norephinephrine (noradrenaline) 및 ephinephrine (adrenaline)은 catechol 구조를 가지고 있으므로, catecholamine계 신경전달물질이라고 한다. 이들은 각각 수용체와 결합하여 특이한 생리 활성을 나타내며, 모노아민 산화효소(monoamine oxidase, MAO)에 의해 분해된다. Catecholamine은 tyrosine으로부터 생합성되며, 이 중 dopamine은 뇌의 인지능력과 행동, 감정을 조절하는 작용에 관여하는 물질로 알려져 있으며, 이 물질이 부족하면 파킨슨병 증상이 나타난다. Norephinephrine과 ephinephrine은 교감신경 말단에서 방출되는 신경전달물질인 동시에 부신 수질에서 나오는 호르몬이다. 이 두 물질은 '스트레스 호르몬'으로 알려져 있으며, 인체가 스트레스에 노출되었을 때 그 수치가 높아진다. 이는 스트레스에 반응하는 인체 방어기능의 하나이다. 즉, 스트레스를 받았을 때 심장 박동이 빨라지고, 동공이 확대되며, 혈관이 수축되는 것은 이 때문이다.

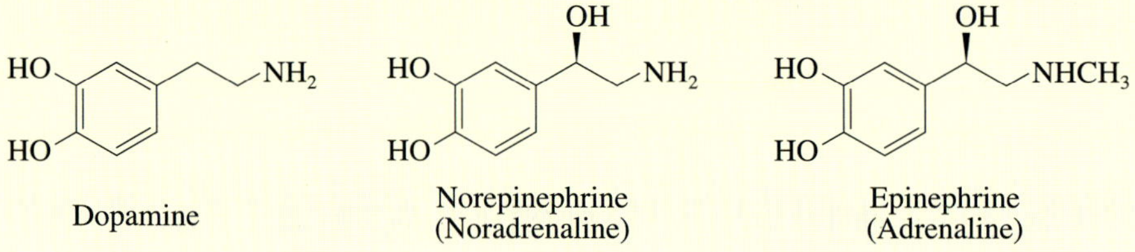

HO, HO, NH_2 — Dopamine
HO, HO, OH, NH_2 — Norepinephrine (Noradrenaline)
HO, HO, OH, $NHCH_3$ — Epinephrine (Adrenaline)

■ Gabriel 합성법

일차 할로젠화 알킬(CH_3X 또는 RCH_2X)에 질소 친핵체인 **프탈이마이드 음이온**(프탈이마이드를 KOH와 반응시켜 얻음)을 S_N2 반응시켜 얻은 *N*-알킬프탈이마이드 유도체를, KOH로 가수분해 또는 hydrazine (NH_2NH_2)으로 분해시키면 일차 아민이 생성된다. 이를 **Gabriel**('가브리엘'이라고 읽음) **합성법**이라 한다. 이차 및 삼차 할로젠화 알킬에 대해서는 이 방법이 잘 사용되지 않는다.

Siegmund Gabriel(1851~1924): 독일 태생 화학자. Berlin 대학의 교수를 역임. Gabriel 합성법 발견.

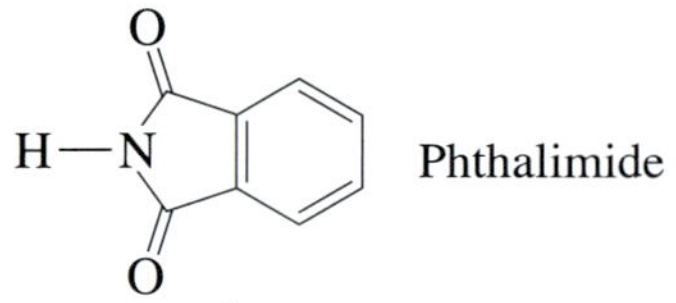

H—N (Phthalimide)

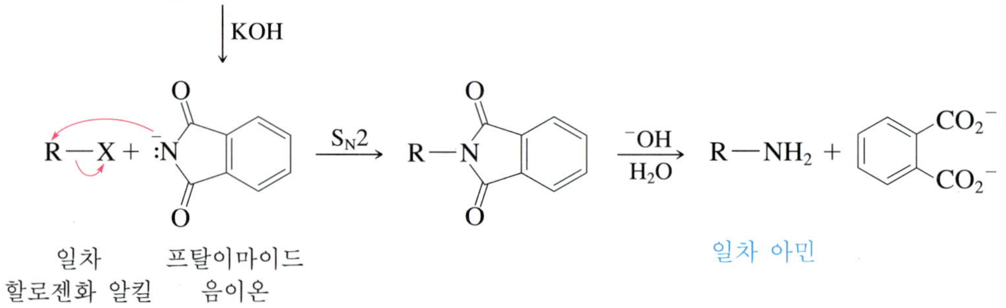

↓ KOH

R—X + ⁻:N(프탈이마이드 음이온) $\xrightarrow{S_N2}$ R—N(프탈이마이드) $\xrightarrow[H_2O]{^{-}OH}$ $R-NH_2$ + $C_6H_4(CO_2^-)_2$

일차 할로젠화 알킬 / 프탈이마이드 음이온 / 일차 아민

10.4.2 질소를 함유한 작용기의 환원

아자이드(azide, $-N_3$), 나이트릴(nitrile, $-C\equiv N$), 나이트로(nitro, $-NO_2$), 아마이드(amide, $-CONR_2$), 옥심(oxime, $-C{=}NOH$) 및 이민(imine, $-C{=}NR_2$) 등과 같이 질소 함유 작용기를 환원하여 아민을 합성하는 방법이다. 이들 반응을 요약하여 나타내면 다음과 같다.

■ 아자이드화 알킬의 환원

R—X에 NaN_3를 S_N2 반응시켜 얻은 아자이드화 알킬(RN_3)을 **수소화알루미늄 리튬 (lithium aluminum hydride, $LiAlH_4$)**으로 환원하여 일차 아민을 합성하는 방법이다.

$$R{-}X + :\ddot{N}^{-}{=}N^{+}{=}\ddot{N}^{-}: \xrightarrow{S_N2} R{-}\ddot{N}{=}N^{+}{=}\ddot{N}^{-}: \xrightarrow[2.\ H_2O,\ H^+]{1.\ LiAlH_4} R{-}NH_2$$

아자이드화 알킬 일차 아민

■ 나이트릴기의 환원

R−X에 NaCN을 S_N2 반응시켜 얻은 나이트릴(RCN) 화합물을 $LiAlH_4$로 환원하면 일차 아민이 생성된다(13.7절).

$$R{-}X + :\bar{C}{\equiv}N \xrightarrow{S_N2} R{-}C{\equiv}N \xrightarrow[2.\ H_2O,\ H^+]{1.\ LiAlH_4} RCH_2{-}NH_2$$

나이트릴 일차 아민

■ 나이트로기의 환원

나이트로화 반응을 통해 얻은 나이트로기를 환원하여 일차 아민을 제조하는 방법으로, 주로 방향족 아민을 합성하는 데 이용된다. 사용되는 환원제로는 촉매(백금)−수소, Fe + HCl, $SnCl_2$ 및 $LiAlH_4$ 등이 있다.

$$Ar{-}H \xrightarrow[H_2SO_4]{HNO_3} Ar{-}NO_2 \xrightarrow{\text{환원제}} Ar{-}NH_2$$

■ 옥심 또는 이민의 환원

알데하이드 또는 케톤으로부터 얻은 aldoxime(알독심) 또는 Aldimine(알디민)을 $LiAlH_4$로 환원하면 일차 아민이 합성된다. ketoxime(케톡심) 또는 ketimine(케티민)으로부터는 2차 아민이 생성된다(11.12.2절).

$$RC(=O)H \text{ 또는 } RC(=O)R \xrightarrow{NH_2OH} RC(=NOH)H \text{ (Aldoxime) 또는 } RC(=NOH)R \text{ (Ketoxime)} \xrightarrow[2.\ H_2O,\ H^+]{1.\ LiAlH_4} RCH_2{-}NH_2 \text{ 또는 } RCH(NH_2)R$$

$$\xrightarrow{R'NH_2} RC(=NR')H \text{ (Aldimine) 또는 } RC(=NR')R \text{ (Ketimine)} \xrightarrow[methanol]{NaBH_4} RCH_2{-}NHR' \text{ 또는 } RCH(NHR')R$$

■ 아마이드의 환원

일차, 이차 및 삼차 아마이드를 $LiAlH_4$로 환원하면 각각 일차, 이차 및 삼차 아민을 제조할 수 있다(13.6절).

$$RC(=O)NH_2 \xrightarrow[2.\ H_2O,\ H^+]{1.\ LiAlH_4} RCH_2{-}NH_2$$

일차 아마이드 일차 아민

$$\underset{\text{이차 아마이드}}{R-\overset{O}{\overset{\|}{C}}-NHR} \xrightarrow[\text{2. } H_2O,\ H^+]{\text{1. } LiAlH_4} \underset{\text{이차 아민}}{RCH_2-NHR}$$

$$\underset{\text{삼차 아마이드}}{R-\overset{O}{\overset{\|}{C}}-NR_2} \xrightarrow[\text{2. } H_2O,\ H^+]{\text{1. } LiAlH_4} \underset{\text{삼차 아민}}{RCH_2-NR_2}$$

10.4.3 환원성 아민화 반응(reductive amination)

알데하이드 또는 케톤에 암모니아, 일차 또는 이차 아민을 환원제 존재하에서 반응시키면 일차, 이차, 삼차 아민이 생성된다. 이 방법을 **환원성 아민화 반응**이라 한다. 이때 사용되는 환원제로는 **sodium cyanoborohydride**(**사이안화수소화붕소 소듐**, **$NaBH_3CN$**), **$NaBH(OAc)_3$** 및 **$NaBH_4$**(**수소화붕소 소듐**) 등이 사용된다. 이 반응은 중간체로 생성된 **이민** 또는 **이미늄 이온(iminium ion)**이 환원되어 일어나는 반응이다(11.12.3절).

$$RCHO \text{ 또는 } RCOR \xrightarrow{NH_3} \left[\underset{\text{Aldimine}}{RCH{=}NH} \text{ 또는 } \underset{\text{Ketimine}}{R_2C{=}NH}\right] \xrightarrow{NaBH_3CN} RCH_2-NH_2 \text{ 또는 } RCH(NH_2)R$$

$$RCHO \text{ 또는 } RCOR \xrightarrow{RNH_2} \left[\underset{\text{Aldimine}}{RCH{=}NR} \text{ 또는 } \underset{\text{Ketimine}}{R_2C{=}NR}\right] \xrightarrow{NaBH_3CN} RCH_2-NHR \text{ 또는 } RCH(NHR)R$$

$$RCHO \text{ 또는 } RCOR \xrightarrow{R_2NH} \left[\underset{\text{iminium ion}}{RCH{=}\overset{+}{N}R_2 \text{ 또는 } R_2C{=}\overset{+}{N}R_2}\right] \xrightarrow{NaBH_3CN} RCH_2-NR_2 \text{ 또는 } RCH(NR_2)R$$

10.4.4 Hofmann 및 Curtius 재배열 반응

August Wilhem von Hofmann(1818~1892): 독일 출신 화학자. 독일 화학회 창립, 영국 왕립 대학과 독일 Berlin 대학의 교수 역임. Hofmann 재배열 반응 및 제거 반응 발견.

Hofmann('호프만'이라 읽음) **재배열 반응(rearrangement)**은 일차 아마이드($RCONH_2$)를 NaOH 수용액 중에서 브로민 또는 염소와 반응시켜, 탄소 원자가 하나 감소한 일차 아민을 합성하는 반응이다. 이 반응에서는 R기가 재배열 반응하여 중간체로 **isocyanate ($R-N{=}C{=}O$)**가 생성되고 여기에 물 분자가 첨가된 후 탈카복실 반응을 거쳐 일차 아민이 생성된다.

$$R-\overset{O}{\overset{\|}{C}}-NH_2 + Br_2 + 4NaOH \xrightarrow{H_2O} RNH_2 + 2NaBr + Na_2CO_3 + 2H_2O$$

↑ 탄소 원자가 하나 줄어든 일차 아민

반응 메커니즘

$$R-C(=O)-NH_2 \xrightleftharpoons[{[1]}]{^-OH} R-C(=O)-\ddot{N}^-H \xrightarrow[{[2]}]{Br-Br} R-C(=O)-N(Br)H \xrightarrow[{[3]}]{^-OH} R-C(=O)=N-Br \xrightarrow{[4]} O=C=N-R$$

Amidate 이온

$$O=C=N-R \xrightarrow[{[5]}]{HO^-,\ H-O-H} O=C(OH)-NH-R \xrightarrow{[6]} R-NH_2$$

Isocyanate, Carbamic acid

[1] 염기가 N—H의 양성자를 떼어낸다(amidate 이온 형성).
[2] 질소 음이온이 Br_2와 반응하여 *N*-bromide가 생성된다.
[3] 염기가 *N*-bromide에 있는 양성자를 떼어낸다.
[4] 카보닐기 산소의 전자 이동과 동시에 R기가 질소 원자로 자리 이동하면서 중간체로 isocyanate (RN=C=O)가 생성된다.
[5] Isocyanate 중간체에 물이 첨가되어 carbamic acid ($RNHCO_2H$)가 생성된다.
[6] Carbamic acid로부터 탈카복실 반응이 일어나 일차 아민이 생성된다.

Curtius('커티우스'라고 읽음) **재배열 반응**은 아실 아자이드($RCON_3$)를 가열하여 일차 아민을 합성하는 방법으로, 중간체로 Hofmann 재배열 반응과 동일한 반응 중간체인 isocyanate가 생성된다.

Julius Wilhelm Theodor Curtius (1857~1928): 독일 태생 화학자. Heidelberg 대학의 교수를 역임. Curtius 재배열 반응, diazoacetic acid, hydrazine, hydrazoic acid를 처음 합성함.

$$R-C(=O)-Cl \xrightarrow[(-NaCl)]{NaN_3} R-C(=O)-N^--N^+\equiv N \xrightarrow[(-N_2)]{\text{가열}} R-N=C=O \xrightarrow{H_2O} R-NH_2 + CO_2$$

Acyl azide, Isocyanate

예제 10.3 다음 반응에서 합성되는 아민의 구조를 그리시오.

a. $C_6H_5CH_2Cl \xrightarrow{NaCN} \xrightarrow{1.\ LiAlH_4;\ 2.\ H_2O,\ H^+}$

b. $C_6H_5CH_2Cl \xrightarrow{NaN_3} \xrightarrow{1.\ LiAlH_4;\ 2.\ H_2O,\ H^+}$

풀이

a. $C_6H_5CH_2Cl \xrightarrow[S_N2]{NaCN} C_6H_5CH_2CN \xrightarrow{1.\ LiAlH_4;\ 2.\ H_2O,\ H^+} C_6H_5CH_2CH_2NH_2$

b. $C_6H_5CH_2Cl \xrightarrow[S_N2]{NaN_3} C_6H_5CH_2N_3 \xrightarrow{1.\ LiAlH_4;\ 2.\ H_2O,\ H^+} C_6H_5CH_2NH_2$

문제 10.7 1-Bromopentane으로부터 pentan-1-amine과 hexan-1-amine을 합성하는 방법을 보이시오.

10.5 아민의 반응

아민의 질소는 비공유 전자쌍을 가지고 있기 때문에 염기와 친핵체로 작용한다.

10.5.1 염기로서 산과의 작용

생선에 레몬즙을 뿌려 먹는 이유는 생선에서 풍기는 비린내의 주성분인 Et_3N을 레몬에 있는 citric acid로 중화시키기 위함이다.

표 10.1에 나타낸 바와 같이 수용액에서 알킬아민의 pK_b값은 3~4이다. 이는 짝산에 해당하는 pK_a값이 10~11임을 의미한다(수용액에서 $pK_a + pK_b = 14$). 이 때문에 산 H—A가 알킬아민과 염을 형성하기 위해서는 pK_a 값이 10보다 작아야 한다.

$$\underset{\text{염기}}{R-\ddot{N}H_2} + \underset{\text{산}}{H-A} \rightleftharpoons \underset{\substack{\text{짝산} \\ pK_a \approx 10-11}}{R-\overset{+}{N}H_3} + :A^-$$

알킬아민의 경우 생성물인 염을 형성하기 위해서는 pK_a값이 10보다 작아야 유리하다.

이러한 성질을 이용하여 **그림 10.6**과 같은 조작으로 아민과 중성 화합물(예를 들어 사이클로헥실아민과 사이클로헥산올)의 혼합물을 서로 분리할 수 있다.

거울상 분할
산-염기 반응을 이용하여 광학 활성 아민을 거울상 분할제로 사용하여, 라세미 산을 광학 활성인 산으로 거울상 분할을 할 수 있다(5.10.1절).

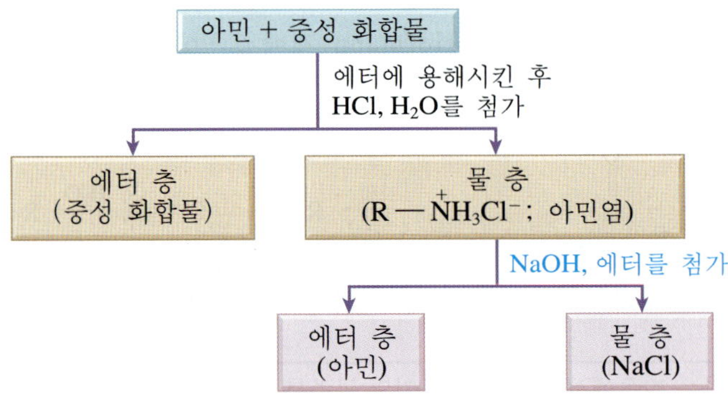

그림 10.6 아민은 산과 물에 녹기 쉬운 염을 형성한다. 이 성질을 이용하여 다른 중성 유기 물질로부터 쉽게 분리할 수 있다.

10.5.2 친핵체로서의 반응

■ 할로젠화 알킬과의 반응

일차 아민은 할로젠화 알킬과 친핵성 치환 반응을 하여 이차 아민으로 전환된다. 생성된 이차 아민은 다시 친핵체로 할로젠화 알킬과 반응하여 삼차 아민이 되며, 여기에 다시 알킬화 반응이 일어나면 **사차 암모늄염(quaternary ammonium salt)**이 생성된다(8.6 및 8.7절).

$$CH_3CH_2-Br + \underset{\text{일차 아민}}{:NH_2CH_3} \xrightarrow{S_N2} CH_3CH_2\overset{+}{N}H_2CH_3\ Br^- \rightleftharpoons \underset{\text{이차 아민}}{CH_3CH_2NHCH_3} + HBr$$

$$CH_3CH_2-Br \xrightarrow[S_N2]{CH_3CH_2NHCH_3} \underset{\text{삼차 아민}}{CH_3CH_2N(CH_2CH_3)CH_3} \xrightarrow[S_N2]{CH_3CH_2-Br} \underset{\text{사차 암모늄염}}{CH_3CH_2\overset{+}{N}(CH_2CH_3)_2CH_3\ ^-Br}$$

■ 알데하이드 또는 케톤과의 반응: 이민(imine) 또는 엔아민(enamine) 형성

일차 아민은 알데하이드 또는 케톤과 친핵성 첨가 반응을 하여 **이민**(**imine**)을, 이차 아민과는 **엔아민**(**enamine**, 알켄의 접미사인 -ene과 amine의 합성어)을 생성한다(11.10절). 이들은 모두 반응 중간체로 생성된 **카비놀아민**(**carbinolamine**)에서 탈수 반응이 일어나 만들어진 것이다.

$$\mathrm{H{-}\overset{|}{C}{-}C({=}O){-}R} \xrightarrow{NH_2-R'} \left[\mathrm{H{-}\overset{|}{C}{-}C(OH)(NH{-}R')(R)}\right] \xrightarrow{-H_2O} \mathrm{H{-}\overset{|}{C}{-}C({=}N{-}R')(R)}$$

(Carbinolamine → Imine)

$$\mathrm{H{-}\overset{|}{C}{-}C({=}O){-}R} \xrightarrow{HNR'_2} \left[\mathrm{H{-}\overset{|}{C}{-}C(OH)(NR'_2)(R)}\right] \xrightarrow{-H_2O} \mathrm{{>}C{=}C(NR'_2)(R)}$$

(Carbinolamine → Enamine)

R=H 또는 알킬

■ 아실 할라이드 또는 산무수물과 반응: 아마이드 형성

암모니아, 일차 및 이차 아민은 산염화물(RCOCl) 또는 산무수물[$(RCO)_2O$]과의 반응에서 친핵체로 작용하여 친핵성 첨가 반응에 의해 각각 일차 아마이드, 이차 아마이드, 삼차 아마이드를 생성한다(13.2 및 13.3절).

$$\mathrm{RC({=}O)Z} + 2NH_3 \longrightarrow \mathrm{RC({=}O)NH_2} + \overset{+}{N}H_4\ Z^-$$

일차 아마이드

$$\mathrm{RC({=}O)Z} + 2R'NH_2 \longrightarrow \mathrm{RC({=}O)NHR} + \overset{+}{N}H_3R'\ Z^-$$

이차 아마이드

$$\mathrm{RC({=}O)Z} + 2R'_2NH \longrightarrow \mathrm{RC({=}O)NR'_2} + \overset{+}{N}H_2R'_2\ Z^-$$

삼차 아마이드

Z=Cl 또는 OCOR

■ 설폰아마이드 형성 반응과 Hinsberg 시험

일차 및 이차 아민은 설포닐 클로라이드($R'SO_2Cl$)와 반응하여 설폰아마이드($R'SO_2NR_2$)를 생성한다. 삼차 아민은 반응하지 않는다. 일차 아민과의 반응에서 생성된 설폰아마이드($R'SO_2NHR$)의 N—H 결합의 수소 원자는, 산성이 강해 KOH와 중화되어 물에 녹는 염을 형성할 수 있다. 이 반응을 이용하면 일차, 이차, 삼차 아민을 쉽게 구별할 수 있는데, 이를 **Hinsberg**('힌스버그'라 읽음) **시험**이라고 한다.

Oscar Hinsberg (1857~1939): 독일 태생 유기화학자. Freiburg 대학의 교수를 역임. Hinsberg test 창안함.

$$R-NH_2 + Cl-SO_2-C_6H_5 \xrightarrow[-HCl]{} R-NH-SO_2-C_6H_5 \xrightarrow{KOH} R-\ddot{N}^{-}K^{+}-SO_2-C_6H_5$$

일차 아민 / 물에 녹지 않음(침전) / 물에 녹음

$$R_2NH + Cl-SO_2-C_6H_5 \xrightarrow[-HCl]{} R_2N-SO_2-C_6H_5 \xrightarrow{KOH} \text{반응하지 않음}$$

이차 아민 / 물에 녹지 않음(침전)

$$R_3N: + Cl-SO_2-C_6H_5 \longrightarrow \text{반응하지 않음}$$

삼차 아민

화학 라운지 10.4 화학요법과 설파제

인체에 미치는 영향은 적고 병원체에만 선택적으로 독성을 발휘하는 물질을 화학요법제라고 하며, 인체나 동물체 내에 침입한 병원체를 없애는 원인요법을 **화학요법(chemotheraphy)**이라고 한다. 1900년 이전에 질병 치료 목적으로 사용했던 약물은 천연물에서 얻은 생약이 대부분이었다. 1907년에 **P. Ehrlich** (1854~1915, 독일 태생 의사. 1908년 노벨 생리의학상 수상자)에 의해 매독치료제로 개발된 **salvarsan** (유기비소제제)이 화학요법제의 효시이며, 화학요법이란 용어도 그에 의해 처음으로 사용되었다. 1935년 **G. Domagk** (1895~1964, 독일 태생, 병리 및 세균학자. 1939년 노벨 생리의학상 수상자)가 붉은색 염료의 일종인 **Prontosil**이 몸 안에서 설폰아마이드로 전환되어 세균(streptococcus)의 성장을 저해함을 발견한 이래, 수많은 설폰아마이드 화합물(설파제)이 세균 감염 치료제(화학요법제)로 개발되었다. 이 약들은 항생물질과 더불어 현재까지도 항균제로 널리 사용되고 있다.

$$NH_2-SO_2-C_6H_4-N{=}N-C_6H_3(H_2N)-NH_2$$

Prontosil

$$CH_3-\overset{O}{\overset{\|}{C}}-NH-C_6H_5 + ClSO_3H \longrightarrow CH_3-\overset{O}{\overset{\|}{C}}-NH-C_6H_4-SO_2Cl$$

$$\xrightarrow[2.\ H_3O^+]{1.\ RNH_2} NH_2-C_6H_4-SO_2-NHR$$

설파제 예

Sulfadimethoxine R= (2,6-dimethoxypyrimidin-4-yl: OCH_3, N, N, OCH_3)

Sulfamethoxazole R= (5-methylisoxazol-3-yl: N, O, CH_3)

10.5.3 Hofmann 제거 반응

일차, 이차, 삼차 아민의 아미노기는 이들의 강한 염기도 때문에 좋은 이탈기가 아니나, 사차 암모늄염이 되면 좋은 이탈성을 가지게 되어 제거 반응의 반응 기질로 이용된다. 이를 **Hofmann 제거 반응**이라고 한다. 이 반응은 보통 일차, 이차, 삼차 아민에 과량의 methyl iodide (CH_3I)를 반응시켜 사차 암모늄염을 형성시킨 후 silver oxide (Ag_2O) 수용액과 반응시켜 만들어진 수산화 사차 암모늄염을 가열시켜 수행한다.

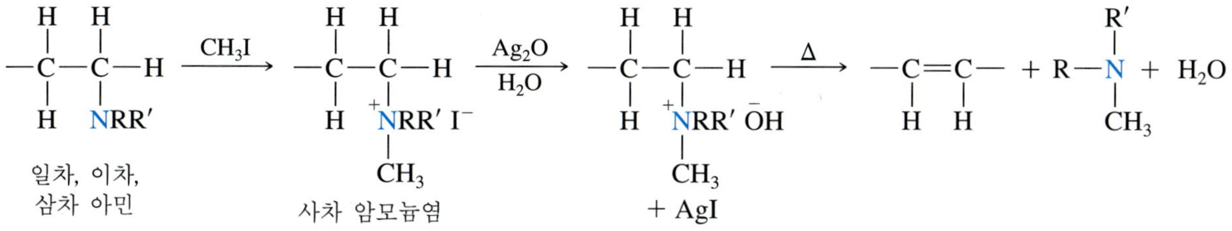

$$-CH_2-CH(NRR')-H \xrightarrow{CH_3I} -CH_2-CH(\overset{+}{N}RR'CH_3\ I^-)-H \xrightarrow[H_2O]{Ag_2O} -CH_2-CH(\overset{+}{N}RR'CH_3\ \overset{-}{O}H)-H + AgI \xrightarrow{\Delta} -CH{=}CH- + R-N(R')-CH_3 + H_2O$$

일차, 이차, 삼차 아민 / 사차 암모늄염

이 반응의 특징은 할로젠화 알킬의 제거 반응과는 다르게 치환기가 많은 알켄이 생성(Zaitsev 법칙; 8.12.2절)되는 것이 아니라, 덜 치환된 알켄이 생성되는 것이다(***anti*-Zaitsev 규칙, 그림 10.7**).

> • **Hofmann 제거 반응**을 이용하면 ***anti*-Zaitsev**형 알켄을 주생성물로 얻을 수 있다.

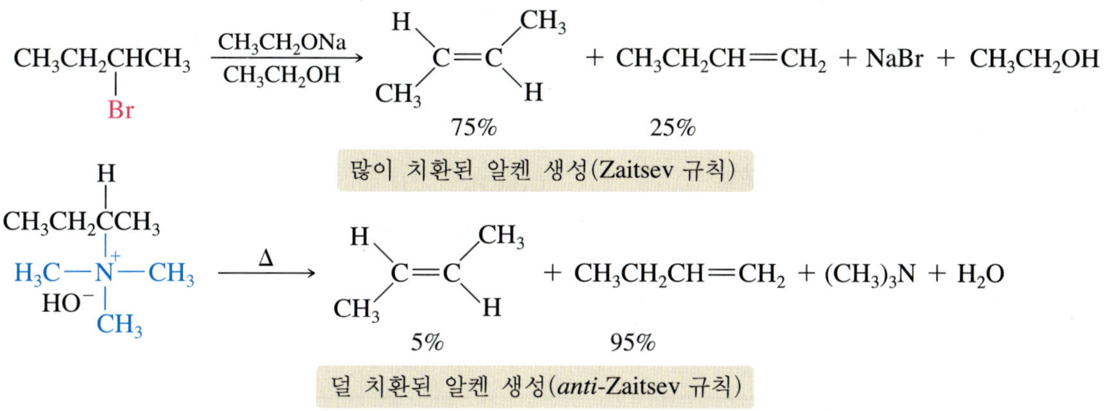

$$CH_3CH_2CH(Br)CH_3 \xrightarrow[CH_3CH_2OH]{CH_3CH_2ONa} (H)(CH_3)C{=}C(CH_3)(H) + CH_3CH_2CH{=}CH_2 + NaBr + CH_3CH_2OH$$

75% 25%

많이 치환된 알켄 생성(Zaitsev 규칙)

$$CH_3CH_2C(H)(\overset{+}{N}(CH_3)_3\ HO^-)CH_3 \xrightarrow{\Delta} (H)(CH_3)C{=}C(CH_3)(H) + CH_3CH_2CH{=}CH_2 + (CH_3)_3N + H_2O$$

5% 95%

덜 치환된 알켄 생성(*anti*-Zaitsev 규칙)

그림 10.7 일반 제거 반응과 Hofmann 제거 반응.

■ Hofmann 제거 반응 메커니즘

Hofmann 제거 반응은 E2 반응으로 할로젠화 알킬의 경우(8.12절)와 같이 ***anti*-준평면 형태(*anti*-periplanar)**를 거쳐 일어난다. 그러나 Hofmann 제거 반응의 경우 이탈기인 트리메틸 암모늄 [$(CH_3)_3\overset{+}{N}-$]기의 느린 이탈성과 큰 입체 크기 때문에 할로젠화 알킬의 경우와 다른 전이 상태의 구조를 가진다.

할로젠화 알킬의 경우 할로젠기의 빠른 이탈성 때문에 β 탄소 원자에서 양성자가 제거될 때 더 안정한 알켄(Zaitsev형 알켄)이 우선적으로 형성되는 전이 상태를 경유한다. 반면에, Hofmann 제거 반응의 경우 이탈기의 느린 이탈성 때문에 반응 기질의 β 탄소 원자에서 양성자가 제거되어 탄소음이온이 우선적으로 생성되는 전이 상태를 가진다. 이 경우 입체 장애가 더 작은 *anti*-준평면 형태를 선호하게 되어 결과적으로 *anti*-Zaitsev형 알켄이 생성된다(**그림 10.8**).

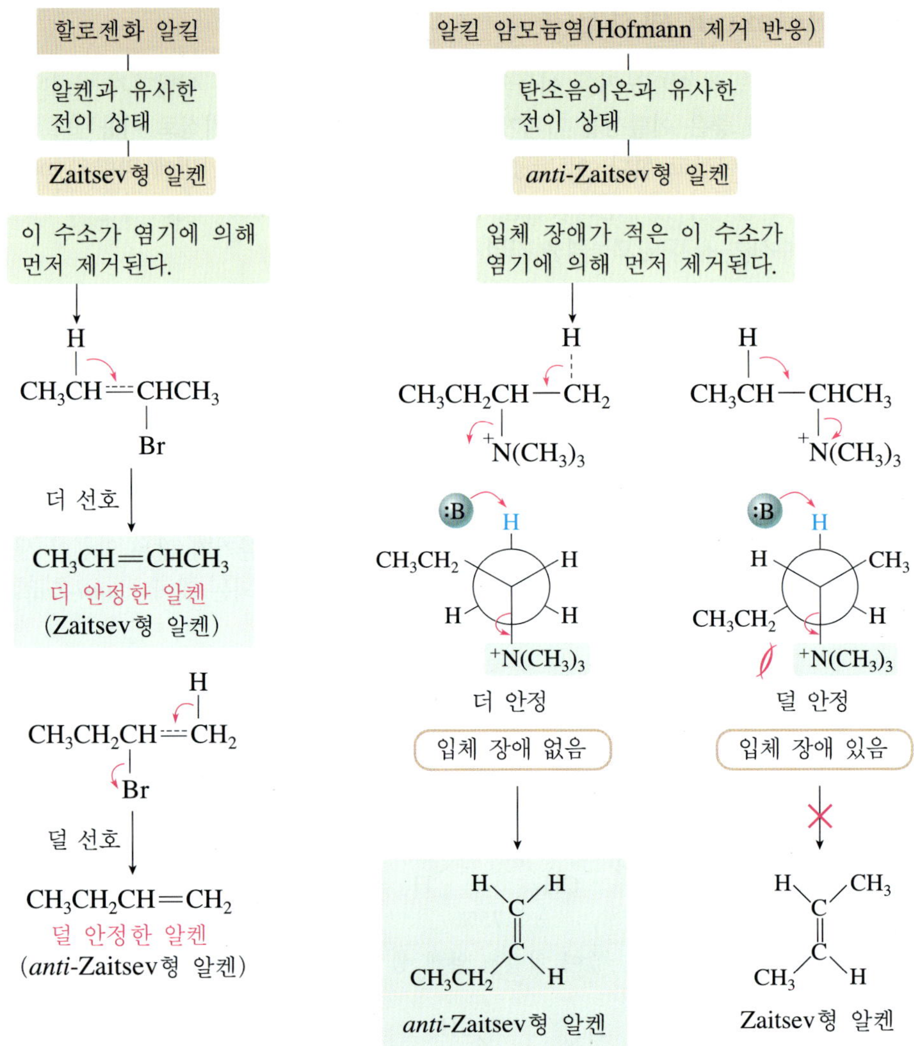

그림 10.8 **Hofmann 제거 반응 메커니즘.**

예제 10.4 Cyclohexylmethanamine에 과량의 CH_3I를 넣고 반응시켜 생성된 사차 암모늄염에 Ag_2O 수용액을 넣고 가열하였다. 관련된 반응식과 이 반응에서 생성되는 물질의 구조를 그리시오.

풀이

$$\text{C}_6\text{H}_{11}\text{–CH}_2\text{NH}_2 \xrightarrow{\text{CH}_3\text{I(과량)}} \text{C}_6\text{H}_{11}\text{–CH}_2\overset{+}{\text{N}}(\text{CH}_3)_3\text{I}^- \xrightarrow[\text{H}_2\text{O}]{\text{Ag}_2\text{O}}$$

$$\text{C}_6\text{H}_{11}\text{–CH}_2\overset{+}{\text{N}}(\text{CH}_3)_3\text{HO}^- \xrightarrow{\Delta} \text{C}_6\text{H}_{10}(\text{H})\text{–CH}_2\text{–}\overset{+}{\text{N}}(\text{CH}_3)_3 \;\; {}^-\text{OH}$$

$$\longrightarrow \text{C}_6\text{H}_{10}\text{=CH}_2 + (\text{CH}_3)_3\text{N}$$

문제 10.8 다음 반응에서 생성 가능한 알켄의 구조를 그리고, 그중 어느 것이 주생성물인지 지적하시오.

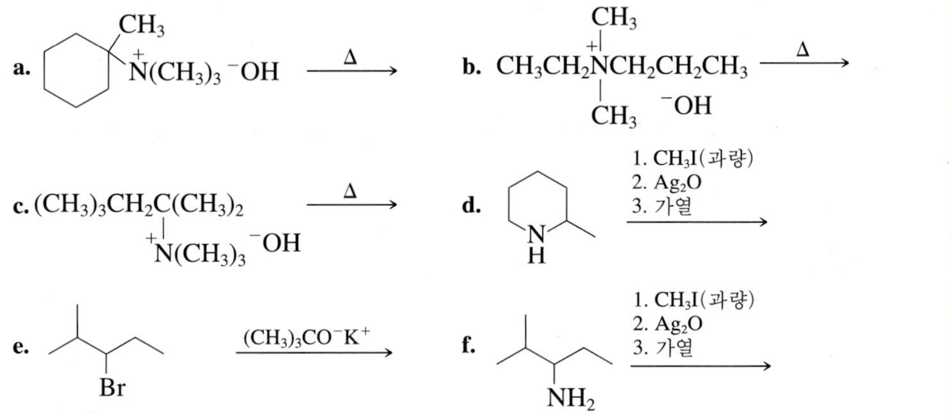

a. (1-methylcyclohexyl) $\overset{+}{N}(CH_3)_3\ ^-OH \xrightarrow{\Delta}$

b. $CH_3CH_2\overset{+}{N}(CH_3)_2CH_2CH_2CH_3\ ^-OH \xrightarrow{\Delta}$

c. $(CH_3)_3CH_2C(CH_3)_2\overset{+}{N}(CH_3)_3\ ^-OH \xrightarrow{\Delta}$

d. 2-methylpiperidine (N–H) $\xrightarrow{1.\ CH_3I(\text{과량})\quad 2.\ Ag_2O\quad 3.\ \text{가열}}$

e. (Br) $\xrightarrow{(CH_3)_3CO^-K^+}$

f. (NH_2) $\xrightarrow{1.\ CH_3I(\text{과량})\quad 2.\ Ag_2O\quad 3.\ \text{가열}}$

10.5.4 아질산과의 반응: 아릴다이아조늄 형성

Nitrous acid (아질산, HNO_2)는 sodium nitrite (아질산 소듐, $NaNO_2$)를 염산과 반응시킬 때 만들어지는 불안정한 산이다. 이 산은 분해되어 물과 **나이트로소늄 이온 (nitrosonium ion, $^+$NO)** 으로 분해된다.

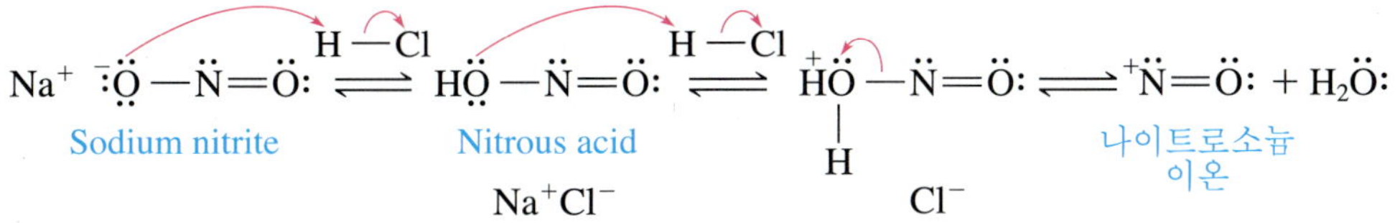

$$Na^+\ :\ddot{O}-\ddot{N}=\ddot{O}: \ \overset{H-Cl}{\rightleftharpoons}\ H\ddot{O}-\ddot{N}=\ddot{O}: \ \overset{H-Cl}{\rightleftharpoons}\ H\overset{+}{\ddot{O}}(H)-\ddot{N}=\ddot{O}:\ Cl^- \rightleftharpoons\ ^+\ddot{N}=\ddot{O}: + H_2\ddot{O}:$$

Sodium nitrite　　Nitrous acid　Na$^+$Cl$^-$　　나이트로소늄 이온

$^+$NO 이온은 친전자체로서 아민의 질소 원자와 반응하여 다이아조늄염, *N*-나이트로사민 또는 *N*-나이트로소암모늄염을 생성하고, 벤젠 고리와 반응하면 **나이트로소 화합물**을 생성한다.

■ 알킬아민 (지방족 아민) 과 아질산과의 반응

일차 알킬아민은 아질산과 반응하여 **알킬 다이아조늄염 (alkyl diazonium salt)** 을 형성하는데, 이 염은 낮은 온도에서조차 불안정하여 질소 분자를 잃고, 자발적으로 분해하여 탄소양이온을 생성시킨다. 생성된 탄소양이온은 양성자를 잃고 알켄이 되거나, 물과 반응하여 알코올 또는 X^-과 반응하여 할로젠화 알킬을 생성한다. 이 반응은 여러 가지 종류의 혼합물이 생성되므로 합성 반응으로서 이용할 가치가 없는 반응이다.

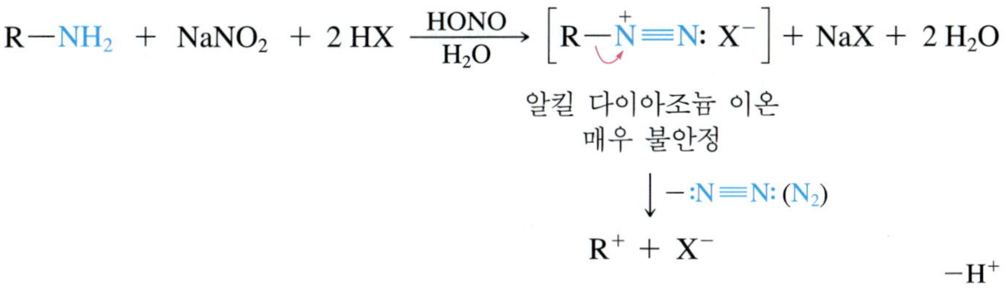

$$R-NH_2 + NaNO_2 + 2\,HX \xrightarrow[H_2O]{HONO} \left[R-\overset{+}{N}\equiv N:\ X^-\right] + NaX + 2\,H_2O$$

알킬 다이아조늄 이온
매우 불안정

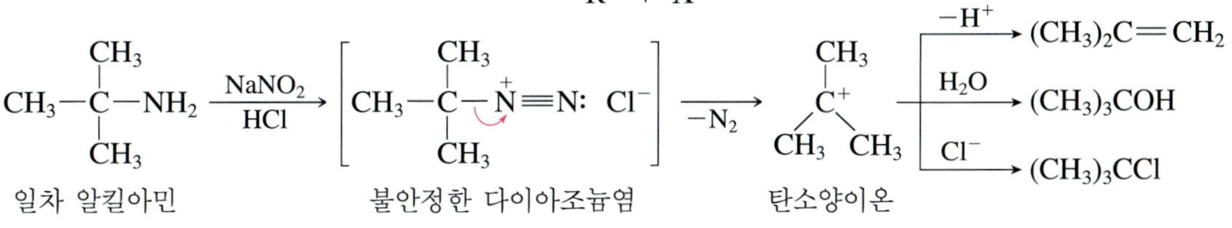

$$\downarrow -:N\equiv N:\ (N_2)$$

$$R^+ + X^-$$

$$CH_3-\underset{CH_3}{\overset{CH_3}{C}}-NH_2 \xrightarrow[HCl]{NaNO_2} \left[CH_3-\underset{CH_3}{\overset{CH_3}{C}}-\overset{+}{N}\equiv N:\ Cl^-\right] \xrightarrow{-N_2} \overset{CH_3}{C^+}(CH_3)_2 \begin{cases} \xrightarrow{-H^+} (CH_3)_2C=CH_2 \\ \xrightarrow{H_2O} (CH_3)_3COH \\ \xrightarrow{Cl^-} (CH_3)_3CCl \end{cases}$$

일차 알킬아민　　불안정한 다이아조늄염　　탄소양이온

■ 알킬 다이아조늄 생성 메커니즘

알킬 다이아조늄염은 일차 아민이 친핵체로 친전자체인 ^{+}NO를 공격하여 생성된 **N-나이트로사민(*N*-nitrosamine)**에서 탈수 반응이 일어나 형성된 것이다(**그림 10.9**).

$$R-\ddot{N}H_2 + {}^{+}\ddot{N}=\ddot{O}: \xrightarrow{[1]} R-\overset{H}{\underset{H}{N^{+}}}-\ddot{N}=\ddot{O}: \xrightarrow{[2]} R-\underset{H}{\ddot{N}}-\ddot{N}=\ddot{O}: + HCl$$

($NaNO_2$ + HCl로부터) *N*-nitrosamine

$$R-\underset{H}{\ddot{N}}-\ddot{N}=\ddot{O}: + H-Cl \xrightarrow{[3]} R-\underset{H}{\ddot{N}}-\ddot{N}=\ddot{O}^{+}-H \xrightarrow{[4]} R-\ddot{N}=\ddot{N}-\ddot{O}H \quad H-Cl$$

N-nitrosamine

$$\xrightarrow{[5]} R-\ddot{N}=\ddot{N}-\overset{+}{\ddot{O}}H_2 + Cl^- \xrightarrow{[6]} H_2\ddot{O}: + R-\overset{+}{N}\equiv N:$$

다이아조늄염

그림 10.9 알킬 다이아조늄 생성 메커니즘. 알킬 다이아조늄염은 불안정하여 여러 종류의 물질로 전환한다.

***N*-Nitrosamine**

$NaNO_2$는 육류의 맛과 색깔을 유지하고 부패를 늦추기 위하여 사용하는 식품 첨가제이다. 그러나 이 물질은 육류에 있는 이차 아민과 반응하여 간암과 방광암을 일으킬 수 있는 *N*-nitrosamine을 생성시킬 수 있으므로 엄격한 통제하에 사용해야 한다.

이차 알킬아민은 아질산과 반응하여 안정한 **N-나이트로사민(*N*-nitrosamine)**을 생성한다. *N*-나이트로사민류는 강력한 발암물질로 알려져 있다.

$$R-\underset{R}{\ddot{N}}-H \xrightarrow[HCl]{NaNO_2} R-\underset{R}{\ddot{N}}-\ddot{N}=\ddot{O}:$$

이차 아민 *N*-나이트로사민

삼차 알킬아민은 아질산과 반응하여 아민염과 *N*-나이트로소암모늄염을 생성하는데, 이 염은 불안정하여 곧 분해를 일으키고 복잡한 화합물이 되어 유기 반응으로서는 가치가 없다.

$$2R_3N: + HX + NaNO_2 \rightleftharpoons R_3\overset{+}{N}H\,\overset{-}{X} + R_3\overset{+}{N}-\ddot{N}=O\,X^-$$

삼차 지방족 아민 아민염 *N*-나이트로소암모늄염 화합물

- 일차 알킬아민은 아질산과 반응하여 매우 불안정한 다이아조늄염을 생성한다.
- 이차 알킬아민은 아질산과 반응하여 *N*-나이트로사민(*N*-nitrosamine)을 생성한다.
- 삼차 알킬아민은 아질산과 반응하여 매우 불안정한 *N*-나이트로소암모늄염을 생성한다.

■ 아릴아민(방향족 아민)과 아질산의 반응

아닐린과 같은 일차 아릴아민이 아질산과 반응하여 생성된 아릴 다이아조늄염은 알킬 다이아조늄염과는 다르게 저온(0 °C)에서 상당히 안정하여 유기 반응에 매우 유용하게 사용된다. 이들 반응은 다음 절에서 자세히 다루겠다.

$$C_6H_5-NH_2 \xrightarrow[HCl]{NaNO_2} C_6H_5-\overset{+}{N}\equiv N:\ Cl^-$$

저온에서 상당히 안정하다.

아릴 다이아조늄염

이차 아릴아민과 아질산의 반응은 이차 알킬아민의 경우와 마찬가지로 *N*-나이트로사민이 얻어진다.

화학 라운지 10.5 아민과 냄새

아민 화합물은 대부분 악취를 가지고 있다. 생선에서 나는 냄새의 성분은 주로 methylamine과 trimethylamine과 같은 분자량이 작은 아민 화합물이다. 동물의 조직이 부패할 때 풍기는 냄새는 주로 1,4-butanediamine (putrescine)과 1,5-pentanediamine (cadaverine)인데, 심한 입 냄새의 성분이기도 하다. 이들은 단백질의 구성 성분인 아미노산이 분해되어 생성되는 물질이다. Putrescine은 생체 세포에서도 생합성되며, 세포 분열에 필요한 성분으로 알려져 있다. 한편, 폴리아민의 일종인 spermine과 spermidine은 사람의 정액에서 발견되며, 이들은 DNA 복제 시 활성 산소로부터의 공격을 막아주는 역할을 하는 것으로 알려져 있다.

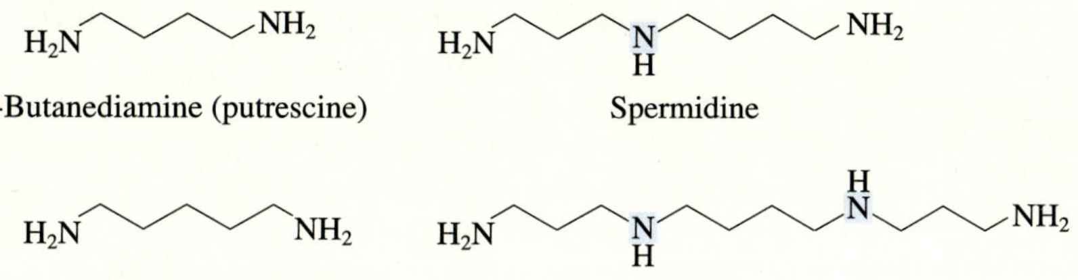

1,4-Butanediamine (putrescine)

Spermidine

1,4-Pentanediamine (cadaverine)

Spermine

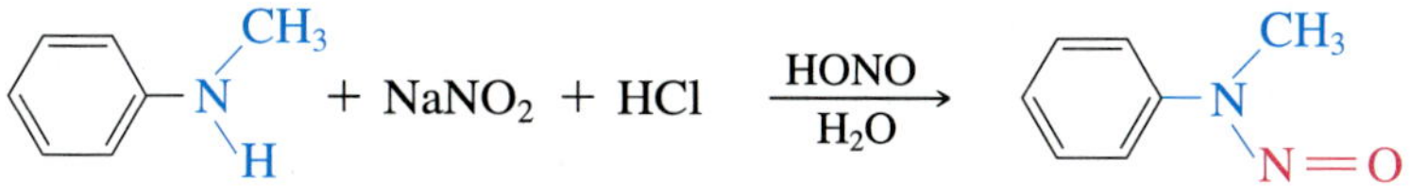

$$\text{N-Methylaniline} + NaNO_2 + HCl \xrightarrow[H_2O]{HONO} \text{N-Nitroso-N-methylaniline}$$

N-Methylaniline *N*-Nitroso-*N*-methylaniline

삼차 아릴아민의 경우는 친전자체인 ^+NO (나이트로소늄) 이온이 벤젠 고리에 직접 치환되는 친전자성 치환 반응 생성물이 생성된다.

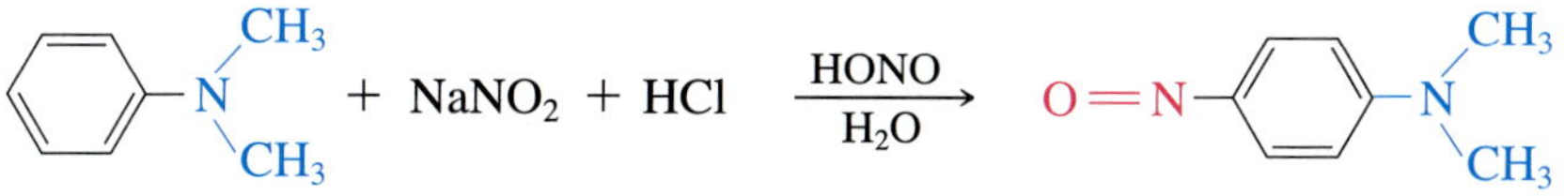

$$\text{N,N-Dimethylaniline} + NaNO_2 + HCl \xrightarrow[H_2O]{HONO} O{=}N\text{-}C_6H_4\text{-}N(CH_3)_2$$

N,N-Dimethylaniline *p*-Nitroso-*N,N*-dimethylaniline

10.5.5 아릴 다이아조늄염의 반응

앞절에서 언급한 바와 같이 일차 아릴아민의 다이아조늄염은 낮은 온도에서는 상당히 안정하여, 아래에서 보이는 **벤젠 고리의 치환 반응**(**Sandmeyer 반응**)과 **짝지음**(**coupling**) **반응**에 이용된다.

■ 벤젠 고리의 치환 반응: Sandmeyer 반응

아릴 다이아조늄염에 그림 10.10에 나타낸 시약을 반응시키면 다이아조늄염 자리에 X (X = F, Cl, Br, I), CN, OH기 및 수소 원자가 치환되는 반응이 일어난다. 이 가운데 Cl, Br 및 CN 기로 치환되는 반응을 **Sandmeyer** ('샌드마이어'라 읽음) **반응**이라고 한다(**그림 10.10**). 이 반응은 방향족 친핵성 치환 반응으로 분류된다.

Traugott Sandmeyer(1854~1922): 스위스 출신 유기화학자. 스위스에 있는 Geigy사 연구원을 역임. Sandmeyer 반응 발견.

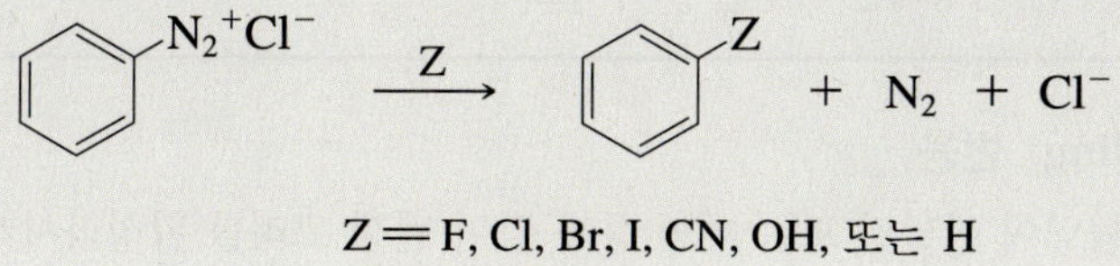

$$C_6H_5N_2^+Cl^- \xrightarrow{Z} C_6H_5Z + N_2 + Cl^-$$

Z = F, Cl, Br, I, CN, OH, 또는 H

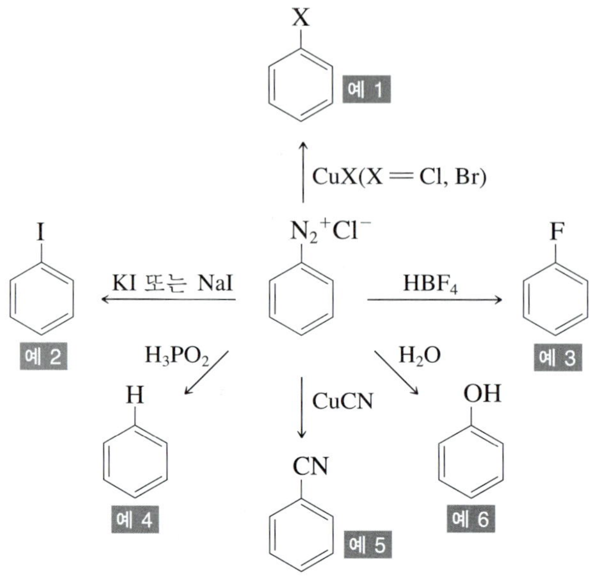

그림 10.10 아릴 다이아조늄염의 반응. 아릴 다이아조늄염은 저온에서 비교적 안정하며, 친핵체와 반응하여 벤젠 고리에 다양한 치환기를 도입시키는 데 이용된다.

예 1 Cl 및 Br기의 치환 반응(클로로벤젠 및 브로모벤젠 합성 반응): 다이아조늄염에 CuX (X═Cl 또는 Br)을 반응시키면 다이아조늄염 자리에 염소 및 브로민 원자가 치환된다. 이 반응은 $Cl_2 + FeCl_3$ 또는 $Br_2 + FeBr_3$ 시약을 이용한 벤젠의 친전자성 치환 반응을 대체하는 방법으로 응용할 수 있다.

예 2 I기의 치환 반응(아이오도벤젠 합성 반응): 다이아조늄염에 KI 또는 NaI를 반응시키면 아이오도벤젠이 합성된다. I_2는 반응이 너무 느려서 벤젠의 친전자 치환 반응으로는 이를 얻기 힘들다.

예 3 F기의 치환 반응(플루오로벤젠 합성 반응): 다이아조늄염에 플루오로붕산(fluoroboric acid, HBF_4)을 반응시키면 플루오로벤젠이 합성된다. F_2는 반응성이 너무 커서 친전자 치환 방법으로는 벤젠에 직접 반응시켜 이를 얻기 힘들기 때문에 유용한 방법이 된다.

예 4 H기의 치환 반응(벤젠의 합성 반응): 다이아조늄염에 hypophosphorous acid (하이포인산, H_3PO_2)을 반응시키면 벤젠으로 전환된다. 벤젠으로부터 직접 합성할 수 없는 벤젠 치환체를 합성하는 데 유용하게 이용된다.

예 5 CN기의 치환 반응(벤조나이트릴의 합성 반응): 다이아조늄염에 CuCN을 반응시키면 벤조나이트릴이 합성된다. 이 물질은 벤젠으로부터 직접 합성할 수 없다.

예 6 OH기의 치환 반응(페놀의 합성 반응): 다이아조늄염에 H_2O을 반응시키면 페놀이 합성된다.

예제 10.5 Aniline으로부터 1,3,5-trichlorobenzene이 합성되는 과정을 적으시오.

풀이

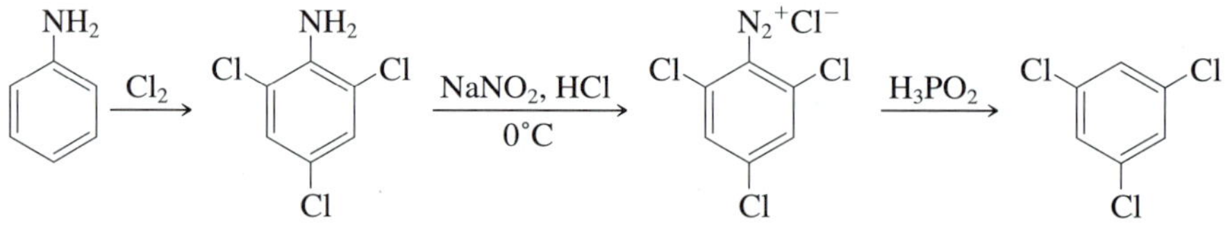

문제 10.9 Propofol (3,5-diisopropylphenol)은 수면 내시경을 할 때 사용되는 마취제이다. Benzene으로부터 합성되는 과정을 보이시오.

■ 짝지음(coupling) 반응

아릴 다이아조늄염이 아닐린 또는 페놀 등과 같이 벤젠 고리를 활성화시키는 치환기를 가진 벤젠 유도체와 반응하면 두 벤젠 고리가 서로 결합된 아조 화합물이 생성된다. 이 반응에서 다이아조늄염은 친전자체로 작용한다. 이와 같은 반응을 **짝지음(coupling) 반응**이라 한다.

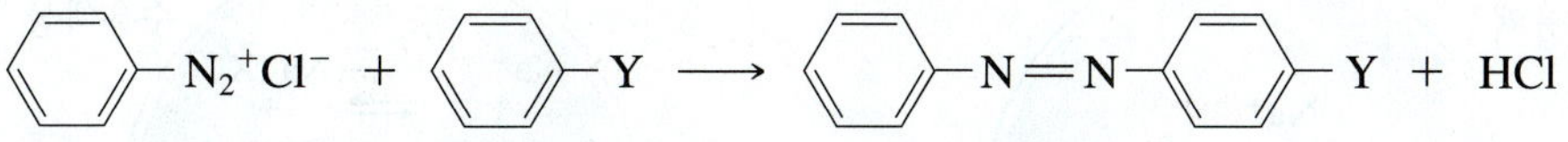

$$C_6H_5-N_2^+Cl^- + C_6H_5-Y \longrightarrow C_6H_5-N{=}N-C_6H_4-Y + HCl$$

아조 화합물

Y ═ NH_2, NHR, NR_2, OH(강력한 전자 주는기)

아조 화합물은 N═N 결합이 벤젠의 이중 결합과 짝지어 있기 때문에 **발색단(chromophore)** 역할을 하게 되며, 벤젠 고리의 치환기 종류에 따라 여러 가지 색깔을 나타내게 된다. 아조 결합(N═N 결합)을 가지고 있는 염료를 일반적으로 **아조 염료**라고 한다.

아조 염료의 예

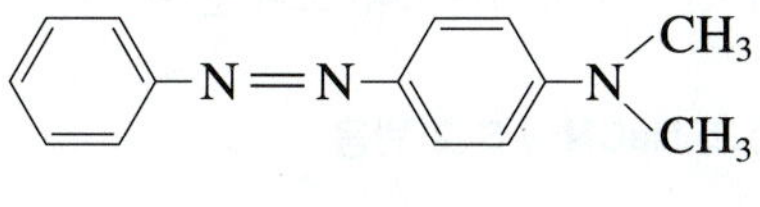

$C_6H_5-N{=}N-C_6H_4-N(CH_3)_2$

Butter yellow

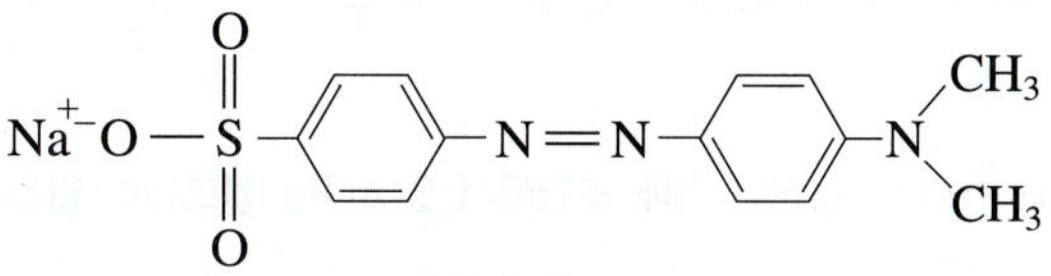

$Na^+\,{}^-O-SO_2-C_6H_4-N{=}N-C_6H_4-N(CH_3)_2$

Methyl orange

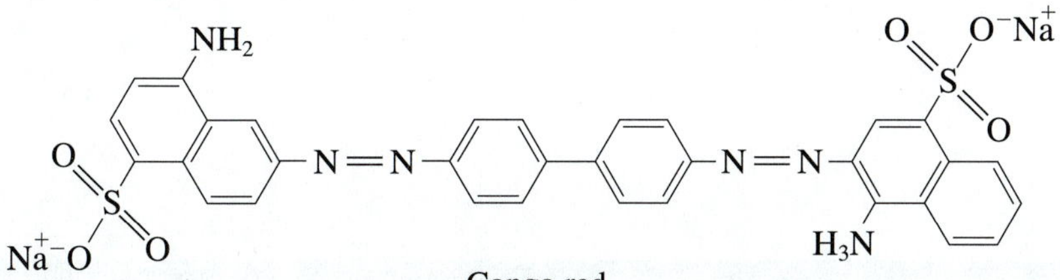

NH_2, O, O^-Na^+, S, O, $N{=}N$, $N{=}N$, O, S, O, $Na^+\,{}^-O$, H_3N

Congo red

10.5.6 상전이 촉매(Phase transfer catalyst, PTC)

질소 원자에 네 개의 알킬기가 치환된 사차 암모늄염은 전하를 가지고 있는 이온성 물질이기 때문에 물에 녹으며, 또한 알킬기를 가지고 있기 때문에 이온성 물질임에도 불구하고 비극성 용매에도 잘 녹는다. 이러한 성질을 이용하여 물에 녹아 있는 이온성 물질과 유기 용매에 녹아 있는 비이온성 물질을 반응시키는 촉매를 **상전이 촉매(phase transfer catalyst, PTC)**라고 한다. 예를 들면, 1-bromobutane과 NaCN과의 반응에서 두 반응 물질은 용매에 녹아야만 반응이 빨리 진행될 수 있다. 그러나 1-bromobutane은 유기 용매에 녹지만 NaCN은 녹지 않는다. 반면에 NaCN은 물에 녹지만 1-bromobutane은 녹지 않는다. 이 경우 상전이 촉매를 사용하면 두 상(phase) 사이에 녹아 있는 반응 물질이 반응이 잘 되게 매개해 준다. 앞 장에서 소개한 크라운 에테도 이와 비슷한 역할을 한다(**그림 10.11**).

$$CH_3CH_2CH_2CH_2-Br + NaCN \xrightarrow[\text{유기 용매-물}]{PTC(Q^+X^-)} CH_3CH_2CH_2CH_2-CN + NaBr$$

상전이 촉매(Q^+X^-)의 예

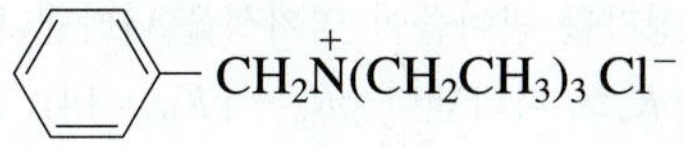

$C_6H_5-CH_2\overset{+}{N}(CH_2CH_3)_3\ Cl^-$

Benzyltrimethylammonium chloride

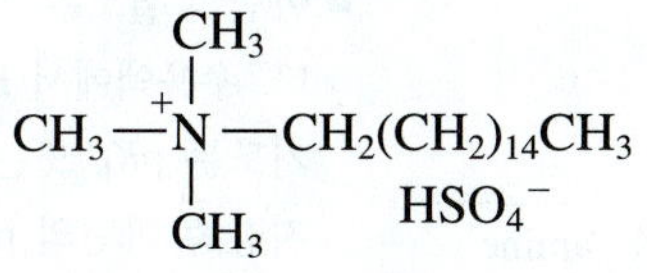

$CH_3-\overset{+}{N}(CH_3)_2-CH_2(CH_2)_{14}CH_3\quad HSO_4^-$

Hexadecyltrimethylammonium hydrogen sulfate

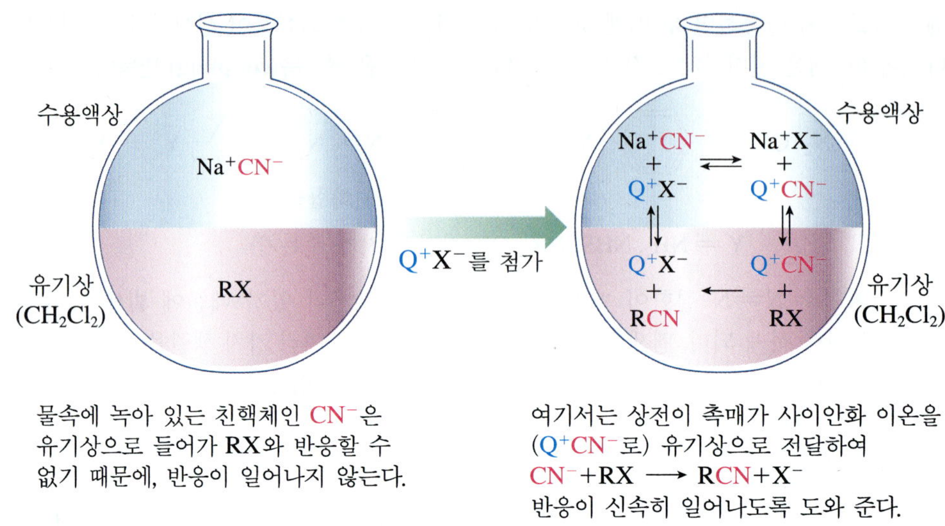

그림 10.11 **상전이 촉매 조건에서 일어나는 할로젠화 알킬(RX)과 NaCN의 S_N2 반응.**

요약 정리

아민의 구조와 결합

- 아민은 암모니아의 수소 대신에 알킬기 또는 아릴기가 1~3개 결합한 화합물이다.
- 아민의 질소 원자는 sp^3 혼성화되어 있으며, 질소의 비공유 전자쌍도 이 혼성화 오비탈에 놓여 있다. 따라서 전자 반발력으로 인한 아민 분자의 모양은 피라미드형이다.
- 비대칭 질소를 가진 3° 아민 화합물이라 하더라도, 거울상이성질 현상은 나타나지 않는다. 그 이유는 거울상이성질체 사이의 에너지 차이가 너무 적어 서로 빠르게 전환되기 때문이다(**아민 반전**). 그러나 비대칭 사차 암모늄 화합물에서는 거울상이성질체가 존재할 수 있다.
- 아민은 질소 원자에 치환된 알킬기 또는 아릴기의 수에 따라 일차(RNH_2), 이차(R_2NH), 삼차 아민(R_3N)으로 분류한다. 또한 아민의 비공유 전자쌍은 HX 또는 RX와 같은 친전자체와 반응하여 사차 암모늄염($R_3\overset{+}{N}HX^-$ 또는 $R_4N^+X^-$)을 형성할 수 있다.

아민의 명명법

- 지방족 일차 아민의 IUPAC명(일반명)은 alkane의 'e'를 'amine'으로 바꾼 '**alkanamine**'이다.
- 지방족 이차 및 삼차 아민의 질소 원자 치환기가 다를 경우 알킬기는 알파벳 순으로 나열하고, 각각에 접두사 *N*-을 붙인 후 IUPAC명(일반명)을 부여한다.
- 벤젠 고리가 질소 원자에 직접 결합된 아민은 aniline 유도체로 명명한다.
- 헤테로고리 아민명은 고유명(관용명)을 사용하되, 질소 원자의 번호가 항상 1번이 되게 번호를 붙인다.

아민의 물리적 성질과 염기도

- 일차 및 이차 아민은 N—H 결합의 전기음성도 차이에 의한 극성 때문에, 수소 결합을 할 수 있다. 그러나 질소는 산소보다 전기음성도가 약해 O—H의 수소 결합보다 약하고, 알코올보다 끓는점이 낮다. 그러나 수소 결합을 하지 못하는 알케인이나 에터보다는 높다. 삼차 아민의 경우 N—H 결합이 없기 때문에 수소 결합을 할 수 없어 일차 및 이차 아민보다 끓는점이 낮다.
- 아민의 질소는 비공유 전자쌍을 가지고 있기 때문에 Lewis 염기이다. 수용액에서 H_2O의 양성자를 받아들여 염기성을 나타낸다. 염기도는 pK_b 또는 짝산의 pK_a로 나타낸다($pK_a + pK_b = 14$). 보통 지방족 아민의 pK_b는 3 ~ 5이며, 방향족 아민의 경우 9 ~ 10이다. 아민의 염기 세기는 전자 유발 효과, 입체 효과, 공명 효과 및 방향족성 효과 등에 영향을 받는다.

아민의 제법

■ 질소 친핵체를 이용한 친핵성 치환 반응

$$RX + 2NH_3 \longrightarrow RNH_2 + NH_4X$$

$$RX + \text{(phthalimide)}N^-K^+ \longrightarrow \text{(phthalimide)}NR \xrightarrow{^-OH} RNH_2 + C_6H_4(CO_2^-)_2$$

Gabriel 합성법

■ 질소를 함유한 작용기의 환원 반응

$$RN_3 \xrightarrow{LiAlH_4} \xrightarrow{H_2O,\ H^+} RNH_2$$

Azide

$$RCN \xrightarrow{LiAlH_4} \xrightarrow{H_2O,\ H^+} RCH_2NH_2$$

Nitrile

$$ArNO_2 \xrightarrow[HCl]{Fe} ArNH_2$$

Nitro

$$RR'C{=}NOH \text{ 또는 } RR'C{=}NR'' \xrightarrow{LiAlH_4} \xrightarrow{H_2O,\ H^+} RR'CHNH_2 \text{ 또는 } RR'CHNHR''$$

Oxime　　Imine

$$R{-}\overset{O}{\overset{\|}{C}}{-}NR'_2 \xrightarrow{LiAlH_4} \xrightarrow{H_2O,\ H^+} RCH_2NR'_2$$

Amide

■ 환원성 아민화 반응

$$R{-}\overset{O}{\overset{\|}{C}}{-}R' + NH_3 \text{ 또는 } R''_2NH \xrightarrow{NaBH_3CN} RR'CHNHR''$$

Aldehyde 또는 ketone

■ 아마이드 또는 아실 아자이드의 재배열 반응(**Hoffmann** 및 **Curtius 반응**)

$$R{-}\overset{O}{\overset{\|}{C}}{-}NH_2 + Br_2 + 4NaOH \xrightarrow{H_2O} RNH_2 + 2NaBr + Na_2CO_3 + 2H_2O$$

$$R{-}\overset{O}{\overset{\|}{C}}{-}N_3 \xrightarrow{\text{가열}} RNH_2 + N_2$$

아민의 반응

■ 산과 염을 형성한다.

■ 친핵체로서의 반응

- 할로젠화 알킬과 반응하여 2°, 3° 아민 및 사차 암모늄염을 형성한다.
- 알데하이드 또는 케톤과 반응하여 **이민** 또는 **엔아민**을 형성한다.
- 산염화물 및 산무수물과 반응하여 아마이드를 형성한다.
- 설포닐클로라이드와 반응하여 **설폰아마이드**를 형성한다(**Hinsberg 반응**).

■ 사차 암모늄염을 염기 속에서 가열하면 제거 반응이 일어나 ***anti*-Zaitsev 규칙**에 따르는 알켄이 형성된다.

■ 아질산과의 반응

- 일차 아민과 반응하면 다이아조늄염을 형성하나 알킬아민의 경우 불안정하여 질소를 잃고 분해한다. 그러나 방향족 일차 아민의 경우 저온에서 안정하여 다이아조늄 자리에 여러 종류의 친핵체를 치환시킬 수 있다(**그림 10.10** 참조).
- 이차 아민의 경우 ***N*-nitroso**(—N—N═O) 화합물을 형성한다.
- 삼차 알킬아민의 경우 반응하여 매우 불안정한 *N*-나이트로소암모늄을 형성하나, 방향족 아민의 경우 벤젠 고리에 친전자성 치환 반응이 일어나 나이트로소 화합물이 생성된다.

■ 사차 암모늄염은 **상전이 촉매**(**PTC**)로 활용되어 서로 녹지 않는 물과 용매에 녹아 있는 반응물 사이의 반응이 원활하게 진행되도록 도와주는 역할을 한다.

보충 문제

10.10 다음 화합물의 이름을 명명하시오.

a. 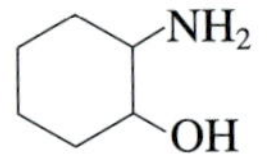 (structure: cyclohexane with NH_2 and OH) **b.** 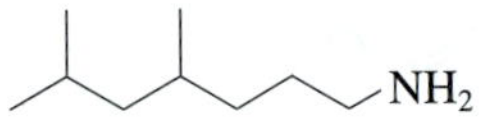 (structure: branched chain with NH_2) **c.** 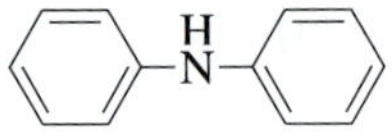 (structure: diphenylamine, H–N) **d.** (structure: pyrrolidine N–H with CH_3)

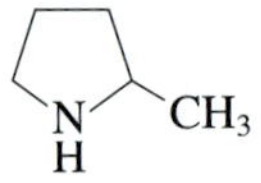

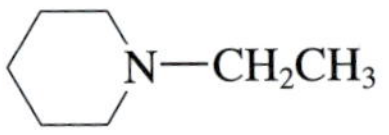

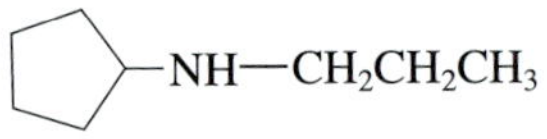

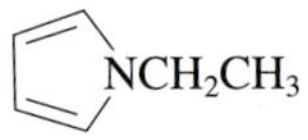

e. N—CH_2CH_3 (piperidine) **f.** (cyclopentyl)—NH—$CH_2CH_2CH_3$ **g.** NCH_2CH_3 (pyrrole)

h. (phenyl)–N($C(CH_3)_3$)(CH_3) **i.** $CH_3CH_2CH_2CH(NH_2)CH(CH_3)_2$ **j.** 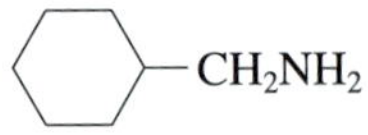 (cyclohexyl)—CH_2NH_2

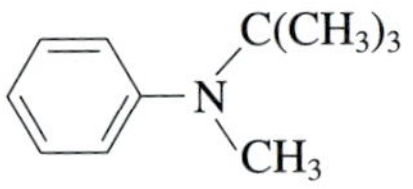

k. 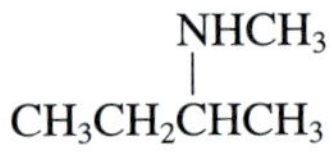 $CH_3CH_2CHCH_3$ with $NHCH_3$ **l.** 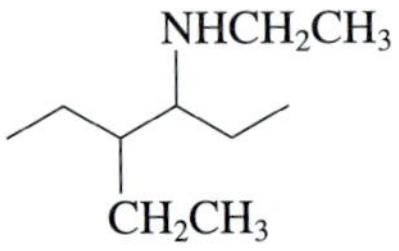 (chain with $NHCH_2CH_3$ and CH_2CH_3) **m.** 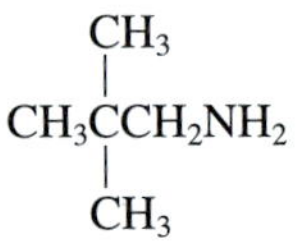 $CH_3CCH_2NH_2$ with CH_3, CH_3 **n.** 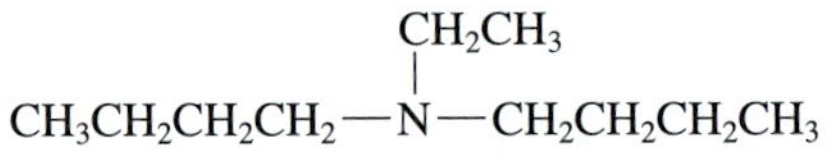 $CH_3CH_2CH_2CH_2—N—CH_2CH_2CH_2CH_3$ with CH_2CH_3

o. 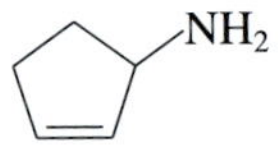 (cyclopentenyl)–NH_2 **p.** 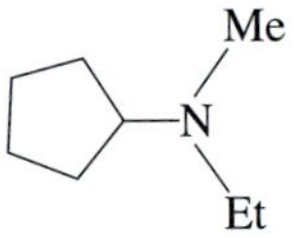 (cyclopentyl)–N(Me)(Et) **q.** 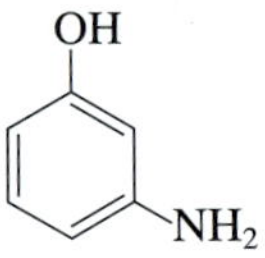 (benzene with OH and NH_2) **r.** 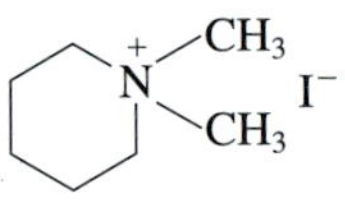 (piperidinium $\overset{+}{N}$ with CH_3, CH_3) I^- **s.** 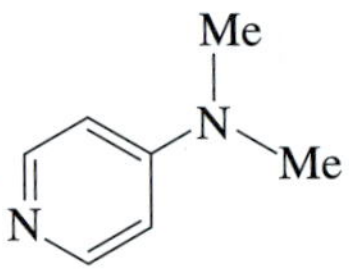 (pyridine N with N(Me)Me)

10.11 분자식이 $C_4H_{11}N$인 화합물의 모든 구조식을 그리고, 각각을 IUPAC법과 관용법으로 명명하고, 일차, 이차, 삼차 아민으로 구분하시오.

10.12 각 그룹에서 염기도가 큰 순으로 나열하시오.

a. Aniline, ammonia, methylamine
b. 2,4-Dimethylaniline, 2,4-dinitroaniline, 2,4-dichloroaniline
c. Diphenylamine, diethylamine, *N*-methylaniline
d. Aniline, pyridine, piperidine
e. 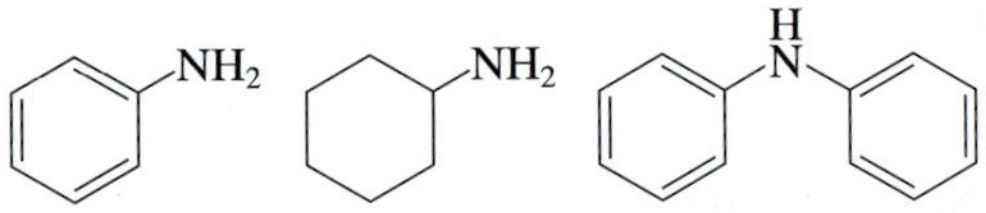 (benzene)–NH_2 (cyclohexane)–NH_2 (diphenylamine, H–N)
f. (piperidine, N–H) (pyridine, N) (pyrrole, NH)
g. (benzene)–NH_2 O_2N–(benzene)–NH_2 MeO–(benzene)–NH_2
h. (propyl)–NH_2 (allyl)–NH_2 (propargyl)–NH_2

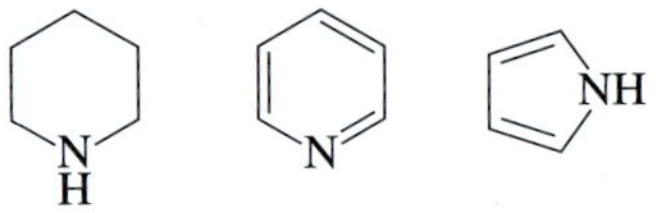

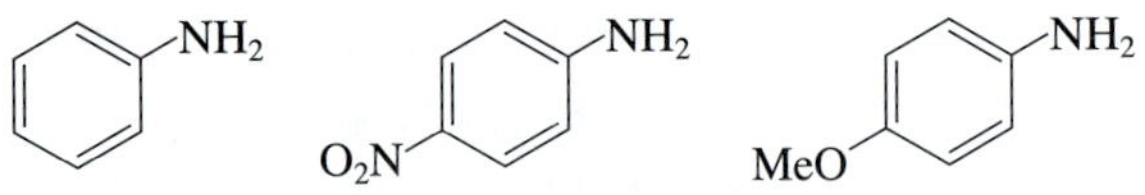

10.13 *m*-Nitroaniline과 *p*-nitroaniline 중 어느 것이 더 염기성이 강한가?

10.14 *N*,*N*-Dimethylaniline은 *N*,*N*,2,6-tetramethylaniline보다 센 염기이다. 그 이유는 무엇인가?

10.15 다음과 같은 현상을 설명하시오.

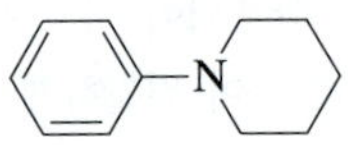

(phenyl)–N (piperidine)
pK_a = 5.2
A

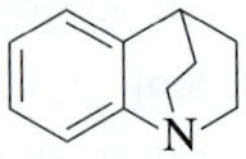

(fused benzo bicyclic amine, N)
pK_a = 7.3
B

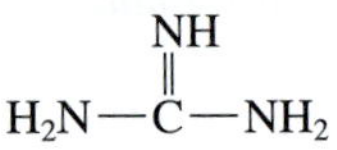

$H_2N—\overset{\overset{NH}{\|}}{C}—NH_2$
pK_a = 13.6
C

10.16 *p*-Toluidine (4-aminotoluene), *p*-cresol (4-methylphenol) 과 *p*-xylene을 추출법으로 분리하는 방법을 적으시오.

10.17 다음 화합물 중 거울상이성질체를 가지고 있는 것을 고르시오.

a. Ethylmethylamine
b. *N*-Methyl-2,2-diethylaziridine
c. *N*-Mthyl-*N*-methyl-*N*-isopropylanilium bromide
d. Butan-2-amine
e. 2-Isopropylpiperidine
f. *N*-Ethyl-*N*-methylpiperidium iodide
g. *N*-Methylaziridine
h. *N*-Ethyl-*N*-methylcyclohexanamine
i. *trans*-2-Methylcyclohexanamine

10.18 할로젠화 알킬을 출발 물질로 사용하여 다음 아민을 합성하는 방법을 보이시오. 괄호 안의 숫자는 방법의 수이다.

a. Allylamine(3) **b.** Isobutylamine(3) **c.** Benzylamine(3)
d. 1-Octanamine(4) **e.** *tert*-Butylamine(2)

10.19 다음 화합물로부터 hexan-1-amine을 합성하는 방법을 쓰시오.

a. 1-Bromohexane **b.** $CH_3(CH_2)_5CONH_2$ **c.** $CH_3(CH_2)_4CHO$ **d.** 1-Bromopentane

10.20 다음 화합물로부터 benzylamine을 합성하는 방법을 보이시오.

a. Toluene **b.** Nitrobenzene **c.** Benzaldehyde(C_6H_5CHO)

10.21 Hofmann과 Curtius 반응을 이용하여 다음 아민의 합성 방법을 보이시오.

a. $CH_3-C(CH_3)_2-NH_2$ **b.** CH_3–C_6H_4–NH_2 (para)

10.22 다음의 합성법을 보이시오.

a. Cyclohexane으로부터 *cis*-2-aminocyclohexanol
b. Benzene으로부터 *m*-bromobenzylamine

10.23 다음 반응에서 생성 가능한 알켄 화합물의 구조를 모두 그리시오.

$$\text{(2-heptyl)}NHCH_2CH_3 \xrightarrow[\text{가열}]{1.\ CH_3I,\ 2.\ Ag_2O} \text{Alkenes}$$

10.24 다음 반응의 주생성물 구조를 그리시오.

a. p-Br–C_6H_4–NO_2 $\xrightarrow[HCl]{Fe}$

b. 1,2-dibromopropane (Br) + potassium phthalimide (N^-K^+) $\longrightarrow$

c. pyrrolidine (NH) + C_6H_5CHO $\xrightarrow{NaBH_3CN}$

d. *m*-Nitroaniline $\xrightarrow{1.\ NaNO_2,\ HBr,\ H_2O;\ 2.\ CuBr}$

e. isobutylamine (NH_2) + epoxide (O) $\longrightarrow$

f. 1,2,3,4-tetrahydroquinoline (N–H) $\xrightarrow[\Delta]{1.\ CH_3I(\text{과량}),\ 2.Ag_2O}$

g. C_6H_5–$N(CH_3)_2$ $\xrightarrow{NaNO_2,\ HCl,\ H_2O}$

h. Aniline $\xrightarrow[2.\ N,N\text{-dimethylaminobenzene}]{1.\ NaNO_2,\ HCl,\ H_2O}$

i. (Br 치환 butane) → 1. NaN_3 2. H_2/Pd-C

j. (N-methyl-2-methylpyrrolidine) → 1. CH_3I 2. Ag_2O 가열

k. (N-ethylpiperidine) → 1. CH_3I 2. Ag_2O 가열

l. (2-(2-aminoethyl)cyclohexanone) → NaBH$_4$ / MeOH

m. (cyclohexanone) + HN(piperidine) → NaBH(OAc)$_3$ / CH_3CO_2H(HOAc)

10.25 Aniline으로부터 다음 물질을 합성하는 방법을 나타내시오.

a. Benzene **b.** 2,4,6-Tribromophenol

c. *N*-Ethylbenzylamine **d.** Fluorobenzene

10.26 Benzene으로부터 다음 물질을 합성하시오.

a. (OH, Br) **b.** (Br, CN) **c.** (I, CH_3) **d.** (HO, CO_2H)

e. HO—(Cl)—CO_2H **f.** (OH, Cl, Cl) **g.** (CO_2H, Cl) **h.** (Cl, CH_2NH_2, CH_3O, Cl)

10.27 다음 반응의 합성법을 보이시오.

a. (Me) → (Me, Br, Br)

b. (NH_2) → (CH_2NH_2, Br, Br, Br)

c. (O, Me) → (OH)

d. (NH_2) → (Br, NH_2, O_2N)

e. (benzene) → (Br, Cl)

f. (Me) → (Br, Me)

알데하이드와 케톤

11장

핵심 익히기

- 알데하이드와 케톤의 구조 및 특성
- 알데하이드와 케톤의 명명법 및 일반명
- 알데하이드와 케톤의 제법
- 알데하이드와 케톤의 반응성 차이
- 알데하이드와 케톤과 친핵성 첨가 반응하는 탄소, 산소, 질소 등의 친핵체의 종류 및 반응 특성

자연계에는 많은 종류의 알데하이드와 케톤 화합물이 존재한다. 이들 가운데에는 citral (레몬향), vanillin (바닐라향), jasmone (재스민향), menthone (박하향) 등 천연 향료로 널리 사용되는 것이 많다.

11.1 카보닐 화합물 일반

카보닐기(C=O)는 탄소 원자에 산소 원자가 이중 결합을 이루고 있는 원자단을 말한다. 이 원자단을 가지고 있는 화합물을 **카보닐 화합물**이라 하며, 카보닐기(carbonyl group)의 탄소 원자에 붙어 있는 치환기의 종류에 따라 알데하이드, 케톤, 카복실산, 에스터, 아마이드, 산염화물, 산무수물과 같은 여러 가지 작용기로 분류된다(**그림 11.1**).

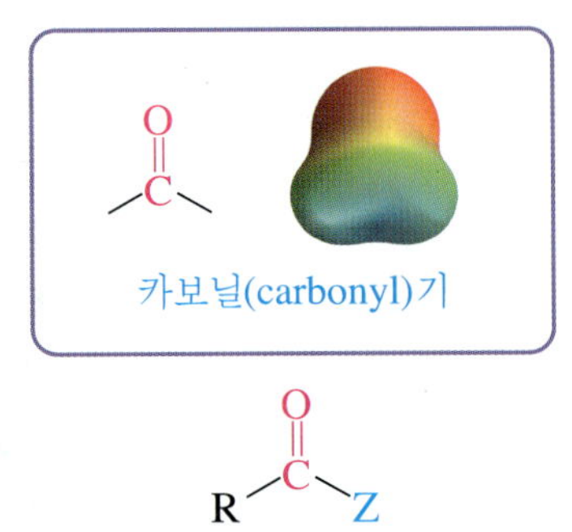

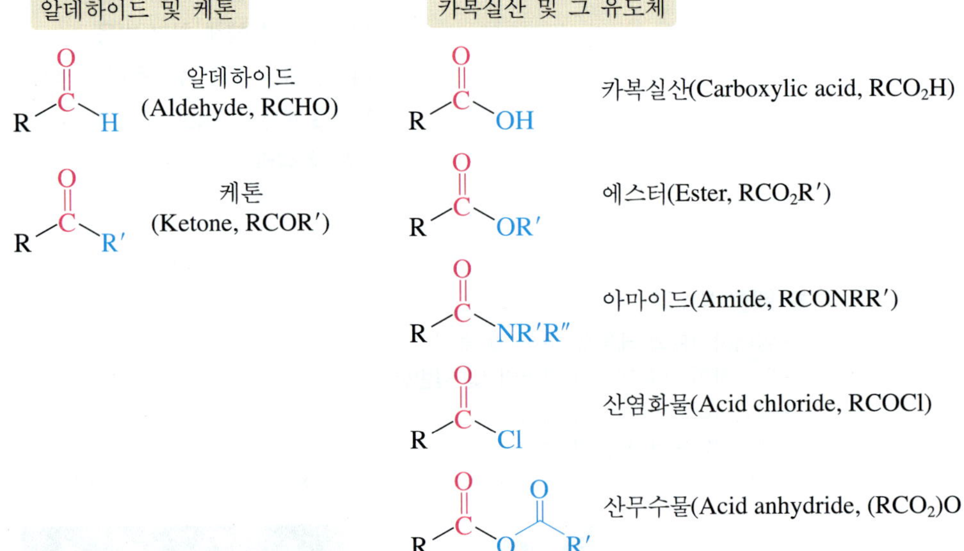

그림 11.1 **카보닐기를 가지고 있는 화합물.**

카보닐기 화합물에서 일어나는 반응은 카보닐기의 친핵성 첨가 반응과 카보닐기 바로 옆 탄소 원자(α 탄소)의 치환 반응으로 나눌 수 있다. 이와 관련된 내용을 11장에서부터 14장까지 공부할 예정이며, 각 장에서 다룰 내용은 다음과 같다.

11장 알데하이드와 케톤의 구조, 명명법, 제법, 성질, 반응(친핵성 첨가 반응)
12장 카복실산과 그 유도체의 구조, 성질, 명명법 및 제법
13장 카복실산 및 그 유도체의 반응(친핵성 아실 치환 반응)
14장 카보닐 알파 탄소의 치환 반응: 알데하이드, 케톤, 카복실산 및 그 유도체의 알파 탄소 치환 반응

특히 11장에서 공부할 알데하이드와 케톤의 구조, 성질과 반응은 12~14장에서 공부할 내용 전반에 걸쳐 기초가 되므로 철저히 공부해 둘 필요가 있다.

11.2 알데하이드 및 케톤의 구조와 결합

카보닐기(C═O)는 sp^2 혼성 탄소 원자와 산소 원자 사이에서 형성된 σ 결합 한 개와 혼성화되지 않은 p 오비탈 전자가 중첩하여 만들어진 π 결합 한 개로 이루어진 결합이다. 삼각 평면 구조를 가지고 있으며 결합각은 약 120°이다. 카보닐기의 산소 원자는 두 개의 비공유 전자쌍을 가지고 있다.

카보닐기 산소 원자의 원자가전자의 전자 배치

$2p$ ↿

$2sp^2$ ⇅ ⇅ ↿

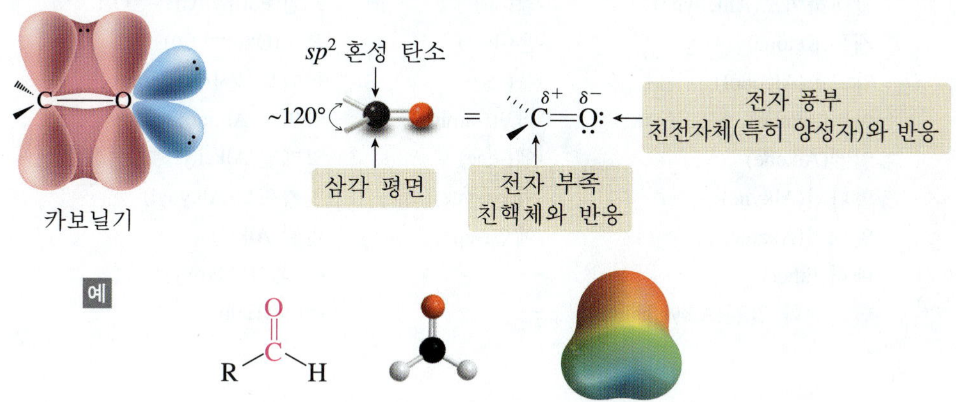

HCHO(formaldehyde, 폼알데하이드)의 구조 및 전위차 지도. 전위차 지도에서 붉은색은 산소 원자에 전자 밀도가 높아져 있음을 나타낸다.

카보닐기의 C═O 이중 결합은 알켄의 C═C 이중 결합과 다른 반응성을 보인다. 카보닐기의 탄소 원자는 전기음성도가 더 큰 산소와 결합하고 있기 때문에, π 전자가 산소 쪽으로 편극되어 있다. 이 편극 때문에 카보닐기의 탄소 원자는 전자가 부족한 상태가 되어 친전자성을 나타내게 되며, 친핵체의 공격을 받게 된다. 반면에 산소 원자는 전자가 풍부한 상태가 되어 친전자체(특히 양성자)의 공격을 받게 되는데, 이들 반응은 전체적으로 **친핵성 첨가 반응**으로 나타나게 된다(11.8~11.15절).

C═O 결합과 C═C 결합의 비교

극성인 C═O 결합은 중성인 C═C 결합보다 결합 길이가 짧고 결합 세기도 더 세다.

	C═O 결합	C═C 결합
결합 성질	극성	중성
결합 길이(Å)	1.23	1.34
결합 세기 (kcal/mol)	178	146

- 카보닐기의 탄소 원자는 sp^2 혼성화되어 있으며, 결합각이 약 120°인 삼각 평면 구조를 가진다.
- 카보닐기의 C═O 결합은 탄소 원자와 산소 원자의 전기음성도 차이 때문에 전자가 산소 원자 쪽으로 쏠려 편극화되어 있기 때문에 탄소 원자는 친핵체의 공격을, 산소 원자는 친전자체, 특히 양성자의 공격을 받는 자리가 된다.

11.3 알데하이드와 케톤의 명명법

지금까지 우리는 앞 장에서 여러 작용기의 명명법을 공부하였다. 한 분자가 여러 가지 작용기를 가지고 있는 화합물을 명명할 경우, 어느 작용기에 우선권을 부여할 것인지 또한 명명법에서 기준이 되는 작용기가 정해졌을 경우, 나머지 작용기의 이름은 치환기로서 어떻게 명명되는지 알아둘 필요가 있다. **표 11.1**에 여러 작용기를 가지고 있는 화합물에서 작용기 상호 간의 우선순위, 작용기의 접미사명, 작용기를 치환기로서 사용할 때의 접두사명 등을 정리하여 나타내었다.

표 11.1 작용기의 우선순위, 접미사명 및 접두사명 요약

우선순위	분류	접미사명	접두사명
↑ (높음)	카복실산(Carboxylic acid)	-산(oic acid)	카복시(Carboxy)
	에스터(Ester)	-산염(-oate)	알콕시카보닐(Alkoxycarbonyl)
	아마이드(Amide)	-아마이드(-amide)	카밤오일(Carbamoyl)
	나이트릴(Nitrile)	-나이트릴(-nitrile)	사이아노(Cyano)
	알데하이드(Aldehyde)	-알(-al)	포밀(Formyl(CH$=$O))
	케톤(Ketone)	-온(-one)	옥소(Oxo($=$O))
	알코올(Alcohol)	-올(-ol)	하이드록시(Hydroxy)
	아민(Amine)	-아민(-amine)	아미노(Amino)
	알켄(Alkene)	-엔(-ene)	알케닐(Alkenyl)
	알카인(Alkyne)	-아인(-yne)	알카이닐(Alkynyl)
	알케인(Alkane)	-에인(-ane)	알킬(Alkyl)
우선	에터(Ether)	—	-알콕시(Alkoxy)
순위	할로젠화 알킬(Alkyl halide)	—	-할로(Halo)

11.3.1 알데하이드의 명명법

알데하이드의 이름은 IUPAC명과 관용명 모두 사용된다.

■ IUPAC 명명법

- 사슬형 알킬기를 가진 알데하이드
- Alkane의 'e' 대신에 'al'을 붙임
- 일반명: **알칸알(alkanal)**

[규칙 1] CHO (알데하이드) 기를 가진 가장 긴 탄소 사슬을 어미 사슬로 한다.
[규칙 2] 탄소 번호 부여의 시작은 CHO의 탄소가 항상 1번이 되게 한다.
[규칙 3] 다른 작용기가 있는 경우 **표 11.1**의 우선순위에 따른다.

$HCHO$	CH_3CH_2CHO	$CH_3(CH_2)_4CHO$	$CH_3CH(CH_3)CH_2CH(CH_3)CHO$ (탄소 번호: 5 4 3 2 1)
Methanal	Propanal	Hexanal	2,4-Dimethylpentanal

$CH_2{=}CHCH_2CHO$ (탄소 번호: 3 2 1)
But-3-enal
(3-Butenal)
CHO기가 C$=$C기보다 우선순위가 높다

$HOCH_2CH{=}CHCHO$
4-Hydroxybut-2-enal
(4-Hydroxy-2-butenal)
CHO기가 OH기보다 우선순위가 높다

- 고리형 알킬기를 가진 알데하이드
- 고리 알케인 이름에 **carbaldehyde**란 접미사를 붙임.
- 일반명: **Cycloalkanecarbaldehyde**

[규칙 1] CHO기가 붙어 있는 고리 탄소 원자가 1번이 되게 번호를 부여한다.
[규칙 2] 치환기의 수를 나타내는 접두사와 순서는 일반 규칙에 따른다.
[규칙 3] 벤젠 고리에 CHO가 결합되어 있는 경우 benzencarbaldehyde 또는 benzaldehdye (벤즈알데하이드: 이 명칭을 더 선호)라 명명한다.

Cyclopetanecarbaldehyde   Cyclohexanecarbaldehyde   Benzenecarbaldehyde (Benzaldehyde)

2-Ethyl-5-methylcyclohexanecarbaldehyde

■ 관용법

알데하이드의 관용명은 카복실산(12장) 관용명의 모체이름(접두사) 에 **aldehyde**란 접미사를 붙여 명명한다.

예

알데하이드	관용명	카복실산	관용명
HCHO	Formaldehyde	HCO_2H	Formic acid
CH_3CHO	Acetaldehyde	CH_3CO_2H	Acetic acid
CH_3CH_2CHO	Propionaldehyde	$CH_3CH_2CO_2H$	Propionic acid
$CH_3(CH_2)_2CHO$	Butyraldehyde	$CH_3(CH_2)_2CO_2H$	Butyric acid
C_6H_5CHO	Benzaldehyde	$C_6H_5CO_2H$	Benzoic acid
$C_6H_5CH=CHCHO$	Cinnamaldehyde	$C_6H_5CH=CHCO_2H$	Cinnamic acid

Formaldehyde (폼알데하이드), acetaldehyde (아세트알데하이드), benzaldehyde (벤즈알데하이드) 및 cinnamaldehyde (신남알데하이드) 같은 관용명은 거의 고유명사인 것처럼 자주 사용된다(IUPAC명으로도 허용되고 있다).

관용명의 경우 치환기 위치를 표시하는 방법으로 1, 2, 3, 4...의 숫자 대신 α, β, γ, δ...의 그리스 문자를 사용하되 CHO기 옆 탄소부터 시작한다.

$$\sim C_\delta - C_\gamma - C_\beta - C_\alpha - C(=O) - H$$

$CH_3CH(Br)CH_2CHO$
3-Bromobutanal
(β-Bromobutyraldehyde)

$CH_3CH(OH)CHO$
2-Hydroxypropanal ← IUPAC명
(α-Hydroxypropionaldehyde) ← 관용명

11.3.2 케톤의 명명법

■ IUPAC법

- Alkane의 'e' 대신에 'one'을 붙임
- 일반명: **알칸온(alkanone)** 또는 **사이클로알칸온(cycloalkanone)**

[규칙 1] C ═ O기를 포함하는 가장 긴 탄소 사슬(어미 사슬)을 기준으로 한다.
[규칙 2] 번호를 붙일 경우 카보닐 탄소의 번호가 가장 낮게 되도록 매긴다.
[규칙 3] 치환기 명명 순서와 작용기 우선순위는 일반 규칙에 따른다.

■ 관용법

카보닐 탄소의 양쪽에 있는 알킬기를 알파벳 순으로 나열하고, '**ketone**' 이란 단어를 붙인다.

	$CH_3CH_2C(=O)CH_3$	$CH_3CH(CH_3)C(=O)CH_2CH_3$	$CH_2{=}CHC(=O)CH_3$
IUPAC명	Butan-2-one (2-Butanone)	2-Methylpentan-3-one (2-Methyl-3-pentanone)	But-3-en-2-one (3-Buten-2-one)
관용명	Ethyl methyl ketone	Ethyl isopropyl ketone	Methyl vinyl ketone

3-Methylcyclopentanone   2-Cyclohexenone(Cyclohex-2-enone) ← C═O기가 C═C기보다 우선순위가 높다

Acetone (아세톤), acetophenone (아세토페논), benzophenone (벤조페논) 등은 거의 고유명사처럼 사용되는 관용명이다

Acetone   Acetophenone   Benzophenone

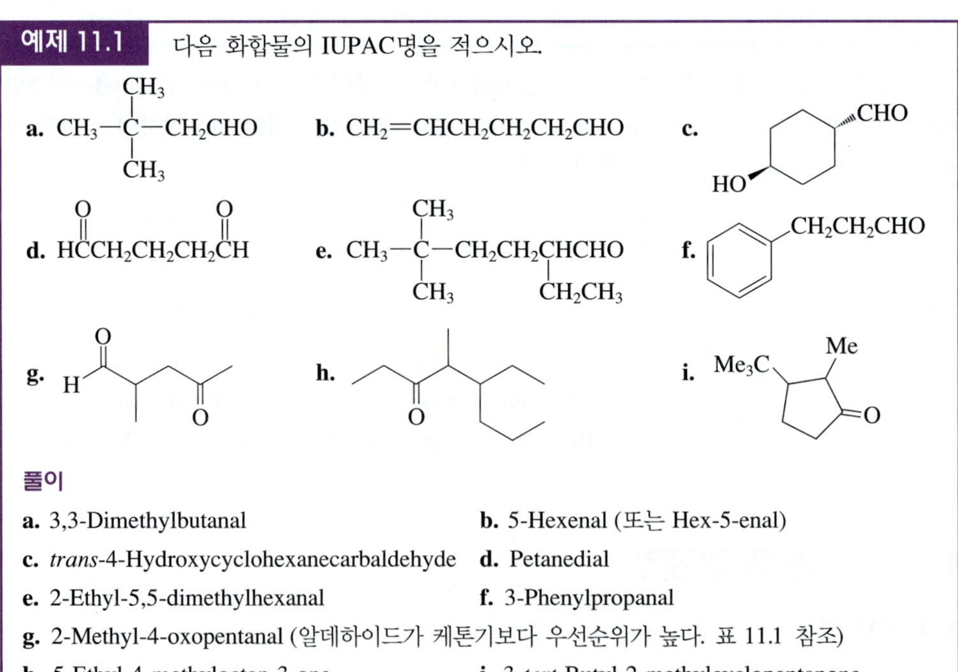

예제 11.1 다음 화합물의 IUPAC명을 적으시오.

a. $CH_3-C(CH_3)_2-CH_2CHO$ **b.** $CH_2{=}CHCH_2CH_2CH_2CHO$ **c.** (HO, CHO 치환 사이클로헥세인)

d. $HC(=O)CH_2CH_2CH_2C(=O)H$ **e.** $CH_3-C(CH_3)_2-CH_2CH_2CH(CH_2CH_3)CHO$ **f.** (벤젠고리)CH_2CH_2CHO

g. **h.** **i.** Me_3C, Me

풀이

a. 3,3-Dimethylbutanal

b. 5-Hexenal (또는 Hex-5-enal)

c. *trans*-4-Hydroxycyclohexanecarbaldehyde

d. Petanedial

e. 2-Ethyl-5,5-dimethylhexanal

f. 3-Phenylpropanal

g. 2-Methyl-4-oxopentanal (알데하이드가 케톤기보다 우선순위가 높다. 표 11.1 참조)

h. 5-Ethyl-4-methyloctan-3-one

i. 3-*tert*-Butyl-2-methylcyclopentanone

화학 라운지 11.1 천연향료: 천연 알데하이드와 케톤

식물 또는 동물에서 채취한 방향성 성분을 천연향이라 하는데, 동물에서 얻을 수 있는 것은 몇 종에 불과하며, 대부분 식물의 꽃, 잎, 뿌리 또는 수지에서 채취한다. 방향성 성분의 대부분은 터펜 (알켄 구조), 알코올, 알데하이드, 케톤, 또는 에스터의 작용기를 가지고 있는 물질로 이루어져 있다. 식물에서 채취하는 천연향 (botanical perfume) 은 대부분 정유(essential oil) 성분으로 수증기 증류법, 압착법 또는 추출법으로 분리해낸다. 이들은 향수 또는 화장품 원료로 대부분 사용된다. 이들 천연향 중 알데하이드 또는 케톤 작용기를 가진 몇 가지 성분을 소개하면 다음과 같다. Vanillin (건조한 바닐라콩에서 채취) 과 citral (레몬에서 채취) 은 알데하이드 성분이며, menthone (박하잎에서 채취) 과 jasmone (재스민 꽃에서 채취) 은 케톤 성분이다. civetone (아프리카 사향고양이 항문샘의 분비물) 과 muscone (사향사슴 사향샘 분비물) 은 동물에서 분비되는 일종의 페로몬 성분으로 고리형 케톤 구조를 가지고 있다.

문제 11.1 다음 관용명으로 명명된 알데하이드와 케톤을 IUPAC명으로 명명하시오.

a. $CH_2{=}CHCHO$ (acrolein)

b. $CH_3CH{=}CHCHO$ (crotonaldehyde)

c. $HOCH_2CH(OH)CHO$ (glyceraldehyde)

d. HO–$C_6H_3(OCH_3)$–CHO (vanillin)

e. $CH_3C(=O)CH_2C(=O)CH_3$ (acetylacetone)

f. $CH_3C(CH_3){=}CHC(=O)CH_3$ (mesityl oxide)

g. (geranial)

h. Ph–CH=CH–CHO (cinnamaldehyde)

문제 11.2 다음 화합물의 구조를 그리시오.

a. Hexa-2,4-dione

b. α-Methoxypropionaldehyde

c. Phenylacetaldehyde

d. 3,3-Dimethyl-2-butanone

e. 3-Oxobutanal

f. 3-Methylbut-3-en-2-one

g. 2,2-Dimethylcyclopentanone

h. 1-Chloropropan-2-one

i. 1-Phenylpropan-1-one

j. 6,6-Dimethylcyclohexa-2,4-dienone

k. Benzophenone

l. 3-Phenylbutanal

11.4 알데하이드 및 케톤의 물리적 성질

탄소 수가 4개 미만인 알데하이드 또는 케톤은 수소 결합을 할 수 있는 수소 원자를 가지고 있지 않으나 비공유 전자쌍을 가진 극성 산소 원자 때문에 수소 결합이 가능하여 물 또는 알코올에 녹는다.

알데하이드와 케톤은 비슷한 분자량을 가지고 있는 알켄 또는 에터에 비하여 끓는점이 더 높으며, 물에 대한 용해도도 더 크다. 그 이유는 카보닐기 결합(C$=$O)은 탄소와 산소의 전기음성도 차이(탄소 2.5와 산소 3.5)가 커서, 극성이 알켄과 에터 결합보다 더 크게 작용하고, 분자간 쌍극자–쌍극자 인력 또한 더 크게 작용하기 때문이다. 그러나 수소 결합은 하지 못하기 때문에 알코올이나 카복실산보다는 낮다(**표 11.2**).

$$\overset{\delta+}{C}=\overset{\delta-}{O}$$

표 11.2 알데하이드와 케톤의 끓는점

화합물	구조	분자량	끓는점(°C)
Ether	$CH_3CH_2OCH_2CH_3$	74	34
Pent-1-ene	$CH_2{=}CHCH_2CH_2CH_3$	70	30
Butanal	$CH_3CH_2CH_2CHO$	72	76
Butan-2-one	$CH_3COCH_2CH_3$	72	80
Butan-1-ol	$CH_3CH_2CH_2CH_2OH$	74	117
Propanoic acid	$CH_3CH_2CO_2H$	74	141

11.5 알데하이드 및 케톤의 제법

11.5.1 알데하이드의 제법

PCC= Pyridium chlorochromate

LTBA[Li(t-BuO)$_3$AlH]

Diisobutylaluminium hydride [DIBALH, (^{i}Bu)$_2$AlH]

알데하이드는 여러 가지 방법으로 제조될 수 있지만, 여기서는 가장 기초적인 작용기 전환 반응을 통한 제법만을 언급하고자 한다. 알데하이드는 일차 알코올의 산화(9.3.4절), 에스터(13.4.4절), 산염화물(13.2.2절) 및 나이트릴(13.7.2절) 같은 카복실산 유도체의 부분 환원, 카복실산 유도체의 Grignard 반응(13.2.3절 및 13.7.3절), 알케인의 가오존분해 반응(6.6.10절) 및 알카인의 수화(6.9.5절) 또는 수소붕소 첨가–산화 반응(6.9.6절)을 통해 제조된다. 이를 종합하여 **그림 11.11**에 나타내었다.

■ PCC를 이용한 일차 알코올의 산화

일차 알코올은 dichloromethane(다이클로로메테인, CH_2Cl_2)과 같은 유기 용매에서 PCC로 반응시키면 알데하이드로 산화된다(9.3.4절)

$$CH_3(CH_2)_3CH_2-C\equiv C-CH_2OH \xrightarrow[CH_2Cl_2]{PCC} CH_3(CH_2)_3CH_2-C\equiv C-\overset{O}{\overset{\|}{C}}-H$$

Oct-2-yn-1-ol → Oct-2-ynal(92%)

■ 에스터, 나이트릴 및 산염화물의 부분 환원

에스터 또는 나이트릴을 **diisobutylaluminium hydride**(**수소화 다이아이소뷰틸알루미늄, DIBALH**)와 낮은 온도에서 반응시키면 부분 환원 반응이 일어나 알데하이드로 전환된다. 또한 산염화물을 **lithium tri-*tert*-butoxyaluminium hydride**(**LTBA**)로 환원 반응

화학 라운지 11.2 페로몬

페로몬이란 동물이 같은 종에 속한 개체 사이에 어떤 행동을 일으키게 하기 위하여 분비하는 화학 물질을 말한다. 특히 곤충에서 많이 발견되며 다양한 기능을 가지고 있는데, 암컷이 수컷을 유인하는 성 유인기능(성 페로몬), 위험을 알리거나(경계 페로몬), 공격을 유도하는 기능(공격 페로몬), 개미가 먹이를 향해 줄을 서서 갈 때와 같이 길을 안내하는 기능(길 안내 페로몬) 및 여왕벌과 같이 사회 계급을 분화시키는 기능 등이 있다. 이런 기능을 나타내는 페로몬에는 알데하이드 또는 케톤 작용기를 가지고 있는 물질이 많다. 예를 들어, (*E*)-Hex-2-enal은 바퀴벌레를 비롯하여 노린재(노린재목 노린잿과의 곤충, 고약한 냄새가 남) 벌레가 분비하는 경계 또는 공격 페로몬 성분 중 하나이며, Heptan-2-one (꿀벌과 바퀴벌레) 과 4-Methylheptan-3-one (개미) 은 경계 페로몬 성분이다. 흥미로운 물질로는 (2*E*)-9-oxodecen-2-oic acid인데 이 물질은 꿀벌 집단에서 여왕벌이 되게 하는 여왕물질로서, 그 기능은 다른 일벌의 난소 성장을 억제시켜 꿀벌 집단에서 계급을 분화시키는 역할을 하며, 여왕벌의 결혼비행(분봉) 과도 관련이 있는 것으로 알려져 있다.

(*E*)-Hex-2-enal
바퀴벌레 또는
노린재의 경계 페로몬

Heptan-2-one
꿀벌 또는
개미의 경계 페로몬

4-Methylheptan-3-one
개미의 경계 페로몬

(2*E*)-9-oxodecen-2-oic acid
꿀벌의 여왕물질

시키거나 Pd-$BaSO_4$ 촉매하에서 **수소 환원** [**Rosenmund** ('로젠문트' 라고 읽음) **환원**] 시켜도 알데하이드를 합성할 수 있다(**그림 11.2**).

Karl Wilhelm Rosenmund (1884~1965): 독일 태생 화학자. Rosenmund 환원 반응 발견.

$$CH_3(CH_2)_{10}\overset{O}{\overset{\|}{C}}OCH_3 \xrightarrow[2.\ H_3O^+]{1.\ \text{DIBALH, toluene, } -78°C} CH_3(CH_2)_{10}\overset{O}{\overset{\|}{C}}-H$$

Methyl dodecanoate → Dodecanal (88%)

$$CH_3(CH_2)_5C\equiv N \xrightarrow[2.\ H_3O^+]{1.\ \text{DIBALH, toluene, } -78°C} CH_3(CH_2)_5\overset{O}{\overset{\|}{C}}-H$$

Heptanenitrile → Heptanal (80%)

Cyclohexanecarbonyl chloride → Cyclohexanecarbaldehyde

1. $LiAlH[OC(CH_3)_3]_3$ ether, −78°C
2. H_2O^+ 56%

또는 H_2, Pd-$BaSO_4$ (Rosenmund 환원)

그림 11.2 **에스터, 나이트릴 및 산 염화물의 부분 환원에 의한 알데하이드의 합성.**

■ 알켄의 가오존분해 반응 또는 알카인의 수소붕소 첨가-산화 반응

6장에서 배운 알켄의 가오존분해 반응과 말단 알카인의 수소붕소 첨가-산화 반응을 이용하여 알데하이드를 합성할 수 있다.

알켄의 가오존분해 반응(6.6.10절)

$$R_2C=CR'H \xrightarrow{O_3} \xrightarrow[\text{또는 } CH_3SCH_3]{Zn,\ H_2O} R_2C=O + O=CR'H$$

알켄

Si_2BH = Disiamyl borane

$$\left(CH_3-\underset{CH_3}{\overset{CH_3}{C}}-\underset{H}{\overset{CH_3}{C}}\right)_2 BH$$

알카인의 수소붕소 첨가-산화 반응(6.9.6절)

$$R-C\equiv C-H \xrightarrow[2.\ H_2O_2,\ HO^-]{1.\ Si_2BH} RCH_2-C(=O)-H$$

알카인

11.5.2 케톤의 제법

케톤은 이차 알코올의 산화 반응(9.3.4절), 산염화물, 카복실산염 또는 나이트릴에 유기금속 시약과의 반응(13.2.3, 13.5.4, 13.7.2절), 알켄의 가오존분해 반응(6.6.10절), 알카인의 수화 반응(6.9.5절), 벤젠의 Friedel-Crafts 아실화 반응(7.5.5절)으로부터 합성할 수 있다. 이를 종합하여 **그림 11.3**과 **그림 11.12**에 나타내었다.

이차 알코올의 산화(9.3.4절)

$$R-CH(OH)-R' \xrightarrow{PCC,\ CrO_3,\ Na_2Cr_2O_7 \text{ 또는 } Na_2Cr_2O_7} R-C(=O)-R'$$

산염화물과 구리 시약의 반응(13.2.3절)

$$R-C(=O)-Cl \xrightarrow[2.\ H_2O]{1.\ R'_2CuLi} R-C(=O)-R'$$

산염화물

카복실산염과 리튬 시약의 반응(13.5.4절)

$$RCO_2Li + R'Li \longrightarrow R-C(=O)-R'$$

나이트릴과 Grignard 시약의 반응(13.7.2절)

$$R-C\equiv N \xrightarrow[2.\ H_2O]{1.\ R'MgX} R-C(=O)-R'$$

나이트릴

알켄의 가오존분해 반응(6.6.10절)

$$R_2C=CR'H \xrightarrow{O_3} \xrightarrow[\text{또는 } CH_3SCH_3]{Zn,\ H_2O} R_2C=O + O=CR'H$$

알켄

알카인의 수화 반응(6.9.5절)

$$R-C\equiv C-H \xrightarrow{H_2O,\ HgSO_4,\ H_2SO_4} R-C(=O)-CH_3$$

알카인

Friedel-Crafts 아실화 반응(7.5.5절)

$$C_6H_6 + R-C(=O)-Cl \xrightarrow{AlCl_3} C_6H_5-C(=O)-R$$

그림 11.3 케톤의 합성 방법.

예제 11.2 다음 각 화합물은 괄호 속의 작용기를 가진 화합물로부터 합성하였다. 이들로부터 합성하는 방법을 보이시오.

a. Octan-2-one (alkyne) **b.** Benzaldehyde (alcohol)

c. Phenylacetaldehyde (nitrile과 ester) **d.** *p*-Bromoacetophenone (arene)

풀이

a. $$CH_3(CH_2)_4CH_2-C\equiv C-H \xrightarrow[HgSO_4]{H_2O,\ H_2SO_4} CH_3(CH_2)_5-C(=O)-CH_3$$

1-Octyne → Octan-2-one

b. Benzyl alcohol ($C_6H_5CH_2OH$) $\xrightarrow[CH_2Cl_2]{PCC}$ Benzaldehyde (C_6H_5CHO)

c. Benzyl cyanide ($C_6H_5CH_2CN$) 또는 Methyl phenylacetate ($C_6H_5CH_2CO_2CH_3$) $\xrightarrow[2.\ H_3O^+]{1.\ i\text{-}Bu_2AlH\ (DIBALH),\ ether,\ -78°C}$ Phenylacetaldehyde ($C_6H_5CH_2CHO$)

d. Bromobenzene (BrC_6H_5) $\xrightarrow[AlCl_3]{CH_3-\overset{O}{\overset{\|}{C}}-Cl}$ *P*-Bromoacetophenone (Br_3–C_6H_4–$COCH_3$)

문제 11.3 다음 화합물로부터 hexanal을 합성하는 방법을 보이시오.

a. $CH_3(CH_2)_4CO_2CH_3$ **b.** $CH_3(CH_2)_4CN$ **c.** $CH_3(CH_2)_4COCl$ **d.** $CH_3(CH_2)_4CH_2OH$

문제 11.4 다음 각각의 화합물로부터 butan-2-one의 합성법을 반응식으로 나타내시오.

a. Butan-2-ol **b.** But-1-yne
c. Propanoyl chloride (CH_3CH_2COCl) **d.** Acetonitrile (CH_3CN)

문제 11.5 Toluene으로부터 phenylacetaldehyde를 합성하는 방법을 보이시오(예제 11.2의 b와 c를 참고할 것).

11.6 알데하이드의 특이 반응: 산화 반응

알데하이드는 케톤과 다르게 $\mathbf{CrO_3}$, $\mathbf{Na_2Cr_2O_7}$, $\mathbf{K_2Cr_2O_7}$과 같은 Cr^{6+} 산화제 또는 $\mathbf{KMnO_4}$, $\mathbf{Ag_2O}$와 같은 다양한 산화제에 의하여 카복실산으로 산화된다. 케톤은 이들 산화제에 의해 산화되지 않는다. 또한 알데하이드는 약한 산화제인 **Tollens**(Ag^+이 주성분인) 시약에 의해서도 카복실산으로 산화될 수 있다. 이 반응에서 은(Ag)이 석출되어 유리벽에 붙어 거울처럼 보이기 때문에 **은거울 반응**이라고 한다. 이 반응은 알데하이드와 케톤을 구별하는 반응으로 자주 이용된다(**그림 11.4**).

$$RCHO \xrightarrow[H_2SO_4,\ H_2O]{CrO_3,\ Na_2Cr_2O_7\ 또는\ K_2Cr_2O_7} RCOOH + Cr^{+3}$$

$$HO\text{–}C_6H_{10}\text{–}CHO \xrightarrow[[Ag(NH_3)_2]^+]{Ag_2O,\ NH_4OH} HO\text{–}C_6H_{10}\text{–}COOH + Ag^0$$

OH기는 산화되지 않음 / Tollens 시약 / 은 석출-은거울 반응

그림 11.4 **알데하이드의 은거울 반응.**

알데하이드기 검출 시약
Tollens 시약 이외에 Fehling 시약과 Benedict 시약이 있다. 이들은 모두 Cu^{2+}(청색) 용액으로 알데하이드를 산화시키면서 Cu_2O(적갈색 침전)로 변화된다.

Tollens 시약 반응

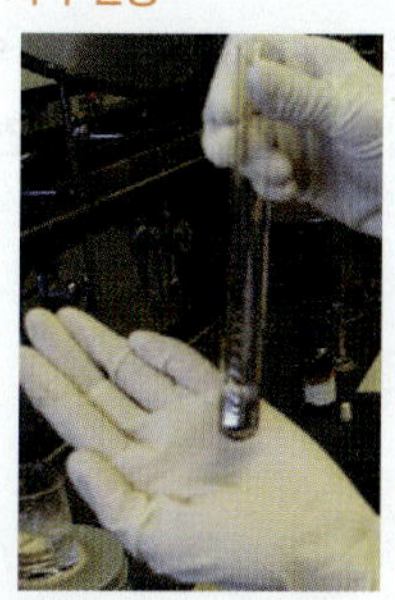

$$RCHO + 2Ag(NH_3)_2 + \bar{O}H \longrightarrow RCO_2^- + 4NH_3 + 4H_2O + 2Ag$$

Bernhard Tollens(1841~1918): 독일 출신 유기화학자. Götingen 대학 교수 역임. 탄수화물 화학 연구. Tollens 시약 발명.

11.7 알데하이드 및 케톤의 공통 반응

알데하이드와 케톤은 카보닐 탄소의 친핵성 첨가 반응과 α 탄소의 치환 반응 등 두 종류의 반응을 한다. 이 장에서는 카보닐기의 첨가 반응만을 다루고, α 탄소의 치환 반응은 14장에서 다루고자 한다.

11.7.1 카보닐 탄소의 친핵성 첨가 반응 일반

카보닐 탄소의 친핵성 첨가 반응이란 카보닐기의 탄소 원자에는 친핵체가, 산소 원자에는 양성자가 첨가되는 반응이다.

$$\mathrm{R{-}C({=}O){-}H(R')} \xrightarrow[\text{또는 HNu:}]{1.\ :\mathrm{Nu}^-\ \ 2.\ \mathrm{H_2O}} \mathrm{R{-}C(OH)(Nu){-}H(R'')}$$

카보닐기의 탄소에 친핵체(Nu)가 산소에 양성자 (H^+)가 첨가되었다

11.7.2 α 탄소의 치환 반응 일반

알데하이드와 케톤의 α 탄소의 수소 원자(α 수소)는 다른 C—H의 수소 원자보다 산성이 강하다. 따라서 염기와 반응하면 양성자로 제거되어 **탄소음이온(carbanion)**이 되기 쉽다. α 탄소의 치환 반응은 이 탄소음이온이 친핵체로 작용하여 친전자체와 반응함으로써 탄소-탄소 결합을 형성하는 반응에 이용된다. 이 반응은 카보닐기의 토토머화 반응에 의하여 생성된 **엔올**에 의해서도 일어난다(14장 참조).

$$\mathrm{R{-}C({=}O){-}CH_2{-}H}\ \ :\mathrm{B} \longrightarrow \left[\mathrm{R{-}C({=}O){-}\ddot{C}H_2^-} \longleftrightarrow \mathrm{R{-}C(O^-){=}CH_2}\right] \xrightarrow{E^+} \mathrm{R{-}C({=}O){-}CH_2{-}E}$$

α-탄소 공명 안정화

화학 라운지 11.3 식물이 발산하는 곤충 성 페로몬: chiloglottone

최근 과학자들은 Australia와 유럽에 있는 난초과 식물 중 어떤 종은 꽃가루 수정을 위하여 암컷 말벌이 가지고 있는 페로몬 물질을 만들어 냄을 발견하였다. 이 식물들은 마치 암컷 말벌이 있는 것처럼 속여 수컷 말벌을 유인하는, 고리형 케톤 구조를 가진 chiloglottone이란 물질을 만들어 낸다. 그 결과 식물은 수컷 말벌이 묻혀온 꽃가루로 수정을 하게 된다.

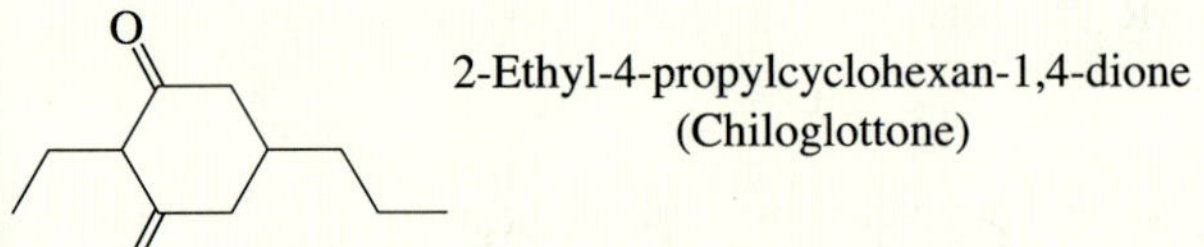

2-Ethyl-4-propylcyclohexan-1,4-dione
(Chiloglottone)

11.8 알데하이드 및 케톤의 친핵성 첨가 반응

11.1절에서 언급한 바와 같이 알데하이드와 케톤에 있는 카보닐기의 탄소 원자는 산소 원자보다 전기음성도가 낮기 때문에, 결합에 있는 π 전자는 산소 원자 쪽으로 쏠리게 되어 C＝C 결합 탄소 원자와는 다르게 전자가 부족한 상태인 친전자성 탄소가 된다.

$$\mathrm{>C{=}\ddot{O}:} \longleftrightarrow \mathrm{>\overset{+}{C}{-}\ddot{O}:^{-}} \qquad \mathrm{>\overset{\delta+}{C}{=}\overset{\delta-}{O}:}$$

따라서 전자가 풍부한 화학종인 친핵체의 공격을 받아 π 결합이 끊어지고, sp^2 혼성 탄소 원자는 sp^3 혼성화되면서 사면체 구조를 갖는 알콕사이드 이온 중간체가 생성된다. 이 알콕사이드 음이온이 물의 양성자와 반응하면 첨가 생성물이 만들어진다. 이러한 반응을 **친핵성 첨가 반응(nucleophilic addition)**이라 한다.

R(H(R′))C=O + :Nu⁻ ⇌(느림) R—C(O⁻)(Nu)—H(R′) + H—OH ⇌(빠름) R—C(OH)(Nu)—H(R′) + ⁻OH

친핵체 공격 | 사면체 중간체 | 양성자 첨가 | 첨가 생성물

- 친핵성 첨가 반응은 다음 두 단계로 일어나며 평형 반응이다.
  - [1단계] 친핵체가 친전자성 카보닐 탄소를 공격하여 정사면체 구조인 알콕사이드 이온 생성(느림, 속도 결정 단계)
  - [2단계] 알콕사이드 이온의 양성자 첨가 반응(빠름)

11.9 알데하이드와 케톤의 반응성 비교

카보닐기의 친핵성 첨가 반응은 **전자 효과(electronic effect)** 와 **입체 효과(steric effect)** 에 영향을 받는데, 알데하이드가 케톤에 비하여 이들 두 가지 효과에서 유리하므로 반응이 더 잘 일어난다(**그림 11.5**).

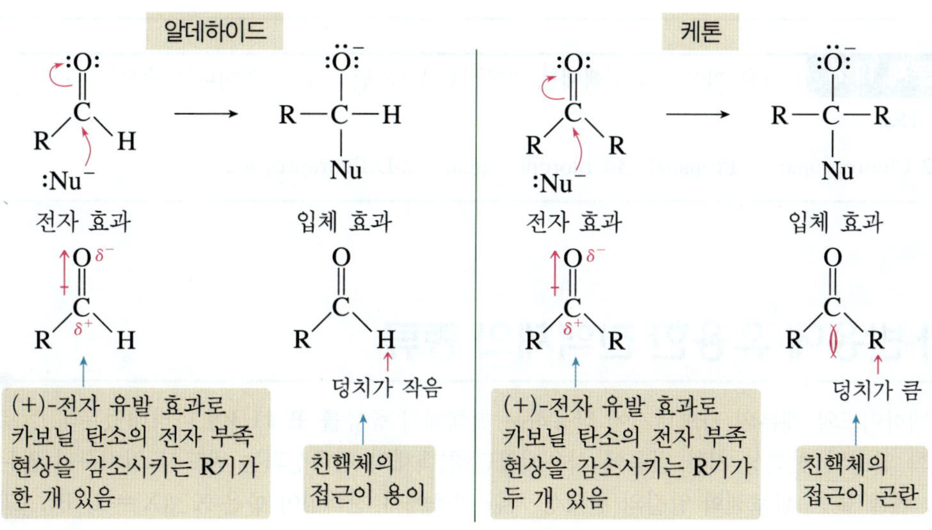

그림 11.5 알데하이드와 케톤의 반응성 비교.

- **전자 효과**: 친전자성을 나타내는 카보닐 탄소 원자에 전자를 주어 (+)-전자 유발 효과를 나타내는 알킬(또는 아릴)기를 알데하이드는 한 개, 케톤은 두 개를 가지고 있다. 따라서 친전자성(전자 부족성)이 더 큰 알데하이드의 반응성이 더 크다.

- **입체 장애**: 알킬(또는 아릴)기는 수소 원자보다 덩치가 더 크다. 친핵성 첨가 반응은 삼각 평면 구조(결합각이 120°)인 카보닐기의 sp^2 혼성 탄소가 정사면체 구조(결합각이 109.5°)인 sp^3 혼성 탄소를 갖는 중간체를 생성하는 과정에서 입체 장애를 덜 받는 알데하이드가 케톤보다 반응하기 더 쉽다.

카보닐기의 친핵성 첨가 반응이 잘 일어나는 순서는 다음과 같이 예상할 수 있으며, R기의 전자적 성질이 비슷할 경우 덩치가 작을수록 반응이 더 잘 일어난다.

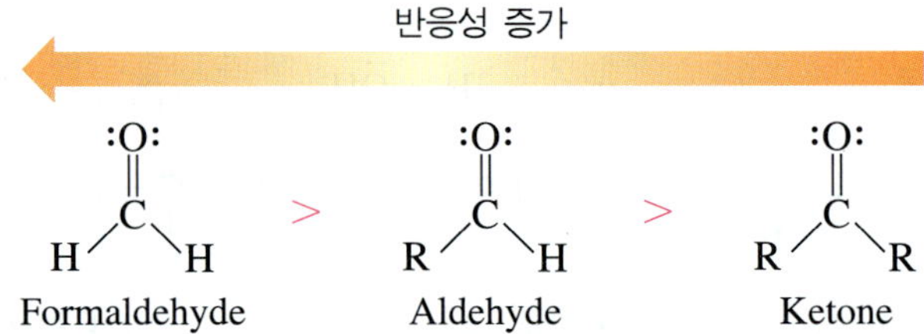

예제 11.3 다음 각 쌍에서 친핵체에 대한 반응성이 높은 것은 어느 것인가?

a. Butanal과 2-methylpropanal　　**b.** 2-Methylbutanal과 2-chlorobutanal

c. Butanal과 benzaldehyde　　**d.** Acetone과 2-methylpropanal

풀이

a. Butanal: 입체 장애가 더 작다.

b. 2-Chlobutanal: (−)-전자 유발 효과를 가진 Cl기가 전자를 끌어 당겨 카보닐 탄소의 친전자성을 높여 준다.

c. Butanal: benzaldehyde의 경우 벤젠 고리와 카보닐기 사이에 공명이 가능하여 카보닐 탄소의 친전자성 감소.

d. 2-Methylpropanal: 카보닐 탄소의 입체 장애가 더 작다.

문제 11.6 다음 화합물에 친핵체를 반응시켰을 때 반응이 잘 일어나는 순으로 나열하시오.

2-Chloropropanal, Propanal, 3-Chloropropanal, 2,2-Difluoropropanal

11.10 친핵성 첨가 반응에 유용한 친핵체의 종류

알데하이드와 케톤의 카보닐기에 작용하는 친핵체의 종류를 **표 11.3**에 나타내었는데, 할로젠화 알킬의 친핵성 치환 반응에 사용되었던 친핵체의 친핵성과는 반드시 일치하지 않는다. 예를 들면, 할로젠화 알킬의 친핵성 치환 반응에서 친핵성이 좋은 X^- ($X = I$, Br, Cl)

표 11.3 알데하이드와 케톤의 카보닐기에 작용하는 친핵체

친핵체의 종류	친핵 시약	반응명
탄소 친핵체	RMgX, RLi	Grignard (그리냐르) 반응
	$RC{\equiv}C^-Na^+$	아세틸렌화 반응
	$HC{\equiv}N$	사이안화 반응
	$Ph_3P{=}CHR$	Wittig (비티히) 반응
질소 친핵체	RNH_2	이민 형성 반응
	R_2NH	엔아민 형성 반응
	NH_2OH	옥심 형성 반응
	$RNHNH_2$	하이드라존 형성 반응
산소 또는 황 친핵체	H_2O	수화 반응
	ROH	아세탈 반응
	RSH	싸이오아세탈 반응
	$NaHSO_3H$	아황산 수소 첨가
수소음이온	$NaBH_4$	환원 반응
	$LiAlH_4$	

또는 N_3^-는 카보닐 탄소를 공격하는 친핵체로서는 적당하지 않다. 그 이유는 가역 반응인 카보닐기의 친핵성 첨가 반응 단계에서 중간체로 생성된 alkoxide보다 친핵체(X^-)가 더 약한 염기이므로 이탈하기 쉬워 반응의 평형이 역반응으로 진행되기 때문이다. 따라서 카보닐 탄소에 유용하게 작용하는 친핵체는 강염기들이 대부분이다.

약염기를 친핵체로 사용할 경우 일반적으로 양성자를 첨가하여 카보닐 탄소의 친전자성을 증대시켜 반응을 수행한다.

산소 원자의 비공유 전자쌍에 양성자가 배위하면 카보닐 탄소의 친전자성이 커짐

• 카보닐 탄소에 유용하게 작용하는 친핵체는 강염기들이 대부분이며, 약염기인 X^- ($X{=}I$, Br, Cl) 또는 N_3^-은 카보닐 탄소를 공격하는 친핵체로는 적당하지 않다.

11.11 탄소 친핵체 첨가 반응

8.14절에서 언급한 **Grignard 시약**(RMgX 또는 ArMgX), **유기리튬 시약**(RLi 또는 ArLi) 및 말단 알카인(terminal alkyne)으로부터 얻을 수 있는 **아세틸라이드 이온(acetylide ion,** 6.9.8절)과 같은 유기금속 시약들은 **탄소음이온(carbanion)**으로서 강염기인 동시에 강한 친핵체이므로 카보닐 탄소에 친핵성 첨가 반응을 잘 일으킨다. 이들 반응은 카보닐 탄소에

알킬기, 아릴기, 아세틸렌기를 도입시키는데 유용하게 사용되며, 탄소–탄소 결합을 형성시키는 데 매우 중요한 반응으로 사용된다.

$$-\overset{|}{\underset{|}{C}}:^-$$

탄소음이온

- 유기금속 시약($R^-\ M^+$) 의 R은 **탄소음이온(carbanion)** 으로서 강한 친핵체와 강염기로 작용한다.

활성 수소
탄소산(C—H)보다 pK_a값이 작아 유기금속 화합물과 같은 강염기와 양성자로서 반응하는 수소 원자를 말한다.

강염기인 Grignard 시약을 포함한 유기금속 시약은 물, 알코올, 싸이올, 아민에 있는 OH, SH, NH_2기 등의 **활성 수소(active hydrogen)** 에 의해 파괴되기 때문에 이들 화합물과 함께 사용할 수 없다.

친핵체로서의 작용

$$R^-M^+ + R'C(=O)R'' \longrightarrow R'R''RC{-}O^-M^+ \xrightarrow{H_3O^+} R'R''RC{-}OH$$

염기로서의 작용

$$R^-M^+ + H{-}\ddot{O}H \rightleftharpoons R{-}H + M^+\ :\ddot{O}H^-$$

pK_a=15.7 더 강산 pK_a=50 매우 약산

■ **유기금속 시약($R^-\ M^+$)의 제법**

RMgX (또는 ArMgX), RLi (또는 ArLi) 및 $RC\equiv C:^-M^+$ 시약은 다음 방법으로 합성할 수 있다(8.14절).

$$\text{RX 또는 ArX} \xrightarrow[\text{ether}]{\text{Mg}} \text{RMgX 또는 ArMgX}$$

$$\text{RX 또는 ArX} \xrightarrow[\text{pentane}]{\text{Li}} \text{RLi 또는 ArLi}$$

R=alkyl
Ar=aryl
X=Cl, Br, I

$$RC\equiv C{-}H \xrightarrow[\text{Me}_2\text{Zn, RMgX 또는 RLi}]{NaNH_2/NH_3} RC\equiv C^-M$$

$M=Na^+, Zn^{++}, Mg^{++}$ 또는 Li^+

11.11.1 Grignard 반응

Grignard 시약(RMgX 또는 ArMgX) 또는 유기리튬 시약(RLi 또는 ArLi)은 R 또는 Ar기의 탄소음이온으로 작용하는 시약이다. 이들은 HCHO와 반응시키면 탄소 친핵체로 작용하여 일차 알코올(RCH_2OH 또는 $ArCH_2OH$), RCHO의 경우 이차 알코올, 케톤의 경우 삼차 알코올이 생성된다(**그림 11.6**).

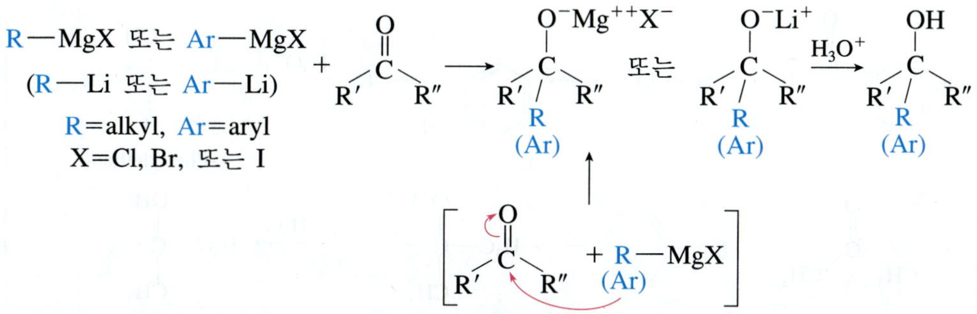

$R-MgX$ 또는 $Ar-MgX$ ($R-Li$ 또는 $Ar-Li$) + $R'C(=O)R''$ → $R'R''C(R/Ar)-O^-Mg^{++}X^-$ 또는 $R'R''C(R/Ar)-O^-Li^+$ $\xrightarrow{H_3O^+}$ $R'R''C(R/Ar)-OH$

R=alkyl, Ar=aryl
X=Cl, Br, 또는 I

[$R'C(=O)R''$ + $R-MgX$ (Ar)]

R 또는 Ar기가 탄소음이온으로서 친핵체로 작용하여 친핵성 첨가 반응을 한다

반응 예

Formaldehyde

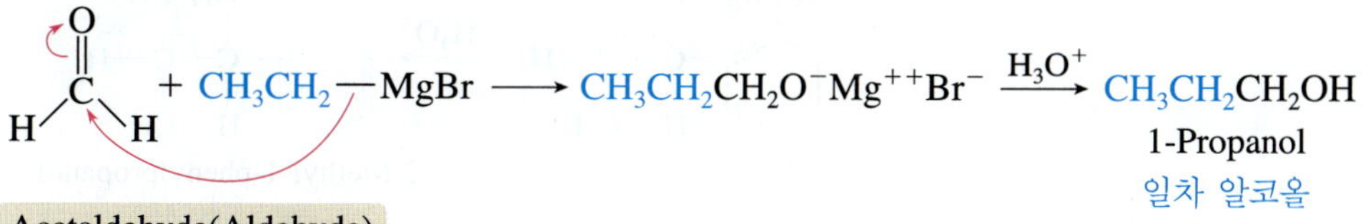

$HC(=O)H$ + CH_3CH_2-MgBr → $CH_3CH_2CH_2O^-Mg^{++}Br^-$ $\xrightarrow{H_3O^+}$ $CH_3CH_2CH_2OH$

1-Propanol
일차 알코올

Acetaldehyde(Aldehyde)

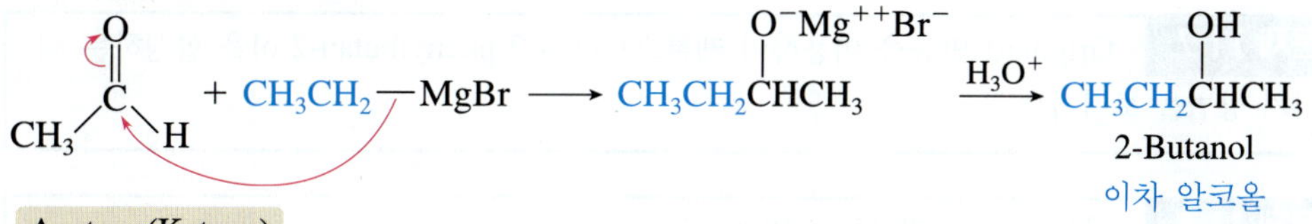

$CH_3C(=O)H$ + CH_3CH_2-MgBr → $CH_3CH_2CH(O^-Mg^{++}Br^-)CH_3$ $\xrightarrow{H_3O^+}$ $CH_3CH_2CH(OH)CH_3$

2-Butanol
이차 알코올

Acetone(Ketone)

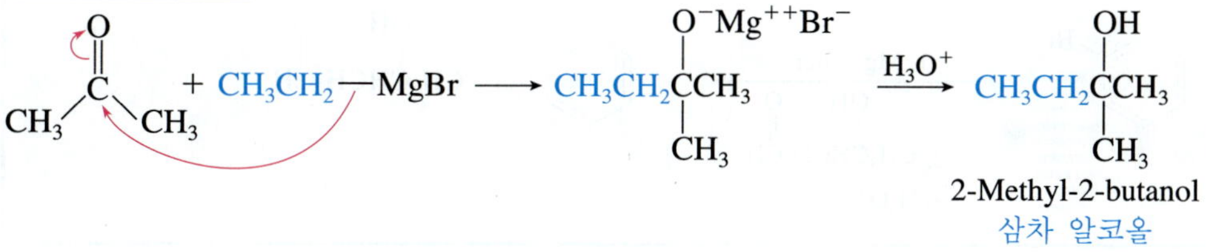

$CH_3C(=O)CH_3$ + CH_3CH_2-MgBr → $CH_3CH_2C(O^-Mg^{++}Br^-)(CH_3)CH_3$ $\xrightarrow{H_3O^+}$ $CH_3CH_2C(OH)(CH_3)CH_3$

2-Methyl-2-butanol
삼차 알코올

그림 11.6 **알데하이드 및 케톤에 대한 Grignard 반응.**

위의 반응 예에서 CH_3CH_2MgBr 대신 CH_3CH_2Li을 사용하여도 동일한 생성물이 합성된다.

예제 11.4 다음 반응에서 생성되는 물질의 구조를 그리고 IUPAC법으로 명명하시오.

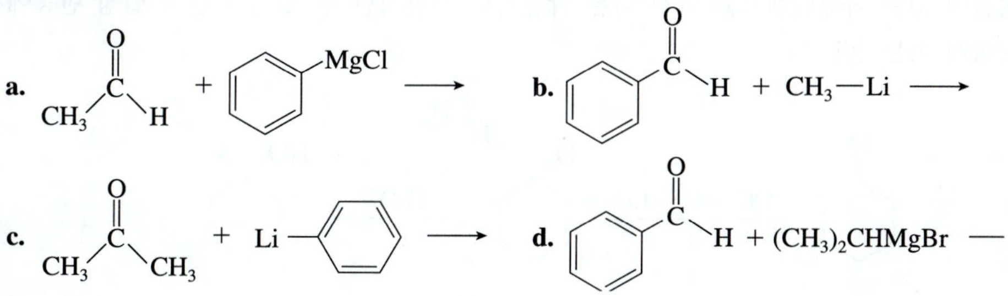

a. $CH_3C(=O)H$ + C_6H_5MgCl →

b. $C_6H_5C(=O)H$ + CH_3-Li →

c. $CH_3C(=O)CH_3$ + $Li-C_6H_5$ →

d. $C_6H_5C(=O)H$ + $(CH_3)_2CHMgBr$ →

풀이

a. $CH_3C(=O)H$ + $ClMg-C_6H_5$ → $CH_3-CH(O^-\,{}^{++}MgCl^-)-C_6H_5$ $\xrightarrow{H_3O^+}$ $CH_3-CH(OH)-C_6H_5$

1-Phenylethanol

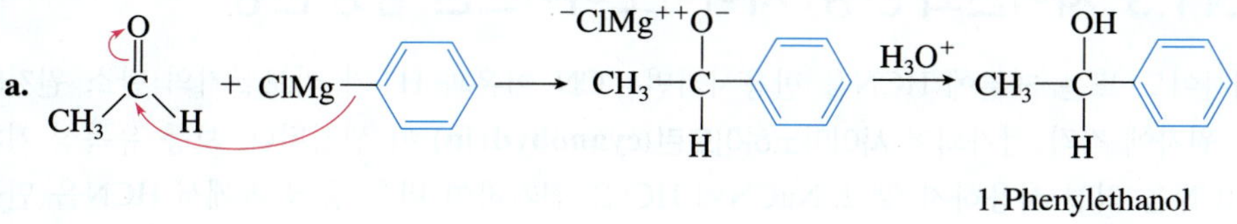

b. $C_6H_5CHO + CH_3{-}Li \longrightarrow C_6H_5CH(O^-Li^+)CH_3 \xrightarrow{H_3O^+} C_6H_5CH(OH)CH_3$

1-Phenylethanol

c. $CH_3COCH_3 + Li{-}C_6H_5 \longrightarrow H_3C{-}C(O^-Li^+)(CH_3){-}C_6H_5 \xrightarrow{H_3O^+} H_3C{-}C(OH)(CH_3){-}C_6H_5$

2-Phenyl-2-propanol

d. $C_6H_5CHO + (CH_3)_2CH{-}MgBr \longrightarrow$

$C_6H_5CH(O^-\,{}^+MgCl^-){-}CH(CH_3)_2 \xrightarrow{H_3O^+} C_6H_5CH(OH){-}CH(CH_3)_2$

2-Methyl-1-phenylpropanol

문제 11.7 Grignard 반응을 이용하여 케톤으로부터 2-phenylbutan-2-ol을 합성하는 세 가지 방법을 보이시오.

문제 11.8 다음 반응의 결과를 설명하시오.

$$C_6H_5Br \xrightarrow[\substack{2.\ CH_3CH(OH)CH_2CHO \\ 3.\ H_3O^+}]{1.\ Mg,\ ether} C_6H_6 + CH_3CH(OH)CH_2CHO$$

11.11.2 아세틸렌화 반응

알데하이드 또는 케톤에 강한 친핵체인 **아세틸라이드 음이온**을 반응시키면 아세틸렌기가 첨가된 아세틸렌 알코올이 생성된다. 이 반응은 탄소-탄소 결합 생성 반응의 또 다른 예로서, 생성물에 있는 아세틸렌기를 다시 다른 작용기로 전환시킬 수 있기 때문에 합성 반응에서 다양하게 이용된다.

$$\text{Cyclohexanone} \xrightarrow{HC{\equiv}C{-}Li} \text{1-}(^-O)\text{-1-}(C{\equiv}CH)\text{cyclohexane} \xrightarrow{H_3O^+} \text{1-}(HO)\text{-1-}(C{\equiv}CH)\text{cyclohexane}$$

11.11.3 사이안화 반응: 사이아노하이드린 형성 반응

알데하이드 또는 케톤에 HCN을 반응시키면 ^-CN 이온과 H^+가 카보닐기의 탄소 원자와 산소 원자에 각각 첨가되어 **사이아노하이드린(cyanohydrin)** 이 생성된다. 보통 유독성 기체인 HCN을 직접 사용하지 않고, NaCN에 HCl을 첨가하여 반응 용액 속에서 HCN을 만들어 사용한다. 이 반응은 탄소-탄소 결합 형성 반응의 일종으로 탄소 한 개를 늘리는 방법에 사용된다. CN기는 가수분해하면 COOH기를, 환원하면 CH_2NH_2기로 전환된다(13.7절). 카보닐기의 사이안화 반응은 유기합성에서 탄소-탄소 결합 형성 반응에 사용되는 중요한 반응이다.

HCN의 친핵성 첨가 반응

$$\text{R}-\overset{\text{O}}{\overset{\|}{\text{C}}}-\text{H(R}') \xrightarrow[\text{HCl (HCN)}]{\text{NaCN}} \text{R}-\overset{\text{OH}}{\underset{\text{CN}}{\text{C}}}-\text{H(R}'')$$

Cyanohydrin ← C—C 결합 생성

반응 예

$$\text{CH}_3-\overset{\text{O}}{\overset{\|}{\text{C}}}-\text{H} \xrightarrow[\text{HCl (HCN)}]{\text{NaCN}} \text{CH}_3-\overset{\text{OH}}{\underset{\text{CN}}{\text{C}}}-\text{H}$$

Acetaldehyde cyanohydrin

$$\xrightarrow{\text{H}_2\text{O, H}^+} \text{CH}_3-\overset{\text{OH}}{\underset{\text{CO}_2\text{H}}{\text{C}}}-\text{H}$$

$$\xrightarrow{\text{1. LiAlH}_4 \text{ 2. H}_2\text{O}} \text{CH}_3-\overset{\text{OH}}{\underset{\text{CH}_2\text{NH}_2}{\text{C}}}-\text{H}$$

메커니즘

$$\text{R}-\overset{:\text{O}:}{\overset{\|}{\text{C}}}-\text{H(R}') + {}^{-}\text{:C}\equiv\text{N:} \xrightarrow{[1]} \text{R}-\overset{:\ddot{\text{O}}:^{-}}{\underset{\text{C}\equiv\text{N:}}{\text{C}}}-\text{H(R}') \xrightarrow[\text{H—CN}]{[2]} \text{R}-\overset{:\ddot{\text{O}}\text{H}}{\underset{\text{C}\equiv\text{N:}}{\text{C}}}-\text{H(R}') + {}^{-}\text{CN}$$

[1] 친핵성 공격 [2] 양성자 첨가 첨가 생성물

사이아노하이드린은 알칼리 용액에서는 불안정하여 출발 물질인 카보닐 화합물로 되돌아간다. 왜냐하면 사이아노하이드린 OH기의 양성자가 염기에 의해 이탈되어 생긴 사면체 중간체인 alkoxide 구조에서 약염기인(HCN의 pK_a값은 약 9) ^{-}CN기가 다시 제거되기 때문이다(첨가 반응의 역반응이 일어남).

$$\text{R}-\overset{:\ddot{\text{O}}-\text{H} \quad {}^{-}\text{OH}}{\underset{\text{CN}}{\text{C}}}-\text{H(R}') \xrightarrow{[1]} \text{R}-\overset{:\ddot{\text{O}}:^{-}}{\underset{\text{CN}}{\text{C}}}-\text{H(R}') + \text{H}_2\text{O} \xrightarrow{[2]} \text{R}-\overset{:\text{O}:}{\overset{\|}{\text{C}}}-\text{H(R}')$$

[1] 양성자이탈 [2] $^{-}$CN 제거

11.11.4 Wittig 반응: 알켄 형성 반응

Wittig('비티히' 라고 읽음) **반응**은 1979년 노벨 화학상을 수상한 **Georg Wittig**에 의해 발견된 반응으로, 알데하이드 또는 케톤에 탄소 친핵체인 **Wittig 시약**을 반응시켜 C=O 결합을 C=C 결합으로 전환시키는 반응이다. 이 반응은 알켄 제법으로도 유용하게 사용된다.

Georg Wittig(1897~1987): 독일 태생 유기화학자. TU Braunschweig 대학, Freiburg 대학, Tübingen 대학, Heidelberg 대학의 교수를 역임. 인 화합물을 이용한 유기 반응 연구로 1979년 H. C. Brown 교수와 공동으로 노벨 화학상 수상.

Wittig 반응

$$\text{R(R}'\text{H)C}=\text{O} \xrightarrow{\text{Ph}_3\overset{+}{\text{P}}-\ddot{\text{C}}^{-}} \text{R(R}'\text{H)C}=\text{C} + \text{Ph}_3\text{P}=\text{O}$$

Wittig 시약 alkene triphenylphosphine oxide

Wittig 시약이란 **트라이페닐포스포늄 일라이드(triphenylphosphonium ylide)**를 말한다. 여기서 ylide란 옆에 위치한 두 원자가 팔전자 규칙을 만족하나, 반대의 전하를 가지고 있는 화학종을 지칭하는 명칭이다.

$Ph_3\overset{+}{P}-\ddot{C}^{-}$

ylide

(+)와 (−) 전하가 이웃 원자에 있다.

Wittig 시약의 공명 구조

$Ph_3\overset{+}{P}-\ddot{C}^{-} \longleftrightarrow Ph_3P=C$

친핵성 탄소 원자

이 시약은 할로젠화 알킬(주로 일차 할로젠화 알킬)에 triphenylphosphine(Ph_3P, 친핵체)을 반응시켜 얻은 포스포늄염에, NaH 또는 BuLi 같은 강염기를 작용시켜 인과 결합한 탄소의 수소 원자(pK_a = 35)를 양성자 형태로 제거함으로써 만들어지며, 공명 구조를 가질 수 있기 때문에 안정화되어 있다.

$$Ph_3P: + CH_3-Br \xrightarrow[{[1]}]{S_N2} Ph_3\overset{+}{P}-CH_2(H)\ Br^- \xrightarrow[{[2]}]{Bu-Li} Ph_3\overset{+}{P}-\ddot{C}H_2^- \longleftrightarrow Ph_3P=CH_2 + Bu-H + LiBr$$

Methyltriphenyl-phosphonium bromide　　ylide의 공명 구조　　butane

Wittig 반응의 반응 메커니즘은 첨가 반응과 제거 반응 두 단계로 진행된다. [1단계]는 ylide가 친핵체로 카보닐 탄소 원자를 공격한 후 인 원자와 고리화 반응하여 사원자 고리 화합물인 oxaphosphetane(옥사포스페테인)을 형성하는 반응이고, [2단계]는 이 고리형 중간체에서 triphenylphosphonium oxide(트라이페닐포스포늄 옥사이드)가 제거되어 C=C 결합이 생성되는 단계이다(**그림 11.7**).

R, R′C=Ö: + $^{-}\ddot{C}H_2-\overset{+}{P}Ph_3$ —[1]→ Oxaphosphetane (R′—C(R)—Ö:, H_2C-PPh_3)

새로운 C—C 결합

[1단계] ylide의 첨가 반응과 사원자 고리 형성 단계

Oxaphosphetane —[2]→ $RR'C=CH_2$ + $:\ddot{O}=PPh_3$

Triphenylphosphonium oxide

[2단계] $Ph_3P=O$의 제거와 알켄 형성 반응 단계

그림 11.7 **Wittig 반응 메커니즘.**

예제 11.5 다음 반응의 생성물(A~F) 구조를 그리시오.

Benzaldehyde (C₆H₅CHO):
- $\xrightarrow{NaCN,\ HCl}$ **A**
- $\xrightarrow{NaBH_4,\ MeOH}$ **B**
- **B** $\xrightarrow{Na_2Cr_2O_7,\ H_2SO_4}$ **C**
- $\xrightarrow{Ag_2O,\ NH_4OH}$ **C**
- $\xrightarrow{1.\ CH_3MgCl\ \ 2.\ H_3O^+}$ **D**
- **D** $\xrightarrow{PCC}$ **F**
- **D** $\xrightarrow{\Delta,\ H_2SO_4}$ **E**
- $\xrightarrow{Ph_3P=CH_2}$ **E**

풀이

A= $\underset{}{PhCH(OH)CN}$ Benzaldehyde cyanohydrin

B= $PhCH_2OH$ Benzyl alcohol

C= $PhCO_2H$ Benzoic acid

D= $PhCH(OH)CH_3$ 1-Phenylethanol

E= $PhCH{=}CH_2$ Styrene

F= $PhC(=O)CH_3$ Acetophenone

문제 11.9 다음 알켄을 합성하는 데 필요한 카보닐 화합물과 Wittig 시약은 무엇인가?

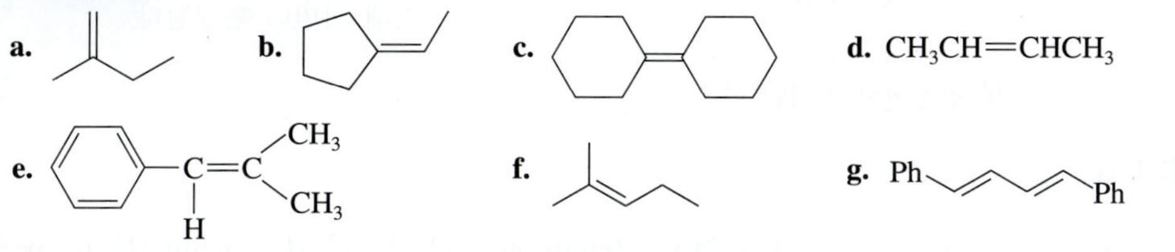

a. (구조식) **b.** (구조식) **c.** (구조식) **d.** $CH_3CH{=}CHCH_3$

e. $C_6H_5CH{=}C(CH_3)_2$ **f.** (구조식) **g.** Ph–CH=CH–CH=CH–Ph

11.12 질소 친핵체 첨가 반응

알데하이드와 케톤에 있는 카보닐기는 일차 아민, 이차 아민, 하이드록실 아민 및 하이드라진과 같은 질소 친핵체와 반응하여 C=N기를 생성한다. 이 반응은 pH 4~5인 약산성에서 수행되며, 첨가 반응과 물이 제거되는 반응을 수반한다.

11.12.1 일차 및 이차 아민 첨가 반응: 이민과 엔아민 형성 반응

알데하이드와 케톤이 일차 아민과 반응하면 **이민[Schiff**('쉬프' 라고 읽음) **염기**라고도 함]을 생성한다. 이 반응은 중간체로 생성된 사면체 구조를 가진 불안정한 carbinolamine(카비놀아민)에서 탈수 반응에 의한 제거 반응이 일어나 이민을 생성시키는 과정을 거쳐 일어난다.

$$RR'C{=}O + H_2N{-}R \rightleftharpoons RR'C{=}NR + H_2O$$

알데하이드 또는 케톤 / 일차 아민 / 이민 Schiff 염기

반응 예

$$(CH_3CH_2)_2C{=}O + H_2N{-}CH_2Ph \overset{H^+}{\rightleftharpoons} (CH_3CH_2)_2C{=}NCH_2Ph + H_2O$$

Pentan-3-one / Benzylamine

이 반응은 pH 4~5인 약산성에서 잘 일어나며, 반응은 가역적이다. 따라서 이민을 산성 용액에서 가수분해시키면 출발 물질인 알데하이드(또는 케톤)와 아민으로 되돌아 간다. 이 반응 메커니즘을 **그림 11.8**에 나타내었다. 이 반응에서 pH가 너무 낮으면 질소 친핵체인 아민의 질소 원자에 양성자가 첨가되어 친핵성이 감소한다. 그러나 약산성에서는 carbinolamine에 양성자가 첨가되어 탈수 반응이 잘 일어나게 한다. 한편, 알데하이드 또

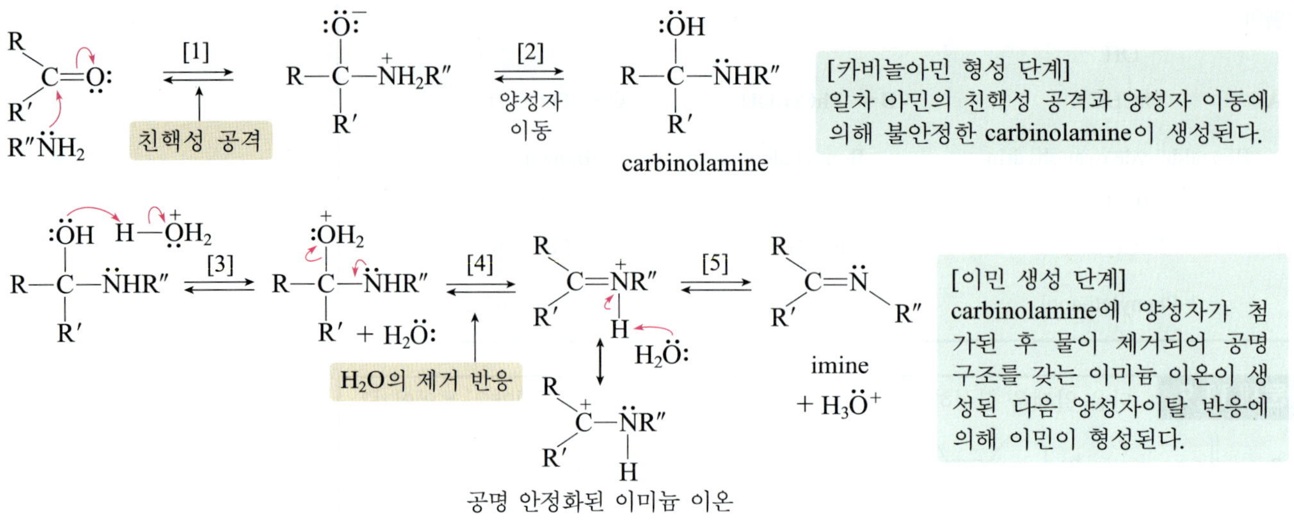

[카비놀아민 형성 단계]
일차 아민의 친핵성 공격과 양성자 이동에 의해 불안정한 carbinolamine이 생성된다.

친핵성 공격 [1] · [2] 양성자 이동 · carbinolamine

[3] · [4] H_2O의 제거 반응 · [5] · 공명 안정화된 이미늄 이온 · imine $+ H_3\ddot{O}^+$

[이민 생성 단계]
carbinolamine에 양성자가 첨가된 후 물이 제거되어 공명구조를 갖는 이미늄 이온이 생성된 다음 양성자이탈 반응에 의해 이민이 형성된다.

그림 11.8 **이민(Schiff 염기) 생성 메커니즘.**

는 케톤이 이차 아민과 반응하면 **엔아민 (enamine)** 을 형성하는데, enamine은 alkene의 'ene' 과 amine의 합성어이다. 반응 메커니즘은 다음과 같다.

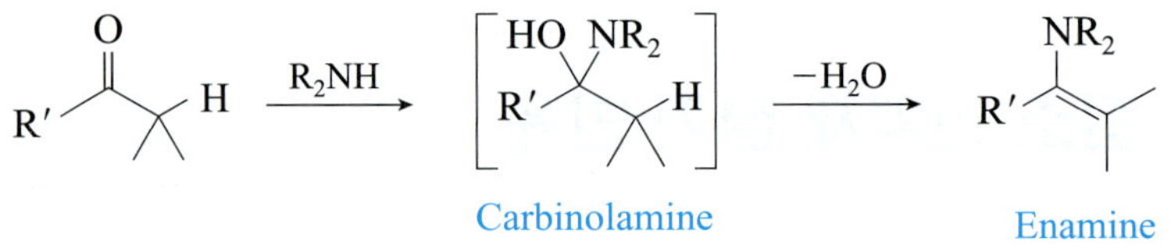

R_2NH → Carbinolamine → $-H_2O$ → Enamine

반응 예

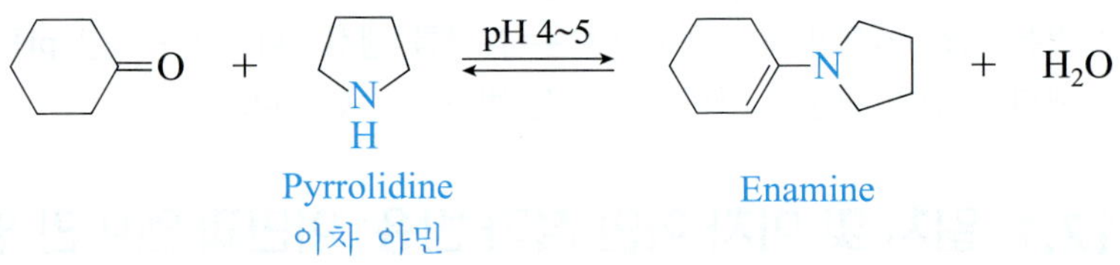

cyclohexanone + Pyrrolidine (이차 아민) ⇌ (pH 4~5) Enamine + H_2O

케톤이 일차 아민 및 이차 아민과 반응하여 생성된 중간체인 **이미늄 이온(iminium ion)** 구조에서, 일차 아민의 경우 질소에 수소 원자가 있으므로 이것이 양성자로 제거되어 중성인 이민(C=N)이 생성되나, 이차 아민의 경우 질소에 수소 원자가 없으므로 이웃 탄소 원자에 있는 수소 원자가 양성자로 제거되어 엔아민이 만들어진다(**그림 11.9**).

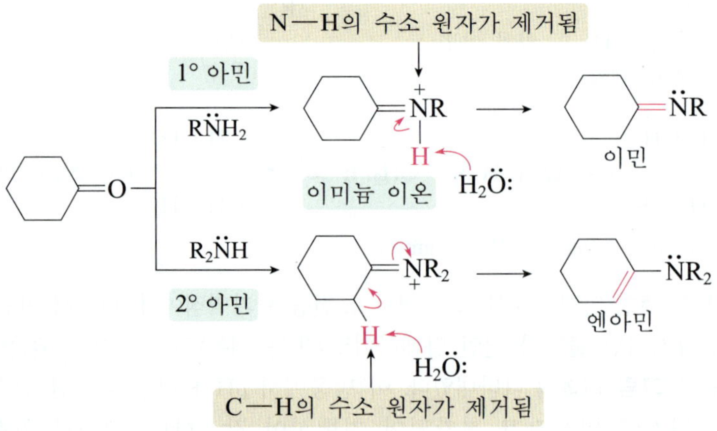

N—H의 수소 원자가 제거됨

1° 아민 $R\ddot{N}H_2$ → 이미늄 이온 → 이민

$R_2\ddot{N}H$ 2° 아민 → 엔아민

C—H의 수소 원자가 제거됨

그림 11.9 **엔아민(enamine) 형성 메커니즘.**

11.12.2 하이드록실아민 및 하이드라진 첨가 반응: 옥심과 하이드라존 형성 반응

Hydroxylamine (하이드록실아민, NH_2OH), phenylhydrazine (페닐하이드라진, $PhNHNH_2$) 및 semicarbazide (세미카바자이드, $H_2NNHCONH_2$) 등은 모두 $-NH_2$기를 가지고 있어 일차 아민과 반응을 하여 이민 유도체를 생성한다. 위 반응으로부터 얻은 생성물을 각각 **옥심(oxime, C=NOH)**, **페닐하이드라존(phenylhydrazone, C=N—NHPh)** 및 **세미카바존(semicarbazone, $C{=}NNHCONH_2$)**이라 지칭한다. 분광학 기술이 발달하기 전에 이들 화합물은 미지의 알데하이드와 케톤을 식별하는 데 이용되었다.

$$>C{=}O \xrightarrow{NH_2OH} >C{=}N{-}OH \quad \text{Oxime}$$

$$>C{=}O \xrightarrow{NH_2NHPh} >C{=}N{-}NHPh \quad \text{Phenylhydrazone}$$

$$>C{=}O \xrightarrow{NH_2NHCONH_2} >C{=}N{-}NHCONH_2 \quad \text{Semicarbazone}$$

이들 화합물의 생성 반응 메커니즘은 이민 형성 반응과 비슷하다.

한편, 옥심은 산 촉매에 의해 재배열 반응을 일으켜 아마이드를 형성하는데, 이를 **Beckmann**('베크만'이라고 읽음) **재배열 반응(Beckmann rearrangement)**이라고 한다. 이 반응은 주로 ketoxime에서 일어나며, 산 촉매하에서 옥심 구조에 있는 OH기는 H_2O 분자로 이탈하는 동시에 *anti* 위치에 있는 R기가 옥심의 질소 원자로 이동하여 재배열되면서 일어난다. 이 반응에서 중간체로 생성된 nitrilium 이온에 있는 탄소 원자에 물 분자가 첨가된 후 토토머화 반응(6.9.5절, 14.2절 참조)이 일어나 아마이드가 생성된다.

Ernst Otto Beckmann (1853~1923): 독일 태생 유기화학자 및 약사. Erlangen 대학 교수 역임. Kaiser Wilhelm 화학 연구소에서 근무. Beckmann 재배열 반응 발견.

$$RR'C{=}N{-}OH \xrightarrow{H_2SO_4} \left[RR'C{=}N{-}\overset{+}{O}H_2 \longrightarrow R{-}\overset{+}{N}{\equiv}C{-}R' \right] \xrightarrow{H_2O} \left[R'C(OH){=}N{-}R \right] \rightleftharpoons R'C(=O){-}NHR$$

anti 위치의
R기가 재배열

nitrilium ion

예

$$Ph(CH_3)C{=}N{-}OH \xrightarrow{H_2SO_4} PhNH{-}C(=O){-}CH_3$$

$$\text{cyclohexanone oxime} \xrightarrow{H_2SO_4} \text{caprolactam}$$

11.12.3 환원성 아민화 반응

환원성 아민화 반응(reductive amination)이란 알데하이드 또는 케톤을 환원제 존재 하에 암모니아, 일차 및 이차 아민과 반응시켜, 각각 일차, 이차 및 삼차 아민을 얻는 반응을 말한다. 이 반응은 반응 과정에서 중간체로 생성된 이민 화합물의 환원 반응에 의해 일어난 결과이다. 흔히 사용되는 환원제로는 수소-팔라듐 촉매, sodium cyanoborohydride (사이안화수소화붕소 소듐, $NaBH_3CN$), $NaBH(OAc)_3$ 및 수소화붕소소소듐–붕산 환원제 등이 있다.

R–C(=O)–H(R′) → (NH_3, 환원제) R–CH(NH_2)–H(R′)

R–C(=O)–H(R′) → ($R''NH_2$, 환원제) R–CH(NHR″)–H(R′)

R–C(=O)–H(R′) → (R'''_2NH, 환원제) R–CH(NR'''_2)–H(R′)

환원제 = H_2/Pd, $NaBH_3CN$ 또는 $NaBH_4$-H_3BO_3

반응 예

CH_3COCH_3 → (NH_3, H_2/Pd) $CH_3CH(NH_2)CH_3$

벤즈알데하이드 → (아닐린, $NaBH_4$-H_3BO_3) $PhCH_2NHPh$

사이클로헥사논 → (CH_3NHCH_3, $NaBH_3CN$) N,N-다이메틸사이클로헥실아민

예제 11.6 다음 결과를 설명하시오.

2-테트랄론 + 피롤리딘 → (H^+) **A** + **B**

B 생성되지 않음

풀이

엔아민 A는 벤젠 고리와 이중 결합이 짝지어(conjugate) 있는 형태이므로, 그렇지 못한 엔아민 B보다 안정하기 때문에 엔아민 형성 단계(탈수 과정)에서 A가 우선하여 생성된다.

11.13 산소 친핵체 첨가 반응

11.13.1 물 첨가 반응: 수화 반응

산 또는 염기 촉매하에서 알데하이드를 물과 반응시키면 첨가 생성물인 같은자리-다이올(*gem*-diol) [수화물(hydrate)이라고도 함]이 생성된다.

H_2O의 친핵성 첨가

R–C(=O)–R′ → (H_2O, H^+ 또는 ^-OH 촉매) R–C(OH)(OH)–R′

R′ = H 또는 알킬

gem-diol (수화물)

H_2O의 첨가 생성물

화학 라운지 11.4 **시각 화학**

비타민 A가 부족하면 야맹증에 걸린다. 비타민 A는 눈의 시각 작용에 중요한 역할을 한다. 눈의 망막에는 색깔과 밝은 빛에서 시각을 담당하는 원추 세포와 어두운 빛에서 시각을 담당하는 간상 세포가 존재한다. 간상 세포에서 비타민 A (retinol)는 일련의 효소-촉매 작용에 의하여 산화된 후, 이성질화 반응에 의하여 (11*E*)-retinal이 모두 (11*Z*)-retinal로 전환된다. 생성된 알데하이드는 단백질 opsin의 아미노산 잔기인 lysine의 NH_2기와 반응하여 이민 화합물인 rhodopsin이라는 가시광선에 예민한 복합체를 생성하는데, 이 복합체는 외부의 빛(가시광선)을 흡수하면 시스 이중 결합이 더 안정한 트랜스 이중 결합(11*Z*가 11*E*로 전환)으로 이성질화된다. 이 복합체의 빛에 의한 기하학적 배열 변화가 전기 신호로 바뀌어 뇌로 전달되면서 시각 영상을 만든다. 활성화된 (11*E*)-rodopsin은 가수분해되어 (11*E*)-retinal로 전환되며, 이 물질은 효소에 의하여 다시 (11*Z*)-retinal로 이성질화된다.

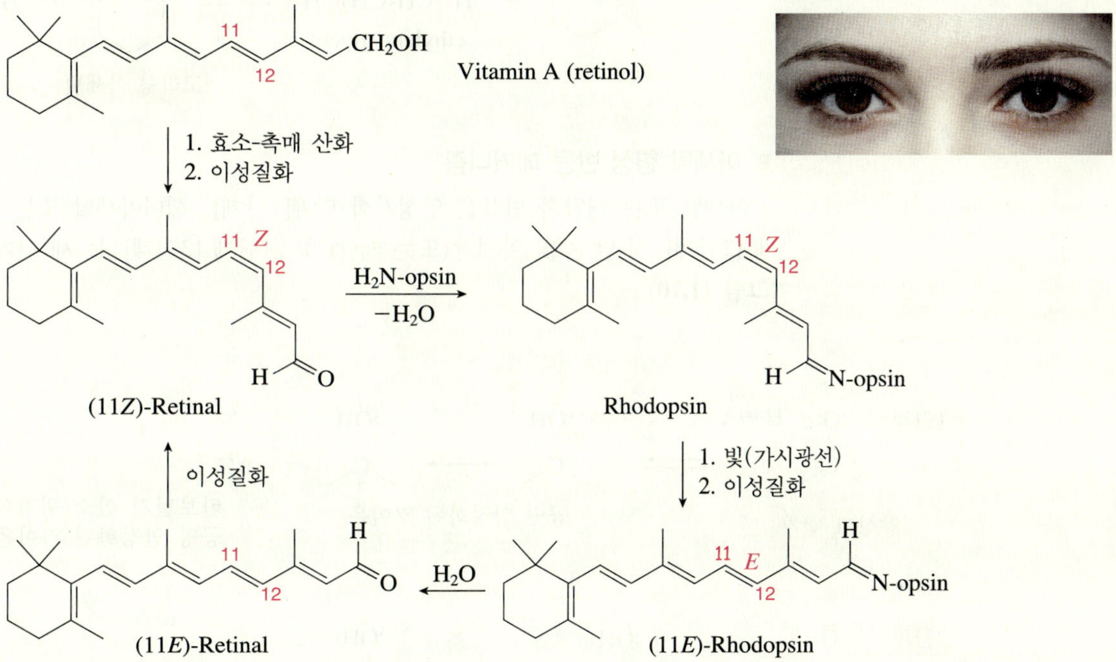

이와 같은 물 첨가 반응은 가역 반응으로 일어나며, formaldehyde 또는 trichloroacetaldehyde와 같이 카보닐 탄소의 전자 밀도가 적은 경우(덜 안정한 카보닐기)에는 반응이 잘 수행되지만, 전자를 주는 알킬기가 치환된 카보닐기(안정한 카보닐기)를 갖는 알데하이드 또는 케톤의 경우 반응이 잘 진행되지 않는다.

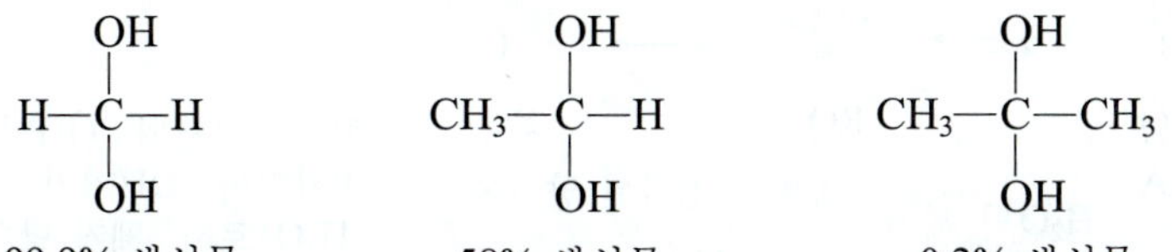

$H-C(OH)_2-H$	$CH_3-C(OH)_2-H$	$CH_3-C(OH)_2-CH_3$
99.9% 생성물	58% 생성물	0.2% 생성물

11.13.2 알코올 첨가 반응: 아세탈 (또는 케탈) 형성 반응

알데하이드 또는 케톤에 1당량의 알코올이 첨가되어 생성된 생성물을 알데하이드의 경우 **헤미아세탈(hemiacetal)**, 케톤의 경우 **헤미케탈(hemiketal)**이라 한다. 알코올 1당량이 더 첨가되어 생성된 생성물을 알데하이드의 경우 **아세탈(acetal)**, 케톤의 경우 **케탈(ketal)**이라 한다. 알코올은 물과 비슷한 약한 친핵체이므로 이 반응은 산촉매에 의해 반응이 촉진된다.

산 촉매로는 *p*-toluenesulfonic acid (*p*-톨루엔설폰산, TsOH)가 흔히 쓰인다.

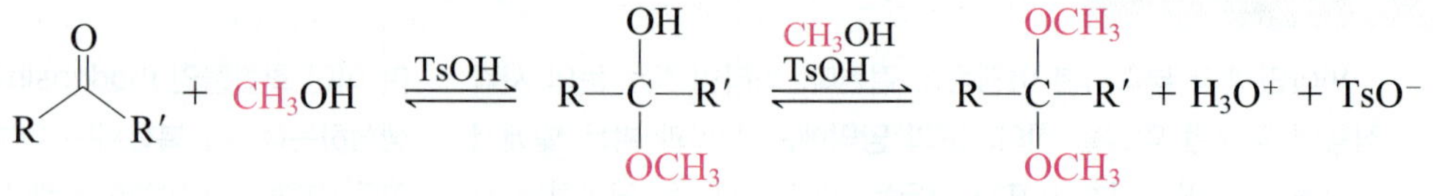

$$RC(=O)R' + CH_3OH \underset{}{\overset{TsOH}{\rightleftharpoons}} R-C(OH)(OCH_3)-R' \underset{}{\overset{CH_3OH,\ TsOH}{\rightleftharpoons}} R-C(OCH_3)_2-R' + H_3O^+ + TsO^-$$

알코올 대신 ethylene glycol (에틸렌 글리콜)과 같은 다이올을 사용하면 고리형 아세탈 또는 케탈이 생성된다.

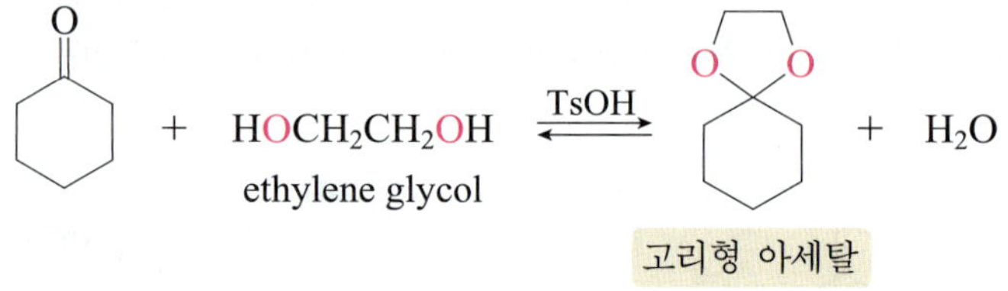

$$\text{cyclohexanone} + HOCH_2CH_2OH \overset{TsOH}{\rightleftharpoons} \text{고리형 아세탈} + H_2O$$

ethylene glycol

고리형 아세탈

■ 아세탈 형성 반응 메커니즘

아세탈 또는 케탈화 반응은 양성자화 단계[1단계], 헤미아세탈(또는 헤미케탈) 형성 단계 [2단계] 및 탈수 및 아세탈(또는 케탈) 형성 단계 [3단계] 등 세 단계를 거쳐 일어난다 **(그림 11.10)**.

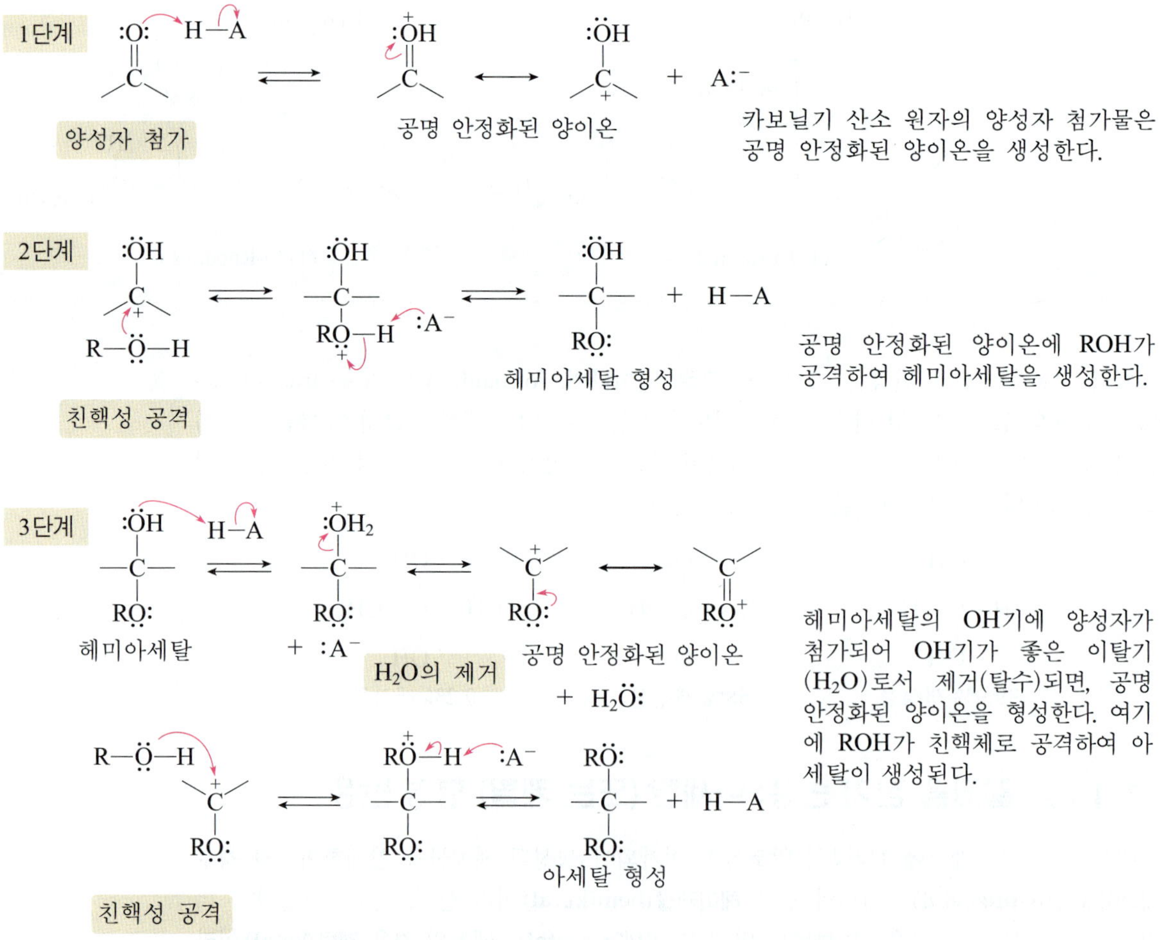

1단계

양성자 첨가

공명 안정화된 양이온

$$+ A:^-$$

카보닐기 산소 원자의 양성자 첨가물은 공명 안정화된 양이온을 생성한다.

2단계

친핵성 공격

헤미아세탈 형성

$$+ H-A$$

공명 안정화된 양이온에 ROH가 공격하여 헤미아세탈을 생성한다.

3단계

헤미아세탈

$$+ :A^-$$

H_2O의 제거

공명 안정화된 양이온

$$+ H_2\ddot{O}:$$

친핵성 공격

아세탈 형성

$$+ H-A$$

헤미아세탈의 OH기에 양성자가 첨가되어 OH기가 좋은 이탈기 (H_2O)로서 제거(탈수)되면, 공명 안정화된 양이온을 형성한다. 여기에 ROH가 친핵체로 공격하여 아세탈이 생성된다.

그림 11.10 **아세탈(acetal) 또는 케탈(ketal) 형성 메커니즘.**

문제 11.10 Acetone을 동위원소로 표지된 물(H_2O^{18})의 산성 용액에 녹인 후 관찰하였더니, 아세톤의 산소가 동위원소인 O^{18}로 치환되었다. 이 현상을 설명하시오.

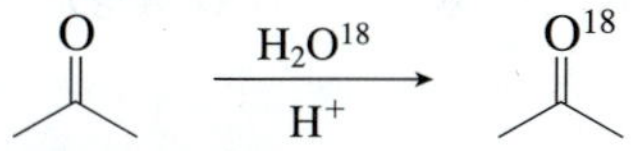

H_2O^{18}, H^+; O → O^{18}

예제 11.7 다음 각 아세탈 합성에 필요한 알데하이드와 알코올의 구조를 그리시오.

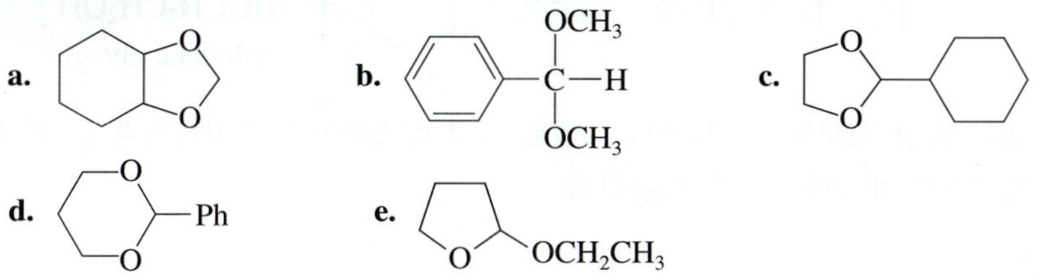

a. b. OCH_3, C—H, OCH_3 c. d. O, Ph, O e. O, OCH_2CH_3

풀이

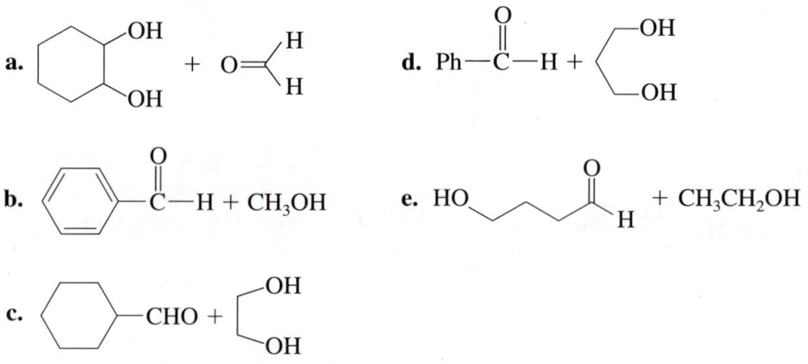

a. OH, OH + O=C(H)(H)

d. Ph—C(=O)—H + HO…OH

b. C(=O)—H + CH_3OH

e. HO…C(=O)H + CH_3CH_2OH

c. CHO + OH, OH

■ 고리형 헤미아세탈 또는 아세탈

분자 내에 OH기를 가지고 있는 알데하이드 또는 케톤은 분자 내 헤미아세탈(또는 헤미케탈)화 반응이 일어나 고리형 헤미아세틸 또는 헤미케탈을 형성한다. 특히 오원자 고리나 육원자 고리의 경우 안정하여 분리도 가능하다. 일반적으로 비고리형 헤미아세탈(또는 헤미케탈)은 불안정하여 분리할 수 없다.

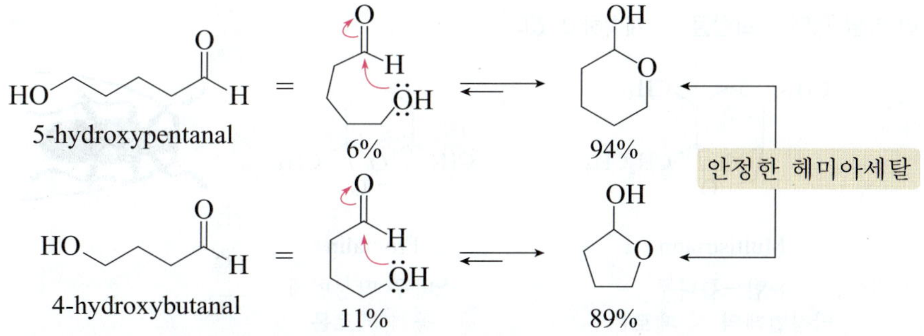

HO…H (5-hydroxypentanal) = 6% ⇌ 94%

HO…H (4-hydroxybutanal) = 11% ⇌ 89%

안정한 헤미아세탈

산촉매를 사용하여 ROH와 반응시키면 아세탈이 생성된다

■ 보호기로서 아세탈(케탈)의 응용

아세탈 또는 케탈은 알칼리 수용액에서는 안정하지만, 산 수용액에서는 가수분해되어 알데하이드 또는 케톤이 생성된다. 이 반응을 이용하여 합성 반응에서 아세탈 또는 케탈을 알데하이드 또는 케톤의 보호기로 사용한다. 예를 들어, 케톤(C=O)과 에스터(CO_2R)의 두 작

아세탈과 케탈은 염기성 환원제, Grignard 시약 및 산화제(비수용성 용매 사용)와 반응하지 않는다.

아세탈의 가수분해

$$\mathrm{R''O}\quad\mathrm{OR''}\ \ \mathrm{C}\ (\mathrm{R},\ \mathrm{R'}) + H_2O\ (\text{과량}) \underset{}{\overset{H^+}{\rightleftharpoons}} \mathrm{RC(=O)R'} + \mathrm{R''OH}\ (2\text{당량})$$

acetal

R′=H 또는 알킬

예

$$\text{(cyclohexanone ethylene ketal)} + H_2O \overset{H^+}{\rightleftharpoons} \text{cyclohexanone} + HOCH_2CH_2OH$$

ethylene glycol

용기를 가지고 있는 화합물로부터, 케톤기는 그대로 두고 에스터기만 환원하고자 할 때 케톤기를 보호할 목적으로 케탈화 반응을 이용한다.

OCH$_3$ —?→ CH$_2$OH

TsOH (HOCH$_2$CH$_2$OH) ↓ LiAlH$_4$ → CH$_2$O$^-$ ↑ HCl, H$_2$O

OH, CH$_2$OH

보호기 없이 환원하면 두 작용기인 케톤기와 에스터기 모두가 환원된다

화학 라운지 11.5 천연 아세탈과 케탈

자연계에는 아세탈 또는 케탈 구조를 가지고 있는 다양한 천연물질이 존재한다. 대부분 두고리형 케탈(bicyclic ketal) 또는 스파이로 케탈(spiroketal, 'spiro'란 두고리가 한 원자에 접합되어 있음을 뜻함) 형태로 미생물, 곰팡이, 해양생물, 곤충, 식물 등에 존재한다. Brevicomin (소나무 딱정벌레 성 페로몬), multistriatin (유럽느릅나무 딱정벌레의 성 페로몬) 및 frontalin (소나무 딱정벌레 공격 페로몬) 등은 두고리 케탈 형태의 화합물이다. Frontalin은 아시아 수코끼리의 발정 시 관자놀이샘에서 분비되는 분비물에서도 발견된다. 올리브나무 파리의 성 페로몬인 구조식 I의 화합물과 어떤 종의 곰팡이가 만들어 내는 독성 물질인 talaromycin은 spiroketal 구조를 가지고 있다. 화학자들은 천연물에 다양하게 분포되어 있는 이들 화합물을 이용하여 해충 박멸은 물론, 새로운 약효를 발견하기 위하여 꾸준한 노력을 계속하고 있다.

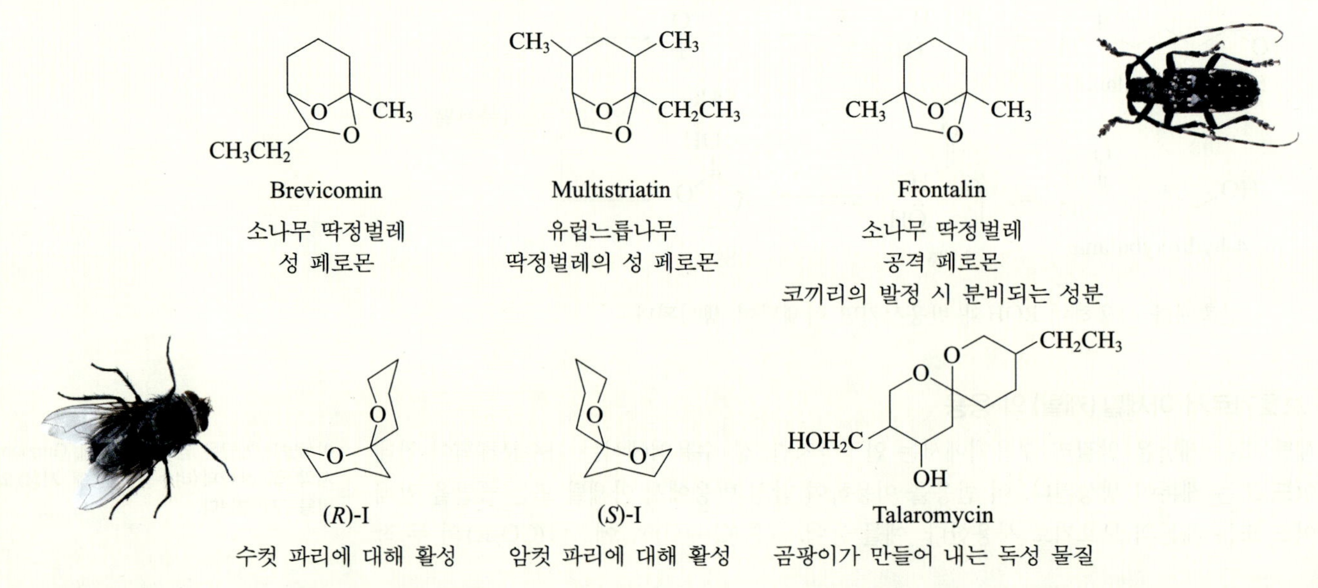

Brevicomin
소나무 딱정벌레
성 페로몬

Multistriatin
유럽느릅나무
딱정벌레의 성 페로몬

Frontalin
소나무 딱정벌레
공격 페로몬
코끼리의 발정 시 분비되는 성분

(*R*)-I
수컷 파리에 대해 활성

(*S*)-I
암컷 파리에 대해 활성

Talaromycin
곰팡이가 만들어 내는 독성 물질

11.14 황 친핵체 첨가 반응

11.14.1 싸이올 첨가 반응: 싸이오 아세탈 (또는 케탈) 형성 반응

산촉매에서 알코올(ROH) 대신 싸이올(thiol, RSH)을 알데하이드 또는 케톤과 반응시키면 **싸이오아세탈(thioacetal)** 또는 **싸이오케탈(thioketal)**이 생성된다. 메커니즘은 acetal 또는 ketal 형성 반응과 동일하다.

1,3-Propanedithiol   TsOH   Thioketal   + H_2O

11.14.2 아황산수소 소듐 첨가 반응: 아황산수소 소듐 첨가물 형성 반응

알데하이드 또는 케톤에 sodium bisulfite(아황산수소 소듐, $NaHSO_3$) 포화 수용액을 넣고 반응시키면 카보닐기의 아황산수소 소듐 첨가 생성물이 생성된다. 이 첨가물은 고체 물질이어서 분리 정제가 가능하다. 또한 이 반응은 가역적이어서 약산 또는 약염기 수용액에서 원래의 알데하이드나 케톤으로 되돌아갈 수 있다.

11.15 환원 반응: 수소음이온 첨가 반응

알데하이드와 케톤의 환원 반응은 각각 일차 알코올과 이차 알코올로 전환되는 반응과 탈산소 반응에 의하여 알케인으로 전환되는 두 종류의 반응이 있다.

R(H)(R′)C=O —환원→ R(H)(R′)CHOH 알코올; R(H)(R′)CH_2 알케인

11.15.1 수소음이온 첨가 반응: 일차 또는 이차 알코올의 형성 반응

Sodium borohydride(수소화붕소 소듐, $NaBH_4$)와 **lithium aluminum hydride(수소화 알루미늄 리튬, $LiAlH_4$)**는 모두 수소음이온(hydride ion, H^-)을 제공하는 시약이다. 이 시약은 각각 중심 금속인 붕소(전기음성도값 2.0)와 알루미늄(전기음성도값 1.5)에 수소가 결합되어 있는 화합물로서, 중심 금속의 전기음성도가 수소(전기음성도값 2.1)보다 낮아 수소 원자가 수소음이온 성질을 가지고 친핵체로 작용하게 한다. 따라서 이들을 **수소화 금속(metal hydride) 환원제(reducing agent)**라고 한다. 두 종류의 환원제 중 $LiAlH_4$가 $NaBH_4$보다 환원력이 훨씬 강하다. 실제로 $NaBH_4$는 오직 알데하이드, 케톤, 산염화물의 카보닐기만 환원할 수 있지만, $LiAlH_4$는 이들 작용기를 포함하여 카복실산, 에스터, 아마이드 및 나이트릴 등 $NaBH_4$가 환원할 수 없는 많은 종류의 작용기를 환원할 수 있다(화학 라운지 13.1 참조). $NaBH_4$는 알코올이나 알칼리 수용액 중에서 사용이 가능하나 $LiAlH_4$는 알코올 또는 물과 같은 양성자 용매와는 수소 기체를 내며 격렬히 반응하기 때문에 에터 같은 활성 수소가 없는 용매를 사용해야 한다. 이론적으로 $LiAlH_4$ 또는 $NaBH_4$ 1몰은 알

데하이드 또는 케톤 4몰을 환원할 수 있으며, 이 반응은 친핵체인 **수소음이온(hydride ion, H^-)**이 친전자성인 카보닐 탄소를 공격하여 알코올이 생성되는 반응이다.

$Li^+[AlH_4]^-$ (LiAlH$_4$)　$Na^+[BH_4]^-$ (NaBH$_4$)

1. $LiAlH_4$, ether 2. H_3O^+ 또는 $NaBH_4$, CH_3OH

11.15.2 탈산소 반응: 알케인 형성 반응

알데하이드와 케톤의 카보닐기는 **탈산소 반응(deoxygenation)**을 통해 C=O기가 CH_2로 전환될 수 있다. 이들 방법을 소개하면 다음과 같다.

$$R(H \text{ 또는 } R')C{=}O \longrightarrow R(H \text{ 또는 } R')CH_2$$

■ Clemmensen('클레멘젠'이라고 읽음) 환원 반응(Clemmensen reduction)

Erik Christian Clemmensen (1876~1941): 덴마크 태생 미국 화학자. 제약회사에서 주로 활동.

Ludwig Wolff (1857~1919): 독일 태생 화학자. Jena 대학 교수 역임.

Nikolai Matveevich Kischner (1867~1935): 러시아 태생 화학자. Tomsk 대학과 Moscow 대학 교수 역임.

알데하이드 또는 케톤을 진한 염산 속에서 아연 아말감(아연과 수은의 합금, Zn-Hg)을 넣고 끓이면 탈산소 반응이 일어나 C=O기가 CH_2기로 전환되는 반응이다.

$$C_6H_5CH_2COCH_3 \xrightarrow[HCl]{Zn\text{-}Hg} C_6H_5CH_2CH_2CH_3$$

■ Wolff-Kischner('볼프-키쉬너'라고 읽음) 환원 반응(Wolff-Kischner reduction)

높은 끓는점을 가지고 있는 용매 속에 알데하이드 또는 케톤을 하이드라진(hydrazine, NH_2NH_2)과 KOH를 넣고, 높은 온도로 끓여 탈산소 반응을 일으키는 반응을 말한다. 이 반응은 중간체로 하이드라존(hydrazone)이 생성되어 일어난다. 또한 이 반응은 강염기 조건하에서 반응이 수행되므로 강산 환경에서 수행되는 Clemmensen 환원과는 상호보완적으로 사용된다.

$$C_6H_5CHO \xrightarrow[KOH]{NH_2NH_2} C_6H_5CH_3 \quad [C_6H_5CH{=}NNH_2]$$

Hydrazone

■ 방향족 케톤의 촉매 수소화 반응

방향족 케톤을 촉매 수소화 반응을 시키면 탈산소 반응이 일어난다. 이 반응은 환원 생성물인 벤질 탄소의 OH기가 **가수소분해 반응(hydrogenolysis)**에 의해 일어나는 특수 반응으로, 벤질 탄소가 없는 일반 알데하이드나 케톤에서는 탈산소 반응이 일어나지 않는다.

$$C_6H_5COCH_2CH_3 \xrightarrow[Pd]{H_2} C_6H_5CH_2CH_2CH_3$$

■ 싸이오 아세탈(또는 케탈)의 탈황 반응

알데하이드 또는 케톤의 싸이오아세탈(또는 케탈)을 Raney-Ni ('레이니-니켈' 이라고 읽음, Al—Ni 합금을 알칼리 용액으로 처리한 금속)로 처리하여 탈황 반응을 통해 C=O기를 CH_2기로 전환시키는 반응이다. 이 반응은 중성 조건에서 수행시킬 수 있다는 점이 강산 조건의 Clemmensen 환원법과 강염기 조건의 Wolff-Kishner 환원법과 다르다.

HS SH, H^+ → Raney-Ni →

11.16 케톤의 Baeyer-Villiger 산화 반응

알데하이드와는 다르게 케톤은 산화제에 의해 더 이상 산화되지 않는다(11.6절). 그러나 과산소산(per acid)과 반응하면 재배열 반응이 일어나 산소 원자가 카보닐 탄소와 결합된 C—C 결합에 삽입되어 에스터(또는 락톤)를 생성하는 반응이 일어난다.

$$R-\overset{O}{\overset{\|}{C}}-R' + R''-\overset{O}{\overset{\|}{C}}-OOH \longrightarrow R-\overset{O}{\overset{\|}{C}}-OR' + R''-\overset{O}{\overset{\|}{C}}-OH$$

이 반응을 **Baeyer-Villiger** ('바이에르-빌리거' 라 읽음) **산화 반응**이라 한다. 예를 들어, acetophenone에 이 반응을 적용시키면 아세트산의 에스터가 생성된다.

Acetophenone + mCPBA —$CHCl_3$→ Phenyl acetate

페닐기가 자리 이동함

이 반응은 케톤의 카보닐기에 과산소산의 친핵성 첨가 반응 생성물에서 알킬기가 재배열하여 일어나는 반응이다. 이때 카보닐기의 양쪽에 있는 치환기의 **자리 이동 성향(migratory aptitude)**은 다음과 같다. 메틸기의 자리 이동 성향이 가장 낮다.

$$R(R')C=O + H-O-O-\overset{O}{\overset{\|}{C}}-R'' \rightleftharpoons [\text{중간체}] \longrightarrow R-\overset{O}{\overset{\|}{C}}-OR' + R''CO_2H$$

자리 이동성 증가

삼차 알킬 > cyclohexyl > 이차 알킬 > 페닐 > 일차 알킬 > 메틸

Adolf von Baeyer (1835~1917): 독일 태생 유기화학자. Strasbourg 대학과 Munich 대학의 교수를 역임. 인디고와 페놀프탈레인 등을 비롯하여 다양한 유기 염료 합성 및 공업화에 대한 공로로 1905년 노벨 화학상 수상.

Victor Villiger (1868~1934): 스위스 태생 독일 화학자. Adolf von Baeyer와 공동 연구로 Baeyer-Villiger 산화 반응을 발견.

요약 정리

알데하이드 및 케톤의 구조와 결합

- 탄소와 산소 원자 사이의 이중 결합(C=O) 을 **카보닐기**라 하며, 이것을 가지고 있는 화합물을 **카보닐 화합물**이라고 한다. 여기에는 알데하이드, 케톤 및 카복실산과 산염화물, 산무수물, 에스터, 아마이드 등과 같은 카복실산 유도체들이 포함된다.
- 카보닐 탄소와 산소 원자는 sp^2 혼성화되어 있고, 여기에 σ 결합된 원자들은 같은 평면상에 있다.
- 카보닐 탄소는 π 전자가 산소 쪽으로 편극되어 있어 극성을 나타내며, 탄소 부위는 친핵체의 공격을, 산소 부위는 친전자체, 특히 양성자의 공격을 받는 자리가 된다.

알데하이드와 케톤의 명명법

- 알데하이드의 IUPAC 명명법은 alkane의 'e' 대신에 접미사 'al'을 붙이며, 일반명은 **alkanal**이다. 관용명은 카복실산의 관용명에 어미 변화를 하여 명명한다.
- 케톤의 IUPAC 명명법은 alkane의 'e' 대신에 접미사 'one'을 붙이며, 일반명은 **alkanone**이다. 관용명은 카보닐기 양쪽의 치환기 이름을 알파벳 순으로 적고 ketone을 쓴다.

알데하이드 및 케톤의 물리적 성질

- 알데하이드와 케톤은 극성 분자이므로 끓는점이 알켄보다 높다. 그러나 수소 결합을 하지 못하므로 알코올보다는 낮다.

알데하이드 및 케톤의 제법

[1] **알데하이드의 제법(그림 11.11)**

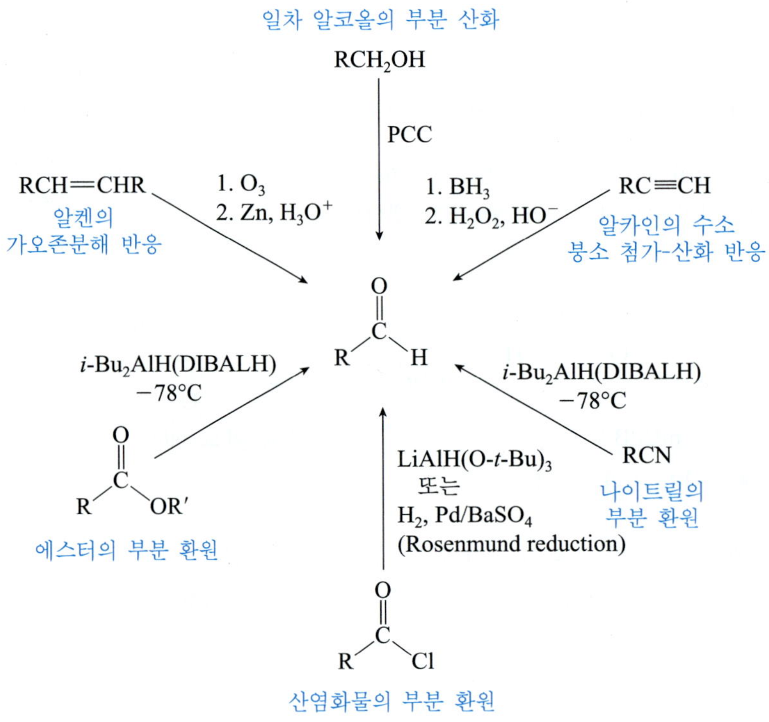

일차 알코올의 부분 산화
RCH_2OH → PCC

알켄의 가오존분해 반응
RCH=CHR → 1. O_3 2. Zn, H_3O^+

알카인의 수소 붕소 첨가-산화 반응
RC≡CH → 1. BH_3 2. H_2O_2, HO^-

에스터의 부분 환원
RC(=O)OR′ → i-Bu_2AlH(DIBALH) −78°C

나이트릴의 부분 환원
RCN → i-Bu_2AlH(DIBALH) −78°C

산염화물의 부분 환원
RC(=O)Cl → LiAlH(O-t-Bu)$_3$ 또는 H_2, Pd/$BaSO_4$ (Rosenmund reduction)

생성물: RC(=O)H

그림 11.11 **알데하이드의 제법.**

[2] **케톤의 제법 (그림 11.12)**

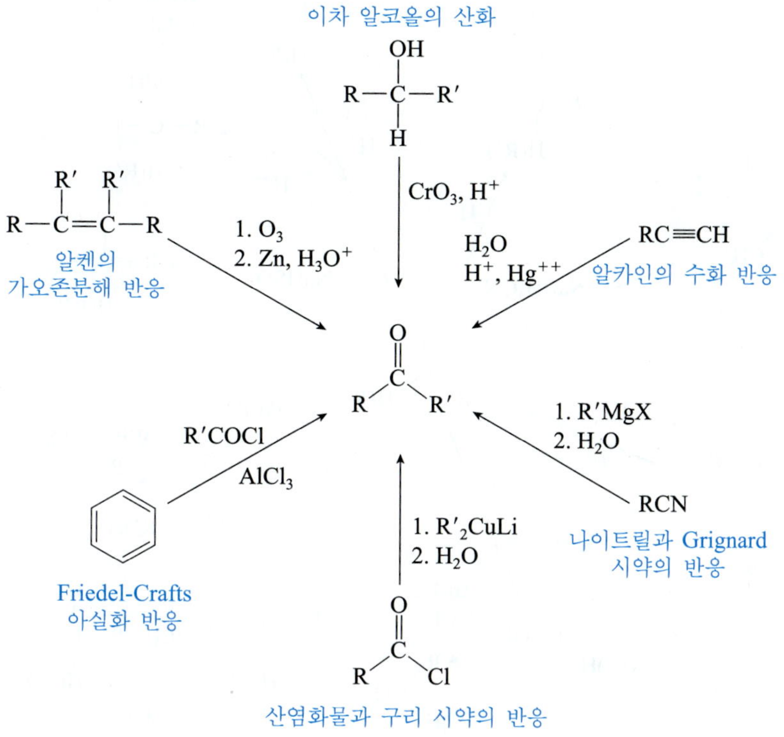

그림 11.12 **케톤의 제법.**

알데하이드 및 케톤의 반응

- 알데하이드와 케톤은 친핵성 첨가 반응을 하고, 이 반응은 평형 반응이다. 알데하이드가 케톤보다 더 큰 평형 상수를 가진다(더 잘 일어난다).
- 알데하이드는 산화제에 의해 쉽게 산화되나 케톤은 결합이 끊어지지 않는 한 더 산화되지 않는다. 알데하이드의 **은거울 반응**은 알데하이드의 산화되기 쉬운 성질을 이용한 반응이다.
- 알데하이드와 케톤의 카보닐 (C=O) 기는 $NaBH_4$ 및 $LiAlH_4$와 같은 환원제에 의해 각각 일차 알코올과 이차 알코올로 환원된다. 또한, 이들 작용기는 **Clemensen 환원**, **Wolff-Kischner 환원**, 싸이오아세탈 또는 케탈의 **탈황 반응**에 의하여 탈산소 반응이 일어나 알케인(CH_2) 으로 전환된다.
- 알데하이드와 케톤의 친핵성 첨가 반응에서 사용되는 친핵체의 종류로 탄소 친핵체(알코올, 사이아노하이드린 및 알켄 형성), 질소 친핵체(**이민**, **엔아민**, **옥심** 및 **하이드라존** 형성), 산소 친핵체(수화물 및 **acetal** 또는 **ketal** 형성), 황 친핵체(**thioacetal** 또는 **thioketal** 형성) 및 수소음이온(알코올 형성) 등이 있다. 이들 반응을 **그림 11.13**에 나타내었다.

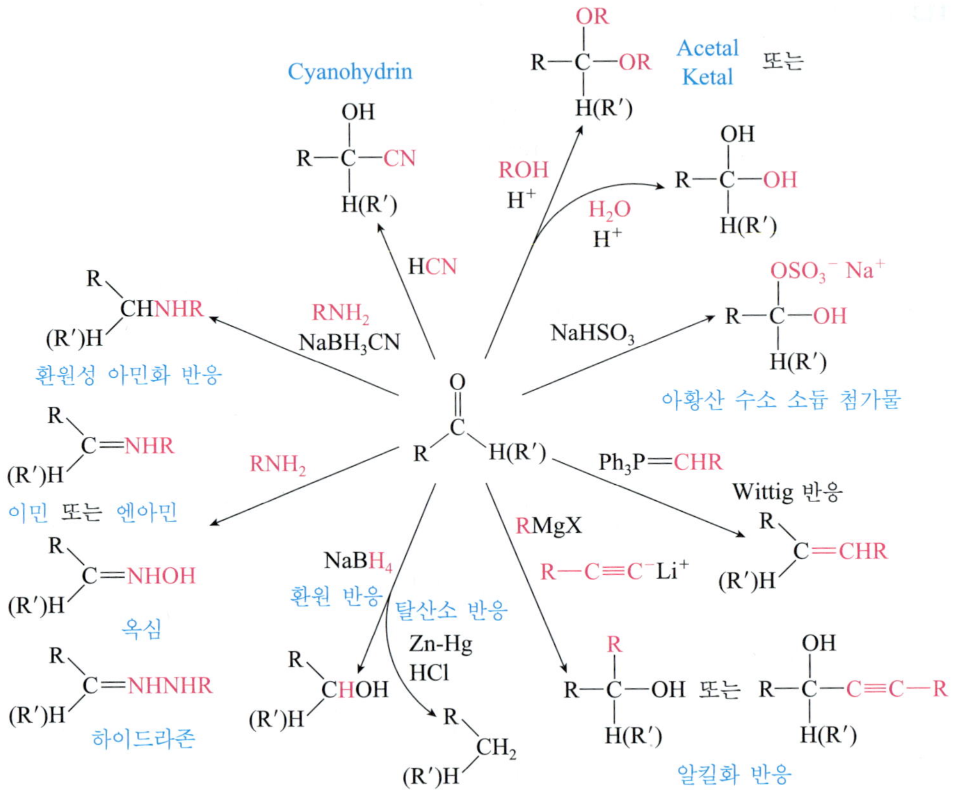

그림 11.13 **알데하이드 및 케톤의 친핵성 첨가 반응.**

- 케톤은 과산소산에 의한 첨가 반응 후 연이어 일어나는 재배열 반응에 의해 에스터를 형성한다(**Bayer-Villiger 반응**).

보충 문제

11.11 다음 화합물의 이름을 IUPAC법으로 명명하시오.

a. b. c. d.

e. f. g.

h. i. j.

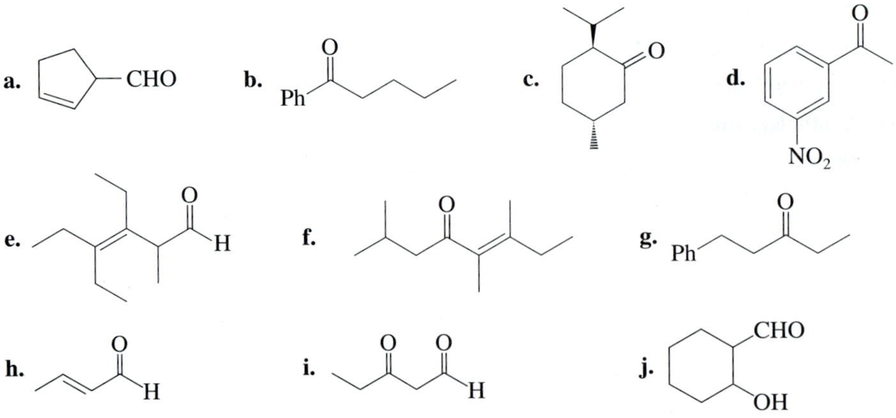

11.12 분자식이 $C_6H_{12}O$인 알데하이드와 케톤의 구조식을 그리고, IUPAC법으로 명명하시오. 또한 이들 구조식 중 입체 중심이 있는 화합물은 입체 중심에 *표시를 하시오.

11.13 다음 각 항에서 친핵성 첨가 반응이 잘 일어나는 순으로 나열하시오.

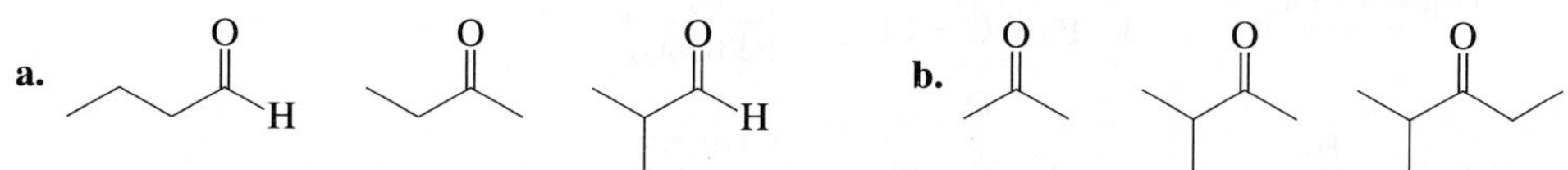

11.14 Acetophenone과 *p*-methoxyacetophenone에 HCN을 반응시켰을 때 어느 것이 더 반응을 잘하겠는가? Acetone과 acetophenone 사이의 반응성은 어떠하겠는가?

11.15 다음 반응식을 완결하시오.

a. (ketone) 1. (allyl)Li / 2. H_3O^+ →

b. 2-Bromopropane 1. Mg, ether / 2. D_2O →

c. $HC{\equiv}CH + CH_3MgBr$ 1. Ph–CH=CH–CHO / 2. H_3O^+ →

d. CH_3–(cyclohexanone) 1. PhLi / 2. H_3O^+ →

e. Acetone 1. PhMgBr / 2. H_3O^+ →

f. (alkenyl)–$C{\equiv}C^-Na^+$ 1. HCHO / 2. H_3O^+ →

11.16 Grignard 반응을 이용하여 알데하이드 또는 케톤으로부터 다음 화합물을 합성하는 방법을 보이시오.

a. Ph_3COH **b.** $CH_3C(Ph)(OH)CH_3$ **c.** $PhCH_2OH$

d. $PhCH(OH)CH_3$ **e.** $CH_3CH(OH)CH_2CH_3$

11.17 Grignard 반응을 이용하여 다음 화합물을 합성하시오.

a. CH_3CHDCH_3 **b.** C_6H_5D **c.** $CH_3CH_2C{\equiv}CD$

11.18 Wittig 시약을 제조할 때 Ph_3P 대신 $(CH_3CH_2)_3P$는 사용할 수 없다. 그 이유는 무엇인가?

11.19 다음 반응에서 사용되는 시약 또는 생성물의 구조를 그리시오.

benzene —A→ bromobenzene —Mg, ether→ **B** —1. HCHO / 2. H_3O^+→ **C** —PCC / CH_2Cl_2→ **D**

benzene —**E**→ toluene (CH_3) —**F**→ benzyl bromide (CH_2Br) —1. Ph_3P / 2. *n*-BuLi→ **G** —**H**→ $PhCH{=}CHPh$

11.20 다음 반응에서 얻어지는 주생성물의 구조를 그리시오.

a. $Ph-C(=O)-CH_3$ —$NaBD_4$ / CH_3OD→

b. $Ph-C(=O)-Cl$ —1. $Li(CH_3)_2Cu$ / 2. H_3O^+→

c. $Ph-C(=O)-H$ —1. NaCN, HCl / 2. $LiAlH_4$ / 2. H_3O^+→

d. (cyclopentanone) —CH_3CO_3H→

e. (2-tetralone) —(pyrrolidine, NH) / H^+→

f. $HOCH_2CH_2CH_2C(=O)-H$ —CH_3OH / H^+→

g. $CH_3(CH_2)_4CH_2CN$ —1. DIBALH / 2. H_3O^+→

h. $(CH_3)_2CHCH_2-C(=O)-CHCH_3$ —$PhNH_2NH_2$ / H^+→

i. $CH_3(CH_2)_2CH_2CN$ —1. PhMgBr / 2. H_3O^+→

j. $PhCH_2-C(=O)-CH_3$ —Zn-Hg / HCl→

k. $Ph-\overset{O}{\overset{\|}{C}}-CH_2CH_3 \xrightarrow{Ph_3P{=}CHPh}$ **l.** $Ph-\overset{O}{\overset{\|}{C}}-Cl \xrightarrow[Pd\text{-}BaSO_4]{H_2}$

m. $PhCH_2-\overset{O}{\overset{\|}{C}}-CH_3 + NH_3 \xrightarrow[Pt]{H_2}$ **n.** $Ph-\overset{O}{\overset{\|}{C}}-Ph \xrightarrow[2.\ KOH\ \Delta]{1.\ NH_2NH_2}$

o. O_2N–C_6H_4–CHO (para) $\xrightarrow[H^+]{2CH_3OH}$

11.21 Phenylacetaldehyde에 다음 시약을 반응시켰을 때 생성되는 물질의 구조를 그리시오.

a. CrO_3, H^+ **b.** NaCN, HCl **c.** $Ph_3P{=}CHPh$
d. $HC{\equiv}C^-\ Na^+$ **e.** $HOCH_2CH_2OH$, H^+ **f.** $PhCH_2NH_2$, $NaBH_3CN$
g. 1. PhMgCl, 2. H_3O^+ **h.** $NaBH_4$, ethanol **i.** $NaHSO_3$
j. NH_2OH **k.** b 반응 생성물에 1. DIBALH, $-78°C$ 2. H_3O^+

11.22 Ethanol로부터 2-Butanone을 합성하는 방법을 보이시오.

11.23 벤젠으로부터 benzaldehyde를 합성하는 방법을 보이시오.

11.24 Cyclohexanone으로부터 다음 화합물을 합성하는 조건을 보이시오.

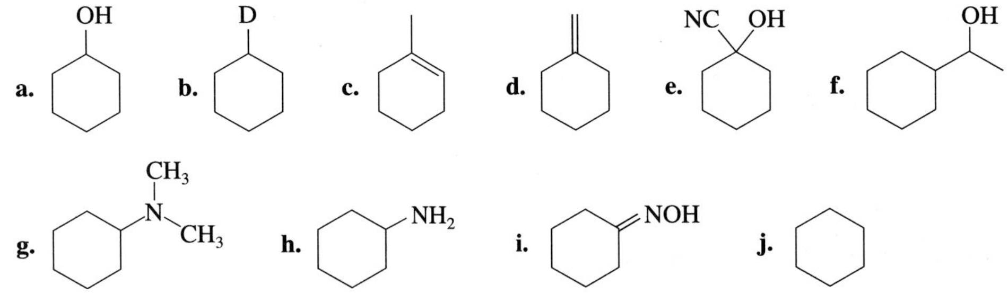

11.25 다음 화합물의 합성법을 보이시오(단서 조항을 제외한 다른 반응은 모두 두 단계 이상의 반응이다).

a. 1-Pentanol로부터 2-pentanone **b.** 1-Propanol로부터 2-butanone
c. Acetaldehyde로부터 3-pentyn-2-ol **d.** Styrene으로부터 phenylacetaldehyde
e. Styrene으로부터 acetophenone **f.** Benzene로부터 butylbenzene
g. 2-Propanol로부터 acetone cyanohydrin
h. 3,3-Dimethyl-2-butanone으로부터 *tert*-butyl acetate (한 단계 반응)
i. Benzaldehyde로부터 methyl cinnamate ($PhCH{=}CHCO_2CH_3$) (한 단계 반응)
j. Acetaldehyde로부터 *N*-ethylcyclohexylamine (한 단계 반응)

11.26 Heptan-2-one을 다음 화합물로부터 어떻게 합성할 수 있는지 합성법을 반응식으로 나타내시오.

a. Hept-1-yne **b.** Hexanoic acid [$CH_3(CH_2)_4CO_2H$] **c.** Hexanal
d. 2,3-Dimethyloct-2-ene **e.** Hexanenitrile [$CH_3(CH_2)_4CN$] **f.** Hex-1-ene

12장 카복실산과 유도체 I: 구조, 성질 및 제법

핵심 익히기

- 카복실산과 유도체(산염화물, 산무수물, 아실인산염, 싸이오에스터, 에스터, 아마이드, 나이트릴)의 구조와 명명법
- 카복실산의 산도와 짝염기의 염기도와의 상관관계 및 산도에 영향을 미치는 요인
- 카복실산과 유도체의 물리적 성질(끓는점)의 특징
- 카복실산과 유도체의 제법

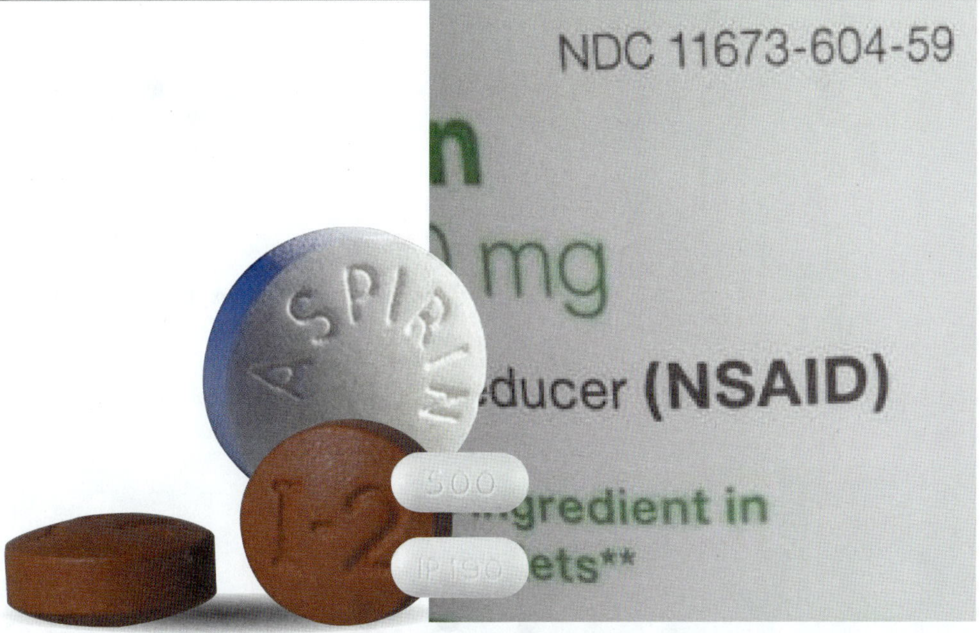

Aspirin, Ibuprofen(advil® Motrin®) 및 Naproxen(Aleve®)은 분자 구조에 모두 카복실산기를 가지고 있는 합성 의약품으로서 해열, 진통 및 항염증 약리 작용을 가지고 있다. 이들의 항염증 작용은 염증 유발에 관여하는 COX-1과 COX-2 효소를 저해함으로써 나타난다. 스테로이드 구조를 가지고 있지 않지만 항염증 약리 작용을 나타내는 이 약들을 비스테로이드성 항염증제(nonsteroidal antiimflammatory drugs, NSAID)라 부른다(화학 라운지 12.6과 16.7 참조).

12.1 카복실산과 유도체의 소개

카복실산은 일반식이 RCO_2H (또는 RCOOH로 표기) 인 화합물로, 유기 화합물 가운데 산화 상태가 가장 높아 안정한 화합물이다. 이 때문에 자연계의 생물체는 여러 종류의 포화, 불포화 및 방향족 카복실산들을 가지고 있다. 예를 들면, acetic acid (아세트산), citric acid (시트르산), malic acid (말산), tartaric acid (타타르산) 및 oxalic acid (옥살산) 등은 과일을 비롯한 여러 종류의 식물에서 발견되고, 이 밖에 다양한 종류의 포화 및 불포화 지방산들이 동 · 식물의 지방 성분으로 존재한다. 이들은 대부분 동 · 식물의 대사 과정을 통해 생합성되는 이차 대사 산물들이다. 한편, 카복실산의 OH기 대신에 다른 치환기가 붙어 있는 화합물 (RCOZ) 을 **카복실산 유도체**라 하는데, **산할로젠화물** (또는 할로젠화 아실, Z=X), **산무수물** (Z=OCOR), **에스터** (Z=OR′), **아마이드** (Z=NRR′) 등이 있다 (**그림 12.1**). 이들은 물과 반응 (가수분해 반응) 하여 모두 카복실산으로 전환될 수 있다. 자연에 존재는 천연 카복실산과 그 유도체 중에는 생명을 유지하는데 필요한 필수 영양소와 생리 기능을 조절하는 중요한 물질이 많으며, 합성 의약품 중에도 이들 구조를 가진 화합물이 무수히 많다. 이 장에서는 이들 화합물의 구조와 성질, 명명법 및 제조 방법 등을 중점적으로 공부하고, 이들의 반응은 13장과 14장에서 공부할 예정이다.

카복실산과 그 유도체는 공통적으로 **아실 (acyl) 기**라 부르는 $\mathrm{R\overset{O}{\overset{\|}{C}}-}$ (또는 $\mathrm{Ar\overset{O}{\overset{\|}{C}}-}$) 기를 가지고 있는데, 이들 화합물은 아실기에 전기음성도가 탄소 원자보다 큰 원자가 결합된 화합물이다.

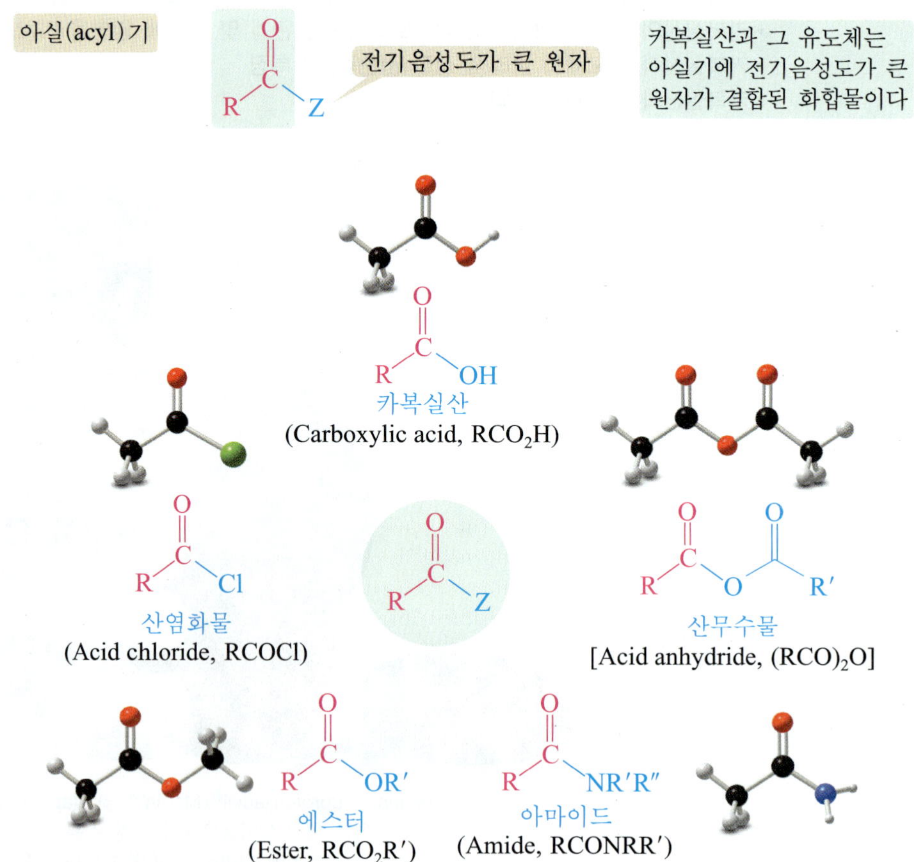

그림 12.1 카복실산 및 유도체.

이외에 카복실산 유도체로서 싸이오에스터와 아실인산염 등이 있는데, 이들은 생화학적으로 아실기를 도입하는 데 중요한 역할을 한다.

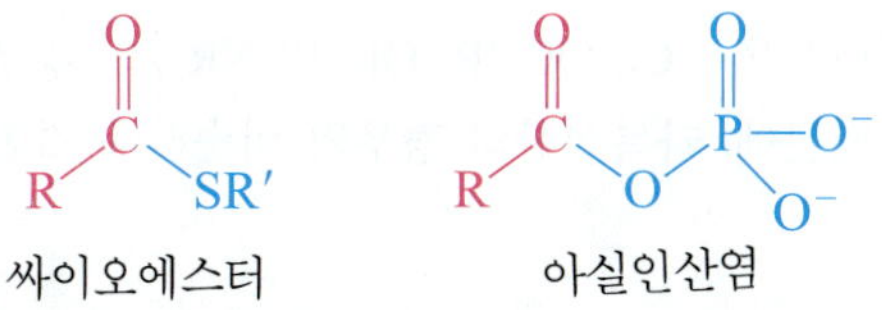

싸이오에스터　　아실인산염

한편, **나이트릴**(RC≡N)은 아실기를 가지고 있지 않지만, 카복실산으로 쉽게 전환되므로 카복실산 유도체에 포함시킨다.

12.2 카복실산과 유도체의 구조와 결합

12.2.1 카복실산

카복실산의 구조는 RCO_2H 또는 RCOOH로 나타낸다. 이 구조에서 아실기의 sp^2 혼성 탄소 원자는 산소 원자와 2개의 σ 결합과 1개의 π 결합을 형성하고 있으며, 결합각은 카보닐 탄소를 중심으로 약 120°인 삼각 평면 구조를 나타낸다. 아세트산의 경우 C=O의 결합 길이는 1.21 Å으로서, C—O의 1.36 Å보다 짧다.

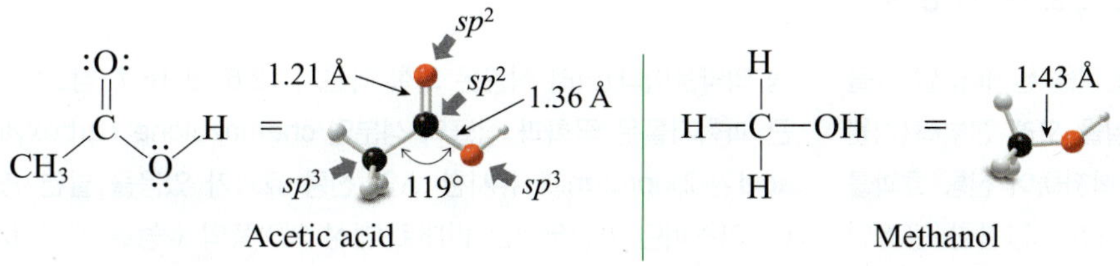

Acetic acid　　Methanol

카복실산의 C—O 결합 길이는 알코올의 C—O 결합 길이보다 짧다

카복실산과 알코올은 모두 C—OH 결합을 가지고 있지만, C—O의 결합 길이는 카복실산의 경우(1.36 Å)가 알코올(1.43 Å)보다 더 짧다. 이것은 산소 원자가 결합하고 있는 탄소 원자가 가진 s-성질의 차이에 기인한다. 카복실산은 산소 원자가 *s*-성질이 33 %인 sp^2 탄소 원자에, 알코올은 *s*-성질이 25 %인 sp^3 탄소 원자에 각각 결합되어 있기 때문이다. 일반적으로 *s*-성질이 강할수록 핵 쪽으로 결합 전자를 끌어들이려는 경향이 강해진다. 그 결과 결합 길이도 짧아지고 결합 세기도 강해진다.

한편, 카복실산의 C=O와 O—H 결합은 결합하고 있는 두 원자 사이의 전기음성도 차이 때문에 극성을 나타낸다. 그 결과 카복실산 분자는 쌍극자-쌍극자 상호작용에 의한 이합체 구조를 갖게 된다(12.4.2절).

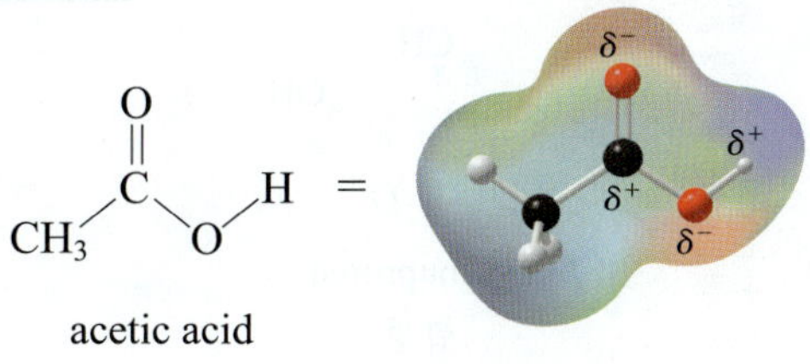

acetic acid

12.2.2 카복실산 유도체

산염화물(acid chloride), 산무수물(acid anhydride), 에스터(ester), 아마이드(amide) 등과 같은 카복실산 유도체(RCOZ, Z=Cl, OCOR, OR 및 NR_2)의 경우도 카보닐기의 sp^2 혼성 탄소 원자를 가지고 있기 때문에, 카복실산의 경우와 비슷하게 결합각이 약 120°인 삼각 평면 구조를 나타낸다.

R, Z–C=O = ~120°, ~120°, ~120°

Z=X, O—C(=O)—O—R, O(S)R, NR_2

카복실산과 그 유도체들에 있는 카보닐기는 알데하이드와 케톤의 카보닐기와는 다른 반응성과 반응 형태를 나타낸다. 알데하이드와 케톤은 친핵체와 반응하여 **친핵성 첨가 반응 생성물**을 생성하지만, 카복실산과 그 유도체들은 **친핵성 아실 치환 반응 생성물**을 생성한다. 이는 카보닐기에 결합한 원자들에 의한 카보닐기 탄소의 극성과 반응 중간체의 안정도에 차이가 있기 때문이다. 친핵성 아실 치환 반응에 대한 상세한 내용은 13장에서 공부할 것이다.

화학 라운지 12.1 **소염 진통제: 천연물과 합성약**

동서양을 막론하고 사람들은 버드나무 껍질을 씹거나, 달인 물을 마시면 해열과 진통 효과가 있다는 사실을 오래 전부터(기원전) 알고 있었다. 1829년에 이르러서야 과학자들이 진통 효과를 내는 유효 성분이 살리실 알코올과 포도당이 결합한 구조인 salicin이라고 밝혀냈다. 이로부터 소염, 진통, 해열 효과가 더 강력한 aspirin이 salicylic acid(살리실산)로부터 합성되었다. 한편, 아스피린과 유사한 약리작용을 나타내면서 위장 장애가 이 약보다 덜해 오늘날 소염 진통제로 많이 사용되는 ibuprofen은 합성 의약품이다(약리 작용은 화학 라운지 12.6 및 16.7 참조). 최근 과학자들은 국화과 식물의 성분인 chemazulene carboxylic acid가 ibuprofen과 유사한 소염 진통 효과가 있음을 발견하였다. 아스피린의 경우와는 반대로 합성 의약품의 효능을 자연에서 나중에 발견한 경우이다. 이것은 인간이 자연에서 알아내야 할 것들이 아직 많이 남아 있고, 또한 도전할 과제도 많다는 것을 시사하고 있다.

Salicin
천연

Chemazulene carboxylic acid
천연

Aspirin
합성

(*S*)-Ibuprofen
합성

12.2.3 나이트릴

나이트릴(nitrile)은 알킬기 또는 아릴기 탄소에 C≡N기가 결합한 화합물이다. 나이트릴 화합물은 C≡N기의 탄소 원자가 *sp* 혼성화되어 있어 180°인 결합각을 이루므로, 선형 구조를 나타낸다. 또한 아실기를 가지고 있지 않으나 탄소 원자가 전기음성도가 큰 질소 원자에 결합되어 있어, 친핵체의 공격을 쉽게 받아 카복실산 유도체와 유사한 반응을 하기 때문에 카복실산 유도체로 분류한다.

나이트릴기는 매우 낮은 염기도 (예: CH_3CN, $pK_b = 24$)를 나타낸다. 그 이유는 비공유 전자쌍이 *sp* 혼성화 질소 원자에 있기 때문이다.

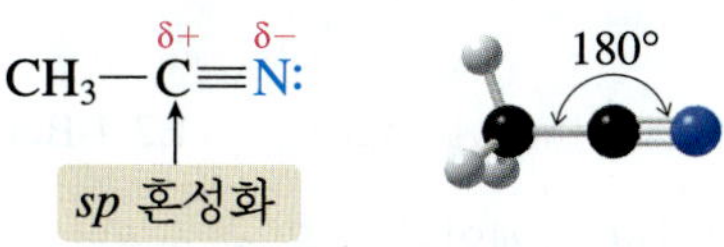

Acetonitrile

12.3 카복실산과 유도체의 명명법

12.3.1 카복실산(carboxylic acid, RCO_2H 또는 $ArCO_2H$)

카복실산 구조에서 —CO_2H기를 **카복시기(carboxy group)** 또는 **카복실(carboxyl)기**라 하는데, 카복실기에 알킬기(R)가 붙어 있는 경우를 **지방산**(RCO_2H, **aliphatic acid**)이라고 하며, 아릴기가 붙어 있는 경우를 **방향족산**($ArCO_2H$, **aromatic acid**)이라고 한다.

■ **IUPAC법**

[규칙 1] 비고리형 alkane의 경우 어미의 'e' 대신에 'oic acid'를 붙여 명명한다.

R–C(=O)–OH　R = Alkanoic acid

[규칙 2] 고리형 알킬기를 가지고 있는 카복실산의 경우 cycloalkane 이름에 carboxylic acid를 덧붙여 부른다.

R–C(=O)–OH　R = Cycloalkanecarboxylic acid

[규칙 3] 탄소 사슬에 치환기가 있는 경우 카복실기(—CO_2H)의 탄소를 포함한 가장 긴 사슬을 어미 사슬로 하고, 카복실기 탄소를 1번으로 하여 번호를 매긴다.

예

$CH_3CH_2CH(CH_3)CH_2CO_2H$ (3, 2, 1)

가장 긴 사슬: 5C → pentane
어미 -oic acid로 변경 → pentanoic acid
치환기 위치: C-3
치환기 이름: methyl
화합물 이름: 3-Methylpentanoic acid

(CO_2H, 1; CH_3CH_2, 2; Br, 5 on cyclohexane ring)

기본명: cyclohexanecarboxylic acid
치환기 위치: C-2; C-5
치환기 이름: ethyl(C-2); bromo(C-5)
화합물 이름: 알파벳 순
5-Bromo-2-ethylcyclohexanecarboxylic acid

$CH_3CH(Cl)CO_2H$ 2-Chloropropanoic acid

HO_2CCO_2H Ethanedioic acid

$CH_2{=}CHCO_2H$ Propenoic acid

2,2,6-Trimethylcyclohexanecarboxylic acid

1,2,4-Benzenetricarboxylic acid

[규칙 4] 아실기 이름은 비고리형 알케인의 경우 alkane의 어미 'e'을 'oyl'로 바꿔 부르며, 고리형 알케인의 경우 'cycloalkanecabonyl'로 부른다.

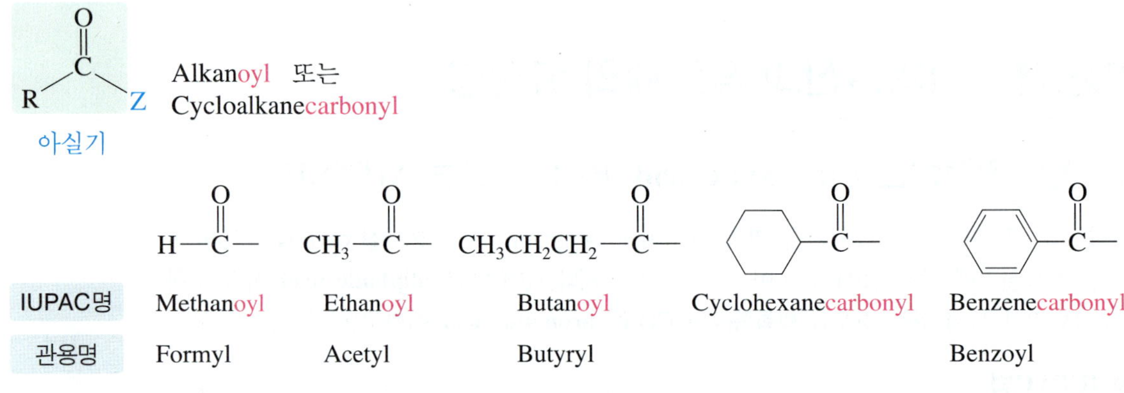

- 카복실산은 크게 **지방산**(RCO_2H)과 **방향족산**($ArCO_2H$)으로 분류한다.
- 카복실산의 일반명은 **alkanoic acid**이다.
- $-CO_2H$기를 **카복시기(carboxy group)** 또는 **카복실(carboxyl)기**라 한다.

■ 관용명

많은 종류의 카복실산이 동·식물에서 처음 분리되었기 때문에, 아직까지 그 기원을 따라 붙여진 관용명을 그대로 사용하는 예가 많다. 예를 들어, formic acid (HCO_2H, 개미산)는 개미 분비물에서 발견되었는데 '개미(라틴어로 *formica*)'에서 유래되었고, acetic acid (CH_3CO_2H, 아세트산)는 '식초(라틴어로 *acetum*)', butyric acid는 '버터의 라틴어인 *butyrum*'에서 유래되어 붙여진 이름이다.

[규칙 1] 탄소 사슬에 치환기를 가진 카복실산의 관용명은 카복실기($-CO_2H$)의 탄소를 포함한 가장 긴 사슬을 어미 사슬로 하고, 카복실기 탄소 옆 탄소 원자부터 α, β, γ, δ, …의 번호를 붙여 명명한다.

예

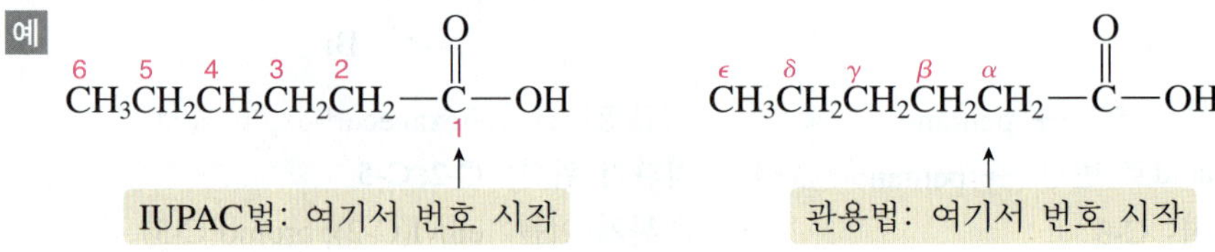

$$\overset{\gamma}{}\ \ \ \overset{\beta}{}\ \ \ \overset{\alpha}{}\ NH_2CH_2CH_2CH_2-\overset{O}{\overset{\|}{C}}-OH \qquad CH_3CH_2\underset{\beta}{\overset{Br}{\overset{|}{C}}}H\underset{\alpha}{\overset{Br}{\overset{|}{C}}}H-\overset{O}{\overset{\|}{C}}-OH \qquad CH_3\underset{\delta}{\overset{OCH_3}{\overset{|}{C}}}HCH_2\underset{\beta}{\overset{NH_2}{\overset{|}{C}}}H-\underset{\alpha}{CH_2}-\overset{O}{\overset{\|}{C}}-OH$$

	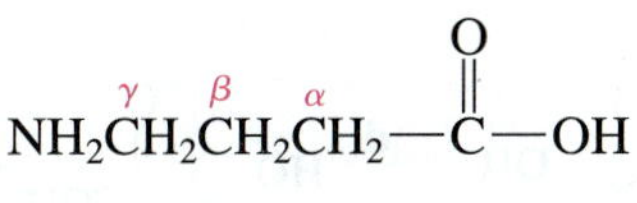	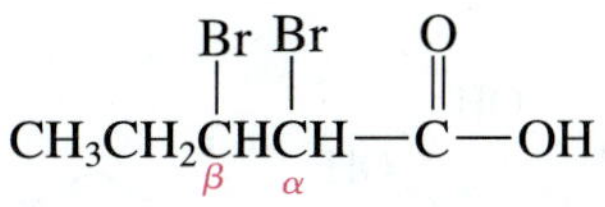	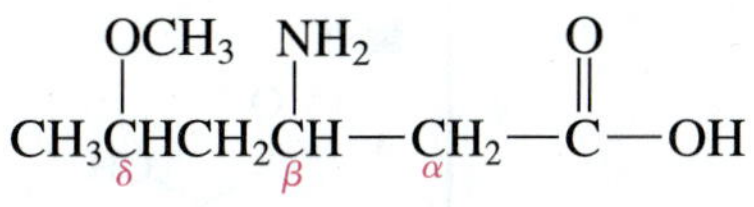
IUPAC명	4-Aminobutanoic acid	2,3-Dibromopentanoic acid	3-Amino-5-methoxyhexanoic acid
관용명	γ-Aminobutyric acid	α,β-Dibromovaleric acid	β-Amino-δ-methoxycaproic acid

[규칙 2] 아실기의 관용명은 카복실산의 관용명 '-*ic acid*'를 '-*yl*'로 바꾸어 부른다.

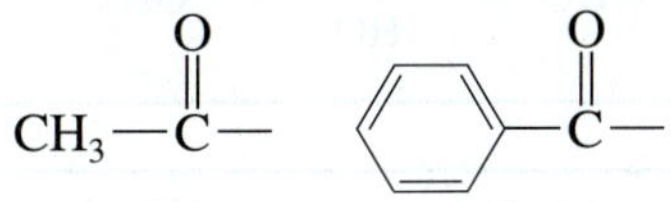

$$CH_3-\overset{O}{\overset{\|}{C}}- \qquad C_6H_5-\overset{O}{\overset{\|}{C}}-$$

Acetic acid → Acetyl Benzoyl ← Benzoic acid
아세트산 아세틸기 벤조일기 벤조산

몇 가지 대표적인 카복실산과 아실기의 IUPAC명과 관용명을 **표 12.1**에 나타내었다.

표 12.1 몇 가지 카복실산 및 아실기의 IUPAC명과 관용명

카복실산 (RCO_2H)			아실기 $R-\overset{O}{\overset{\|}{C}}-$		
구조	IUPAC명	관용명	IUPAC명	관용명	구조
HCO_2H	Methanoic acid (메탄산)	Formic acid (폼산)	Methanoyl	Formyl	$HCO-$
CH_3CO_2H	Ethanoic acid (에탄산)	Acetic acid (아세트산)	Ethanoyl	Acetyl	CH_3CO-
$CH_3CH_2CO_2H$	Propanoic acid (프로판산)	Propionic acid (프로피온산)	Propanoyl	Propionyl	CH_3CH_2CO-
$CH_3(CH_2)_2CO_2H$	Butanoic acid (뷰탄산)	Butyric acid (뷰티르산)	Butanoyl	Butyryl	$CH_3(CH_2)_2CO-$
$CH_3(CH_2)_3CO_2H$	Penatanoic acid (펜탄산)	Valeric acid (발레르산)	Pentanoyl	Valeryl	$CH_3(CH_2)_3CO-$
$CH_3(CH_2)_4CO_2H$	Hexanoic acid (헥산산)	Caproic acid (카프로산)	Hexanoyl	Caproyl	$CH_3(CH_2)_4CO-$
$CH_3(CH_2)_{10}CO_2H$	Dodecanic acid	Lauric acid (라우린산)	Dodecanoyl	Lauroyl	$CH_3(CH_2)_{10}CO-$
$CH_3(CH_2)_{14}CO_2H$	Hexadecanoic acid	Palmitic acid (팔미틴산)	Hexadecanoyl	Palmitoyl	$CH_3(CH_2)_{14}CO-$
$CH_3(CH_2)_{16}CO_2H$	Octadecanoic acid	Stearic acid (스테아린산)	Octadecanoyl	Stearoyl	$CH_3(CH_2)_{16}CO-$
HO_2CCO_2H	Ethanedioic acid	Oxalic acid (옥살산)	Ethanedioyl	Oxalyl	$-OCCO-$
$HO_2CCH_2CO_2H$	Propanedioic acid	Malonic acid(말론산)	Propanedioyl	Malonyl	$-OCCH_2CO-$
$HO_2C(CH_2)_2CO_2H$	Butanedioic acid	Succinic acid (석신산)	Butanedioyl	Succinyl	$-OC(CH_2)_2CO-$
$CH_2=CHCO_2H$	Propenoic acid	Acrylic acid (아크릴산)	Propenyl	Acryloyl	$CH_2=CHCO-$
$PhCO_2H$	Benzenecarboxylic acid	Benzoic acid (벤조산)	Benzenecarbonyl	Benzoyl	$PhCO-$

예제 12.1 다음 화합물은 관용명으로 흔히 불리는 카복실산들이다. 괄호 안에 IUPAC 명을 적어 놓았다. 이들의 구조를 나타내시오.

a. Pyruvic acid (2-oxopropanoic acid)
b. Lactic acid (2-hydroxypropanoic acid)
c. Mandelic acid (2-hydroxy-2-phenylethanoic acid)
d. Malic acid (2-hydroxybutanedioic acid)
e. Cinnamic acid [(*E*)-3-phenylprop-2-enoic acid]
f. Citric acid (2-hydroxypropane-1,2,3-tricarboxylic acid)
g. Mevalonic acid (3,5-dihydroxy-3-methylpentanoic acid)

풀이

a. b. c. d. e. f. g.

문제 12.1 다음 화합물의 이름을 IUPAC명으로 명명하시오.

a. $CH_3CH(Br)CH_2CH_2CO_2H$

b. $CH_3CH(NH_2)CH(CH_3)CH_2CO_2H$

c. $(CH_3)_3CCH(CN)CH_2CO_2H$

d. Cl, CO_2H (cyclobutane)

e. H, CO_2H, HO_2C, H

f. $HO_2C-C\equiv C-CO_2H$

문제 12.2 다음 화합물의 구조를 그리시오.

a. 2-Cyclopentenecarboxylic acid

b. *p*-*N*,*N*-Diethylaminobenzoic acid

c. *cis*-1,2-Cyclohexanedicarboxylic acid

d. 3-Methyl-2-butenoic acid

e. 2-Iodo-4-methoxybenzoic acid

f. 2-Acetylpentanoic acid

화학 라운지 12.2 식물 생장 억제 호르몬: Abscisic acid

Abscisic acid란 식물이 생장하는 동안 환경 스트레스에 적응하기 위하여 만들어내는 식물 호르몬의 일종이다. 식물은 추위와 가뭄 등 여러 가지 환경적인 스트레스에 적응하면서 생장한다. 가뭄이 들면 잎의 수공을 닫아 수분 감소를 억제하고, 성장 속도를 줄이게 된다. 과일이 모두 익거나 곡물이 여물게 되면 저절로 떨어지고, 날씨가 춥거나 건조해지면 잎이 떨어지고, 씨에서의 발아도 억제된다. Abscisic acid는 이와 같이 식물의 수면 상태를 유지시키는 데 관여하는 물질로 알려져 있다.

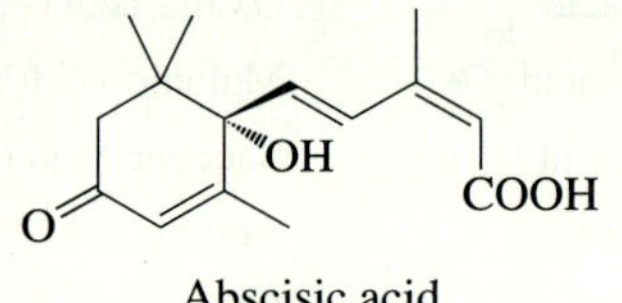

Abscisic acid

12.3.2 할로젠화 아실(acyl halide) 또는 산할로젠화물(acid halide, RCOX)

산할로젠화물(acid halide 또는 할로젠화 아실)은 카복실산의 OH기 대신에 카보닐기에 Cl, Br, I가 치환되어 있는 화합물이다. 이 화합물은 아실기의 이름 다음에 halide(예 chloride, bromide, iodide)라고 할로젠 이름을 붙여 명명한다.

아실기 이름 + halide (chloride, bromide, iodide)

예

$CH_3-\overset{\underset{\|}{O}}{C}-Cl$ | $CH_3CH_2CH_2-\overset{\underset{\|}{O}}{C}-Br$

IUPAC명	Ethanoyl chloride	Butanoyl bromide
관용명	Acetyl chloride	Butyryl chloride
IUPAC명	Cyclohexanecarbonyl chloride	Benzenecarbonyl chloride
관용명		Benzoyl chloride

12.3.3 산무수물(acid anhydride, RCO_2COR')

산무수물은 두 개의 카복실기 사이에서 물이 제거되어 생성된 화합물이다. 두 개의 동일한 카복실기에서 물 분자가 제거되어 생성된 **대칭 무수물(symmetrical anhydride)**과 서로 다른 카복실기에서 물 분자가 제거되어 생성된 **혼성 무수물(mixed anhydride)**이 있다.

- **대칭 무수물의 명명법**: 카복실산의 'acid' 대신에 'anhydride'란 명칭을 붙인다.
- **혼성 무수물의 명명법**: 두 종류의 카복실산 이름 중 'acid'를 제외한 어미 이름을 알파벳 순으로 나열하고 뒤에 'anhydride'란 명칭을 붙인다.

예

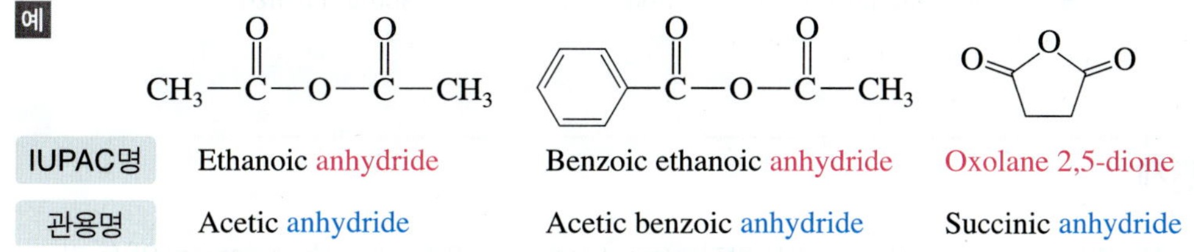

12.3.4 아실 인산염(acyl phosphate, $RCO_2PO_3^{2-}$ 또는 $RCO_2PO_3R'^{-}$)

아실 인산염은 카복실산과 인산 또는 인산 에스터 사이에서 물이 제거되어 형성된 산무수물이다. 생화학 반응에서 중요한 역할을 하는 ATP, ADP, AMP 등이 여기에 속한 화합물들이다.

ATP=Adenosine triphosphate
ADP=Adenosine diphosphate
AMP=Adenosine monophosphate

- $RCO_2PO_3^{2-}$의 경우 아실기명 다음에 'phosphate'를 추가하여 붙인다.
- $RCO_2PO_3R'^{-}$의 경우 아실기명과 R'기명을 붙이고 phosphate를 추가하여 붙인다.

예

Benzoyl phosphate

Acetyl adenosyl phosphate

12.3.5 에스터(ester, RCO_2R') 및 락톤(lactone)

에스터는 카복실산의 OH기 대신에 OR′기가 아실기의 카보닐 탄소에 결합된 형태의 구조를 가진 화합물이다. 이들의 명명법은 카복실 산소의 R′기 이름을 먼저 명명하고, 카복실산의 IUPAC명과 관용명의 어미에 있는 '-ic acid'를 '-ate'로 바꾼다.

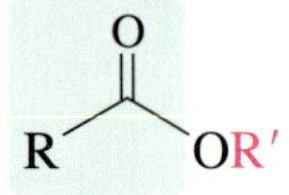

R–C(=O)–OR′ (아실기)

Akyl(R′) alkanoate 또는
Alkyl cycloalkanecarboxylate

예

$CH_3-C(=O)-OCH_2CH_3$ $C_6H_5-C(=O)-OCH_3$ $C_6H_{11}-C(=O)-O-C_6H_5$

	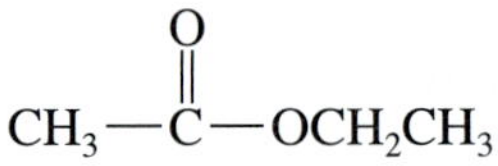	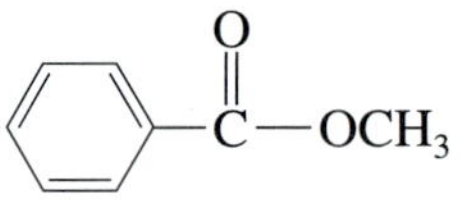	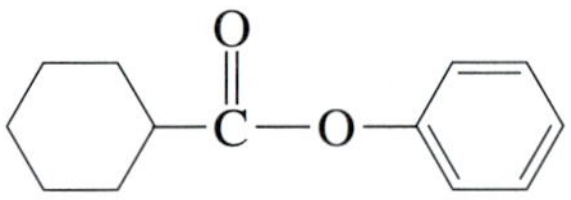
IUPAC명	Ethyl ethanoate	Methyl benzenecarboxylate	Phenyl cyclohexanecarboxylate
관용명	Ethyl acetate	Methyl benzoate	

카복실산의 염도 같은 방법으로 명명한다. 이 경우 양이온명을 먼저 명명하고, '-ic acid'를 '-ate'로 변경한다.

$H-C(=O)-O^-K^+$ $CH_3-C(=O)-O^-Na$ $C_6H_5-C(=O)-O^-Na^+$

	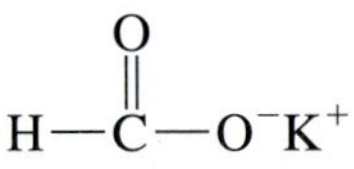	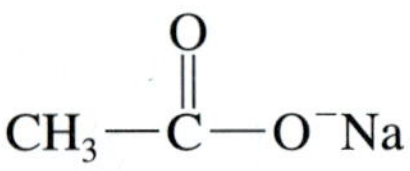	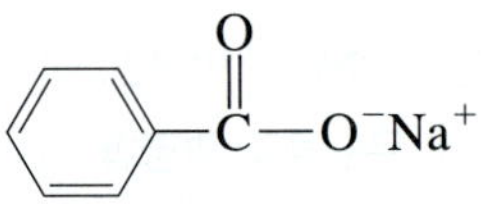
IUPAC명	Poatassium methanoate	Sodium ethanoate	Sodium benzenecarboxylate
관용명	Potassium formate	Sodium acetate	Sodium benzoate

화학 라운지 12.3 자외선 차단제

자외선(ultravisible light, UV)은 파장에 따라 크게 두 가지로 구분하는데, 파장이 290~320 nm인 빛을 UV-B, 320~400 nm인 빛을 UV-A라고 한다. 이 중 UV-B가 파장이 더 짧아 UV-A보다 높은 에너지를 가지고 있기 때문에, 눈과 피부를 형성하는 분자와 반응하여 눈의 각막 손상과 피부의 노화, 피부암까지 일으키게 된다. 우리가 자외선을 차단할 목적으로 사용하는 선크림은 자외선 방지제(sun block)와 자외선 차단제(sun screen)인 두 가지 성분의 혼합물이다. 자외선 방지제는 UV-A와 B 모두를 반사 또는 분산시키는 기능을 가진 물질로, zinc oxide (ZnO)와 titanium dioxide (TiO_2) 등이 사용되며, 자외선 차단제는 주로 UV-B 영역의 빛을 흡수하는 방향족산 또는 그 에스터 구조를 가진 다음 화합물들이 많이 사용된다.

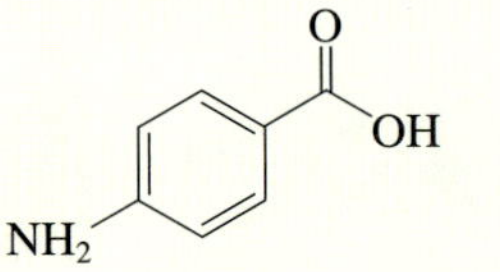

PABA

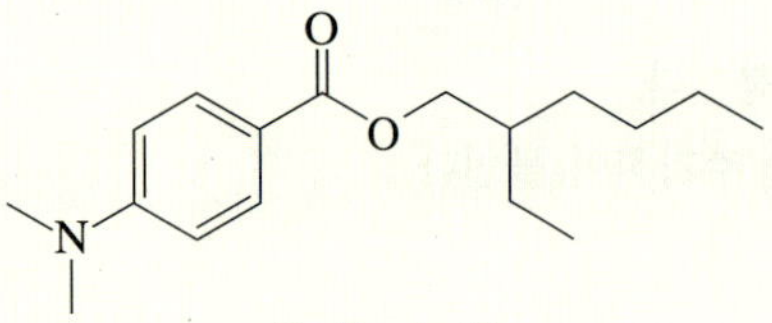

Padimate O

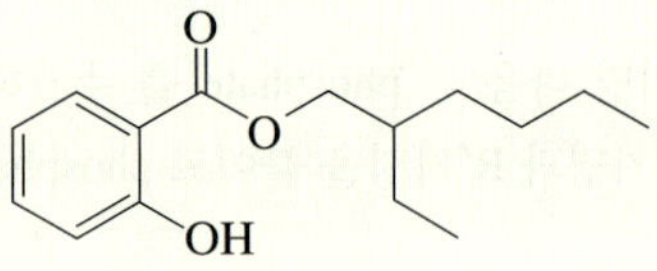

Octyl salicylate

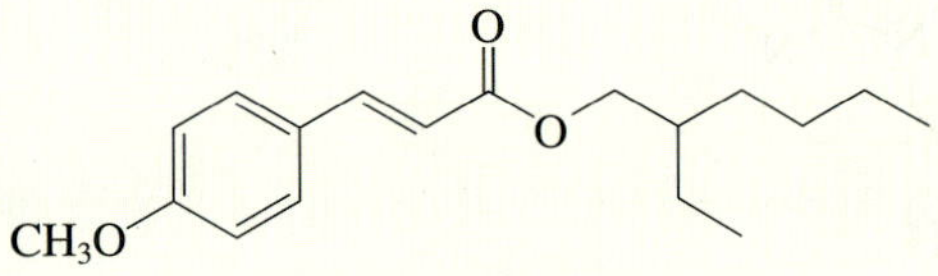

Octyl *p*-methoxycinnamate

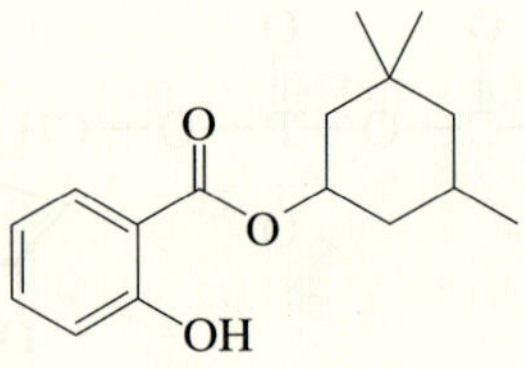

Homosalate

화학 라운지 12.4 Aflatoxin B1–곰팡이 독소

Aflatoxin은 자연계에 널리 퍼져 있는 곰팡이(*aspergillus*)에 의해 생산되고 발암성이 있는 맹독성 물질이며, 구조 중 락톤, 케톤, 아세탈 및 알켄기를 가지고 있다. 여러 가지 종류의 유도체 중 aflatoxin B_1이 가장 독성이 강하다. 주로 땅콩, 콩, 호밀 및 옥수수 등과 같은 곡물을 저장할 때 이 곰팡이에 의해 감염되어 독성 물질에 오염된다. 이 물질이 체내에 들어오면 주로 간 조직을 손상시켜 암을 유발시키게 되는데, 그 과정은 간에 있는 산화효소인 cytochrome P450이 aflatoxin B_1을 epoxide로 산화시키고, 이 epoxide는 DNA의 guanine 잔기의 친핵성 공격을 받아, 결과적으로 DNA 복제와 RNA 합성을 방해하여 암을 유발시키는 것으로 알려져 있다.

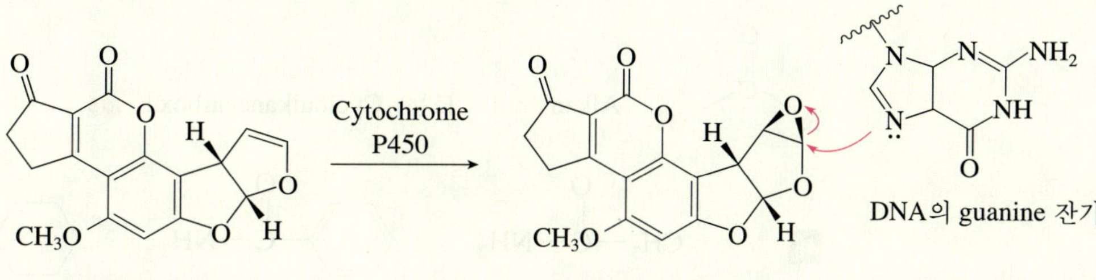

Cytochrome P450

Aflatoxin B_1 → Aflatoxin B_1-epoxide

DNA의 guanine 잔기

락톤(lactone)은 고리형 에스터이다. 이들의 IUPAC명은 헤테로고리명을 기준으로 명명되지만, 자세한 것은 이 책의 범위를 벗어나므로 생략한다. 아직까지는 관용명이 더 많이 사용되고 있다.

관용명은 해당하는 카복실산의 관용명 중 '-ic acid' 대신에 '-olactone'을 붙인다.

관용명	γ-Butyrolactone	δ-Valerolactone

12.3.6 싸이오에스터(thioester, RCOSR′)

에스터의 OR′기 대신에 SR′기가 결합되어 있는 화합물이다. 명명법은 에스터의 어미명인 'ate' 앞에 'thio'(싸이오, 황을 나타낸 말)를 추가로 부여한다.

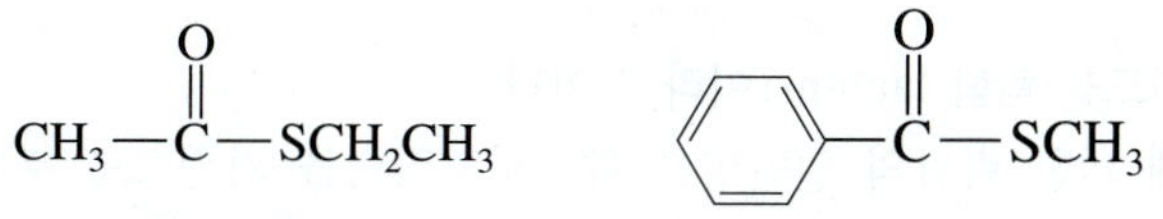

	$CH_3-C(=O)-SCH_2CH_3$	$C_6H_5-C(=O)-SCH_3$
IUPAC명	Ethyl ethanethioate	Methyl benzenecarbothioate
관용명	Ethyl thioacetate	Methyl thiobenzoate

12.3.7 아마이드(amide, RCONR′R″) 및 락탐(lactam)

아마이드는 카복실산의 OH기 대신에 NR′R″(R′과 R″기는 수소, 알킬기 또는 아릴기)기가 결합된 구조를 가진 화합물이다.

아마이드의 질소에 붙어 있는 치환기에 따라 일차, 이차, 삼차 아마이드로 분류된다.

- 일차 아마이드: 질소 원자에 치환기가 없는 경우, RCONH$_2$
- 이차 아마이드: 질소 원자에 치환기가 하나 있는 경우, RCONHR′
- 삼차 아마이드: 질소 원자에 동일하거나 다른 치환기가 두 개 있는 경우, RCONR′R″

이들의 명명법은 일차 아마이드의 경우 카복실산의 IUPAC명 또는 관용명의 어미명인 '-oic acid' 또는 '-ic acid' 를 -amide' 로 바꾸어 부르며, 어미가 carboxylic acid로 끝나는 경우 'carboxamide' 로 바꾸어 명명한다.

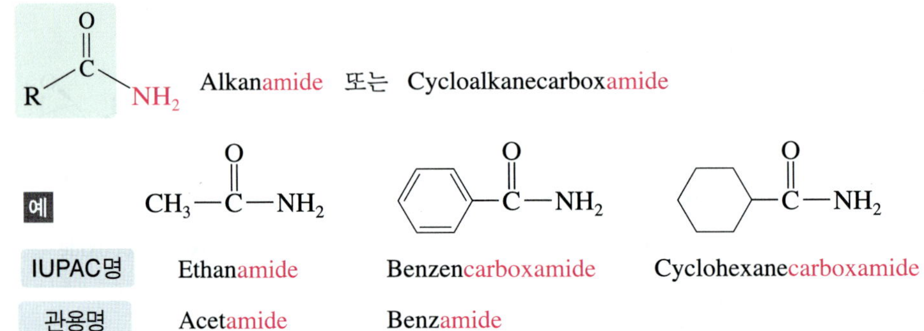

이차 및 삼차 아마이드의 경우 질소에 있는 치환기명을 먼저 붙이고, 모체 아마이드명을 붙인다. 이때 치환기는 질소 원자에 붙어 있다는 것을 나타내기 위하여, 치환기명 앞에 *N*을 반드시 붙이되 치환기 한 개당 *N*을 하나씩 붙여야 한다. 동일한 치환기가 두 개 있을 경우라도 *N*,*N*을 붙인 후 두 개를 나타내는 접두사를 사용한다.

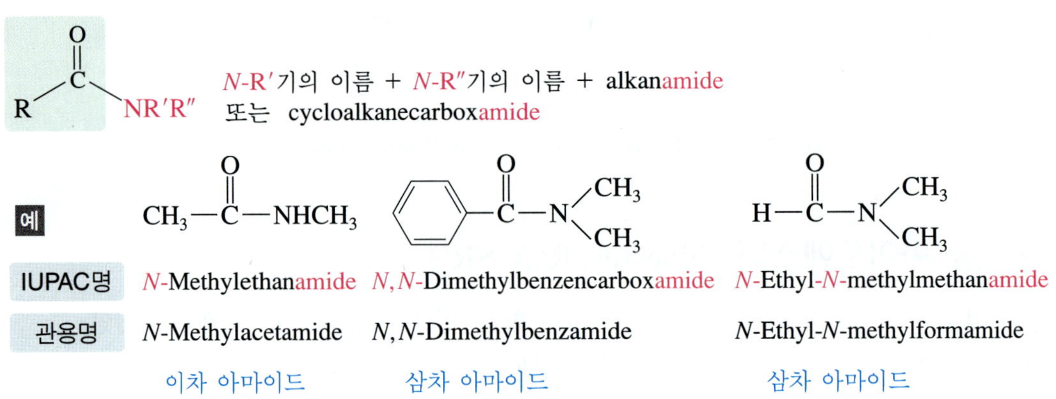

고리형 아마이드를 **락탐(lactam)**이라고 한다.

IUPAC법에 의한 락탐의 일반명은 헤테로고리명을 기준으로 부여하는데, 이 책의 범위를 벗어나므로 생략한다. 관용명은 락톤의 경우와 동일한 방법으로 명명하되 락톤 대신 락탐으로 표시한다. 아직까지 관용명을 더 많이 사용한다.

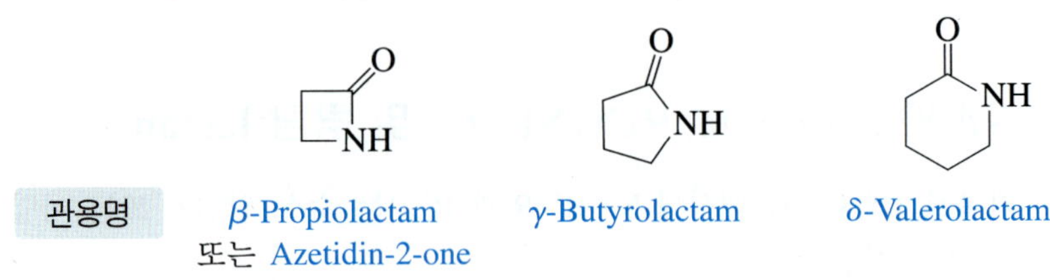

화학 라운지 12.5 **천연 아마이드**

자연계에는 아마이드 결합을 가진 많은 종류의 천연 물질이 다양하게 분포되어 있다. 대표적인 예가 폴리펩타이드 결합을 하고 있는 단백질이다(16.1절). Niacinamide는 비타민 B군에 속하는 비타민으로서, 생체 내 산화-환원조효소인 NAD와 NADH의 핵심 구성성분이기도 하다. 광범위 항생제로 널리 사용되는 penicillin과 cephalosporin 등의 물질도 β-lactam 구조를 가지고 있다. 또한 고추의 매운 맛을 내며, 통증 수용체를 일시적으로 마비시켜 신경통증을 경감시키는 capsaicin과 향신료로 널리 사용되는 후추의 매운 맛을 내는 물질인 piperine도 piperidine아마이드(피페리딘계 알칼로이드)이다. 이 밖에 향신료, 한약제 및 천연 살충제로도 사용되는 산초 성분인 sanschool도 다중불포화 지방산의 아마이드 구조를 가지고 있다.

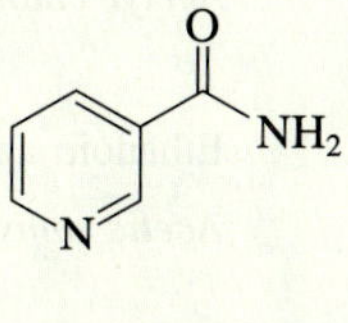

Niacinamide 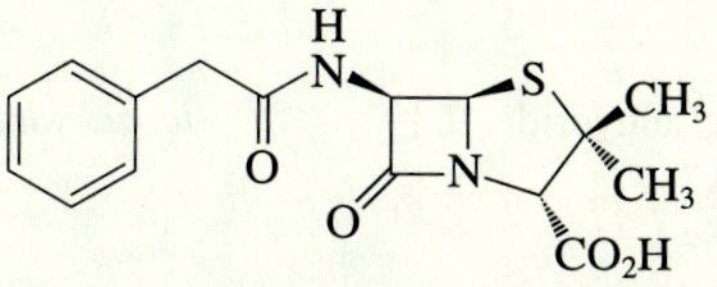　Penicilin G 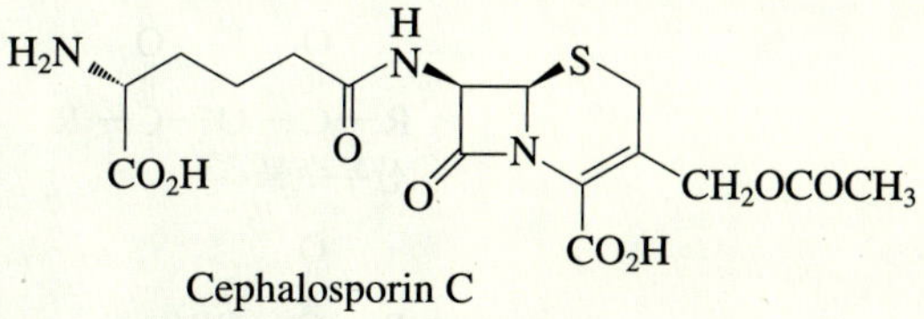　Cephalosporin C

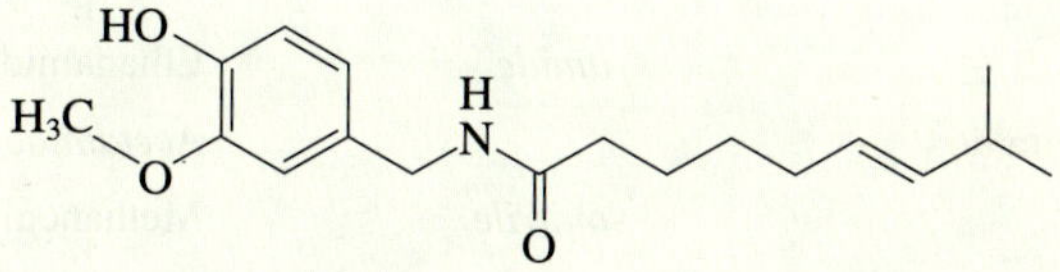

Capsaicin 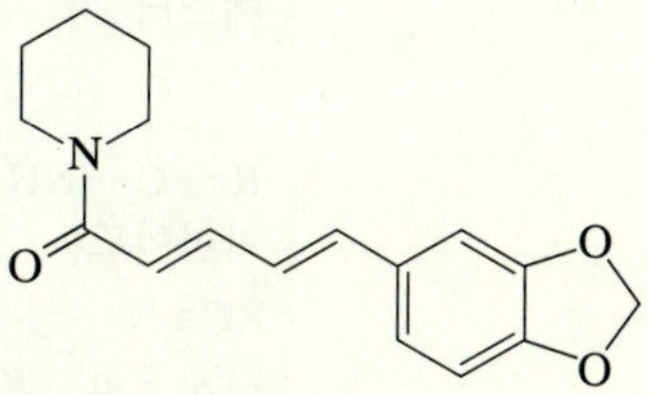　Piperine

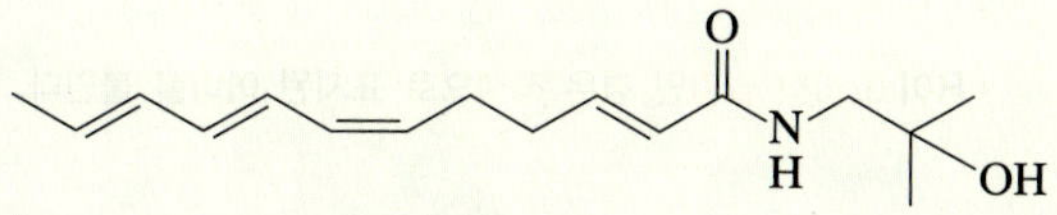

α-Sanschool

12.3.8 나이트릴(nitrile, RC≡N) 또는 사이안화물(cyanide)

IUPAC명은 알케인명 다음에 'nitrile'을 붙이던가 또는 'carboxylic acid'를 'carbonitrile'로 바꾼다. 치환기가 있을 경우 나이트릴기의 탄소 원자가 1번 탄소가 된다.

관용명은 해당하는 카복실산의 '-ic acid' 대신 '-onitrile'을 붙여 명명한다. 다른 한가지 방법은 알킬기명 다음에 'cyanide'를 붙여 명명한다.

	$CH_3C{\equiv}N$	$CH_3CH_2CH(CH_3)C{\equiv}N$	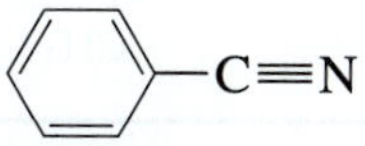 $C_6H_5{-}C{\equiv}N$
IUPAC명	Ethanenitrile	2-Methylbutanenitrile	Benzenecarbonitrile
관용명	Acetonitrile Methyl cyanide	α-Methylbutyronitrile *sec*-Butyl cyanide	Benzonitrile Phenyl cyanide

카복실산과 그 유도체들의 명명법에서 그들의 어미 변화를 **표 12.2**에 요약하였다.

표 12.2 카복실산 및 그 유도체의 어미명 요약

구조	어미명 IUPAC	어미명 관용명	예 (R=CH_3)
$R-\overset{O}{\overset{\parallel}{C}}-OH$ 카복실산	-oic acid 또는 carboxylic acid*	*-ic acid*	Ethanoic acid *Acetic acid*
$R-\overset{O}{\overset{\parallel}{C}}-Cl$ 할로젠화 아실	-oyl chloride 또는 carbonyl chloride	*-yl chloride*	Ethanoyl chloride *Acetyl chloride*
$R-\overset{O}{\overset{\parallel}{C}}-O-\overset{O}{\overset{\parallel}{C}}-R$ 산무수물	-oic anhydride 또는 carboxylic anhydride	*-ic anhydride*	Ethanoic anhydride *Acetic anhydride*
$R-\overset{O}{\overset{\parallel}{C}}-OR'$ 에스터	-oate 또는 carboxylate	*-ate*	Ethyl ethanoate *Ethyl acetate*
$R-\overset{O}{\overset{\parallel}{C}}-NH_2$ 아마이드	-amide 또는 carboxamide	*-amide*	Ethanamide *Acetamide*
$RC\equiv N$ 나이트릴	-nitrile 또는 carbonitrile	*-onitrile* *cyanide*	Methanenitrile *Acetonitrile* *Methyl cyanide*

* R이 고리형 알킬인 경우 적색으로 표시된 어미를 붙인다.

예제 12.2 다음 화합물의 구조를 그리시오.

a. Isopropyl 2-bromobutanoate
b. *N*-Methylbenzamide
c. 3-Formylcyclopentanecarboxylic acid
d. 2,4-Dimethylhexanoyl chloride
e. Butanoic anhydride
f. Acetanilide

풀이

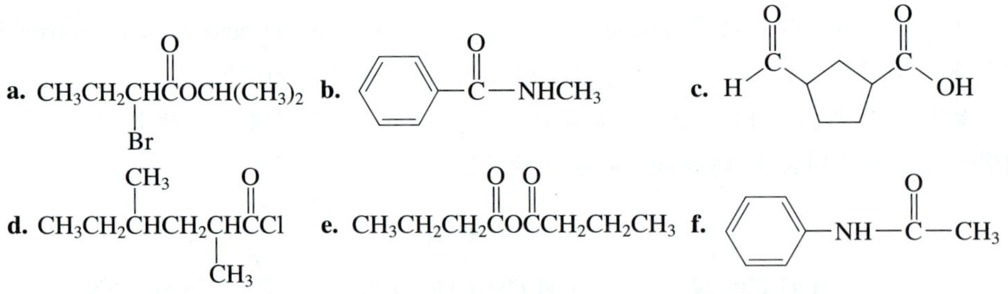

a. $CH_3CH_2\underset{Br}{\underset{|}{C}}H\overset{O}{\overset{\parallel}{C}}OCH(CH_3)_2$

b. $C_6H_5-\overset{O}{\overset{\parallel}{C}}-NHCH_3$

c. $H-\overset{O}{\overset{\parallel}{C}}-C_5H_8-\overset{O}{\overset{\parallel}{C}}-OH$ (1,3-cyclopentane)

d. $CH_3CH_2\overset{CH_3}{\overset{|}{C}}HCH_2\underset{CH_3}{\underset{|}{C}}H\overset{O}{\overset{\parallel}{C}}Cl$

e. $CH_3CH_2CH_2\overset{O}{\overset{\parallel}{C}}O\overset{O}{\overset{\parallel}{C}}CH_2CH_2CH_3$

f. $C_6H_5-NH-\overset{O}{\overset{\parallel}{C}}-CH_3$

문제 12.3 다음 화합물의 IUPAC명과 관용명을 적으시오.

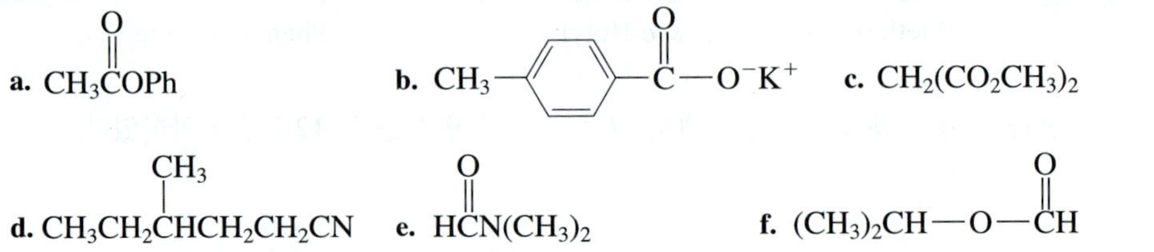

a. $CH_3\overset{O}{\overset{\parallel}{C}}OPh$

b. $CH_3-C_6H_4-\overset{O}{\overset{\parallel}{C}}-O^-K^+$

c. $CH_2(CO_2CH_3)_2$

d. $CH_3CH_2\overset{CH_3}{\overset{|}{C}}HCH_2CH_2CN$

e. $H\overset{O}{\overset{\parallel}{C}}N(CH_3)_2$

f. $(CH_3)_2CH-O-\overset{O}{\overset{\parallel}{C}}H$

문제 12.4 다음 화합물의 구조를 그리시오.

a. *N*-Methylcarolactam **b.** Formic acetic anhydride
c. α-Methoxybutryl chloride **d.** β-Methylvalerolactone
e. (*R*)-2-Hydroxypropanoylphosphate **f.** *N*-Ethyl-*N*-methylpropionamide
g. Ethyl 3-oxobutanoate **h.** 3-Ethyl-2-methyl-2-pentenethioate

12.4 카복실산과 유도체의 물리적 성질

12.4.1 카복실산의 산도와 물에 대한 용해도

카복실산은 알코올과 비교할 때 양성자(H^+)를 쉽게 내주어 산도가 더 높다. 예를 들어, 에탄올의 pK_a는 약 16인데 반하여, 아세트산의 pK_a는 4.76으로, 아세트산은 에탄올보다 10^{10} 배 이상으로 강한 산성을 나타내며, NaOH와도 중화 반응을 할 수 있다. 이렇게 카복실산과 알코올의 산도가 차이나는 이유는 **짝염기의 안정도** 차이 때문이다.

$$CH_3CH_2OH \longrightarrow CH_3CH_2O^- + H^+ \quad pK_a = \sim 16$$

Ethanol → 알콕사이드 음이온 (Ethoxide ion)

$CH_3CH_2O^-$

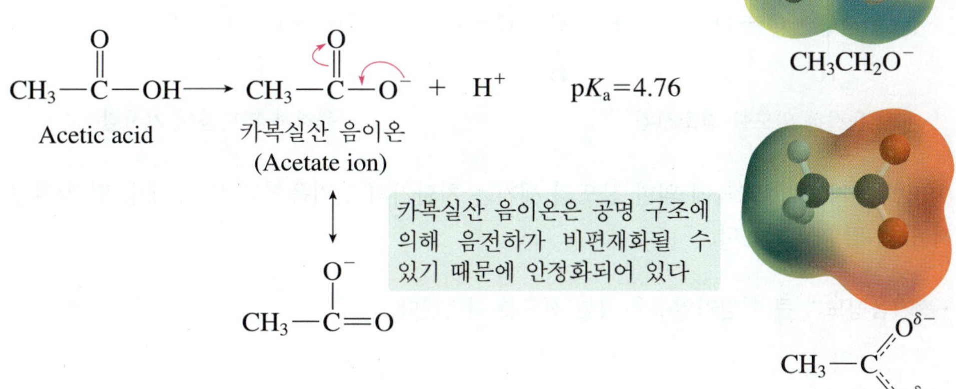

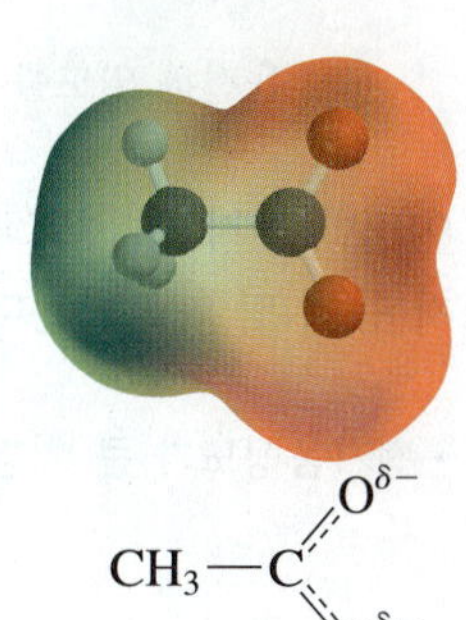

알코올의 경우 짝염기인 알콕사이드 음이온의 산소 원자에 음전하의 전자 밀도가 몰려(**편재화, localization**) 있지만, 카복실산의 경우 짝염기인 카복실산 음이온은 공명에 의해 **음전하의 전자 밀도가 비편재화(delocalization)** 될 수 있기 때문에 안정화되어 있다. 그 결과 카복실산 짝염기의 염기도는 알콕사이드 음이온보다 낮아져서 H^+의 해리가 더 잘 일어나게 된다(산도 증가).

카복실산 음이온의 공명 구조의 증거로서, X-선 결정 분석에 의하면, formic acid의 C=O와 C—O의 결합 길이는 각각 1.20 Å과 1.34 Å인데 비하여, sodium formate의 카복실산 음이온의 C=O와 C—O의 결합 길이는 중간에 해당하는 1.27 Å이다.

1.20 Å, 1.34 Å — Formic acid (H—C(=O)—OH)

1.27 Å, 1.27 Å — Sodium formate (H—C(O)(O)⊖ Na⊕)

■ 카복실산의 산도에 영향을 미치는 인자

카복실산의 산도 크기는 카복실기(—CO_2H) 인근에 붙어 있는 치환기의 **전자 유발 효과**에 영향을 받는다.

- 전자를 끄는 치환기는 짝염기를 안정화(음전하 전자 밀도를 감소)시킴으로써 짝산의 산도를 증가시킨다(−I 효과).
- 전자를 주는(미는) 치환기는 짝염기의 음전하를 증가시킴으로써 짝산의 산도를 감소시킨다(+I 효과).

예를 들어, $ClCH_2CO_2H$의 pK_a값은 2.8로 4.8인 CH_3CO_2H보다 강산이나, $(CH_3)_3CCO_2H$의 pK_a값은 5.1로 이보다 약산이다. 이들 pK_a값의 차이는 카복실기의 α 탄소에 붙어 있는 치환기의 전자 유발 효과 때문이다. 전기음성도가 H보다 더 큰 Cl기는 짝염기인 카복실산 음이온의 음전하를 끌어당겨, 결과적으로 음전하 밀도를 감소(짝염기의 안정도 증가 = 짝염기의 염기도 감소)시켜서 H^+를 잘 떨어져나가게 한다(산도 증가). 반면에 전자를 주는 메틸기는 카복실산 음이온의 음전하 밀도를 증가시켜 H^+의 떨어져 나감을 어렵게 하여 산도를 감소시킨다(**표 12.3** 및 **그림 12.2**).

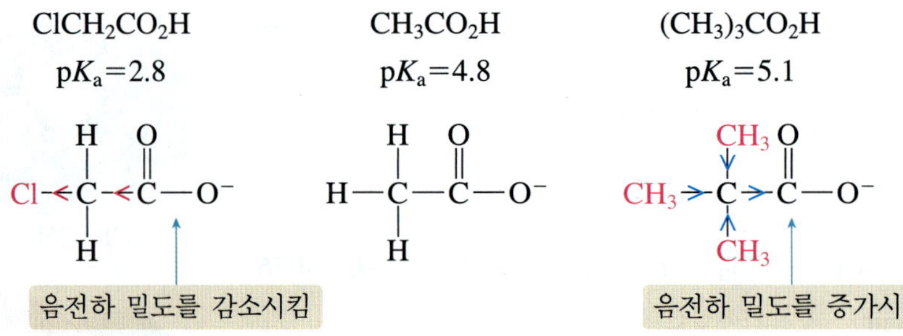

$ClCH_2CO_2H$ pK_a=2.8 CH_3CO_2H pK_a=4.8 $(CH_3)_3CO_2H$ pK_a=5.1

이러한 전자 유발 효과에 의한 산도의 세기는 치환기의 전기음성도 세기, 개수 및 치환된 위치 등에 영향을 받는다.

- 전기음성도가 큰 치환기일수록 강한 산도를 나타낸다.

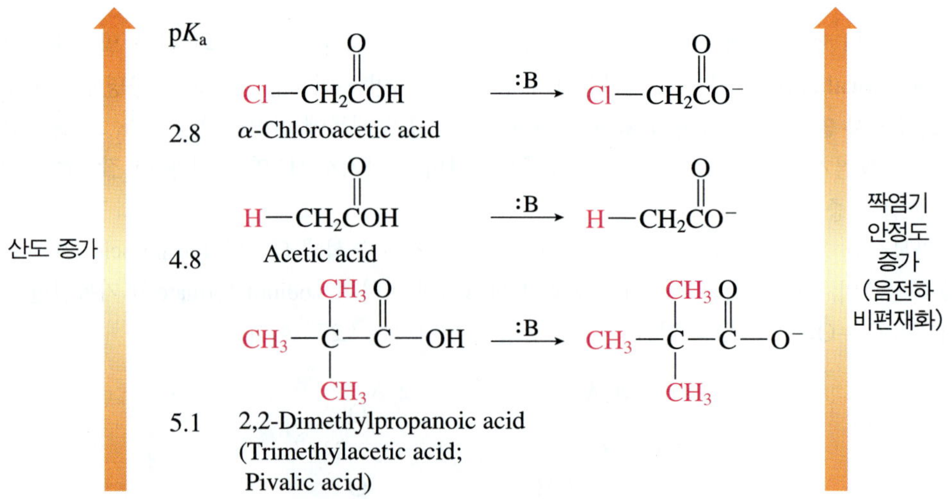

그림 12.2 **카복실산의 산도에 영향을 미치는 전자 유발 효과.**

표 12.3 몇 가지 카복실산의 물리적 성질

구조	관용명	물에 대한 용해도 g/mL, 25°C	끓는점 (녹는점), °C	pK_a
HCO_2H	Formic acid	무한대	100.5	3.8
CH_3CO_2H	Acetic acid	무한대	118	4.8
$CH_3CH_2CO_2H$	Propionic acid	무한대	141	4.9
$CH_3(CH_2)_2CO_2H$	Butyric acid	무한대	164	4.8
$CH_3(CH_2)_3CO_2H$	Valeric acid	4.97	187	4.8
$ClCH_2CO_2H$	Chloroacetic acid	매우 잘 녹음	189	2.8
Cl_2CHCO_2H	Dichloroacetic acid	매우 잘 녹음	192	1.3
Cl_3CCO_2H	Trichloroacetic acid	매우 잘 녹음	198	0.9
$CH_3CHClCO_2H$	α-Chloropropionic acid	녹음	186	2.8
$ClCH_2CH_2CO_2H$	β-Chloropropionic acid	녹음	204	4.0
$(CH_3)_3CCO_2H$	Trimethylacetic acid	2.50	164	5.1
$C_6H_5CO_2H$	Benzoic acid	0.34	(122)	4.2
p-$CH_3C_6H_4CO_2H$	*p*-Methylbenzoic acid	0.03	(180)	4.4
p-$NO_2C_6H_4CO_2H$	*p*-Nitrobenzoic acid	0.03	(242)	3.4

$ClCH_2CO_2H$ pK_a=2.8 FCH_2CO_2H pK_a=2.6

• 전기음성도가 큰 치환기의 수가 많을수록 강한 산도를 나타낸다.

$ClCH_2CO_2H$ pK_a=2.8 Cl_2CHCO_2H pK_a=1.3 Cl_3CCO_2H pK_a=0.9

• 전기음성도가 큰 치환기가 카복실기에 가깝게 위치할수록 강한 산도를 나타낸다.

$CH_3CH_2CH_2CO_2H$ pK_a=5.0 $ClCH_2CH_2CH_2CO_2H$ pK_a=4.5 $CH_3CHClCH_2CO_2H$ pK_a=4.1 $CH_3CH_2CHClCO_2H$ pK_a=2.9

방향족산의 산의 세기 역시 전자 유발 효과에 영향을 받는다. 벤조산의 경우 벤젠 고리를 활성화하는 치환기가 있으면 산도는 감소(pK_a값 증가)하고, 비활성화시키는 치환기가 있으면 산도는 증가(pK_a값 감소)한다.

G–C_6H_4–CO_2H pK_a > 4.2 $C_6H_5CO_2H$ pK_a = 4.2 W–C_6H_4–CO_2H pK_a < 4.2

전자 주는기(G)가 치환될 경우 산도 감소
G=R, NHCOR, OR, OH, NH_2, NHR, NR_2

전자 끄는기(W)가 치환될 경우 산도 증가
W=X, CHO, COR, CO_2R, CO_2H, CN, SO_3H, NO_2, N^+R_3

표 12.4 몇가지 다이카복실산의 pK_a값

다이카복실산	IUPAC명	관용명	pK_{a_1}	pK_{a_2}
HO_2C-CO_2H	Ethanedioic acid	Oxalic acid	1.2	4.2
$HO_2CCH_2CO_2H$	Propanedioic acid	Malonic acid	2.9	5.7
$HO_2C(CH_2)_2CO_2H$	Butanedioic acid	Succinic acid	4.2	5.5
$HO_2C(CH_2)_3CO_2H$	Pentanedioic acid	Glutaric acid	4.4	5.4
cis-$HO_2CCH=CHCO_2H$	*cis*-Butanedioic acid	Maleic acid	1.9	5.1
trans-$HO_2CCH=CHCO_2H$	*trans*-Butanedioic acid	Fumaric acid	3.0	4.4
$C_6H_4(CO_2H)_2$		Phthalic acid	2.9	5.4

다이카복실산의 경우 첫 번째 수소 이온이 두 번째 수소 이온보다 더 쉽게 해리된다. 즉, 해리 상수 K_{a1}이 K_{a2}보다 크다(pK_{a1}값이 pK_{a2}값보다 작다). 그 이유는 카복실기가 전자를 끄는 기여서 카복실산 음이온을 안정화시킬 수 있기 때문이다. 몇 가지 다이카복실산의 pK_a 값을 **표 12.4**에 나타내었다.

$$HO_2C-CO_2H + H_2O \rightleftharpoons HO_2C-CO_2^- + H_3O^+ \quad pK_{a_1}=1.2$$

$$HO_2C-CO_2^- + H_2O \rightleftharpoons {}^-O_2C-CO_2^- + H_3O^+ \quad pK_{a_2}=4.2$$

■ 물에 대한 용해도

카복실산의 물에 대한 용해도는 formic acid, acetic acid, propionic acid, butyric acid의 경우 물에 잘 녹으나, 탄소 원자의 수가 증가할수록 용해도는 감소한다. 방향족산의 경우 물에 거의 녹지 않는다.

예제 12.3 Cyclohexanecarboxylic acid와 benzoic acid 중 어느 것이 더 강산인가? 그 이유는 무엇인가?

풀이

Benzoic acid가 더 강산이다. 그 이유는 benzoic acid의 벤젠 고리는 전자를 끄는 치환기(−I 효과)인 반면, cyclohexyl기는 전자를 주는 치환기(+I 효과)로 작용하여 benzoic acid의 carboxylate 이온이 더 안정화될 수 있기 때문이다. 일반적으로 sp^2 혼성화 탄소는 sp^3 혼성화 탄소보다 전기음성도가 더 크다.

Ph기는 −I 효과를 가짐 Cyclohexyl기는 +I 효과를 가짐

문제 12.5 다음 각 쌍의 화합물 중 어느 것이 더 강산인가? 그 이유는 무엇인가?

a. (furan-2-yl)CO_2H 와 (pyrrol-2-yl, N–H)CO_2H **b.** CH_3-C_6H_4-CO_2H 와 NO_2-C_6H_4-CO_2H

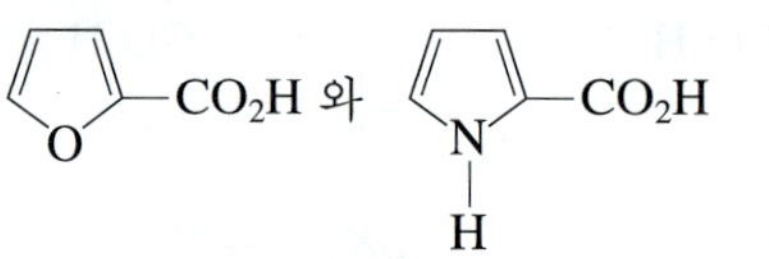

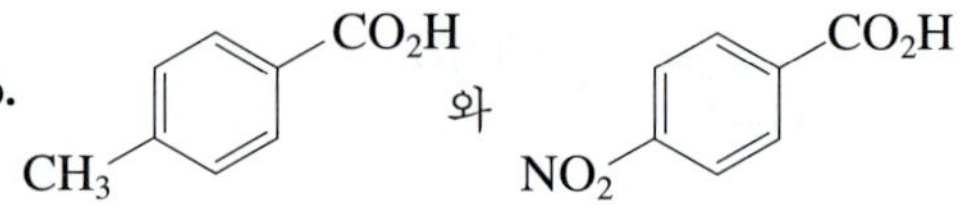

c. $CH_3CH_2CH_2CO_2H$ 와 $CH_3C\equiv CCO_2H$ **d.** $CF_3CH_2CO_2H$ 와 $CCl_3CH_2CO_2H$

12.4.2 카복실산과 그 유도체의 끓는점

카복실산은 극성을 띤 C—O 결합과 O—H 결합을 가지고 있어 쌍극자-쌍극자 상호작용을 나타내는 동시에 두 군데에서 수소 결합도 할 수 있기 때문에 두 분자가 **이합체(dimer)** 를 이루고 있다. 따라서 비슷한 분자량을 가진 다른 화합물보다 끓는점이 훨씬 높다.

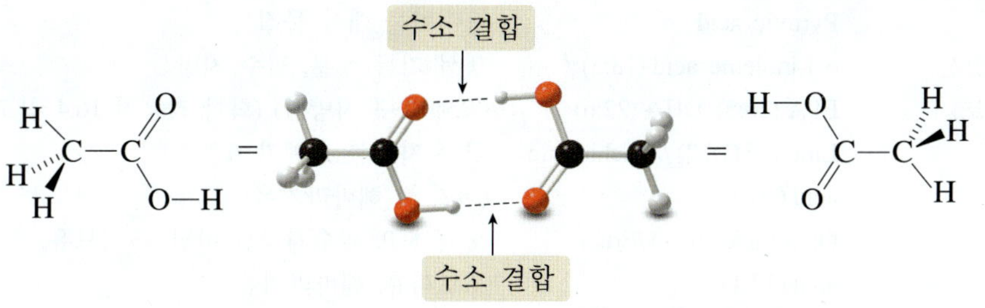

수소 결합

수소 결합

	$CH_3CH_2CH_2CH_3$	CH_3CH_2CHO	$CH_3CH_2CH_2OH$	CH_3CO_2H
분자량	58	58	60	60
끓는점(°C)	0	48	97	118

한편, 카보실산 유도체 중 산염화물 및 에스터는 극성 화합물이긴 하지만, 산소 원자에 결합된 수소 원자가 없기 때문에 수소 결합을 할 수 없다. 따라서 이들 화합물의 끓는점은 수소 결합을 하는 알코올 또는 카복실산의 끓는점보다 훨씬 낮고, 비슷한 분자량을 가진 알데하이드 또는 케톤과 비슷하거나 보다 낮다. 반면에 아마이드 및 나이트릴의 경우 이들의 강한 쌍극자-쌍극자 상호작용 때문에 끓는점이 매우 높다.

	$CH_3-C(=O)-Cl$	$CH_3-C(=O)-OCH_3$	$[CH_3CH_2-C(=O)-CH_3]$	$CH_3CH_2-C(=O)-NH_2$	$CH_3CH_2CH_2-C\equiv N$
분자량	78.5	74	72	73	69
끓는점(°C)	51	58	80	213	118

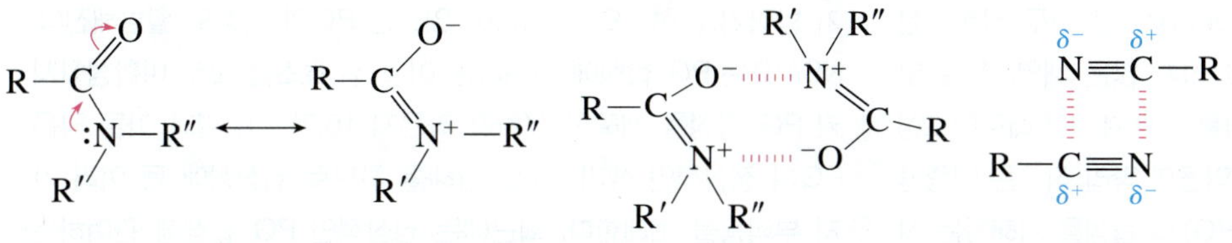

아마이드의 공명 기여 구조

쌍극자-쌍극자 상호작용

• 아마이드와 나이트릴은 강한 쌍극자-쌍극자 상호작용 때문에 높은 끓는점을 가진다.

문제 12.6 다음 화합물은 분자량은 비슷하지만 끓는점의 차이가 크게 난다. 그 이유는 무엇인가?

	$CH_3CH_2CH_2OH$	CH_3CO_2H	CH_3CONH_2
분자량	60	60	59
끓는점(°C)	97	172	221

오메가-3, 6 또는 9 지방산이라 하는 물질은 화합물명이 아니고, 일반인이 편의상 붙인 이름이다. 오메가-3 지방산이란 맨 끝에 위치한 탄소 원자로부터 세 번째 위치에 이중 결합이 있는 지방산을 지칭하는 것으로, EPA 및 DHA가 여기에 해당한다(화학 라운지 16.4 참조).

표 12.5 천연 지방산 유도체

분류	화합물	작용 및 기능
아미노산	16.1절 참조	단백질 구성 단위
하이드록시산	(*S*)-(+)-Lactic acid	우유 성분 및 무산소 운동 시 생성 물질
	(*S*)-(−)-Malic acid	미성숙 과일맛 및 시트르산 회로 물질
케토산	Pyruvic acid	탄수화물 대사 물질
불포화 지방산 (16.2절 참조)	α-Linolenic acid (18:3) / EPA (20:5) /DHA (22:6)	생선 기름 성분, 필수 지방산 (오메가-3 지방산) (화학 라운지 16.4 참조)
	Linoleic (18:2) /Arachidonic acid (20:4)	필수 지방산 오메가-6 (야자유, 해바라기유)
	Oleic acid (18:1) /Erucic acid (22:1)	오메가-9, 필수지방산 아님, 올리브유, 포도씨유, 해바라기유
이가 또는 삼가산	Oxalic acid	시금치 성분
	Succinic acid	시트르산 회로 물질
	Citric acid	레몬의 신맛 및 시트르산 회로 물질
에스터 및 락톤	Benzyl acetate	재스민향
	Isopentyl acetate	바나나향
	Octyl acetate	오렌지향
	Methyl butanoate	사과향
	Ethyl butanoate	파인애플향
	Methyl 2-aminobenzoate	포도향
	Ascorbic acid	비타민 C
아마이드	Capsaicin	고추 매운맛 성분
	Piperine	후추 매운맛 성분
	Caffeine	커피 성분, 각성제

화학 라운지 12.6

NSAID(Non-steroidal anti-inflammatory drugs, 비스테로이드성 소염 진통제)

Aspirin, ibuprofen, ketoprofen, naproxen은 모두 카복실산 유도체로서 스테로이드 구조를 가지고 있지 않은 해열, 진통 및 소염 효과를 가지고 있는 약물이다. 이를 가르켜 비스테로이드성 소염 진통제(NSAID)라고 한다. 이들 약물의 약리 작용은 염증을 일으키는데 관여하는 prostaglandin (PG)의 합성을 저해하는 작용을 한다. PG는 C_{20}의 불포화 지방산인 arachidonic acid에 산화효소의 일종인 COX-1과 2 (cyclooxygenase 1과 2)가 작용하여 만들어지는 여러 종류의 물질군으로, 혈압조절, 위액분비, 평활근 수축, 혈소판 응집 등 다양한 생리작용을 조절하는데 관여한다. 염증은 외부 자극에 의해 조직이 손상을 입었을 때 조직의 자기 방어기능 현상으로, 염증이 있으면 PG의 합성도 활발해진다. NSAID는 PG 합성에 관여하는 이들 두 효소를 모두 비활성화시켜 PG 합성을 저해한다(화학 라운지 16.7). 이 결과 이들 약은 PG의 정상적인 생리작용도 방해를 하므로 위장장애 등 여러 가지 부작용을 초래한다. 최근에는 정상적인 PG 합성에 관여하는 COX-1 효소의 기능은 저해하지 않고, 염증이 유발된 조직에만 관여하는 COX-2 효소만을 저해하는 소염 진통제가 개발되었다(예: celebrex). 앞에서 언급한 소염 진통제 중 ibuprofen과 ketoprofen은 라셈 혼합물로 사용되다가, 최근 들어 약효가 더 강한 (*S*)-이성질체만 사용하고 있다.

HO O O CH$_3$ O — Aspirin

CH$_3$ OH O — (*S*)-Ibuprofen

CH$_3$ OH O CH$_3$O — (*S*)-Naproxen

O CH$_3$ OH O — (*S*)-Ketoprofen

12.5 흥미로운 카복실산 유도체

분자 내에 카복실기 이외에 아미노기, 하이드록시기, 케톤기, 이중 결합 등 다른 작용기를 가진 카복실산을 **작용기 카복실산**(또는 작용기 산, **functional carboxylic acid**)이라 하는데, 이들 유도체 중에는 자연계에 존재하고 생화학적으로 중요한 기능을 하는 천연 지방산 유도체들이 많다. 이들의 몇 가지 예를 **표 12.5**에 소개하였다. 자연계에서 산할로젠화물과 산무수물 같이 반응성이 강한 화합물은 아직 발견되지 않았다.

12.6 카복실산의 제법

카복실산은 다음 세 가지 방법으로 제조할 수 있다.

- 산화 반응
- Grignard 시약의 카복실화 반응
- 산염화물, 산무수물, 에스터, 아마이드 및 나이트릴의 가수분해 반응

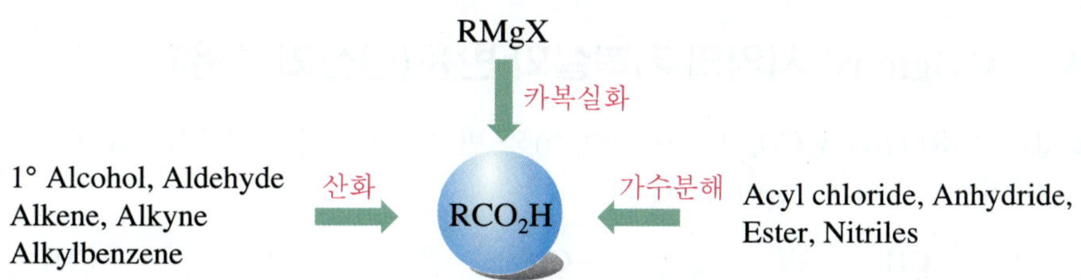

카복실산의 공업적 제법

$$NaOH \xrightarrow[100psi]{CO,\ 150°C} HCO_2Na \xrightarrow{H^+} HCO_2H$$

$$H_2C{=}CH_2 \xrightarrow[\text{PdCl}_2/\text{CuCl}_2\ \text{cat.}]{O_2,\ H_2O} CH_3CHO$$

Wecker reaction

$$\xrightarrow[\text{Co cat.}]{O_2} CH_3CO_2H$$

$$CH_3CH_2CH_2CH_3 \xrightarrow[\text{naphtha 분해}]{O_2} CH_3CHO$$

$$CH_3OH \xrightarrow[\text{고압, 촉매}]{CO,\ \text{고온}} CH_3CO_2H$$

12.6.1 산화 반응

■ 알켄의 산화 반응

비닐성 수소 원자를 가진 알켄을 $KMnO_4$ 염기성 수용액으로 가열하면 산화 반응이 일어나 C=C 결합이 끊어지면서 카복실산이 생성된다. 만약 낮은 온도에서 $KMnO_4$ 수용액으로 반응시키면 *cis*-diol이 생성된다(6.6.10절).

$$CH_3{-}HC{=}CH{-}CH_2CH_3 \xrightarrow[\text{가열}]{KMnO_4,\ HO^-} \xrightarrow{H_3O^+} CH_3CO_2H + CH_3CH_2CO_2H$$

■ 알카인의 가오존분해 반응

알카인을 가오존분해 반응시키면 C≡C 결합이 끊어지면서 카복실산이 생성된다(6.9.7절).

$$CH_3{-}C{\equiv}C{-}CH_2CH_3 \xrightarrow{O_3} \xrightarrow{H_2O} CH_3CO_2H + CH_3CH_2CO_2H$$

$$CH_3CH_2CH_2{-}C{\equiv}C{-}H \xrightarrow{O_3} \xrightarrow{H_2O} CH_3CH_2CH_2CO_2H + CO_2$$

■ 알킬 벤젠의 산화 반응

알킬 벤젠을 뜨거운 $KMnO_4$ 염기성 수용액, 크로뮴산 또는 질산으로 산화시키면 벤질 탄소가 산화되어 벤조산이 생성된다. 이 반응은 벤질자리에 C—H 결합이 한 개라도 있는 알킬 벤젠에서만 가능하고, 알케인의 C—H 결합에서는 일어나지 않는다(7.8.2절).

Salicylic acid의 제법(Kolbe-Schmitt 합성법)
아스피린 합성 원료가 되는 salicylic acid는 페놀을 NaOH(또는 KOH)로 처리한 후 가압하에서 CO_2와 반응시켜 합성한다(메커니즘은 보충 문제 10.24 참조).

Adolph Wilhelm Hermann Kolbe (1818~1884), **Rudolf Schmitt** (1830~1898): 독일 태생 유기화학자. Kolbe는 Marbug 대학과 Leipzig 대학 교수를, Schmitt는 Dresden 대학 교수를 역임. 이들은 아스피린의 대량 생산에 필요한 합성법을 개발.

$$C_6H_5CH_2R \xrightarrow[\text{가열}]{KMnO_4,\ HO^-} \xrightarrow{H_3O^+} C_6H_5CO_2H$$

$$\underset{\text{Alkane}}{CH_3CH_2CH_2R} \xrightarrow[\text{가열}]{KMnO_4,\ HO^-} \xrightarrow{H_3O^+} \text{반응이 일어나지 않음}$$

■ 일차 알코올 또는 알데하이드의 산화 반응

알데하이드 및 일차 알코올을 강한 산화제인 chromic acid(H_2CrO_4) 또는 $KMnO_4$로 산화시키면 카복실산이 생성된다. 알데하이드의 경우 Ag_2O 또는 $Ag(NH_3)_2^+$(Tollens 시약) 같은 약한 산화제에 의해서도 카복실산으로 산화된다(11.6절).

$$CH_3CH_2CH_2OH \xrightarrow{\text{산화제}} CH_3CH_2CO_2H$$

산화제 = $KMnO_4$, HO^- 또는 $Na_2Cr_2O_7$, $K_2Cr_2O_7$, 또는 $CrO_3/H_2SO_4/H_2O$ ($H_2Cr_2O_7$)

$$CH_3CH_2CHO \xrightarrow{\text{산화제}} CH_3CH_2CO_2H$$

산화제 = Ag_2O 또는 $Ag(NH_3)_2^+$, HO^-

12.6.2 Grignard 시약의 카복실화 반응(탄산화 반응)

Grignard 시약(RMgX)을 CO_2(드라이 아이스)와 반응시켜 생성된 카복실산의 마그네슘염을 산으로 처리하면 카복실산이 생성된다.

$$(CH_3)_3C{-}Cl \xrightarrow[\text{Ether}]{Mg} (CH_3)_3C{-}MgCl \xrightarrow{CO_2} (CH_3)_3C{-}CO_2^-Mg^{++}Cl^- \xrightarrow{H_3O^+} (CH_3)_3C{-}CO_2H$$

$$C_6H_5Br \xrightarrow[\text{Ether}]{Mg} C_6H_5MgBr \xrightarrow{1.\ CO_2\quad 2.\ H_3O^+} C_6H_5CO_2H$$

12.6.3 카복실산 유도체의 가수분해 반응

산염화물, 산무수물, 에스터, 아마이드 및 나이트릴 등의 카복실산 유도체를 산 또는 알칼리 수용액으로 가수분해 반응시키면 카복실산으로 전환된다(**그림 12.3**). 이들의 반응 메커니즘은 13.7절에서 설명할 예정이다.

$$\underset{\text{Acid chloride}}{R{-}\overset{O}{\overset{\|}{C}}{-}Cl} \quad \underset{\text{Acid anhydride}}{R{-}\overset{O}{\overset{\|}{C}}{-}O{-}\overset{O}{\overset{\|}{C}}{-}R'} \quad \underset{\text{Ester}}{R{-}\overset{O}{\overset{\|}{C}}{-}OR'} \quad \underset{\text{Amide}}{R{-}\overset{O}{\overset{\|}{C}}{-}NR'R''} \quad \underset{\text{Nitrile}}{R{-}C{\equiv}N}$$

$$\xrightarrow{Na^+OH^-\ \text{또는}\ H_3O^+} R{-}\overset{O}{\overset{\|}{C}}{-}OH$$

그림 12.3 카복실산 유도체를 가수분해하면 카복실산이 생성된다.

예제 12.4 다음 반응식에 적당한 출발 물질, 반응 시약, 생성물의 구조를 그려 넣으시오.

A (알켄) $\xrightarrow[2.\ H_3O^+]{1.\ KMnO_4,\ HO^-,\ 가열}$ Adipic acid(1,6-hexanedioic acid)

B (알데하이드) $\xrightarrow{Ag_2O}$ 2,3-Dimethylpentanoic acid

C (알코올) $\xrightarrow{HCl}$ **D** $\xrightarrow[에터]{Mg}$ **E** $\xrightarrow[2.\ H_3O^+]{1.\ CO_2}$ 2-Ethyl-2-methylbutanoic acid

$(CH_3)_3C-C_6H_4-CH(CH_3)_2$ $\xrightarrow[2.\ H_3O^+]{1.\ KMnO_4,\ HO^-,\ 가열}$ **F**

Ethylene oxide + C_6H_5MgCl $\xrightarrow{에터}$ **G** $\xrightarrow{H_3O^+}$ **H** $\xrightarrow[H_2SO_4]{CrO_3}$ Phenylacetic acid

풀이

A = cyclohexene (알켄의 산화 반응)

B = $CH_3CH_2CH(CH_3)CH(CH_3)CHO$ (알켄의 산화 반응)

C = $CH_3CH_2C(CH_3)(OH)CH_2CH_3$

D = $CH_3CH_2C(CH_3)(Cl)CH_2CH_3$ (S_N1 반응)

E = $CH_3CH_2C(CH_3)(Mg^{++}Cl^-)CH_2CH_3$

카복실산을 생성시킬 수 있는 Grignard 시약(E)를 알아내고, 차례로 D와 C를 유추해 풀어 본다.

F = $(CH_3)_3C-C_6H_4-CO_2H$ 벤질자리 탄소의 산화 반응
벤질 탄소에 수소가 없으면 산화가 안 됨

G = $C_6H_5-CH_2CH_2O^-Mg^{++}Cl^-$ (Grignard 반응)

H = $C_6H_5-CH_2CH_2OH$ (1° 알코올 산화 반응)

문제 12.7 CH_4로부터 아세트산을 합성하는 두 가지 방법을 보이시오(모두 두 단계 이상의 반응임).

12.7 카복실산 유도체의 제법

12.7.1 카복실산 유도체의 제법 미리보기

그림 12.4에 나타낸 것처럼 카복실산 유도체 중 산염화물, 산무수물, 에스터, 아마이드는 카복실산으로부터 카복실산의 OH기를 직접 변환시켜 만들 수 있으며, 나이트릴은 일차 아마이드의 탈수 반응과 할로젠화 알킬 또는 알킬설포네이트의 친핵성 치환 반응으로부터 만들

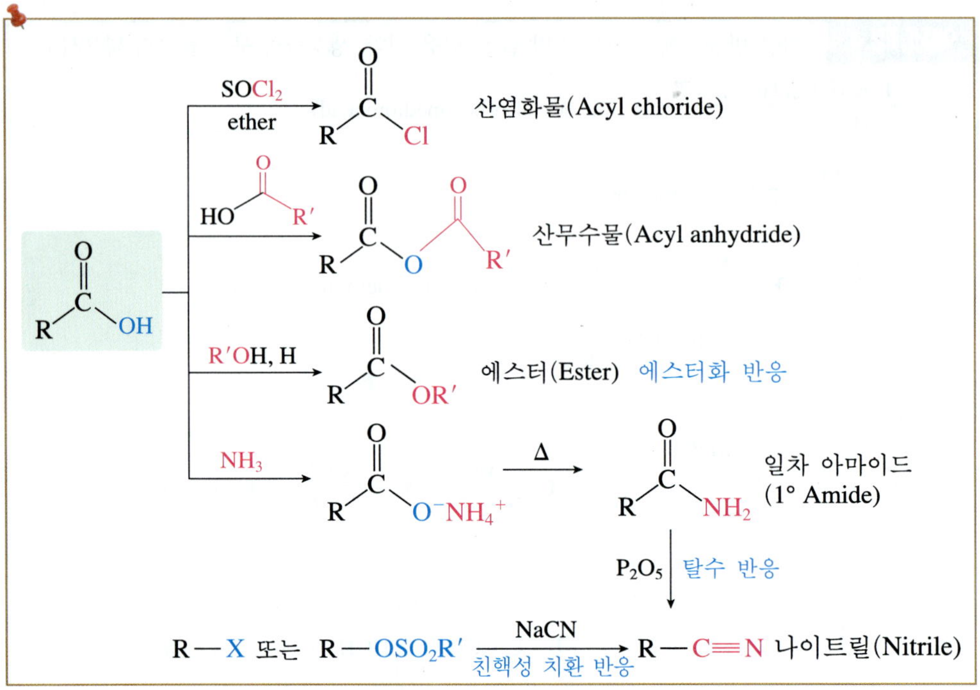

$RCOOH \xrightarrow[ether]{SOCl_2} RCOCl$ 산염화물(Acyl chloride)

$RCOOH \xrightarrow{HOCOR'} RCOOCOR'$ 산무수물(Acyl anhydride)

$RCOOH \xrightarrow{R'OH, H} RCOOR'$ 에스터(Ester) 에스터화 반응

$RCOOH \xrightarrow{NH_3} RCOO^-NH_4^+ \xrightarrow{\Delta} RCONH_2$ 일차 아마이드 (1° Amide)

$RCONH_2 \xrightarrow{P_2O_5}$ 탈수 반응

$R-X$ 또는 $R-OSO_2R' \xrightarrow[\text{친핵성 치환 반응}]{NaCN} R-C\equiv N$ 나이트릴(Nitrile)

그림 12.4 **카복실산으로부터 카복실산 유도체의 합성법.**

수 있다(12.7.6절). 한편 산무수물, 에스터 또는 아마이드의 경우 반응성이 큰 카복실산 유도체인 산염화물로부터 **친핵성 아실 치환 반응**(13장)을 이용하여도 합성할 수 있다.

12.7.2 산염화물의 제법

산염화물은 카복실산에 **thionyl chloride(염화 싸이오닐**, $SOCl_2$), **phosphorus trichloride (삼염화 인**, PCl_3) 또는 **phosphorus pentachloride(오염화 인**, PCl_5)를 반응시켜 합성한다. 이 중 $SOCl_2$는 반응 후 생성물로 산염화물과 기체인 SO_2, HCl만을 생성하기 때문에 반응물로부터 생성물의 분리가 쉬우나, PCl_3와 PCl_5는 각각 phosphorus acid(아인산, H_3PO_3)와 $POCl_3$를 생성하므로 이들을 생성물과 분리하기 위한 별도의 조작이 필요하다.

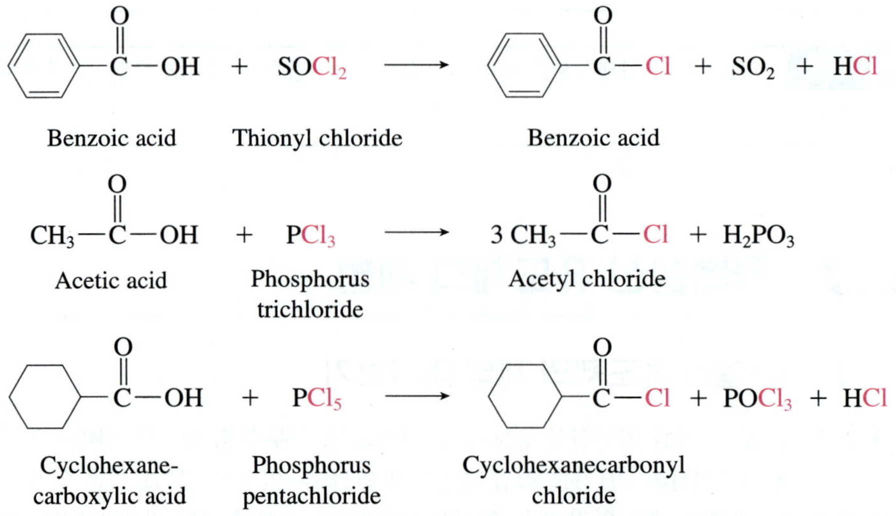

$$C_6H_5-\overset{O}{\overset{\|}{C}}-OH + SOCl_2 \longrightarrow C_6H_5-\overset{O}{\overset{\|}{C}}-Cl + SO_2 + HCl$$

Benzoic acid, Thionyl chloride, Benzoic acid

$$CH_3-\overset{O}{\overset{\|}{C}}-OH + PCl_3 \longrightarrow 3\ CH_3-\overset{O}{\overset{\|}{C}}-Cl + H_3PO_3$$

Acetic acid, Phosphorus trichloride, Acetyl chloride

$$C_6H_{11}-\overset{O}{\overset{\|}{C}}-OH + PCl_5 \longrightarrow C_6H_{11}-\overset{O}{\overset{\|}{C}}-Cl + POCl_3 + HCl$$

Cyclohexanecarboxylic acid, Phosphorus pentachloride, Cyclohexanecarbonyl chloride

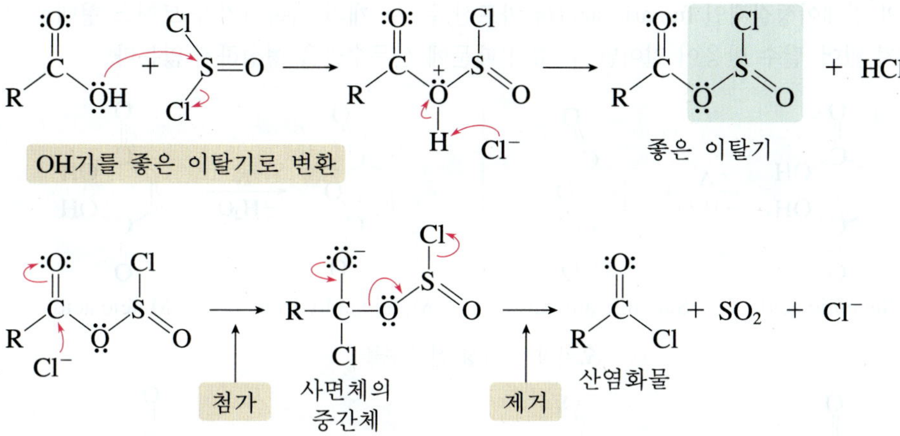

OH기를 좋은 이탈기로 변환

좋은 이탈기

첨가

사면체의 중간체

제거

산염화물

그림 12.5 카복실산과 $SOCl_2$의 반응 메커니즘.

이 반응은 이탈성이 나쁜 카복실산의 OH기를 이탈성이 좋은 이탈기로 전환시켜 반응이 쉽게 일어나도록 한 반응으로, $SOCl_2$에 의한 산염화물 생성 반응 메커니즘을 예로 들어 **그림 12.5**에 나타내었다.

12.7.3 산무수물의 제법

산무수물은 산염화물 또는 카복실산으로부터 다음 세 가지 방법으로 합성한다.

■ 산염화물로부터 합성

카복실산염인 sodium benzoate (벤조산 소듐)와 산염화물인 benzoyl chloride를 반응시키면 산무수물인 benzoic anhydride가 생성된다. 이 반응에서 벤조산 소듐 대신 benzoic acid (벤조산)를 염기 존재하에 반응시켜도 같은 결과를 얻을 수 있다.

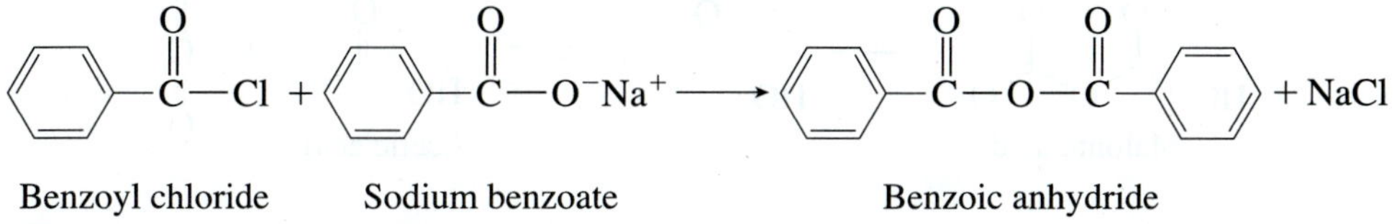

$$C_6H_5-\overset{O}{\overset{\|}{C}}-Cl + C_6H_5-\overset{O}{\overset{\|}{C}}-O^-Na^+ \longrightarrow C_6H_5-\overset{O}{\overset{\|}{C}}-O-\overset{O}{\overset{\|}{C}}-C_6H_5 + NaCl$$

Benzoyl chloride　Sodium benzoate　Benzoic anhydride

■ 카복실산과 무수아세트산의 반응

카복실산인 dodecanoic acid를 무수아세트산(acetic anhydride)과 반응시키면 카복실산 두 분자 사이에서 탈수 반응이 일어나, 산무수물인 dodecanoic anhydride가 생성된다. 이 방법은 고급 지방산 또는 방향족산의 산무수물을 합성할 때 흔히 사용된다.

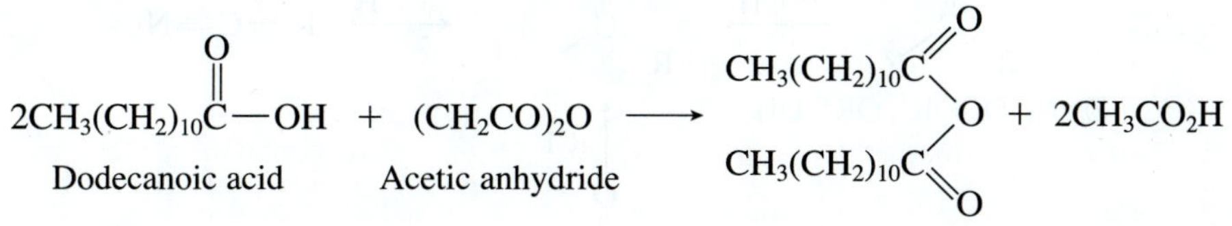

$$2CH_3(CH_2)_{10}\overset{O}{\overset{\|}{C}}-OH + (CH_2CO)_2O \longrightarrow [CH_3(CH_2)_{10}C(=O)]_2O + 2CH_3CO_2H$$

Dodecanoic acid　Acetic anhydride

■ 다이카복실산의 탈수 반응

다이카복실산 중 **succinic acid (석신산)**, **glutaric acid (글루타르산)** 및 **maleic acid (말레산)** 등과 같이 오원자 또는 육원자 고리를 형성할 수 있는 경우, 이들을 가열하면 분자 내 두 개의 카복실기 사이에서 탈수 반응이 일어나 **고리형 산무수물**이 형성된다. 그러나 maleic acid의 입체이성질체인 fumaric acid(퓨마르산)는 두 개의 카복실기가 트랜스 형태로 멀리 떨어져 있어, 탈수 반응이 일어날 수 없기 때문에 산무수물을 형성하지 않는다.

Succinic acid —(Δ, $-H_2O$)→ Succinic anhydride

Maleic anhydride ←(Δ, $-H_2O$)— Maleic acid

오원자 고리형 산무수물

Glutaric acid —(Δ, $-H_2O$)→ Glutaric anhydride

반응 안 일어남 ←(Δ, $-H_2O$)— Fumaric acid

육원자 고리형 산무수물

두 개의 카복시기 사이가 멀다

Oxalic acid(옥살산) 또는 malonic acid(말론산) 같은 다이카복실산의 경우 가열하면 탈카복실화 반응이 일어나 각각 formic acid와 아세트산이 형성된다(13.5.2절).

$$\underset{\text{Oxalic acid}}{HO_2C{-}CO_2H} \xrightarrow{\text{가열}} \underset{\text{Formic acid}}{HCO_2H} + CO_2$$

$$\underset{\text{Malonic acid}}{HO_2CCH_2CO_2H} \xrightarrow{\text{가열}} \underset{\text{Acetic acid}}{CH_3CO_2H} + CO_2$$

Malonic acid → (enol) ⇌ Acetic acid + $O{=}C{=}O$

12.7.4 에스터와 락톤의 제법

에스터, 락톤 및 매크로올라이드(macrolide, 에스터기에 의해 형성된 거대고리 화합물)는 카복실산의 에스터화 반응, 산염화물 및 산무수물의 가알코올분해 반응에 의하여 합성할 수 있다.

$RCOZ$ —($R''OH$)→ $RCOOR''$ ←($R''OH$)— $R{-}C{\equiv}N$

$Z{=}Cl, OCOR', OR', OH$

가수분해

$RCOO^-$ —($R''I$)→ $RCOOR''$

■ 카복실산으로부터 합성

산(H^+)촉매 존재하에서 카복실산을 알코올과 반응시키면 에스터가 생성된다. 이를 **Fischer**('피셔' 라고 읽음) **에스터화 반응(Fischer esterification)**이라고 한다. 이 반응은 평형 반응이므로 알코올을 과량 사용하던가 생성되는 물을 제거해야 반응이 정방향(오른쪽)으로 잘 진행된다.

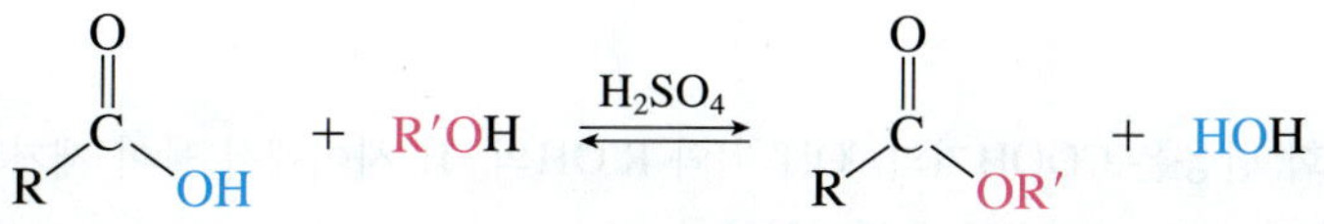

$$RCOOH + R'OH \xrightleftharpoons{H_2SO_4} RCOOR' + HOH$$

예

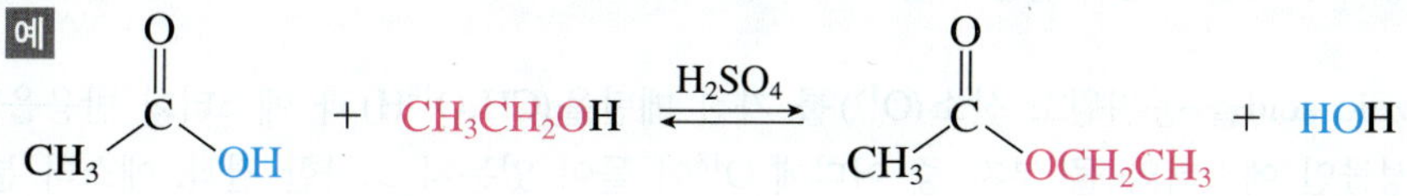

$$CH_3COOH + CH_3CH_2OH \xrightleftharpoons{H_2SO_4} CH_3COOCH_2CH_3 + HOH$$

• Fischer 에스터화 반응은 산 촉매에 의한 평형 반응이므로 생성물의 수율을 높이기 위하여 과량의 알코올을 사용하던가 생성되는 물을 제거해야 한다.

이 반응에서 촉매로 사용되는 양성자는 아실기 산소 원자에 배위되어 카보닐 탄소의 친전자성을 증가시켜 친핵체의 공격을 쉽게 하는 역할을 한다. 카복실산기에는 양성자가 배위할 수 있는 두 개의 산소 원자가 있으나, 아실기 산소 원자에 배위되는 것을 선호한다. 그 이유는 OH기의 산소 원자에 배위되는 것보다 짝산을 더 안정화시킬 수 있기 때문이다.

C=O기에 양성자 첨가 ➡ 짝산을 공명 안정화시킴. 이 경로가 선택됨.

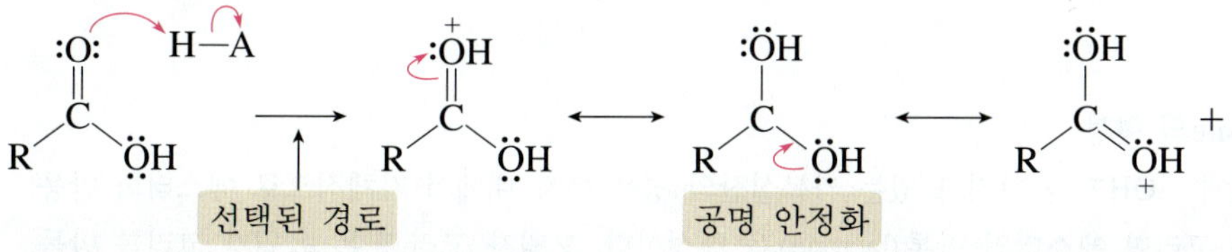

선택된 경로

공명 안정화

OH기에 양성자 첨가 ➡ 짝산을 공명 안정화시키지 못함. 이 경로가 선택되지 않음.

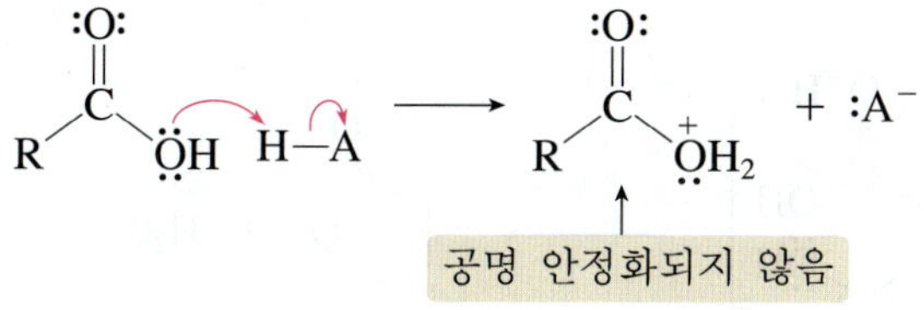

공명 안정화되지 않음

부분 [1] 친핵체 R′OH의 첨가

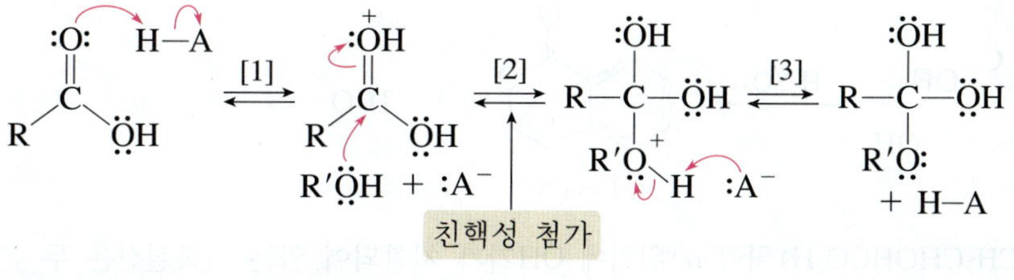

친핵성 첨가

• 단계 [1]에서 아실기 산소 원자에 양성자가 첨가되어 카보닐기 탄소의 친전자성을 증가시킨다.
• 단계 [2]~[3]에서 R′OH가 친핵체로 첨가하여 사면체형 중간체를 형성한다.

부분 [2] 이탈기 H_2O의 제거

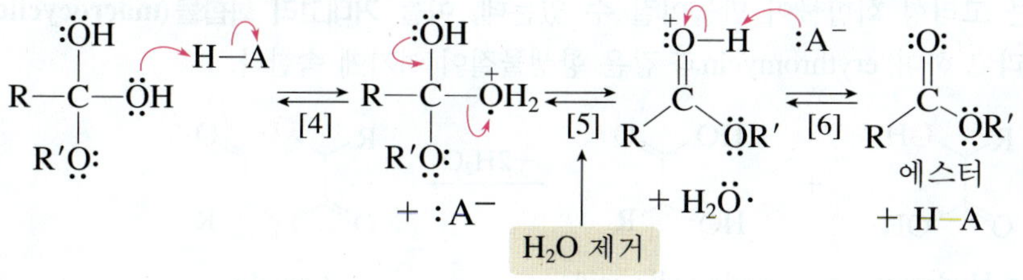

H_2O 제거

에스터

• 단계 [4]에서 OH기의 산소 원자에 양성자가 첨가되어 이탈성을 증가시킨다.
• 단계 [5]에서 H_2O의 제거 반응이 일어나고, 단계 [6]에서 양성자를 잃고 에스터를 형성한다.

그림 12.6 **Fischer 에스터화 반응 메커니즘.**

에스터 생성 반응은 친핵성 아실 치환 반응(13.1.1절 참조)의 한 종류로 **그림 12.6**에 나타낸 바와 같이, 첨가-제거의 두 단계 반응이 연달아 일어나는 반응 메커니즘으로 설명하고 있다.

• 카복실산의 에스터화 반응은 COOH기의 'OH' 기와 R′OH의 'H' 사이에서 물이 제거되는 반응이다. 이는 다음과 같은 실험으로 증명되었다.

Benzoic acid를 동위원소 산소(O^{18})를 가진 메탄올($CH_3O^{18}H$)과 에스터화 반응을 시킨 후, 생성물인 에스터와 물 분자 중 어디에 O^{18}이 들어 있는지 조사한 결과, 에스터 분자에 동위원소가 들어 있음을 알았다. 이는 카복실기의 'OH' 기가 양성자가 첨가되어 물 분자로 이탈되었음을 나타낸다.

$PhC(=O)–OH + CH_3–O^{18}–H \xrightleftharpoons{H_2SO_4} PhC(=O)–O^{18}–CH_3 + H_2O$ 관찰됨

$PhC(=O)–O–H + CH_3–O^{18}–H \xrightleftharpoons{H_2SO_4} PhC(=O)–O–CH_3 + H_2O^{18}$ 관찰되지 않음

• **Lactone의 형성**
분자 내에 −OH기를 가지고 있는 카복실산의 경우 분자 내에서 자체적으로 에스터화 반응을 하여 고리형 에스터인 락톤(lactone)을 형성한다. 오원자 고리 또는 육원자 고리를 만들 수 있는 감마(γ) 또는 델타(δ) 위치에 OH기가 치환되어 있는 카복실산에서 주로 관찰된다.

γ-Hydroxybutyric acid $\xrightarrow{H_2SO_4}$ [$C(=O^+H)OH$ 중간체] ⟶ γ-Butyrolactone (γ-Lactone) + H_2O

$\xrightarrow{H_2SO_4}$ δ-Lactone + H_2O

Lactic acid($CH_3CHOHCO_2H$)처럼 α 위치에 OH기가 치환되어 있는 카복실산은 두 분자 사이에서 에스터가 형성되어 고리 화합물인 **lactide**를 형성한다. 한편, 분자 사이의 에스터 결합으로 큰 고리형 화합물이 만들어질 수 있는데, 이를 **거대고리 화합물(macrocyclic compound)**이라고 하며, erythromycin과 같은 항생물질이 여기에 속한다.

α-Hydroxy + carboxylic acid $\xrightarrow{-2H_2O}$ Lactide

■ 산염화물 및 산무수물로부터 합성

산염화물과 산무수물에 알코올을 반응시키면(가알코올분해 반응) 에스터가 생성된다. 이 반응은 첨가–제거 반응을 경유하는 친핵성 아실 치환 반응으로 일어난다(13.2와 13.3절).

$$\text{RCOZ} + \text{R'OH} \xrightarrow{\text{첨가}} [\text{사면체형 중간체}] \xrightarrow{\text{제거}} \text{RCOOR'} + \text{Z}^-$$

Z=Cl 또는 OCOR

양성자 제거

사면체형 중간체

약염기가 이탈함

Cl^-와 RCO_2^-는 RO^-보다 약염기임

- 알코올이 친핵체로 작용하여 산염화물 또는 산무수물의 카보닐 탄소를 공격하여 사면체형 중간체를 생성한다: 친핵성 첨가
- 사면체형 중간체에서 양성자가 제거됨.
- 이탈기인 Cl^- 또는 RCO_2^-은 $R'O^-$보다 약염기이므로 이들이 사면체형 중간체로부터 제거되어 에스터를 형성한다: 제거 반응

예

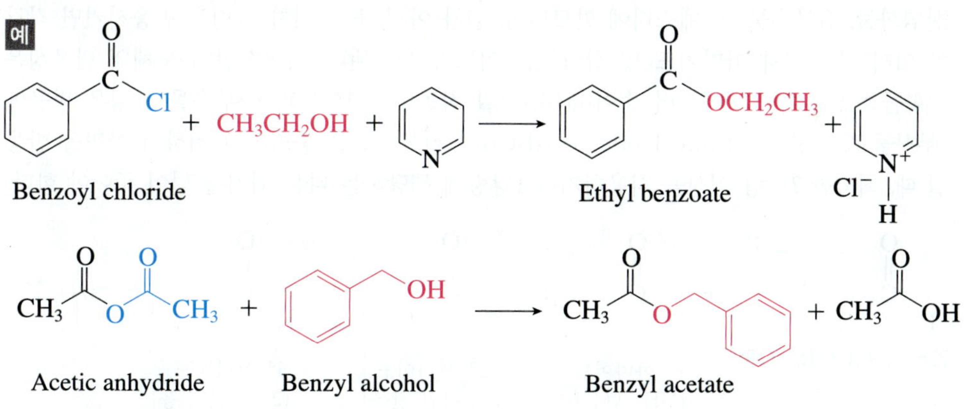

■ 친핵성 치환 반응(S_N2 반응)에 의한 에스터 형성

$$CH_3-I + {}^+Na^-O-C(=O)-R \longrightarrow CH_3O-C(=O)-R$$

12.7.5 아마이드(락탐)의 제법

아마이드는 산염화물, 산무수물, 에스터 및 카복실산을 아민과 반응(가아민분해)시키거나 나이트릴을 부분 가수분해시켜 합성할 수 있다.

$$\text{RC(=O)Z} \xrightarrow{\text{가아민분해}} \text{RC(=O)NR'R''} \xleftarrow{\text{부분 가수분해}} R-C\equiv N$$

Z=Cl, OCOR′, OR′, OH

에스터의 다른 제법

- 카복실산을 직접 diazomethane(CH_2N_2)과 반응시키면 메틸 에스터가 생성된다.

$$R-COOH + CH_2-\overset{+}{N}\equiv N \longrightarrow R-COO^- \;\; CH_3-\overset{+}{N}\equiv N \longrightarrow R-C(=O)-O-Me + N_2$$

- 산 촉매 에스터 교환 반응으로 새로운 에스터를 합성할 수 있다.

$$RCO_2Me(Et) \underset{}{\xrightleftharpoons{R'OH/H^+}} RCO_2R' + Me(Et)OH$$

■ 카복실산으로부터 합성

카복실산에 암모니아를 반응시켜 암모늄염을 만들고, 이를 가열하면 탈수 반응이 일어나 일차 아마이드가 생성된다.

$$CH_3COOH \xrightarrow{NH_3} CH_3CO^-O\,NH_4^+ \xrightarrow{\Delta} CH_3CONH_2 + H_2O$$

Ammonium acetate Acetamide

분자 내에 아미노기를 가지고 있는 카복실산에서 아마이드 생성 반응이 일어나 생성된 고리형 아마이드를 **락탐(lactam)**이라고 한다. 카복실기를 기준으로 아미노기의 치환 위치에 따라 β-lactam, γ-lactam, δ-lactam 등으로 분류한다.

β-Lactam γ-Lactam δ-Lactam

■ 산염화물, 산무수물 및 에스터로부터 합성

산염화물, 산무수물 및 에스터에 암모니아, 일차 아민 또는 이차 아민을 반응시키면 각각 일차 아마이드, 이차 아마이드 및 삼차 아마이드가 생성된다. 카복실산 유도체의 반응성은 산염화물 > 산무수물 > 에스터 순이며(13.1.2절 참조), 산염화물과 산무수물인 경우 반응에서 부산물로 생성되는 hydrochloric acid (HCl)와 카복실산을 중화하기 위하여 아민을 반응시킬 때, 최소한 2당량 이상을 사용하거나 1당량에 해당하는 다른 염기를 넣어 주어야 한다.

$$RCOZ \xrightarrow{-\ddot{N}-} RCONH_2 \text{ 또는 } RCONHR' \text{ 또는 } RCONR'R'' + -N^+Z^-$$

Z=Cl, OCOR′, OR′

1° 아마이드 (NH₃ 반응) 2° 아마이드 (1° 아민 반응) 3° 아마이드 (2° 아민 반응)

예

$$CH_3COCl \xrightarrow{2NH_3} CH_3CONH_2 + {}^+NH_4Cl^-$$

$$CH_3COCl + CH_3NH_2 \xrightarrow{(CH_3CH_2)_3N} CH_3CONHCH_3 + (CH_3CH_2)_3\overset{+}{N}HCl^-$$

$$CH_3COOCOCH_3 \xrightarrow{2CH_3NH_2} CH_3CONHCH_3 + CH_3\overset{+}{N}H_3\overset{-}{O}_2CCH_3$$

$$ClCH_2COOCH_2CH_3 \xrightarrow{2NH_3} ClCH_2CONH_2 + {}^+NH_4Cl^-$$

이 반응은 첨가-제거 반응에 의한 친핵성 아실 치환 반응(13장에서 상세히 기술)으로 진행되며, 첨가 반응 생성물인 정사면체 구조 물질에서 제거 반응이 일어날 때 이 구조에 있는 Cl^-, $R'CO_2^-$ 및 RO^-기의 염기도가 친핵체로 작용하는 $R'R''N:^-$보다 약하기 때문에 이들이 이탈기로 이탈되어 일어난다.

$$:\ddot{N}R'R'' + R-\overset{O}{\overset{\|}{C}}-Z \;\not\longleftarrow\; \left[R-\underset{NR'R''}{\overset{:\ddot{O}:^{-}}{C}}-Z\right] \longrightarrow R-\overset{O}{\overset{\|}{C}}-NR'R'' + :Z^{-}$$

Z=Cl, OCOR′, OR′

정사면체 구조

■ 나이트릴의 부분 가수분해

나이트릴을 완전 가수분해하면 카복실산으로 전환되는데, 중간 과정으로 일차 아마이드가 생성된다. 부분 가수분해에 의해 생성되는 물질이므로 카복실산 생성 조건보다 온화한 반응 조건이 필요하다.

$$R-C\equiv N + H_2O \xrightarrow{H^+ \text{ 또는 } ^-OH} R-\overset{O}{\overset{\|}{C}}-NH_2$$

12.7.6 나이트릴의 제법

나이트릴은 일차 아마이드의 탈수 반응, 할로알케인(또는 알킬 설포네이트)의 친핵성치환반응(8.6.3절) 및 다이아조늄염의 치환 반응(Sandmyer 반응, 10.5.5절)에 의하여 합성된다.

$$R-\overset{O}{\overset{\|}{C}}-NH_2 \xrightarrow{\text{탈수 반응}} R-C\equiv N \xleftarrow{\text{친핵성 치환 반응}} R-X\ (X=\text{할로젠 원자, OTs 또는 OMs})$$

$$Ar-\overset{O}{\overset{\|}{C}}-NH_2 \xrightarrow{\text{탈수 반응}} Ar-C\equiv N \xleftarrow{\text{Sandmyer 반응}} ArN_2{}^+X^-$$

■ 일차 아마이드의 탈수 반응

일차 아마이드를 phosphorus pentoxide (P_2O_5, 오산화 인), $SOCl_2$ 또는 $POCl_3$ (phosphorus oxychloride)와 반응시키면 탈수 반응이 일어나 나이트릴이 생성된다. 이 방법으로 지방족과 방향족 나이트릴 모두를 제조할 수 있다.

$$CH_3CH_2-\overset{O}{\overset{\|}{C}}-NH_2 \xrightarrow[-H_2O]{P_2O_5} CH_3CH_2-C\equiv N$$

■ 할로젠화 알킬(또는 알킬 설포네이트)의 친핵성 치환 반응

할로젠화 알킬(또는 알킬 설포네이트)에 NaCN을 친핵성 치환 반응(S_N2 반응)시키면 나이트릴이 생성된다. 이 방법은 지방족 나이트릴의 합성에만 사용할 수 있다.

$$CH_3CH_2CH_2CH_2X \xrightarrow{:C\equiv N^-} CH_3CH_2CH_2CH_2C\equiv N$$

X=할로젠, OSO_2R — Pentanenitrile (Valeronitrile)

■ 방향족 다이아조늄염의 치환 반응

아닐린 등과 같은 방향족 아민에 nitrous acid (HNO_2)를 반응시켜 얻은 다이아조늄에 CuCN을 반응시키면 나이트릴기가 도입된다(Sandmeyer 반응, 10.5.5절). 이 반응은 방향족 나이트릴의 합성에만 응용할 수 있다.

Aniline $\xrightarrow[HCl]{NaNO_2}$ [$C_6H_5\overset{+}{N}\equiv N{:}\ \overset{-}{Cl}$] $\xrightarrow{CuCN}$ Benzonitirle ($C_6H_5C\equiv N$)

예제 12.5 다음 반응식 중 **A~G**에 적당한 시약 또는 화합물의 구조를 적어 넣으시오.

(반응 도식: Benzoyl chloride $\xrightarrow{NH_3}$ **D**; **D** $\xrightarrow{\textbf{E}}$ C_6H_5CN; Benzoyl chloride + $C_6H_5CO_2^-Na^+$ → **B**; **B** $\xrightarrow{CH_3CH_2OH}$ **C**; Benzoyl chloride $\xrightarrow{CH_3CH_2OH}$ **C**; Benzoic acid $\xrightarrow{\textbf{A}}$ Benzoyl chloride; Benzoic acid $\xrightarrow[H_2SO_4]{CH_3CH_2OH}$ **C**; Aniline $\xrightarrow{\textbf{G}}$ $C_6H_5N_2^+Cl^-$ $\xrightarrow{\textbf{F}}$ C_6H_5CN)

풀이

A$=SOCl_2$ **B**$=$ PhC(=O)OC(=O)Ph **C**$=$ PhC(=O)OCH$_2$CH$_3$ **D**$=$ PhC(=O)NH$_2$

E$=P_2O_5$ **F**$=$CuCN **G**$=NaNO_2+HCl$

문제 12.8 다음 반응에서 얻어지는 생성물의 구조를 그리시오.

a. Phenyl acetate $\xrightarrow[H_2SO_4]{CH_3CH_2OH}$

b. Propanoic acid $\xrightarrow[2.\ (CH_3)_2NH]{1.\ SOCl_2}$

c. Benzoic acid $\xrightarrow[2.\ CH_3I]{1.\ NaHCO_3}$

d. Acetyl chloride $\xrightarrow[2.\ \text{가열}\ \ 3.\ P_2O_5]{1.\ NH_4OH}$

e. Acetic anhydride + aniline ⟶

요약 정리

카복실산과 유도체의 구조와 결합

- 카복실산(carboxylic acid: RCO_2H)은 카보닐기 탄소에 OH기가 결합한 화합물이며, 카복실산 유도체(RCOZ)는 OH기 대신에 전기음성도가 큰 다른 치환기(Z)가 결합한 화합물이다. 카복실산 유도체에는 **산염화물(acid chloride: RCOCl)**, **산무수물[acid anhydride: $(RCO)_2O$]**, **아실인산염(acyl phosphate: $RCO_2PO_3^{2-}$ 또는 $RCO_2PO_3R'^-$)**, **에스터(ester: RCO_2R)**, **싸이오에스터(thioester: RCOSR)** 및 **아마이드(amide: $RCONR_2$)** 등이 있다.

- 카복실산 유도체를 가수분해하면 모두 카복실산이 된다. **나이트릴 화합물(RC≡N)**도 가수분해하면 카복실산을 생성하므로 카복실산 유도체로 취급한다.
- 카복실산을 포함하여 RCOZ 구조를 가지고 있는 유도체의 결합각은 약 120°이며, RC≡N의 경우 180°이다.

카복실산과 유도체의 명명법

- 지방족 카복실산과 유도체의 일반명(IUPAC)은 다음과 같다.
  카복실산(RCO_2H): alkanoic acid
  산염화물(RCOCl): alkanoyl chloride
  산무수물[$(RCO)_2O$]: alkanoic anhydride
  에스터(RCO_2R'): alkyl (R′) alkanoate
  아마이드(RCO_2NH_2): alkanamide
- 고리형 에스터와 아마이드를 각각 **락톤(lactone)**과 **락탐(lactam)**이라고 한다.

카복실산과 유도체의 물리적 성질

- 산도: 카복실산은 알코올보다 약 10^{10}배 이상 더 강한 산이다. 그 이유는 짝염기에 해당하는 카복실산 음이온(RCO_2^-)이 공명 안정화되어 음전하가 비편재화될 수 있기 때문이다.
- 카복실산의 산도의 크기는 카복실기($-CO_2H$) 인근에 붙어 있는 치환기의 전자 유발 효과에 의해 영향을 받는다. 전자를 끄는 치환기는 산도를 증가시키고, 전자를 주는 치환기는 산도를 감소시킨다.
- **끓는점**: 카복실산은 두 분자가 **이합체(dimer)**를 이루고 있어 비슷한 분자량을 가진 다른 화합물보다 끓는점이 훨씬 높다. 카복실산 유도체 중 일차 아마이드와 나이트릴은 강한 쌍극자-쌍극자 상호작용 때문에 끓는점이 높다. 반면에 산염화물, 산무수물 및 에스터는 끓는점이 상대적으로 낮다.
- **물에 대한 용해도**: 탄소 원자의 수가 다섯 개 이하인 카복실산(지방산)은 물에 잘 녹으나, 탄소 원자의 수가 많거나 방향족산의 경우 물에 녹지 않는다.

카복실산의 제법

- 카복실산은 다음 세 가지 방법으로 제조할 수 있다.
  - 알켄, 알카인, 알킬벤젠, 일차 알코올 및 알데하이드의 산화 반응
  - Grignard 시약의 카복실화 반응
  - 산염화물, 산무수물, 에스터, 아마이드 및 나이트릴의 가수분해 반응

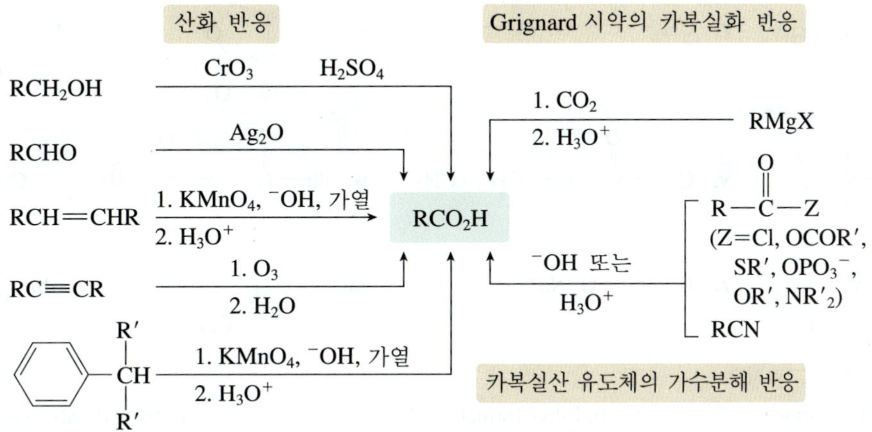

카복실산 유도체의 제법

- 모든 카복실산 유도체는 카복실산으로부터 만들 수 있다(그림 12.4)
- **산염화물**은 카복실산에 $SOCl_2$, PCl_3, 또는 PCl_5를 작용시켜 합성한다.
- **산무수물**은 카복실산의 탈수 반응과 산염화물에 카복실산염을 작용시켜 합성한다.
- **에스터**는 카복실산과 알코올 반응(**Fischer 에스터화 반응**), 산염화물 또는 산무수물과 알코올의 반응, 카복실산염과 할로젠화 알킬의 반응(친핵성 치환 반응)으로 합성한다.
- **아마이드**는 카복실산 암모늄염의 가열 탈수화 반응, 산염화물, 산무수물 또는 에스터와 암모니아 또는 아민의 반응, 나이트릴의 부분 가수분해 반응으로 합성한다.
- **나이트릴**은 일차 아마이드의 탈수 반응 또는 할로젠화 알킬(또는 알킬 설포네이트)과 NaCN의 S_N2 반응, 방향족 나이트릴의 경우 다이아조늄염에 CuCN(**Sandmeyer 반응**, 10.5.5절)을 작용시켜 합성한다.

보충 문제

12.9 IUPAC명 또는 관용명을 적으시오.

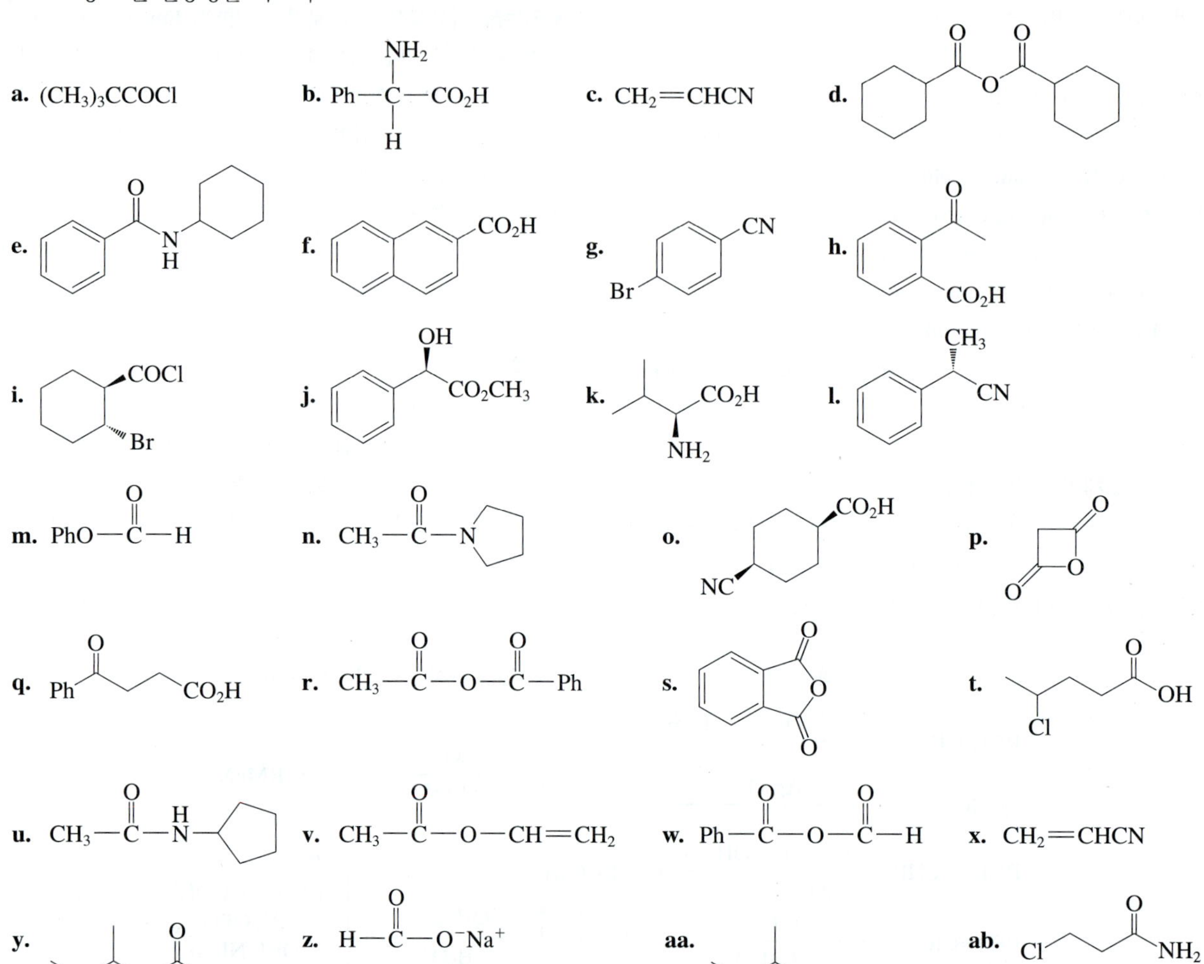

12.10 다음 화합물의 구조를 그리시오.

a. β-Chlorobutryl chloride
b. Ethyl formate
c. Methyl salicylate
d. Isopropyl *m*-bromobenzoate
e. Vinyl acetate
f. Ethyl chloroformate
g. α-Methylvaleronitrile
h. 2-Cyclohexenecarboxylic acid
i. Ethyl 2-propylbutanedioate

12.11 다음 조건에 맞는 화합물의 구조식과 이름을 쓰시오.

a. $C_6H_{12}O_2$의 화학식을 가진 8종의 카복실산
b. C_4H_5N의 화학식을 가진 4종의 나이트릴
c. $C_5H_8O_3$의 화학식을 가진 3종의 산무수물
d. $C_5H_{10}O_2$의 화학식을 가진 8종의 에스터
e. $C_7H_{11}NO$의 화학식을 가진 3종의 아마이드
f. C_6H_9ClO의 화학식을 가진 3종의 산염화물

12.12 Acetamide(CH_3CONH_2)는 ethanamine($CH_3CH_2NH_2$)보다 센 산이나 이 아민보다 약한 염기이다. 그 이유를 설명하시오.

12.13 다음 사항을 설명하시오.

a. $CH_3CH_2C{\equiv}N$ (propionitrile)의 끓는점은 97°C이나 $CH_3CH_2C{\equiv}CH$ (1-Butyne)의 끓는점은 8°C이다.
b. CH_3CONH_2 (acetamide, 221°C), $CH_3CONHCH_3$ (*N*-methylacetamide, 204°C), $CH_3CON(CH_3)_2$ (*N*,*N*-dimethylacetamide, 166°C)

12.14 다음의 각 화합물은 해당하는 카복실산으로부터 합성되었다. 카복실산의 이름을 적으시오.

a. 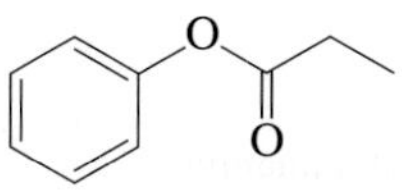 (phenyl propanoate structure)　b. 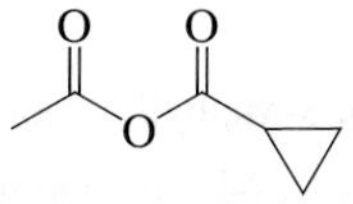 (acetic cyclopropanecarboxylic anhydride structure)　c. 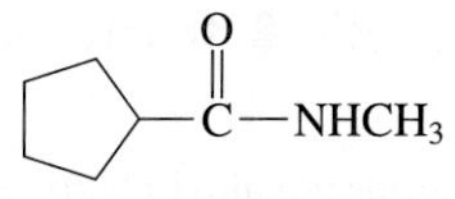 cyclopentyl–C(=O)–$NHCH_3$

d. 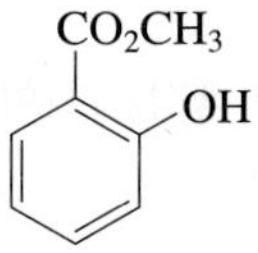 (benzene ring with CO_2CH_3 and OH)　e. $HCON(CH_3)_2$　f. 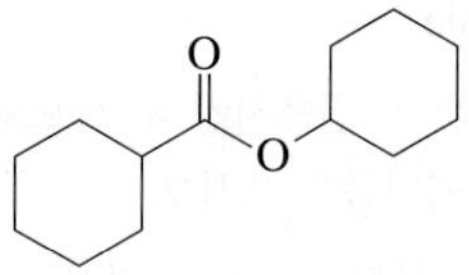 (cyclohexyl cyclohexanecarboxylate structure)

12.15 각 항에서 산도가 높은 순으로 나열하시오.

a. Acetic acid, Formic acid, Oxalic acid

b. 4-Nitrobenzoic acid, 4-Methoxybenzoic acid, 2,4-Dinitrobenzoic acid

c. 2-Chloropropanoic acid, 3-Chloropropanoic acid, 2,2-Dichloropropanoic acid

12.16 다음 각 항의 화합물 중 염기성이 더 큰 것은 어느 것인가? 그 이유는 무엇인가?

a. Lithium acetate와 Lithium trimethylacetate

b. Sodium α-chloroacetate와 Sodium α-fluoroacetate

c. $C_6F_5CO_2Na$와 $C_6H_5CO_2Na$

d. Sodium benzoate와 Sodium cyclohexanecarboxylate

12.17 다음 반응에서 만들어지는 주생성물의 구조를 그리고 명명하시오.

a. 1-Bromobutane $\xrightarrow[\text{2. } H_3O^+]{\text{1. NaCN}}$

b. 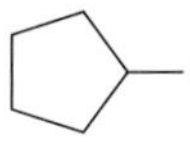 (cyclopentyl)–CO_2H $\xrightarrow[\text{2. cyclopentanol}]{\text{1. } SOCl_2}$

c. $(CH_3)_2CHCO_2H$ $\xrightarrow[\text{2. } CH_3I]{\text{1. } NaHCO_3}$

d. 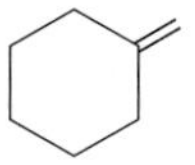 (methylenecyclohexane) $\xrightarrow{\text{1. } BH_3}$ 2. H_2O_2, NaOH 3. $Na_2Cr_2O_7$, H_2SO_4

e. 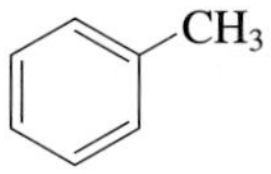 (toluene, CH_3) $\xrightarrow{\text{1. } Br_2\text{, light}}$ 2. Mg, ether 3. CO_2 4. H_3O^+

f. $CH_3CH(OH)CH_2CH_2CO_2H$ $\xrightarrow{H_2SO_4}$

12.18 2-Propanol에서 isobutyric acid를 합성하는 두 가지 방법을 보이시오.

12.19 1-Bromobutane으로부터 다음 화합물을 합성하는 방법을 보이시오.

a. Butanoic acid　**b.** Pentanoic acid　**c.** Hexanoic acid

12.20 다음 화합물로부터 pentanoic acid를 합성하는 방법을 반응식으로 나타내시오.

a. 5-Decene　**b.** 1-Pentanol　**c.** 1-Pentene　**d.** 1-Bromopropane

12.21 다음 반응에 적당한 시약 또는 반응 조건을 적어 넣으시오.

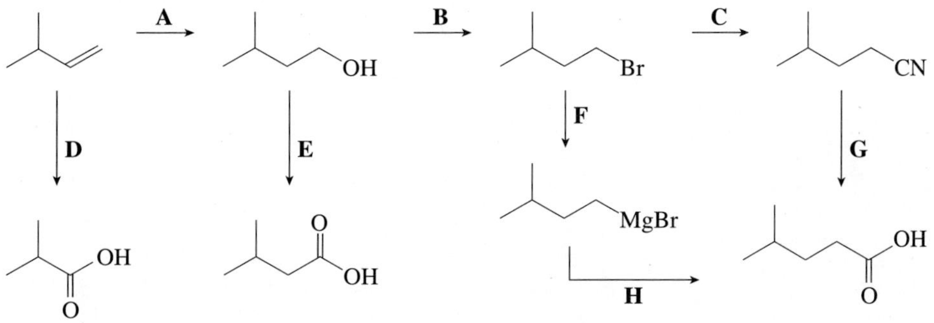

3-methyl-1-butene $\xrightarrow{\textbf{A}}$ 3-methyl-1-butanol (OH) $\xrightarrow{\textbf{B}}$ 1-bromo-3-methylbutane (Br) $\xrightarrow{\textbf{C}}$ 4-methylpentanenitrile (CN)

3-methyl-1-butene $\xrightarrow{\textbf{D}}$ 2-methylpropanoic acid (OH, O)

3-methyl-1-butanol $\xrightarrow{\textbf{E}}$ 3-methylbutanoic acid (O, OH)

1-bromo-3-methylbutane $\xrightarrow{\textbf{F}}$ 3-methylbutylmagnesium bromide (MgBr) $\xrightarrow{\textbf{H}}$ 4-methylpentanoic acid (OH, O)

4-methylpentanenitrile $\xrightarrow{\textbf{G}}$ 4-methylpentanoic acid

12.22 Benzene으로부터 benzonitrile를 합성하는 세 가지 방법을 보이시오.

12.23 *tert*-Butyl alcohol로부터 다음 화합물을 합성하는 방법을 보이시오.

a. Methyl 2-methylpropanoate **b.** 3-Methylbutanoic acid

c. 2,2-Dimethylpropanoyl chloride (Pivaloyl chloride) **d.** *N,N*-Diethylamino-3,3-dimethylbutanamide

e. 2,2-Dimethylpropanenitrile **f.** *tert*-Butyl carbamate

12.24 PhO^-K^+를 가압 하에서 CO_2와 반응시킨 후 산으로 처리하면 salicylic acid(*o*-hydroxy benzoic acid)가 생성된다(이를 Kolbe 합성법이라 함). 이 반응의 메커니즘을 쓰시오.

12.25 다음 반응에서 생성되는 생성물의 구조를 그리시오.

a. (phthalic anhydride) $\xrightarrow{NH_3/H_2O}$

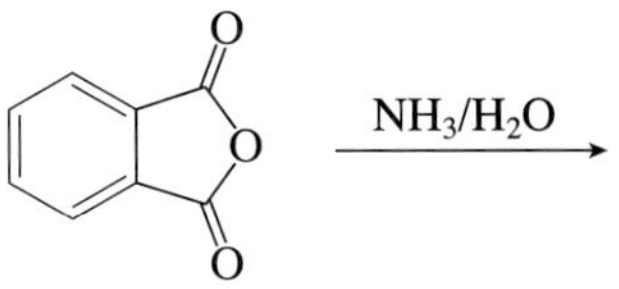

b. $CH_3-\overset{O}{\overset{\|}{C}}-Cl + Ph-\overset{O}{\overset{\|}{C}}-OH \xrightarrow{\text{pyridine}}$

c. (cyclopent-2-ene with CO_2H) $\xrightarrow[CH_2Cl_2]{Br_2}$

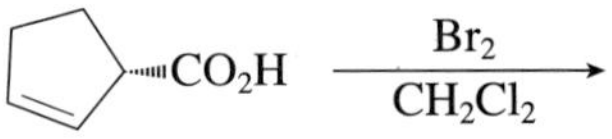

d. $H_3C-C_6H_4-CH_3$ $\xrightarrow[H_2SO_4]{Na_2Cr_2O_7}$

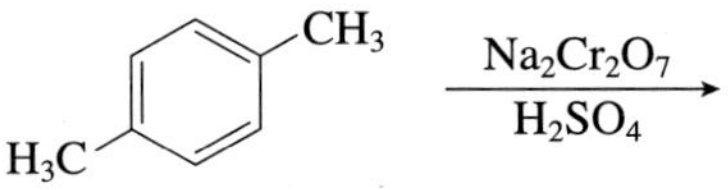

e. $CH_3\overset{O}{\overset{\|}{C}}CH_2CH_2CH_2\overset{O}{\overset{\|}{C}}OH \xrightarrow[2.\ H_3O^+]{1.\ NaBH_4}$

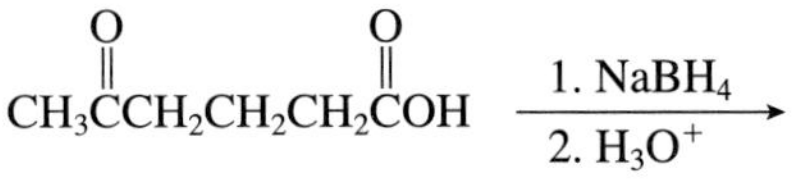

f. $C_6H_5-NH_2 \xrightarrow{(CH_3CO)_2O}$

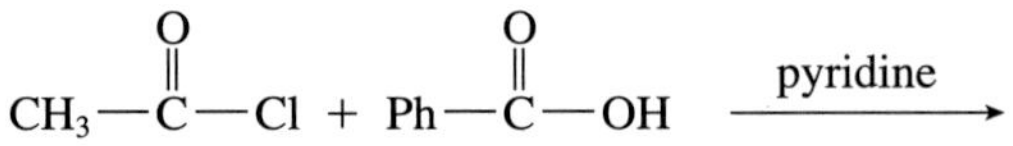

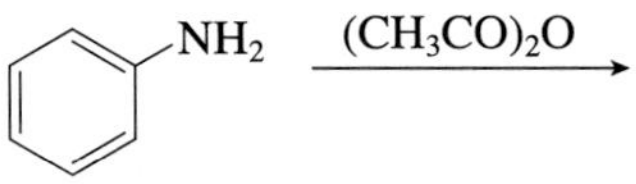

13장 카복실산과 유도체 II: 친핵성 아실 치환 반응

핵심 익히기

- 친핵성 아실 치환 반응의 첨가-제거 반응 메커니즘과 반응 속도 결정 단계
- 친핵성 아실 치환 반응의 종류와 반응 생성물
- 카복실산과 유도체들의 반응성 비교와 차이가 나는 이유
- 카복실산 유도체 상호간 전환 반응과 특징
- 연쇄성장 고분자(chain-growth polymer)와 단계성장 고분자(step-growth polymer)의 종류 및 특징

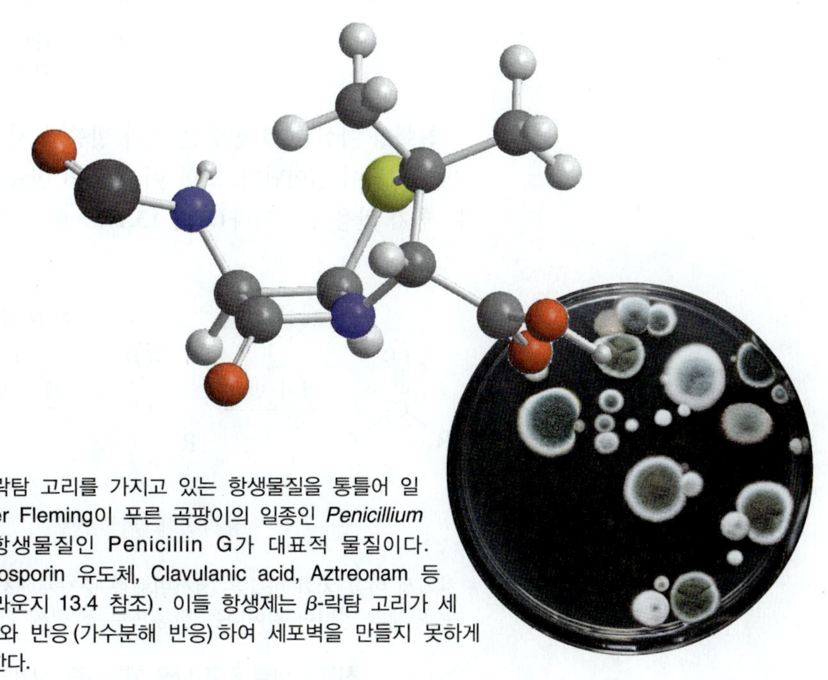

β-락탐 항생제

β-락탐 항생제란 분자 구조에 β-락탐 고리를 가지고 있는 항생물질을 통틀어 일컫는 이름이다. 1928년 Alexander Fleming이 푸른 곰팡이의 일종인 *Penicillium notatum*에서 발견한 최초의 항생물질인 Penicillin G가 대표적 물질이다. Penicillin 유도체 이외에 Cephalosporin 유도체, Clavulanic acid, Aztreonam 등이 이 구조를 가지고 있다(화학 라운지 13.4 참조). 이들 항생제는 β-락탐 고리가 세균의 세포벽 형성에 필요한 효소와 반응(가수분해 반응)하여 세포벽을 만들지 못하게 함으로서 세균을 죽이는 작용을 한다.

13.1 친핵성 아실 치환 반응 소개

카복실산과 그 유도체들(RCOZ)에 있는 아실기의 카보닐 탄소 원자는 전자가 부족한 상태에 있으므로 친전자성을 나타내며 친핵체의 공격을 받기 쉽다. 이들 화합물의 아실기 탄소 원자는 이 탄소 원자와 결합되어 있는 Z(Z=X, OCOR, OR, NR_2)기가 알데하이드와 케톤의 카보닐기 탄소 원자와 결합되어 있는 수소 원자 또는 알킬기(또는 아릴기)에 비해 전기음성도가 더 크기 때문에 더 강한 친전자성을 나타낸다. 이들 유도체와 친핵체의 반응은 알데하이드와 케톤의 경우와는 다르게 친핵성 첨가에 의해 생성된 정사면체형 중간체에서 멈추지 않고, Z 음이온이 이탈기로 떨어져 나가(제거 반응) 결과적으로는 친핵체에 아실기가 치환된 형태의 화합물이 생성된다. 이를 **친핵성 아실 치환 반응(nucleophilic acyl substitution reaction)**이라고 한다.

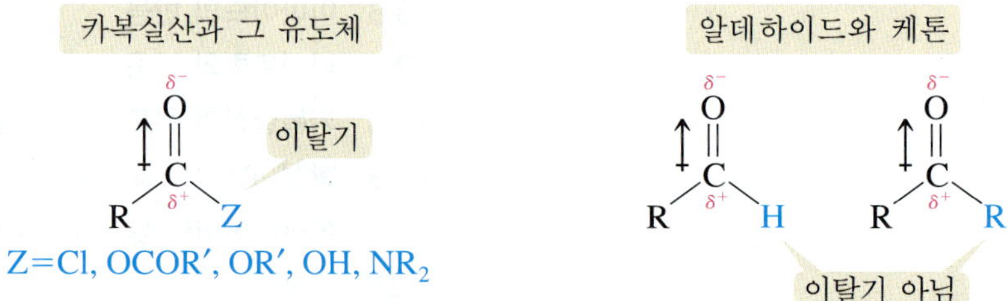

Z의 전기음성도가 H와 R보다 더 크다. 카보닐 탄소의 친전자성이 더 세다. 친핵체의 공격을 더 잘 받는다. Z의 이탈성이 H와 R보다 더 좋다.

첨가 반응
제거 반응
나쁜 이탈기
친핵성 첨가 반응 생성물(정사면체형 구조)

알데하이드 및 케톤의 경우 H 또는 R기가 제거되지 않고, 친핵성 첨가 반응 생성물만 얻는다.

친핵성 아실 치환 반응은 첨가 반응과 제거 반응 두 단계로 진행되며, 정사면체형 중간체가 형성되어 일어난다. 또한 이 반응의 반응 속도 결정 단계는 정사면체형 중간체가 형성되는 첨가 반응 단계이다(**그림 13.1**).

느린 단계
첨가 반응
빠른 단계
제거 반응
정사면체형 중간체
친핵성 아실 치환 반응 생성물

친핵성 아실 치환 반응은 정사면체형 중간체에서 Z음이온이 이탈기로 작용하여 생성된 반응이다. 두 단계가 연이어 일어나는 반응으로 첫 번째 단계(첨가 반응)가 반응 속도 결정 단계이다.

그림 13.1 **친핵성 아실 치환 반응 메커니즘.** 첨가와 제거 반응이 연달아 일어난다.

13.1.1 친핵성 아실 치환 반응의 종류

친핵성 아실 치환 반응에 흔히 사용되는 친핵체로는 물, 알코올, 아민, 수소음이온(H^-) 및 탄소음이온(예: RMgX) 등이 있다. 이들을 이용한 반응의 유형과 생성물은 다음과 같다.

- **가수분해 반응(hydrolysis)**: 물이 친핵체로 반응하여 카복실산을 생성하는 반응
- **가알코올분해 반응(alcoholysis)**: 알코올이 친핵체로 반응하여 에스터를 생성하는 반응
- **가아민분해 반응(aminolysis)**: 암모니아 또는 아민이 친핵체로 반응하여 아마이드를 생성하는 반응
- **환원 반응(reduction)**: 환원제인 수소음이온이 친핵체로 반응하여 알데하이드, 일차 알코올 또는 아민을 생성하는 반응
- **알킬화 반응(alkylation)**: Grignard 시약 등과 반응하여 케톤 또는 알코올을 생성하는 반응

이들 반응의 예를 **그림 13.2**와 **표 13.1**에 나타내었다.

분해 반응이란

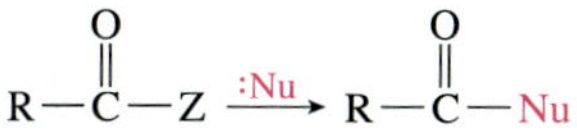

$$R-\overset{O}{\overset{\|}{C}}-Z \xrightarrow{:Nu} R-\overset{O}{\overset{\|}{C}}-Nu$$

반응에서 C—Z 결합이 분해(끊어짐) 되어 C—Nu 결합이 생성되는 반응을 의미함.

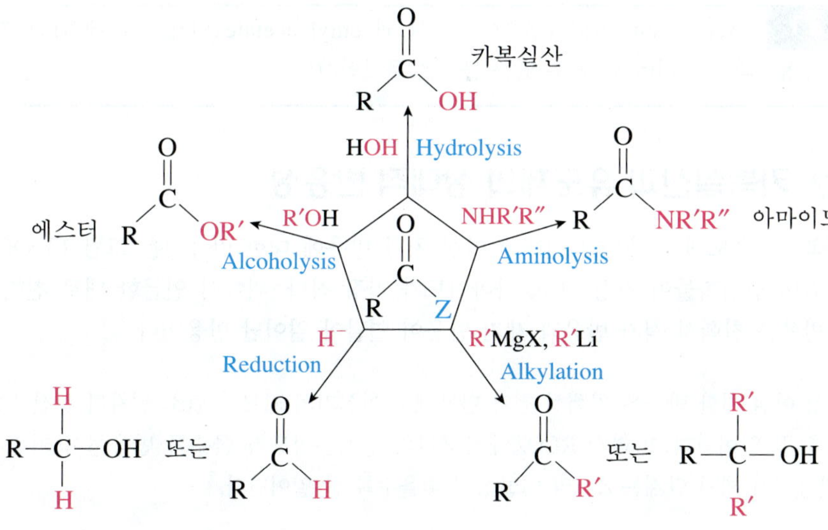

그림 13.2 카복실산 유도체들의 친핵성 아실 치환 반응.

표 13.1 카복실산과 그 유도체들의 친핵성 아실 치환 반응

종류	친핵체 (:Nu)	생성물 (RCONu)	
		구조식	작용기 이름
산소 친핵체	HO^- 또는 H_2O	RCO_2H	카복실산
	$R'O^-$ 또는 $R'OH$	RCO_2R'	에스터
	$R'CO_2^-$ 또는 $R'CO_2H$	RCO_2OR'	산무수물
황 친핵체	HS^- 또는 H_2S	RCOSH	싸이오카복실산
	$R'S^-$ 또는 $R'SH$	RCOSR′	싸이오에스터
질소 친핵체	NH_3	$RCONH_2$	일차 아마이드
	NH_2R 또는 NHRR′	RCONHR, RCONRR′	이차 및 삼차 아마이드
수소 친핵체	H^- ($NaBH_4$, $LiAlH_4$)	RCH_2OH, RCH_2NRR'	알코올 또는 아민
탄소 친핵체	R′MgX 또는 R′Li	RR′R′COH	삼차 알코올
	R'_2CuLi	RCOR′	케톤

예제 13.1 Acetyl chloride(염화 아세틸 또는 ethanoyl chloride)를 다음 친핵체와 반응시켜 얻을 수 있는 것은 무엇인가?

a. Methanol **b.** Dimethylamine **c.** Sodium acetate

풀이

a. $$CH_3-\overset{\overset{\displaystyle O}{\|}}{C}-Cl + CH_3OH \longrightarrow CH_3-\overset{\overset{\displaystyle O}{\|}}{C}-OCH_3 + HCl$$

Methyl acetate

b. $$CH_3-\overset{\overset{\displaystyle O}{\|}}{C}-Cl + 2NH(CH_3)_2 \longrightarrow CH_3-\overset{\overset{\displaystyle O}{\|}}{C}-N(CH_3)_2 + (CH_3)_2NH_2^+Cl^-$$

N,*N*-Dimethylacetamide

c. $$CH_3-\overset{\overset{\displaystyle O}{\|}}{C}-Cl + CH_3-\overset{\overset{\displaystyle O}{\|}}{C}-O^-Na^+ \longrightarrow CH_3-\overset{\overset{\displaystyle O}{\|}}{C}-O-\overset{\overset{\displaystyle O}{\|}}{C}-CH_3 + NaCl$$

Acetic anhydride

문제 13.1 Acetic anhydride(무수아세트산)과 ethyl acetate(아세트산 에틸)를 각각 NaOH 수용액과 반응시켜 얻을 수 있는 물질은 무엇인가?

13.1.2 카복실산과 유도체의 상대적 반응성

카복실산과 그 유도체들 가운데 친핵성 아실 치환 반응에 대한 반응성은 **그림 13.3**에 나타낸 바와 같이 산염화물이 가장 크고, 아마이드가 가장 작다. 위에서 언급한 대로 친핵성 아실 치환 반응은 친핵성 첨가 반응과 제거 반응이 연달아 일어난 반응이다.

- 친핵성 아실 치환 반응은 친핵성 첨가 단계에서 아실기의 카보닐 탄소 원자의 친전자성이 클수록 잘 일어난다. 따라서 RCOZ에서 Z기의 전기음성도가 클수록 반응성이 커진다.
- 위 반응에서 제거 단계는 Z기의 이탈성이 좋을수록 잘 일어난다.

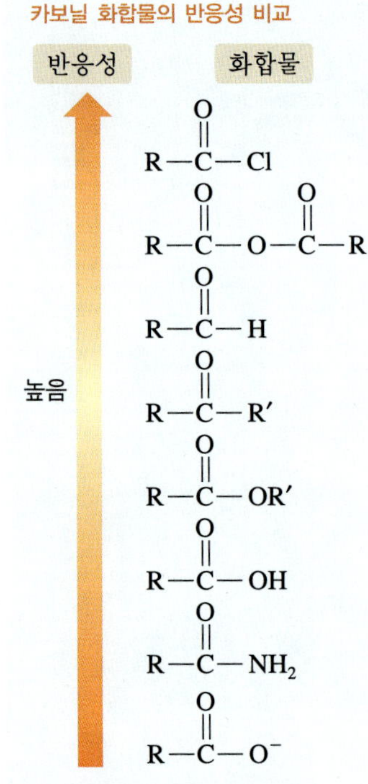

카복실산 유도체(RCOZ) 중 산염화물(Z = Cl)의 반응성이 가장 크다. 그 이유는 이탈기인 Cl^-이 가장 약염기로 이탈성이 좋기 때문이다. 카보닐 탄소 원자에 산소 원자가 결합하고 있는 것은 동일하지만, 산무수물이 에스터 또는 카복실산보다 반응성이 더 큰 이유는 산

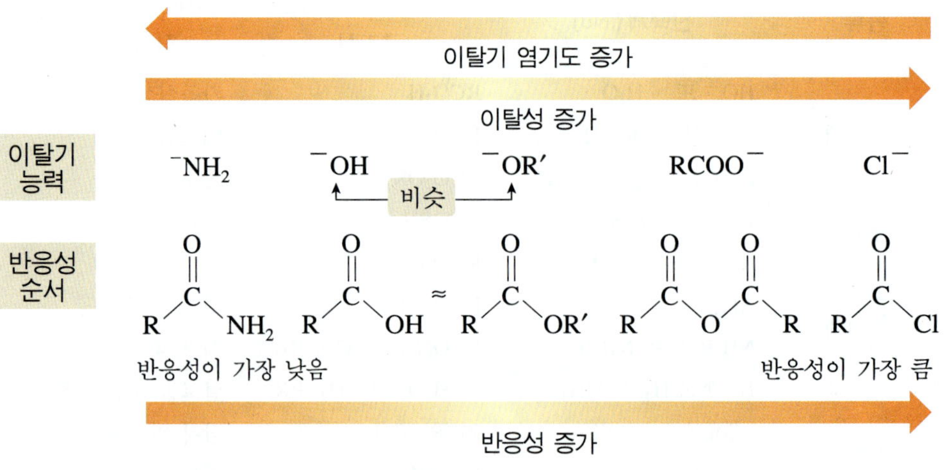

그림 13.3 카복실산과 그 유도체들의 상대적 반응성.

무수물의 공명 구조가 에스터 또는 카복실산보다 덜 안정하기 때문이다. 실제로 카복실산 음이온은 두 개의 공명 구조를 가지고 있어 안정화되어 있기 때문에 친핵성 아실 치환 반응을 하지 않는다.

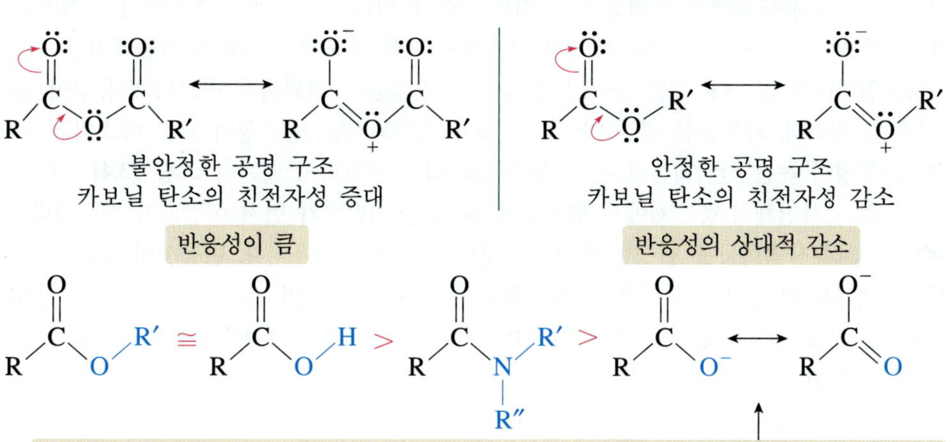

$R-\overset{O}{\overset{\|}{C}}-Z \longleftrightarrow R-\overset{O^-}{\overset{|}{C}}=Z^+$

Z 원자의 공명 기여도는 N > O > Cl 순이다.

공명 기여도가 클수록 카보닐 탄소의 반응성은 낮아진다.

이탈기의 이탈성은 Z기의 염기도와 역순이다. 다시 말하면 이탈기의 염기도가 약할수록 이탈성이 크다. 우리가 이미 8.6절에서 배운 친핵성 치환 반응에서도 같은 경향을 보였다. 이탈기인 Z기에 해당하는 짝산의 산도를 비교해 보면 HCl이 제일 크고, NH_3가 가장 작다[짝산의 산도와 짝염기의 염기도는 서로 반대이다(8.6.5절)].

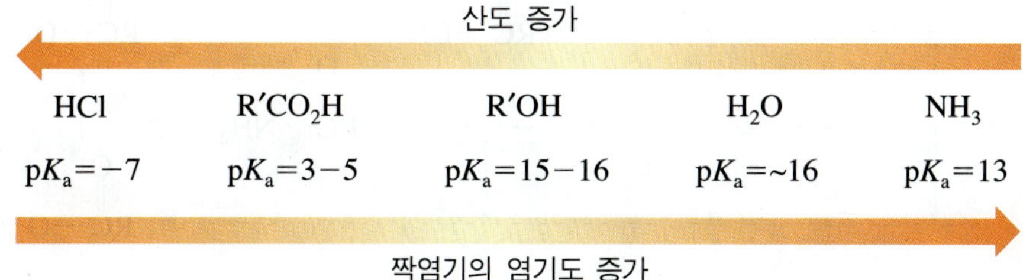

예제 13.2 친핵성 아실 치환 반응에서 반응성이 큰 순으로 나열하시오.

a. $CH_3CH_2CO_2CH_2CH_3$ **b.** $CH_3CH_2CO_2CH_2CCl_3$ **c.** $(CH_3CH_2CO)_2O$
d. $CH_3CH_2CO_2NHCH_3$ **e.** CH_3CH_2COCl

풀이

e > c > b > a > d: 카보닐 탄소의 친전자성이 클수록 또한 이탈기의 염기도가 작을수록 친핵성 아실 치환 반응이 잘 일어난다.

문제 13.2 다음 각 조에서 친핵체와 반응성이 더 큰 것은 어떤 것인가?

a. $CH_3-\overset{O}{\overset{\|}{C}}-O-\overset{O}{\overset{\|}{C}}-CH_3$ 와 $CF_3-\overset{O}{\overset{\|}{C}}-O-\overset{O}{\overset{\|}{C}}-CF_3$

b. $O_2N-C_6H_4-\overset{O}{\overset{\|}{C}}-OCH_3$ 와 $C_6H_5-\overset{O}{\overset{\|}{C}}-OCH_3$

c. $H_3C-C_6H_2(CH_3)_2-\overset{O}{\overset{\|}{C}}-OCH_3$ 와 $C_6H_5-\overset{O}{\overset{\|}{C}}-OCH_3$

13.1.3 카복실산 유도체의 상호전환 반응

카복실산과 그 유도체들은 친핵성 아실 치환 반응에 의하여 구조가 상호전환될 수 있다. 그러나 반응성이 큰 카복실산 유도체에서 반응성이 작은 유도체로 전환은 가능하지만, 그 역반응은 일어나지 않는다. 예를 들어, 반응성이 가장 높은 산염화물은 이보다 반응성이 낮은 산무수물, 에스터, 카복실산 및 아마이드로 쉽게 전환되지만, 반응성이 낮은 에스터에서 이보다 반응성이 높은 산염화물 또는 산무수물로 직접 전환되지 않는다(**그림 13.4**). 그 이유는 반응의 정사면체형 중간체에서 염기도가 더 낮은 이탈기가 먼저 이탈되기 때문이다. 산무수물로부터 산염화물을 합성할 수 없는 것도 마찬가지 이유이다. 반응성이 낮은 카복실산 유도체에서 더 높은 반응성을 가지는 유도체로 전환시키려면 먼저 카복실산으로 전환시켜야 가능하다. 이와 같은 전환 반응은 이미 12장의 카복실산 유도체의 제법에서 상세히 다루었다(12.7절).

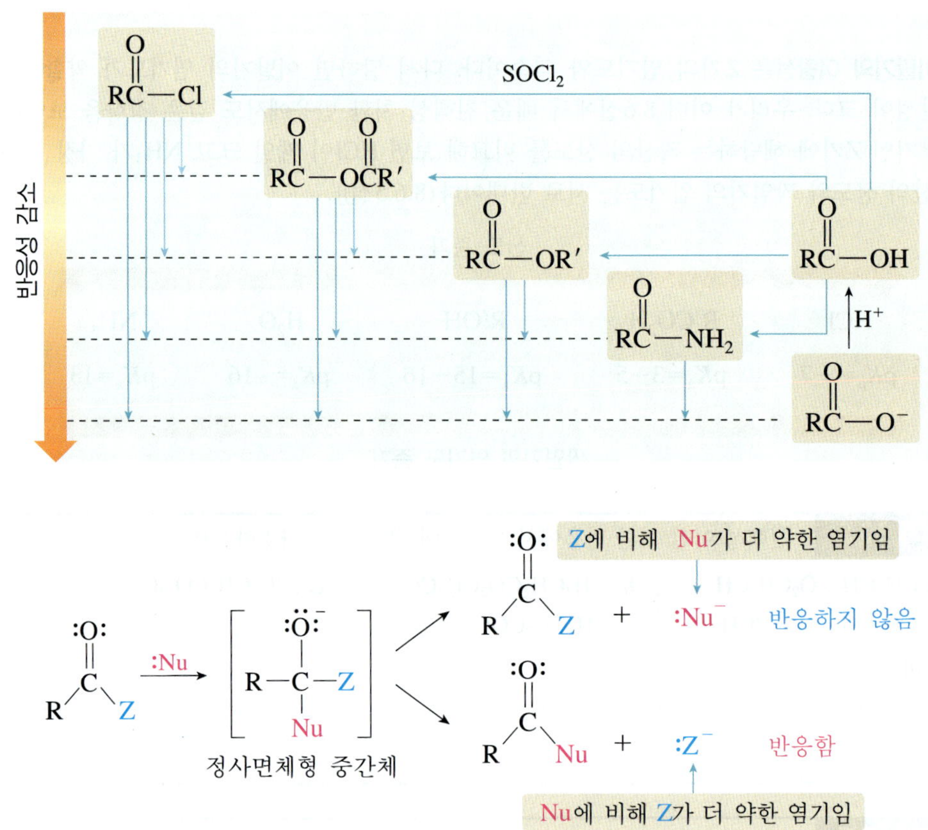

그림 13.4 **카복실산과 그 유도체들의 상호전환 반응.**

13.2 산염화물의 반응

산염화물은 카복실산 유도체 중 가장 반응성이 큰 화합물이다.

13.2.1 카복실산, 물, 알코올 및 아민과의 반응: 산무수물, 카복실산, 에스터 및 아마이드의 형성

산염화물은 산소 친핵체인 카복실산(또는 카복실산 음이온)과 반응하면 산무수물, 알코올(가알코올분해 반응)과 반응하면 에스터, 물(가수분해 반응)과 반응하면 카복실산을 생성한다.

Benzoyl chloride + $^{-}OC(=O)CH_3$ → Acetic benzoic anhydride + Cl^-

Benzoyl chloride + $HOCH_3$ → Methyl benzoate + HCl

Benzoyl chloride + HOH → Benzoic acid + HCl

또한 암모니아, 일차 및 이차 아민과 반응하면 각각 일차, 이차, 삼차 아마이드가 생성된다(가아민분해 반응). 이 경우 생성되는 HCl을 제거하기 위하여 아민을 과량 사용하거나 다른 염기를 추가하여 사용해야 한다.

Acetyl chloride + $2NH_3$ → Acetamide (CH_3CONH_2) + $\overset{+}{N}H_4Cl^-$

Acetyl chloride + $2CH_3NH_2$ → *N*-Methylacetamide ($CH_3CONHCH_3$) + $CH_3\overset{+}{N}H_3Cl^-$

Acetyl chloride + $2CH_3NHCH_2CH_3$ → *N*-Ethyl-*N*-methylacetamide ($CH_3CON(CH_3)CH_2CH_3$) + $CH_3-\overset{+}{N}H(CHCH_3)-H$ Cl^-

13.2.2 환원 반응: 일차 알코올 또는 알데하이드 형성

산염화물을 $LiAlH_4$와 반응시키면 일차 알코올이 생성된다. 이 반응은 약한 환원제인 $NaBH_4$에 의해서도 일어난다. 그러나 환원력이 매우 약한 환원제인 $LiAlH[OC(CH_3)_3]_3$ (**LTBA** = lithium tri-*tert*-butoxyaluminium hydride)를 낮은 온도에서 사용하면 부분 환원 반응이 일어나 알데하이드를 생성한다. $Pd/BaSO_4$ 촉매를 사용하여 수소 환원시켜도 알데하이드를 얻을 수 있다. 이 반응을 **Rosenmund 환원**이라고 한다(11.5.1절).

Karl Wilhelm Rosenmund (1884~1965): 독일 태생 유기화학자. Kiel 대학 교수 역임. Rosenmund 환원 반응 발견.

환원제로 흔히 사용되는 $LiAlH_4$ 및 $NaBH_4$와 같은 금속 수소화물은 수소음이온을 제공하는 시약이다. 수소음이온은 친핵체로 작용하여 산염화물과 첨가-제거 반응하면 알데하이드가 생성되는데, 이들 환원제는 알데하이드를 산염화물보다 더 빨리 일차 알코올로 환원시키기 때문에 중간체인 알데하이드를 분리할 수 없다.

13.2.3 유기금속 시약과의 반응: 삼차 알코올 또는 케톤 형성

산염화물을 **Grignard 시약($R'MgX$)** 또는 **알킬리튬($R'Li$) 시약**과 반응시키면 삼차 알코올이 생성된다. 이 반응은 위에서 언급한 환원 반응과 유사하게, 일차적으로 첨가-제거 반응에 의해 생성된 케톤이 유기금속 시약과 한 번 더 반응한 결과이다. 보통 Grignard 시약 또는 알킬 리튬 시약은 산염화물보다 생성된 케톤과 더 빨리 반응한다. 그러나, $R'MgX$ 또는 $R'Li$ 대신에 구리시약인 **lithium dialkylcopper(리튬 다이알킬구리, R'_2CuLi) 시약**을 산염화물과 반응시키면 케톤을 쉽게 얻을 수 있다.

화학 라운지 13.1 **환원 시약과 선택성**

가장 흔히 사용되는 환원제로는 붕소 수소화물인 $NaBH_4$ (sodium borohydride, 수소화붕소 소듐)와 알루미늄 수소화물인 $LiAlH_4$ (lithium aluminum hydride, 수소화알루미늄 리튬)이 있다. 이 중 $NaBH_4$는 환원력이 약해서 오직 알데하이드, 케톤, 산염화물만을 알코올로 환원할 수 있지만, $LiAlH_4$는 거의 모든 작용기를 환원할 수 있는 강력한 환원제이다. 이들을 **염기성 금속 수소화물(basic metal hydride)**이라고 한다. 한편, BH_3와 DIBAL-H은 중심 금속이 각각 붕소와 알루미늄인 **산성 금속 수소화물(acidic metal hydride)**이다. 이들은 염기성 금속 수소화물과는 수소음이온을 제공하는 메커니즘과 환원 특성도 다르다.

작용기	$LiAlH_4$ 생성물	$NaBH_4$ 생성물	작용기	$LiAlH_4$ 생성물	$NaBH_4$ 생성물
RCHO	반응함 RCH_2OH	반응함 RCH_2OH	$RCONR'_2$	반응함 $RCH_2NR'_2$	반응하지 않음
RCOR	반응함 RCHOHR	반응함 RCHOHR	RCN	반응함 RCH_2NH_2	반응하지 않음
RCOCl	반응함 RCH_2OH	반응함 RCH_2OH	RX	반응함 RH	반응하지 않음
RCO_2R'	반응함 RCH_2OH	반응하지 않음	RNO_2	반응함 RNH_2	반응하지 않음
RCO_2H	반응함 RCH_2OH	반응하지 않음			

케톤을 분리하지 못함

$$R\text{-}C(=O)\text{-}Cl \xrightarrow{CH_3MgBr} \left[R\text{-}C(=O)\text{-}CH_3\right] \xrightarrow{CH_3MgBr} R\text{-}C(CH_3)_2\text{-}O^-Mg^{++}Br^- \xrightarrow{H_3O^+} R\text{-}C(CH_3)_2\text{-}OH$$

$$R\text{-}C(=O)\text{-}Cl \xrightarrow{(CH_3)_2CuLi} R\text{-}C(=O)\text{-}CH_3$$

유기구리 시약(LiR_2Cu)
Gilman 시약이라고도 하며 다음과 같이 합성한다.

$$2RLi + CuI \longrightarrow LiR_2Cu + LiI$$

친핵성 1,4-첨가 시약으로 널리 사용된다 (14.6절).

문제 13.3 Butanoyl chloride가 다음 시약과 반응하여 생성되는 물질의 구조를 그리시오.

a. $H_2/Pd-BaSO_4$ **b.** Ethyl alcohol **c.** $Benzene/AlCl_3$
d. H_2O **e.** 1. CH_3MgCl 2. H_3O^+ **f.** 1. $LiAlH_4$ 2. H_3O^+
g. 과량의 암모니아 **h.** Ph_2CuLi

13.3 산무수물의 반응

13.3.1 물, 알코올 및 아민과의 반응: 카복실산, 에스터 및 아마이드 형성

산무수물은 물과 반응하면(가수분해) 카복실산을, 알코올과 반응하면 에스터를, 아민과 반응하면 아마이드를 생성한다. 이 반응은 **아스피린**(에스터의 일종)과 **타이레놀**(아마이드 일종) 합성에 응용된다.

$$CH_3C(=O)OC(=O)CH_3 + HO\text{-}C_6H_4\text{-}CO_2H \xrightarrow{:B} CH_3C(=O)O\text{-}C_6H_4\text{-}CO_2H + {}^-OC(=O)CH_3$$

Acetic anhydride Salicylic acid Acetylsalicylic acid (Aspirin)

$$CH_3C(=O)OC(=O)CH_3 + NH_2\text{-}C_6H_4\text{-}OH \xrightarrow{:B} CH_3C(=O)NH\text{-}C_6H_4\text{-}OH + {}^-OC(=O)CH_3$$

p-Aminophenol *p*-Acetaminophenol (Tyrenol)

13.3.2 환원 반응: 일차 알코올 형성

산무수물을 $LiAlH_4$로 환원하면 일차 알코올이 생성된다.

$$CH_3C(=O)OC(=O)CH_3 \xrightarrow[2.\ H_2O]{1.\ LiAlH_4} 2CH_3\text{-}CH_2\text{-}OH$$

$$CH_3\text{-}C(=O)\text{-}O\text{-}C(=O)\text{-}CH_3 \xrightarrow[1.\ PhMgCl\quad 2.\ H_3O]{\text{실온}} CH_3\text{-}C(OH)(Ph)\text{-}Ph$$

13.3.3 Grignard 반응: 삼차 알코올 또는 케톤 형성

산무수물에 Grignard 반응을 수행하면 삼차 알코올이 생성된다. 그러나 이 반응을 낮은 온도(−78°C)에서 수행하면 케톤이 생성된다.

Acetic anhydride + $C_6H_5CH_2MgBr$ $\xrightarrow{-78°C}$ [$Mg^{++}Br^-$ 사면체 중간체: $CH_3-C(O^-)(CH_2C_6H_5)-O-C(=O)-CH_3$] $\xrightarrow{H_2O}$ $CH_3-C(=O)-CH_2-C_6H_5$

Acetic anhydride

Methyl benzyl ketone

문제 13.4 산무수물로부터 다음 화합물을 합성하는 방법을 보이시오.

a. $C_6H_5-C(=O)-NH_2$

b. $C_6H_5-C(=O)-OCH_2CH_3$

c. $CH_3-C(=O)-O-C_6H_5$

d. $C_6H_4(CO_2H)_2$ (o-)

13.4 에스터와 락톤의 반응

에스터는 물과 반응(가수분해 반응)하여 카복실산을 생성하고, 알코올과는 산 촉매하에서 **에스터교환 반응(transesterification)**을 일으키며, 아민과 반응(가아민 분해 반응)하면 아마이드를 생성한다.

$RCOOH$ ← 가수분해 반응 — $RCOOR'$ — 가아민분해 반응 → $RCONR'R''$

$RCOOR'$ — 에스터 교환 반응 → $RCOOR''$

13.4.1 가수분해 반응: 비누화 반응(카복실산염 형성 반응)

에스터는 가수분해 반응을 통해 카복실산 또는 카복실산염으로 전환된다. 이 반응은 **산(H^+) 촉매 반응**이며, **염기(HO^-)에 의해 촉진**된다.

산 촉매에 의한 에스터의 가수분해 반응은 에스터 생성 반응의 역반응이며, 모든 카복실산 유도체의 공통 반응인 친핵성 아실 치환 반응으로 두 단계(첨가-제거) 반응으로 일어난다.

$$CH_3COOCH_2CH_3 + H_2O \underset{}{\overset{H_2SO_4}{\rightleftharpoons}} CH_3COOH + CH_3CH_2OH$$

산 촉매 가수분해 반응은 양성자가 아실기 산소 원자에 배위되어 카보닐 탄소의 친전자성을 증가시켜 친핵체인 H_2O가 친핵성 첨가 반응을 쉽게 하도록 도우며, 제거 반응 단계에서 양성자가 다시 재생되는 반응 메커니즘으로 진행된다(**그림 13.5**).

화학 라운지 13.2 천연 아실 활성화기: 생체는 어떻게 아실기를 활성화하는가?

생물계에서 아실기 치환(아실기 운송) 반응은 대사과정과 생합성 과정에서 매우 중요한 반응이다. 음식물의 소화 또는 대사 과정에서 생긴 카복실산은 효소의 도움을 받아 활성화 아실기로 전환되어 아실기 치환 반응에 참여한다. 그러나 생체 내에서 반응은 거의 모두 물속 환경에서 반응이 일어나야 하므로, 이들 활성화된 아실기는 물과는 반응하지 않는 형태이어야 한다. 생체 내에서 카복실산의 아실기는 주로 물에서 안정한 아실 인산염(카복실산과 인산으로 구성된 산무수물)과 싸이오에스터 등 두 가지 형태로 활성화된다. 이들은 모두 ATP에 의한 카복실산의 인산화 반응으로부터 시작된다.

[1] 아실 인산 유도체(카복실산 인산 무수물)

카복실산 음이온이 친핵체로 ATP의 인산 잔기 중 어느 인(친핵 중심)을 공격하느냐에 따라 세 가지 종류의 인산 무수물이 생성된다.

R−C(=O)−O⁻ + ATP ($^{-}$O−P$_\gamma$(=O)(O$^-$)−O−P$_\beta$(=O)(O$^-$)−O−P$_\alpha$(=O)(O$^-$)−O−Ad) —S_N2→

- α-P 공격 → R−C(=O)−O−P(=O)(O$^-$)−O−Ad Acyl adenylate
- β-P 공격 → R−C(=O)−O−P(=O)(O$^-$)−O−P(=O)(O$^-$)−O$^-$ Acyl pyrophosphate
- γ-P 공격 → R−C(=O)−O−P(=O)(O$^-$)−O$^-$ Acyl phosphate

[2] 아실 싸이오에스터(아실 조효소 A)

조효소 A (CoA-SH)의 thiol기에 있는 황 원자가 친핵체로서 활성화 아실기인 acyl adenylate와 반응하면(친핵성 아실 치환 반응) 싸이오에스터 구조를 가진 아실 CoA가 형성된다. 이 유도체 중 하나인 **아세틸 조효소 A(acetyl CoA-SH)**는 생체 내 다양한 반응에서 아세틸기를 도입하는 물질로 사용된다. 예를 들면 choline을 아세틸화시켜(에스터 형성 반응) **acetylcholine**을 합성하는 데 이 물질이 사용된다. Acetylcholine은 신경접합 부분에서 신경 자극을 전달하는 신경전달물질이다.

CoA−S−H (:B) (조효소 A) + R−C(=O)−O−P(=O)(O$^-$)−O−Ad ⟶ R−C(=O)−S−CoA + $^{-}$O−P(=O)(O$^-$)−O−Ad

지방산 아실 CoA (Fatty acyl CoA) AMP

$$CH_3-\overset{O}{\overset{\|}{C}}-S-CoA + HOCH_2CH_2\overset{+}{N}(CH_3)_3 \longrightarrow CH_3-\overset{O}{\overset{\|}{C}}-OCH_2CH_2\overset{+}{N}(CH_3)_3 + CoA\text{-}SH$$

Acetyl CoA Choline Aetylcholine

한편, 에스터는 염기성 수용액에서 가수분해되어 카복실산 음이온을 형성한다. 에스터의 염기성 가수분해 반응을 **비누화 반응(saponification)**이라고도 한다. 이는 비누의 성분이 동물성 또는 식물성 지방을 염기성 가수분해하여 얻은 긴 사슬 지방산(C_{12}-C_{20}) 소듐염이기 때문에 붙여진 이름이다(16.2.4절).

단계[1] H_2O의 친핵체 첨가

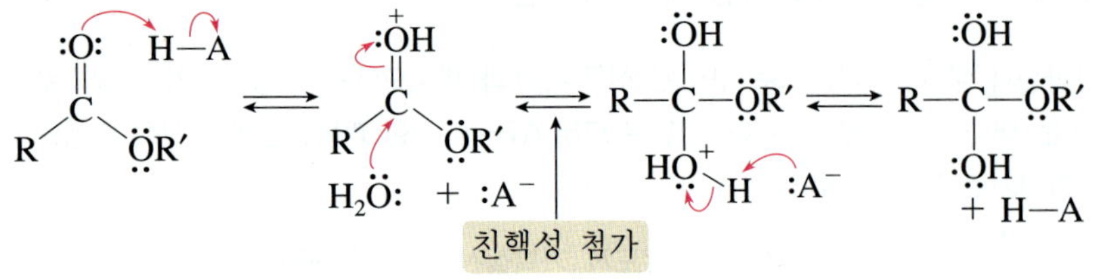

친핵성 첨가

- 아실기 산소 원자에 양성자가 첨가되어 카보닐 탄소 원자의 친전자성을 높인다.
- H_2O의 친핵성 첨가는 사면체형 중간체를 형성하고, 양성자를 상실하면서 첨가 생성물을 형성한다.

단계[2] R′OH의 제거

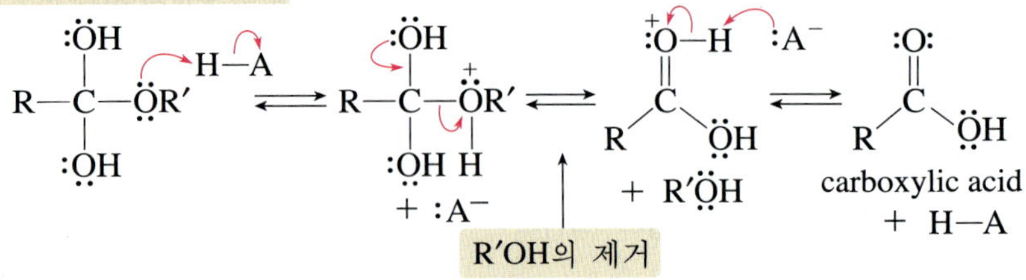

carboxylic acid

R′OH의 제거

- 첨가 생성물의 OR′기에 양성자가 첨가되어 R′OH로서 좋은 이탈기가 되게 한다(이탈성 증가).
- R′OH가 제거된 후 카복실산이 형성된다.

그림 13.5 **에스터의 산 촉매 가수분해 반응 메커니즘.**

예제 13.3 다음 반응의 메커니즘을 적으시오.

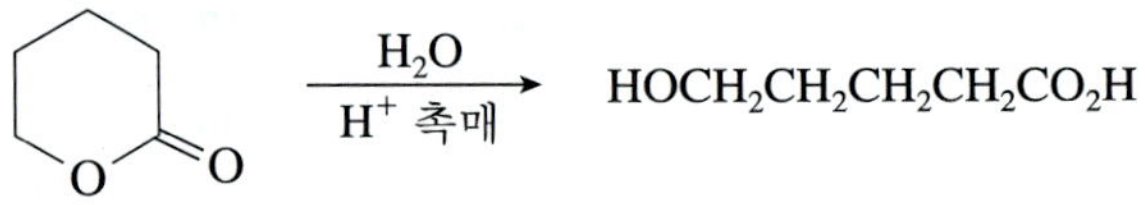

$\xrightarrow[H^+ \text{ 촉매}]{H_2O}$ $HOCH_2CH_2CH_2CH_2CO_2H$

풀이

$\equiv$ $HOCH_2CH_2CH_2CH_2CO_2H$

H—A 재생

비누화 반응은 염기성 수용액에서 만들어진 ^-OH 이온이 에스터의 카보닐기에 친핵성 첨가 반응하여 생성된 사면체형 중간체에서 $^-OR'$기가 ^-OH기에 우선하여 이탈하여 일어나는 반응이다(**그림 13.6**). 이 반응은 비가역적으로 일어나며, ^-OH기가 재생되지 않으므로 염기 촉매 반응은 아니고, 단지 ^-OH 이온에 의해 반응이 촉진될 뿐이다. 이 반응에서 $^-OR'$기가 ^-OH기보다 우선하여 이탈하는 이유는 생성물인 카복실산 음이온이 공명 안정화될 수 있기 때문인데, 그 결과 단계 [2]에서 평형을 오른쪽으로 이동시켜 비가역적인 반응이 되게 한다. 반면에, 산 촉매 가수분해 반응은 가역 반응이다(**그림 13.5** 참조).

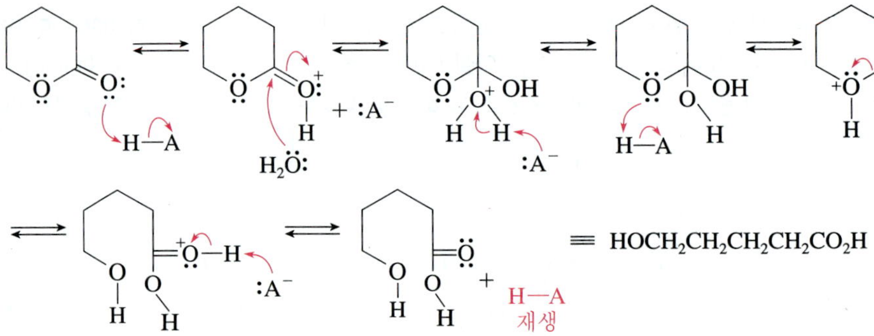

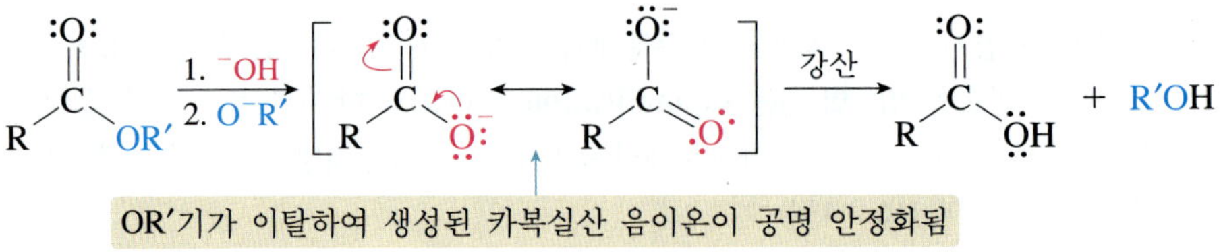

에스터의 가수 분해 반응은 산 촉매 반응의 경우 가역 반응으로 일어나지만, 염기(수용성)에 의한 반응은 비촉매적, 비가역적 반응으로 일어난다.

1. ^-OH
2. O^-R'

강산

+ R′OH

OR′기가 이탈하여 생성된 카복실산 음이온이 공명 안정화됨

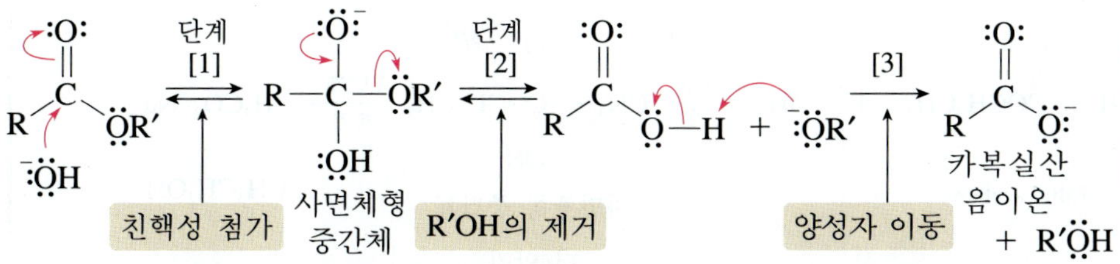

- 단계 [1]과 [2]에서 ^-OH기의 친핵체 첨가와 $R'O^-$의 제거 반응이 일어난다.
- 단계 [3]에서 생성물인 카복실산이 이탈기인 $R'O^-$와 중화 반응하여 카복실산염을 형성한다.

친핵성 첨가 / 사면체형 중간체 / R'OH의 제거 / 양성자 이동 / 카복실산 음이온 + R'ÖH

그림 13.6 에스터의 $^-$OH 이온 촉진 가수분해 반응 메커니즘.

예제 13.4 (*R*)-(+)-1-Phenylethyl acetate를 KOH 수용액으로 가수분해(비누화)시켜 생성한 1-phenylethanol의 입체 배열의 변화를 예측하시오.

풀이

생성한 알코올은 (*R*)-1-phenylethanol로서 입체 배열이 변화가 일어나지 않는다. 그 이유는 친핵체인 HO^-가 카보닐 탄소에 친핵성 첨가 반응하여 사면체형 중간체를 생성하고, 연달아 제거 반응이 일어나기 때문에 생성물의 입체 중심에는 아무 변화를 일으키지 않기 때문이다. 생성물인 알코올의 입체 중심에 변화를 일으키기 위해서는 S_N2형 반응이 일어나야 하는데 이 반응은 일어나지 않는다.

$$CH_3CO_2CH(Ph)CH_3 \xrightarrow[H_2O]{KOH} CH_3CO_2^-K^+ + HOCH(Ph)CH_3$$

(*R*)-1-Phenylethanol

$$\rightarrow CH_3CO_2H + K^{+-}O\text{–}CH(Ph)CH_3$$

S_N2형 반응은 일어나지 않는다.

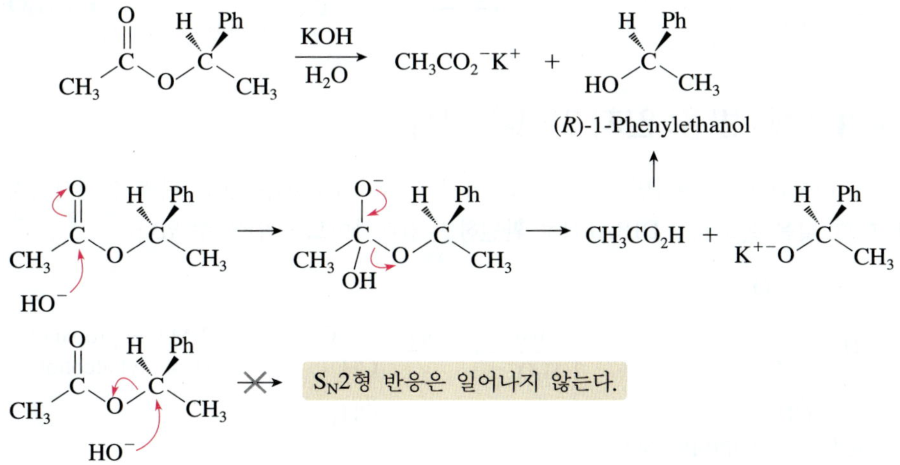

예제 13.5 Ethyl 2,2-dimethylpropanoate의 비누화 반응 속도는 ethyl acetate보다 약 100배나 느리다. 그 이유를 설명하시오. 또한 *tert*-butyl acetate와 ethyl acetate의 비누화 반응 속도 중 어느 것이 더 빠른가?

풀이

에스터의 비누화 반응은 친핵성 아실 치환 반응 중 하나이다. 이 반응의 반응 속도 결정 단계는 친핵체 ($^-$OH)가 아실기의 카보닐 탄소를 친핵성 공격하여 사면체형 중간체를 형성하는 단계이다(1단계). 생성된 사면체형 중간체는 ethyl acetate의 경우가 ethyl 2,2-dimethylpropanoate 또는 *tert*-butyl acetate의 경우보다 입체 장애가 작으므로 비누화 반응이 더 빨리 일어난다.

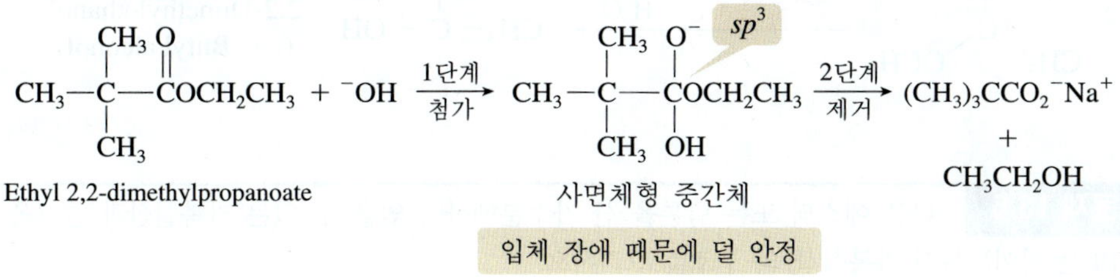

$$(CH_3)_3CCOOCH_2CH_3 + {}^-OH \xrightarrow[\text{첨가}]{\text{1단계}} (CH_3)_3C\text{–}C(O^-)(OH)OCH_2CH_3 \xrightarrow[\text{제거}]{\text{2단계}} (CH_3)_3CCO_2^-Na^+ + CH_3CH_2OH$$

Ethyl 2,2-dimethylpropanoate — 사면체형 중간체 (sp^3) — 입체 장애 때문에 덜 안정

$$CH_3-\overset{O}{\overset{\|}{C}}OCH_2CH_3 + {}^-OH \xrightarrow[\text{첨가}]{\text{1단계}} CH_3-\overset{O^-}{\overset{|}{\underset{OH}{\underset{|}{C}}}}OCH_2CH_3 \xrightarrow[\text{제거}]{\text{2단계}} CH_3CO_2^-Na^+ + CH_3CH_2OH$$

Ethyl acetate; 사면체형 중간체 (sp^3) 더 안정

13.4.2 에스터교환 반응(transesterification)

에스터를 산 촉매하에서 다른 알코올과 반응시키면 에스터의 알콕시기($^-OR'$)가 다른 알코올의 알콕시기($^-OR''$)로 교환된다. 이를 **에스터교환 반응(transesterification)**이라고 한다. 이 반응은 저급 알코올의 에스터(예를 들어, 메틸 에스터)를 고급 알코올의 에스터(예를 들어, 부틸 에스터)로 전환시키는 데 이용된다. 산 촉매 반응은 평형 반응이므로 끓는점이 낮은 알코올을 반응계에서 제거함으로써 이 반응을 촉진시킨다.

$$CH_2=CH-\overset{O}{\overset{\|}{C}}-OCH_3 + CH_3(CH_2)_2CH_2OH \underset{}{\overset{H_2SO_4}{\rightleftharpoons}} CH_2=CH-\overset{O}{\overset{\|}{C}}-OCH_2(CH_2)_2CH_3 + CH_3OH$$

13.4.3 환원 반응: 일차 알코올 형성

DIBALH=$(i\text{-}Bu)_2AlH$

에스터를 $LiAlH_4$로 환원하면 일차 알코올이 생성된다. $NaBH_4$는 에스터를 환원시키지 못한다. 한편, 낮은 온도에서 DIBALH로 환원하면 알데하이드를 얻을 수 있다.

$$(CH_3)_2CH-\overset{O}{\overset{\|}{C}}-OCH_2CH_3 \xrightarrow[\text{2. } H_3O^+]{\text{1. } LiAlH_4} (CH_3)_2CH-CH_2OH$$

Ethyl-2-methylpropanoate (Ethyl isobutyrate) → 2-Methylpropanol (Isobutyl alcohol)

$$\xrightarrow[\text{2. } H_3O^+]{\text{1. DIBAL-H, } -78°C} (CH_3)_2CH-\overset{O}{\overset{\|}{C}}-H$$

2-Methylpropanal (Isobutyraldehyde)

13.4.4 Grignard 반응: 삼차 알코올 형성

에스터가 Grignard 시약 또는 유기리튬 시약과 반응하면 삼차 알코올을 생성한다.

$$CH_3-\overset{O}{\overset{\|}{C}}-OCH_3 \xrightarrow{2CH_3MgCl} \xrightarrow{H_3O^+} CH_3-\overset{CH_3}{\overset{|}{\underset{CH_3}{\underset{|}{C}}}}-OH$$

2,2-Dimethylethanol (*tert*-Butyl alcohol)

문제 13.5 다음 에스터 또는 락톤을 산 가수분해하여 얻을 수 있는 카복실산과 알코올(또는 하이드록시 카복실산)의 구조를 그리시오.

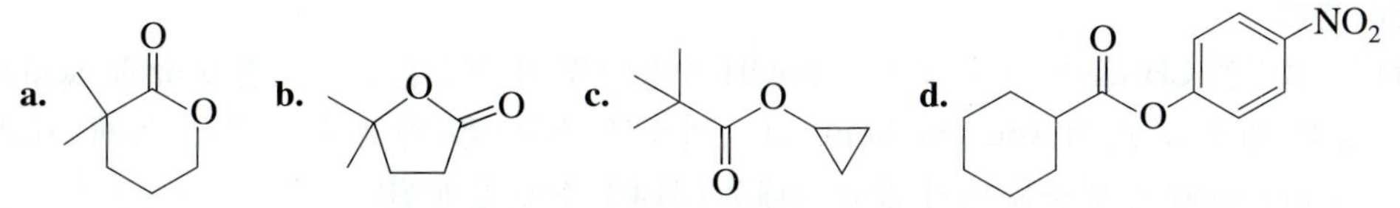

a. b. c. d. NO_2

문제 13.6 Methyl pentanoate에 다음 반응을 시켰을 때 생성되는 물질의 구조를 그리시오.

a. 산 촉매하에 과량의 ethanol
b. −78 °C에서 DIBALH와 반응 후 H_3O^+ 처리
c. $LiAlH_4$와 반응 후 H_3O^+ 처리
d. PhMgBr과 반응 후 H_3O^+ 처리
e. 과량의 암모니아

화학 라운지 13.3 **신경독**

Acetylcholine은 신경 말단에서 분비되는 신경전달물질로 근육 등에 신경자극을 전달하는 기능을 한다. 이 물질은 자극 전달 임무를 마치면 효소에 의해 곧바로 가수분해되어 choline으로 전환된다. 만약에 이 효소가 기능을 잃으면 acetylcholine은 자극을 계속하여 전달하게 되므로 결국 근육이 마비된다. 독가스로 사용되는 맹독성 물질(신경가스)인 **Diisopropyl fluorophosphates (DFP)**, **Tabun**, **Sarine** 및 **VX** 신경가스 등은 acetylcholine 가수분해 효소의 활성부위에 있는 알코올기와 반응하여 그 기능을 못하게 함으로써 신경독으로 작용하게 된다.

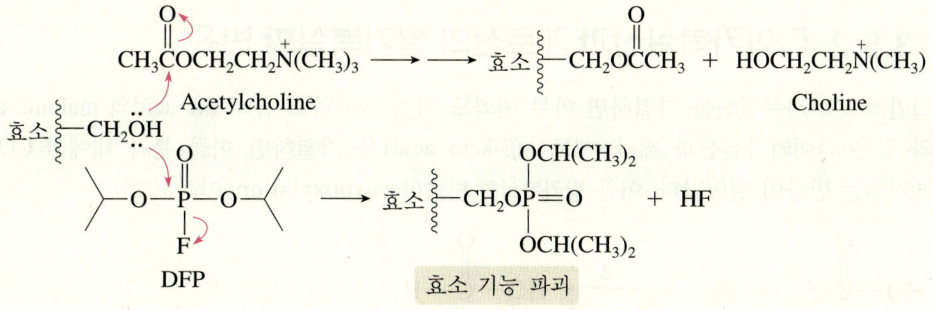

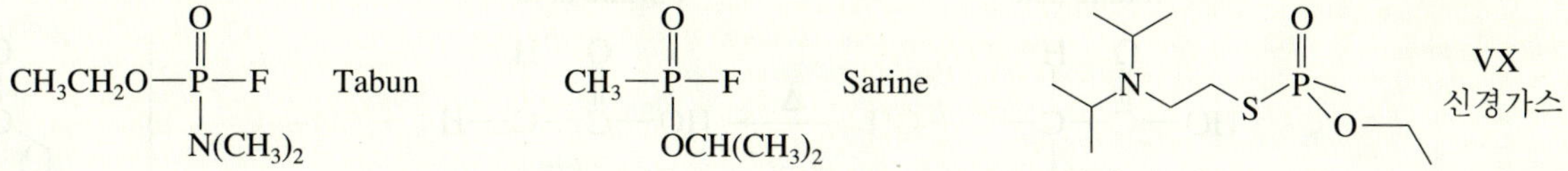

$CH_3COCH_2CH_2\overset{+}{N}(CH_3)_3$ → → 효소—CH_2OCCH_3 + $HOCH_2CH_2\overset{+}{N}(CH_3)$

Acetylcholine Choline

효소—CH_2OH

DFP → 효소—$CH_2OP{=}O$ ($OCH(CH_3)_2$, $OCH(CH_3)_2$) + HF

효소 기능 파괴

$CH_3CH_2O{-}P(=O)(F){-}N(CH_3)_2$ Tabun

$CH_3{-}P(=O)(F){-}OCH(CH_3)_2$ Sarine

VX 신경가스

13.5 카복실산의 반응

13.5.1 중화 반응 – 카복실산염 형성 반응

카복실산은 NaOH 또는 $NaHCO_3$ 수용액으로 중화될 수 있을 만큼 강산이다. 카복실산이 강한 산도를 나타내는 이유는 12.4.1절에서 언급한 바와 같이 짝염기인 카복실산 음이온이 공명 안정화되어 있기 때문이다. 카복실산염은 일반적으로 물에 잘 녹기 때문에 이 방법을 이용하여 혼합물에서 카복실산을 분리해 낼 수 있다.

예 Benzoic acid와 cyclohexanol의 혼합물에서 각각의 물질을 분리하는 방법

물리적 성질을 이용: 두 물질은 모두 물에 안 녹고 유기 용매인 CH_2Cl_2에 녹는다.

분리 방법:

[1] 두 물질을 CH_2Cl_2에 모두 녹이고 NaOH 수용액을 가하여 흔들어 주면 benzoic acid는 중화 반응을 하여 sodium benzoate (벤조산 소듐)을 형성하여 물에 녹게 되고, cyclohexanol은 반응을 하지 않고 그대로 CH_2Cl_2층에 있게 된다.

$$C_6H_5COOH + Na^+OH^- \rightleftharpoons C_6H_5COO^-Na^+ + H_2O$$

Benzoic acid — 물에 녹지 않음, CH_2Cl_2에 녹음

Sodium benzoate — 물에 녹음, CH_2Cl_2에 녹지 않음

Cyclohexanol + Na^+OH^- ⟶ 중화 반응 안 함 (염 형성 않음)

Cyclohexanol — 물에 녹지 않음, CH_2Cl_2에 녹음

[2] 물층과 CH_2Cl_2층을 분리하여 물층에서 sodium benzoate을, CH_2Cl_2층에서 cyclohexanol을 얻게 되어 두 물질을 서로 분리할 수 있다.

13.5.2 다이카복실산과 케토산의 탈카복실화 반응

일반적으로 카복실산을 가열하면 아무 변화도 일어나지 않으나, oxalic acid와 malonic acid와 같은 다이카복실산과 베타-케토산(*β*-keto acid)을 가열하면 이들 분자 내에서 CO_2가 제거되는 반응이 일어난다. 이를 **탈카복실화 반응(decarboxylation)**이라고 한다.

$$\underset{\text{Oxalic acid}}{HO-C(=O)-C(=O)-OH} \xrightarrow{\Delta} \underset{\text{Formic acid}}{HO-C(=O)-H} + O{=}C{=}O$$

$$\underset{\text{Malonic acid}}{HO-C(=O)-CH_2-C(=O)-OH} \xrightarrow{\Delta} \underset{\text{Acetic acid}}{HO-C(=O)-CH_3} + O{=}C{=}O$$

$$\underset{\beta\text{-Keto acid}}{R-C(=O)-CH_2-C(=O)-OH} \xrightarrow{\Delta} \underset{\text{Methyl ketone}}{R-C(=O)-CH_3} + O{=}C{=}O$$

- Oxalic acid (옥살산), malonic acid (말론산) 및 *β*-케토 카복실산(*β*-keto carboxylic acid)은 가열하면 탄산가스가 제거되는 반응(탈카복실화 반응)이 일어난다.

13.5.3 카복실산 유도체로의 전환 반응: 카복실산 유도체의 합성

12.7절에서 공부한 바와 같이 나이트릴을 제외한 산염화물, 산무수물, 에스터 및 아마이드

등과 같은 카복실산 유도체는 카복실산으로부터 직접 합성할 수 있다(**그림 12.4**).

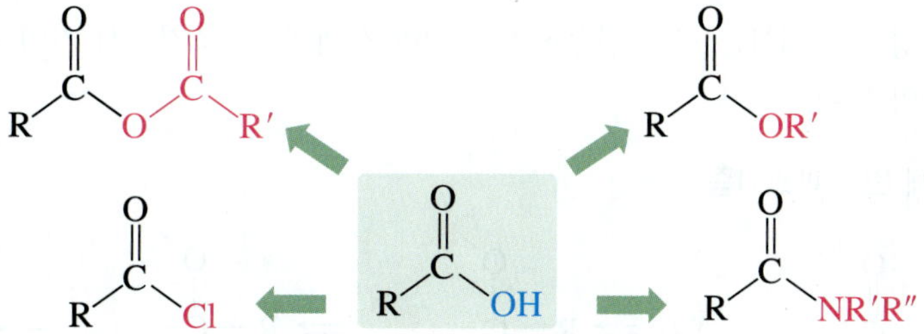

13.5.4 환원 반응: 일차 알코올 형성

카복실산을 $LiAlH_4$ 또는 BH_3와 반응시키면 일차 알코올로 환원된다.

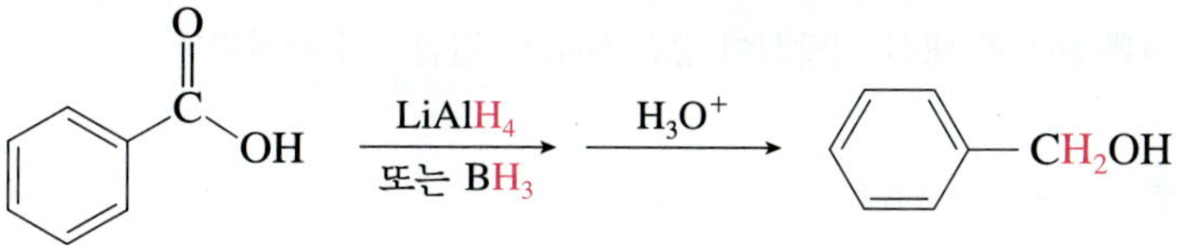

$$C_6H_5COOH \xrightarrow[\text{또는 } BH_3]{LiAlH_4} \xrightarrow{H_3O^+} C_6H_5CH_2OH$$

카복실산은 Grignard 반응을 하지 않는다. 카복실산의 양성자가 염기성을 띤 Grignard 시약(RMgX)과 반응하여 RH로 된다. 그러나 카복실산염은 RLi와 반응하여 케톤(R_2CO)을 생성한다.

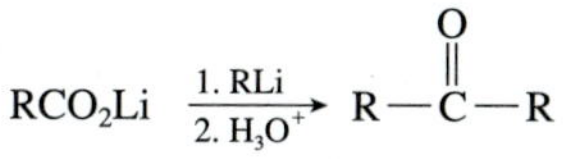

$$RCO_2Li \xrightarrow[2.\ H_3O^+]{1.\ RLi} R-\overset{O}{\overset{\|}{C}}-R$$

문제 13.7 카복실산 유도체 중 반응성이 낮은 유도체로부터 반응성이 높은 유도체로 직접 전환시킬 수 없으나 카복실산으로 전환시킨 다음에는 가능하다. 다음 반응이 어떻게 전환되는지를 보이시오.

a. $C_6H_{11}COOCH_3 \longrightarrow C_6H_{11}COCl$

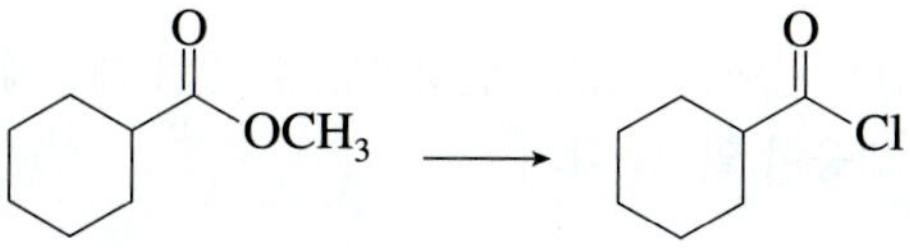

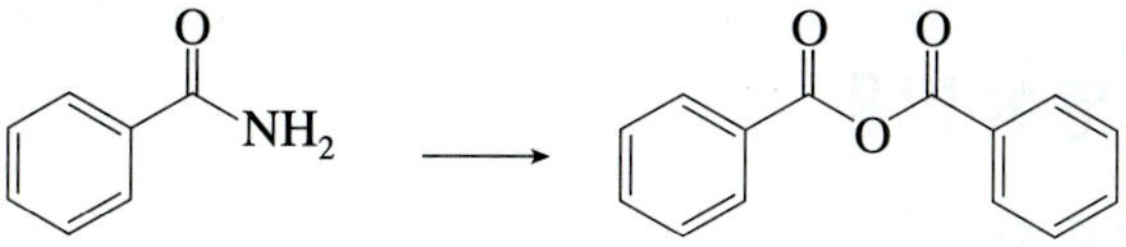

b. $C_6H_5CONH_2 \longrightarrow (C_6H_5CO)_2O$

c. $(CH_3CH_2CO)_2O \longrightarrow CH_3CH_2COCl$

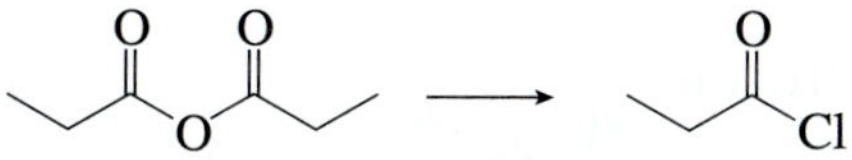

13.6 아마이드의 반응

아마이드는 카복실산 유도체 중 반응성이 가장 낮은 화합물이다. 이 화합물은 질소 원자의 비공유 전자쌍이 아실기와 공명 안정화되어 있고, 또한 이탈성이 가장 나쁜 이탈기(이탈기의 염기도가 가장 큼)를 가지고 있기 때문이다.

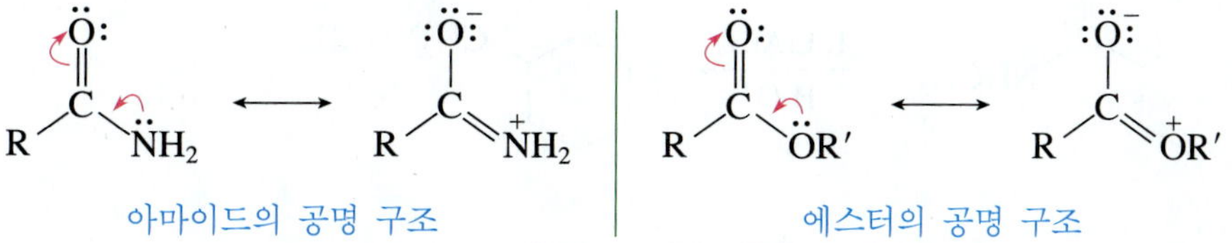

아민의 C—N 결합은 자유 회전이 가능하나 아마이드의 C—N 결합은 공명에 의해 자유 회전이 불가능하고 질소 원자가 sp^2 혼성화되어 있어 평면 삼각형 구조를 가지게 된다. 이 구조는 단백질의 1차 구조(α-나선형)를 나타내는 데 중요한 작용을 한다(16.1.8절).

우리 몸을 이루고 있는 수많은 세포는 단백질로 이루어져 있는데, 이 물질은 아미노산들의 중첩된 아마이드 결합(펩타이드 결합)으로 구성되어 있다. 이 세포들이 수용액 중에서 수많은 일을 하면서 분해되지 않고 기능을 발휘하는 것은, 아마이드 작용기의 화학적 안정성 때문이다.

$$R-C(=\ddot{O}:)-\ddot{N}H_2 \longleftrightarrow R-C(-\ddot{O}:^-)=\overset{+}{N}H_2 \qquad R-C(=\ddot{O}:)-\ddot{O}R' \longleftrightarrow R-C(-\ddot{O}:^-)=\overset{+}{O}R'$$

아마이드의 공명 구조 에스터의 공명 구조

질소 원자는 산소 원자보다 전기음성도가 더 낮아 아마이드 비공유 전자쌍의 공명 기여도가 더 크다. 따라서 아마이드 카보닐 탄소의 친전자성이 더 감소한다.

13.6.1 가수분해 반응: 카복실산의 형성

아마이드는 중성 조건에서는 물과 반응하지 않지만 산과 염기 조건에서 가열하면 가수분해되어 카복실산이 된다.

산성 용액에서 가수분해 반응 메커니즘

1° 아마이드기는 탈수제(P_2O_5, $POCl_3$, $SOCl_2$)와 반응하여 nitrile기로 전환한다(12.7.6절).

- 아마이드의 공명 구조를 파괴하기 때문에 H^+는 질소 원자에 붙지 않고 산소 원자에 붙는다.
- 이탈성이 나쁜 NH_2기 대신 이탈성이 좋은 NH_3로 전환되어 제거된다.

염기성 용액에서 가수분해 반응 메커니즘

- NH_2기는 나쁜 이탈기이나 생성되는 카복실산 음이온이 공명 안정화될 수 있기 때문에 이것이 사면체 구조에서 이탈되어 가수분해 반응이 일어난다.

13.6.2 환원 반응: 아민 형성 반응

아마이드는 $LiAlH_4$에 의해 아민으로 환원된다.

예

$$CH_3CH_2CH_2CONH_2 \xrightarrow[2.\ H_3O^+]{1.\ LiAlH_4} CH_3CH_2CH_2CH_2NH_2$$

Butanamide (Butyramide) → Butanamine (*n*-Butyl amine)

$$C_6H_{11}CONHCH_3 \xrightarrow[2.\ H_3O^+]{1.\ LiAlH_4} C_6H_{11}CH_2NHCH_3$$

13.6.3 Grignard 반응: 케톤 형성 반응

일차 아마이드와 이차 아마이드는 질소 원자에 있는 활성화 수소 때문에 Grignard 시약이 파괴된다. 그러나 삼차 아마이드는 Grignard 시약과 반응하여 케톤을 생성시킨다.

$$\mathrm{R{-}C({=}O){-}N(CH_3)_2} \xrightarrow{\mathrm{R'MgX}} \left[\mathrm{R{-}C(OMgX)(R'){-}N(CH_3)_2}\right] \xrightarrow{\mathrm{H_2O}} \mathrm{R{-}C({=}O){-}R'}$$

13.6.4 Hofmann 재배열 반응: 아민 형성 반응

일차 아마이드를 NaOH 수용액 중에서 브로민 또는 염소와 반응시키면 탄소 원자가 하나 감소한 일차 아민이 형성된다. 이를 **Hofmann 재배열 반응**이라고 한다(10.4.4절).

$$\mathrm{R{-}C({=}O){-}NH_2} + \mathrm{Br_2} \xrightarrow[\mathrm{H_2O}]{\mathrm{NaOH}} \mathrm{RNH_2} + \mathrm{2NaBr} + \mathrm{Na_2CO_3}$$

탄소 원자가 하나 줄어든 일차 아민

문제 13.8 Phenylacetamide($PhCH_2CONH_2$)를 다음 조건에서 반응시켰을 때 생성되는 물질을 그리시오.

a. 1. NaOH, H_2O 2. H_3O^+ 처리 **b.** 1. $LiAlH_4$ 2. H_3O^+ 처리

c. NaOH, Br_2 **d.** H^+, ethanol

13.7 나이트릴의 반응

13.7.1 산 또는 염기 촉매 가수분해: 카복실산의 형성 반응

나이트릴을 높은 온도에서 가수분해시키면 아마이드를 거쳐 카복실산이 생성된다. 이 반응은 산 또는 염기 촉매하에서 진행된다. 이 반응을 온화한 반응 조건을 적용시키면 아마이드를 얻을 수 있다.

$$\mathrm{C_6H_5{-}CH_2C{\equiv}N} \xrightarrow[\mathrm{HCl,\ 40°C}]{\mathrm{H_2O}} \mathrm{C_6H_5{-}CH_2C({=}O){-}NH_2}$$

$$\mathrm{C_6H_5{-}CH_2C{\equiv}N} \xrightarrow[\mathrm{H_2SO_4,\ 100°C}]{\mathrm{H_2O}} \mathrm{C_6H_5{-}CH_2C({=}O){-}OH}$$

이 반응의 메커니즘을 **그림 13.6**에 나타내었다. 나이트릴의 탄소 원자는 탄소와 질소 원자의 전기음성도 차이로 친전자성을 띠게 되므로, 친핵체인 물 분자의 공격을 받을 수 있다. 산 또는 염기 촉매 존재하에서 물과 반응하여 생성된 **imidic acid (이미드산)**는 아마이드와 토토머 관계이다. 온화한 반응 조건에 반응시키면 아마이드를 분리할 수 있는 이유이기도 하다. 카복실산은 아마이드가 다시 가수분해하여 생성된 것이다.

$$\underset{\text{imidic acid tautomer}}{\mathrm{R{-}C(OH){=}NH}} \rightleftharpoons \underset{\text{amide tautomer}}{\mathrm{R{-}C({=}O){-}NH_2}}$$

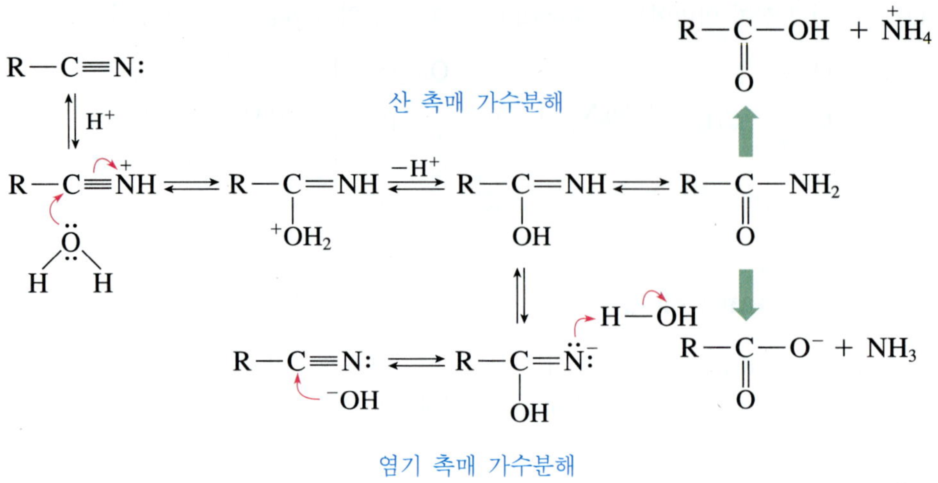

산 촉매 가수분해

염기 촉매 가수분해

그림 13.6 나이트릴의 산 또는 염기 촉매 가수분해 반응의 메커니즘.

13.7.2 환원 반응: 아민 및 알데하이드의 형성 반응

나이트릴을 $LiAlH_4$로 환원하면 일차 아민이 생성된다. 이 반응은 H^-가 2당량 첨가되어 생성된 결과이다.

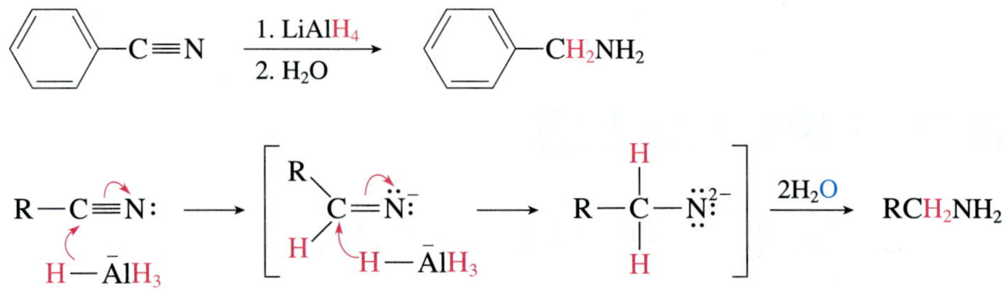

$$\text{C}_6\text{H}_5\text{–C}\equiv\text{N} \xrightarrow[\text{2. } H_2O]{\text{1. } LiAlH_4} \text{C}_6\text{H}_5\text{–CH}_2\text{NH}_2$$

$$R-C\equiv N: \xrightarrow{H-\bar{A}lH_3} \left[R(H)C=\ddot{N}:^- \xrightarrow{H-\bar{A}lH_3} R-CH_2-\ddot{N}:^{2-} \right] \xrightarrow{2H_2O} RCH_2NH_2$$

한편, 나이트릴을 1당량의 DIBALH으로 낮은 온도에서 반응시킨 뒤 가수분해하면 알데하이드가 생성된다(11.5.1절).

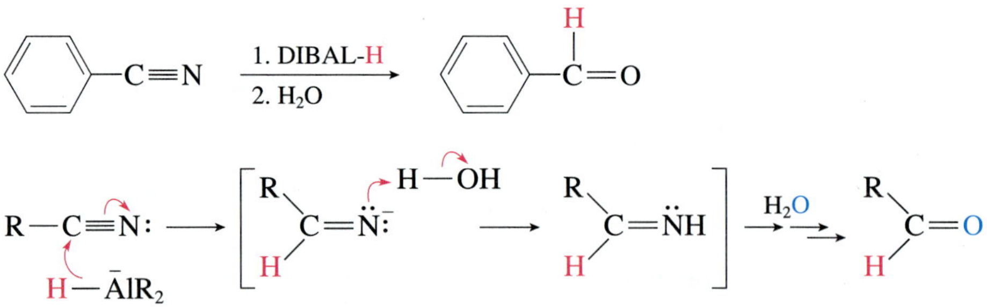

$$\text{C}_6\text{H}_5\text{–C}\equiv\text{N} \xrightarrow[\text{2. } H_2O]{\text{1. DIBAL-H}} \text{C}_6\text{H}_5\text{–CH=O}$$

$$R-C\equiv N: \xrightarrow{H-\bar{A}lR_2} \left[R(H)C=\ddot{N}:^- \xrightarrow{H-OH} R(H)C=\ddot{N}H \right] \xrightarrow{H_2O} \rightarrow R(H)C=O$$

13.7.3 Grignard 반응: 케톤 형성 반응

나이트릴을 Grignard 시약 또는 유기리튬 시약(RLi 또는 ArLi)과 반응시켜 가수분해시키면 케톤이 생성된다. 이 반응은 중간체로 생성된 금속이민 화합물이 Grignard 시약과 더 이상 반응하지 않은 결과이다.

$$C_6H_5-C{\equiv}N \xrightarrow[2.\ H_2O]{1.\ CH_3CH_2MgBr} C_6H_5-C(=O)-CH_2CH_3$$

$$R-C{\equiv}\ddot{N}: \ (R'-M) \longrightarrow \left[\begin{matrix} R \\ R' \end{matrix} C{=}\ddot{N}:^{-} \ \ H-OH \longrightarrow \begin{matrix} R \\ R' \end{matrix} C{=}\ddot{N}H \right] \xrightarrow{H_2O} \begin{matrix} R \\ R' \end{matrix} C{=}O$$

문제 13.9 Pentanenitrile (valeronitrile) 로부터 다음 물질을 합성하는 방법을 보이시오.

a. Hexan-2-one **b.** Pentanal **c.** Pentanamine **d.** Pentanoic acid

13.8 카복실산과 유도체의 반응 요약

13.8.1 상호전환 반응 (그림 13.7)

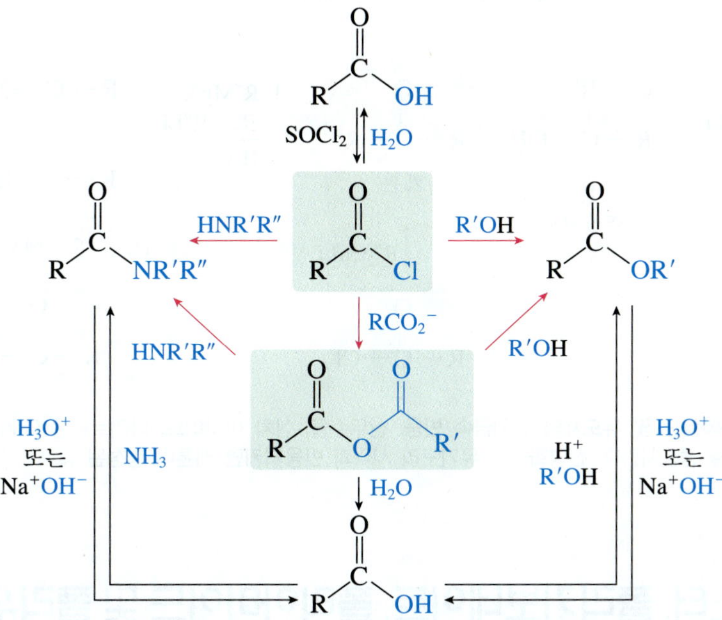

- 카복실산 유도체 중 반응성이 가장 높은 것은 산염화물이고, 그 다음이 산무수물이다.
- 이들은 물, 알코올 및 아민 친핵체와 반응하여 카복실산, 에스터, 아마이드를 합성하는 데 이용된다.
- 산염화물로부터 산무수물을 합성할 수 있으나 그 역반응은 할 수 없다(Cl^-이 RCO_2^-보다 염기도가 더 작다).

그림 13.7 **카복실산 및 유도체의 상호전환 반응.**

13.8.2 환원 반응 (그림 13.8)

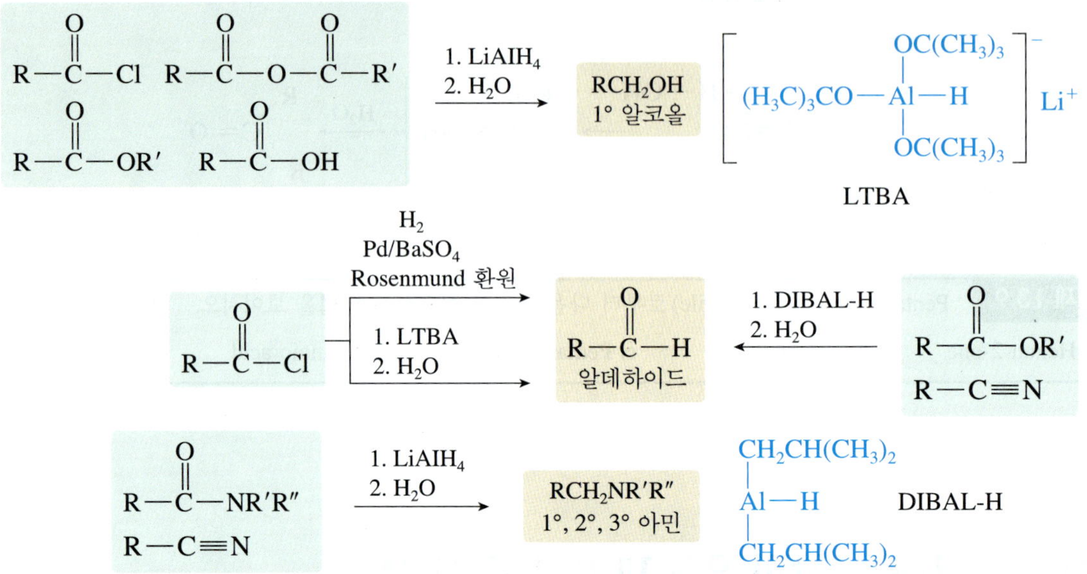

그림 13.8 **카복실산 및 유도체의 환원 반응**. 산염화물은 LTBA 또는 Rosenmund 환원에 의하여 알데하이드로 부분 환원되며, 에스터와 나이트릴은 낮은 온도에서 DIBALH에 의해 알데하이드로 부분 환원된다.

13.8.3 유기금속과의 반응 (그림 13.9)

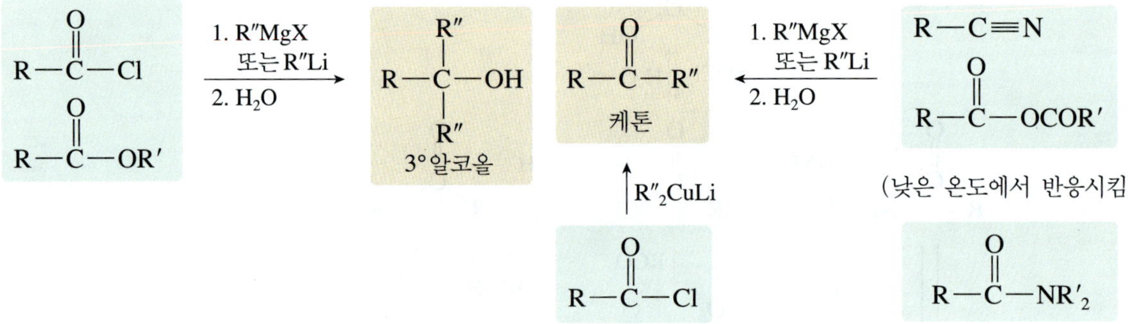

그림 13.9 **카복실산 및 유도체의 유기금속 반응**. 산무수물, 삼차 아마이드, 나이트릴은 Grignard 시약과 반응하여 케톤을 생성시킨다. 산염화물을 유기구리 시약과 반응시키면 케톤이 형성된다.

13.9 합성 고분자: 폴리에스터, 폴리카보네이트, 폴리아마이드 및 폴리우레탄

고분자(**polymer**)란 **단위체**(**monomer**)라 일컫는 반복 단위가 공유 결합에 의해 서로 연결되어 만들어진 분자량이 큰 **거대 분자**(**macromolecule**)를 말하며, **중합체**라고도 한다. 천연 고무, 녹말 및 단백질 등과 같은 천연 고분자와 인공적으로 만들어진 합성 고분자가 있다. 합성 고분자는 중합되는 형태에 따라 **연쇄성장 고분자**(**chain-growth polymer**)와 **단계성장 고분자**(**step-growth polymer**)로 분류할 수 있으며, 이 절에서는 단계성장 고분자에 대하여 초점을 맞추어 소개하고자 한다.

13.9.1 연쇄성장 고분자(chain-growth polymer)와 단계성장 고분자(step-growth polymer)

연쇄성장 고분자란 polyethylene (폴리에틸렌), polystyrene (폴리스타이렌) 및 PVC (polyvinyl chloride, 염화 폴리비닐) 등과 같이 알켄으로 구성된 단위체가 라디칼, 음이온 또는 양이온 중간체를 거쳐 연쇄적으로 중합되어 만들어진 중합체이며, **첨가 고분자**라고도 한다.

$$\text{CH}_2{=}\text{CH–Z} \xrightarrow{\text{개시제}} \sim\!\![\text{CH}_2\text{–CH(Z)}]_n\!\!\sim$$

한편, **단계성장 고분자**란 두 개의 작용기를 가지고 있는 단위체가 결합하면서 물이나 HCl 같은 분자를 방출하면서, 단계적으로 중합된 중합체를 말하며, **축합 고분자**라고도 한다. 폴리에스터, 폴리카보네이트, 폴리아마이드 및 폴리우레탄 등이 대표적인 예이다.

13.9.2 폴리에스터(Polyester)

폴리에스터란 에스터기가 반복적으로 나타나는 구조를 가진 중합체를 말한다. 이 물질은 카복실산 또는 에스터와 알코올의 친핵성 아실 치환 반응(에스터 형성 반응 또는 에스터교환 반응)을 통하여 합성한다. 우리 주변에서 흔히 볼 수 있는 음료수 페트병 및 기능성 옷감으로 스포츠용 의복에 많이 사용되는 polyethylene terephthalate (PET: **폴리에틸렌 테레프탈레이트**)와 수술용 흡수 봉합사와 같이 생분해 기능을 가진 polyglycolic acid (PLG: 폴리글라이콜산) 및 polylactic acid (PLA: **폴리락트산**) 등이 이 중합체를 이용한 상품들이다.

$$\text{RO–C(=O)–C}_6\text{H}_4\text{–C(=O)–OR} + \text{HOCH}_2\text{CH}_2\text{OH} \xrightarrow{\text{가열}} \text{–}\!\!(\text{OCH}_2\text{CH}_2\text{O–C(=O)–C}_6\text{H}_4\text{–C(=O)–O})\!\!\text{–}_n$$

R=OH: Terephthalic acid
R=CH_3: Dimethyl terephthalate

Ethyleneglycol

Polyethylene terephthalate (PET)

$$\text{HOCH}_2\text{COH(=O)} \xrightarrow{\text{가열}} \text{–}\!\!(\text{OCH}_2\text{CO(=O)})\!\!\text{–}_n \qquad \text{–}\!\!(\text{OCH(CH}_3)\text{CO(=O)})\!\!\text{–}_n \xleftarrow{\text{가열}} \text{HOCH(CH}_3)\text{COH(=O)}$$

Glycolic acid — Polyglycolic acid (PLG) — Polylactic acid (PLA)

13.9.3 폴리카보네이트(Polycarbonate)

Phosgene (포스젠, $COCl_2$)과 알코올 2당량이 반응하면 카보네이트(carbonate, ROCOR)가 생성물로 얻어지는데, 이 카보네이트 단위가 반복적으로 나타나는 중합체를 **폴리카보네이트**라 한다. 많이 사용되는 **Lexan**은 충격에 강하고 투명성이 있어 헬멧, 고글, 신호등, 전화기, 여행용 가방 및 방탄유리 등에 응용된다.

Diphenyl carbonate + Bisphenol A $\xrightarrow{\text{가열}}$ $-\!\!\left(O-C_6H_4-C(CH_3)_2-C_6H_4-O-\overset{O}{\overset{\|}{C}}\right)\!\!-_n$ + 2nPhOH

Lexan

13.9.4 폴리아마이드(Polyamide)

폴리아마이드란 다이카복실산과 다이아민이 축합 반응하여 생성한 아마이드 결합이 반복적으로 나타나는 구조를 가진 중합체로서, 나일론이 대표적인 예이다. **나일론 6,6**은 adipic acid(아디핀산, 1,6-hexanedioic acid)와 1,6-diaminohexane이 반응하여 만들어진 폴리아마이드이며, 옷감 재료로 많이 사용되는 **나일론 6**은 ϵ-caprolactam이 중합 반응하여 만들어진 고분자이다. 강도 및 탄성이 철보다 높아 방탄복, 군사용 헬멧 및 타이어 원료 등으로 널리 사용되는 **Kevlar**(듀퐁사)는 terephthalic acid와 1,4-diaminobenzene으로부터 생성되는 폴리아마이드이다.

$$HO\overset{O}{\overset{\|}{C}}CH_2(CH_2)_2CH_2\overset{O}{\overset{\|}{C}}OH + H_2NCH_2(CH_2)_4CH_2NH_2$$

Adipic cid, 1,6-Diaminohexane

$$\downarrow \text{가열}$$

$$-\!\!\left(\overset{O}{\overset{\|}{C}}CH_2(CH_2)_2CH_2\overset{O}{\overset{\|}{C}}-NHCH_2(CH_2)_4CH_2NH\right)\!\!-_n$$

Nylon 6,6

ϵ-Caprolactam $\xrightarrow{H_2O}$ $HO\overset{O}{\overset{\|}{C}}CH_2(CH_2)_3CH_2NH_2$ (6-Aminohexanoic acid) $\xrightarrow[\text{가열}]{\epsilon\text{-Caprolactam}}$ $-\!\!\left(\overset{O}{\overset{\|}{C}}CH_2(CH_2)_3CH_2NH\right)\!\!-_n$

Nylon 6

$HO-\overset{O}{\overset{\|}{C}}-C_6H_4-\overset{O}{\overset{\|}{C}}-OH + H_2N-C_6H_4-NH_2 \xrightarrow{\text{가열}} -\!\!\left(\overset{O}{\overset{\|}{C}}-C_6H_4-\overset{O}{\overset{\|}{C}}-NH-C_6H_4-NH\right)\!\!-_n$

Terephthalic acid, 1,4-Diaminobenzene, Kevlar

13.9.5 폴리우레탄(Polyurethane)

우레탄(urethane) 또는 **카바메이트(carbamate)**란 카보닐기에 OR기와 아미노기 또는 아민기가 붙어 있는 화합물($ROCONR_2$)로, 이 단위가 반복적으로 나타나는 중합체를 **폴리우레탄** 또는 **카바메이트**라고 한다. 이 중합체는 isocyanate(아이소사이아네이트, R—N=C=O) 와 ethylene glycol(에틸렌 글라이콜)과의 중합 반응으로 합성된다. 이 중합체를 이용한 상품

으로는 스판 옷감으로 유명한 **Spandex**가 있다.

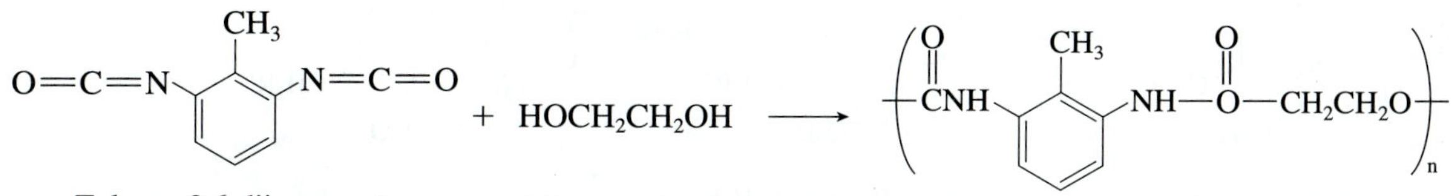

Toluene 2,6-diisocyanate + Ethyene glycol → Polyurethane

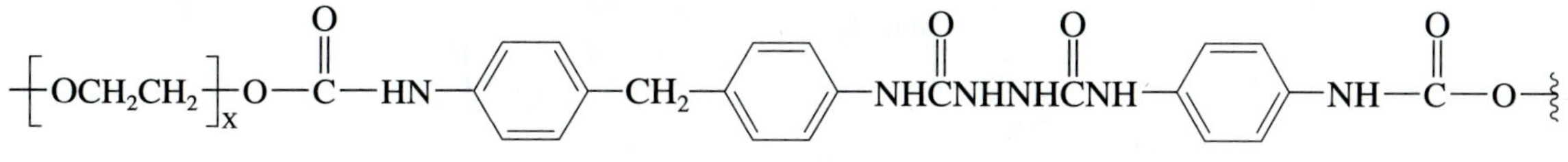

Spandex

화학 라운지 13.4 베타-락탐 항생물질(β-lactam antibiotics)

항생물질이란 세균 또는 곰팡이와 같은 미생물에서 만들어지는 물질로서, 다른 세균이나 그밖의 미생물의 생장을 방해하거나 죽이는 기능을 가지는 물질을 말한다. ***β*-Lactam 항생제**란 구조 중 β-lactam 고리를 가지고 있는 항생제를 통틀어 부르는 말이며, 대표적으로 **penicillin (penams)** 과 **cephalosporin (cephems)** 유도체가 여기에 속한다. 이들 항생제는 세균의 세포벽을 만드는 효소의 활성 부위와 먼저 반응하여, 그 기능을 떨어뜨려 세포벽의 형성을 방해함으로써 세포 내용물 손실로 세균을 죽게 하는 작용을 한다. 최초의 항생제는 1928년 영국의 세균학자인 **Alexander Fleming**이 발견한 **Penicillin G** (benzyl penicillin)이다. 그 후 유기합성과 발효기술의 발달로 6-aminopenicillanic acid (6-APA)를 대량 생산할 수 있게 되었고, 항균력이 우수한 여러 종류의 반합성 penicillin 유도체가 만들어져 치료제로 사용되고 있다. 그러나 최근에는 β-lactam 고리를 가수분해시켜 penicillin의 약효를 떨어뜨리는 소위 penicillin 내성 세균이 문제가 되고 있다. 이들 세균은 β-lactamase (또는 penicillase) 라는 효소를 가지고 있는데, 현재는 β-lactamase의 기능을 저해하는 β-lactam 항생제도 개발되어 사용되고 있다. 세균의 입장에선 β-lactam 항생제에 관한 한 β-lactam 고리의 침입으로 세포벽을 못 만들어 죽느냐, 아니면 이 침입자를 먼저 무력화시키느냐의 싸움이지만 화학 반응의 입장에서 보면 두 경우 모두 β-lactam 고리가 산소 친핵체에 의해 가수분해되는 반응이다. β-lactam 고리는 각 무리 때문에 비고리형 아마이드보다 반응성이 증대되어 친핵체에 의해 더 공격받기 쉽다.

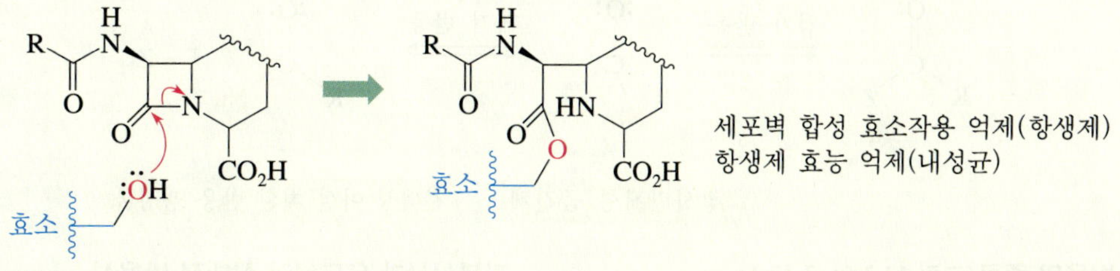

효소 → 효소

세포벽 합성 효소작용 억제(항생제)
항생제 효능 억제(내성균)

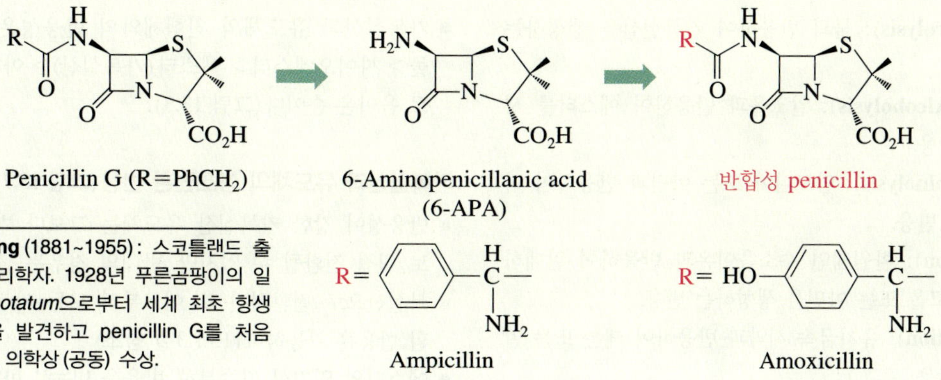

Penicillin G (R=$PhCH_2$) → 6-Aminopenicillanic acid (6-APA) → 반합성 penicillin

Ampicillin

Amoxicillin

Alexander Fleming (1881~1955): 스코틀랜드 출신 세균학자 겸 약리학자. 1928년 푸른곰팡이의 일종인 *penicillium notatum*으로부터 세계 최초 항생물질인 penicillin을 발견하고 penicillin G를 처음 분리. 1945년 노벨 의학상(공동) 수상.

Cephalosporin C
(R = $-(CH_2)_3CHNH_2CO_2H$)

7-ACA (R′ = $OCOCH_3$)
7-ADCA (R′ = H)

반합성 cephalosporin

Cefotaxime (R′ = $OCOCH_3$)

Cefalexin (R′ = H)

Imipenem
(a cabapenem)

Clavulanic acid
(an oxapenam)

Aztreonam
(a monobactam)

요약 정리

친핵성 아실 치환 반응

- 친핵성 아실 치환 반응은 친핵성 첨가 반응에서 생성된 **정사면체형 중간체**에서 이탈기의 이탈 반응(제거 반응)이 일어나는 두 단계 반응이다. [1단계]의 첨가 반응 단계가 반응 속도 결정 단계이다.

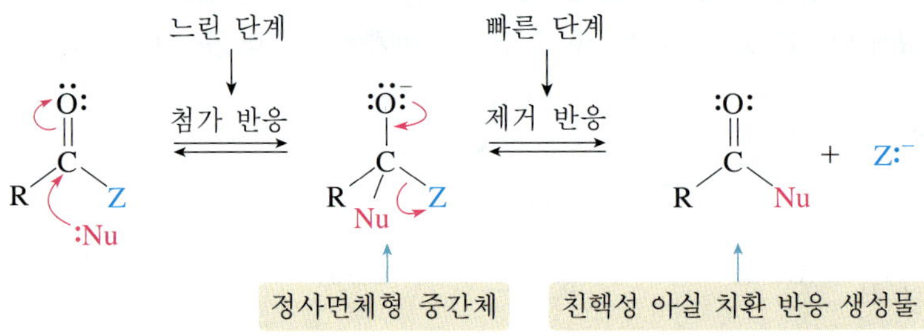

친핵성 아실 치환 반응의 종류(그림 13.2 및 표 13.1)

- **가수분해 반응(Hydrolysis)**: 물과 반응하여 카복실산을 생성하는 반응.
- **가알코올분해 반응(Alcoholysis)**: 알코올과 반응하여 에스터를 생성하는 생성하는 반응.
- **가아민분해 반응(Aminolysis)**: 암모니아 또는 아민과 반응하여 아마이드를 생성하는 반응.
- **환원 반응(Reduction)**: 환원제인 수소음이온과 반응하여 알데하이드 또는 일차 알코올 또는 아민을 생성하는 반응.
- **알킬화 반응(Alkylation)**: 유기금속 시약과 반응하여 케톤 또는 알코올을 생성하는 반응.

카복실산과 유도체의 상대적 반응성

- 카복실산과 유도체의 친핵체와의 반응성은 산염화물 > 산무수물 > 싸이오에스터 > 에스터(카복실산) > 아마이드 > 카복실레이트 음이온 순이다(그림 13.3).

카복실산과 유도체의 상호전환 반응(그림 13.7)

- 반응성이 강한 카복실산 유도체는 그보다 반응성이 낮은 유도체로 직접 전환될 수 있지만, 반대의 경우는 불가능하다. 그러나 카복실산으로 전환시킨 후 이로부터 모든 카복실산 유도체로의 전환 반응은 가능하다(13.1.3절 참조)
- 에스터의 염기성 가수분해 반응을 **비누화 반응(saponification)**이

라고 한다.

- 에스터를 산 촉매하에서 다른 알코올과 반응시키면 에스터의 알콕시기($^-$OR′)가 다른 알코올의 알콕시기(—OR″)로 교환된다. 이를 **에스터교환 반응(transesterification)**이라고 한다.

다이카복실산 및 케토산의 탈카복실화 반응

- Oxalic acid와 malonic acid와 같은 다이카복실산과 베타-케토산(β-keto acid)을 가열하면 이들 분자 내에서 CO_2가 제거되는 반응이 일어난다. 이를 탈카복실화 반응(decarboxylation)이라고 한다.

알데하이드의 생성 반응(그림 13.8)

- 산염화물은 Rosenmund 수소 환원(H_2, Pd/$BaSO_4$) 또는 LTBA (Lithium tri-*tert*-butoxyaluminum hydride)에 의해 알데하이드로 전환된다.
- 에스터와 나이트릴은 DIBAL-H(diisobutyl aluminum hydride)에 의해 알데하이드로 전환된다.
- 삼차 아마이드가 Grignard 시약과 반응하면 알데하이드를 생성시킨다.

케톤의 생성 반응(그림 13.9)

- 산염화물과 구리시약(R_2CuLi)을 반응시키면 케톤이 생성된다.
- 산무수물 또는 나이트릴과 Grignard 시약을 반응시키면 케톤이 생성된다.

합성 고분자

- **고분자(polymer)**란 **단위체(monomer)**라 하는 반복 단위가 공유결합에 의해 서로 연결되어 만들어진 분자량이 큰 **거대 분자(macromolecule)**를 말하며, **중합체**라고도 한다.
- 고분자는 중합되는 형태에 따라 **연쇄성장 고분자(chain-growth polymer)**와 **단계성장 고분자(step-growth polymer)**로 분류한다.
- 연쇄성장 고분자란 **첨가 고분자**라고도 하며, 알켄으로 구성된 단위체가 라디칼, 음이온 또는 양이온 중간체를 거쳐 연쇄적으로 중합되어 만들어진 중합체이다. 예: 폴리에틸렌, PVC 등.
- 단계성장 고분자란 **축합 고분자**라고도 하며, 두 개의 작용기를 가지고 있는 단위체가 결합하여 물이나 HCl 같은 분자를 방출하면서 단계적으로 중합된 중합체를 말한다. 예: 폴리에스터, 폴리카보네이트, 폴리아마이드, 폴리우레탄 등.

보충 문제

13.10 산무수물로부터 다음 물질을 합성하는 방법을 보이시오.

a. 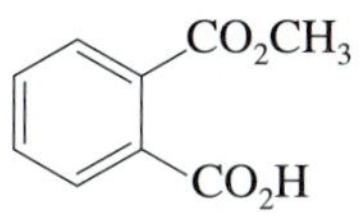 (벤젠 고리: CO_2CH_3, CO_2H) **b.** 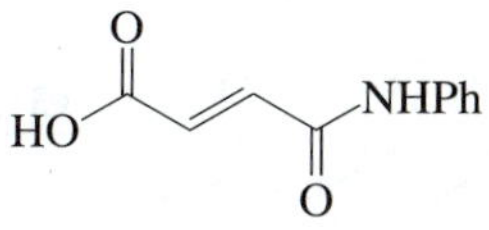 HO–C(=O)–CH=CH–C(=O)–NHPh **c.** (벤젠 고리: CO_2H, $OCOCH_3$) **d.** 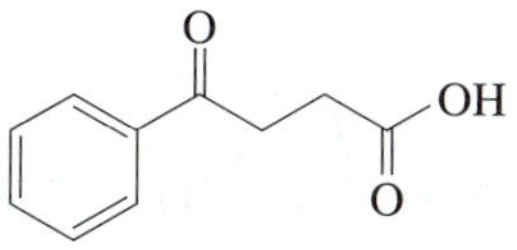 Ph–C(=O)–CH₂CH₂–C(=O)–OH

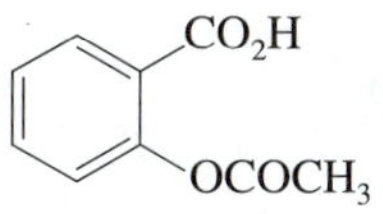

13.11 *tert*-Butyl acetate는 ethyl acetate보다 비누화 반응의 경우 느리게 반응하나, 산 촉매 가수분해 반응은 더 빠르게 진행된다. 그 이유는 무엇인가?

13.12 다음 각 항에서 가수분해 속도는 어느 것이 더 빠른가?

a. CH_3COSCH_3와 $CH_3CO_2CH_3$ **b.** CH_3CONH_2와 $CH_3CON(CH_3)_2$

13.13 다음 결과를 설명하시오.

a. Ethyl *trans*-4-*tert*-butylcyclohanecarboxylate의 비누화 반응 속도는 대응하는 *cis* 이성질체보다 20배 이상 빠르다.

b. δ-Valerolactone의 비누화 반응 속도는 γ-butyrolactone보다 더 빠르다.

13.14 다음 사항을 설명하시오.

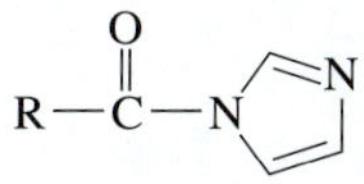

R—C(=O)—N(이미다졸)의 아실기는 R—C(=O)—N(피롤리딘)보다 활성화되어 있어 친핵성 아실 치환 반응이 더 잘 일어난다.

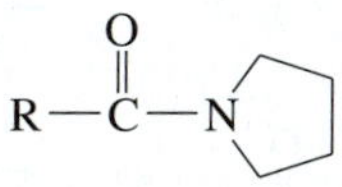

13.15 다음 반응식과 같은 산 또는 염기 촉매에 의한 에스터 교환 반응의 메커니즘을 기술하시오

$$\text{Ph—C(=O)—OCH}_3 + \text{ROH} \xrightarrow{\text{산 또는 염기 촉매}} \text{Ph—C(=O)—OR} + \text{CH}_3\text{OH}$$

13.16 산염화물에서 에스터는 직접 합성할 수 있지만, 에스터에서 산염화물은 직접 합성할 수 없다. 그 이유는 무엇인가?

13.17 Acetic acid를 산소 동위원소로 치환된 물 H_2O^{18}에 넣고 산을 가해 주면 O^{18}이 acetic acid의 산소 원자에서도 관찰된다. 이 반응의 메커니즘을 그리시오.

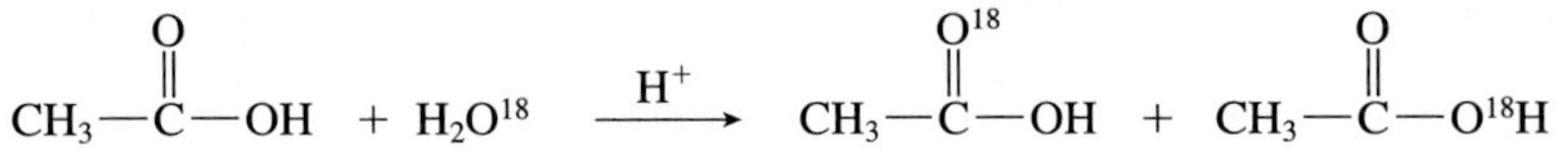

$$CH_3-\overset{O}{\overset{\|}{C}}-OH + H_2O^{18} \xrightarrow{H^+} CH_3-\overset{O^{18}}{\overset{\|}{C}}-OH + CH_3-\overset{O}{\overset{\|}{C}}-O^{18}H$$

13.18 다음 반응의 메커니즘을 그리시오.

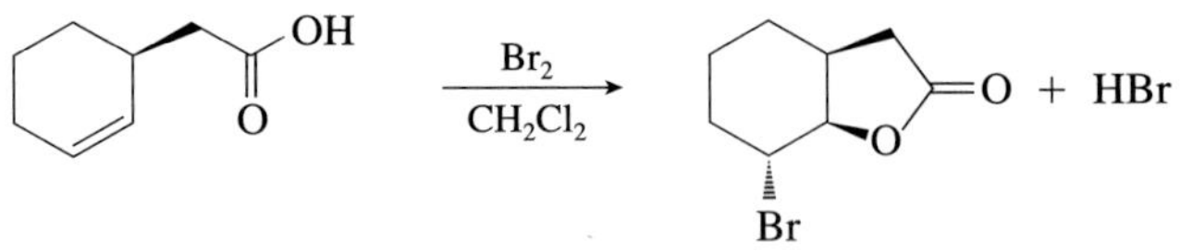

$$\xrightarrow[CH_2Cl_2]{Br_2} \quad + HBr$$

13.19 산염화물로부터 다음과 같은 화합물을 합성하였다. 각 반응에 대하여 반응식을 적으시오.

a. *N*-Methylbutyroamide **b.** 3,4,5-Trimethoxybenzaldehyde **c.** Acetophenone (PhCOMe)
d. Valeronitrile **e.** 2-Phenylbutan-2-ol **f.** Benzylamine
g. *N*-Ethylaniline **h.** Acetic benzoic anhydride **i.** 1-Phenylpropan-1-ol

13.20 다음 반응의 주생성물의 구조를 그리시오.

a. 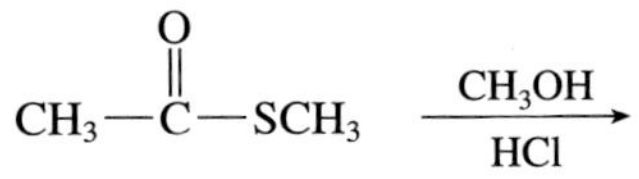 $CH_3-\overset{O}{\overset{\|}{C}}-SCH_3 \xrightarrow[HCl]{CH_3OH}$

b. 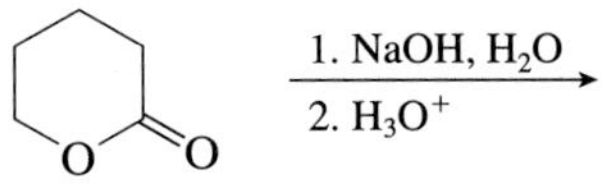 $\xrightarrow[2.\ H_3O^+]{1.\ NaOH,\ H_2O}$

c. 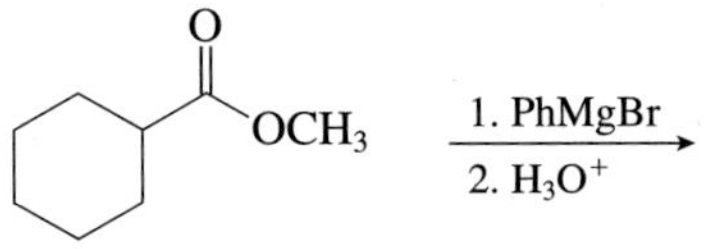 $OCH_3 \xrightarrow[2.\ H_3O^+]{1.\ PhMgBr}$

d. 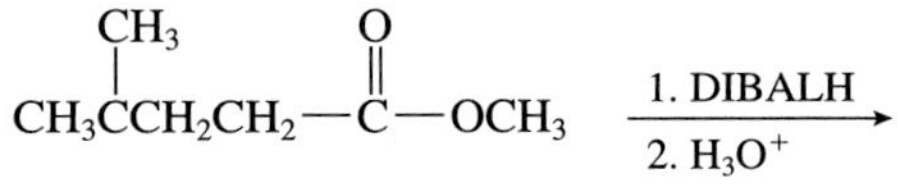 $CH_3\overset{CH_3}{\overset{|}{C}}CH_2CH_2-\overset{O}{\overset{\|}{C}}-OCH_3 \xrightarrow[2.\ H_3O^+]{1.\ DIBALH}$

e. 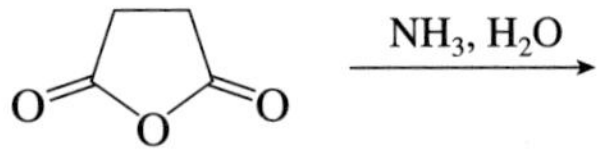 $\xrightarrow{NH_3,\ H_2O}$

f. 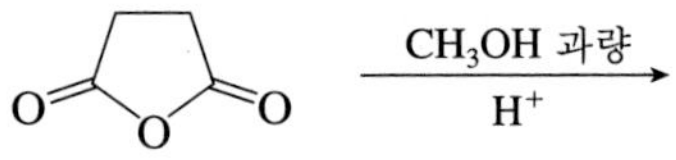 $\xrightarrow[H^+]{CH_3OH\ 과량}$

g. 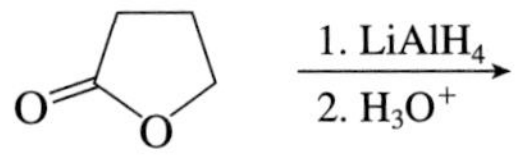 $\xrightarrow[2.\ H_3O^+]{1.\ LiAlH_4}$

h. $\xrightarrow[2.\ H_3O^+]{1.\ CH_3MgBr}$

i. 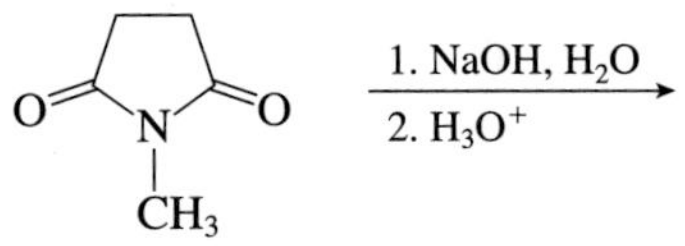 $\xrightarrow[2.\ H_3O^+]{1.\ NaOH,\ H_2O}$

j. 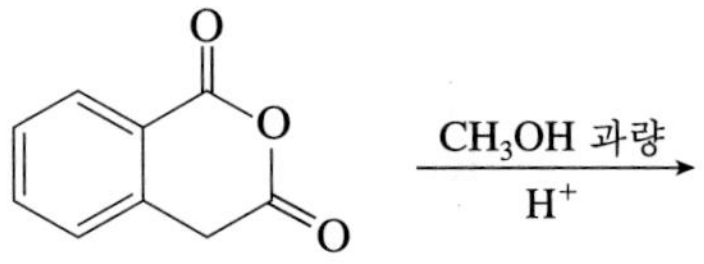 $\xrightarrow[H^+]{CH_3OH\ 과량}$

k. 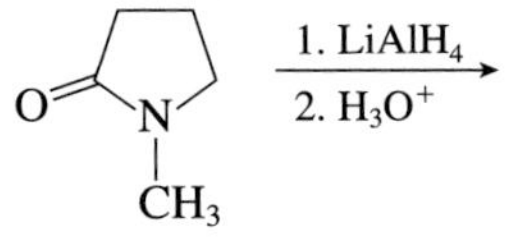 $\xrightarrow[2.\ H_3O^+]{1.\ LiAlH_4}$

l. 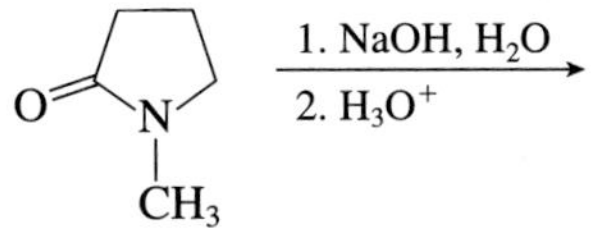 $\xrightarrow[2.\ H_3O^+]{1.\ NaOH,\ H_2O}$

m. 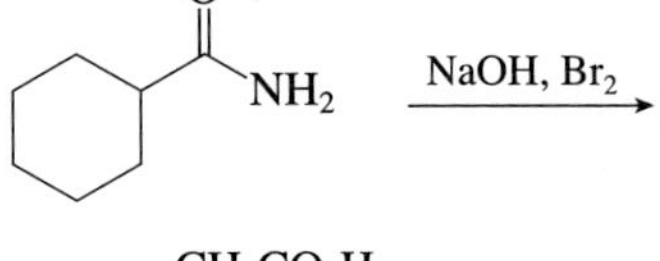 $NH_2 \xrightarrow{NaOH,\ Br_2}$

n. 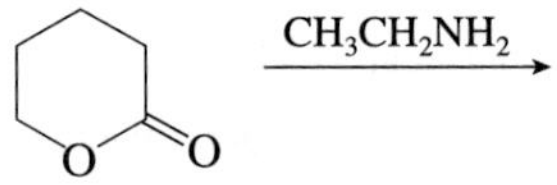 $\xrightarrow{CH_3CH_2NH_2}$

o. $CH_2CO_2H,\ CO_2H \xrightarrow[가열]{Ac_2O}$

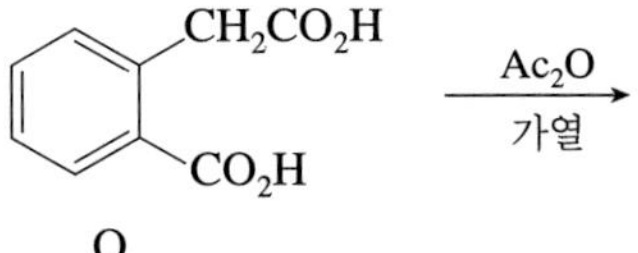

p. 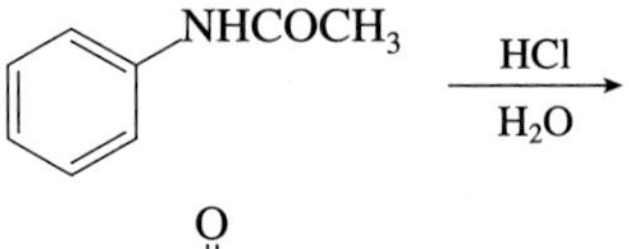 $NHCOCH_3 \xrightarrow[H_2O]{HCl}$

q. 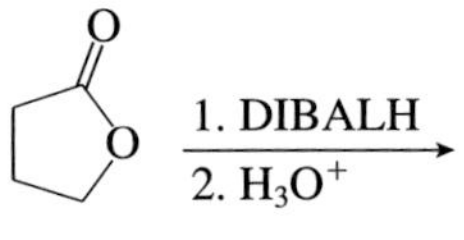 $\xrightarrow[2.\ H_3O^+]{1.\ DIBALH}$

r. 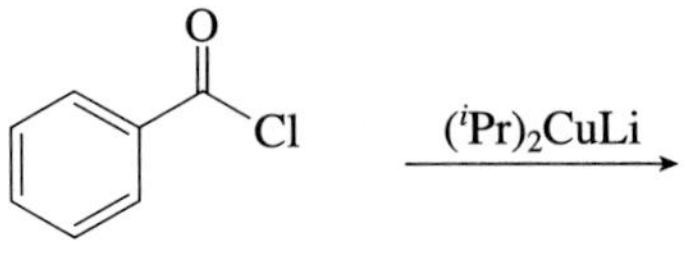 $Cl \xrightarrow{(^iPr)_2CuLi}$

s. 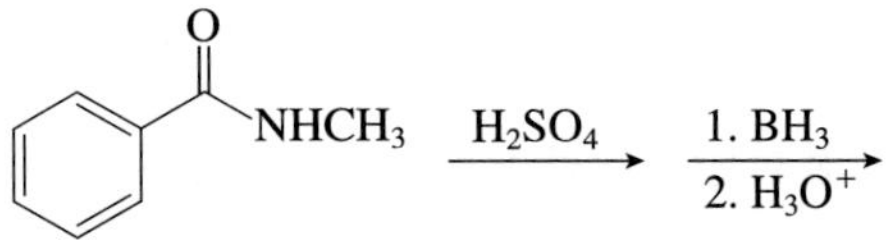 $NHCH_3 \xrightarrow{H_2SO_4} \xrightarrow[2.\ H_3O^+]{1.\ BH_3}$

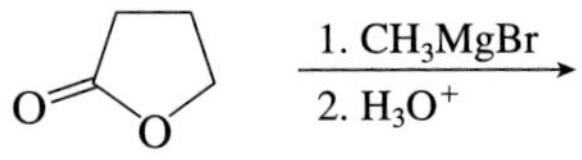

t. 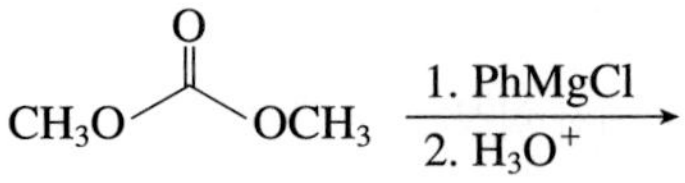 $CH_3O-\overset{O}{\overset{\|}{C}}-OCH_3 \xrightarrow[2.\ H_3O^+]{1.\ PhMgCl}$

u. Ph–CH_2–C(=O)–OH $\xrightarrow[\text{2. } NH_3]{\text{1. } SOCl_2}$ $\xrightarrow{POCl_3}$

v. (o-hydroxybenzoic acid: OH, CO_2H) $\xrightarrow{SOCl_2}$

w. (phenol, OH) + CH_3–C(=O)–O–C(=O)–H ⟶

x. (benzene–CH_2CO_2H) $\xrightarrow[\text{2. } H_2\text{, Pd/BaSO}_4]{\text{1. } SOCl_2}$

y. (benzene) + (succinic anhydride) $\xrightarrow{AlCl_3}$

z. (benzene–CO_2H) $\xrightarrow[\text{2. } CH_3MgCl]{\text{1. LiOH}}$

13.21 Toluene으로부터 다음 물질을 합성하는 방법을 보이시오.

a. Benzoic acid **b.** Benzonitrile **c.** Aniline **d.** Benzaldehyde **e.** Phenylacetic acid

13.22 Benzene으로부터 다음 화합물을 합성하는 방법을 반응식으로 나타내시오.

a. (benzene–CH_2–CO_2CH_3) **b.** (benzene with NH_2 and ortho CO_2CH_3) **c.** (4-tert-butylbenzophenone, O)

d. (benzene–CH_2CH_2–CHO) **e.** (benzene–CH_2CH_2–C(=O)–CH_3, O) **f.** (O_2N–benzene–N(H)–C(=O)–H)

13.23 Iodoethane을 출발 물로 사용하여 다음 화합물을 합성하는 방법을 보이시오.

a. Propanoic acid **b.** Pent-3-one **c.** 3-Ethylpent-3-ol **d.** Propanal **e.** Ethyl benzoate

13.24 다음 반응이 어떻게 진행되었는지 과정을 적으시오.

(γ-butyrolactone, O, O) $\xrightarrow[\text{2. } H_3O^+]{\text{1. } BrMgCH_2CH_2CH_2CH_2MgBr}$ (1-(3-hydroxypropyl)cyclopentanol: HO, OH)

13.25 다음 반응에 적당한 반응 시약 또는 조건을 적으시오.

cyclohexane $\xrightarrow{A}$ cyclohexyl–Br $\xrightarrow{B}$ cyclohexyl–CO_2H $\xrightarrow{C}$ cyclohexyl–$CONH_2$ $\xrightarrow{D}$ cyclohexyl–NH_2

cyclohexyl–Br $\xrightarrow{E}$ cyclohexyl–CH_2OH

cyclohexyl–CO_2H $\xrightarrow{F}$ cyclohexyl–CO_2CH_3

cyclohexyl–$CONH_2$ $\xrightarrow{G}$ cyclohexyl–CN

cyclohexyl–CN $\xrightarrow{H}$ cyclohexyl–CH_2NH_2

cyclohexyl–CN $\xrightarrow{I}$ cyclohexyl–CO_2CH_3

cyclohexyl–CO_2CH_3 $\xrightarrow{J}$ cyclohexyl–CH_2OH

cyclohexyl–CO_2CH_3 $\xrightarrow{K}$ cyclohexyl–C(OH)(Ph)(Ph)

cyclohexyl–CN $\xrightarrow{L}$ cyclohexyl–$COCH_3$

13.26 다음 화합물의 합성법을 보이시오.

a. cyclohexane ⟶ (dicyclohexylmethanol, OH)

b. methylenecyclohexane ⟶ cyclohexyl–CH_2–CN

c. (CHO, OH) ⟶ (O, O)

d. ⟶ (O, NH_2)

e. ⟶ (O, CO_2H)

f. (OH) ⟶ (O, O)

g. Cl (O, OEt) ⟶ Cl (O)

h. (Br) ⟶ (O, OH)

i. ⟶ (OH, CO_2H)

j. ⟶ (CO_2H, H_2N, Cl)

14장 카보닐 알파 탄소의 반응: 엔올과 엔올 음이온

핵심 익히기

- 케토-엔올 토토머화 현상과 각종 탄소산의 산도 비교
- 카보닐기의 α 탄소에서 일어나는 반응의 종류: 치환 반응과 축합 반응
- α-할로 카복실산 생성 반응 메커니즘 및 염기 조건에서 할로폼이 생성되는 이유
- 비대칭 케톤의 알킬화 반응에서의 속도론적 제어와 열역학적 제어에 의한 선택성
- 엔아민 알킬화 반응, 말론산 에스터 합성법 및 아세토아세트산 에스터 합성법의 특징
- 알돌 및 에스터 축합 반응의 종류와 생성 메커니즘
- Claisen과 Dieckmann 축합 반응
- 콘쥬게이트 첨가 반응 (1,4-첨가 반응) 의 원리 및 Michael 반응과 Robinson 고리만듦 반응

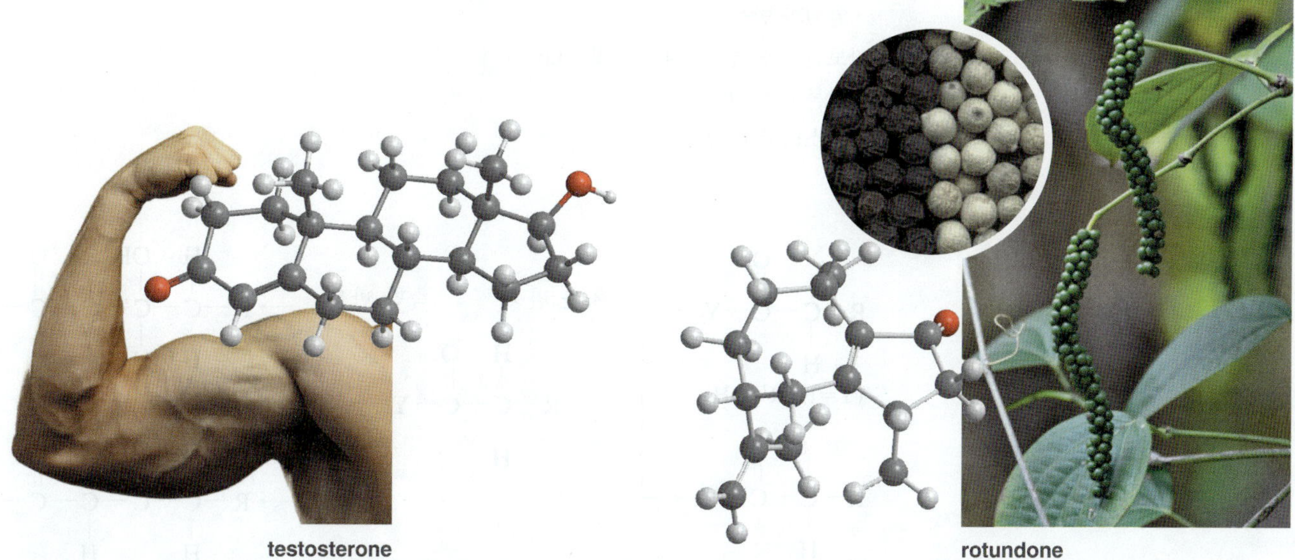

Testosterone은 남성 (수컷 척추동물 포함) 의 고환에서 분비되는 스테로이드 구조를 가진 성 호르몬의 일종으로 남성의 성 기관을 발달시키고, 근력, 뼈 질량, 체모 증가 같은 남성의 이차 성징을 증진시키는 데 중요한 역할을 하는 물질이다. 한편 rotundone은 후추, 바질, 로즈마리 등의 향신료에 포함된 정유 성분이다. 이들 물질은 엔올 음이온의 알킬화 반응과 카보닐 축합 반응을 이용하여 인공적으로 합성할 수 있다. 생체 내에서는 아세틸 조효소 A가 엔올 음이온으로 작용한 알돌 반응과 Claisen 축합 반응을 통해 지방산, polyketide, 터펜, 스테로이드 등이 생합성된다.

14.1 카보닐 α 탄소에서의 반응 소개

카보닐기를 가지고 있는 알데하이드, 케톤, 카복실산과 그 유도체들의 반응은 크게 카보닐기 탄소 원자에서 일어나는 반응과 α 탄소 원자에서 일어나는 반응으로 분류할 수 있다. 우리는 11~13장에 걸쳐 카보닐기의 탄소 원자가 친핵체의 공격을 받아 일어나는 친핵성 첨가 반응(11장)과 친핵성 아실 치환 반응(13장)을 공부하였다.

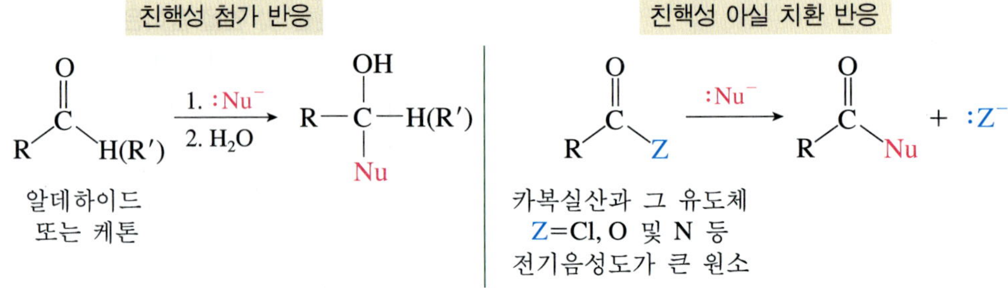

카보닐기의 α 수소(α 위치의 탄소 원자에 결합되어 있는 수소 원자)는 sp^3 혼성 탄소 원자에 결합되어 있지만, 알케인의 수소 원자($pK_a = 50$)와는 다르게 짝염기가 공명 안정화될 수 있기 때문에 **pK_a값이 17~30인 약산**이다. 이 수소 원자는 염기에 의해 탈양성자화되어 **탄소음이온(carbanion)**이 되며, 이 음이온은 인접해 있는 카보닐기와 공명하여 **엔올 음이온(enolate)**으로 전환되어 안정화된다. 한편, α 수소를 가진 카보닐기는 **토토머화(tautomerism,** 6.9.5절)에 의해 엔올 토토머를 생성시킨다. 이들 탄소음이온(또는 엔올 음이온)과 엔올은 탄소 친핵체로서 작용하여 카보닐기의 α 탄소에 치환 반응과 카보닐기에 축합 반응을 일으킨다. 14장에서 소개할 이들의 대표적인 반응은 다음과 같다.

- α 탄소 치환 반응(14.3절 및 14.4절)
  - 할로젠화 반응
  - 알킬화 반응
- 카보닐 축합 반응(14.5절 및 14.6절)
  - 알돌 축합 반응
  - 에스터 축합 반응

치환 반응 축합 반응

(Y=H, R′, OH)

(Y=H, R′, OR′ 또는 NR′$_2$)

(Y=H 또는 R′)

(Y=OR′)

14.2 엔올 및 엔올 음이온

14.2.1 케토–엔올 토토머

α 수소를 가지고 있는 카보닐기 화합물은 빠르게 상호전환하는 이성질체인 **엔올(enol)** 형 구조체와 평형을 이루고 있다. 원래의 카보닐(C=O) 구조체를 **케토(keto)** 형이라 한다. 엔올

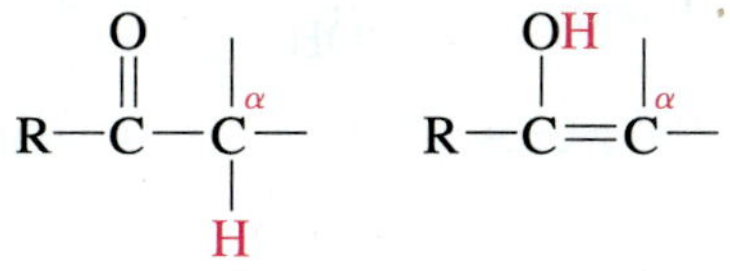

Keto형 Enol형

케토 토토머와 엔올 토토머는 공명 구조가 아닌 빠르게 전환하는 이성질체 관계이다.

이란 C=C 결합의 탄소에 OH기가 직접 붙어 있는 일종의 vinylic alcohol(비닐성 알코올)로서 알켄의 *'en'* 과 알코올의 *'ol'* 의 합성어이다. 이들 케토형과 엔올형은 α 수소와 이중결합의 위치가 서로 다른 이성질체이다. 이들 각 이성질체를 **토토머(tautomer)** 또는 **양성자 자리이동이성질체**라 하며, 이들 사이의 이성질 현상을 **토토머화 현상(tautomerism)** 이라고 한다(6.9.5절). 이들 토토머 사이의 평형은 C=O 결합이 C=C 결합보다 더 강한 결합이므로 대부분의 카보닐 화합물에서는 케토형으로 존재한다. 그러나 1,3-다이카보닐 화합물처럼 α 탄소 양쪽에 카보닐기가 직접 결합되어 있는 경우 엔올형이 더 많이 존재한다. 그 이유는 엔올형은 분자 내 수소 결합으로 π 전자 밀도가 비편재화되어 있어 케토형보다 안정화될 수 있기 때문이다.

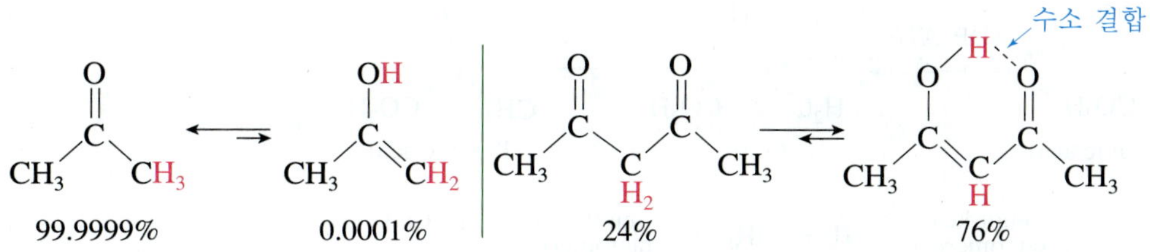

수소 결합

99.9999% 0.0001% 24% 76%

콘쥬게이션 구조와 수소 결합으로 엔올형이 더 안정화되어 있다.

14.2.2 엔올의 형성

엔올 토토머의 생성은 α 탄소에서 수소 원자 한 개가 양성자로 제거되는 과정을 거쳐 일어난다. 이 엔올화 반응은 산 또는 염기 촉매에 의해 촉진된다. 산 촉매에 의한 엔올 형성 과정은 다음과 같다. 양성자가 Lewis 염기 성질을 가진 카보닐 산소 원자의 비공유 전자쌍에 배위(양성자화)하면 공명 기여체로 탄소양이온 중간체가 생성되고, 이 중간체의 α 수소가 양성자로 이탈하여 엔올이 생성된다(**그림 14.1**).

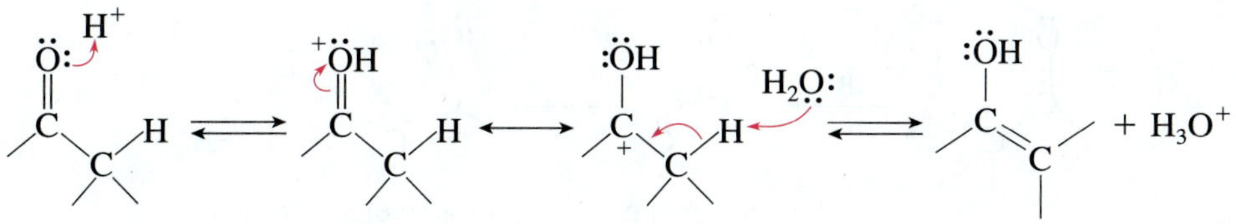

$+ H_3O^+$

Keto형 Enol형

그림 14.1 산 촉매에 의한 엔올 생성 메커니즘.

한편, 염기 촉매에 의한 엔올화 반응은 α 수소의 양성자 이탈 반응으로 시작된다. 이는 카보닐기의 α 수소는 다른 sp^3 혼성화 탄소의 수소보다 산도가 세기 때문이다(이에 대한 내용은 14.2.3절에서 상세히 설명). α 수소가 염기에 의해 양성자로 제거되어 생성된 탄소 음이온이 공명에 의해 엔올 음이온으로 전환된 후 물로부터 양성자를 받아 엔올을 생성하게 된다(**그림 14.2**).

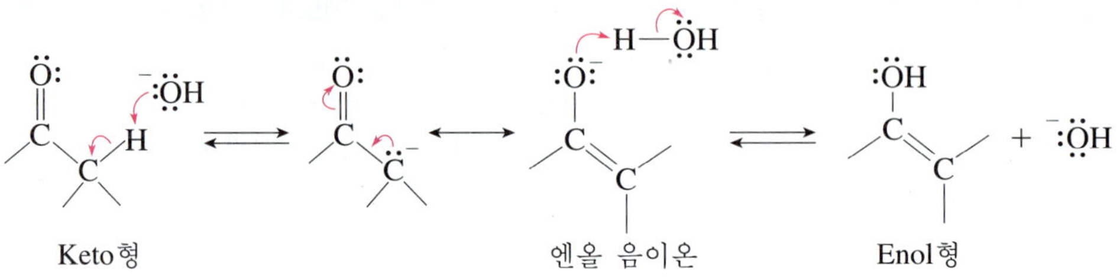

Keto형 ⇌ ⟷ 엔올 음이온 ⇌ Enol형 + $^{-}$:ÖH

그림 14.2 **염기 촉매에 의한 엔올 생성 메커니즘.**

화학 라운지 14.1 **생체 반응에서의 엔올–케토 토토머화 현상 (enol-keto tautomerism)**

글루코스의 해당 과정에서 엔올-케토 토토머화(enol-keto tautomerism) 현상은 매우 중요하다. 예를 들면, 글루코스가 분해되어 인산엔올피루브산염(phosphoenolpyruvate)을 거쳐 중요한 대사 물질 중 하나인 pyruvic acid로 전환되는 과정과 **글리세르 알데하이드 3-인산염(glyceraldehyde 3-phosphate)**이 글루코스 신생 합성에 중요한 중간 물질인 **다이하이드록시아세톤 인산염(dihydroxyacetone phosphate, DHAP)**으로 전환되는 과정은 모두 이 엔올-케토 토토머화가 관여하여 일어난다.

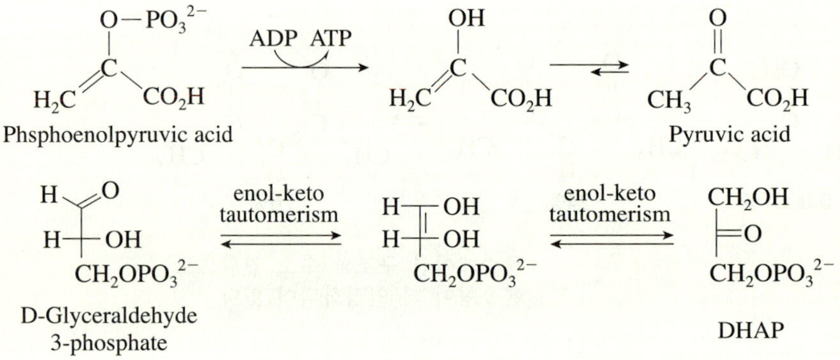

Phsphoenolpyruvic acid →(ADP ATP) ⇌ Pyruvic acid

D-Glyceraldehyde 3-phosphate ⇌(enol-keto tautomerism) ⇌(enol-keto tautomerism) DHAP

14.2.3 엔올 음이온: α 수소의 산도

카보닐기의 α 탄소에 결합되어 있는 수소 원자가 염기에 의해 양성자로 제거되어 생성된 탄소음이온(carbanion)이 인근의 카보닐기와 공명하여 생성된 화학종을 **엔올 음이온(enolate)**이라고 한다.

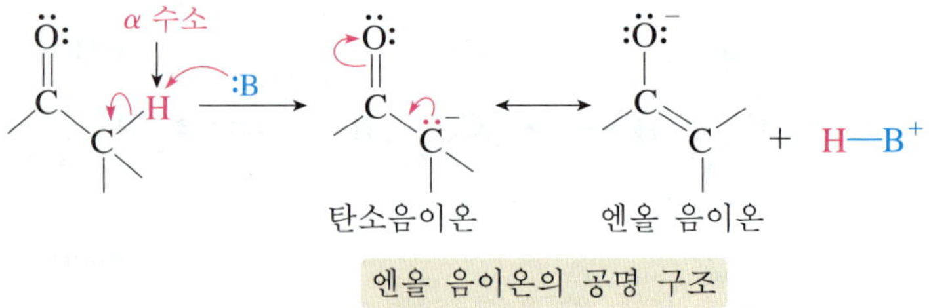

α 수소 :B → 탄소음이온 ⟷ 엔올 음이온 + H—B^{+}

엔올 음이온의 공명 구조

예제 14.1 다음 화합물에서 생성될 수 있는 엔올과 엔올 음이온의 구조를 그리시오.

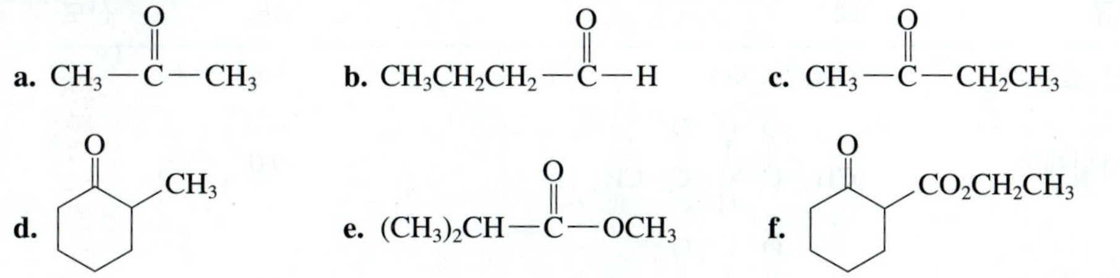

a. $CH_3-C(=O)-CH_3$ b. $CH_3CH_2CH_2-C(=O)-H$ c. $CH_3-C(=O)-CH_2CH_3$

d. 2-methylcyclohexanone (CH_3) e. $(CH_3)_2CH-C(=O)-OCH_3$ f. 2-($CO_2CH_2CH_3$)cyclohexanone

풀이

α 수소를 찾아 해당하는 토토머 이성질체를 그린다.

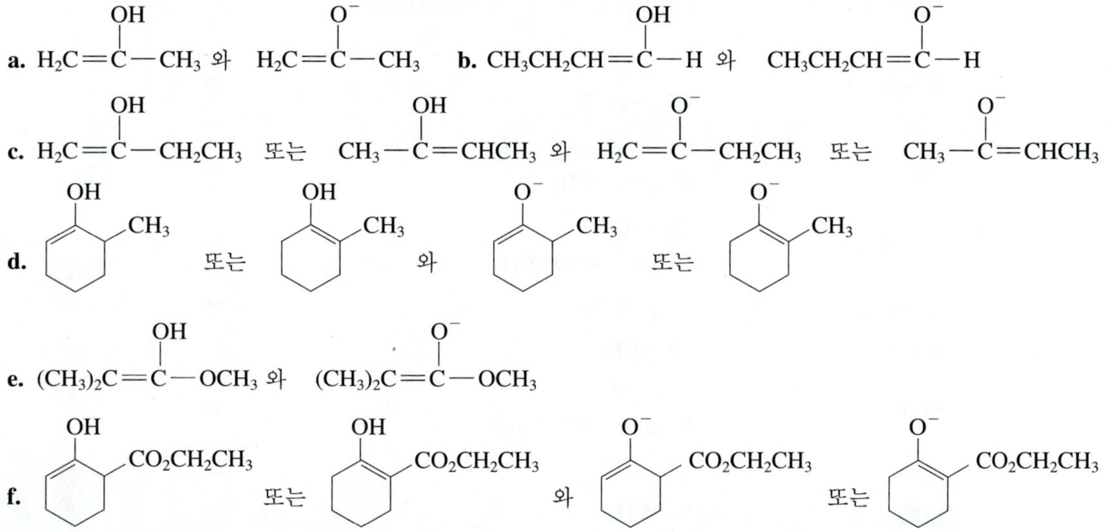

a. $H_2C=C(OH)-CH_3$ 와 $H_2C=C(O^-)-CH_3$ b. $CH_3CH_2CH=C(OH)-H$ 와 $CH_3CH_2CH=C(O^-)-H$

c. $H_2C=C(OH)-CH_2CH_3$ 또는 $CH_3-C(OH)=CHCH_3$ 와 $H_2C=C(O^-)-CH_2CH_3$ 또는 $CH_3-C(O^-)=CHCH_3$

d. (OH, CH_3 엔올) 또는 (OH, CH_3 엔올) 와 (O^-, CH_3 엔올 음이온) 또는 (O^-, CH_3 엔올 음이온)

e. $(CH_3)_2C=C(OH)-OCH_3$ 와 $(CH_3)_2C=C(O^-)-OCH_3$

f. (OH, $CO_2CH_2CH_3$ 엔올) 또는 (OH, $CO_2CH_2CH_3$ 엔올) 와 (O^-, $CO_2CH_2CH_3$ 엔올 음이온) 또는 (O^-, $CO_2CH_2CH_3$ 엔올 음이온)

문제 14.1 다음 엔올 또는 엔올 음이온에 해당하는 케토 토토머의 구조를 그리시오.

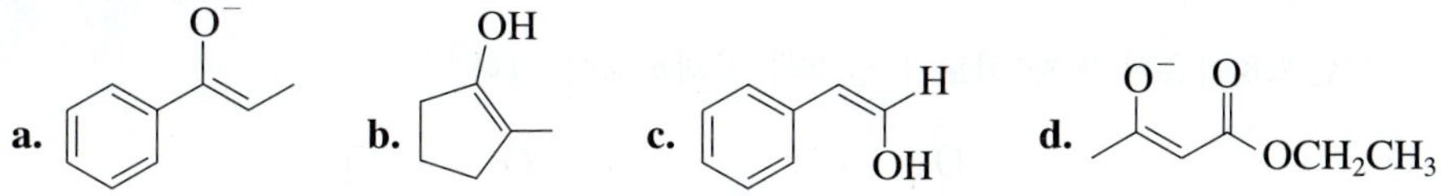

a. (O^-) b. (OH) c. (H, OH) d. (O^-, O, OCH_2CH_3)

탄소 원자에 있는 수소가 산으로 작용하는 경우 이를 **탄소산(carbon acid)**이라고 한다. **표 14.1**에 몇 가지 종류의 탄소산에 대한 pK_a값을 나타내었다.

알케인의 sp^3 혼성화 탄소에 붙어 있는 수소 원자는 pK_a값이 너무 커서(산도가 너무 낮아) 염기에 의해 양성자로 떨어져 나오기 힘들지만, 인근에 카보닐기, 나이트릴기 또는 나이트로기 같은 작용기가 있으면 산도가 증가한다. 그 이유는 이와 같은 치환기들의 전자를 끌어당기는 효과에 의해 짝염기의 전자 밀도가 비편재화(분산)되기 때문이다(공명 안정화). 이미 앞의 여러 장에서 언급한 바와 같이 산도의 세기는 짝염기의 염기도가 낮을수록 커진다. 즉, 양성자를 붙잡고 있는 짝염기의 전자 밀도가 낮을수록 강산이며, 이 전자 밀도는 전자가 공명에 의해 비편재화(분산화) 될수록 감소한다.

- **탄소산**의 짝염기인 탄소음이온(carbanion)이 공명 안정화될수록 염기도는 감소되고, 해당 탄소산은 강산이 된다.
- 탄소음이온이 공명 안정화되면 전자 밀도가 비편재화된다.

표 14.1 몇 가지 종류의 탄소산의 pK_a값

화합물	예	pK_a	산도
나이트로알케인	$CH_3CH_2NO_2$	8.6	↑
1,3-다이케톤	$CH_3-C(=O)-CH_2-C(=O)-CH_3$	9.0	
β-케토에스터	$CH_3-C(=O)-CH_2-C(=O)-OCH_2CH_3$	11	
1,3-다이에스터	$CH_3CH_2O-C(=O)-CH_2-C(=O)-OCH_2CH_3$	13	
알데하이드	$CH_3-C(=O)-H$	17	
케톤	$CH_3-C(=O)-CH_3$	19	
에스터	$CH_3-C(=O)-OCH_2CH_3$	25	
나이트릴	$CH_3-C\equiv N$	25	
알카인	$HC\equiv CH$	25	
아마이드	$CH_3-C(=O)-N(CH_3)_2$	30	
알켄	$CH_2=CH_2$	44	
알케인	CH_3CH_3	50	

$$CH_3CH_3 \rightleftharpoons \ddot{C}H_2CH_3 + H^+ \qquad pK_a = 50$$

탄소음이온의 전자 밀도가 탄소에 편재화되어 있다.

$$CH_3-C(=O)-CH_3 \rightleftharpoons \left[\ddot{C}H_2-C(=O)-CH_3 \longleftrightarrow CH_2=C(-O^-)-CH_3\right] + H^+ \qquad pK_a = 19$$

탄소음이온의 전자 밀도가 공명에 의해 비편재화되어 있다.

카보닐 화합물에서 α 수소와 β 수소의 pK_a값은 크게 차이가 난다. 그 이유는 α 수소가 양성자로 떨어져 나간 짝염기의 탄소음이온은 인근의 카보닐기와 공명 안정화될 수 있지만, β 수소의 경우 그렇지 못하기 때문이다.

$$R-C(=O)-C_\alpha(H)-C_\beta(H)-$$

짝염기가 공명 안정화됨 → α 수소 pK_a = 19

β 수소 pK_a = 50 ← 짝염기가 공명 안정화되지 않음

문제 14.2 Acetone (아세톤) 의 pK_a값은 19인데 비해, 1,3-다이케톤인 pentane-2,4-dione (2,4-pentanedione) 의 pK_a값은 9이다. 그 이유를 설명하시오.

문제 14.3 다음 각 분자에서 산도가 가장 강한 수소를 표시하시오.

a. CH_3CH_2CHO **b.** $(CH_3)_3CCOCH_2CH_3$ **c.** CH_3CO_2H
d. $CH_3CO_2CH_3$ **e.** CH_3CH_2CN

14.2.4 엔올 음이온 생성에 사용되는 염기

엔올 음이온 생성 반응은 산-염기 평형 반응이다. 따라서 강염기일수록 엔올 음이온을 많이 생성시킬 수 있다. 엔올 음이온을 얻기 위하여 흔히 사용되는 염기는 하이드록시 이온(HO^-), 알콕사이드 이온(RO^-), 수소 음이온(H^-)과 아마이드 음이온(NH_2^-) 등이다(**표 14.2**). 엔올 음이온을 효과적으로 생성시키기 위해서는 카보닐 화합물의 α 수소의 pK_a값보다 더 강한 염기를 사용해야 한다. 보통 카보닐 화합물에서 α 수소의 pK_a값은 ~20이므로 짝산(HB^+)의 pK_a값이 ~16인 HO^-와 RO^- 같은 약염기를 사용하면 극히 적은 양의 엔올 음이온만 생성시킬 수 있다. 반면에 짝산(HB^+)의 pK_a값이 40인 lithium diisopropylamide (LDA)과 같은 강염기를 사용하면 엔올 음이온을 100% 수율로 얻을 수 있다.

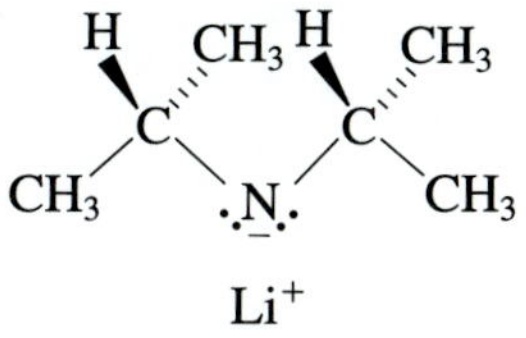

H CH₃ H CH₃ / C N C / CH₃ CH₃
Li^+
Lithium diisopropylamide
LDA

3-D 구조

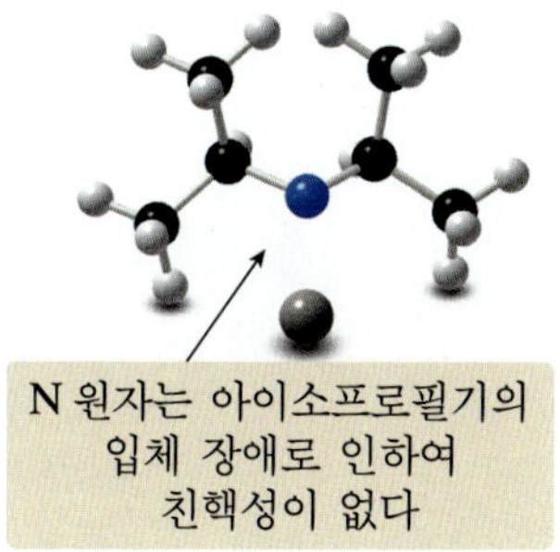

N 원자는 아이소프로필기의 입체 장애로 인하여 친핵성이 없다

예

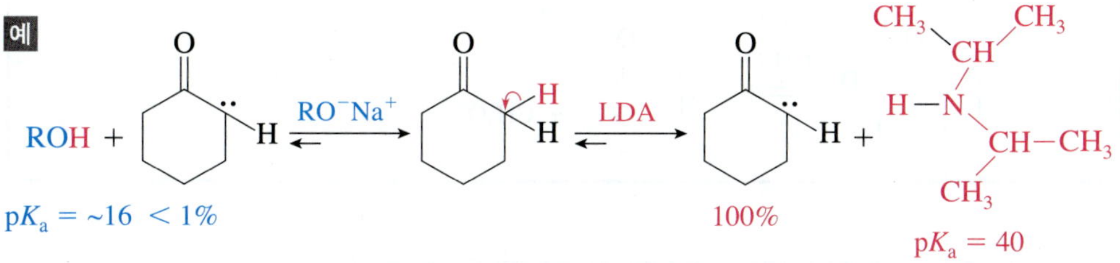

ROH + (cyclohexanone enolate) ⇌[RO^-Na^+] (cyclohexanone, α-H) ⇌[LDA] (cyclohexanone enolate) + $HN[CH(CH_3)_2]_2$

pK_a = ~16 < 1% 100% pK_a = 40

표 14.2 여러 종류 염기(B:)의 짝산(HB^+)의 pK_a값

염기 (B:)	짝산 (HB^+)	HB^+의 pK_a값
$Na^+\ ^-OH$	H_2O	15.7
$Na^+\ ^-OCH_2CH_3$	CH_3CH_2OH	16
$Na^+\ ^-OC(CH_3)_3$	$(CH_3)_3COH$	18
$Na^+\ H^-$	H_2	35
$Li^+\ ^-N[CH(CH_3)_2]_2$	$HN[CH(CH_3)_2]_2$	40

예제 14.2 알데하이드 또는 케톤을 산 또는 염기 촉매에서 D_2O (또는 CH_3OD)와 반응시키면 α 수소가 중수소로 치환되는 반응이 일어난다. 다음 반응의 메커니즘을 적으시오.

a. $CH_3CH_2CH_2CHO \xrightarrow[D_2O]{D^+} CH_3CH_2CD_2CHO$

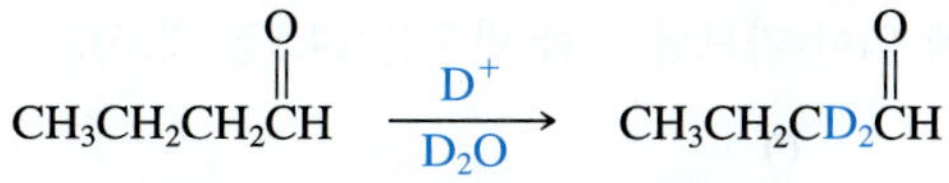

b. cyclohexanone $\xrightarrow[CH_3OD]{Na^{+\ -}OCH_3}$ 2,2,6,6-tetradeuteriocyclohexanone

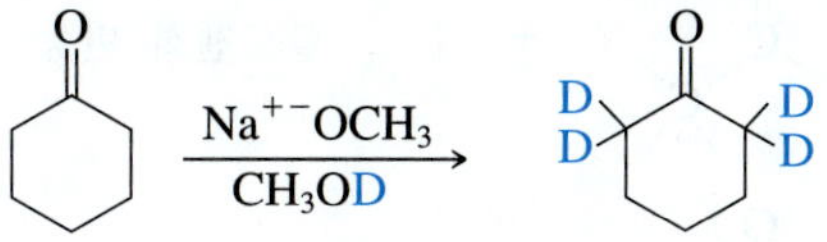

풀이

a. 카보닐기의 산소 원자에 D^+가 배위되어 엔올이 형성되고, 이 엔올이 케토형으로 전환될 때 α 수소가 중수소로 바뀐다. 이 과정이 반복되면 α 수소 두 개 모두가 중수소로 바뀐다.

$CH_3CH_2CH_2CHO \rightleftharpoons CH_3CH_2CH_2CH{=}O^+D \rightleftharpoons (-H^+)\ CH_3CH_2CH{=}CHOD \rightleftharpoons CH_3CH_2CHDCHO + D^+$; 반복 D^+ → $CH_3CH_2CD_2CHO$

b. 강염기인 메톡사이드 이온이 α 수소를 양성자로서 떼어 내어 형성된 탄소음이온(carbanion)은 공명 안정화된다. 이 음이온은 강염기이므로 CH_3OD로부터 D^+를 떼어 내어 결합함으로서 결과적으로 케톤의 α 수소가 D로 치환되게 한다. 과량의 CH_3OD 존재하에 이 과정이 반복되면 네 개의 α 수소 모두가 중수소로 치환된다.

CH_3O^- + cyclohexanone ⇌ [carbanion ↔ enolate] + CH_3OH ; CH_3OD → 2-D-cyclohexanone + CH_3O^- ; 반복 CH_3O^- → 2,2,6,6-tetradeuteriocyclohexanone

14.2.5 탄소 친핵체로서의 엔올과 엔올 음이온

유기 반응에서 엔올과 엔올 음이온 모두는 전자쌍을 제공할 수 있는 탄소 친핵체로 작용한다. 이 중 엔올 음이온은 중성인 엔올보다 더 친핵성이다. 이들은 **치환 반응**과 **카보닐 축합 반응**에 참여한다.

엔올 음이온의 경우 산소음이온도 친핵체 역할을 할 수 있으나, 탄소 친핵체가 더 일반적이다.

α 탄소가 탄소음이온으로서 친핵체 역할을 함

카보닐 α 탄소의 치환 반응은 할로젠화 반응과 알킬화 반응이 대표적인 반응이다. 이 반응에서 엔올과 엔올 음이온이 탄소 친핵체로 작용하여, 할로젠 또는 할로젠화 알킬과 같은 친전자성 화합물과 반응한다(엔올 음이온에 의한 카보닐 축합 반응은 14.5절 참조).

OH 또는 O^- enol/enolate + X—X → α-X carbonyl + X^- 할로젠화 반응

+ R—L → α-R carbonyl + L^- 알킬화 반응

14.3 α 탄소의 치환 반응: 할로젠화 반응

14.3.1 알데하이드와 케톤의 할로젠화 반응

α 수소를 가진 알데하이드와 케톤을 산 또는 염기를 촉매로 사용하여 할로젠 원소(Cl_2, Br_2, I_2)와 반응시키면, α 탄소의 수소 원자가 할로젠기로 치환되어 α-할로 알데하이드 혹은 케톤이 얻어진다. 이 반응은 산 또는 염기 촉매에 의해 모두 진행될 수 있는데, 생성물이 서로 다르다.

■ 산 촉매 할로젠화 반응

흔히 아세트산을 용매로 사용하여 반응시킨다. 반응은 엔올 중간체를 거쳐 일어나며, α 수소 한 개만 할로젠 원자로 치환된다.

$CH_3COCH_3 \xrightarrow[CH_3CO_2H]{Br_2} CH_3COCH_2Br + HBr$

H 한 개만 Br로 치환

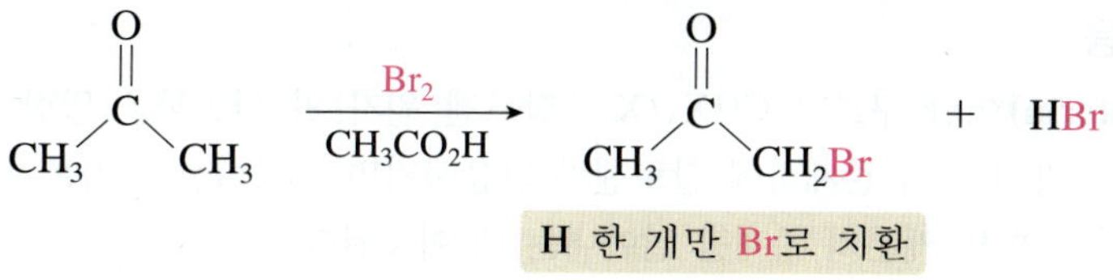

반응 메커니즘은 **그림 14.3**과 같다.

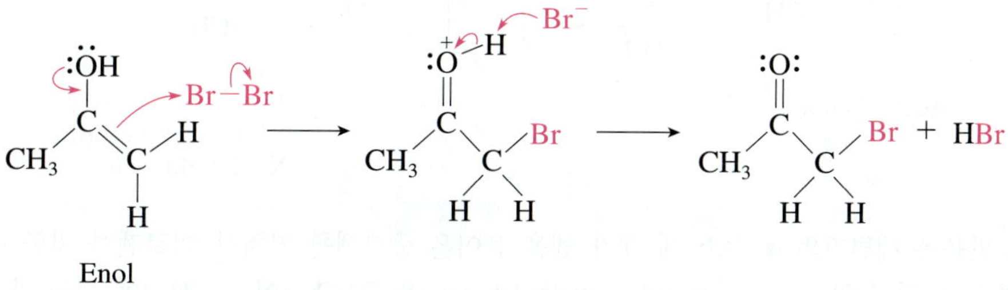

Enol

그림 14.3 **산 촉매 할로젠화 반응 메커니즘**. 엔올 중간체를 거쳐 반응이 일어나며 α 수소 한 개만 Br로 치환된다.

■ 염기 촉매 할로젠화 반응

염기 촉매에서의 할로젠화 반응은 엔올 음이온 중간체를 거쳐 일어나는데, 산 촉매 반응과는 다르게 α 수소 전체가 할로젠 원자로 치환된다. 예를 들어, propiophenone을 NaOH 수용액에서 브로민과 반응시키면 dibromoketone 생성물이 얻어진다.

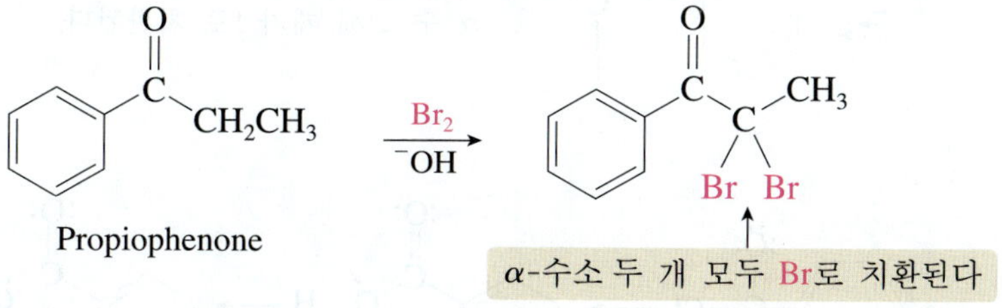

$C_6H_5COCH_2CH_3 \xrightarrow[^-OH]{Br_2} C_6H_5COCBr_2CH_3$

Propiophenone

α-수소 두 개 모두 Br로 치환된다

브로민기의 치환이 α 수소 원자 한 개에서 멈추지 않고 더 진행되는 이유는, 브로민기 하나가 치환된 일차적 생성물의 α 수소의 산도가 탄소 원자보다 전기음성도값이 더 큰 Br 원자가 결합함으로 인하여 출발 물질인 propiophenone의 α 수소보다 산도가 더 크게 증가하게 되기 때문이다. 따라서 염기에 의한 두 번째 탈양성자 반응이 출발 물질의 탈양성자 반응보다 더 빠르게 일어난다. 이 반응의 메커니즘은 **그림 14.4**에 나타내었다.

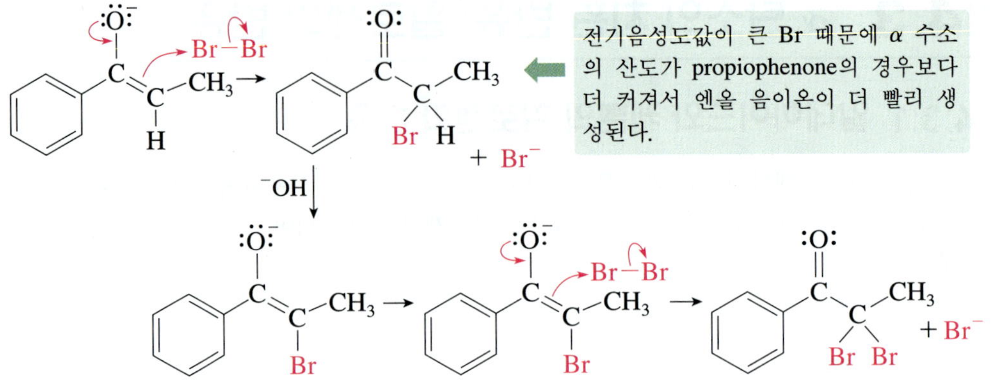
Br—Br
CH₃
Br H
+ Br⁻
전기음성도값이 큰 Br 때문에 α 수소의 산도가 propiophenone의 경우보다 더 커져서 엔올 음이온이 더 빨리 생성된다.
⁻OH
+ Br⁻
Br Br

그림 14.4 **염기 촉매 할로젠화 반응 메커니즘**: 반응 중간체로 엔올 음이온이 생성된다. α 수소 모두가 Br로 치환된다.

■ 할로폼 반응

할로폼 반응은 메틸 케톤 뿐만 아니라 $RCHOHCH_3$ 구조를 가진 이차 알코올에서도 관찰되는데, 이차 알코올이 할로젠에 의해 산화되어 메틸 케톤으로 전환되기 때문이다.

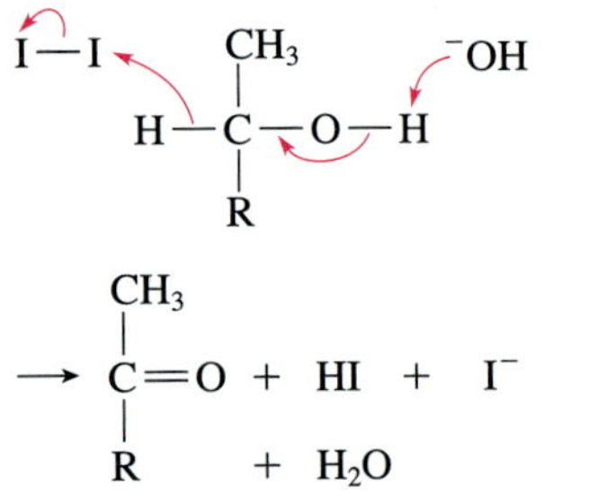
I—I
⁻OH
HI
I⁻
H₂O

할로폼(haloform)이란 구조가 CHX_3 (X = 할로겐 원자)인 화합물을 말한다. 메틸 케톤($RCOCH_3$)을 과량의 염기 존재하에 할로젠과 반응시키면 카복실산 음이온과 할로폼이 생성된다. 이 반응은 메틸 케톤의 존재를 알아내는 데 이용된다.

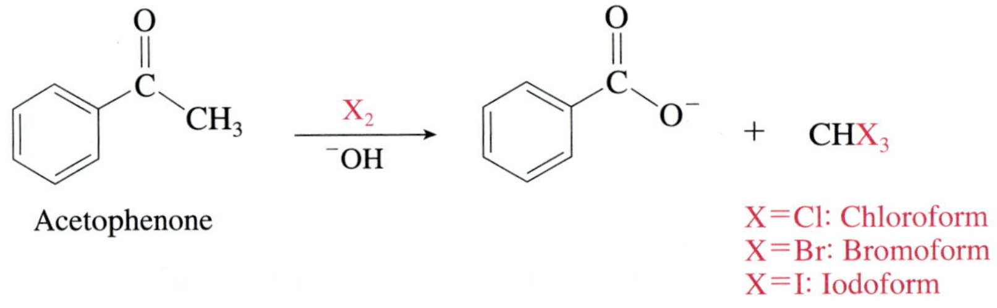
X₂
⁻OH
CHX₃
Acetophenone
X=Cl: Chloroform
X=Br: Bromoform
X=I: Iodoform

이 반응은 메틸기의 α 수소 세 개가 엔올 음이온 중간체를 거쳐서, 할로젠화 치환 반응이 세 번에 걸쳐 일어나 생성된 trihalomethyl ketone ($RCOCX_3$)이 —OH기에 의해 가수분해되어 일어난 반응이다. Acetophenone에서 **iodoform**이 생성되는 반응 메커니즘을 **그림 14.5**에 나타내었다. 이 반응은 할로젠화 반응과 가수분해 반응의 두 단계로 진행된다.

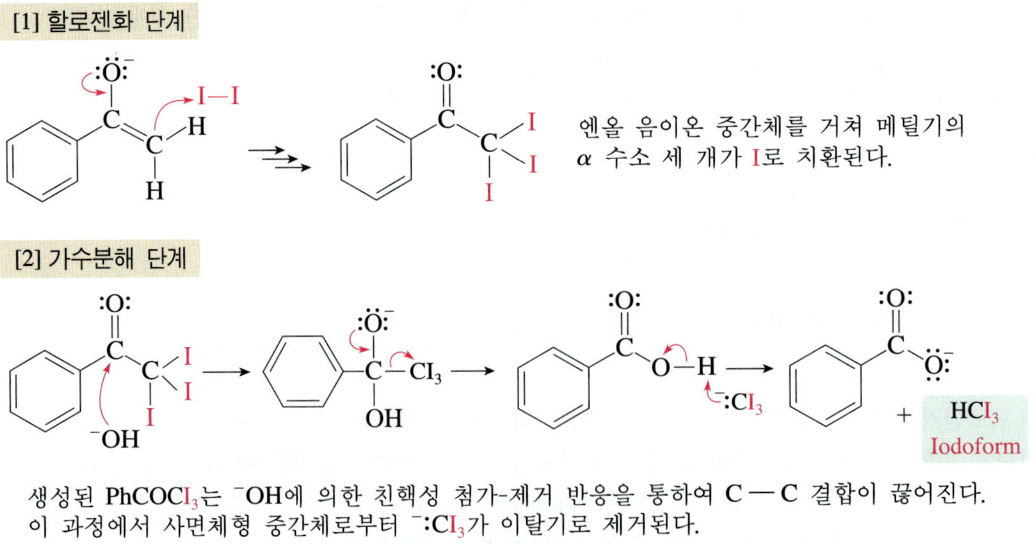
[1] 할로젠화 단계
I—I
엔올 음이온 중간체를 거쳐 메틸기의 α 수소 세 개가 I로 치환된다.
[2] 가수분해 단계
⁻OH
CI₃
:CI₃
HCI₃
Iodoform
생성된 PhCOCI₃는 ⁻OH에 의한 친핵성 첨가-제거 반응을 통하여 C—C 결합이 끊어진다. 이 과정에서 사면체형 중간체로부터 ⁻:CI₃가 이탈기로 제거된다.

그림 14.5 **Acetophenone에서 아이오도폼(iodoform, CHI_3) 생성 반응 메커니즘.**

화학 라운지 14.2 **수돗물의 염소 소독과 클로로폼의 생성**

수돗물을 정수하는 과정에서 박테리아 등 각종 미생물을 살균 및 소독하기 위하여 염소 처리를 하게 된다. 이 과정에서 물에 녹아 있는 유기 물질이 염소와 반응하여 염소 소독 부산물(disinfection byproduct, DBP)이 미량 생성될 수 있다. 이 중 클로로폼($CHCl_3$)으로 대표되는 trihalomethanes(트라이할로젠화메테인, THMs)은 암을 유발시킬 수 있는 물질로 알려져 규제의 대상이 된다. 이 물질은 생물계에서도 생합성되며, 생성되는 경로도 다양하지만, 화학적으로는 케톤 또는 알데하이드 및 카복실산이 엔올 및 엔올 음이온에 의한 α-할로젠화 반응(haloform 형성)을 일으켜 만들어진다. 이와 같은 결과를 가지고 어떤 사람은 염소 소독의 피해를 과도하게 부각시킬지 모르나, 우리가 마시는 수돗물은 이런 독성 물질이 함유되지 않게 정수된 것인 만큼 안심해도 좋다. 단지 유기물이 많이 함유된 물로부터 수돗물이 만들어지게 되는 경우, THMs로 오염될 확률이 높아지므로 수질 오염은 각별히 유의해야 될 것이다.

$$R-\overset{O}{\overset{\|}{C}}-CH_3 \xrightarrow{\text{엔올화}} R-\overset{OH}{\overset{|}{C}}=CH_2 \xrightarrow{Cl_2} R-\overset{O}{\overset{\|}{C}}-CH_2Cl \xrightarrow[\text{반복}]{Cl_2,\ H^+} R-\overset{O}{\overset{\|}{C}}-CCl_3 \xrightarrow{^-OH} CHCl_3$$

$$R-\overset{O}{\overset{\|}{C}}-CH_3 \xrightarrow{\text{엔올 음이온화}} R-\overset{O^-}{\overset{|}{C}}=CH_2 \xrightarrow{Cl_2} \rightarrow R-\overset{O}{\overset{\|}{C}}-CCl_3 \xrightarrow{^-OH} CHCl_3$$

문제 14.4 할로폼 반응에 양성인 화합물을 선택하시오.

Hexan-3-one, Hexan-2-one, Acetonitrile, Propanal, Acetaldehyde, Acetic acid, Acetophenone

문제 14.5 다음 반응의 생성물의 구조를 그리시오.

a. Cyclohexanone $\xrightarrow[H^+]{Cl_2}$

b. $(CH_3)_3C-\overset{O}{\overset{\|}{C}}-CH_3 \xrightarrow[HO^-]{I_2}$

c. Propiophenone (PhCOCH$_2$CH$_3$) $\xrightarrow[HO^-]{Br_2}$

d. 3-Phenylpropanal (PhCH$_2$CH$_2$CHO) $\xrightarrow[H^+]{Br_2}$

14.3.2 카복실산의 α 탄소 할로젠화 반응: Hell-Volhard-Zelinsky 반응

카복실산, 에스터, 아마이드 등은 α 수소를 가지고 있다 하더라도, 알데하이드와 케톤과 다르게 산 또는 염기 촉매 조건에서 α 탄소에 할로젠기 치환 반응이 일어나지 않는다. 그러나 카복실산의 경우 PBr_3 존재하에 Br_2와 반응시키면 α 탄소에 할로젠기 치환 반응이 일어난다. 이 반응을 **Hell-Volhard-Zelinsky**('헬-폴하르트-젤린스키'라고 읽음 또는 약어로 'HVZ') **반응**이라고 한다. 이 반응에서 PBr_3 대신 붉은 인과 과량의 Br_2를 사용해도 마찬가지 결과를 얻을 수 있다. 붉은 인과 Br_2가 반응하여 PBr_3가 생성되어 반응에 참여하기 때문이다.

Carl Magnus von Hell (1849~1926): 독일 태생 유기화학자. Stuttgart 공대 교수 역임.

Jacob Volhard (1834~1910): 독일 태생 유기화학자. Munich 대학과 Erlangen 대학 교수 역임.

Nikolai Zelinsky (1861~1953): 러시아 출신 유기화학자. Moscow 대학 교수 역임.

$$RCH_2-\overset{O}{\overset{\|}{C}}-OH \xrightarrow[2.\ H_2O]{1.\ PBr_3(\text{또는 P}),\ Br_2} R\underset{Br}{\underset{|}{C}}H-\overset{O}{\overset{\|}{C}}-OH$$

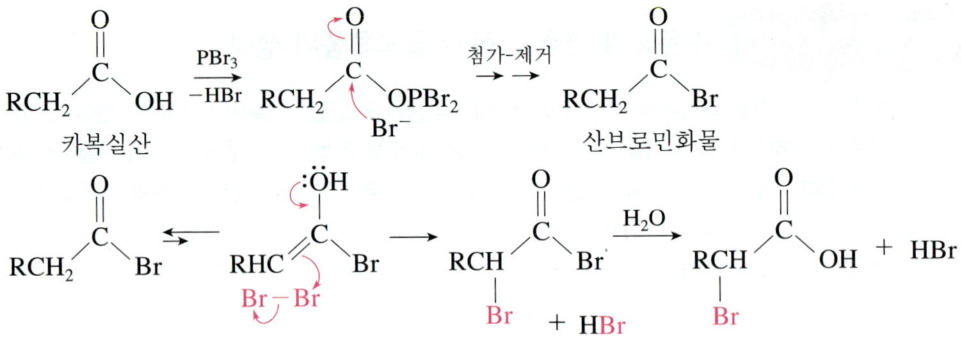

$$RCH_2COOH \xrightarrow[-HBr]{PBr_3} RCH_2C(=O)OPBr_2 \; (Br^-) \xrightarrow{\text{첨가-제거}} RCH_2C(=O)Br$$

카복실산 → 산브로민화물

$$RCH_2C(=O)Br \rightleftharpoons RHC{=}C(\ddot{O}H)Br \xrightarrow{Br-Br} RCH(Br)C(=O)Br + HBr \xrightarrow{H_2O} RCH(Br)C(=O)OH + HBr$$

그림 14.6 **HVZ 반응 메커니즘.**

이 반응의 메커니즘은 **그림 14.6**에 나타내었다. 이 메커니즘은 카복실산이 먼저 PBr_3에 의해 산브로민화물로 전환되고, 이것이 엔올화되어 α 탄소에 브로민화 반응이 일어난 것임을 보여준다.

이 반응에서 PBr_3 대신 $SOCl_2$ 시약을 사용해도 동일한 결과를 얻을 수 있다.

문제 14.6 다음 반응에서 얻을 수 있는 주생성물의 구조를 그리시오.

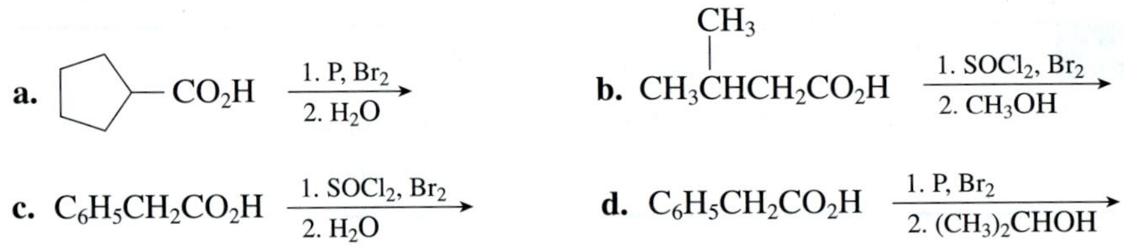

a. (cyclopentyl)$-CO_2H \xrightarrow[2.\ H_2O]{1.\ P,\ Br_2}$

b. $CH_3CH(CH_3)CH_2CO_2H \xrightarrow[2.\ CH_3OH]{1.\ SOCl_2,\ Br_2}$

c. $C_6H_5CH_2CO_2H \xrightarrow[2.\ H_2O]{1.\ SOCl_2,\ Br_2}$

d. $C_6H_5CH_2CO_2H \xrightarrow[2.\ (CH_3)_2CHOH]{1.\ P,\ Br_2}$

14.4 α 탄소의 치환 반응: 알킬화 반응

14.4.1 엔올 음이온 알킬화 반응

α 수소를 가지고 있는 알데하이드와 케톤, 에스터 및 나이트릴을 염기와 반응시킨 후 할로젠화 알킬(RX)과 반응시키면, α 탄소의 수소 원자가 알킬기로 치환된다. 이 반응을 α 탄소의 **알킬화 반응(alkylation)**이라고 한다. 이 반응의 일반적 특징은 다음과 같다.

- α 탄소의 알킬화 반응은 생성된 엔올 음이온이 친핵체로 작용하여 RX와 S_N2 반응(8.7.2절)이 일어난 결과이다.
- 엔올 음이온은 흔히 낮은 온도(−78°C)와 THF 용매에서 비친핵성 염기인 LDA를 사용하여 생성시킨다.
- 이 반응은 RX의 R이 메틸, 일차 알킬기, 알릴기 및 벤질기일 때 잘 일어난다.

예

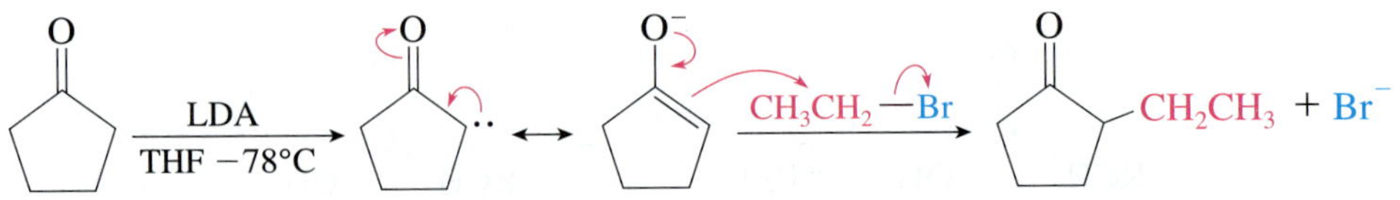

$$\text{cyclopentanone} \xrightarrow[\text{THF } -78°C]{LDA} \text{enolate} \longleftrightarrow \text{enolate} \xrightarrow{CH_3CH_2-Br} \text{2-}CH_2CH_3\text{-cyclopentanone} + Br^-$$

이 방법은 α 수소를 가지고 있는 에스터와 나이트릴의 알킬화 반응에도 사용할 수 있다.

$$C_6H_5CH_2COOCH_2CH_3 \xrightarrow[\text{2. } CH_3I]{\text{1. LDA/THF/}-78°C} C_6H_5CH(CH_3)COOCH_2CH_3 + I^-$$

$$CH_3CH_2CH_2C{\equiv}N \xrightarrow[\text{2. } CH_3CH_2Br]{\text{1. LDA/THF/}-78°C} CH_3CH_2CH(CH_2CH_3)C{\equiv}N + Br^-$$

14.4.2 비대칭 케톤에 대한 알킬화 반응: 속도론적 제어와 열역학적 제어

2-Methylcyclohexanone과 같은 비대칭 케톤의 경우 서로 다른 환경에 있는 두 군데의 α 탄소에서 알킬화 반응이 일어날 수 있다. 이 경우 반응 조건을 조절해 줌으로써 위치선택적

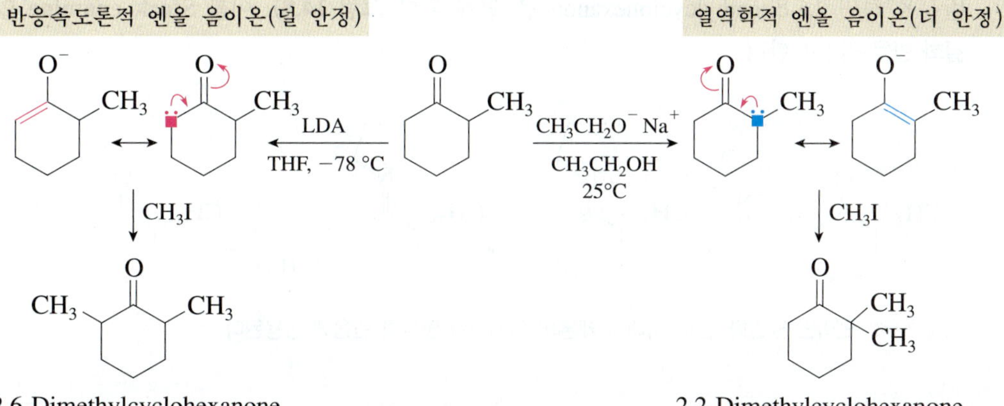

그림 14.7 비대칭 케톤의 알킬화 반응에서의 반응속도론적 제어와 열역학적 제어.

화학 라운지 14.3 반응속도론적 제어와 열역학적 제어

이 용어는 반응이 비가역적이냐 가역적이냐로 구분되는 용어이다. 케톤을 낮은 온도와 비양성자성 용매에서 강염기와 반응시키면 우선적으로 입체 장애가 작은 α 탄소의 수소가 양성자로 제거되는데, 이를 **반응속도론적 제어**(비가역적 반응)라 한다. 한편, 상대적으로 고온인 상온에서 양성자성 용매를 사용하여 덜 강한 염기와 반응시키면 열역학적으로 더 안정한 알켄 구조[더 많은 치환기를 가진 알켄이 열역학적으로 더 안정(Zaitsev 법칙, 8.12.2절 참조)]가 생성되는데, 이를 **열역학적 제어**(가역적 반응)라고 한다. 반응속도론적으로 엔올 음이온이 생성되었다 하더라도 케톤이 반응계에 남아 있으면, 평형 반응에 의해 더 안정한 엔올 음이온으로 전환될 수 있다. 따라서 반응속도론적 생성물을 많이 얻기 위하여는 앞에서 언급한 평형을 억제시키는 조건 이외에, 반응계에 케톤이 남아있지 않도록 과량의 염기에 케톤을 첨가시켜 반응을 수행한다.

반응속도론적 제어

열역학적 제어

더 안정

반응속도론적 제어 조건

강염기(LDA), 낮은 온도, 비양성자성 용매, 평형 억제

열역학적 제어 조건

알콕사이드 염기, 상온, 양성자성 극성 용매, 평형 선호

으로 반응을 진행시킬 수 있다. 케톤을 낮은 온도(−78°C)와 비양자성 극성 용매(THF)와 강염기(LDA) 조건(반응속도론적 제어)에서 CH_3I와 반응시키면, 입체 장애가 작은 α 탄소에 메틸기가 치환된 2,6-dimethylcyclohexanone이 우선적으로 생성되나, 덜 강한 염기($NaOCH_2CH_3$)와 양성자성 용매(에탄올)를 사용하여 상온에서 반응시키면(열역학적 제어), 열역학적으로 더 안정한 엔올 음이온이 생성되어 2,2-dimethylcyclohexanone이 우선적으로 생성된다(**그림 14.7**).

14.4.3 엔아민 알킬화 반응

엔아민 알킬화 반응의 특징
엔올 음이온 알킬화 반응은 강염기를 사용하기 때문에, 부반응에 의해 여러 개의 알킬기가 치환된 물질과 할로젠화 알킬의 제거 반응 생성물이 생성된다. 반면에 엔아민 알킬화 반응은 강염기를 사용하지 않기 때문에, 오직 한 개의 알킬기만이 치환된 생성물을 얻을 수 있다.

알데하이드와 케톤은 이차 아민과 반응하면 **엔아민(enamine)**을 형성한다(11.12.1절). 2-Methylcyclohexanone에 pyrrolidine(피롤리딘)을 작용시키면 입체 장애가 덜한 쪽에 엔아민이 생성된다. 엔아민의 질소에 있는 비공유 전자쌍은 공명에 의해 입체 장애가 적은 쪽에 탄소음이온을 형성하게 된다. 이 탄소음이온이 친핵체로 작용하여 할로젠화 알킬과 S_N2 반응을 하면 2,6-dimethylcyclohexanone을 얻게 된다(**그림 14.8**). 이를 **Stork enamine 알킬화 반응**이라고 한다

CH_3 … 은 입체 장애 때문에 잘 생성되지 않음

CH_3, O, N, H, H^+, 1. CH_3I, 2. H_3O^+, CH_3

그림 14.8 **엔아민 알킬화 반응**. 비대칭 케톤의 위치선택 알킬화 반응에 응용된다.

Gilbert Stork (1921~현재): 미국 출신 유기화학자. Harvard대 교수 역임. 현재 Columbia대 교수. 다양한 종류의 합성 반응을 개발하였음.

문제 14.7 다음 반응에서 생성되는 주생성물 **A~F**의 구조를 그리시오.

(lactone) $\xrightarrow[\text{2. } CH_3I]{\text{1. LDA, THF}}$ **A**

$C_6H_5CH_2CN$ $\xrightarrow[\text{2. } CH_3CH_2CH_2I]{\text{1. KH, THF}}$ **B**

(cyclohexanone) $\xrightarrow[\text{2. } CH_2{=}CHCH_2Br]{\text{1. } NaNH_2\text{, THF}}$ **C**

$(CH_3)_2CH{-}C(=O){-}OCH_3$ $\xrightarrow[\text{2. } CH_3I]{\text{1. LDA, THF}}$ **D**

(cyclopentanone) + (pyrrolidine, N–H) $\xrightarrow{H^+}$ **E** $\xrightarrow[\text{2. } H_2O]{\text{1. } CH_3Br}$ **F**

14.4.4 말론산 에스터 합성(malonic ester synthesis): 카복실산의 합성법

Diethyl malonate(말론산 디에틸)의 α 수소의 pK_a값은 13으로 알데하이드 또는 케톤의 pK_a값 17~19에 비해 훨씬 더 산성이다. 따라서 비교적 약한 염기인 알콕사이드 음이온에 의해서 탈양성자화가 가능하며, 생성된 탄소음이온은 친핵체로 RX(R = 메틸, 1° 알킬, 벤질, 알릴)와 S_N2 반응을 한다. 또한 1,3-다이카복시 화합물은 가열에 의해 탈카복실화 반응이 일어난다(12.7.3절). 이 두 반응을 이용하면 RX의 R기에 탄소 원자 두 개가 늘어난 카복실산을 합성할 수 있다. 이를 **말론산 에스터 합성(malonic ester synthesis)**이라고 한다.

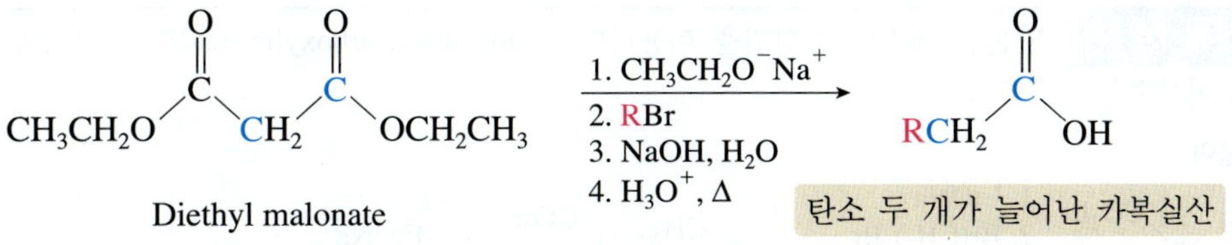

Diethyl malonate

1. $CH_3CH_2O^-Na^+$
2. RBr
3. NaOH, H_2O
4. H_3O^+, Δ

탄소 두 개가 늘어난 카복실산

이 반응은 탈양성자화 단계, 알킬화 단계 및 탈카복실화 단계 등 세 단계로 일어나는 반응이다. 그 메커니즘을 **그림 14.9**에 나타내었다.

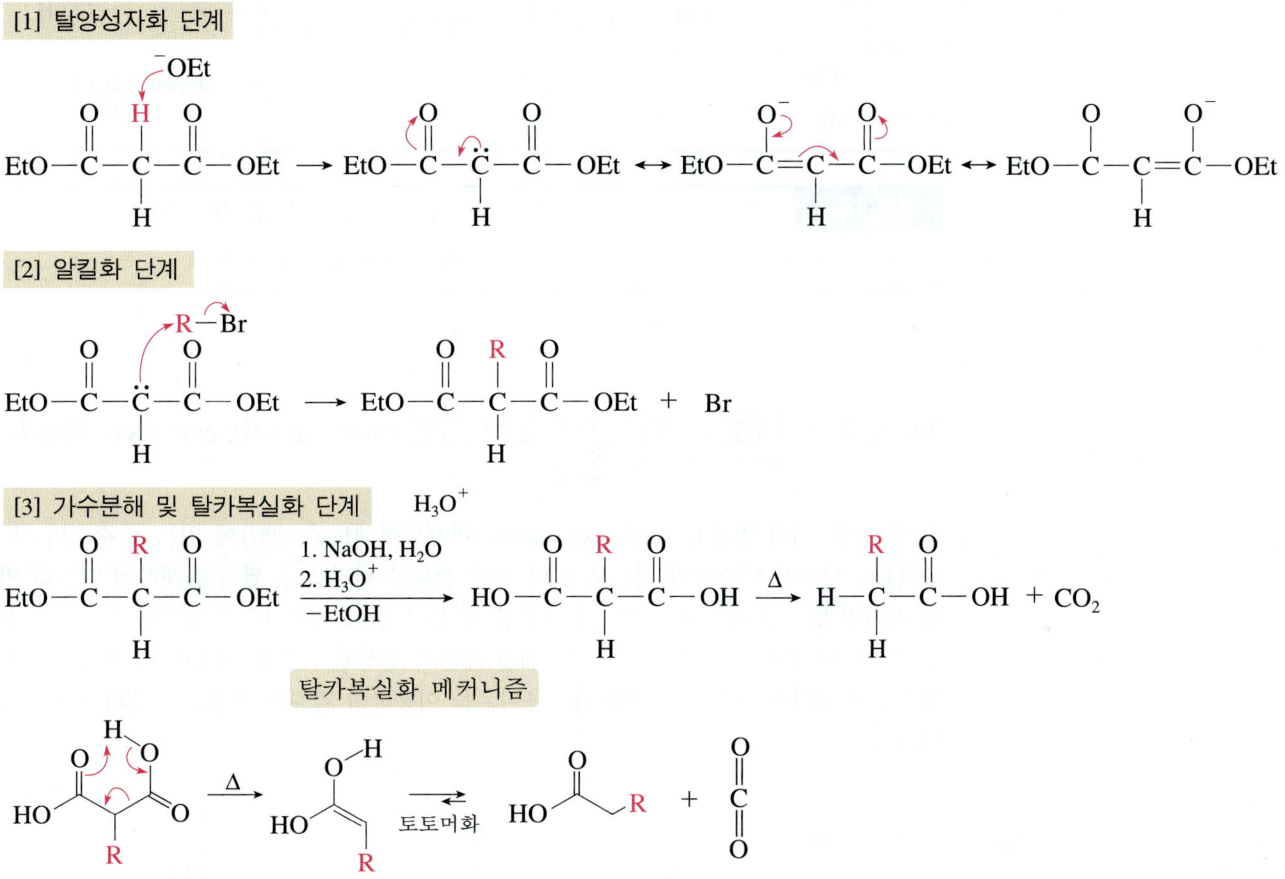

[1] 탈양성자화 단계

[2] 알킬화 단계

[3] 가수분해 및 탈카복실화 단계

1. NaOH, H_2O
2. H_3O^+
−EtOH

탈카복실화 메커니즘

토토머화

그림 14.9 말론산 에스터 합성의 반응 메커니즘.

말론산 에스터 합성의 [1]단계에서 생성된 탄소음이온은 인근의 에스터기와 공명하여 안정하게 된다. [2]단계에서 S_N2 반응 생성물에 아직 α 수소가 하나 더 남아 있다면, 다시 탈양성자화 단계를 거쳐 알킬화 반응이 한 번 더 일어날 수 있다. 따라서 이 방법은 알킬기가 두 개 치환된 카복실산을 합성하는 데에도 이용할 수 있다.

- **말론산 에스터 합성법**은 RX로부터 탄소 두 개가 늘어난 카복실산 RCH_2CO_2H를 합성하는 데 매우 유용한 방법이다.
- 말론산 에스터 합성법으로 두 번에 걸친 알킬화 반응을 통하여 동일한 알킬기가 치환된 카복실산(R_2CHCO_2H) 또는 서로 다른 알킬기가 치환된 카복실산인 $RR'CHCO_2H$를 합성할 수 있다.

예제 14.3 말론산 에스터 합성법을 이용하여 cyclopentanecarboxylic acid의 합성법을 보이시오.

풀이

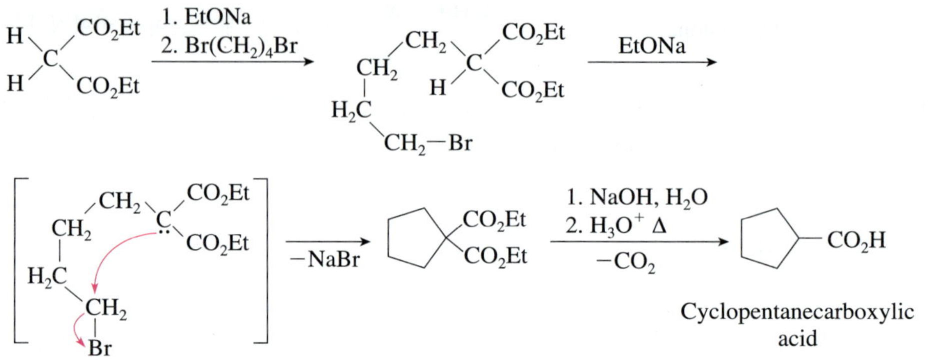

$H_2C(CO_2Et)_2$ —(1. EtONa 2. $Br(CH_2)_4Br$)→ $BrCH_2CH_2CH_2CH_2CH(CO_2Et)_2$ —(EtONa)→ [$BrCH_2CH_2CH_2CH_2\ddot{C}^-(CO_2Et)_2$] —(−NaBr)→ 1,1-cyclopentanedicarboxylate (CO_2Et, CO_2Et) —(1. NaOH, H_2O 2. H_3O^+ Δ, $-CO_2$)→ cyclopentane–CO_2H

Cyclopentanecarboxylic acid

문제 14.8 말론산 에스터 합성법을 이용하여 다음 화합물을 합성하시오.

a. Butanoic acid **b.** 2-Methylpropanoic acid

14.4.5 아세토아세트산 에스터 합성(acetoacetic ester synthesis) : 메틸 케톤의 합성법

β-케토 에스터의 일종인 ethyl acetoacetate(아세토아세트산 에틸)에 있는 α 수소의 pK_a값은 11로, 말론산 에스터의 경우보다 더 강한 산도를 나타낸다. 염기 존재하에 알킬화 반응을 시키면 말론산 에스터의 경우와 비슷한 세 단계 반응 메커니즘(탈양성자화와 알킬화 반응 및 탈카복실화 반응)을 거쳐 알킬 메틸 케톤이 생성된다**(그림 14.10)**. 이 반응은 말론산 에스터 합성법과 더불어 안정한 탄소음이온을 이용하여 알킬화 반응을 수행하는 대표적인 예이다.

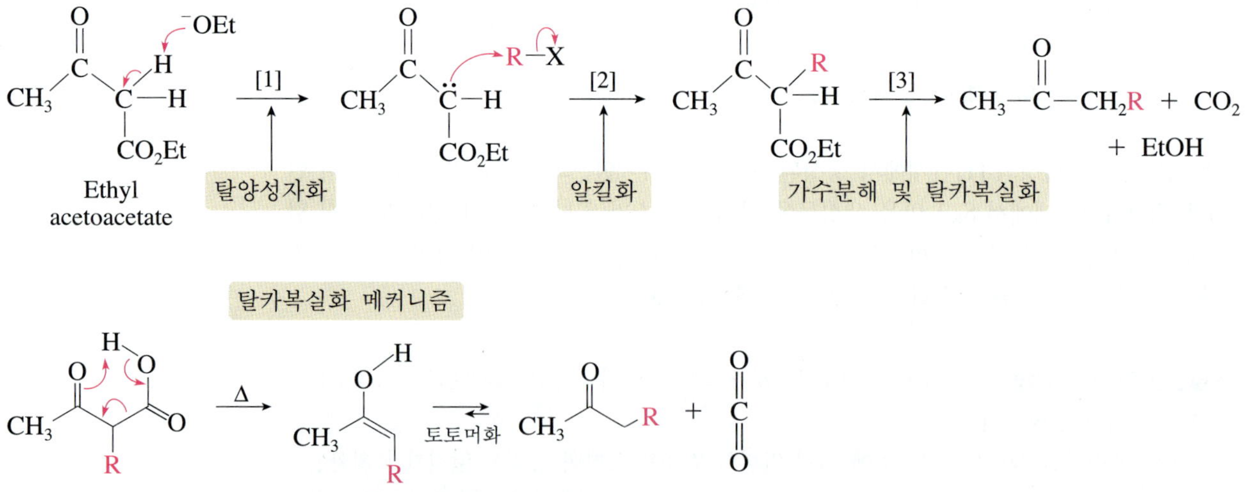

$CH_3COCH_2CO_2Et$ (Ethyl acetoacetate) + ^-OEt —[1] 탈양성자화→ $CH_3CO\ddot{C}^-HCO_2Et$ + R—X —[2] 알킬화→ $CH_3COCH(R)CO_2Et$ —[3] 가수분해 및 탈카복실화→ $CH_3-C(=O)-CH_2R$ + CO_2 + EtOH

탈카복실화 메커니즘

$CH_3COCH(R)CO_2H$ —Δ→ $CH_3C(OH)=CHR$ ⇌(토토머화) CH_3COCH_2R + O=C=O

그림 14.10 **아세토아세트산 에스터 합성법**. 메틸 케톤이 합성된다.

예제 14.4 아세토아세트산 에스터 합성법을 이용한 3-methyl-2-butanone의 합성법을 보이시오.

풀이

$$\mathrm{H_2C(COCH_3)(CO_2Et)} \xrightarrow[\text{2. } CH_3I]{\text{1. EtONa}} \mathrm{CH_3(H)C(COCH_3)(CO_2Et)} \xrightarrow[\text{2. } CH_3I]{\text{1. EtONa}} \mathrm{(CH_3)_2C(COCH_3)(CO_2Et)}$$

$$\xrightarrow[-CO_2]{\text{1. NaOH, } H_2O \;\; \text{2. } H_3O^+ \,\Delta} \mathrm{CH_3-CH(CH_3)-C(=O)-CH_3}$$

문제 14.9 아세토아세트산 에스터 합성법을 이용하여 다음 화합물을 합성하시오.

a. 4-Phenylbutan-2-one **b.** Cyclopropyl methyl ketone

14.4.6 *β*-케토 에스터의 알킬화 반응

Ethyl acetoacetate와 비슷한 구조를 가진 다른 *β*-케토 에스터들도 엔올 음이온에 의한 알킬화 반응과 탈카복실화 반응을 거치면 α 탄소에 알킬기가 치환된 케톤을 생성한다.

Methyl 2-oxocyclohexane carboxylate $\xrightarrow[\text{2. RX}]{\text{1. MeONa, MeOH}} \xrightarrow[\text{2. } H_3O^+ \,\Delta]{\text{1. NaOH, } H_2O}$ 2-R-cyclohexanone

Ethyl benzoyl acetate ($\mathrm{PhCOCH_2CO_2CH_2CH_3}$) $\xrightarrow[\text{2. RX}]{\text{1. MeONa, MeOH}} \xrightarrow[\text{2. } H_3O^+ \,\Delta]{\text{1. NaOH, } H_2O}$ $\mathrm{PhCOCH_2R}$

- 아세토아세트산 에스터를 포함한 *β*-케토 에스터는 안정한 엔올 음이온을 생성할 수 있으므로 α-알킬 치환 케톤(RCOCHR′R″)을 합성하는 데 이용된다.

14.5 카보닐 축합 반응

카보닐 축합 반응은 친핵체인 엔올 음이온이 카보닐 탄소를 공격하여 새로운 C−C 결합을 형성하는 반응이다. 알데하이드와 케톤의 경우 친핵성 첨가 반응 생성물(알돌 생성물)을 형성하지만, 카복실산 유도체(에스터)의 경우 α 탄소에 아실기가 치환된 생성물(*β*-케토 에스터)이 만들어진다.

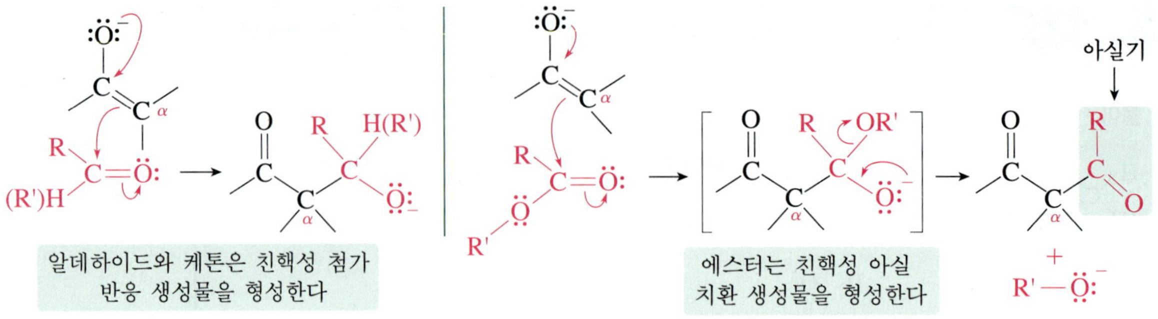

알데하이드와 케톤은 친핵성 첨가 반응 생성물을 형성한다

에스터는 친핵성 아실 치환 생성물을 형성한다

아실기

14.5.1 알돌 축합 반응: 알데하이드와 케톤 축합 반응

α 수소를 가지고 있는 알데하이드(또는 케톤)의 두 분자가 염기 조건에서 분자 간 친핵성 첨가 반응을 일으켜 생성한 물질을 **알돌 생성물(aldol product)**이라고 한다. 알돌은 β 위치에 hydroxy기를 가진 알데하이드 또는 케톤 화합물(β-hydroxyaldehyde 또는 β-hydroxyketone)이며, 알데하이드의 *'ald'* 과 알코올의 *'ol'* 의 합성어이다. 예를 들면, 아세트알데하이드(acetaldehyde 또는 에탄알, ethanal)를 NaOH 수용액으로 처리하면 3-hydroxybutanal(또는 β-hydroxybutyraldehyde)이 생성된다. 이 반응은 알데하이드의 α 수소가 염기에 의해 탈양성자화되어 생성된 엔올 음이온이, 친핵체로서 카보닐기에 친핵성 첨가 반응을 하여 일어난 반응이다. 따라서 α 수소를 가지고 있지 않은 알데하이드 또는 케톤에서는 알돌 반응이 일어나지 않는다. 알돌 반응의 메커니즘을 **그림 14.11**에 나타내었다.

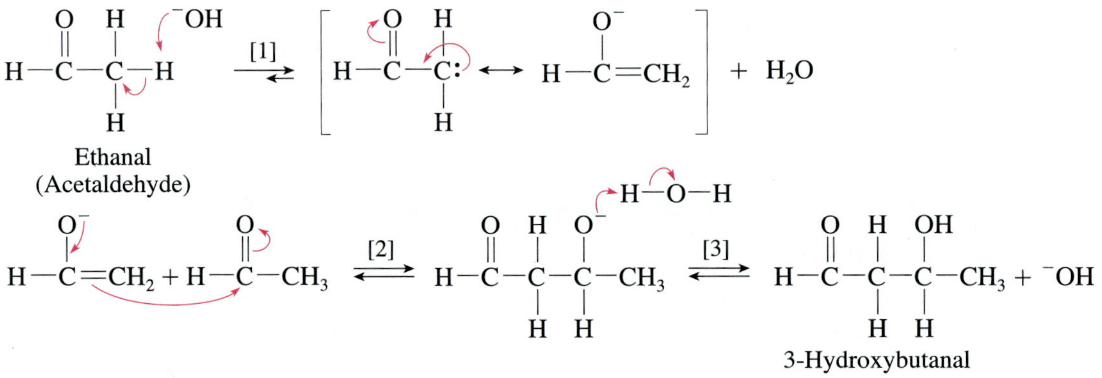

Ethanal (Acetaldehyde)

3-Hydroxybutanal

단계 [1]: 염기가 α 수소를 제거해 공명 안정화된 엔올 음이온이 생성
단계 [2]: 친핵체인 엔올 음이온이 알데하이드의 카보닐 탄소를 공격하여 C−C 결합을 생성
단계 [3]: 알콕사이드에 양성자가 첨가되어 β-hydroxyaldehyde(알돌)생성

그림 14.11 **알돌 반응의 메커니즘.**

알돌 반응은 전체가 가역 반응이다. 생성된 알돌 화합물 3-hydroxybutanal은 산 또는 염기 촉매에서 가열되면 α 수소와 β 탄소에 있는 OH 사이에서 탈수 반응이 일어나 ***α,β*-불포화 카보닐 화합물**인 but-2-enal(crotonaldehyde)을 생성한다. 이 반응은 안정한 콘쥬게이트 화합물을 생성하는 반응이므로 비가역 반응이다. **알돌 축합 반응**이란 알돌 생성물에서 물이 제거되어 α,β-불포화 카보닐 화합물을 생성하는 반응을 말한다. 이 반응에서 탈수 반응(제

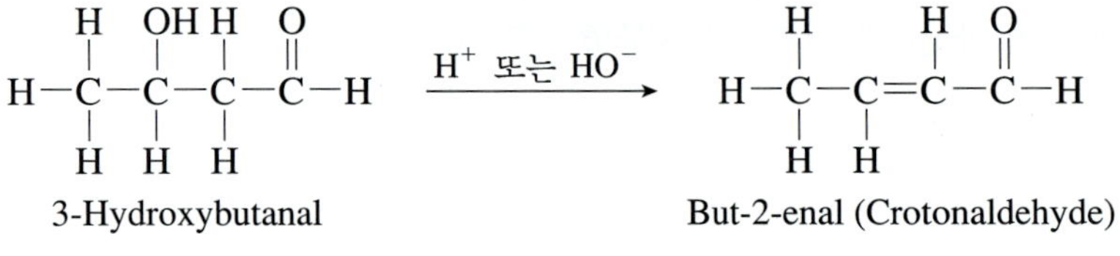

H^+ 또는 HO^-

3-Hydroxybutanal

But-2-enal (Crotonaldehyde)

But-2-enal (crotonaldehyde)은 콘쥬게이트 화합물이므로 3-Hydroxybutanal보다 더 안정하다.

거 반응)은 산과 염기 촉매에서 모두 일어난다. 산촉매 존재하에서의 제거 반응은 E2 반응이며, 염기 촉매 존재하에서의 제거 반응은 E1cB (8.12.10절) 반응 메커니즘으로 일어난다 **(그림 14.12)**.

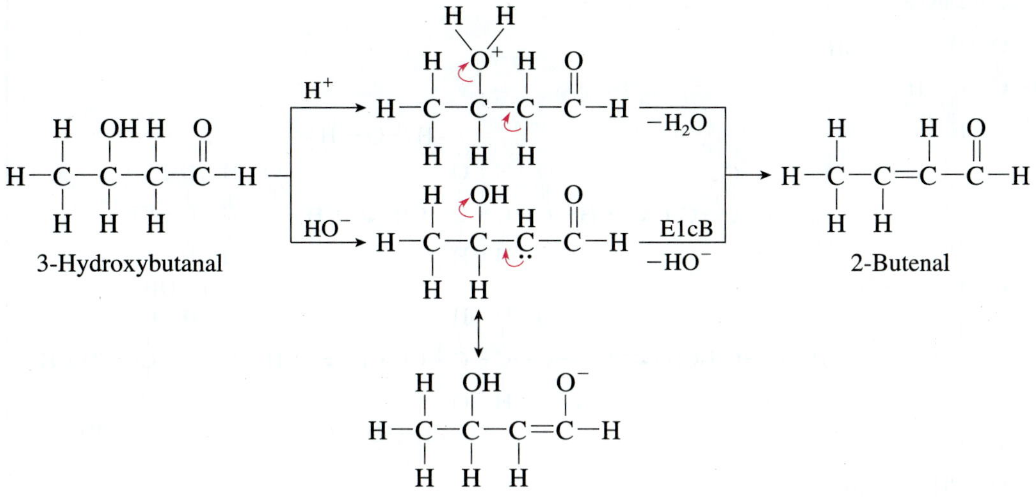

3-Hydroxybutanal

H^+

$-H_2O$

HO^-

E1cB

$-HO^-$

2-Butenal

그림 14.12 **알돌 축합(탈수) 반응의 메커니즘.**

■ 교차(또는 혼성) 알돌 축합 반응

서로 다른 알데하이드 또는 케톤 사이에서 일어나는 알돌 반응을 **교차** 또는 **혼성 알돌 축합 반응(cross** 또는 **mixed aldol condensation)**이라고 한다. 예를 들어, ethanal과 propanal처럼 α 수소가 있는 서로 다른 알데하이드 사이에서 일어나는 반응인 경우 네 종류의 알돌 생성물을 얻을 수 있으나, ethanal과 benzaldehyde처럼 카보닐 화합물 중 한 개에만 α 수소를 가지고 있는 경우에는 두 종류의 알돌 생성물이 생성된다**(그림 14.13)**.

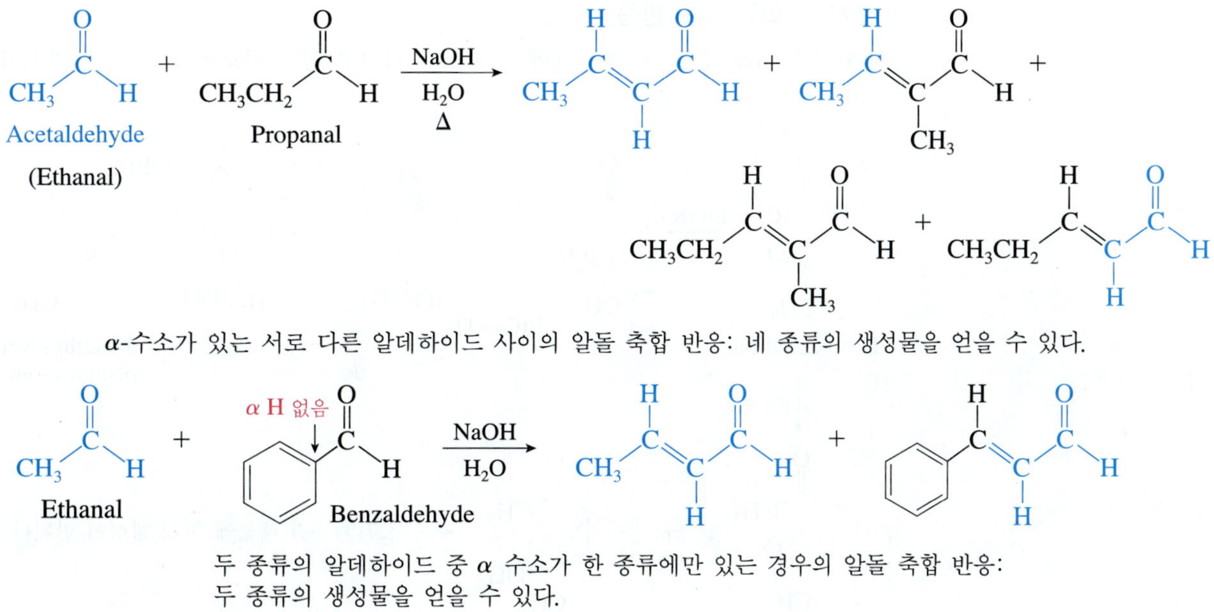

Acetaldehyde (Ethanal) + Propanal

NaOH, H_2O, Δ

α-수소가 있는 서로 다른 알데하이드 사이의 알돌 축합 반응: 네 종류의 생성물을 얻을 수 있다.

Ethanal + Benzaldehyde (α H 없음)

NaOH, H_2O

두 종류의 알데하이드 중 α 수소가 한 종류에만 있는 경우의 알돌 축합 반응:
두 종류의 생성물을 얻을 수 있다.

그림 14.13 **교차 알돌 축합 반응.**

예제 14.5 Acetaldehyde (ethanal)와 propanal 사이에서 일어나는 알돌 반응의 반응 메커니즘을 적으시오.

풀이

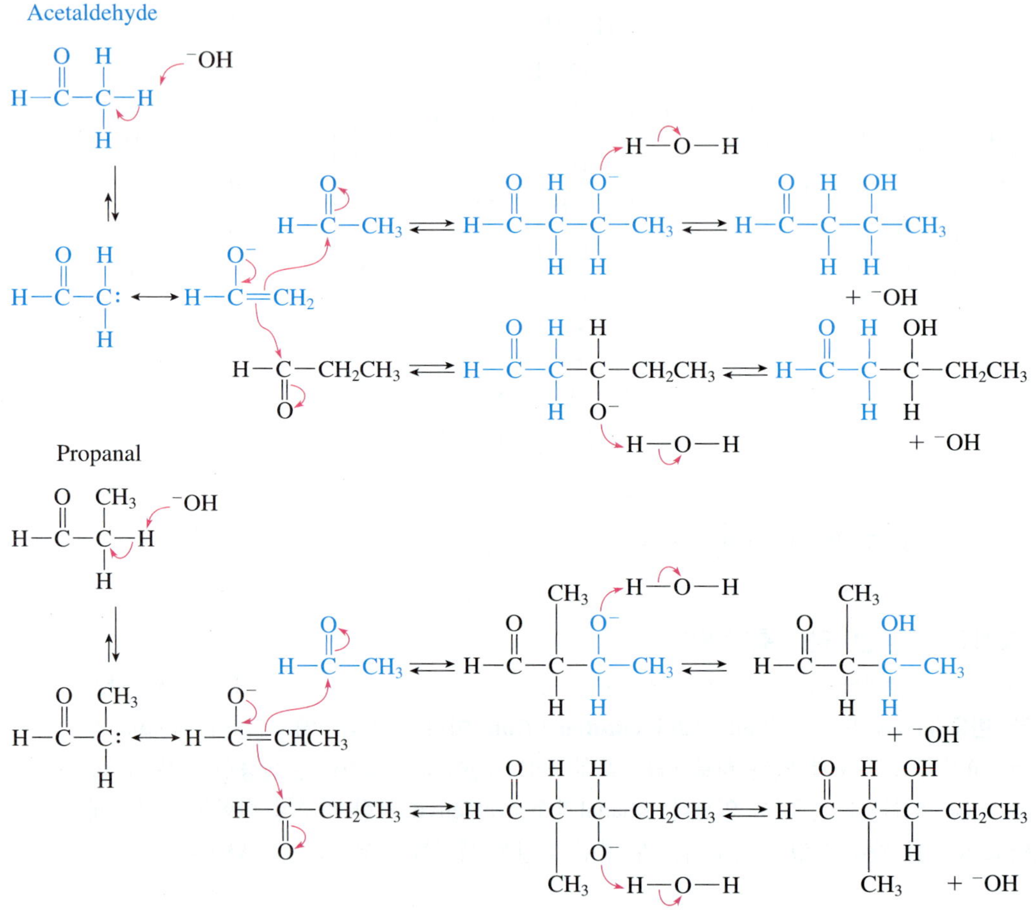

Acetaldehyde

Propanal

■ **분자 내 알돌 축합 반응**

Hexa-2,5-dione과 같이 분자 내에 α 수소를 가지고 있는 카보닐기를 두 개 가지고 있는

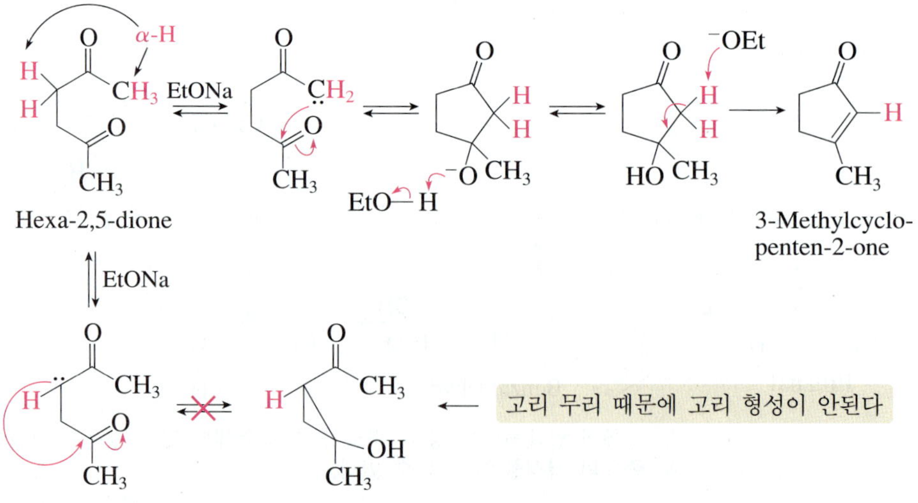

α-H
EtONa
Hexa-2,5-dione
3-Methylcyclo-penten-2-one
EtONa
고리 무리 때문에 고리 형성이 안된다

그림 14.14 **분자 내 알돌 축합 반응.**

경우, 염기로 처리하면 분자 내에서 알돌 축합 반응으로 고리화 반응이 일어나 cyclopentenone 유도체가 생성된다. 주로 오각형 또는 육각형 고리 화합물이 만들어질 수 있는 다이알데하이드 또는 케톤에서 잘 일어난다(**그림 14.14**)

■ Cannizzaro 반응

Benzaldehyde처럼 α 수소가 없는 알데하이드를 진한 NaOH 수용액으로 처리하면, 알데하이드의 산화 생성물인 sodium benzoate와 환원 생성물인 benzyl alcohol이 1 : 1로 생성된다. 이 반응을 **Cannizzaro**('카니짜로' 라고 읽음) **반응**이라고 한다. 이 반응은 HO^-가 알데하이드기의 카보닐기에 친핵성 첨가 반응하여 생성된 사면체형 구조에서 떨어져 나온 수소 음이온이 다른 분자의 알데하이드와 반응(환원)함으로써 산화와 환원 반응이 동시에 일어난 결과이다(**그림 14.15**). 일반 알데하이드 또는 케톤의 친핵성 첨가 반응 생성물에서는 제거 반응이 일어나지 않으나(11.8절), 이 반응에선 강염기인 H^-가 제거되는 것이 특이하다.

Stanislao Cannizzaro (1826~1910): 이탈리아 태생 화학자. Alessandria 국립대와 Genoa 대학 교수 역임. Cannizzaro 반응 발견.

Benzaldehyde — NaOH ⇌ (산화, 환원) ⇌ → Sodium benzoate + Benzyl alcohol

그림 14.15 **Cannizzaro 반응**. α 수소가 없는 알데하이드에서 일어난다.

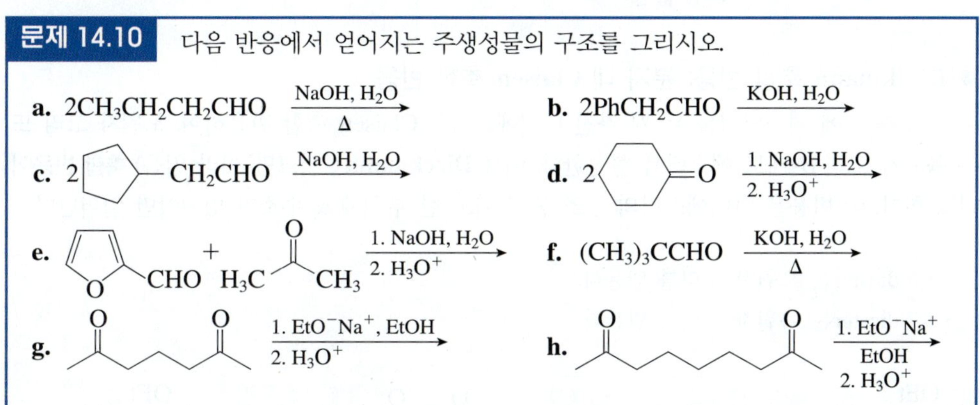

14.5.2 Claisen 축합 반응: 에스터 축합 반응에 의한 β-케토 에스터 생성 반응

α 수소를 가지고 있는 에스터를 sodium ethoxide(EtONa)와 같은 염기와 반응시키면 두 분자의 에스터가 축합 반응하여 **β-케토 에스터**를 생성한다. 이를 **Claisen**('클라이젠' 이라고 읽음) **축합 반응**이라고 한다. 이 반응은 염기 조건에서 생성된 에스터의 엔올 음이온이 다른 분자의 에스터 카보닐기 탄소에 친핵성 첨가하여 사면체형 중간체를 이루고, 여기서 에스터의 알콕시기가 제거되어 일어난 반응이다. 결과적으로 에스터의 α 수소 하나에 아실기가 치환된 형태인 β-케토 에스터가 생성하게 된다. 예를 들면, ethyl acetate를 EtONa와 반응시키면 ethyl acetate 두 분자 사이에서 친핵성 첨가-제거 반응이 일어나 ethyl acetoacetate가 만들어진다.

Rainer Ludwig Claisen (1851~1930): 독일 태생 화학자. Aachen 공대와 Kiel 대학 교수 역임. 알데하이드, 에스터 등의 카보닐 화합물의 축합 반응을 최초 발견.

$$\text{H}-\text{CH}_2\text{CO}_2\text{Et} \rightleftharpoons \ddot{\text{C}}\text{H}_2\text{CO}_2\text{Et} \rightleftharpoons \text{EtO}-\text{C}(\text{O}^-)(\text{CH}_3)-\text{CH}_2\text{CO}_2\text{Et} \rightleftharpoons \text{CH}_3\text{C}(=\text{O})\text{CH}_2\text{CO}_2\text{Et} + \text{EtO}^-$$

Ethyl acetate

Ethyl acetoacetate
(β-keto ester의 일종)

친핵성 첨가

이탈기 제거

■ 교차(또는 혼성) Claisen 축합 반응

α 수소를 가진 서로 다른 두 개의 에스터 사이의 축합 반응을 **교차**(또는 **혼성**) **Claisen 축합 반응**이라고 한다. 이 반응은 α 수소를 가진 케톤과 에스터 사이에서도 일어날 수 있다. α 수소를 가진 에스터와 α 수소가 없는 에스터 사이의 축합 반응과 α 수소를 가진 케톤과 α 수소가 없는 에스터 사이의 축합 반응을 예시하면 다음과 같다.

$$\text{C}_6\text{H}_5\text{CO}_2\text{Et} + \text{CH}_3\text{CO}_2\text{Et} \xrightarrow[\text{2. H}_3\text{O}^+]{\text{1. EtONa}} \text{C}_6\text{H}_5\text{COCH}_2\text{CO}_2\text{Et}$$

Ethyl benzoate (α-H 없음), CH_3CO_2Et (α-H 있음) → Ethyl benzoylacetate

$$\text{Cyclohexanone} + \text{HCO}_2\text{Et} \xrightarrow[\text{2. H}_3\text{O}^+]{\text{1. EtONa}} \text{2-formylcyclohexanone}$$

Cyclohexanone (α-H 있음), HCO_2Et (α-H 없음)

■ Dieckmann 축합 반응: 분자 내 Claisen 축합 반응

Walter Dieckmann (1869~1925): 독일 출신 유기화학자. Munich 대학 교수 역임. 분자 내 Claisen 축합 반응인 Dieckmann 축합 반응을 최초 발견.

한 분자 내에 에스터기를 두 개 가진 다이에스터는 Claisen 축합 반응하여, 오원자 고리 또는 육원자 고리 β-케토 에스터를 형성한다. 이를 **Dieckmann** ('딕크만' 이라 읽음) **축합 반응**이라고 한다. 이 반응은 다이에스터의 구조 중 적어도 한 부위에 α 수소가 있어야만 일어난다.

- 1,6-diester는 오원자 고리를 만든다.
- 1,7-diester는 육원자 고리를 만든다.

1,6-Diester $\xrightarrow[\text{2. H}_3\text{O}^+]{\text{1. EtONa}}$ 2-oxocyclopentanecarboxylate (OEt)

1,7-Diester $\xrightarrow[\text{2. H}_3\text{O}^+]{\text{1. EtONa}}$ 2-oxocyclohexanecarboxylate (OEt)

이 반응의 메커니즘은 Claisen 축합 반응과 비슷하며, 반응은 염기에 의해 생성된 친핵성 엔올 음이온이 분자 내에서 첨가-제거 반응을 하여 일어난다.

■ 에스터와 케톤의 축합 반응: 케톤의 아실화 반응

α 수소가 없는 에스터와 α 수소가 있는 케톤을 염기 하에 반응시키면 케톤의 엔올 음이온이 친핵성 첨가 반응한 후 제거 반응이 일어나면 α-케토 에스터 또는 1,3-다이케톤을 생성한다.

$$CH_3CH_2OC(=O)OCH_2CH_3 + \text{Cycloheptanone} \xrightarrow[2.\ H_3O^+]{1.\ NaH} \text{2-(ethoxycarbonyl)cycloheptanone } (C(=O)OCH_2CH_3)$$

Diethyl carbonate   Cycloheptanone

$$C_6H_5C(=O)-OCH_2CH_3 + CH_3-C(=O)-C_6H_5 \xrightarrow[2.\ H_3O^+]{1.\ EtONa} C_6H_5C(=O)CH_2C(=O)C_6H_5$$

Ethyl benzoate   Acetophenone   1,3-Diphenyl-1,3-propanedione

문제 14.11 다음 반응의 주생성물 구조를 그리시오.

a. $CH_3CH_2CH_2C(=O)OEt \xrightarrow[2.\ H_3O^+]{1.\ EtONa}$

b. (cyclohexane, cis-1,2-diCH_2CO_2Et) $\xrightarrow[2.\ H_3O^+]{1.\ EtONa}$

c. $PhCH_2CO_2Me \xrightarrow[2.\ H_3O^+]{1.\ EtONa}$

d. $(CH_3)_2CHCH_2CO_2Me \xrightarrow[2.\ H_3O^+]{1.\ MeONa}$

e. $EtOC(=O)CH_2CH_2CH(CH_3)CH_2CH_2C(=O)OEt \xrightarrow[2.\ H_3O^+]{1.\ EtONa}$

문제 14.12 문제 14.11에서 얻어진 각 생성물을 산성 용액에서 가열하였다. 이때 얻어지는 생성물의 구조를 그리시오.

문제 14.13 Ethyl propanoate와 cyclopentanone을 각각 다음 에스터와 교차 Claisen 축합 반응을 시켰을 때 얻을 수 있는 주생성물의 구조를 그리시오.

a. $EtOC(=O)C(=O)OEt$ **b.** $EtOC(=O)OEt$ **c.** $PhC(=O)OEt$ **d.** $HC(=O)OEt$ **e.** 2-furyl-CO_2Et

14.6 탄소 친핵체의 콘쥬게이트 첨가 반응: β 탄소의 알킬화 반응

알데하이드 및 케톤의 α, β 위치에 이중 결합을 가지고 있는 화합물을 α, β-불포화 알데하이드 또는 케톤 화합물(α, β-unsaturated aldehydes and ketones)이라고 한다. 이들 화합물은 공명 구조 때문에 친핵체가 카보닐 탄소에만 첨가 반응(1,2-첨가 반응)하는 것이 아니라 β-위치의 탄소에 첨가하는 반응도 동시에 일어난다. 이와 같은 반응을 **콘쥬게이트 첨가 반응(conjugate addition)** 또는 **1,4-첨가 반응**이라 한다. 이 반응은 약한 친핵체와의 반응에서 주로 일어난다.

α,β-불포화 알데하이드 및 케톤의 공명 구조

$$\underset{\text{1,2-Addition}}{-C{=}C-C(OH)(Nu)-} \xleftarrow[2.\ H_2O]{1.\ :Nu^-} -C{=}C-C(=O)- \longleftrightarrow -\overset{+}{C}-C{=}C(O^-)- \xrightarrow[2.\ H_2O]{1.\ :Nu^-} \underset{\text{1,4-Addition}}{-C(Nu)-C{=}C(OH)-}$$

반응 예

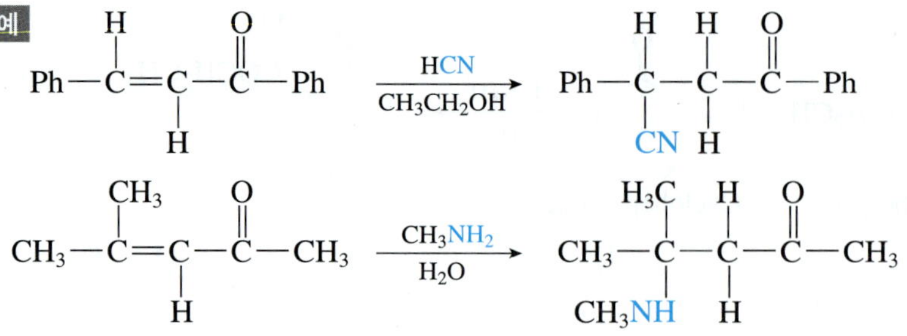

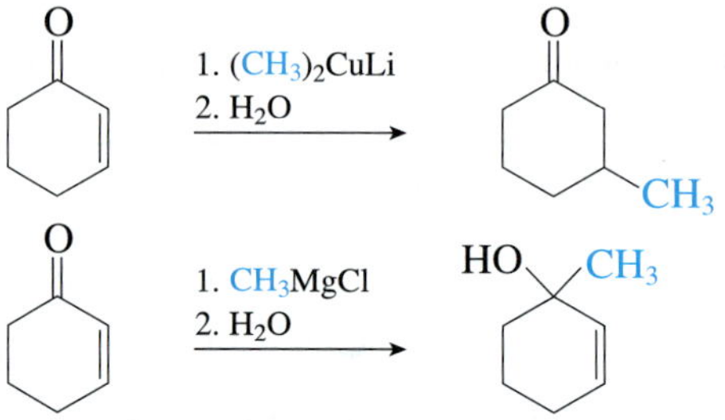

$$Ph-CH=CH-C(=O)-Ph \xrightarrow[CH_3CH_2OH]{HCN} Ph-CH(CN)-CH_2-C(=O)-Ph$$

$$CH_3-C(CH_3)=CH-C(=O)-CH_3 \xrightarrow[H_2O]{CH_3NH_2} CH_3-C(CH_3)(NHCH_3)-CH_2-C(=O)-CH_3$$

$$\text{2-cyclohexenone} \xrightarrow[2.\ H_2O]{1.\ (CH_3)_2CuLi} \text{3-methylcyclohexanone}$$

$$\text{2-cyclohexenone} \xrightarrow[2.\ H_2O]{1.\ CH_3MgCl} \text{1-methyl-2-cyclohexen-1-ol (HO, } CH_3\text{)}$$

CH_3MgCl의 친핵체 CH_3는 $(CH_3)_2CuLi$의 친핵체 CH_3보다 강한 친핵성을 나타내므로 1,2-첨가 반응을 한다.

14.6.1 Michael 첨가 반응

Arthur Michael (1853~1942): 미국 태생 유기화학자. Tuft 대학과 Harvard 대학 교수 역임. 엔올 음이온의 1,4-콘쥬게이트 첨가 반응(Michael 첨가 반응)을 발견.

엔올 음이온이 탄소 친핵체로서 작용한 α, β-불포화 카보닐 화합물과의 콘쥬게이트(β-탄소) 첨가 반응을 **Michael** ('마이클' 이라 읽음) **첨가 반응**이라고 한다. 엔올 음이온 형성에 사용되는 화합물을 **Michael 주개(Michael donor)** 라고 하며, 이에 해당되는 물질로는 β-다이케톤, β-케토 에스터, β-다이에스터, β-케토 나이트릴, 나이트로 화합물 등과 같이 약한 염기에서도 엔올 음이온이 잘 형성되는 물질(공명 안정화된 엔올 음이온)이 있다. 한편, 친전자성을 나타내는 α, β-불포화 카보닐 화합물을 **Michael 받개(Michael acceptor)** 라고 하며, 이에 해당되는 물질로는 α, β-불포화 알데하이드, 케톤, 에스터, 아마이드, 나이트릴 등이 있다.

- **Michael 반응**은 공명 안정화된 엔올 음이온이 α, β-불포화 카보닐 화합물의 β-탄소에 첨가(1,4-콘쥬게이트 첨가 반응) 하는 반응이다.
- α, β-불포화 카보닐 화합물의 β 탄소는 공명 구조에 의하여 친전자성을 띠게 되어 친핵체의 공격을 받는 부위가 된다.

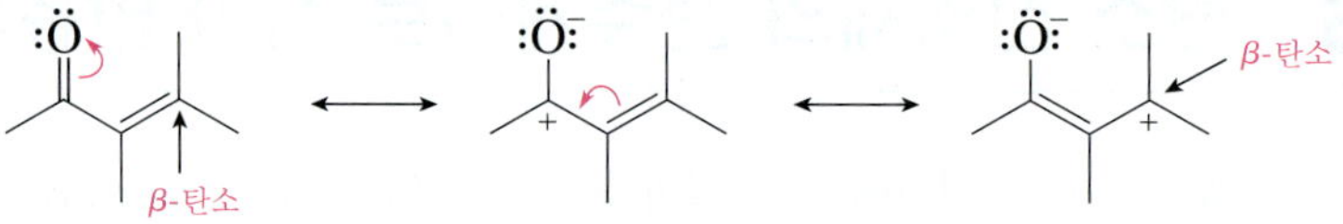

β-탄소 $\longleftrightarrow$ $\longleftrightarrow$ β-탄소

α, β-불포화 카보닐 화합물의 공명 구조: 친전자성을 가짐

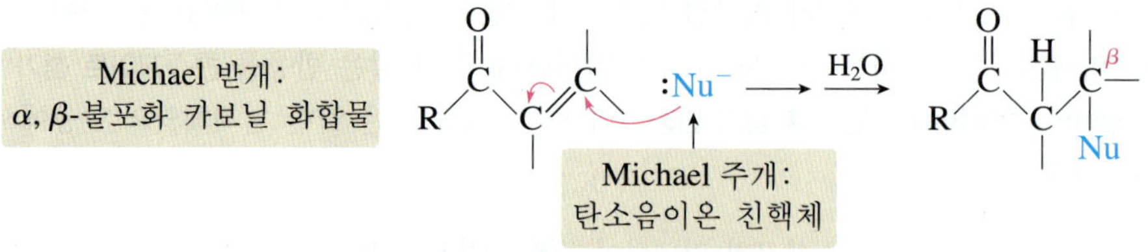

Michael 받개: α, β-불포화 카보닐 화합물

$$R-C(=O)-C=C< + :Nu^- \xrightarrow{H_2O} R-C(=O)-C(H)-C_{\beta}(Nu)$$

Michael 주개: 탄소음이온 친핵체

Michael 받개: α, β-불포화 카보닐 화합물

$CH_2=CHC(=O)-H$ $CH_2=CHC(=O)-OEt$ $CH_2=CHC\equiv N$

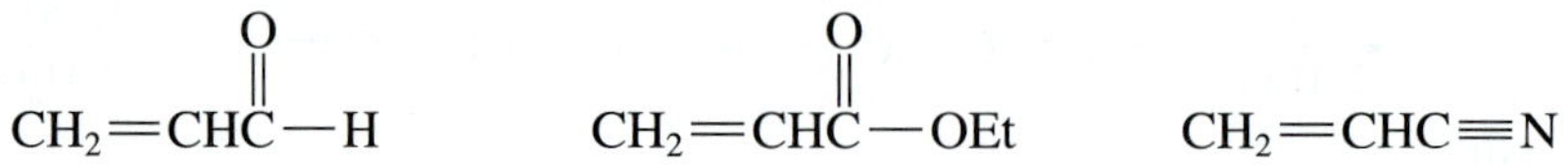

$CH_2{=}CH\overset{\large O}{\overset{\|}{C}}{-}CH_3$ $\quad$ $CH_2{=}CH\overset{\large O}{\overset{\|}{C}}{-}NH_2$ $\quad$ $CH_2{=}CHNO_2$

Michael 주개: 탄소음이온 친핵체

$R\overset{O}{\overset{\|}{C}}CH_2\overset{O}{\overset{\|}{C}}R'$	$R\overset{O}{\overset{\|}{C}}CH_2\overset{O}{\overset{\|}{C}}OEt$	$EtO\overset{O}{\overset{\|}{C}}CH_2\overset{O}{\overset{\|}{C}}OEt$	$R\overset{O}{\overset{\|}{C}}CH_2CN$	RCH_2NO_2
β-Diketone	β-Keto ester	β-Diester	β-Keto nitrile	Nitro 화합물

Michael 반응의 예와 메커니즘을 **그림 14.16**에 나타내었다.

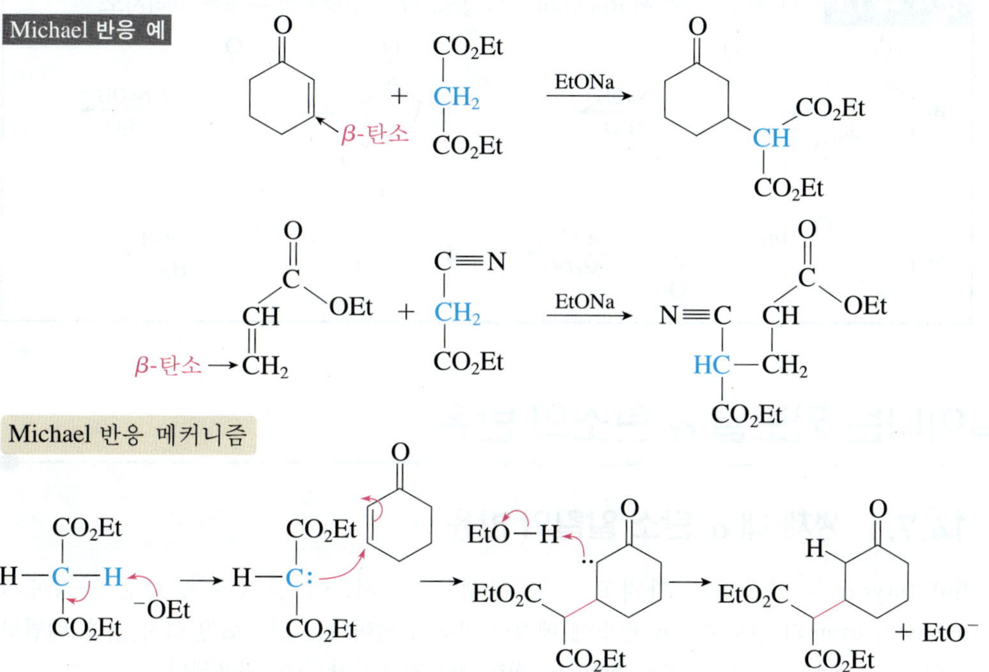

그림 14.16 Michael 반응의 예와 메커니즘.

문제 14.14 다음 반응(Michael 첨가 반응)에서 생성되는 물질의 구조를 그리시오.

a. $CH_2{=}CH{-}\overset{O}{\overset{\|}{C}}{-}CH_3 + PhCH_2\overset{O}{\overset{\|}{C}}CH_2Ph \xrightarrow[EtOH]{EtONa}$

b. (2-cyclopentenone) $+ EtO\overset{O}{\overset{\|}{C}}CH_2\overset{O}{\overset{\|}{C}}OEt \xrightarrow[EtOH]{EtONa}$

c. $CH_2{=}CH{-}\overset{O}{\overset{\|}{C}}{-}OEt + EtO\overset{O}{\overset{\|}{C}}CH_2\overset{O}{\overset{\|}{C}}OEt \xrightarrow[EtOH]{EtONa}$

d. $CH_2{=}CH{-}CN +$ (1,3-cyclohexanedione) $\xrightarrow[EtOH]{EtONa}$

e. $CH_2{=}CH{-}\overset{O}{\overset{\|}{C}}{-}CH_3 +$ (2-carbethoxycyclohexanone, CO_2Et) $\xrightarrow[EtOH]{EtONa}$

f. (2-cyclohexenone) $+ N{\equiv}CCH_2C{\equiv}N \xrightarrow[EtOH]{EtONa}$

14.6.2 Robinson 고리만듦 반응

3-Buten-2-one과 ethyl acetoacetate를 sodium ethoxide (EtONa) 염기 속에서 반응시키면 고리 화합물인 cyclohexen-2-one 유도체가 생성된다. 이 반응은 Michael 첨가 반응 생성물

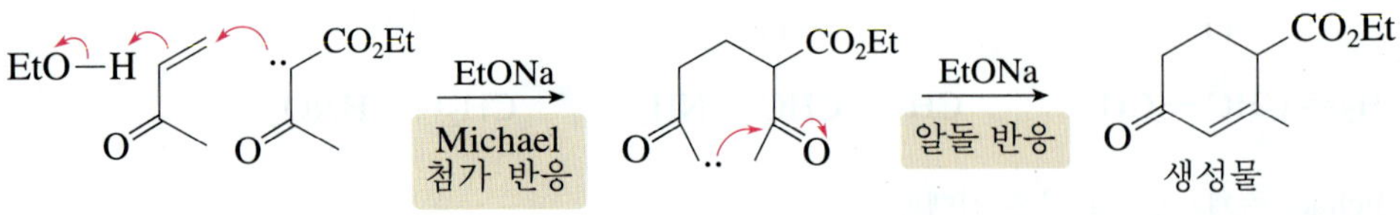

그림 14.17 **Robinson 고리만듦 반응**. Michael 반응과 분자 내 알돌 반응이 연달아 일어나 고리가 형성되는 반응이다.

Robert Robinson (1886~1975) : 영국 출신 유기화학자. Sydney 대학과 Oxford 대학의 교수 역임. 고리만듦 반응을 발견. 1947년 알칼로이드 연구로 노벨 화학상 수상.

이 연달아 분자 내 알돌 반응을 일으켜 고리가 만들어진 반응이다. 이러한 반응을 **Robinson** ('로빈손' 이라 읽음) **고리만듦 반응(Robinson annulation)** 이라고 한다 **(그림 14.17)**.

문제 14.15 다음의 반응에서 Robinson 고리만듦 반응 생성물의 구조를 그리시오.

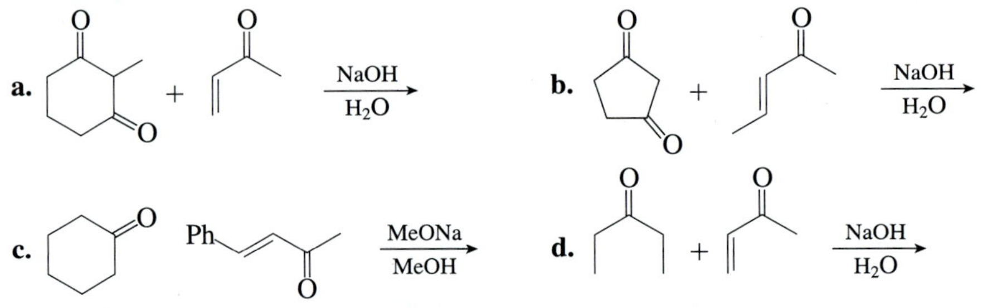

a. + (NaOH, H_2O)

b. + (NaOH, H_2O)

c. (MeONa, MeOH)

d. + (NaOH, H_2O)

14.7 생체에서 일어나는 카보닐 α 탄소의 반응

14.7.1 생체 내 α 탄소 알킬화 반응

Indolmycin은 인돌핵을 가지고 있는 항생물질로서, 이 물질은 생합성 과정에서 indolylpyruvate의 카보닐의 α 탄소에 메틸화 반응이 일어나는 것으로 알려져 있다. 메틸화 시약으로는 SAM (*S*-adenosylmethionine, 화학 라운지 8.2 참조) 이 사용된다.

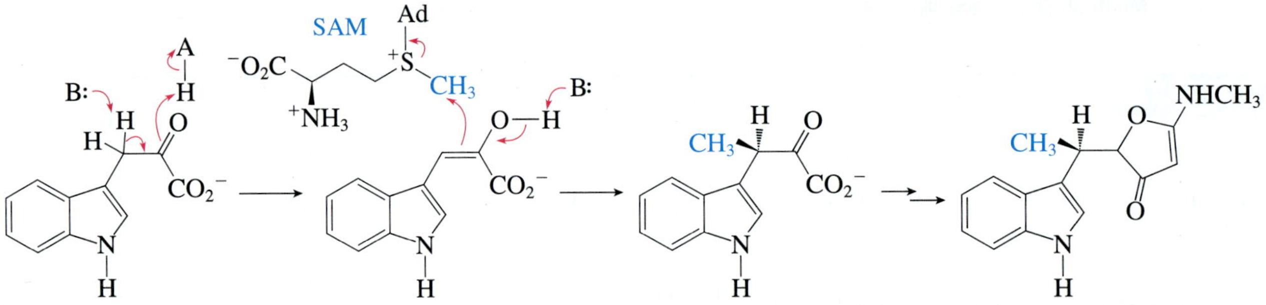

14.7.2 생체 내 알돌 축합 반응

포도당 신합성 (glucogenosis) 과정 중 삼탄당 (triose) 인 dihydroxyacetone phosphate (DHAP) 와 glyceraldehyde-3-phosphate (GAP) 가 반응하여 육탄당(hexose) 인 fructose 1,6-bisphosphate가 만들어지는데, 이 과정이 알돌 축합 반응으로 일어난다. 이 반응이 반대로 일어나는 과정을 **해당과정 (glycolysis)** 이라 하는데, 이 반응은 aldolase에 의해 일어나는 **역 알돌 반응**이다.

화학 라운지 14.4 녹색화학(Green Chemistry)

녹색화학(청정화학, Green chemistry)

지난 일 세기 동안 화학이 인류 문명 발전에 미친 영향은 매우 크다. 비료와 농약의 발전으로 식량이 증산되었고, 질병 퇴치를 위한 다양한 의약품과 보건 위생 환경을 개선하는 여러 제품이 개발되었으며, 인공 섬유와 합성 수지 등 신소재의 출현은 생활의 질을 크게 향상시켰고, 그 결과 인간의 평균 수명이 20세기 초의 35~45세에서 현재 66세(선진국 기준 80세)로 크게 연장되었다. 그러나 이러한 화학제품을 대량 생산-소비하는 과정에서 발생한 유해 물질의 배출과 노출은 인간과 생태계에 큰 위해 요소로 나타나고 있으며, 무분별한 자원과 에너지의 낭비는 지구의 자원이 고갈되는 위기를 맞게 하고 있다. 이에 따라 수십 년 전부터 화학자들은 지구 환경과 생태계를 보호하고, 자원의 지속가능성을 보장하기 위한 여러 가지 노력의 일환으로 녹색화학(또는 청정화학, green chemistry) 분야를 발전시키고 있다. 녹색화학을 기반으로 하는 녹색 혁명은 화학자들뿐 아니라 모든 인류의 꿈이 되는 일이다.

녹색화학(청정화학)이란 화학 원리를 이용하여 화학 제품을 디자인, 생산 및 활용하는 과정에서 유해 물질의 사용이나 생성을 감소 또는 제거하는 것을 목표로 하는 학문 분야로, 오염의 근원적 방지와 지구 자원의 지속가능성을 추구하고 있다. 녹색화학을 실천하는 원리는 제품 생산 시 오염을 근원적으로 차단하거나 줄이는 기술의 개발(부산물이 전혀 생기지 않는 방법 개발), 생산 효율을 극대화시키는 방법(촉매 개발 포함)의 개발, 환경 독성이 없거나 적고 재활용이 가능한 소재 개발 등으로 압축하여 표현할 수 있다. 그중 몇 가지 예를 들면, Diels-Alder 반응이나 재배열 반응 같이 부산물이 생기지 않는 다양한 합성법 개발, 화학 반응을 유기 용매가 없는 상태에서 수행하거나, 물 또는 휘발성이 거의 없는 이온성 액체(ionic liquid)를 용매로 활용하는 방법, 제품 생산의 수율을 높이는 고효율 저독성 촉매 개발, 환경 독성이 큰 Cr^{6+} 산화제 대신 산소 또는 NaOCl 같은 저독성 산화제를 사용하는 방법, 촉매 또는 반응 시약을 폴리머에 고정화시켜 재활용하는 방법 등이다.

무용매 환원성 아민화 반응

벤즈알데하이드(CHO) + 아닐린(NH_2) $\xrightarrow[\text{무용매 연마}]{NaBH_4\text{-}H_3BO_3\ (1:1)}$ N-벤질아닐린(N–H)

무용매 알돌 축합 반응

1-인다논(O) + 벤즈알데하이드(CHO) $\xrightarrow[\text{무용매 연마}]{NaOH}$ 2-벤질리덴-1-인다논(=CH–페닐)

물 용매 반응

4-클로로톨루엔(H_3C, Cl) + N-메틸아닐린($NHCH_3$) $\xrightarrow[\text{Pd-촉매}]{KOH,\ H_2O}$ H_3C–페닐–N(CH_3)–페닐

산소 또는 저독성 산화제를 이용한 산화 반응

사이클로헥센 $\xrightarrow[Au/C]{O_2}$ 사이클로헥센 옥사이드(O)

스타이렌 $\xrightarrow[PdCl_2\text{-}CuCl_2]{O_2}$ 페닐–CH_2–C(=O)–H

$(CH_3)_2CHCH_2CH(OH)CH_2CH_3 \xrightarrow[CH_3CO_2H\text{-}H_2O]{NaOCl} (CH_3)_2CHCH_2C(=O)CH_2CH_3$

DHAP ⇌ GAP ⇌ Fructose 1,6-bisphophate

한편, 당 대사 과정에서 **시트르산 회로(citric acid cycle)**는 생체 에너지원인 ATP를 생산하는 중요한 과정이다. 이 과정의 첫 단계인 시트르산염을 생성하는 과정에서 아세틸 조효소 A와 oxaloacetate의 반응도 생체 내에서 일어나는 알돌 반응의 한 예가 된다.

Acetyl CoA + Oxaloacetate → Citrate

14.7.3 생체 내 Claisen 축합 반응

싸이올에스터 구조를 가진 아세틸 조효소 A (acetyl CoA-SH)는 생체에서 효소의 도움으로 Claisen 축합 반응을 하며 β-케토 싸이올에스터인 acetoacetyl CoA로 전환된다. 이 물질은 다시 여러 단계를 거쳐 터펜과 스테로이드 생합성의 핵심 중간체인 mevalonic acid (**메발론산**)을 생합성하는 데 관여한다.

Acetyl CoA → Acetoacetyl CoA → (*R*)-Mevalonate → Terpenes 또는 Steroids

요약 정리

카보닐 알파 탄소에서의 반응

- α 수소를 가진 카보닐기의 α 탄소는 엔올과 엔올 음이온 형태의 탄소 친핵체로 작용하여 **치환 반응**(예: 할로젠화 반응과 알킬화 반응)과 **축합 반응**(예: 알돌 축합 반응과 Claisen 축합 반응)을 한다.

엔올과 엔올 음이온

- 카보닐기의 α 수소는 pK_a값이 17 ~ 30인 약산이다. α 수소를 가진 카보닐기는 산 또는 염기 촉매하에서 **토토머화 현상(tautomerism**, 6.9.5절)에 의하여 **엔올**이 생성되며, 또한 염기에 의해 α 수소가 탈양성자화되어 **탄소음이온**을 생성한다. 이들 엔올과 탄소음이온은 **탄소 친핵체**로 작용한다. 그 결과 카보닐기의 α 탄소에는 치환 반응과 축합 반응이 일어나게 된다.

산 또는 염기

Keto

Enol

α 수소

:B

+ H—B$^+$

탄소음이온

엔올 음이온

- 탄소 원자에 있는 수소 원자가 산으로 작용하는 경우 이를 **탄소산(carbon acid)** 이라고 한다. 카보닐기의 α 탄소에 있는 수소 원자의 산도는 탄소음이온(짝염기)이 공명 안정화될수록 증가한다.

$$CH_3-\overset{O}{\overset{\|}{C}}-CH_3 \xrightarrow{-H^+} \left[\ddot{C}H_2-\overset{O}{\overset{\|}{C}}-CH_3 \longleftrightarrow H_2C=\overset{O^-}{\overset{|}{C}}-CH_3 \right]$$

pK_a=19

$$CH_3-\overset{O}{\overset{\|}{C}}-\underset{H}{\overset{H}{C}}-\overset{O}{\overset{\|}{C}}-CH_3 \xrightarrow{-H^+} \left[CH_3-\overset{O}{\overset{\|}{C}}-\underset{H}{\ddot{C}}-\overset{O}{\overset{\|}{C}}-CH_3 \longleftrightarrow CH_3-\overset{O^-}{\overset{|}{C}}=\underset{H}{C}-\overset{O}{\overset{\|}{C}}-CH_3 \longleftrightarrow CH_3-\overset{O}{\overset{\|}{C}}-\underset{H}{C}=\overset{O^-}{\overset{|}{C}}-CH_3 \right]$$

pK_a=9

더 안정한 엔올 음이온의 공명 구조

카보닐 알파 탄소의 치환 반응

[1] 할로젠화 반응

- α 수소가 있는 알데하이드와 케톤을 산 또는 염기를 촉매로 사용하여 할로젠(X_2: Cl_2, Br_2, I_2)과 반응시키면, α 탄소의 수소 원자가 할로젠기로 치환되어 α-할로알데하이드 혹은 케톤이 얻어진다. 산 촉매 반응의 경우 오직 수소 하나만 할로젠기로 치환되지만, 염기 촉매 반응에서는 α 수소 모두가 할로젠기로 치환된다. 메틸 케톤의 경우 **할로폼**(CHX_3)이 생성된다.

$$Ph-\overset{O}{\overset{\|}{C}}-CH_2CH_3 \xrightarrow[Br_2]{H^+} Ph-\overset{O}{\overset{\|}{C}}-\underset{Br}{\underset{|}{C}}HCH_3$$

$$Ph-\overset{O}{\overset{\|}{C}}-CH_2CH_3 \xrightarrow[Br_2]{OH^-} Ph-\overset{O}{\overset{\|}{C}}-\underset{Br}{\overset{Br}{C}}CH_3$$

$$Ph-\overset{O}{\overset{\|}{C}}-CH_3 \xrightarrow[Br_2]{OH^-} Ph-\overset{O}{\overset{\|}{C}}-O^- + CHBr_3$$

Bromoform

■ α 수소를 가진 카복실산을 인(P), PBr_3 또는 $SOCl_2$ 존재하에 Br_2와 반응시키면 α 탄소에 브로민기가 치환되어 α-브로모카복실산이 생성된다. 이 반응을 **Hell-Volhard-Zelinsky (HVZ) 반응**이라고 한다.

$$RCH_2C(=O)OH \xrightarrow[2.\ H_2O]{1.\ PBr_3(\text{또는 P}),\ Br_2} RCH(Br)C(=O)OH$$

[2] 알킬화 반응

■ α 수소를 가지고 있는 알데하이드와 케톤, 에스터 및 나이트릴을 염기와 반응시킨 후 할로젠화 알킬(RX)과 반응시키면 α 탄소의 수소 원자가 알킬기로 치환된다.

$$\text{cyclopentanone} \xrightarrow[2.\ RX]{1.\ LDA,\ THF,\ -78°C} \text{2-R-cyclopentanone}$$

$$RCH_2-C(=O)-OCH_3 \text{ 또는 } RCH_2-CN \xrightarrow[2.\ RX]{1.\ LDA,\ THF,\ -78°C} RCH(R)-C(=O)-OCH_3 \text{ 또는 } RCH(R)-CN$$

■ 비대칭 케톤의 엔올 음이온을 친핵체로 이용한 알킬화 반응에서는 반응 조건에 따라 알킬기의 치환 위치가 다른 반응 생성물이 생성된다. **반응속도론적 제어 조건**(강염기, 낮은 온도, 비양성자성 용매)에서는 입체 장애가 작은 탄소 원자에 알킬기가 치환된 생성물이 얻어지지만, **열역학적 제어 조건**(평형 조건: 약염기, 상온, 양성자성 용매)에서는 더 많은 치환기를 가진 탄소 원자에 알킬기가 치환된 생성물이 얻어진다(**그림 14.7** 참조).

$$\text{2-methylcyclohexanone} \xrightarrow[2.\ CH_3I]{1.\ LDA,\ THF,\ -78°C} \text{2,6-Dimethylcyclohexanone}$$

$$\text{2-methylcyclohexanone} \xrightarrow[2.\ CH_3I]{1.\ CH_3CH_2O^-Na^+,\ CH_3CH_2OH,\ 25°C} \text{2,2-Dimethylcyclohexanone}$$

2,6-Dimethylcyclohexanone

2,2-Dimethylcyclohexanone

■ α 수소가 있는 알데하이드와 케톤은 이차 아민과 반응하여 엔아민을 형성하고, 할로젠화 알킬과 S_N2 반응에 의하여 알킬화 반응을 일으킨다(**Stork enamine 알킬화 반응**).

$$\text{cyclohexanone} \xrightarrow[H^+]{\text{pyrrolidine (N-H)}} \text{1-pyrrolidinylcyclohexene} \xrightarrow[2.\ H_3O^+]{1.\ RX} \text{2-R-cyclohexanone}$$

■ 말론산 에스터로부터 형성된 안정한 탄소음이온이 RX와 반응 후 탈카복실화 반응을 거치면 RX의 R기에 탄소 두 개가 늘어난 카복실산을 합성할 수 있다. 이를 **말론산 에스터 합성(Malonic ester synthesis)**이라고 한다.

$$CH_3CH_2O-C(=O)-CH_2-C(=O)-OCH_2CH_3 \xrightarrow[2.\ RBr\quad 3.\ H_3O^+,\ \Delta]{1.\ CH_3CH_2O^-Na^+} RCH_2C(=O)OH$$

탄소 두 개가 늘어난 카복실산

■ 아세토아세트산 에스터로부터 형성된 안정한 탄소음이온이 RX와 반응 후 탈카복실화 반응을 거치면 알킬 메틸 케톤이 생성된다. 이를 **아세토아세트산 에스터 합성(Acetoacetic ester synthesis)**이라고 한다.

$$CH_3COCH_2COOCH_2CH_3 \xrightarrow[\text{2. RBr} \quad \text{3. } H_3O^+, \Delta]{\text{1. } CH_3CH_2O^-Na^+} CH_3COCH_2R$$

알킬 메틸 케톤

카보닐 알파 탄소의 축합 반응

[1] 알돌 축합 반응

- α 수소를 가지고 있는 알데하이드(또는 케톤)의 두 분자가 염기 조건에서 분자간 친핵성 첨가 반응을 일으켜 생성한 **β-hydroxyaldehyde** (또는 **β-hydroxyketone**)를 **알돌(aldol)**이라 하며, 이 생성 반응을 알돌 반응이라고 한다. 이 반응은 가역적으로 일어난다. 알돌 생성물이 산 또는 염기 조건에서 쉽게 탈수되어 α,β-불포화 알데하이드(또는 케톤)를 형성하는데 이를 **알돌 축합 반응**이라 한다.

$$2CH_3-\overset{O}{\overset{\|}{C}}-H \xrightleftharpoons{HO^-} CH_3-\underset{H}{\overset{OH}{C}}-CH_2-\overset{O}{\overset{\|}{C}}-H \xrightarrow{-H_2O} CH_3CH{=}CH-\overset{O}{\overset{\|}{C}}-H$$

알돌 생성물 / 알돌 축합 반응 생성물

- 서로 다른 알데하이드(또는 케톤)와의 알돌 반응을 **교차(또는 혼성) 알돌 반응**이라 하며, 한 분자 내에 두 개의 알데하이드(또는 케톤)기를 가지고 있는 다이알데하이드와 다이케톤에서는, 분자 내 알돌 축합 반응이 일어나 cyclopentenone 또는 cyclohexenone이 생성된다.
- α 수소가 없는 알데하이드를 진한 NaOH 수용액으로 처리하면 알데하이드 산화 생성물인 카복실산 소듐염과 환원 생성물인 알코올이 1:1 비율로 생성된다. 이 반응을 **Cannizzaro 반응**이라고 한다.

[2] Claisen 축합 반응

- α 수소를 가지고 있는 에스터를 sodium ethoxide(EtONa)와 같은 염기와 반응시키면 두 분자의 에스터가 축합 반응하여 β-keto ester를 생성한다. 이를 **Claisen 축합 반응**이라고 한다.

$$2CH_3-\overset{O}{\overset{\|}{C}}-OEt \xrightarrow{EtONa} CH_3-\overset{O}{\overset{\|}{C}}-CH_2-\overset{O}{\overset{\|}{C}}-OEt$$

β-Keto ester

- α 수소를 가진 서로 다른 에스터 또는 케톤과 에스터 사이의 축합 반응을 **교차(또는 혼성) Claisen 축합 반응**이라고 한다.
- 한 분자 내에 에스터기를 두 개 가진 다이에스터는 Claisen 축합 반응하여, 오원자 고리 또는 육원자 고리 β-케토 에스터를 형성한다. 이를 **Dieckmann 축합 반응**이라고 한다.

[3] 케톤과 에스터의 축합 반응

- α 수소가 없는 에스터에 케톤의 엔올 음이온이 친핵성 첨가 반응한 후 제거 반응이 일어나면 β-케토 에스터 또는 1,3-다이케톤이 생성된다.

$$CH_3CH_2OCOCH_2CH_3 \text{ (Diethyl carbonate)} + \text{Cycloheptanone} \xrightarrow[\text{2. } H_3O^+]{\text{1. NaH}} \text{2-}(COCH_2CH_3)\text{cycloheptanone}$$

Diethyl carbonate / Cycloheptanone

$$C_6H_5-\overset{O}{\overset{\|}{C}}-OCH_2CH_3 + CH_3-\overset{O}{\overset{\|}{C}}-C_6H_5 \xrightarrow[\text{2. } H_3O^+]{\text{1. EtONa}} C_6H_5-\overset{O}{\overset{\|}{C}}CH_2\overset{O}{\overset{\|}{C}}-C_6H_5$$

Ethyl benzoate / Acetophenone / 1,3-Diphenyl-1,3-propanedione

콘쥬게이트 첨가 반응(1,4-첨가 반응)

- α, β-불포화 알데하이드 또는 케톤 화합물은 약한 친핵체에 의해 **콘쥬게이트 첨가** 또는 **1,4-첨가 반응**을 일으킨다.

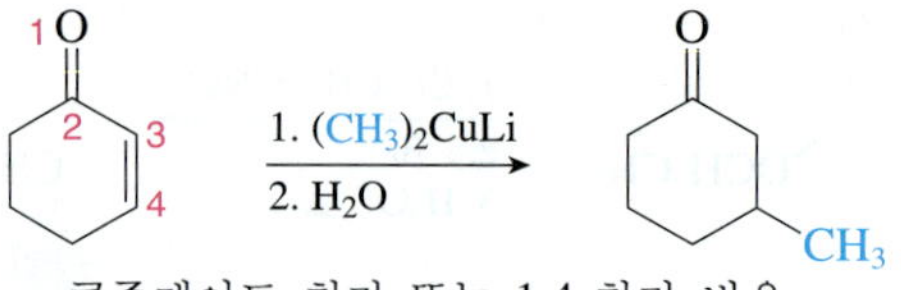

1 O, 2, 3, 4

1. $(CH_3)_2CuLi$
2. H_2O

CH_3

콘쥬게이트 첨가 또는 1,4-첨가 반응

- 엔올 음이온이 친핵체가 되어 α, β-불포화 카보닐 화합물에 작용한 콘쥬게이트(β 탄소) 첨가 반응을 **Michael 첨가 반응**이라고 한다.

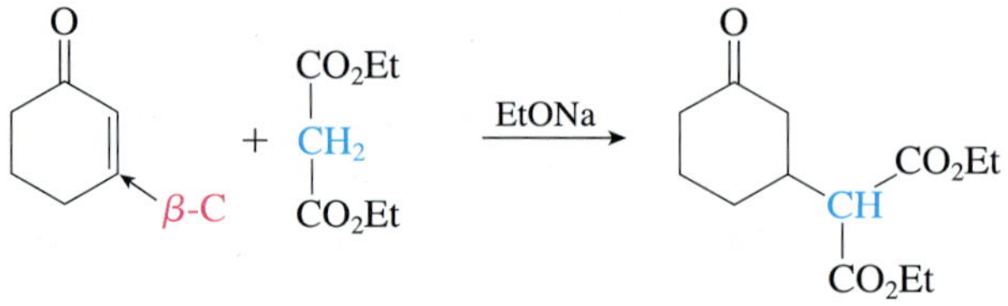

O, β-C, + CO_2Et CH_2 CO_2Et, EtONa, O, CO_2Et CH CO_2Et

- Michael 첨가 반응 생성물이 분자 내 알돌 반응을 일으켜 고리가 만들어진 반응을 **Robinson 고리만듦 반응(Robinson annulation)**이라고 한다.

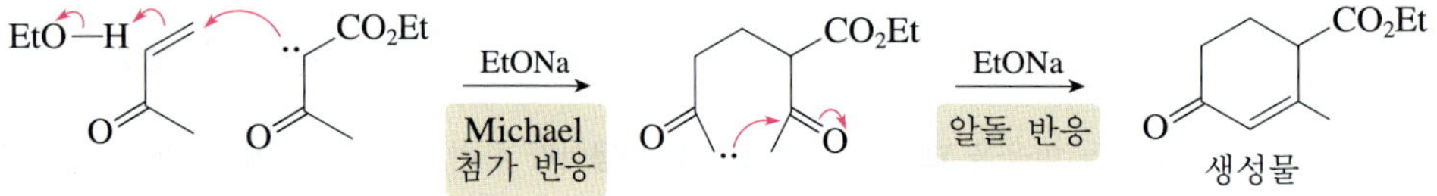

EtO—H, O, CO_2Et, O, EtONa, Michael 첨가 반응, O, CO_2Et, O, EtONa, 알돌 반응, O, CO_2Et, 생성물

보충 문제

14.16 다음 화합물의 가장 안정한 엔올의 구조를 그리시오.

a. 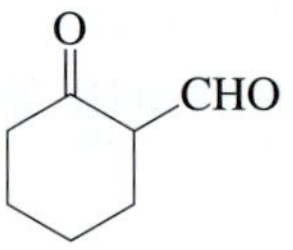 O, CHO **b.** C_6H_5, O, O **c.** CH_3, O, O, OCH_3 **d.** 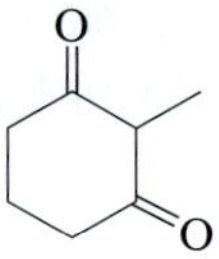 O, O

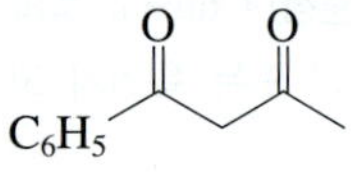

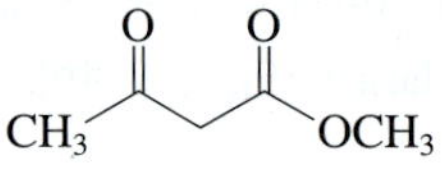

14.17 다음 각 항에서 보다 안정한 엔올 구조는 어느 것이며, 그 이유는 무엇인가?

a. 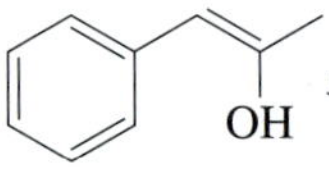 OH 와 OH **b.** 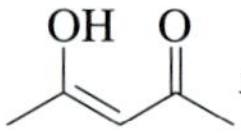 OH O 와 OH O

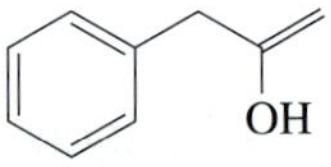

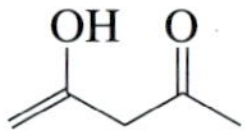

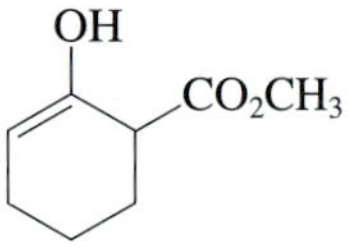

c. 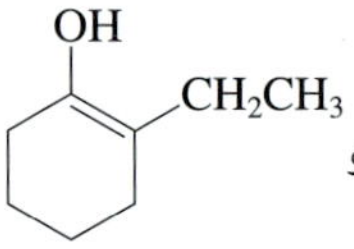 OH CH_2CH_3 와 OH CO_2CH_3 **d.** 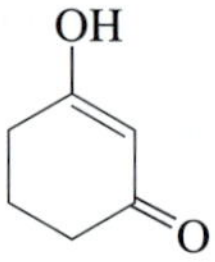 OH O 와 OH O

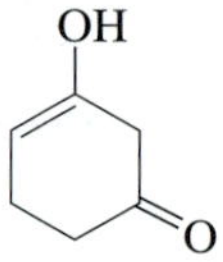

14.18 다음 화합물의 공명 구조를 그리시오.

a. $CH_3O_2C\bar{C}HCO_2CH_3$ **b.** $NC\bar{C}HCN$ **c.** $C_6H_5CO\bar{C}HCO_2CH_2CH_3$

d. 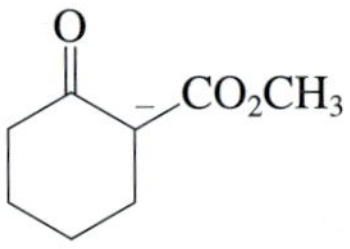 O, CO_2CH_3 **e.** 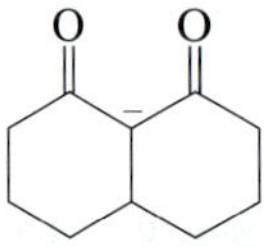 O O

14.19 다음 화합물에 ethanol 속에서 sodium ethoxide를 가하여 상온에서 엔올 음이온을 형성시켰다. 이들 엔올 음이온의 구조를 그리시오.

a. 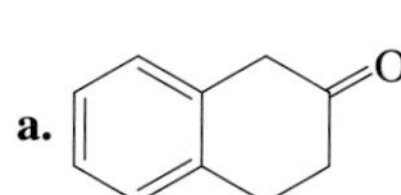

b. 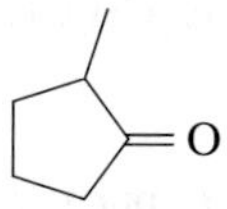 O **c.** 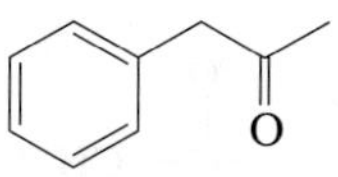 O **d.** 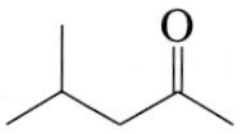 O

14.20 문제 **14.19**의 화합물 각각을 THF 용매 속에서 −78°C에서 과량의 LDA로 처리하였을 때 생성되는 엔올 음이온의 구조를 그리시오.

14.21 다음 반응을 성공적으로 수행하려면 염기의 선택이 중요하다. 염기로 CH_3CH_2ONa (CH_3CH_2OH + Na)와 LDA [$(i\text{-}Pr)_2NH$ + n-BuLi]를 사용할 때 일어나는 반응의 특징을 기술하시오(단, cyclohexanone의 pK_a는 20, CH_3CH_2OH의 pK_a는 16, LDA의 pK_a는 40이다).

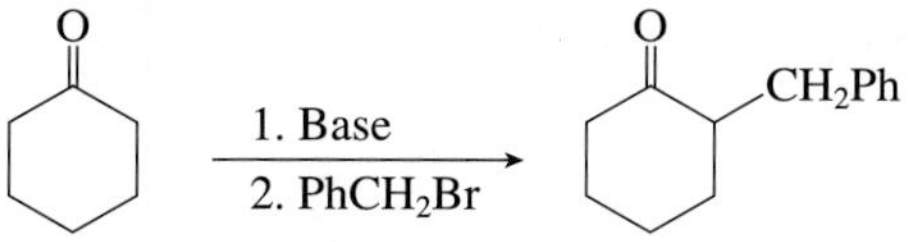

O —(1. Base; 2. $PhCH_2Br$)→ O, CH_2Ph

14.22 (S)-2-Phenylbutanoic acid와 (S)-3-phenylbutanoic acid에 HVZ 반응(P, Br_2)으로 α-브로민화 반응을 수행하여 각각 생성물을 얻었다. 이 중 기존의 입체 중심 배열이 변화된 것은 어느 것인가?

14.23 (R)-2-Phenylcyclopentanone과 (R)-3-phenylcyclopentanone을 산 또는 염기 수용액에 방치하였더니 이 중 하나는 광학 활성을 잃었다. 왜 이런 결과가 나왔는지 설명하시오.

14.24 다음 반응에서 얻어지는 주생성물의 구조를 그리시오.

a. 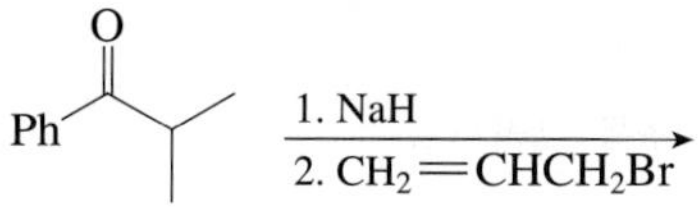 Ph, O —(1. NaH; 2. $CH_2{=}CHCH_2Br$)→

b. 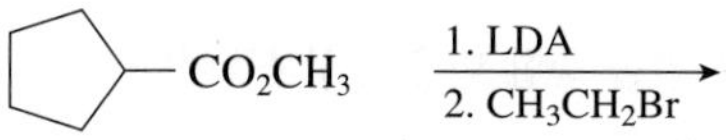 CO_2CH_3 —(1. LDA; 2. CH_3CH_2Br)→

c. 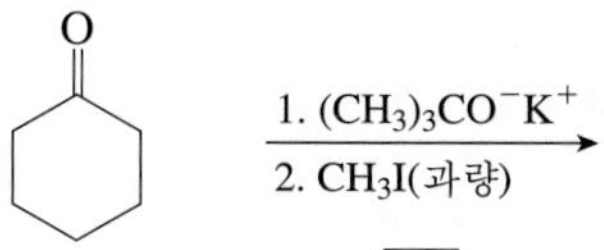 O —(1. $(CH_3)_3CO^-K^+$; 2. CH_3I(과량))→

d. 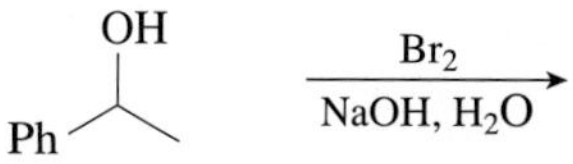 OH, Ph —(Br_2; NaOH, H_2O)→

e. 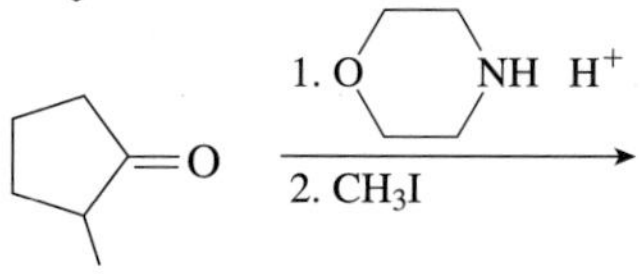 O —(1. O, NH H^+; 2. CH_3I)→

f. $CH_3CO_2CH_2CH_3$ —(1. LDA; 2. $PhCH_2Br$)→

g. O —(1. LDA; 2. $CH_2{=}CHCH_2Br$)→

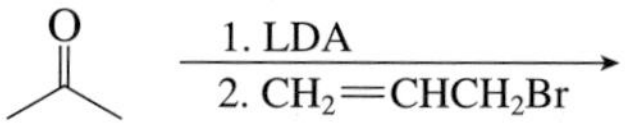

h. 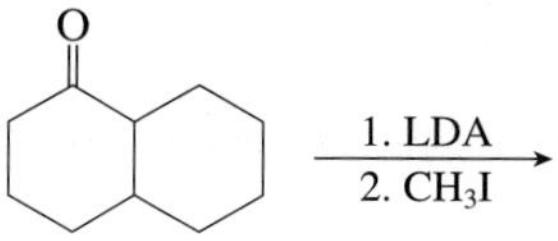 O —(1. LDA; 2. CH_3I)→

i. 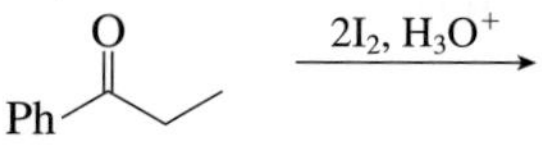 O, Ph —($2I_2$, H_3O^+)→

j. 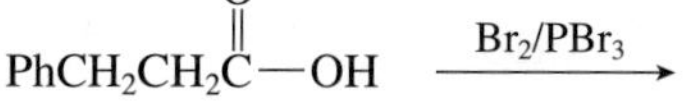 $PhCH_2CH_2\overset{O}{\overset{\|}{C}}{-}OH$ —(Br_2/PBr_3)→

k. $CH_3CH_2CH_2\overset{OH}{\overset{|}{C}}HCH_3$ —(과량 I_2/HO^-)→

l. 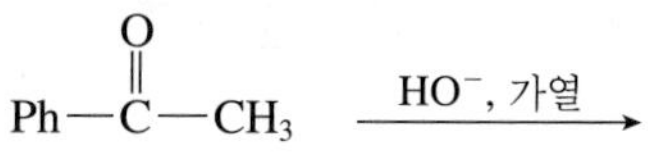 $Ph{-}\overset{O}{\overset{\|}{C}}{-}CH_3$ —(HO^-, 가열)→

m. PhCHO + CH_3CH_2CHO —(HO^-, 가열)→

n. 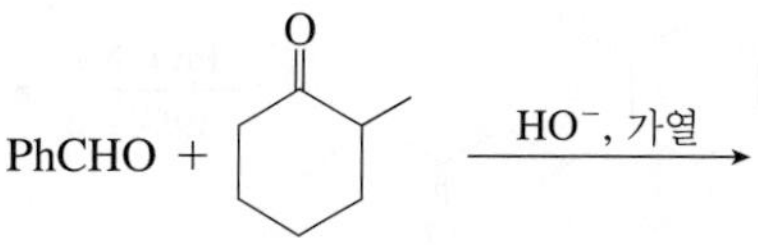 PhCHO + O —(HO^-, 가열)→

o. $CH_3{-}\overset{O}{\overset{\|}{C}}{-}OEt$ + $EtO{-}\overset{O}{\overset{\|}{C}}{-}\overset{O}{\overset{\|}{C}}{-}OEt$ —(1. NaOEt/EtOH; 2. H_3O^+)→

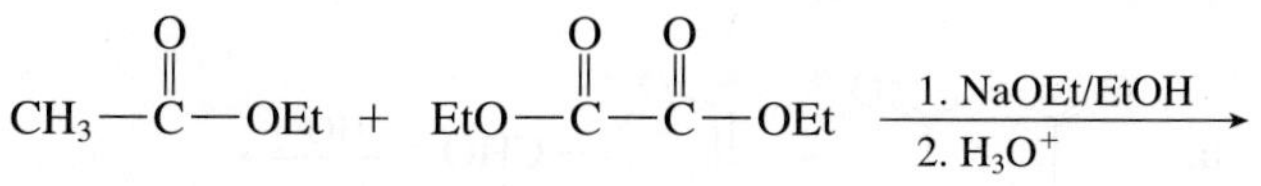

p. 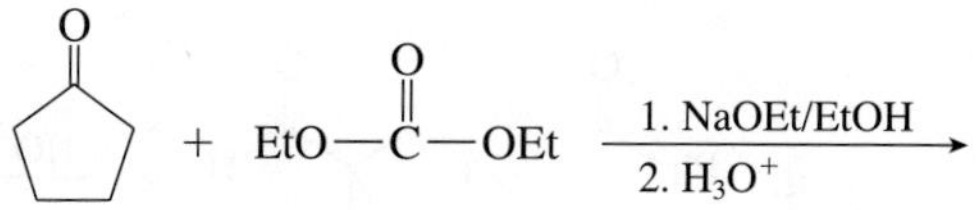 O + $EtO{-}\overset{O}{\overset{\|}{C}}{-}OEt$ —(1. NaOEt/EtOH; 2. H_3O^+)→

14.25 말론산 에스터 또는 아세토아세트산 에스터 합성법을 이용하여 다음 화합물을 합성하시오.

a. 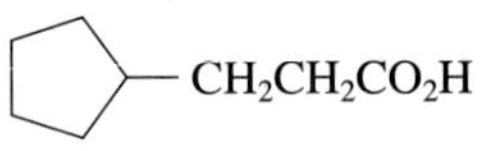 (cyclopentyl)$-CH_2CH_2CO_2H$ b. $CH_2{=}CHCH_2CH_2CO_2H$ c. 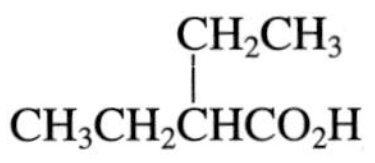 $CH_3CH_2CH(CH_2CH_3)CO_2H$

c.  $CH_2{=}CHCH_2CH_2CCH_3$ (C=O) e. 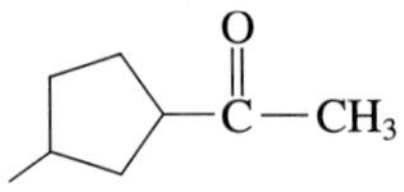 (3-methylcyclopentyl)$-C(=O)-CH_3$ f. 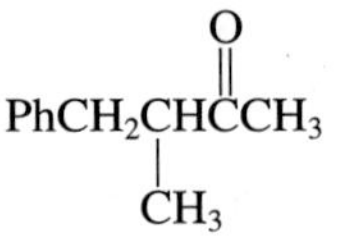 $PhCH_2CH(CH_3)CCH_3$ (C=O)

14.26 Acetoacetic ester synthesis를 이용하여 다음 화합물을 합성하는 방법을 보이시오.

a. 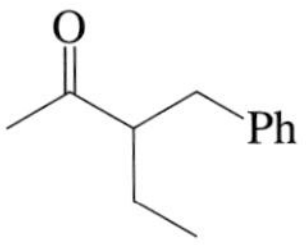 b. 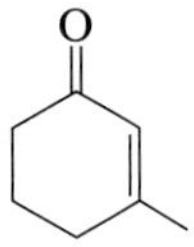 c. 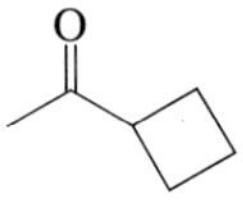 d. 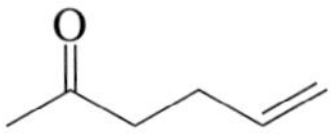 e.

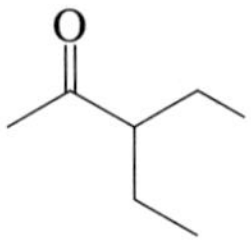

Ph

14.27 다음 화합물의 합성법을 보이시오.

a. 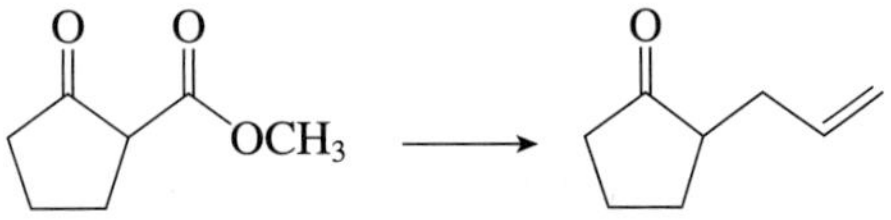 OCH_3 → b. 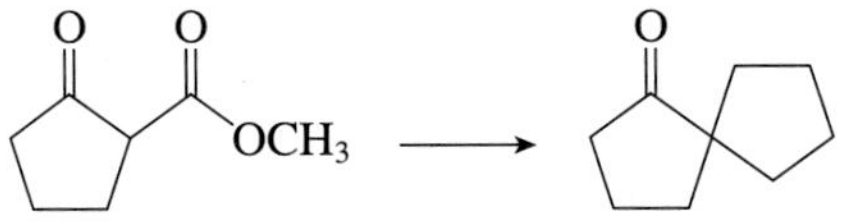 OCH_3 →

c. 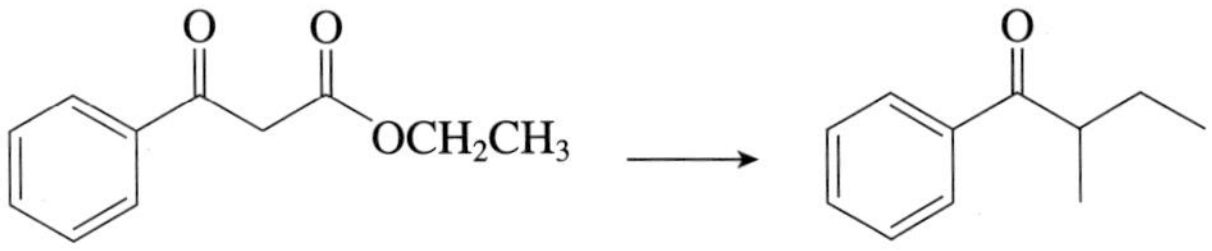 OCH_2CH_3 →

14.28 다음은 알돌 축합 반응 생성물들이다. 출발 물질이 되는 알데하이드 또는 케톤의 구조를 그리시오.

a. 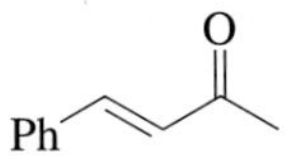 Ph b. 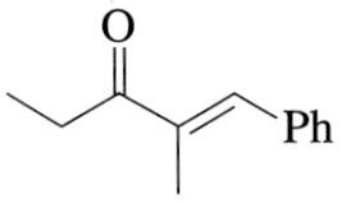 Ph c. 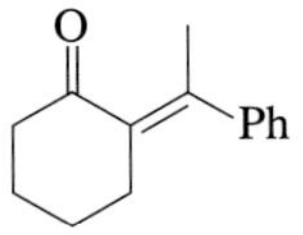 Ph

d. 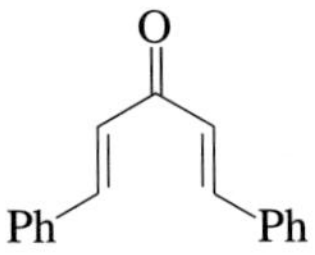 Ph Ph e. 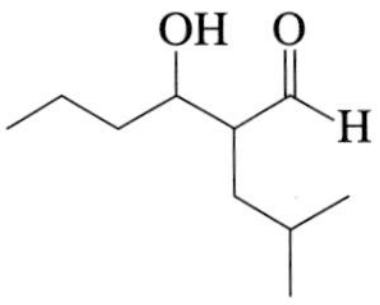 OH O H f.

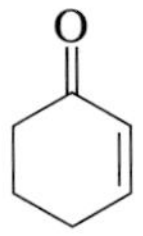

14.29 알돌 축합 반응 생성물(교차 알돌 반응인 경우 교차 생성물)의 구조를 그리시오.

a. 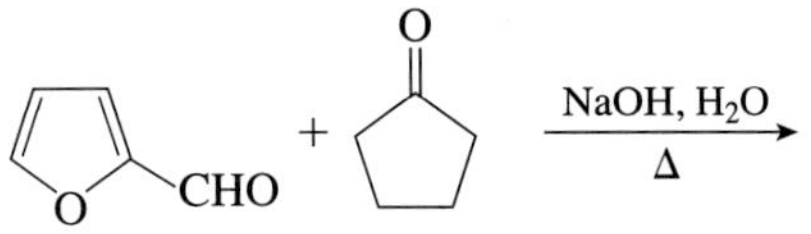 CHO + $\xrightarrow[\Delta]{NaOH,\ H_2O}$ b. $H_3C-C(=O)-CH_3$ + $H-C(=O)-H$ $\xrightarrow[H_2O]{NaOH}$

c. $\xrightarrow[\Delta]{NaOH,\ H_2O}$ d. H H $\xrightarrow[\Delta]{NaOH,\ H_2O}$

e. $\xrightarrow[EtOH,\ \Delta]{EtO^-Na^+}$ f. + CH_2O $\xrightarrow[\Delta]{NaOH,\ H_2O}$

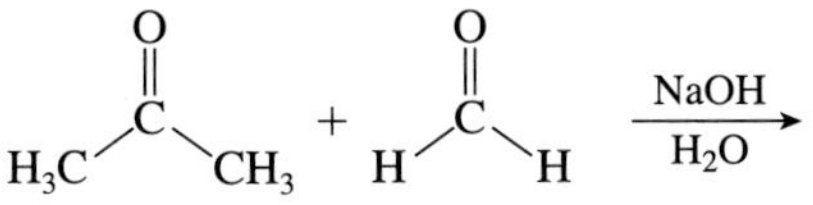

g. Ph + H $\xrightarrow{HO^-}$ h. + CHO $\xrightarrow{HO^-}$

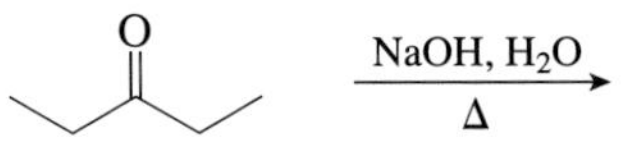

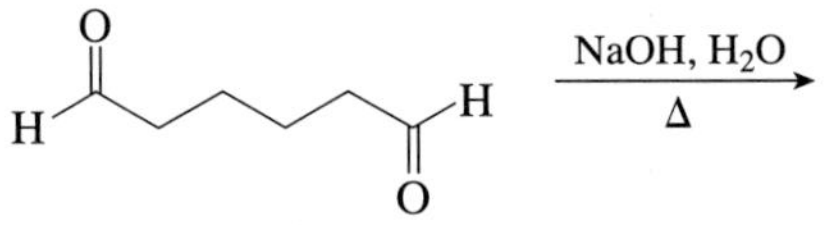

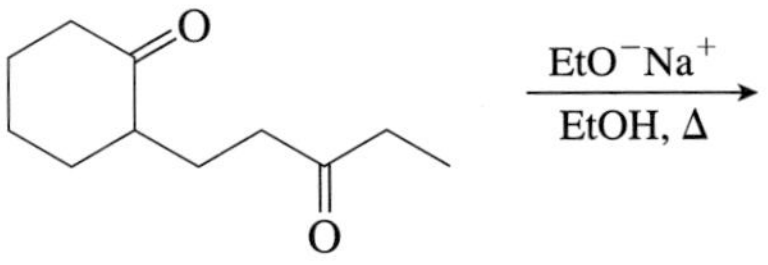

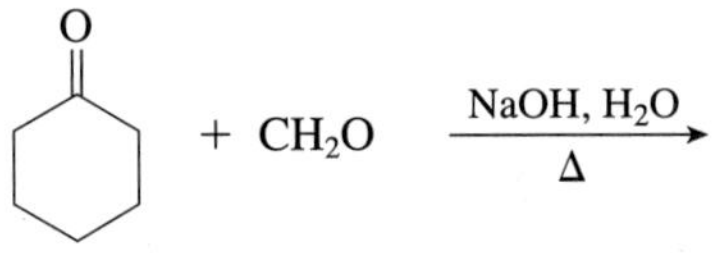

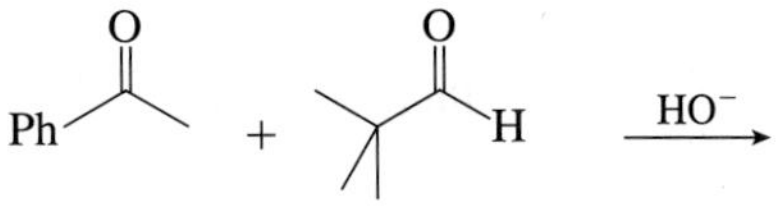

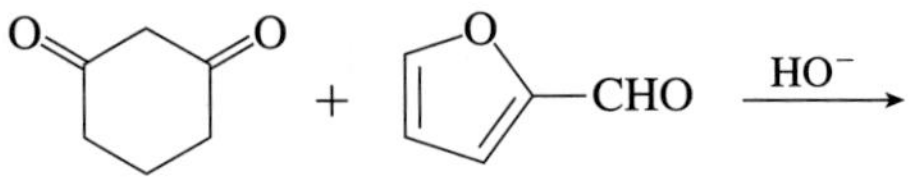

i. 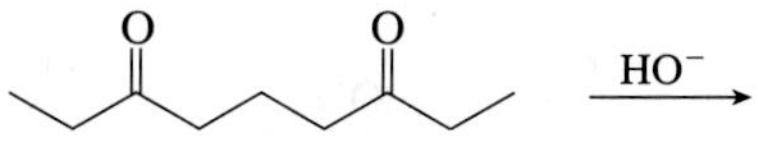 $\xrightarrow{HO^-}$

j. 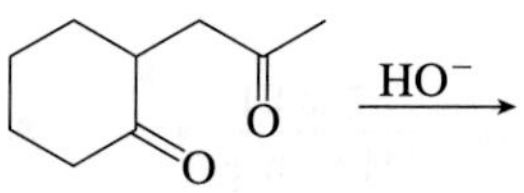 $\xrightarrow{HO^-}$

k. 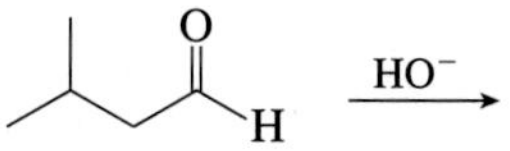 $\xrightarrow{HO^-}$

l. 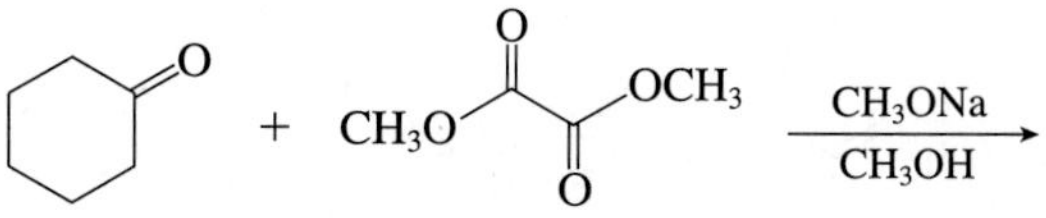 + CH_3O ... OCH_3 $\xrightarrow[CH_3OH]{CH_3ONa}$

m. 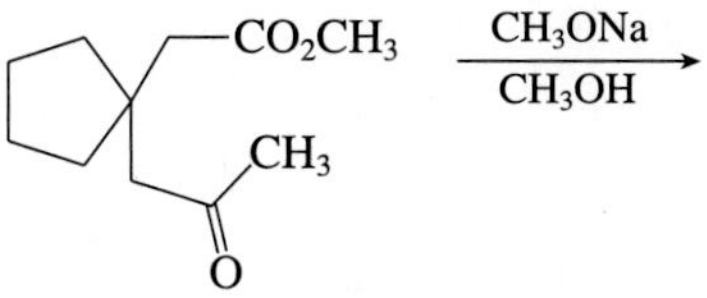 CO_2CH_3, CH_3 $\xrightarrow[CH_3OH]{CH_3ONa}$

n. 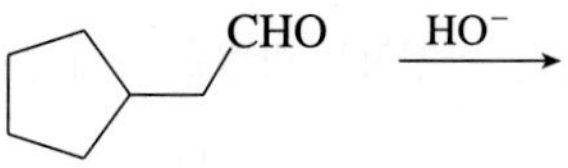 CHO $\xrightarrow{HO^-}$

14.30 Ethyl propanoate와 ethyl butanoate의 1:1 혼합물을 교차 Claisen 축합 반응시켰다. 네 가지 종류의 생성 가능한 물질의 구조를 그리시오.

14.31 다음 반응의 메커니즘을 그리시오.

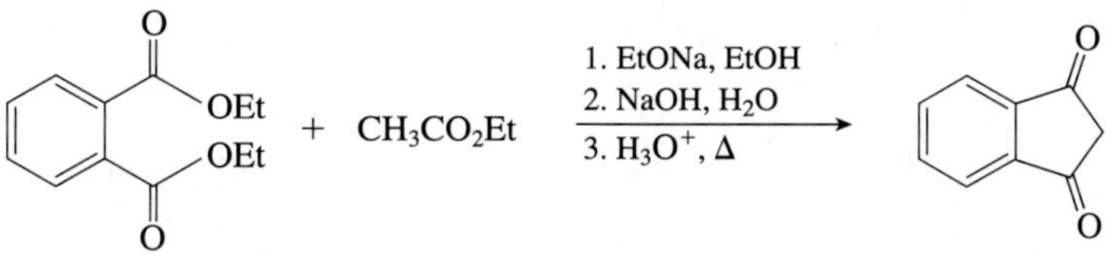

OEt, OEt + CH_3CO_2Et $\xrightarrow{\text{1. EtONa, EtOH; 2. NaOH, } H_2O\text{; 3. } H_3O^+, \Delta}$

14.32 엔아민의 콘쥬게이트 첨가 반응을 이용하여 다음 물질을 합성하는 방법을 적으시오.

a. 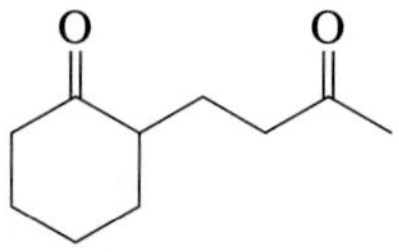 b.

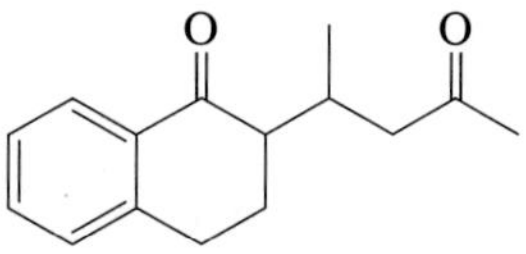

14.33 다음 반응의 주생성물의 구조를 그리시오.

a. 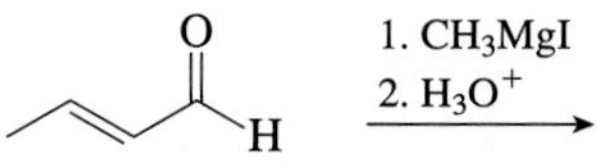 H $\xrightarrow{\text{1. } CH_3MgI\text{; 2. } H_3O^+}$

b. 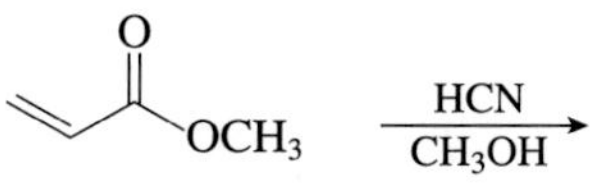 OCH_3 $\xrightarrow[CH_3OH]{HCN}$

c. 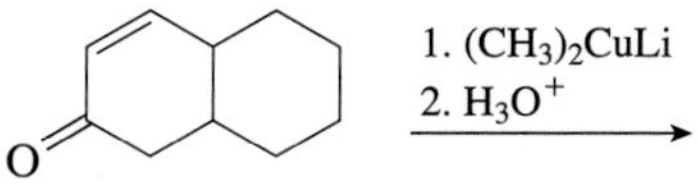 $\xrightarrow{\text{1. } (CH_3)_2CuLi\text{; 2. } H_3O^+}$

d. 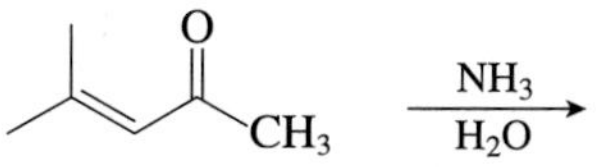 CH_3 $\xrightarrow[H_2O]{NH_3}$

e. 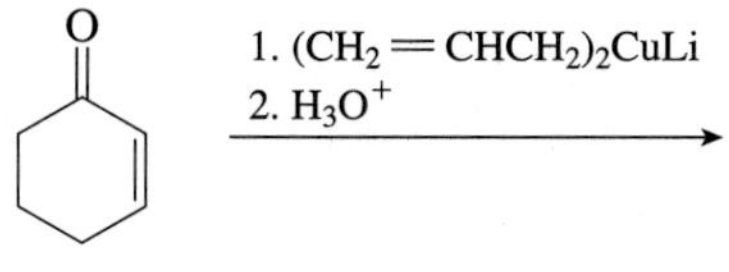 $\xrightarrow{\text{1. } (CH_2{=}CHCH_2)_2CuLi\text{; 2. } H_3O^+}$

f. 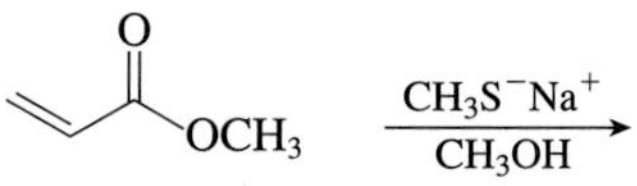 OCH_3 $\xrightarrow[CH_3OH]{CH_3S^-Na^+}$

g. 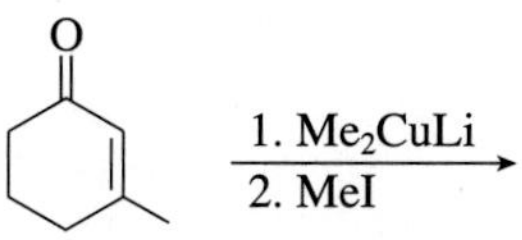 $\xrightarrow{\text{1. } Me_2CuLi\text{; 2. MeI}}$

h. $\xrightarrow{Br_2, H^+}$

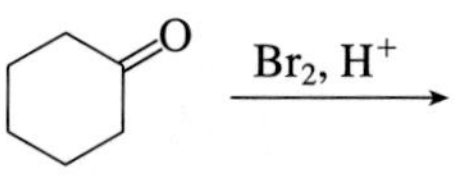

i. 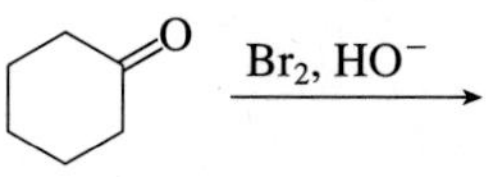 $\xrightarrow{Br_2, HO^-}$

j. 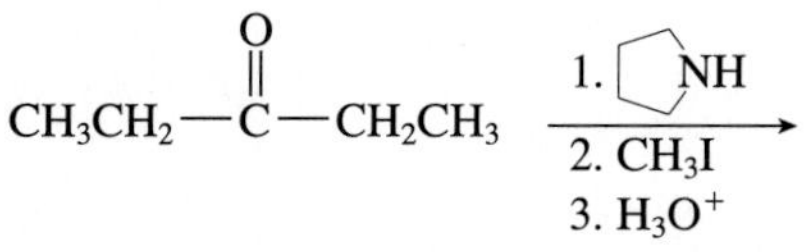 $CH_3CH_2—\overset{O}{\overset{\|}{C}}—CH_2CH_3$ $\xrightarrow{\text{1. NH (pyrrolidine); 2. } CH_3I\text{; 3. } H_3O^+}$

k. 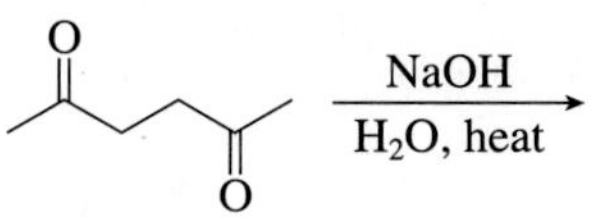 $\xrightarrow[H_2O\text{, heat}]{NaOH}$

l. Cyclodeca-1,5-dione $\xrightarrow[H_2O\text{, heat}]{NaOH}$

m. (cyclopentanone)$-CH_2-\overset{O}{\overset{\|}{C}}-CH_2CH_2CH_3$ $\xrightarrow[H_2O,\ heat]{NaOH}$ **n.** (2-methylcyclohexanone) + (methyl vinyl ketone) $\xrightarrow[EtOH]{EtONa}$

o. (acetone) + (2-phenylpropenal, Ph, H) $\xrightarrow[EtOH]{EtONa}$

14.34 Cyclohexanone으로부터 다음 물질을 합성하는 방법을 보이시오.

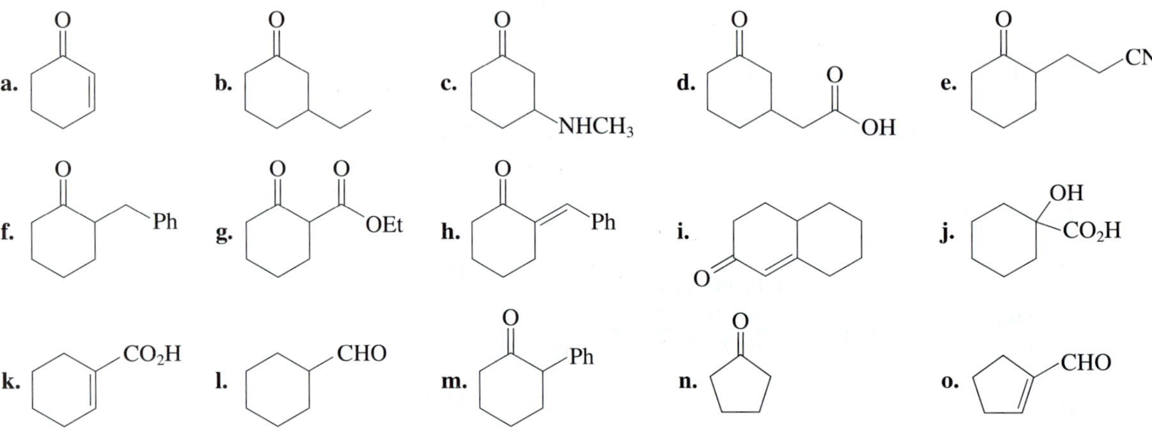

14.35 다음 반응의 메커니즘을 쓰시오.

a. (3-butenal) $\xrightarrow{H^+ \text{ or } HO^-}$ (2-butenal)

b. (1-pyrrolidinylcyclohexene) $\xrightarrow{1.\ \text{(methyl vinyl ketone)}\quad 2.\ H_3O^+}$ (octalone)

15장 생체분자화학 I: 탄수화물과 핵산

핵심 익히기

- 탄수화물 (당류) 의 분류 및 구조
- 단당류의 이름 및 입체화학 (입체배열, Fischer 투영법, 에피머, 아노머)
- 단당류의 피라노스와 퓨라노스 구조, Haworth 투영식, 의자 형태 구조
- 단당류의 반응 및 글리코사이드 결합
- 핵산의 종류 및 화학적 조성
- 뉴클레오타이드 및 뉴클레오사이드의 구조와 명칭
- 핵산의 구조 및 핵산 염기의 종류와 명칭

사탕수수: 설탕과 폴리코사놀 (아래쪽 그림)

사탕수수는 줄기 마디 사이의 유연 조직에 다량의 설탕액을 함유하고 있다. 이 설탕액을 가공하여 설탕을 얻는다. 착즙하고 남은 잔사 (bagasse) 는 펄프 원료나 연료로 사용된다. 사탕수수는 바이오 연료 (에탄올) 를 얻는 중요한 생물 자원이기도 하다. 사탕수수 껍질에서 추출한 고급 사슬형 알코올인 policosanol은 혈중 저밀도 지질 단백 (LDL) 을 낮추는 건강 식품 보조제로서 판매되고 있다.

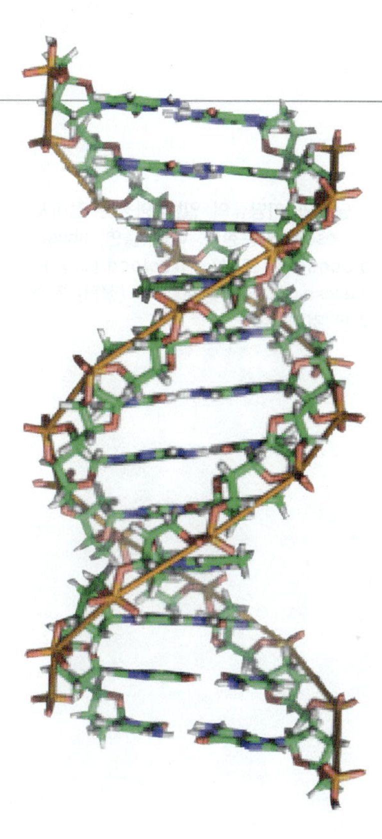

DNA의 이중 나선 구조 (오른쪽 그림)

DNA는 두 가닥의 뉴클레오타이드가 핵산 염기 사이의 상보적 수소 결합에 의해 이중 나선 구조를 이루고 있는 핵산의 일종으로, 자기 복제에 의해 후손에게 유전 정보를 전달하고, 저장된 암호로서 세포의 특징을 결정하며, 단백질의 생합성을 지시하는 역할을 한다.

생체분자(biomolecules)란 생명체에서 만들어지는 모든 유기 물질을 의미한다. 이들은 생물체가 생명을 유지하는 데 필요한 물질을 합성하거나 에너지를 얻기 위하여 사용되며, 또한 유전 정보를 후손에게 물려 주는 데 핵심적인 역할을 한다. 탄수화물, 핵산, 단백질 및 지질 등이 여기에 속하는데, 이 중에서 탄수화물, 핵산 및 단백질은 **생체 고분자 물질**로서 존재한다. 이 장에서는 생체분자 중 탄수화물과 핵산 분자들에 대한 구조, 결합 및 반응 등에 초점을 맞추어 공부하고자 한다.

15.1 탄수화물 화학

탄수화물(carbohydrate)은 녹색식물의 광합성에 의해 만들어지는 물질로서, 생물계가 생명을 유지하는 데 매우 중요한 유기 화합물이다. 탄수화물 중 당과 녹말 등은 생명체의 주요한 에너지원으로 사용되며, 셀룰로스는 초식동물의 먹이이자 목재, 종이 및 솜을 만드는 원료로 이용된다. 또한 당의 일종인 ribose(라이보스)와 deoxyribose(데옥시라이보스)는 생명체의 유전 정보 전달과 단백질 합성에 관여하는 핵산의 구성 성분이기도 하다. 탄수화물은 주로 C, H, O로 구성되어 있는 물질이다. 탄수화물의 어원은 많은 종류의 탄수화물의 분자식을 $C_n(H_2O)_n$으로 나타낼 수 있었기 때문에 '탄소의 수화물(물을 포함하고 있는 탄소)'이라고 생각했던 초기 유기화학자들의 생각에서 유래하였으나, 탄수화물의 실제 구조와는 아무 상관이 없으며 단순히 관습상 부르는 이름에 불과하다. 또한 탄수화물은 **당류(saccharide)**라고도 하는데, 이는 단맛을 내는 설탕에서 유래되어 붙인 이름이다. 분자 구조로 볼 때 탄수화물은 두 개 이상의 하이드록시기(—OH기)를 가지고 있는 알데하이드 또는 케톤 화합물이다.

- 탄수화물은 폴리하이드록시 알데하이드 또는 케톤의 구조를 가지고 있는 물질이다.

15.1.1 탄수화물(당류)의 분류

탄수화물은 구성하고 있는 기본 당의 단위수에 따라 **단당류(monosaccharide)**, **이당류(disaccharide)**, **올리고당(oligosaccharide)** 및 **다당류(polysaccharide)**로 분류한다.

■ 단당류

단당류와 이당류의 일반 명칭은 접미사로 -ose를 사용한다. 예를 들면, ribose, glucose (포도당), fructose (과당), maltose (맥아당) 및 sucrose (설탕) 등과 같은 것이다.

단당류란 가수분해에 의하여 더 작은 당으로 전환되지 않는 기본 당을 뜻하며, 탄소 원자의 수가 주로 3~7개로 이루어져 있는 하이드록시 알데하이드 또는 케톤의 구조를 가지고 있다.

단당류는 작용기로 알데하이드기를 가지고 있는 경우 **알도스(aldose)**, 케톤기를 가지고 있는 경우 **케토스(ketose)**로 다시 나눌 수 있다.

가장 잘 알려진 aldohexose는 **포도당(glucose)**이며, ketohexose는 **과당(fructose)**이다.

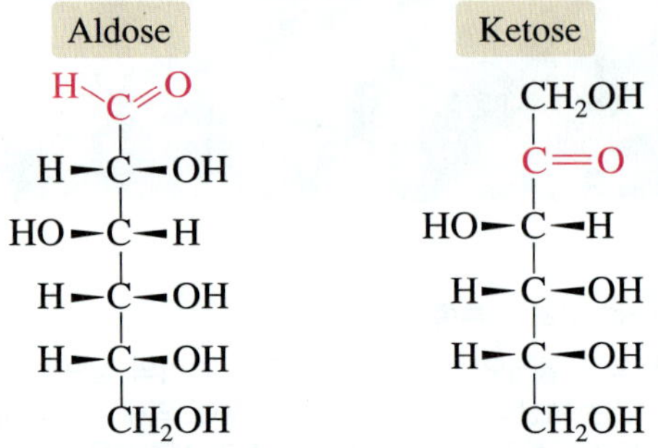

Aldose

H–C=O
H–C–OH
HO–C–H
H–C–OH
H–C–OH
CH_2OH

Glucose
(Aldohexose)

Ketose

CH_2OH
C=O
HO–C–H
H–C–OH
H–C–OH
CH_2OH

Fructose
(Ketohexose)

■ 이당류

같거나 다른 단당류 두 개가 아세탈 형태의 결합(글리코사이드 결합)을 하여 만들어진 당류를 **이당류(disaccharide)**라 하고, 맥아당(maltose)과 설탕(sucrose)이 여기에 속한다. 1몰의 이당류를 가수분해하면 2몰의 단당류가 생성된다.

글리코사이드 결합
당의 구조에 있는 아세탈형 결합을 글리코사이드 결합이라 한다.

■ 올리고당

세 개 내지 열 개의 단당류가 아세탈 형태의 결합(글리코사이드 결합)을 하여 연결되어 있는 당류를 말한다. 이당류를 포함시킬 경우도 있다. 천연 올리고당으로 프럭토올리고당(fructooligosaccharide, FOS)과 갈락토올리고당(galactooligosaccharide, GOS) 등이 있으며, 일부 올리고당은 당단백 또는 당지질의 구성 성분으로도 존재한다.

올리고당(oligosaccharide)
단당류 3~10개가 글리코사이드 결합에 의해 결합된 당류를 말한다. 동일 종류의 단당류로 구성된 호모올리고당과 2개 이상의 다른 단당류로 구성된 헤테로올리고당으로 분류된다. 전분으로부터 얻은 말토올리고당과 아이소말토올리코당, 사탕무 또는 설탕으로부터 얻은 프락토올리고당, 젖당으로부터 얻은 갈락토올리고당, 치커리 등의 채소로부터 얻은 이눌린올리고당, 자일란으로부터 얻은 자일로올리고당 등이 있다. 이들은 가수분해 효소 또는 당 전이 효소를 이용하여 해당되는 다당류를 부분 분해하여 만든다.

■ 다당류

수십 개 이상의 단당류 단위(경우에 따라 수백 또는 수천 개의 단당류 단위)가 아세탈 형태의 결합(글리코사이드 결합)을 하여 만들어진 당류로서, 녹말, 글리코젠 및 셀룰로스 등이 여기에 속한다. 이들은 모두 glucose로만 구성되어 있지만, 다른 종류의 단당류가 구성 단위로 포함된 다당류도 있다.

15.1.2 단당류의 구조

[1] 단당류를 구성하고 있는 탄소 원자의 수에 따라 삼탄당(C_3, triose), 사탄당(C_4, tetrose), 오탄당(C_5, pentose), 육탄당(C_6, hexose) 및 칠탄당(C_7, heptose)으로 부른다.

[2] 이들은 C-1에 알데하이드 또는 C-2에 케톤기를 가지며, 나머지 탄소 원자에는 OH기를 하나씩 가지고 있다.

가장 간단한 단당류인 glyceraldehyde는 탄소 원자가 세 개인 triose이며, 알데하이드기를 가지고 있으므로 aldose의 일종인 aldotriose에 해당한다. 이것의 구조 이성질체인 1,3-dihydroxyacetone은 케톤기를 가지고 있으므로 ketose이며, ketotriose에 해당한다. 이와 비슷하게 aldohexose인 glucose와 ketohexose인 fructose 역시 구조 이성질체 관계이다.

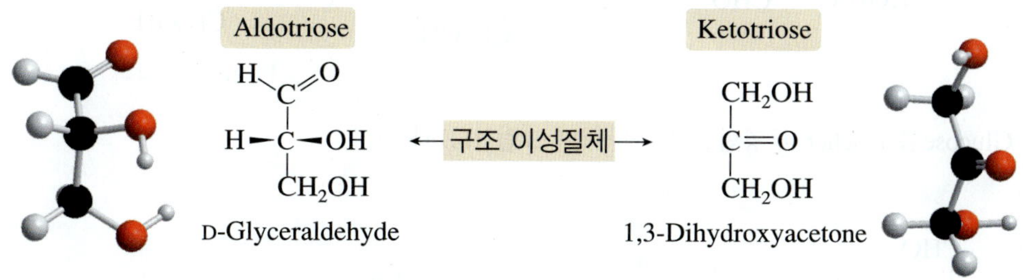

15.1.3 단당류의 입체화학 – Fischer 투영법

Ketotriose인 1,3-dihydroxyacetone을 제외한 모든 탄수화물은 한 개 이상의 입체 중심(비대칭 탄소)을 가지고 있다. 예를 들면, aldotriose인 glyceraldehyde는 한 개, aldohexose인 glucose는 네 개, ketohexose인 fructose는 세 개의 입체 중심을 가지고 있다. 입체 중심의 수가 n개이면 입체이성질체(여기서는 거울상이성질체)의 수는 2^n개이므로 이들은 각각 2개, 16개 및 8개의 입체이성질체(거울상이성질체)를 가지고 있다.

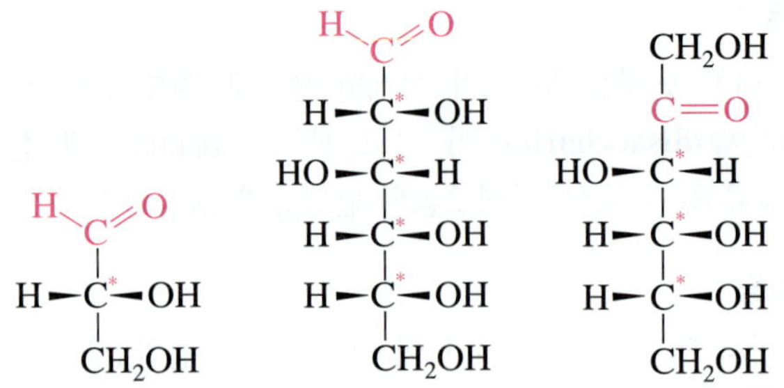

	D-Glyceraldehyde (Aldotriose)	D-Glucose (Aldohexose)	D-Fructose (Ketohexose)
입체 중심의 수	1개	4개	3개
입체이성질체의 수	2개	16개	8개

Hermann Emil Fischer (1852~1919): 독일 출신 유기화학자. Erlangen, Würzburg 및 Berlin 대학교 교수 역임. 에스터화 반응의 발견, 당류의 입체 구조 및 합성 연구로 1902년 노벨 화학상 수상.

탄수화물의 입체 중심을 나타내는 방법으로 가장 많이 사용되는 방법은 **Fischer 투영법(DL 배열법)**이다. 이 방법에 대해선 이미 앞서 5.4.4절에서 상세히 언급되었으므로 여기서는 중요한 사항만 요약하기로 한다.

Fischer 투영법은 다음과 같이 표시되어 있다.

- 정사면체의 네 개의 꼭짓점이 동서남북 방향의 십자가로 표시되어 있고, 교차점에 탄소가 있다.
- 산화 상태가 높은 알데하이드 또는 케톤기가 북쪽(윗쪽)에 배치되어 있다.
- 수평의 결합(동서 방향)들은 종이면 앞 방향으로 튀어나오도록 배치되어 있다.
- 수직 결합(남북 방향)들은 종이면 뒤쪽으로 배향하도록 배치되어 있다.

(*R*)-Glyceraldehyde를 Fischer 투영법으로 표시한 예

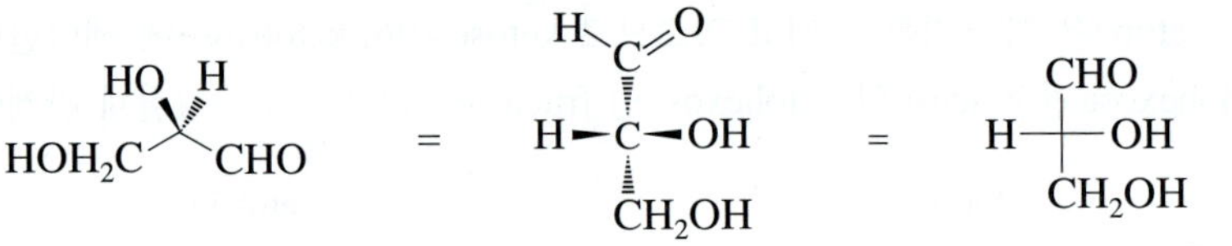

Fischer 투영식

Glucose를 Fischer 투영법으로 나타내면 **그림 15.1**과 같다.

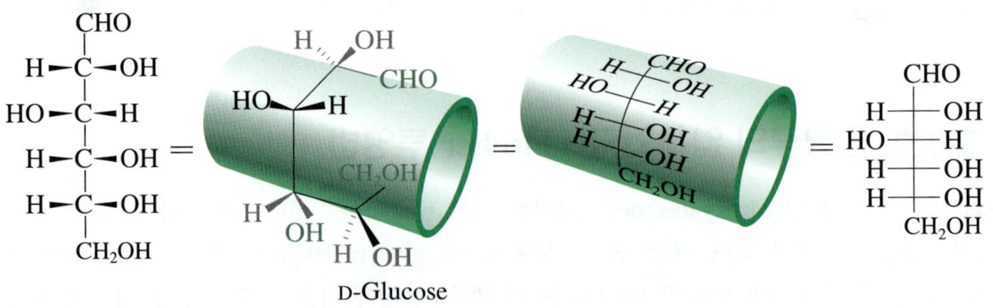

D-Glucose

그림 15.1 **Glucose의 Fischer 투영법.** Glucose 분자의 수직방향의 탄소 골격은 원통의 표면에 감겨 있는 배향을 하고 있고, 수평 결합은 앞 방향으로 튀어나온 모습이다.

15.1.4 D,L 배열 표기법

단당류의 구조에 있는 비대칭 중심의 절대 배열을 표시하는 방법으로는 이미 5.4.2절에서 배운 ***R,S* 배열법(CIP법)**보다 관습상 **D,L 배열법(Fischer 투영법)**을 더 많이 사용한다(5.4.5절 참조).

(*R*)-Glyceraldehyde는 D-glyceraldehyde가 되고 (*S*)-glyceraldehyde는 L-glyceraldehyde가 되며, 이 두 물질 사이의 관계는 거울상이성질체이다.

소문자 d와 l은 각각 dextro와 levo의 약자로서, 광회전도의 방향을 나타내는 기호로 사용되는 문자이다. d는 (+)-방향, 즉 오른쪽 방향(시계 방향), l은 (−)-방향, 즉 왼쪽 방향(시계반대 방향)을 나타낸다. 반면에 대문자 D와 L은 광회전도 방향과는 무관하게 오직 절대 배열만을 나타낸다.

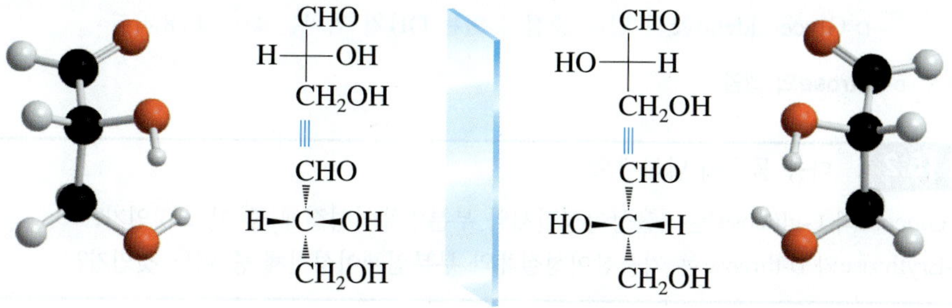
CHO
H—OH
CH_2OH
CHO
H—C—OH
CH_2OH
CHO
HO—H
CH_2OH
CHO
HO—C—H
CH_2OH

(*R*)-Glyceraldehyde = D-Glyceraldehyde (*S*)-Glyceraldehyde = L-Glyceraldehyde

모든 단당류는 D-계열당과 L-계열당으로 구분할 수 있는데, 그 기준은 Fischer 투영법으로 나타냈을 때 카보닐기(알데하이드 또는 케톤기)로부터 가장 멀리 있는 입체 중심 탄소에 결합하여 있는 OH기가 오른쪽에 있으면 D-계열당, 왼쪽에 있으면 L-계열당으로 부른다 **(그림 15.2)**.

- Glucose를 비롯하여 자연계에 존재하는 모든 당은 D-계열당이다.

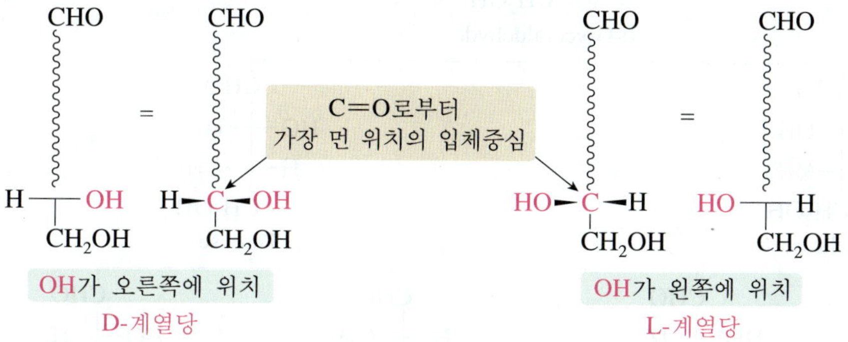
CHO
=
H—OH
CH_2OH
CHO
H—C—OH
CH_2OH
C=O로부터
가장 먼 위치의 입체중심
CHO
HO—C—H
CH_2OH
=
CHO
HO—H
CH_2OH
OH가 오른쪽에 위치
D-계열당
OH가 왼쪽에 위치
L-계열당

그림 15.2 **D,L 표기법.**

문제 15.1 D-Glucose의 각 입체 중심의 배열을 R,S 배열법으로 나타내시오.

15.1.5 D-알도스의 배열

Triose인 D-glyceraldehyde의 C-1과 C-2 사이에 탄소 원자 하나를 첨가하고, 좌우 양쪽에 H와 OH기를 교대로 배치하면 서로 부분입체이성질체 관계인 D-erythrose와 D-threose가 생성된다 **(그림 15.3)**. 이를 반복적으로 시행하면 네 종류의 pentose와 여덟 종류의 hexose가 생성되는데, 이들의 구조에는 D-glyceraldehyde의 입체 중심의 절대 배열을 공통적으로 가지고 있다. 이를 **D-aldose 계열 단당류**라 한다. 이들의 상관관계를 **그림 15.4**에 나타내었다.

C-1과 C-2 사이에 탄소 원자 하나를 첨가하고 좌우 양쪽에 H와 OH기를 교대로 배치

D-Erythrose D-Glyceraldehdye D-Threose

D-Glyceraldehdye의 입체 중심에 있는 OH기 위치는 그대로 유지됨

그림 15.3 **D-Tetrose의 배열.**

> **문제 15.2** 다음 물음에 답하시오.
>
> **a.** D-Glucose와 L-glucose는 거울상이성질체와 부분입체이성질체 중 어느 것인가?
>
> **b.** D-Erythrose와 D-threose는 거울상이성질체와 부분입체이성질체 중 어느 것인가?

■ 에피머(Epimer)

그림 15.3과 **15.4**에 표시된 D-erythrose와 D-threose는 두 개의 비대칭 중심 가운데 C-2에 있는 치환기(OH기)의 입체 배열만 다르고 다른 부분은 동일한 부분입체이성질체이다. 탄수화물의 화학에서는 이와 같은 부분입체이성질체를 **에피머**라 부른다. 예를 들어, D-ribose와 D-xylose는 C-3 에피머이고, D-glucose와 D-mannose는 C-2 에피머이다.

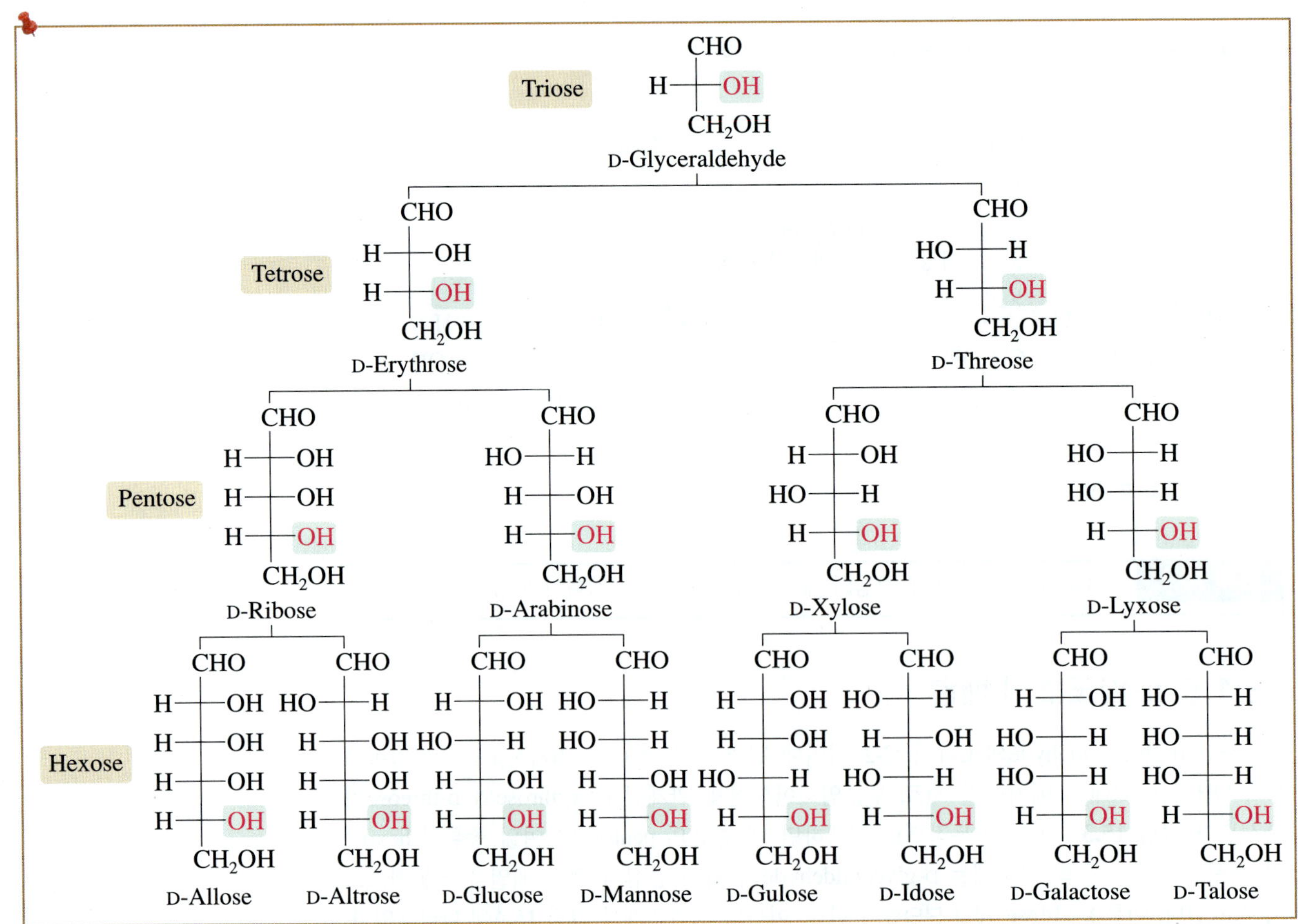

그림 15.4 **Fischer 투영법으로 나타낸 D-Aldose의 입체 배열.**

문제 15.3 그림 15.4를 참고하여 다음 물음에 답하시오.

a. D-Glucose의 C-4 에피머인 단당류의 이름은 무엇인가?
b. D-Ribose와 D-xylose는 입체 배열이 어떻게 다른가?
c. D-Allose와 D-mannose는 입체 배열이 어떻게 다른가?

15.1.6 단당류의 고리 구조: 고리형 헤미아세탈

우리는 11.13.2절에서 알데하이드와 케톤의 카보닐기가 알코올과 친핵성 첨가 반응을 통하여 헤미아세탈 또는 아세탈을 생성한다는 것을 배웠다. 분자 내에 OH기를 가지고 있는 알데하이드 또는 케톤의 경우 오원자 또는 육원자 고리형 헤미아세탈을 생성할 수 있다. 단당류는 분자 내에 OH기를 하나 이상 가진 알데하이드 또는 케톤 구조를 가지고 있으므로 분자 내 OH기 하나가 카보닐기와 친핵성 첨가 반응하여 오원자 또는 육원자 고리형 헤미아세탈을 형성하여 존재한다. 산소 원자 하나를 포함한 오원자 헤테로고리를 tetrahydrofuran (테트라하이드로퓨란)이라 부르며, 육원자 헤테로고리를 tetrahydropyran (테트라하이드로피란)이라 부르는데, 이들 형태의 고리를 포함한 헤미아세탈 구조를 가진 당류를 각각 **퓨라노스(furanose)**와 **피라노스(pyranose)**라 한다.

O, H, α, β, γ, 1, 2, 3, 4, OH ⇌ OH, O
Furanose
오원자 고리
Tetrahydrofuran

O, H, α, β, γ, δ, 1, 2, 3, 4, 5, OH ⇌ OH, O
Pyranose
육원자 고리
Tetrahydropyran

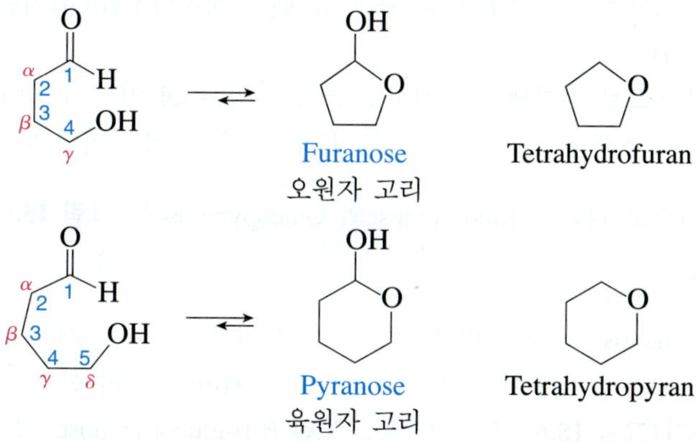

- 펜토스의 경우 C-4의 OH기가 친핵체로 C-1의 알데하이드기를 공격하면 오원자 고리형 헤미아세탈인 퓨라노스가 생성된다.
- 알도헥소스의 경우 C-5의 OH기가 친핵체로 C-1의 알데하이드기를 공격하면 육원자 고리형 헤미아세탈인 피라노스가 생성된다.

예를 들면, 알도헥소스인 glucose는 대부분 피라노스 형태의 고리를 가진 구조로 존재하는데, 이를 glucopyranose라 한다. 또한 케토헥소스인 과당(fructose)과 알도펜토스인 라이보스(ribose)는 퓨라노스 형태의 고리 구조를 가지고 있으며, 이를 각각 fructofuranose와 ribofuranose라 한다. 이들 고리형 구조를 나타내는 방법에는 **Haworth** ('하워스'라고 읽음) **투영식**과 **의자 형태 구조**가 있다.

Norman Haworth (1883~1950): 영국 출신 화학자. Durham 대학과 Birmingham 대학의 교수 역임. 탄수화물 화학과 비타민 C에 관한 연구로 1937년 노벨 화학상 수상.

15.1.7 퓨라노스와 피라노스의 Haworth 투영식과 의자 형태 구조

■ Haworth 투영식

다음 규칙에 따라 나타낸다.

[1] 퓨라노스와 피라노스를 각각 평면 오각형 또는 육각형으로 그린다.

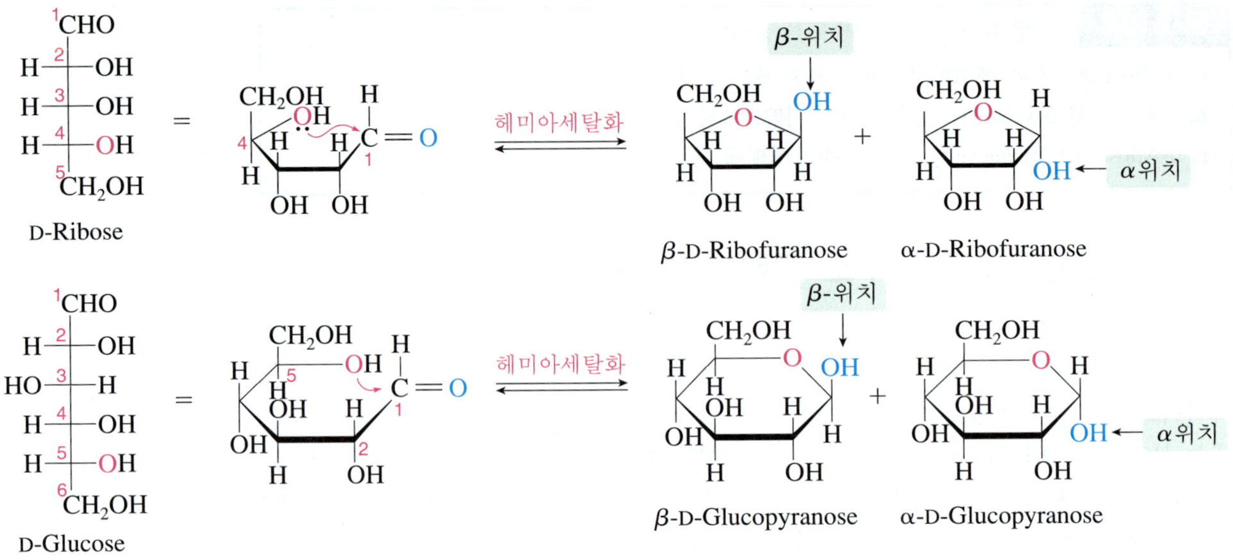

D-Ribose

헤미아세탈화

β-위치

α위치

β-D-Ribofuranose α-D-Ribofuranose

D-Glucose

헤미아세탈화

β-위치

α위치

β-D-Glucopyranose α-D-Glucopyranose

그림 15.5 **Haworth 투영식으로 나타낸 Ribofuranose와 Glucopyranose.**

Glucose의 C-4 위치의 OH기에 의해 오원자 고리형 헤미아세탈인 furanose의 생성도 가능하나 육원자 고리형인 pyranose가 더 안정하여 glucose 분자의 대부분(99% 이상)은 pyranose 형태로 존재한다.

[2] 고리 산소 원자를 상단에 나타내되 육각형의 경우 오른쪽 상단에 오도록 한다.

[3] Fischer 투영법으로 나타낸 hexose 구조 중 맨 아래쪽의 CH_2OH기는 고리의 상단에 오도록 배치한다.

[4] Fischer 투영법으로 나타낸 구조에서 오른쪽에 있는 OH기는 고리의 하단(α위치)에 위치하게 하고, 왼쪽에 있는 OH기는 고리 상단(β위치)에 나타나게 그린다.

Haworth 투영식으로 나타낸 Ribofuranose와 Glucopyranose는 **그림 15.5**에 나타내었다.

■ 의자 형태 구조

Glucose와 같은 hexose의 경우 의자 형태 구조로 나타낼 수 있는데, 이 경우 보통 의자의 등받이 형태가 왼쪽에, 발받이 형태가 오른쪽에 위치하고, 고리 산소 원자가 오른쪽 상단에 오도록 그린다(**그림 15.6**). 의자 형태로 보면 β-D-glucopyranose 형태는 C-1 위치의 OH기가 수평방향에 있으므로, OH기가 수직방향에 위치한 α-D-glucopyranose보다 안정하리라는 것을 예측할 수 있다.

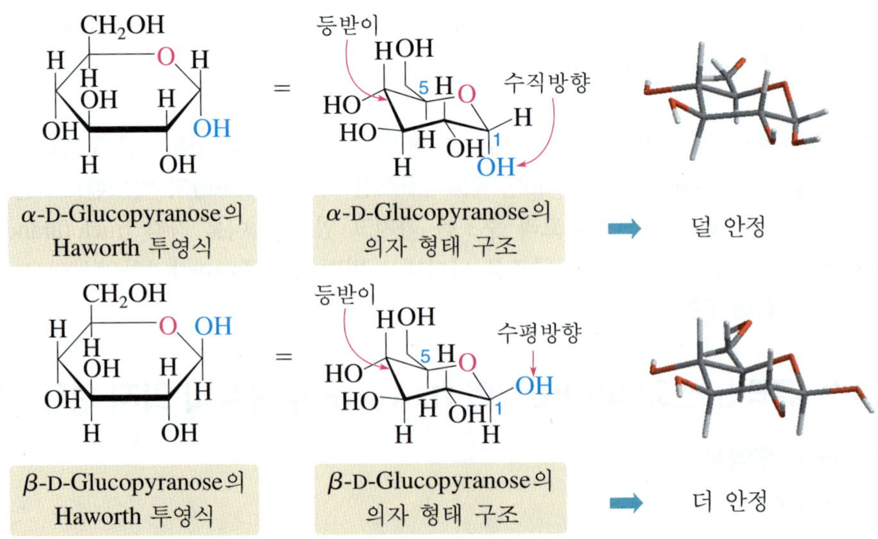

그림 15.6 **Haworth 투영식과 의자 형태로 나타낸 Glucopyranose의 구조.**

문제 15.4 D-Fructose의 hemiketal 구조를 Haworth 투영식으로 나타내시오.

15.1.8 아노머와 변광회전

■ 아노머

비고리형 단당류가 고리형 헤미아세탈을 형성할 때 1번 탄소 원자에 새로운 입체 중심이 생성되는데, 이때 생성된 이성질체를 **아노머(anomer)**라 부르며, 1번 탄소 원자를 **아노머성 탄소(anomeric carbon)**라고 한다. 아노머가 생성되는 이유는 OH기가 헤미아세탈 고리를 형성할 때 평면인 카보닐기의 양면을 공격할 수 있기 때문이다(**그림 15.7**).

- **Haworth 투영식**에서 1번 탄소 원자의 OH기가 아래쪽(5번 탄소의 CH_2OH와 반대쪽)에 있는 경우 ***α*-anomer**(*α*-D-glucose 또는 *α*-D-glucopyranose)라 하고, 위쪽(5번 탄소의 CH_2OH와 같은쪽)에 있는 경우 ***β*-anomer**(*β*-D-glucose 또는 *β*-D-glucopyranose)라 한다. L-glucose인 경우 위쪽이 *α*, 아래쪽이 *β*이다
- Anomer의 구조를 의자 형태 구조로 나타낼 때 *α*-anomer(*α*-D-glucose)의 1번 탄소원자의 OH기는 수직방향(axial)에 있으며, *β*-anomer(*β*-D-glucose)의 경우 수평방향(equatorial)에 있다.
- 1,3-Diaxial interaction 같은 인근 치환기와의 입체적인 상호작용이 적은 *β*-D-glucose가 *α*-D-glucose보다 더 안정하다.

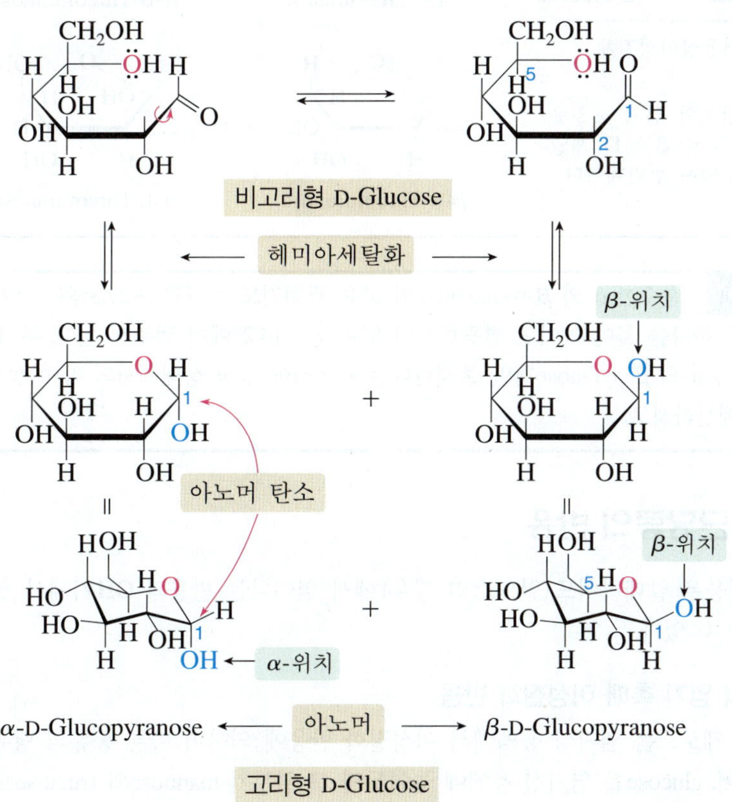

그림 15.7 *α*-D-Glucopyranose와 *β*-D-glucopyranose: 아노머의 생성.

■ 변광회전

순수한 α-D-glucose(고유 광회전도값 = +112.2)를 물속에 녹이고 방치하면 고유 광회전도값이 +52.7로 변한다. 또한 β-D-glucose(고유 광회전도값 = +18.7)의 고유 광회전도값 역시 물속에서 +52.7로 변한다. 이와 같이 광회전도가 변화하는 현상을 **변광회전(mutarotation)**이라고 한다. 이런 현상이 생기는 이유는 α-와 β-D-glucose가 모두 헤미아세탈 구조이기 때문에 물속에서 고리가 풀어져(가수분해) 비고리형 glucose로 전환되고, 다시 고리가 형성되는 반응을 통해 37%의 α-아노머와 63%의 β-아노머가 평형을 이루고 있기 때문이다.

α-D-Glucopyranose와 β-D-glucopyranose는 서로 부분입체이성질체 관계이다.

α-D-Glucopyranose 37% ⇌ 비고리형 D-Glucose ⇌ β-D-Glucopyranose 63%

예제 15.1 Threofuranose의 모든 입체이성질체를 그리고 명명하시오.

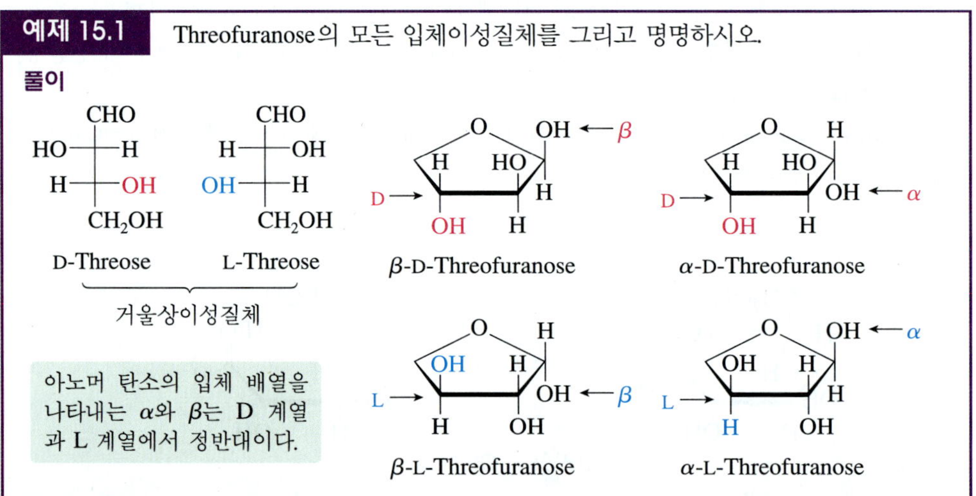

문제 15.5 순수한 α-와 β-D-mannose의 고유 광회전도는 각각 +29.3°와 −17°이다. 이 두 물질 중 하나를 물에 녹이면 변광회전이 일어나 +14.2°에서 멈추게 된다. 두 물질의 고리형 구조가 α-와 β-pyranose형만 존재한다는 가정하에 평형 상태에서의 각 이성질체의 조성(%)을 계산하시오.

15.1.9 단당류의 반응

단당류의 반응은 알데하이드(알도스의 경우)에서 일어나는 반응과 OH기에서 일어나는 반응으로 나눌 수 있다.

■ 단당류의 염기 촉매 이성질화 반응

알도스와 케토스는 염기성 용액에서 이성질화 반응에 의하여 다른 종류의 당류가 생성된다. 예를 들어, glucose를 염기성 용액에 놓아두면 그 일부가 mannose와 fructose로 전환되고, 이들 혼합물과 평형을 이루게 된다. 이는 glucose에 있는 알데하이드의 α 수소가 염기에 의해 탈양성자화되어 enolate 이온이 형성되어 이성질화 반응에 참여하기 때문이다(**그림 15.8**).

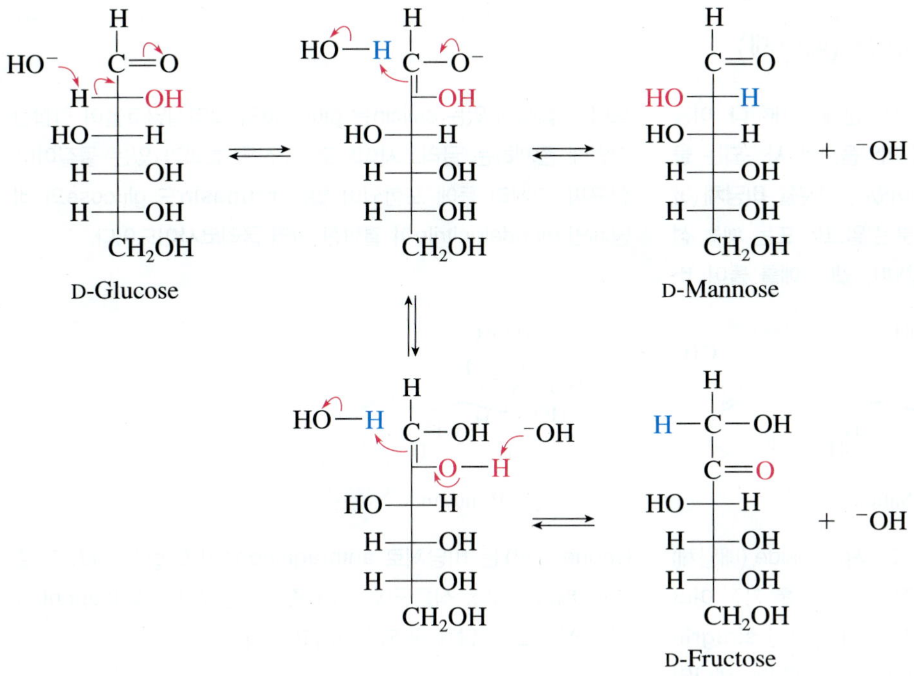

그림 15.8 단당류의 염기 촉매 이성질화 반응.

■ 아세탈화 반응: 글리코사이드 결합

앞서 언급한 대로 비고리형 D-glucose는 헤미아세탈 결합에 의하여 α-와 β-D-glucopyranose 같은 고리형 구조를 형성한다. 이것을 HCl 존재하에 알코올과 반응시키면 알코올 한 분자가 더 첨가되어 **글리코사이드(glycoside: 배당체)** 라 부르는 아세탈 형태로 전환된다. 위 반응에서는 α-와 β-D-glucopyranoside가 모두 생길 수 있다. 단당류끼리 결합하여 이당류 또는 다당류가 형성되는 원리도 이와 같은 글리코사이드 결합을 통하여 이루어진다. 반응 메커니즘은 아세탈 형성 반응과 유사하다(11.13.2절).

- **글리코사이드 결합**은 아세탈 결합의 일종으로 오직 아노머 탄소에서만 일어난다.

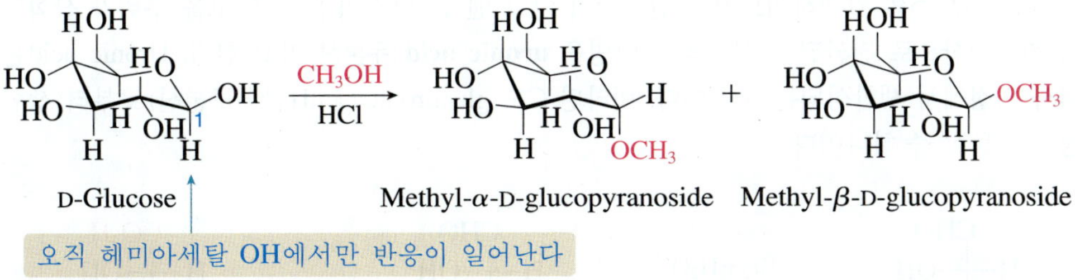

D-Glucose → (CH_3OH, HCl) Methyl-α-D-glucopyranoside + Methyl-β-D-glucopyranoside

오직 헤미아세탈 OH에서만 반응이 일어난다

문제 15.6 α-D-Glucopyranose가 산성 용액에서 methanol과 반응하여 α-와 β-D-methyl glucopyranoside가 되는 반응 메커니즘을 적으시오.

문제 15.7 D-Galactose가 HCl 존재하에 methanol과 반응하여 생성된 물질의 구조를 그리시오.

■ 산화와 환원 반응

알도스의 알데하이드가 산화되어 카복실산으로 전환된 물질을 **aldonic acid (알돈산)** 라고

화학 라운지 15.1 천연 글리코사이드(배당체)

많은 종류의 천연 배당체들이 다양한 식물군에 존재한다. 이들 중 많은 경우 생물 활성을 가지고 있어 의약품으로 사용되는 물질도 많다. 배당체 구조 중 당과 결합되어있는 부분을 **비당체**(아**글리콘, aglycon**)라 하는데, 이들 대부분은 알코올 또는 페놀 성분으로서 당과 아세탈 결합을 통해 결합되어 있다. 예를 들어, 버드나무 껍질에 있는 salicin은 glucose와 살리실알코올이 결합한 자연에 존재하는 글리코사이드로서, 진통 효과가 있는 물질이다. 살구씨, 고사리 등에 포함되어 있는 **prunasin**도 glucose와 비당체인 mandelonitrile이 결합한 천연 글리코사이드이다.

Salicin

Prunasin

강심제로 사용되는 **디곡신(digoxin)**도 *O*-glycoside (배당체)의 일종이다. 비당체로 산소 이외에 황, 질소 및 탄소를 가진 여러 종류의 배당체가 자연계에 존재한다. 고추냉이 성분인 **sinigrin**은 비당체로 황을 포함하고 있고, 설사약으로 사용되는 센나잎(senna leaf)은 비당체로 anthraquinone이 C-gylcoside로 결합된 배당체이다. 식물군에 널리 존재하는 사포닌류(saponins: 거품 성분)도 배당체 구조를 가지고 있다.

Aldose와 ketose의 구별 시험법

- Tollens 시약: aldose는 은거울 반응이 일어남(351쪽 참조). Ketose는 반응 안 함.
- Fehling과 Benedict 시약: aldose는 벽돌색 침전(Cu_2O) 생성(아래 오른쪽 사진). Ketose는 반응하지 않고 파란색 Cu^{2+} 이온색 유지(아래 왼쪽 사진).

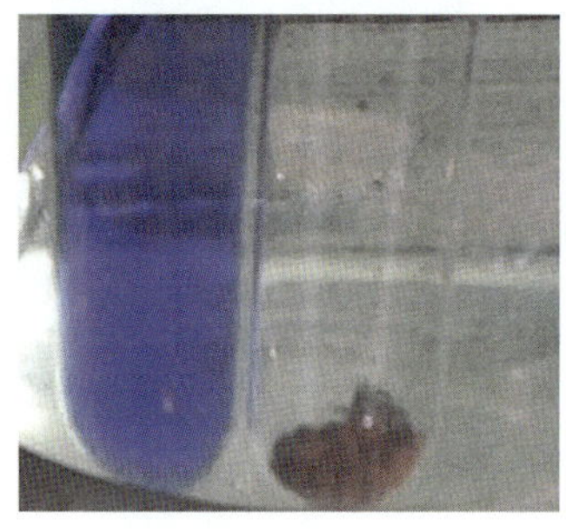

한다. 브로민 수용액과의 반응에서는 알도스만 산화되고(브로민수는 약한 산화제이며 브로민의 붉은색이 없어지는 것으로 알 수 있다) 케토스는 반응하지 않아 알도스와 케토스를 구별하는 데 이용된다. **Tollens 시약**(Ag^+ 이온의 암모니아 수용액), **Fehling 시약**(Cu^{2+}의 타타르산 소듐 수용액) 또는 **Benedict 시약**(Cu^{2+}의 시트르산 소듐 수용액)과 같은 시약도 약한 산화제로 작용하여 aldonic acid를 생성한다. 그러나 Tollens 시약과 같은 염기성 시약은 케토스도 aldonic acid로 전환시킬 수 있다. 그 이유는 염기성 용액에서 케토스는 엔올 중간체를 거쳐 알도스와 평형 상태를 이룰 수 있기 때문이다. 질산과 같은 더 강한 산화제로 산화시키면 말단에 있는 일차 알코올까지 산화되어 다이카복실산이 되는데 이를 **aldaric acid (알다르산)**라고 한다(**그림 15.9**)

한편, 알도스의 알데하이드기는 산화되지 않고 맨 끝 탄소의 일차 알코올 부위가 산화되어 카복실산으로 전환된 생성물의 일반명을 **uronic acid (우론산)**라고 한다. Uronic acid는 대사 과정에서 생합성되는 물질이다. 비타민 C도 glucuronic acid (글루쿠론산)로부터 생합성되는 물질 중 하나이다.

Bernhard Tollens (1841~1918): 독일 출신 유기화학자. Göttingen 대학 교수 역임. 탄수화물 화학 연구. Tollens 시약 발명.

Hermann von Fehling (1812~1885): 독일 출신 유기화학자. Stuttgart 기술 전문대 교수 역임. Fehling 시약 발명.

Stanley Rossiter Benedict (1884~1936): 미국 출신 화학자. Benedict 시약 발명.

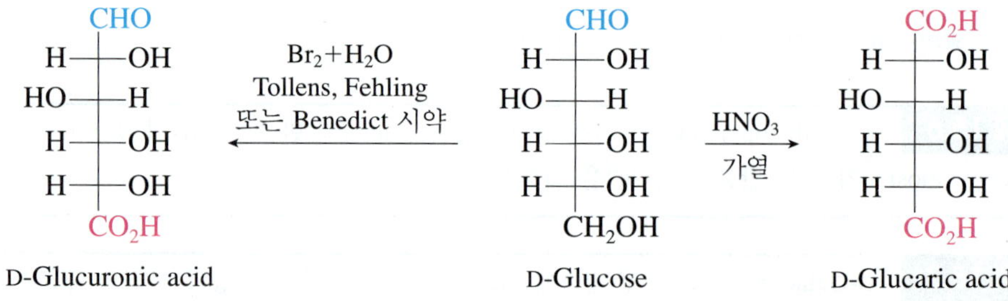

그림 15.9 **알도스의 산화 반응.** 약한 산화제에 의해 aldonic acid로, 강한 산화제에 의해 aldaric acid로 산화된다. Tollens 시약과 같은 염기성 용액에서 수행하는 산화 반응의 경우 케토스도 aldonic acid로 산화된다.

CHO
H—OH
HO—H
H—OH
H—OH
CO_2H

D-Glucuronic acid

CO_2H, O, HO, HO, OH, OH, H

β-D-Glucuronic acid의 pyranose 구조

환원당과 비환원당
Tollens, Fehling 또는 Benedict 시약으로 산화될 수 있는 탄수화물을 **환원당**이라 부르고, 이들 시약과 반응하지 않는 탄수화물을 **비환원당**이라 부른다(Tollens 시약은 알데하이드 검출 시약으로 은거울 반응에 사용되는 시약이다). 헤미아세탈로 존재하는 모든 탄수화물은 환원당이며, 아세탈 구조인 글리코사이드는 비환원당이다. 이는 헤미아세탈은 산성 또는 염기성 수용액에서 알데하이드기를 유리시킬 수 있으나 아세탈은 그렇지 못하기 때문에 일어나는 현상이다.

알도스를 $NaBH_4$로 환원하여 얻은 일차 알코올의 일반명을 **알디톨(alditol)**이라 한다. 예를 들면, D-glucose를 $NaBH_4$로 환원하면 D-glucitol (sorbitol)이 된다.

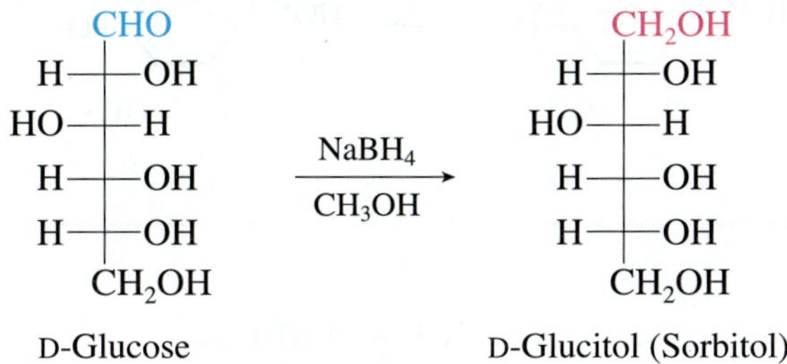

알도스의 산화 및 환원 생성물의 일반명은 다음과 같다.

- 알도스의 알데하이드기가 카복실산으로 산화되어 생성된 물질을 **aldonic acid (알돈산)**라고 한다.
- 알도스의 알데하이드기와 맨 끝 탄소의 일차 알코올 부위가 산화되어 생성된 다이카복실산을 **aldaric acid (알다르산)**라고 한다.
- 알도스의 알데하이드기는 산화되지 않고 맨 끝 탄소의 일차 알코올 부위만 산화되어 생성된 카복실산을 **uronic acid (우론산)**라고 한다.
- 알도스의 알데하이드기가 알코올로 산화되어 생성된 물질을 **알디톨(alditol)**이라 한다.

자일리톨(xylitol)
식물 세포벽 구성 성분인 xylan(단당류인 xylose가 구성 성분인 다당류의 일종)으로부터 추출한 xylose를 화학적 또는 발효법으로 환원시켜 얻은 단맛을 내는 폴리 알코올의 일종이다(자일리톨은 천연물이 아니다). 과일과 채소 껍질과 버섯류에도 소량 들어 있다. 설탕의 약 80% 정도 단맛을 내며, 껌의 재료로 많이 사용된다.

문제 15.8 광학 활성인 aldose를 nitric acid로 산화하여 얻은 aldaric acid 중에는 광학 활성을 잃는 경우도 있다. 다음 aldose 중 어느 것이 광학 활성을 잃겠는가? 그림 15.4를 참고하여 답하시오.

D-Erythrose　D-Threose　D-Ribose　D-Arabinose　D-Xylose
D-Allose　D-Glucose　D-Mannose　D-Galactose

문제 15.9 D-Fructose를 물속에서 $NaBH_4$로 환원하여 얻어지는 alditol의 구조를 Fischer 투영법으로 나타내고 명명하시오.

■ 오사존 반응

알데하이드 또는 케톤은 phenylhydrazine ($C_6H_5NHNH_2$)과 반응하여 phenylhydrazone을 형성한다(11.12.2절). 이와 비슷하게, 알도스 또는 케토스를 이 시약과 반응시키면 C-1 및 C-2 위치에 두 개의 phenylhydrazone 구조를 가진 결정성 물질인 **오사존(osazone)**이 생성된다. 이 반응을 이용해 단당류를 분리, 확인 및 정제할 수 있다. 이 반응은 C-2 위치의 산화 반응을 동반하기 때문에 C-2 에피머 관계를 가진 단당류는 모두 같은 종류의 오사존이 만들어진다. 예를 들어, C-2 에피머 관계인 glucose와 mannose는 동일한 오사존을 생성한다. 또한 케토스인 fructose의 경우도 C-1 위치의 알코올이 산화되어 오사존을 형성하기 때문에 glucose와 동일한 오사존이 생성된다(**그림 15.10**).

화학 라운지 15.2 비타민 C(Ascorbic acid)

L-Ascorbic acid라고도 부르는 비타민 C는 대부분의 식물과 척추동물에서 발견되는 천연물로서, glucose로부터 생합성된다. 그러나 인체는 이 물질을 만들지 못하므로 음식으로 섭취하여야 한다. 비타민 C가 부족하면 잇몸이 붓고, 피가 나는 괴혈병(scurvy)에 걸린다. 또한 이 물질은 항산화제로도 널리 알려져 있고, 그 밖에 의학적으로 검증되지는 않았지만 감기 등 여러 질환에 예방 효능이 있다고 알려져 있다. 이 물질은 카복실산기를 가지고 있지 않지만, 공명 안정화할 수 있는 짝염기를 가지고 있어 pH 4 정도의 산성을 나타낸다.

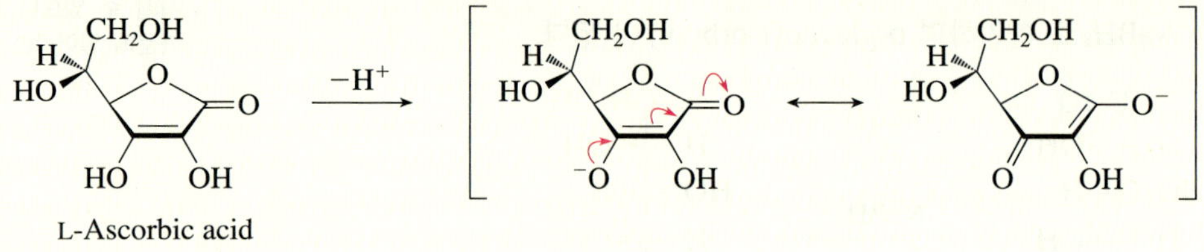

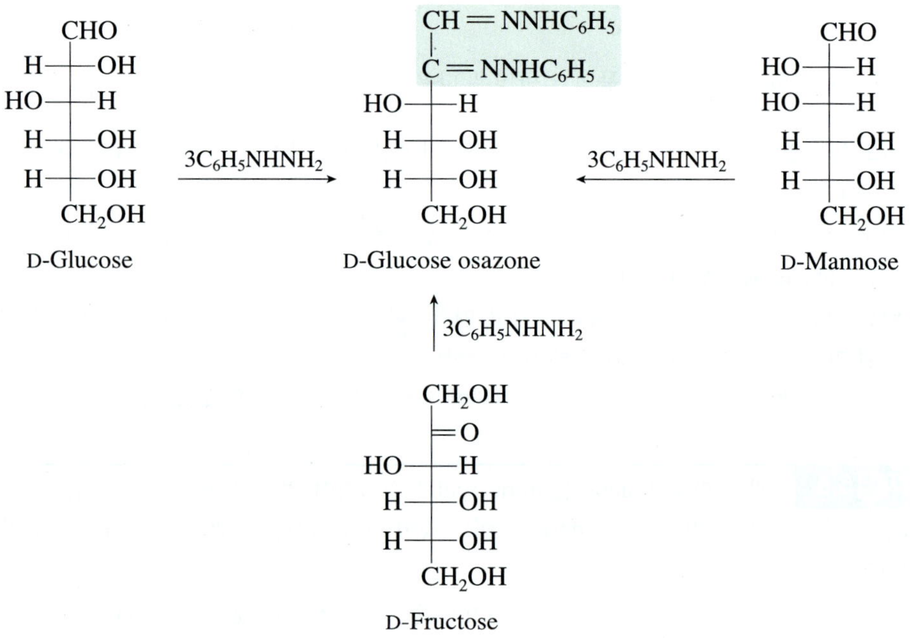

CH_2OH H HO O O HO OH $-H^+$ CH_2OH H HO O O ^-O OH ⟷ CH_2OH H HO O O^- O OH

L-Ascorbic acid

CHO, H–OH, HO–H, H–OH, H–OH, CH_2OH D-Glucose

$3C_6H_5NHNH_2$

$CH{=}NNHC_6H_5$, $C{=}NNHC_6H_5$, HO–H, H–OH, H–OH, CH_2OH D-Glucose osazone

$3C_6H_5NHNH_2$

CHO, HO–H, HO–H, H–OH, H–OH, CH_2OH D-Mannose

$3C_6H_5NHNH_2$

CH_2OH, =O, HO–H, H–OH, H–OH, CH_2OH D-Fructose

그림 15.10 오사존 반응. C-2 에피머인 단당류는 동일한 오사존을 형성한다.

■ 사슬 늘림 반응과 줄임 반응

사슬 늘림 반응: 알도스에 HCN을 첨가시켜 생성된 사이아노하이드린을 부분 환원하여 이민을 형성시키고, 이를 가수분해하면 탄소 원자가 하나 늘어난 알도스를 얻을 수 있다. 이 반응을 **Kiliani-Fischer**('킬리아니-피셔'라고 읽음) **합성법**이라고 한다. 예를 들면, 이 방법을 사용하여 tetrose인 D-erythrose로부터 pentose인 D-ribose와 D-arabinose(이 두 당은 C-2 에피머 관계임)를 합성할 수 있다(**그림 15.11**).

Heinrich Kiliani (1855~1945): 독일 출신 유기화학자. Freiburg 대학 교수 역임. 당류의 구조 연구에 종사함.

문제 15.10 D-Arabinose로부터 Kiliani-Fischer 합성법에 의해 합성될 수 있는 hexose는 무엇인가?

사슬 줄임 반응: 알도스에 hydroxylamine(NH_2OH)을 반응시켜 옥심을 형성시킨 뒤, 무수아

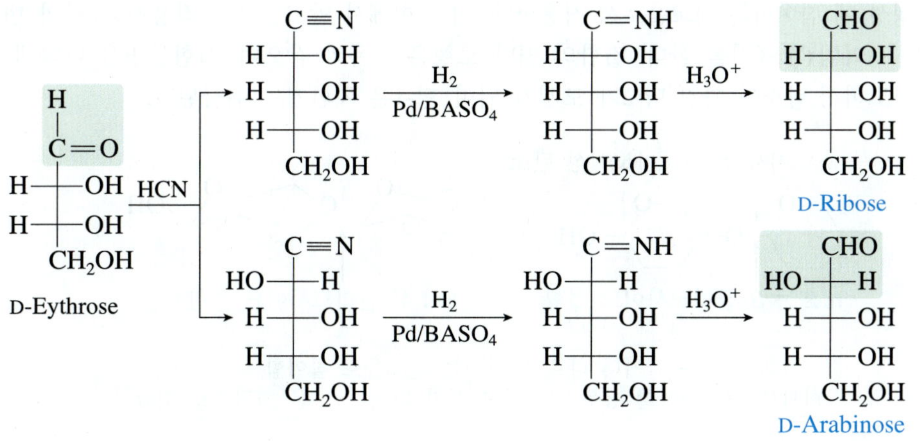

D-Eythrose → HCN → (C≡N, H–OH, H–OH, H–OH, CH_2OH) → H_2, Pd/$BASO_4$ → (C=NH) → H_3O^+ → D-Ribose
→ (C≡N, HO–H, H–OH, H–OH, CH_2OH) → H_2, Pd/$BASO_4$ → (C=NH) → H_3O^+ → D-Arabinose

그림 15.11 **Kiliani-Fischer 합성법**. 단당류의 탄소 사슬 하나를 더 늘리는 방법이다.

세트산으로 옥심을 탈수시켜 나이트릴기로 전환시키고 부분 가수분해시키면 사이아노하이드린이 생성된다. 이 사이아노하이드린은 염기성 용액에서 사이아노하이드린 첨가 역반응이 일어나 탄소 원자가 하나 줄어든 알도스로 전환된다. 이 반응을 **Wohl**('볼'이라 읽음) **분해 반응**이라고 한다(**그림 15.12**).

Alfred Wohl (1863~1939): 독일 출신 유기화학자. Danzig 기술대학 교수 역임. 당류의 구조 연구에 종사함.

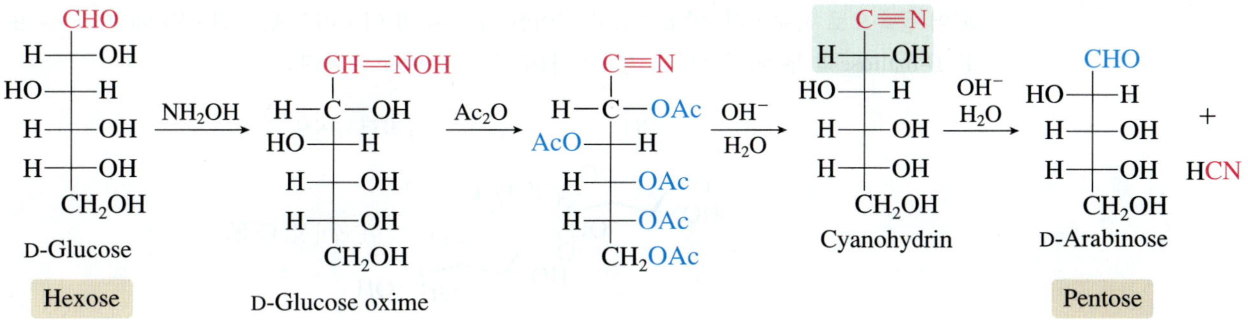

D-Glucose (Hexose) → NH_2OH → D-Glucose oxime → Ac_2O → (C≡N, OAc) → OH^-, H_2O → Cyanohydrin → OH^-, H_2O → D-Arabinose (Pentose) + HCN

그림 15.12 **Wohl 분해 반응**. 단당류의 탄소 사슬 하나를 줄이는 방법이다.

■ 에터화 및 에스터화 반응

단당류에 있는 OH기의 산소 원자가 친핵체로서 할로젠화 알킬과 반응하면 에터 결합이 생성되고, 산무수물이나 산염화물과 반응하면 에스터가 생성된다. 이 반응은 단당류뿐 아니라 이당류 및 다당류를 포함한 모든 당에서 일어난다.

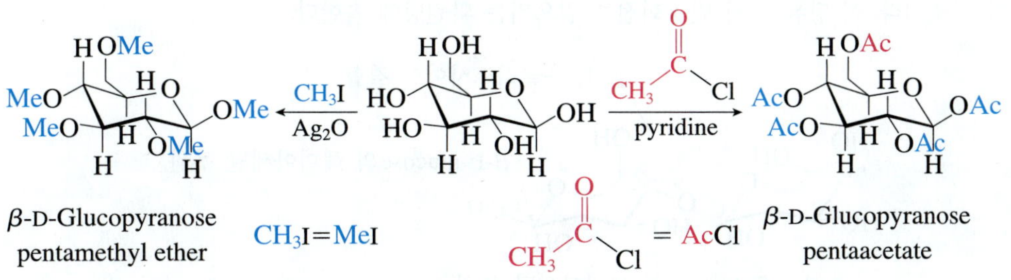

β-D-Glucopyranose pentamethyl ether ← CH_3I, Ag_2O — β-D-Glucopyranose — CH_3COCl, pyridine → β-D-Glucopyranose pentaacetate

CH_3I=MeI　　CH_3COCl = AcCl

15.1.10 이당류: 맥아당, 젖당 및 설탕

이당류(disaccharides)는 단당류 두 개가 글리코사이드 결합으로 연결된 당을 말한다. 이 경우 결합하는 두 개의 당은 같거나 다를 수 있으며, 둘 중 하나는 글리코사이드 결합(아세탈 형성)에 참여하는 알코올로서 작용한다. 이 결합에서 알코올로서 작용하는 당의 번호에는 프라임(′) 표시를 한다. 결합의 일반 모형은 다음과 같으며, 화합물명을 나타낼 경우 아노머성 탄소를 가진 당-2가 모체가 되며, 당-1은 치환기로 취급된다.

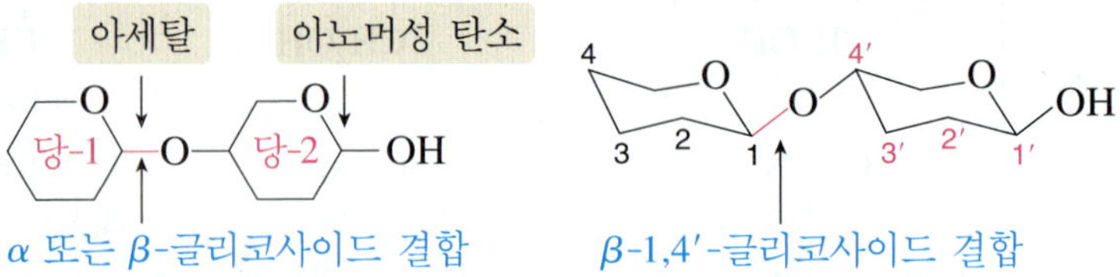

아세탈 아노머성 탄소
당-1 —O— 당-2 —OH
α 또는 β-글리코사이드 결합
β-1,4′-글리코사이드 결합

당-1과 당-2는 같거나 다르며, 당-2는 알코올로 참여함.
화합물명을 부여할 경우 당-2가 모체가 되며, 당-1은 치환기로 취급함.

■ 맥아당(maltose)

맥아당은 보리와 같이 싹이 트는 곡물에서 발견되는 당으로 glucose 두 분자가 결합한 이당류이며, 그 구조는 α 또는 β-D-glucose의 4′-OH기가 α-D-glucose의 헤미아세탈 작용기와 α-1,4′-글리코사이드 결합한 구조이다. 이 당은 헤미아세탈 구조를 가지고 있으므로 환원당에 속하고, 또한 아노머성 탄소를 가지고 있기 때문에 **변광회전**을 일으킨다. 이 물질의 α-1,4′-글리코사이드 결합은 소화 효소인 amylase에 의해 가수분해(소화)되고, 포도당이 되어 몸속으로 흡수된다. 알코올로서 참여한 glucose의 아노머성 탄소의 구조에 따라 α- 또는 β-maltose의 두 이성질체가 존재한다(주로 β-maltose로 존재).

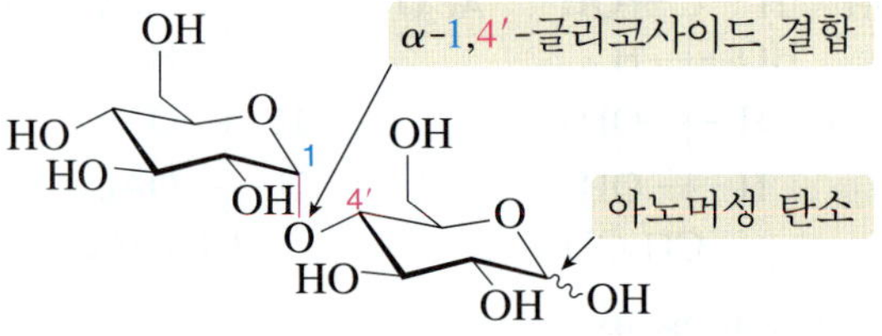

α-1,4′-글리코사이드 결합
아노머성 탄소

Maltose

4′-*O*-α-D-glucopyranosyl-α-D-glucopyranose (α-Maltose)
4′-*O*-α-D-glucopyranosyl-β-D-glucopyranose (β-Maltose)

■ 젖당(lactose)

동물의 젖에서 발견되는 당으로 galactose 한 분자와 glucose 한 분자가 결합된 이당류이다. β-D-glucose의 4′-OH가 β-D-galactose의 아노머 탄소 원자와 β-1,4′-글리코사이드 결합한 구조이다. 이 당류 역시 변광회전을 일으키는 환원당에 속한다.

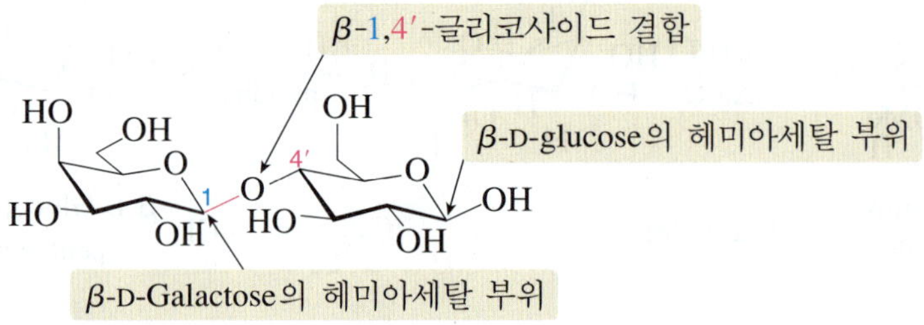

β-1,4′-글리코사이드 결합
β-D-glucose의 헤미아세탈 부위
β-D-Galactose의 헤미아세탈 부위

β-Lactose (4′-*O*-β-D-galactopyranosyl-β-D-glucopyranose)

젖당은 몸 안에서 젖당 분해 효소인 lactase에 의해 β-1,4′-글리코사이드 결합이 가수분해되어 갈락토스와 포도당으로 흡수된다. 이 효소가 부족하면 젖당 과민증이 나타나 복통 및 설사가 나타난다. 이 효소는 젖먹이 유아기에는 활발하게 작용하나 성인이 되면 효소 생산이 점차 감소한다. 이러한 현상은 유전적 요인으로 종족별로 다르게 나타나며, 성인 기준으로 동양인은 북유럽인에 비해 이 효소를 적게 가지고 있다.

■ 설탕(sucrose)

사탕수수에서 얻을 수 있는 설탕은 자연계에서 발견되는 가장 흔한 이당류이다. 이 물질은 α-D-glucopyranose의 C-1 위치에 있는 헤미아세탈의 OH기와 β-D-fructofuranose의 C-2 위치의 헤미케탈이 반응하여 각각 아세탈과 케탈이 형성된 구조를 가지고 있다. 다시 말하면 glucose와 fructose에 있는 두 개의 아노머성 탄소가 글리코사이드 결합으로 연결되어 있는 구조로서 설탕은 아세탈 결합 한 개와 케탈 결합 한 개를 동시에 가지고 있기 때문에 비환원당에 속하고, 물속에서 가수분해되지 않으므로 변광회전이 일어나지 않는다.

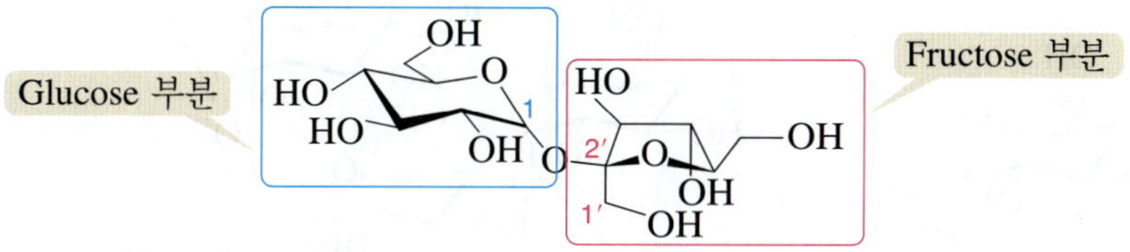

Glucose 부분

Fructose 부분

2′-*O*-α-D-Glucopyranosyl-β-D-fructofuranose
(Sugar, Sucrose 또는 Saccharose)

반전당 (전화당)

설탕을 가수분해하여 얻은 당을 **반전당 (invert sugar)** 또는 전화당이라고 한다. 이 명칭은 원래 광회전도가 우회전성 ($[\alpha]_D$ = +66)이었던 설탕이 가수분해되면 좌회전성 ($[\alpha]_D$ = −20)으로 변하기 때문에 붙여진 이름이다. 이러한 현상은 설탕이 가수분해되면 α와 β-D-glucose와 α와 β-D-fructose의 혼합물이 1 : 1의 비율로 생성되는데, glucose의 평형 혼합물의 $[\alpha]_D$값이 52.7이며, fructose의 평형 혼합물의 $[\alpha]_D$값이 −92에서 온 결과이다.

화학 라운지 15.3 인공 감미료

설탕은 단맛을 내는 좋은 재료이나 당뇨 환자와 같이 설탕 섭취를 제한하는 경우거나 칼로리를 제한해야 하는 사람들은 사용에 제한을 받는다. 이 때문에 단맛은 가지고 있으나 열량이 없는 감미료(단맛을 내는 물질)가 많이 개발되었다. 합성 감미료로 가장 오랫동안 사용된 것은 사카린(**Saccharin**)이다. 이 물질은 설탕보다 300배 이상 단맛을 나타낸다. **Aspartame**은 아미노산인 (*S*)-aspartic acid와 (*S*)-phenylalanine methyl ester로부터 합성된 dipeptide로서 설탕보다 180배 강한 단맛을 낸다. 그러나 이 감미료는 열에 약하고 phenylalanine 대사 이상증을 가진 사람에겐 사용할 수 없다. 최근에는 aspartame 구조 중 phenylalanine 대신 alanine 유도체가 결합한 **Alitame**(설탕의 2000배)과 aspartame 가수분해효소의 기능을 저해하는 구조를 가진 **Neotame**(설탕의 8000배) 등이 합성되어 사용되고 있다. 이 밖에 식품첨가물로 사용되고 있는 합성 감미료로는 **Acesulfame** 포타슘염(설탕의 200배)과 **Sucralose**(설탕의 600배)가 있는데, 이들은 구조에 phenylalanine을 포함하고 있지 않고, 열에 안정하여 각종 요리에 널리 사용되고 있다.

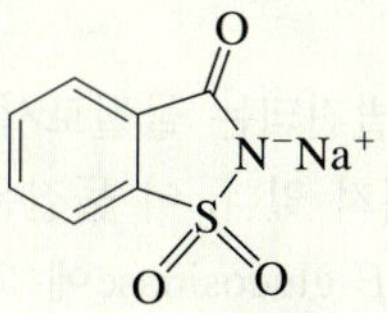

Saccharin Na

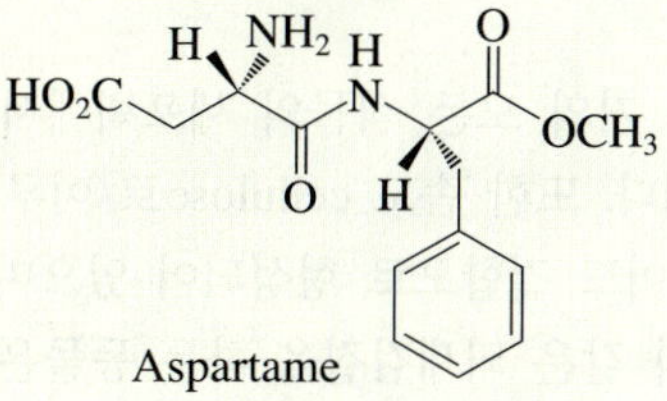

Aspartame

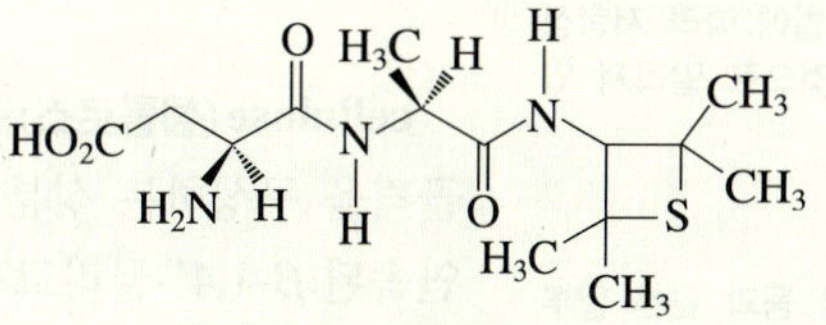

Alitame

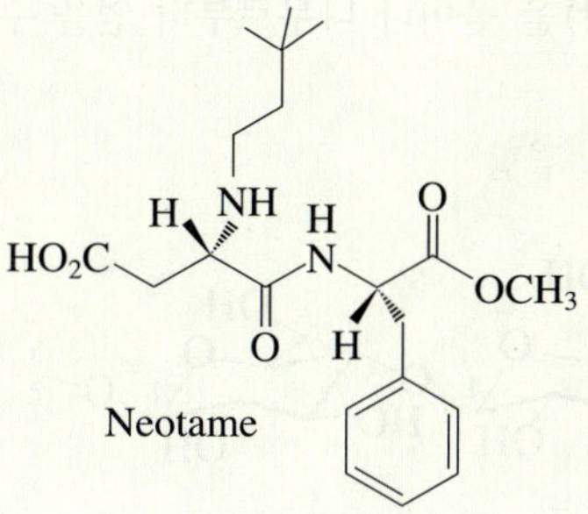

Neotame

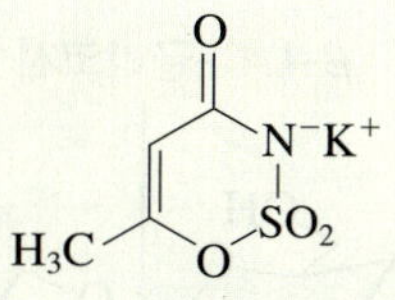

Acesulfame K

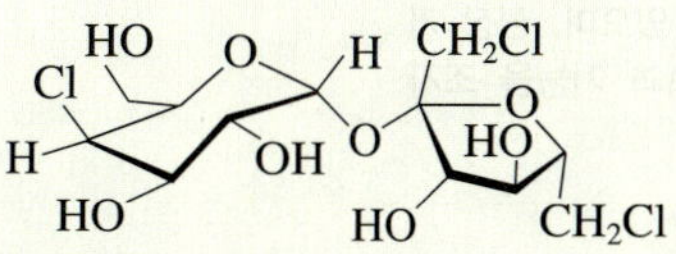

Sucralose

15.1.11 다당류: 녹말, 글리코젠 및 셀룰로스

다당류는 수십 개 이상의 단당류가 글리코사이드 결합으로 연결된 당을 말한다. 자연계에 존재하는 대표적인 당류로는 녹말과 cellulose(셀룰로스) 등이 있다. 녹말은 α-글리코사이드 결합으로 이루어진 glucose 중합체이다. 녹말은 구성 성분의 약 20%가 곧은 사슬 모양의 1,4′-α-글리코사이드 결합(말토스 단위가 반복)으로만 이루어진 **amylose(아밀로스)**로서 구성되어 있고, 나머지 80%는 1,6′-α-글리코사이드 결합을 가진 가지가 달린 사슬 모양의 **amylopectin(아밀로펙틴)**으로 구성되어 있다.

α-1,4′-글리코사이드 결합

Amylose의 구조

α-1,6′-글리코사이드 결합

α-1,4′-글리코사이드 결합

Amylopectin의 구조

식물은 잉여 포도당을 주로 뿌리나 줄기에 녹말의 형태로 저장하지만, 동물은 간과 근육에 **glycogen(글리코젠)**의 형태로 저장한다. 글리코젠은 아밀로펙틴보다 곁가지가 더 있는 형태를 가진 다당류이다.

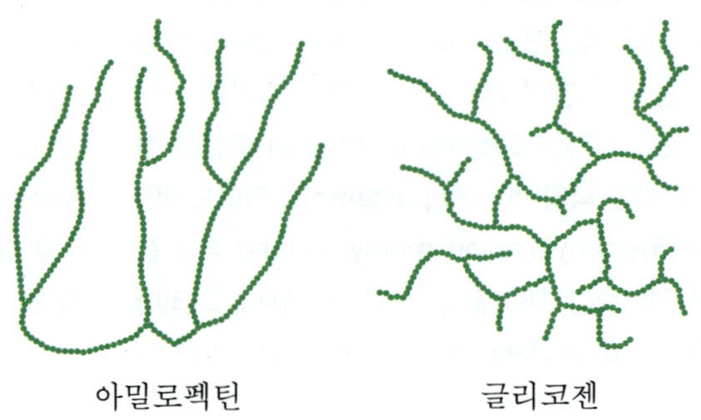

cellulose(셀룰로스)는 거의 모든 식물의 세포벽에서 발견되는 물질로서, 나무나 줄기의 골격을 구성하는 성분이다. 또한 솜도 cellulose로 이루어져 있다. 이 물질은 β-D-glucose가 연속된 β-1,4′-글리코사이드 결합으로 형성되어 있으며, β-glucosidase에 의하여 glucose로 가수분해된다. 소나 양과 같은 되새김질을 하는 동물은 소화계에 사람이 가지고 있지 않은 β-glucosidase를 가지고 있어 영양분(포도당)을 풀이나 나무로부터 얻을 수 있다.

β-1,4′-글리코사이드 결합

당 지수(glycemic index, GI)
당뇨병 환자를 위하여 고안된 음식의 혈당 증가치를 같은 양의 포도당과 비교하여 백분율로 나타낸 수치를 말한다. 당 지수가 높은 음식(GI ≥ 70%)은 설탕, 감자, 밀가루, 옥수수 등이고, 중간인 음식(GI = 56~69%)은 통밀, 고구마, 바나나 등이다. GI 지수가 낮은 음식(GI ≤ 55%)으로는 혼합 잡곡, 귀리, 보리, 토마토, 우유, 콩류 등이 있다.

저항(성) 녹말(resistant starch)
위 또는 소장에서 소화되지 않거나 흡수되지 않은 녹말을 말한다. 저항성 녹말이 많은 식품으로 바나나, 귀리, 콩 껍질(green beans) 등이 있다. 같은 식품이라도 가공 방법과 조리 방법에 따라 저항성 녹말의 양이 달라지는 것으로 알려져 있다.

이눌린(inulin)
치커리, 양파, 돼지 감자 등과 같은 알뿌리에 존재하여 식물의 에너지원으로 사용되는 단맛을 내는 다당류의 일종으로 구성 단당류는 과당이다. 녹말의 25~35%에 해당하는 열량을 가지고 있으므로 다이어트 식품으로 알려져 있으며, 신장 기능 검사에서 사구체의 여과 기능을 조사하는 데에도 사용된다.

15.1.12 아미노당: 글루코사민과 키틴

당의 OH기 하나가 NH_2기로 치환된 화합물을 **아미노당**이라고 한다. 그중 가장 잘 알려진 것이 **D-glucosamine**이다. 또한 게나 새우와 같은 갑각류의 껍질 성분에 많이 포함된 **키틴(chitin)**과 **키토산(chitosan)**은 D-glucosamine이 β-1,4′-글리코사이드 결합을 한 중합체이다. 구조 중에 아미노당을 포함하는 **겐타마이신, 토브라마이신**과 **아미카신** 등과 같은 항생물질을 **아미노글루코사이드 항생제(aminoglycoside antibiotics)**라고 한다. 이들 항생제들은 세균의 단백질 합성을 저해하는 물질로 주로 혐기성 박테리아 감염증의 치료약으로 사용되고 있다.

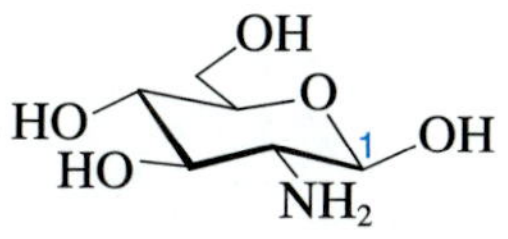

β-1,4′-글리코사이드 결합

β-D-Glucosamine

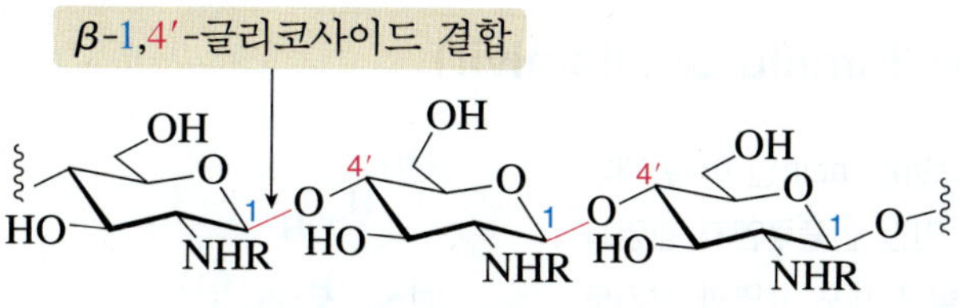

R=H: Chitosan
R=$COCH_3$: Chitin

15.1.13 기타 당 유도체

■ 데옥시당

데옥시당(deoxy sugar)은 하이드록시기 대신 수소 원자가 붙어 있는 당을 말한다. 이 당을 가지고 있는 중요한 예로 DNA의 당 성분인 **2-데옥시라이보스(2-deoxylribose)**가 있다. 이 당은 라이보스의 C-2 위치의 OH기 대신 수소 원자가 있으며, DNA 구조에서 퓨라노스 형태로 존재한다.

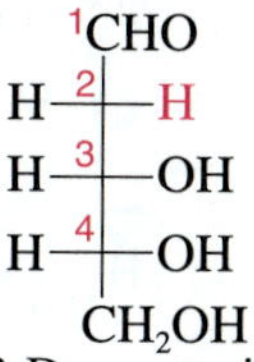

2-Deoxy-D-ribose

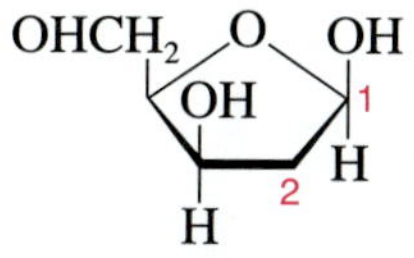

2-Deoxy-β-D-ribofuranose

■ 당인산염

당인산염(sugar phosphate)은 탄수화물의 대사과정에서 생산되는 물질로 모든 살아있는 세포에서 발견된다. 잘 알려진 당인산염으로는 다음과 같은 것이 있다.

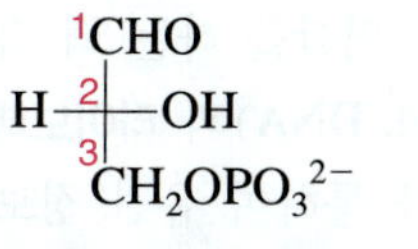

D-Glyceraldehyde-3-phosphate

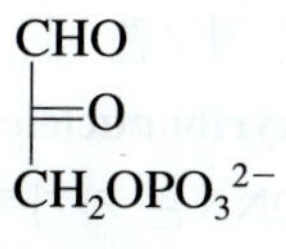

Dihydroxyacetone phosphate

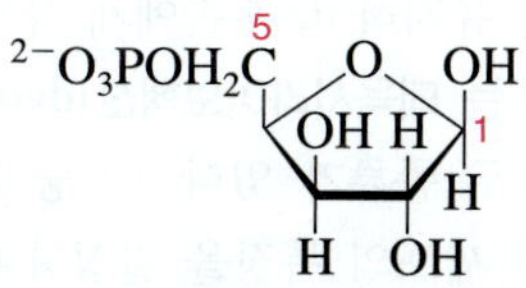

β-Ribofuranose-5-phosphate

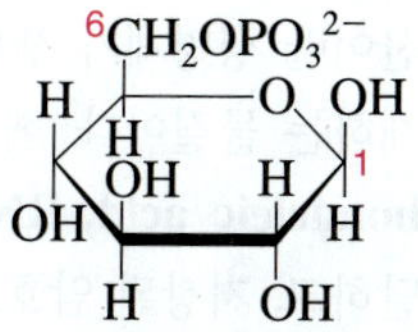

β-D-Glucopyranose-6-phosphate

■ 비타민 C(ascorbic acid, 아스코브산)

글루코스로부터 생합성되는 물질(사람은 이 물질을 합성할 수 없다)로서 L-배열 헥소스와 비슷한 구조를 가지고 있으나, 오각형 형태인 불포화 γ-lactone 구조를 가지고 있는 점이 다르다. 산화물질에 의해 쉽게 산화되어 dehydroascorbic acid로 전환된다. 이 성질을 이용하여 항산화제로 사용된다. 엔다이올의 특이한 구조 때문에 C-3에 있는 OH기는 산성을 나타낸다(화학 라운지 15.2).

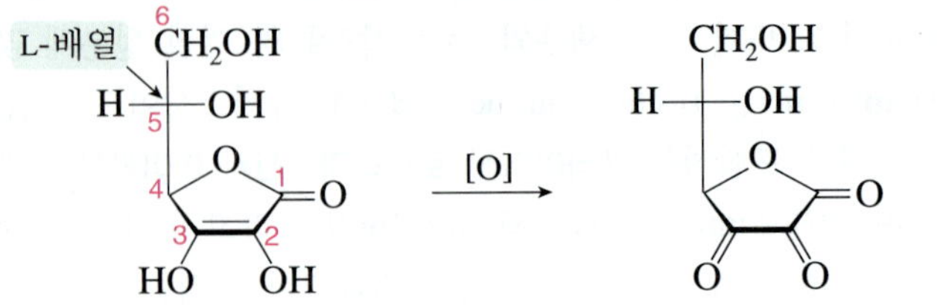
L-배열
6
CH_2OH
H
5
OH
O
1
4
O
3
2
HO
OH
[O]
CH_2OH
H
OH
O
O
O
O

L-Ascorbic acid　　Dehydroascorbic acid

화학 라운지 15.4 Sialic acid와 Tamiflu(Oseltamivir)

Sialic acid는 일반명이 *N*-acetylneuramic acid인 아홉 개의 탄소 골격을 가진 아미노당의 일종으로, 인간 인플루엔자 감염과 깊은 관련이 있다. 이 물질은 인간의 적혈구 세포 표면과 상기도 세포막 표면의 당단백과 결합되어 널리 분포되어 있으며, 조류, 돼지 및 사람에 감염을 일으키는 인플루엔자 바이러스(H5N1 및 H1N1형)에서도 발견된다. 이 물질은 이들 인플루엔자 바이러스 입자(virion) 표면의 당단백과 결합하여 바이러스가 숙주 세포에 부착하여 감염을 일으키게 하는 통로 역할을 한다. 바이러스는 단순히 유전 물질인 핵산과 단백질로만 구성되어 있어 자체적인 생명 활동은 할 수 없기 때문에, 숙주 세포를 이용하여 핵산을 복제한 후 생명 유지를 위해 감염 숙주를 떠나 새로운 숙주 세포로 옮겨가야 한다. 이를 위해서 기존 감염 숙주와 결합을 끊어야 하는데, 이 역할을 하는 것이 neuraminidase라는 일종의 글리코사이드 결합 가수분해효소이다. 이 효소는 sialic acid와 당단백과의 결합을 끊는 기능을 하는데, sialic acid와 구조가 유사한 Tamiflu가 이 효소와 먼저 결합함으로써, 효소의 기능을 방해하여 바이러스를 더 이상 살지 못하게 하는 항바이러스제로 사용된다.

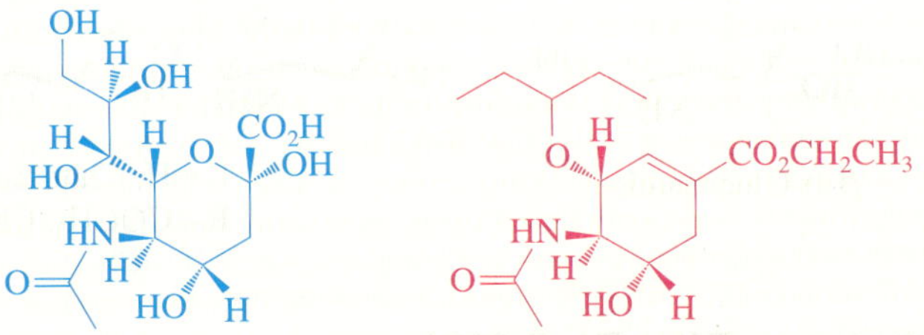
OH
H
OH
H
H
CO_2H
HO
O
OH
HN
H
O
HO
H
H
O
$CO_2CH_2CH_3$
HN
O
H
HO
H

N-Acetylneuramic acid (Sialic acid)　　Oseltamivir (Tamiflu)

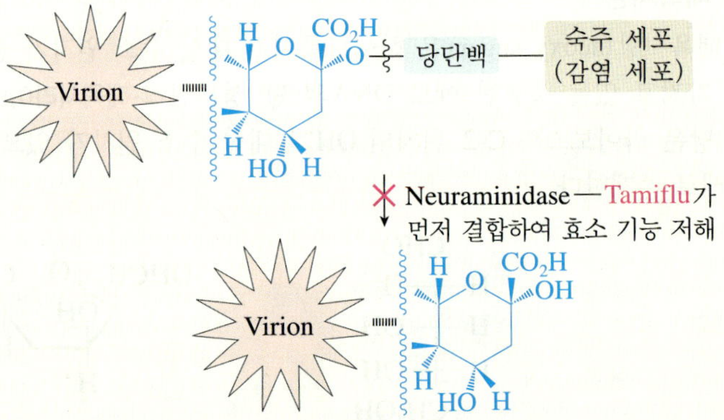
Virion
H
O
CO_2H
O
당단백
숙주 세포 (감염 세포)
H
HO H
Neuraminidase — Tamiflu가 먼저 결합하여 효소 기능 저해
Virion
H
O
CO_2H
OH
H
HO H

15.2 뉴클레오사이드, 뉴클레오타이드 및 핵산 화학

핵산이란 생명체가 생명을 유지하고, 후손에게 유전 정보를 제공하는 역할을 하는 핵 속에 존재하는 물질이다. 핵산에는 **데옥시라이보핵산(deoxyribonucleic acid, DNA)**과 **라이보핵산(ribonucleic acid, RNA)** 두 종류가 있다. 이 중 DNA는 자기복제를 통하여 유전 정보를 전달하고, 저장된 암호로서 세포의 특징을 결정하며, 성장 및 분열을 조절하고, 효소와 세포 기능에 필요한 단백질의 생합성을 지시하는 역할을 한다. RNA는 DNA로부터 전사받은 유전 정보를 이용하여 아미노산의 배열 순서를 결정하여 단백질을 생합성하는 데 관여한다.

15.2.1 핵산의 기본 구조

핵산의 산성은 구성 성분인 인산 때문이다.

핵산은 핵에서 발견된 산성 물질이라는 데에서 유래되었지만, 화학적 조성은 **뉴클레오타이드 중합체(polynucleotide)**이다. 핵산을 효소로 가수분해하면 핵산을 구성하는 기본 단위인

뉴클레오타이드(nucleotide)가 얻어진다. 뉴클레오타이드란 헤테로고리 아민 염기(핵산 염기)가 aldopentose인 ribose 또는 deoxyribose의 1′-β 위치에 결합[이 물질을 **뉴클레오사이드(nucleoside)**라고 한다]하고, 5′ 위치에 인산이 에스터 형태로 결합한 물질이다. 당 성분이 deoxyribose면 DNA라 부르고, ribose면 RNA라 부른다.

핵산(DNA 또는 RNA)

H_2O nuclease

$^-O-P(=O)(O^-)-O-CH_2$ (5′) N-염기 (1′), OH X — Nucleotide

H_2O → P_i nucleotidase (X=H 또는 OH)

HO—CH_2 (5′) N-염기 (1′), OH X — Nucleoside

P_i nucleosidase

H—N-염기 + HO—CH_2 (5′), OPO_3^{2-}, OH X

- 핵산의 구성 성분은 인산, 당(D-ribose 또는 2-deoxy-D-ribose)과 핵산 염기이다.
- **Nucleoside**란 deoxyribose 또는 ribose에 핵산 염기가 *N*-글리코사이드 결합을 하고 있는 물질을 말한다.
- **Nucleotide**란 nucleoside의 5′- 또는 3′-인산 에스터이다.
- 핵산은 nucleotide의 3′와 5′위치에서 인산 에스터기의 사슬 형태로 연결된 중합체인 polynucleotide이다.

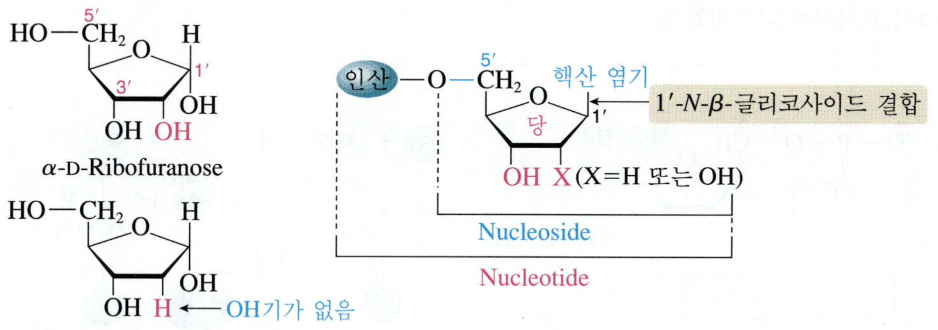

15.2.2 핵산 염기

핵산의 구성 성분인 헤테로고리 아민(핵산 염기)은 두 종류의 purine(퓨린)핵을 가진 염기(purine계 핵산 염기라 함)와 세 종류의 pyrimidine(피리미딘)핵을 가진 염기(pyrimidine 계 핵산 염기)가 있다. **Purine계 핵산 염기**로는 **adenine(아데닌, A)**과 **guanine(구아닌, G)**이 있고, **pyrimidine계 핵산 염기**로는 **cytosine(사이토신, C)**, **thymine(타이민, T)** 및 **uracil(유라실, U)**이 있다. 이 중 **DNA**는 **핵산 염기**로 **A(adenine)**, **G(guanine)**, **C(cytosine)** 및 **T(thymine)**를 가지고 있으며, **RNA**는 **A, G, C** 및 **U**(DNA의 thymine 대신 uracil을 가지고 있음)를 가지고 있다.

Purine

Adenine (A)
DNA, RNA

Guanine (A)
DNA, RNA

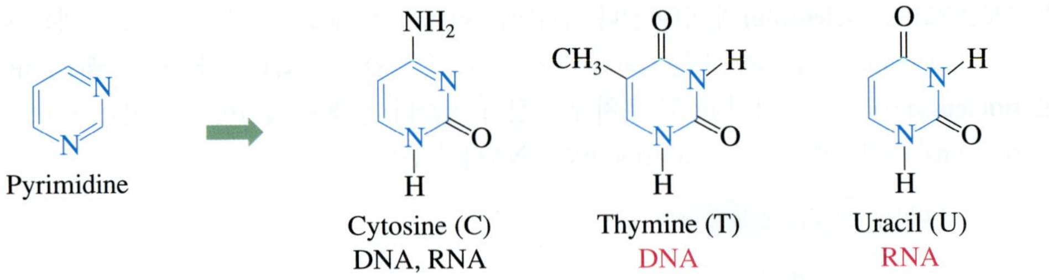

Pyrimidine → Cytosine (C) DNA, RNA / Thymine (T) DNA / Uracil (U) RNA

• **DNA** 염기는 **A, G, C, T**
• **RNA** 염기는 **A, G, C, U**이다.

15.2.3 뉴클레오사이드와 뉴클레오타이드의 명칭

구성 염기	뉴클레오사이드 이름
Cytosine(C)	Cytidine(RNA)와 Deoxycytidine(DNA)
Thymine(T)	Thymidine(DNA)
Uracil(T)	Uridine(RNA)

뉴클레오사이드(nucleoside)와 뉴클레오타이드(nucleotide)의 명칭은 이들을 구성하고 있는 핵산 염기와 단당류를 기준으로 하여 부여한다. 예를 들면, 염기가 아데닌(adenine)이고 단당류가 D-ribose인 경우 해당하는 뉴클레오사이드의 이름은 **아데노신(adensine)**이고 동일한 염기에 단당류가 2-dexy-D-ribose인 경우 **데옥시아데노신(deoxyadenosine)**이며, 염기가 구아닌(guanine)이고 단당류가 D-ribose, 2-deoxy-D-ribose인 경우 각각 **구아노신(guanosine)**, **데옥시구아노신(deoxyuanosine)**이다. 뉴클레오타이드의 경우 인산기가 인산 무수물 결합 형태로 한 개(mono-), 두 개(di-) 세 개(tri-)가 포함될 수 있는데, 이들을 **표 15.1**에 요약하여 나타내었다.

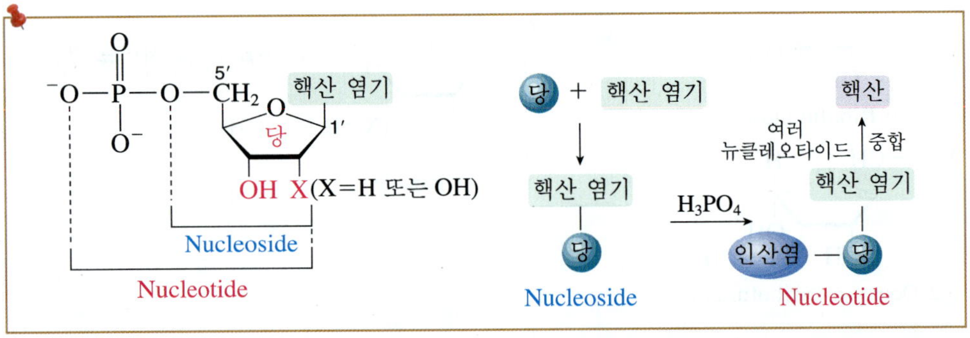

핵산 염기 / 당 / OH X(X=H 또는 OH) / Nucleoside / Nucleotide

당 + 핵산 염기 → 핵산 염기 – 당 (Nucleoside) → H_3PO_4 → 인산염 — 당 – 핵산 염기 (Nucleotide) → 여러 뉴클레오타이드 중합 → 핵산

표 15.1 뉴클레오사이드 및 뉴클레오타이드의 명칭

	Nucleoside		Nucleotide	
당 / 염기	Ribose	Deoxyribose	Ribose	Deoxyribose
Adenine (A)	Adenosine	Deoxyadenosine	Adenosine 5′-monophosphate (AMP)	2′-Deoxyadenosine-5′-monophosphate (*d*AMP)
Guanine (G)	Guanosine	Deoxyguanosine	Guanosine 5′-monophosphate (GMP)	2′-Deoxyguanosine-5′-monophosphate (*d*GMP)
Cytosine (C)	Cytidine	Deoxycytidine	Cytidine 5′-monophosphate (CMP)	2′-Deoxycytidine-5′-monophosphate (*d*CMP)
Thymine (T)	–	Thymidine	–	Thymidine 5′-monophosphate (*d*TMP)
Uracil (U)	Uridine	–	Uridine 5′-monophosphate (UMP)	–

예

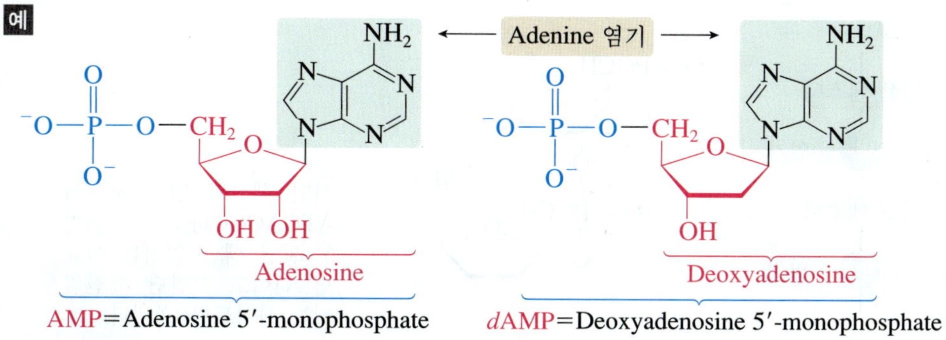

Adenine 염기

AMP=Adenosine 5′-monophosphate   *d*AMP=Deoxyadenosine 5′-monophosphate

Adenosine   Deoxyadenosine

문제 15.11 다음 뉴클레오사이드의 구조를 그리시오.

a. Guanosine **b.** Deoxyguanosine **c.** Cytidine
d. Deoxycytidine **e.** Uridine **f.** Thymidine

15.2.4 DNA와 RNA의 일차 구조

DNA와 RNA는 한 개의 뉴클레오타이드의 5′ 위치에 있는 인산기가 또다른 뉴클레오타이드에 있는 당의 3′ 위치에 있는 OH기와 인산 에스터로 연결되어 있는 구조를 가지고 있다. 이 연결이 반복적으로 진행되어 중합체(polynucleotide)를 만든다. 이를 **핵산의 일차 구조**라고 한다. 핵산의 성질은 각각의 뉴클레오타이드들이 어떤 순서로 연결되어 있느냐에 따라

화학 라운지 15.5 **항암제 5-Fluorouracil(5-Fu)**

암이란 세포가 통제받지 않고 비정상적으로 성장하여 일으키는 질환을 말한다. 세포는 DNA를 합성하지 못하면 증식할 수 없다. DNA는 G, A, C, T인 염기로 사슬을 이루고 있는데, 이중 thymine (T) 함유 뉴클레오타이드인 *d*TMP는 thymidylate 합성효소의 도움을 받아 uracil (U) 함유 *d*UMP로부터 합성된다. T의 구조는 5-methyl uracil로서 U의 5 위치에 수소 대신 메틸기가 치환되어 있는 형태이다. 이 메틸화는 조효소인 tetrahydrofolate (THF, 엽산 환원물)가 thymidylate 합성효소의 도움을 받아 담당하게 된다. 5-fluorouracil (5-Fu)은 T의 메틸기 대신에 F가 결합된 구조를 가지고 있으며, *d*UMP에서 *d*TMP로 전환되는 과정에서 U 대신 먼저 thymidylate 합성효소와 반응하여 *d*TMP로의 전환을 방해함으로써 암세포의 DNA를 합성하지 못하게 한다. 이 약에 의해 정상 세포의 DNA 합성도 방해되지만, 암세포는 정상 세포보다 세포 분열을 빨리 하므로 이 약물에 의한 영향을 더 크게 받게 된다.

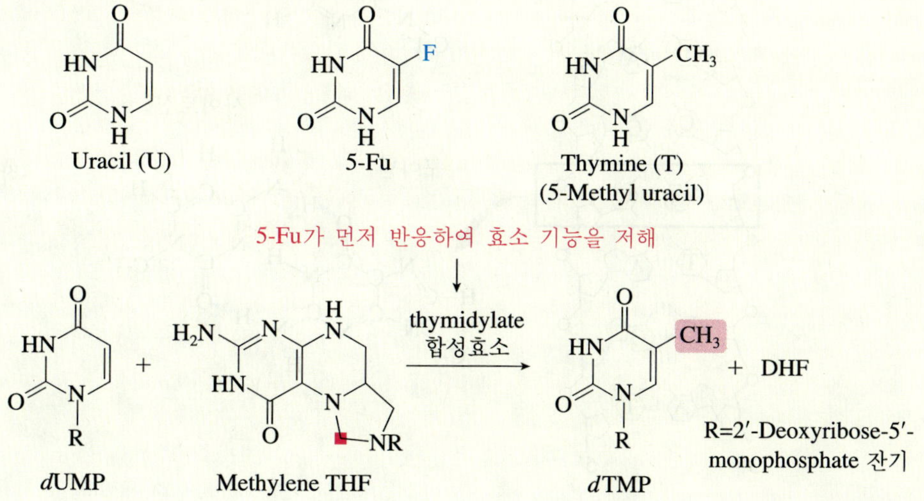

Uracil (U)   5-Fu   Thymine (T) (5-Methyl uracil)

5-Fu가 먼저 반응하여 효소 기능을 저해

*d*UMP + Methylene THF —thymidylate 합성효소→ *d*TMP + DHF

R=2′-Deoxyribose-5′-monophosphate 잔기

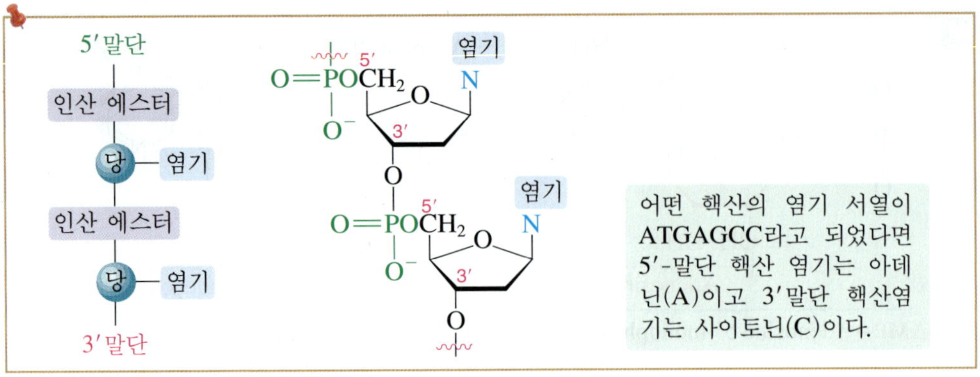

5′말단
인산 에스터
당 — 염기
인산 에스터
당 — 염기
3′말단

어떤 핵산의 염기 서열이 ATGAGCC라고 되었다면 5′-말단 핵산 염기는 아데닌(A)이고 3′말단 핵산염기는 사이토닌(C)이다.

그림 15.13 **DNA의 일차 구조의 개념도.** 핵산 중합체의 연결 순서를 나타낸다.

달라진다. 뉴클레오타이드의 배열 순서를 염기 서열이라고도 하는데, 그 순서를 나타내는 방법은 규약상 5′ ⟶ 3′ 방향, 즉 5′-말단 뉴클레오타이드에 있는 염기(주로 5′ 위치는 삼인산기 상태로 있음)를 왼쪽에 쓰고, 맨 마지막에 3′-말단 뉴클레오타이드의 염기 이름을 쓴다(**그림 15.13**).

- 핵산의 염기 서열은 규약에 의해 5′-말단 뉴클레오타이드 염기로부터 3′-말단 뉴클레오타이드 염기까지 순서대로 나타낸다.

15.2.5 DNA의 이차 및 삼차 구조

Watson-Crick ('왓슨-크릭' 이라고 읽음) 모형에 따르면 DNA는 서로 반대 방향인 두 가닥의 뉴클레오타이드가 나선형 계단의 난간처럼 **이중 나선(double helix)**으로 둥글게 감겨져 있다(**그림 15.14**). 이를 **DNA의 이차 구조**라 하는데 난간에 해당하는 부위는 당과 인산에스

상보적 수소 결합
DNA의 핵산 염기는 오직 A—T (수소 결합 2개)와 G—C (수소 결합 3개) 쌍으로만 상보적으로 결합한다.

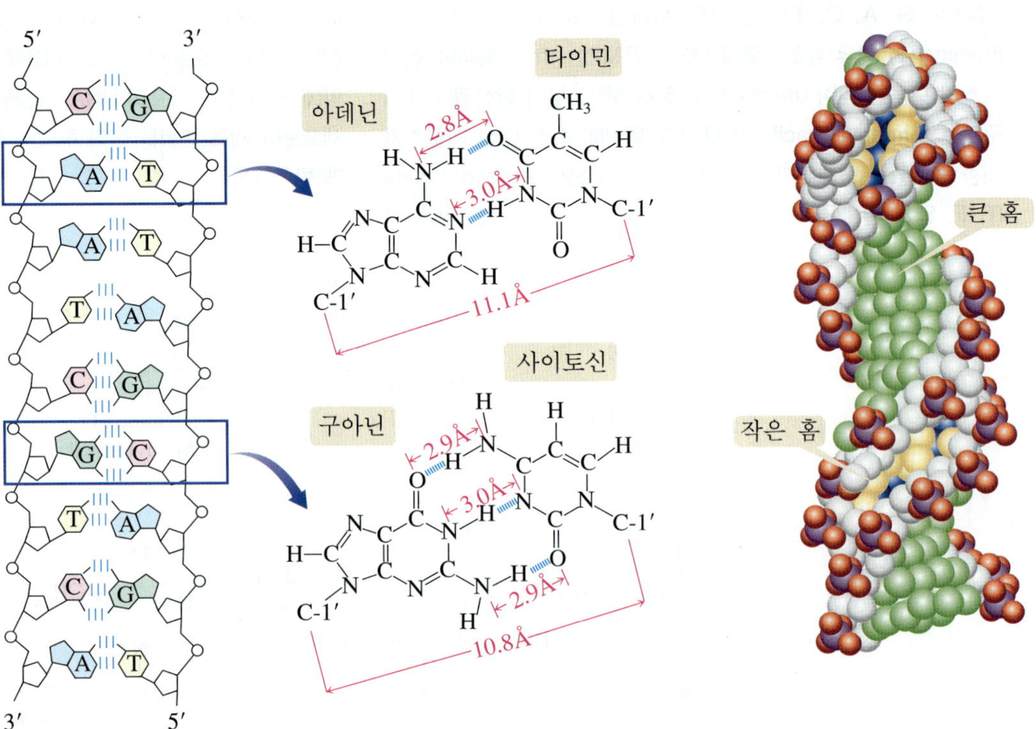

그림 15.14 **DNA의 이중 나선.**

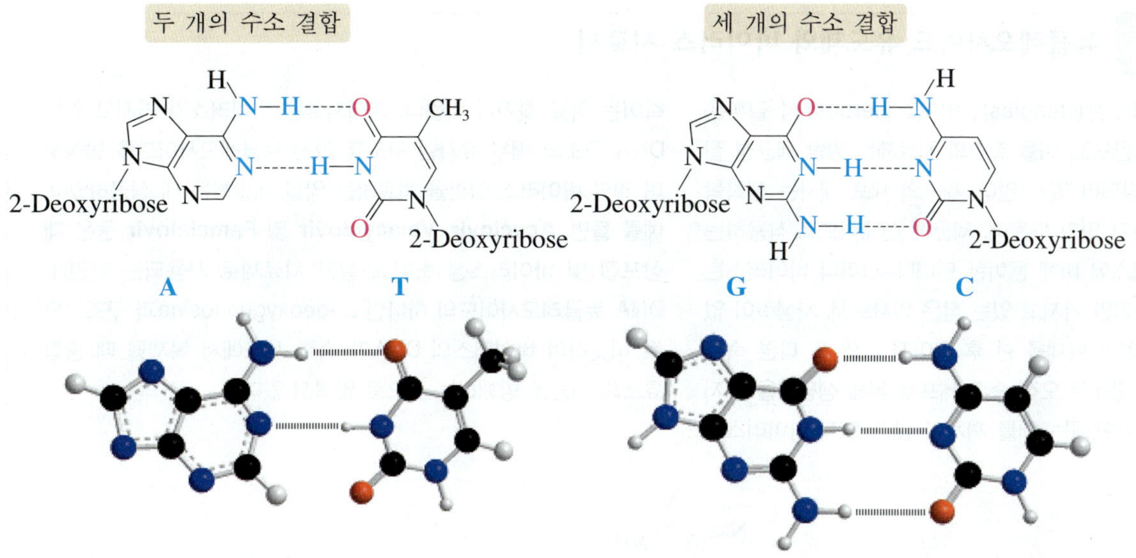

두 개의 수소 결합
세 개의 수소 결합
2-Deoxyribose
2-Deoxyribose
2-Deoxyribose
2-Deoxyribose
A
T
G
C

그림 15.15 **DNA 염기의 상보적 수소 결합.**

터 사슬이고, 안쪽 계단에 해당하는 위치에 염기들이 놓여 있다. 일정한 폭을 가진 이중 나선이 생기는 것은 이들 염기들이 **상보적인 수소 결합**을 하기 때문이다. 즉, 퓨린 염기 또는 피리미딘 염기끼리는 서로 결합하지 않고, A−T쌍과 G−C쌍처럼 퓨린 염기와 피리미딘 염기끼리만 상보적으로 수소 결합을 한다. 이때 A−T쌍 사이에는 두 개의 수소 결합이, G−C쌍 사이에는 세 개의 수소 결합이 형성된다. 이들 염기쌍의 결합 길이도 약 11Å으로 서로 비슷하다(**그림 15.15**).

이중 나선은 평면이 아니고 오른쪽으로 감기는 코일 형태를 가지고 있다. 이 현상은 염기쌍을 이루고 있는 퓨린과 피리미딘 염기들에 있는 π-전자들의 상호작용으로 인력이 생겨 부채살 모양의 **쌓임 현상**(**쌓임 상호작용**(**stacking interaction**)이라 함)이 나타나기 때문이다. 이 현상은 피리미딘 염기 사이보다 퓨린 염기 사이에서 더 강하게 나타난다. DNA 나선은 한 번 회전에 열 개의 염기들이 참여하며, 나선이 꼬일 때 큰 홈과 작은 홈이 생긴다.

쌓임 상호작용(stacking interaction) 방향족성을 가진 평면 분자에 있는 π 결합 전자가 인근 분자의 π 결합전자와 상호작용하여, 비공유성 분자간의 인력(van der Walls 힘)을 증가시켜 일어나는 현상을 말한다.

15.2.6 기타 Nucleotide

뉴클레오타이드 구조는 앞에서 언급한 핵산뿐 아니라 다른 생체분자 중에서도 찾아 볼 수 있다. 그중 대표적인 것이 모든 생화학 반응에서 에너지의 저장과 운반에 중요한 역할을 하는 ATP이다. ATP는 무수인산 결합이 두 개 있으며, ADP 및 AMP로 가수분해될 경우 많은 에너지가 방출된다.

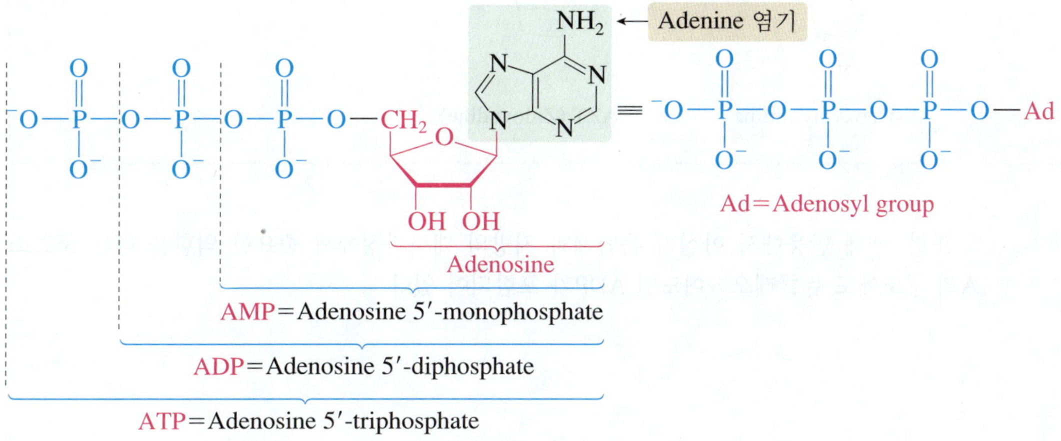

Adenine 염기
Ad=Adenosyl group
Adenosine
AMP=Adenosine 5′-monophosphate
ADP=Adenosine 5′-diphosphate
ATP=Adenosine 5′-triphosphate

화학 라운지 15.6 뉴클레오사이드 유도체와 바이러스 치료제

인플루엔자, 대상포진(shingles), 허피스(herpes)성 질환은 모두 바이러스성 질환으로, 이들 질환의 치료제는 일반 세균성 질환에 비해 많이 개발되어 있지 않다. 세균의 세포 대사는 생화학적으로 사람과 차이가 있기 때문에, 세균에 선택적으로 작용하는 약물 개발이 바이러스에 비해 용이한 편이다. 그러나 바이러스는 핵산과 단백질 껍데기만 가지고 있는 작은 입자로서, 자생력이 없고 숙주 세포에 들어가 복제를 한 후 떨어져 나와 또 다른 숙주 세포핵에 들어가는 형태로 오직 숙주 세포를 통해 생명력을 유지하기 때문에, 숙주 세포에는 해를 끼치지 않고 오직 바이러스만 죽이는 약을 찾기가 어렵다. 과학자들은 바이러스가 가지고 있는 DNA 구조와 매우 유사한 구조를 가진 뉴클레오사이드를 합성하여 일부 바이러스 질환을 치료하는 약을 개발하는 데 성공하였다. 예를 들면, **Acyclovir**, **Valacyclovir** 및 **Famciclovir** 등은 대상포진 및 바이러스성 허피스 질환 치료제로 사용되는 약인데, DNA 뉴클레오사이드의 하나인 2′-deoxyguanosine과 구조적으로 비슷하여 바이러스의 DNA가 숙주 세포에서 복제될 때 중합효소의 기능을 방해하는 것으로 알려져 있다.

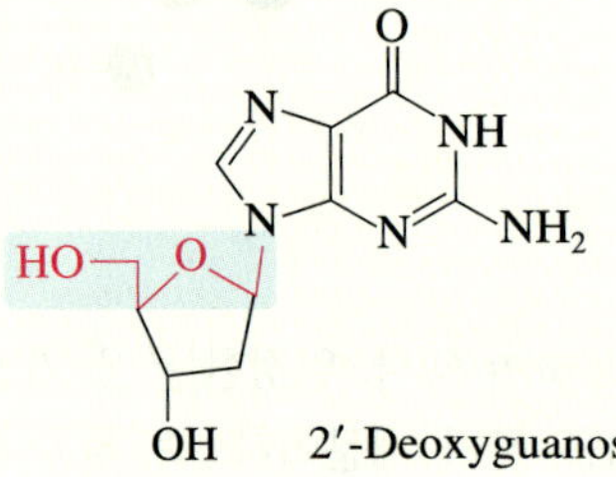

2′-Deoxyguanosine

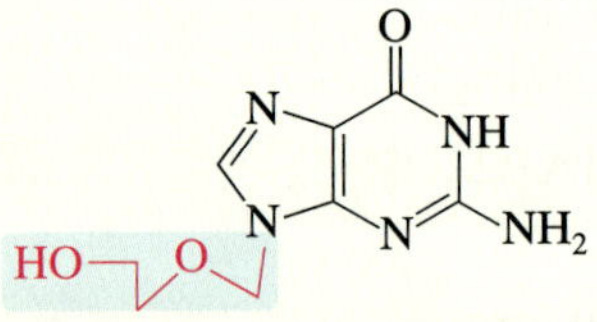

Acyclovir 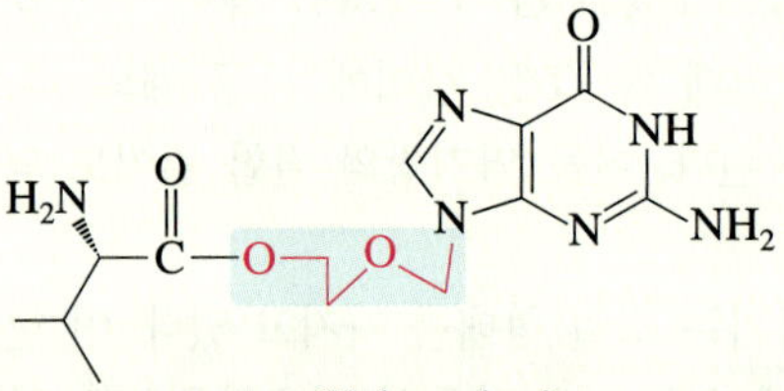 Valacyclovir 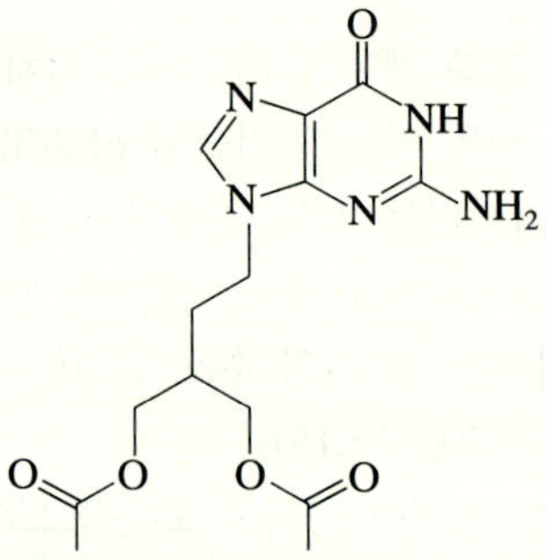 Famciclovir

이와 비슷한 방법으로 또 다른 바이러스 질환인 AIDS(후천성면역결핍증)를 일으키는 HIV 바이러스 감염자를 치료하기 위하여 **AZT (Zidovudine)**라는 약이 개발되었는데, 이 약의 구조는 DNA 염기 중 하나인 2′-deoxythymidine의 3′ 위치의 OH기 대신 N_3 (azide)기가 결합되어 있는 뉴클레오사이드 유사체이다. HIV가 숙주 세포에 들어가면 자신의 RNA 염색체를 역전사효소를 이용하여 DNA로 만들게 되는데, 이 과정에서 AZT가 2′-deoxythymidine 대신 역전사효소에 결합하여 그 기능을 마비시키게 된다(3′ 위치에 OH기가 없으므로 더 이상 인산 염기 사슬을 성장시킬 수 없다).

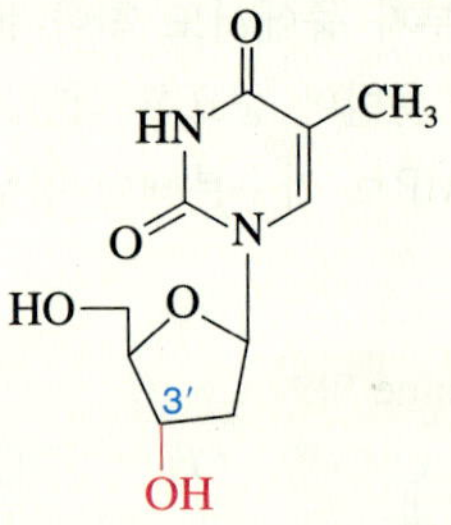

2′-Deoxythymidine 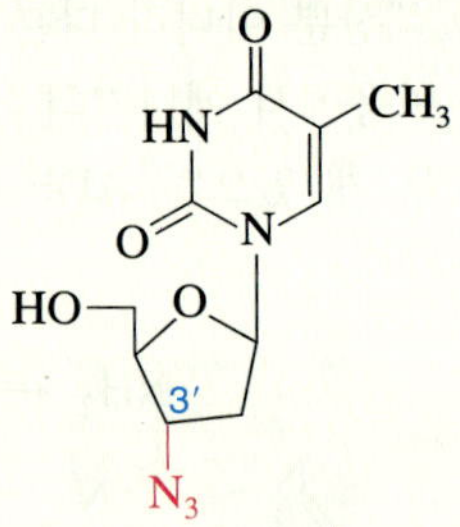 AZT (Zidovudine)

또한, 생체 반응에서 아실기 운반체와 지방의 대사과정에서 중요한 역할을 하는 **조효소 A**의 구조에도 뉴클레오타이드인 ADP가 포함되어 있다.

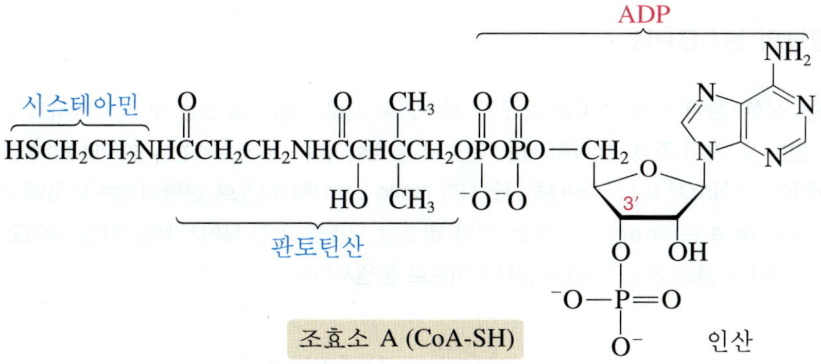

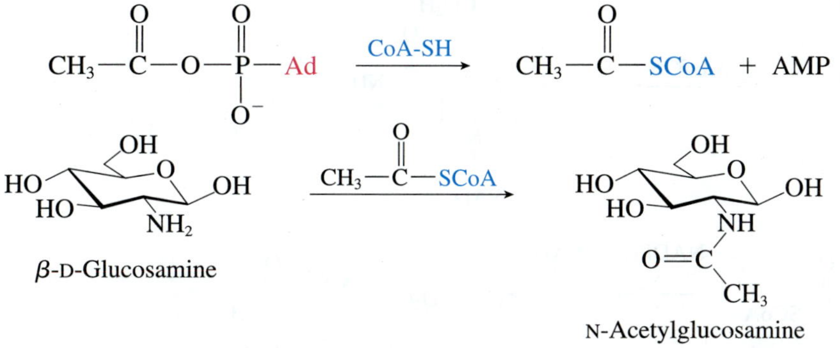

ADP

시스테아민

$HSCH_2CH_2NHC(=O)CH_2CH_2NHC(=O)CH(OH)C(CH_3)_2CH_2OP(=O)(O^-)OP(=O)(O^-)O-CH_2$ (아데노신, 3′-인산)

판토텐산

인산

조효소 A (CoA-SH)

$$CH_3-C(=O)-O-P(=O)(O^-)-Ad \xrightarrow{\text{CoA-SH}} CH_3-C(=O)-SCoA + AMP$$

$$\beta\text{-D-Glucosamine} \xrightarrow{CH_3-C(=O)-SCoA} \text{N-Acetylglucosamine}$$

β-D-Glucosamine

N-Acetylglucosamine

한편, 생화학적 산화–환원 반응에 관여하는 **NADH** (또는 **NADPH**)와 **NAD**$^+$ (또는 **NADP**$^+$) 등은 니코틴산 뉴클레오타이드와 아데닌 뉴클레오타이드가 인산 무수물로 서로 결합하고 있는 구조를 가지고 있다(**그림 15.16**).

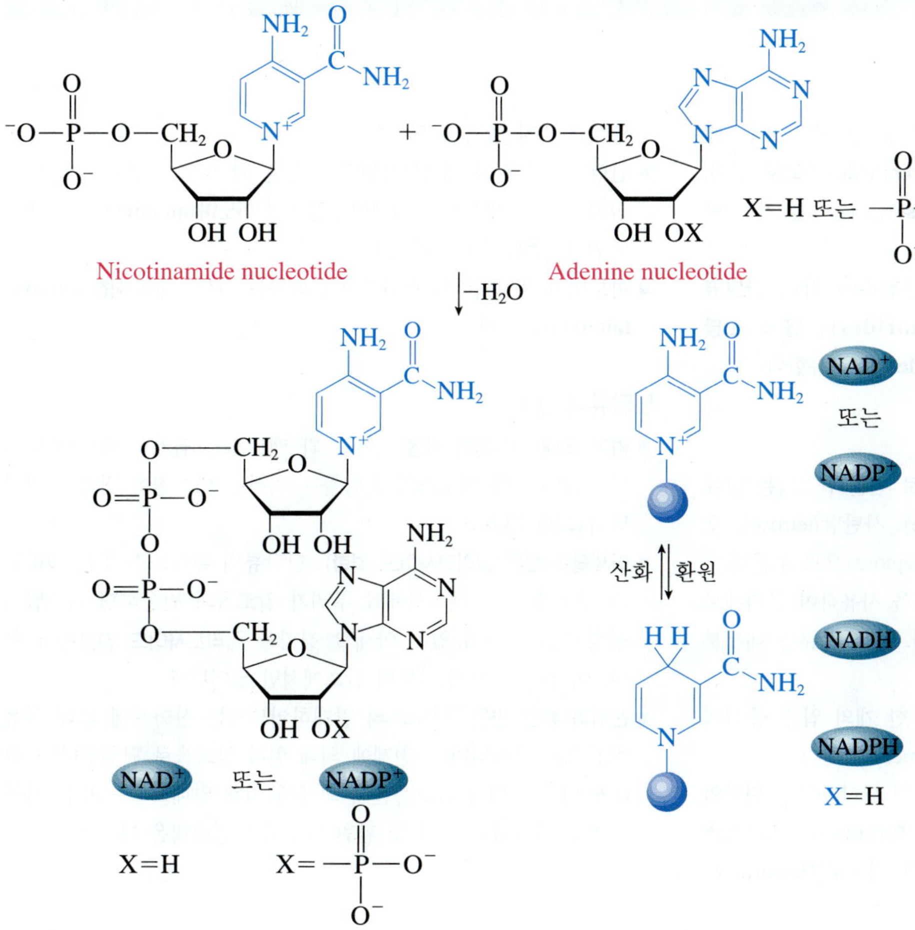

Nicotinamide nucleotide + Adenine nucleotide

X=H 또는 $-P(=O)(O^-)-O^-$

$\downarrow -H_2O$

NAD$^+$ 또는 NADP$^+$

X=H　　X= $-P(=O)(O^-)-O^-$

NAD$^+$ 또는 NADP$^+$

산화 ⇅ 환원

NADH

NADPH

X=H

그림 15.16 NADH (또는 NADPH) 및 NAD$^+$ (또는 NADP$^+$)의 구조.

화학 라운지 15.7 천연 환원제 NADH와 NADPH

생체 안에서 일어나는 중요한 반응 중 하나는 산화-환원 반응이다. 생체 안에서의 이 반응은 효소의 도움을 받아 몇 가지 조효소에 의해 일어난다. 그중 하나가 NAD^+-NADH인데 NAD^+ (니코틴산 아데닌 다이뉴클레오타이드, nicotinamide adenine dinucleotide)는 니코틴산 뉴클레오타이드와 아데닌 뉴클레오타이드가 인산 무수물로 서로 결합하고 있는 구조를 가지고 있으며, NADH는 이것의 환원형이다. 이 조효소는 pyruvic acid (피루브산)을 환원시켜 lactic acid (락트산)로 전환시키는 반응에 참여한다. 또한 이와 비슷한 구조를 가진 NADPH는 아실 싸이오 에스터를 알데하이드로 환원시킨다.

O, CO_2H, H H, O, NH_2, N, NADH — 탈수소효소 → H OH, CO_2H, (*S*)-Lactic acid, +, O, NH_2, N, NAD^+

^-O_2C, OH, O, SCoA — NADPH, $NADP^+$ → ^-O_2C, OH, O, H

(*R*)-Mevaloaldehyde

요약 정리

- **탄수화물 (carbohydrate)** 은 폴리하이드록시 알데하이드 또는 케톤 구조를 가지고 있는 물질이며, **당류 (saccharide)** 라고도 한다. 알데하이드기를 가진 단당류를 **알도스 (aldose)**, 케톤기를 가진 단당류를 **케토스 (ketose)** 라고 한다.
- 탄수화물은 구성하고 있는 기본 당의 단위수에 따라 **단당류 (monosaccharides)**, **이당류 (disaccharides)**, **올리고당 (oligosaccharides)** 및 **다당류 (polysaccharides)** 로 분류한다.

단당류의 구조

- 단당류는 가수분해에 의하여 더 작은 당으로 전환되지 않는 당류로서, 탄소 원자의 수에 따라 삼탄당 (triose), 사탄당 (tetrose), 오탄당 (pentose), 육탄당 (hexose) 및 칠탄당 (heptose) 으로 부른다.
- 단당류의 입체 배열 표시는 Fischer 투영법을 사용하여 글리세르알데하이드를 기준으로 D와 L로 표시한다. 천연 당류는 대부분 D 계열의 입체 배열을 가지고 있다.
- 두 개 이상의 입체 중심을 가진 당류에서 한 개의 입체 중심의 입체 배열이 다른 이성질체를 **에피머 (epimer)** 라 한다.
- 분자 내 헤미아세탈화 반응을 통하여 형성된 단당류의 오원자와 육원자 고리형 헤미아세탈을 각각 **퓨라노스 (furanose)** 와 **피라노스 (pyranose)** 라 하며, 이들 구조를 나타내는 방법으로 Haworth 투영식과 의자 형태 구조가 있다.
- 단당류가 고리형 헤미아세탈을 형성할 때 새로 생성되는 입체 중심에 의하여 생성되는 입체이성질체를 **아노머 (anomer)** 라 하며, α와 β 두 종류의 형태가 있다.
- 아노머가 생성되면서 광회전이 변화하는 현상을 **변광회전 (mutarotaion)** 이라고 한다.

단당류의 반응

- **염기 촉매 이성질화 반응**: 알도스와 케토스는 염기성 촉매에 의해 다른 알도스나 케토스의 혼합물로 변하는 이성질화 반응이 일어난다 (**그림 15.8**).
- **아세탈화 반응 (글리코사이드 결합)**: 단당류의 퓨라노스 또는 피라노스 구조에 있는 헤미아세탈 부위가 알코올과 반응하면 아세탈이 생성된다. 당류에 있는 아세탈 결합을 **글리코사이드 결합**이라 한다. 이 결합은 오직 아노머 탄소에서만 일어난다.
- **산화와 환원 반응**: 알도스의 알데하이드기는 산화제에 의해 카복실산으로 산화되며, 환원제에 의해 일차 알코올로 환원된다. 또한 C-6 위치의 일차 알코올은 산화제에 의해 알데하이드 또는 카복실기로 산화되며, 산화 및 환원 생성물의 일반명은 다음과 같다.

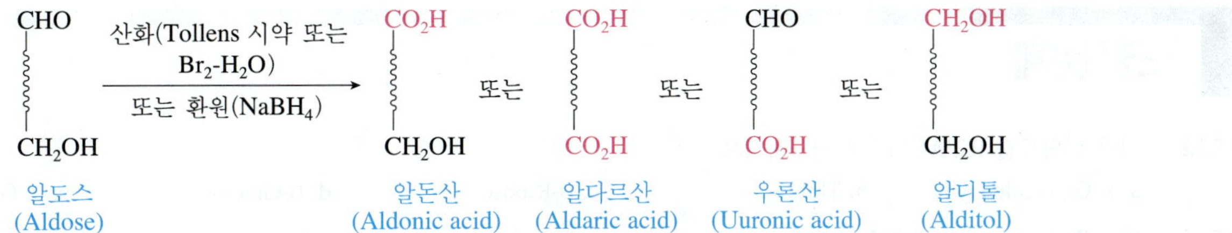

- **오사존 반응**: 알도스와 케토스는 phenylhydrazine과 반응하여 결정성 고체인 오사존을 형성한다.
- **Kiliani-Fischer 합성법**: 알도스에 HCN을 첨가시켜 생성된 사이아노하이드린을 부분 환원하여 형성된 이민을 가수분해함으로써 탄소 원자가 하나 늘어난 알도스를 합성하는 방법이다.
- **Wohl 분해 반응**: 알도스옥심의 탈수 및 가수분해 반응으로 얻어진 사이아노하이드린 형성 역반응을 이용하여 탄소 원자가 하나 줄어든 알도스를 얻을 수 있는 반응이다.
- **에테르화 및 에스터화 반응**: 단당류가 할로젠화 알킬과 반응하면 에테르가, 산무수물이나 산염화물과 반응하면 에스터가 생성된다.

글리코사이드 결합(이당류 및 다당류)

- 단당류 두 개가 글리코사이드 결합으로 연결된 당을 **이당류**라고 한다. **Maltose**는 glucose 두 분자가, **lactose**는 glucose와 galactose가 α-1,4′-글리코사이드 결합한 물질이며 설탕은 glucose와 fructose의 두 개의 아노머 탄소가 글리코사이드 결합으로 연결된 물질이다.
- **다당류**는 수십 개 이상의 단당류가 글리코사이드 결합으로 연결된 당을 말한다. 녹말과 cellulose는 모두 glucose 중합체이지만, 글리코사이드 결합 형태가 서로 다르다. 녹말은 α-글리코사이드 결합으로 이루어진 반면 cellulose는 β-글리코사이드 결합으로 이루어져 있다.
- 녹말은 말토스 단위가 반복되는 선형 모양의 **amylose**와 6′-α-글리코사이드 결합을 가진 가지가 달린 사슬 모양의 **아밀로펙틴(amylopectin)**으로 구성되어 있다.

기타 당 유도체

- 당의 OH기 대신에 NH_2기를 가진 화합물을 **아미노당**이라고 하며, OH기가 없는 당을 **데옥시당**이라고 한다. 글루코사민은 아미노당, DNA의 당 성분인 데옥시라이보스는 데옥시당의 예이다.
- 다당류는 몸속에서 효소에 의해 분해된 후 인산염으로 전환되어 대사된다.

핵산

- 핵산이란 생명체가 생명을 유지하고, 후손에게 유전 정보를 제공하는 역할을 하는 핵 속에 존재하는 물질이다. 핵산에는 **데옥시라이보핵산(deoxyribonucleic acid; DNA)**과 **라이보핵산(ribonucleic acid, RNA)** 두 종류가 있다.
- 핵산은 당, 핵산 염기 및 인산으로 구성된 뉴클레오타이드의 중합체(polynucleotide)이다. 가장 중요한 핵산은 DNA와 RNA이다.

핵산 염기, 뉴클레오사이드 및 뉴클레오타이드

- **뉴클레오타이드(nucleotide)**는 뉴클레오사이드의 인산 에스터이다.
- **뉴클레오사이드(nucleoside)**는 당과 핵산 염기가 *N*-글리코사이드 결합을 하고 있는 물질이다. 이 중 가장 중요한 당 성분은 ribose(RNA의 당 성분)와 2-deoxyribose(DNA의 당 성분)이다.

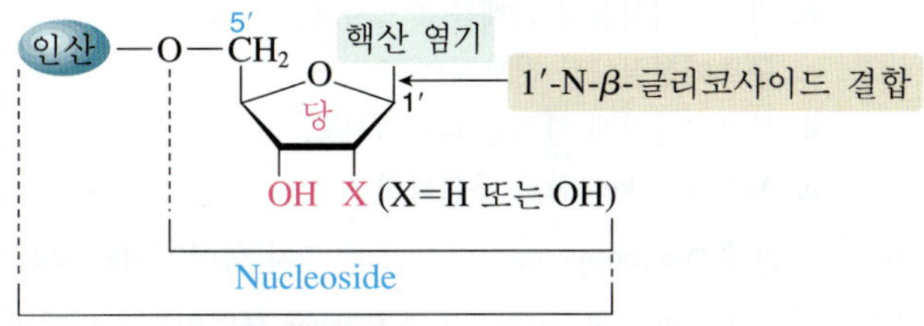

- **핵산 염기**는 purine핵을 가진 염기와 pyrimidine핵을 가진 염기 두 종류가 있다. Purine계 염기로는 **adenine(A)**과 **guanine(G)**이 있고, pyrimidine계 염기로는 **cytosine(C)**, **thymine(T)** 및 **uracil(U)**이 있다.
- DNA에 있는 염기는 A, G, C, T이며, RNA에 있는 염기는 A, G, C, U이다.

DNA의 구조

- DNA와 RNA에서 한 개의 뉴클레오타이드의 5′ 위치에 있는 인산기가 다른 뉴클레오타이드에 있는 당의 3′ 위치에 있는 OH기와 인산 에스터로 연결되고, 이 연결이 반복적으로 진행되어 중합체(polynucleotide)를 만든다.
- DNA는 서로 반대 방향인 두 가닥의 뉴클레오타이드가 나선형 계단의 난간처럼 우회전성 **이중 나선(double helix)**으로 둥글게 감겨져 있다. 이중 나선은 아데닌(A)—타이민(T) 및 구아닌(G)—사이토닌(C) 사이의 **상보적 수소 결합**에 의해 안정화된다.

기타 뉴클레오타이드

- **AMP**, **ADP** 및 **ATP**는 아데닌 뉴클레오타이드로서 생물학적 에너지 순환에 관여하는 물질이다.
- 생화학적 산화-환원 반응에 관여하는 **NADH**(또는 **NADPH**)와 **NAD$^+$**(또는 **NADP$^+$**) 등은 니코틴산 뉴클레오타이드와 아데닌 뉴클레오타이드가 인산 무수물로 서로 결합하고 있는 구조를 가지고 있으며, 조효소 **A**도 아데닌 뉴클레오타이드인 ADP 유도체이다.

보충 문제

15.12 다음 단당류를 IUPAC법으로 명명하시오.

a. D-Glyceraldehyde **b.** Threose **c.** D-Ribose **d.** D-Glucose **e.** L-Glucose

15.13 다음은 Fischer 투영법으로 나타낸 단당류들이다. 물음에 답하시오.

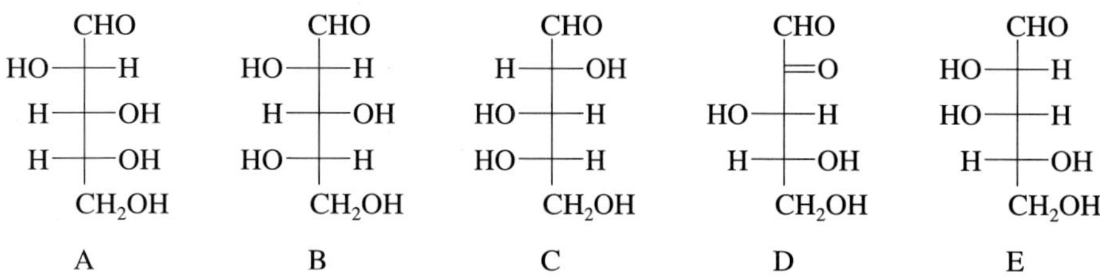

a. D와 L 계열당으로 구별하시오.

b. 거울상이성질체 관계를 찾으시오.

c. 구조이성질체를 찾으시오.

d. 부분이성질체 관계를 나타내시오.

e. Aldose와 ketose로 구분하시오.

15.14 α-와 β-D-Ribopyranose의 구조를 의자 형태와 Haworth 투영법으로 나타내시오.

15.15 모든 2-Ketopentose의 구조를 Fischer 투영법으로 나타내시오.

15.16 다음 화합물을 환원당과 비환원당으로 구분하시오.

Lactose fructose xylose methyl glucopyranoside glucopyranoside
sucrose gluconic acid glucitol xylitol mannitol cellobiose maltose

15.17 D-Ribose와 D-galactose를 다음 시약과 반응시켜 생성된 물질의 구조를 Fischer 투영법으로 나타내시오. 생성물들이 광학 활성을 가지는지 여부를 답하시오.

a. $NaBH_4$, H_2O **b.** $AgNO_3$, NH_4OH

15.18 Maltose를 다음 시약으로 반응시켰을 때 생성되는 물질의 구조를 그리시오.

a. $NaBH_4$ **b.** Br_2, H_2O **c.** CH_3COCl, pyridine

15.19 Trehalose는 산 가수분해시 2당량의 glucose를 생성시키는 비환원당이다. 가수분해 산물에 메틸화 반응을 시키면 2당량의 2,3,4,6-tetra-*O*-methylglucose가 생성된다. 이 당은 α-글리코사이드를 분해시키는 효소에 의해 가수분해되고, β-글리코사이드 분해효소에는 반응하지 않는다. 위 사실을 근거로 trehalose의 구조를 그리고 명명하시오.

15.20 D-Xylose의 Fischer 투영법(그림 15.4)을 참조하여 다음에 해당하는 구조식을 그리시오.

a. D-Xylose의 거울상이성질체(Fischer 투영법)

b. D-Xylitol (Fischer 투영법)

c. β-D-Xylopyranose (Haworth 투영식과 의자 형태)

d. α-D-Xylofuranose (Haworth 투영식)

e. Methyl β-D-xylofuranose (Haworth 투영법)

f. D-Xylonic acid (Fischer 투영법)

g. D-Xylonic acid 의 δ-lactone

h. D-Xylaric acid (Fischer 투영법)

15.21 D-Galactopyranose에 다음 시약을 반응시켰을 때 생성되는 물질의 구조를 그리시오.

a. Tollens 시약 **b.** $NaBH_4$ **c.** HNO_3 **d.** CH_3I, Ag_2O **e.** CH_3COCl, pyridine

f. $CH_3CH_2OH + HCl$ **g.** Br_2, H_2O **h.** $PhNHNH_2$, H^+ **i.** 1. NH_2OH 2. $(CH_3CO_2)_2O$ 3. HO^-

15.22 D-Galactose와 D-mannose는 각각 D-glucose의 C4와 C2 에피머이다. 이들의 고리형 헤미아세탈 구조를 의자 형태와 Haworth 구조식으로 나타내시오.

D-Glucose ≡

	CHO	
H	—	OH
HO	—	H
H	—	OH
H	—	OH
	CH_2OH	

15.23 D-Glucose의 구조를 furanose형 구조로 나타내시오.

15.24 다음 화합물의 구조를 그리시오.

a. Methyl β-D-glucopyranoside

b. 2,3,4,6-Tetra-*O*-methyl-α-D-mannopyranose

c. 1,3,6-Tri-*O*-methyl-β-D-fructofuranose

15.25 다음 단당류 중 에탄올 속에서 $NaBH_4$와 반응시켜 얻은 환원 생성물이 광학 활성을 나타내지 않는 것을 고르시오.

a. D-Glucose **b.** D-Fructose **c.** D-Ribose **d.** D-Xylose **e.** D-Arabinose **f.** D-Galactose

15.26 다음 단당류로부터 Kiliani-Fischer 합성법에 의해 얻을 수 있는 단당류는 어떤 것인지 적으시오.

a. D-Xylose **b.** D-Erythrose **c.** D-Ribose **d.** D-Threose

15.27 Wohl 분해 반응에 의하여 D-arabinose를 생성시킬 수 있는 hexose를 적으시오.

16장

생체분자화학 II: 아미노산, 펩타이드, 단백질과 지질 화학

핵심 익히기

- 천연 아미노산의 종류와 명칭
- α-아미노산의 구조와 성질: 입체 배열, 쯔비터이온, 등전점
- α-아미노산의 제법과 반응
- 펩타이드 구조의 특성, 명칭 및 합성법(Merrifield 고체상법)
- 단백질 구조 결정: 아미노산의 서열 결정법, *N*-말단 및 *C*-말단 아미노산 확인
- 중성 지방과 왁스(단순 지질)의 화학적 조성과 구조 및 비누화 반응
- 인지질 및 스핑고지질(복합 지질)의 화학적 조성과 구조
- 지방산, 터펜, 스테로이드(유도 지질)의 종류와 구조

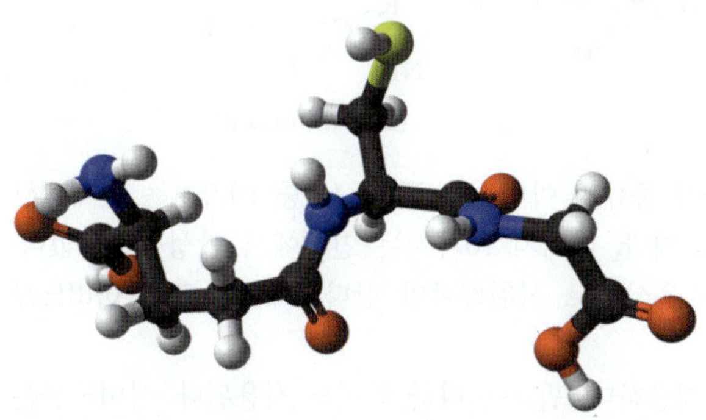

글루타치온(Gluthathione)

글루타치온은 식물, 동물, 곰팡이 및 세균 등 여러 종류의 생명체에서 생합성되는 물질로, 세포가 자유 라디칼, 과산화물 등의 유해 활성 산소에 의해 손상되는 것을 방지하는 역할을 하는 생체 내 항산화제이다. 이 물질은 3개의 아미노산(glutamic acid, cysteine, glycine)이 Glu-Cys-Gly 형태로 결합된 tripeptide이며, 구조에 있는 cysteine의 thiol(SH)기가 활성 산소와 먼저 반응하여 disulfide(S-S)기로 전환됨으로써 항산화 작용을 나타낸다.

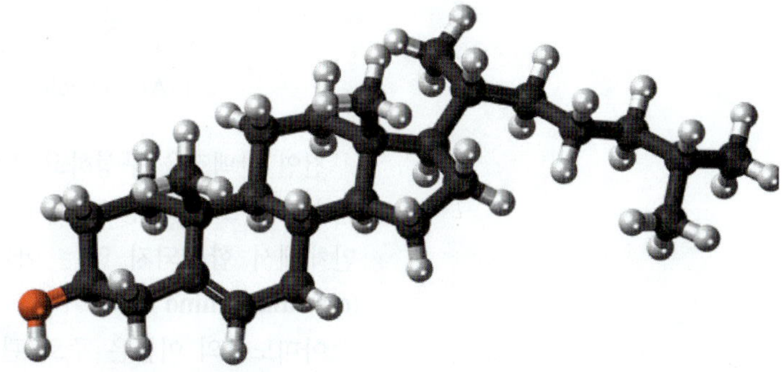

콜레스테롤(Cholesterol)

콜레스테롤은 모든 동물의 세포막의 주요 구성 성분으로서 세포막의 투과성과 유동성을 조절하여 세포 내 수송, 신호 전달, 신경 전달 수송에 관여하고, 스테로이드 호르몬, 담즙산, 비타민 D 등의 생합성 전구체로 사용되는 동물의 생존에 필수적인 물질이다. 지질의 일종으로, 주로 음식을 통해 공급되며 간에서도 생합성된다. 이 물질은 지질 단백에 의해 혈액으로 운반되며, 과다해지면 혈관에 죽상동맥경화증을 일으키는 혈전의 주성분이 되기도 한다. 이 물질의 혈중 농도를 낮추기 위한 Lipitor®(화학 라운지 16.8), Crestor®, Zocor® 등과 같은 여러 종류의 약(고지혈증 치료제)이 시판되고 있다.

이 장에서는 생체분자 중 단백질과 지질에 관한 화학을 공부하고자 한다. 단백질은 아미노산의 펩타이드 중합체이므로 기본 구성 단위인 아미노산의 구조, 성질 및 합성 방법과 펩타이드 결합의 구조 특성과 합성법 등을 다룬다. 또한 생체분자 중 저장 에너지로서 중요한 지방과 지방산 유도체 및 이들의 이차 대사물질로서 중요한 지질 성분인 왁스, 터펜, 인지질, 지용성 비타민, 스테로이드 등을 소개하고자 한다.

16.1 아미노산, 펩타이드 및 단백질 화학

단백질(protein)은 모든 생명체에 존재하는 거대 생체분자 중 하나로서, 세포 내에서 가장 다양하고 중요한 기능을 하는 물질이다. 생체 반응과 기능을 조절하는 효소, 생체의 구조를 형성하고 유지하는 피부, 뼈, 근육을 포함하는 연결조직, 산소를 운반하는 데 관여하는 헤모글로빈, 생체 방어 역할의 항체, 당 대사를 조절하는 인슐린 등이 모두 단백질에 속한다. 자연계에는 수백만 가지의 단백질이 존재하며, 이들 단백질은 아미노산들이 펩타이드 결합으로 반복적으로 연결된 중합체 형태의 **폴리펩타이드(polypeptide)** 구조로 이루어져 있다.

16.1.1 α-아미노산의 구조 및 종류

완전 단백질과 불완전 단백질

모든 필수 아미노산을 영양으로 공급해 주는 단백질을 완전 단백질이라고 한다. 육류, 생선, 달걀 등과 같은 동물 단백질이 여기에 속한다. 반면에, 대부분의 식물성 단백질은 일부 필수 아미노산이 결핍되어 있다(예: 쌀, 옥수수, 밀 등에는 lysine이 결핍, 옥수수에는 tryptophan이 결핍, 콩과류는 methionine이 결핍). 따라서 채식주의자는 다양한 종류의 식물성 음식을 섭취할 필요가 있다.

α-위치에 아미노기가 있는 카복실산을 **α-아미노산(α-amino acid)**이라 하는데, 자연계에서 발견되는 거의 모든 단백질(천연 단백질)은 20가지 종류의 아미노산(단백질 아미노산이라고도 함)으로 구성되어 있다. 이들 아미노산 중 한 종류(글라이신, glycine)를 제외하고는 모두 α-위치에 한 개의 치환기(곁사슬, R)가 있기 때문에 입체 중심을 가지고 있다. 천연 단백질을 구성하고 있는 모든 아미노산의 입체 중심의 절대 배열은 Fischer 투영법으로 표시하면 **L 배열**이다. 이 때문에 천연 아미노산을 **L-아미노산**이라 한다. L-아미노산을 *RS*법으로 표시하면 cysteine을 제외하고 모두 ***S* 배열**에 해당된다(예제 16.1 참조).

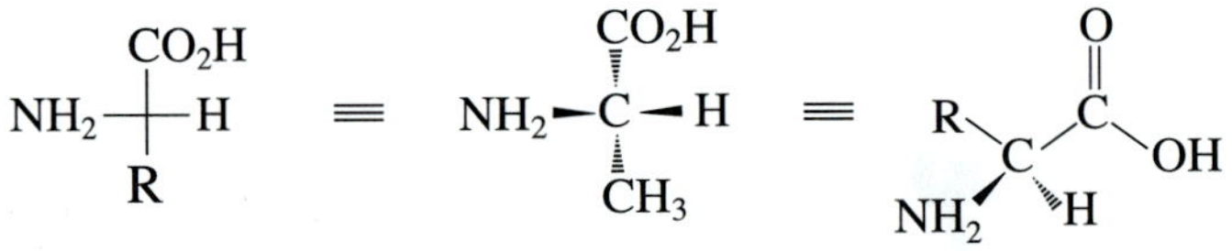

L-Amino acid

(*S*)-Amino acid

천연 단백질을 구성하고 있는 20가지 종류의 아미노산(**표 16.1**) 중 10가지는 인체에서 탄수화물 또는 지방으로부터 생합성되지만, 나머지 10가지는 인체에서 합성될 수 없다. 인체에서 합성되지 않는 아미노산은 음식물로 섭취해야만 한다. 이들을 **필수 아미노산(essential amino acid)**이라고 한다.

아미노산의 이름은 주로 관용명을 사용하며, 필요에 따라 약어도 사용된다. 아미노산은 곁사슬(R기)에 있는 작용기의 화학적 성질에 따라 **중성 아미노산**(15종), **산성 아미노산**(2종) 및 **염기성 아미노산**(3종)으로 분류된다. 산성 아미노산은 곁사슬에 카복실기를 추가적으로 가지고 있는 다이카복실산 유도체이며, 염기성 아미노산은 R기에 염기성을 띠는 아민기를 추가적으로 가지고 있다. 또한 프롤린(proline)을 제외한 모든 아미노산들은 일차 아민기를 가지고 있다(proline은 이차 아민 구조이다). 한편, 아이소루신(isoleucine)과 트레오닌(threonine)은 β-탄소에 입체 중심을 하나 더 가지고 있는 아미노산으로서, 네 개의 입체 이성질체의 존재가 가능하나 자연에는 그중 한 개만 존재한다.

표 16.1 천연 아미노산의 종류

중성 아미노산

이름	구조	약어	이름	구조	약어
Alanine (알라닌)		Ala 또는 A	Phenylalanine* (페닐알라닌)		Phe 또는 F
Asparagine (아스파라진)		Asn 또는 N	Proline (프롤린)		Pro 또는 P
Cysteine (시스테인)		Cys 또는 C	Serine (세린)		Ser 또는 S
Glutamine (글루타민)		Gln 또는 Q	Threonine* (트레오닌)		Thr 또는 T
Glycine (글라이신)		Gly 또는 G	Tryptophan* (트립토판)		Trp 또는 W
Isoleucine* (아이소루신)		Ile 또는 I	Tyrosine (타이로신)		Tyr 또는 Y
Leucine* (루신)		Leu 또는 L	Valine* (발린)		Val 또는 V
Methionine* (메싸이오닌)		Met 또는 M			

산성 아미노산

이름	구조	약어
Aspartic acid (아스파트산)		Asp 또는 D
Glutamic acid (글루탐산)		Glu 또는 E

염기성 아미노산

이름	구조	약어
Arginine* (아르지닌)		Arg 또는 R
Histidine* (히스티딘)		His 또는 H
Lysine* (라이신)		Lys 또는 K

* 붉은색으로 표시된 아미노산은 음식물로 섭취해야 하는 필수 아미노산임.

- **표 16.1**에 있는 20가지의 **천연 아미노산** 중 글라이신을 제외하고 모두 입체 중심을 가지고 있으며, 입체 중심의 절대 배열은 Fischer 투영법으로 모두 **L 배열**이다.
- 아이소루신과 트레오닌은 두 개의 입체 중심을 가지고 있다.
- 20개의 아미노산은 곁사슬의 성질에 따라 중성 아미노산(15종), 산성 아미노산(2종) 및 염기성 아미노산(3종)으로 분류되며, 프롤린(이차 아민)을 제외한 모든 다른 아미노산은 일차 아민 구조를 갖는다.

화학 라운지 16.1 비단백질 천연 아미노산

단백질을 구성하고 있는 아미노산을 단백질 아미노산이라고 한다. 자연에는 20가지 종류의 단백질 아미노산 이외에 수백 가지의 비단백질 아미노산들이 존재한다. 그중 몇 가지를 소개하면 **γ-aminobutyric acid (GABA)**는 뇌에서 발견되는 신경전달물질이고, **homocystein**은 혈액에서 발견되는 물질로 관상동맥 질환과 관련이 있는 물질이다. 또한 **ornithine**은 암모니아 대사에 관여하는 간에서 발견되는 물질이며, **thyroxine**은 갑상선에서 발견되는 호르몬의 일종이다. 자연계에서 발견되는 대부분의 아미노산의 입체 배열은 L형이다. 그러나 박테리아와 같은 하등 생물의 단백질에서는 D-형도 간혹 발견된다.

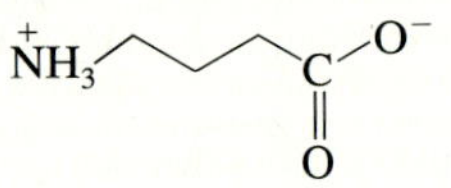

GABA

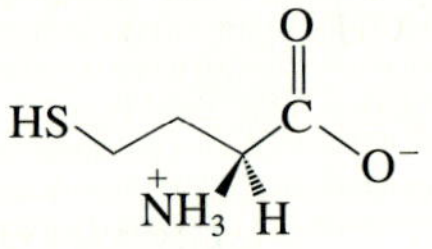

Homocysteine

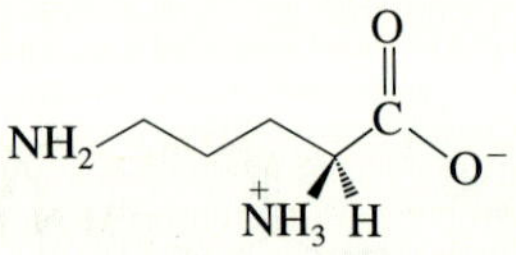

Ornithine

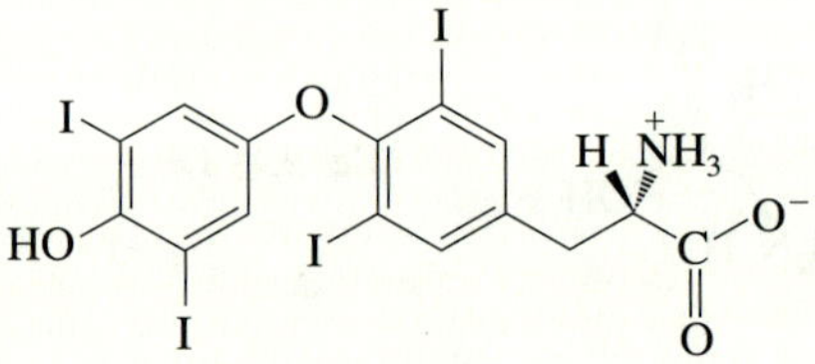

Thyroxine

예제 16.1 단백질을 구성하는 아미노산 중 cysteine의 입체 배열은 *S*형인 다른 아미노산과 다르게 *R*형이다. 그 이유를 설명하시오.

풀이

Cysteine의 입체 구조를 Fischer 투영법으로 나타내면 다른 아미노산과 마찬가지로 L 배열이지만, 다른 아미노산과 다르게 이 아미노산은 구조 중 우선순위가 산소보다 높은 황 원자를 가지고 있어 *RS*법에서는 *R*형으로 표시된다.

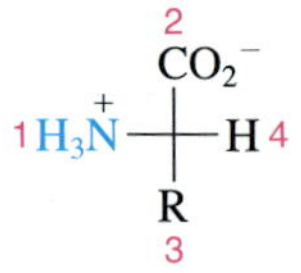

L-Amino acid (*S*)-배열

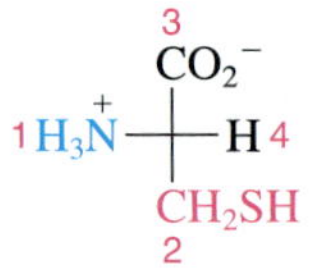

L-Cysteine (*R*)-배열

CH_2SH가 CO_2^-보다 우선순위가 더 높다

문제 16.1 표 16.1에 나타낸 아미노산에 대하여 다음 물음에 답하시오.

a. 방향족 고리를 가진 아미노산

b. 곁사슬에 OH기를 가지고 있는 아미노산

c. 황 원자를 가지고 있는 아미노산

d. 카이랄 중심에 이차 아미노기가 있는 아미노산
e. 두 개 이상의 입체 중심이 있는 아미노산

문제 16.2 다음 아미노산의 구조를 Fischer 투영법으로 나타내시오.

a. L-Alanine **b.** D-Alanine **c.** L-Threonine **d.** L-Valine

16.1.2 α-아미노산의 쯔비터이온과 등전점

α-아미노산은 한 분자내에 염기성인 아미노기와 산성인 카복실기를 동시에 가지고 있는 분자이다. 따라서 이들은 분자 내에서 산-염기 반응을 하여 **분자내 염(inner salt)**을 형성하고 있다. 이와 같이 한 분자 내에 양이온과 음이온을 동시에 가지고 있는 분자를 **쯔비터이온(zwitter ion)**이라고 한다. 아미노산이 물에는 잘 녹으나 유기 용매에는 녹지 않고, 녹는점이 높은 결정성 물질인 것은 이런 분자내 염을 이루고 있기 때문이다.

아미노산의 물리적 성질
- 200°C 이상의 높은 녹는점을 가진다.
- 유기 용매보다 물에 더 잘 녹는다.
- 쌍극자 모멘트가 아민이나 카복실산보다 크다.
- 카복실산보다 약산성이고 아민보다 약염기이다.

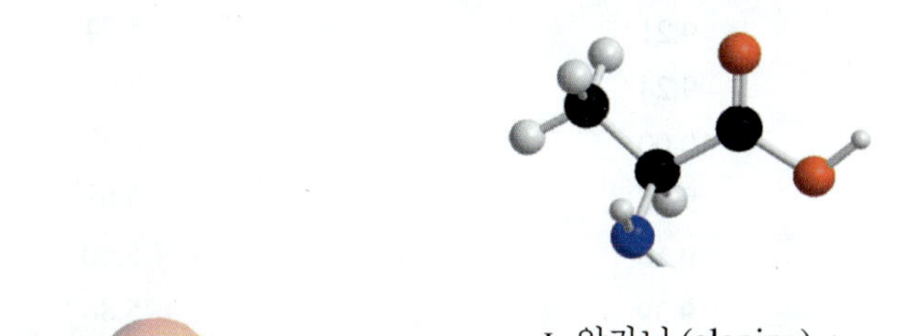

L-알라닌 (alanine)

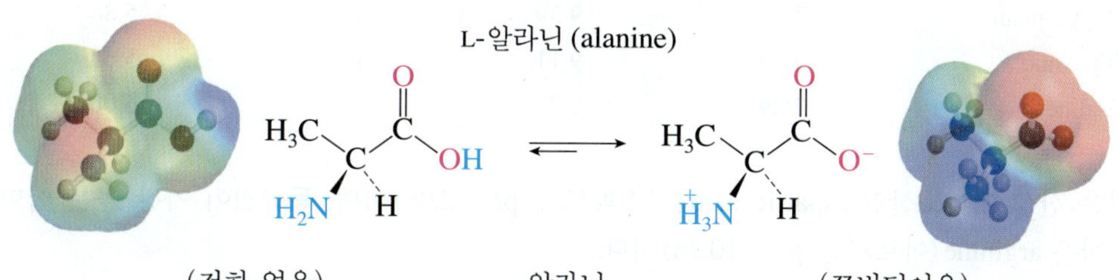

아미노산의 쯔비터이온은 중성 형태이지만 수용액의 pH 조건에 따라 산과 염기 양쪽의 성질을 모두 나타낸다. 이런 성질을 **양쪽성(amphoteric)**이라고 한다. 낮은 pH 용액(강산성)에서는 (+)-전하를 띤 암모늄 이온으로, 높은 pH 용액(강염기성)에서는 (−)-전하를 띤 카복실산 음이온으로 존재한다.

산성 수용액에서 염기로 작용

$$\overset{+}{N}H_3-\underset{R}{\overset{CO_2^-}{C}}-H + H_3O^+ \rightleftharpoons \overset{+}{N}H_3-\underset{R}{\overset{CO_2H}{C}}-H + H_2O$$

염기성 수용액에서 산으로 작용

$$\overset{+}{N}H_3-\underset{R}{\overset{CO_2^-}{C}}-H + HO^- \rightleftharpoons NH_2-\underset{R}{\overset{CO_2^-}{C}}-H + H_2O$$

아미노산의 수용액에서 양이온과 음이온이 균형을 이루는 상태의 pH를 **등전점(isoelectric point, p*I*)**이라고 한다. 각 아미노산의 등전점은 아미노산 구조에 있는 R기에 따라 다르며, 고유한 값을 갖는다. 각 아미노산의 등전점을 **표 16.2**에 나타내었다.

중성 아미노산의 등전점은 α-COOH와 α-NH_3^+의 두 pK_a값의 평균값이며, 보통 pH 5.0~6.5 범위의 값을 가진다. 이온화가 가능한 곁사슬을 가지고 있는 아미노산의 경우 카복실산의 pK_a값과 곁사슬의 pK_a값의 평균값이다. 아미노산 가운데 등전점이 가장 낮은 아미노

표 16.2 α-아미노산 작용기의 pK_a 및 pI값

아미노산	α-COOH	α-NH_3^+	곁사슬	pI
Alanine	2.35	9.87	—	6.11
Arginine	2.01	9.04	12.48	10.76
Asparagine	2.02	8.80	—	5.41
Aspartic acid	2.10	9.82	3.86	2.98
Cysteine	2.05	10.25	8.00	5.02
Glutamic acid	2.10	9.47	4.07	3.08
Glutamine	2.17	9.13	—	5.65
Glycine	2.35	9.78	—	6.06
Histidine	1.77	9.18	6.10	7.64
Isoleucine	2.32	9.76	—	6.04
Leucine	2.33	9.74	—	6.04
Lysine	2.18	8.95	10.53	9.74
Methionine	2.28	9.21	—	5.74
Phenylalanine	2.58	9.24	—	5.91
Proline	2.00	10.00	—	6.30
Serine	2.21	9.15	—	5.68
Threonine	2.09	9.10	—	5.60
Tryptophan	2.38	9.39	—	5.88
Tyrosine	2.20	9.11	10.07	5.63
Valine	2.29	9.72	—	6.00

산은 산성 아미노산인 aspartic acid (아스파트산, pI = 2.98) 이며, 등전점이 가장 높은 아미노산은 arginine (아르지닌, pI = 10.76) 이다.

- **등전점** = 알짜 전하가 없는 상태의 pH
- 중성 아미노산의 등전점은 α-COOH와 α-NH_3^+의 두 pK_a값의 평균값이다.
- 곁사슬을 가지고 있는 아미노산의 등전점은 카복실산의 pK_a값과 곁사슬의 pK_a값의 평균값이다.
- 등전점이 가장 낮은 아미노산은 aspartic acid (아스파트산, pI = 2.98) 이며, 등전점이 가장 높은 아미노산은 arginine (아르지닌, pI = 10.76) 이다.

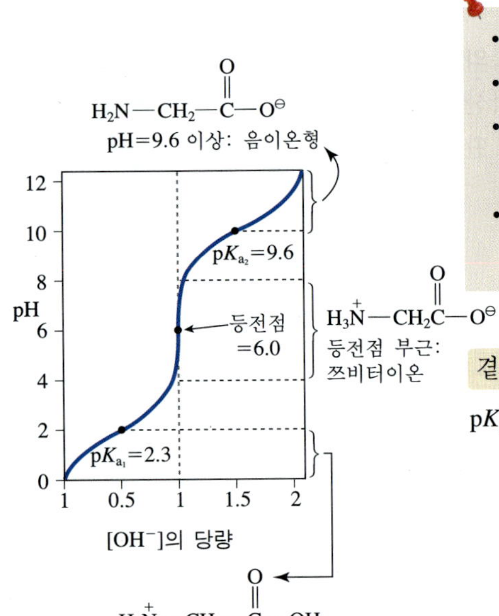

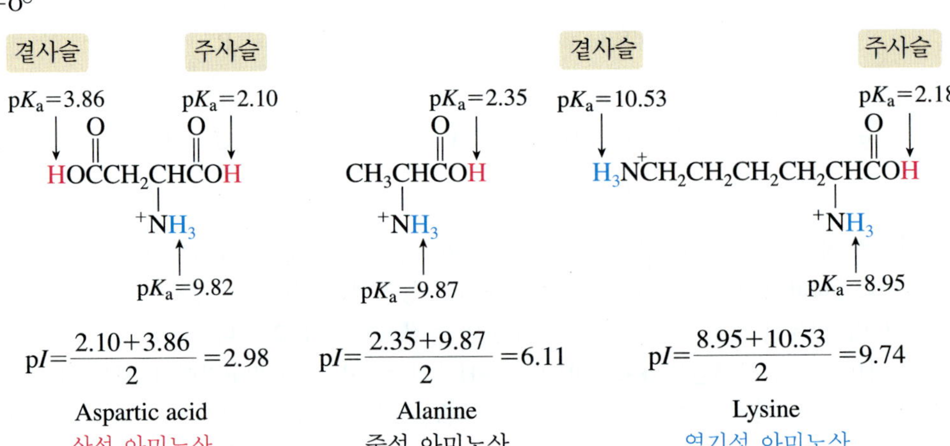

각 아미노산은 등전점 이하의 pH에서는 (+)-전하를 가지고, 등전점 이상의 pH에서는 (−)-전하를 가지게 된다. 이 성질을 이용하여 아미노산을 분리 및 정량할 수 있으며, 이런 분석법을 **전기이동법(electrophorosis)**이라고 한다. 이 분석법은 양쪽에 전극이 연결된 종이 또는 젤의 중간 부분에 아미노산 혼합물 용액을 떨어뜨리고 일정 pH 조건에서 전하를 걸어주었을 때 등전점이 주어진 pH보다 낮은 아미노산은 음전하를 갖게 되어 (+)극으로 이동하고, 반대로 등전점이 주어진 pH보다 높은 아미노산은 양전하를 갖게 되어 (−)극으로 이동하는 원리를 이용한 방법이다(**그림 16.1**).

전기이동법은 등전점 차이를 이용하여 아미노산 혼합물을 분리하는 방법이다.

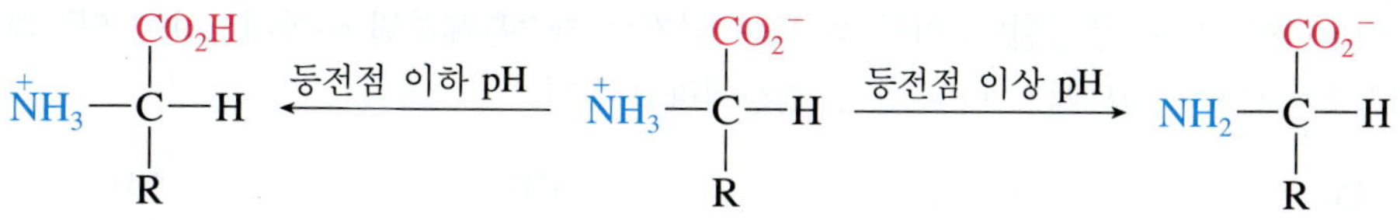

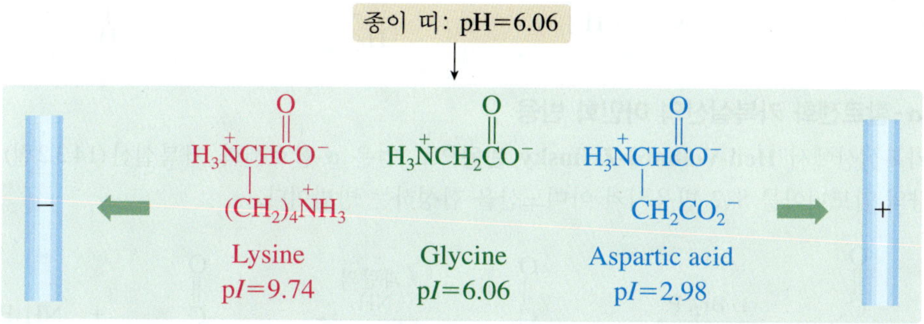

$$\overset{+}{N}H_3-\underset{R}{\overset{CO_2H}{C}}-H \xleftarrow{\text{등전점 이하 pH}} \overset{+}{N}H_3-\underset{R}{\overset{CO_2^-}{C}}-H \xrightarrow{\text{등전점 이상 pH}} NH_2-\underset{R}{\overset{CO_2^-}{C}}-H$$

종이 띠: pH=6.06

−	⟸	$H_3\overset{+}{N}CH(C{=}O)O^-$, 곁사슬 $(CH_2)_4\overset{+}{N}H_3$ Lysine pI=9.74	$H_3\overset{+}{N}CH_2C(=O)O^-$ Glycine pI=6.06	$H_3\overset{+}{N}CH(C{=}O)O^-$, 곁사슬 $CH_2CO_2^-$ Aspartic acid pI=2.98	⟹	+

그림 16.1 전기이동법에 의한 아미노산 혼합물의 분리. Glycine은 pH = 6.06에서 중성으로 존재하므로 (+) 또는 (−)극으로 이동하지 않으나, lysine은 양성자가 첨가되어 (−)극 쪽으로 이동하고, aspartic acid는 양성자 이탈이 일어나 (+)극 쪽으로 이동한다.

예제 16.2 Glycine이 pH 9.78, 6.06 (등전점) 및 2.35에 놓여 있을 때 가질 수 있는 이온성 물질의 구조를 그리시오(표 16.2를 참고할 것).

풀이

표 16.2에서 Glycine의 등전점: pH 6.06; α-COOH의 pK_a 2.35; α-NH_3^+의 pK_a 9.78이다. 따라서 각 pH에서의 형태는 다음과 같다.

pH = 6.06	100%	$^+NH_3CH_2CO_2^-$			
pH = 2.35	50%	$^+NH_3CH_2CO_2^-$	+	50%	$^+NH_3CH_2CO_2H$
pH = 9.78	50%	$NH_2CH_2CO_2^-$	+	50%	$^+NH_3CH_2CO_2^-$

문제 16.3 다음 아미노산이 pH 1.0과 10.0의 용액에 놓여 있을 때 주로 가질 수 있는 구조를 그리시오.

a. Aspartic acid **b.** Phenylalanine **c.** Isoleucine
d. Threonine **e.** Serine

문제 16.4 전기이동법 장치에 lysine, histidine, cysteine의 혼합물을 넣고 pH 7.64에서 전장을 걸어 분석을 수행하였다. 각 아미노산은 어떤 이동을 하였을까?

문제 16.5 다음 L-아미노산의 쯔비터이온의 구조를 그리시오.

a. Cys **b.** Trp **c.** Ala **d.** Phe **e.** Tyr

16.1.3 α-아미노산의 제법

α-아미노산은 다음과 같은 방법으로 합성한다. 이들 방법으로 합성된 아미노산은 모두 라셈 혼합물이다. 광학 활성 아미노산은 **거울상선택 반응(enantioselective reaction)**을 통해 합성할 수 있지만, 이 책에서는 다루지 않는다.

■ Strecker 합성

알데하이드에 NH_3와 HCN (또는 NH_4Cl과 NaCN)을 반응시키면 이민 중간체를 거쳐 α-아미노나이트릴이 생성된다. 이를 산 또는 염기로 가수분해하면 α-아미노산이 되는데 이 방법을 **Strecker**('스트레커' 라고 읽음) **합성**이라고 한다.

$$RCHO \xrightarrow{NH_3} [RCH{=}NH] \xrightarrow{HCN} R{-}CH(NH_2){-}CN \xrightarrow{H_3O^+} R{-}CH(NH_3^+){-}CO_2^-$$

■ α-할로젠화 카복실산의 아민화 반응

카복실산에서 **Hell-Volhard-Zelinsky 반응**으로 얻은 α-할로젠화 카복실산(14.3.2절)에 과량의 암모니아를 S_N2 반응시켜 아미노산을 합성하는 방법이다.

$$RCH_2COOH \xrightarrow[2.\ H_2O]{1.\ Br_2,\ P} RCH(Br)COOH \xrightarrow{\text{과량의 } NH_3} RCH(NH_3^+)CO_2^- + NH_4Br$$

■ α-케토산의 환원성 아민화 반응

α-케토산에 과량의 암모니아를 약한 환원제와 함께 반응시키면, 케톤기에 이민 중간체를 거치는 **환원성 아민화 반응**(11.12.3절)이 일어나 아미노산이 생성된다.

$$RC(=O)COOH \xrightarrow[2.\ NaBH(OCOCH_3)_3(\text{환원제})]{1.\ \text{과량의 } NH_3} RCH(NH_3^+)CO_2^-$$

■ 이미도말론산 에스터의 알킬화 반응

α-브로모말론산 에스터에 프탈이미도 포타슘을 S_N2 반응시켜 얻은 *N*-프탈이미도말론산 에스터의 α 위치에 알킬기를 도입시킨 후, 가수분해 반응과 탈카복실화 반응을 시키면 아미노산이 생성된다. 이 반응은 **Gabriel 반응**(10.4.1절)과 **말론산 에스터 합성법**(14.4.4절)을 혼합한 방법이다.

$$EtO_2C{-}CH(Br){-}CO_2Et + \text{Phthalimide-}N^-K^+ \longrightarrow \text{Phthalimide-}N{-}CH(CO_2Et)_2 \xrightarrow[2.\ R{-}Br]{1.\ NaOEt}$$

Diethyl α-bromomalonate　Potassium phthalimide　Diethyl *N*-phthalimido malonate

$$\text{(phthalimido)N}-\overset{CO_2Et}{\underset{CO_2Et}{C}}-R \xrightarrow[\Delta]{H_3O^+} R-\overset{H}{\underset{NH_3}{C}}-CO_2^- + CO_2 + C_6H_4(CO_2H)_2$$

N-프탈이미도기 대신에 아세트아미도기가 치환된 diethyl acetamidomalonate(다이에틸 아세트아미도말론산)를 이용하여 알킬화 반응시킨 후 가수분해해도 같은 결과를 얻을 수 있다.

$$EtO_2C-\overset{H}{\underset{NHCOCH_3}{C}}-CO_2Et \xrightarrow[2.\ R-Br]{1.\ NaOEt} EtO_2C-\overset{R}{\underset{NHCOCH_3}{C}}-CO_2Et \xrightarrow[\Delta]{H_3O^+} R-\overset{H}{\underset{^+NH_3}{C}}-CO_2^- + CO_2 + CH_3CO_2H$$

Diethyl acetamidomalonate

문제 16.6 Phenylalanine을 위의 네 가지 방법으로 합성하는 방법을 보이시오.

16.1.4 아미노산의 거울상이성질체 분할

비대칭 합성 조건이 아닌 상태에서 합성된 아미노산은 모두 라셈 혼합물이다. 라셈 아미노산으로부터 광학 활성 아미노산을 얻는 방법을 거울상이성질체 분할(resolution)이라 하는데 화학적 방법(부분입체이성질체의 분할법), 액체 컬럼 크로마토그래피 및 속도론적 효소 분할법 등 세 가지 방법이 있다(5.10.1절 참조).

거울상 분할제(resolving agent) 라셈 혼합물과 반응시켜 부분입체이성질 형태의 염을 만들어 광학 분할에 사용되는 카이랄 물질을 거울상 분할제라고 한다. 주로 cinchonine, cinchonidine, quinine 및 α-methylbenzylamine과 같은 카이랄 아민과 L-tartaric acid 또는 D-camphorsulfonic acid와 같은 카이랄 산이 자주 사용된다.

■ 화학적 방법

아미노산의 아미노기와 카복실기 중 어느 한쪽 작용기를 보호기로 보호하여, 쯔비터이온 상태의 아미노산을 라세미 아민 또는 카복실산 형태로 전환시킨 뒤, 거울상 분할제를 작용시켜 얻은 부분입체이성질체를 용해도 차이를 이용하여 분할하는 방법이다.

■ 액체 컬럼 크로마토그래피법

이 방법은 카이랄 고정상이 들어 있는 관에 라셈 혼합물을 액체상과 함께 흘려 보내면, 고정상에 있는 카이랄 물질과 아미노산의 거울상이성질체가 서로 다르게 상호작용하는 성질 때문에 관 속에서 머무름 시간(retention time)의 차이가 발생하는 원리를 이용하여 라세미 혼합물을 분리하는 방법이다.

■ 속도론적 효소 분할법

효소의 입체특이적인 반응을 이용하는 방법으로, 입체 배열 D와 L 중 어느 하나에만 선택적으로 반응시켜 이를 분리하는 반응이다. 예를 들면, 라셈 *N*-acetylalanine을 돼지 신장에 있는 아마이드 가수분해효소와 반응시키면 L-*N*-acetylalanine만 가수분해되어 L-alanine을 생성하고, D-*N*-acetylalanine은 반응하지 않은 채 그대로 있다. 생성물인 L-alanine과 D-*N*-acetylalanine은 다른 물질이므로 서로 분리할 수 있다.

16.1.5 아미노산의 반응

■ 닌하이드린 반응

Proline을 제외한 모든 아미노산은 **닌하이드린(ninhydrin)**과 반응하면 보라색을 나타낸다. 이 반응은 아미노산의 정성 및 정량 반응에 매우 중요한 반응이다.

Indane-1,2,3-trione $\underset{-H_2O}{\overset{+H_2O}{\rightleftharpoons}}$ Ninhydrin

$$\text{Indane-1,2,3-trione} + R{-}\underset{H}{\overset{\overset{+}{N}H_3}{C}}{-}CO_2^- \longrightarrow \text{(보라색)} + RCHO + CO_2$$

보라색

■ **탈아민화 반응**

아미노산의 아미노기는 아질산과 반응하면 N_2 기체를 정량적으로 발생한다. 이를 **Van Slyke**('반 슬라이크' 라고 읽음)의 **아미노산 질소 정량법**이라고 한다.

Donald Dexter Van Slyke(1883~1971): 네덜란드계 미국 생화학자겸 임상화학자. Brookhaven 국립 실험실에서 근무. 1차 아미노기를 가진 아미노산 정량법을 발견함.

$$R{-}\underset{H}{\overset{\overset{+}{N}H_3}{C}}{-}CO_2^- + HNO_2 \longrightarrow R{-}\underset{H}{\overset{OH}{C}}{-}CO_2H + N_2 + H_2O$$

■ **에스터 및 아마이드 형성 반응**

아미노산은 카복실산기와 아미노기를 가지고 있으므로 두 작용기의 반응이 모두 가능하다. 아미노산을 methanol 또는 ethanol 속에서 HCl 기체를 불어넣어 주거나 $SOCl_2$를 소량 넣고 반응시키면 해당하는 알코올의 에스터를 만들 수 있다. 또한 아미노산을 산무수물 또는 산염화물과 반응시키면 해당하는 아마이드를 생성한다.

$$R{-}\underset{H}{\overset{\overset{+}{N}H_3\,Cl^-}{C}}{-}CO_2CH_3 \xleftarrow[\text{또는 소량 } SOCl_2]{CH_3OH,\ HCl} R{-}\underset{H}{\overset{\overset{+}{N}H_3}{C}}{-}CO_2^- \xrightarrow[HO^-]{CH_3{-}\overset{O}{\overset{\|}{C}}{-}Cl} CH_3{-}\overset{O}{\overset{\|}{C}}{-}\underset{H}{N}{-}\underset{H}{\overset{R}{C}}{-}CO_2H$$

16.1.6 펩타이드 및 단백질

α-아미노산 분자에 있는 아미노기와 카복실산기 사이에서 탈수 반응이 일어나 생성된 아마이드 결합을 **펩타이드(peptide) 결합**이라고 한다.

$$R{-}\underset{NH_2}{\overset{H}{C}}{-}\overset{O}{\overset{\|}{C}}{-}OH\ \ H{-}\overset{H}{N}{-}\underset{R'}{\overset{H}{C}}{-}\overset{O}{\overset{\|}{C}}{-}OH\ \ H{-}\overset{H}{N}{-}\underset{R''}{\overset{H}{C}}{-}\overset{O}{\overset{\|}{C}}{-}OH\ \ H{-}\overset{H}{N}{-}\underset{R'''}{\overset{H}{C}}{-}\overset{O}{\overset{\|}{C}}{-}OH$$

$-H_2O$ $-H_2O$ $-H_2O$

펩타이드 결합

$$H{-}\underset{NH_2}{\overset{R}{C}}{-}\overset{O}{\overset{\|}{C}}{-}\overset{H}{N}{-}\underset{R'}{\overset{H}{C}}{-}\overset{O}{\overset{\|}{C}}{-}\overset{H}{N}{-}\underset{H}{\overset{R''}{C}}{-}\overset{O}{\overset{\|}{C}}{-}\overset{H}{N}{-}\underset{R'''}{\overset{H}{C}}{-}\overset{O}{\overset{\|}{C}}{-}OH$$

■ **올리고펩타이드와 폴리펩타이드**

두 개의 아미노산이 한 개의 아마이드 결합으로 연결된 화합물을 **다이펩타이드(dipeptide)**, 세 개의 아미노산이 두 개의 아마이드 결합으로 연결된 화합물을 **트라이펩타이드(tripeptide)** 하고 하며 2～10개의 아미노산으로 이루어진 펩타이드를 **올리고펩타이드(oligopeptide)** 라 한다. 단백질은 보통 40개 이상의 아미노산들이 아마이드 결합에 의해 사슬로 연결된 아미노산 중합체인 **폴리펩타이드(polypeptide)** 이다.

■ ***N*-말단 아미노산(*N*-terminal amino acid)과 *C*-말단 아미노산(*C*-terminal amino acid)**

펩타이드 결합을 구성하는 단위체인 아미노산을 **잔기(residue)** 라 한다. 펩타이드 결합에 참여하는 아미노산 잔기 중, 카복실산기가 펩타이드 결합 반응에 참여하고 아미노기는 남아 있는 아미노산을 ***N*-말단 아미노산(*N*-terminal amino acid)**, 아미노기는 펩타이드 결합에 참여하고 카복실산기는 결합에 참여하지 않은 채 남아 있는 아미노산을 ***C*-말단 아미노산(*C*-terminal amino acid)** 이라고 한다.

$$N\text{-말단 아미노산} \rightarrow \mathrm{R{-}\underset{\underset{NH_2}{|}}{\overset{\overset{H}{|}}{C}}{-}\overset{\overset{O}{\|}}{C}{-}\overset{\overset{H}{|}}{N}{-}\underset{\underset{R'}{|}}{\overset{\overset{H}{|}}{C}}{-}\overset{\overset{O}{\|}}{C}{-}OH} \leftarrow C\text{-말단 아미노산}$$

16.1.7 펩타이드 결합의 표시법 및 명명법

펩타이드 결합에서 아미노산끼리의 결합 상태를 나타내는 방법은 규약에 의하여

• *N*-말단 아미노산을 제일 먼저(가장 왼쪽 또는 맨 위쪽) 나타내고, *C*-말단 아미노산은 마지막(가장 오른쪽 또는 맨 아래쪽)에 나타내며, 결합은 하이픈(-)으로 나타낸다.

예 Ala-Phe-Val-Gly로 나타낸 펩타이드의 경우 alanine이 *N*-말단 아미노산이고, glycine이 C-말단 아미노산이다.

• 펩타이드의 명명은 *N*-말단 아미노산을 시작으로, 순차적으로 연결되어 있는 아미노산의 이름의 어미 *'ine'* 대신 *'yl'* 을 붙여 나열한 후 *C*-말단 아미노산 이름을 붙인다.

예 Ala-Phe-Val-Gly의 이름은 alanyl-phenylalanyl-valyl-glycine이다.

문제 16.7 트라이펩타이드인 Ser-Gly-Phe의 구조식을 그리고 명명하시오.

16.1.8 펩타이드 결합의 구조 특성 및 합성

■ **펩타이드 결합의 구조 특성**

펩타이드는 아마이드 결합이다. 아마이드의 C—N 단일 결합이 회전하면 ***s-trans*체**와 ***s-cis*체**인 두 가지 아마이드의 형태 이성질체가 생길 수 있는데, 구조에 있는 R기가 멀리 떨어져 있는 ***s-trans*체**가 더 **안정한 형태**가 된다. 한편, 아마이드의 카보닐 탄소는 sp^2 혼성화되어 있어 평면 구조이고, 질소 원자의 비공유 전자쌍은 공명 구조에 참여하고 있기 때문에 염기성이 매우 낮다. 또한 아마이드 결합은 공명에 의해 부분적으로 C=N 결합을 이루고 있어 결합 사이의 자유 회전이 제한된다. 이 때문에 펩타이드 결합에 참여한 네 개의 원자와 두 개의 α-탄소를 합한 여섯 개의 원자는 모두 동일 평면에 놓여 있게 되는 동시에

단일 결합의 회전에 의해 만들어지는 *cis-trans* 이성질체를 *s-cis*와 *s-trans* 이성질체라 한다.

C=O 결합은 전자간 반발력을 최소화하기 위하여 N—H 결합과 정반대인 위치에 놓여 있게 되어 전체 모양은 '지그-재그' 사슬 모양을 가지게 된다.

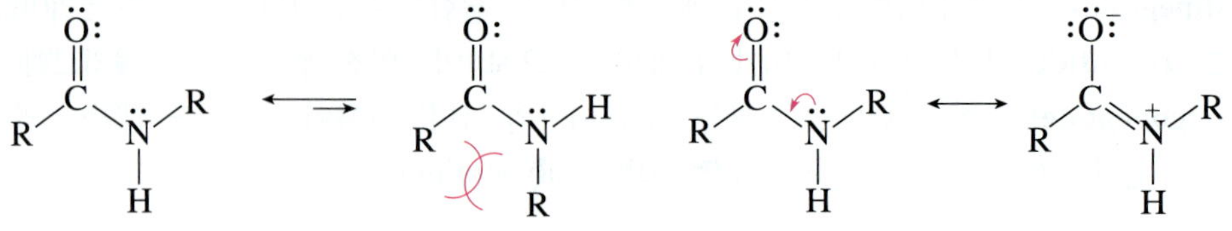

s-Trans

s-Cis

R기가 멀리 떨어져 있다

R기가 인접해 있다

아마이드의 공명 구조: C—N 결합의 자유 회전이 제한된다

더 안정

불안정

- 펩타이드 결합의 C=O와 N—H 결합은 전자간 반발력을 최소화하기 위해 정반대 위치에 놓이게 된다.
- 펩타이드 결합에 있는 여섯 개 원자는 모두 같은 평면에 놓여 있다.

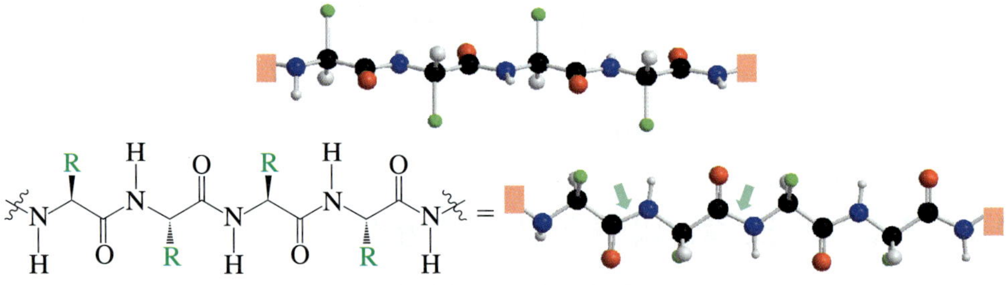

펩타이드 결합의 지그-재그 사슬 모양

그러나 펩타이드의 사슬에 proline 잔기가 들어가면 proline의 오각형 고리 때문에 '지그-재그' 사슬 형태가 불가능해진다.

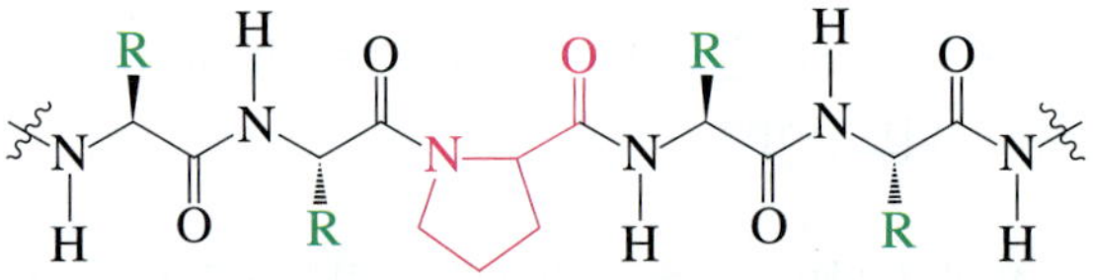

한편, cysteine 잔기가 포함되어 있는 펩타이드의 경우 SH기 때문에 산화성 물질과 반응하면 disulfide 결합(R−S−S−R)이 생성될 수 있다. 이 결합은 같은 사슬에서 루프(loop)

화학 라운지 16.2 천연 펩타이드

자연계에는 펩타이드 구조를 가진 많은 종류의 생리 활성 물질이 존재한다. 예를 들어 항생제로 사용되는 gramicidine, bacitracin, polymyxin 등은 폴리펩타이드 화합물이며, 뇌하수체 호르몬인 ACTH, LH, FSH 등은 당단백 구조를 가지고 있다. 또한 뇌와 척추에서 분비되는 pentapeptide 구조를 가진 enkephalin은 통증 전달을 차단하여 모르핀과 같은 진통 효과를 내게 하는 천연 진통제이다. 이와 비슷한 역할을 하는 endorphin도 뇌하수체에서 분비되는 통증 억제 polypeptide이다. Bradykinin, vasopressin 및 oxytoxin은 모두 nonapeptide들인데, bradykinin은 혈관을 이완시키며 혈압을 낮추는 물질이고, vasopressin과 oxytoxin은 모두 시상하부(hypothalmus)에서 만들어지는 호르몬으로, 전자는 항이뇨 작용과 혈압을 상승시키는 작용이 있으며, 후자는 자궁수축과 모유생산을 유발하는 작용을 한다. 이 밖에 우리 몸속에서 항산화 작용을 하는 glutathione은 Glu-Cys-Gly로 이루어진 tripeptide이다.

Leu-enkephalin: Tyr-Gly-Gly-Phe-Leu

Met-enkephalin: Tyr-Gly-Gly-Phe-Met

Bradykinin: Arg-Pro-Pro-Gly-Phe-Ser-Pro-Phe-Arg

형태로 생성될 수도 있고, 다른 사슬의 cysteine 잔기와 연결 고리를 생성할 수도 있다. 화학 라운지 16.2에서 언급한 시상하부 호르몬인 vasopressin과 oxytoxin은 같은 사슬 안에 disulfide 결합을 가진 펩타이드이며, insulin 또한 다른 사슬과 disufide 결합을 이루고 있는 펩타이드 호르몬이다.

머리카락에 있는 케라틴 단백질은 thiol기를 가진 cysteine잔기를 가지고 있다. 머리카락의 파마는 cysteine의 SH기가 산화되어 S—S기를 갖는 cystine으로 변환되는 반응을 이용한 것이다 (303쪽 참조).

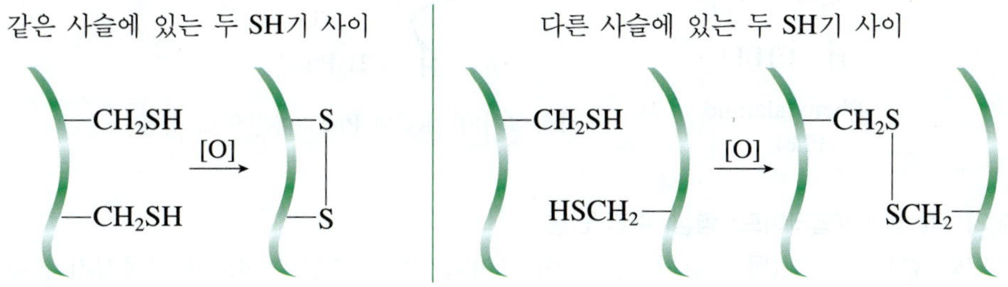

같은 사슬에 있는 두 SH기 사이

—CH_2SH —CH_2SH $\xrightarrow{[O]}$ —S—S—

다른 사슬에 있는 두 SH기 사이

—CH_2SH $HSCH_2$— $\xrightarrow{[O]}$ —CH_2S—SCH_2—

문제 16.8 다이펩타이드인 Ala-Ala인 구조에서 펩타이드 결합의 *s-cis*체와 *s-trans*체의 구조를 그리시오.

문제 16.9 몸속에서 항산화제 역할을 하는 glutathion은 아래의 구조를 가진 트라이펩타이드이다. 어떤 아미노산으로 구성되어 있으며 펩타이드 결합의 특징은 무엇인가? 또한 이 펩타이드가 산화성 물질과 반응하여 생성된 구조를 그리시오.

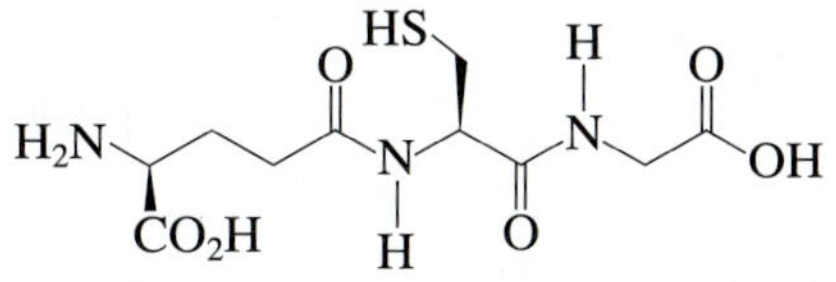

H_2N, HS, O, H, O, N, N, OH, CO_2H, H, O

■ 펩타이드의 합성법

아미노산으로부터 펩타이드를 합성하기 위해서는 우선 쯔비터이온으로 되어 있는 아미노산의 아미노기와 카복실기를 활성화시켜야 한다. 이를 위한 여러 가지 방법이 있다. 이들 방법의 원리는 아미노기의 염기성 또는 카복실기의 산성을 제거하여, 아미노산을 아민 또는 카복실산으로서 반응하게 하는 것이다. 펩타이드 결합의 일반적인 합성법은 아미노기 또는 카복실기가 보호된 아미노산의 합성-아미노산 사이의 축합 반응(펩타이드 합성)-보호기 제거 등 세 단계 반응으로 진행된다.

[단계 1]: 아미노기 보호

아미노산의 아미노기를 반응 후 제거하기 쉬운 아마이드기로 전환시켜(이를 아미노기를 보호한다고 말한다) 아미노기의 염기성을 제거함으로써 카복실기를 활성화시킨다. 아미노기가 보호된 아미노산은 카복실산으로 반응한다.

펩타이드 합성에서 자주 사용되는 아미노기 보호기(N-보호기):
Boc : *tert*-Butoxycarbonyl (*t*-BuOCO−)기: CF_3CO_2H, HBr 또는 HCl로 제거
Cbz : Benzyloxycarbonyl ($PhCH_2OCO-$)기: 촉매 가수소분해 반응으로 제거
Fmoc : 9-Fluorenylmethoxycarbonyl기: NH_3 또는 아민으로 제거

CH_3, H, $\overset{+}{N}H_3$, C, C, O^-, O $\xrightarrow{Boc_2O}$ CH_3, H, BocNH, C, C, OH, O

$Boc_2O=$ $(CH_3)_3C$—O—C(=O)—O—C(=O)—O—$C(CH_3)_3$

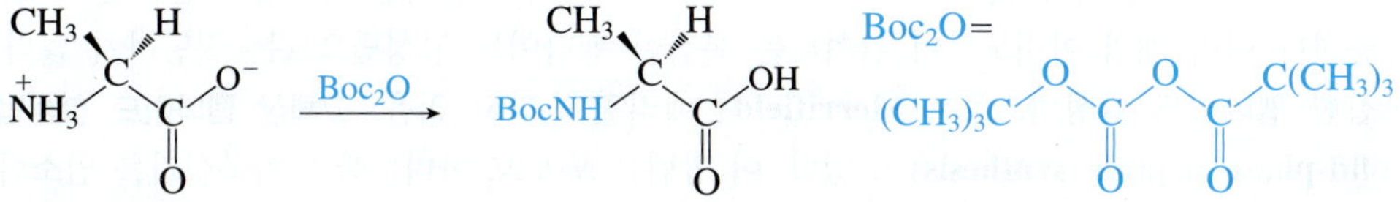

(*S*)-Alanine (Ala)

아미노기가 보호된 Ala: 카복실산으로 작용

펩타이드 합성에서 자주 사용되는 카복실기 보호기(RCO_2R')
R′ = Me, Et, *t*-Bu, Ph, $PhCH_2$, $(CH_3)_3SiCH_2CH_2$, $CH_2=CHCH_2$ 또는 $PhCOCH_2$

카복실기 보호

아미노산의 카복실기를 반응 후 제거하기 쉬운 에스터기로 전환시켜(이를 카복실기를

보호한다고 말한다) 카복실산의 산성을 제거함으로써 아미노기를 활성화시킨다. 카복실기가 보호된 아미노산은 아민으로 반응한다.

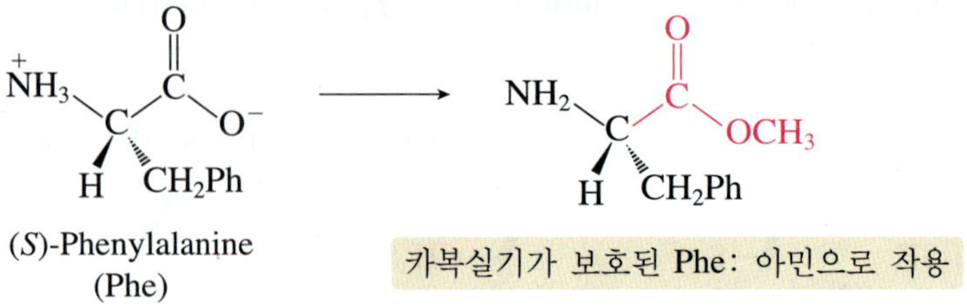

$\overset{+}{N}H_3$ ... (S)-Phenylalanine (Phe) → NH_2 ... OCH_3, H, CH_2Ph

카복실기가 보호된 Phe: 아민으로 작용

[단계 2]: 아마이드(펩타이드) 형성: 축합 반응

DCC와 같은 축합제(탈수제)를 사용하여 아미노기가 보호된 아미노산(카복실기가 활성화된 아미노산)과 카복실이 보호된 아미노산(아미노기가 활성화된 아미노산) 사이에서 물을 제거시켜 펩타이드 결합을 형성시킨다.

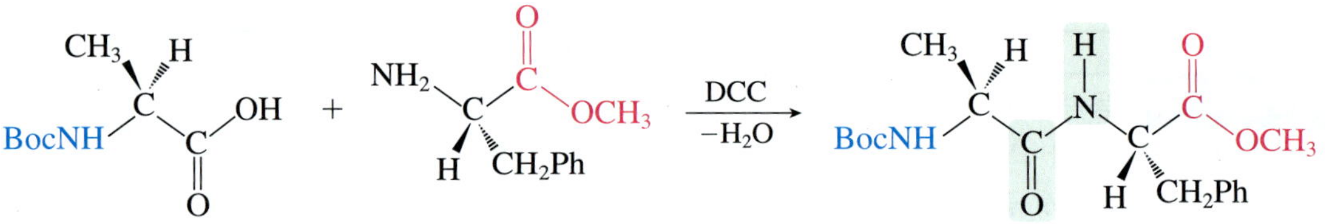

BocNH–CH(CH_3)–COOH + NH_2–CH(CH_2Ph)–$COOCH_3$ →(DCC, $-H_2O$) BocNH–CH(CH_3)–CO–NH–CH(CH_2Ph)–$COOCH_3$

[단계 3] 보호기 제거

→ NH_2–CH(CH_3)–CO–NH–CH(CH_2Ph)–COOH

펩타이드 합성에 사용되는 모든 보호기는 펩타이드 결합의 변성을 막기 위하여 온화한 반응 조건(중성, 상온)에서 쉽게 제거될 수 있어야 한다.

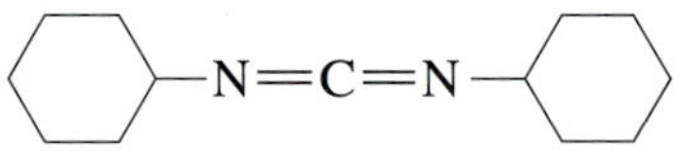

N=C=N

DCC=*N*, *N*′-Dicyclohexylcarbodiimide (축합제)

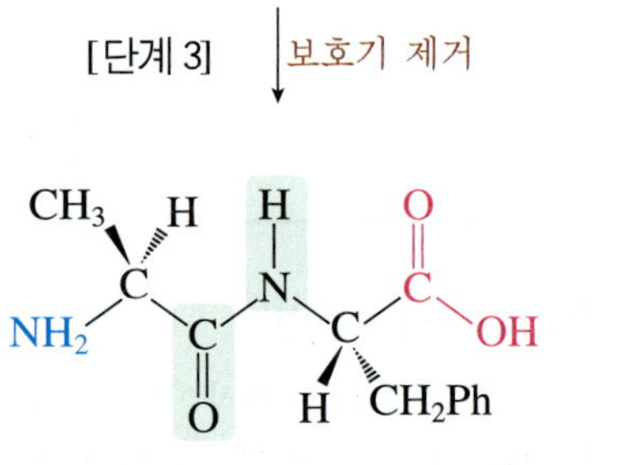

보호기 제거: 보호기의 종류에 따라 방법이 다르다. Boc의 경우 HF, HBr, CF_3CO_2H로 제거할 수 있다.

Alanine과 phenylalanine과 같이 두 종류의 아미노산이 만들어낼 수 있는 다이펩타이드는, 위의 예에서 보인 Ala–Phe을 포함하여 Phe–Ala, Ala–Ala 및 Phe–Phe 등 모두 네 종류이다.

문제 16.10 축합제로 사용되는 DCC (*N*,*N*-dicyclohexylcarbodiimide)의 작용 메커니즘을 적으시오.

위에서 소개한 펩타이드 합성법은 용액 내에서 수행되는 방법이므로 단계마다 생성물을 분리하고 불순물을 제거하는 정제 과정이 필요하다. 따라서 간단한 펩타이드 합성법으로는 유용하나 여러 개의 아미노산이 관여하는 복잡한 펩타이드 합성법으로는 적당하지 않다. 복잡한 펩타이드 합성법으로는 **Merrifield** ('메리필드' 라고 읽음) **고체상 펩타이드 합성법 (solid-phase peptide synthesis)**이 있다. 이 방법은 *N*-보호 아미노산의 카복실기를 염소화메틸기를 포함한 불용성 폴리머($ClCH_2$—Ⓟ, Merrifield resin이라 함)와 반응시켜 폴리머가 부착된 에스터 형태로 전환시킨 후, *N*-보호기를 제거하여 생성한 아미노산의 아미노기를 순차적으로 다른 *N*-보호 아미노산과 펩타이드 생성 반응을 반복적으로 시행하여 펩타이드를 합성하는 방법이다. 현재는 이 방법을 이용한 자동화 합성 장치도 시판되고 있다.

Robert Bruce Merrifield (1921~2006): 미국 출신 생화학자. Rockefeller 대학교 교수 역임. 고체상 펩타이드 합성법을 발명하여 bradykine, angiotensin 및 ribonuclease A 효소 등의 폴리펩타이드를 합성한 공로를 인정받아 1984년 노벨 화학상 수상.

Merrifield 고체상법

$$\underset{\text{N-보호 아미노산}}{\text{R}'\text{OCONH}-\text{CH(R)}-\text{C(=O)}-\text{OH}} \xrightarrow{\text{ClCH}_2-\text{Ⓟ}} \text{R}'\text{OCONH}-\text{CH(R)}-\text{C(=O)}-\text{OCH}_2-\text{Ⓟ} \xrightarrow{\text{HF}} \text{NH}_2-\text{CH(R)}-\text{C(=O)}-\text{OCH}_2-\text{Ⓟ}$$

$$\xrightarrow[\text{DCC}]{\text{R}'\text{OCONH}-\text{CH(R}')-\text{C(=O)}-\text{OH}} \text{R}'\text{OCONH}-\text{CH(R}')-\text{C(=O)}-\text{NH}-\text{CH(R)}-\text{C(=O)}-\text{OCH}_2-\text{Ⓟ}$$

$$\xrightarrow{\text{HF}} \text{NH}_2-\text{CH(R}')-\text{C(=O)}-\text{NH}-\text{CH(R)}-\text{C(=O)}-\text{OCH}_2-\text{Ⓟ} \xrightarrow{\text{반복}} \text{폴리펩타이드}$$

문제 16.11 세 종류의 아미노산으로 몇 종류의 트라이펩타이드를 만들 수 있는가? 단, 트라이펩타이드에는 세 종류의 아미노산이 모두 포함되어 있어야 한다.

16.1.9 단백질 구조 결정 – 아미노산의 서열 결정법

단백질 또는 펩타이드는 여러 종류의 아미노산이 펩타이드 결합으로 연결되어 있기 때문에, 이들의 구조를 알아내기 위하여는 다음 단계를 거쳐야 한다. 그 원리만 기술하면 다음과 같다.

[단계 1]: 구성 아미노산의 종류 및 함량 확인

단백질을 모두 가수분해하여 생성된 아미노산을 크로마토그래피 분리 방법을 이용한 아미노산 분석기를 이용하여 단백질이 어떤 종류의 아미노산으로 구성되어 있는지와 구성 아미노산의 함량을 정량적으로 분석한다.

[단계 2]: 단백질의 *N*-말단 아미노산의 종류 확인

단백질을 유리된 아미노기와 선택적으로 반응하는 시약(시약의 종류에 따라 **Sanger법**과 **Edman법**이 있다)으로 반응시킨 뒤 가수분해하면, 이 시약과 반응한 아미노산과 나머지 부분의 *N*-말단 아미노산으로 시작하는 펩타이드 사슬이 분리된다. 이 시약과 반응한 아미노산의 구조를 확인하고, 나머지 사슬로부터 같은 방법을 사용하여 순차적으로 *N*-말단 아미노산을 확인해 나간다.

Frederick Sanger (1918~2013): 영국 출신 생화학자. Cambridge 대학 교수 역임. 단백질을 구성하는 아미노산의 서열 결정 방법(Sanger 법)을 개발하여 인슐린 구조 결정에 공헌한 공로로 1958년 노벨 화학상(공동)을 수상했으며, 1980년 핵산 염기 서열을 규명한 공로로 노벨 화학상(공동)을 다시 수상.

■ Sanger법

Sanger('생거'라 읽음) **시약**인 **1-fluoro-2,4-dinitrobenzene**을 펩타이드와 반응시켜 *N*-말단 아미노산의 아민기가 방향족 친핵성 치환 반응(8.10절) 시킴으로써 **dinitrophenyl (DNP)** 기가 표지된 펩타이드를 생성하여 *N*-말단 아미노산을 확인하는 방법이다.

Pehr Victor Edman (1916~1977): 스웨덴 출신 생화학자. Rockefeller 의학 연구소와 Max-Planck 생화학 연구소의 연구원과 Lund 대학 생화학 교수 역임. 펩타이드 결합에서 아미노산 서열을 알아내는 Edman 분해법을 개발하여 단백질 구조 결정에 기여함.

■ Edman법

Sanger 시약인 1-fluoro-2,4-dinitrobenzene 대신에 **phenylisothiocyanate [Edman**('에드만'이라고 읽음) **시약]** 를 반응시켜 **phenylthiocarbamoyl (PTC)** 기가 표지된 펩타이드를 생성하여 확인하는 방법이다.

1-Fluoro-2,4-dinitrobenzene

Ala-Phe

Phenylisothiocyanate

Sanger 법

Edman 법

DNP-Ala-Phe

PTC-Ala-Phe

[단계 3] C-말단 아미노산의 펩타이드 결합만을 가수분해시키는 효소 또는 화학 시약을 이용하여 단백질의 *C*-말단 아미노산을 확인한다(**표 16.3**).

[단계 4] 특정한 아미노산의 펩타이드 결합만을 가수분해하는 효소를 이용하여 단백질을 부분 가수분해시키고, 이를 분리한 뒤 각 부분마다 단계 [2]~[3]을 반복적으로 시행한다.

최종적으로 단계 [1]~[4]를 종합하여 전체 단백질의 아미노산 서열을 결정한다.

표 16.3 폴리펩타이드를 선택적으로 분해하는 몇 가지 효소와 시약

효소 또는 시약	분해 위치
Trypsin	Lys, Arg의 카복실기 부분
Chymotrypsin	Phe, Tyr, Trp의 카복실기 부분
Cyanogen bromide (CNBr)	Met의 카복실기 부분
Carboxylpeptidase	C-말단 아미노산

문제 16.12 Ala-Phe-Gly-Trp-Ser-Lys-Leu-Met-Gly인 펩타이드에 다음 시약을 반응시켰을 때 생성되는 펩타이드 조각 또는 아미노산을 적으시오.

a. Trypsin **b.** Chymotrypsin **c.** CNBr

16.2 지질 화학

지질(lipid)은 물에는 녹지 않고 비극성 유기 용매에 녹는 생체 내 물질을 말한다. 지질은 화학적 구조로 분류한 것이 아니고 용매에 대한 용해도로 정의된 용어이기 때문에, 다양한 구조를 가진 유기 화합물이 여기에 포함된다. 이들의 화학 구조는 앞서 언급한 탄수화물, 핵산, 단백질과는 다르게 중합체가 아니다.

16.2.1 지질의 분류

지질은 가수분해 성질과 구성 성분에 따른 두 가지 기준에 따라 분류된다. 먼저 가수분해 성질에 따라 분류되는 **가수분해형 지질**과 **비가수분해형 지질**을 소개하면, 가수분해형 지질은 분자 내에 에스터기를 가지고 있는 물질로 트라이아실글리세롤(지방과 기름, 중성 지방이라고도 함), 왁스 및 인지질 등이 있고, 비가수분해형 지질은 지방산(프로스타글란딘 및 루코트리엔 등의 에이코사노이드 포함), 고급 알코올, 지용성 비타민, 터펜 및 스테로이드 등이 있다.

가수분해형 지질 ➡
- 중성 지방(지방 및 기름): 글리세롤의 지방산 에스터
- 왁스(wax): 고급 알코올의 지방산 에스터
- 인지질: 글리세롤의 지방산과 인산 에스터
- 스핑고지질: 아미노알코올 함유 지질
- 당지질: 탄수화물 글리세라이드

비가수분해형 지질 ➡
- 지방산: 단순 지방산 및 에이코사노이드
- 고급 알코올: 탄소 원자가 많은 알코올
- 지용성 비타민: 비타민 A, D, E, K
- 탄화수소: 파라핀류 및 터펜
- 스테로이드: 콜레스테롤, 담즙산, 성호르몬 및 부신피질호르몬

한편, 지질을 구성 성분에 따라 분류하면 **단순 지질**(중성 지방), **복합 지질**(막성분 지질), **유도 지질**로 나뉘는데, 단순 지질에는 에너지 저장용인 중성 지방 및 왁스가 포함되고, 복합 지질에는 생체막의 주성분인 인지질, 스핑고지질 및 당지질이 포함되며, 유도 지질에는 지방의 가수분해 및 생합성에서 생성된 물질로서 앞서 언급한 비가수분해형 지질이 포함된다. 이들에 대한 내용을 다음 절에서 상세히 소개하고자 한다.

- **단순 지질**: 중성 지방 및 왁스
- **복합 지질**: 인지질, 스핑고지질, 당지질
- **유도 지질**: 비가수분해형 지질(지방의 가수분해와 생합성에 의해 생성된 지질)

16.2.2 중성 지방: 트라이글리세라이드

중성 지방이란 지방산 세 분자가 glycerol 한 분자와 에스터 결합을 하여 형성된 화합물로, **트라이아실글리세롤(triacylglycerol)** 또는 **트라이글리세라이드(triglyceride)**라고도 하며, 단순 지질로 분류된다. 식물과 동물의 **지방(fat)**과 **기름(oil)**(이를 통틀어 유지라고도 함)이 이 구조를 가지고 있다. 이들은 생명체가 생존하는 데 필요한 중요한 에너지원(영양소)으로 사용되고 있다.

바이오디젤
콩기름, 유채기름, 폐식용유 등과 같은 식물성 기름(triglyceride)을 에스터 교환 반응을 이용하여 지방산 에스터(주로 메틸 에스터) 화합물로 전환시켜 자동차 연료로 사용하는 물질을 총칭하여 부르는 이름이다. 단독 또는 석유 디젤과 혼합하여 사용한다.

$$\begin{array}{l} CH_2OH \\ | \\ CHOH \\ | \\ CH_2OH \end{array} + \begin{array}{l} HO-\overset{O}{\overset{\|}{C}}-R' \\ HO-\overset{O}{\overset{\|}{C}}-R'' \\ HO-\overset{O}{\overset{\|}{C}}-R''' \end{array} \xrightarrow[-3H_2O]{} \begin{array}{l} CH_2O-\overset{O}{\overset{\|}{C}}-R' \\ | \\ CHO-\overset{O}{\overset{\|}{C}}-R'' \\ | \\ CH_2O-\overset{O}{\overset{\|}{C}}-R''' \end{array}$$

Glycerol　Carboxylic acid　Triacylglycerol(Triglyceride)

지방 또는 기름의 화학 구조

- 트라이아실글리세롤을 구성하고 있는 세 개의 지방산이 모두 같은 경우 이를 **단순 트라이아실글리세롤**이라 하고, 다른 경우 **복합** 트라이아실글리세롤이라고 한다.
- 트라이아실글리세롤 중 상온에서 고체인 물질을 **지방**이라 하고, 액체인 물질을 **기름**이라 하는데, 구성 지방산이 포화 지방산이면 지방이 되고, 불포화 지방산이면 기름이 된다. 이는 지방과 기름의 분자간 인력에 작용하는 van der Waals 인력의 차이 때문에 일어나는 현상으로, 기름인 경우 구성 성분이 *cis*형 입체 구조를 가진 불포화 지방산이어서 구부러진 분자 모양 때문에 van der Waals 인력이 포화 지방산에 비해 약해져 녹는점이 낮게 된다.

지방

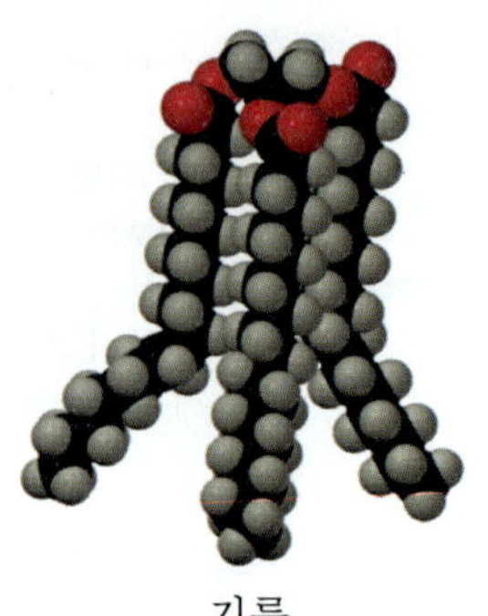
기름

■ 보통 동물성 지방은 포화 지방산이 많이 포함되어 있고, 식물에는 불포화 지방산이 상대적으로 많이 포함되어 있다.

천연 트라이아실글리세롤(triacylglycerol)에서 발견되는 지방산을 **표 16.4**에 나타내었다.

표 16.4 지방과 기름에 포함된 지방산

탄소수	C=C 결합수	구조	명칭	녹는점(°C)
		포화 지방산		
12	0	$CH_3(CH_2)_{10}COOH$	lauric acid	44
14	0	$CH_3(CH_2)_{12}COOH$	myristic acid	58
16	0	$CH_3(CH_2)_{14}COOH$	palmitic acid	63
18	0	$CH_3(CH_2)_{16}COOH$	stearic acid	69
20	0	$CH_3(CH_2)_{18}COOH$	arachidic acid	77
		불포화 지방산		
16	1	$CH_3(CH_2)_5CH{=}CH(CH_2)_7COOH$	palmitoleic acid	1
18	1	$CH_3(CH_2)_7CH{=}CH(CH_2)_7COOH$	oleic acid	4
18	2	$CH_3(CH_2)_4(CH{=}CHCH_2)_2(CH_2)_6COOH$	linoleic acid	−5
18	3	$CH_3CH_2(CH{=}CHCH_2)_3(CH_2)_6COOH$	linolenic acid	−11
20	4	$CH_3(CH_2)_4(CH{=}CHCH_2)_4(CH_2)_2COOH$	arachidonic acid	−49

Stearic acid,
녹는점: 69°C

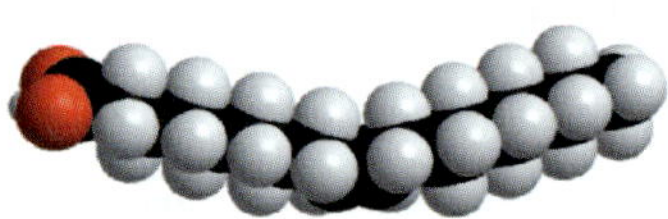
Oleic acid,
녹는점: 4°C

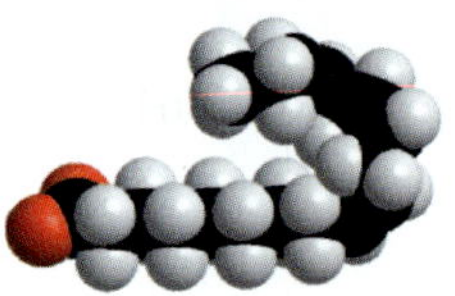
Linolenic acid,
녹는점: −11°C

표 16.4에 나타낸 천연 지방산의 몇 가지 구조적 특징은 다음과 같다.

- 포화 및 불포화 지방산에 있는 탄소 원자의 수는 모두 짝수 개로 되어 있다. 이는 지방산이 생합성되는 과정에서 아세틸 CoA가 관여하여 탄소가 두 개씩 늘어나기 때문이다.
- 불포화 지방산에 있는 C=C 결합은 모두 *cis*형 입체 구조를 가지고 있다.
- 인체 내에서 생합성되지 않는 지방산으로 인체에 필요한 지방산을 필수 지방산이라고 한다. EPA, DHA, α-linolenic acid와 γ-linolenic acid, arachidonic acid 등이 있다(화학 라운지 16.4 참조)

불포화 지방산의 C=C 위치를 간단히 표시하기 위하여 Δ로 표시하여 나타낸다. 예를 들면, 9번 탄소 위치에 이중 결합이 있는 oleic acid는 Δ^9지방산이고, 9번과 12번 탄소 원자에 이중 결합이 있는 linoleic acid는 $\Delta^{9,12}$인 지방산이다.

예제 16.3 다음 화합물의 이름을 IUPAC법으로 명명하시오.

a. Arachidic acid **b.** Stearic acid **c.** Oleic acid **d.** Linoleic acid **e.** Linolenic acid

풀이

a. Eicosanoic acid (C_{20}인 알케인 이름이 eicosane이다)

b. Octadecanoic acid (C_{18}의 알케인 이름이 octadecane이다)

c. (9*Z*)-Octadec-9-enoic acid (또는 *cis*-9-octadecenoic acid)

d. (9*Z*,12*Z*)-Octadeca-9,12-dienoic acid (또는 *cis*-, *cis*-9,12-octadecadienoic acid)

e. (9*Z*,12*Z*,15*Z*)-Octadeca-9,12,15-trienoic acid (또는 *cis*-, *cis*-, *cis*-9,12,15-octadecatrienoic acid)

문제 16.13 C_{18}인 지방산의 녹는점을 비교하면 steraic acid (69 °C), oleic acid (4 °C), linoleic acid (−5 °C), linolenic acid (−11 °C)이다. 그 이유는 무엇인가?

화학 라운지 16.3

아이오딘값과 산패

알켄의 C=C 결합은 할로젠 원소와 친전자성 첨가 반응을 한다 (6.6절). 유지에 있는 불포화 지방산의 C=C 결합도 아이오딘과 정량적으로 반응한다. 유지 100 g과 반응하는 아이오딘 소비량을 **아이오딘값 (iodine value)**이라 하며, 이 값은 유지의 불포화 정도를 나타낸다. 불포화 지방산을 구성성분으로 많이 가진 유지일수록 아이오딘값은 커진다. 몇 가지 유지의 아이오딘값은 다음과 같다. 버터 (22~35), 돼지기름 (48~64), 올리브기름 (80~85), 콩기름 (116~145).

한편, 불포화도가 많은 유지는 알릴 위치의 탄소를 가지고 있으므로, 이 위치에서 산소와 자유 라디칼 산화 반응이 쉽게 일어나, 이 반응의 전파 단계에서 작은 분자로 쪼개지는 반응이 일어난다. 이 결과 butyric acid 같은 물질이 생성되어 악취가 나게 된다. 이러한 현상을 **산패** (rancid)라고 한다.

문제 16.14 Arachidonic acid를 가오존분해시킨 후 H_2O_2로 산화시켰다. 생성되는 물질의 구조를 그리시오.

화학 라운지 16.4

필수 지방산

우리 몸은 지질 성분이 아니더라도 생체내 반응 (대사 과정)을 통하여 탄수화물과 단백질로부터 필요한 많은 종류의 지방산을 만들어 이용한다. 우리 몸에서 만들수 없는 지방산은 외부 (음식물)로부터 얻어야 한다. 이런 종류의 지방산을 필수 지방산이라고 한다. 소위 오메가-3 지방산이라 부르는 **EPA** (20:5), **DHA** (22 : 6) 및 **α-linolenic acid** (18 : 3)와 오메가-6 지방산이라 부르는 **γ-linolenic acid** (18 : 3)와 **arachidonic acid** (20 : 4) 등이 여기에 속한다. 이들은 이중 결합이 두 개 이상 있는 불포화 지방산들이다. EPA의 (20 : 5)란 탄소 20개로 이중 결합 5개를 가지고 있는 지방산이란 의미이다. 또한 오메가-3 지방산이란 명칭도 카복실산기 반대쪽 맨 끝 탄소 원자를 시작으로 번호를 붙여, 세 번째 탄소 원자에 이중 결합을 가지고 있는 지방산이란 의미이고, 화합물명을 나타내는 명칭은 아니다. 이들은 등 푸른 생선에 많이 포함되어 있고, 혈액에 있는 중성 지방 또는 콜레스테롤을 낮추고, 류마티스 관절염과 건선과 같은 자기면역 질환에서 증상을 완화시키는 기능이 있다고 알려져 있는 기능성 식품이다.

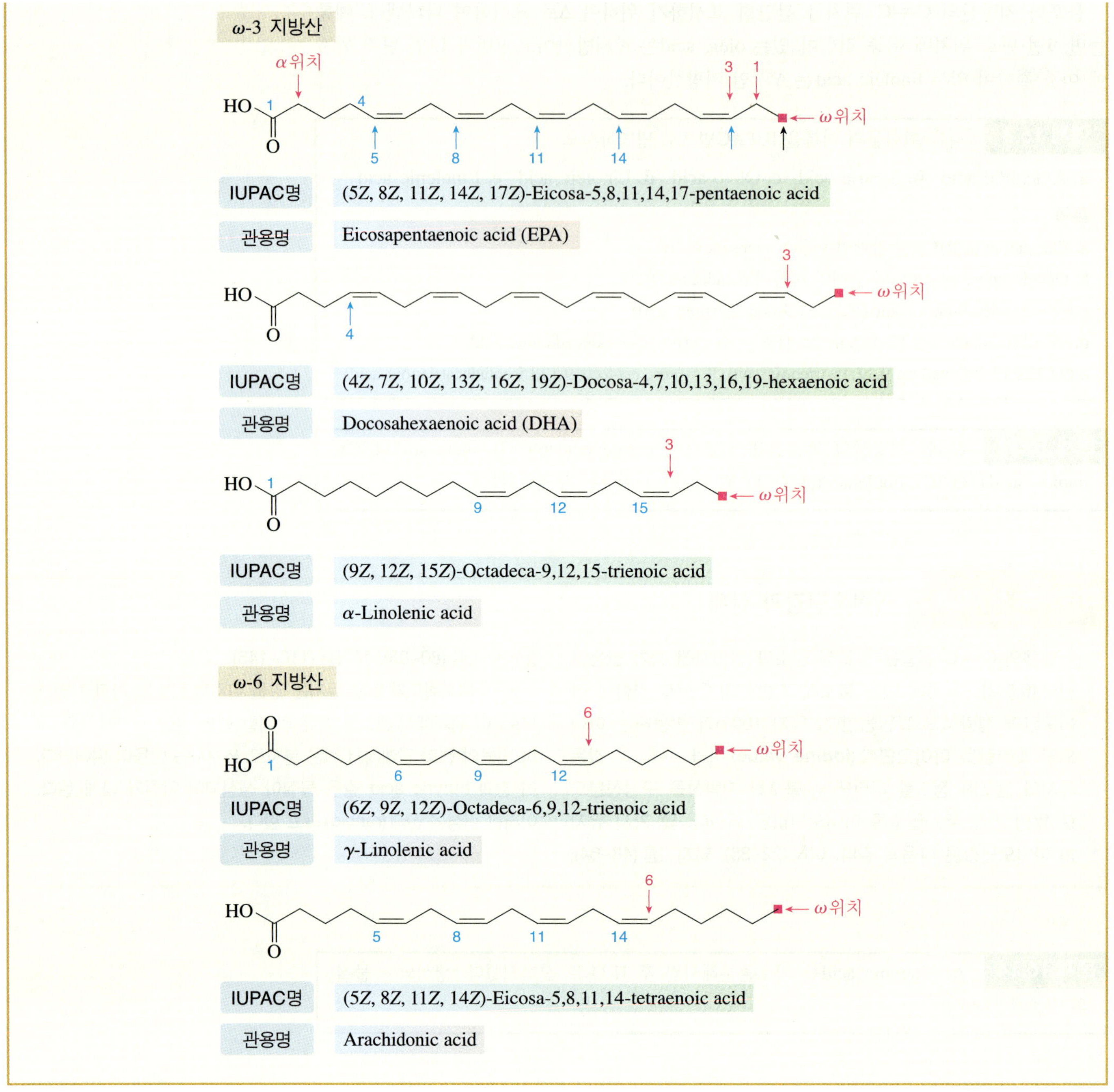

16.2.3 경화유와 트랜스 지방

표 16.5에 몇 가지 종류의 유지 성분에 대한 지방산 조성을 나타내었다. 이 표에서 동물 지방은 식물유에 비해 포화 지방산의 비율이 상대적으로 높음을 나타낸다. 콩, 면실유와 같은 식물유를 촉매 수소화 반응시키면 구성 성분인 불포화 지방산의 C=C 결합에 수소가 첨가되어 포화 지방산으로 전환되면서 고형화된다. 이를 **경화유**하고 하며, 일종의 액체 유지인 기름을 고형화 내지 반고형화된 지방으로 전환시킨 것이다. 마가린과 튀김 요리에 사용되는 쇼트닝 기름이 이에 해당한다.

표 16.5 몇 가지 천연 유지의 지방산 조성

	mp	포화 지방산				불포화 지방산		
	(°C)	Lauric C_{12}	Myristic C_{14}	Palmitic C_{16}	Stearic C_{18}	Oleic C_{18}	Linoleic C_{18}	Linolenic C_{18}
동물 지방								
버터	32	2	11	29	9	27	4	–
돼지기름	30	–	1	28	12	48	6	–
인체 지방	15	1	3	25	8	46	10	–
고래 비계	24	–	8	12	3	35	10	–
식물유								
옥수수	20	–	1	10	3	50	34	–
면실	−1	–	1	23	1	23	48	–
아마인	−24	–	–	6	3	19	24	47
올리브	−6	–	–	7	2	84	5	–
땅콩	3	–	–	8	3	56	26	–
홍화	−15	–	–	3	3	19	70	3
참깨	−6	–	–	10	4	45	40	–
대루	−16	–	–	10	2	29	51	7

(유지에는 지방산 자체가 소량 포함되어 있어 전체 조성비가 100%를 나타내지 않는다.)

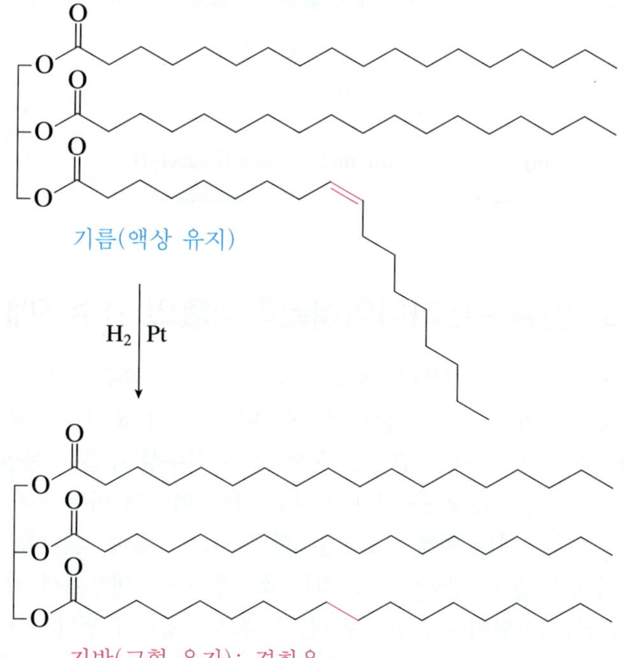

경화유를 만드는 과정에서 수소첨가 반응 조건이 완벽하지 못하면 부분첨가 반응 생성물이 만들어질 수 있는데, 이 과정에서 *cis*형 입체 구조가 *trans*형 입체 구조로 바뀌는 이성질화 반응이 일어나게 되며, 이 결과 생성된 지방을 **트랜스 지방(trans fat)**이라고 한다. 예를 들면, *cis*형 구조를 가진 **linoleic acid**는 수소첨가 반응 조건에서 *trans* 이성질체인 **elaidic acid**로 전환될 수 있다. 트랜스 지방을 많이 섭취하면 고지혈증과 같은 심혈관계 질병에 걸릴 수 있는데, 이것은 우리 몸이 가지고 있는 지방 가수분해 효소인 lipase는 트랜스 지방을 가수분해할 수 없어 트랜스 지방이 혈액 속에 그대로 남아 있기 때문이다. Lipase는 *cis*형

지방산으로 구성되어 있는 천연 유지만 가수분해할 수 있다.

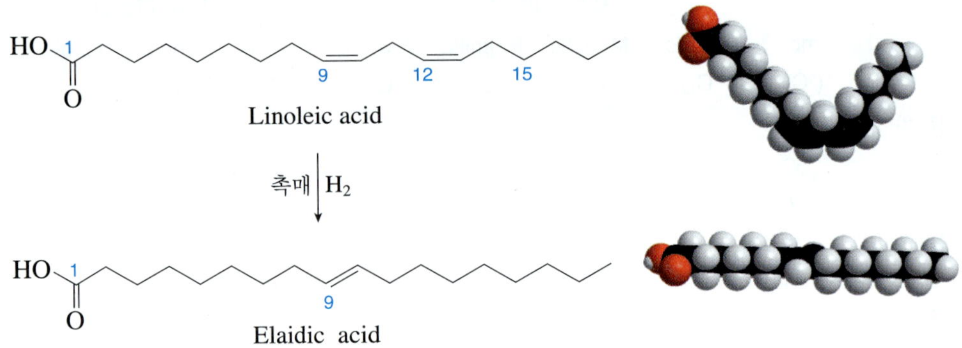

화학 라운지 16.5 마가린(margarine)과 트랜스 지방

옥수수기름 또는 콩기름과 같은 천연 식물 기름은 시스형 불포화 지방산을 구성 성분으로 하고 있다. 이들을 수소첨가 반응시키면 포화 지방산으로 전환되면서 고형화된다. 여기에 노란색의 착색료(β-carotene)와 버터향을 내는 아세토인(acetoin)과 다이아세틸(diacetyl)을 섞어 만든 인공 버터를 통틀어 **마가린**이라고 한다. 수소첨가 반응 과정에 사용하는 촉매에 의해 시스형 불포화 지방산 일부가 더 안정한 트랜스형으로 전환되기도 하는데, 이런 과정으로 만들어진 지방을 **트랜스 지방**이라고 한다. 이 물질은 튀김 요리에서 고소한 맛을 내는 쇼트닝 기름으로 사용되었다. 그러나 트랜스 지방은 동맥경화증과 고지혈증을 유발시키는 LDL값을 증가시키는 작용이 있다는 것이 알려지면서 우리나라를 비롯한 여러 나라에서 이 물질의 사용을 규제하고 있다.

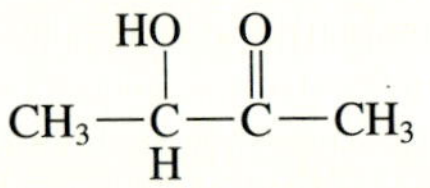

3-Hydroxybutan-2-one (Acetoin)

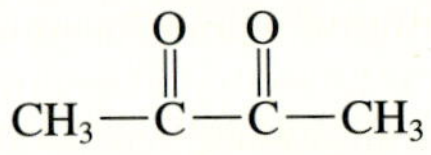

Butan-2,3-dione (Diacetyl)

16.2.4 비누화 반응 – 트라이아실글리세롤의 가수분해 반응

트라이아실글리세롤(지방 또는 기름)을 NaOH 수용액으로 가수분해하면 글리세린과 지방산 소듐이 생성된다. 이렇게 생성된 **지방산 소듐**이 **비누**이다. NaOH 대신에 KOH를 사용하면 포타슘 비누가 만들어진다. 비누 분자는 물에 녹는 **친수성 부분**(카복실산염)과 **친유성(소수성) 부분**(탄화수소 사슬 부분)을 함께 가지고 있다. 따라서 비누 분자 전체가 물에 녹는 것이 아니라, 친수성 부위는 물에 녹고, 친유성 부위는 기름에 녹는다. 비누는 물속에서 개별 이온으로 존재하지 않고, 탄화수소 꼬리는 소수성 구형 내부에서 서로 뭉치고, 뭉치 표면에 있는 부분(카복실산염의 이온성 부분)은 물층으로 향하게 된다. 이러한 구형 뭉치를 **마이셀(micelle)**이라 한다. 비누의 세척 원리는 오염원인 기름이 비누의 마이셀 중앙의 비극성 부분에 녹아 들어 물에 쉽게 분산되는 것이다(**그림 16.2**). 비누는 Mg^{2+} 또는 Ca^{2+}이 다량 녹아 있는 센물(경수)에서는 양이온 교환 반응이 일어나, 물에 녹지 않는 마그네슘 또는 칼슘 비누가 생성되기 때문에 비누로서의 기능이 떨어진다. 세제로서의 이러한 결점을 보완하기 위하여 합성세제가 개발되었는데, 이들 대부분은 탄소 사슬이 긴 설폰산염 구조를 가지고 있다. 이들 분자는 친수성과 친유성 부위를 모두 가지고 있으며, 어느 정도의 센물에서도 세제로서의 사용이 가능하다.

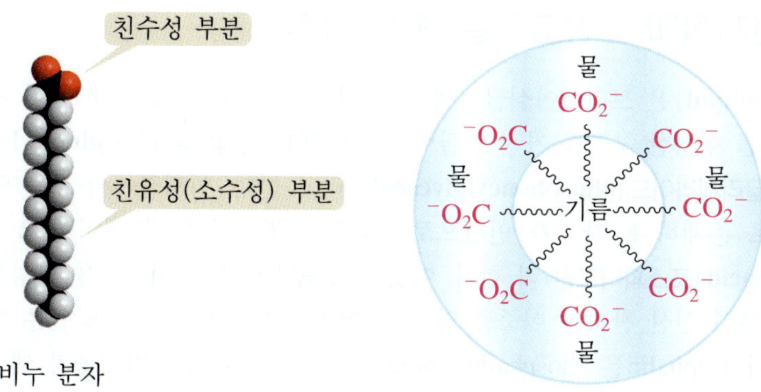

그림 16.2 물속에서 비누의 마이셀 형성 모형도. 친수성 부위는 마이셀의 바깥 표면을 향하게 되고, 소수성 부위는 내부를 향해 있다.

$n\text{-}C_{12}H_{25}$–(벤젠 고리)–$SO_3^-Na^+$ Sodium dodecylbenzenesulfonate

$n\text{-}C_{12}H_{25}—SO_3^-Na^+$ Sodium laurylsulfate

합성세제로 사용되는 설폰산염

화학 라운지 16.6 비누화값(saponification number)

지방 또는 기름(유지) 1 g을 완전히 비누화(가수분해)하는 데 필요한 KOH의 mg 수를 **비누화값**이라고 한다. 이 값으로부터 유지의 평균 분자량과 구성 지방산의 수 및 탄소 사슬의 길이도 알 수 있다. 저분자량의 지방산으로 구성되어 있는 유지일수록 비누화값은 커진다.

유지의 비누화값: 올리브유, 소기름, 아마인기름(190~195), 돼지기름(195~200), 버터지방(220~240), 코코넛 기름(246~265).

16.2.5 왁스

왁스(wax)는 소수성 고체로서 식물의 잎, 동물의 털 및 조류의 깃털에서 발견되는 생체 보호용 피복 물질이다. 화학적 조성은 가지가 없는 긴 사슬의 지방산과 긴 사슬의 알코올 사이에서 만들어진 에스터이다. 예를 들면, 벌집의 구조체인 밀납(꿀벌 왁스, beewax)과 비누와 화장품의 연화제로 사용되는 향유고래 왁스인 spermaceti는 C_{16}의 포화 지방산인 palmitic acid (hexadecanoic acid)의 에스터이다. 또한 야자수잎 왁스로 자동차나 가구의 광택제로 사용되는 카노바(carnauba) 왁스는 C_{32} 지방산과 C_{34} 알코올의 에스터이다. 한편, 의약품 연고 기제로 사용되는 바셀린과 양초 원료로 많이 사용되는 파라핀 왁스는 '왁스'란 이름은 동일하지만 탄화수소로만 되어 있는 물질이다(화학 라운지 4.1).

꿀벌 왁스

$CH_3(CH_2)_{14}\overset{O}{\overset{\|}{C}}OCH_2(CH_2)_{28}CH_3$ Triacontyl hexadecanoate — 꿀벌 왁스 성분

$CH_3(CH_2)_{14}\overset{O}{\overset{\|}{C}}OCH_2(CH_2)_{14}CH_3$ Hexadecyl hexadecanoate — 향유고래 왁스 성분

$CH_3(CH_2)_{30}\overset{O}{\overset{\|}{C}}OCH_2(CH_2)_{32}CH_3$ Tetracontanyl dotriacontanoate — 카노바 왁스 성분

16.2.6 인지질과 스핑고지질: 복합 지질

인지질(phospholipid)은 트라이아실글리세롤에 있는 글리세롤의 말단 OH기가 지방산 대신 인산과 에스터를 형성한 구조를 가진 물질로서 **포스포아실글리세롤(phosphoacylglycerol)** 또는 **포스포아실글리세라이드(phosphoacylglyceride)**라고 한다. 인지질에서 보통 인산 잔기는 에스터 형태로 존재하나, 잔기가 인산으로 존재하고 C-2의 입체 배열이 R인 화합물을 **phosphatidic acid(포스파티드산)**라 한다. 이것은 세포막의 지질 이중층을 형성하는 주성분으로, 극성 부분인 인산 잔기는 이중층 양쪽 표면에 노출되어 있고, 지방산은 이중층 내부를 이루고 있다. Cephalin은 phosphatidic acid의 인산기가 아미노 알코올과 에스터를 형성한 물질로 세포막 성분 중 하나이다.

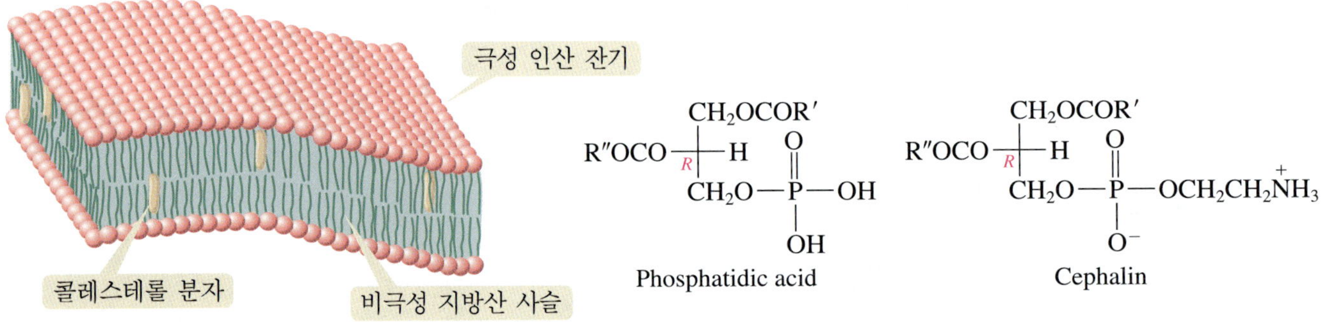

지질 이중층: 극성 부위인 인산 잔기가 이중층 양쪽 표면에 노출되어 있다.

스핑고지질(sphingolipid)은 아미노 알코올인 **스핑고신(sphingosine)**의 아미노기에 아마이드 결합을 한 지방산 잔기와 C-1의 OH기에 무수물 형태로 결합한 인산 잔기 또는 당류가 글리코사이드 결합 형태인 잔기로 존재하는 지질이다. 그중 대표적인 것이 신경 섬유에 많이 분포되어 있는 **스핑고마이엘린(sphingomyeline)**인데, 이들은 입체 배열이 *S*,*S*인 구조를 가지고 있다.

OH
H—C(S)—CH=CH$(CH_2)_{12}CH_3$
NH_2—C(S)—H
CH_2OH

Sphingosine

OH
H—C(S)—CH=CH$(CH_2)_{12}CH_3$
RCONH—C(S)—H
$CH_2O-P(=O)(O^-)-CH_2CH_2\overset{+}{N}(CH_3)_3$

Sphingomyelin

16.2.7 에이코사노이드

에이코사노이드(eicosanoid)란 네 개의 시스 알켄 구조를 가진 C_{20} 불포화 지방산인 arachidonic acid(20:4)로부터 만들어진 **프로스타글란딘(prostaglandin, PG)**, **류코트라이엔(leukotriene, LT)**, **트롬복세인(thromboxane, TA)** 및 **프로스타싸이클린(prostacyclin)** 등을 통틀어 부르는 이름이다. 이들은 체내의 모든 조직에서 만들어지는 다양한 생리활성을 가진 불포화 지방산들로서, 이들 물질은 미리 만들어져 축적되는 것이 아니라 외부 자극에 의하여 만들어진다. PG 유도체는 구조 중 cyclopentane 고리를 가지고 있으며, C-9 위치가 카보닐기인 경우 '**PGE**'라 하고, 같은 위치에 OH기가 있는 경우 '**PGF**'라 명명하여 서로 구별한다. 이들은 경우에 따라 서로 상반된 활성을 나타내기도 하지만, '광범위한 생물학적 기능 조정 물질'로서의 역할을 하는데, 중요 기능을 소개하면 다음과 같다.

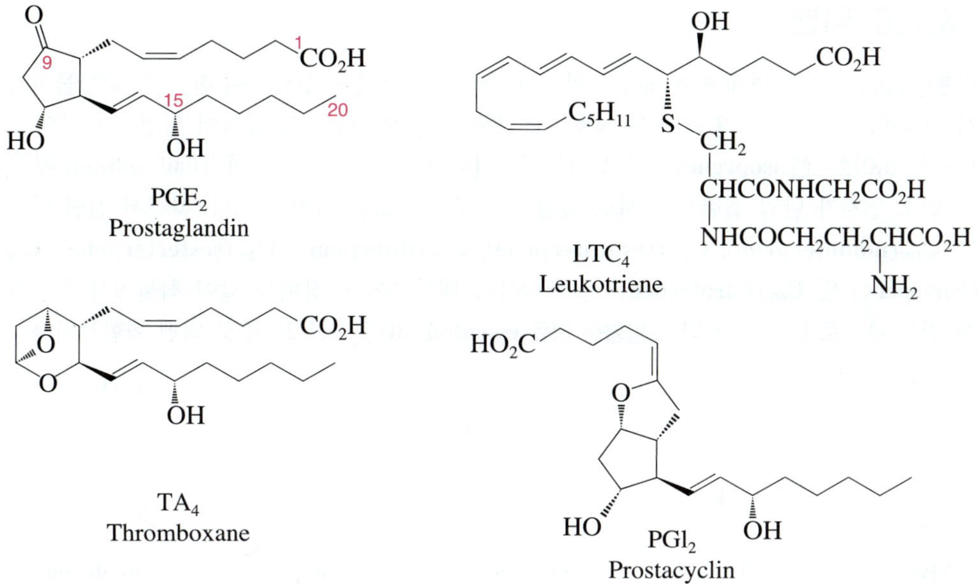

PGE$_2$
Prostaglandin

LTC$_4$
Leukotriene

TA$_4$
Thromboxane

PGI$_2$
Prostacyclin

- 염증 조절
- 혈압 조절
- 혈소판 응집 억제
- 자궁 수축(유도 분만제로 사용)
- 위액 분비 감소 및 위점액 분비 자극(위궤양 치료제로 사용)

류코트라이엔(LT)은 폐의 기도를 둘러싼 평할근을 수축함으로써 천식을 유발하고, 과민성 알러지 반응에 관여한다.

트롬복세인(TA)는 혈소판 응집과 혈관 수축에 관여한다.

프로스타싸이클린은 혈소판 응집을 방해하고, 혈관을 확장시키는 데 관여한다.

화학 라운지 16.7 Prostaglandin과 소염 진통제

염증(inflammation)이란 생명체가 외부 자극에 의해 조직이 손상을 입었을 때 자기보호 목적으로 혈관, 신경, 체액 및 세포를 이용하여 일어나는 신체 반응이다. 그러나 염증을 오랜 시간 방치하거나 치료를 하지 않을 경우 통증이 유발되고, 조직이 손상되거나 기능 장애가 발생될 수 있다. Prostaglandin(PG)은 신체 모든 조직에서 만들어지는 염증을 조절하는 물질이다. PG는 arachidonic acid로부터 만들어질 때 산화효소인 cyclooxygenase-1 및 2(싸이클로옥시저네이스-1과 2, 간단히 COX-1과 2라 한다)가 관여한다. Aspirin을 비롯한 Ibuprofen 및 Naproxen 등과 같은 비스테로이드성 소염 진통제(nonsteroidal anti-inflammatory drug, **NSAID**)는 COX-1 및 2를 비활성화시켜 생체 내에서 PG 합성을 저해하는 약물이다(화학 라운지 12.1). 이 중 아스피린은 에스터 전이 반응을 통하여 COX-1의 serine 부위의 OH기를 아세틸화시켜 효소를 비활성화시킴으로써 PG 합성을 저해하는 것으로 알려져 있다.

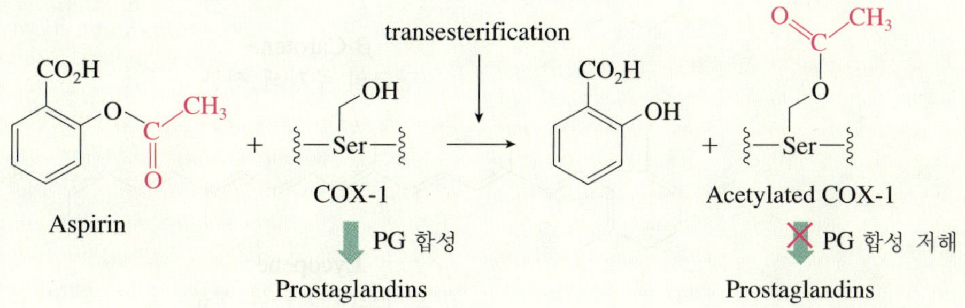

Aspirin + COX-1 —(transesterification)→ salicylic acid + Acetylated COX-1

COX-1 → PG 합성 → Prostaglandins

Acetylated COX-1 → PG 합성 저해 → Prostaglandins

16.2.8 터펜

터펜(terpene)은 자연계에 존재하는 탄소와 수소 원자로만 구성된 순수한 알켄 화합물이거나 알코올, 알데하이드 또는 케톤 작용기를 포함한 알켄 화합물을 통틀어 일컫는 이름이다. 터펜은 **아이소프렌(isoprene)**이라고 하는 C_5 단위가 반복하여 꼬리-머리(tail-to-head) 부위의 탄소 원자가 단일 결합으로 서로 결합한 형태의 구조를 가지고 있다. 따라서 천연 터펜은 **C_{10} (monoterpene)**, **C_{15} (sesquiterpene)**, **C_{20} (diterpene)**, **C_{25} (sesterterpene)**, **C_{30} (triterpene)** 및 **C_{40} (tetraterpene)**인 화합물이 대부분이다. 장미유 같이 식물에서 증류하여 얻어 향료로 많이 사용되는 **방향성 정유(essential oil)**의 성분도 주로 터펜 화합물이다.

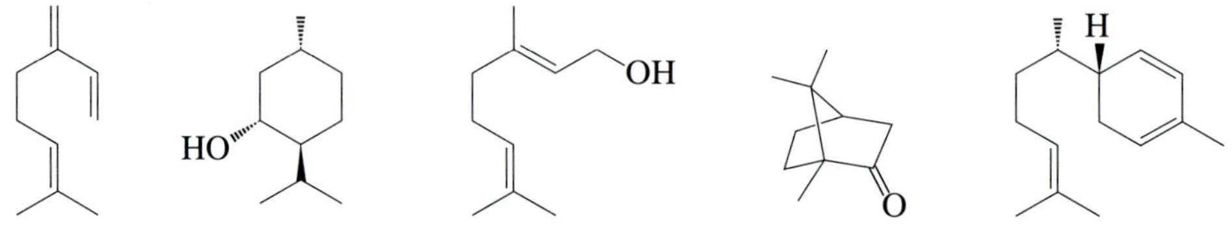

Myrcene 월계수 열매 | Menthol 박하유 | Geraniol 장미유 | Camphor 장뇌 | Zingiberene 생강유

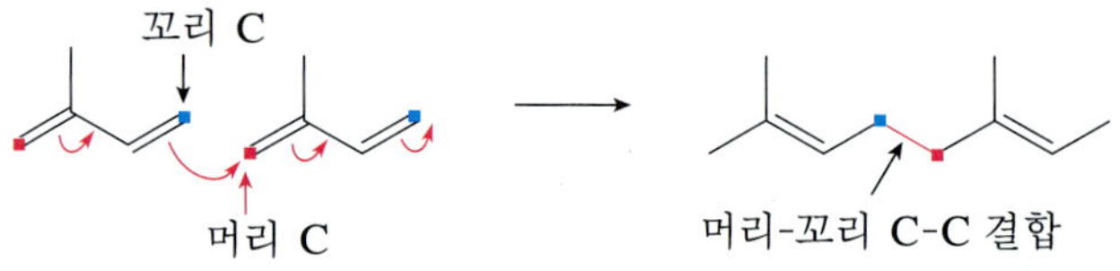

꼬리 C

머리 C

Isoprene + Isoprene → Monoterpene

머리-꼬리 C-C 결합

이름	탄소수	Isoprene 단위	예
Monoterpene	10	2	Myrcene, menthol, camphor
Sesquiterpene	15	3	Zingiberene
Diterpene	20	4	비타민 A
Sesterterpene	25	5	Scalarolide (해면동물에서 발견된 성분)
Triterpene	30	6	Squalene
Tetraterpene	40	8	β-Carotene, Lycopene

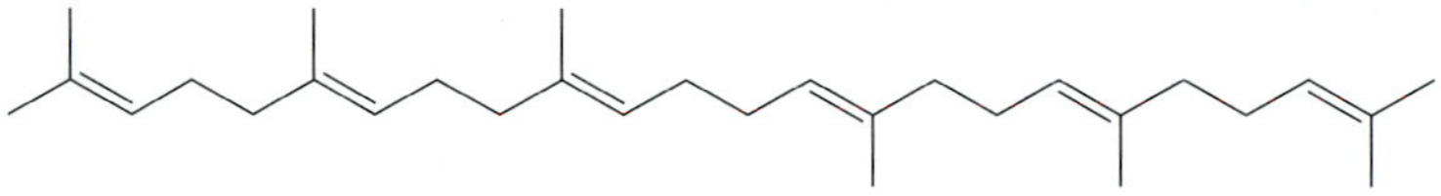

Squalene
상어 기름

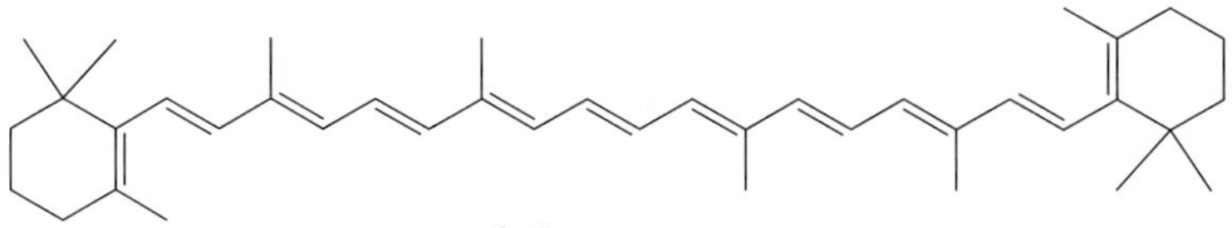

β-Carotene
당근의 주황색 성분

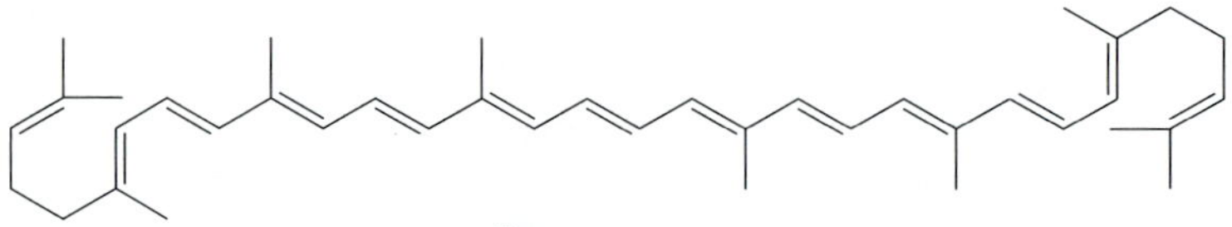

Lycopene
토마토의 붉은색 성분

문제 16.15 Menthol과 geraniol 분자에서 isopene 단위의 위치를 나타내시오.

16.2.9 지용성 비타민

비타민(vitamin) 이란 소량으로도 동물의 정상적인 대사와 성장에 반드시 필요한 유기 화합물을 말한다. 이들은 주로 조효소 역할을 하며 생체 내 대사과정에 참여한다. 거의 대부분이 몸속에서 만들어지지 않아 음식물로 섭취해야 한다. 비타민은 수용성과 지용성으로 분류할 수 있으며, 비타민 A, D, E, K는 지용성 비타민으로 지질의 일종이다. 이 중 비타민 A는 retinol이라고도 하는데 tetraterpene인 β-carotene의 중간 C=C 결합이 산화적 분해하여 생성된 retinal이 환원된 형태로, sesquiterpene의 일종이다. 이 때문에 β-carotene을 비타민 A의 전구체라고 한다.

CH_2OH

Vitamin A (Retinol)

비타민 결핍증

성질	종류	결핍증
수용성	비타민 B_1(thiamine)	각기병
	비타민 B_2(riboflavin)	구강염, 피부병
	비타민 B_6(pyridoxin)	피부병
	엽산(folic acid, B_9)	빈혈
	비타민 B_{12} (cyanocobalamine)	악성 빈혈
	비타민 C(ascorbic acid)	괴혈병
지용성	비타민 A(retinol)	야맹증, 피부 각질
	비타민 D(calciferol)	구루병, 골다공증
	비타민 E(tocopherol)	노화
	비타민 K(menadione)	혈액 응고 지연

16.2.10 스테로이드

스테로이드(steroid) 는 아래 그림과 같이 세 개의 탄소 육원자 고리(A, B, C)와 오원자고리(D)가 서로 접합되어 있는 구조를 가진 화합물을 통틀어 일컫는 용어이다. 네 개의 탄소 고리는 트랜스 구조로 접합되어 있다. 이 때문에 네 개의 고리가 같은 평면에 놓여 있게 되어 전체적인 입체 모양은 평면에 가깝다.

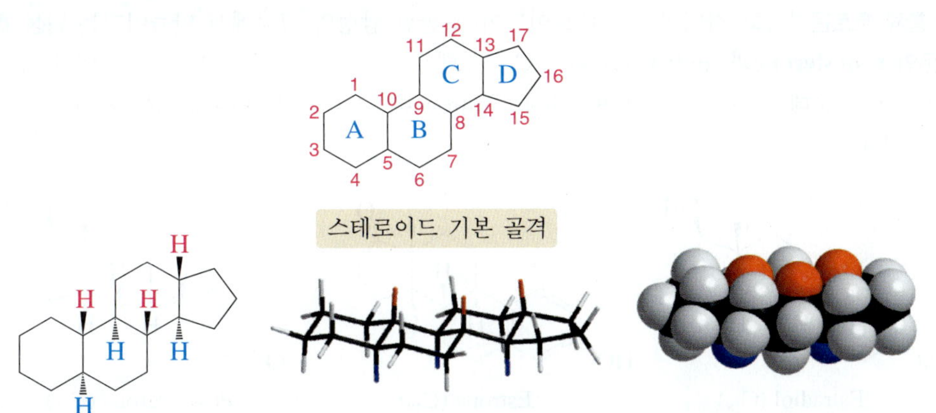

스테로이드 기본 골격

스테로이드 골격을 가지고 있는 물질로는 콜레스테롤, 성호르몬, 부신피질 호르몬 등이 대표적이다. 이들 물질은 지질로 분류된다.

■ 콜레스테롤(Cholesterol)

콜레스테롤(Cholesterol) 은 C_{30} 터펜(triterpene)인 squalene으로부터 생합성되는 C_{27} 스테로이드 구조를 가진 물질로, 동물의 세포막을 구성하는 중요한 성분이며, 성호르몬과 당질부신피질 호르몬(adrenocorticoid hormone)과 같은 모든 스테로이드 호르몬, 비타민 D 및 담즙산염의 생합성 전구체로서 생명 유지에 중요한 물질이다. 콜레스테롤은 OH기 하나를 가지고 있지만, 분자 내의 비극성 부위가 너무 커서 물에 잘 녹지 않기 때문에, 혈액 내에 이 물질이 많이 있으면 고지혈증을 일으키게 된다.

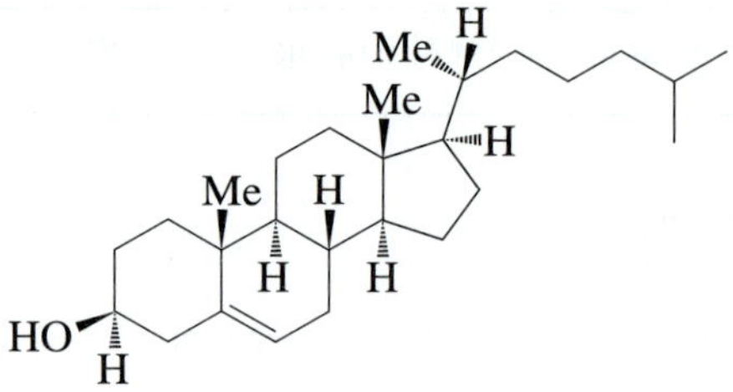

Cholesterol

예제 16.4 Cholesterol 골격에 번호를 매기고 입체 중심을 ＊표로 표시하시오. 이 화합물의 입체이성질체는 몇 개가 존재하는가?

풀이

콜레스테롤은 C_{27}인 스테로이드 구조를 가지고 있으며, 구조 중에 여덟 개의 입체 중심을 가지고 있기 때문에 $2^8 = 256$개의 입체이성질체가 존재한다.

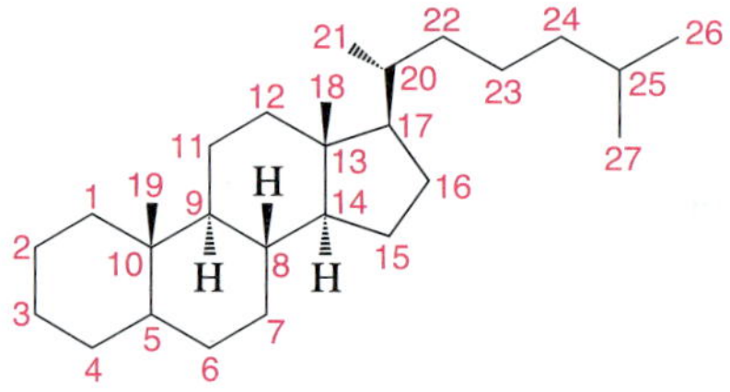

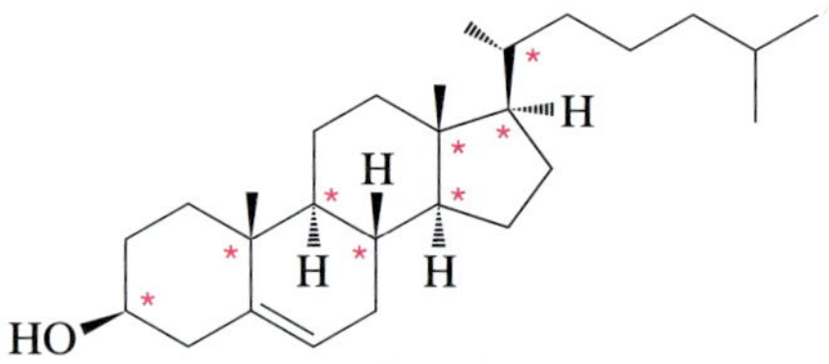

Cholesterol

■ 성호르몬(Sex hormone)

여성의 이차 성징 발현과 월경 주기를 조절하는 **여성 호르몬**인 **estradiol**과 **estrone**은 C_{18} 스테로이드로서 난소에서 합성된다. 임신 유지 호르몬인 **progesterone**은 황체에서 만들어져 **황체 호르몬**이라고 하며 C_{21} 스테로이드이다. 한편 남성의 고환에서 만들어지는 **남성 호르몬**인 **testosterone**과 **androsterone**은 C_{19} 스테로이드 구조를 가지고 있다. 특이한 것은 성호르몬 가운데 여성 호르몬인 estradiol과 estrone은 그 구조에 벤젠 고리를 가지고 있다는 것이다.

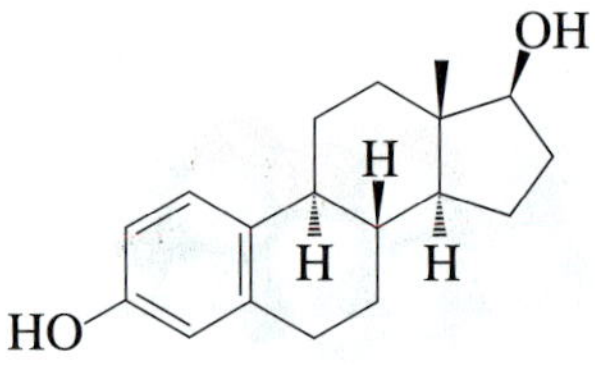

Estradiol (C_{18}) 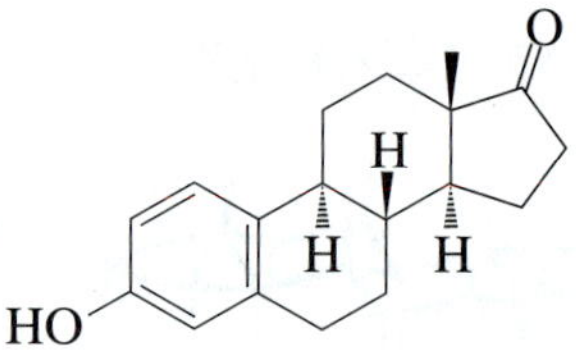 Estrone (C_{18}) 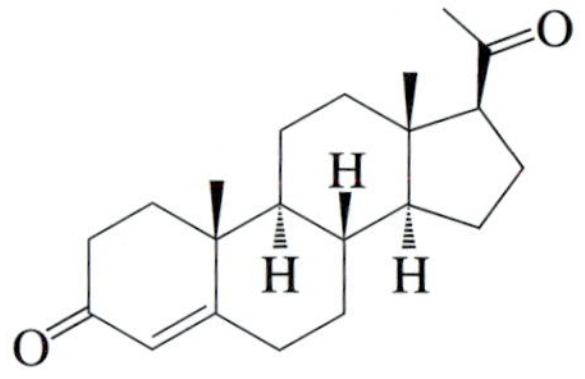 Progesterone (C_{21})

여성 호르몬

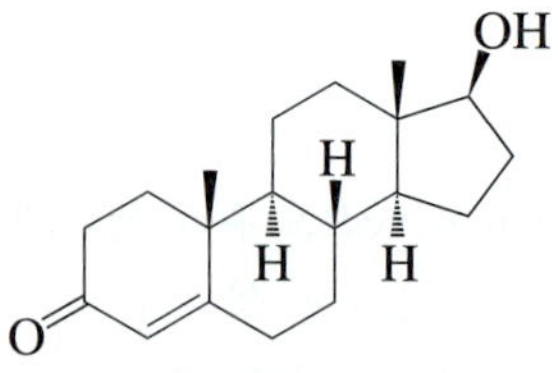

Testosterone (C_{19}) 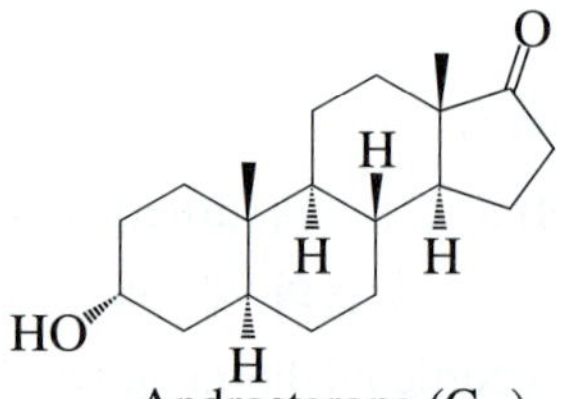 Androsterone (C_{19})

남성 호르몬

■ **부신피질 호르몬(Corticosteroid)**

부신피질에서는 두 종류의 호르몬을 분비하는데, 그중 하나는 항염증 기능과 탄수화물 대사에 관여하는 호르몬인 **cortisone** 및 **hydrocortisone**이고, 다른 하나는 체액의 소듐과 포타슘 이온 농도를 조절하여 혈압과 혈액의 양을 조절하는 데 관여하는 이뇨 조절 호르몬인 **aldosterone**이다. 이 두 종류의 호르몬은 모두 C_{21} 스테로이드 구조를 가지고 있다.

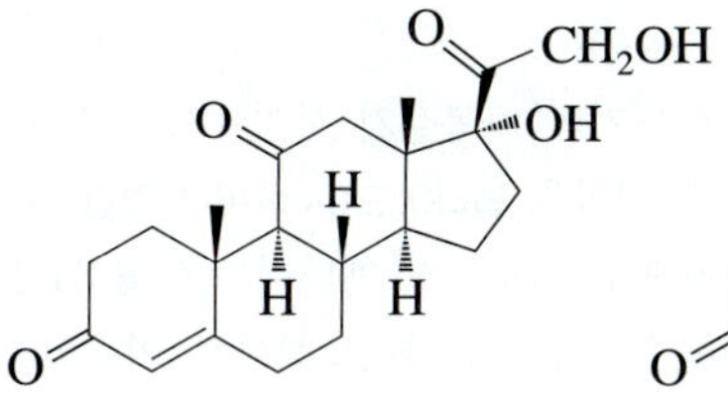

Cortisone (C_{21}) 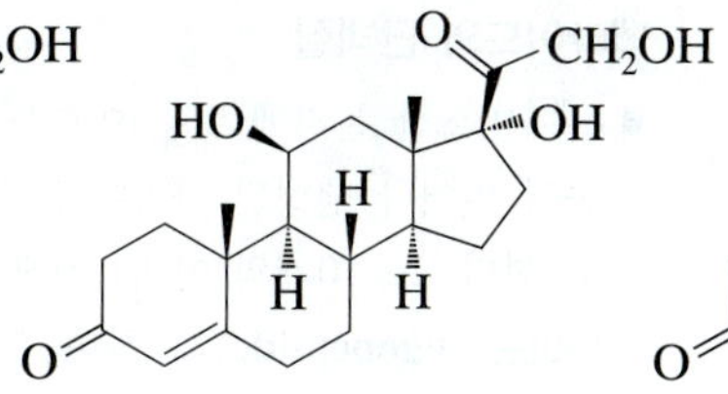 Hydrocortisone (C_{21}) 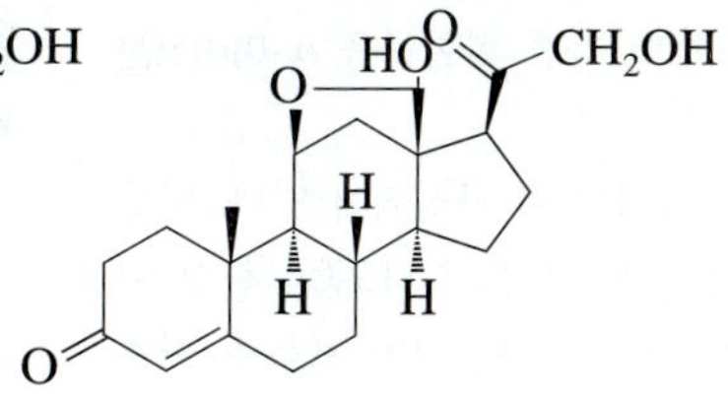 Aldosterone (C_{21})

화학 라운지 16.8 Cholesterol과 심장병

혈중 콜레스테롤 농도가 높으면 동맥경화증(atherosclerosis)에 걸릴 확률이 높은 것으로 알려져 있다. 콜레스테롤은 간에서 합성되며, 신체 조직 어디에서나 존재하는 물질이다. 이 물질은 불포화 지방산과 에스터를 형성하여 인지질과 지질 단백질로 둘러싸여 혈류를 타고 이동한다. 이 복합체는 입자의 밀도에 따라 **저밀도 지질단백질(low-density lipoprotein, LDL)**과 **고밀도 지질단백질(high-density lipoprotein, HDL)**로 구분된다. LDL은 간에서 만든 콜레스테롤을 다른 조직으로 운반하고, 또한 세포 표면에 존재하는 수용체와 결합함으로써 콜레스테롤이 세포 내로 운반되어 세포가 이를 이용하도록 하는 기능을 한다. 그러나 콜레스테롤을 간에서 필요 이상 생산하거나 음식으로부터 너무 많이 섭취하면 혈중 LDL 수치가 높아지게 된다. 이들은 물이 구성 성분의 대부분인 혈액에 잘 녹지 않기 때문에, 혈관 벽에 침착하여 동맥경화증을 일으키고, 혈류의 흐름을 방해하여 심장병을 일으키게 된다. 한편, HDL은 세포막 표면에서 콜레스테롤을 제거하여 간으로 이동시켜 담즙산으로 전환시키는 역할을 한다. 따라서 LDL을 '나쁜 콜레스테롤', HDL을 '좋은 콜레스테롤'이라 부른다. 2008년을 기준으로 세계에서 가장 많이 팔리는 약은 콜레스테롤의 혈중 농도를 낮추는 Atorvastatin(상품명 Lipitor)이다. 이 약은 합성된 카이랄 약 중 하나로, 콜레스테롤의 생합성 경로에서 mevalonic acid(메발론산)를 생성하는 효소를 저해하여 콜레스테롤 생합성의 전구체 생성을 원천적으로 억제함으로써 콜레스테롤의 농도를 낮추는 작용을 한다.

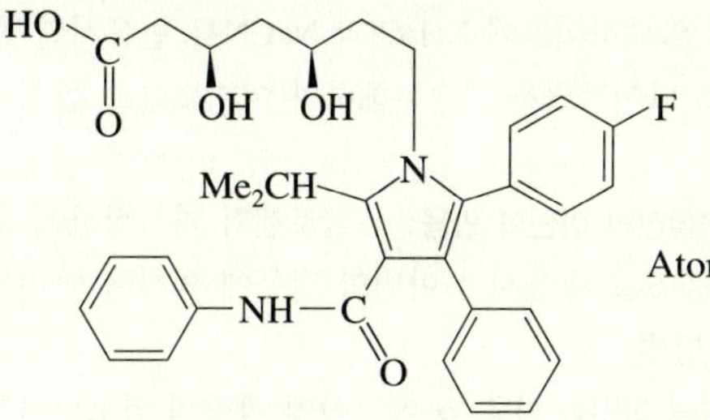

Atorvastatin (Lipitor)

요약 정리

아미노산

- 단백질은 구성 단위인 α-아미노산들이 펩타이드 결합으로 반복적으로 연결된 중합체 형태의 **폴리펩타이드(polypeptide)**이다.
- 카복실기 바로 옆 탄소에 아미노기를 가진 화합물을 ***α*-아미노산**이라고 한다.
- 천연 단백질은 20종류의 (L)-α-아미노산으로 구성되어 있다. 이들 아미노산은 곁사슬의 성질에 따라 중성 아미노산(15종), 산성 아미노산(2종) 및 염기성 아미노산(3종)으로 분류되며, 프롤린(이차 아민)을 제외한 모든 아미노산은 일차 아민 구조를 갖는다.
- 천연 단백질을 구성하는 20개의 아미노산 중 10개는 생체 내에서 생합성되지 않으므로 음식물로 섭취해야 한다. 이를 **필수 아미노산**이라고 한다.
- 20개의 천연 아미노산 중 **glycine**을 제외한 19개가 비대칭 중심을 가지고 있으며, 이들의 입체 배열은 L형(DL법, Fischer 투영법)이다. **Isoleucine**과 **threonine**은 두 개의 입체 중심을 가지고 있다.
- 아미노산은 분자 내 산-염기 반응을 통하여 가장 안정한 구조인 쯔비터이온 형태(분자 내 염)로 존재한다. 쯔비터이온을 형성하는 pH를 **등전점(isoeletric point, p*I*)**이라고 한다.
- 아미노산의 혼합물은 **전기이동법(electrophorosis)**으로 분리할 수 있다.
- 아미노산은 다음 네 가지 방법으로 합성된다(16.1.3절).
  [1] **Strecker 합성**: 알데하이드에 NH_4Cl과 NaCN를 반응시킨 후 생성된 α-아미노나이트릴을 가수분해하여 아미노산을 합성하는 방법.
  [2] ***α*-할로젠화 카복실산의 아민화 반응**: α-할로젠화 카복실산에 과량의 암모니아를 S_N2 반응시켜 아민화 반응에 의하여 아미노산을 합성하는 방법.
  [3] ***α*-케토산의 환원성 아민화 반응**: α-케토산에 과량의 암모니아를 환원제 존재하에 반응시켜 아미노산을 합성하는 방법.
  [4] **아미도말론산 에스터의 알킬화 반응**: 산성 α-수소를 가진 아미도말론산 에스터를 염기 존재하에 알킬화반응시킨 후 탈카복실화 반응을 일으켜 아미노산을 합성하는 방법.
- 아미노산의 거울상이성질체를 분할하는 방법에는 화학적 방법, 카이랄 컬럼을 이용한 액체 컬럼 크로마토그래피법 및 효소 분할법이 있다.
- 아미노산의 중요 반응은 다음과 같다.
  [1] **닌하이드린(ninhydrin) 반응**: 아미노산은 닌하이드린(ninhydrin)과 반응하면 보라색을 나타낸다(닌하이드린 반응). 이 반응은 아미노산의 정성 및 정량에 이용된다.
  [2] **Van-Slyke의 아미노산 질소 정량법**: 아질산과 반응하면 질소를 정량적으로 발생한다.
  [3] **에스터 및 아마이드 형성 반응**: 아미노산의 카복실기는 알코올과 반응하여 에스터를 형성하고, 아미노기는 산무수물 또는 산염화물과 반응하여 아마이드를 형성한다.

펩타이드와 단백질

- α-아미노산 분자에 있는 아미노기와 카복실기 사이에서 탈수 반응이 일어나 생성된 아마이드 결합을 **펩타이드(peptide) 결합**이라고 한다. 2~10개의 아미노산으로 이루어진 펩타이드를 **올리고펩타이드(oligopeptide)**라 하며, 그 이상의 아미노산으로 이루어진 펩타이드 결합을 **폴리펩타이드(polypeptide)**라 한다. 단백질은 **폴리펩타이드(polypeptide)**이다.
- 펩타이드 결합을 구성하는 단위체인 아미노산을 잔기(residue)라 한다. 펩타이드 결합에 참여하는 아미노산 중, 카복실기가 반응하고 아미노기는 반응하지 않은 채 남아 있는 아미노산을 ***N*-말단 아미노산(*N*-terminal amino acid)**이라 하고, 아미노기가 반응하고 카복실기는 반응하지 않은 채 남아 있는 아미노산을 ***C*-말단 아미노산(*C*-terminal amino acid)**이라고 한다. 펩타이드 결합 순서를 나타내는 방법은 *N*-말단 아미노산을 맨 왼쪽에 나타내고, *C*-말단 아미노산을 가장 오른쪽에 나타낸다.
- 펩타이드 결합은 평면이고 **s-trans 형태**를 가지고 있어 펩타이드 결합에 참여한 네 개의 원자와 두 개의 α-탄소를 합한 여섯 개의 원자가 모두 동일 평면에 놓여 있게 되며, C=O 결합은 N—H 결합과 정반대인 위치에 놓여 있는 모양이다.
- 펩타이드의 합성은 [단계 1] 아미노기와 카복실기의 보호, [단계 2] 아미노기와 카복실기 사이의 축합 반응, [단계 3] 보호기 제거의 순으로 진행된다. 복잡한 펩타이드 합성법으로 유용한 **Merrifield 고체상법(solid phase technique)**이 있다(16.1.8절).

단백질의 일차 구조 결정

- 다음 단계를 거쳐 단백질을 구성하는 아미노산의 결합 순서(서열)를 찾는다.
  [1] 단백질을 완전 가수분해: 구성 아미노산 확인
  [2] 단백질의 *N*-말단 아미노산의 종류 확인
  [3] Sanger법 또는 Edman법으로 *N*-말단 아미노산 확인

지질

- **지질(lipid)**은 물에는 녹지 않고 비극성 유기 용매에 녹는 생체 내 물질로서, 분류 방법에 따라 가수분해형 지질과 비가수분해형 지질 또는 단순 지질, 복합 지질 및 유도 지질로 분류된다.
- **중성 지방**이란 지방산 세 분자가 glycerol 한 분자와 에스터 결합을 하여 형성된 화합물로, **트라이아실글리세롤(triacylglycerol)** 또는 **트라이글리세라이드(triglyceride)**라고도 한다.
- 중성 지방 중 상온에서 고체인 물질을 **지방(fat)**, 액체인 물질을 **기름(oil)**이라 하는데 구성 지방산이 포화 지방산이면 지방, 불포

화 지방산이면 기름이 된다. 이는 불포화 지방산의 시스형 구조 때문에 분자간 인력이 약해져 일어난 현상이다.

- 중성 지방인 기름에 수소첨가 반응을 수행하여 고형화시킨 물질을 경화유라고 하며, 이 과정에서 시스이성질체가 이성질화되면 **트랜스 지방**이 생성된다.
- 중성 지방을 NaOH 수용액으로 가수분해시키면 비누(지방산의 소듐염)가 생성된다. 비누는 친수성 부분과 친유성 부분이 있는 분자로 마이셀을 형성한다.
- **왁스(wax)**는 긴 사슬의 지방산과 긴 사슬의 알코올 사이에서 만들어진 에스터이다.
- **인지질**은 트라이아실글리세롤에 있는 글리세롤의 말단 OH기가 지방산 대신 인산과 형성한 화합물로, 세포막의 지질 이중층을 형성하는 주성분이다.
- **에이코사노이드(eicosanoid)**란 네 개의 시스 알켄 구조를 가진 C_{20} 불포화 지방산인 arachidonic acid(20 : 4)로부터 체내의 모든 조직에서 만들어지는 다양한 생리활성을 가진 불포화 지방산들로서, **프로스타글란딘(prostaglandin, PG)**, **류코트라이엔(leucotriene, LT)**, **트롬복세인(thromboxane, TA)** 및 **프로스타싸이클린(prostacyclin)** 등을 통틀어 부르는 이름이다.
- **터펜(terpene)**은 아이소프렌(isoprene)의 C_5 단위가 반복하여 꼬리-머리 부분이 결합하여 이루어진 물질로서, 순수한 알켄 화합물 또는 알코올, 알데하이드 또는 케톤 작용기를 가진 알켄 화합물이다. C_{10} (monoterpene), C_{15} (sesquiterpene), C_{20} (diterpene), C_{25} (sesterterpene), C_{30} (triterpene) 및 C_{40} (tetraterpene) 등이 있다. 식물의 정유 성분과 비타민 A, D, E, K 등이 있다.
- **스테로이드(steroid)**는 세 개의 탄소 육원자 고리(A, B, C)와 오원자 고리(D)가 서로 trans 구조로 접합되어 있는 화합물을 통틀어 일컫는 용어이다. **콜레스테롤**, **성호르몬** 및 **부신피질 호르몬** 등이 이 구조를 가지고 있다.

보충 문제

16.16 다음 L-아미노산의 등전점에서의 구조를 그리시오.

a. Valine **b.** Proline **c.** Aspartic acid

16.17 다음 약어로 되어 있는 L-아미노산의 구조를 그리시오.

a. Ser **b.** Lys **c.** Arg **d.** Ile **e.** Met

16.18 다음 사항을 설명하시오.

a. Aspartic acid의 곁사슬에 있는 카복실산의 산도(pK_a 3.86)가 주사슬에 있는 카복실산의 산도(pK_a 2.02)보다 약하다.

b. 양성자화된 glycine(pK_a 2.3)이 acetic acid(pK_a 4.8)보다 강산이다.

c. Aspartic acid와 Glutamic acid가 산성 아미노산으로 분류되는 이유는 무엇인가?

d. Aspartic acid의 곁사슬 산도(pK_a 3.86)가 Glutamic acid의 산도(pK_a 4.07)보다 더 강하다.

16.19 Lysine 이염산염 1 M 용액 1 mL씩을 취하여 각각 1.0 M NaOH 용액 1 mL, 2 mL 및 3 mL를 넣어 중화시켰다. 각각 반응에서 생성된 lysine의 구조를 그리시오.

16.20 Strecker 합성법으로 다음 아미노산을 합성하시오.

a. Phenylglycine [$PhCH(NH_2)CO_2H$] **b.** Valine **c.** Leucine

16.21 카복실산으로부터 다음 아미노산을 합성하는 방법을 보이시오.

a. Methionine **b.** Phenylalnine

16.22 malonate(또는 malonic acid)로부터 aspartic acid를 합성하는 방법을 보이시오.

16.23 다음 반응에서 생성되는 α-아미노산의 구조를 그리시오.

a. $CH_3SCH_2CH_2CHO \xrightarrow[NH_4Cl]{NaCN} \xrightarrow{H_3O^+}$

b. $CH_3CH(CH_3)CH_2CO_2H \xrightarrow{1.\ PBr_3} \xrightarrow[2.\ H^+]{1.\ 과량\ NH_3}$

c. $CH_3C(=O)CO_2H \xrightarrow[H_2,\ Pt]{과량\ NH_3}$

d. $EtO_2C-CH(NHCOCH_3)-CO_2Et \xrightarrow[2.\ CH_3CH_2Br]{1.\ NaOEt} \xrightarrow[\Delta]{H_3O^+}$

16.24 Phe–Ala의 합성법을 보이시오.

16.25 L-Valine에 다음 시약을 반응시켰을 때 얻어지는 물질의 구조를 그리시오.

a. CH_3OH, 과량의 HCl **b.** Acetic anhydride **c.** NaOH (1당량) **d.** HCl (1당량)

e. Boc_2O, Et_3N **f.** CH_3COCl, pyridine **g.** 1-Fluoro-2,4-dinitrobenzene

16.26 Ala, Gly, Cys로 만들어질 수 있는 tripeptide의 종류를 모두 쓰고 그 이름을 명명하시오.

16.27 다음 화합물에 대하여 물음에 답하시오.

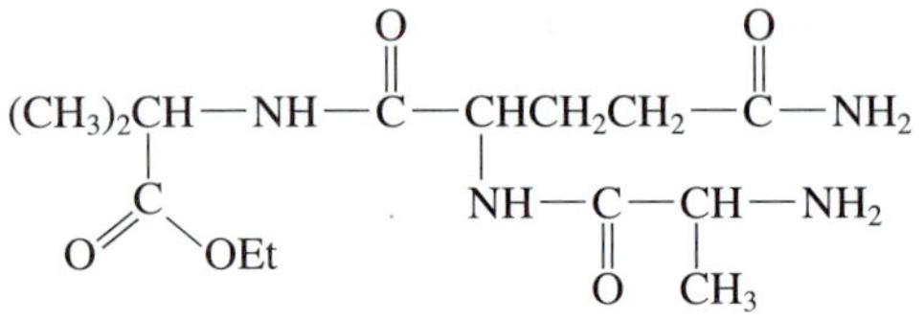

(CH₃)₂CH—NH—C(=O)—CHCH₂CH₂—C(=O)—NH₂ ; CH 위에 C(=O)OEt ; CHCH₂ 아래 NH—C(=O)—CH(CH₃)—NH₂

$(CH_3)_2CH(CO_2Et)-NH-C(=O)-CH(NH-C(=O)-CH(CH_3)-NH_2)CH_2CH_2-C(=O)-NH_2$

a. *C*-말단과 *N*-말단 아미노산의 이름

b. 펩타이드 결합을 표시

c. 구성 아미노산의 이름

d. 펩타이드 결합을 약어로 표시

16.28 펩타이드 화합물인 Ile-Ala-Gly-Cys-Asn의 구조를 그리시오.

16.29 다음 물음에 답하시오.

a. Gabriel-말론산 합성법을 이용한 histidine의 합성

b. Strecker 합성법을 이용한 tryptophan의 합성

16.30 다음 펩타이드의 구조를 그리고 중성, 산성, 염기성인지를 나타내시오.

a. Ser-Lys **b.** Glu-Gln-Cys **c.** methionylthreonine **d.** Asp-Cys

16.31 Histidine은 염기성 아미노산이나 tryptophan은 중성 아미노산으로 분류된다. 그 이유를 설명하시오.

16.32 Merrifield 고체상법을 이용하여 Met–Leu–Phe의 합성법을 보이시오.

16.33 어떤 트라이펩타이드의 결합 순서를 결정하기 위하여 Sanger 시약을 반응시켜 가수분해시켰더니, DNP–Phe, Ala 및 Met를 얻었다. 이 트라이펩타이드의 가능한 종류를 적고 명명하시오.

16.34 어떤 지방을 가수분해하였더니 stearic acid 2당량, lauric acid 1당량과 glycerol 1당량이 생성되었다. 이 지방이 가질 수 있는 가능한 구조를 그리시오. 이 중 광학 활성을 나타내는 구조는 어느 것인가?

16.35 글리세롤 1 mol에 lauric acid, palmitic acid 및 steraric acid가 각각 1 mol씩 결합되어 있는 지방은 몇 쌍의 광학 이성질체가 존재할 수 있는가?

16.36 Glyceryl trioleate를 다음의 시약으로 반응시켰다. 예상되는 생성물의 구조를 그리시오.

a. Br_2, CH_2Cl_2 **b.** H_2/Pd **c.** NaOH, H_2O

d. 1. O_3 2. Zn, CH_3CO_2H **e.** 1. $LiAlH_4$ 2. H_2O **f.** 1. CH_3MgCl 2. H_2O

16.37 다음 터펜 화합물 구조에서 isoprene 단위의 위치를 표시하시오.

a. O

Camphor

b. CH_2OH

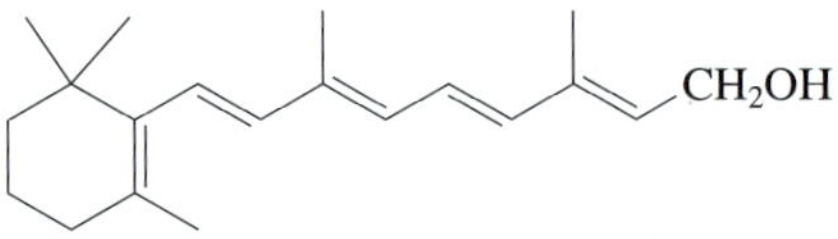

Vitamin A (Retinol)

c.

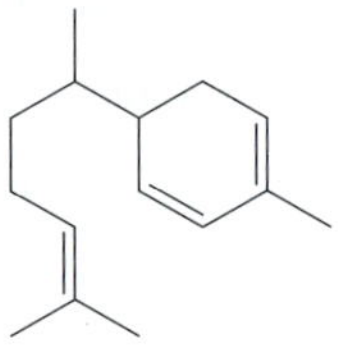

Zingiberene

d.

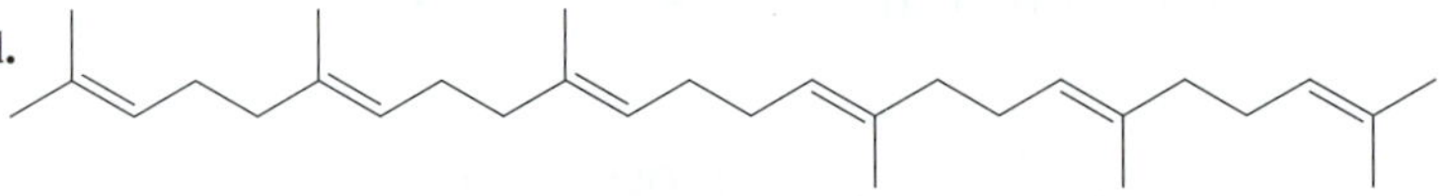

Squalene

e.

β-Carotene

f.

Lycopene

16.38 분자식이 $C_{10}H_{18}O$인 광학 활성 모노터펜(**A**)에 촉매 수소첨가를 시켰더니, 분자식이 $C_{10}H_{20}O$(**B**)로 전환되면서 광학 활성을 잃었다. B 물질에 산을 넣고 가열한 후 얻은 생성물 (**C**)을 가오존분해 반응시켰을 때 얻은 물질 중 하나의 구조는 4-methylcyclohexanone이었다. 이 실험 결과와 부합하는 **A**~**C**의 구조를 그리시오.

16.39 다음 구조를 의자 형태로 나타내시오.

a.

b.

16.40 다음 각 항에 있는 화합물을 서로 구별할 수 있는 간단한 화학적 시험법을 나타내시오.

a. 밀납과 파라핀 왁스 **b.** Oleic acid와 stearic acid **c.** Sodium stearate와 sodium *p*-dodecylbenzenesulfonate

16.41 Limonene에 다음 시약을 반응시켰을 때 생성되는 물질의 구조를 그리시오.

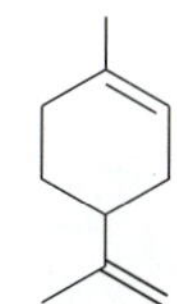

Limonene

a. 과량의 HBr

b. 과산화물/HBr

c. 과량의 Br_2/CCl_4

d. 1. O_3 2. Me_2S

e. 1. BH_3-THF 2. H_2O_2, HO^-

f. warm $KMnO_4$

부록 1 유기 반응의 분류

1. 유기 반응의 분류

■ **치환 반응(substitution reaction)**

$$-\overset{|}{\underset{|}{C}}-Z + Y \xrightarrow{-:Z} -\overset{|}{\underset{|}{C}}-Y$$

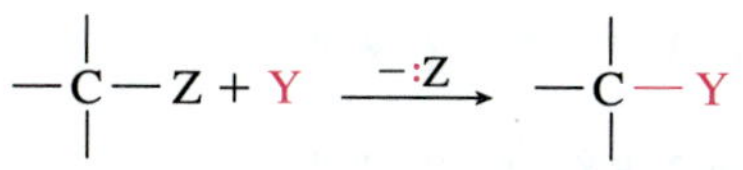

- 친핵성 치환 반응
  - 친핵성 지방족 치환 반응
  - 친핵성 방향족 치환 반응
  - 친핵성 아실 치환 반응
- 친전자성 치환 반응
  - 친전자성 지방족 치환 반응
  - 친전자성 방향족 치환 반응
- 자유 라디칼 치환 반응

■ **제거 반응(elimination reaction)**

$$-\overset{|}{\underset{X}{C}}-\overset{|}{\underset{Y}{C}}- \xrightarrow{-XY} -\overset{|}{C}=\underset{|}{C}-$$

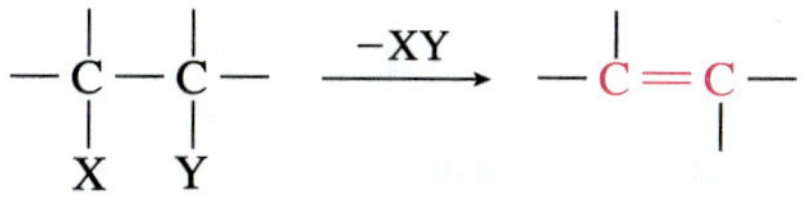

■ **첨가 반응(addition reaction)**

$$>C=C< + X-Y \longrightarrow -\underset{X}{\overset{|}{C}}-\overset{Y}{\underset{|}{C}}-$$

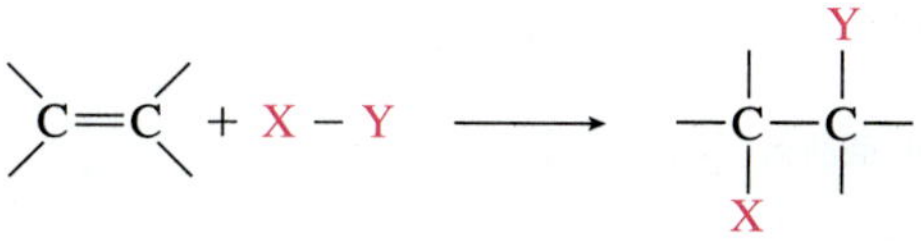

- 친전자성 첨가 반응
- 친핵성 첨가 반응
- 콘쥬게이트 첨가 반응(1,4-첨가 반응)
- 자유 라디칼 첨가 반응

■ **산화-환원 반응(redox reaction)**

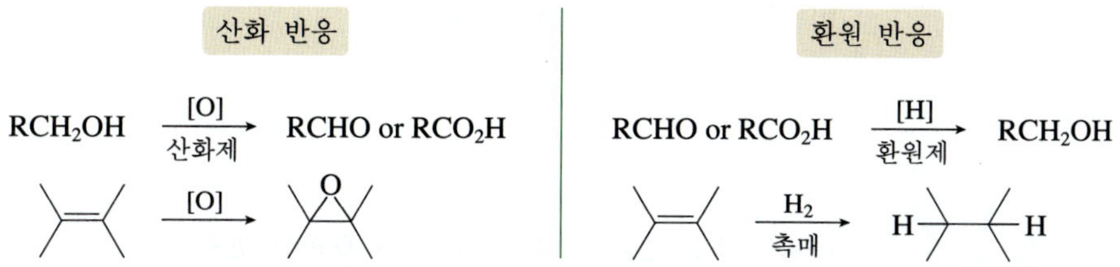

산화 반응

$$RCH_2OH \xrightarrow[\text{산화제}]{[O]} RCHO \text{ or } RCO_2H$$

$$>C=C< \xrightarrow{[O]} \text{epoxide (O)}$$

환원 반응

$$RCHO \text{ or } RCO_2H \xrightarrow[\text{환원제}]{[H]} RCH_2OH$$

$$>C=C< \xrightarrow[\text{촉매}]{H_2} H-\overset{|}{C}-\overset{|}{C}-H$$

■ **재배열 반응(rearrangement reaction)**

- 1,2-재배열 반응
- 고리형 협동 반응

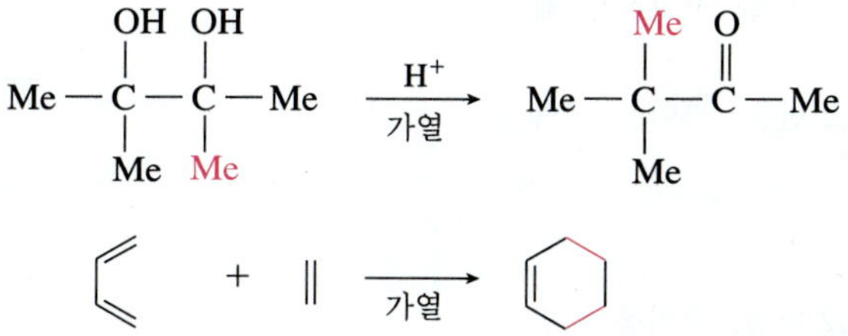

$$Me-\underset{Me}{\overset{OH}{C}}-\underset{Me}{\overset{OH}{C}}-Me \xrightarrow[\text{가열}]{H^+} Me-\underset{Me}{\overset{Me}{C}}-\overset{O}{\overset{\|}{C}}-Me$$

$$\text{diene} + \text{dienophile} \xrightarrow{\text{가열}} \text{cyclohexene}$$

2. 치환 반응

2.1 친핵성 치환 반응

2.1.1 친핵성 지방족 치환 반응

$$\overset{sp^3}{-\overset{|}{\underset{|}{C}}^{\delta+}-L^{\delta-}} + Nu^{\ominus} \longrightarrow -\overset{|}{\underset{|}{C}}-Nu + :L^{\ominus}$$

S_N1, S_N2, S_Ni 등의 메커니즘으로 설명

반응 예	절	비고
$R-X \xrightarrow{^{-}OH} R-OH$	9.2.2	S_N2 reaction with 1° RX; 알코올 제법
$R-X \xrightarrow{H_2O} R-OH$	8.6	S_N1 reaction with 2° or 3° RX; 알코올 제법
$R-X \xrightarrow[2.\ KOH,\ H_2O]{1.\ CH_3CO_2^-} R-OH$	8.6 13.4.1	S_N2 reaction with 1° or 2° RX; 알코올 제법
$R'-L \xrightarrow{^{-}O-R} R'-O-R$	9.6.4	Williamson 에터 합성 반응; S_N2 반응
$R-OH \xrightarrow{HX} R-X$	9.3.2	$ZnCl_2$ requires for 1° or 2° R; 할로젠화 알킬 제법
$R-OTs \xrightarrow{X^-} R-X$	9.3.2	주로 1° or 2° R; 할로젠화 알킬 제법
$R-X \xrightarrow{NaI} R-I$	9.3.2	Finkelstein 반응; 할로젠화 알킬 제법
$R-OH \xrightarrow{SOCl_2} R-Cl$	9.3.2	S_N2 or S_Ni 반응; 할로젠화 알킬 제법
$R-OH \xrightarrow{PX_3} R-X$	9.3.2	S_N2 반응; 할로젠화 알킬 제법
$R-X \xrightarrow{NH_3(\text{과량})} R-NH_2$	10.4.1	S_N2 반응; 할로젠화 알킬 제법-부산물로 R_2NH, R_3N, $R_4N^+X^-$ 생성
$R-X \xrightarrow{NaN_3} R-N_3 \xrightarrow[or\ LiAlH_4]{H_2,\ Pd/C} R-NH_2$	10.4.2	S_N2 반응; 1° amine 제법
$R-X \xrightarrow[2.\ NH_2NH_2\ or\ KOH,\ H_2O]{1.\ \text{potassium phthalimide } (N^-K^+)} R-NH_2$	10.4.1	S_N2 반응; 1°, 2° amine 제법, Gabriel 반응
$R-L \xrightarrow{^{-}CN} R-CN$	8.6.2	S_N2 반응; nitrile 제법
$R-X \xrightarrow[NaOH]{R'SH} R-S-R'$	9.9.2	S_N2 반응; 설파이드 제법
$R-L \xrightarrow{^{-}SH} R-SH$	9.9.1	S_N2 반응; 싸이올 제법
$R-X \xrightarrow{S=C(NH_2)_2} R-\overset{+}{S}=C(NH_2)_2\ X^- \xrightarrow[2.\ HCl]{1.\ NaOH} R-SH$	9.9.1	S_N2 반응; 싸이올 제법
$R-L \xrightarrow{^{\ominus}:C\equiv C-R'} R-C\equiv C-R'$	8.6	S_N2 반응; 알카인 제법

반응 예	절	비고
$R-\overset{O}{\overset{\parallel}{C}}-CH_2R' \xrightarrow[2.\ R''X]{1.\ LDA} R-\overset{O}{\overset{\parallel}{C}}-\overset{R''}{\overset{\mid}{C}}HR'$	14.4.1	S_N2 반응; 엔올 음이온의 알킬화 반응
$R-\overset{\overset{+}{N}R'''_2}{\overset{\parallel}{C}}-CH_2R' \xrightarrow[2.\ H_2O]{1.\ R''X} R-\overset{O}{\overset{\parallel}{C}}-\overset{R''}{\overset{\mid}{C}}HR'$	14.4.3	S_N2 반응; 엔아민의 알킬화 반응
$CH_3C(=O)CH_2C(=O)OEt \xrightarrow[2.\ KOH,\ H_2O;\ 3.\ H_3O^+,\ \Delta]{1.\ RX,\ NaOEt} CH_3C(=O)CH_2R$	14.4.4	S_N2 반응; 엔올 음이온의 알킬화 반응 및 탈카복실화 반응; acetoacetic ester synthesis
$EtOC(=O)CH_2C(=O)OEt \xrightarrow[2.\ KOH,\ H_2O;\ 3.\ H_3O^+,\ \Delta]{1.\ RX,\ NaOEt} RCH_2-\overset{O}{\overset{\parallel}{C}}-OH$	14.4.4	S_N2 반응; 엔올 음이온의 알킬화 반응 및 탈카복실화 반응; malonic ester synthesis

2.1.2 친핵성 방향족 치환 반응

$C_6H_5-L\ (sp^2) + Nu^{\ominus} \longrightarrow C_6H_5-Nu + :L^{\ominus}$

반응 메커니즘은 친핵성 지방족 치환 반응과 전혀 다르다.

반응 예	절	비고
1-F-2,4-$(NO_2)_2C_6H_3$ $\xrightarrow{NaOH}$ 2,4-$(NO_2)_2C_6H_3OH$ (O_2N, NO_2)	8.10	첨가-제거 반응 메커니즘
$C_6H_5Cl \xrightarrow{NaNH_2} C_6H_5NH_2$	8.10	Benzyne 중간체
$C_6H_5NH_2 \xrightarrow[H^+]{NaNO_2} C_6H_5N_2^+ \xrightarrow[HBF_4]{CuX,\ KI\ or} C_6H_5X$ X=Cl, Br, I, F	10.5.5	Sandmeyer 반응
$C_6H_5NH_2 \xrightarrow[H^+]{NaNO_2} C_6H_5N_2^+ \xrightarrow[H_2O]{Cu_2O,\ Cu^{++}} C_6H_5OH$	10.5.5	Diazonium 염의 치환 반응
$C_6H_5NH_2 \xrightarrow[H^+]{NaNO_2} C_6H_5N_2^+ \xrightarrow{CuCN} C_6H_5CN$	10.5.5	방향족 나이트릴의 제법

2.1.3 친핵성 아실 치환 반응

$$R-\overset{\overset{O}{\|}}{C}-L + Nu^{\ominus} \longrightarrow R-\overset{\overset{O}{\|}}{C}-Nu + :L^{\ominus}$$ (C: sp^2)

첨가-제거 반응 메커니즘으로 설명

반응 예	절	비고
$R-\overset{\overset{O}{\|}}{C}-Z \xrightarrow[H_3O^+ \text{ or } HO^-]{H_2O} R-\overset{\overset{O}{\|}}{C}-OH$ Z=Cl, OCOR, OR, NR_2	12.6.3; 13.2.1 13.3.1 13.4.1 13.6.1	가수분해 반응(hydrolysis); 카복실산의 제법
$R-\overset{\overset{O}{\|}}{C}-Cl + HO-\overset{\overset{O}{\|}}{C}-R \xrightarrow{-HCl} R-\overset{\overset{O}{\|}}{C}-O-\overset{\overset{O}{\|}}{C}-R$	12.7.3	산무수물의 제법
$R-\overset{\overset{O}{\|}}{C}-OH \xrightarrow[H_2SO_4]{R'OH} R-\overset{\overset{O}{\|}}{C}-OR'$	12.7.4	에스터화 반응(esterification)
$R-\overset{\overset{O}{\|}}{C}-Z \xrightarrow{R'OH} R-\overset{\overset{O}{\|}}{C}-OR'$ Z=Cl, $O-\overset{\overset{O}{\|}}{C}-R$	12.7.4	가알코올분해 반응(alcoholysis)
$R-\overset{\overset{O}{\|}}{C}-Z \xrightarrow{R'NH_2} R-\overset{\overset{O}{\|}}{C}-NHR'$ Z=Cl, $O-\overset{\overset{O}{\|}}{C}-R$, OR″	12.7.5	가아민분해 반응(aminolysis)
$CH_3-\overset{\overset{O}{\|}}{C}-OEt + CH_2=\overset{\overset{O^-}{\|}}{C}-OEt \longrightarrow CH_3-\overset{\overset{O}{\|}}{C}-CH_2-\overset{\overset{O}{\|}}{C}-OEt$	14.5.2	Claisen and Dieckmann

2.2 친전자성 치환 반응

2.2.1 친전자성 지방족 치환 반응

$$R-CH=C(OH)-R' + X^{\oplus} \longrightarrow R-CH(X)-C(=O)-R'$$

반응 예	절	비고
$R\overset{\overset{O}{\|}}{C}CH_3 \xrightarrow[HX]{X_2} R\overset{\overset{O}{\|}}{C}CH_2X$ X=Cl, Br	14.3.1	지방족 친전자성 치환 반응; α-할로케톤의 제법
$RCH_2-\overset{\overset{O}{\|}}{C}-OH \xrightarrow[2.\ H_2O]{1.\ X_2/PX_3 \text{ (or P)}} \underset{\underset{X}{\|}}{RCH}-\overset{\overset{O}{\|}}{C}-OH$	14.3.2	Hell-Volhard-Zelinsky 반응; α-할로카복실산의 제법

2.2.2 친전자성 방향족 치환 반응

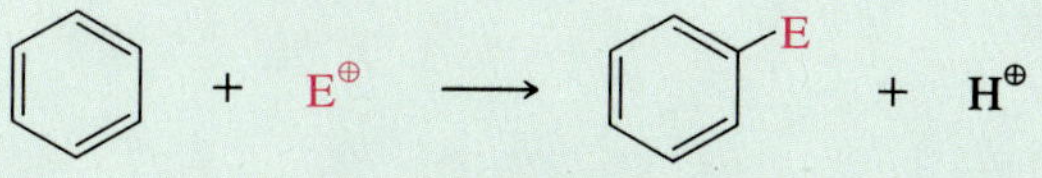

$$C_6H_6 + E^{\oplus} \longrightarrow C_6H_5E + H^{\oplus}$$

반응 예	절	비고
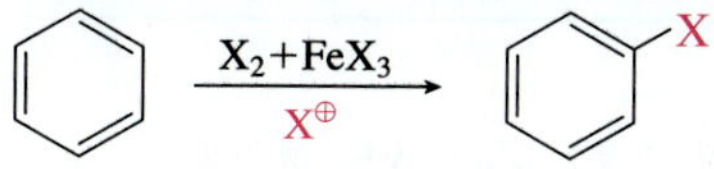 $C_6H_6 \xrightarrow[X^{\oplus}]{X_2+FeX_3} C_6H_5X$ X=Cl, Br	7.5.2	할로젠화 아릴 제법
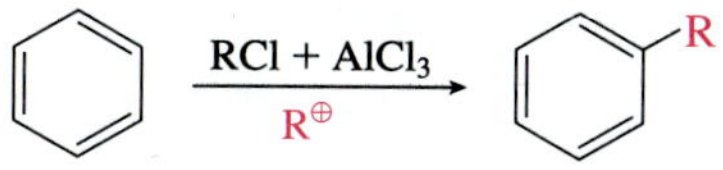 $C_6H_6 \xrightarrow[R^{\oplus}]{RCl + AlCl_3} C_6H_5R$	7.5.2	알킬벤젠의 제법: Friedel-Crafts 알킬화 반응
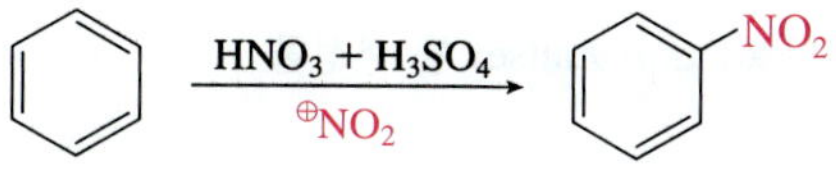 $C_6H_6 \xrightarrow[^{\oplus}NO_2]{HNO_3 + H_2SO_4} C_6H_5NO_2$	7.5.2	나이트로벤젠의 제법
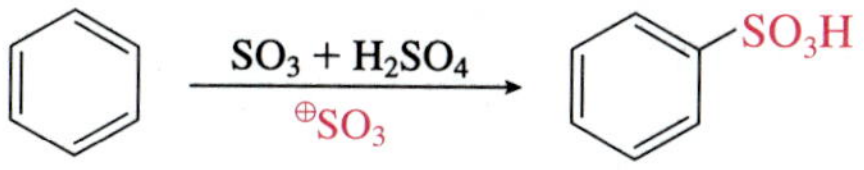 $C_6H_6 \xrightarrow[^{\oplus}SO_3]{SO_3 + H_2SO_4} C_6H_5SO_3H$	7.5.2	벤젠 설폰산의 제법
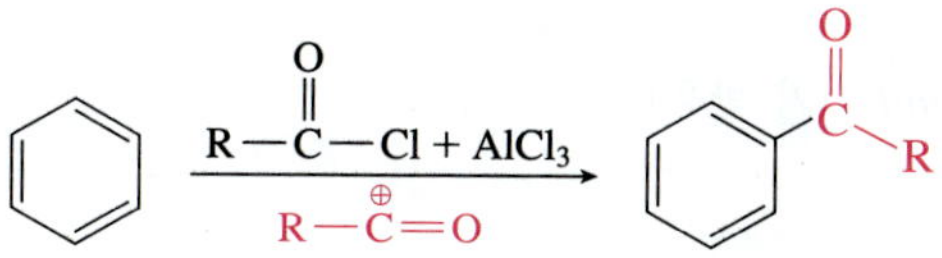 $C_6H_6 \xrightarrow[R-\overset{\oplus}{C}=O]{R-C(=O)-Cl + AlCl_3} C_6H_5-C(=O)-R$	7.5.5 11.5.2	방향족 고리의 친전자성 치환 반응; 케톤의 제법; Friedel-Crafts 아실화 반응

2.3 자유 라디칼 치환 반응

$$R-H + X_2 \xrightarrow[\text{또는 열}]{\text{빛}} R-X$$

개시, 전파, 종말 등 3단계로 반응이 진행됨

반응 예	절	비고
$CH_4 \xrightarrow[\cdot X]{X_2/h\nu} CH_3X$	4.8.2	할로젠화 알킬의 제법
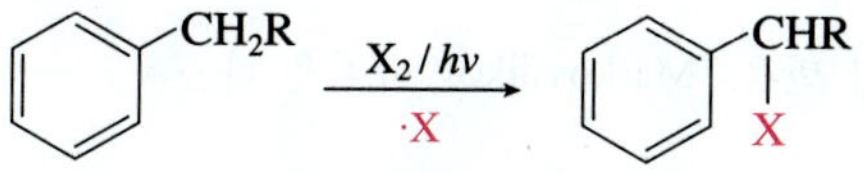 $C_6H_5CH_2R \xrightarrow[\cdot X]{X_2/h\nu} C_6H_5CHR(X)$ X=Cl, Br	7.8.1	벤질 탄소의 할로젠화 반응
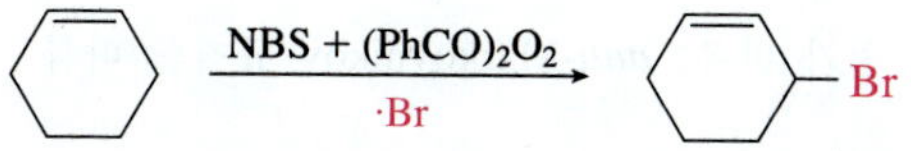 사이클로헥센 $\xrightarrow[\cdot Br]{NBS + (PhCO)_2O_2}$ 3-브로모사이클로헥센 (Br)	6.8	브로민화 알릴 생성

3. 제거 반응

$$-\underset{X}{\overset{|}{C}}-\underset{Y}{\overset{|}{C}}- \xrightarrow{-XY} -\overset{|}{C}=\overset{|}{C}-$$

E1, E2 반응 메커니즘
Zaitsev형과 *anti*-Zaitsev형 생성물

반응 예	절	비고
$-\overset{H}{\underset{|}{C}}-\underset{L}{\overset{|}{C}}- \xrightarrow[\text{or } ^-OR]{^-OH} \;>C=C<$	8.12	E1, E2 반응(*anti*-제거 반응); Zaitsev형 생성물
$CH_3CH_2\underset{}{\overset{H\bar{O}\ \overset{+}{N}R_3}{CH}}CH_3 \xrightarrow{\text{가열}} CH_3CH_2CH=CH_2$	10.5.3	Hofmann 제거 반응; *anti*-Zaitsev형 생성물
$-\underset{L}{\overset{H}{C}}-\underset{L}{\overset{H}{C}}- \xrightarrow[\text{or } ^-NH_2]{^-OH} -C\equiv C-$	8.11	E2 반응(*anti*-제거 반응)
$(H)C=C(L) \xrightarrow[\text{or } ^-NH_2]{^-OH} -C\equiv C-$	8.11	E2 반응(*anti*-제거 반응)
$-\overset{H}{\underset{|}{C}}-\underset{OH}{\overset{|}{C}}- \xrightarrow[\text{or } POCl_3\text{ / pyridine}]{H_2SO_4 \text{ or } H_3PO_4,\ \Delta} \;>C=C<$	9.3.3	E1 for 3° alcohol; Zaitsev형 생성물

4. 첨가 반응

4.1 친전자성 첨가 반응

$$>C=C< + X-Y \longrightarrow -\underset{X}{\overset{|}{C}}-\overset{Y}{\underset{|}{C}}-$$

syn 또는 *anti* 첨가 반응
Markovnikov 또는 *anti*-Markovnikov형 생성물

반응 예	절	비고
$RCH=CH_2 \xrightarrow{HX} R\overset{X}{CH}-\overset{H}{CH_2}$	6.6.2	친전자성 첨가 반응; Markovnikov 규칙을 따름
$RCH=CH_2 \xrightarrow[hv]{HBr} R\overset{H}{CH}-\overset{Br}{CH_2}$	6.8.1	자유라디칼 첨가 반응; *anti*-Markovnikov 규칙을 따름
$RCH=CHR' \xrightarrow{X_2} R\overset{X}{CH}-\underset{X}{CHR'}$	6.6.2	친전자성 첨가 반응(*anti*-첨가); Markovnikov 규칙을 따름

반응 예	절	비고
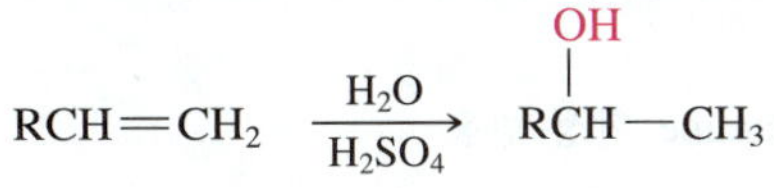 $RCH{=}CH_2 \xrightarrow[H_2SO_4]{H_2O} RCH(OH){-}CH_3$	6.6.3	친전자성 첨가 반응, 낮은 수득율과 재배열 반응, Markovnikov형 생성물
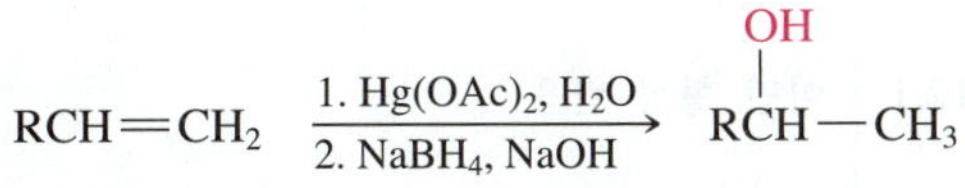 $RCH{=}CH_2 \xrightarrow[2.\ NaBH_4,\ NaOH]{1.\ Hg(OAc)_2,\ H_2O} RCH(OH){-}CH_3$	6.6.4	재배열 반응 안 일어남. Markovnikov형 생성물
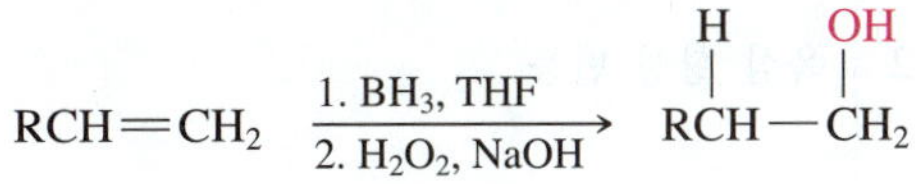 $RCH{=}CH_2 \xrightarrow[2.\ H_2O_2,\ NaOH]{1.\ BH_3,\ THF} RCH(H){-}CH_2(OH)$	6.6.7	*Syn* 첨가, *anti*-Markovnikov형 생성물
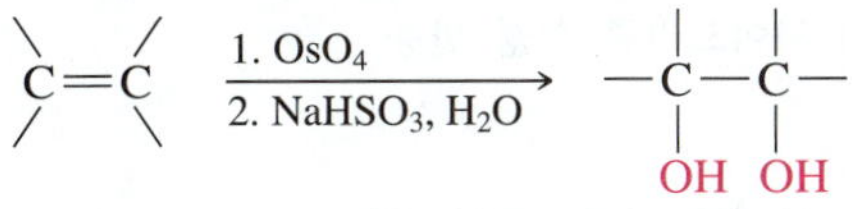 $>C{=}C< \xrightarrow[2.\ NaHSO_3,\ H_2O]{1.\ OsO_4} -C(OH){-}C(OH)-$ *syn* addition	6.6.10	알켄의 산화 반응(다이하이드록실화 반응)
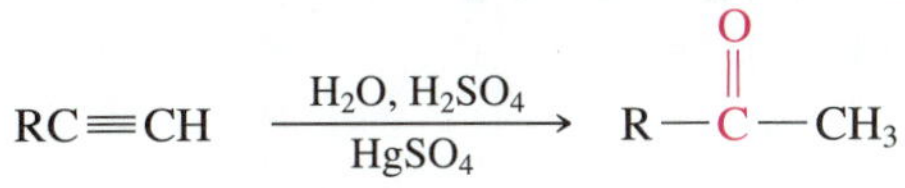 $RC{\equiv}CH \xrightarrow[HgSO_4]{H_2O,\ H_2SO_4} R{-}C({=}O){-}CH_3$	6.9.5 11.5.2	알카인의 수화 반응
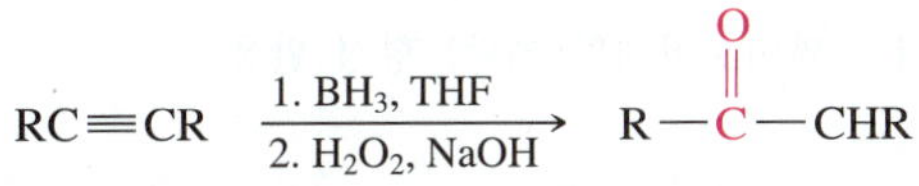 $RC{\equiv}CR \xrightarrow[2.\ H_2O_2,\ NaOH]{1.\ BH_3,\ THF} R{-}C({=}O){-}CHR$	6.9.6 11.5.2	알카인의 수소붕소화 반응; *syn* 첨가 반응
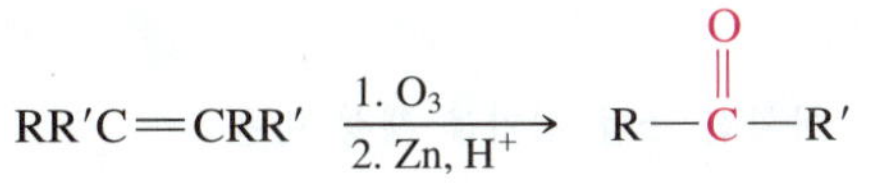 $RR'C{=}CRR' \xrightarrow[2.\ Zn,\ H^+]{1.\ O_3} R{-}C({=}O){-}R'$	6.6.10 11.5.2	알켄의 가오존분해 반응

4.2 친핵성 첨가 반응

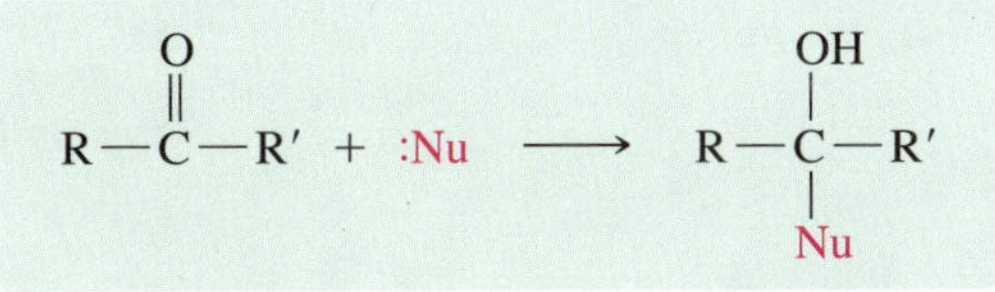

$R{-}C({=}O){-}R' + :Nu \longrightarrow R{-}C(OH)(Nu){-}R'$

N, O, S 및 C(catbanion) 친핵체

반응 예	절	비고
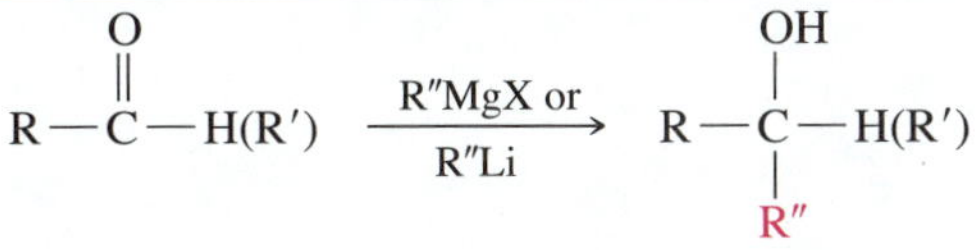 $R{-}C({=}O){-}H(R') \xrightarrow[R''Li]{R''MgX\ or} R{-}C(OH)(R''){-}H(R')$	11.11.1	Grignard 반응
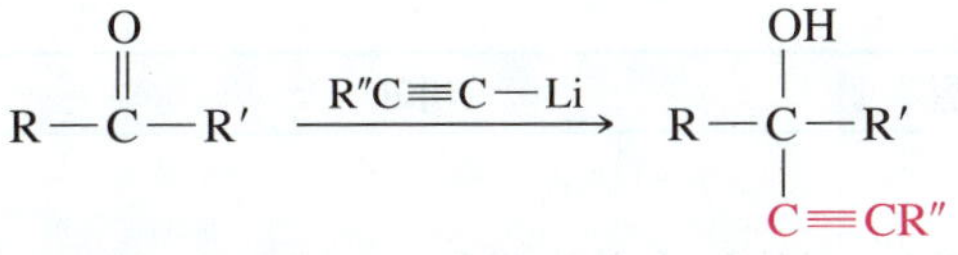 $R{-}C({=}O){-}R' \xrightarrow{R''C{\equiv}C{-}Li} R{-}C(OH)(C{\equiv}CR''){-}R'$	11.11.2	Acetylide 음이온 첨가 반응
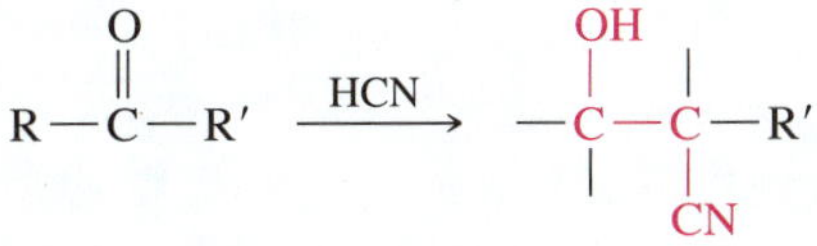 $R{-}C({=}O){-}R' \xrightarrow{HCN} -C(OH){-}C(CN){-}R'$	11.11.3	Cyanohydrin 생성 반응
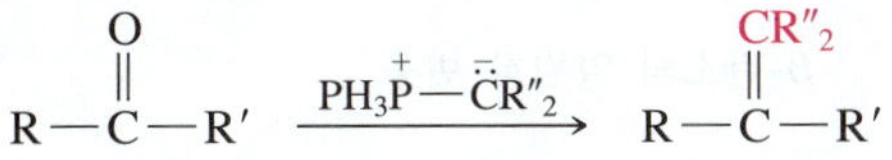 $R{-}C({=}O){-}R' \xrightarrow{PH_3\overset{+}{P}{-}\overset{-}{C}R''_2} R{-}C({=}CR''_2){-}R'$	11.11.4	Wittig 반응

반응 예	절	비고
$R-C(=O)-CH_2R \xrightarrow{R'_2NH} R-C(NR'_2)=CHR$	11.12.1	Enamine 형성 반응
$R-C(=O)-R' \xrightarrow{R''NH_2} R-C(=NR'')-R'$	11.12.1	이민 형성 반응
$R-C(=O)-R' \xrightarrow{NH_2OH} R-C(=NOH)-R'$ (oxime)	11.12.2	옥심 형성 반응
$R-C(=O)-R' \xrightarrow{NH_2NHR''} R-C(=NNHR'')-R'$ (hydrazone)	11.12.2	하이드라존 형성 반응
$R-C(=O)-H(R) \xrightarrow[HCl]{2R'OH} R-C(OR')(OH)-H(R) \xrightarrow[-H_2O]{} R-C(OR')(OR')-H(R)$	11.13.2	아세탈(케탈) 형성 반응
$R-C(=O)-H(R) \xrightarrow[HCl]{2R'SH} R-C(SR')(OH)-H(R) \xrightarrow[-H_2O]{} R-C(SR')(SR')-H(R)$	11.14.1	싸이오아세탈(케탈) 형성 반응
$R-C(=O)-H \xrightarrow{NaHSO_3} R-C(OH)(SO_3Na)-H$	11.14.2	아황산 소듐 첨가물 생성 반응
$CH_3-C(=O)-H + CH_2=C(O^-)-H \longrightarrow CH_3-C(OH)(H)-CH_2-C(=O)-H$	14.5.1	Aldol 반응

4.3 콘쥬게이트 첨가 반응(1,4-첨가 반응)

$$-C=C-C(=O)- + :Nu \longrightarrow -C(Nu)-C(H)-C(=O)-$$

반응 예	절	비고
$-C=C-C(=O)- \xrightarrow[EtONa]{W-CH_2-W} -C(CH(W)W)=C(H)-C(=O)-$ W=electron withdrawing group	14.6.1	Michael 첨가 반응
$-C=C-C(=O)- \xrightarrow[2.\ H_2O]{1.\ R_2CuLi} -C(R)-C(H)-C(=O)-$ W=electron withdrawing group	14.6	β-탄소의 알킬화 반응

반응 예	절	비고
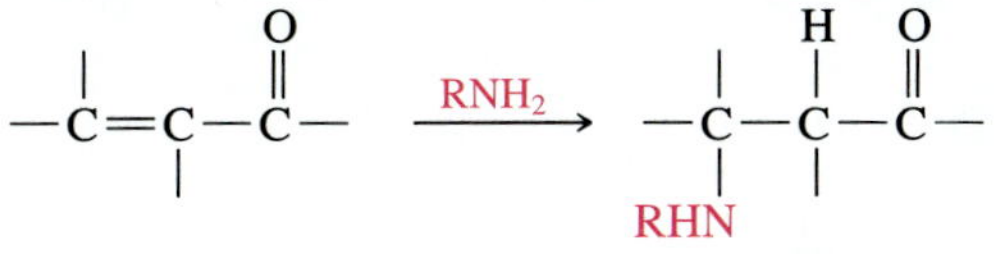 $-\overset{\vert}{C}=\underset{\vert}{C}-\overset{O}{\overset{\Vert}{C}}-$ $\xrightarrow{RNH_2}$ $-\underset{RHN}{\overset{\vert}{C}}-\underset{\vert}{\overset{H}{C}}-\overset{O}{\overset{\Vert}{C}}-$ W=electron withdrawing group	14.6	β-탄소의 아민화 반응
 $-\overset{\vert}{C}=\underset{\vert}{C}-\overset{O}{\overset{\Vert}{C}}-$ $\xrightarrow{HCN}$ $-\underset{CN}{\overset{\vert}{C}}-\underset{\vert}{\overset{H}{C}}-\overset{O}{\overset{\Vert}{C}}-$ W=electron withdrawing group	14.6	β-탄소의 나이트릴화 반응
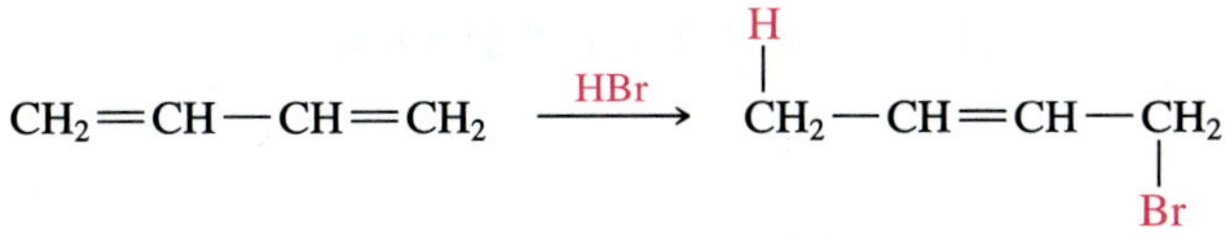 $CH_2=CH-CH=CH_2 \xrightarrow{HBr} \overset{H}{CH_2}-CH=CH-\underset{Br}{CH_2}$	6.7.1	1,4-첨가 반응

4.4 자유 라디칼 첨가 반응

반응 예	절	비고
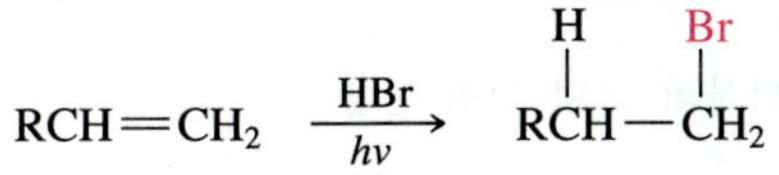 $RCH=CH_2 \xrightarrow[h\nu]{HBr} R\overset{H}{C}H-\overset{Br}{C}H_2$	6.8.1	자유 라디칼 첨가 반응; *anti*-Markovnikov형 생성물

5. 산화 반응

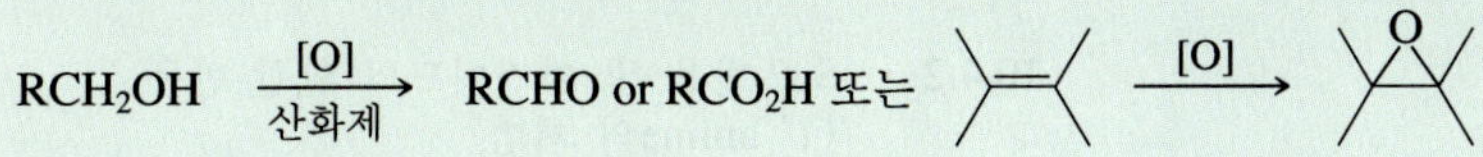

$RCH_2OH \xrightarrow[\text{산화제}]{[O]}$ RCHO or RCO_2H 또는 (alkene) $\xrightarrow{[O]}$ (epoxide)

반응 예	절	비고
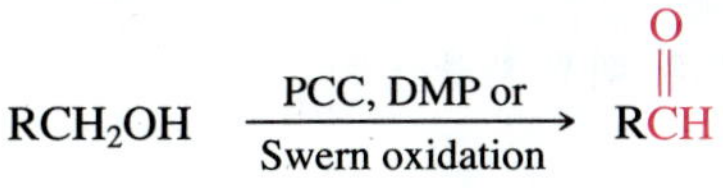 $RCH_2OH \xrightarrow[\text{Swern oxidation}]{\text{PCC, DMP or}} R\overset{O}{\overset{\Vert}{C}}H$	9.3.4 11.5.1	1° 알코올의 선택 산화 반응; 알데하이드 제법
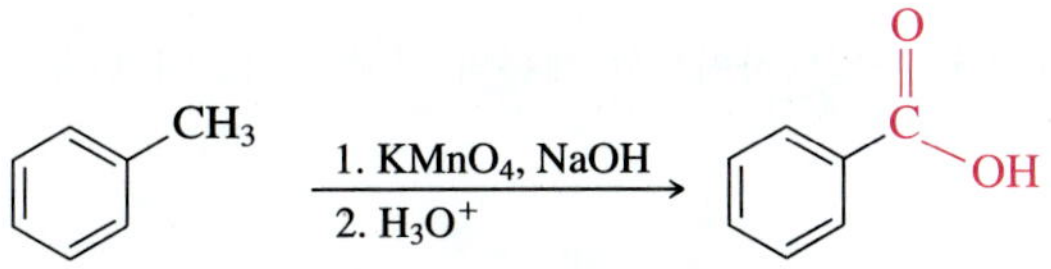 (toluene, $C_6H_5CH_3$) $\xrightarrow[2.\ H_3O^+]{1.\ KMnO_4,\ NaOH}$ $C_6H_5\overset{O}{\overset{\Vert}{C}}OH$	7.8.2	벤질 탄소의 산화 반응; 카복실산 제법
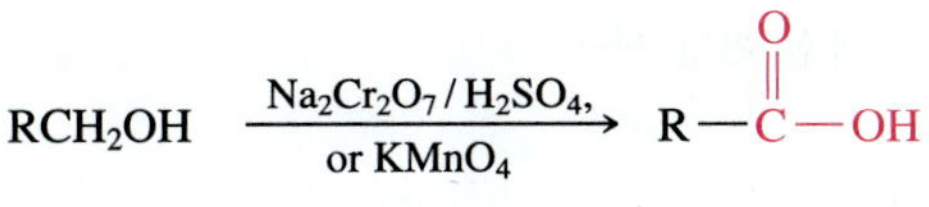 $RCH_2OH \xrightarrow[\text{or } KMnO_4]{Na_2Cr_2O_7/H_2SO_4,} R-\overset{O}{\overset{\Vert}{C}}-OH$	11.6 12.6.1	1° 알코올의 산화 반응
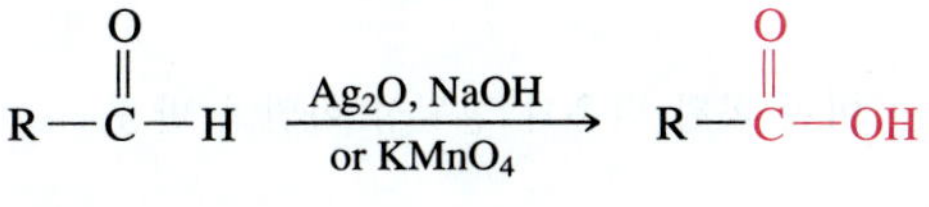 $R-\overset{O}{\overset{\Vert}{C}}-H \xrightarrow[\text{or } KMnO_4]{Ag_2O,\ NaOH} R-\overset{O}{\overset{\Vert}{C}}-OH$	11.6 12.6.1	알데하이드의 산화 반응
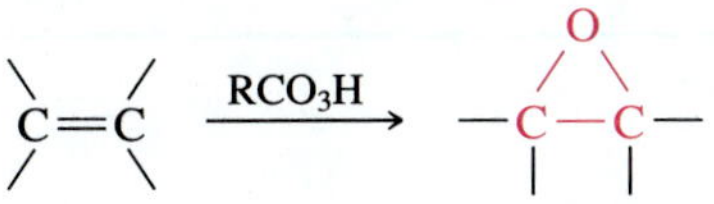 $>C=C< \xrightarrow{RCO_3H} -\underset{\vert}{C}\overset{O}{-}\underset{\vert}{C}-$ (epoxide)	9.7.2 6.6.10	알켄의 산화 반응(에폭시화 반응); *Syn* 첨가 반응

6. 환원 반응

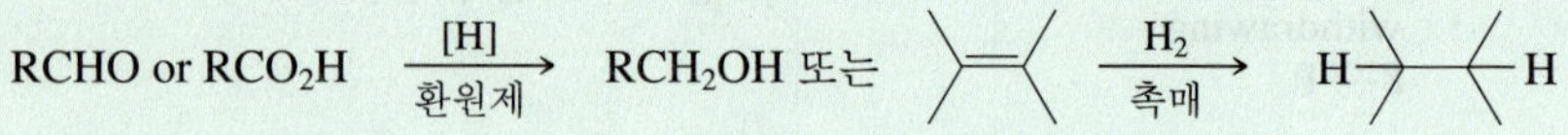

$$\text{RCHO or RCO}_2\text{H} \xrightarrow[\text{환원제}]{[\text{H}]} \text{RCH}_2\text{OH} \text{ 또는 } \text{C=C} \xrightarrow[\text{촉매}]{\text{H}_2} \text{H–C–C–H}$$

반응 예	절	비고
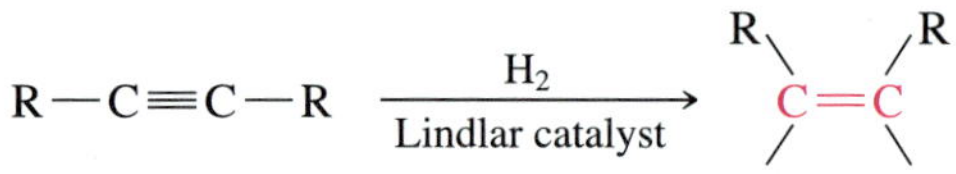 $R-C\equiv C-R \xrightarrow[\text{Lindlar catalyst}]{H_2}$ (R)(H)C=C(R)(H) (cis, R 같은 쪽)	6.9.4	부분 수소첨가 반응(*syn* 첨가)
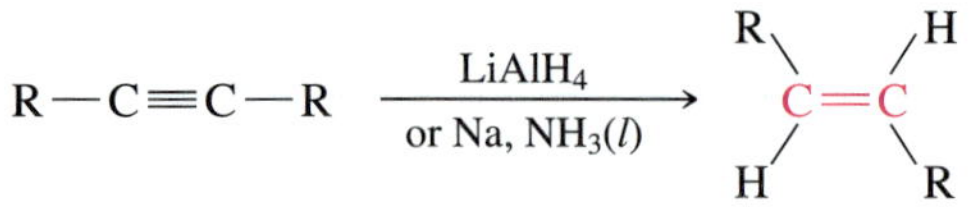 $R-C\equiv C-R \xrightarrow[\text{or Na, NH}_3(l)]{\text{LiAlH}_4}$ (R)(H)C=C(H)(R) (trans)	6.9.4	부분 수소첨가 반응(*anti* 첨가)
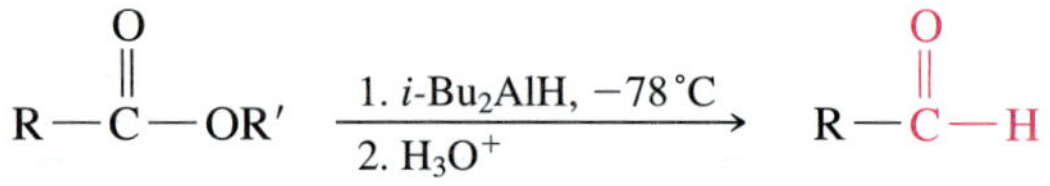 $R-C(=O)-OR' \xrightarrow[\text{2. H}_3\text{O}^+]{\text{1. } i\text{-Bu}_2\text{AlH, }-78\,^\circ\text{C}} R-C(=O)-H$	11.5.1 13.4.3	에스터의 선택 환원 반응
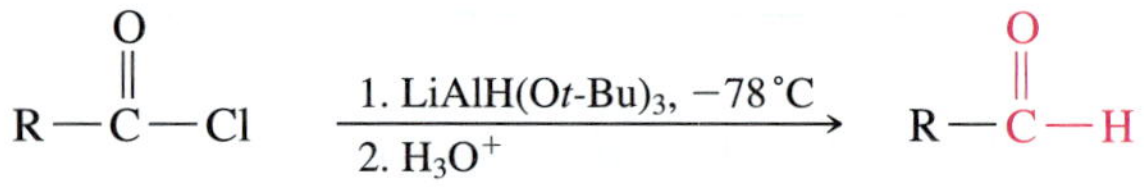 $R-C(=O)-Cl \xrightarrow[\text{2. H}_3\text{O}^+]{\text{1. LiAlH(O}t\text{-Bu)}_3\text{, }-78\,^\circ\text{C}} R-C(=O)-H$	11.5.1 13.2.2	산염화물의 선택 환원 반응
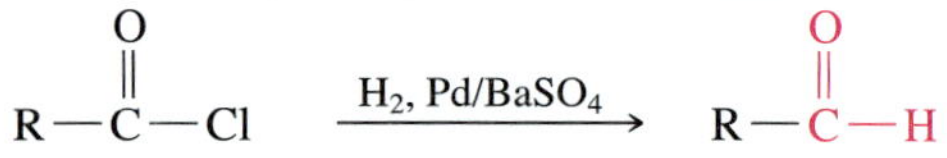 $R-C(=O)-Cl \xrightarrow{\text{H}_2\text{, Pd/BaSO}_4} R-C(=O)-H$	11.5.1 13.2.2	Rosenmund 환원 반응
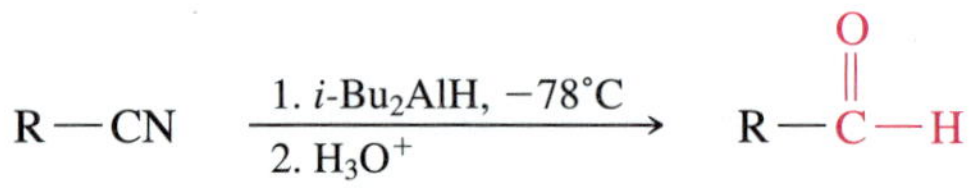 $R-CN \xrightarrow[\text{2. H}_3\text{O}^+]{\text{1. } i\text{-Bu}_2\text{AlH, }-78\,^\circ\text{C}} R-C(=O)-H$	11.5.1	나이트릴의 선택 환원 반응
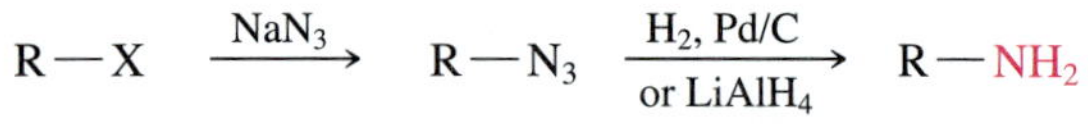 $R-X \xrightarrow{\text{NaN}_3} R-N_3 \xrightarrow[\text{or LiAlH}_4]{\text{H}_2\text{, Pd/C}} R-NH_2$	10.4.2	S_N2 반응 및 아자이드의 환원 반응 (1° amine의 제법)
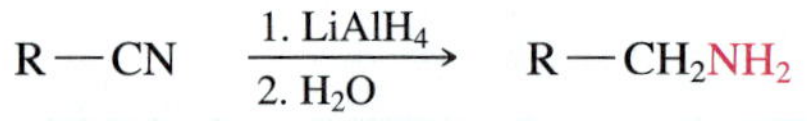 $R-CN \xrightarrow[\text{2. H}_2\text{O}]{\text{1. LiAlH}_4} R-CH_2NH_2$	13.7.2	나이트릴의 환원 반응(1° amine의 제법)
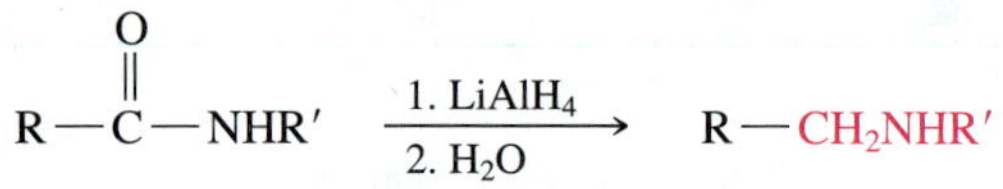 $R-C(=O)-NHR' \xrightarrow[\text{2. H}_2\text{O}]{\text{1. LiAlH}_4} R-CH_2NHR'$	10.4.2	아마이드의 환원 반응
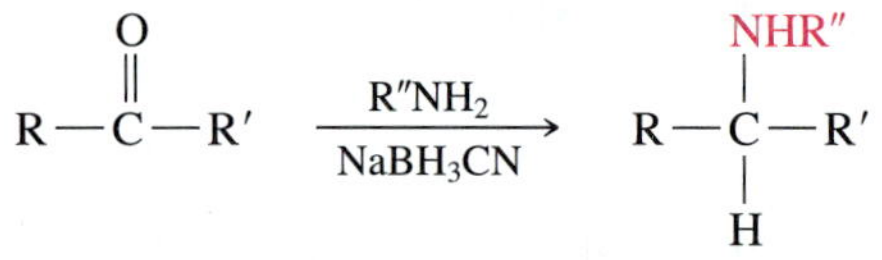 $R-C(=O)-R' \xrightarrow[\text{NaBH}_3\text{CN}]{R''\text{NH}_2} R-CH(NHR'')-R'$	10.4.3	알데하이드와 케톤의 환원성 아민화 반응
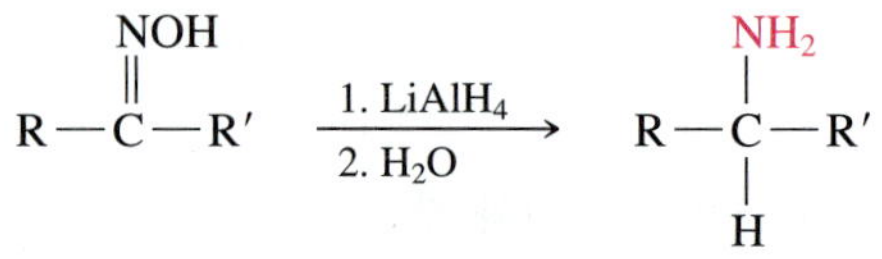 $R-C(=NOH)-R' \xrightarrow[\text{2. H}_2\text{O}]{\text{1. LiAlH}_4} R-CH(NH_2)-R'$	10.4.2	옥심 환원 반응
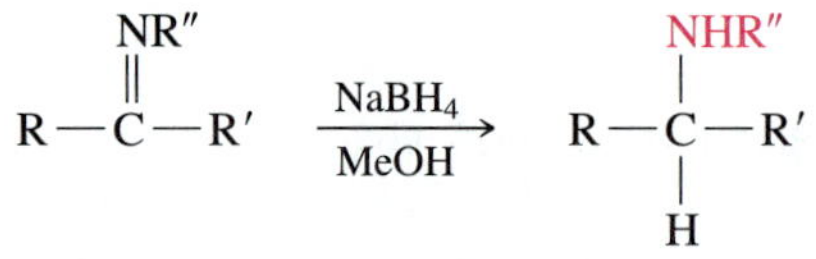 $R-C(=NR'')-R' \xrightarrow[\text{MeOH}]{\text{NaBH}_4} R-CH(NHR'')-R'$	10.4.2 10.4.3	이민 환원 반응과 환원성 아민화 반응

반응 예	절	비고
$R-C(=O)-NH_2 \xrightarrow[H_2O]{Br_2,\ NaOH} R-NH_2$	10.4.4	Hofmann 재배열 반응; 1° 아민의 제법
$C_6H_5NO_2 \xrightarrow[\text{or } H_2/Ni]{\text{Fe or Sn, HCl}} C_6H_5NH_2$	10.4.2	나이트로기의 환원 반응; 방향족 1° 아민의 제법

7. 재배열 반응

반응 예	절	비고
$Me-C(OH)(Me)-C(OH)(Me)-Me \xrightarrow[\text{가열}]{H^+} Me-C(Me)_2-C(=O)-Me$	9.4	Pinacol-pinacolone 재배열 반응
$R-C(=O)-R' \xrightarrow{RCO_3H} R-C(=O)-OR'$	11.16	Baeyer-Villiger 산화 반응
$R-C(=NOH)-R' \xrightarrow{H_2SO_4} RNH-C(=O)-R'$	11.12.2	케톡심의 재배열 반응; Beckmann 재배열 반응
1,3-뷰타다이엔 + 에틸렌 $\xrightarrow[\text{가열}]{}$ 사이클로헥센	6.7.2	Diels-Alder 반응

부록 2 작용기 생성 반응

작용기	생성 반응	절	비고
Acetals	$R-C(=O)-H \xrightarrow[HCl]{2R'OH} R-C(OR')(OH)-H \xrightarrow[-H_2O]{} R-C(OR')(OR')-H$	11.13.2	알데하이드에 대한 알코올의 친핵성 첨가 반응
Acid anhydrides	$2R-C(=O)-OH \xrightarrow{CH_3-C(=O)-O-C(=O)-CH_3} R-C(=O)-O-C(=O)-R$	12.7.3	산무수물 교환 반응(탈수 반응)
	$R-C(=O)-Cl + HO-C(=O)-R \xrightarrow{-HCl} R-C(=O)-O-C(=O)-R$	12.7.3	친핵성 아실 치환 반응(첨가-제거 반응)
Acid chlorides	$R-C(=O)-OH \xrightarrow[\text{or } PCl_5]{SOCl_2} R-C(=O)-Cl$	12.7.2	친핵성 아실 치환 반응(첨가-제거 반응)
Alcohols	$R-X \xrightarrow{^-OH} R-OH$	9.2.2	S_N2 reaction with 1° RX
	$R-X \xrightarrow{H_2O} R-OH$	8.6	S_N1 reaction with 2° or 3° RX
	$R-X \xrightarrow[\text{2. KOH, } H_2O]{\text{1. } CH_3CO_2^-} R-OH$	8.6 13.4.1	S_N2 reaction with 1° or 2° RX
	$RCH=CH_2 \xrightarrow[H_2SO_4]{H_2O} RCH(OH)-CH_3$	6.6.3	친전자성 첨가 반응, 낮은 수득률과 재배열 반응, Markovnikov형 생성물
	$RCH=CH_2 \xrightarrow[\text{2. } NaBH_4\text{, NaOH}]{\text{1. } Hg(OAc)_2\text{, } H_2O} RCH(OH)-CH_3$	6.6.4	재배열 반응 안 일어남. Markovnikov형 생성물
	$RCH=CH_2 \xrightarrow[\text{2. } H_2O_2\text{, NaOH}]{\text{1. } BH_3\text{, THF}} RCH(H)-CH_2(OH)$	6.6.7	*Syn* 첨가, *anti*-Markovnikov형 생성물
	$R-C(=O)-R' \xrightarrow[\text{2. } H_3O^+]{\text{1. } NaBH_4 \text{ or } LiAlH_4} R-C(OH)(H)-R'$	11.15	알데하이드와 케톤의 환원 반응
	$R-C(=O)-R' \xrightarrow[\text{2. } H_3O^+]{\text{1. } R''MgX \text{ or } R''Li} R-C(OH)(R'')-R'$	11.11	Grignard 또는 RLi 시약의 알데하이드와 케톤 첨가 반응
	$R-C(=O)-OH \text{ or } R-C(=O)-OR' \xrightarrow[\text{2. } H_3O^+]{\text{1. } LiAlH_4 \text{ or } BH_3} R-C(H)(H)-OH$	13.5.4 13.4.3	카복실산 또는 에스터의 환원 반응

작용기	생성 반응	절	비고
Alcohols	$R-\overset{O}{\overset{\|\|}{C}}-OR' \xrightarrow[2.\ H_3O^+]{1.\ R''MgX\ or\ R''Li} R-\underset{R''}{\overset{OH}{C}}-R''$	13.4.4	에스터에 대한 Grignard 또는 RLi 시약의 친핵성 첨가 반응
	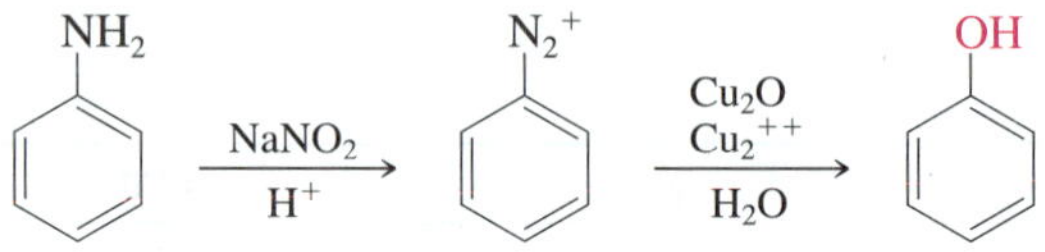 $C_6H_5NH_2 \xrightarrow[H^+]{NaNO_2} C_6H_5N_2^+ \xrightarrow[H_2O]{Cu_2O,\ Cu_2^{++}} C_6H_5OH$	10.5.5	친핵성 방향족 치환 반응
Aldehydes	$RCH_2OH \xrightarrow[Swern\ oxidation]{PCC,\ DMP\ or} R\overset{O}{\overset{\|\|}{C}}H$	9.3.4 11.5.1	1° 알코올의 선택 산화 반응
	$RC\equiv CH \xrightarrow[2.\ H_2O_2,\ NaOH]{1.\ Si_2BH} RCH_2\overset{O}{\overset{\|\|}{C}}H$	6.9.6 11.5.1	알카인의 수소붕소 첨가 반응
	$RCH=CHR \xrightarrow[2.\ Zn,\ H^+]{1.\ O_3} R-\overset{O}{\overset{\|\|}{C}}-H$	6.6.10 11.5.1	알켄의 가오존분해 반응
	$R-\overset{O}{\overset{\|\|}{C}}-OR' \xrightarrow[2.\ H_3O^+]{1.\ i\text{-}Bu_2AlH,\ -78°C} R-\overset{O}{\overset{\|\|}{C}}-H$	11.5.1 13.4.3	에스터의 선택 환원 반응
	$R-\overset{O}{\overset{\|\|}{C}}-Cl \xrightarrow[2.\ H_3O^+]{1.\ LiAlH(Ot\text{-}Bu)_3,\ -78°C} R-\overset{O}{\overset{\|\|}{C}}-H$	11.5.1 13.2.2	산염화물의 선택 환원 반응
	$R-\overset{O}{\overset{\|\|}{C}}-Cl \xrightarrow{H_2,\ Pd/BaSO_4} R-\overset{O}{\overset{\|\|}{C}}-H$	11.5.1 13.2.2	Rosenmund 환원 반응
	$R-CN \xrightarrow[2.\ H_3O^+]{1.\ i\text{-}Bu_2AlH,\ -78°C} R-\overset{O}{\overset{\|\|}{C}}-H$	11.5.1	나이트릴의 선택 환원 반응
Alkanes	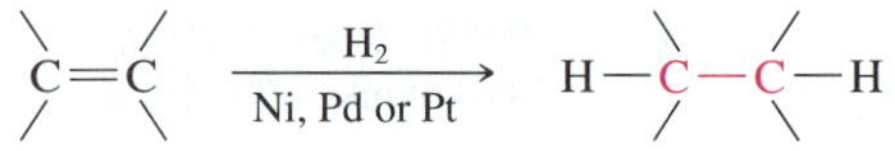 $>C=C< \xrightarrow[Ni,\ Pd\ or\ Pt]{H_2} H-\overset{\vert}{\underset{\vert}{C}}-\overset{\vert}{\underset{\vert}{C}}-H$	6.6.8	촉매 수소첨가 반응
	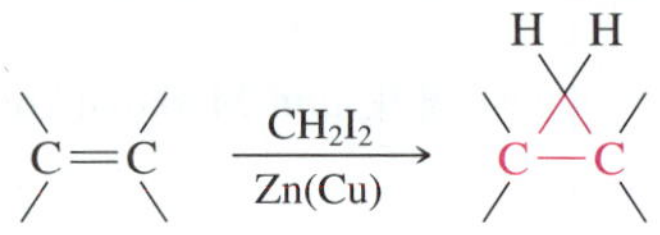 $>C=C< \xrightarrow[Zn(Cu)]{CH_2I_2}$ (cyclopropane, CH_2 with H H)	6.6.9	Simmons-Smith 반응(*syn* 첨가 반응)
	$R-\overset{O}{\overset{\|\|}{C}}-R' \xrightarrow[NH_2NH_2,\ KOH,\ \Delta]{Zn(Hg),\ HCl\ or} R-CH_2-R'$	11.15.2	Clemmensen 환원 반응 Wolff-Kishner 환원 반응
	$R-\overset{O}{\overset{\|\|}{C}}-R' \xrightarrow[2.\ H_2,\ Raney\ Ni]{1.\ HS\text{~~}SH} R-CH_2-R'$	11.15.2	Thioacetal(ketal)의 가수소분해 반응 (환원 반응)
Alkenes	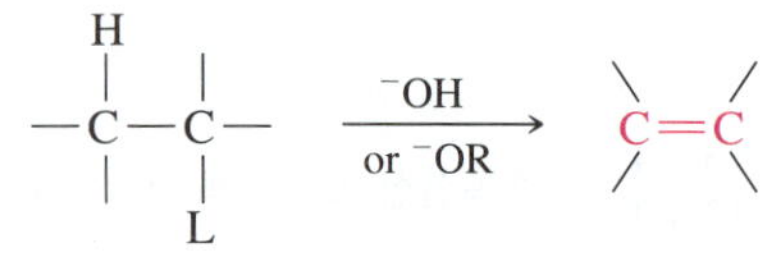 $-\overset{H}{\underset{\vert}{C}}-\overset{\vert}{\underset{L}{C}}- \xrightarrow[or\ ^-OR]{^-OH} >C=C<$	8.12	E1, E2 반응(*anti* 제거 반응); Zaitsev형 생성물
	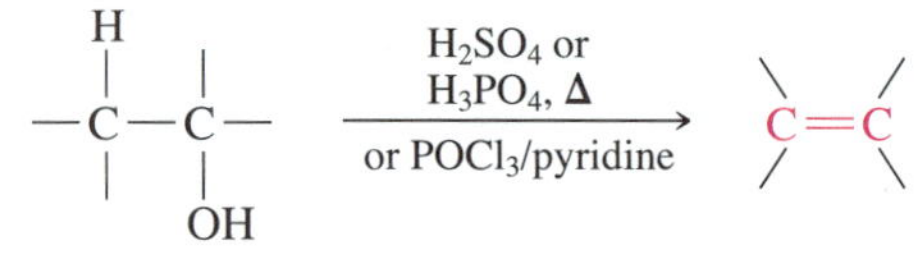 $-\overset{H}{\underset{\vert}{C}}-\overset{\vert}{\underset{OH}{C}}- \xrightarrow[or\ POCl_3/pyridine]{H_2SO_4\ or\ H_3PO_4,\ \Delta} >C=C<$	9.3.3	E1 for 3° 알코올 Zaitsev형 생성물

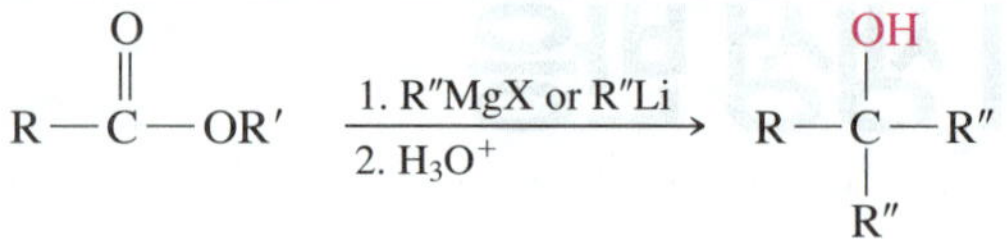

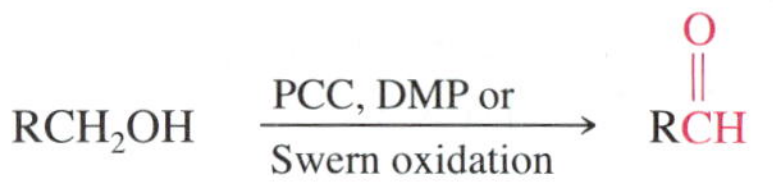

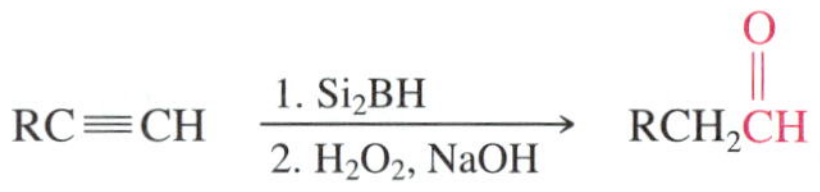

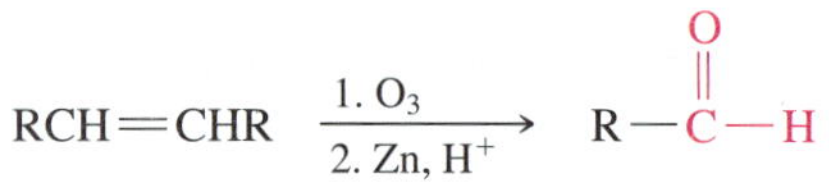

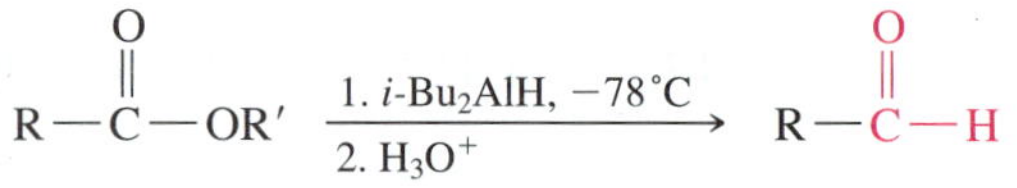

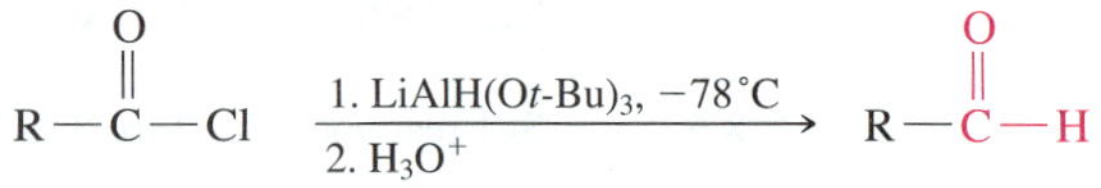

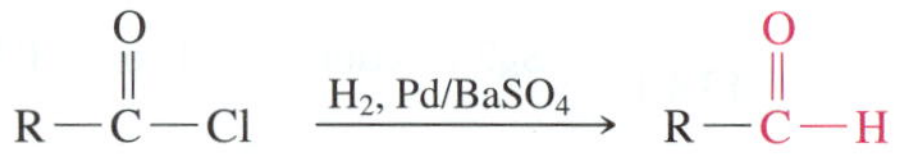

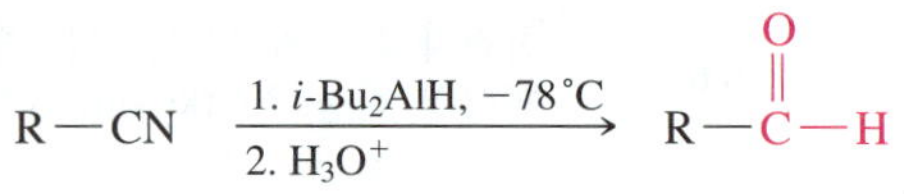

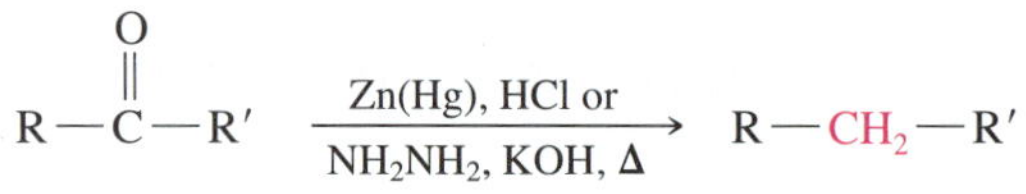

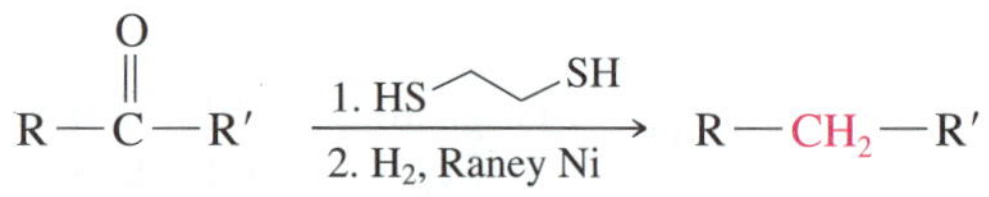

작용기	생성 반응	절	비고
Alkenes	$CH_3CH_2CH(\overset{+}{N}R_3)CH_3 \; \bar{H}O \xrightarrow{\text{가열}} CH_3CH_2CH{=}CH_2$	10.5.3	Hofmann 제거 반응, *anti* Zaitsev형 생성물
	$R{-}C{\equiv}C{-}R \xrightarrow[\text{Lindlar catalyst}]{H_2} (R)(H)C{=}C(R)(H)$	6.9.4	부분 수소첨가 반응(*syn* 첨가)
	$R{-}C{\equiv}C{-}R \xrightarrow[\text{or Na, } NH_3(l)]{LiAlH_4} (R)(H)C{=}C(H)(R)$	6.9.4	부분 수소첨가 반응(*anti* 첨가)
	$RC(=O)R' \xrightarrow{Ph_3P{-}\ddot{C}^{\ominus}R''_2} R''_2C{=}CRR'$	11.11.4	Wittig 반응
	$-C(OH){-}C(H){-}C(=O)- \xrightarrow{^-OH} -C{=}C{-}C(=O)-$	8.12.10	E1cB 반응
Alkynes	$R{-}L \xrightarrow{^{\ominus}:C{\equiv}C{-}R'} R{-}C{\equiv}C{-}R'$	8.6	S_N2 반응
	$-C(H)(L){-}C(H)(L)- \xrightarrow[\text{or } ^-NH_2]{^-OH} -C{\equiv}C-$	8.11	E2 반응(*anti* 제거)
	$(H)C{=}C(L) \xrightarrow[\text{or } ^-NH_2]{^-OH} -C{\equiv}C-$	8.11	E2 반응(*anti* 제거)
Amides	$R{-}C(=O){-}Z \xrightarrow{R'NH_2} R{-}C(=O){-}NHR'$ $Z{=}Cl, O{-}C(=O){-}R, OR''$	12.7.5	친핵성 아실 치환 반응 (첨가-제거 반응)
	$R{-}C(=NOH){-}R' \xrightarrow{H_2SO_4} RNH{-}C(=O){-}R'$	11.12.2	케톡심의 재배열 반응; Beckmann 재배열 반응
Amines	$R{-}X \xrightarrow{\text{excess } NH_3} R{-}NH_2$	10.4.1	S_N2 반응 (R_2NH, R_3N, $R_4N^+X^-$ 생성 반응)
	$R{-}X \xrightarrow{NaN_3} R{-}N_3 \xrightarrow[\text{or } LiAlH_4]{H_2,\ Pd/C} R{-}NH_2$	10.4.2	S_N2 반응 및 아자이드의 환원 반응 (1° amine의 제법)
	$R{-}CN \xrightarrow[2.\ H_2O]{1.\ LiAlH_4} R{-}CH_2NH_2$	13.7.2	나이트릴의 환원 반응(1° amine의 제법)
	$R{-}X \xrightarrow[2.\ NH_2NH_2 \text{ or KOH, } H_2O]{1.\ \text{potassium phthalimide } (N^-K^+)} R{-}NH_2$	10.4.1	S_N2 반응; 1°, 2° amine 제법, Gabriel 반응
	$R{-}C(=O){-}NHR' \xrightarrow[2.\ H_2O]{1.\ LiAlH_4} R{-}CH_2NHR'$	10.4.2	아마이드의 환원 반응
	$R{-}C(=O){-}R' \xrightarrow[NaBH_3CN]{R''NH_2} R{-}CH(NHR''){-}R'$	10.4.3	알데하이드와 케톤의 환원성 아민화 반응

작용기	생성 반응	절	비고
Amines	$R-C(=NOH)-R' \xrightarrow[2.\ H_2O]{1.\ LiAlH_4} R-CH(NH_2)-R'$	10.4.2	옥심 환원 반응
	$R-C(=NR'')-R' \xrightarrow[MeOH]{NaBH_4} R-CH(NHR'')-R'$	10.4.2 10.4.3	이민 환원 반응과 환원성 아민화 반응
	$R-C(=O)-NH_2 \xrightarrow[H_2O]{Br_2,\ NaOH} R-NH_2$	10.4.4	Hofmann 재배열 반응; 1° 아민의 제법
	$C_6H_5NO_2 \xrightarrow[\text{or } H_2/Ni]{\text{Fe or Sn, HCl}} C_6H_5NH_2$	10.4.2	나이트로기의 환원 반응; 방향족 1° 아민의 제법
Carboxylic acids	$RX \xrightarrow[\text{or Li}]{\text{Mg, ether}} RMgX \text{ or } RLi \xrightarrow[2.\ H_3O^+]{1.\ CO_2} R-C(=O)-OH$	12.6.2	Carbonation(탄산화 반응)
	$RCH_2OH \xrightarrow[\text{or } KMnO_4]{Na_2Cr_2O_7/H_2SO_4} R-C(=O)-OH$	11.6 12.6.1	1° 알코올의 산화 반응
	$R-C(=O)-H \xrightarrow[\text{or } KMnO_4]{Ag_2O,\ NaOH} R-C(=O)-OH$	11.6 12.6.1	알데하이드의 산화 반응
	$R-C(=O)-Z \xrightarrow[H_3O^+ \text{ or } HO^-]{H_2O} R-C(=O)-OH$ Z=Cl, OCOR, OR, NR_2	12.6.3 13.2.1 13.3.1 13.4.1 13.6.1	산염화물, 무수물, 에스터 및 아마이드의 가수 분해 반응; 친핵성 아실 치환 반응
	$R-CN \xrightarrow[H_3O^+ \text{ or } HO^-]{H_2O} R-C(=O)-OH$	13.7.1	나이트릴기의 가수분해 반응
	$EtO-C(=O)-CH_2-C(=O)-OEt \xrightarrow[2.\ KOH,\ H_2O;\ 3.\ H_3O^+,\ \Delta]{1.\ RX,\ NaOEt} RCH_2-C(=O)-OH$	14.4.4	엔올 음이온의 친핵성 치환 반응과 탈카복실화 반응; malonic ester synthesis
	$C_6H_5CH_3 \xrightarrow[2.\ H_3O^+]{1.\ KMnO_4,\ NaOH} C_6H_5-C(=O)-OH$	7.8.2	방향족 고리 곁가지 탄소의 산화 반응
Cyanohydrins	$R-C(=O)-R' \xrightarrow{HCN} -C(OH)-C(CN)-R'$	11.11.3	알데하이드와 케톤의 친핵성 첨가 반응
Diols	$C=C \xrightarrow[2.\ NaOH,\ H_2O]{1.\ \text{cold } KMnO_4} -C(OH)-C(OH)-$ *syn* addition	6.6.10	알켄의 산화 반응 (다이하이드록실화 반응)
	$C=C \xrightarrow[2.\ NaHSO_3,\ H_2O]{1.\ OsO_4} -C(OH)-C(OH)-$ *syn* addition	6.6.10	알켄의 산화 반응 (다이하이드록실화 반응)

작용기	생성 반응	절	비고
Enamines	$R-\overset{O}{\overset{\Vert}{C}}-CHR_2' \xrightarrow[-H_2O]{R''_2NH} R-\overset{NR''_2}{\overset{\vert}{C}}=CR'_2$	11.12.1 14.4.3	알데하이드와 케톤의 친핵성 첨가 반응
Epoxides	$>C=C< \xrightarrow[H_2O]{X_2} -\overset{OH}{\overset{\vert}{C}}-\underset{X}{\underset{\vert}{C}}- \xrightarrow{NaOH} -\overset{O}{C-C}-$	9.7.2	분자 내 S_N2 반응
	$>C=C< \xrightarrow{RCO_3H} -\overset{O}{C-C}-$	9.7.2 6.6.10	알켄의 산화 반응(에폭시화 반응); *Syn* 첨가 반응
Esters	$R'-L \xrightarrow{^-O-\overset{O}{\overset{\Vert}{C}}-R} R'-O-\overset{O}{\overset{\Vert}{C}}-R$	8.6.2	S_N2 반응
	$R-\overset{O}{\overset{\Vert}{C}}-OH \xrightarrow[H_2SO_4]{R'OH} R-\overset{O}{\overset{\Vert}{C}}-OR'$	12.7.4	알코올의 친핵성 아실 치환 반응; 에스터화 반응
	$R-\overset{O}{\overset{\Vert}{C}}-Z \xrightarrow{R'OH} R-\overset{O}{\overset{\Vert}{C}}-OR'$ $Z=Cl, O-\overset{O}{\overset{\Vert}{C}}-R$	12.7.4	친핵성 아실 치환 반응 (가알코올분해 반응)
	$R-\overset{O}{\overset{\Vert}{C}}-R \xrightarrow{R'CO_3H} R-\overset{O}{\overset{\Vert}{C}}-OR$	11.16	Baeyer-Villiger 산화 반응
Ethers	$R'-OH \xrightarrow[H_2SO_4]{R'OH} R'-O-R'$	9.6.4	대칭 에터의 합성 반응
	$R'-L \xrightarrow{^-O-R} R'-O-R$	9.6.4	Williamson 에터 합성 반응; S_N2 반응
Halides	$R-OH \xrightarrow{HX} R-X$	9.3.2	$ZnCl_2$ requires for 1° and 2° R
	$R-OTs \xrightarrow{X^-} R-X$	9.3.2	주로 1° and 2° R
	$R-X \xrightarrow{NaI} R-I$	9.3.2	Finkelstein 반응
	$R-OH \xrightarrow{SOCl_2} R-Cl$	9.3.2	S_N2 or S_Ni 반응
	$R-OH \xrightarrow{PX_3} R-X$	9.3.2	S_N2 반응
	$RCH=CH_2 \xrightarrow{HX} R\overset{X}{\overset{\vert}{C}}H-\overset{H}{\overset{\vert}{C}}H_2$	6.6.2	친전자성 첨가 반응; Markovnikov 규칙을 따름
	$RCH=CH_2 \xrightarrow[hv]{HBr} R\overset{H}{\overset{\vert}{C}}H-\overset{Br}{\overset{\vert}{C}}H_2$	6.8.1	자유 라디칼 첨가 반응; *anti* Markovnikov 규칙을 따름
	$RCH=CHR' \xrightarrow{X_2} R\overset{X}{\overset{\vert}{C}}H-\underset{X}{\underset{\vert}{C}}HR'$	6.6.2	친전자성 첨가 반응(*anti* 첨가); Markovnikov 규칙을 따름
	$R\overset{O}{\overset{\Vert}{C}}CH_3 \xrightarrow[HX]{X_2} R\overset{O}{\overset{\Vert}{C}}CH_2X$ $X=Cl, Br$	14.3.1	지방족 친전자성 치환 반응
	$RCH_2-\overset{O}{\overset{\Vert}{C}}-OH \xrightarrow[2.\ H_2O]{1.\ X_2/PX_3\ (or\ P)} R\underset{X}{\underset{\vert}{C}}H-\overset{O}{\overset{\Vert}{C}}-OH$	14.3.2	Hell-Volhard-Zelinsky 반응; α-할로 산 또는 에스터의 합성
	$CH_4 \xrightarrow[\cdot X]{X_2/hv} CH_3X$	4.8.2	자유 라디칼 치환 반응; 할로젠화 알킬의 제법

작용기	생성 반응	절	비고
Halides	$C_6H_5CH_2R \xrightarrow[h\nu]{X_2} C_6H_5CHXR$ X=Cl, Br	7.8.1	자유 라디칼 치환 반응; 벤질 탄소의 할로젠화 반응
	$C_6H_6 \xrightarrow[FeX_3]{X_2} C_6H_5X$ X=Cl, Br	7.5.2	방향족 친전자성 치환 반응; 할로젠화 아릴의 제법
	$C_6H_5NH_2 \xrightarrow[H^+]{NaNO_2} C_6H_5N_2^+ \xrightarrow[HBF_4]{CuX, KI\ or} C_6H_5X$ X=Cl, Br, I, F	10.5.5	친핵성 방향족 치환 반응; Sandmeyer 반응; 할로젠화 아릴의 제법
Halohydrins	$>C{=}C< \xrightarrow[H_2O]{X_2\ or\ NBS} -C(OH)-C(X)-$	6.6.6	알켄의 친전자성 첨가 반응; *anti* 첨가 반응
Imines	$R-C(=O)-R' \xrightarrow{R''NH_2} R-C(=NR'')-R'$	11.12.1	알데하이드와 케톤의 친핵성 첨가 반응
	$R-C(=O)-R' \xrightarrow{NH_2OH} R-C(=NOH)-R'$ (oxime)	11.12.2	알데하이드와 케톤의 친핵성 첨가 반응
	$R-C(=O)-R' \xrightarrow{NH_2NHR''} R-C(=NNHR'')-R'$ (hydrazone)	11.12.2	알데하이드와 케톤의 친핵성 첨가 반응
Nitriles	$R-L \xrightarrow{^-CN} R-CN$	8.6.2	S_N2 반응
	$R-C(=O)-NH_2 \xrightarrow[P_2O_5]{SOCl_2\ or} R-CN$	12.7.6	1° 아마이드의 탈수 반응
	$C_6H_5NH_2 \xrightarrow[H^+]{NaNO_2} C_6H_5N_2^+ \xrightarrow{CuCN} C_6H_5CN$	10.5.5	방향족 친핵성 치환 반응; Only aromatic nitriles via diazonium salt
Ketals	$R-C(=O)-R' \xrightarrow[HCl]{2R'OH} R-C(OR')(OH)-R \xrightarrow{-H_2O} R-C(OR')(OR')-R$		케톤에 대한 알코올의 친핵성 첨가 반응
Ketones	$R-CH(OH)-R' \xrightarrow[PCC,\ KMnO_4,\ DMP]{Na_2Cr_2O_7/H_2SO_4} R-C(=O)-R'$	9.3.4 11.5.2	2° 알코올의 산화 반응
	$RC{\equiv}CH \xrightarrow[HgSO_4]{H_2O,\ H_2SO_4} R-C(=O)-CH_3$	6.9.5 11.5.2	알카인의 수화 반응
	$RC{\equiv}CR \xrightarrow[2.\ H_2O_2,\ NaOH]{1.\ BH_3,\ THF} R-C(=O)-CHR$	6.9.6 11.5.2	알카인의 수소붕소화 반응; *syn* 첨가 반응
	$RR'C{=}CRR' \xrightarrow[2.\ Zn,\ H^+]{1.\ O_3} R-C(=O)-R'$	6.6.10 11.5.2	알코올의 가오존분해 반응

작용기	생성 반응	절	비고
Ketones	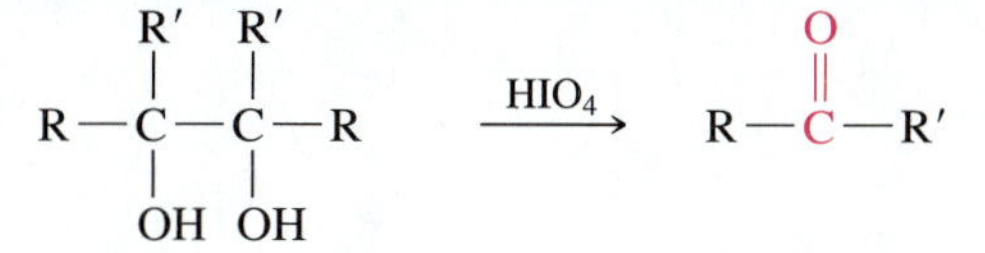 $R-C(R')(OH)-C(R')(OH)-R \xrightarrow{HIO_4} R-C(=O)-R'$	9.3.4	다이올의 산화성 절단 반응
	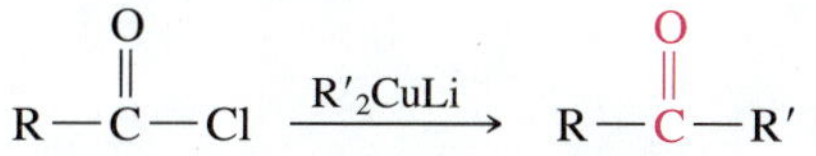 $R-C(=O)-Cl \xrightarrow{R'_2CuLi} R-C(=O)-R'$	11.5.2 13.2.3	산염화물에 대한 유기 구리 시약의 첨가 반응
	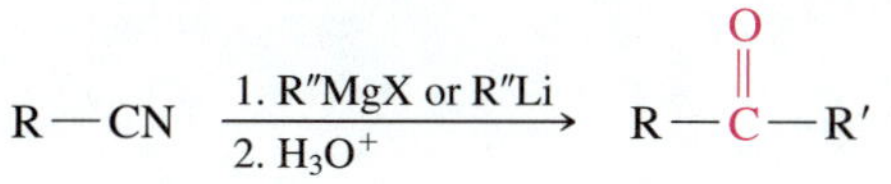 $R-CN \xrightarrow[\text{2. } H_3O^+]{\text{1. } R''MgX \text{ or } R''Li} R-C(=O)-R'$	11.5.2 13.7.3	나이트릴의 Grignard 반응
	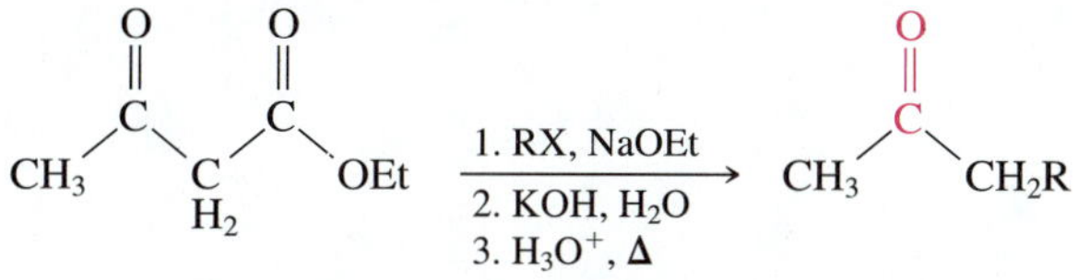 $CH_3C(=O)CH_2C(=O)OEt \xrightarrow[\text{2. KOH, } H_2O \text{; 3. } H_3O^+, \Delta]{\text{1. RX, NaOEt}} CH_3C(=O)CH_2R$	14.4.4	엔올 음이온의 친핵성 치환 반응과 탈카복실화 반응; acetoacetic ester synthesis
	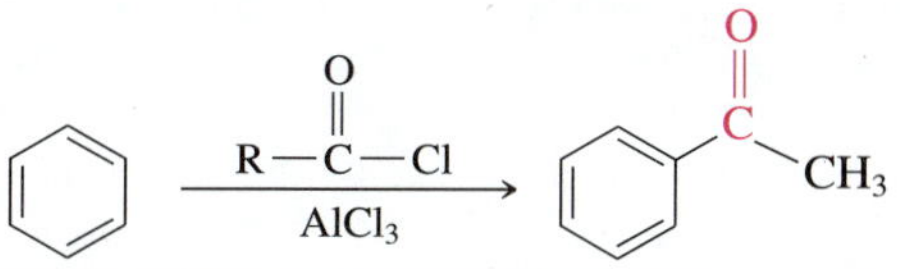 $C_6H_6 \xrightarrow[AlCl_3]{R-C(=O)-Cl} C_6H_5-C(=O)-CH_3$	7.5.5 11.5.2	방향족 고리의 친전자성 치환 반응; Friedel-Crafts acylation
Sulfides	$R-X \xrightarrow[NaOH]{R'SH} R-S-R'$	9.9.2	S_N2 반응
Thiols	$R-L \xrightarrow{^-SH} R-SH$	9.9.1	S_N2 반응
	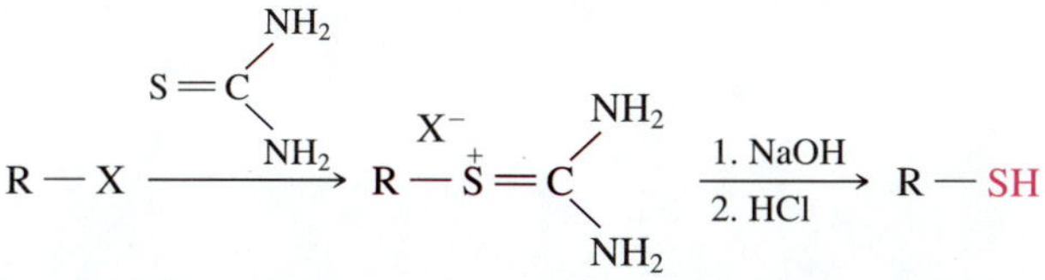 $R-X \xrightarrow{S=C(NH_2)_2} R-\overset{+}{S}=C(NH_2)_2 \; X^- \xrightarrow[\text{2. HCl}]{\text{1. NaOH}} R-SH$	9.9.1	S_N2 반응

부록 3 작용기 전환 반응

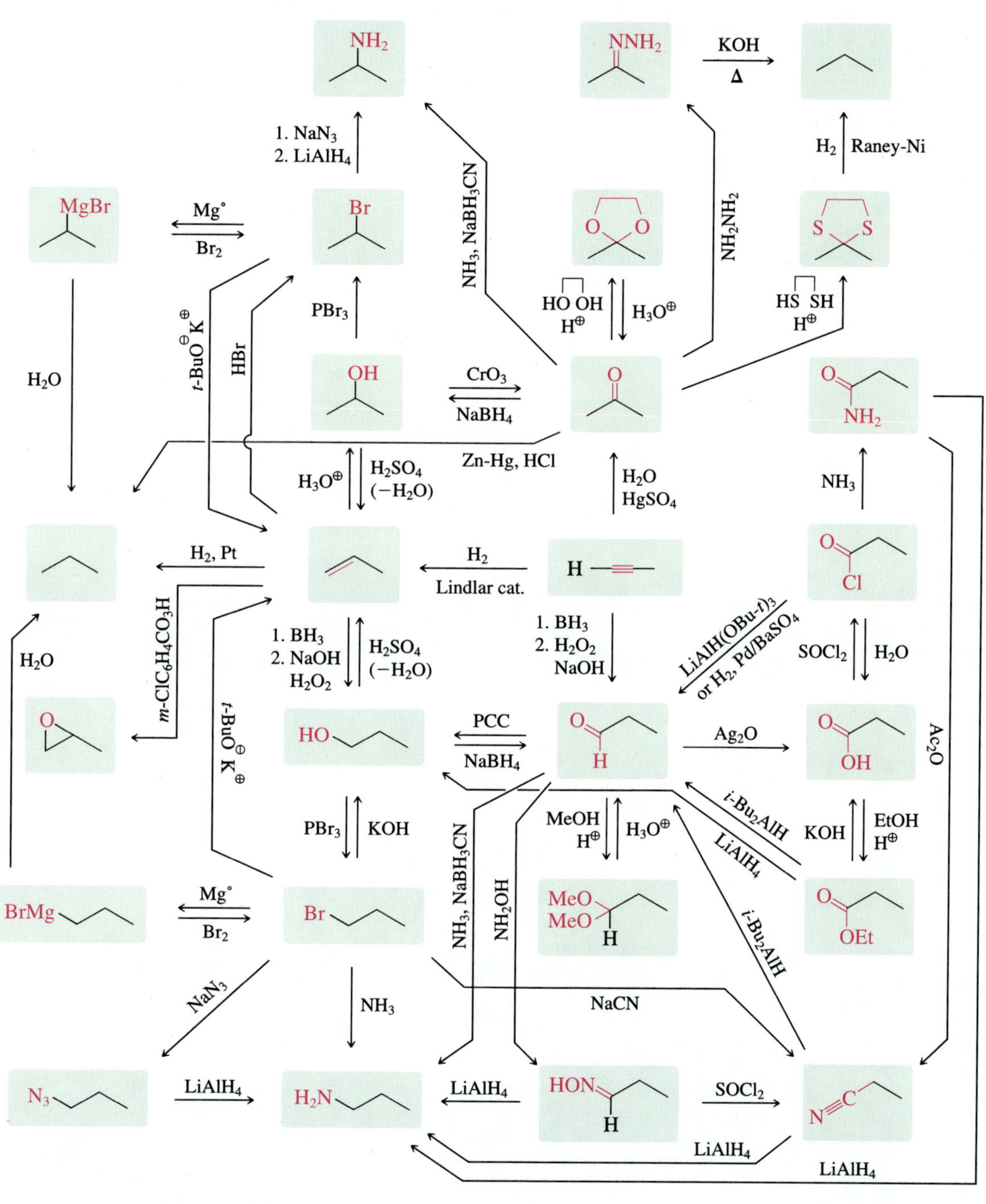

NH$_2$
NNH$_2$
KOH
Δ
1. NaN$_3$
2. LiAlH$_4$
H$_2$
Raney-Ni
MgBr
Mg°
Br$_2$
Br
NH$_3$, NaBH$_3$CN
NH$_2$NH$_2$
O O
S S
HO OH
H$^{\oplus}$
H$_3$O$^{\oplus}$
HS SH
H$^{\oplus}$
H$_2$O
t-BuO$^{\ominus}$K$^{\oplus}$
HBr
PBr$_3$
OH
CrO$_3$
NaBH$_4$
O
NH$_2$
H$_3$O$^{\oplus}$
H$_2$SO$_4$
(−H$_2$O)
Zn-Hg, HCl
H$_2$O
HgSO$_4$
NH$_3$
H$_2$, Pt
H$_2$
Lindlar cat.
H
O
Cl
m-ClC$_6$H$_4$CO$_3$H
H$_2$O
1. BH$_3$
2. NaOH
H$_2$O$_2$
H$_2$SO$_4$
(−H$_2$O)
1. BH$_3$
2. H$_2$O$_2$
NaOH
LiAlH(OBu-t)$_3$
or H$_2$, Pd/BaSO$_4$
SOCl$_2$
H$_2$O
O
t-BuO$^{\ominus}$K$^{\oplus}$
HO
PCC
NaBH$_4$
O
H
Ag$_2$O
O
OH
Ac$_2$O
PBr$_3$
KOH
NH$_3$, NaBH$_3$CN
NH$_2$OH
MeOH
H$^{\oplus}$
H$_3$O$^{\oplus}$
i-Bu$_2$AlH
LiAlH$_4$
KOH
EtOH
H$^{\oplus}$
BrMg
Mg°
Br$_2$
Br
MeO
MeO
H
O
OEt
i-Bu$_2$AlH
NaN$_3$
NH$_3$
NaCN
N$_3$
LiAlH$_4$
H$_2$N
LiAlH$_4$
HON
H
SOCl$_2$
N≡C
LiAlH$_4$
LiAlH$_4$

문제 풀이

1장 구조와 결합 및 산-염기

1.1 **a.** ^1_1H: 원자 번호 = 1, 양성자수 = 1, 중성자수 = 0, 질량수 = 1.
^2_1H: 원자 번호 = 1, 양성자수 = 1, 중성자수 = 1, 질량수 = 2.
b. $^{10}_5B$: 원자 번호 = 5, 양성자수 = 5, 중성자수 = 5, 질량수 = 10.
$^{11}_5B$: 원자 번호 = 5, 양성자수 = 5, 중성자수 = 6, 질량수 = 11.
c. $^{35}_{17}Cl$: 원자 번호 = 17, 양성자수 = 17, 중성자수 = 18, 질량수 = 35.
$^{37}_{17}Cl$: 원자 번호 = 17, 양성자수 = 17, 중성자수 = 20, 질량수 = 37.

1.2 **a.** Na의 원자 번호 = 11. Na^+의 전자수는 11 − 1 = 10. 따라서 Na^+의 전자의 배치는
$1s^2\ 2s^2\ 2p^6$
b. Mg의 원자 번호 = 12. Mg^{2+}의 전자수는 12 − 2 = 10. 따라서 Mg^{2+}의 전자의 배치는
$1s^2\ 2s^2\ 2p^6$
c. O의 원자 번호 = 8. O^{2-}의 전자수는 8 + 2 = 10. 따라서 O^{2-}의 전자의 배치는
$1s^2\ 2s^2\ 2p^6$

1.3

a. :Ö=C=Ö:
FC for C=4−8/2=0
FC for O=6−(4+4/2)=0

b. H−C(=Ö:)−Ö−H (A, B)
FC for H_A=1−2/2=0
FC for H_B=1−2/2=0
FC for O_A=6−(4+4/2)=0
FC for O_B=6−(4+4/2)=0

c. H−B̤r:
FC for H=1−2/2=0
FC for Br=7−(6+2/2)=0

d. H−C⁺(H)−H
FC for H=1−2/2=0
FC for C=4−(0+6/2)=+1

e. H−C(H)(H)−Ö:⁻
FC for H=1−2/2=0
FC for O=6−(6+2/2)=−1

f. A: $[SO_4]^{2-}$ (:Ö=S=Ö:, :Ö:$^{-1}$, :Ö:$^{-1}$)
FC for S=6−(0+12/2)=0
FC for O_d=6−(4+4/2)=0
FC for O_s=6−(6+2/2)=−1

B: $[SO_4]^{2-}$ (S +2, 각 O −1)
FC for S=6−(0+8/2)=2
FC for O_s=6−(6+2/2)=−1

A와 B 두 종류의 루이스 구조가 가능하나 형식 전하가 A가 B보다 작기 때문에 A를 선호
S는 3주기 *d* 오비탈을 가진 원소임으로 오비탈에 8개 이상의 전자를 가질 수 있다.

g. $[ClO_3]^{1-}$
FC for Cl=7−(2+10/2)=0
FC for O_d=6−(4+4/2)=0
FC for O_s=6−(6+2/2)=−1

1.4 a. $\overset{\delta+}{O}-\overset{\delta-}{Cl}$ b. $\overset{\delta+}{H}-\overset{\delta-}{Br}$ c. $\overset{\delta-}{C}-\overset{\delta+}{Li}$ d. $\overset{\delta+}{C}-\overset{\delta-}{O}$ e. $\overset{\delta+}{H}-\overset{\delta-}{O}-\overset{\delta+}{H}$

1.5 a. $H-\overset{H}{\underset{+}{C}}-\underset{H}{C}=\overset{H}{C}-H \longleftrightarrow H-\overset{H}{C}=\underset{H}{C}-\overset{H}{\underset{+}{C}}-H$

b. (벤젠 고리 공명 구조) $\longleftrightarrow$ $\longleftrightarrow$

c. $H_2C=\overset{+1}{N}=\overset{-1}{\ddot{N}}: \longleftrightarrow H_2\overset{-1}{\ddot{C}}-\overset{+1}{N}\equiv N:$

d. $\bar{C}H_2-\overset{O}{\overset{\|}{C}}-H \longleftrightarrow CH_2=\overset{O^-}{\overset{|}{C}}-H$

e. $H-\ddot{O}-\overset{:O:}{\underset{:O:}{S}}-\ddot{O}-H \longleftrightarrow H-\ddot{O}-\overset{:\ddot{O}:^-}{\underset{:O:}{S}}-\ddot{O}-H \longleftrightarrow H-\ddot{O}-\overset{:O:}{\underset{^-:\ddot{O}:}{S}}-\ddot{O}-H \longleftrightarrow H-\ddot{O}-\overset{:\ddot{O}:^-}{\underset{^-:\ddot{O}:}{S}}-\ddot{O}-H$

1.6 a. 암모니아 분자는 세 개의 N—H 결합 전자쌍 이외에 추가로 한 개의 비공유 전자쌍을 가지고 있다. 만약에 비공유 전자쌍이 없다면 결합각이 120°인 평면이 되겠지만 그렇지 않다. 또한 비공유 전자쌍의 반발력은 결합 전자쌍보다 세기 때문에 결합각이 120°보다 작아진다. 한편, 물 분자는 산소 원자에 비공유 전자쌍을 두 개 가지고 있으므로 없을 경우의 결합각 180°인 선형 구조를 가지지 못하고 굽어진 모양을 가진다.

b. 암모니아 분자는 결합각이 107°인 삼각 피라미드형 구조를 가지며, 물 분자는 결합각이 105°인 굽은 구조를 가진다.

$H-\ddot{\underset{..}{O}}-H$ ≡ 105°

물분자는 굽은형이다

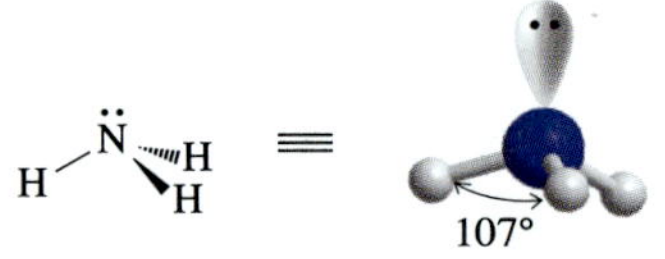

암모니아 분자는 삼각 피라미드이다

c. 비공유 전자쌍 한 개를 결합 전자쌍 한 개로 취급하였을 때(VSEPR 이론) 암모니아와 물 분자는 각각 네 개의 반발력 전자쌍을 가지고 있는 셈이고, 이들의 반발력이 동일하다면 결합각이 109.5°인 정사면체 구조를 가져야 한다. 그러나 비공유 전자쌍의 반발력은 결합 전자쌍보다 더 강하므로 암모니아는 결합각이 107°인 모양을 가지게 되고 비공유 전자쌍이 하나 더 많은 물분자는 더 구부러져 결합각이 105°가 된다.

1.7 a. CH_3OH, HCN, CH_3OH, HNO_3

b. CH_3NH^-, CH_3O^-, HO^-, $H-C\equiv C^-$

1.8 Lewis 산: b, c, e, g

Lewis 염기: a, d, e, f: H_2O는 Lewis 산과 염기로서 둘 다 작용할 수 있다.

1.9 a. 산소는 질소보다 전기음성도가 더 세다. 따라서(+) 전하를 가진 양성자를 보유할 능력이 더 작기 때문이다(양성자를 더 잘 내 놓을 수 있다).

b. $HC\equiv CH$의 탄소 원자는 *sp* 혼성 오비탈을 가지고 있어, 핵에서 가까운 *s* 오비탈의 성질을 50% 가지고 있어 짝염기인 아세틸라이드 음이온의 전하를 안정화시킬 수 있기 때문이다. CH_4와 $CH_2=CH_2$는 각각 sp^3 (s 성질 25%)와 sp^2 (s 성질 33%) 혼성 오비탈을 가지고 있다.

c. 물의 짝염기인 HO^-와 알코올의 짝염인 $CH_3CH_2O^-$은 음전하가 산소에만 국한되어 산소의 전기음성도에만 의존하고 있기 때문이다.

1.10 a. 짝산의 산도는 CH_3OH ($pK_a = 16$) > CH_3NH_2 ($pK_a = 40$) > CH_3CH_3 ($pK_a = 50$)이기 때문에 염기도는 그 반대인 $CH_3CH_2^-$ > CH_3NH- > CH_3O^- 순이다.

b. 짝산의 산도는 HI ($pK_a = -10$) > HBr ($pK_a = -9$), HF ($pK_a = -3$)이기 때문에 짝염기의 염기도는 F^- > Br^- > I^- 순이다. 이온의 부피가 가장 큰 I^-가 음전하를 가장 많이 분산시킬 수 있기 때문에 염기도가 가장 낮다.

c. 짝산의 산도는 CH_3CO_2H ($pK_a = 4.8$) > H_2O ($pK_a = 15.7$) > NH_3 ($pK_a = 38$)이므로 염기도는 $\bar{N}H_2$ > $\bar{O}H$ > $CH_3CO_2^-$ 순이다. 염기도는 짝산의 산도와 반대의 순이다.

2장 유기 분자와 작용기

2.1

결합의 형태

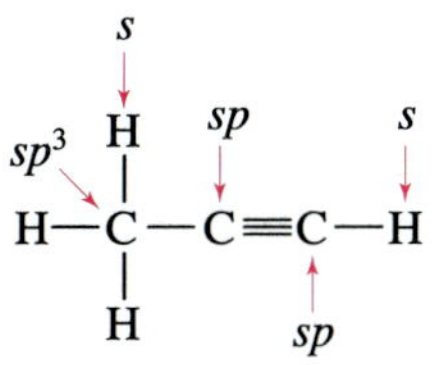

$H-C(sp^3)-H$의 결합각=109.5°
$H-C(sp^3)-H$의 결합각=109.5°
$C(sp^3)-C(sp)-C(sp)$의 결합각=180°
$H-C(sp)-C(sp)$의 결합각=180°

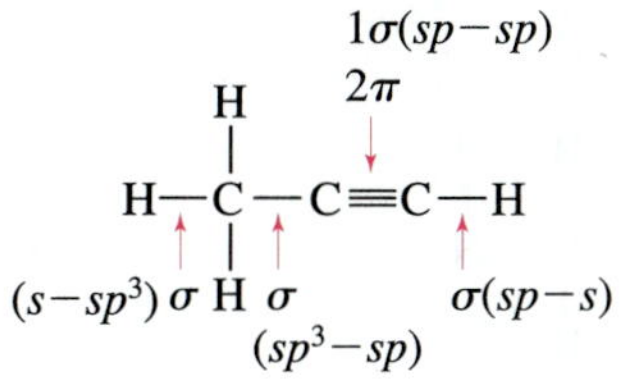

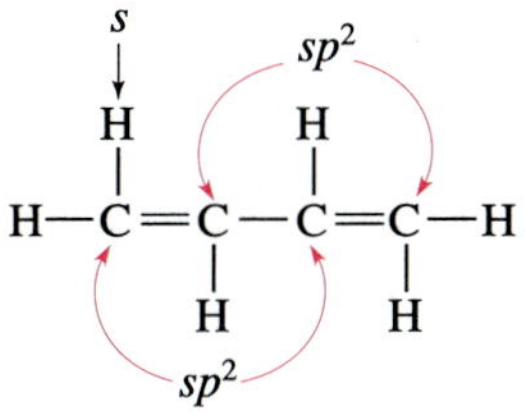

$1\sigma(sp-sp)$, 2π; $(s-sp^3)\ \sigma$; $\sigma\ (sp^3-sp)$; $\sigma(sp-s)$

모든 탄소 원자는 sp^2 혼성 오비탈을 가지며, 결합각도 모두 120°이다.

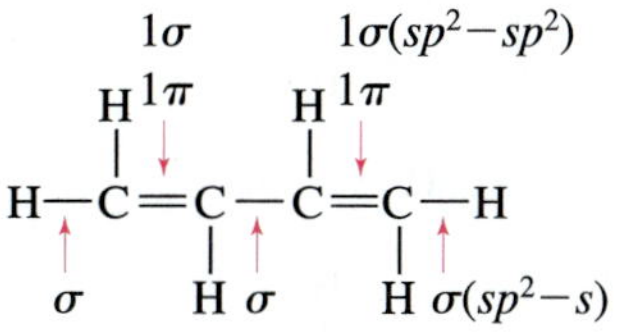

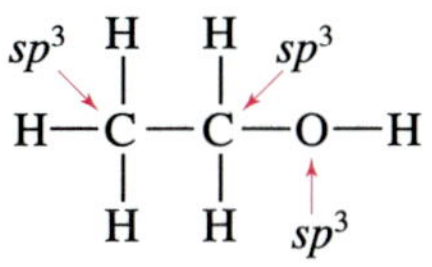

1σ, 1π; $1\sigma(sp^2-sp^2)$, 1π; σ; σ; $\sigma(sp^2-s)$

$H-C(sp^3)-H$의 결합각=109.5°
$H-C(sp^3)-C(sp^3)$의 결합각=109.5°
$H-C(sp^3)-O(sp^3)$의 결합각=109.5°
$H-O(sp^3)-C(sp^3)$의 결합각=105°

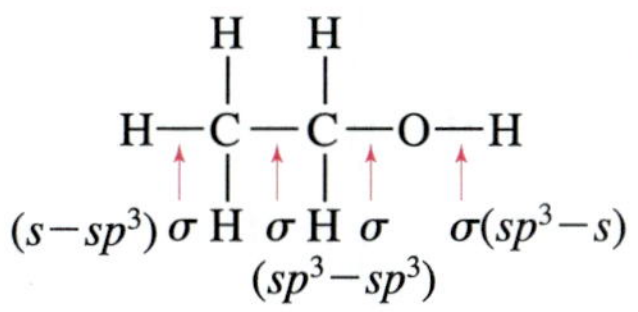

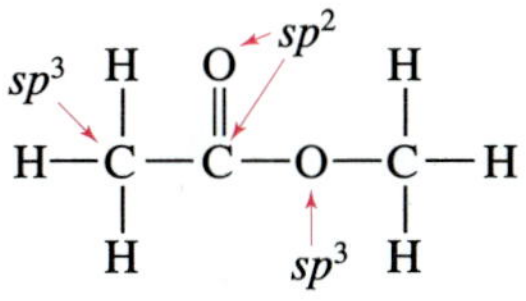

$(s-sp^3)\ \sigma$; $\sigma\ (sp^3-sp^3)$; σ; $\sigma(sp^3-s)$

$H-C(sp^3)-H$의 결합각=109.5°
$C(sp^3)-C(sp^2)-O(sp^2)$의 결합각=120°
$O(sp^2)-C(sp^2)-O(sp^3)$의 결합각=120°
$C(sp^2)-O(sp^3)-C$의 결합각=105°

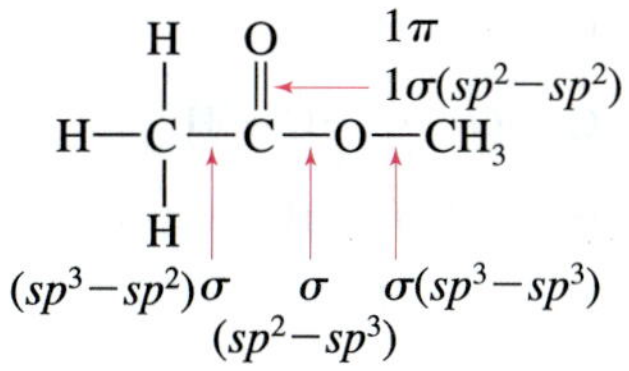

1π, $1\sigma(sp^2-sp^2)$; $(sp^3-sp^2)\sigma$; $\sigma\ (sp^2-sp^3)$; $\sigma(sp^3-sp^3)$; CH_3

2.2

a.

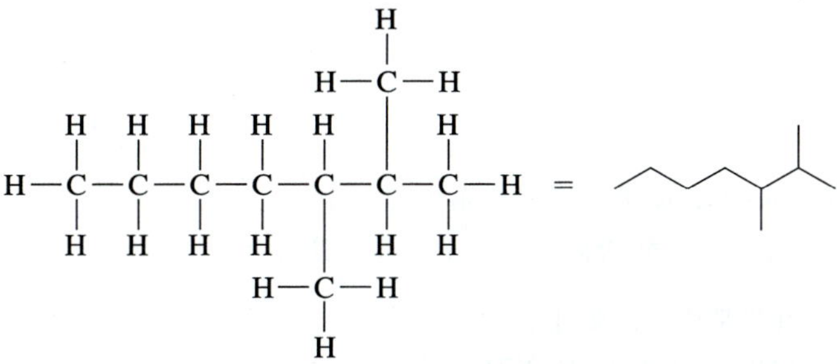

b. 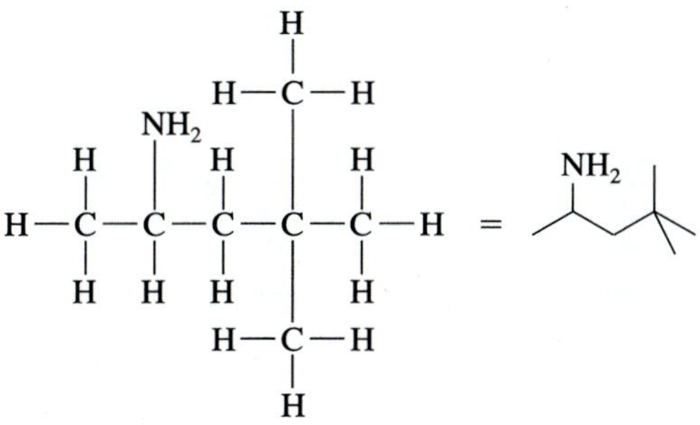 NH_2

c.

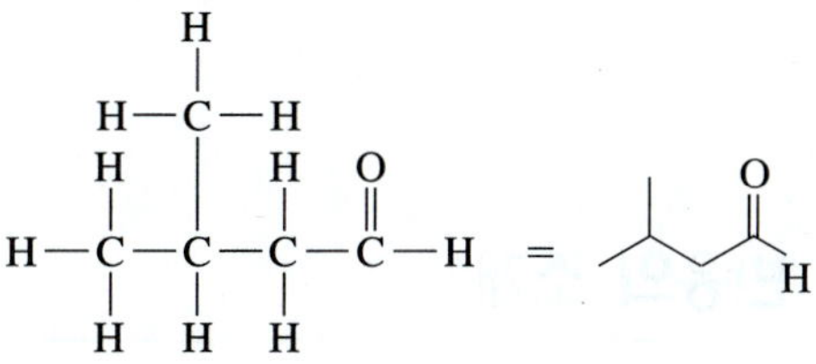

2.3

Lewis 구조식

축소구조식

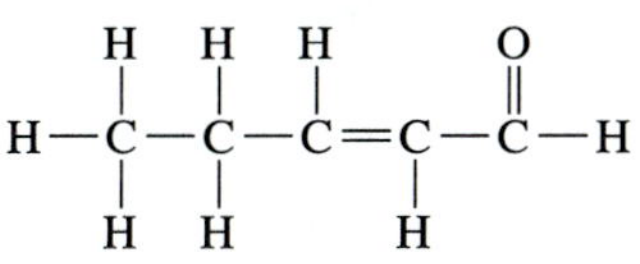

$CH_3CH_2CH=CHCHO$

선구조식

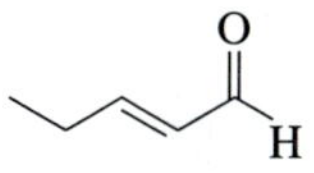

a. $CH_3CH{=}CCHO$ (with CH_3 on the C)

$CH_3CH_2CH_2NH_2$

b. $CH_3CH_2NHCH_3$

$CH_3CH_2CO_2CH_3$

c. $HCO_2CH_2CH_2CH_3$

$CH_3CH_2OCH_2CH_3$

d. CH_3CHOCH_3 (with CH_3 on the CH)

2.4 수소 결합을 가지는 화합물과 표면적이 더 넓은 분자(van der Waals 힘이 더 강해짐)의 끓는점이 더 높다.
끓는점이 높은 순서: C > A > B > D > E. C는 수소 결합이 가능한 작용기를 두 개 가지고 있다.

2.5 수소 결합을 더 많이 할 수 있고 소수성 부분을 더 작게 가진 분자가 물에 더 잘 녹는다.
$HOCH_2CH_2CH_2OH > CH_3CH_2CH_2OH > CH_3CH_2CH_2CH_2OH > CH_3CH_2CH_2OCH_3$

3장 유기 반응의 소개

3.1 **a.** 제거(H와 OH기가 제거되어 알켄으로 변화).
b. 첨가(H와 Br이 첨가됨)
c. 치환(OH의 H가 CH_3로 바뀜)
d. 치환(H가 Br로 바뀜)
e. 치환(Br이 OH로 바뀜)
f. 치환($C{=}NCH_3$가 $C{=}O$로 바뀜)

3.2

a. Br + HCl ⟶ Cl + HBr

68   103   80   88

출발물(A)   생성물(B)

전체 해리 에너지의 합 ($\Delta H°$ Kcal/mol, A)
= 68 + 103 = 171

전체 생성 에너지의 합 ($\Delta H°$ Kcal/mol, B)
= 80 + 88 = 168

반응물과 생성물의 에너지의 차이($\Delta H°$ Kcal/mol)=A−B=171−168=+3 따라서 이 반응은 흡열 반응이다

b. I + H_2O ⟶ OH + HI

53   119   96   71

출발물(A)   생성물(B)

전체 해리 에너지의 합 ($\Delta H°$ Kcal/mol, A)
= 53 + 119 = 172

전체 생성 에너지의 합 ($\Delta H°$ Kcal/mol, B)
= 96 + 71 = 167

반응물과 생성물의 에너지의 차이($\Delta H°$ Kcal/mol)=A−B=172−167=+5 따라서 이 반응은 흡열 반응이다

c. (cyclohexane) + Br_2 ⟶ Br + HBr

95   46   68   88

출발물(A)   생성물(B)

전체 해리 에너지의 합 ($\Delta H°$ Kcal/mol, A)
= 95 + 46 = 141

전체 생성 에너지의 합 ($\Delta H°$ Kcal/mol, B)
= 68 + 88 = 156

반응물과 생성물의 에너지의 차이($\Delta H°$ Kcal/mol)=A−B=141−156=−15 따라서 이 반응은 발열 반응이다

d. OH + HI ⟶ I + H_2O

96   71   50   119

출발물(A)   생성물(B)

전체 해리 에너지의 합 ($\Delta H°$ Kcal/mol, A)
= 96 + 71 = 167

전체 생성 에너지의 합 ($\Delta H°$ Kcal/mol, B)
= 50 + 119 = 169

반응물과 생성물의 에너지의 차이($\Delta H°$ Kcal/mol)=A−B=167−169=−2 따라서 이 반응은 발열 반응이다

3.3 식 $\Delta G° = -2.303RT\log K_{eq}$에서

$K_{eq} = 1$이면 $\Delta G° = 0$

$K_{eq} > 1$이면 $\Delta G° < 0$

$K_{eq} < 1$이면 $\Delta G° > 0$이다. 따라서

a. $K_{eq} = 0.01$인 경우 $\Delta G° > 0$, $K_{eq} = 1$인 경우 $\Delta G° = 0$, $K_{eq} = 100$인 경우 $\Delta G° < 0$이다.

b. $K_{eq} = 100$인 반응이 생성물을 가장 잘 생성시킬 수 있다.

4장 포화 탄화수소: 알케인과 사이클로알케인

4.1

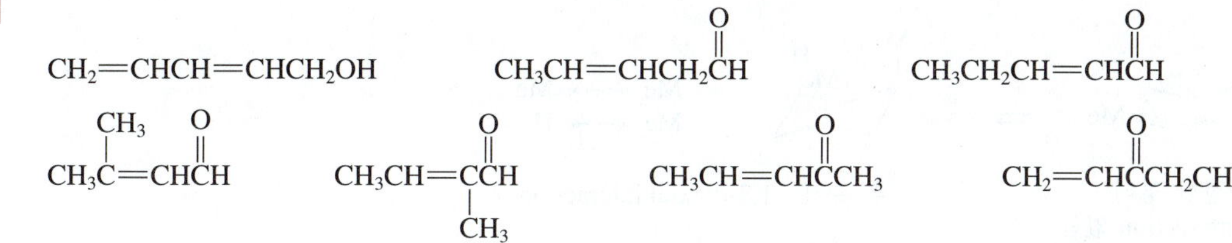

$CH_2{=}CHCH_2CCH_3$ (C=O)

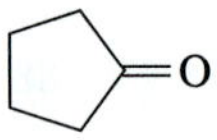

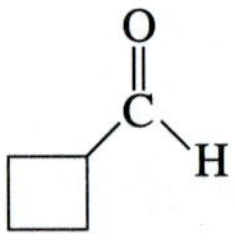

4.2

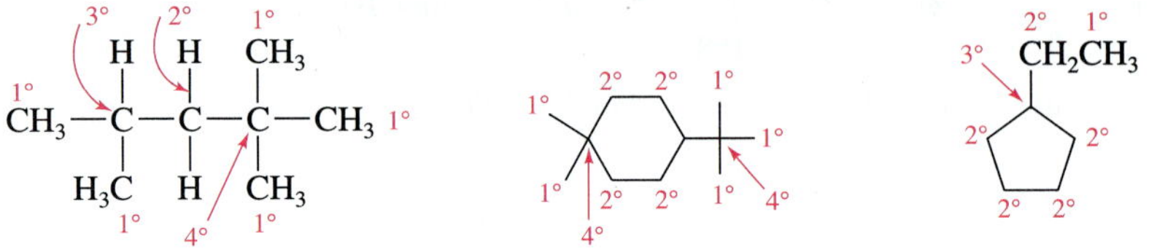

4.3

a. 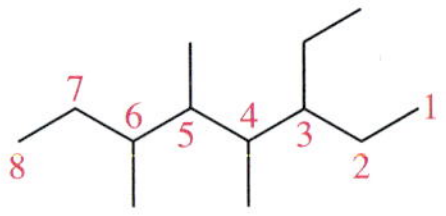 3-Ethyl-4,5,6-trimethyloctane

b. 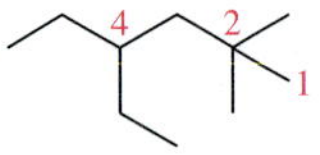 4-Ethyl-2,2-dimethylhexane

c. $(CH_3CH_2)_3CCH(CH_2CH_3)_2$ 3,3,4-Triethylhexane

d. 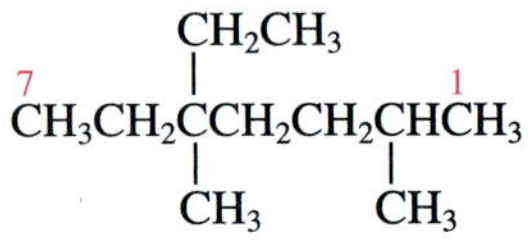 $CH_3CH_2C(CH_2CH_3)(CH_3)CH_2CH_2CH(CH_3)CH_3$ 5-Ethyl-2,5-dimethylheptane

e. 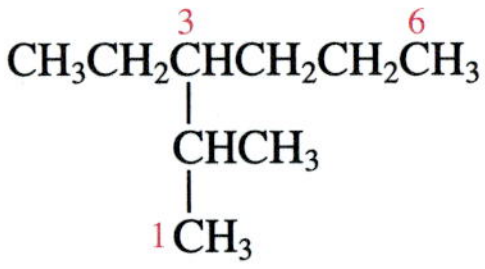 $CH_3CH_2CH(CH(CH_3)CH_3)CH_2CH_2CH_3$ 3-Ethyl-2-methylhexane

4.4

a. 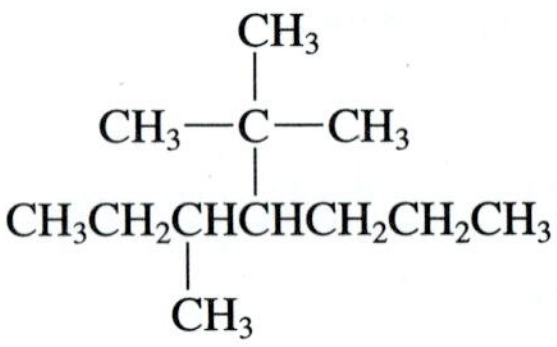 $CH_3CH_2CH(CH_3)CH(C(CH_3)_3)CH_2CH_2CH_3$

b. $CH_3C(CH_3)_2CH_2CH(CH_2CH_2CH_3)CH_2CH_2CH_2CH_3$

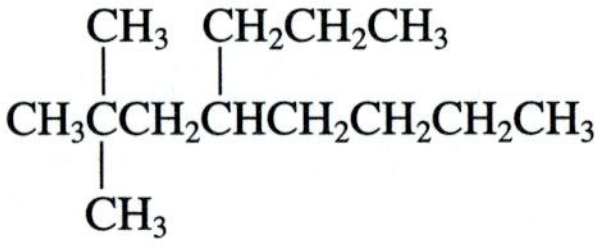

c. $CH_3CH_2CH(CH_3)C(CH_2CH_3)(CH_3)CH_2CH_2CH_2CH_3$

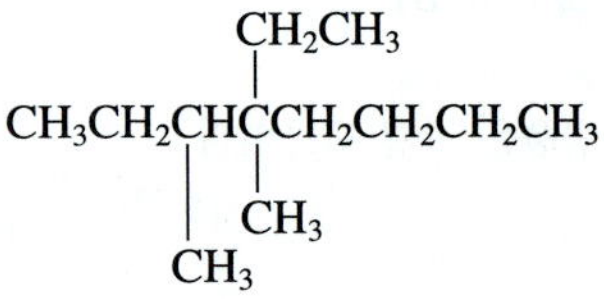

d. 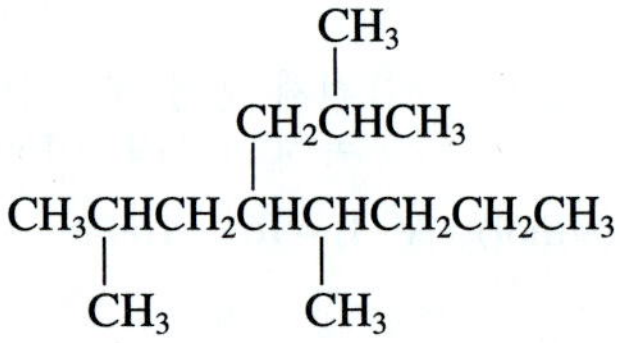 $CH_3CH(CH_3)CH_2CH(CH_2CH(CH_3)CH_3)CH(CH_3)CH_2CH_2CH_3$

4.5 a. 1-sec-Butyl-3-methylcyclohexane b. *tert*-Butylcyclopentane

c. 1-Cyclopentylhexane d. 1-Isobutyl-2,2-dimethylcyclohexane

4.6

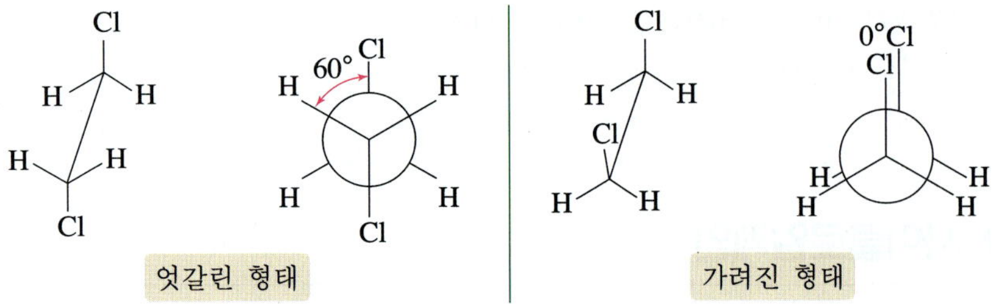

60°

엇갈린 형태

0° Cl

가려진 형태

4.7

cis

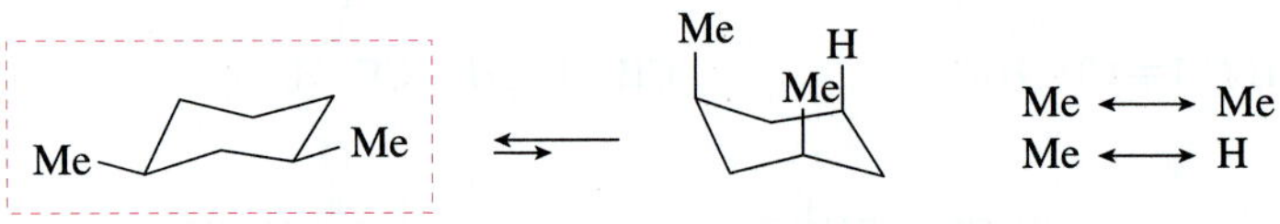

가장 안정한 형태
1,3-diaxial interaction 없음

Me ⟷ Me
Me ⟷ H

두 군데 1,3-diaxial interaction

trans

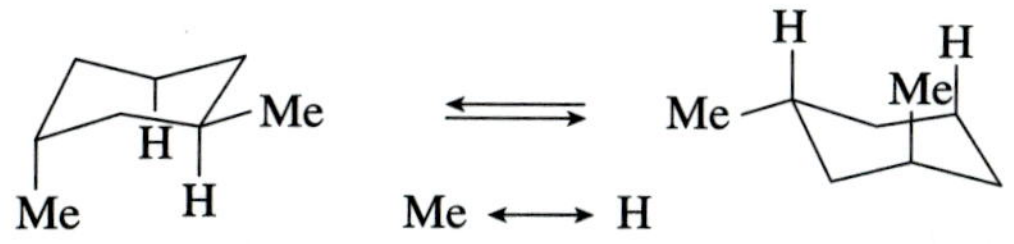

Me H H Me ⇌ Me H Me H

Me ⟷ H

양쪽 모두 두 군데 1,3-diaxial interaction

4.8 **a.** $CH_3\dot{C}(CH_3)CH_3$ > $CH_3\dot{C}HCH_2CH_3$ > $CH_3CH_2CH_2\dot{C}H_2$ > $\cdot CH_3$

3° 2° 1° methyl

b. > >

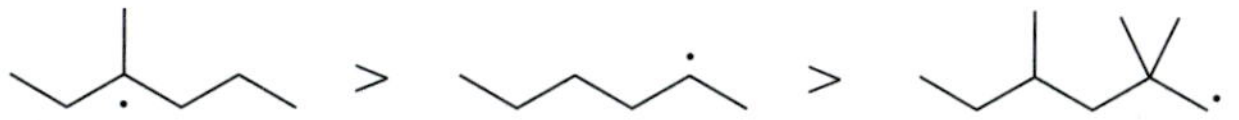

3° 2° methyl

5장 입체화학: 입체이성질체와 거울상이성질체

5.1

a. 입체 중심 없음

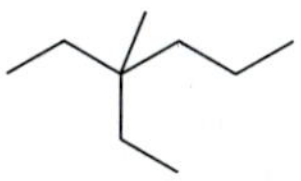

b. 입체 중심 두 개

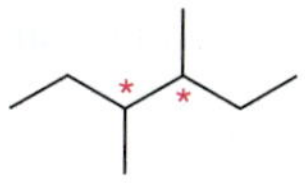

c. 입체 중심 한 개

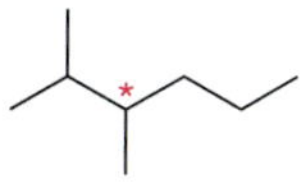

d. 입체 중심 없음

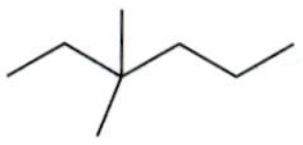

e. 입체 중심 없음

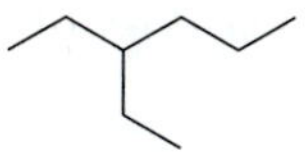

f. 입체 중심 없음

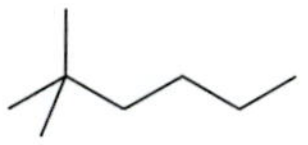

5.2

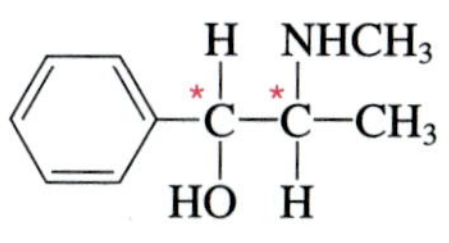

Ephedrine
기관지확장제

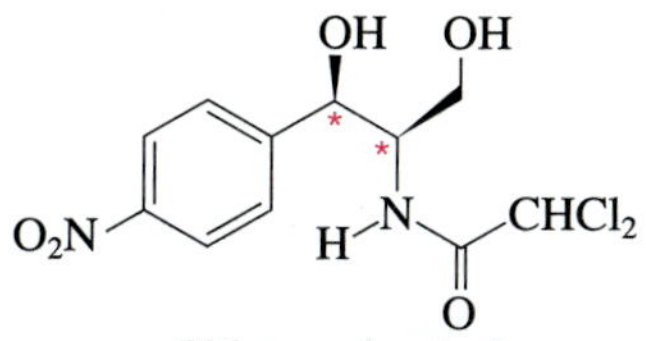

Chloramphenicol
항생물질

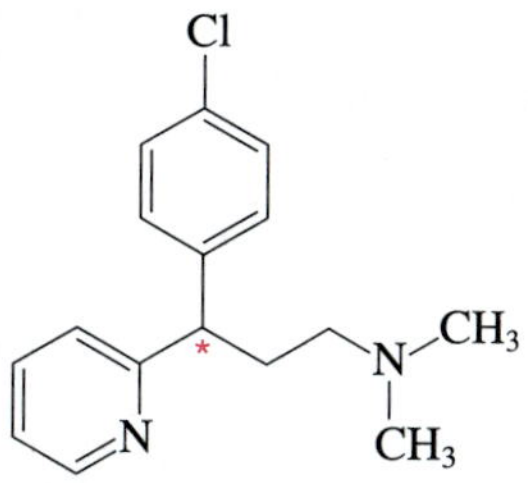

Chloropheniramine
항히스타민

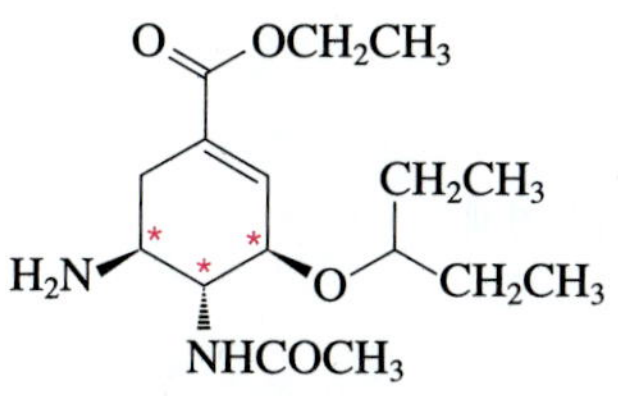

Tamiflu
항바이러스제

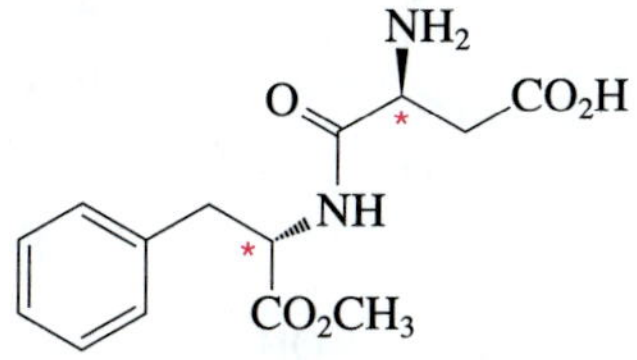

Aspartame
인공감미료

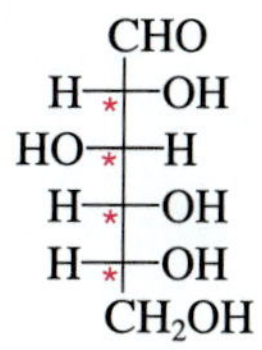

Glucose

5.3 **a.** $-C{\equiv}CH > -C(CH_3)_3 > -CH{=}CH_2 > -CH_2CH_3$

b. $-CH_3 > -{}^3H\ (T) > -{}^2H\ (D) > -H$

c. —F > —OCH_3 > —N$(CH_3)_2$ > —$C(CH_3)_3$

d. —CO_2CH_3 > —$COCH_3$ > —CHO > —CH_2OCH_3

5.4

Chloramphenicol Tamiflu Aspartame Glucose

5.5

a. **b.** **c.** **d.** **e.**

5.6

a. (3*S*)-3-Methylheptane

b. (2*R*)-Pentan-2-ol

c. (2*R*,2*R*)-Butan-2,3-diol

d. (3*S*,4*R*)-3,4-Dimethylhexane

e. (3*R*,4*S*)-3,4-Dibromoheptane

5.7 **a.** 95 (*R*) : 5 (*S*) **b.** 25 (*R*) : 75 (*S*) **c.** 1 (*R*) : 99 (*S*)

5.8

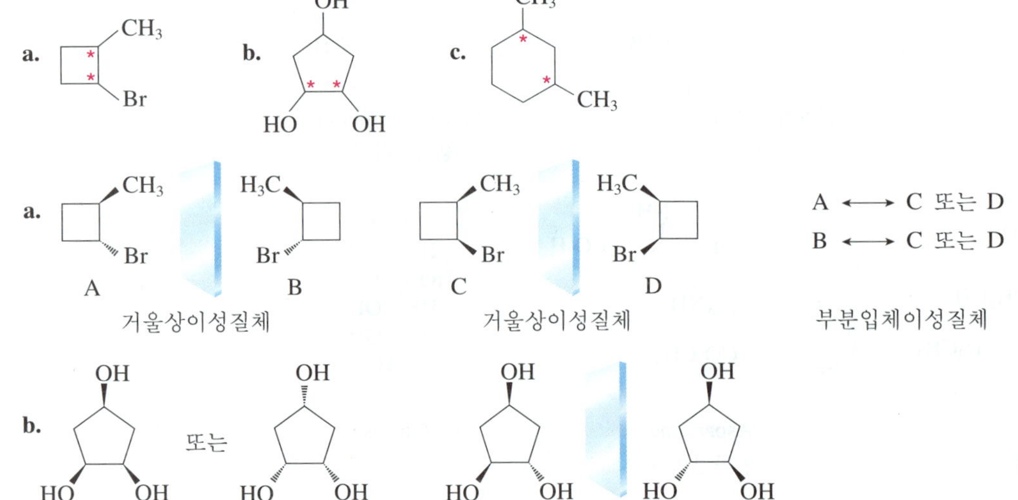

c. 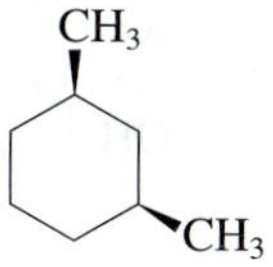 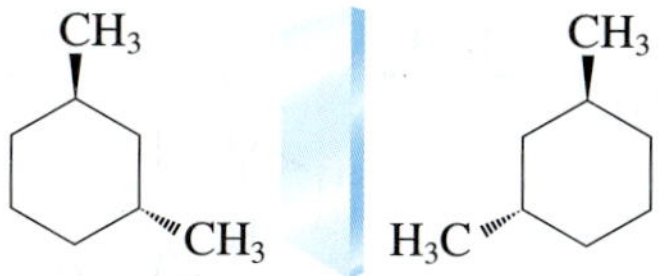 메조체 거울상이성질체

6장 알켄과 알카인

6.1 불포화도 = $\frac{[(\text{탄소 원자의 개수} \times 2) + 2] - \text{수소 원자의 개수}}{2}$

a. 불포화도 = 4

$CH_3—C≡C—C≡C—CH_3$ 와

b. 불포화도 = 1

$CH_2═CHCH_3$ 와

c. 불포화도 = 1

$CH_3(CH_2)_3CH═CH_2$ 및 구조 이성질체 또는  또는 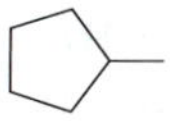 etc

d. 불포화도 = 2

$HC≡CCH_3$ 와

e. 불포화도 = 4

$CH_3CH_2CH_2—C≡C—C≡C—CH_2CH_2CH_3$ 및 이것의 구조 이성질체 또는 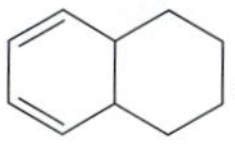 , 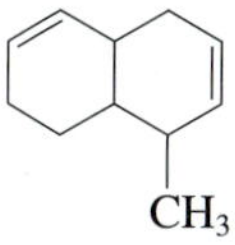 등

CH_3

6.2

$CH_3CH_2CH_2CH═CH_2$　　$CH_3CH(CH_3)CH═CH_2$　　$CH_3CH═C(CH_3)_2$

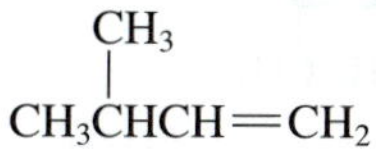

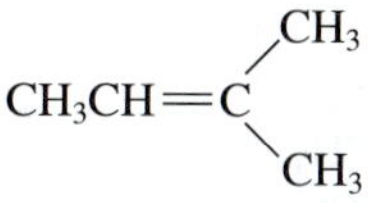

6.3 이중 결합에 탄소 치환기가 많을수록 안정하다.

a. 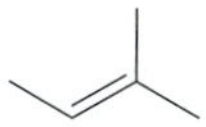　**b.** 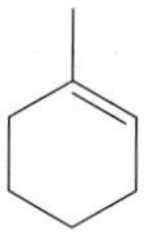　**c.**

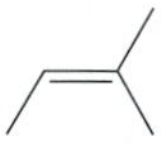

6.4

a. 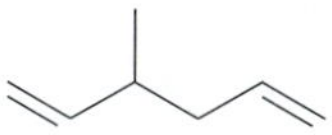　**b.** 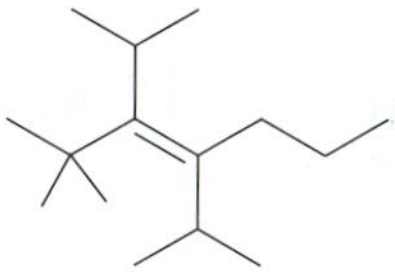　**c.** 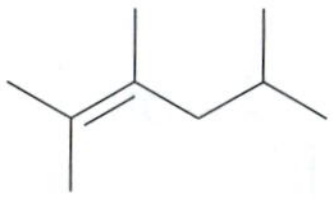　**d.** 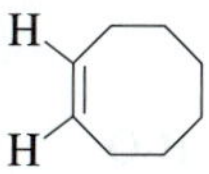 H H　**e.** 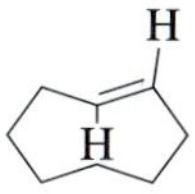 H H

6.5

H_2O / H_2SO_4 → OH

1. $Hg(OAc)_2$ / 2. $NaBH_4$ → OH

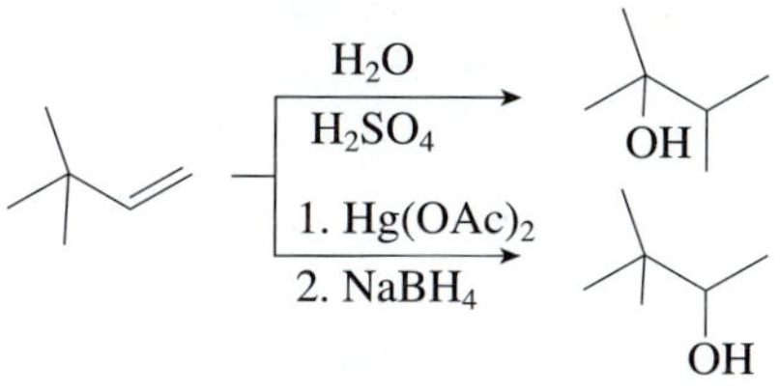

H^+ 2° C^+ 3° C^+ 더 안정 H_2O

$Hg(OAc)_2$ HgOAc $NaBH_4$ OH OAc

6.6

Br_2 *cis*-But-2-ene 거울상이성질체

Br_2 *trans*-But-2-ene 메조체

6.7

HCl *trans* *cis*

Cl_2

6.8

a. H_2O / H_2SO_4 ; 1. BH_3 2. H_2O_2, NaOH

b. 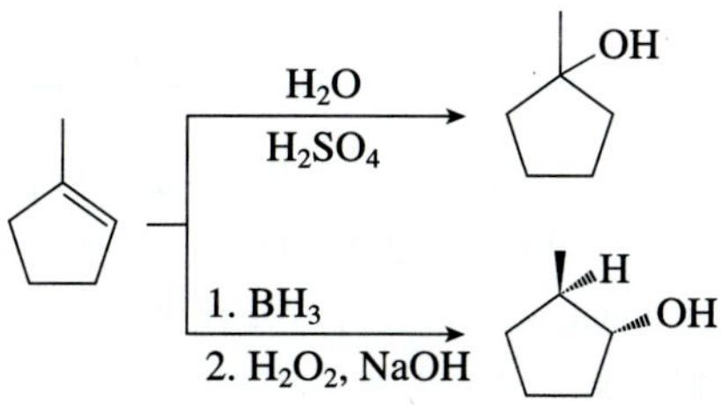 H_2O, H_2SO_4 / 1. BH_3 2. H_2O_2, NaOH

OH H OH

6.9

a. 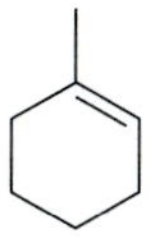 1-Methylcylohexene b. 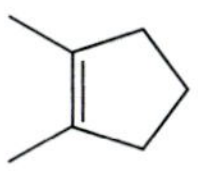 1,2-Dimethylcyclopentene c. 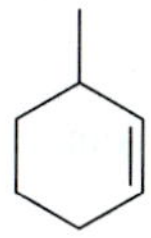 3-Methylcylohexene d. 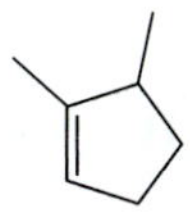 1,5-Dimethylcyclopentene

6.10

a. 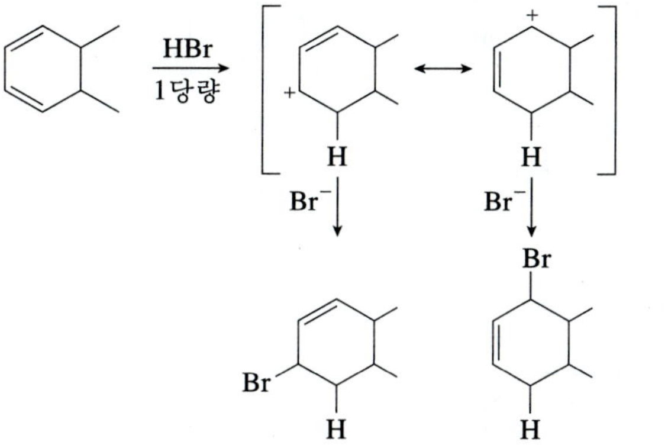 HBr 1당량 H H Br^- Br^- Br Br H H

1,2-첨가 생성물 1,4-첨가 생성물

b. 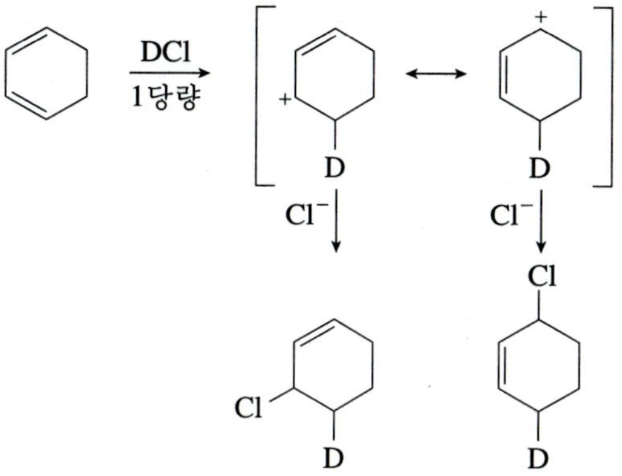 DCl 1당량 D D Cl^- Cl^- Cl Cl D D

1,2-첨가 생성물 1,4-첨가 생성물

6.11

a. 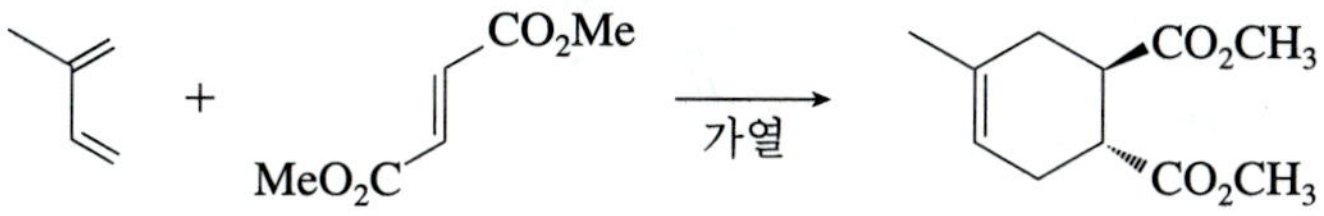 + CO_2Me MeO_2C 가열 CO_2CH_3 CO_2CH_3

b.  O + Cl CO_2Me 가열 O Cl OCH_3 O

6.12

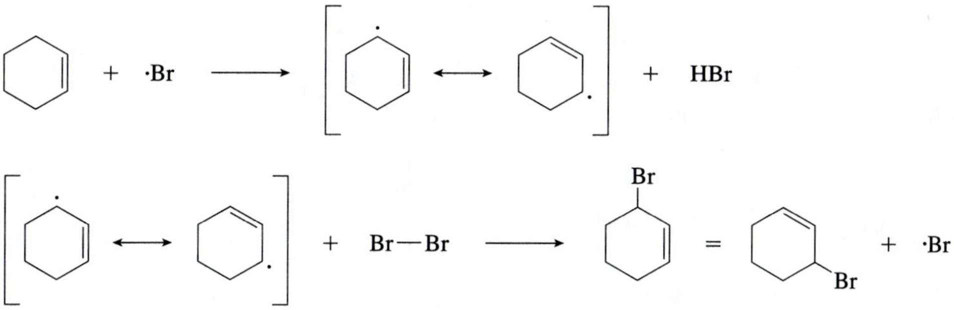

+ ·Br → + HBr

+ Br—Br → Br = Br + ·Br

6.13

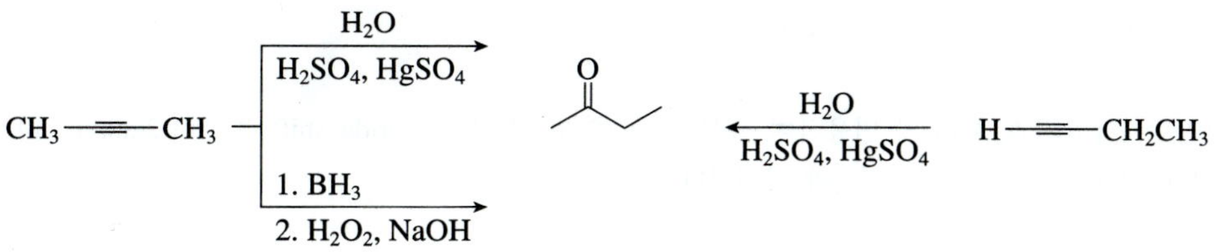

CH_3—≡—CH_3 H_2O, H_2SO_4, $HgSO_4$ / 1. BH_3 2. H_2O_2, NaOH O ← H_2O, H_2SO_4, $HgSO_4$ H—≡—CH_2CH_3

7장 벤젠과 방향족 화합물

7.1 Hückel 규칙에 의해 방향족성을 가지기 위하여는 분자가 평면 구조이어야 한다. [10]Annulene이 가질 수 있는 평면 구조는 짝지은 이중 결합이 다섯 개가 모두 cis 형태로 되어 있는 정십각형 고리 구조를 상상할 수 있다. 그러나 이 경우 결합각도는 144°로서 탄소 원자 열 개 모두가 sp^2 혼성 오비탈(결합각 120°)로 되어 있는 annulene으로서 이 구조를 가지기 어렵다. 실제로 [10]Annulene은 *cis,trans,cis,cis,trans*[10]annulene의 형태를 가진다. 이 형태는 평면 구조가 아니고 찌그러진 구조여서 오비탈 중첩이 효과적으로 이루어지지 않아 방향족성을 가지지 못한다.

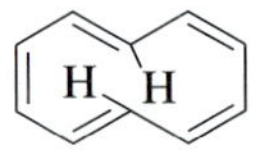

H H *cis,trans,cis,cis,trans*[10]Annulene

[10]Annulene

7.2

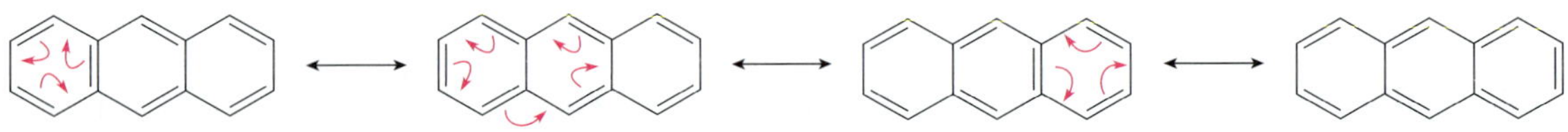

7.3

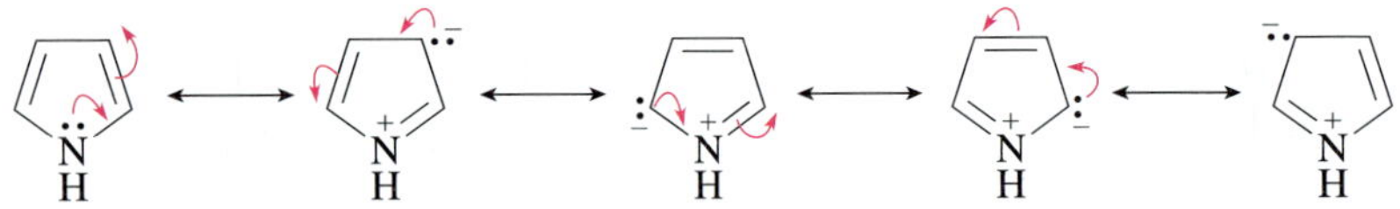

N H ⟷ N H ⟷ N H ⟷ N H ⟷ N H

Pyrrole의 공명 구조들

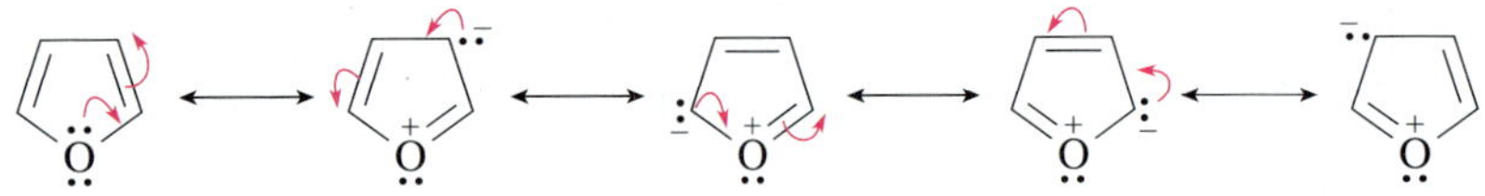

O ⟷ O ⟷ O ⟷ O ⟷ O

Furan의 공명 구조들

7.4

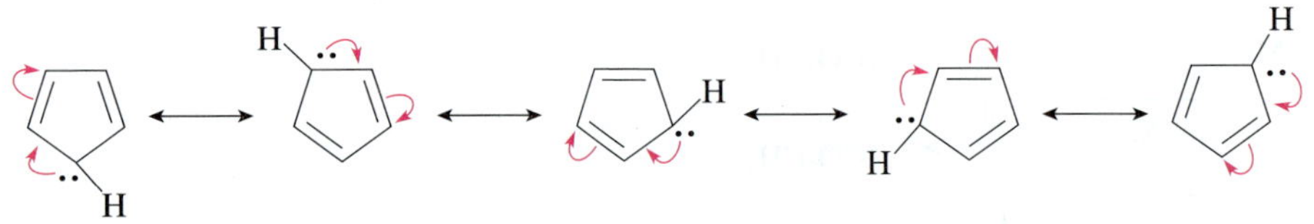

H ⟷ H ⟷ H ⟷ H ⟷ H

7.5

a. 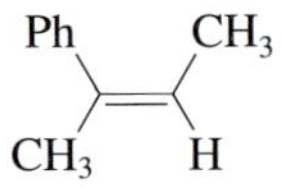 Ph, CH_3, CH_3, H

b.

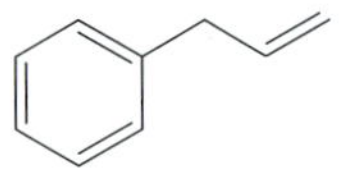

c. 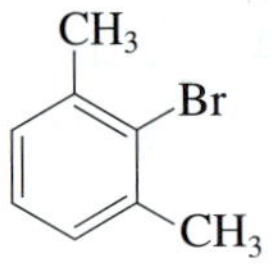 CH_3, Br, CH_3

d. 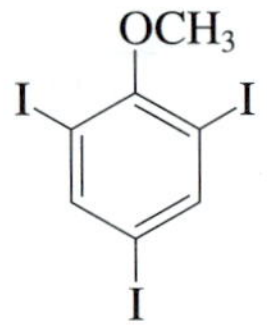 OCH_3, I, I, I

e. 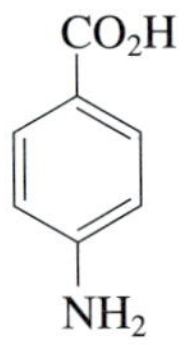 CO_2H, NH_2

f. 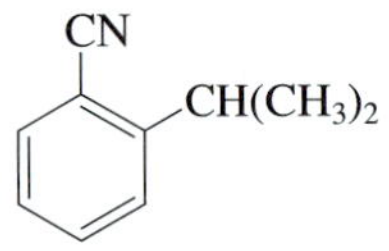 CN, $CH(CH_3)_2$

g. 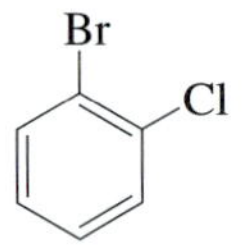 Br, Cl

h. 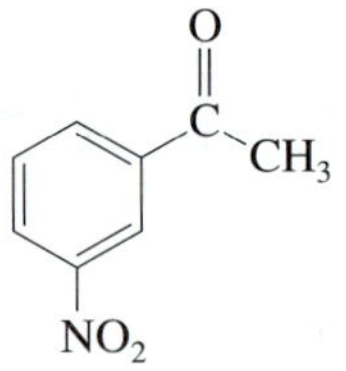 O, C, CH_3, NO_2

i. CH_3, O_2N, NO_2, NO_2

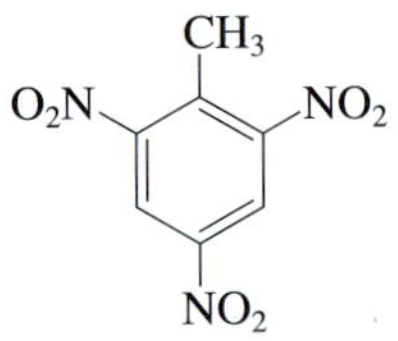

j. 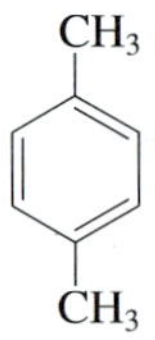 CH_3, CH_3

k. 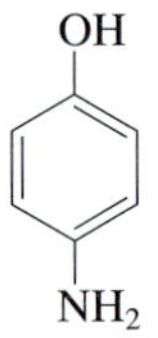 OH, NH_2

7.6 벤젠의 Friedel-Crafts 알킬화반응에서 RCl과 $AlCl_3$과 반응하여 생성된 탄소양이온은 1,2-hydride shift 또는 1,2-alkyl shift에 의해 더 안정한 탄소양이온이 형성되어 벤젠과 친전자 치환 반응에 참여한다.

a. 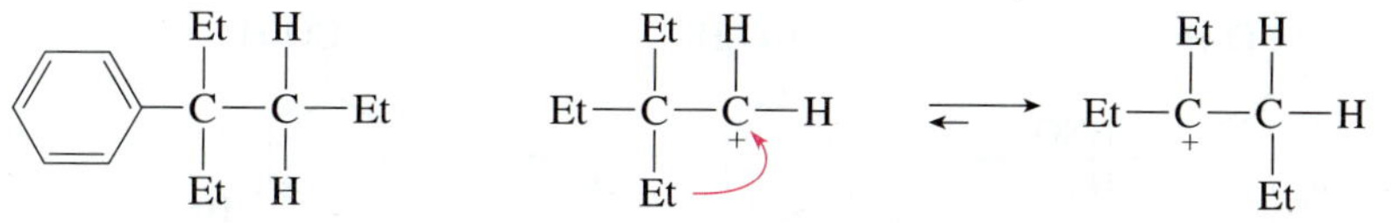 C_6H_5–C(Et)(Et)–CH(H)–Et

Et–C(Et)–C$^+$H(H) ⇌ Et–C$^+$(Et)–CH(H)(H)　1,2-alkyl shift

b. 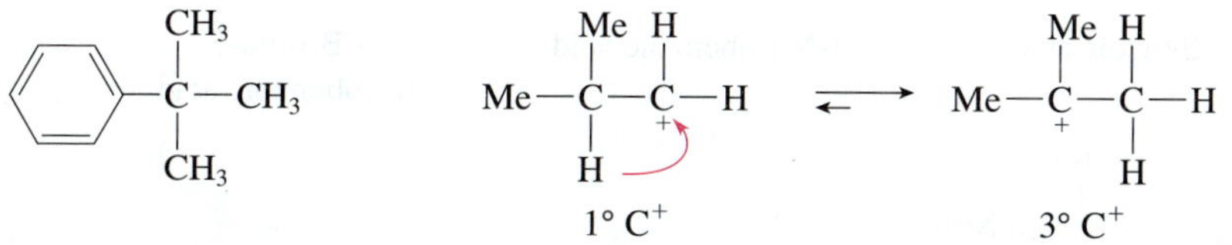 C_6H_5–C(CH_3)(CH_3)–CH_3

Me–C(Me)(H)–C$^+$H(H) ⇌ Me–C$^+$(Me)–C(H)(H)–H　1,2-hydride shift

1° C^+　3° C^+

c. C_6H_5–C(CH_3)(CH_3)–CH_2CH_3

Me–C(Me)(H)–CH(H)–$\overset{+}{C}H_2$ ⇌ Me–C(Me)(H)–C$^+$H–CH_3 ⇌ Me–C$^+$(Me)–CH(H)–CH_3

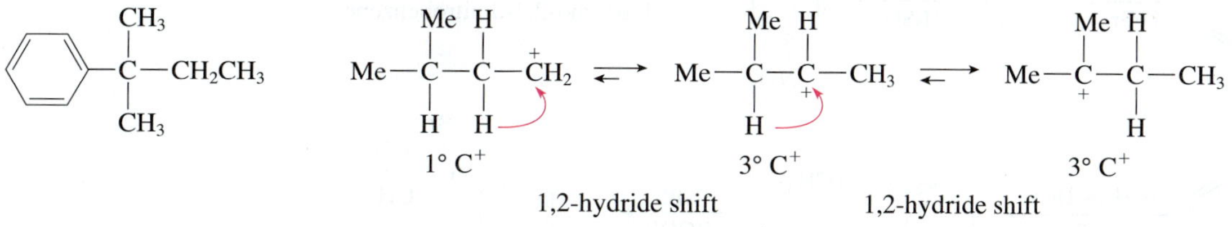

1° C^+　3° C^+　3° C^+

1,2-hydride shift　1,2-hydride shift

d. 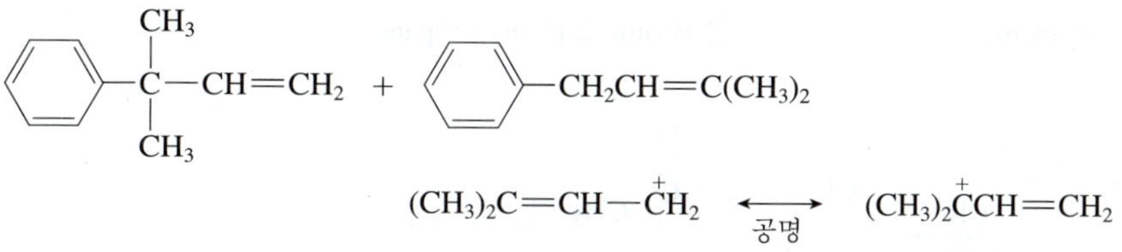 C_6H_5–C(CH_3)(CH_3)–CH=CH_2 + C_6H_5–CH_2CH=C$(CH_3)_2$

$(CH_3)_2C$=CH–$\overset{+}{C}H_2$ ⟷(공명) $(CH_3)_2\overset{+}{C}CH$=CH_2

e. 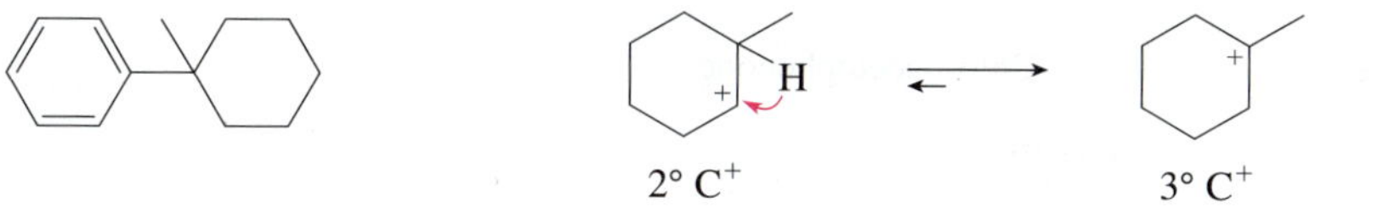 (1-methylcyclohexyl)benzene

2° C^+ ⇌ 3° C^+　1,2-hydride shift

7.7

공명에 의해 벤젠 고리에 전자 주기

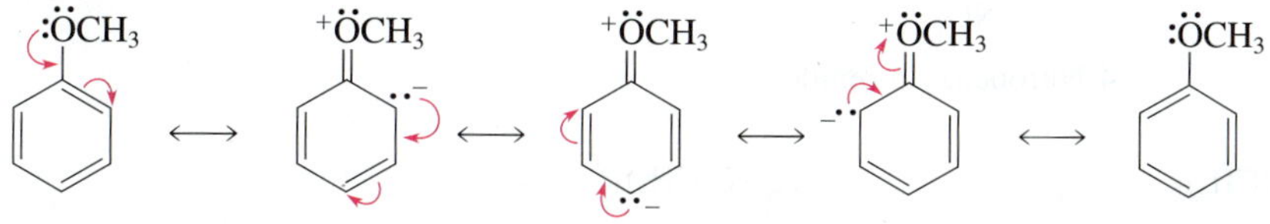

:$\ddot{O}CH_3$ ⟷ $^+\ddot{O}CH_3$ ⟷ $^+\ddot{O}CH_3$ ⟷ $^+\ddot{O}CH_3$ ⟷ :$\ddot{O}CH_3$

7.8

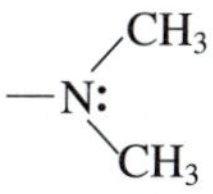

–N̈:(CH_3)$_2$　벤젠 고리에 질소 원자의 비공유 전자쌍을 줄 수 있다: 벤젠 고리 활성화

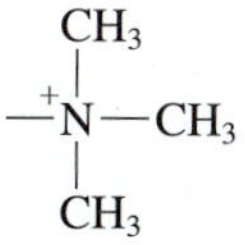

–$\overset{+}{N}$(CH_3)$_3$　질소 원자의 (+)전하는 벤젠 고리로부터 전자를 끌어간다: 벤젠 고리 비활성화

7.9

a. 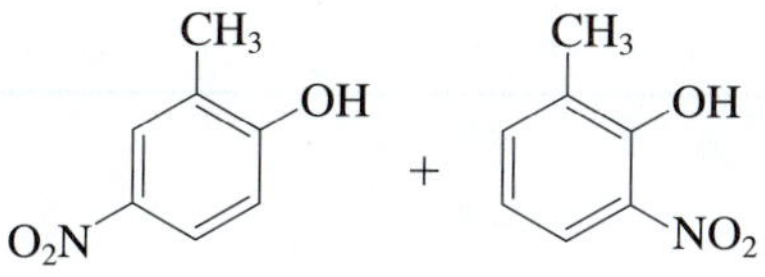 2-methyl-4-nitrophenol (CH_3, OH, O_2N) + 2-methyl-6-nitrophenol (CH_3, OH, NO_2)

b. 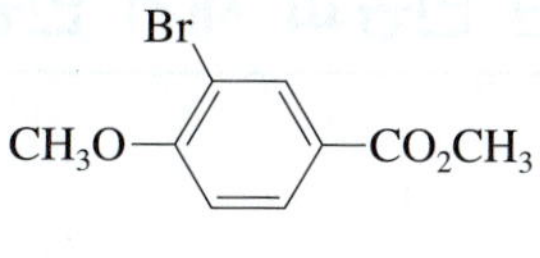 CH_3O–(Br)C_6H_3–CO_2CH_3

c. Br–C_6H_3(CH_3)–$OCOCH_3$

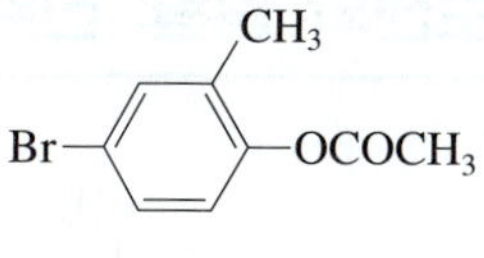

d. 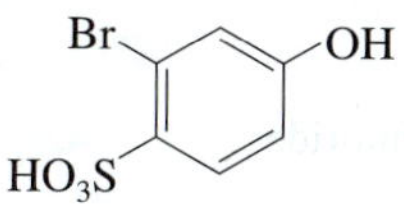 Br, OH, HO_3S

e. 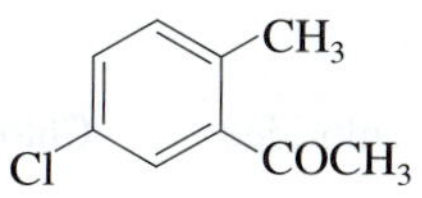 CH_3, $COCH_3$, Cl

f. 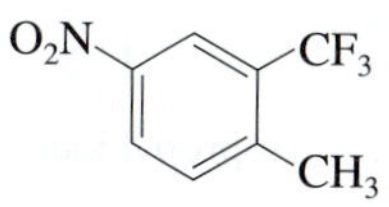 O_2N, CF_3, CH_3

7.10

a. Toluene (CH_3) $\xrightarrow[\text{또는 } Na_2Cr_2O_7,\ H_2SO_4,\ H_2O]{KMnO_4,\ ^-OH,\ H_2O}$ Benzoic acid (CO_2H) $\xrightarrow[H_2SO_4]{HNO_3}$ 3-Nitrobenzoic acid (CO_2H, O_2N) $\xrightarrow[FeBr_3]{Br_2}$ 3-Bromo-5-nitrobenzoic acid (CO_2H, O_2N, Br)

b. Benzene $\xrightarrow[FeBr_3]{Br_2}$ Bromobenzene (Br) $\xrightarrow[H_2SO_4]{HNO_3}$ (Br, NO_2, NO_2) 1-Bromo-2,4-dinitrobenzene

c. Benzene $\xrightarrow[AlCl_3]{(CH_3)_2CHCl}$ Isopropylbenzene ($CH(CH_3)_2$) $\xrightarrow[ROOR]{NBS}$ 2-Bromo-2-phenylpropane (Br, C, CH_3, CH_3)

d. Benzene $\xrightarrow[AlCl_3]{CH_3COCl}$ Acetophenone (O, C, CH_3) $\xrightarrow[FeCl_3]{Cl_2}$ *m*-Chloroacetophenone (Cl, O, C, CH_3)

e. Toluene (CH_3) $\xrightarrow[H_2SO_4]{HNO_3}$ 4-Nitrotoluene (CH_3, NO_2) $\xrightarrow[\text{가열}]{Br_2}$ 4-Nitrobenzylbromide (CH_2Br, NO_2)

f. Benzene $\xrightarrow[AlCl_3]{(CH_3)_3CCl}$ 4-*tert*-Butylbenzene ($C(CH_3)_3$) $\xrightarrow[FeCl_3]{Cl_2}$ 4-*tert*-Butylchlorobenzene ($C(CH_3)_3$, Cl)

8장 할로젠화 알킬: 친핵성 치환 반응과 제거 반응

8.1

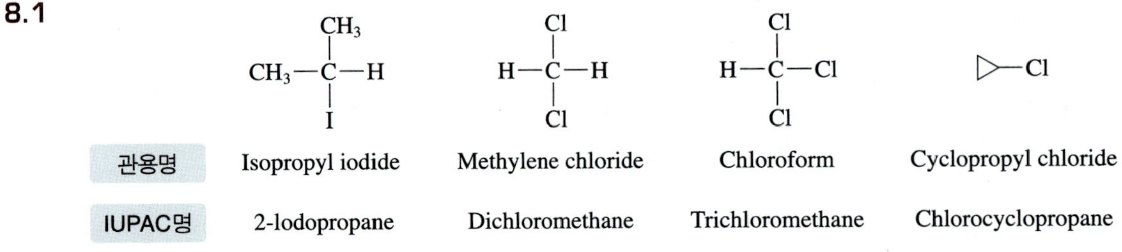

관용명	Isopropyl iodide	Methylene chloride	Chloroform	Cyclopropyl chloride
IUPAC명	2-Iodopropane	Dichloromethane	Trichloromethane	Chlorocyclopropane

8.2 **a.** 4-Bromocyclohexene
b. (2E)-4-Iodo-3-methylpentene
c. *trans*-1-Bromo-2-chlorocyclopentane
d. 1-Chloro-1-methylcyclohexane
e. 2-Bromo-3-chlorobutane

8.3 **a.** CH_2, $\overset{+}{N}-CH_3$ Br^-, CH_3 **b.** OCH_3 **c.** OH **d.** OCH_3 **e.** CH_2CN

8.4

CH_3S^- > CH_3O^- > $C_6H_5O^-$ > $CH_3\overset{O}{\overset{\|}{C}}O^-$ > CH_3OH

친핵성은 염기도와 편극성이 클수록 증가한다.

8.5 반응 속도 = $k[CH_3Br][^-OH]$ (k = 속도 상수) 이므로
a. 2 배 **b.** 2 배 **c.** 4 배

8.6 이 반응은 반응 기질인 (*S*)-2-Iodobutane에 친핵체인 I^-가 공격하는 반응이다. S_N2 반응에서 친핵체는 이탈기의 반대 방향에서 접근하여 Walden 반전을 일으킨다. 따라서 반응이 진행될수록 (*R*)-2-Iodobutane이 생성되므로 광학순도가 떨어진다.

8.7 S_N2 반응은 알킬기의 입체 장애가 작을수록 또한 이탈기의 이탈성이 좋을수록 잘 일어난다.
반응성이 좋은 순서: 할로젠화 메틸 > 일차 할로젠화 알킬 > 이차 할로젠화 알킬

a. CH_3I **b.** Br **c.** CH_2Cl **d.** CH_3CH_2Cl **e.** CH_3CH_2OTs

8.8

a. $CH_3CH_2CH_2X \xrightarrow{NaCN} CH_3CH_2CH_2CN$ S_N2 반응
X = Cl, Br, I, OTs

b. $CH_3CH_2X \xrightarrow{NaSH} CH_3CH_2SH$ S_N2 반응
X = Cl, Br, I, OTs

c. $CH_3CH_2Cl + N(CH_3)_3 \longrightarrow CH_3CH_2\overset{+}{N}(CH_3)_3\ Cl^-$ S_N2 반응

d. X $\xrightarrow{CH_3OH}$  S_N1 반응
X = Cl, Br, I

e. 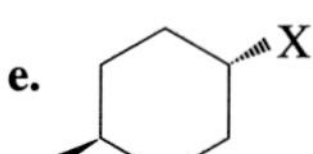 $\xrightarrow{NaN_3}$ 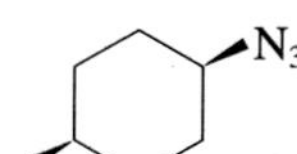 Walden inversion: S_N2 반응
X = Cl, Br, I, OTs

f. HO X $\xrightarrow{NaI}$ I OH Walden inversion: S_N2 반응
X = Cl, Br, I, OTs

g. $CH_3CH_2CH_2X \xrightarrow{Na^{+-}OCOCH_3} CH_3CH_2CH_2OCOCH_3$ S_N2 반응
X = Cl, Br, I, OTs

8.9

a. 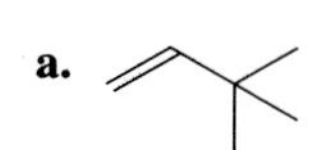 **b.** **c.** **d.**

8.10 동일 조건의 E2반응에서 할로젠화 알킬의 알킬기가 동일하면 이탈기의 이탈성이 좋을수록 제거 반응이 잘 일어나며, 이탈기

가 동일한 경우에는 알킬기의 입체 장애가 클수록 잘 일어난다.

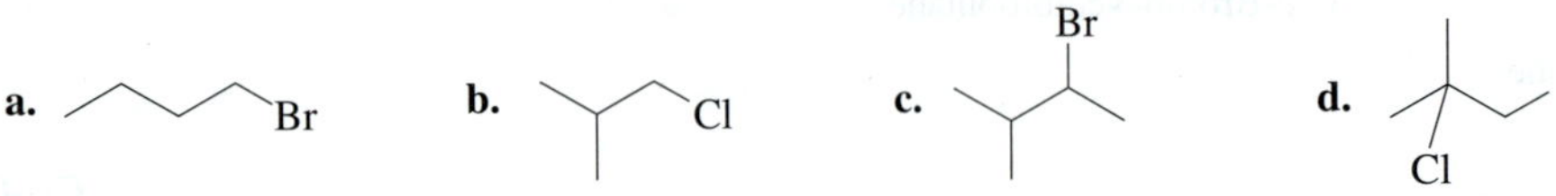

a. Br b. Cl c. Br d. Cl

8.11 E2 반응은 anti 준평면 형태에서 β 탄소의 H가 *anti*-제거 반응을 통해 일어난다.

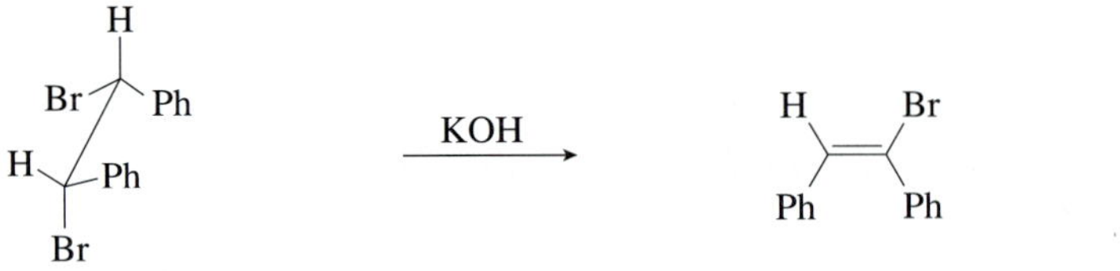

KOH

meso-1,2-Dibromo-1,2-diphenylethene

(*E*)-1-Bromo-1,2-diphenylethene

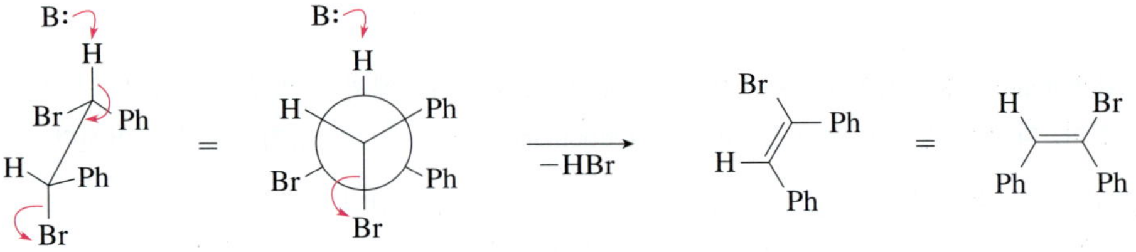

B: −HBr

anti 준평면 형태

KOH

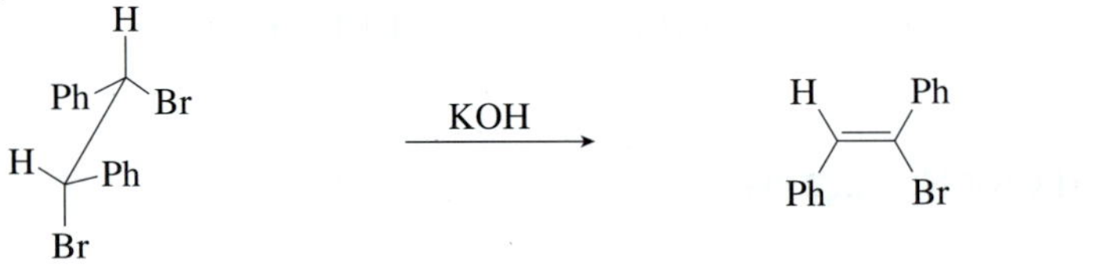

(*1S,2S*)-1,2-Dibromo-1,2-diphenylethene

(*Z*)-1-Bromo-1,2-diphenylethene

B: −HBr

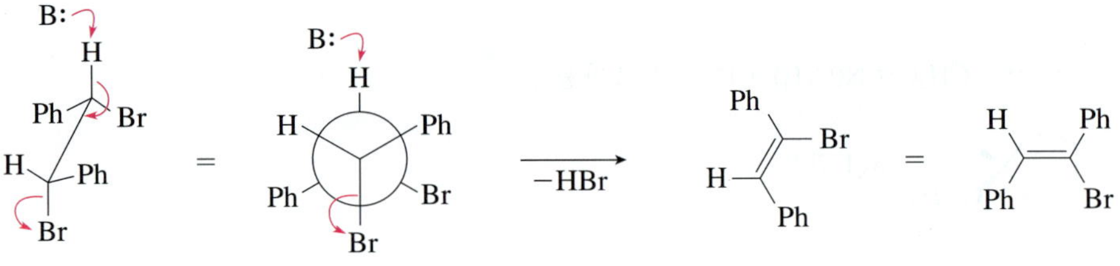

anti 준평면 형태

8.12

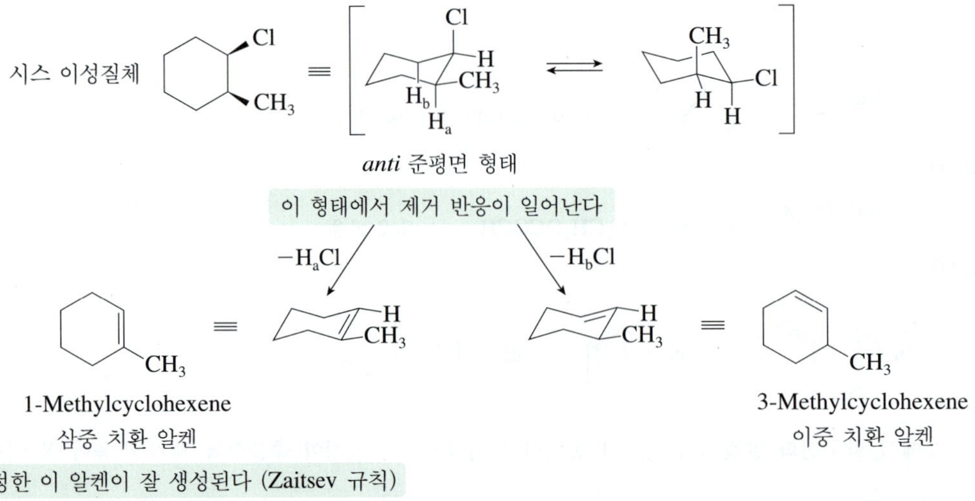

시스 이성질체 Cl CH_3

anti 준평면 형태

이 형태에서 제거 반응이 일어난다

$-H_aCl$ $-H_bCl$

1-Methylcyclohexene
삼중 치환 알켄

3-Methylcyclohexene
이중 치환 알켄

더 안정한 이 알켄이 잘 생성된다 (Zaitsev 규칙)

트랜스 이성질체 ≡ [⇄] *anti* 준평면 형태

이 형태에서 제거 반응이 일어난다

$-H_aCl$ $-H_bCl$

3-Methylcyclohexene
이중 치환 알켄

안 일어남
이탈기 반대 위치의 H가 아니다

9장 알코올, 페놀, 에터, 에폭사이드 및 황화물

9.1 전자 유발 효과는 유발시키는 치환기가 OH기에 가깝게 위치해 있을수록 효과가 더 있다.

a. $CH_3CH_2OH > (CH_3)_2CHOH > (CH_3)_3COH$

b. $CH_3CH(Cl)CH_2OH > ClCH_2CH_2CH_2OH > (CH_3)_2CHCH_2OH$

c. $ClCH_2CH_2OH > CH_3CH_2OH > CH_3OCH_2CH_2OH$,

9.2

a. $CH_3CH_2C(CH_3)_2CH_2CH_2OH$ **b.** CH_3O–C_6H_4–CH_2OH **c.** cyclopentyl–CH_2OH

d. $CH_3CH(CH_3)CH_2CH(OH)CH(OH)CH_3$ **e.** $CH_3CH{=}C(CH_2CH_3)CH_2OH$ **f.** HO, CH_2CH_3 (1-ethylcyclopentanol)

9.3 2-Methylbutan-2-ol은 삼차 알코올이므로 S_N1반응을 한다. 중간체로 생성된 탄소양이온은 친핵체와 정전기적 인력으로 빠르게 반응하므로 친핵체의 친핵성과는 무관하다. 반면에 2-methylbutan-1-ol은 일차 알코올이므로 S_N2 반응을 한다. 따라서 이 경우 이분자 반응으로 친핵체의 친핵성이 클수록 반응이 잘 진행된다. 친핵성의 크기는 I > Br > Cl 순이다(짝산의 산도 크기순).

$$CH_3CH_2C(CH_3)_2\ddot{O}H + H{-}X \longrightarrow [CH_3CH_2C(CH_3)_2\overset{+}{O}H_2] \xrightarrow{-H_2O} [CH_3CH_2\overset{+}{C}(CH_3)_2] \xrightarrow{X^-} CH_3CH_2C(CH_3)_2{-}X$$

$$CH_3CH_2CH(CH_3)CH_2{-}\ddot{O}{-}H + H{-}X \longrightarrow X^- + CH_3CH_2CH(CH_3)CH_2{-}\overset{+}{O}H_2 \longrightarrow CH_3CH_2CH(CH_3)CH_2{-}X + H_2O$$

9.4

a. $CH_3CH_2CBr(CH_3)CH_2CH_3$ 2-Bromo-2-methylpentane

b. 1-Bromo-1-methylcyclopentane

c. $CH_3CH_2CHBrCH_3$ 2-Bromobutane

d. $PhCHBrCH_3$ 1-Bromo-1-phenylethane

9.5

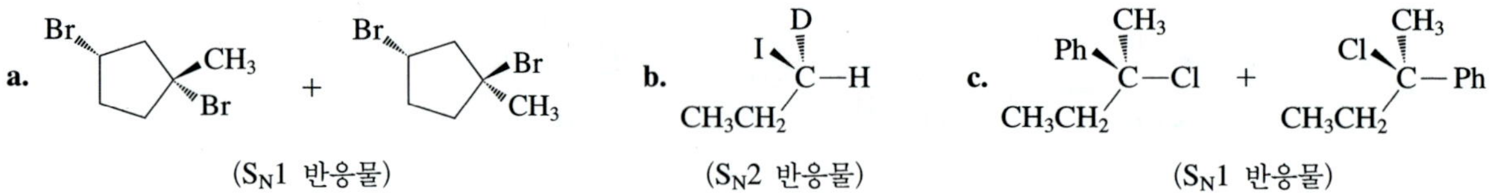

a. Br, CH_3, Br + Br, Br, CH_3 (S_N1 반응물)

b. D, I, C—H, CH_3CH_2 (S_N2 반응물)

c. CH_3, Ph, C—Cl, CH_3CH_2 + CH_3, Cl, C—Ph, CH_3CH_2 (S_N1 반응물)

9.6

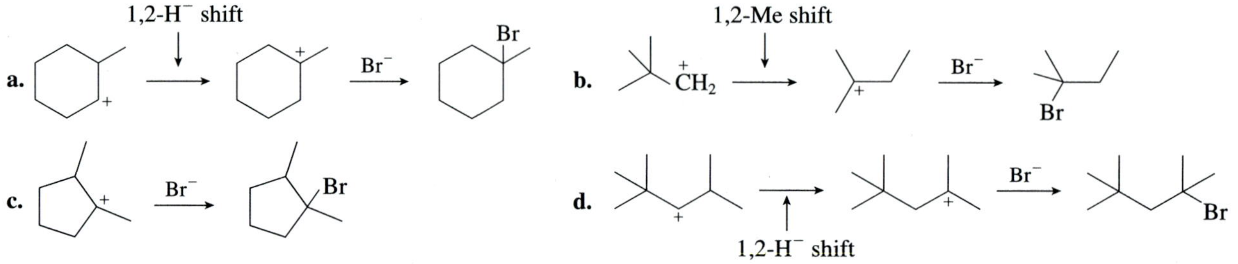

a. 1,2-H$^-$ shift → Br$^-$ → Br

b. $\overset{+}{C}H_2$ 1,2-Me shift → Br$^-$ → Br

c. Br$^-$ → Br

d. 1,2-H$^-$ shift → Br$^-$ → Br

9.7

HO H + HI ⟶ I H + H I S_N1 반응과 S_N2 반응 혼합물

HO H + PBr_3 ⟶ H Br S_N2 반응

OH H + $SOCl_2$ ⟶ Cl H S_Ni 반응

HO H + $SOCl_2$ —pyridine⟶ H Cl S_N2 반응

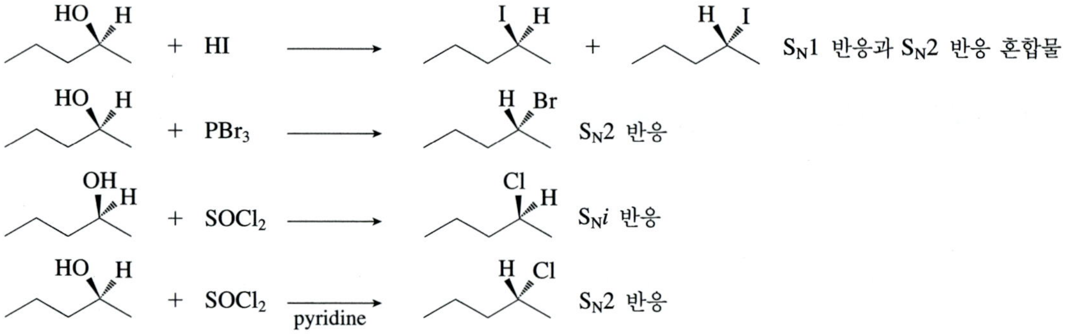

9.8 가장 안정한 탄소양이온으로 이성질화한 후 E2 반응으로 Zaitsev 규칙에 따른 알켄이 생성된다(b, c, d의 경우 중간 과정 생략함. A의 과정을 참고할 것).

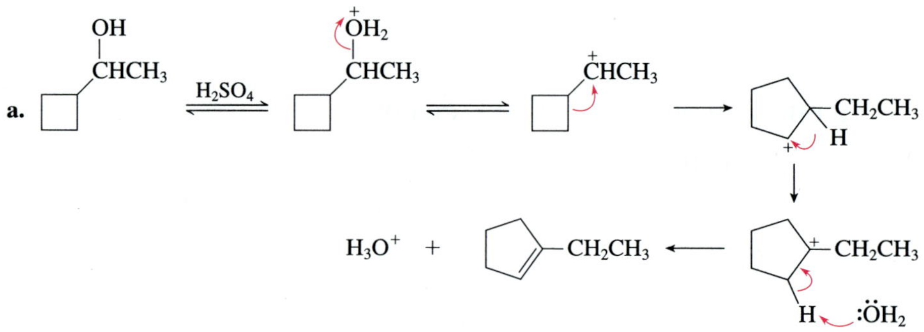

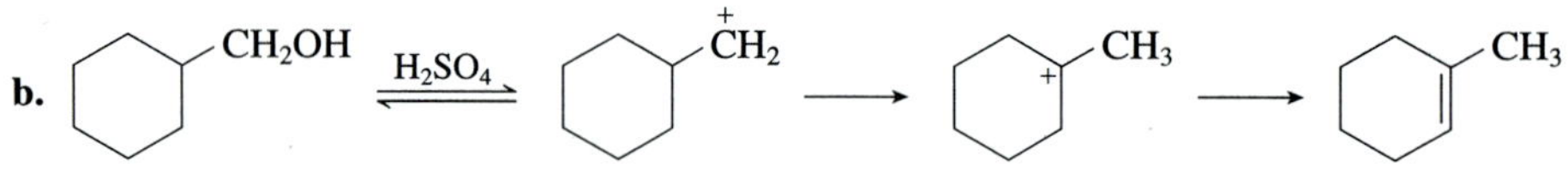

a. OH, CHCH$_3$ $\underset{}{\overset{H_2SO_4}{\rightleftharpoons}}$ $\overset{+}{O}H_2$, CHCH$_3$ ⇌ $\overset{+}{C}HCH_3$ ⟶ —CH_2CH_3, H ⟶ —CH_2CH_3, H :$\ddot{O}H_2$ ⟶ H_3O^+ + —CH_2CH_3

b. CH_2OH $\overset{H_2SO_4}{\rightleftharpoons}$ $\overset{+}{C}H_2$ ⟶ CH_3 ⟶ CH_3

c. $(CH_3)_2COHCH(CH_3)_2$ $\overset{H_2SO_4}{\rightleftharpoons}$ $(CH_3)_2\overset{+}{C}CH(CH_3)_2$ ⟶ $(CH_3)_2C{=}C(CH_3)_2$

d. $CH_3CH_2C(OH)(CH_3)C(CH_3)_3$ $\overset{H_2SO_4}{\rightleftharpoons}$ $CH_3CH_2\overset{+}{C}(CH_3)C(CH_3)_3$ ⟶ H_3C, CH_3, C=C, H, $C(CH_3)_3$

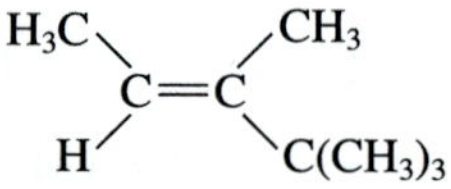

9.9

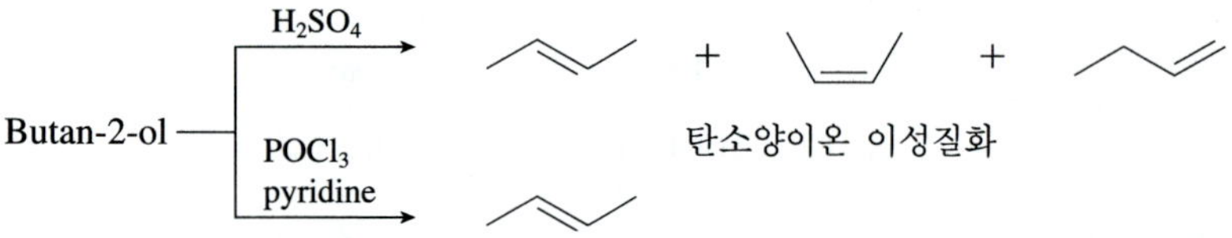

Butan-2-ol —H_2SO_4⟶ + + (탄소양이온 이성질화)

Butan-2-ol —$POCl_3$, pyridine⟶

9.10 $POCl_3$/pyridine 조건은 염기 조건에서 E2 반응을 하므로 탄소양이온의 자리옮김 반응이 일어나지 않는다.

a. 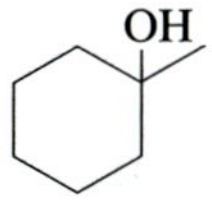 (1-methylcyclohexanol, OH) b. 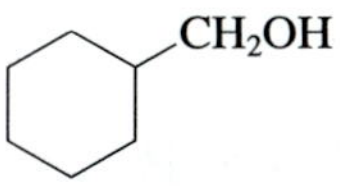 (cyclohexyl CH_2OH) c. $CH_3CH_2CH(OH)CH_2CH_3$ d. $CH_3CH_2CH(CH_3)CH_2OH$

9.11

a. 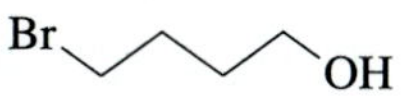 Br, OH c. 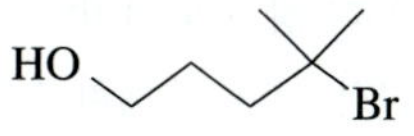 HO, Br b. CH_2Br + OH

d. 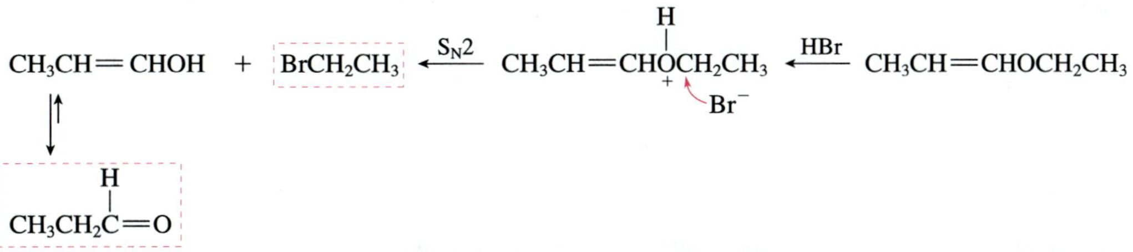 $CH_3CH{=}CHOH$ + $BrCH_2CH_3$ $\xleftarrow{S_N2}$ $CH_3CH{=}CH\overset{+}{O}(H)CH_2CH_3$ Br^- $\xleftarrow{HBr}$ $CH_3CH{=}CHOCH_2CH_3$

$CH_3CH_2C(H){=}O$

9.12

a. 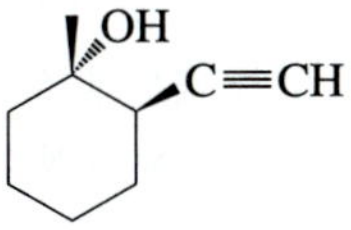 OH, C≡CH 또는 OH, C≡CH b. 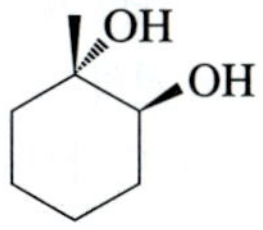 OH, OH 또는 OH, OH

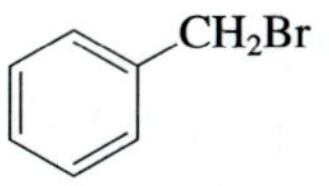

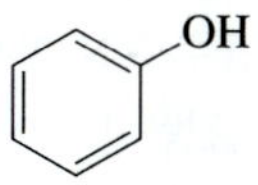

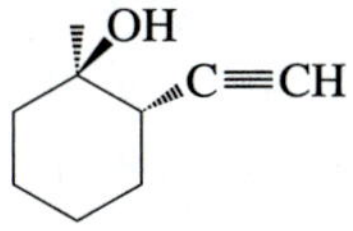

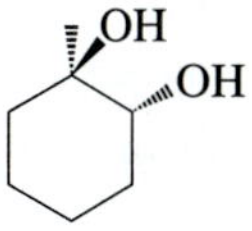

c. 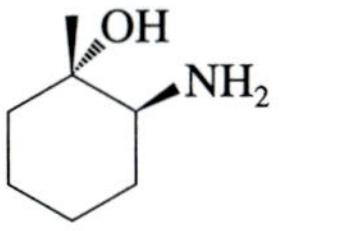 OH, NH_2 또는 OH, NH_2 d. 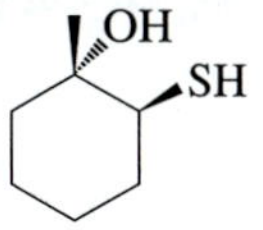 OH, SH 또는 OH, SH

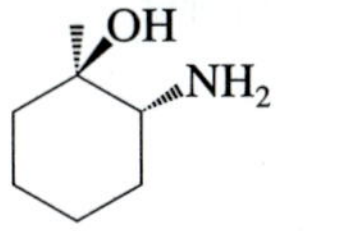

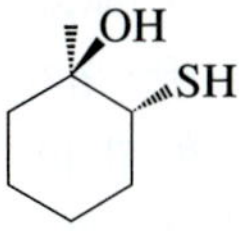

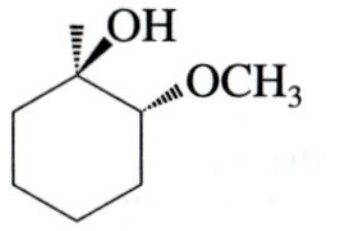

e. 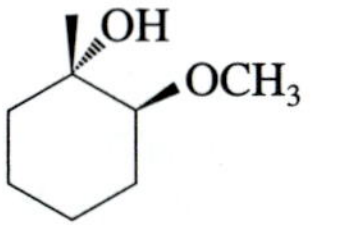 OH, OCH_3 또는 OH, OCH_3 f. 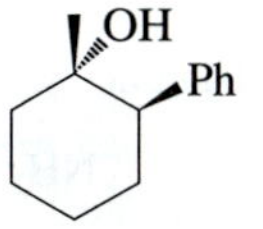 OH, Ph 또는 OH, Ph

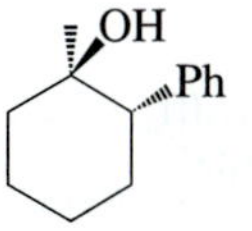

10장 아민

10.1 일차 아민: a, d
이차 아민: c, f
삼차 아민: e, g
삼차 알코올: b

10.2

a. 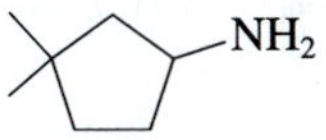 NH_2 b. 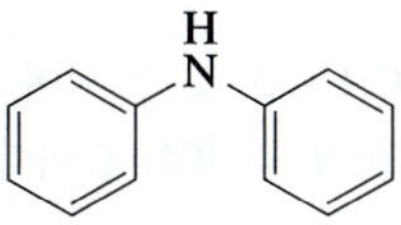 H N c. 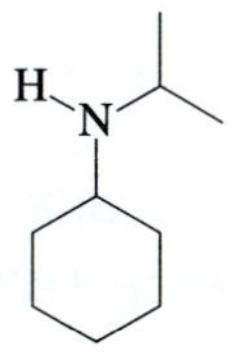 H N

d. 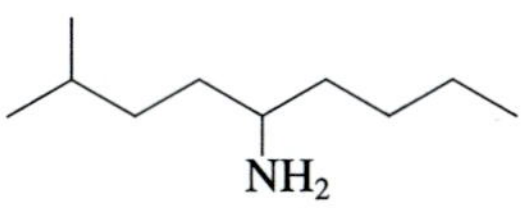 NH_2 e. 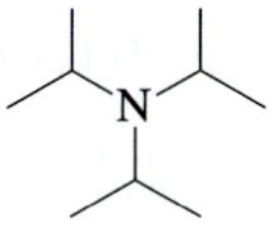 N f. 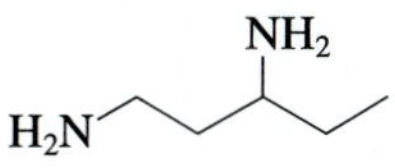 NH_2 H_2N

10.3

a. 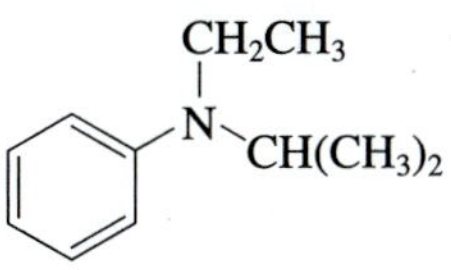 CH_2CH_3 N $CH(CH_3)_2$ b. 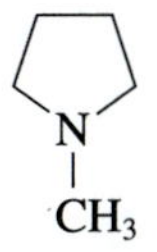 N CH_3 c. 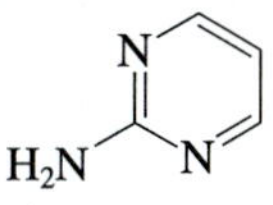 N N H_2N

d. 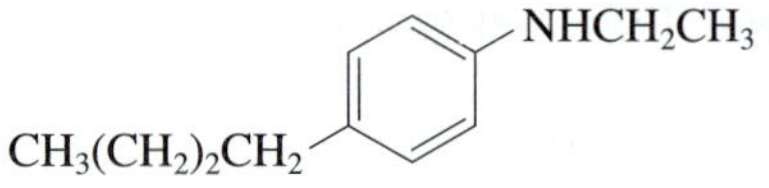 $CH_3(CH_2)_2CH_2$–C_6H_4–$NHCH_2CH_3$

e. 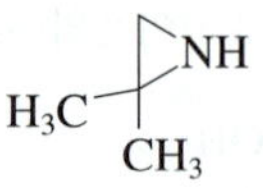 H_3C, CH_3, NH

10.4 a. B가 더 강한 염기이다. 그 이유는 A는 질소 원자가 벤젠 고리에 직접 결합되어 있는 방향족 아민의 성질을 나타내지만 B는 sp^3 탄소 원자에 질소가 결합되어 있는 알킬 아민이기 때문이다. 알킬 아민이 방향족 아민보다 더 강한 염기이다.

b. Piperidine이 pyridine보다 더 강한 염기이다. *s*-성질이 클수록 N 원자의 비공유 전자쌍의 활용성이 감소(원자핵에 더 세게 잡혀있음)됨으로써 더 약한 염기가 된다. 피페리딘의 짝산 pK_a값은 11.1이며, 피리딘의 경우 5.3이다. 짝산의 산성도가 강할수록 염기의 염기성은 더 약해진다.

10.5

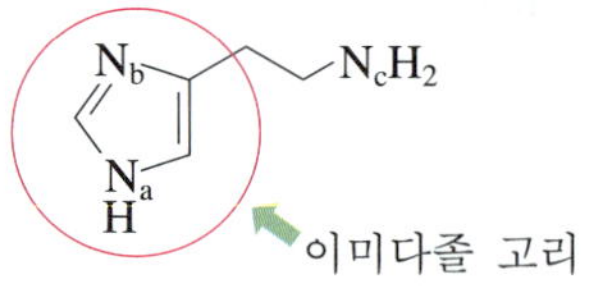

N_b, N_cH_2, N_a, H

이미다졸 고리

히스타민 분자는 세 종류의 질소 원자를 가지고 있다. N_a의 질소 원자에 있는 비공유 전자쌍은 이미다졸 고리의 방향족성(6π계)을 만족시키기 위하여 사용되기 때문에 염기성이 가장 낮으며, N_b 질소 원자의 경우 sp^2 탄소와 결합되어 있어 질소 원자의 비공유 전자쌍이 이미다졸 고리의 방향족성을 만족시키는데 무관하다. 한편, N_c의 질소 원자는 sp^3 탄소에 결합되어 있기 때문에 질소 원자의 비공유 전자쌍이 양성자와 반응하는데 가장 유리하다. 따라서 히스타민에 있는 질소 원자의 염기도의 세기는 $N_c > N_b > N_a$ 순이다.

10.6 짝산의 산도가 강할수록(pK_a값이 작을수록) 해당되는 짝염기의 염기도는 약하다.

a. $(CH_3CH_2)_2NH$가 더 강한 염기이다.

b. *p*-Anisidine이 더 강한 염기이다.

c. $CH_3CH_2CH_2NH_2$이 더 강한 염기이다.

10.7

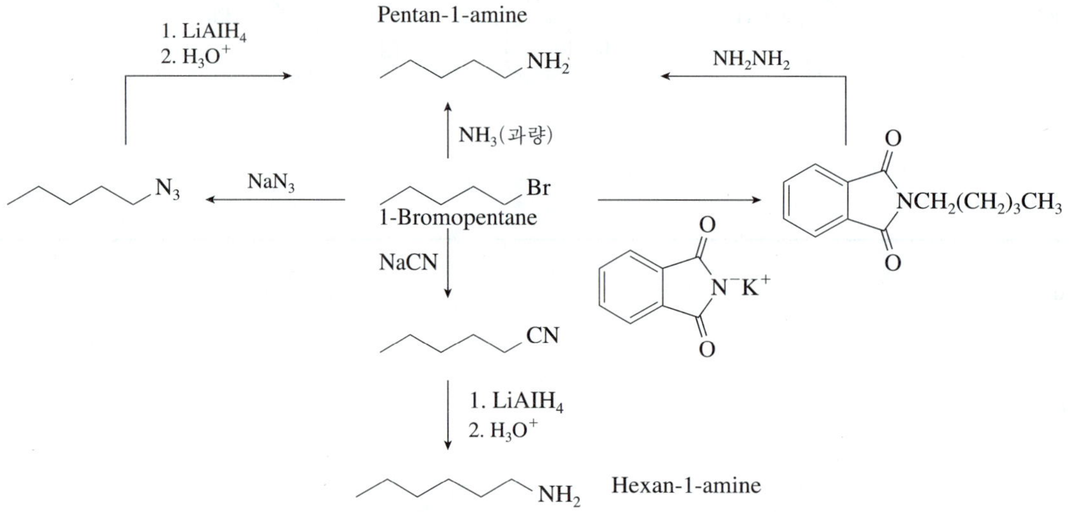

Pentan-1-amine

1. $LiAlH_4$
2. H_3O^+

NH_2

NH_2NH_2

NH_3(과량)

N_3

NaN_3

Br

1-Bromopentane

O

$NCH_2(CH_2)_3CH_3$

NaCN

N^-K^+

CN

1. $LiAlH_4$
2. H_3O^+

NH_2 Hexan-1-amine

10.8 Hofmann 제거 반응에서의 양성자 제거는 $\beta CH_3 > \beta CH_2 > \beta CH$ 순으로 잘 일어난다(*anti* Zaitsev형 알켄이 우선 생성). 반대로 할로젠화 알킬의 제거 반응은 Zaitsev 규칙을 따르므로 $\beta CH_3 < \beta CH_2 < \beta CH$ 순이다.

a. 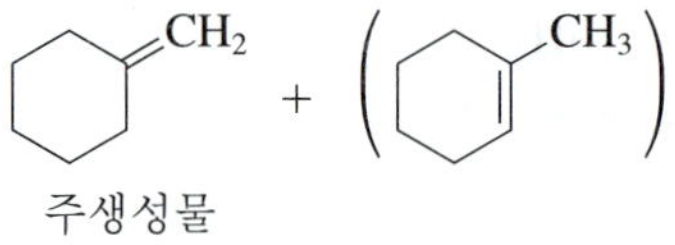 (methylenecyclohexane, CH_2) + (1-methylcyclohexene, CH_3)

주생성물

b. $H_2C{=}CH_2$ + $(H_2C{=}CHCH_3)$

주생성물

c. 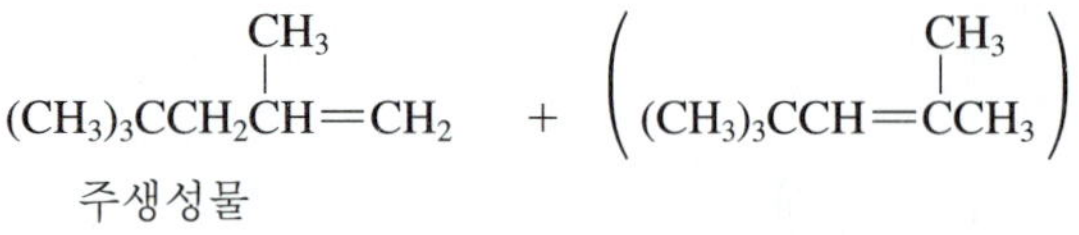 $(CH_3)_3CCH_2CH(CH_3){=}CH_2$ + $((CH_3)_3CCH{=}C(CH_3)CH_3)$

주생성물

d. 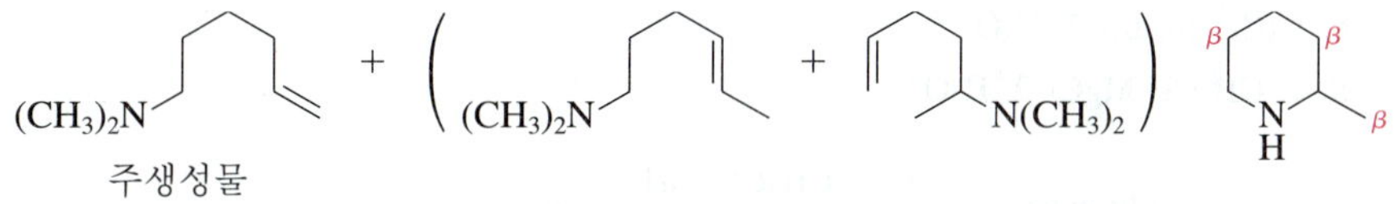 $(CH_3)_2N$ (주생성물) + ($(CH_3)_2N$ + $N(CH_3)_2$) H N β β β

주생성물

e. 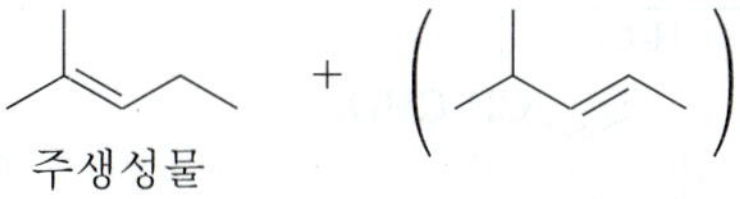 주생성물 + ( ) f. 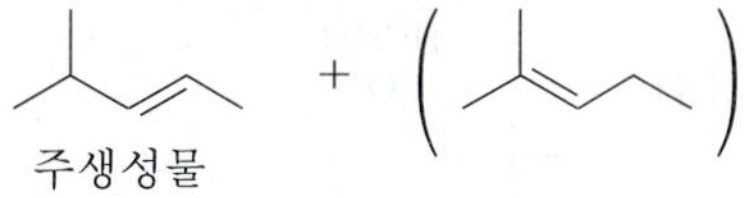 주생성물 + ( )

10.9

$\xrightarrow[H_2SO_4]{HNO_3}$ NO_2 $\xrightarrow[(CH_3)_2CHCl,\ AlCl_3]{CH_3CH=CH_2,\ H_3PO_4\ \text{또는}}$ NO_2

$\xrightarrow[\text{또는 Fe, HCl}]{H_2,\ Pt}$ NH_2 $\xrightarrow[0°C]{NaNO_2,\ HCl}$ OH

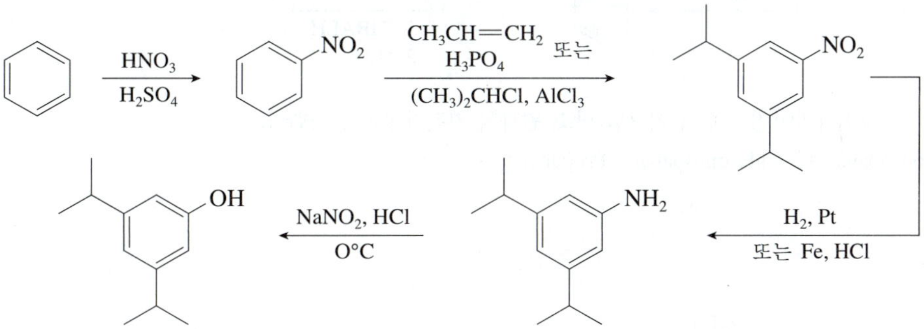

11장 알데하이드와 케톤

11.1 **a.** Propenal

b. But-2-enal (또는 2-Butenal)

c. 2,3-Dihydroxypropanal

d. 4-Hydroxy-2-methoxybenzenecarbaldehyde (또는 4-Hydroxy-2-methoxybenzaldehyde)

e. Penta-2,4-dione (또는 2,4-pentanedione)

f. 4-Methylpent-3-en-2-one

g. (2*E*)-3,7-Dimethylocta-2,6-dienal [또는 (2*E*)-3,7-Dimethyl-2,6-octadienal]

h. (2*E*)-3-phenylprop-2-enal 또는 [(2*E*)-3-phenyl-2-propenal].

11.2

a. 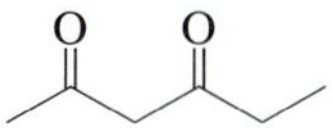 O O **b.** 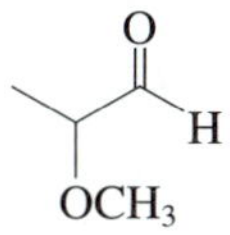 O H OCH_3 **c.** 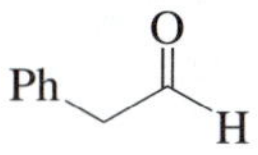 Ph O H **d.** 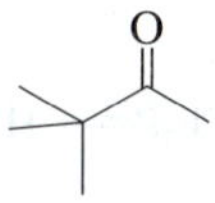 O

e. 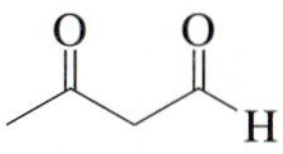 O O H **f.** 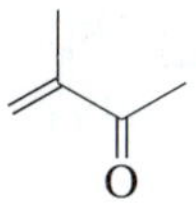 O **g.** 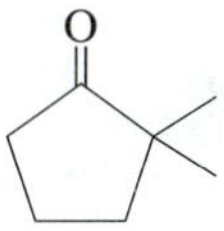 O **h.** O Cl

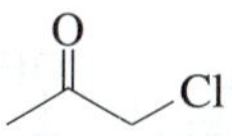

i. 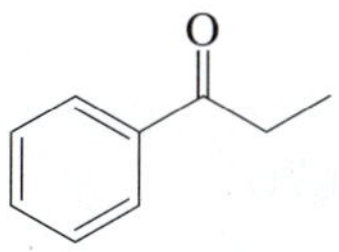 O **j.** 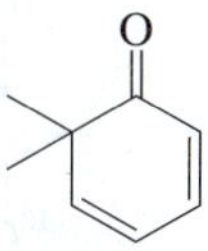 O **k.** 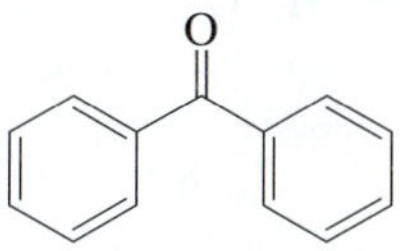 O **l.** 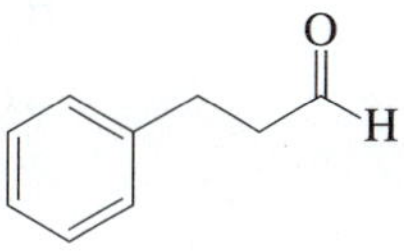 O H

11.3 **a.** 1. DIBALH (diisobutylaluminum hydride, *i*-Bu_2AlH) (1당량), −78°C, THF 2. H_3O^+

b. a와 동일

c. 1. LTBA (lithium tri-tert-butoxyaluminum hydride, $LiAlH[OC(CH_3)_3]_3$, (1당량), −78°C, THF

2. H_3O^+ 또는 H_2, Pd–$BaSO_4$ (Rosenmund 환원)

d. PCC, CH_2Cl_2

11.4 **a.** CrO_3, H_2SO_4 **c.** 1. $(CH_3)_2CuLi$ 2. H_3O^+

b. H_2O, $HgSO_4$, H_2SO_4 **d.** 1. CH_3CH_2MgCl 2. H_3O^+

11.5

Toluene ($C_6H_5CH_3$) $\xrightarrow[h\nu]{Cl_2}$ $C_6H_5CH_2Cl$

$C_6H_5CH_2Cl$ $\xrightarrow{\text{1. Mg, ether; 2. HCHO; 3. } H_3O^+}$ $C_6H_5CH_2CH_2OH$ $\xrightarrow[CH_2Cl_2]{PCC}$ $C_6H_5CH_2CHO$

$C_6H_5CH_2Cl$ $\xrightarrow{NaCN}$ $C_6H_5CH_2CN$ $\xrightarrow{\text{1. DIBALH; 2. } H_3O^+}$ $C_6H_5CH_2CHO$

11.6 전기음성도가 큰 원자가 카보닐 탄소에 가까이 있을수록 카보닐 탄소 원자의 친전자성은 증가한다.

2,2-Difluoropropanal > 2-Chloropropanal > 3-Chloropropanal > Propanal

11.7

$CH_3COCH_2CH_3$ $\xrightarrow{\text{1. PhMgCl; 2. } H_3O^+}$

$PhCOCH_3$ $\xrightarrow{\text{1. } CH_3CH_2MgCl\text{; 2. } H_3O^+}$ $PhC(CH_3)(OH)CH_2CH_3$

$PhCOCH_2CH_3$ $\xrightarrow{\text{1. } CH_3MgCl\text{; 2. } H_3O^+}$

2-Phenylbutan-2-ol
(2-Phenyl-2-butanol)

11.8 첫 단계에서 생성된 Grignard 시약인 phenylmagnesium bromide (PhMgBr)은 OH기보다 강염기이다. 반응물질인 3-hydroxybutanal은 OH기를 가지고 있으므로 Grignard 시약(PhMgBr)이 염기로 작용하여 OH기와 반응하여 파괴되기 때문에 벤젠이 생성된다.

11.9

a. 2-butanone 과 $Ph_3P{=}CH_2$ **b.** cyclopentanone 과 $Ph_3P{=}CHCH_3$ **c.** cyclohexanone 과 $Ph_3P{=}$cyclohexylidene

d. CH_3CHO 과 $Ph_3P{=}CHCH_3$ **e.** C_6H_5CHO 과 $Ph_3P{=}C(CH_3)_2$ 또는 CH_3COCH_3 과 $Ph_3P{=}CHPh$

f. acetone 와 $Ph_3P{=}CHCH_2CH_3$ 또는 $Ph_3P{=}C(CH_3)_2$ 와 CH_3CH_2CHO

g. Ph–CH=CH–CHO 와 $Ph_3P{=}CHPh$

11.10

$(CH_3)_2C{=}O$ + H^+ → $(CH_3)_2C{=}OH^+$ + $H_2{}^{18}O$ → $(CH_3)_2C(OH)({}^{18}OH_2^+)$ + $H_2{}^{18}O$ → $(CH_3)_2C(OH)({}^{18}OH)$ + $H_3{}^{18}O^+$ + H^+ → $(CH_3)_2C(OH_2^+)({}^{18}OH)$ → $(CH_3)_2C{=}{}^{18}O^+H$ + H_2O + $H_2{}^{18}O$ → $(CH_3)_2C{=}{}^{18}O$ + $H_3{}^{18}O^+$

12장 카복실산과 유도체 I: 구조, 성질 및 제법

12.1 **a.** 4-Bromopentanoic acid **b.** 4-Amino-3-methylpentanoic acid

c. 3-Cyano-4,4-dimethylpentanoic acid **d.** *trans*-3-Chlorocyclobutanecarboxylic acid

e. *trans*-Butenedioic acid 또는 (*Z*)-Butendioic acid

f. Butynedioic acid

12.2

a. 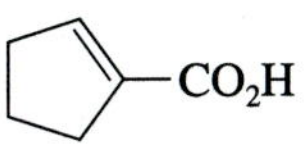 $-CO_2H$ **b.** 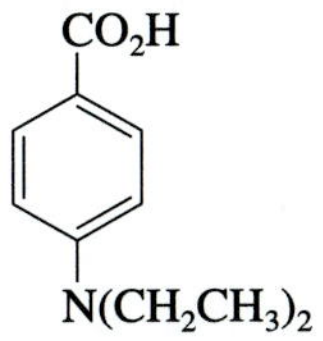 CO_2H, $N(CH_2CH_3)_2$ **c.** 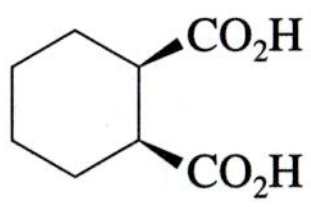 CO_2H, CO_2H 또는 CO_2H, CO_2H

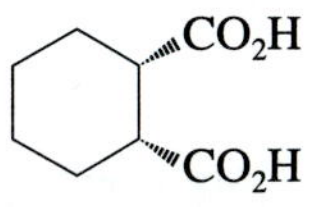

d. 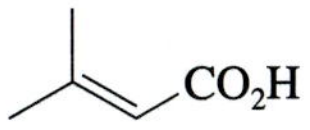 CO_2H **b.** 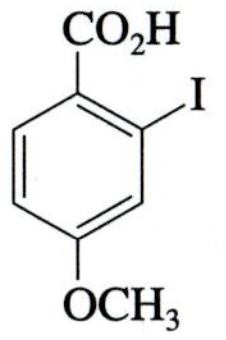 CO_2H, I, OCH_3 **f.** 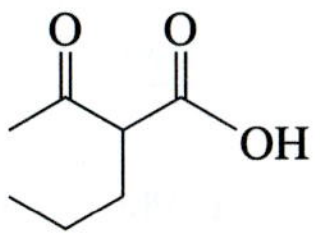 O O OH

12.3 **a.** IUPAC명: Phenyl ethanoate 관용명: Phenyl acetate

b. IUPAC명: Potassium *p*−methylbenzenecarboxylate 관용명: Potassium *p*-toluate

c. IUPAC명: Dimethyl propanedioate 관용명: Dimethyl malonate

d. IUPAC명: 4-Methylhexanenitrile 관용명: γ-Methylcapronitrile

e. IUPAC명: *N*,*N*-Dimethylmethanamide 관용명: *N*,*N*-Dimethylformamide

f. IUPAC명: 1-Methylethyl methanoate 관용명: Isopropyl formate

12.4

a. 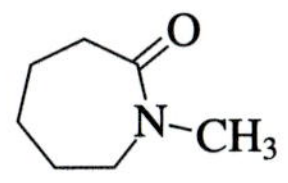 O, N$-CH_3$ **b.**  $HCOCCH_3$ (O O) **c.** 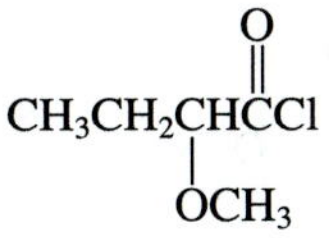 CH_3CH_2CHCCl (O, OCH_3) **d.** 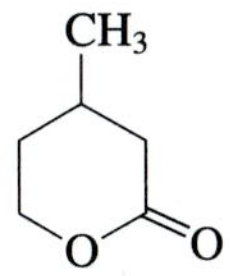 CH_3, O, O **e.** 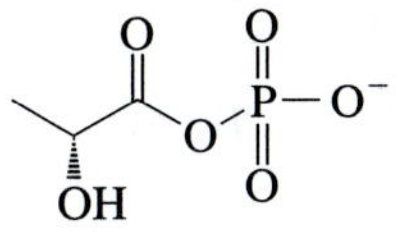 O, O, O, P, O^-, O, OH

f. 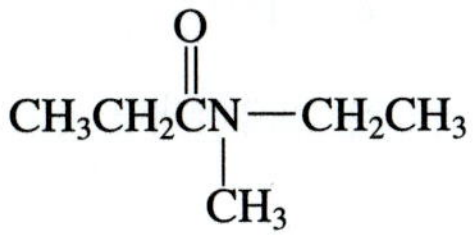 $CH_3CH_2CN-CH_2CH_3$ (O, CH_3) **g.** 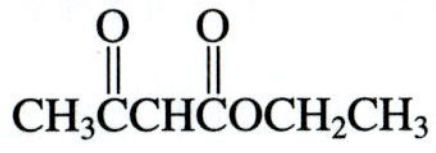 $CH_3CCHCOCH_2CH_3$ (O O) **h.** 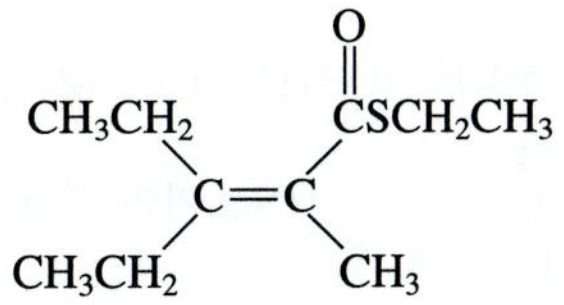 CH_3CH_2, $CSCH_2CH_3$ (O), C=C, CH_3CH_2, CH_3

12.5

a. 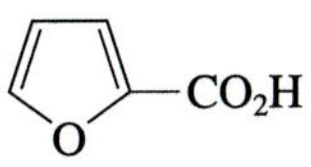 CO_2H (O) **b.** CO_2H, NO_2 **c.** $CH_3C{\equiv}CCO_2H$ **d.** $CF_3CH_2CO_2H$

산소의 전기음성도가 질소보다 큼

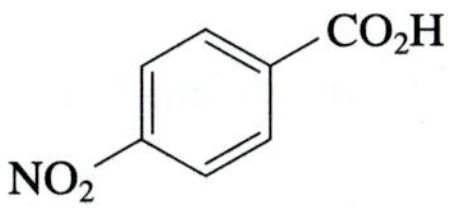

NO_2기는 −1 효과 CH_3기는 +1 효과

sp 혼성화 탄소의 전기음성도가 sp^3 혼성 탄소보다 더 큼

F의 전기음성도가 Cl보다 더 큼

12.6

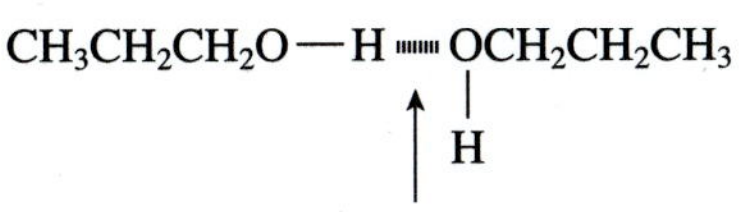

$CH_3CH_2CH_2O-H \cdots OCH_2CH_2CH_3$ (H)

수소 결합이 한 곳에서만 가능

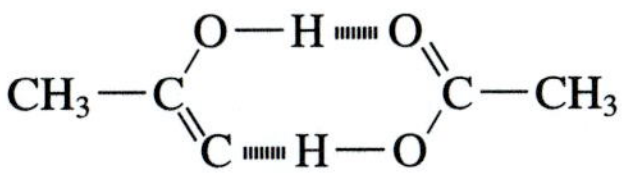

CH_3-C (O−H⋯O) $C-CH_3$ (C⋯H−O)

수소 결합이 두 곳에서 가능

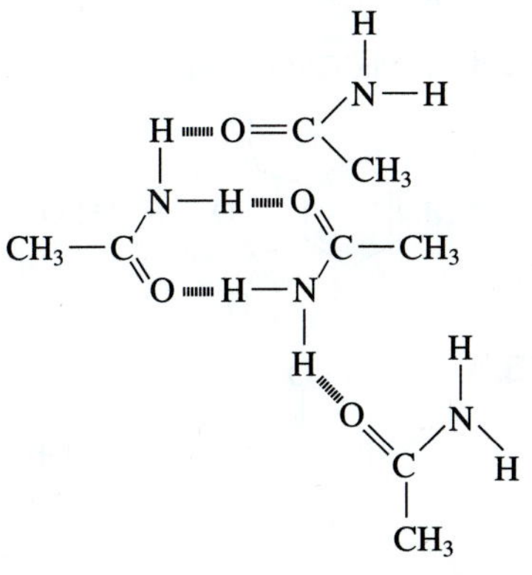

H, N−H, H⋯O=C, CH_3, N−H⋯O, CH_3-C, $C-CH_3$, O⋯H−N, H, H, O, N, H, C, CH_3

수소 결합이 여러 곳에서 가능

H H, O^-⋯N^+, CH_3, CH_3, N^+⋯^-O, H H

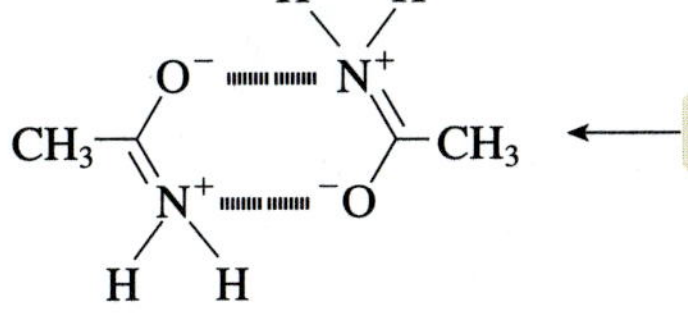

← 쌍극자 모멘트가 카복실산보다 더 크다.

세 화합물 모두 수소 결합을 할 수 있기 때문에 비슷한 분자량을 가지고 있는 다른 화합물보다 끓는점이 높다. 그러나 1-propanol인 경우 수소 결합이 한 곳에서만 가능한 것에 비해 acetic acid는 두 군데, acetamide의 경우 여러 곳에서 가능하여 끓는점이 더 높다. 또한 acetamide의 경우 쌍극자 모멘트가 카복실산에 비해 더 크기 때문에 끓는점이 더 높다.

12.7

$CH_4 \xrightarrow[h\nu]{Cl_2} CH_3Cl$

$CH_3Cl \xrightarrow{\text{Mg, ether}} CH_3MgCl \xrightarrow{1.\ CO_2;\ 2.\ H_3O^+} CH_3CO_2H$

$CH_3Cl \xrightarrow{NaCN} CH_3CN \xrightarrow{H_3O^+} CH_3CO_2H$

12.8 **a.** $CH_3CO_2CH_2CH_3$ **b.** $CH_3CH_2CON(CH_3)_2$ **c.** $PhCO_2CH_3$ **d.** CH_3CN **e.** $CH_3CONHPh$

13장 카복실산과 유도체 II: 친핵성 아실 치환 반응

13.1

$CH_3-\overset{O}{\overset{\|}{C}}-O-\overset{O}{\overset{\|}{C}}-CH_3 + NaOH \longrightarrow CH_3-\overset{O}{\overset{\|}{C}}-O^-Na^+ + HO-\overset{O}{\overset{\|}{C}}-CH_3 \longrightarrow 2CH_3-\overset{O}{\overset{\|}{C}}-O^-Na^+$

(NaOH: $HO-C(=O)-CH_3 \rightarrow CH_3-C(=O)-O^-Na^+$)

$CH_3-\overset{O}{\overset{\|}{C}}-OCH_2CH_3 + NaOH \longrightarrow CH_3-\overset{O}{\overset{\|}{C}}-O^-Na^+ + HOCH_2CH_3$

13.2 **a.** $CF_3-\overset{O}{\overset{\|}{C}}-O-\overset{O}{\overset{\|}{C}}-CF_3$ (CH_3보다 CF_3기가 전자를 더 많이 끌어당겨 정사면체형 중간체를 더 안정화시킨다)

b. $O_2N-C_6H_4-\overset{O}{\overset{\|}{C}}-OCH_3$ (NO_2기의 전자를 끌어 당기는 효과(−전자 유발 효과)가 크기 때문에 정사면체형 중간체를 더 안정화시킨다)

c. $C_6H_5-\overset{O}{\overset{\|}{C}}-OCH_3$ (페닐기의 입체 장애가 더 작아 정사면체형 중간체가 더 안정하다)

13.3

a. $CH_3CH_2CH_2CHO$ **b.** $CH_3CH_2CH_2CO_2CH_2CH_3$ **c.** $C_6H_5COCH_2CH_2CH_3$

d. $CH_3CH_2CH_2CO_2H$ **e.** $CH_3CH_2CH_2C(OH)(CH_3)_2$ **f.** $CH_3CH_2CH_2CH_2OH$

g. $CH_3CH_2CH_2CONH_2$ **h.** $CH_3CH_2CH_2COC_6H_5$

13.4 **a.** $(PhCO)_2O + NH_3$ **b.** $(PhCO)_2O + CH_3CH_2OH$ **c.** $(CH_3CO)_2O + PhOH$

d. (phthalic anhydride) $+ H_2O$

13.5

a. $HO_2C-C(CH_3)_2-CH_2CH_2CH_2-OH$

b. $HO-C(CH_3)_2-CH_2CH_2-CO_2H$

c. $(CH_3)_3C-CO_2H + HO-C_3H_5$ (cyclopropanol)

d. $C_6H_{11}-CO_2H$ (cyclohexanecarboxylic acid) $+ HO-C_6H_4-NO_2$

13.6 **a.** $CH_3CH_2CH_2CH_2CO_2CH_2CH_3$ **b.** $CH_3CH_2CH_2CH_2CHO$ **c.** $CH_3CH_2CH_2CH_2CH_2OH$

d. $CH_3CH_2CH_2CH_2C(OH)(Ph)Ph$ **e.** $CH_3CH_2CH_2CH_2CONH_2$

13.7

a. methyl cyclohexanecarboxylate (C₆H₁₁CO–OCH₃) $\xrightarrow[2.\ H_3O^+]{1.\ NaOH,\ H_2O}$ cyclohexanecarboxylic acid (C₆H₁₁CO–OH) $\xrightarrow{SOCl_2}$ C₆H₁₁CO–Cl

b. benzamide (PhCO–NH₂) $\xrightarrow[2.\ H_3O^+]{1.\ NaOH,\ H_2O}$ PhCO–OH $\xrightarrow[pyridine]{PhCOCl}$ PhCO–O–COPh

c. $CH_3CH_2CO–O–COCH_2CH_3$ $\xrightarrow[2.\ H_3O^+]{1.\ NaOH,\ H_2O}$ $CH_3CH_2CO–OH$ $\xrightarrow{SOCl_2}$ $CH_3CH_2CO–Cl$

13.8 **a.** $C_6H_5CH_2CO_2H$ **b.** $C_6H_5CH_2CH_2NH_2$ **c.** $C_6H_5CH_2NH_2$ **d.** $C_6H_5CH_2CO_2CH_2CH_3$

13.9

a. $CH_3CH_2CH_2CH_2CN \xrightarrow[2.\ H_3O^+]{1.\ CH_3MgCl} CH_3CH_2CH_2CH_2COCH_3$

b. $CH_3CH_2CH_2CH_2CN \xrightarrow[2.\ H_3O^+]{1.\ i\text{-}Bu_2AlH,\ -78°C} CH_3CH_2CH_2CH_2CHO$ (i-Bu_2AlH=DIBALH)

c. $CH_3CH_2CH_2CH_2CN \xrightarrow[2.\ H_3O^+]{1.\ LiAlH_4} CH_3CH_2CH_2CH_2CH_2NH_2$

d. $CH_3CH_2CH_2CH_2CN \xrightarrow[\text{또는 } H_2O,\ HO^-]{H_2O,\ H^+} CH_3CH_2CH_2CH_2CO_2H$

14장 카보닐 알파 탄소의 반응: 엔올과 엔올 음이온

14.1

a. $C_6H_5CO\ddot{C}HCH_3$ (음이온, 알파 탄소) **b.** 2-methylcyclopentanone **c.** $C_6H_5CH_2CHO$ **d.** $CH_3CO\ddot{C}HCO_2CH_2CH_3$ (음이온, 알파 탄소)

14.2 짝염기의 공명 구조를 비교하면 아세톤보다 2,4-pentadione이 더 안정화되어(공명 기여 구조가 더 많다) 음이온의 전하를 비편재화시킬 수 있기 때문이다.

$$CH_3-\overset{O}{\overset{\|}{C}}-CH_3 \xrightarrow{-H^+} \ddot{C}H_2-\overset{O}{\overset{\|}{C}}-CH_3 \longleftrightarrow H_2C=\overset{O^-}{\overset{|}{C}}-CH_3$$

$$CH_3-\overset{O}{\overset{\|}{C}}-\underset{H}{\underset{|}{\overset{H}{\overset{|}{C}}}}-\overset{O}{\overset{\|}{C}}-CH_3 \xrightarrow{-H^+} CH_3-\overset{O}{\overset{\|}{C}}-\underset{H}{\underset{|}{\ddot{C}}}-\overset{O}{\overset{\|}{C}}-CH_3 \longleftrightarrow CH_3-\overset{O^-}{\overset{|}{C}}=\underset{H}{\underset{|}{C}}-\overset{O}{\overset{\|}{C}}-CH_3 \longleftrightarrow CH_3-\overset{O}{\overset{\|}{C}}-\underset{H}{\underset{|}{C}}=\overset{O^-}{\overset{|}{C}}-CH_3$$

14.3 화살표로 표시된 수소 원자 중 카복실산을 제외하고 모두 α-수소가 가장 강산이다.

a. CH_3CH_2CHO **b.** $(CH_3)_3CCOCH_2CH_3$ **c.** CH_3CO_2H **d.** $CH_3CO_2CH_3$ **e.** CH_3CH_2CN

14.4 $RCOCH_3$ 구조를 가진 화합물이 할로폼 양성 반응을 나타낸다.
Hexan-2-one, acetaldehyde, acetophenone

14.5

a. 2-chlorocyclohexanone **b.** $(CH_3)_3C-C(=O)-O^-Na^+ + CHI_3$ **c.** $C_6H_5COCBr_2CH_3$ **d.** $C_6H_5CH_2CHBrCHO$

14.6

a. 1-bromocyclopentane-CO_2H **b.** $CH_3CH(CH_3)CHBrCO_2CH_3$ **c.** $C_6H_5CHBrCO_2H$ **d.** $C_6H_5CHBrCO_2CH(CH_3)_2$

14.7

A = 3-methyl lactone ring (O, CH_3) B = C_6H_5–CHCN with $CH_2CH_2CH_3$ C = 2-allylcyclohexanone

D = $(CH_3)_3C-C(=O)-OCH_3$ E = N-(cyclopentenyl)pyrrolidine F = 2-methylcyclopentanone

14.8

a. $H_2C(CO_2Et)_2$ $\xrightarrow{\text{1. EtONa; 2. } CH_3CH_2Br}$ $CH_3CH_2CH(CO_2Et)_2$ $\xrightarrow{\text{1. NaOH, } H_2O\text{; 2. } H_3O^+, \Delta}$ $CH_3CH_2CH_2CO_2H$
Butanoic acid

b. $H_2C(CO_2Et)_2$ $\xrightarrow{\text{1. EtONa; 2. } CH_3I}$ $CH_3CH(CO_2Et)_2$ $\xrightarrow{\text{1. EtONa; 2. } CH_3I}$ $(CH_3)_2C(CO_2Et)_2$

$\xrightarrow{\text{1. NaOH, } H_2O\text{; 2. } H_3O^+, \Delta}$ $CH_3-CH(CH_3)-CO_2H$ 2-Methylpropanoic acid

14.9

a. $H_2C(COCH_3)(CO_2Et)$ $\xrightarrow{\text{1. EtONa; 2. } PhCH_2Br}$ $PhCH_2CH(COCH_3)(CO_2Et)$ $\xrightarrow{\text{1. NaOH, } H_2O\text{; 2. } H_3O^+, \Delta; -CO_2}$ $PhCH_2CH_2-C(=O)-CH_3$
4-Phenylbutan-2-one

b. $H_2C(COCH_3)(CO_2Et)$ $\xrightarrow{\text{1. EtONa; 2. } BrCH_2CH_2Br}$ $BrCH_2CH_2CH(COCH_3)(CO_2Et)$ $\xrightarrow{\text{EtONa}}$

$Br-H_2C-CH_2-\ddot{C}^-(COCH_3)(CO_2Et)$ $\longrightarrow$ 1-acetylcyclopropane-1-CO_2Et $\xrightarrow{\text{1. NaOH, } H_2O\text{; 2. } H_3O^+, \Delta; -CO_2}$ cyclopropyl$-C(=O)-CH_3$
Cyclopropyl methyl ketone

14.10

a. $CH_3CH_2CH_2CH{=}C(CHO)CH_2CH_3$ **b.** $PhCH_2CH(OH)CH(Ph)CHO$ **c.** 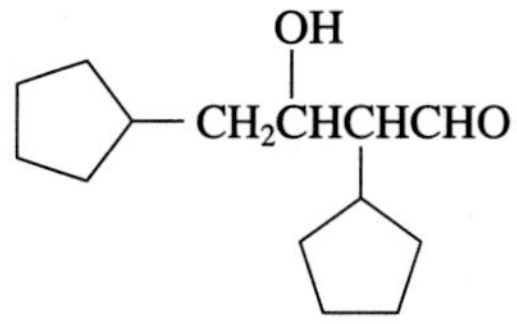 (cyclopentyl)$CH_2CH(OH)CH$(cyclopentyl)CHO

d. 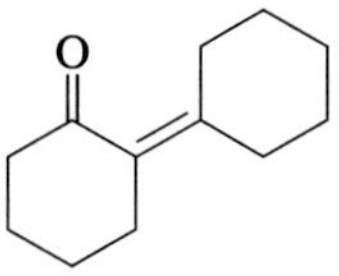 **e.** 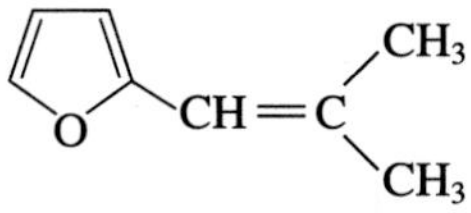 $CH{=}C(CH_3)_2$

f. $(CH_3)_3CCO_2^-Na^+$ + $(CH_3)_3CCH_2OH$
(Cannizzaro 반응)

g. 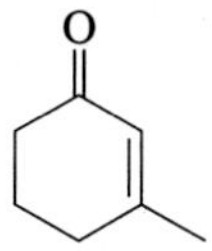 **h.**

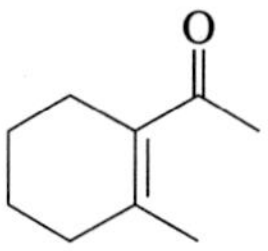

14.11

a. 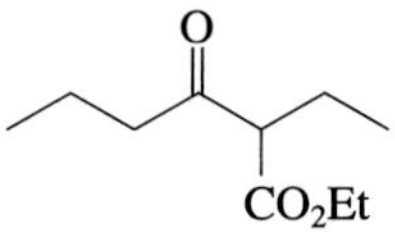 CO_2Et **b.** 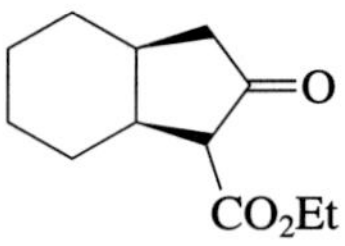 CO_2Et **c.** 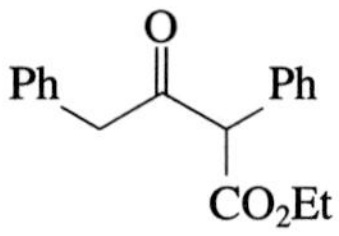 Ph Ph CO_2Et

d. 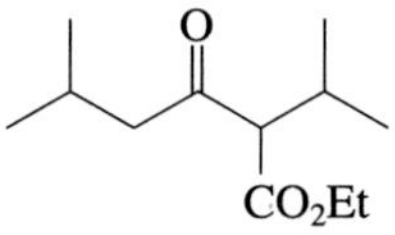 CO_2Et **e.** 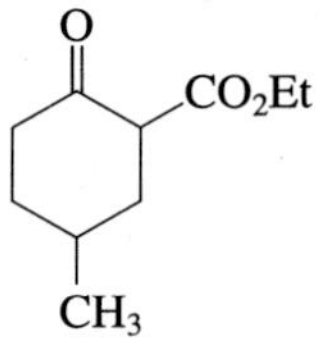 CO_2Et CH_3

14.12 문제 14.11에서 얻어진 생성물은 모두 β-케토 에스터 구조를 가지고 있으므로 산에서 가수분해된 후 탈카복실화 반응이 일어나 케톤이 된다.

a. 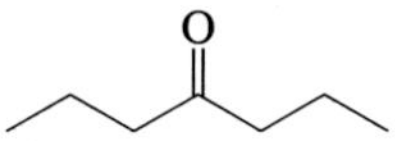 **b.** 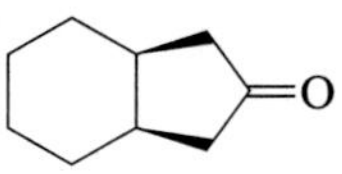 **c.** 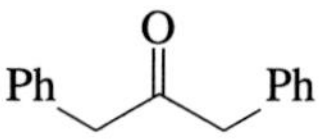 Ph Ph **d.** 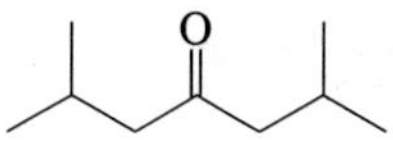 **e.** 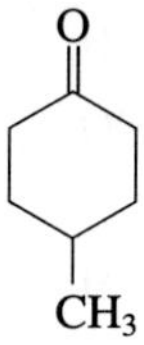 CH_3

14.13

a. 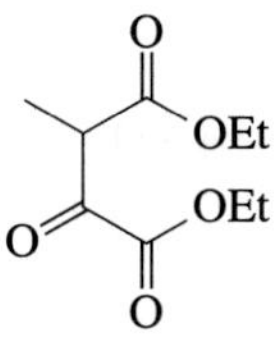 OEt OEt 와 OEt **b.** 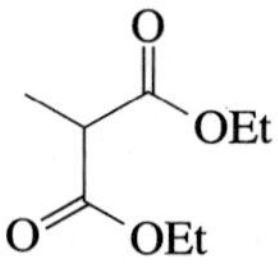 OEt OEt 와 OEt **c.** 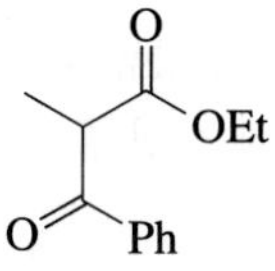 OEt Ph 와 Ph

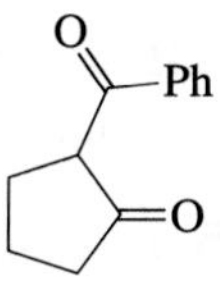

d. 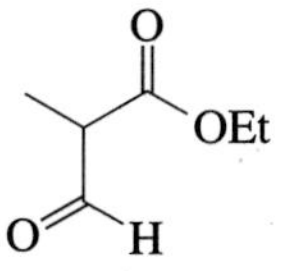 OEt H 와 H **e.** 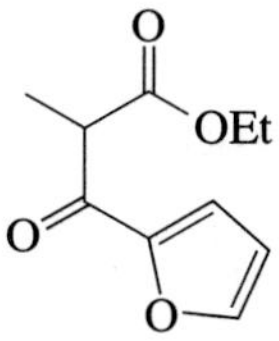 OEt 와

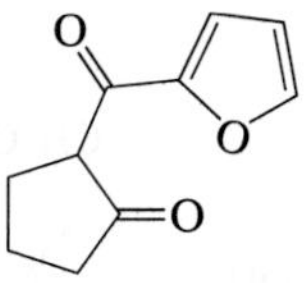

14.14

a. 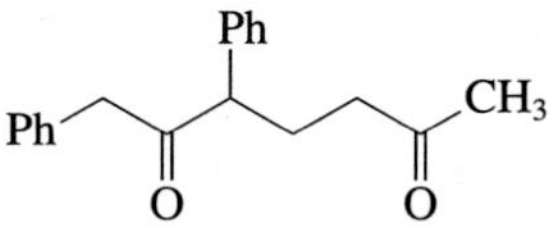 Ph Ph CH_3 **b.** 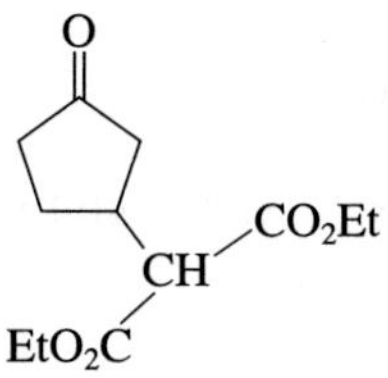 CH CO_2Et EtO_2C **c.** 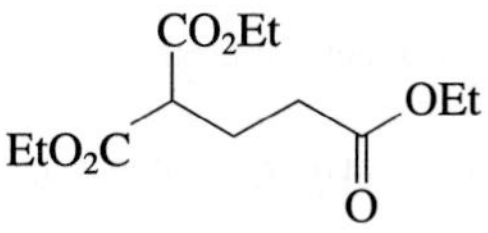 CO_2Et EtO_2C OEt

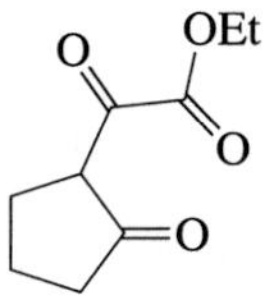

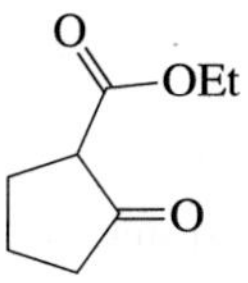

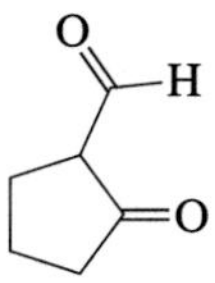

d. e. f.

14.15

a. E1cB 메커니즘

b. c. d.

15장 생체분자화학 I: 탄수화물과 핵산

15.1 D-Glucose

$2R,3S,4R,5R$

15.2 **a.** 같은 종류의 단당류에서 D-당과 L-당은 모두 거울상이성질체 관계이다.

b. 두 개의 입체 중심 중 C-3의 입체 중심 배열은 동일하나, C-2의 입체 중심 배열은 다르므로 부분입체이성질체이다.

15.3 **a.** D-galactose **b.** C-3 에피머 관계이다. **c.** C-2와 C-3 에피머 관계이다.

15.4

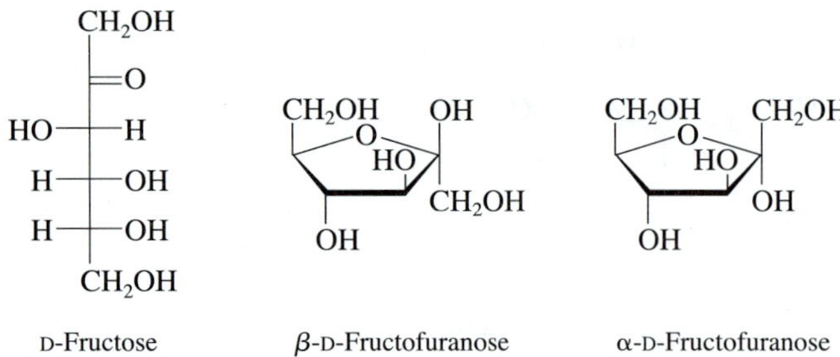

D-Fructose β-D-Fructofuranose α-D-Fructofuranose

15.5 α형 이성질체의 양을 A %라 하면 β형 이성질체 양(B)은 (100 − A) %가 되며 다음과 같은 관계식이 성립된다.

$29.3 \times A + (-17)(100 - A) = 14.2 \times 100$, 이로부터 계산하면

A = 67.4 %: α-D-mannopyranose의 양

B = 32.6 %: β-D-mannopyranose의 양

15.6

α-D-Glucopyranose $\xrightleftharpoons{H^+}$ [↔] + H_2O

아노머 탄소의 탄소양이온이 공명 안정화됨

Methyl α-D-glucopyranoside $\xleftarrow[\alpha \text{ 면공격}]{CH_3OH}$ [β 면, α 면] $\xrightarrow[\beta \text{ 면공격}]{CH_3OH}$ Methyl β-D-glucopyranoside

15.7

D-Galactose + CH_3OH $\xrightarrow{HCl}$ Methyl β-D-galalctopyranoside + Methyl β-D-galalctopyranoside

15.8 광학 활성이 없는 aldaric acid: D-Erythrose, D-Ribose, D-Xylose, D-Allose, D-Galactose
이들은 모두 분자 내 대칭면을 가진 메조 화합물이다.

15.9

D-Fructose $\xrightarrow[H_2O]{NaBH_4}$ D-Glucitol + D-Mannitol

15.10 D-Glucose와 D-mannose

15.11

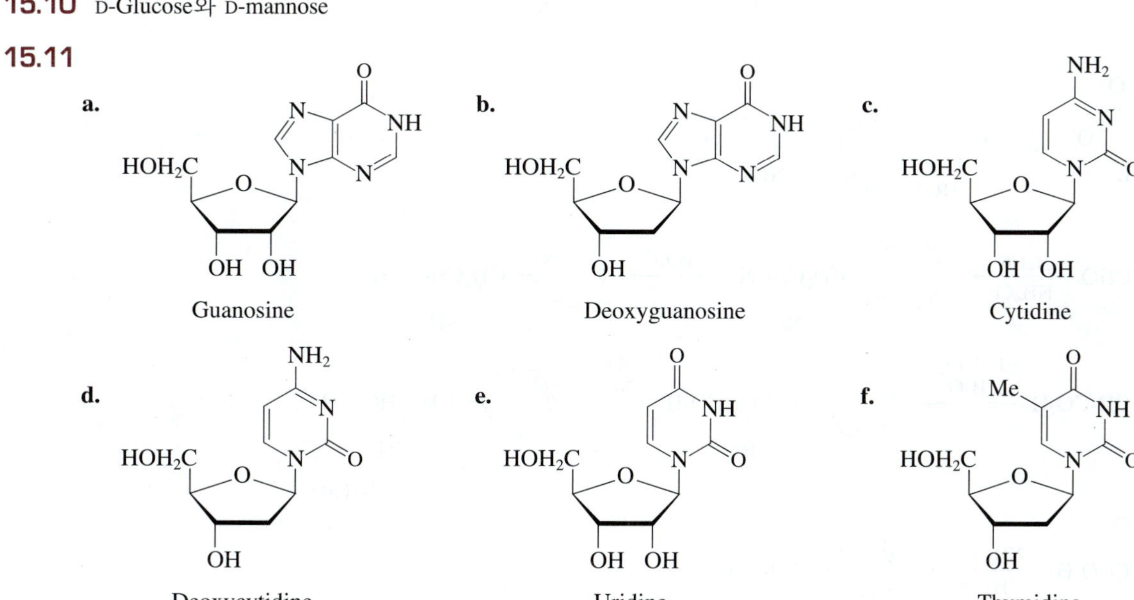

16장 생체분자화학 II: 아미노산, 펩타이드, 단백질과 지질 화학

16.1 **a.** Phenylalanine, tryptophan, tyrosine 및 histidine
b. Serine, threonine 및 tyrosine (페놀성 OH기)
c. Cysteine과 methionine
d. Proline
e. Isoleucine과 threonine

16.2

a.

	CO_2H	
H_2N	+	H
	CH_3	

b.

	CO_2H	
H	+	NH_2
	CH_3	

c.

	CO_2H	
H_2N	+	H
H	+	OH
	CH_3	

d.

	CO_2H	
H_2N	+	H
	$CH(CH_3)_2$	

16.3 pH = 1.0의 조건은 문제에 열거된 아미노산들의 등전점보다 산성이므로 양성자가 쯔비터이온의 카복실레이트 음이온에 첨가된 구조를 가지며, pH = 10.0의 조건 역시 열거된 아미노산의 등전점보다 염기성이므로 쯔비터이온 구조에서 아미노기에 첨가되어 있던 양성자가 이탈되는 구조를 가진다.

	Aspartic acid	Phenylalanine	Isoleucine	Threonine	Serine
PH=1.0	HO, O, O, OH, $^+NH_3$	Ph, O, OH, $^+NH_3$	O, OH, $^+NH_3$	OH, O, OH, $^+NH_3$	HO, O, OH, $^+NH_3$
PH=10.0	^-O, O, O, O^-, NH_2	Ph, O, O^-, NH_2	O, O^-, NH_2	OH, O, O^-, NH_2	HO, O, O^-, NH_2

16.4 각 아미노산의 등전점은 lysine (9.74), histidine (7.64) 및 cysteine (5.02) 이므로
pH 7.64에서 histidine은 이동하지 않고, lysine의 경우 양성자가 첨가되어(pH 7.64는 lysine의 등전점보다 더 산성이다) 생성된 양이온이 (−)극으로 이동하며, cysteine의 경우 양성자 이탈이 일어나 (+)극으로 이동한다.

16.5

b. HS, O, O^-, $^+NH_3$

b. N, H, O, O^-, $^+NH_3$

c. O, O^-, $^+NH_3$

d. Ph, O, O^-, $^+NH_3$

e. HO, O, O^-, $^+NH_3$

16.6

$$C_6H_5\text{-}CH_2CHO \xrightarrow[NH_4Cl]{NaCN} C_6H_5\text{-}CH_2CH(NH_2)CN \xrightarrow{H_3O^+} C_6H_5\text{-}CH_2CH(NH_2)CO_2H$$

$$C_6H_5\text{-}CH_2CH_2CO_2H \xrightarrow[2.\ H_2O]{1.\ P,\ Br_2} C_6H_5\text{-}CH_2CH(Br)CO_2H \xrightarrow[NH_3]{\text{과량}} C_6H_5\text{-}CH_2CH(NH_2)CO_2H + NH_4Br$$

$$C_6H_5\text{-}CH_2C(=O)CO_2H \xrightarrow[H_2,\ Pt]{NH_3\ \text{과량}} C_6H_5\text{-}CH_2CH(NH_2)CO_2H$$

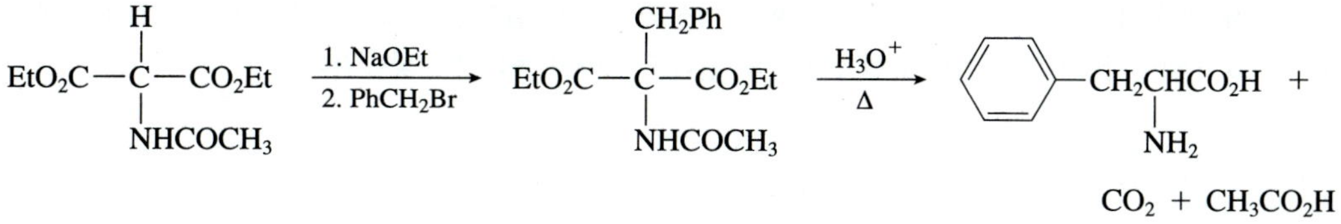

$$EtO_2C-\underset{NHCOCH_3}{\overset{H}{C}}-CO_2Et \xrightarrow[2.\ PhCH_2Br]{1.\ NaOEt} EtO_2C-\underset{NHCOCH_3}{\overset{CH_2Ph}{C}}-CO_2Et \xrightarrow[\Delta]{H_3O^+} C_6H_5-CH_2\underset{NH_2}{CH}CO_2H + CO_2 + CH_3CO_2H$$

16.7

$$HOCH_2-\underset{NH_2}{\overset{H}{C}}-\overset{H}{C}-\underset{H}{N}-\underset{H}{\overset{H}{C}}-\overset{O}{C}-\underset{H}{N}-\underset{H}{\overset{CH_2Ph}{C}}-CO_2H$$

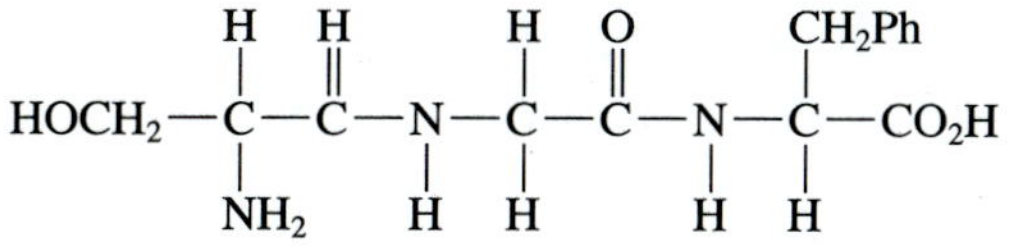

Seryl-glycyl-phenylalanine
또는 Ser-Gly-Phe

N-말단 아미노산: serine
C-말단 아미노산: pheylalanine

16.8

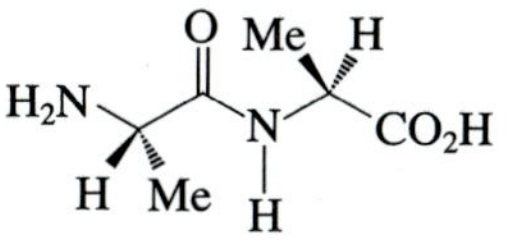

s-*trans*

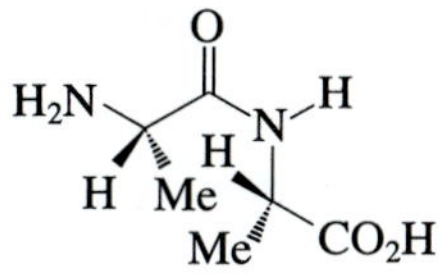

s-*cis*

16.9 Glutathione은 L-glutamic acid (*N*-말단 아미노산), L-cysteine 및 gylcine (*C*-말단 아미노산)으로 구성된 tripeptide인다. 펩타이드 결합의 특징은 glutamic acid의 펩타이드 결합이 α-카복실기에서 일어난 것이 아니라 곁사슬의 카복실기에서 일어난 점이다.

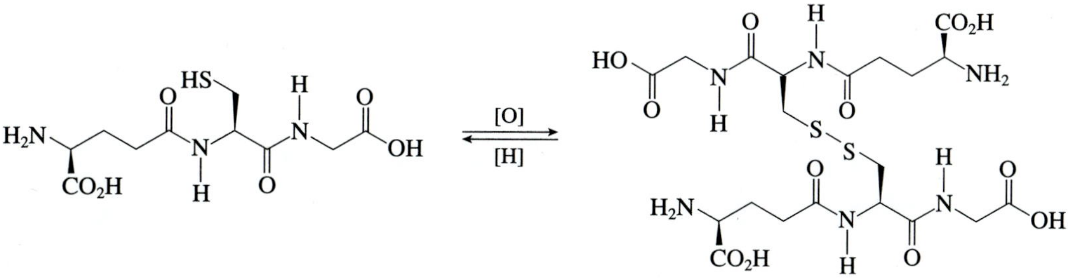

$$\text{GSH} \underset{[H]}{\overset{[O]}{\rightleftharpoons}} \text{GS–SG}$$

16.10 DCC는 아민과 축합반응이 잘 일어나게 카복실기를 활성화시키는 시약으로 작용한다.

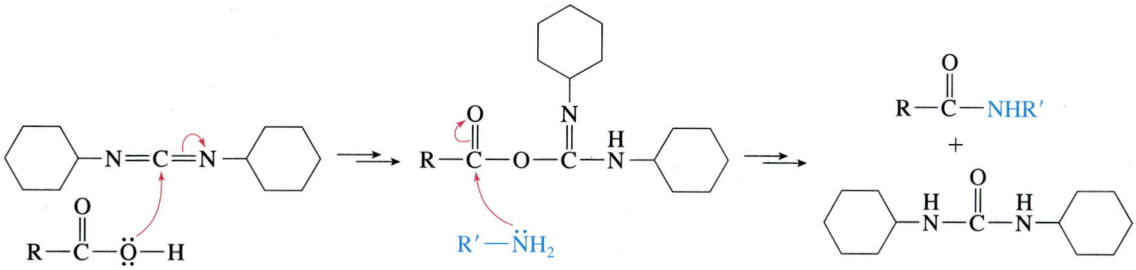

$$C_6H_{11}-N=C=N-C_6H_{11} + R-\overset{O}{C}-\ddot{O}-H \longrightarrow R-\overset{O}{C}-O-\overset{N-C_6H_{11}}{C}-\overset{H}{N}-C_6H_{11} \xrightarrow{R'-\ddot{N}H_2} R-\overset{O}{C}-NHR' + C_6H_{11}-\overset{H}{N}-\overset{O}{C}-\overset{H}{N}-C_6H_{11}$$

16.11 A, B, C의 아미노산으로 구성된 트라이펩타이드라 가정하면,
A−B−C, A−C−B, B−A−C, B−C−A, C−A−B, C−B−A인 여섯 종의 트라이펩타이드가 합성될 수 있다.

16.12 Ala—Phe-⌇-Gly—Trp-⌇-Ser—Lys-⌇-Leu—Met-⌇-Gly

↑ chymotrypsin (Phe-Gly, Trp-Ser) ↑ trypsin (Lys-Leu) ↑ CNBr (Met-Gly)

a. Lys−Leu 결합이 절단됨: Ala−Phe−Gly−Trp−Ser−Lys과 Leu−Met−Gly이 생성
b. Phe−Gly과 Trp−Ser의 결합이 절단됨: Ala−Phe, Gly−Trp 및 Ser−Lys−Leu−Met−Gly이 생성
c. Met−Gly 결합이 절단: Ala−Phe−Gly−Trp−Ser−Lys−Leu−Met과 Gly이 생성

16.13 네 개의 지방산은 모두 탄소 원자가 18개인 산이지만 stearic acid는 포화 지방산이고, oleic acid는 C=C 결합을 한 개, linoeic acid

는 두 개, linolenic acd는 세 개를 가지고 있다. 또한 모든 불포화 지방산의 C═C 결합은 시스 배열을 가지고 있기 때문에 불포화도가 높을수록 입체 장애로 표면적이 작아지므로 이로 인한 분자간의 인력도 작아져 녹는점도 낮아진다.

16.14

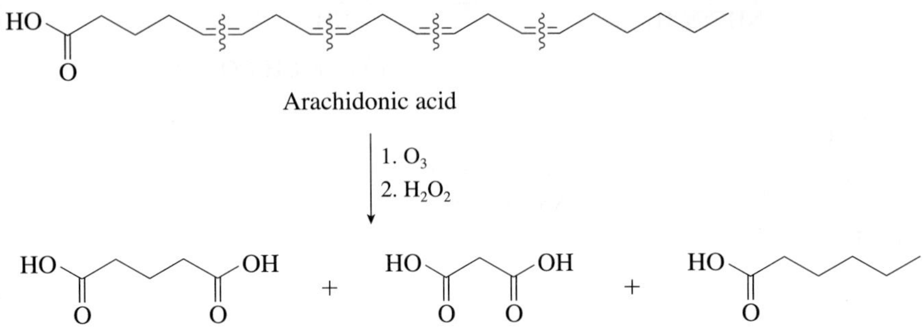

Arachidonic acid

1. O_3
2. H_2O_2

Glutaric acid
1당량

Malonic acid
3당량

Hexanoic acid
1당량

16.15

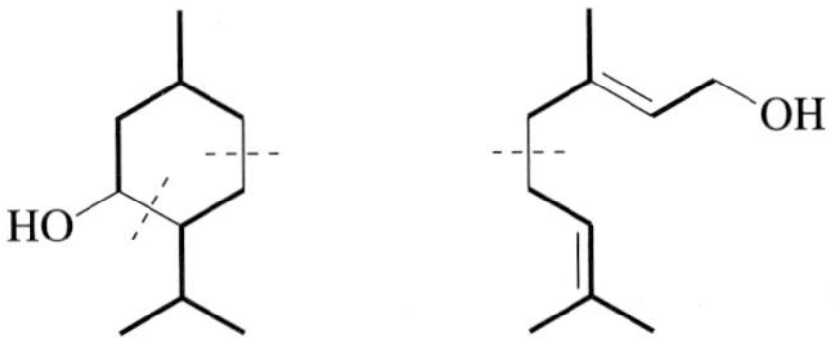

Menthol

Geraniol

인명 반응, 시약 및 관련 용어 찾아보기

영문 기호 및 화합물명

A

B

C

D

E

L

M

N

Q

R

S

찾아보기

ㄷ

ㄹ

ㅁ

ㅇ

ㅊ

ㅋ

ㅌ

ㅍ

ㅎ

유기화학 제2판

저　　자	조병태
발 행 인	김지영
발 행 처	자유아카데미
주　　소	경기도 파주시 회동길 37-42 파주출판도시
전　　화	031-955-1321
팩　　스	031-955-1322
홈페이지	www.freeaca.com
전자우편	main@freeaca.com(대표) editor@freeaca.com(편집) crm@freeaca.com(영업)
등　　록	제406-2003-017호, 1980. 7. 12
제2판1쇄	2017년 6월 20일 발행
제2판2쇄	2022년 7월 10일 발행
정　　가	39,000원

저자와의
협의하에
인지생략

ISBN 979-11-5808-135-5　93430

주기율표

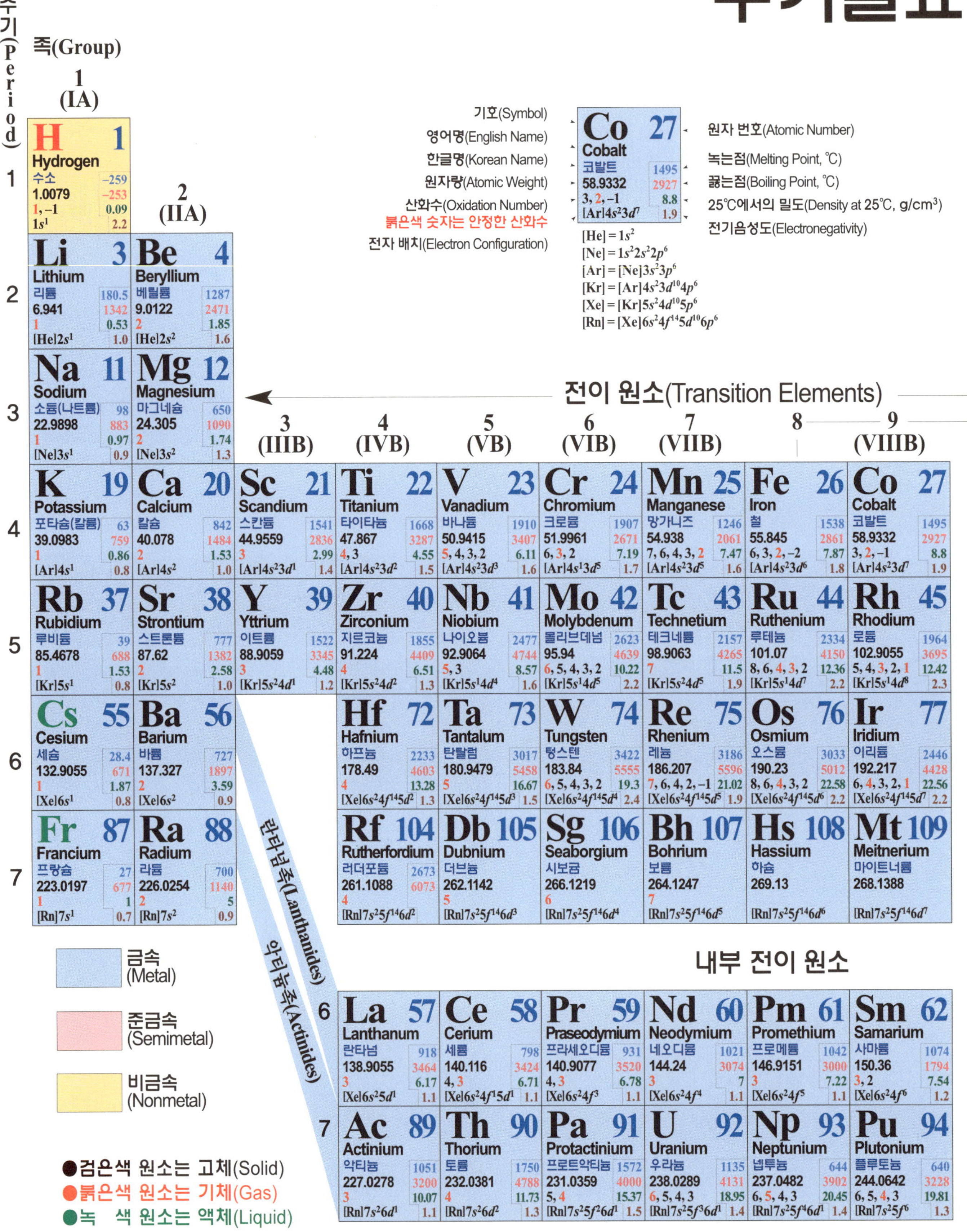

주기(Period)
족(Group)
기호(Symbol)
영어명(English Name)
한글명(Korean Name)
원자량(Atomic Weight)
산화수(Oxidation Number)
붉은색 숫자는 안정한 산화수
전자 배치(Electron Configuration)
원자 번호(Atomic Number)
녹는점(Melting Point, ℃)
끓는점(Boiling Point, ℃)
25℃에서의 밀도(Density at 25℃, g/cm³)
전기음성도(Electronegativity)
Co 27 Cobalt 코발트 58.9332 3, 2, −1 $[Ar]4s^23d^7$ 1495 2927 8.8 1.9
$[He] = 1s^2$
$[Ne] = 1s^22s^22p^6$
$[Ar] = [Ne]3s^23p^6$
$[Kr] = [Ar]4s^23d^{10}4p^6$
$[Xe] = [Kr]5s^24d^{10}5p^6$
$[Rn] = [Xe]6s^24f^{14}5d^{10}6p^6$
전이 원소(Transition Elements)
1 (IA)
2 (IIA)
3 (IIIB)
4 (IVB)
5 (VB)
6 (VIB)
7 (VIIB)
8
9 (VIIIB)
1
H 1 Hydrogen 수소 1.0079 1, −1 $1s^1$ −259 −253 0.09 2.2
2
Li 3 Lithium 리튬 6.941 1 $[He]2s^1$ 180.5 1342 0.53 1.0
Be 4 Beryllium 베릴륨 9.0122 2 $[He]2s^2$ 1287 2471 1.85 1.6
3
Na 11 Sodium 소듐(나트륨) 22.9898 1 $[Ne]3s^1$ 98 883 0.97 0.9
Mg 12 Magnesium 마그네슘 24.305 2 $[Ne]3s^2$ 650 1090 1.74 1.3
4
K 19 Potassium 포타슘(칼륨) 39.0983 1 $[Ar]4s^1$ 63 759 0.86 0.8
Ca 20 Calcium 칼슘 40.078 2 $[Ar]4s^2$ 842 1484 1.53 1.0
Sc 21 Scandium 스칸듐 44.9559 3 $[Ar]4s^23d^1$ 1541 2836 2.99 1.4
Ti 22 Titanium 타이타늄 47.867 4, 3 $[Ar]4s^23d^2$ 1668 3287 4.55 1.5
V 23 Vanadium 바나듐 50.9415 5, 4, 3, 2 $[Ar]4s^23d^3$ 1910 3407 6.11 1.6
Cr 24 Chromium 크로뮴 51.9961 6, 3, 2 $[Ar]4s^13d^5$ 1907 2671 7.19 1.7
Mn 25 Manganese 망가니즈 54.938 7, 6, 4, 3, 2 $[Ar]4s^23d^5$ 1246 2061 7.47 1.6
Fe 26 Iron 철 55.845 6, 3, 2, −2 $[Ar]4s^23d^6$ 1538 2861 7.87 1.8
Co 27 Cobalt 코발트 58.9332 3, 2, −1 $[Ar]4s^23d^7$ 1495 2927 8.8 1.9
5
Rb 37 Rubidium 루비듐 85.4678 1 $[Kr]5s^1$ 39 688 1.53 0.8
Sr 38 Strontium 스트론튬 87.62 2 $[Kr]5s^2$ 777 1382 2.58 1.0
Y 39 Yttrium 이트륨 88.9059 3 $[Kr]5s^24d^1$ 1522 3345 4.48 1.2
Zr 40 Zirconium 지르코늄 91.224 4 $[Kr]5s^24d^2$ 1855 4409 6.51 1.3
Nb 41 Niobium 나이오븀 92.9064 5, 3 $[Kr]5s^14d^4$ 2477 4744 8.57 1.6
Mo 42 Molybdenum 몰리브데넘 95.94 6, 5, 4, 3, 2 $[Kr]5s^14d^5$ 2623 4639 10.22 2.2
Tc 43 Technetium 테크네튬 98.9063 7 $[Kr]5s^24d^5$ 2157 4265 11.5 1.9
Ru 44 Ruthenium 루테늄 101.07 8, 6, 4, 3, 2 $[Kr]5s^14d^7$ 2334 4150 12.36 2.2
Rh 45 Rhodium 로듐 102.9055 5, 4, 3, 2, 1 $[Kr]5s^14d^8$ 1964 3695 12.42 2.3
6
Cs 55 Cesium 세슘 132.9055 1 $[Xe]6s^1$ 28.4 671 1.87 0.8
Ba 56 Barium 바륨 137.327 2 $[Xe]6s^2$ 727 1897 3.59 0.9
Hf 72 Hafnium 하프늄 178.49 4 $[Xe]6s^24f^{14}5d^2$ 2233 4603 13.28 1.3
Ta 73 Tantalum 탄탈럼 180.9479 5 $[Xe]6s^24f^{14}5d^3$ 3017 5458 16.67 1.5
W 74 Tungsten 텅스텐 183.84 6, 5, 4, 3, 2 $[Xe]6s^24f^{14}5d^4$ 3422 5555 19.3 2.4
Re 75 Rhenium 레늄 186.207 7, 6, 4, 2, −1 $[Xe]6s^24f^{14}5d^5$ 3186 5596 21.02 1.9
Os 76 Osmium 오스뮴 190.23 8, 6, 4, 3, 2 $[Xe]6s^24f^{14}5d^6$ 3033 5012 22.58 2.2
Ir 77 Iridium 이리듐 192.217 6, 4, 3, 2, 1 $[Xe]6s^24f^{14}5d^7$ 2446 4428 22.56 2.2
7
Fr 87 Francium 프랑슘 223.0197 1 $[Rn]7s^1$ 27 677 1 0.7
Ra 88 Radium 라듐 226.0254 2 $[Rn]7s^2$ 700 1140 5 0.9
Rf 104 Rutherfordium 러더포듐 261.1088 4 $[Rn]7s^25f^{14}6d^2$ 2673 6073
Db 105 Dubnium 더브늄 262.1142 5 $[Rn]7s^25f^{14}6d^3$
Sg 106 Seaborgium 시보귬 266.1219 6 $[Rn]7s^25f^{14}6d^4$
Bh 107 Bohrium 보륨 264.1247 7 $[Rn]7s^25f^{14}6d^5$
Hs 108 Hassium 하슘 269.13 $[Rn]7s^25f^{14}6d^6$
Mt 109 Meitnerium 마이트너륨 268.1388 $[Rn]7s^25f^{14}6d^7$
란타넘족(Lanthanides)
악티늄족(Actinides)
내부 전이 원소
6
La 57 Lanthanum 란타넘 138.9055 3 $[Xe]6s^25d^1$ 918 3464 6.17 1.1
Ce 58 Cerium 세륨 140.116 4, 3 $[Xe]6s^24f^15d^1$ 798 3424 6.71 1.1
Pr 59 Praseodymium 프라세오디뮴 140.9077 4, 3 $[Xe]6s^24f^3$ 931 3520 6.78 1.1
Nd 60 Neodymium 네오디뮴 144.24 3 $[Xe]6s^24f^4$ 1021 3074 7 1.1
Pm 61 Promethium 프로메튬 146.9151 3 $[Xe]6s^24f^5$ 1042 3000 7.22 1.1
Sm 62 Samarium 사마륨 150.36 3, 2 $[Xe]6s^24f^6$ 1074 1794 7.54 1.2
7
Ac 89 Actinium 악티늄 227.0278 3 $[Rn]7s^26d^1$ 1051 3200 10.07 1.1
Th 90 Thorium 토륨 232.0381 4 $[Rn]7s^26d^2$ 1750 4788 11.73 1.3
Pa 91 Protactinium 프로트악티늄 231.0359 5, 4 $[Rn]7s^25f^26d^1$ 1572 4000 15.37 1.5
U 92 Uranium 우라늄 238.0289 6, 5, 4, 3 $[Rn]7s^25f^36d^1$ 1135 4131 18.95 1.4
Np 93 Neptunium 넵투늄 237.0482 6, 5, 4, 3 $[Rn]7s^25f^46d^1$ 644 3902 20.45 1.4
Pu 94 Plutonium 플루토늄 244.0642 6, 5, 4, 3 $[Rn]7s^25f^6$ 640 3228 19.81 1.3
금속 (Metal)
준금속 (Semimetal)
비금속 (Nonmetal)
●검은색 원소는 고체(Solid)
●붉은색 원소는 기체(Gas)
●녹 색 원소는 액체(Liquid)

Periodic Table of the Elements

10	11 (IB)	12 (IIB)	13 (IIIA)	14 (IVA)	15 (VA)	16 (VIA)	17 (VIIA)	18 (VIIIA)
								He 2 Helium 헬륨 −272 4.0026 −269 0.18 $1s^2$
			B 5 Boron 붕소 2075 10.811 4000 3 2.47 $[He]2s^22p^1$ 2.0	**C** 6 Carbon 탄소 3825 12.011 4, 2, −4 2.27 $[He]2s^22p^2$ 2.6	**N** 7 Nitrogen 질소 −210 14.0067 −196 5, 4, 3, 2, −3 1.25 $[He]2s^22p^3$ 3.0	**O** 8 Oxygen 산소 −218 15.9994 −183 −2, −1 1.43 $[He]2s^22p^4$ 3.4	**F** 9 Fluorine 플루오린 −220 18.9984 −188 −1 1.7 $[He]2s^22p^5$ 4.0	**Ne** 10 Neon 네온 −249 20.1797 −246 0.9 $[He]2s^22p^6$
			Al 13 Aluminium 알루미늄 660 26.9815 2519 3 2.7 $[Ne]3s^23p^1$ 1.6	**Si** 14 Silicon 규소 1414 28.0855 3265 4, −4 2.33 $[Ne]3s^23p^2$ 1.9	**P** 15 Phosphorus 인 44 30.9738 281 5, 4, 3, −3 1.82 $[Ne]3s^23p^3$ 2.2	**S** 16 Sulfur 황 115 32.0650 445 6, 4, 2, −2 2.09 $[Ne]3s^23p^4$ 2.6	**Cl** 17 Chlorine 염소 −101 35.4533 −34 7, 5, 3, 1, −1 3.21 $[Ne]3s^23p^5$ 3.2	**Ar** 18 Argon 아르곤 −189 39.948 −186 1.78 $[Ne]3s^23p^6$
Ni 28 Nickel 니켈 1455 58.6934 2913 3, 2 8.91 $[Ar]4s^23d^8$ 1.9	**Cu** 29 Copper 구리 1084 63.546 2562 2, 1 8.93 $[Ar]4s^13d^{10}$ 1.9	**Zn** 30 Zinc 아연 420 65.409 907 2 7.14 $[Ar]4s^23d^{10}$ 1.7	**Ga** 31 Gallium 갈륨 30 69.723 2204 3 5.91 $[Ar]4s^23d^{10}4p^1$ 1.8	**Ge** 32 Germanium 저마늄 938 72.64 2833 4 5.32 $[Ar]4s^23d^{10}4p^2$ 2.0	**As** 33 Arsenic 비소 613 74.9216 5, 3, −3 5.78 $[Ar]4s^23d^{10}4p^3$ 2.2	**Se** 34 Selenium 셀레늄 221 78.96 685 6, 4, −2 4.81 $[Ar]4s^23d^{10}4p^4$ 2.6	**Br** 35 Bromine 브로민 −7 79.904 59 7, 5, 3, 1, −1 3.12 $[Ar]4s^23d^{10}4p^5$ 3.0	**Kr** 36 Krypton 크립톤 −157 83.798 −153 2 3.73 $[Ar]4s^23d^{10}4p^6$
Pd 46 Palladium 팔라듐 1555 106.42 2963 4, 2 12 $[Kr]4d^{10}$ 2.2	**Ag** 47 Silver 은 962 107.8682 2162 2, 1 10.5 $[Kr]5s^14d^{10}$ 1.9	**Cd** 48 Cadmium 카드뮴 321 112.411 767 2 8.65 $[Kr]5s^24d^{10}$ 1.7	**In** 49 Indium 인듐 157 114.818 2072 3 7.29 $[Kr]5s^24d^{10}5p^1$ 1.8	**Sn** 50 Tin 주석 232 118.71 2602 4, 2 729 $[Kr]5s^24d^{10}5p^2$ 2.0	**Sb** 51 Antimony 안티모니 631 121.76 1587 5, 3, −3 6.69 $[Kr]5s^24d^{10}5p^3$ 2.1	**Te** 52 Tellurium 텔루륨 450 127.6 988 6, 4, −2 6.25 $[Kr]5s^24d^{10}5p^4$ 2.1	**I** 53 Iodine 아이오딘 114 126.9045 184 7, 5, 1, −1 4.95 $[Kr]5s^24d^{10}5p^5$ 2.7	**Xe** 54 Xenon 제논 −112 131.293 −108 8, 6, 4, 2 5.9 $[Kr]5s^24d^{10}5p^6$
Pt 78 Platinum 백금 1768 195.078 3825 4, 2 21.45 $[Xe]6s^14f^{14}5d^9$ 2.3	**Au** 79 Gold 금 1064 196.9666 2856 3, 1 19.28 $[Xe]6s^14f^{14}5d^{10}$ 2.5	**Hg** 80 Mercury 수은 −39 200.59 357 2, 1 13.55 $[Xe]6s^24f^{14}5d^{10}$ 2.0	**Tl** 81 Thallium 탈륨 304 204.3833 1473 3, 1 11.87 $[Xe]6s^24f^{14}5d^{10}6p^1$ 2.0	**Pb** 82 Lead 납 327.5 207.2 1749 4, 2 11.34 $[Xe]6s^24f^{14}5d^{10}6p^2$ 2.3	**Bi** 83 Bismuth 비스무트 271 208.9804 1564 5, 3 8.9 $[Xe]6s^24f^{14}5d^{10}6p^3$ 2.0	**Po** 84 Polonium 폴로늄 254 208.9824 962 6, 4, 2 9.4 $[Xe]6s^24f^{14}5d^{10}6p^4$ 2.0	**At** 85 Astatine 아스타틴 302 209.9871 337 7, 5, 3, 1, −1 $[Xe]6s^24f^{14}5d^{10}6p^5$ 2.2	**Rn** 86 Radon 라돈 −71 222.0176 −62 2 9.73 $[Xe]6s^24f^{14}5d^{10}6p^6$
Ds 110 Darmstadtium 다름슈타튬 271.15 $[Rn]7s^25f^{14}6d^8$	**Rg** 111 Roentgenium 뢴트게늄 272.1535 $[Rn]7s^25f^{14}6d^9$	**Cn** 112 Copernicium 코페르니슘 (277) $[Rn]7s^25f^{14}6d^{10}$	**Nh** 113 Nihonium 니호늄	**Fl** 114 Flerovium 플레로븀	**Mc** 115 Moscovium 모스코븀	**Lv** 116 Livermorium 리버모륨	★**Ts** 117 Tennessine 테네신	**Og** 118 Oganesson 오가네손

★ 금속성, 준금속성, 비금속성이 아직 명확히 밝혀지지 않음.

(Inner Transition Elements)

Eu 63 Europium 유로퓸 822 151.964 1529 3, 2 5.25 $[Xe]6s^24f^7$ 1.2	**Gd** 64 Gadolinium 가돌리늄 1313 157.25 3273 3 7.87 $[Xe]6s^24f^75d^1$ 1.2	**Tb** 65 Terbium 터븀 1356 22.9898 3230 4, 3 8.27 $[Xe]6s^24f^9$ 1.2	**Dy** 66 Dysprosium 디스프로슘 1412 162.5 2567 3 8.53 $[Xe]6s^24f^{10}$ 1.2	**Ho** 67 Holmium 홀뮴 1474 164.93 2700 3 8.8 $[Xe]6s^24f^{11}$ 1.2	**Er** 68 Erbium 어븀 1529 167.259 2868 3 9.04 $[Xe]6s^24f^{12}$ 1.2	**Tm** 69 Thulium 툴륨 1545 168.9342 1950 3, 2 9.33 $[Xe]6s^24f^{13}$ 1.3	**Yb** 70 Ytterbium 이터븀 819 173.04 1196 3, 2 6.97 $[Xe]6s^24f^{14}$ 1.1	**Lu** 71 Lutetium 루테튬 1663 174.967 3402 3 9.84 $[Xe]6s^24f^{14}5d^1$ 1.3
Am 95 Americium 아메리슘 1176 243.0614 2011 6, 5, 4, 3 13.67 $[Rn]7s^25f^7$ 1.3	**Cm** 96 Curium 퀴륨 1345 247.0703 4, 3 13.3 $[Rn]7s^25f^76d^1$ 1.3	**Bk** 97 Berkelium 버클륨 1050 247.0703 4, 3 14.79 $[Rn]7s^25f^9$ 1.3	**Cf** 98 Californium 캘리포늄 900 251.0796 4, 3 $[Rn]7s^25f^{10}$ 1.3	**Es** 99 Einsteinium 아인슈타이늄 860 252.083 3 $[Rn]7s^25f^{11}$ 1.3	**Fm** 100 Fermium 페르뮴 1527 257.0951 3 $[Rn]7s^25f^{12}$ 1.3	**Md** 101 Mendelevium 멘델레븀 827 258.0984 3 $[Rn]7s^25f^{13}$ 1.3	**No** 102 Nobelium 노벨륨 −259 259.101 −253 3, 2 0.09 $[Rn]7s^25f^{14}$ 1.3	**Lr** 103 Lawrencium 로렌슘 262.1097 3 $[Rn]7s^25f^{14}6d^1$